공조냉동기계
기능사 필기+실기
10일 완성

예문사

PREFACE 머리말

　최근 공조냉동기계 분야가 급격히 발전하여 냉동기, 흡수식 냉온수기, 히트펌프(GHP, EHP) 등 이루 헤아릴 수 없을 정도로 많은 기기가 개발 보급되고 있으며, 이에 따라 현장에서 실질적으로 이 장치를 운전 보수할 수 있는 인원 역시 엄청나게 요구되고 있습니다.

　이러한 상황에서 국가시험을 주관하고 있는 한국산업인력공단에서는 매년 4회 정도 공조냉동기계기능사 시험을 실시하고 있는바 이 교재는 최단기간이라 할 수 있는 10일 동안 시험을 준비할 수 있도록 기획하였습니다.

　제1편 핵심요점 총정리에 이어서, 제2편은 2003년부터 실시한 과년도 기출문제를 하나도 빠짐없이 입수하여 간결하면서도 깊이 있는 해설을 주석하였고, 새롭게 구성된 제3편에는 CBT 방식의 시험에 대비할 수 있는 CBT 복원기출문제를 수록했습니다. 또한 4편에는 실기시험 안내 도면도 제시하였습니다. 세 번 정도 정독하면 누구나 무난히 합격할 수 있을 것입니다. 또한 이 교재는 인터넷 동영상 강의교재로도 활용이 가능하도록 만들었으므로 개인적으로 독학하는 데 어려움이 있는 분들에게도 널리 이용되리라고 봅니다.

　아무쪼록 국가자격증 취득에 관심이 많은 사람들을 위하여 최단기간에 자격증을 취득하도록 기획한 만큼 흥미를 가지고 읽어주시기 바라며 이 교재를 구입하여 공부하시는 분들에게 많은 성과가 있기를 간절히 기원합니다.

　끝으로 출간에 도움을 주신 예문사 정용수 사장님과 끝까지 수고를 마다하지 않은 편집부 직원 여러분에게도 감사를 드립니다.

저자 일동

INFORMATION
최신 출제기준

| 직무분야 | 기계 | 중직무분야 | 기계장비 설비·설치 | 자격종목 | 공조냉동기계기능사 | 적용기간 | 2025. 1. 1. ~ 2029. 12. 31. |

- 직무내용
산업현장, 건축물의 실내 환경을 최적으로 조성하고, 냉동냉장설비 및 기타 공작물을 주어진 조건으로 유지하기 위해 공조냉동기계 설비를 설치, 조작 및 유지보수하는 직무이다.

| 필기검정방법 | 객관식 | 문제수 | 60 | 시험시간 | 1시간 |

필기과목명	문제수	주요항목	세부항목	세세항목
공조냉동, 자동제어 및 안전관리	60	1. 냉동기계	1. 냉동의 기초	1. 단위 및 용어 2. 냉동의 원리 3. 기초 열역학
			2. 냉매	1. 냉매 2. 신냉매 및 천연냉매 3. 브라인 4. 냉동기유
			3. 냉동 사이클	1. 몰리에르 선도와 상변화 2. 카르노 및 이론 실제 사이클 3. 단단 압축 사이클 4. 다단 압축 사이클 5. 이원 냉동 사이클
			4. 냉동장치의 종류	1. 용적식 냉동기 2. 원심식 냉동기 3. 흡수식 냉동기 4. 신·재생에너지(지열, 태양열 이용 히트펌프 등)
			5. 냉동장치의 구조	1. 압축기 2. 응축기 3. 증발기 4. 팽창밸브 5. 부속장치 6. 제어용 부속기기
			6. 냉동장치의 응용	1. 제빙 및 동결장치 2. 열펌프 및 축열장치
			7. 냉각탑 점검	1. 냉각탑 2. 수질관리
			8. 냉동·냉방설비 설치	1. 냉동·냉방장치

필기과목명	문제수	주요항목	세부항목	세세항목
		2. 공기조화	1. 공기조화의 기초	1. 공기조화의 개요 2. 공기의 성질과 상태 3. 공기조화의 부하
			2. 공기조화방식	1. 중앙 공기조화 방식 2. 개별 공기조화 방식
			3. 공기조화기기	1. 송풍기 및 에어필터 2. 공기 냉각 및 가열 코일 3. 가습·감습장치 4. 열교환기 5. 열원기기 6. 기타 공기조화 부속기기
			4. 덕트 및 급배기설비	1. 덕트 및 덕트의 부속품 2. 급·배기설비
		3. 보일러설비 설치	1. 급·배수 통기설비 설치	1. 급·배수 통기설비
			2. 증기설비 설치	1. 증기설비
			3. 난방설비 설치	1. 난방방식
			4. 급탕설비 설치	1. 급탕방식
		4. 유지보수공사 안전관리	1. 관련 법규 파악	1. 냉동기 검사 2. 고압가스안전관리법(냉동 관련) 3. 산업안전보건법 4. 기계설비법
			2. 안전작업	1. 안전보호구 2. 안전장비
			3. 안전교육 실시	1. 안전교육
			4. 안전관리	1. 가스 및 위험물 안전 2. 보일러 안전 3. 냉동기 안전 4. 공구 취급 안전 5. 화재 안전
			5. 냉동장치 유지 및 운전	1. 냉동장치 유지 및 운전

INFORMATION
최신 출제기준

필기과목명	문제수	주요항목	세부항목	세세항목
		5. 자재관리	1. 측정기 관리	1. 계측기
			2. 유지보수자재 및 공구 관리	1. 자재관리 2. 공구 종류, 특성 및 관리
			3. 배관	1. 배관재료 2. 배관도시법 3. 배관시공 4. 배관공작
		6. 냉동설비 설치	1. 냉동·냉방설비 설치	1. 냉동·냉방배관 2. 냉동·냉방장치 방음, 방진, 지지
		7. 공조배관 설치	1. 공조배관 설치계획 및 설치	1. 공조배관설비
		8. 공조제어설비 설치	1. 공조제어설비 설치 계획	1. 공조설비 제어시스템
			2. 공조제어설비 제작 설치	1. 검출기 2. 제어밸브
			3. 전기 및 자동제어	1. 직류회로 2. 교류회로 3. 시퀀스회로
		9. 냉동제어설비 설치	1. 냉동제어설비 설치 계획	1. 냉동설비 제어시스템
			2. 냉동제어설비 제작 설치	1. 냉동제어설비 구성장치
		10. 보일러제어설비 설치	1. 보일러제어설비 설치 계획	1. 보일러설비 제어시스템
			2. 보일러제어설비 제작 설치	1. 보일러제어설비 구성장치

CRAFTSMAN AIR-CONDITIONING & REFRIGERATING MACHINERY

직무분야	기계	중직무분야	기계장비설비·설치	자격종목	공조냉동기계기능사	적용기간	2025. 1. 1. ~ 2029. 12. 31.

- 직무내용

산업현장, 건축물의 실내 환경을 최적으로 조성하고, 냉동냉장설비 및 기타 공작물을 주어진 조건으로 유지하기 위해 공조냉동기계 설비를 설치, 조작 및 유지보수하는 직무이다.

- 수행준거
  1. 제작된 냉동장치나 냉방장치유닛 등을 현장여건에 맞게 배관을 구성하고 제어장치 등을 설치할 수 있다.
  2. 보일러설비, 증기설비, 난방설비, 급탕설비 등 기타 가열장치를 설치할 수 있다.
  3. 공조장치를 제작도면에 따라 제작하고 설치장소에 반입하여 설계도서와 현장여건에 적합하게 설치할 수 있다.
  4. 설계도서와 현장여건에 적합하게 냉온수, 냉각수, 증기배관 등을 설치할 수 있다.
  5. 설계도서와 현장여건에 적합하게 덕트를 제작하고 설치할 수 있다.
  6. 설계도서와 현장여건에 적합하게 급수, 배수, 통기설비 등을 설치할 수 있다.
  7. 냉동공조설비의 유지보수를 위하여 필요한 소모품, 공구 및 측정기기 등의 자재를 필요한 시점에 공급할 수 있도록 계획을 세워 구매하고 관리할 수 있다.

실기검정방법	복합형	시험시간	3시간 정도

실기과목명	주요항목	세부항목	세세항목
공조냉동기계 실무	1. 냉동설비 설치	1. 냉동설비 설치하기	1. 설치할 냉동장치의 특성을 파악할 수 있다. 2. 냉동장치의 설치장소의 여건을 파악할 수 있다. 3. 냉동장치의 반입계획을 수립할 수 있다. 4. 냉동장치 설치에 따른 공정계획서를 작성할 수 있다. 5. 냉동장치 설치 시 주변장치와의 연결에 대한 설계의 적합성을 검토할 수 있다. 6. 냉동장치를 도면대로 설치할 수 있다. 7. 발주처의 요청 및 설계자의 실수, 현장과의 불일치 및 품질향상 등에 따른 설계 변경 요청 시 관계 서류 및 현장의 타당성을 검토하여 설계 변경을 할 수 있다.
		2. 냉방설비 설치하기	1. 설치할 냉방설비의 특성을 파악할 수 있다. 2. 냉방장치 설치장소의 여건을 파악할 수 있다. 3. 냉방장치의 반입계획을 수립할 수 있다. 4. 냉방장치 설치에 따른 공정계획서를 작성할 수 있다. 5. 냉방장치 설치 시 주변장치와의 연결에 대한 설계의 적합성을 검토할 수 있다. 6. 냉방장치를 도면대로 설치할 수 있다. 7. 발주처의 요청 및 설계자의 실수, 현장과의 불일치 및 품질향상 등에 따른 설계 변경 요

INFORMATION
최신 출제기준

실기과목명	주요항목	세부항목	세세항목
			청 시 관계 서류 및 현장의 타당성을 검토하여 설계 변경을 할 수 있다.
	2. 보일러설비 설치	1. 급수설비 설치하기	1. 급수 방식을 파악하고 급수설비의 배관재료, 시공법을 파악할 수 있다. 2. 급수설비의 설계도서 및 도면을 파악하고 급수설비 설치에 따른 공정계획서를 작성할 수 있다. 3. 급수설비 설치에 따른 장비와 공구 및 자재를 파악하고 준비할 수 있다. 4. 급수배관을 설계도서대로 설치하고 배관 및 용접, 기밀시험, 보온 등을 할 수 있다. 5. 급수설비 설치에 따른 설계의 적합성을 검토할 수 있다. 6. 발주처의 요청 및 설계자의 실수, 현장과의 불일치 및 품질향상 등에 따른 설계 변경 요청 시 관계 서류 및 현장의 타당성을 검토하여 설계 변경을 할 수 있다.
		2. 연료설비 설치하기	1. 사용하는 연료(위험물 및 LNG, LPG, 도시가스 등)의 특성 및 위험성을 확인하여 공급방식과 시공방법을 파악할 수 있다. 2. 연료설비의 설계도서 및 도면을 파악하고 연료설비 설치에 따른 공정계획서를 작성할 수 있다. 3. 연료설비 설치에 따른 장비와 공구 및 자재를 파악하고 준비할 수 있다. 4. 연료설비를 설계도서대로 설치하고 배관 및 용접, 기밀시험, 보온 등을 할 수 있다. 5. 연료설비 설치에 따른 설계의 적합성을 검토할 수 있다. 6. 발주처의 요청 및 설계자의 실수, 현장과의 불일치 및 품질향상 등에 따른 설계 변경 요청 시 관계 서류 및 현장의 타당성을 검토하여 설계 변경을 할 수 있다.
		3. 통풍장치 설치하기	1. 통풍방식에 따른 현장 설치여건 및 설계도서를 파악하여 공정계획서를 작성할 수 있다. 2. 통풍장치 설치에 따른 장비와 공구 및 자재를 파악하고 준비할 수 있다. 3. 통풍장치를 설계도서대로 설치하고 설계의 적합성을 검토할 수 있다.

실기과목명	주요항목	세부항목	세세항목
			4. 송풍기 및 덕트, 연돌 등의 설치에 따른 문제점을 사전에 검토할 수 있다. 5. 발주처의 요청 및 설계자의 실수, 현장과의 불일치 및 품질향상 등에 따른 설계 변경 요청 시 관계 서류 및 현장의 타당성을 검토하여 설계 변경을 할 수 있다.
		4. 송기장치 설치하기	1. 증기의 특성을 파악할 수 있다. 2. 송기장치의 시공방법 및 설계도서를 파악하고 설치에 따른 공정계획서를 작성할 수 있다. 3. 송기장치 설치에 따른 장비와 공구 및 자재를 파악하고 준비할 수 있다. 4. 송기장치를 설계도서대로 설치하고 배관 및 용접, 기밀시험, 보온 등을 할 수 있다. 5. 송기장치 설치에 따른 설계의 적합성을 사전에 검토할 수 있다. 6. 발주처의 요청 및 설계자의 실수, 현장과의 불일치 및 품질향상 등에 따른 설계 변경 요청 시 관계 서류 및 현장의 타당성을 검토하여 설계 변경을 할 수 있다.
		5. 증기설비 설치하기	1. 압력에 따른 증기의 특성을 확인하고 증기설비의 시공방법 및 설계도서를 파악할 수 있다. 2. 증기설비 설치에 따른 공정계획서를 작성할 수 있다. 3. 증기설비 설치에 따른 장비와 공구 및 자재를 파악하고 준비할 수 있다. 4. 증기설비를 설계도서대로 설치하고 배관 및 용접, 기밀시험, 보온 등을 할 수 있다. 5. 응축수 발생에 따른 문제점을 사전에 검토할 수 있다. 6. 증기설비 설치에 따른 설계의 적합성을 검토할 수 있다. 7. 발주처의 요청 및 설계자의 실수, 현장과의 불일치 및 품질향상 등에 따른 설계 변경 요청 시 관계 서류 및 현장의 타당성을 검토하여 설계 변경을 할 수 있다.
		6. 난방설비 설치하기	1. 각 난방방식의 특성과 시공법을 확인하고 난방설비의 설계도서를 파악할 수 있다. 2. 난방설비 설치에 따른 공정계획서를 작성할 수 있다.

INFORMATION
최신 출제기준

실기과목명	주요항목	세부항목	세세항목
			3. 난방설비 설치에 따른 장비와 공구 및 자재를 파악하고 준비할 수 있다. 4. 난방설비를 설계도서대로 설치하고 배관 및 용접, 기밀시험, 보온 등을 할 수 있다. 5. 난방설비 설치에 따른 설계의 적합성을 검토할 수 있다. 6. 발주처의 요청 및 설계자의 실수, 현장과의 불일치 및 품질향상 등에 따른 설계 변경 요청 시 관계 서류 및 현장의 타당성을 검토하여 설계 변경을 할 수 있다.
		7. 급탕설비 설치하기	1. 급탕방식 및 배관방식을 확인하고 급탕설비의 배관재료 및 시공방법을 파악할 수 있다. 2. 급탕설비의 설계도서를 파악하고 급탕설비 설치에 따른 공정계획서를 작성할 수 있다. 3. 급탕설비 설치에 따른 장비와 공구 및 자재를 파악하고 준비할 수 있다. 4. 급탕탱크 및 펌프, 배관 등을 설계도서대로 설치하고 배관 및 용접, 기밀시험, 보온 등을 할 수 있다. 5. 급탕설비 설치에 따른 설계의 적합성을 검토할 수 있다. 6. 발주처의 요청 및 설계자의 실수, 현장과의 불일치 및 품질향상 등에 따른 설계 변경 요청 시 관계 서류 및 현장의 타당성을 검토하여 설계 변경을 할 수 있다.
		8. 에너지절약장치 설치하기	1. 각종 에너지절약장치의 특성을 확인하고 현장 설치여건을 파악할 수 있다. 2. 에너지절약장치의 설계도서를 파악하여 설치에 따른 공정계획서를 작성할 수 있다. 3. 에너지절약장치 설치에 따른 장비와 공구 및 자재를 파악하고 준비할 수 있다. 4. 에너지절약장치를 설계도서대로 설치하고 설계의 적합성을 검토할 수 있다. 5. 발주처의 요청 및 설계자의 실수, 현장과의 불일치 및 품질향상 등에 따른 설계 변경 요청 시 관계 서류 및 현장의 타당성을 검토하여 설계 변경을 할 수 있다.

실기과목명	주요항목	세부항목	세세항목
	3. 공조장치 제작 설치	1. 공조장치 제작하기	1. 공조장치의 제작도면을 파악하고 제작계획을 수립할 수 있다. 2. 공조장치의 구성장치의 역할을 파악할 수 있다. 3. 공조장치를 도면대로 제작 및 조립할 수 있다. 4. 공조장치 제작에 따른 설계의 적합성을 검토할 수 있다.
		2. 공조장치 설치하기	1. 공조장치의 특성을 파악하고 설치장소의 여건을 파악할 수 있다. 2. 공조장치의 설치 및 반입계획을 수립할 수 있다. 3. 공조장치 설치 시 주변장치와의 연결에 대한 설계의 적합성을 검토할 수 있다. 4. 공조장치를 도면대로 설치하고 설계의 적합성을 검토할 수 있다. 5. 발주처의 요청 및 설계자의 실수, 현장과의 불일치 및 품질향상 등에 따른 설계 변경 요청 시 관계 서류 및 현장의 타당성을 검토하여 설계 변경을 할 수 있다.
	4. 공조배관 설치	1. 공조배관 설치 계획하기	1. 공조배관설비의 설계도서를 파악하고 공조배관의 설치계획을 수립할 수 있다. 2. 공즈배관 설치에 필요한 장비와 공구를 준비하고 사용할 수 있다. 3. 공조배관 설치에 필요한 자재를 파악하여 투입계획을 수립할 수 있다.
		2. 공조배관 설치하기	1. 공조배관에 필요한 장비와 공구 등을 준비하고 사용할 수 있다. 2. 공조배관에 필요한 배관재료와 부속품 등을 준비할 수 있다. 3. 배관 및 용접, 기밀시험, 보온 등을 할 수 있다. 4. 공조배관 설치에 따른 설계의 적합성을 검토할 수 있다. 5. 발주처의 요청 및 설계자의 실수, 현장과의 불일치 및 품질향상 등에 따른 설계 변경 요청 시 관계 서류 및 현장의 타당성을 검토하여 설계 변경을 할 수 있다.
	5. 덕트설비 설치	1. 덕트설비 설치하기	1. 덕트설비의 설계도서를 파악하고 제작 및 설치계획을 수립할 수 있다. 2. 덕트설비의 제작과 설치에 필요한 재료 및 장비와 공구 등을 준비하고 사용할 수 있다.

INFORMATION
최신 출제기준

실기과목명	주요항목	세부항목	세세항목
			3. 덕트설비의 제작 및 설치, 지지, 보온 등을 할 수 있다. 4. 덕트설비 설치에 따른 설계의 적합성을 검토할 수 있다. 5. 발주처의 요청 및 설계자의 실수, 현장과의 불일치 및 품질향상 등에 따른 설계 변경 요청 시 관계 서류 및 현장의 타당성을 검토하여 설계 변경을 할 수 있다.
		2. 환기설비 설치하기	1. 환기설비의 설계도서를 파악하고 제작 및 설치계획을 수립할 수 있다. 2. 환기설비의 제작과 설치에 필요한 재료 및 장비와 공구 등을 준비하고 사용할 수 있다. 3. 송풍기 설치 및 덕트 설치, 지지, 보온 등을 할 수 있다. 4. 환기설비의 설치에 따른 설계의 적합성을 검토할 수 있다. 5. 발주처의 요청 및 설계자의 실수, 현장과의 불일치 및 품질향상 등에 따른 설계 변경 요청 시 관계 서류 및 현장의 타당성을 검토하여 설계 변경을 할 수 있다.
	6. 급배수설비 설치	1. 급수설비 설치하기	1. 급수설비의 급수방식 및 배관방식을 파악하고 설치계획서를 수립할 수 있다. 2. 급수설비의 배관재료, 시공법을 파악할 수 있다. 3. 급수설비의 설계도서 및 도면을 파악할 수 있다. 4. 급수설비 설치에 따른 자재 및 장비와 공구 등을 준비하고 사용할 수 있다. 5. 급수탱크 및 펌프, 배관 등을 설계도서대로 설치하고 배관 및 용접, 기밀시험, 보온 등을 할 수 있다. 6. 급수설비 설치에 따른 설계의 적합성을 검토할 수 있다. 7. 발주처의 요청 및 설계자의 실수, 현장과의 불일치 및 품질향상 등에 따른 설계 변경 요청 시 관계 서류 및 현장의 타당성을 검토하여 설계 변경을 할 수 있다.
		2. 배수·통기설비 설치하기	1. 배수·통기설비 방식을 파악하고 설치계획을 수립할 수 있다. 2. 배수·통기설비의 설계도서 및 도면을 파악할 수 있다.

실기과목명	주요항목	세부항목	세세항목
			3. 배수·통기설비 설치에 따른 자재 및 장비와 공구 등을 준비하고 사용할 수 있다. 4. 배수·통기설비를 설계도서대로 설치하고 배관 및 기밀시험, 보온 등을 할 수 있다. 5. 배수·통기설비 설치에 따른 설계의 적합성을 검토할 수 있다. 6. 발주처의 요청 및 설계자의 실수, 현장과의 불일치 및 품질향상 등에 따른 설계 변경 요청 시 관계 서류 및 현장의 타당성을 검토하여 설계 변경을 할 수 있다.
	7. 자재관리	1. 측정기 관리하기	1. 계측기 관리대장에 기기명, 구입일자, 관리방법, 용도, 제조사 등을 기록 및 관리할 수 있다. 2. 검교정이 필요한 계측기에 대해서는 주기적으로 검교정 실시 후 관리대장에 기록 및 관리할 수 있다. 3. 공조 및 열원설비, 부속장치에 사용되는 계측기는 보관함을 설치하고 장비 목록표를 비치할 수 있다. 4. 해당 계측기에 대한 식별표시가 지워지거나 손상되지 않도록 취급, 보관 및 사용방법에 대해 교육을 실시할 수 있다. 5. 습기에 약한 계측기는 실내에 보관하고 사용 전 테스트하여 작동을 확인할 수 있다. 6. 계측기 사용 시 불출대장을 기록할 수 있다.
		2. 공구 관리하기	1. 유지보수작업에 요구되는 공구를 파악할 수 있다. 2. 공구대장 관리를 위해 목록을 작성하고 품명, 규격, 용도, 제작일자와 구입날짜, 제작회사 등을 기록하여 관리할 수 있다. 3. 중요 특수 공구는 별도 장비관리대장을 만들어 상세 사양을 기록하여 이력을 관리할 수 있다. 4. 공구 구입 시 구매발주사양과 일치하는지 확인하고 사용대장에 기록하여 관리할 수 있다. 5. 공구의 수량변동이 있는 경우 증감 사유와 수량을 대장에 기록하여 관리할 수 있다. 6. 공구 반납 시 이상유무를 확인하고 지정된 장소에 보관 및 관리할 수 있다.

INFORMATION
최신 출제기준

실기과목명	주요항목	세부항목	세세항목
		3. 소모품 관리하기	1. 냉동공조 및 열원장치, 부속설비의 운영 및 유지 보수 시 사용되는 소모품을 파악하고 분류할 수 있다. 2. 소모품 취급 시 보호구, 물질안전보건(GHS) 자료를 비치하고, 작업안전허가를 받고 취급 사용 확인할 수 있다. 3. 소모품을 저장하는 창고를 지정하고 입출고 및 재고현황을 품목별로 명판을 제작하여 부착 및 관리할 수 있다. 4. 소모품 저장창고는 안전을 위하여 조명 및 환기시설을 설치하고 정기적으로 정리정돈할 수 있다. 5. 정기적으로 재고조사를 하고 조사결과에 대하여 문제점 및 개선사항을 보고하여 관리할 수 있다.
		4. 유지보수자재 관리하기	1. 공조 및 열원설비, 부속설비에 필요한 자재의 체계적 관리를 위해서 자재관리 지침서를 만들 수 있다. 2. 각 장치 및 부속설비의 설계조건을 이해하고 특징과 용도를 파악하여 자재의 사양을 결정할 수 있다. 3. 특수 자재, 기술적인 검토가 필요한 자재는 기술부서에 의뢰하여 정확한 사양을 결정할 수 있다. 4. 입출고, 창고관리, 재고관리 등 각 관리기준에 의거하여 자재를 관리할 수 있다. 5. 자재 입고 시 각 품목, 규격 수량을 확인하고 품질에 대하여 검수할 수 있다. 6. 검수결과 외관불량, 수량부족, 규격미달, 품질불량이 발견되어 불합격품으로 판정되는 자재의 경우, 필요한 조치를 취할 수 있다. 7. 최소 보유자재와 긴급자재를 분류하여 적정재고 및 수급체계를 관리할 수 있다. 8. 자재를 저장하는 창고를 지정하고 입출고 및 재고현황을 품목별로 명판을 부착하여 관리할 수 있다. 9. 자재 저장창고에 조명 및 환기시설을 설치하고 정기적으로(월 1회 이상) 정리정돈을 할 수 있다.

실기과목명	주요항목	세부항목	세세항목
			10. 월 1회 재고조사를 하며 조사결과에 대하여 문제점 및 개선사항을 보고하고 관리할 수 있다.
		5. 보수장비 관리하기	1. 보수장비 사용 시 일정한 작동기능을 위하여 보수작업의 작업능률과 안전성을 확보할 수 있다. 2. 자체보유 장비와 외주대여 장비로 구분하여 관리할 수 있다. 3. 취급설명서를 부착하고 규격에 맞는 사양의 장비를 적합하게 사용할 수 있다. 4. 장비는 사용 시 보호구 착용 및 안전수칙을 준수하여 안전하게 취급할 수 있다. 5. 장비 사용 전에 이상 유무를 점검할 수 있다. 6. 장비 사용 후 지정장소에 정위치하고 관계자외 취급을 제한할 수 있다.

CBT 전면시행에 따른
CBT PREVIEW

💻 수험자 정보 확인

시험장 감독위원이 컴퓨터에 나온 수험자 정보와 신분증이 일치하는지를 확인하는 단계입니다. 수험번호, 성명, 주민등록번호, 응시종목, 좌석번호를 확인합니다.

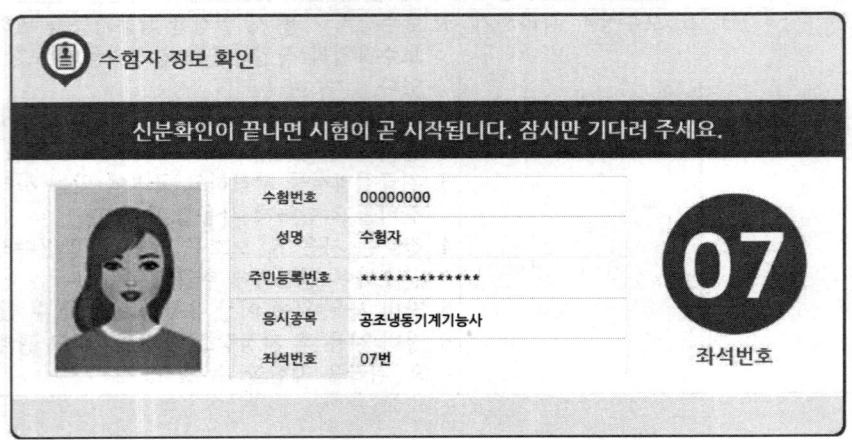

💻 안내사항

시험에 관련된 안내사항이므로 꼼꼼히 읽어보시기 바랍니다.

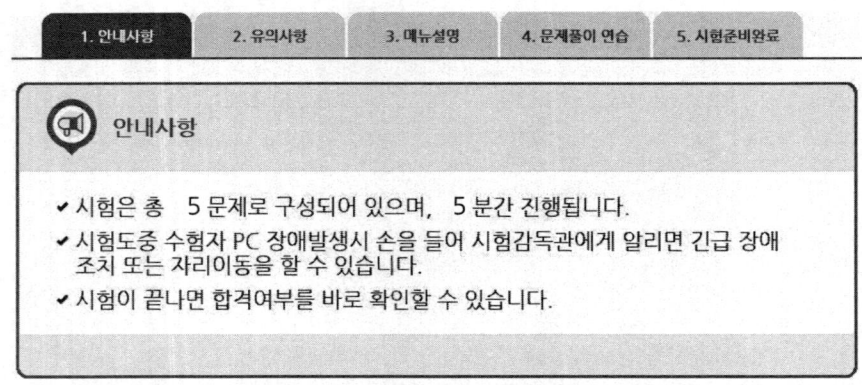

CRAFTSMAN AIR-CONDITIONING & REFRIGERATING MACHINERY ■ ■ ■

💻 유의사항

부정행위는 절대 안 된다는 점, 잊지 마세요!

> **📢 유의사항 - [1/3]**
>
> • 다음과 같은 부정행위가 발각될 경우 감독관의 지시에 따라 퇴실 조치되고, 시험은 무효로 처리되며, 3년간 국가기술자격검정에 응시할 자격이 정지됩니다.
>
>   ✔ 시험 중 다른 수험자와 시험에 관련한 대화를 하는 행위
>   ✔ 시험 중에 다른 수험자의 문제 및 답안을 엿보고 답안지를 작성하는 행위
>   ✔ 다른 수험자를 위하여 답안을 알려주거나, 엿보게 하는 행위
>   ✔ 시험 중 시험문제 내용과 관련된 물건을 휴대하여 사용하거나 이를 주고받는 행위
>
> [다음 유의사항 보기 ▶]

💻 문제풀이 메뉴 설명

문제풀이 메뉴에 대한 주요 설명입니다. CBT에 익숙하지 않다면 꼼꼼한 확인이 필요합니다.
(글자크기/화면배치, 전체/안 푼 문제 수 조회, 남은 시간 표시, 답안 표기 영역, 계산기 도구, 페이지 이동, 안 푼 문제 번호 보기/답안 제출)

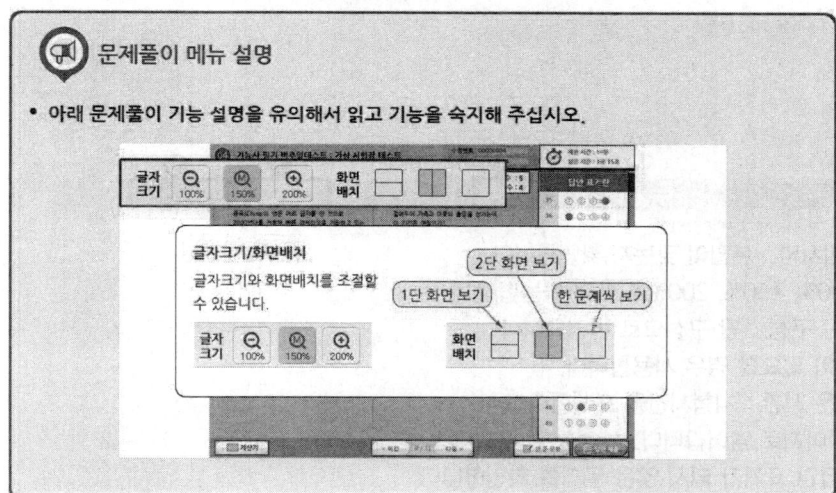

CBT 전면시행에 따른

CBT PREVIEW

🖥 시험준비 완료!

이제 시험에 응시할 준비를 완료합니다.

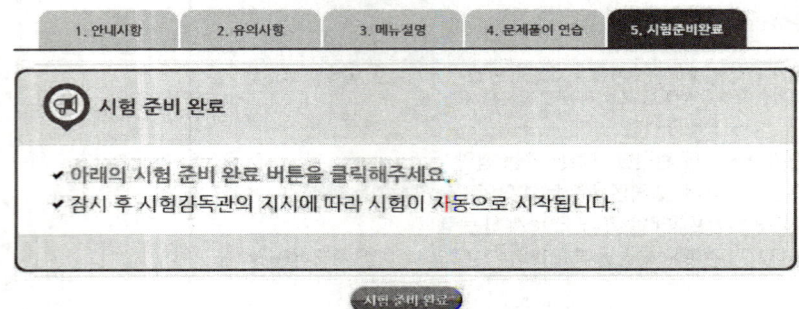

🖥 시험화면

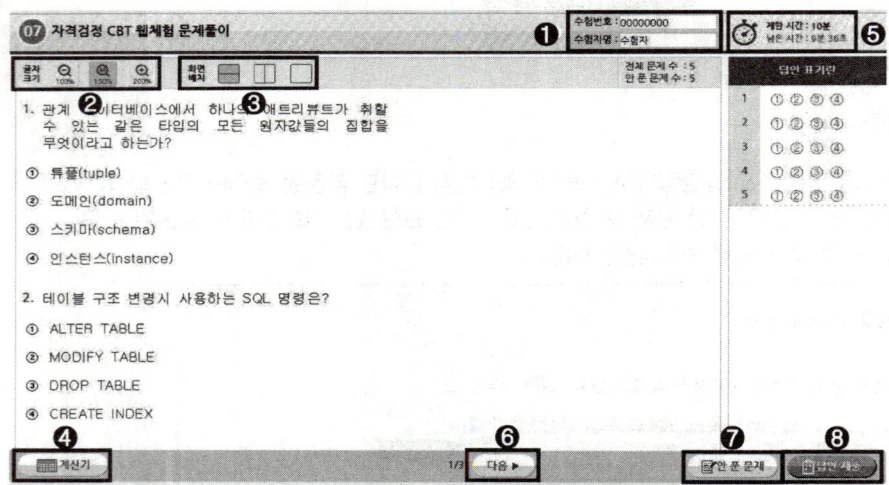

❶ 수험번호, 수험자명 : 본인이 맞는지 확인합니다.
❷ 글자크기 : 100%, 150%, 200%로 조정 가능합니다.
❸ 화면배치 : 2단 구성, 1단 구성으로 변경합니다.
❹ 계산기 : 계산이 필요할 경우 사용합니다.
❺ 제한 시간, 남은 시간 : 시험시간을 표시합니다.
❻ 다음 : 다음 페이지로 넘어갑니다.
❼ 안 푼 문제 : 답안 표기가 되지 않은 문제를 확인합니다.
❽ 답안 제출 : 최종답안을 제출합니다.

CRAFTSMAN AIR-CONDITIONING & REFRIGERATING MACHINERY ■ ■ ■

💻 답안 제출

문제를 다 푼 후 답안 제출을 클릭하면 위와 같은 메시지가 출력됩니다.
여기서 '예'를 누르면 답안 제출이 완료되며 시험을 마칩니다.

💻 알고 가면 쉬운 CBT 4가지 팁

1. 시험에 집중하자.
기존 시험과 달리 CBT 시험에서는 같은 고사장이라도 각기 다른 시험에 응시할 수 있습니다. 옆 사람은 다른 시험을 응시하고 있으니, 자신의 시험에 집중하면 됩니다.

2. 필요하면 연습지를 요청하자.
응시자의 요청에 한해 시험장에서는 연습지를 제공하고 있습니다. 연습지는 시험이 종료되면 회수되므로 필요에 따라 요청하시기 바랍니다.

3. 이상이 있으면 주저하지 말고 손을 들자.
갑작스럽게 프로그램 문제가 발생할 수 있습니다. 이때는 주저하며 시간을 허비하지 말고, 즉시 손을 들어 감독관에게 문제점을 알려주시기 바랍니다.

4. 제출 전에 한 번 더 확인하자.
시험 종료 이전에는 언제든지 제출할 수 있지만, 한 번 제출하고 나면 수정할 수 없습니다. 맞게 표기하였는지 다시 확인해보시기 바랍니다.

CBT 모의고사 이용 가이드

- 인터넷에서 [예문사]를 검색하여 홈페이지에 접속합니다.
- PC, 휴대폰, 태블릿 등을 이용해 사용이 가능합니다.

STEP 1 회원가입 하기

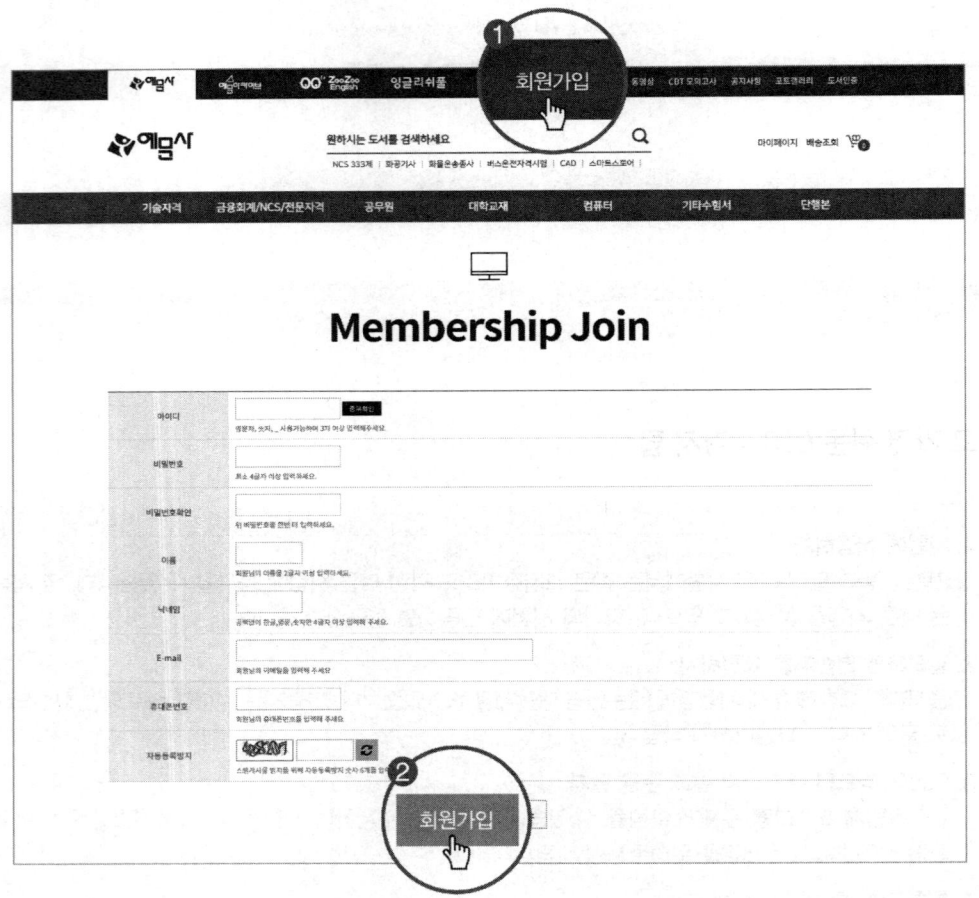

1. 메인 화면 상단의 [회원가입] 버튼을 누르면 가입 화면으로 이동합니다.
2. 입력을 완료하고 아래의 [회원가입] 버튼을 누르면 **인증절차 없이 바로 가입**이 됩니다.

STEP 2 시리얼 번호 확인 및 등록

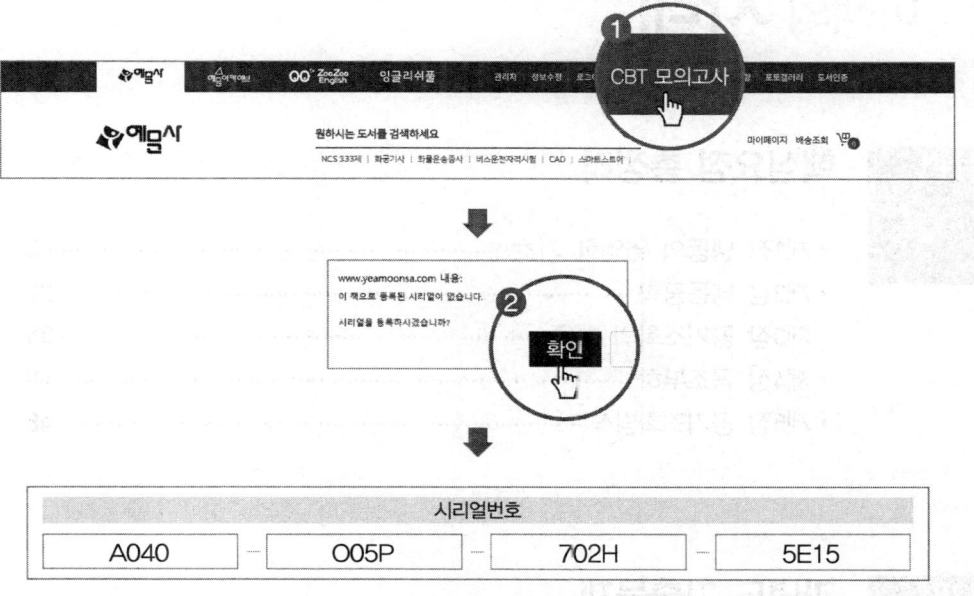

1. 로그인 후 메인 화면 상단의 [CBT 모의고사]를 누른 다음 **수강할 강좌를 선택**합니다.
2. 시리얼 등록 안내 팝업창이 뜨면 [확인]을 누른 뒤 **시리얼 번호를 입력**합니다.

STEP 3 등록 후 사용하기

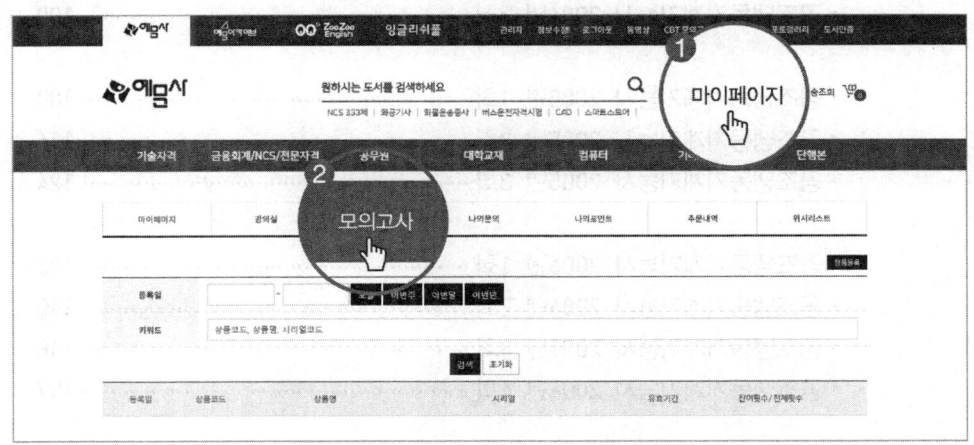

1. 시리얼 번호 입력 후 [마이페이지]를 클릭합니다.
2. 등록된 CBT 모의고사는 [모의고사]에서 확인할 수 있습니다.

CONTENTS
이책의 차례

제1편 핵심요점 총정리

- 제1장 냉동의 열역학 기초 ·· 2
- 제2장 냉동공학 ·· 22
- 제3장 공기조화의 개요 ··· 35
- 제4장 공조부하 ·· 40
- 제5장 공기조화방식 ··· 48

제2편 과년도 기출문제

- 공조냉동기계기능사 2003년 1회 ·· 60
- 공조냉동기계기능사 2003년 2회 ·· 68
- 공조냉동기계기능사 2003년 3회 ·· 76

- 공조냉동기계기능사 2004년 1회 ·· 84
- 공조냉동기계기능사 2004년 2회 ·· 92
- 공조냉동기계기능사 2004년 3회 ··· 100

- 공조냉동기계기능사 2005년 1회 ··· 108
- 공조냉동기계기능사 2005년 2회 ··· 116
- 공조냉동기계기능사 2005년 3회 ··· 124

- 공조냉동기계기능사 2006년 1회 ··· 132
- 공조냉동기계기능사 2006년 2회 ··· 140
- 공조냉동기계기능사 2006년 3회 ··· 148
- 공조냉동기계기능사 2006년 4회 ··· 157

- 공조냉동기계기능사 2007년 1회 ·· 165
- 공조냉동기계기능사 2007년 2회 ·· 173
- 공조냉동기계기능사 2007년 3회 ·· 181
- 공조냉동기계기능사 2007년 4회 ·· 189

- 공조냉동기계기능사 2008년 1회 ·· 197
- 공조냉동기계기능사 2008년 2회 ·· 205
- 공조냉동기계기능사 2008년 3회 ·· 213
- 공조냉동기계기능사 2008년 4회 ·· 221

- 공조냉동기계기능사 2009년 1회 ·· 229
- 공조냉동기계기능사 2009년 2회 ·· 237
- 공조냉동기계기능사 2009년 3회 ·· 245
- 공조냉동기계기능사 2009년 4회 ·· 253

- 공조냉동기계기능사 2010년 1회 ·· 261
- 공조냉동기계기능사 2010년 2회 ·· 269
- 공조냉동기계기능사 2010년 3회 ·· 277
- 공조냉동기계기능사 2010년 4회 ·· 285

- 공조냉동기계기능사 2011년 1회 ·· 293
- 공조냉동기계기능사 2011년 2회 ·· 301
- 공조냉동기계기능사 2011년 3회 ·· 309
- 공조냉동기계기능사 2011년 4회 ·· 318

- 공조냉동기계기능사 2012년 1회 ·· 327
- 공조냉동기계기능사 2012년 2회 ·· 336
- 공조냉동기계기능사 2012년 3회 ·· 345
- 공조냉동기계기능사 2012년 4회 ·· 354

CONTENTS
이책의 차례

- 공조냉동기계기능사 2013년 1회 ·· 363
- 공조냉동기계기능사 2013년 2회 ·· 372
- 공조냉동기계기능사 2013년 3회 ·· 381
- 공조냉동기계기능사 2013년 4회 ·· 390

- 공조냉동기계기능사 2014년 1회 ·· 399
- 공조냉동기계기능사 2014년 2회 ·· 407
- 공조냉동기계기능사 2014년 3회 ·· 416
- 공조냉동기계기능사 2014년 4회 ·· 425

- 공조냉동기계기능사 2015년 1회 ·· 434
- 공조냉동기계기능사 2015년 2회 ·· 443
- 공조냉동기계기능사 2015년 3회 ·· 452
- 공조냉동기계기능사 2015년 4회 ·· 461

- 공조냉동기계기능사 2016년 1회 ·· 471
- 공조냉동기계기능사 2016년 2회 ·· 480
- 공조냉동기계기능사 2016년 3회 ·· 490

2016년 3회 시험 이후에는 한국산업인력공단에서 기출문제를 공개하지 않고 있습니다. 참고하여 주시기 바랍니다.

제3편 CBT 실전모의고사

- 제1회 CBT 실전모의고사 ·· 500
  - 정답 및 해설 ·· 512
- 제2회 CBT 실전모의고사 ·· 516
  - 정답 및 해설 ·· 528
- 제3회 CBT 실전모의고사 ·· 531
  - 정답 및 해설 ·· 543
- 제4회 CBT 실전모의고사 ·· 547
  - 정답 및 해설 ·· 559
- 제5회 CBT 실전모의고사 ·· 563
  - 정답 및 해설 ·· 575
- 제6회 CBT 실전모의고사 ·· 580
  - 정답 및 해설 ·· 592

제4편 실기 작업형

- 제1장 공구목록 및 지급재료 ·· 598
- 제2장 가스용접작업 ·· 606
- 제3장 작업형 대비 지급재료목록 ·· 611
- 제4장 동관작업 도면 및 치수계산 ·· 612
- 제5장 도면작품 완성 ·· 616
- 제6장 작업형 대비 부속기기 ·· 618

공조냉동기계기능사 필기+실기 10일 완성
CRAFTSMAN AIR-CONDITIONING & REFRIGERATING MACHINERY

PART 01

핵심요점 총정리

01 | 냉동의 열역학 기초
02 | 냉동공학
03 | 공기조화의 개요
04 | 공조부하
05 | 공기조화방식

CHAPTER 01 냉동의 열역학 기초

공조냉동기계기능사 필기+실기 10일 완성

SECTION 01 기초 열역학과 가스

1 온도

1) 섭씨온도(Centigrade Temperature)
섭씨온도란 표준대기압(1atm)하에서 물이 어는 온도(빙점)를 0℃, 끓는 온도(비점)를 100℃로 정한 다음, 그 사이를 100등분하여 한 눈금을 1℃로 규정한다.

2) 화씨온도(Fahrenheit Temperature)
화씨온도란 표준대기압(1atm)하에서 물이 어는 온도(빙점)를 32°F, 끓는 온도(비점)를 212°F로 정한 다음, 그 사이를 180등분하여 한 눈금을 1°F로 규정한다.

> **참고** ℃와 °F와의 관계
>
> $$℃ = \frac{5}{9} \times (°F - 32), \quad °F = \frac{9}{5} \times ℃ + 32, \quad \frac{t[℃]}{100} = \frac{t[°F] - 32}{180}$$

3) 절대온도(Absolute Temperature)
온도의 시점(始點)을 -273.16K으로 한 온도로서, K으로 표시한다.

> **참고**
> - 섭씨 절대온도(Kelvin 온도)
>   K = 273 + ℃, 0℃ = 273K, 0K = -273℃
> - 화씨 절대온도(Rankine 온도)
>   °R = 460 + °F, °F = °R - 460

4) 건구온도
온도계로 측정할 수 있는 온도

5) 습구온도
봉상온도계(유리온도계)의 수은 부분에 명주를 물에 적셔 수분이 대기 중에 증발될 때 측정한 온도

6) 노점온도
대기 중에 존재하는 포화수증기가 응축하여 이슬이 맺히기 시작할 때의 온도

2 압력

단위면적 1cm²에 작용하는 힘(kg 또는 Pa)의 크기로 단위는 kg_f/cm^2 또는 lb/in^2(PSI ; Pound per Square Inch)

1) 표준대기압(1atm)

1기압은 위도 45°의 해면에서 0℃일 때 760mmHg가 매 cm²에 주는 힘으로 정의한다.

$1atm = 1.0332 kg_f/cm^2 = 760 mmHg = 10.33 mH_2O$
$= 1.01325 bar = 1,013.25 mbar = 101,325 N/m^2 = 101,325 Pa = 14.7 lb/in^2$
$= 101.325 kPa$

2) 공학기압(1at)

$1 kg_f/cm^2 = 735.6 mmHg = 10 mH_2O = 0.9807 bar = 980.7 mbar = 98,070 Pa$
$= 0.9679 atm = 14.2 lb/in^2 = 98.07 kPa$

3) 게이지 압력

표준대기압을 0으로 하여 측정한 압력, 즉 압력계가 표시하는 압력으로 단위는 kg_f/cm^2, $kg_f/cm^2 g$, $lb/in^2 g$

4) 절대압력

완전 진공을 0으로 하여 측정한 압력으로 단위는 $kg_f/cm^2 abs$, $lb/in^2 abs$

① 절대압력($kg_f/cm^2 a$) = 게이지 압력(kg_f/cm^2) + 대기압($1.033 kg_f/cm^2$)
② 절대압력 = 대기압 − 진공압
③ 게이지 압력(kg_f/cm^2) = 절대압력(kg_f/cm^2) − 대기압($1.033 kg_f/cm^2$)
※ $1 MPa = 0.1 kg_f/cm^2$

5) 진공도(Vacuum)

대기압보다 낮은 압력을 진공도 또는 진공압력이라 한다. 단위로는 cmHgV, inHgV로 표시하며, 진공도를 절대압력으로 환산하면 다음과 같다.

① cmHgV에 $kg_f/cm^2 a$로 구할 때 : $P = 1.033 \times \left(1 - \dfrac{h}{76}\right)$

② cmHgV에 $lb/in^2 a$로 구할 때 : $P = 14.7 \times \left(1 - \dfrac{h}{76}\right)$

③ inHgV에 $kgf/cm^2 a$로 구할 때 : $P = 1.033 \times \left(1 - \dfrac{h}{30}\right)$

④ inHgV에 $lb/in^2 a$로 구할 때 : $P = 14.7 \times \left(1 - \dfrac{h}{30}\right)$

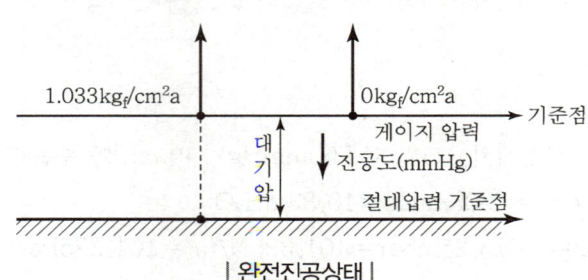

| 완전진공상태 |

6) 압력계

① 복합 압력계 : 진공과 저압을 측정할 수 있는 압력계

② 고압 압력계 : 대기압 이상의 압력을 측정할 수 있는 압력계

③ 매니폴드 게이지 : 복합 압력계와 고압 압력계가 같이 붙어 있는 게이지

3 열량

1) 1kcal

물 1kg을 1℃ 올리는 데 필요한 열량(한국·일본에서 사용되는 단위)

2) 1BTU

물 1 lb를 1℉ 올리는 데 필요한 열량(미국·영국에서 사용되는 단위)

3) 1PCU(CHU)

물 1 lb를 1℃ 올리는 데 필요한 열량

> **참고**
>
> ① 1kcal=3.968BTU(British Thermal Unit)
>
> ② 1BTU= $\dfrac{1}{3.968}$ kcal=0.252kcal=252cal
>
> ③ 1CHU=0.4536kcal

4 비열(Specific Heat)

어떤 물질 1kg(1 lb)을 1℃(1℉) 높이는 데 필요한 열량(kcal/kg·℃, BTU/lb·℉)

1) 정압비열(Constant Pressure, C_P)

기체를 압력이 일정한 상태에서 1℃ 높이는 데 필요한 열량

2) **정적비열(Constant Volume, C_V)**

   기체를 체적이 일정한 상태에서 1℃ 높이는 데 필요한 열량

3) **비열비(k)**

   기체의 정압비열과 정적비열과의 비, 즉 C_P / C_V 이므로 비열비는 항상 1보다 크다.
   다시 말해 $C_P > C_V$ 이므로 $C_P / C_V > 1$ 이다.

   > **참고** 각 냉매의 비열비(k)의 값
   >
   > - NH_3 : 1.313(토출가스온도 98℃)
   > - R-12 : 1.136(토출가스온도 37.8℃)
   > - R-22 : 1.184(토출가스온도 55℃)
   > - 공기 : 1.4

5 현열(감열)과 잠열 및 열용량

1) **잠열** : 온도변화 없이 상태를 변화시키는 데 필요한 열
2) **감열(현열)** : 상태변화 없이 온도를 변화시키는 데 필요한 열(현열)
3) **증발잠열(기화열)** : 액체가 일정한 온도에서 증발할 때 필요한 열
4) **열용량(Heat Content)** : 어떤 물질의 온도를 1℃ 만큼 올리는 데 필요한 열량이며 그 단위는 kcal/℃이다.

$$열용량(Q) = 물질의 질량(m) \times 비열(C)$$

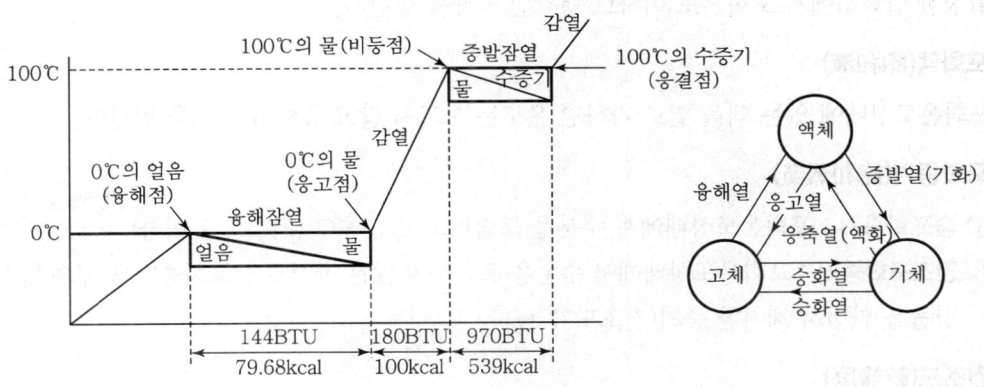

| 물의 상태변화 |

> **참고**
> - 물의 증발잠열 : 539kcal/kg(970BTU/lb)
> - 얼음의 융해잠열 : 79.68kcal/kg(144BTU/lb)

5) **열량 계산방식**

   (1) 감열

   $$Q = W \times C \times t$$

   여기서, Q : 열량(kcal)
   W : 중량(kg)
   C : 비열(kcal/kg · ℃)(얼음 0.5, 물 1, 공기 0.24, 수증기 0.46)
   Δt : 온도차(℃)

   (2) 잠열

   $$Q = W \times \gamma$$

   여기서, Q : 열량(kcal)
   W : 중량(kg)
   γ : 잠열(kcal/kg)

6 증기(Steam)

1) **포화(飽和)**

   어느 일정한 압력하에서 증발상태에 있을 때를 포화상태라 한다.

2) **과냉액(過冷液)**

   일정한 압력하에서 포화온도 이하로 냉각된 액체를 말한다.

3) **포화액(飽和液)**

   포화온도상태에 있는 액을 열로 가하면 온도는 오르지 않고 증발하는 액을 말한다.

4) **포화증기(飽和蒸氣)**

   ① 습포화증기 : 포화온도상태에서 수분을 포함하고 있는 증기(건조도 1 이하)
   ② 건조포화증기 : 포화온도상태에서 수분을 포함하지 않는 증기로 습포화증기를 계속 가열하여 물방울을 완전히 제거한 증기(건조도가 1)

5) **건조도(乾燥度)**

   증기 속에 함유되어 있는 액의 혼용률을 나타낸다.
   예를 들어, 어느 증기 1kg 안에 건조증기가 $x$kg 있다고 할 때 나머지는 액이므로 액은 $(1-x)$kg이다. 이때의 x를 건도 또는 건조도라 한다.

6) 과열증기(過熱蒸氣)

포화온도보다 높은 온도의 증기로 건조포화증기에 계속 열을 가하여 얻은 증기이다. 단, 압력은 일정하다.

> **참고** 포화온도와 포화압력
> - 포화온도 : 어느 압력 밑에서 액을 가열할 때 액의 상태에서는 이 이상의 온도로는 오르지 않는다는 한계의 온도를 말한다.
> - 포화압력 : 포화온도상태에 있는 압력
> - 포화온도는 압력에 비례한다. 즉 압력이 낮아지면 포화온도가 낮아지고 압력이 높아지면 포화온도는 상승한다.

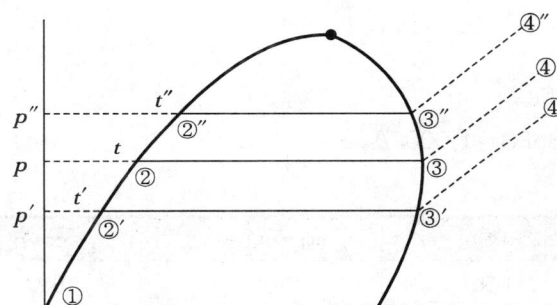

- 포화액선 : ②'②②"의 연결곡선
- 건조포화증기선 : ③'③③"의 연결곡선
- 증발과정 : ②' → ③', ② → ③, ②" → ③"
- 응축과정 : ③' → ②', ③ → ②, ③" → ②"

| 포화액, 건조포화증기, 증발, 응축과정선 |

7) 과열도(過熱度)

과열증기온도 − 포화증기온도

즉, 과열증기온도와 포화증기온도와의 차를 말한다.

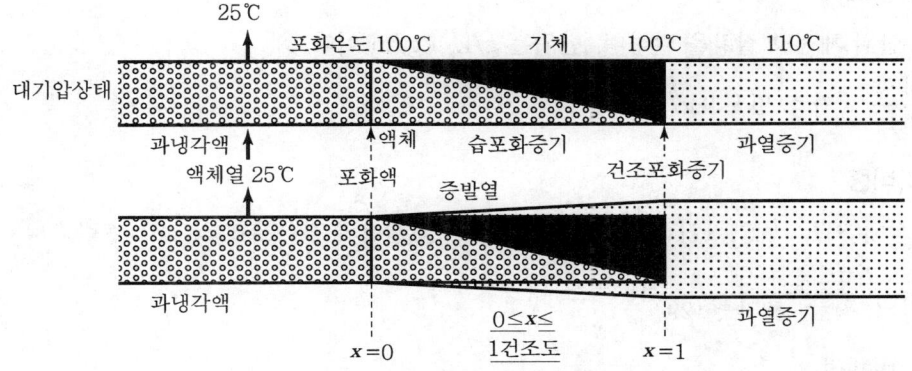

| 열의 흡수에 의한 상태변화 |

8) 임계점(臨界占)

증발잠열은 압력이 클수록 적어지므로 어느 압력에 도달하면 잠열이 0kcal/kg이 되어 액체, 기체의 구분이 없어진다. 이 상태를 임계상태라 하고 이때의 온도를 임계온도, 이에 대응하는 압력을 임계 압력이라 한다.(그 이상의 압력에서는 액체와 증기가 서로 평형으로 존재할 수 없는 상태)

냉매구분	임계온도(℃)	임계압력(kg/cm²abs)
NH_3	133	116.5
R-11	198	44.7
R-12	111.5	40.9
R-22	96	50.3

7 동력

단위 시간당(sec) 일의 양을 말한다.

- 1PS=75kg·m/sec=632kcal/hr=0.736kW
- 1kW=102kg·m/sec=860kcal/hr=1.36PS=1,000J/sec
- 1HP=76kg·m/sec=641kcal/hr

kW	HP	PS	kg·m/sec	kcal/h
1	1.34	1.36	102	860
0.746	1	1.0144	76	641
0.736	0.986	1	75	632

8 밀도, 비중, 비체적

1) 가스 밀도

가스 단위 체적당 질량을 말하며, 단위는 g/L, kg/m³이다.

$$\frac{분자량}{22.4}= 가스\ 밀도[kg/m^3]$$

2) 가스 비중

표준상태(STP : 0℃, 1기압)의 공기 일정 부피당 질량과 같은 부피의 가스 질량과 비

$$\frac{가스\ 분자량}{공기의\ 평균\ 분자량(29)}= 가스\ 비중$$

3) 가스 비체적

가스 단위 질량당 체적을 말하며, 단위는 L/g, m³/kg이다.

$$\frac{22.4}{\text{분자량}} = \text{가스 비체적}\,[\text{m}^3/\text{kg}]$$

4) 액의 밀도

단위 부피당 질량

$$\rho = \frac{m}{V}$$

여기서, ρ : 밀도
　　　　m : 질량(kg)
　　　　V : 부피(m^3)

5) 액비중

4℃의 순수한 물의 무게와 같은 부피의 액의 무게와의 비

> **참고** **질량과 중량의 구별**
>
> - 질량(kg) : 그 물질이 갖는 순수한 고유의 무게로 장소에 따른 변동이 없다.
> - 중량(kg중 또는 kgf) : 그 물질이 갖는 고유의 무게에 중량(9.8m/sec^2의 가속도)이 가해진 무게로 장소에 따라 변동이 있다.

9 원자와 분자량

1) 원자량(Atomic Weight)

질량수 12인 탄소원자 ^{12}C의 질량을 12라 정하고 이것과 비교한 각 원소의 원자인 상대적인 질량의 값을 말한다. 한편, 원자량에 g 단위를 붙인 질량을 1g 원자 또는 원자 1몰이라 하며, 1g 원자는 종류에 관계없이 6.02×10^{23}개(아보가드로의 수)의 질량이다.

2) 분자량(Molecular Weight)

각 분자를 구성하고 있는 성분원소의 원자량의 총합이다. 한편, 분자량에 g 단위를 붙인 질량을 1g 분자 또는 1몰이라 하며, 1g 분자는 6.02×10^{23}개의 질량이다.

> **참고** **분자량 구하는 법**
>
> 표준상태 이외인 경우 이상기체 상태방정식으로 구한다.
>
> $PV = \dfrac{W}{M}RT$ 에서 $M = \dfrac{WRT}{PV}$
>
> 여기서, P : 압력(atm), R : 기체상수($0.082\,\text{atm}\cdot\text{L/mol}\cdot\text{K}$)
> 　　　　V : 체적(L), T : 절대온도(K), M : 분자량, W : 질량(g)

참고 공기의 평균 분자량

공기의 평균 조성은 질소(N_2) 78%, 산소(O_2) 21%, 아르곤(Ar) 및 기타 가스가 1%로 그 평균 분자량은 $\dfrac{(28 \times 78) + (32 \times 21) + (40 \times 1)}{100} ≒ 29$이다. 따라서 공기의 평균 분자량, 즉 공기 22.4L가 차지하는 무게는 약 29g이라 할 수 있다.

3) 기체 1g 분자가 차지하는 부피(아보가드로의 법칙)

모든 기체 1g 분자(1mol)는 표준상태(STP : 0℃, 1기압)에서 22.4L의 부피를 차지하며, 분자수는 6.02×10^{23}개이다.

$$\text{몰수(mol)} = \dfrac{W}{M} = \dfrac{l}{22.4} = \dfrac{\text{분자수}}{6.02 \times 10^{23}}$$

참고

구분	O_2	H_2	CO_2	NH_3
분자량	32g	2g	44g	17g
몰수	1몰	1몰	1몰	1몰
체적	22.4L	22.4L	22.4L	22.4L
분자수	6.02×10^{23}	6.02×10^{23}	6.02×10^{23}	6.02×10^{23}

몰(mol)이란 분자, 원자, 전자(이온) 6.02×10^{23}개의 모임을 말한다.
단, 원자, 전자(이온)란 명시가 없을 때는 분자 몰만을 표시한다.

4) 프로판 가스의 화학반응식이 가지는 뜻

조건	반응물질	생성물질
화학반응식	$C_3H_8 + 5O_2$	$3CO_2 + 4H_2O$
몰비	1 : 5	3 : 4
질량비	44g : 5×32g	3×44g : 4×18g
부피비	22.4L : 5×22.4L	3×22.4L : 4×22.4L

10 열역학 법칙

1) 열역학 제0법칙

온도가 서로 다른 물체를 접촉시키면 높은 온도를 지닌 물체의 온도는 내려가고 낮은 물체는 온도가 올라가서 두 물체의 온도차가 없게 되어 열평형이 이루어지는 현상으로 두 물체가 열평형이 된 상태의 온도는 다음과 같다.

$$℃ = \frac{G \cdot C \cdot \Delta t + G' \cdot C' \cdot \Delta t'}{G \cdot C + G' \cdot C'}$$

여기서, G : 질량(kg)
C : 비열(kcal/kg · ℃)
Δt : 온도차(℃)

2) 열역학 제1법칙(에너지 보존법칙)

기계적 일이 열로 바뀌고, 또 열이 기계적 일로, 즉 일정비율로 서로 전환될 수 있는 현상

$$Q = A \cdot w \frac{1}{J}$$

$$w = JQ$$

여기서, w : 일량(kg · m), Q : 열량(kcal)
J : 열의 일당량(427kg · m/kcal) = (778ft · lb/BTU)
A : 일의 열당량 $\left(\frac{1}{427}\text{kcal/kg} \cdot \text{m}\right) = \left(\frac{1}{778}\text{BTU/ft} \cdot \text{lb}\right)$

- **엔탈피(Enthalpy)** : 유체가 가진 열에너지와 일에너지를 합한 열역학적 총 에너지를 엔탈피라 하고 유체 1kg이 가진 엔탈피가 비엔탈피이다.

  엔탈피$(h) = U + APV$

  여기서, U : 내부 에너지(kcal/kg)
  A : 일의 열당량
  PV : 일에너지(kg · m/kcal)

3) 열역학 제2법칙(에너지 흐름의 법칙)

일에너지는 열에너지로 쉽게 바뀔 수 있지만 열에너지를 일에너지로 바꾸려면 열기관을 통해야 하는데, 열기관을 통해도 열의 전부가 일로 바뀌지 않고 일부가 손실된다. 이처럼 일은 쉽게 열로 바뀔 수 있지만 열은 쉽게 일로 바꿀 수 없는 것이다. 즉 열은 고온에서 저온으로 이동한다는 에너지 변환의 방향성을 표시하는 법칙을 말한다.

- **엔트로피(Entropy)** : 어떤 단위중량당 물체가 가지고 있는 열량을 그 유체의 절대온도로 나눈 값이다.

  엔트로피$(\Delta S) = \frac{\Delta Q}{T}$

  여기서, ΔQ : 열량(kcal)
  ΔS : 엔트로피(kcal/kg · K)
  T : 절대온도(℃ + 273)

4) 열역학 제3법칙

열적 평형상태에 있는 모든 결정성 고체의 엔트로피는 절대 0도에서 0이 된다는 법칙, 즉 어떠한 상태에서도 절대 0도(-273℃)에 이르게 할 수 없다는 법칙을 말한다.

11 기체

1) 이상기체(완전가스)

이상기체란 보일·샤를·돌턴의 법칙, 즉 기체의 압력, 부피, 온도 관계가 어떤 종류의 단순한 법칙에 따라가는 가상적인 기체를 말한다.

참고
- 이상기체는 질량이 있으나, 이상기체 분자 자신은 부피가 없다. 단, 전체로서는 부피를 갖는다.
- 이상기체 분자 사이에는 인력이나 반발력이 작용하지 않는다.
- 이상기체는 응축시켜서 액화할 수 없다.

(1) 이상기체의 상태식

온도, 압력, 부피와의 관계를 나타내는 방정식

① 1mol인 경우 : $PV = RT$

② $n$mol인 경우 : $PV = nRT$

$$PV = \frac{W}{M}RT \quad \text{※} \quad n = \frac{W}{M}$$

- $P_1 V_1 = GR_1 T$
- $PV = nZRT$ (보정하고자 할 때)

여기서, R : 압력(atm)

V : 부피(L)

R : 기체상수로서 기체 1몰의 경우 $R = \frac{PV}{T}$ 로서, 0℃, 1기압일 때 모든 기체는 22.4L의 체적을 가지므로 $\frac{1 \times 22.4}{273} \fallingdotseq 0.082$ L·atm/K·mol이 된다.

T : 절대온도(K)

P_1 : 압력(kg_f/cm^2 절대 $\times 10^4 = kg_f/m^2$)

V_1 : 부피(m^3)

W : 무게(g)

G : 질량(kg)

R_1 : 기체정수 $\left(\frac{848}{M} kg \cdot m/kg \cdot K\right)$

$$R = \frac{1.0332 \times 10^4 kg_f/cm^2 \times 22.4 m^3/kmol}{273K} = 848 kg \cdot m/kmol$$

M : 분자량(kg/kmol)

Z : 보정계수(압축계수)

> **참고**
>
> 기체상수 R의 값은 다음 식에 따라 달라진다.
> - $L \cdot atm/K \cdot mol = 0.082$
> - $erg/K \cdot mol = 8.31 \times 10^7$
> - $cal/K \cdot mol = 1.987$

(2) 보일(Boyle)의 법칙

온도가 일정할 때 일정량의 기체가 차지하는 체적(브피)은 절대압력에 반비례한다.(1662년 영국인 보일에 의하여)

$$PV = P_1 V_1$$

여기서, P : 압력($kg_f/cm^2 \cdot abs$), V : 부피(L)
P_1 : 부피가 V_1일 때 가스 압력($kg_f/cm^2 \cdot abs$)
V_1 : 압력이 P_1일 때 가스 부피(L)

(3) 샤를(Charle)의 법칙(게이루삭, Gay-Lussac)

압력이 일정할 때 기체의 부피는 절대온도에 비례한다.(1782년 프랑스인 샤를에 의하여)

$$\frac{V}{T} = \frac{V_1}{T_1}$$

여기서, V : 0℃(절대온도 273K)일 때의 가스 부피(L), T : 0℃(절대온도 273K)
V_1 : t℃(절대온도 273K+t)일 때의 가스 부피(L), T_1 : t℃(절대온도 273K+t)

(4) 보일-샤를의 법칙

일정량의 기체가 갖는 부피는 압력에 반비례하고, 절대온도에 비례한다.

$$\frac{PV}{T} = \frac{P_1 V_1}{T_1}$$

$$V_2 = V_1 \times \frac{T_2}{T_1} \times \frac{P_1}{P_2}$$

(5) 돌턴(Dalton)의 분압법칙

혼합기체의 전압은 성분기체의 분압(부분압력)의 총합과 같다.

$$P = P_1 + P_2 + P_3 \cdots\cdots$$

여기서, P : 전압, P_1, P_2, P_3 : 분압

※ 분압 = 전압 $\times \dfrac{\text{성분가스 몰수}}{\text{전가스 몰수}}$ = 전압 $\times \dfrac{\text{성분가스 부피}}{\text{전가스 부피}}$ = 전압 $\times \dfrac{\text{성분가스 분자수}}{\text{전가스 분자수}}$

> **참고**
>
> 압력비=몰비=부피비=분자수의 비는 같다.

2) 실제기체

이상기체는 실제로 존재할 수 없지만, 실제 기체는 분자 사이에 상호 인력도 존재하고 분자 자체의 부피도 무시할 수 없는 때를 말한다. 이는 압력이 높거나 온도가 낮을 때 이상기체 법칙으로부터 제외된다.

(1) 반데르발스(Van der Waals)의 방정식

① 1mol인 경우

$$\left(P+\frac{a}{V^2}\right)(V-b) = RT \qquad \text{※} \quad P = \frac{RT}{V-b} - \frac{a}{V^2}$$

② $n$mol인 경우

$$\left(P+\frac{n^2 a}{V^2}\right)(V-nb) = nRT \qquad \text{※} \quad P = \frac{nRT}{V-nb} - \frac{n^2 a}{V^2}$$

여기서, a : 기체 분자 간의 인력
b : 기체 자신이 차지하는 체적
n : 몰수

3) 혼합가스의 조성

(1) 몰% = $\dfrac{\text{어느 성분가스의 몰수}}{\text{가스전체의 몰수}} \times 100[\%]$

(2) 부피%(용량%) = $\dfrac{\text{어느 성분가스의 부피}}{\text{가스전체의 중량}} \times 100[\%]$

(3) 중량%(무게%) = $\dfrac{\text{어느 성분가스의 중량}}{\text{가스전체의 중량}} \times 100[\%]$

$$\frac{100}{L} = \frac{V_1}{L_1} + \frac{V_2}{L_2} + \frac{V_3}{L_3} \cdots\cdots$$

12 고압가스의 용기 내용적과 저장능력

1) 용기의 내용적 산정기준

(1) 압축가스

$$V = \frac{M}{P}$$

여기서, V : 용기의 내용적(L)
M : 대기압 상태로 고친 가스의 용적(L)
P : 35℃에서의 최고 충전 압력(kg/cm²)

(2) 액화가스

$$G = \frac{V}{C}$$

여기서, G : 액화가스의 질량(kg)
V : 용기의 내용적(L)
C : 가스에 따른 충전 상수

> **참고**
>
> $G = \frac{V}{C}$ 식에서 C는 가스 정수이다. 예로서 액화 프로판의 C가 2.35라는 것은 액화 프로판을 넣을 수 있는 용기의 체적 2.35L당 1kg의 액화 프로판을 넣을 수 있다는 뜻이며 일반적으로 많이 쓰이는 가스의 가스 정수는 기억하는 것이 좋다.

2) 저장설비의 저장능력 산정기준

(1) 압축가스

$$Q = (P+1)V$$

여기서, Q : 저장설비의 저장능력(m^3)
P : 35℃ 온도에서의 저장설비의 최고 충전 압력(kg_f/cm^2)
V : 저장설비의 내용적(m^3)

(2) 액화가스

$$W = 0.9dV$$

여기서, W : 저장설비의 저장능력(kg)
d : 저장설비의 상용 온도에 있어서 액화가스의 비중(kg_f/L)
V : 저장설비의 내용적(L)

3) 가스의 기화부피

$$d = \frac{M}{V}, \ V = \frac{M}{d}, \ M = dV$$

여기서, V : 액 부피(L)
d : 액 밀도(kg/L)
M : 가스 질량(kg)

또한, STP(표준상태)상태에서의 액 부피

$$V = \frac{G}{m} \times 22.4$$

여기서, m : 가스의 분자량
G : 가스 질량(kg)

4) 구형 탱크의 내용적

$$V = \frac{4}{3}\pi r^3 = \frac{\pi D^3}{6}$$

여기서, V : 내용적(kl=m³=ton)
r : 구의 반지름(m)
D : 구의 지름(m)

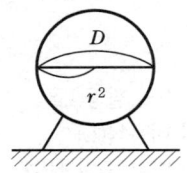

5) 원통형 탱크의 내용적

$$V = \frac{\pi}{4}D^2 \cdot L$$

여기서, V : 내용적(kL=m³)
D : 지름(m)
L : 탱크의 길이(m)

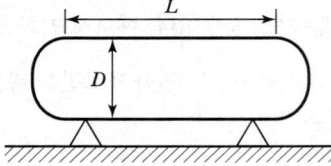

참고 탱크의 표면적 계산

$$A = \pi D \times L + 2 \times \left(\frac{\pi}{4}D^2\right)$$

A = 표면적(m²)
$\pi D \times L$ = 동판의 면적(m²)
$2 \times \left(\frac{\pi}{4}D^2\right)$ = 경판의 면적(m²)

※ 원통형에서 경판부는 $\frac{4}{3}\pi r^2 h$로 구해지나 보통 $\left(\frac{\pi}{4}D^2\right) \times 2$ 평판으로 계산한다.

6) 탱크나 용기의 안전 공간

액화가스를 충전하는 저장탱크나 용기에서 온도상승에 따른 액의 부피팽창을 고려하여 약 10% 정도 안전공간을 두며, 그 부피(%)는 다음 계산식에 의한다.

$$안전공간 = \frac{V_1}{V} \times 100\,[\%]$$

여기서, V : 전체의 부피
V_1 : 기상부의 부피(전부피 − 액부피)

13 가스의 압축

1) 등온압축

실린더 주위를 냉각하면서 압축에 수반되는 가스의 온도상승을 완전히 막으면서, 압축 전후에 있어서 가스의 온도를 같게 하는 압축이다.

$$PV = P_1 V_2 \quad \therefore \quad \frac{P_1}{P} = \frac{V}{V_1}$$

여기서, P : 압축 전의 가스압력($kg_f/cm^2 \cdot abs$)
P_1 : 압축 후의 가스압력($kg_f/cm^2 \cdot abs$)
V : 압축 전의 체적(m^3)
V_1 : 압축 후의 체적(m^3)

2) 단열압축

실린더를 완전하게 열을 절연하고 가스의 압축 중에 열이 외부로 방출되지 않게 해서 압축하는 방법이다.

단열압축은 압축 후 가스의 온도상승, 소요일량, 압력상승이 가장 크다.

$PV^k = P_1 V_1^k, \ k = C_P/C_V$

여기서, k : 비열비
C_P : 정압비열
C_V : 정적비열

3) 폴리트로픽 압축

실제적인 압축방식으로, 등온과 단열의 중간 형태로 열량, 온도상승, 압력상승도 중간 형태인 압축방식이다.

$PV^n = P_1 V_1^n, \ 1 < n < k$

여기서, $n = k$(단열변화)
$n = 1$(등온변화)
$n = 0$(정압변화)
$n = \infty$(정적변화)

14 전열

온도가 높은 곳에서 낮은 곳으로 열이 이동하는 것을 전열이라고 하며, 전열은 온도차에 의해서 이루어진다.

$Q = \dfrac{\Delta t}{W}$

여기서, Q : 전열량(kcal/h)
W : 열이동에 대한 저항($m \cdot h \cdot ℃/kcal$)
Δt : 온도차(℃)

전열량은 온도차에 비례하고 열저항에 반비례한다.

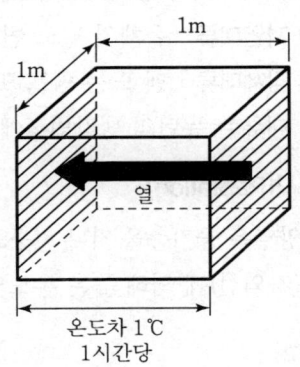

1) 열전도(Conduction)

고체와 고체 간에 열이 이동하는 것,
즉 고체 내에서의 열의 이동을 열전도라 한다.(푸리에의 법칙에 따른다.)

$Q = \lambda \cdot \dfrac{F \cdot \Delta t}{l}$

여기서, Q : 한 시간에 이동되는 열량(kcal/h)
λ : 열전도율(kcal/m · h · ℃)
F : 전열면적(m^2)
Δt : 온도차(℃)
l : 두께(m)

참고 열전도율(kcal/m · h · ℃)

> 1변이 1m인 입방체에 4면을 완전히 열절연하여 나머지 2면을 온도차 1℃로 유지할 때 1시간에 양면을 흐르는 열량을 열전도율이라 한다.

▼ 각종 재료의 열전도율(kcal/m · h · ℃)

재료	열전도율	재료	열전도율
강(탄소강)	31~46	유막	0.10~0.13
주철	46	물	0.51
동	300~330	얼음	2.0
알루미늄	190	스티로폼	0.28
탄화코르크	0.036~0.04	공기	0.02
유리	0.67~0.83	물때	0.3~1.0
콘크리트	0.7~1.2	적상(서리)	0.1~0.4

2) 대류(Convection)

열이 액체나 기체의 운동에 의하여 이동하는 것을 말한다. 가열된 기체나 액체를 팽창시켜, 주위의 기체나 액체보다 밀도가 작아져서, 부력이 작용하여 위로 올라간다. 그 다음 온도가 낮은 밀도가 큰 기체나 액체가 들어가서 유체의 위치가 이동하는 것이다.

① **자연대류** : 유체의 밀도 변화에 의하여 일어나는 대류
② **강제대류** : 팬 또는 펌프 또는 교반기 등 기계적 방법으로 행하는 대류
※ 대류는 뉴턴의 냉각법칙에 의한다.

3) 복사(Radiation)

태양열은 공기층을 지나 지구표면에 이른다. 이와 같이 열이 통과하는 중간물질을 가열하지 않고 열선(자외선)에 의해 높은 온도의 물체에서 낮은 온도의 물체로 옮아가는 작용을 복사라 한다.

참고

> 검은색은 복사열을 잘 흡수하고 또한 복사열을 잘 방출한다. 가정용 냉장고는 이러한 이유 때문에 응축기를 검은색으로 칠한다.(흰색은 검은색의 반대이다.)

4) 열전달(Heat Transfer)

유체와 고체 간의 열이 이동하는 것을 말한다.

$Q = \alpha \cdot F \cdot \Delta t$

여기서, Q : 한 시간 동안에 이동된 열량(kcal/h)
α : 열전달률, 표면전열률(kcal/m²h℃)
F : 전열면적(m²)
Δt : 유체와 고체 간의 온도차(℃)

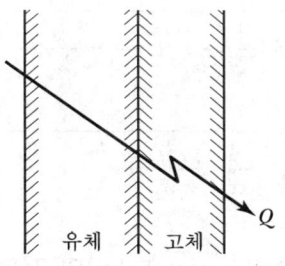

▼ 유체의 종류 및 상태에 따른 열전달률(kcal/m²h℃)

구분	유체	상태	열전달률	구분	유체	상태	열전달률
금속면과 유체	액체	정지	70~300	건축면과 공기	벽	옥외벽	20
		유동	200~5,000		응축면	NH₃	500
	기체	정지	2~30			R-12	1,600
		유동	10~500		증발면	NH₃	6,000
	벽	옥내벽	5~7			R-12	1,700

5) 열관류율

온도가 다른 유체가 고체벽을 사이에 두고 있을 때 온도가 높은 유체에서 온도가 낮은 유체로 열이 이동하는 것을 열통과율 또는 열관류율(kcal/m²h℃)이라 한다.

$Q = K \cdot F \cdot \Delta t$

여기서, Q : 한 시간 동안에 통과한 열량(kcal/h)
K : 열통과율(kcal/m²h℃ ; 전열계수)
F : 전열면적(m²)
Δt : 온도차(℃)

6) 평판전열벽

열통과저항은 제반 전열저항의 합이므로

$W = W_{S_1} + W_{C_1} + W_{C_2} + W_{C_3} + \cdots + W_{S_2}$

열전도저항 $W_C = \dfrac{l}{\lambda \cdot F}$

열전달저항 $W_S = \dfrac{1}{\lambda \cdot F}$ 이므로

$W = \dfrac{1}{\alpha_1 \cdot F} + \dfrac{l_1}{\lambda_1 \cdot F} + \dfrac{l_2}{\lambda_2 \cdot F} + \dfrac{l_3}{\lambda_3 \cdot F} + \cdots + \dfrac{1}{\alpha_2 \cdot F}$

$K = \dfrac{1}{F \cdot W}$ 에서 $W = \dfrac{1}{K \cdot F}$ 이므로

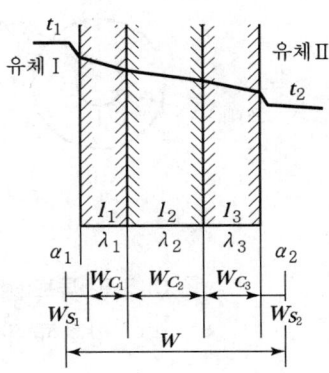

$$K = \cfrac{1}{F\left\{\cfrac{1}{F}\left(\cfrac{1}{\alpha_1} + \cfrac{l_1}{\lambda_1} + \cfrac{l_2}{\lambda_2} + \cfrac{l_3}{\lambda_3} + \cdots + \cfrac{1}{\alpha_2}\right)\right\}}$$

$$\therefore K = \cfrac{1}{\cfrac{1}{\alpha_1} + \cfrac{l_1}{\lambda_1} + \cfrac{l_2}{\lambda_2} + \cfrac{l_3}{\lambda_3} + \cdots + \cfrac{1}{\alpha_2}}$$

7) 핀 튜브(Finned Tube)의 전열

냉동장치에서 냉매와 냉각수, 냉매와 공기 간에 전열저항이 큰 쪽에 전열면적을 증가시켜 전열을 양호하게 하기 위하여 Fin을 부착한 Tube를 말한다.

> **참고** 전열의 크기 순서
>
> $NH_3 > H_2O > Freon > 공기$

(1) 핀 튜브의 종류

① **로 핀 튜브(Low Finned Tube)** : 튜브 내로 전열이 양호한 유체가 흐르고 튜브 밖에 전열이 불량한 유체가 흐르고 있을 때 전열이 불량한 튜브 밖에 핀을 설치한 튜브를 말한다.

> **참고**
> - 핀을 설치했을 때 내외면적비는 약 3.5이다.
> - 핀의 재료 : 동, 알루미늄 브레이스, 큐포로 니켈
> - NH_3는 전열이 양호하기 때문에 Fin을 부착시키지 않는다.

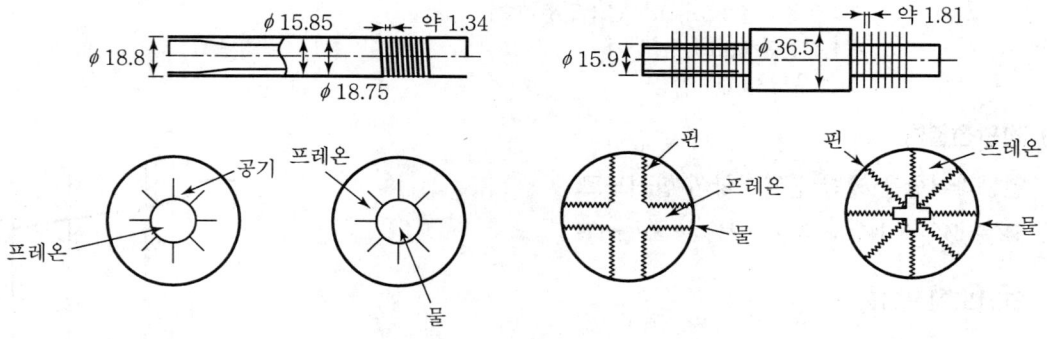

| 핀 튜브의 종류 |

② **이너 핀 튜브(Inner Finned Tube)** : 튜브 내로 전열이 불량한 유체가 흐르고, 튜브 밖에 전열이 양호한 유체가 흐르고 있을 때 전열이 불량한 튜브 내에 핀을 설치한 튜브를 말한다.

8) 방열재의 구비조건과 종류

(1) 방열재의 구비조건
① 전열이 불량할 것
② 흡습성이 적을 것
③ 강도가 있을 것
④ 불연성일 것
⑤ 부식성이 없을 것
⑥ 시공이 용이할 것
⑦ 내구력이 있을 것
⑧ 가격이 저렴하고 구입이 용이할 것

(2) 방열재의 종류
유리섬유(Glass Fiber), 스티로폼(Styrofoam), 글라스 파이버(Glass Fiber), 코르크(Cork), 톱밥

> **참고**
>
> 방열재 내의 온도가 외기의 노점온도보다 낮으면 수분이 침입하여 방열재 부식, 방열작용을 저해하게 되므로 경제적인 면과 외벽면에 이슬이 맺히는 것을 방지할 수 있는 두께로 방열해야 한다. 대기온도차 7~8℃에 대해 1인치의 두께로 한다.

CHAPTER 02 냉동공학

1 기계적인 냉동방법

1) 증기압축식 냉동기 : 압축기, 응축기, 증발기, 팽창밸브
2) 흡수식 냉동기 : 증발기, 흡수기, 재생기, 응축기
3) 증기분사식 냉동기 : 증기 Ejector 이용
4) 전자냉동기 : 펠티에 효과 이용
5) 히트펌프(Heat Pump)

2 기준 냉동사이클

1) 증발온도 : $-15℃(5°F)$
2) 응축온도 : $30℃(86°F)$
3) 팽창밸브 직전 온도 : $25℃(77°F)$
4) 압축기 흡입가스온도 : $-15℃$ 건조포화증기

3 냉동능력(RT)

$1,000 \times 79.68 = 79,680 \text{kcal/day} = 3,320 \text{kcal/h} = \text{RT}$

4 제빙톤

1) 1제빙톤 $= \dfrac{131,016}{79,680} = 1.65\text{RT}$

2) 결빙시간 $= \dfrac{0.56 \times (얼음두께)^2}{-(브라인의\ 온도)}$

5 냉매

1) 1차 냉매 : 암모니아(R-717), 프레온 냉매
2) 2차 냉매(간접 냉매) : 브라인

6 몰리에르 선도($P-i$ 증기선도)

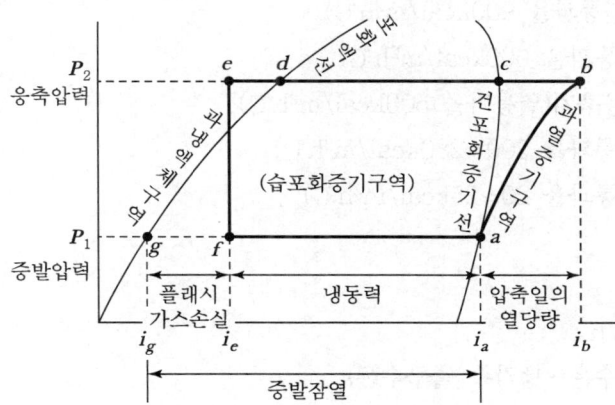

여기서, a : 압축기 흡입지점=증발기 출구지점
b : 압축기 토출지점=응축기 입구지점
c : 응축기에서 응축이 시작되는 지점
d : 응축기에서 응축이 끝난 지점=과냉각이 시작되는 점
e : 팽창밸브 입구지점
f : 팽창밸브 출구지점=증발기 입구지점

7 압축기(Compressor)

1) 체적식(용적식) 압축기
왕복동식, 회전식, 스크루식

2) 비용적식 압축기
원심식(터보형)

8 펌프

1) 터보형
원심식(터빈형, 볼류트형), 사류식, 축류식

2) 용적형
왕복동식, 회전식

9 응축기(Condenser)

1) 입형 응축기(열통과율 750kcal/m²h℃)
2) 횡형 응축기(열통과율 900kcal/m²h℃)

3) 7통로식 응축기(열통과율 1,000kcal/m²h℃)
4) 2중관식 응축기(열통과율 900kcal/m²h℃)
5) 대기식 응축기(열통과율 600kcal/m²h℃)
6) 셸 앤드 코일식 응축기(열통과율 500kcal/m²h℃)
7) 증발식 응축기(열통과율 200~280kcal/m²h℃)
8) 공랭식 응축기(열통과율 20~25kcal/m²h℃)

10 냉각탑(쿨링타워)

1) 1RT=3,900kcal/h
2) 쿨링 레인지(냉각수온 – 냉각수 출구수온)
3) 쿨링 어프로치(냉각수 출구수온 – 입구공기 습구온도)

11 팽창밸브

1) 수동팽창밸브
2) 모세관
3) 정압식 팽창밸브(AEV)
4) 온도식 자동팽창밸브(TEV)
5) 파일럿식 자동팽창밸브
6) 고압 측 부자밸브
7) 저압 측 부자밸브
8) 파일럿 플로트밸브
9) 부자 스위치
10) 온도식 액면제어밸브

12 자동제어 및 안전장치

1) 증발압력 조정밸브(EPR)

한 대의 압축기로 유지온도가 다른 여러 대의 증발실을 운용할 때 제일 온도가 낮은 냉장실의 압력을 기준으로 운전되기 때문에 고온 측의 증발기에 EPR을 설치하여 압력이 한계치 이하가 되지 않도록 한다.

2) 흡입압력 조정밸브(SPR)

흡입압력이 소정압력 이상 되었을 때 과부하에 의한 전동기의 소손을 방지하기 위해 설치한다.

3) 전자밸브(SV)

솔레노이드 밸브

4) 압력 자동급수밸브(절수밸브)

응축압력을 항상 일정하게 하고 운전정지 중 냉각수를 단수시킴으로써 경제적인 운전을 할 수 있다.

5) 온도 자동수량조절밸브

브라인이나 냉각수 출구에 부착하여 온도변화에 의해 유량 조절

6) 단수 릴레이

수냉각기에서 수량의 감소로 인하여 동파되는 것을 방지

7) 고압차단 스위치(HPS)

압축기의 안전장치로서 정상고압+0.4MPa에서 차단

8) 저압차단 스위치(LPS)

저압이 일정 이하가 되면 압축기 정지

9) 유압보호 스위치(OPS)

압축기 기동 시 60~90초 내에 유압이 정상으로 오르지 않으면 압축기 구동용 모터로 들어가는 전원을 차단

10) 온도제어(TC)

바이메탈식, 가스압력식, 전기저항식

11) 습도제어

습도가 증가하면 모발이 늘어나서 전기적 접점이 붙어 이에 의하여 전자밸브 등을 작동시켜 공기조화기에서 감습장치를 움직이게 한다.

12) 안전밸브

13) 가용전

프레온 냉동장치의 응축기나 수액기 등에서 압력용기의 냉매액과 증기가 공존하는 곳의 증기 부분에 설치하여 불의의 사고 시 일정온도에서 녹아 고압가스를 외기로 방출하여 이상 고압을 저지시킨다.

14) 파열판

용기 내부의 압력이 위험한 상태가 되면 파열되어 이상고압으로부터 위해가 방지되며 주로 터보 냉동기의 저압 측에 사용된다.

13 증발기

1) 건식 증발기(증발기 내 액이 25%, 가스가 75%)
2) 반만액식 증발기(증발기 내 액이 50%, 가스가 50%)
3) 만액식 증발기(증발기 내 액이 75%, 가스가 25%)
4) 액순환식 증발기(증발기 출구에 액냉매가 80%)
5) 공기 냉각용 증발기
   ① 관 코일 증발기(냉장고, 쇼케이스용)
   ② 캐스케이드 증발기(벽 코일 동결실의 동결선반용)
   ③ 멀티피드 멀티석션 증발기(암모니아용 공기동결실 동결선반)
   ④ 핀 튜브식 증발기(소형 냉장고, 쇼케이스, 에어컨용)
   ⑤ 판형 증발기(가정용 냉장고, 쇼케이스, 급속동결장치용)
6) 액체 냉각용 증발기
   ① 암모니아 만액식 셸 앤드 튜브식 증발기(셸 내로 냉매, 튜브 내로 브라인이 흐른다.)
   ② 프레온 만액식 셸 앤드 튜브식 증발기(셸 내로 냉매, 튜브 내로 브라인이 흐른다.)
   ③ 건식 셸 앤드 튜브식 증발기(튜브 내로 냉매, 셸 내로 브라인이 흐른다.)
   ④ 보데로형 냉각기(암모니아 만액식, 프레온 반만액식에 사용한다.)
   ⑤ 셸 앤드 코일식 증발기(튜브 내로 냉매, 셸 내로 브라인이 흐른다.)
   ⑥ 탱크형 증발기(암모니아용이며 제빙장치의 브라인 냉각용으로 헤링본형이 많이 쓰인다.)

14 적상 및 제상

1) **적상** : 공기 냉각에 있어서 증발기 냉각 코일 표면온도가 공기 냉각 노점온도보다 낮으면 공기 중의 수분이 응축하여 코일 표면에 부착되며, 이때 코일의 온도가 물의 동결온도보다 낮으면 코일에 부착된 물이 얼어붙어 서리가 되는데 이 서리가 부착된 것을 적상이라 한다.

2) **제상**
   (1) 공기를 냉각하는 증발기에서 대기 중의 습기가 서리가 되어 냉각관에 부착하는데 이 서리가 전열을 불량하게 하므로 이것을 제거하는 것을 제상이라 한다.
   (2) 제상의 종류
      ① 전열 제상(히터 이용)
      ② 고압가스 제상(압축기 토출냉매가스 이용)
      ③ 온브라인 제상(브라인식 냉각 코일의 경우에 사용)
      ④ 살수식 제상(10~25℃의 물을 사용)
      ⑤ 온공기 제상(실내공기로 제상)

15 냉동기 부속장치

1) **수액기** : 응축기에서 액화된 냉매를 팽창밸브에 보내기 전에 일시적으로 저장하는 용기
2) **오일분리기** : 압축기에서 토출되는 냉매가스 중에 오일의 혼입량이 현저하게 많으면 걸러낸다.
   ① 원심분리형
   ② 가스충돌식
   ③ 유속감소식
3) **냉매액분리기** : 흡입가스 중에 냉매액이 혼입되었을 때 냉매액을 분리하여 건조가스만 압축기에 투입시킨다.
4) **냉매건조기(드라이어, 제습기)** : 프레온 냉동장치에서 수분의 침입으로 인하여 팽창밸브 동결을 방지하기 위하여 드라이어를 설치한다.(실리카겔, 알루미나겔, 소바비드, 몰레큘러시브 사용)
5) **여과기** : Y형, L형, -형(펑거타입)이 있다.
6) **투시경(사이트 글라스)** : 냉동장치 내의 충전 냉매량의 부족 여부나 수분의 혼입상태를 확인하기 위하여 설치한다.
7) **균압관** : 응축기 상부와 수액기 상부에 연결하는 관이며 수액기 압력이 높아진 때를 대비하여 응축기와 수액기의 압력을 일정하게 하고 응축기의 냉매액이 낙차에 의해 수액기로 흐르도록 한다.
8) **오일냉각기** : 오일의 온도가 상당히 높아지는 경우 오일펌프에서 나온 오일을 냉각시켜 오일의 기능을 증대시킨다.
9) **열교환기** : 증발기로 유입되는 고압 액냉매를 과냉시켜 플래시 가스량을 억제하여 냉동효과를 증대시킨다.
   ① 관접촉식
   ② 2중 관식
   ③ 셸 앤드 튜브식
10) **불응축가스 퍼저** : 냉동장치의 냉매계통에 공기와 같은 불응축가스가 존재하면 그 분압만큼 응축압력이 높아져서 악영향이 미치므로 장치 내에서 제거시키는 장치이다.
    ① 요크식
    ② 암스트롱식
11) **냉매액 회수장치** : 액분리기를 압축기 가까이 흡입관에 설치하여 분리된 액을 고압 측 수액기로 회수하거나 증발기로 돌려보내는 장치이다.
12) **오일회수장치** : 압축기에 사용되는 오일은 암모니아 냉매보다 무거워 하부에 고이기 때문에 유분리기, 응축기, 수액기 등에 고인 오일을 최저부의 드레인 밸브를 통해 오일-리시버를 이용하여 가스는 저압 측으로 흡입시키고 오일은 유면계를 보면서 드레인한다.

▼ 냉매의 특성

특성＼냉매명	암모니아	탄산가스	메틸클로라이드	R-11	R-12	R-13	R-21	R-22	R-113	R-114	R-500	R-502	아황산가스
화학식	NH_3	CO_2	CH_3Cl	CCl_3F	CCl_2F_2	$CClF_3$	$CHCl_2F$	$CHClF_2$	$C_2Cl_3F_3$	$C_2Cl_2F_4$	CCl_2F_2 + $C_2H_4F_2$	$HClF_2$ + C_2ClF_5	SO_2
분자량	17.03	44	50.48	137.3	120.9	104.47	102.93	86.48	187.4	170.9	99.3	111.66	64.06
비등점(℃)	-33.3	-78.5 (승화)	-23.8	23.8	-29.8	-81.5	8.9	-40.8	47.57	3.55	-33.3	-45.6	-10.0
응고점(℃)	-77.7	-56.6	-97.8	-111.1	-158.2	-181	-135	-160	-35	-94	-158.9		-75.5
임계온도(℃)	133	31	143	198	112	28.8	178.5	96	214	145.7	105.1	90.1	157.1
임계압력(kg/cm^2a)	116.5	75.3	68.1	44.65	41.4	39.4	52.7	50.3	34.8	33.2	44.4	42.1	80.26
액의 비중(30℃)(g/cc)	0.595	0.596	0.901	1.46	1.29	1.29 (-30℃)	1.36	1.177	1.56	1.44	1.14	1.22	1.35
포화증기의 비중(비등점)(g/L)	0.905		2.55	5.86	6.26	6.9	4.57	4.8	7.4	7.8	5.2	6.1	3.05
액의 비열(30℃)(cal/g℃)	1.15	1.56	0.34	0.21	0.24	0.25 (-30℃)	0.26	0.34	0.22	0.24	0.29	0.26	0.32
정압비열(1atm, 30℃)(cal/g℃)	0.52	0.2	0.24	0.135	0.15	0.14 (-30℃)	0.14	0.15	0.61 (60℃)	0.16		0.16	0.15
비열비(C_P/C_V, 1atm, 30℃)	1.31	1.3	1.2	1.13	1.136	1.17 (-30℃)	1.17	1.184	1.080 (60℃)	1.08	1.13	1.133	1.29
비등점에서의 증발열(kcal/kg)	327		102.4	43.5	39.97	35.8	57.9	55.92	35.07	32.78	49.2	42.5	93.1
-15℃에서의 증발열(kcal/kg)	313.5	65.3	100.4	45.8	38.57	25.31	60.75	52.0	39.2	34.4	46.3		94.2
열전도율(액 30℃)(kcal/mh℃)	0.43	0.075 (20℃)	0.135	0.09	0.073	0.314 (-70℃)	0.104	0.089	0.078	0.067			0.17
절연내력(질소 1 기준)(23℃, 1atm)	0.83	0.88	1.06	3.1	2.4	1.4	1.3	1.3	2.6 (0.4atm)	2.8			1.90
수분의 냉매에 대한 용해도(℃)(g/100g)	89.9	0.34	0.28	0.0036	0.0026		0.055	0.06	0.0036	0.0026			22.8
가연성 유무	유	무	유	무	무	무	무	무	무	무	무	무	무
독성(숫자가 클수록 독성이 적고, 5A는 5보다 독성이 적다.)	2	5	4	5A	6	6	4~5	5A	4~5	6	6	5A~6	1

특성 \ 냉매명	암모니아	탄산가스	메틸클로라이드	R-11	R-12	R-13	R-21	R-22	R-113	R-114	R-500	R-50_2	아황산가스
-15℃에서의 증발압력(kg/cm²a)	2.41	23.3	1.49	0.21	1.862	13.48	0.37	3.03	0.07	0.476	2.175		0.82
30℃에서의 응축압력(kg/cm²a)	11.895	73.34	6.66	1.30	7.58	임계점 이상	2.19	12.3	0.55	2.58	8.97		4.7
기준 냉동사이클에서의 압축비	4.936	3.14	4.48	6.19	4.07		5.95	4.046	8.016	5.42	4.124		5.72
기준 냉동사이클에서의 냉동효과(kcal/kg)	269.03	37.9	85.43	38.57	29.52		50.94	40.15	30.9	25.13	34.86		81.31
1RT당(한국)냉매순환량(kg/h)	12.34	87.6	38.86	86.1	112.47		65.2	82.69	107.44	132.09	95.24		40.83
-15℃에서의 포화증기의 비체적(m²/kg)	0.509	0.017	0.279	0.766	0.0927	0.1189	0.57	0.078	1.69	0.264	0.095		0.406
기준 냉동사이클에서의 토출가스온도(℃)	98	66.1	77.8	44.4	37.8		61.1	55	30	30	40		88.3
1RT당(한국)이론적 피스톤 압출량(m³/h) (기준 냉동사이클)	6.278	1.45	10.84	65.9	10.425		37.15	6.43	171.353	34.806			16.57
1RT당(한국)이론적 도시마력(HP)	(1.073) 1.058	1.644	1.047	0.99	1.036		1.010	1.045	1.017	1.055	1.064		1.018
성적계수(C.O.P)	4.893	3.15	5.32	5.23	4.87		5.13	4.957	5.09	4.9	4.87		5.08
사용온도 범위(℃)	저, 중	저, 중	중, 고	고	저, 고	극저	중, 고	저, 고	고	중, 고	중, 고		중, 고

원소의 주기율표(장주기형)

	1A	2A	3A	4A	5A	6A	7A		
1	1H 수소 1.0079								
2	3Li 리튬 6.941	4Be 베릴륨 9.01218							
3	11Na 나트륨 22.98977	12Mg 마그네슘 24.305							
4	19K 칼륨 39.0983	20Ca 칼슘 40.08	21Sc 스칸듐 44.9559	22Ti 타이타늄 47.90	23V 바나듐 50.9414	24Cr 크로뮴 51.996	25Mn 망간 54.9380	26Fe 철 55.847	27Co 코발트 58.9332
5	37Rb 루비듐 85.4678	38Sr 스트론튬 87.62	39Y 이트륨 88.9059	40Zr 지르코늄 91.22	41Nb 나이오븀 92.9064	42Mo 몰리브데넘 95.94	43Tc 테크네튬 97	44Ru 루테늄 101.07	45Rh 로듐 102.9055
6	55Cs 세슘 132.9054	56Ba 바륨 137.33	57La 란타넘	72Hf 하프늄 178.49	73Ta 탄탈럼 180.9479	74W 텅스텐 183.85	75Re 레늄 186.207	76Os 오스뮴 190.2	77Ir 이리듐 192.22
7	87Fr 프랑슘 (223)	88Ra 라듐 226.0254	89Ac 악티늄						

란타넘 계열	57La 란타넘 138.9055	58Ce 세륨 140.12	59Pr 프라세오디뮴 140.9077	60Nd 네오디뮴 144.24	61Pm 프로메튬 (145)	62Sm 사마륨 150.4	63Eu 유로퓸 151.96
악티늄 계열	89Ac 악티늄 227.0278	90Th 토륨 232.0381	91Pa 프로트악티늄 231.0359	92U 우라늄 238.029	93Np 넵투늄 237.0482	94Pu 플루토늄 (244)	95Am 아메리슘 (243)

								0
								2He 헬륨 4.00260
		3B	4B	5B	6B	7B	8B
		5B 붕소 10.81	6C 탄소 12.011	7N 질소 14.0067	8O 산소 15.9994	9F 플루오린 18.998403	10Ne 네온 20.179
		13Al 알루미늄 26.98154	14Si 규소 28.0855	15P 인 30.97376	16S 황 32.06	17Cl 염소 35.453	18Ar 아르곤 39.948
1B	2B						
28Ni 니켈 58.70	29Cu 구리 63.546	30Zn 아연 65.38	31Ga 갈륨 69.72	32Ge 저마늄 72.59	33As 비소 74.9216	34Se 셀레늄 78.96	35Br 브로민 79.904	36Kr 크립톤 83.80
46Pd 팔라듐 106.4	47Ag 은 107.868	48Cd 카드뮴 112.41	49In 인듐 114.82	50Sn 주석 118.69	51Sb 안티모니 121.75	52Te 텔루륨 127.60	53I 요오드 126.9045	54Xe 제논 131.30
78Pt 백금 195.09	79Au 금 196.9665	80Hg 수은 200.59	81Tl 탈륨 204.37	82Pb 납 207.2	83Bi 비스무트 208.9804	84Po 폴로늄 (209)	85At 아스타틴 (210)	86Rn 라돈 222

64Gd 가돌리늄 157.25	65Tb 터븀 158.9254	66Dy 디스 프로슘 162.50	67Ho 홀뮴 164.9304	68Er 어븀 167.26	69Tm 툴륨 168.9342	70Yb 이터븀 173.04	71Lu 루테튬 174.97
96Cm 퀴륨 (247)	97Bk 버클륨 (247)	98Cf 캘리포늄 (251)	99Es 아인슈 타이늄 (254)	100Fm 페르뮴 (257)	101Md 멘델레븀 (258)	102No 노벨륨 (259)	103Lr 로렌슘 (260)

- 관의 두께 : 강관의 두께는 스케줄 번호(Schedule Number)로 나타내며 스케줄 번호에는 SCH 10, 20, 30, 40, 60, 80 등이 있고 번호가 클수록 관의 두께가 두꺼워진다.

$$스케줄\ 번호(SCH) = \frac{P(사용압력\ \mathrm{kg_f/cm^2})}{S(허용응력\ \mathrm{kg_f/mm^2})} \times 10 = 10 \times \frac{P}{S}$$

$$관두께\ t = \left(10 \times \frac{P}{S} \times \frac{P}{1,750}\right) + 25.4$$

▼ KS 규격에 의한 강관의 종류와 용도

종류		KS 규격 기호	용도
수도용	수도용 아연도금 강관	SPPW	정수두 100m 이하의 수두로서 주로 급수배관용, 호칭지름 10~300A
	수도용 도복장 강관	STPW-A SPPW-C	정수두 100m 이하의 수두로서 주로 급수배관용, 호칭지름 80~1,500A
배관용	배관용 탄소강 강관	SPP	사용압력이 낮은 증기, 물, 기름, 가스 및 공기 등의 배관용, 호칭지름 15~500A
	압력배관용 탄소강 강관	SPPS	350℃ 이하에서 사용하는 압력배관용, 관의 호칭은 호칭지름과 두께(스케줄 번호)에 의하며 호칭지름 6~500A
	고압배관용 탄소강 강관	SPPH	350℃ 이하에서 사용압력이 높은 고압배관용, 관 지름 6~168.3mm 정도이나 특별한 규정이 없다.
	배관용 아크용접 탄소강 강관	SPPY	사용압력 10kg/cm²의 낮은 증기, 물, 기름, 가스 및 공기 등의 배관용, 호칭지름 350~1,500A
	고온배관용 탄소강 강관	SPHT	350℃ 이상 온도의 배관용(350~450℃), 관의 호칭은 호칭지름과 스케줄 번호에 의하며 호칭지름 6~500A
	저온배관용 강관	SPLT	빙점 이하 특히 저온도 배관용, 호칭지름 6~500A, 두께는 스케줄 번호로 표시
	배관용 합금강 강관	SPA	주로 고온도의 배관용, 호칭지름 6~500A, 두께는 스케줄 번호로 표시
	배관용 스테인리스 강관	STS×TP	내식용, 내열용 및 고온배관용, 저온배관용에도 사용하며, 호칭지름 6~300A, 두께는 스케줄 번호로 표시
열전달용	보일러·열교환기용 탄소강 강관	STH	관의 내외에서 열의 수수를 행함을 목적으로 하는 장소에 사용하며, 보일러의 수관, 연관, 과열관, 공기 예열관, 화학 공업, 섬유공업의 열교환기, 가열로 관 등을 사용
	보일러·열교환기용 합금강 강관	STHA	
	보일러·열교환기용 스테인리스 강관	STS×TB	
	저온 열교환기용 강관	STLT	빙점하의 특히 낮은 온도에서 관의 내외에서 열의 수수를 행하는 열교환기관, 콘덴서관
구조용	일반구조용 탄소 강관	SPS	토목, 건축, 철탑, 지주와 기타의 구조물용
	기계구조용 탄소강 강관	STM	기계, 항공기, 자동차, 자전거 등의 기계 부분품용
	구조용 합금강 강관	STA	항공기, 자동차, 기타의 구조물용

CHAPTER 02 | 냉동공학

■ 전기접점의 도시기호
- a접점 : 열려 있는 접점(Arbeit Contact, Make Contact)
- b접점 : 닫혀 있는 접점(Break Contact)
- c접점 : 전환 접점(Change-over Contact)

명칭	그림기호		적요
	a접점	b접점	
접점(일반) 또는 수동조작	(a), (b)	(a), (b)	• a접점 : 평시에 열려 있는 접점(NO) • b접점 : 평시에 닫혀 있는 접점(NC) • c접점 : 전환 접점
수동조작 자동복귀 접점	(a), (b)	(a), (b)	손을 떼면 복귀하는 접점이며, 누름형, 당김형, 비틀형으로 공통이고, 버튼 스위치, 조작 스위치 등의 접점에 사용된다.
기계적 접점	(a), (b)	(a), (b)	리밋 스위치 같이 접점의 개폐가 전기적 이외의 원인에 의하여 이루어지는 것에 사용된다.
조작 스위치 잔류 접점	(a), (b)	(a), (b)	
전기 접점 또는 보조 스위치 접점	(a), (b)	(a), (b)	
한시동작 접점	(a), (b)	(a), (b)	특히 한시 접점이라는 것을 표시할 필요가 있는 경우에 사용된다.
한시복귀 접점	(a), (b)	(a), (b)	

33

명칭	그림기호		적요
	a접점	b접점	
수동복귀 접점	(a) (b)	(a) (b)	인위적으로 복귀시키는 것인데, 전자식으로 복귀시키는 것도 포함한다. 예를 들면, 수동복귀의 열전계전기 접점, 전자복귀식 벨계전기 접점 등
전자접촉기 접점	(a) (b)	(a) (b)	잘못이 생길 염려가 없을 때는 계전 접점 또는 보조 스위치 접점과 똑같은 그림기호를 사용해도 된다.
제어기 접점 (드럼형 또는 캡형)			그림은 하나의 접점을 가리킨다.

CHAPTER 03 공기조화의 개요

1 공기조화

1) 정의
인위적으로 실내 또는 일정한 공간의 공기를 사용목적에 적합하도록 적당한 상태로 조정하는 것을 공기조화라 한다.

2) 공기조화의 4대 요소
온도, 습도, 기류, 청정도가 바람직한 상태

3) 공기조화의 분류
(1) 보건용 공기조화 : 쾌적한 주거환경을 유지하면서 보건, 위생 및 근무환경을 향상시키기 위한 공기조화
(2) 산업용 공기조화 : 생산과정에 있는 물질을 대상으로 하여 물질의 온도, 습도의 변화 및 유지와 환경의 청정화로 생산성 향상이 목적이다.

4) 공기조화의 열원장치
(1) 열운반장치 : 송풍기, 펌프, 덕트, 배관 등
(2) 공기조화기 : 외기와 환기의 혼합실, 난방가열 코일, 냉방용 공기의 냉각, 감습을 위한 냉각 코일, 가습을 위한 가습노즐 등의 조합기기
(3) 자동제어장치
(4) 열원장치 : 보일러, 냉동기 등의 기기

5) 보건용 공기의 실내환경
유효온도(ET : Effective Temperature) : 실내환경을 평가하는 척도로서 온도, 습도, 기류를 하나의 조합한 상태의 온도감각, 즉 상대습도 100%, 풍속 0m/s일 때 느껴지는 온도감각이다.

6) 공업용 공조의 실내조건
(1) 실험 및 측정실은 건구온도 20℃, 상대습도 65%로 유지시킨다.
(2) 클린룸(Clean Room)
   ① 공업용 클린룸(ICR : Industrial Clean Room)
   ② 바이오 클린룸(BCR : Bio Clean Room)
   ③ 클린룸 등급은 미연방 규격에 의하여 공기 $1ft^3$ 체적 내에 $0.5\mu m$ 크기의 유해가스 입자 수로 나타낸다.

7) 냉난방 설계 시 외기조건

(1) 상당외기온도(t_e)

$$t_e = \frac{a}{a_o} \times I + t_o$$

$$q = a \times I + a_o(t_o - t_s) = a_o\left[(\frac{a}{a_o} \times I + t_o) - t_s\right]$$

여기서, q : 표면의 공기층으로부터 벽체에 전달되는 열량(kcal/m²h)
I : 벽체 표면이 받는 전일사량(kcal/m²h)
a : 벽체 표면의 일사흡수율(%)
a_o : 표면 열전달률(kcal/m²h℃)
t_o : 외기온도(℃)
t_s : 벽체의 표면온도(℃)

(2) 상당외기온도차(실효온도차, ETD : Equivalent Temperature Difference)

$$ETD = 상당외기온도(℃) - 실내온도(℃) = t_e - t_r$$

8) 도일(度日, Degree Day)

실내온도를 t_r, 냉난방 개시 및 종료온도를 t_p라고 하면 표시된 면적과 같은 양의 기간 냉난방부하의 총량이 된다. 이를 도일이라 한다.

$$도일(D) = \Delta d \times (t_r - t_o)[\deg℃ \cdot day]$$

여기서, 도일(D) : 난방도일이면 HD, 냉방도일이면 CD
Δd : 냉난방기간(day)
t_r : 설정한 실내온도(℃)
t_o : 냉난방기간 동안의 매일 평균외기온도

2 공기

1) 습공기의 조성

체적비율로서 질소 78%, 산소 21%, 아르곤 0.6%, 탄산가스 0.03% 정도와 약 1%의 수증기로 조성된다.

2) 건구온도(t)

기온을 측정할 때 온도계의 감열부가 건조된 상태에서 측정한 온도(℃)

3) 습구온도(t')

기온 측정 시 감열부를 천으로 싸고 모세관 현상으로 물을 빨아올려 감열부가 젖게 한 뒤 측정한 온도(℃)

4) 포화공기
습공기 중에 수증기(x)가 점차 증가하여 더 이상 수증기를 포함할 수 없을 때의 공기

5) 노점온도
공기 중에 포함된 수증기가 작은 물방울로 변화하여 이슬이 맺히는 현상을 결로라 하는데, 이때의 온도가 노점온도이다.

6) 노입온도(무입온도)
수증기가 미세한 안개(물방울)로 존재하는 공기

7) 절대습도(x)
습공기 중에 함유되어 있는 수증기의 중량, 즉 습공기를 구성하고 있는 건공기 1kg 중에 포함된 수증기의 중량 x(kg)을 말하며 절대습도 x(kg/kg′)로 표시하고, 여기서 kg′는 습공기 중에 건조공기의 중량이다.(kg′ 또는 DA로 표시하는 경우가 많다.)

$$습공기의\ 포화도(\phi_s) = \frac{x}{x_s} \times 100[\%]$$

여기서, ϕ_s : 포화도(%)
x : 어떤 공기의 절대습도 DA(kg/kg′)
x_s : 포화공기의 절대습도(kg/kg′)

8) 습공기의 엔탈피(건공기의 엔탈피+수증기의 엔탈피)

(1) 건조공기의 엔탈피(h_a)

$$h_a = C_p \cdot t = 0.24t [\text{kcal/kg}]$$

(2) 수증기의 엔탈피(h_v)

$$h_v = r \cdot C_{vp} \cdot t = 597.5 + 0.44t [\text{kcal/kg}]$$

여기서, C_p : 건조공기의 정압비열(약 0.24kcal/kg℃)
t : 건구온도
r : 0℃에서 포화수의 증발잠열(약 597.5kcal/kg)
C_{vp} : 수증기의 정압비열(약 0.44kcal/kg℃)

(3) 습공기의 엔탈피(h_w)

$$h_w = h_a + x \cdot h_v [\text{kcal/kg}]$$
$$= C_p \cdot t + x(r + C_{vp} \cdot t)$$
$$= 0.24t + x(597.5 + 0.44t)$$

3 습공기의 선도

1) $h-x$ 선도(Molier Chart)
엔탈피 h를 경사축으로, 절대습도 x를 종축으로 구성한 선도

2) $t-x$ 선도(Carrier Chart)
건구온도 t를 횡축으로, 절대습도 x를 종축으로 한 선도

3) 습공기의 상태변화

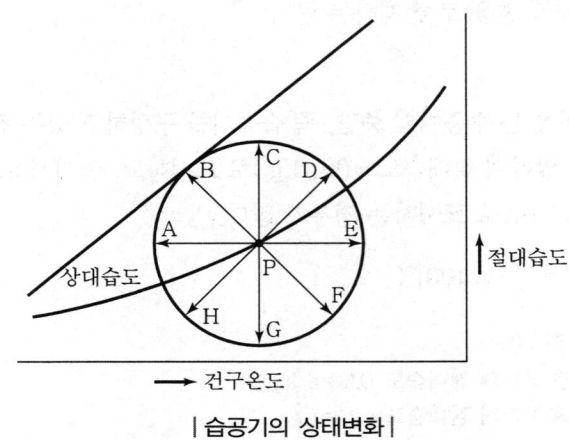

| 습공기의 상태변화 |

4 결로(結露)현상

1) 표면결로
결로현상이 물체의 표면에서 발생되는 결로

2) 내부결로
벽체 내의 어떤 층의 온도가 습공기의 노점온도보다 낮으면 그 층 부근에서 결로현상이 발생하는 것

3) 결로
습공기가 차가운 벽이나 천장바닥 등에 닿으면 공기 중에 함유된 수분이 응축되어 그 표면에 이슬이 맺히는 현상

4) 결상(빙결)
결로현상은 공기와 접한 물체의 온도가 그 공기의 노점온도보다 낮을 때 일어나며, 온도가 0℃ 이하가 되면 결상(結霜) 또는 결빙(結氷)이라 한다.

5) 표면결로의 방지온도
벽체 표면의 온도(t_s)가 실내공기의 노점온도($t_\gamma{''}$)보다 높으면 방지된다.

5 습도계

1) 모발습도계
모발의 신축을 이용해서 상대습도를 측정하며, 정밀도가 낮다.

2) 전기저항 습도계
다공질의 유리면에 염화리튬을 도포한 것으로 상대습도가 증가하면 전기저항이 감소한다. 따라서 이 저항을 측정하므로 상대습도를 측정한다.

참고 SI 단위 변환

- 1kcal=4.186kJ
- 1kJ=1kN · m
- 1kW=1,000W=1kJ/s
- 1kWh=3,600kJ=860kcal
- 1cal=4.186J
- 1J=1N · m
- 1W=1J/s
- 1Wh=3,600J=860cal
- 4℃ 물 1L=1kg
- 1m²=10⁴cm²
- 1hr=3,600s
- 1RT=3.86kW
- 공기의 비열=0.24kcal/kg · ℃=1.01kJ/kg · K
- 얼음의 비열=0.5kcal/kg · ℃=2.09kJ/kg · K
- 물의 비열=1kcal/kg · ℃=4.186kJ/kg · K
- 얼음의 응고잠열=79.68kcal/kg=335kJ/kg
- 물의 증발잠열=539kcal/kg=2,256kJ/kg
- 열전도율=kcal/m · h · ℃=kW/m · K
- 열관류율=kcal/m² · h · ℃=kW/m² · K

CHAPTER 04 공조부하

1 부하의 분류

1) 냉방부하
냉각 감습하는 열 및 수분의 양을 냉방부하라 한다.

2) 난방부하
가열 가습하는 양을 난방부하라 한다.
(1) 냉방 시에는 실내의 온습도를 일정한 상태로 유지시키기 위해 외부로부터 들어오거나 또는 실내에서 발생되는 열량과 수분을 제거해야 한다.
(2) 난방 시에는 외부로 손실되는 열량과 수분을 보충해야 한다.

2 냉방부하

1) 냉방부하 발생원인
(1) 실내 취득열량
  ① 벽체로부터의 취득 현열량
  ② 유리로부터의 취득 현열량(직달일사 + 전도대류)
  ③ 극간풍에 의한 현열과 잠열량의 발생열량
  ④ 인체의 현열과 잠열 발생열량
  ⑤ 기구로부터의 현열과 잠열의 발생열량
(2) 기기로부터의 취득열량
  ① 송풍기에 의한 현열 취득열량
  ② 덕트로부터의 취득 현열량
(3) 재열부하
  재열기의 가열에 의한 현열 취득열량
(4) 외기부하
  외기의 도입으로 인한 현열과 잠열의 취득열량

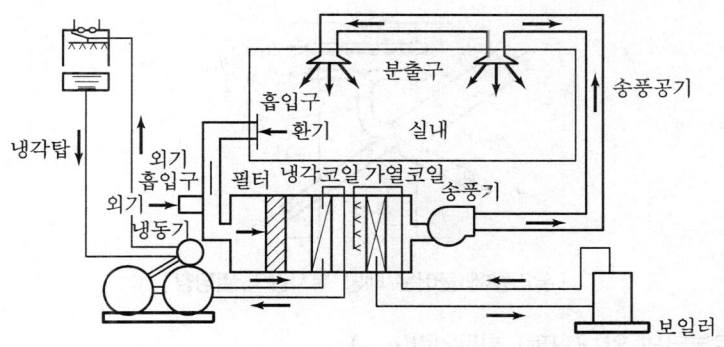

| 공기조화설비의 구성 |

2) 냉방부하 계산

(1) 벽체로부터의 취득열량(q_W)

① 햇빛을 받는 외벽 및 지붕

$q_w = k \cdot A \cdot ETD [\text{kcal/h}]$

여기서, k : 구조체의 열관류율(kcal/m²h℃)
A : 구조체의 면적(m²)(벽체 중심 간 드는 기둥 중심 간 거리×층고)
ETD : 상당온도차(℃)(실내온도와 상당외기 온도차)

※ 외기에 접하고 있는 벽이나 지붕의 취득열량

② 칸막이, 천장, 바닥으로부터의 취득열량

$q_w = k \cdot A \cdot \Delta t [\text{kcal/h}]$

여기서, k : 칸막이, 천장, 바닥 등의 열관류율(kcal/m²h℃)
A : 칸막이, 천장, 바닥 등의 면적(m²)(벽체 중심 간 또는 기둥 중심 간 거리×천장고)
Δt : 인접실과의 온도차(℃)

※ 외기에 접하지 않은 칸막이, 천장, 벽, 바닥 등의 관류되는 열량

(2) 유리로부터의 일사에 의한 취득열량(q_{GR})

① 유리로부터 열관류의 형식으로 전해지는 열량(q_{GR})

$q_{GR} = k \cdot A_g \cdot \Delta t [\text{kcal/h}]$

여기서, k : 유리의 열관류율(kcal/m²h℃)
A_g : 유리창의 면적(m²)(새시 포함)
Δt : 실내외 온도차(℃)

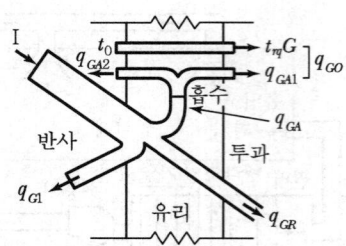

| 유리창에 들어온 태양 복사량의 열팽창 |

② 유리로부터의 일사(日射) 취득열량(q_{GR})

㉠ 표준일사취득법에 의한 취득열량(q_{GR})

$$q_{GR} = SSG \cdot K_S \cdot A_g [\text{kcal/h}]$$

여기서, SSG : 유리를 통해 투과 및 흡수의 형식으로 취득되는 표준일사 취득열량(kcal/m²h℃)

K_S : 전 차폐계수

A_g : 유리의 면적(m²)(새시 포함)

㉡ 축열계수를 고려하는 경우의 취득열량(q_{GRS})

$$q_{GRS} = SSG_{\max} \cdot K_S \cdot A_g \cdot SLF_g [\text{kcal/h}]$$

여기서, $SSG_{\max}$: 방위마다 최대 취득일사량(kcal/m²h℃)

K_S : 전 차폐계수

A_g : 유리의 면적(m²)

SLF_g : 축열부하계수

㉢ 일사흡열수정법에 의한 취득열량(q_{GR})

$$q_{GR} = \text{표준일사취득법에 의한 취득열량} + A_g \cdot K_R \cdot AMF [\text{kcal/h}]$$

여기서, A_g : 유리창의 면적(m²)

K_R : 유리의 복사 차폐계수

AMF : 벽체의 일사 흡열 수정계수(kcal/m²h)

(3) 극간풍(틈새바람)에 의한 취득열량(q_I)

$$q_I = q_{IS} + q_{IL} [\text{kcal/h}]$$

$$q_{IS} = 0.24 G_1 (t_0 - t_r)$$

$$q_{IL} = r \cdot G_1 (x_0 - x_r) = 717 Q_1 (x_0 - x_r)$$

여기서, q_{IS} : 틈새바람에 의한 현열 취득량(kcal/h)

q_{IL} : 틈새바람에 의한 잠열 취득량(kcal/h)

t_0, t_r : 외기온도 및 실내온도(℃)

G_1 : 틈새바람의 양(kg/h)

Q_1 : 틈새바람의 양(m³/h)

x_0 : 외기의 절대습도(kg/kg')

x_r : 실내의 절대습도(kg/kg′)
r : 0°C에서 물의 증발잠열(597.5kcal/kg, 717kcal/m³)
0.24 : 건조공기의 정압비열(kcal/kg°C)
0.29 : 건조공기의 정압비열(kcal/m³°C)
Q_1 : 틈새바람의 양(시간당 환기횟수×실의 체적)

(4) 인체로부터의 취득열량(q_M)

$$q_M = q_C + q_R + q_E + q_S [\text{kcal/h}]$$

여기서, q_M : 신진대사에 의해 발생하는 열량(kcal/h)
q_C : 인체의 피부면에서 대류에 의해 방출하는 열량(kcal/h)
q_R : 인체의 피부면에서 복사에 의해 방출하는 열량(kcal/h)
q_E : 호흡, 땀의 증발에 의해 방출하는 열량(kcal/h)
q_S : 체내에 축열되는 열량(kcal/h)

- 실내에 여러 명(n명)이 있는 경우 인체로부터 현열량(q_{HS})과 잠열량(q_{HL})

$$q_{HS} = n \cdot H_S [\text{kcal/h}]$$
$$q_{HL} = n \cdot H_L [\text{kcal/h}]$$

여기서, n : 실내 총 인원수(명)
H_S : 1인당 인체발생 현열량(kcal/h · 인)
H_L : 1인당 인체발생 잠열량(kcal/h · 인)

(5) 기기로부터의 취득열량(q_E)

① 조명기구(총 와트(W)수가 알려져 있을 때)

㉠ 백열등일 경우(kcal/h)

$$q_E = 0.86 \times w \cdot f$$

㉡ 형광등일 경우(안정기가 실내에 있을 때)(kcal/h)

$$q_E = 0.86 \times w \cdot f \times 1.2$$

여기서, w : 조명기구의 총 와트(Watt)
f : 조명 점등률
0.86 : 1W당 발열량(1W=0.86kcal/h)
1.2 : 형광등의 안정기가 실내에 있을 때 발열량의 20%를 가산할 경우

> **참고** 기구발생부하(조명기구 발생열량)
> - 백열등 : 0.86kcal/h · W
> - 형광등 : 1.00kcal/h · W

② 조명기구의 총 와트(W)수를 모를 때
  ㉠ 백열등일 경우(kcal/h)
    $q_E = 0.86 \times w \cdot A \cdot f$
  ㉡ 형광등일 경우(kcal/h)
    $q_E = 0.86 \times w \cdot A \cdot f \times 1.2$
      여기서, w : 단위면적당 와트수(W/m²)
             A : 실 면적(m²)

③ 축열부하를 고려하는 경우(q_E)
  $q'_E = q_E \cdot SLP_E [\text{kcal/h}]$
      여기서, q_E : 조명기구의 발생열량(kcal/h)
             SLP_E : 축열부하계수

참고 축열부하

> 조명기구에서 실내로 방출하는 열은 대류성분과 복사성분으로 구분되며 복사성분은 벽이나 바닥에 흡수된 후 시간지연과 함께 실내부하로 된다.

④ 동력으로부터의 취득열량(q_E)
  전동기 및 기계로부터 발생되는 열
  $q_E = 860 \times p \times f_e \times f_o \times f_k [\text{kcal/h}]$
      여기서, p : 전동기 정격출력(kW)
             f_e : 전동기에 대한 부하율(0.8~0.9)(실제 모터 출력/모터 정격출력)
             f_o : 전동기의 가동률
             f_k : 전동기의 사용상태 계수

⑤ 기구로부터의 취득열량(q_E)
  $q_E = q_e \cdot k_1 \cdot k_2 [\text{kcal/h}]$
      여기서, q_e : 기구의 열원용량(발열량)(kcal/h)
             k_1 : 기구의 사용률
             k_2 : 후두가 달린 기구의 발열 중 실내로 복사되는 비율

(6) 송풍기와 덕트로부터의 취득열량(q_B)
  ① 송풍기로부터의 취득열량(q_B)
    $q_B = 860 \times \text{kW} [\text{kcal/h}]$
        여기서, 1kWh=860kcal/h
               kW : 소요동력

② 덕트로부터의 취득열량(q_B)

실내취득 현열량의 약 2% 정도이다. 또한 송풍기와 덕트로부터의 취득되는 현열량을 합하여 개략적으로 산출할 때에는 실내취득열량의 15% 정도로 보아도 큰 차이가 없다.

(7) 재열부하(q_R)와 외기부하(q_F)

① 재열부하(q_R)

$$q_R = 0.24G(t_2 - t_1) = 0.29Q(t_2 - t_1)[\text{kcal/h}]$$

여기서, G : 송풍공기량(kg/h)
Q : 송풍공기량(m³/h)
0.24 : 공기의 정압비열(0.24kcal/kg℃)
0.29 : 공기 1m³당 정압비열(kcal/m³℃)
    0.24×1.2kg/m³≒0.29kcal/m³℃

> **참고** 재열부하
>
> 공조기에 의해 온도 t(℃)까지 냉각된 공기를 재열기로 온도 t_2(℃)까지 가열하여 실내로 보낼 때 재열기에서 가열한 만큼 냉각기에서 더 냉각해야 되므로 냉방부하에 첨가시킨다.

② 외기부하(q_F)

$$q_F = q_{FS} + q_{FL} = G_F(h_0 - h_r)[\text{kcal/h}]$$
$$q_{FS} = 0.24G_F(t_0 - t_r) = 0.29Q_F(t_0 - t_r)$$
$$q_{FL} = 597.5G_F(x_0 - x_r) = 717Q_F(x_0 - x_r)$$

여기서, q_{FS} : 외기부하의 현열(kcal/h)
q_{FL} : 외기부하에 의한 잠열(kcal/h)
G_F : 외기량(kg/h)
Q_F : 외기량(m³/h)
h_0 : 외기의 엔탈피(kcal/kg)
h_r : 실내공기의 엔탈피(kcal/kg)
t_0, t_r : 외기 및 실내공기의 건구온도(℃)
x_0, x_r : 외기 및 실내공기의 절대습도(kg/kg')
597.5 : 0℃에서 물의 증발잠열(kcal/kg)

> **참고** 외기부하
>
> 실내의 공기는 담배연기나 호흡 및 여러 가지의 원인 등에 의해 오염되므로 일정한 양의 외기도입이 필요하다. 이때 도입되는 외기의 온도나 습도는 실내공기와 차이가 있다. 따라서 온도 차이에 의한 현열부하와 습도 차이에 의한 잠열부하가 되며 이 두 가지를 합하여 외기부하라 한다.

3 난방부하

1) 난방부하의 발생원인

(1) 실내 손실열량
  ① 외벽, 창유리, 지붕내벽, 바닥의 현열 발생량
  ② 극간풍의 현열과 잠열

(2) 기기 손실열량 : 덕트의 현열

(3) 외기부하 : 환기의 극간풍, 현열과 잠열

2) 난방부하 계산

(1) 벽체로부터의 손실열량(q_w)

① 외벽, 창유리, 지붕에서의 열손실(q_w)

$$q_w = k \cdot A \cdot K(t_r - t_0 - \Delta t_a)[\text{kcal/h}]$$

여기서, k : 구조체의 열관류율(kcal/m²h℃)
A : 구조체의 면적(m²)
K : 방위에 따른 부가계수
t_r, t_0 : 실내, 실외의 공기온도(℃)
Δt_a : 대기복사에 의하는 외기온도에 대한 보정온도(℃)

② 내벽, 내창, 천장에서의 열손실(q_w)

$$q_w = k \cdot A \cdot \Delta t [\text{kcal/h}]$$

여기서, k : 구조체의 열관류율(kcal/m²h℃)
Δt : 인접실과의 온도차(℃)
A : 구조체의 면적(m²)

③ 지면에 접하는 바닥 콘크리트 또는 지하층 벽의 손실열량(q_w)

㉠ 지상 0.6m~지하 2.4m까지의 경우

$$q_w = k_p \cdot l_p (t_r - t_0)[\text{kcal/h}]$$

여기서, k_p : 열손실량(kcal/mh℃)
l_p : 지하 벽체의 길이(m)
t_r, t_0 : 실내외의 온도(℃)

㉡ 지하 2.4m 이하인 경우

$$q_w = k \cdot A(t_r - t_g)[\text{kcal/h}]$$

여기서, k : 바닥 및 지하 2.4m 이하인 벽에 대한 열관류율(kcal/m²h℃)
A : 벽체 및 바닥의 면적(m²)
t_r : 실내외의 온도(℃)
t_g : 지중온도(℃)

(2) 극간풍에 의한 손실열량(q_I)

$q_1 = q_{IS} + q_{IL}$ = 현열량+잠열량[kcal/h]

q_{IS}(현열부하) $= 0.24\,G_1(t_r - t_0) = 0.29\,Q_1(t_r - t_0)$

q_{IS}(잠열부하) $= 597.5\,G_1(x_r - x_0) = 717\,Q_1(x_r - x_0)$

여기서, G_1, Q_1 : 극간풍량(kg/h, m³/h)
t_r, t_0 : 실내 및 실외온도(℃)
x_r, x_0 : 실내 및 실외공기의 절대습도(kg/kg′)

(3) 외기부하에 의한 손실열량(q_F)

$q_F = q_{FS} + q_{FL}$ [kcal/h]

q_{FS}(현열부하) $= 0.24\,G_F(t_r - t_0) = 0.29\,Q_F(t_r - t_0)$

q_{FL}(잠열부하) $= 597.5\,G_F(x_r - x_0) = 717\,Q_F(x_r - x_0)$

여기서, G_F, Q_F : 도입 외기량(kg/h, m³/h)

(4) 기기(器機)에서의 손실열량(q_B)

공조기의 챔버나 덕트의 외면으로부터의 손실부하와 여유 등을 총괄해서 일어나는 손실열량(kcal/h)이다.

CHAPTER 05 공기조화방식

1 공기조화방식의 분류

1) 중앙방식

각 실이나 존(Zone)에 공급해야 할 공조용 열매체인 냉수, 온수 또는 냉풍, 온풍을 만드는 장소를 중앙기계실이라고 하며 중앙방식의 공조 시스템은 중앙기계실로부터 조화된 공기나 냉온수를 각 실로 공급하는 방식이다.

(1) 열을 운반하는 매체의 종류에 따른 분류
  ① 전공기방식
  ② 공기수방식
  ③ 전수방식

(2) 중앙방식의 특징
  ① 덕트 스페이스나 파이프 스페이스 및 샤프트가 필요하다.
  ② 열원기기가 중앙기계실에 집중되어 있으므로 유지관리가 편리하다.
  ③ 주로 규모가 큰 건물에 필요하다.

2) 개별방식

개별방식은 각 층 또는 각 존에 별도로 공기조화 유닛(Unit)을 분산시켜 설치한 것으로서 개별제어 및 국소운전이 가능한 방식이다.

(1) 냉매방식에 따른 분류
  ① 패키지 방식
  ② 룸 쿨러 방식
  ③ 멀티 유닛 방식

(2) 개별방식의 특징
  ① 각 유닛마다 냉동기가 필요하다.
  ② 소음과 진동이 크다.
  ③ 외기냉방은 할 수 없다.
  ④ 유닛이 여러 곳에 분산되어 있어 관리가 불편하다.

▼ 공조방식의 분류

분류			명칭	
중앙 방식	전공기방식	단일덕트방식	정풍량방식	• 말단에 재열기가 없는 방식 • 말단에 재열기가 있는 방식
			변풍량방식	• 재열기가 없는 방식 • 재열기가 있는 방식
		2중덕트방식	• 정풍량 2중덕트방식 • 변풍량 2중덕트방식 • 복사 냉난방 방식	
		• 덕트병용 팬코일 유닛 방식 • 각 층 유닛 방식		
	공기수방식 (유닛병용방식)	• 덕트병용 팬코일 유닛 방식 • 유인 유닛 방식 • 복사 냉난방 방식		
	전수방식	• 팬코일 유닛 방식		
개별 방식	냉매방식	• 패키지 방식 • 룸 쿨러 방식 • 멀티 유닛 방식		

3) 운반되는 열매체에 의한 분류

(1) 전공기방식(全空氣方式)

① 중앙공조기로부터 덕트를 통해 냉온풍을 공급받는다.
② 송풍량이 많아서 실내의 공기 오염이 적다.
③ 중간기에 외기냉방이 가능하다.
④ 실내 유효면적을 넓힐 수 있다.
⑤ 실내에 배관으로 인한 누수의 염려가 없다.
⑥ 대형 덕트로 인한 덕트 스페이스가 필요하다.
⑦ 열매체인 냉온풍의 운반에 필요한 팬의 소요동력이 크다.
⑧ 넓은 공조실이 필요하고 많은 풍량이 필요하다.
⑨ 클린룸(Clean Room)과 같이 청정을 필요로 하는 곳에 필요하다.
⑩ 10,000m^2 이하의 소규모에 필요하다.
※ 전공기방식은 중앙공조기로부터 덕트를 통해 냉온풍을 공급받는다.

(2) 전수방식(全水方式)

보일러로부터 증기나 또는 온수나 냉동기로부터 냉수를 각 실에 있는 팬코일 유닛(FCU)으로 공급시켜 냉난방을 하는 방식이다. 배관에 의해 공조공간, 즉 실내로 냉온수를 공급한다.

① 장점
　㉠ 덕트 스페이스가 필요 없다.
　㉡ 열의 운송동력이 공기에 비해 적게 소요된다.
　㉢ 각 실의 제어가 용이하다.
② 단점
　㉠ 송풍공기가 없어서 실내 공기의 오염이 심하다.
　㉡ 실내의 배관에 의해 누수될 염려가 있다.
③ 사용처
　㉠ 극간풍이 비교적 많은 주택, 여관, 요정 등에 적당하다.
　㉡ 재실 인원이 적은 방에 적당하다.

(3) 공기수방식

전공기방식과 수방식을 병용한 방식이다. 공기수방식은 전공기방식과 전수방식의 장점을 갖고 있으며 서로의 단점을 보완시킨 방식이다.

① 장점
　㉠ 덕트 스페이스가 작아도 된다.
　㉡ 유닛 1대로 극소의 존을 만들 수 있다.
　㉢ 수동으로 각 실의 온도제어를 쉽게 할 수 있다.
　㉣ 열 운반 동력이 전공기방식에 비해 적게 든다.
② 단점
　㉠ 유닛 내의 필터(Filter)가 저성능이므로 공기의 청정에 도움이 되지 못한다.
　㉡ 실내에 수(水) 배관에 있어서 누수의 염려가 있다.
　㉢ 유닛의 소음이 있다.
　㉣ 유닛의 설치 스페이스가 필요하다.
③ 사용처 : 사무소 건축, 병원, 호텔 등에서 외부 존은 수방식이, 내부 존은 공기방식이 좋다.

(4) 냉매방식(개별방식)

이 방식은 냉동기 또는 히트 펌프 등의 열원을 갖춘 패키지 유닛을 사용하는 방식이다.

① 종류
　㉠ 룸 쿨러 방식
　㉡ 멀티 유닛형 룸 쿨러 방식
　㉢ 패키지형 방식

② 사용목적
  ㉠ 냉방용
  ㉡ 냉난방용
③ 설치 위치
  ㉠ 벽걸이형
  ㉡ 바닥설치형
  ㉢ 천장매립형

4) 제어방식에 의한 분류
   (1) 전체 제어방식
   (2) 존별 제어방식
   (3) 개별 제어방식

5) 공급열원에 의한 분류
   (1) 단열원방식 : 냉난방 시 냉동기 또는 보일러만 갖춘 방식
   (2) 복열원방식 : 보일러나 냉동기를 동시에 갖춰서 실내의 부하변동 시 즉시 대응이 가능한 방식

6) 조닝(Zoning)과 존(Zone)
   (1) 조닝 : 건물 전체를 몇 개의 구획으로 분할하고 각각의 구획은 덕트나 냉온수에 대해 냉난방부하를 처리하게 되는 것을 말한다.
   (2) 존
     ① 내부 존 : 용도에 따른 시간별 조닝 등
     ② 외부 존 : 방위별, 층별 조닝

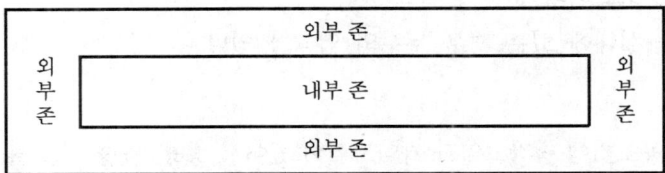

| 건물의 내부 존과 외부 존 |

② 공기조화방식의 특성

1) 단일덕트방식

공조기(AHU : Air Handling Unit)에서 조화된 냉풍 또는 온풍을 하나의 덕트를 통해 취출구로 송풍하는 방식이다.

(1) 장점
   ① 덕트가 1계통이라서 시설비가 적게 들고 덕트 스페이스를 작게 차지한다.
   ② 냉풍과 온풍을 혼합하는 혼합상자가 필요 없어서 소음 진동도 작다.
   ③ 에너지 절약적이다.

(2) 단점
   ① 각 실이나 존의 부하변동에 즉시 대응할 수 없다.
   ② 부하특성이 다른 여러 개의 실이나 존이 있는 건물에 적용하기 곤란하다.
   ③ 실내부하가 감소될 경우에 송풍량을 줄이면 실내공기의 오염이 심하다.

2) 단일덕트 재열방식

냉방부하가 감소될 경우 냉각기 출구공기를 재열기(Reheater)로 가열시켜 송풍하므로 덕트 내의 공기를 말단 재열기(Terminal Reheater) 또는 존별 재열기를 설치하고 증기 또는 온수로 송풍공기를 가열하는 방식이다.

(1) 장점
   ① 부하특성이 다른 여러 개의 실이나 존이 있는 건물에 적합하다.
   ② 잠열부하가 많은 경우나 장마철 등의 공조에 적합하다.
   ③ 설비비는 2중덕트방식보다는 적게 든다.

(2) 단점
   ① 재열기의 설치로 설비비 및 유지관리비가 든다.
   ② 재열기의 설치 스페이스가 필요하다.
   ③ 냉각기에 재열부하가 첨가된다.
   ④ 여름에도 보일러의 운전이 필요하다.
   ⑤ 재열기가 실내에 있는 경우 누수의 염려가 있다.

3) 2중덕트방식

2중덕트방식은 공조기에 냉각코일과 가열코일이 있어서 냉방, 난방 시를 불문하고 냉풍 및 온풍을 만든다. 냉풍과 온풍은 각각 별개의 덕트를 통해 각 실이나 존으로 송풍하고 냉난방부하에 따라 혼합상자(Mixing Box)에 혼합하여 취출시킨다.

(1) 종류
   ① 2중덕트방식
   ② 멀티 존 방식

(2) 장점
   ① 부하의 특성이 다른 다수의 실이나 존에도 적용할 수 있다.

② 각 실이나 존의 부하변동이 생기면 즉시 냉온풍을 혼합하여 취출하기 때문에 적응속도가 빠르다.
③ 방의 설계변경이나 완성 후에 용도변경에도 쉽게 대처가 가능하다.
④ 실의 냉난방부하가 감소되어도 취출공기의 부족현상이 없다.

(3) 단점
① 덕트가 2계통이므로 설비비가 많이 든다.
② 혼합상자에서 소음과 진동이 생긴다.
③ 냉온풍의 혼합으로 인한 혼합손실이 있어서 에너지 소비량이 많다.
④ 덕트의 샤프트 및 덕트의 스페이스가 크게 된다.

4) 변풍량방식

(1) 단일덕트 변풍량방식 : 취출구 1개 또는 여러 개에 변풍량 유닛(VAN Unit)을 설치하여 실의 온도에 따라 취출풍량을 제어한다. 실내부하가 감소되면 송풍량이 감소되며, 부하가 극히 감소되면 실내의 공기오염이 심해지는 특징이 있다.

(2) 2중덕트 변풍량방식 : 단일덕트 변풍량방식의 단점을 보완하여 만든 방식이다. 2중덕트의 혼합상자와 변풍량 유닛을 조합한 2중덕트 변풍량 유닛을 사용하거나 또는 혼합상자와 변풍량 유닛이 별개로 분리된 것을 사용하기도 한다.

(3) 단일덕트 변풍량 재열방식 : 단일덕트 변풍량방식은 실의 냉방부하가 최솟값에 달해도 일정량의 최소 냉풍량이 취출되므로 추위를 느끼게 된다. 따라서 재열형 변풍량 유닛으로 공급 공기를 재열시킨 후 취출하는 방식이다.

▼ 변풍량방식의 특성 비교표

단일덕트 변풍량방식	단일덕트 변풍량 재열방식	2중덕트 변풍량방식
• 에너지 절감 효과가 크다. • 일사량 변화가 심한 페리미터존에 적합하다. • 각 실이나 존의 온도를 개별제어하기 쉽다. • 설비비가 많이 든다.	• 각 실 및 존의 개별제어가 쉽다. • 외기 풍량의 요구를 필요로 하는 곳에 좋다. • 설비비가 많이 든다. • 여름에도 보일러 가동이 필요하다. • 누수의 염려가 있다.	• 에너지 절감 효과가 있다. • 외기 풍량이 많이 필요한 곳에 좋다. • 까다로운 실내조건을 만족시킨다. • 설비비가 많이 든다. • 혼합손실이 있다.

5) 덕트병용 패키지 방식

덕트병용 패키지 방식은 각 층에 있는 패키지 공조기(PAC : Package Type Air Conditioner)로 냉온풍을 만들어 덕트를 통해 각 실로 송풍한다. 패키지 내에는 직접팽창코일, 즉 증발기가 있어서 냉풍을 만들 수 있고 응축기에는 옥상에 있는 냉각탑으로부터 공급되는 냉각수에 의해 냉각된다. 또 패키지 내에 있는 가열코일로는 지하실에 있는 보일러로부터 온수 또는 증기가 공급된다. 그러나 난방부하가 적은 경우에는 전열기를 설치하므로 보일러가 생각되는 경우도 있다.

(1) 장점
　① 중앙기계실에 냉동기를 설치하는 방식에 비하여 설비비가 적게 든다.
　② 특별한 기술이 없어도 된다.
　③ 중앙기계실의 면적이 작다.
　④ 냉방 시에는 각 층은 독립적으로 운전이 가능하므로 에너지 절감 효과가 크다.
　⑤ 급기를 위한 덕트 샤프트가 필요 없다.

(2) 단점
　① 패키지형 공조기가 각 층에 분산 배치되므로 유지관리가 번거롭다.
　② 실내 온도제어가 2위치 제어이므로 편차가 크고 또한 습도제어가 불충분하다.
　③ 15RT 이하의 소형은 송풍기 정압이 낮고 고급의 필터를 설치할 때 부스터 팬(Booster Fan)이 필요하다.
　④ 공조기로 외기의 도입이 곤란한 것도 있다.

(3) 사용처 : 중소규모의 건물, 호텔 등

6) 각 층 유닛 방식

각 층마다 독립된 유닛(2차 공조기)을 설치하고 이 공조기의 냉각코일 및 가열코일에는 중앙기계실로부터 냉수 및 온수나 증기를 공급받는다. 이 방법은 대규모 건물이나 다층인 경우에 적용된다.

(1) 장점
　① 외기용 공조기가 있는 경우에는 습도제어가 용이하다.
　② 외기 도입이 용이하다.
　③ 1차 공기용 중앙장치나 덕트가 작아도 된다.
　④ 중앙기계실의 면적을 적게 차지하고 송풍기의 동력도 적게 든다.
　⑤ 각 층마다 부하변동에 대응할 수 있다.
　⑥ 각 층마다 부분운전이 가능하다.
　⑦ 환기 덕트가 작거나 필요 없어도 된다.

(2) 단점
　① 공조기가 각 층에 분산되므로 관리가 불편하다.
　② 각 층마다 공조기를 설치해야 할 장소가 필요하다.
　③ 각 층의 공조기로부터 소음 및 진동이 있다.
　④ 각 층마다 수(水) 배관을 해야 하므로 누수의 우려가 있다.

7) 팬코일 유닛 방식

팬코일 유닛(Fan-Coil Unit)은 수(水)방식으로서 중앙기계실의 냉열원기기(냉동기나 보일러 열교환기 및 축열조)로부터 냉수 또는 온수나 증기를 배관을 통해 각 실에 있는 팬코일 유닛(FCU)에 공급하여 실내공기와 열교환시킨다. 이 방식은 외기를 도입하지 않는 방식, 외기를 실내 유닛인 팬코일 유닛으로 직접 도입하는 방식, 덕트병용의 팬코일 유닛 방식이 있다.

(1) 장점
① 각 실의 유닛은 수동으로도 제어가 가능하고 개별제어가 용이하다.
② 유닛을 창문 밑에 설치하면 콜드 드래프트(Cold Draft)를 줄일 수 있다.
③ 덕트방식에 비해 유닛의 위치변경이 용이하다.
④ 펌프에 의해 냉수, 온수가 이송되므로 송풍기에 의한 공기의 이송동력보다 적게 든다.
⑤ 덕트 샤프트나 스페이스가 필요 없거나 작아도 된다.
⑥ 중앙기계실의 면적이 작아도 된다.

(2) 단점
① 각 실에 수배관에 의해 누수의 염려가 있다.
② 외기량이 부족하여 실내공기의 오염이 심하다.
③ 팬코일 유닛 내에 있는 팬으로부터 소음이 있다.
④ 유닛 내에 설치된 필터는 주기적으로 청소가 필요하다.

8) 유인 유닛 방식

유인 유닛 방식(IDU : Induction Unit System)은 1차 공기를 처리하는 중앙공조기, 고속덕트와 각 실에는 유인 유닛 및 냉온수나 증기를 공급하는 배관에 의해 구성된다. 1차 공기는 보통 외기만 통과하지만 때로는 실내 환기와 외기를 혼합하여 통과하는 경우도 있다. 이 방식은 건물 내부 존을 단일덕트 정풍량방식 또는 단일덕트 변풍량방식으로 하고 외부 존에는 유인 유닛을 혼용하여 설치하기도 한다.

유인 유닛에는 1차 공조기에서 냉각, 감습 또는 가열, 가습한 1차 공기를 고압, 고속으로 유닛 내로 보내면 유닛 내에 있는 노즐을 통해 분출될 때 유인작용으로 실내공기인 2차 공기를 혼합하여 분출한다. 이때 2차 공기는 흡입구와 노즐 사이에 설치된 냉수, 온수 코일에 의해 냉각 또는 가열된다. 유인 유닛으로 들어오는 1차 공기를 PA(Primary Air), 2차 공기를 SA(Secondary Air), 1차 공기와 2차 공기가 혼합된 합계공기를 TA(Total Air)라 할 때 유인비는 다음과 같다.

$$유인비(k) = \frac{합계공기}{1차 공기} = \frac{TA}{PA} = 3 \sim 4$$

(1) 장점
　① 각 유닛마다 제어가 가능하므로 개별제어가 가능하다.
　② 고속 덕트를 사용하므로 덕트 스페이스를 작게 할 수 있다.
　③ 중앙공조기는 1차 공기만 처리하므로 규모가 작아도 된다.
　④ 유인 유닛에는 전기배선이 필요 없다.
　⑤ 실내부하의 종류에 따라 조닝을 쉽게 할 수 있다.
　⑥ 부하변동에 따른 적응성이 좋다.

(2) 단점
　① 각 유닛마다 수배관이 필요하여 누수의 염려가 있다.
　② 유닛은 소음이 있고 가격은 비싸다.
　③ 유닛 내의 필터 청소는 자주 해야 한다.
　④ 외기냉방의 효과가 적다.
　⑤ 유닛 내에 있는 노즐이 막히기 쉽다.

(3) 사용처 : 고층 사무소, 빌딩, 호텔, 회관 등의 외부 존
　최근의 건물은 유리창이 많아서 태양의 일사량이 많아 방위에 따라 변화가 심하며 겨울철에도 냉방이 필요할 때가 있어서 냉온수를 준비하여 부하의 변동에 대응하도록 한 방식이다.

9) 복사 냉난방 방식

이 방식은 바닥, 천장 또는 벽면을 복사면으로 하여 실내 현열부하의 50~70%를 처리하도록 하고 나머지의 현열부하와 잠열부하는 중앙공조기를 통해 덕트로 공급 처리하는 방식이다.
복사면은 냉수, 온수를 통하게 하는 패널(Panel)을 사용하거나 파이프를 바닥이나 벽 등에 매설하는 경우와 전기 히터를 사용하는 경우 또는 연소가스가 구조체의 온돌을 통하게 하는 경우가 있다. 일반적으로 공기조화에서의 복사 냉난방은 냉온수가 패널에 공급되고 덕트를 통해 공기가 실내로 공급되는 공기, 수방식을 말한다.

(1) 장점
　① 현열부하가 큰 곳에 설치가 효과적이다.
　② 쾌감도가 높고 외기의 부족현상이 적다.
　③ 냉방 시에 조명부하나 일사에 의한 부하가 쉽게 처리된다.
　④ 바닥에 기기를 배치하지 않아도 되므로 공간이용이 넓다.
　⑤ 건물의 축열을 기대할 수 있다.
　⑥ 덕트 스페이스가 필요 없고 열운반 동력을 줄일 수 있다.

(2) 단점
　　① 단열 시공이 필요하다.
　　② 시설비가 많이 든다.
　　③ 방의 내부구조나 모양의 변경 시 융통성이 적다.
　　④ 냉방 시에는 패널에 결로의 염려가 있다.
　　⑤ 풍량이 적어서 풍량이 많이 필요한 곳에는 부적당하다.

10) 개별방식
　(1) 종류
　　① 패키지 공조기 방식(Packaged Air Conditioner)
　　② 룸 쿨러 방식(Roon Cooler)
　　③ 멀티 유닛 방식(Multi-unit)

　(2) 장점
　　① 설치나 철거가 용이하다.
　　② 운전조작이 쉽고 유지관리가 수월하다.
　　③ 제품이 규격화되어 있고 용도나 용량에 따라 선택이 자유롭다.
　　④ 히트 펌프(Heat Pump)식은 냉난방을 겸할 수 있다.
　　⑤ 개별제어가 용이하다.

　(3) 단점
　　① 설치장소에 제한이 따른다.
　　② 실내에 설치하므로 설치공간이 필요하다.
　　③ 실내 유닛이 분리되지 않는 경우에는 소음이나 진동이 발생된다.
　　④ 응축기의 열풍으로 주위에 피해가 우려된다.
　　⑤ 외기량이 부족하다.

공조냉동기계기능사 필기+실기 10일 완성
CRAFTSMAN AIR-CONDITIONING & REFRIGERATING MACHINERY

PART

02

과년도 기출문제

2003~2016년도 기출문제

2016년 3회 시험 이후에는 한국산업인력공단에서 기출문제를 공거하지 않고 있습니다. 참고하여 주시기 바랍니다.

2003년 1회 공조냉동기계기능사

01 보일러 사고 원인 중 파열사고의 원인이 될 수 없는 것은?
① 압력초과
② 저수위
③ 고수위
④ 과열

해설 보일러 운전 중 고수위 운전은 습증기의 발생으로 캐리오버(기수공발)의 원인이 제공되며, 종래에는 워터 해머, 즉 관 내 수격작용의 원인이 된다.

02 가스 용기의 취급 시 주의할 사항 중 잘못 설명한 것은?
① 용기를 사용하지 않을 때에는 밸브를 잠근다.
② 용기에 새겨있는 각인을 말소하지 않는다.
③ 용기는 봉급힘 도구로 사용할 수 있다.
④ 용기를 떨어뜨리지 않도록 한다.

해설 가스용기 취급 시 주의사항
• 용기를 사용하지 않을 때에는 밸브를 잠근다.
• 용기에 새겨있는 각인을 말소하지 않는다.
• 용기를 떨어뜨리지 않는다.

03 용접작업 중 귀마개를 착용하고 작업을 해야 하는 용접작업은?
① 가스 용접작업
② 이산화탄소 용접작업
③ 플럭스 코어드 용접작업
④ 플래시 버트 용접작업

해설 맞대기 이음
• 플래시 용접 : 접합부 전체를 가열한 다음 센 압력을 가하여 맞댄 면을 접합시키는 방법
• 버트 용접 : 피용접물을 클램프 장치를 고정하여 용접면을 맞대어 전류를 통하면 저항열이 발생, 가열되어 이것을 가압해서 용접한다.

04 보일러를 계획적으로 관리하기 위해서는 보일러의 용량, 사용조건 등에 따라서 연간 계획을 세워야 한다. 아닌 것은?
① 운전계획
② 연료계획
③ 정비계획
④ 기록계획

해설 보일러의 연간계획
운전계획, 연료계획, 정비계획

05 펌프의 보수관리 시 점검사항 중 맞지 않는 것은?
① 윤활유 작동확인
② 축수 온도
③ 스터핑 박스의 누설온도
④ 다단 펌프에 있어서 프라이밍 누설확인

해설 펌프의 보수관리 시 점검사항 중 맞지 않는 것은 다단 펌프의 프라이밍 누설확인이다. 원심식 펌프는 펌프 가동 전 프라이밍(내부에 물을 가득 채우는 것)은 실시하나 누설과는 관련이 없다.

06 접지공사의 목적으로 올바른 것은?
① 전류변동방지, 전압변동방지, 절연저하방지
② 절연저하방지, 화재방지, 전압변동방지
③ 화재방지, 감전방지, 기기손상방지
④ 감전방지, 전압변동방지, 화재방지

해설 접지공사의 목적
감전방지, 화재방지, 기기손상방지

07 냉동장치에서 냉매가 적정량보다 부족할 경우 제일 먼저 해야 할 일은?
① 냉매의 배출
② 누설부위 수리 및 보충
③ 냉매의 종류를 확인
④ 펌프다운

해설 냉동장치에서 냉매가 적정량 보다 부족하면 누설부위 수리 및 보충이 필요하다.

1.③ 2.③ 3.④ 4.④ 5.④ 6.③ 7.② | ANSWER

08 감전되거나 전기 화상을 입을 위험이 있는 작업에서 구비해야 할 것은?
① 보호구 ② 구명구
③ 구급용구 ④ 비상등

해설 감전되거나 전기 화상을 입을 위험이 있는 작업에서는 보호구가 필요하다.

09 연삭(Grinding) 작업 시 숫돌 차의 주면과 받침대와의 간격은 몇 mm 이내로 유지해야 되는가?
① 3 ② 5
③ 7 ④ 9

해설 연삭작업에서 숫돌 바퀴와 받침대의 간격은 항상 3mm 이내로 유지한다.

10 사고의 본질적인 특성에 대한 설명으로 올바르지 못한 것은?
① 사고의 시간성
② 사고의 우연성
③ 사고의 정기성
④ 사고의 재현 불가능성

해설 사고의 본질적인 특성
• 사고의 시간성
• 사고의 우연성
• 사고의 재현 불가능성

11 다음 중 줄작업 시 유의해야 할 내용으로 적절하지 못한 것은?
① 미끄러지면 손을 베일 위험이 있으므로 유의하도록 한다.
② 손잡이가 줄에 튼튼하게 고정되어 있는지 확인한다.
③ 줄의 균열 유무를 확인할 필요는 없다.
④ 줄작업의 높이는 허리를 낮추고 몸의 안정을 유지하며 전신을 이용하도록 한다.

해설 줄작업 시 줄의 균열 유무를 반드시 확인하여야 한다.

12 낙하나 추락으로 인한 부상방지용 보호구가 아닌 것은?
① 안전대 ② 안전모
③ 안전화 ④ 장갑

해설 장갑은 손을 보호하기 위한 보호구이지 낙하나 추락으로 인한 부상방지용 보호구는 아니다.

13 산소용기의 가스 누설검사에 가장 안전한 것은?
① 비눗물 ② 아세톤
③ 유황 ④ 성냥불

해설 각종 가스의 누설검사 시 가장 간단한 방법은 비눗물 검사이다.

14 다음 가스시설 중에서 가스가 누설되고 있을 때 가장 적절한 조치를 순서대로 나열한 것은?

[보기]
㉠ 창문을 열어 통풍시킨다.
㉡ 판매점에 연락한다.
㉢ 중간밸브를 잠근다.
㉣ 용기밸브를 잠근다.

① ㉠→㉡→㉢→㉣
② ㉣→㉢→㉠→㉡
③ ㉡→㉠→㉣→㉢
④ ㉢→㉡→㉠→㉣

해설 가스 누설 시 조치사항
① 용기밸브 차단 ② 중간밸브 차단
③ 창문을 열고 환기 ④ 판매점에 연락

15 냉동장치의 냉매설비 기밀시험은?
① 설계압력 이상
② 설계압력 미만
③ 설계압력 1.5배 이상
④ 설계압력 1.5배 미만

해설 냉동장치의 냉매설비 기밀시험은 설계압력 이상 실시한다. 기밀시험 가스는 불활성 가스로 한다.

ANSWER | 8.① 9.① 10.③ 11.③ 12.④ 13.① 14.② 15.①

16 어떤 기체에 15kcal/kg의 열량을 가하여 700kg·m/kg의 일을 하였다. 이 기체의 내부 에너지 증가량은 몇 kcal/kg인가?

① 3.36 ② 7.36
③ 13.36 ④ 16.63

해설 $700 \text{kg} \cdot \text{m/kg} \times \frac{1}{427} \text{kcal/kg} \cdot \text{m} = 1.64$
∴ $15 - 1.64 = 13.36 \text{kcal/kg}$

17 어떤 냉동기를 사용하여 25℃의 순수한 물 100L를 −10℃의 얼음으로 만드는 데 10분이 걸렸다고 한다면, 이 냉동기는 약 몇 냉동톤이겠는가?(단, 냉동기의 모든 효율은 100%이다.)

① 3냉동톤 ② 16냉동톤
③ 20냉동톤 ④ 25냉동톤

해설 ① $100 \times 1 \times (25-0) = 2,500 \text{kcal}$
② $100 \times 80 = 8,000 \text{kcal}$
③ $100 \times 0.5 \times (0-(-10)) = 500 \text{kcal}$
∴ $\frac{2,500+8,000+500}{3,320} \times \frac{60}{10} = 19.879 \text{RT}$

18 기체의 용해도에 대한 설명 중 맞는 것은?

① 고온, 고압일수록 용해도가 커진다.
② 저온, 저압일수록 용해도가 커진다.
③ 저온, 고압일수록 용해도가 커진다.
④ 고온, 저압일수록 용해도가 커진다.

해설 기체의 용해도는 저온 고압에서 용해도가 크다.(헨리의 용해도 법칙)

19 증기압축식 냉동기의 냉매로서 구비해야 할 성질이 아닌 것은?

① 증발잠열이 클 것
② 저압 측에 있어 증기의 비열비가 클 것
③ 표면장력이 적을 것
④ 인화성, 악취, 독성 등이 적을 것

해설 냉매는 비열비가 크면 토출가스의 온도가 상승하므로 압축비를 크게 잡을 수가 없기 때문에 비열비가 작아야 한다.

20 냉매의 비열비가 크다는 것과 가장 관계가 큰 것은?

① 워터 재킷 ② 플래시 가스
③ 오일포밍 현상 ④ 에멀션 현상

해설 냉매의 비열비(정압비열/정적비열)가 크면 토출가스의 온도가 상승함으로써 워터 재킷을 이용하여 압축기를 냉각시켜야 한다.

21 이상기체의 엔탈피가 변하지 않는 과정은?

① 가역 단열과정 ② 등온과정
③ 비가역 압축과정 ④ 교축과정

해설 이상기체에서는 교축과정에서 엔탈피 변화가 없다.

22 압축기의 상부간격(Top Clearance)이 크면 냉동장치에 어떤 영향을 주는가?

① 토출가스 온도가 낮아진다.
② 윤활유가 열화되기 쉽다.
③ 체적효율이 상승한다.
④ 냉동능력이 증가한다.

해설 압축기의 상부간격이 크면 냉동장치에 윤활유가 열화되기 쉽다.

23 제빙용 브라인(Brine)의 냉각에 적당한 증발기는?

① 관코일 증발기 ② 헤링본 증발기
③ 원통형 증발기 ④ 평판상 증발기

해설 헤링본 증발기(탱크형)는 주로 암모니아용이며 제빙장치의 브라인 냉각용 증발기로 사용된다.

24 수랭식 응축기의 능력은 냉각수 온도와 냉각수량에 의해 결정이 되는데, 응축기의 능력을 증대시키는 방법에 관한 사항 중 틀린 것은?

① 냉각수온을 낮춘다.
② 응축기의 냉각관을 세척한다.
③ 냉각수량을 늘린다.
④ 냉각수 유속을 줄인다.

16. ③ 17. ③ 18. ③ 19. ② 20. ① 21. ④ 22. ② 23. ② 24. ④ | ANSWER

해설 수랭식 응축기의 능력을 증대시키는 방법
- 냉각수온을 낮춘다.
- 응축기의 냉각관을 세척한다.
- 냉각수량을 늘린다.
- 냉각수 유속을 가급적 빨리 한다.

25 2단 압축장치의 구성 기기가 아닌 것은?
① 고단 압축기
② 증발기
③ 팽창밸브
④ 캐스케이드 응축기(콘덴서)

해설 2단 압축장치의 구성
- 고단 압축기
- 저단 압축기
- 팽창밸브
- 증발기

26 압축방식에 의한 분류 중 체적 압축식 압축기가 아닌 것은?
① 왕복식 압축기   ② 회전식 압축기
③ 스크루 압축기   ④ 흡수식 압축기

해설 체적 압축기의 종류
- 왕복동식
- 회전식
- 스크루식

27 드라이어(Dryer)에 관한 사항 중 맞는 것은?
① 암모니아 액관에 설치하여 수분을 제거한다.
② 냉동장치 내에 수분이 존재하는 것은 좋지 않으므로 냉매 종류에 관계없이 설치하여야 한다.
③ 프레온은 수분과 잘 용해하지 않으므로 팽창밸브에서의 동결을 방지하기 위하여 설치한다.
④ 건조제로는 황산, 염화칼슘 등의 물질을 사용한다.

해설 드라이어 사용목적은 프레온 냉매는 수분과 잘 용해하지 않으므로 팽창밸브에서의 동결을 방지하기 위하여 설치한다.

28 정압식 팽창밸브의 설명 중 틀린 것은?
① 부하변동에 따라 자동적으로 냉매 유량을 조절한다.
② 증발기 내의 압력을 일정하게 유지시켜 주는 냉매 유량 조절밸브이다.
③ 단일 냉동장치에서 냉동부하의 변동이 적을 때 사용한다.
④ 냉수 브라인 등의 동결을 방지할 때 사용한다.

해설 정압식 팽창밸브는 증발기 내의 압력을 일정하게 유지하며 부하변동에 대응하여 유량제어를 할 수 없다. 소용량에 사용하며 냉수 브라인 등의 동결을 방지할 때 사용한다.

29 유압 압력조정밸브는 냉동장치의 어느 부분에 설치되는가?
① 오일펌프 출구
② 크랭크 케이스 내부
③ 유 여과망과 오일펌프 사이
④ 오일쿨러 내부

해설 유압 압력조정밸브는 오일펌프 출구에 장착한다.

30 냉동능력이 45냉동톤인 냉동장치의 수직형 셀 앤 튜브 응축기에 필요한 냉각수량은 약 얼마인가? (단, 응축기 입구온도는 23℃이며, 응축기 출구온도는 28℃라고 함)
① 38,844(L/h)   ② 43,200(L/h)
③ 51,870(L/h)   ④ 60,250(L/h)

해설 응축기에서 냉동의 경우 정수는 1.3 공조기에서는 1.2이다.
1냉동톤은 3,320kcal/h이므로
냉각수량 $= \dfrac{1.3 \times (45 \times 3{,}320)}{(28-23)} = 38{,}844 \text{L/h}$

31 간접팽창식과 비교한 직접팽창식 냉동장치의 설명이 아닌 것은?
① 소요동력이 작다.
② RT당 냉매 순환량이 적다.
③ 감열에 의해 냉각시키는 방법이다.
④ 냉매 증발온도가 높다.

ANSWER | 25. ④ 26. ④ 27. ③ 28. ① 29. ① 30. ① 31. ③

해설 집적팽창식은 피냉각 물체로부터 직접냉매의 증발잠열을 흡수, 냉각시키는 방법이다.

32 **터보 냉동기와 왕복동식 냉동기를 비교했을 때 터보 냉동기의 특징으로 맞는 것은?**

① 회전수가 매우 빠르므로 동작밸런스나 진동이 크다.
② 보수가 어렵고 수명이 짧다.
③ 소용량의 냉동기에는 한계가 있고 생산가가 비싸다.
④ 저온장치에서도 압축단수가 적어지므로 사용도가 넓다.

해설 터보 냉동기는 소용량에는 제작상 한계가 있고 비싸며 대형화함에 따라 냉동톤당의 가격이 싸다.

33 **액순환식 증발기와 액펌프 사이에 반드시 부착해야 하는 것은?**

① 전자밸브 ② 여과기
③ 역지밸브 ④ 건조기

해설 액순환식 증발기와 액펌프 사이에는 반드시 역지밸브를 설치한다.

34 **배관 내의 유체를 일정한 방향으로 흐르도록 하며, 역류를 방지하고자 하는 목적으로 설치되는 밸브는?**

① 게이트밸브(Gate Valve)
② 체크밸브(Check Valve)
③ 코크(Cock)
④ 안전밸브(Relief Valve)

해설 체크밸브는 역류방지밸브이다. 그 종류는 스윙식, 리프트식, 디스크식이 있다.

35 **25A 강관의 관용 나사산 수는 길이 25.4mm에 대하여 몇 산이 표준인가?**

① 19산 ② 14산
③ 11산 ④ 8산

해설 25A 강관의 관용 나사산 수는 길이 25.4mm(1인치)에서 11산이다.

36 **동관의 가지관 이음에서 본관에는 가지관의 안지름보다 얼마나 큰 구멍을 뚫는가?**

① 9~8mm ② 7~6mm
③ 5~3mm ④ 1~2mm

해설 동관의 가지관 이음에서 본관에는 가지관의 안지름보다 1~2mm 더 큰 구멍을 뚫는다.

37 **나사식 강관 이음쇠(파이프 조인트)에 대한 다음 글 중 맞는 것은?**

① 소구경(小口徑)이고, 저압의 파이프에 사용한다.
② 관로의 방향을 일정하게 할 때 사용한다.
③ 저압 대구경의 파이프에 사용한다.
④ 파이프의 분기점에는 사용해서는 안 된다.

해설 나사식 강관 이음쇠는 소구경이고 저압의 파이프에 사용한다.

38 **다음 그림은 KS 배관 도시기호에서 무엇을 표시하는가?**

① 부싱
② 줄이개
③ 줄임 플랜지
④ 플러그

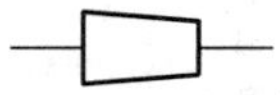

해설 : 부싱

39 **시퀀스 제어에 속하지 않는 것은?**

① 자동 전기밥솥
② 전기세탁기
③ 가정용 전기냉장고
④ 네온사인

해설 시퀀스 제어에 사용되는 기기는 자동 전기밥솥, 전기세탁기, 네온사인, 승강기 등이다.

32. ③ 33. ③ 34. ② 35. ③ 36. ④ 37. ① 38. ① 39. ③ | ANSWER

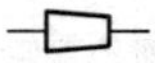

40 스크루 압축기의 장점이 아닌 것은?
① 흡입, 토출밸브가 없어 밸브의 마모, 소음이 없다.
② 냉매의 압력손실이 커서 효율이 저하된다.
③ 1단의 압축비를 크게 취할 수 있다.
④ 체적효율이 크다.

해설 스크루 압축기의 장점은 ①, ③, ④ 외에도
- 소형으로 대용량의 가스를 처리할 수 있다.
- 냉매가스와 오일이 같이 토출된다.
- 가스의 유동 저항이 작다.
- 고속회전으로 소음이 크다.
- 별도의 오일펌프가 필요하다.
- 압입, 흡입, 토출의 3행정을 갖는다.
- 액 흡입의 영향을 비교적 받지 않는다.

41 $P-h$ 선도의 구성요소에 대한 설명으로 적당한 것은?
① 압축과정은 등엔탈피선에서 이루어진다.
② 팽창과정은 등엔트로피선에서 이루어진다.
③ 등비체적선은 습증기구역 내에서만 존재하는 선이다.
④ 등압선에서 응축과정과 증발과정의 절대압력을 알 수 있다.

해설 $P-h$ 선도(압력 – 엔탈피)
- 등압선에서 증발압력과 응축압력을 알 수 있으며 압축비를 구할 수 있다.
- 몰리에선도에서 등압선, 등엔탈피선, 등엔트로피선, 등온선, 등비체적선, 등건조도선을 알 수 있다.

42 다음 중 NH_3의 누설검사로서 적절치 못한 것은?
① 악취가 심하므로 냄새로 판별 가능하다.
② 황초를 누설부위에 가까이 가져가면 흰 연기가 발생한다.
③ 물에 적신 페놀프탈레인지를 누설 주위에 가져가면 적색으로 변한다.
④ 누설 의심 부분에 헬라이드 토치를 대본다.

해설 헬라이드 토치는 프레온 냉매 누설 시에 필요하다.
- 누설이 없으면 : 청색
- 소량 누설 시 : 녹색
- 중량 누설 시 : 자주색
- 대량 누설 시 : 꺼진다.

43 다음 중 1냉동톤당 냉매 순환량(kg/h)이 가장 많은 냉매는?
① R-11　　② R-12
③ R-22　　④ R-114

해설 1RT당 냉매 순환량
① R-11 : 86.1kg/h
② R-12 : 112.47kg/h
③ R-22 : 82.69kg/h
④ R-114 : 132.09kg/h

44 전기저항에 관한 설명 중 틀린 것은?
① 전류가 흐르기 힘든 정도를 저항이라 한다.
② 도체의 길이가 길수록 저항이 커진다.
③ 저항은 도체의 단면적에 반비례한다.
④ 금속의 저항은 온도가 상승하면 감소한다.

해설 금속은 온도가 상승하면 저항이 증가한다.

45 증발식 응축기에 대한 설명 중 옳지 않은 것은?
① NH_3 장치에 주로 사용된다.
② 물의 증발열을 이용한다.
③ 냉각탑을 사용하는 것보다 응축압력이 높다.
④ 소비 냉각수의 양이 제일 적다.

해설 증발식 응축기는 압력강하가 크므로 고압 측 배관에 주의해야 한다. 냉각수의 증발에 의하여 응축된다. 외기의 습구온도 영향을 많이 받는다. 즉 습도가 높으면 능력이 저하된다.

46 공기조화의 기본요소에 해당하지 않는 것은?
① 감습　　② 가습
③ 순환　　④ 형태

해설 공기조화의 기본요소
- 감습
- 가습
- 순환

ANSWER | 40. ② 41. ④ 42. ④ 43. ④ 44. ④ 45. ③ 46. ④

47 어떤 방의 체적이 $2 \times 3 \times 2.5\text{m}$이고 실내온도를 21℃로 유지하기 위하여 실외온도 5℃의 공기를 3회/h로 도입할 때 환기에 의한 손실열량은 약 몇 kcal/h인가?

① 216　　② 284
③ 720　　④ 460

해설 $Q_1 = n \cdot V = 0.28n \cdot V(t_o - t_r)$
$n = 3$회, $V = 2 \times 3 \times 2.5 = 15\text{m}^3$
$\therefore 0.28 \times 3 \times 15 \times (21-5) = 201.6\text{kcal/h}$

48 다음 중 공기조화기의 구성요소가 아닌 것은?

① 공기여과기　　② 공기가열기
③ 송풍기　　　　④ 공기압축기

해설 공기조화기 구성요소
- 공기여과기
- 공기가열 및 냉각기
- 송풍기

49 외기온도 30℃와 환기온도 25℃를 1:3의 비율로 혼합하여 바이패스 팩터(BF)가 0.2인 코일에 냉각, 감습하는 경우의 코일 출구온도는 몇 ℃인가?(단, 코일 표면온도는 12℃이다.)

① 18.85　　② 16.85
③ 14.85　　④ 12.85

해설 $BF = \dfrac{t_2 - t_s}{t_1 - t_s}$
$t_2 = t_s + BF(t_1 - t_3)$
$t_2 = 12 + 0.2(25 - 12) = 14.6℃$

50 일상생활에서 적당한 실온과 상대습도는?

	[실온℃]	[상대습도%]
①	20~26	70~30
②	25~30	30~10
③	20~26	30~10
④	29~32	70~30

해설 일상생활
① 실온 : 20~26℃
② 상대습도 : 30~70%

51 다음 공조방식 중 개별식에 해당되는 것은?

① 덕트병용 패키지 방식
② 유인 유닛 방식
③ 단일 덕트 방식
④ 패키지 방식

해설 개별방식(냉매방식)
- 패키지 방식
- 룸 쿨러 방식
- 멀티 유닛 방식

52 다음 중 팬코일 유닛 방식을 채용하는 이유로 부적당한 것은?

① 개별제어가 쉽다.
② 환기량 확보가 쉽다.
③ 운송동력이 작게 소요된다.
④ 중앙기계실의 면적을 줄일 수 있다.

해설 팬코일 유닛 방식 특징
- 개별제어가 쉽다.
- 펌프에 의해 냉온수를 이송하므로 송풍기에 의한 공기의 이송동력보다 작게 든다.
- 중앙기계실의 면적을 줄일 수 있다.

53 다음 공조방식에서 전공기방식이 아닌 것은?

① 단일 덕트 방식
② 2중 덕트 방식
③ 멀티 존 유닛 방식
④ 팬코일 유닛 방식

해설 팬코일 유닛 방식(전수방식)

54. 공기조화용 취출구 종류에서 원형 또는 원추형 팬을 달아 여기에 토출기류를 부딪치게 하여 천장면에 따라서 수평판 사이로 공기를 내보내는 구조로 되어 있고 유인비 및 소음발생이 적은 취출구는?

① 팬형 취출구
② 웨이형 취출구
③ 아네모스텟형 취출구
④ 라인형 취출구

해설 팬형 취출구는 원형과 각형이 있으며 중앙에 원판 모양의 팬을 붙인 것으로 콜드 드래프트가 생기지 않도록 한다.

55. 다음 중 사무실, 호텔, 병원 등의 고층건물에 적합한 공기조화방식은?

① 단일 덕트 방식
② 유인 유닛 방식
③ 이중 덕트 방식
④ 재열방식

해설 유인 유닛 방식(IDU 방식)
• 고층 사무소 빌딩
• 호텔
• 회관
• 병원

56. 다음은 증기난방의 특징을 설명한 것이다. 옳지 않은 것은?

① 온수에 비하여 열이 운반능력이 크다.
② 온수에 비하여 관경을 작게 해도 된다.
③ 온수에 비하여 환수관의 부식이 적다.
④ 온수에 비하여 설비 및 유지비가 싸다.

해설 증기난방은 산소 등 가스의 발생이 심하여 점식 및 관의 부식이 심하다.

57. 공기 예열기 사용 시 이점을 열거한 것 중 아닌 것은?

① 열효율 증가
② 연소효율 증대
③ 저질탄 연소 가능
④ 노내 온도 저하

해설 공기 예열기 사용 시 이점
• 열효율 증가
• 연소효율 증대
• 저질탄 연소 가능

58. 원심송풍기의 풍량제어방법으로 적당하지 않은 것은?

① 온오프제어
② 회전수제어
③ 흡입베인제어
④ 댐퍼제어

해설 원심식 송풍기의 풍량제어방법
• 토출댐퍼에 의한 제어
• 흡입댐퍼에 의한 제어
• 흡입베인에 의한 제어
• 회전수에 의한 제어

59. (a), (b), (c)와 같은 관로의 국부저항계수(전압기준)가 큰 것부터 작은 것 순서로 나열했을 때 가장 적당한 것은?

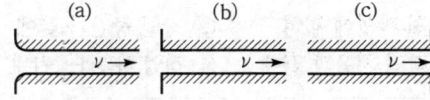

① (a) > (b) > (c)
② (a) > (c) > (b)
③ (b) > (c) > (a)
④ (c) > (b) > (a)

해설 국부저항계수 크기
(c) > (b) > (a)

60. 복사난방의 설계에 사용하는 온도로서, 방을 구성하는 각 벽체의 표면온도를 평균하여 복사난방에서의 쾌감 기준으로 삼는 온도가 있다. 이를 무엇이라 하는가?

① 실내공기온도
② 복사난방온도
③ 평균복사온도
④ 평균바닥온도

해설 평균복사온도는 복사난방의 설계에 사용하는 온도로서 방을 구성하는 각 벽체의 표면온도를 평균하여 복사난방에서의 쾌감 기준으로 삼는 온도이다.
MRT(Mean Radiant Temperature)

ANSWER | 54. ① 55. ② 56. ③ 57. ④ 58. ① 59. ④ 60. ③

2003년 2회 공조냉동기계기능사

01 냉동제조 시설에서 가스누설 검지 경보장치의 검출부 설치개수는 설비군의 바닥면 둘레 몇 m 마다 1개 이상의 비율로 설치하여야 하는가?
① 5 ② 10
③ 15 ④ 20

해설 가스누설 검지장치는 냉동제조 설비군의 바닥면 둘레 10m마다 1개 이상의 비율로 설치한다.

02 정작업을 할 때 강하게 때려서는 안 될 경우는 어느 때인가?
① 전 작업에 걸쳐   ② 작업 중간과 끝에
③ 작업 처음과 끝에 ④ 작업 처음과 중간에

해설 정작업은 작업 처음과 끝날 때에는 강하게 때리지 않는다.

03 다음 중 보호구로서 갖추어야 할 조건이 아닌 것은?
① 착용 시 작업에 지장이 없을 것
② 대상물에 대하여 방호가 충분할 것
③ 보호구 재료의 품질이 우수할 것
④ 성능보다는 외관이 좋을 것

해설 보호구는 외관보다는 성능이 우수해야 한다.

04 카바이드와 물의 작용방식에 의한 가스발생기의 종류가 아닌 것은?
① 주수식 ② 침지식
③ 투입식 ④ 주입식

해설 아세틸렌 발생기
주수식, 침지식, 투입식

05 냉동기 운전 중 토출압력이 높아져 안전장치가 작동하거나 냉매가 유출되는 사고 시 점검하지 않아도 되는 것은?
① 계통 내에 공기혼입 유무
② 응축기의 냉각수량, 풍량의 감소여부
③ 응축기와 수액기 간, 균압관의 이상여부
④ 유분리기의 이상여부

해설 유분리기는 증발기에서 유회수구를 통하여 전자밸브를 거쳐 유분리기(열교환기)에서 냉매는 열교환시켜 압축기로 보내고 오일은 압축기 케이스로 보낸다.

06 작업 중에 갑자기 정전이 발생되었을 때 조치 중 틀린 것은?
① 즉시 전기 스위치를 차단한다.
② 비상 발전기가 있으면 가동 준비를 한다.
③ 퓨즈를 검사한다.
④ 공작물과 공구는 원상태로 놓아 둔다.

해설 작업 중에 갑자기 정전이 발생되면 공작물과 공구는 분리시켜 놓는다.

07 암모니아 누설검지방법이 아닌 것은?
① 유황초 사용
② 리트머스 시험지 사용
③ 네슬러 시약 사용
④ 헬라이드 토치 사용

해설 헬라이드 토치는 프레온 냉매의 누설검사법이다.
• 연료 : 아세틸렌, 알코올, 프로판, 부탄
• 누설이 없으면 : 청색
• 소량 누설 시 : 녹색
• 다량 누설 시 : 자색
• 과다 누설 시 : 토치가 꺼진다.

08 프레온 냉동장치를 능률적으로 운전하기 위한 대책이 아닌 것은?
① 이상고압이 되지 않도록 주의한다.
② 냉매부족이 없도록 한다.
③ 습압축이 되도록 한다.
④ 각 부의 가스 누설이 없도록 유의한다.

1. ② 2. ③ 3. ④ 4. ④ 5. ④ 6. ④ 7. ④ 8. ③ | ANSWER

[해설] 압축기의 압축은 항상 건조압축이어야 가장 이상적이다.

09 정전작업 시의 안전관리사항 중 적합하지 못한 것은?
① 무전압 상태의 유지
② 잔류전하의 방전
③ 단락접지
④ 과열, 습기, 부식의 방지

[해설] 정전작업 시 안전관리
- 무전압 상태의 유지
- 잔류전하의 방전
- 단락접지

10 용접용 가스용기 운반 시 안전한 방법은?
① 높은 곳에서 낮은 곳으로 떨어뜨린다.
② 전자석을 이용한다.
③ 로프로 묶어서 이동시킨다.
④ 용기를 트럭에서 내릴 때에는 레일을 이용하여 조용히 내린다.

[해설] 용접용 가스용기의 운반 시 용기를 트럭에서 내릴 때에는 레일을 이용하여 조용히 내린다.

11 보일러 운전 중 가장 주시해야 할 사항으로 옳지 못한 것은?
① 연소상태 ② 수면
③ 압력 ④ 온도

[해설] 보일러 운전 중 가장 주시해야 할 사항
연소상태, 수면상태, 압력상태

12 고압가스 특정제조시설 기준에서 제2종 보호시설에 해당되는 곳은?
① 학교 ② 병원
③ 도서관 ④ 주택

[해설] 제1종 보호시설 : 학교, 병원, 도서관
제2종 보호시설 : 주택, 소규모 건물

13 보일러 취급자의 부주의로 인하여 발생하는 사고 원인은?
① 보일러 구조상의 결함
② 설계상의 결함
③ 재료 선택의 부적당
④ 증기발생 압력의 과다와 이상감수

[해설] ①, ②, ③항은 제조자의 부주의에 의한 사고이고, 압력과다, 이상감수(저수위 사고), 가스폭발 등은 취급자의 부주의에 의한 사고다.

14 재해발생 빈도율을 구하는 공식은?
① (재해발생 건수/연평균 근로자수)×100
② (저해발생 건수/연평균 근로자수)×1,000
③ (저해발생 건수/연평균 근로자수)×1,000,000
④ (근로 손실일수/근로 총 시간수)×1,000

[해설] 재해발생 빈도율 $= \left(\dfrac{\text{재해발생 건수}}{\text{연평균 근로자수}}\right) \times 10^6$

15 다음 중 휘발성 유류의 취급 시 지켜야 할 안전사항으로 옳지 않은 것은?
① 실내의 공기가 외부와 차단되도록 한다.
② 수시로 인화물질의 누설여부를 점검한다.
③ 소화기를 규정에 맞게 준비하고, 평상시에 조작방법을 익혀둔다.
④ 정전기가 발생하는 화학섬유 작업복의 착용을 금한다.

[해설] 휘발성 유류 취급 시는 실내의 공기가 외부와 차단시키지 말고 자주 환기시킨다.

16 냉동장치는 냉매의 어떤 열을 이용하여 냉동효과를 얻는가?
① 승화열 ② 기화열
③ 융해열 ④ 응고열

[해설] 냉매는 기화열(증발잠열 이용)

ANSWER | 9.④ 10.④ 11.④ 12.④ 13.④ 14.③ 15.① 16.②

17 다음 용어 중 단위가 필요한 것은?
① 단열 압축지수 ② 건조도
③ 정압비열 ④ 압축비

해설 정압비열 : kcal/kg℃

18 냉동의 뜻을 올바르게 설명한 것은?
① 인공적으로 주위의 온도보다 낮게 하는 것을 말한다.
② 열이 높은데서 낮은 곳으로 흐르는 것을 말한다.
③ 물체 자체의 열을 이용하여 일정한 온도를 유지하는 것을 말한다.
④ 기체가 액체로 변화할 때의 기화열에 의한 것을 말한다.

해설 냉동이란 인공적으로 주위의 온도보다 낮게 하는 조작방법이다.

19 냉동용 장치에 사용되는 냉매로서 갖추어야 할 성질이 아닌 것은?
① 임계온도가 높아야 한다.
② 비열비가 적어야 한다.
③ 응고온도가 낮아야 한다.
④ 윤활유와 잘 작용해야 한다.

해설 냉매와 윤활유가 작용하면 오일포밍 현상이 발생된다. (프레온 냉동기에서)

20 압축 후의 온도가 너무 높으면 실린더 헤드를 냉각할 필요가 있다. 다음 표를 참고하여 압축 후 냉매의 온도가 가장 높은 냉매는?(단, 모든 냉매는 같은 조건으로 압축함)

냉매	비열비(r)	정압비열
R-12	1.136	0.147
R-22	1.184	0.152
NH₃	1.31	0.52
CH₃Cl	1.20	0.62

① R-12 ② R-22
③ NH₃ ④ CH₃Cl

해설 압축비가 높은 암모니아(NH₃)는 압축 후 토출가스 온도가 높아서 압축기의 냉각을 위해 워터 재킷을 설치한다.

21 응축온도가 13℃이고, 증발온도가 -13℃인 카르노사이클에서 냉동기의 성적 계수는 얼마인가?
① 0.5 ② 2
③ 5 ④ 10

해설 273-13=260K
273+13=286K
$$Cop = \frac{260}{286-260} = 10$$

22 일반적으로 벽코일과 동결실의 선반으로 많이 사용되는 증발기 형식은?
① 헤링본식(Herring-bone) 증발기
② 핀 튜브식(Finned Tube Type) 증발기
③ 평판식(Plate Type) 증발기
④ 캐스케이드식(Cascade Type) 증발기

해설 캐스케이드식 증발기의 특징
• 액 냉매를 공급하고 가스를 분리한다.
• 공기동결실 선반에 사용

23 다음 증발기에 대한 설명 중 옳은 것은?
① 증발기에 많은 성에가 끼는 것은 냉동능력에 영향을 주지 않는다.
② 냉동부하에 대해 증발기의 전열면적이 작으면 냉동능력당의 전력소비가 증대된다.
③ 냉동부하에 대해 냉매순환량이 적으면 증발기 출구에서 냉매가스의 과열도가 작아진다.
④ 액순환식의 증발기에서는 냉매액만이 흐르고 냉매증기는 일체 없다.

해설 냉동부하에 대해 증발기의 전열면적이 작으면 냉동능력당의 전력소비가 증대한다.

17. ③ 18. ① 19. ④ 20. ③ 21. ④ 22. ④ 23. ② | **ANSWER**

24 다음 중 열통과율이 가장 좋은 응축기는?
① 증발식
② 입형 셸 앤 튜브식
③ 횡형 셸 앤 튜브식
④ 7통로식

해설
- 증발식 : 물의 증발열 580kcal/kg · 30℃
- 입형 셸 앤 튜브식 : 750kcal/m²h℃
- 횡형 셸 앤 튜브식 : 900kcal/m²h℃
- 7통로식 : 1,000kcal/m²h℃
- 대기식 : 600kcal/m²h℃

25 대기 중의 습도가 냉매의 응축온도에 관계있는 응축기는?
① 입형 셸 앤 튜브 응축기
② 공랭식 응축기
③ 횡형 셸 앤 튜브 응축기
④ 증발식 응축기

해설 증발식은 외기의 습구온도에 의해 능력이 좌우된다.

26 수직형 셸 튜브 응축기의 설명이 잘못된 것은?
① 설치면적이 작아도 되며 옥외 설치가 가능하다.
② 유분리기와 응축기 사이에는 균압관을 설치하는 것이 좋다.
③ 대형 NH₃ 냉동장치에 사용된다.
④ 응축열량은 증발기에서 흡수한 열량과 압축기 열량의 합과 같다.

해설 수직형 셸 튜브 응축기에서는 응축기 상부와 수액기 상부를 연결하는 균압관이 연결된다.
수액기 하부에 배유밸브가 설치된다.

27 다음 회전식(Rotary) 압축기의 설명 중 틀린 것은?
① 흡입변이 없다.
② 압축이 연속적이다.
③ 회전수가 매우 적다.
④ 왕복동에 비해 구조가 간단하다.

해설 회전식 압축기는 일반적으로 1,000rpm 이상에서 블레이드가 정확히 실린더 벽에 밀착된다. 가정용 냉장고는 1,725rpm, 상업용 압축기는 약 1,000~1,800rpm에서 운전된다.

28 냉동용 압축기의 안전헤드(Safety Head)는?
① 액체 흡입으로 압축기가 파손되는 것을 막기 위한 것이다.
② 워터 재킷을 설치한 실린더 헤드(Cylinder Head)를 말한다.
③ 토출가스의 고압을 막아주므로 안전밸브를 따로 둘 필요가 없다.
④ 흡입압력의 저하를 방지한다.

해설 압축기의 안전헤드는 액체 흡입으로 압축기가 파손되는 것을 막기 위한 안전장치이다.

29 스크루 압축기의 장점이 아닌 것은?
① 흡입 및 토출밸브가 없다.
② 크랭크샤프트, 피스톤링 등의 마모부분이 없어 고장이 적다.
③ 냉매의 압력손실이 없어 체적효율이 향상된다.
④ 고속회전으로 인하여 소음이 작다.

해설 스크루 압축기는 2개의 맞물린 나사 형상의 로터 회전으로 가스를 압축하는 것이므로 단점은 소음이 크고 음향에 의해 고장 발견이 어렵다. 또한 전력소비가 많고 가격이 비싸다.

30 2단 압축장치의 구성 기기가 아닌 것은?
① 고단 압축기
② 증발기
③ 팽창밸브
④ 캐스케이드 응축기(콘덴서)

해설 2단 압축기의 구성
- 저단 압축기
- 고단 압축기
- 응축기
- 수액기
- 중간냉각기(기액 분리기)
- 저온 증발기
- 제1, 2 팽창밸브
- 수냉각기

ANSWER | 24. ④ 25. ④ 26. ② 27. ③ 28. ① 29. ④ 30. ④

31 냉동장치의 팽창밸브 용량을 결정하는 데 해당하는 것은?
① 밸브 시트의 오리피스 직경
② 팽창밸브의 입구의 직경
③ 나들 밸브의 크기
④ 팽창밸브의 출구의 직경

해설 팽창밸브의 용량결정 : 밸브 시트의 오리피스 직경

32 가스배관재료의 구비조건에 들지 않는 것은?
① 관 내의 유통이 원활할 것
② 토양이나 지하수에 대하여 충분히 부식성이 있을 것
③ 접합이 쉽고, 유체의 누설이 충분히 방지될 것
④ 절단 가공에 용이하고 가벼울 것

해설 가스배관은 토양이나 지하수에 대하여 내식성이 클 것

33 양털, 쇠털 등의 동물섬유로 만든 유기질 보온재는?
① 석면   ② 펠트
③ 양면   ④ 규조토

해설 • 펠트 : 우모나 양모가 있으며 아스팔트를 가공한 것은 −60℃까지 보냉용으로 사용가능하며, 곡면시공에 용이하다.
• 코르크 : 곡면시공에는 어렵다.

34 냉매에 따른 배관재료를 선택할 때 옳지 않은 것은?
① 염화메틸 – 이음매 없는 알루미늄관
② 프레온 – 배관용 스테인리스 강관
③ 암모니아 – 압력배관용 탄소강 강관
④ 암모니아 – 저온배관용 강관

해설 염화메틸(CH_3Cl : 메틸클로라이드) 냉매는 건조한 염화메틸은 알칼리, 알칼리토금속, 알루미늄, 아연, 마그네슘 이외의 보통의 금속과는 반응하지 않는다.
※ 염화메틸은 허용농도 100ppm의 독성가스로서 알루미늄관은 사용상 불가하다.

35 파이프 내의 압력이 높아지면 고무링은 더욱 더 파이프 벽에 밀착되어 누설을 방지하는 접합방법은?
① 기계적 접합   ② 플랜지 접합
③ 빅토릭 접합   ④ 소켓 접합

해설 빅토릭 접합은 파이프 내의 압력이 높아지면 고무링은 더욱 더 파이프 벽에 밀착되어서 누설 시 방지하는 주철관의 접합이다.

36 다음과 같이 25A×25A×25A의 티에 20A관을 직접 A부에 연결하고자 할 때 필요한 이음쇠는 어느 것인가?
① 유니언
② 소켓
③ 부싱
④ 플러그

해설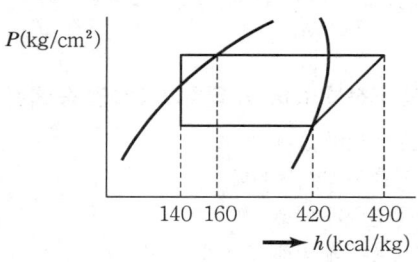

37 공비 혼합냉매로서 R−12의 능력을 개선할 때 사용되는 냉매는?
① R−500   ② R−501
③ R−502   ④ R−503

해설 R−500 냉매(혼합냉매)
① R−12 : 73.8% ② R−152 : 26.2%
※ R−12보다 20% 능력이 개선된다.

38 다음과 같은 R−22 냉동장치의 $P-h$ 선도에서의 이론성적계수는?

① 3.7   ② 4
③ 4.7   ④ 5

해설 $420 - 140 = 280 \text{kcal/kg}$
$490 - 420 = 70 \text{kcal/kg}$
$\therefore \frac{280}{70} = 4 \text{Cop}$

39 전기량이 일정할 때 석출되는 물질의 양은 화학당량에 비례한다는 법칙은?
① 줄의 법칙
② 패러데이의 법칙
③ 키르히호프의 법칙
④ 비오사바르의 법칙

해설 패러데이의 법칙 : 전기분해에 의해서 석출되는 물질의 양은 전해액을 통과한 총 전기량에 비례한다.

40 정전용량 $4[\mu F]$의 콘덴서에 $2,000[V]$의 전압을 가할 때 축적되는 전하는 얼마인가?
① $8 \times 10^{-1}[C]$ ② $8 \times 10^{-2}[C]$
③ $8 \times 10^{-3}[C]$ ④ $8 \times 10^{-4}[C]$

해설 $Q = E \cdot C$
$2,000 \times 4 \times 10^{-6} = 0.008C$
$\therefore 8 \times 10^{-3} C$
※ $1\mu = 10^{-6}$
전하량 $Q(C) = I(A) \cdot t(s) = I \cdot t$

41 압축기 종류에 따른 정상적인 유압이 아닌 것은?
① 터보 = 정상저압 $+ 6 \text{kg/cm}^2$
② 입형저속 = 정상저압 $+ 0.5 \sim 1.5 \text{kg/cm}^2$
③ 고속다기통 = 정상저압 $+ 1.5 \sim 3 \text{kg/cm}^2$
④ 고속다기통 = 정상저압 $+ 6 \text{kg/cm}^2$

해설 유압
• 입형저속 : 정상저압 $+ 0.5 \sim 1.5 \text{kg/cm}^2$
• 고속다기통 : 정상저압 $+ 1.5 \sim 3 \text{kg/cm}^2$
• 터보 : 정상저압 $+ 6 \text{kg/cm}^2$

42 전동기의 회전 방향과 관계있는 것은?
① 플레밍의 왼손 법칙
② 플레밍의 오른손 법칙
③ 헨쯔의 법칙
④ 패러데이의 법칙

해설 플레밍의 왼손법칙
자계 안에 둔 도체에 전류가 흐를 때 도체에 작용하는 전자력의 방향에 관한 법칙으로 검지는 자계의 방향으로 하고 중지를 전류의 방향으로 하면 엄지의 방향이 전자력의 방향이 된다.

43 냉매에 관한 다음 설명 중 적합하지 않은 것은?
① $R-12$의 분자식은 CCl_2F_2이다.
② NH_3 냉매액($30°C$)은 $R-22$ 냉매액($30°C$)보다 두껍다.
③ 초저온 냉매로는 $R-13$이 적합하다.
④ 흡수식 냉동기의 냉매로는 물이 적합하다.

해설 NH_3(암모니아) : 분자량이 17이다.
$CHClF_2(R-22)$: 분자량이 크다. (86.48)

44 $-30°C$ 이하에서는 1단 압축할 경우 다음과 같은 좋지 않은 이유 때문에 2단 압축을 행한다. 이러한 좋지 않은 이유에 해당되지 않는 것은?
① 압축기 토출증기의 온도상승
② 압축비 상승
③ 압축기 체적효율 감소
④ 압축기 행정 체적의 증가

해설 2단 압축과 압축기의 행정 체적과는 무관한 내용이다.

45 캐비테이션 방지책으로 잘못 서술하고 있는 것은?
① 단흡입을 양흡입으로 바꾼다.
② 손실수두를 작게 한다.
③ 펌프의 설치위치를 낮춘다.
④ 펌프 회전수를 빠르게 한다.

해설 캐비테이션 방지책으로는 펌프의 회전수를 느리게 한다.

ANSWER | 39. ② 40. ③ 41. ④ 42. ① 43. ② 44. ④ 45. ④

46 공기가 노점온도보다 낮은 냉각코일을 통과하였을 때의 상태를 기술한 것 중 틀린 것은?
① 상대습도 저하 ② 절대습도 저하
③ 비체적 저하 ④ 건구온도 저하

해설
- 공기의 노점온도보다 낮으면 결로가 생긴다.
- 공기가 냉각되면 상대습도가 증가한다.
그러나 공기가 노점온도보다 낮은 냉각코일을 통과하면 상대습도는 일정하다.

47 외기온도 −5℃일 때 공급공기를 18℃로 유지하는 히트펌프로 난방을 한다. 방의 총 열손실이 50,000kcal/h일 때의 외기로부터 얻은 열량은 몇 kcal/h인가?
① 43,500 ② 46,047
③ 50,000 ④ 53,255

해설 $273+18=291K$
$273-5=268K$
$\therefore 50,000 \times \dfrac{268}{291} = 46,047 kcal/h$

48 공기조화방식을 분류하면 중앙방식과 개별방식으로 분류할 수 있다. 또한 중앙방식은 전공기방식, 공기−수방식 및 수방식으로 분류할 수 있는데 공기−수방식이 아닌 것은?
① 각 층 유닛 방식
② 팬코일 유닛 방식(덕트병용)
③ 유인 유닛 방식
④ 복사 냉난방 방식

해설 각 층 유닛 방식 : 전공기방식

49 중앙 계기실에서 온수 또는 냉수를 파이프로 보내어 겨울에는 복사난방, 여름에는 복사냉방을 행하는 공기조화방식은?
① 단일덕트식 ② 이중덕트식
③ 패널(Panel)식 ④ 이차송풍식

해설 패널(Panel)은 중앙계기실에서 온수 또는 냉수를 파이프로 보내어 겨울에는 복사난방, 여름에는 복사냉방을 한다.

50 다음은 이중덕트방식에 대한 설명이다. 옳지 않은 것은?
① 중앙식 공조방식으로 운전 보수관리가 용이하다.
② 실내부하에 따라 각실 제어나 존(Zone)별 제어가 가능하다.
③ 열매가 공기이므로 실온의 응답이 아주 빠르다.
④ 단일덕트방식에 비해 에너지 소비량이 적다.

해설 이중덕트방식은 단일덕트방식에 비해 에너지 소비량이 많다.

51 온수난방과 비교한 증기난방의 장점 중 맞는 것은?
① 방열량의 제어가 쉽다.
② 방열기의 배관의 치수가 작다.
③ 증기 보일러의 취급이 용이하다.
④ 스팀 해머링의 문제가 없다.

해설 증기난방은 방열량이 커서 방열기(라디에이터)의 배관의 치수가 작다.

52 상대습도 60%, 건구온도 25℃인 습공기의 수증기 분압은 얼마인가?(단, 25℃ 포화 수증기 압력은 23.8 mmHg이다.)
① 14.28mmHg ② 9.52mmHg
③ 0.02kg/cm² ④ 0.013kg/cm²

해설 $23.8 \times 0.6 = 14.28 mmHg$

53 덕트 취출의 최소 도달거리라는 것은 취출구에서 취출한 공기가 진행해서 취출기류의 중심선상의 풍속이 몇 m/s된 위치까지의 거리인가?
① 0.1 ② 0.5
③ 1.0 ④ 2.0

해설 인간에게 쾌적감을 주는 기류의 크기는 온풍에서 약 0.5m/s 정도, 냉풍에서는 0.3~0.5m/s로 되어, 필요 이상의 속도는 도리어 불쾌감을 준다.

---

46. ① 47. ② 48. ① 49. ③ 50. ④ 51. ② 52. ① 53. ② | ANSWER

54 공기 중의 냄새나 유해가스의 제거에 유효하게 사용되는 필터는?
① 초고성능 필터
② 자동식 롤 필터
③ 전기 집진기
④ 활성탄 필터

해설 활성탄 흡착식 여과기는 유해가스나 냄새 등을 제거한다. (필터의 모양은 패널형, 지그재그형, 바이패스형이 있다.)

55 공기조화설비 중에서 열원장치의 구성요소로 적당하지 않은 것은?
① 냉각탑
② 냉동기
③ 보일러
④ 덕트

해설 열원장치 : 보일러, 냉동기, 냉각탑
④ 덕트는 열원의 이송기구이다.

56 보일러 안전장치의 하나인 연소안전장치는 자동보일러의 필수적인 부속기기이다. 그 사용목적이 아닌 것은?
① 버너 점화 시의 안전성을 확보한다.
② 연료가 미연소상태로 연소실로 유입되지 않도록 한다.
③ 보일러의 압력이나 온도가 일정치를 초과할 경우에 경보를 울린다.
④ 운전 중 이상이 발생했을 경우, 보일러를 정지시킴과 동시에 경보를 발생시킨다.

해설 보일러 압력이나 온도가 일정치를 초과하면 인터록에 의해 보일러 운전이 차단되어야 하며, 경보기는 저수위 장치에서 필요하다.

57 송풍기 상사법칙에 대한 내용으로 옳은 것은?
① 압력은 회전수 변화의 3승에 비례한다.
② 동력은 회전수 변화의 5승에 비례한다.
③ 동력은 날개직경 변화의 2승에 비례한다.
④ 풍량은 날개직경 변화의 3승에 비례한다.

해설
- 풍량 $Q_1 = \left(\dfrac{D_1}{D_2}\right)^3 \left(\dfrac{n_1}{n_2}\right) Q_2 \,(\mathrm{m^3/min})$
- 정압 $P_1 = \left(\dfrac{D_1}{D_2}\right)^2 \left(\dfrac{n_1}{n_2}\right)^2 P_2 \,(\mathrm{kg/m^2})$
- 동력 $L_1 = \left(\dfrac{D_1}{D_2}\right)^5 \left(\dfrac{n_1}{n_2}\right) L_2 \,(\mathrm{kW})$

58 냉난방부하 계산 시 잠열을 계산하지 않아도 되는 것은?
① 인체 발생열
② 커피포트 발생열
③ 태양 일사열
④ 틈새바람

해설
- 지붕이나 벽으로부터 열량은 현열부하만 해당된다.
- 지붕, 벽으로부터 통과열은 현열부하이다.
- 유리창 등의 열량은 현열부하이다.

59 혼합실(Mixing Chamber)을 이용하여 냉풍과 온풍을 자동혼합하여 각 실내에 공급하는 공조방식은?
① 팬코일 유닛(Fan Coil Unit) 방식
② 단일덕트(Single Duct) 방식
③ 재열(Reheating) 방식
④ 2중덕트(Double Duct) 방식

해설 혼합실을 이용하여 냉풍과 온풍을 자동 혼합하여 각 실내에 공급하는 공기조화방식은 2중덕트방식이나, 에너지 손실이 크다.

60 다음 중 분기부분에 설치하여 분기덕트 내의 풍량조절용으로 적당한 것은?
① 버터플라이 댐퍼
② 다익 댐퍼
③ 스플릿 댐퍼
④ 방화 댐퍼

해설 스플릿 댐퍼는 분기부에 설치하여 풍량조절용으로 사용된다. 누설이 많아 폐쇄용으로는 부적당하다. 구조가 간단하고 가격이 싸다. 주 덕트의 압력강하는 적다.

2003년 3회 공조냉동기계기능사

01 NH₃ 냉매를 사용하는 냉동장치에서는 열교환기를 설치하지 않는다. 그 이유는?
① 응축 압력이 낮기 때문에
② 증발 압력이 낮기 때문에
③ 비열비 값이 크기 때문에
④ 임계점이 높기 때문에

해설 암모니아 냉매는 비열비 값이 커서 토출가스의 온도가 높아 비열비 값이 타 가스보다 높으므로 열교환기가 필요 없다.

02 연소의 위험과 인화점, 착화점의 관계가 잘못된 것은?
① 인화점이 낮을수록 연소의 위험이 크다.
② 착화점이 높을수록 연소의 위험이 크다.
③ 산소농도가 높을수록 연소의 위험이 크다.
④ 연소범위가 넓을수록 연소의 위험이 크다.

해설 착화점이 낮을수록 연소의 위험이 크다.

03 차광안경의 렌즈 색으로 적당한 것은?
① 적색 ② 자색
③ 갈색 ④ 회색

해설 차광안경의 렌즈 색으로는 자색이 이상적이다.

04 정의 머리가 버섯 모양으로 되면 어떤 현상이 일어나는가?
① 타격면이 넓어져 조준이 쉬워진다.
② 타격면이 커져서 때리기가 좋아진다.
③ 타격순간 미끄러져 손을 다치기 쉽다.
④ 타격과 조준이 편리해 정확한 작업이 된다.

해설 정의 머리가 버섯 모양으로 되면 타격순간 미끄러져 다치기 쉽다.

05 기체 또는 액체가 갖는 단위중량당 열에너지를 무엇이라 하는가?
① 엔탈피 ② 엔트로피
③ 비체적 ④ 비중량

해설 엔탈피란 기체 또는 액체가 갖는 단위중량당의 열에너지이다.(kcal/kg)

06 다음 $P-h$ 선도에서 압축일량과 성적계수는 각각 얼마인가?

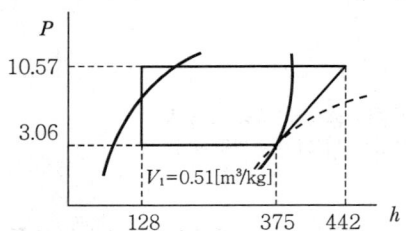

① 압축일량 : 67[kcal/kg], 성적계수 : 4.68
② 압축일량 : 247[kcal/kg], 성적계수 : 3.9
③ 압축일량 : 67[kcal/kg], 성적계수 : 3.68
④ 압축일량 : 247[kcal/kg], 성적계수 : 3.68

해설 압축일량 = 442 − 375 = 67kcal/kg
성적계수 = $\frac{375-128}{67}$ = 3.68

07 공기조화용 덕트 부속기기에서 실내에 설치된 연기 감지기로 화재의 초기에 발생된 연기를 탐지하여 덕트를 폐쇄시키므로 다른 구역으로 연기의 침투를 방지시켜주는 부속기기는 무엇인가?
① 방연 댐퍼 ② 챔버
③ 방화 댐퍼 ④ 풍량조절 댐퍼

해설 화재의 초기에 다른 구역으로 연기의 침투를 방지시켜주는 댐퍼가 방연 댐퍼이다.

1. ③ 2. ② 3. ② 4. ③ 5. ① 6. ③ 7. ① | ANSWER

08 다음 중 제빙용 냉동장치의 증발기로서 가장 적합한 것은?
① 탱크형 냉각기
② 반만액식 냉각기
③ 건식 냉각기
④ 관 코일식 냉각기

해설 탱크형 냉각기는 제빙용 냉동장치의 증발기이다.

09 공기조화기의 가열코일에서 30℃ DB의 공기 3,000 kg/h를 40℃ DB까지 가열하였을 때의 가열열량 (kcal/h)은?(단, 공기의 비열은 0.24kcal/kg℃이다.)
① 7,200
② 8,700
③ 6,200
④ 5,040

해설 $Q = 3,000 \times 0.24 \times (40-30) = 7,200 \text{kcal/h}$

10 온도식 액면 제어변에 설치된 전열히터의 용도는?
① 감온통의 동파를 방지하기 위해 설치하는 것이다.
② 냉매와 히터가 직접 접촉하여 저항에 의해 작동한다.
③ 주로 소형 냉동기에 사용되는 팽창밸브이다.
④ 감온통 내에 충진된 가스를 민감하게 작동토록 하기 위해 설치하는 것이다.

해설 온도식 액면 제어변에 설치된 전열히터의 용도는 감온통 내에 충진된 가스를 민감하게 작동토록 하기 위해 설치한다.

11 R-21의 분자식은?
① $CHCl_2F$
② $CClF_3$
③ $CHClF_2$
④ CCl_2F_2

해설 R-21 : $CHCl_2F$
R-13 : $CClF_3$
R-22 : $CHClF_2$
R-12 : CCl_2F_2

12 부하가 감소되면 서징(Surging) 현상이 일어나는 압축기는?
① 터보 압축기
② 왕복동 압축기
③ 회전 압축기
④ 스크루 압축기

해설 터보 압축기는 부하가 감소되면 서징 현상이 일어난다.

13 건조포화증기를 흡입하는 압축기가 있다. 고압이 일정한 상태에서 저압이 내려가면 이 압축기의 냉동능력은 어떻게 되는가?
① 증대한다.
② 변하지 않는다.
③ 감소한다.
④ 감소하다가 점차 증대한다.

해설 고압은 일정하나 저압이 내려가면 압축비가 커지기 때문에 압축기의 냉동능력은 감소한다.

14 시퀀스도의 설명으로 가장 적합한 것은?
① 부품의 배치배선상태를 구성에 맞게 그린 것이다.
② 동작 순서대로 알기 쉽게 그린 접속도를 말한다.
③ 기기 상호 간 및 외부와의 전기적인 접속관계를 나타낸 접속도를 말한다.
④ 전기 전반에 관한 계통과 전기적인 접속 관계를 단선으로 나타낸 접속도이다.

해설 시퀀스도의 기능은 동작 순서대로 알기 쉽게 그린 접속도를 말한다.

15 압축기의 운전 중 이상음이 발생하는 원인이 아닌 것은?
① 기초 볼트의 이완
② 토출밸브, 흡입밸브의 파손
③ 피스톤 하부에 다량의 오일이 고임
④ 크랭크샤프트 등의 마모

해설 압축기의 운전 중 이상음의 발생원인
• 기초볼트의 이완
• 토출밸브, 흡입밸브의 파손
• 크랭크샤프트 등의 마모

ANSWER | 8. ① 9. ① 10. ④ 11. ① 12. ① 13. ③ 14. ② 15. ③

16 안전대의 보관장소로 부적당한 곳은?
① 햇빛이 잘 비추는 곳
② 부식성 물질이 없는 곳
③ 화기 등이 근처에 없는 곳
④ 통풍이 잘 되고 습기가 없는 곳

해설 안전대의 보관장소
• 부식성 물질이 없는 곳
• 화기 등이 근처에 없는 곳
• 통풍이 잘 되고 습기가 없는 곳

17 이상기체의 엔탈피가 변하지 않는 과정은?
① 가역 단열과정   ② 등온과정
③ 비가역 압축과정 ④ 교축과정

해설 교축과정에서는 이상기체의 엔탈피가 변하지 않는다.

18 냉동장치에서 전자변을 사용하는데 그 사용목적 중 가장 거리가 먼 것은?
① 리퀴드 백(Liquid Back) 방지
② 냉매, 브라인의 흐름제어
③ 습도제어
④ 온도제어

해설 전자변의 기능
• 리퀴드 백 방지
• 냉매, 브라인의 흐름제어
• 온도제어

19 난방부하가 3,000kcal/h인 온수난방시설에서 방열기의 입구온도가 85℃, 출구온도가 25℃, 외기온도가 -5℃일 때, 온수의 순환량은 얼마인가?(단, 물의 비열은 1kcal/kg℃이다.)
① 50kg/h   ② 75kg/h
③ 150kg/h ④ 450kg/h

해설 $\dfrac{3,000}{1 \times (85-25)} = 50\text{kg/h}$

20 다음 중 $P-h$ 선도의 등건조도선에 대한 설명으로 적당하지 못한 것은?
① 습증기 구역 내에서만 존재하는 선이다.
② 과열증기구역에서 우측 하단으로 비스듬히 내려간 선이다.
③ 포화액의 건조도는 0이고 건조포화증기의 건조도는 1이다.
④ 팽창밸브 통과 시 발생한 플래시 가스량을 알기 위한 선이다.

해설 ②는 온도선에 대한 설명이다.

21 보일러 사고 원인 중 파열사고의 원인이 될 수 없는 것은?
① 압력초과 ② 저수위
③ 고수위   ④ 과열

해설 고수위에서는 비수(플라이밍)가 발생하여 습증기 발생이 심하다.

22 유효온도와 관계가 없는 것은?
① 온도   ② 습도
③ 기류   ④ 압력

해설 유효온도와 관계되는 것 : 온도, 습도, 기류

23 전열면적 20m²인 응축기에서 응축수량 0.2톤/분, 열통과율 800kcal/m²h℃, 냉각수 입구온도가 32℃, 출구온도는 40℃일 때, 산술평균 온도차는 몇 ℃인가?
① 3℃   ② 5℃
③ 6℃   ④ 9℃

해설 산술평균온도차 =
응축온도 $-\left(\dfrac{\text{냉각수 입구수온} + \text{냉각수 출구수온}}{2}\right)$
응축부하 $= 800 \times 20 \times \Delta t = 200 \times 60 \times (40-32)$
$\Delta t = \dfrac{200 \times 60 \times 8}{800 \times 20} = 6℃$

16. ① 17. ④ 18. ③ 19. ① 20. ② 21. ③ 22. ④ 23. ③ | ANSWER

24 다음 냉매가스 중 1RT당 냉매가스 순환량이 제일 큰 것은?(단, 온도 조건은 동일하다.)
① 암모니아 ② 프레온 22
③ 프레온 21 ④ 프레온 11

해설 1RT(3,320kcal/h)당 냉매 순환량이 큰 것은 잠열이 가장 작은 냉매이다.
① 암모니아 : 313.4kcal/kg
② R-22 : 52.0kcal/kg
③ R-21 : 60.75kcal/kg
④ R-11 : 45.8kcal/kg

25 응축압력이 상승되는 원인으로 옳은 것은?
① 유분리기 기능 양호
② 부하의 급격한 감소
③ 외기온도 상승
④ 냉각수량 과다

해설 응축압력은 외기온도가 상승하면 높아진다.(공랭식의 경우이다.)

26 다음 중 진공식 증기난방장치의 특징이 아닌 것은?
① 보통 큰 건물에 적용된다.
② 방열량을 광범위하게 조절할 수 있다.
③ 수증기 순환이 원활하다.
④ 파이프 치수가 커진다.

해설 진공환수식 증기난방의 특징
• 큰 대규모 난방에 적용된다.
• 방열량을 광범위하게 조절할 수 있다.
• 수증기 순환이 원활하다.

27 다음 중 장갑을 끼고 하여도 좋은 작업은?
① 용접작업 ② 줄작업
③ 선반작업 ④ 세이퍼 작업

해설 용접작업 시에는 장갑 착용이 가능하다.

28 다음 설명 중 틀린 것은?
① 불포화상태에서의 건구온도는 습구온도보다 높게 나타난다.
② 공기에 가습, 감습이 없어도 온도가 변하면 상대습도는 변한다.
③ 습공기 절대습도와 포화습공기 절대습도와의 비를 포화도라 한다.
④ 습공기 중에 함유되어 있는 건조공기의 중량을 절대습도라 한다.

해설 건조공기 중 수증기의 중량을 절대습도라 한다.

29 온풍난방의 특징을 바르게 설명한 것은?
① 예열시간이 짧다.
② 조작이 복잡하다.
③ 설비비가 많이 든다.
④ 소음이 생기지 않는다.

해설 온풍난방은 공기의 비열이 적어서 예열시간이 짧다.

30 100V, 200W인 가정용 백열전구가 있다. 전압의 평균값은 몇 V인가?
① 약 60 ② 약 70
③ 약 90 ④ 약 100

해설
• 전력의 단위 : 와트(W)
• 전압의 단위 : 볼트(V)
• 소비전력 $P : I^2R = VI = \dfrac{V^2}{R}$
• 전압 $V : \dfrac{W(J)}{Q(C)} = V$

31 횡형 셸 앤 튜브식 응축기에 부착하지 않는 것은?
① 냉각수 배관 출입구
② 역지변(Check Valve)
③ 가용전
④ 워터 드레인변(Water Drain Valve)

해설 횡형 셸 앤 튜브식 응축기의 구조
- 수실
- 냉매출구관
- 안전밸브
- 드레인변
- 액면계
- 냉각관
- 냉매입구관
- 냉각수 입출구
- 에어벤트
- 에어퍼지용 소켓

32 덕트의 용도별 허용 소음치인 NC(Noise Criterion)의 평균치(dB)가 은행 및 우체국에 가장 적당한 것은?
① 10 ② 20
③ 40 ④ 80

해설 은행이나 우체국의 덕트 허용 소음치(NC) : 40정도

33 프레온 냉매의 누설검사방법 중 헬라이드 토치를 이용하여 누설검지를 하였다. 헬라이드 토치의 불꽃색이 녹색이면 어떤 상태인가?
① 정상이다.
② 소량 누설되고 있다.
③ 다량 누설되고 있다.
④ 누설량에 상관없이 항상 녹색이다.

해설
- 청색 : 정상
- 녹색 : 소량 누설
- 자색 : 다량 누설
- 불이 꺼진다 : 아주 많은 다량 누설

34 증발식 응축기에 관한 사항 중 옳은 것은?
① 응축온도는 외기의 건구온도 보다 습구온도의 영향을 더 많이 받는다.
② 냉각수의 현열을 이용하여 냉매가스를 응축시킨다.
③ 응축기 냉각관을 통과하여 나오는 공기의 엔탈피는 감소한다.
④ 냉각관 내 냉매의 압력강하가 적다.

해설 증발식 응축기의 응축온도는 외기의 건구온도보다 습구온도의 영향을 더 많이 받는다. 주로 암모니아 장치에 사용하며 중형의 프레온 장치에도 사용하는 응축기이다.

35 드라이어(Dryer)에 관한 사항 중 맞는 것은?
① 암모니아 액관에 설치하여 수분을 제거한다.
② 냉동장치 내에 수분이 존재하는 것은 좋지 않으므로 냉매 종류에 관계없이 설치하여야 한다.
③ 프레온은 수분과 잘 용해하지 않으므로 팽창밸브에서의 동결을 방지하기 위하여 설치한다.
④ 건조제로는 황산, 염화칼슘 등의 물질을 사용한다.

해설 프레온 냉동장치의 냉매계통 중에 수분이 존재하게 되면 냉동장치에 여러 가지 악영향을 미치게 되므로 이를 해소하기 위하여 팽창밸브와 수액기 사이의 액관에 Dryer를 설치하여 계통 중의 수분을 제거한다.
팽창밸브의 니들밸브에서 수분의 동결로 밸브의 작동을 불량하게 하거나 오리피스 폐쇄로 작동이 불능된다.

36 다음 가스 중 냄새로 쉽게 알 수 있는 것은?
① 프레온가스(R-12), 질소, 이산화탄소
② 일산화탄소, 아르곤, 메탄
③ 염소, 암모니아, 메탄올
④ 아세틸렌, 부탄, 프로판

해설 염소나 암모니아, 메탄올은 자극성의 냄새가 난다.

37 냉동톤[RT]에 대한 설명 중 맞는 것은?
① 한국 1냉동톤은 미국 1냉동톤보다 크다.
② 한국 1냉동톤은 3,024kcal/h이다.
③ 냉동능력은 응축온도가 낮을수록, 증발온도가 낮을수록 좋다.
④ 1냉동톤은 0℃의 얼음이 1시간에 0℃의 물이 되는 데 필요한 열량이다.

해설 한국 1냉동톤 : 3,320kcal/h
미국 1냉동톤 : 3,024kcal/h

38 동관을 용접이음하려고 한다. 다음 용접법 중 가장 적당한 것은?
① 가스 용접 ② 플라즈마 용접
③ 테르밋 용접 ④ 스폿 용접

32. ③ 33. ② 34. ① 35. ③ 36. ③ 37. ① 38. ① | ANSWER

해설 동관은 가스 용접이 이상적이다.

39 불쾌지수가 커지는 경우의 공기변화 중 직접적인 관계가 없는 것은?

① 건구온도의 상승　② 습구온도의 상승
③ 절대습도의 상승　④ 비체적의 상승

해설 불쾌지수가 커지는 경우에는 공기의 건구온도 상승, 습구온도 상승, 절대습도의 상승이 원인이 된다.

40 다음은 보일러의 수압시험을 하는 목적이다. 부적합한 것은?

① 균열의 유무를 조사
② 보일러의 변형을 조사
③ 이음매의 공작이 잘 되고 못됨을 조사
④ 각종 스테이의 효력을 조사

해설 보일러의 수압시험의 목적
• 균열의 유무 조사
• 보일러의 변형 조사
• 이음매의 공작이 잘 되고 못됨을 조사

41 폭발 인화성 위험물 취급에서 주의할 사항 중 틀린 것은?

① 위험물 부근에는 화기를 사용하지 않는다.
② 위험물은 습기가 없고 양지바르고 온도가 높은 곳에 둔다.
③ 위험물은 취급자 외에 취급해서는 안 된다.
④ 위험물이 든 용기에 충격을 주든지 난폭하게 취급해서는 안 된다.

해설 폭발 인화성 위험물은 습기가 많고 음지가 있는 곳 온도가 낮은 곳에 둔다.

42 사용압력 120kg/cm², 허용응력 30kg/mm²인 압력배관용 탄소강 강관의 스케줄(Schedule)번호는?

① 30　② 40
③ 100　④ 140

해설 $sch = 10 \times \dfrac{P}{S} = 10 \times \dfrac{120}{30} = 40$

43 가스 용접작업의 안전사항에 해당되지 않는 것은?

① 기름 묻은 옷은 인화의 위험이 있으므로 입지 않도록 한다.
② 역화하였을 때에는 산소밸브를 좀 더 연다.
③ 역화의 위험을 방지하기 위하여 역화방지기를 사용하도록 한다.
④ 밸브를 열 때는 용기 앞에서 몸을 피하도록 한다.

해설 가스 용접 시 역화가 발생하면 산소밸브는 차단시킨다.

44 공기조화의 제어대상과 거리가 먼 것은?

① 온도　② 소음
③ 청정도　④ 기류분포

해설 공기조화 3대 요소
온도, 청정도, 기류분포

45 드릴링 작업 후 관통여부를 조사하는 방법 중 틀린 것은?

① 손가락을 넣어본다.
② 빛에 비추어 본다.
③ 철사를 넣어 본다.
④ 전등으로 비추어 본다.

해설 드릴링 작업 후 관통여부 조사
• 빛에 비추어 본다.
• 철사를 넣어 본다.
• 전등으로 비추어 본다.

46 보일러 취급자의 부주의로 발생한 사고의 원인은?

① 보일러 구조상의 결함
② 보일러 설계상의 결함
③ 보일러 재료 선택의 부적당
④ 증기 발생 압력의 과다와 이상 감수

ANSWER | 39.④ 40.④ 41.② 42.② 43.② 44.② 45.① 46.④

[해설] ①, ②, ③의 사고는 제작상의 취급 부주의이며 압력과다, 이상감수(저수위 사고)는 보일러 취급자의 부주의 사고이다.

47 관 끝을 막을 때 사용하는 부속은 어느 것인가?
① 플러그(Plug) ② 니플(Nipple)
③ 유니온(Union) ④ 밴드(Bend)

[해설] 플러그나 캡은 관 끝을 막을 때 사용하는 부속이다.

48 다음 $P-h$ 선도는 NH_3를 냉매로 하는 냉동장치의 운전상태를 냉동사이클로 표시한 것이다. 이 냉동장치의 부하가 50,000[kcal/h]일 때 NH_3의 냉매순환량은 얼마인가?

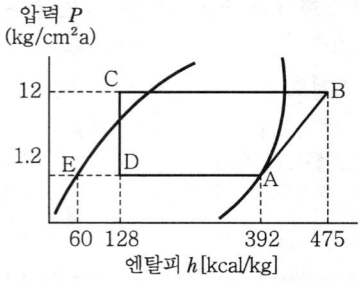

① 189.4kg/h ② 602.4kg/h
③ 150.6kg/h ④ 120.5kg/h

[해설] 냉매 1kg 당 증발잠열은 (392−128)=264kcal/kg
∴ $\frac{50,000}{264}$ =189.4kg/h

49 증기 속에 수분이 많을 경우에 대한 설명 중 틀린 것은?
① 건조도가 작다.
② 증기 엔탈피가 증가한다.
③ 배관에 부식이 발생하기 쉽다.
④ 증기손실이 크다.

[해설] 증기 속에 엔탈피는 수분이 없을 때 증가한다.
수분이 많으면 건조도 x가 감소하여 엔탈피가 감소한다.

50 냉난방에 필요한 전 송풍량을 하나의 주덕트만으로 분배하는 방식은?
① 단일덕트 방식
② 이중덕트 방식
③ 멀티존 유닛 방식
④ 팬코일 유닛 방식

[해설] 단일덕트 방식은 냉난방에서 전 송풍량을 하나의 주덕트 만으로 분배하는 공조방식이다.

51 다음 중 사용 중에 부서지거나 갈라지지 않아서 진동이 있는 장치의 보온재로서 적합한 것은?
① 석면 ② 암면
③ 규조토 ④ 탄산마그네슘

[해설] 석면 무기질 보온재는 사용 중에 부서지거나 갈라지지 않아서 진동이 있는 장치의 보온재로서 적합하다.

52 옴의 법칙에 대한 설명 중 옳은 것은?
① 전류는 전압에 비례한다.
② 전류는 저항에 비례한다.
③ 전류는 전압의 2승에 비례한다.
④ 전류는 저항의 2승에 비례한다.

[해설] 전류는 전압에 비례한다.
• 전류단위 : 암페어(A)
• 전압단위 : 볼트(V)

53 다음은 흡입압력 조정밸브를 설치하는 경우에 대한 설명이다. 틀린 것은?
① 높은 흡입압력으로 장시간 운전할 경우
② 흡입압력이 낮아 압축비가 커질 경우
③ 저전압에서 높은 흡입압력으로 운전해야 할 경우
④ 흡입압력의 변화가 많은 장치일 경우

[해설] 흡입압력 조정밸브가 필요한 경우
• 높은 흡입압력으로 장시간 운전하는 경우
• 저전압에서 높은 흡입압력으로 운전하는 경우
• 흡입압력의 변화가 많은 장치의 경우

54 압축기의 축봉장치란?

① 냉매 및 윤활유의 누설, 외기의 침입 등을 막는다.
② 축의 베어링 역할을 하며 냉매가 새는 것을 막는다.
③ 축이 빠지는 것을 막아주는 역할을 한다.
④ 윤활유를 저장하고 있는 장치이다.

해설 압축기의 축봉장치란 냉매 및 윤활유의 누설 외기의 침입 등을 막는다.

55 공조방식을 분류한 것 중 전공기방식이 아닌 것은?

① 단일덕트 방식
② 유인 유닛 방식
③ 이중덕트 방식
④ 각 층 유닛 방식

해설 유인 유닛 방식 : 공기수방식

56 최근 공기조화방식을 설계하는 데 있어서 중점적으로 고려되고 있는 사항이 아닌 것은?

① 건물의 규모
② 에너지 절약 대책
③ 잔업시간에 대한 경제적인 운전대책
④ 설비의 수명과 지출비용의 경제성 비교

해설 공기조화방식의 설계 시 고려사항
• 에너지 절약 대책
• 잔업시간에 대한 경제적인 운전대책
• 설비의 수명과 지출비용의 경제성 비교

57 터보 냉동기의 왕복동식 냉동기를 비교했을 때 터보 냉동기의 특징으로 맞는 것은?

① 회전수가 매우 빠르므로 동작 밸런스나 진동이 크다.
② 보수가 어렵고 수명이 짧다.
③ 소용량의 냉동기에는 한계가 있고 생산가가 비싸다.
④ 저온장치에서도 압축단수가 적어지므로 사용도가 넓다.

해설 터보 냉동기(원심식)의 특징은 소용량 제작에는 한계가 있고 생산가가 비싸다.

58 다음은 동관 공작용 작업공구이다. 해당사항이 적은 것은 어느 것인가?

① 토치 램프
② 사이징 툴
③ 튜브 벤더
④ 봄볼

해설 봄볼은 연관의 구멍을 내는 공구이다.

59 건축물의 벽이나 지붕을 통하여 실내로 침입하는 열량을 구할 때 관계없는 요소는?

① 면적
② 열관류율
③ 상당온도차
④ 차폐계수

해설 건축물의 벽이나 지붕을 통하여 실내로 침입하는 열량과 관계되는 것
• 면적
• 열관류율
• 상당온도차

60 수랭식 응축기의 능력은 냉각수 온도와 냉각수량에 의해 결정되는데, 응축기의 능력을 증대시키는 방법에 관한 사항 중 틀린 것은?

① 냉각수온을 낮춘다.
② 응축기의 냉각관을 세척한다.
③ 냉각수량을 늘린다.
④ 냉각수 유속을 줄인다.

해설 수랭식 응축기의 능력 증대
• 냉각수온을 낮춘다.
• 응축기의 냉각관을 세척한다.
• 냉각수량을 늘린다.
• 냉각수 유속을 가급적 빠르게 한다.

ANSWER | 54. ① 55. ② 56. ① 57. ③ 58. ④ 59. ④ 60. ④

2004년 1회 공조냉동기계기능사

01 간접팽창식과 비교한 직접팽창식 냉동장치의 설명이 아닌 것은?
① 소요동력이 작다.
② RT당 냉매 순환량이 적다.
③ 감열에 의해 냉각시키는 방법이다.
④ 냉매증발온도가 높다.

해설
• 직접팽창식 : 냉매의 잠열 이용
• 간접팽창식 : 피냉각 물질의 감열을 이용

02 사무실의 난방에 있어서 가장 적합하다고 보는 상대습도와 실내 기류의 값은?
① 30%, 0.05m/s　② 50%, 0.25m/s
③ 30%, 0.25m/s　④ 50%, 0.05m/s

해설 사무실의 쾌적한 상대습도와 기류속도 50%, 0.25m/s

03 인체로부터의 발생열량에 대한 설명 중 틀린 것은?
① 인체발열량은 사람의 활동상태에 따라 달라진다.
② 식당에서 식사하는 인원에 대해서는 음식물의 발열량도 포함시킨다.
③ 인체 발생열에는 감열과 잠열이 있다.
④ 인체 발생열은 인체 내의 기초대사에 의한 것이므로 실내온도에 관계없이 일정하다.

해설 인체의 발생열은 실내온도에 관계하여 일정하지 않다.

04 다음 중 나사이음에 사용되는 장비가 아닌 것은?
① 파이프 바이스
② 파이프 커터
③ 드레서
④ 리드형 나사절삭기

해설 드레서는 연관 표면의 산화물 제거용 공구

05 다음 계통도와 같은 공조장치에서 5점의 공기는 습공기선도의 어느 위치에 해당하는가?

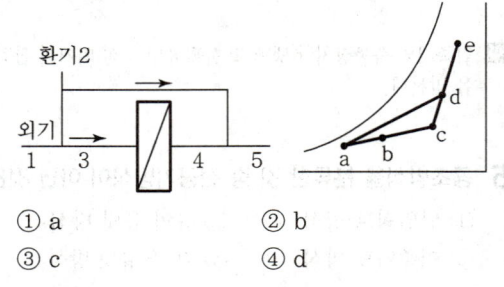

① a　② b
③ c　④ d

해설
e : 외기　　c : 환기
b : 혼합공기　a : 냉각기 출구

06 소요동력 2kW의 송풍기를 사용하는 공조장치에서의 송풍기 취득열량은 몇 kcal/h인가?
① 2,000　② 1,720
③ 1,680　④ 1,500

해설 1kW−h=860kcal
∴ 860×2=1,720kcal

07 2단 압축 냉동사이클에서 중간냉각을 행하는 목적이 아닌 것은?
① 고단 압축기가 과열되는 것을 방지한다.
② 고압 냉매액을 과냉시켜 냉동효과를 증대시킨다.
③ 고압 측 압축기의 흡입가스 중의 액을 분리시킨다.
④ 저단 측 압축기의 토출가스를 과열시켜 체적효율을 증대시킨다.

해설 중간냉각기는 저단 측 압축기의 출구에 설치하여 저단 측 압축기의 토출가스의 과열을 제거하여 고단 압축기가 과열되는 것을 방지한다.

1.③ 2.② 3.④ 4.③ 5.② 6.② 7.④ | ANSWER

08 수액기를 설치할 때 2개의 수액기 지름이 서로 다른 경우 어떻게 설치해야 안전성이 있는가?
① 상단을 일치시킨다.
② 하단을 일치시킨다.
③ 중단을 일치시킨다.
④ 어느 쪽이든 관계없다.

해설 수액기가 2개일 때 수액기의 지름이 서로 다르면 상단을 일치시킨다.

09 부스터(Booster) 압축기란?
① 2단 압축냉동에서 저압압축기를 말한다.
② 2원 냉동에서 저온용 냉동장치의 압축기를 말한다.
③ 회전식 압축기를 말한다.
④ 다효압축을 하는 압축기를 말한다.

해설 부스터 압축기란 2단 압축냉동에서 저압과 고압의 중간압력까지 압축하는 압축기

10 냉동기의 토출가스 압력이 높아지는 원인에 해당되지 않는 것은?
① 냉각수 부족
② 불응축가스 혼입
③ 냉매의 과소 충전
④ 응축기의 물때 부착

해설 냉매가 부족하면 압축기 흡입가스가 과열된다.

11 NH_3와 접촉 시 흰 연기를 발생하는 것은?
① 아세트산
② 수산화나트륨
③ 염산
④ 염화나트륨

해설 $8NH_3 + 3Cl_2 \rightarrow 6NH_4Cl + N_2$
암모니아와 염소가 반응하여 염화암모늄(백연기 발생)발생. 염소(Cl_2)는 습기나 물과 접촉하면 염산(HCl)발생

12 방폭성능을 가진 전기기기의 구조 분류에 해당되지 않는 것은?
① 내압방폭구조
② 유입방폭구조
③ 압력방폭구조
④ 자체방폭구조

해설 방폭구조
• 내압방폭구조
• 압력방폭구조
• 유입방폭구조
• 안전증방폭구조
• 본질안전방폭구조

13 덕트 내의 통과풍량의 조절 또는 폐쇄에 쓰이는 기구는?
① 댐퍼
② 그릴
③ 에어와셔
④ 엘리미네이터

해설 댐퍼는 덕트기 내의 통과풍량의 조절 또는 폐쇄에 쓰인다.

14 옴의 법칙에 대한 설명 중 옳은 것은?
① 전류는 전압에 비례한다.
② 전류는 저항에 비례한다.
③ 전류는 전압의 2승에 비례한다.
④ 전류는 저항의 2승에 비례한다.

해설 • 옴의 법칙 : 전류는 전압에 비례한다.
• $V = IR$ 저항에 반비례한다.
• $I = \dfrac{V}{R}$
• 길이가 길수록 단면적이 작을수록 전기저항이 커진다.
• 저항은 길이에 비례하고 단면적에 반비례한다.

15 아세틸렌의 누설검지법으로 가장 적당한 것은?
① 비눗물
② 촛불
③ 산소
④ 프레온

해설 가스의 누설검사법은 비눗물검사가 용이하다.

16 압축기의 상부간격(Top Clearance)이 크면 냉동장치에 어떤 영향을 주는가?
① 토출가스 온도가 낮아진다.
② 윤활유가 열화되기 쉽다.
③ 체적효율이 상승한다.
④ 냉동능력이 증가한다.

해설 압축기의 상부간격(톱 클리어런스)이 크면 윤활유가 열화되기 쉽다.

17 가스 용접작업에서 일어나는 재해가 아닌 것은?
① 화재 ② 전격
③ 폭발 ④ 중독

해설 전격은 전기의 재해

18 지름 20mm 이하의 동관을 구부릴 때는 동관전용 벤더가 사용되며 최소곡률 반지름은 관지름의 몇 배인가?
① 1~2배 ② 2~3배
③ 4~5배 ④ 6~7배

해설 20mm 이하의 동관의 구부림 작업 시는 최소곡률 반지름은 4~5배 정도 관지름 사이즈로 동관전용 벤더로 구부린다.

19 일반적으로 겨울철에 실내에서 손실되는 열만을 계산하여 난방부하로 하는 경우가 많다. 그러면 다음 중 난방부하 계산 시에 계산하여야 할 부하는 어느 것인가?
① 유리창을 통한 일사열
② 실내인원의 운동에 의한 열
③ 송풍기 가동에 의한 열
④ 외벽체를 통한 온도차에 의한 열

해설 겨울철 난방부하는 외벽체를 통한 온도차에 의한 열손실이다.

20 냉동능력이 5냉동톤이며 그 압축기의 소요동력이 5마력(PS)일 때 응축기에서 제거하여야 할 열량은 몇 kcal/h인가?
① 18,790kcal/h ② 21,100kcal/h
③ 19,760kcal/h ④ 20,900kcal/h

해설 1RT=3,320kcal/h
1PS-h=632kcal
∴ (3,320×5)+(632×5)=19,760kcal/h

21 아크 용접작업 기구 중 보호구와 관계없는 것은?
① 헬멧 ② 앞치마
③ 용접용 홀더 ④ 용접용 장갑

해설 용접용 홀더는 용접연결기구이다.

22 냉동장치의 팽창밸브 용량을 결정하는 데 해당하는 것은?
① 밸브 시트의 오리피스 직경
② 팽창밸브의 입구의 직경
③ 니들밸브의 크기
④ 팽창밸브의 출구의 직경

해설 팽창밸브의 용량결정은 밸브 시트와 오리피스 직경의 크기로 한다.

23 액순환식 증발기와 액펌프 사이에 반드시 부착해야 하는 것은?
① 전자밸브 ② 여과기
③ 역지밸브 ④ 건조기

해설 액순환식 증발기와 액펌프 사이에는 반드시 역지밸브(체크밸브)가 필요하다.

24 다음 중 장갑을 끼고서 할 수 없는 작업은?
① 줄작업 ② 해머작업
③ 용접작업 ④ 건조기

해설 해머작업은 맨손으로 한다.

25 압축기가 1대일 경우 고압차단 스위치(HPS)의 압력인출 위치는?
① 흡입지변 직전 ② 토출지변 직전
③ 팽창밸브 직전 ④ 수액기 직전

16. ② 17. ② 18. ③ 19. ④ 20. ③ 21. ③ 22. ① 23. ③ 24. ② 25. ② | ANSWER

해설 압축기가 1대일 때 고압차단 스위치는 토출밸브 직후 토출지변 직전에 설치한다.

26 온수난방의 장점을 열거한 것 중 잘못된 것은?
① 난방부하의 변동에 따른 온도조절이 용이하다.
② 열용량이 크므로 실내온도가 급변하지 않는다.
③ 설비비가 증기난방의 경우보다 적게 든다.
④ 증기난방보다 쾌감도가 좋다.

해설 온수난방은 배관이 커야 하기 때문에 설비비가 증기난방보다 많이 든다.

27 가연물의 구비조건이 아닌 것은?
① 표면적이 작을 것
② 연소 열량이 클 것
③ 산소와 친화력이 클 것
④ 열전도도가 작을 것

해설 가연물은 표면적이 커야 한다.

28 암모니아 냉매와 프레온 냉매의 설명 중 맞는 것은?
① R-12는 암모니아보다 냉동효과(kcal/kg)가 커서 일반적으로 많이 사용한다.
② R-22는 암모니아보다 냉동효과(kcal/kg)가 크고 안전하다.
③ R-22는 R-12에 비하여 저온용에 적합하다.
④ R-12는 암모니아에 비하여 유분리기가 용이하다.

해설
• R-22 비등점 : -40.8℃
• R-12 비등점 : -29.8℃

29 다음 중 공기조화설비에서 단일덕트 방식의 장점에 들지 않는 것은?
① 덕트가 1계통이므로 시설비가 적게 들고 덕트 스페이스도 적게 차지한다.
② 냉동과 온풍을 혼합하는 혼합상자가 필요 없으므로 소음과 진동도 적다.
③ 냉온풍의 혼합손실이 없으므로 에너지가 절약적이다.
④ 덕트 스페이스를 크게 차지한다.

해설 단일덕트 방식은 덕트 스페이스를 적게 차지한다.

30 연도나 굴뚝으로 배출되는 배기가스에 선회력을 부여함으로써 원심력에 의해 연소가스 중에 있던 입자를 제거하는 집진기는?
① 세정식 집진기   ② 사이클론 집진기
③ 전기 집진기   ④ 원통다관형 집진기

해설 원심력 집진장치 : 사이클론 집진기

31 단일덕트 정풍량 방식의 특징이 아닌 것은?
① 공조기가 기계실에 있으므로 운전 보수가 용이하고 진동소음의 전달 염려가 적다.
② 송풍량이 크므로 환기량도 충분하다.
③ 존수가 적을 때는 설비비가 다른 방식에 비해서 적게 든다.
④ 변풍량 방식에 비하면 연간의 송풍동력이 적고 에너지가 절약된다.

해설 단일덕트 정풍량 방식은 각 실마다 부하 변동 때문에 온도차가 크고 연간 소비동력이 크다.

32 정해진 순서에 따라 작동하는 제어를 무엇이라 하는가?
① 피드백 제어   ② 무접점 제어
③ 변환제어   ④ 시퀀스 제어

해설 시퀀스 제어는 정해진 순서에 따라 작동하는 제어이다.

33 냉동사이클에서의 냉매상태 변화를 옳게 설명한 것은?
① 압축과정 : 압력 상승, 비체적 감소
② 응축과정 : 압력 일정, 엔탈피 증가
③ 팽창과정 : 압력 강하, 엔탈피 감소
④ 증발과정 : 압력 일정, 온도 상승

ANSWER | 26. ③ 27. ① 28. ③ 29. ④ 30. ② 31. ④ 32. ④ 33. ①

해설
- 압축과정 : 압력 상승, 비체적 감소, 엔탈피 증가, 온도 상승
- 응축과정 : 압력 일정, 엔탈피 감소, 온도 하강
- 증발과정 : 압력 일정, 온도일정, 엔탈피 증가
- 팽창과정 : 압력 강하, 엔탈피 일정, 온도 하강

34 4.5kg의 얼음을 융해하여 0℃의 물로 하려면 약 몇 kcal의 열량이 필요한가?(단, 얼음은 0℃ 얼음이며, 융해잠열은 80kcal/kg이다.)

① 320kcal ② 340kcal
③ 360kcal ④ 380kcal

해설 4.5×80=360kcal

35 유압 압력 조정밸브는 냉동장치의 어느 부분에 설치되는가?

① 오일펌프 출구
② 크랭크 케이스 내부
③ 유 여과망과 오일펌프 사이
④ 오일쿨러 내부

해설 유압 압력 조정밸브는 오일펌프 출구에 설치한다.

36 보일러의 종류에 따른 전열면적당 증발률이 옳은 것은?

① 노통보일러 : 30~50(kgf/m² · h)
② 연관보일러 : 30~65(kgf/m² · h)
③ 직립보일러 : 15~20(kgf/m² · h)
④ 노통연관보일러 : 30~60(kgf/m² · h)

해설 전열면의 증발률
입형 직립보일러 : 15~20(kgf/m² · h)

37 다음의 설명 중 틀린 것은?

① 냉동동력 2kW는 약 0.52 냉동톤이다.
② 냉동동력 10kW, 압축기동력 4kW의 냉동장치에 있어 응축부하는 14kW이다.
③ 냉매증기를 단열 압축하면 온도는 높아지지 않는다.
④ 진공계의 지시값이 10cmHg인 경우, 절대압력은 약 0.9kg/cm²이다.

해설 단열압축
압력 상승, 온도 상승, 비체적 감소, 엔탈피 증가

38 제상방법이 아닌 것은?

① 압축기 정지 제상
② 핫 가스 분무 제상
③ 살수식 제상
④ 증발압력 조정 제상

해설
- 증발압력 조정밸브(E.P.R)
- 흡입압력 조정밸브(S.P.R)

39 표준사이클을 유지하고 암모니아의 순환량을 186[kg/h]로 운전했을 때의 소요동력은 몇 [kW]인가? (단, 1kW는 860kcal/h, NH_3 1kg을 압축하는 데 필요한 열량은 몰리에 선도상에서는 56[kcal/kg]이라 한다.)

① 24.2[kW] ② 12.1[kW]
③ 36.4[kW] ④ 28.6[kW]

해설 186×56=10,416kcal/h
∴ 10,416/860=12.11kW

40 고유저항에 대한 설명 중 맞는 것은?

① 저항[R]은 길이[l]에 비례하고 단면적[A]에 반비례한다.
② 저항[R]은 단면적[A]에 비례하고 길이[l]에 반비례한다.
③ 저항[R]은 길이[l]에 비례하고 단면적[A]에 비례한다.
④ 저항[R]은 단면적[A]에 반비례하고 길이[l]에 반비례한다.

해설 고유저항이란 길이에 비례하고 단면적 A에 반비례한다.

34. ③ 35. ① 36. ③ 37. ③ 38. ④ 39. ② 40. ① | ANSWER

41 작업자의 안전태도를 형성하기 위한 가장 유효한 방법은?
① 안전에 관한 훈시
② 안전한 환경의 조성
③ 안전표지판의 부착
④ 안전에 관한 교육 실시

해설 작업자의 안전태도를 형성하기 위한 가장 유효한 방법은 안전에 관한 교육 실시이다.

42 제독작업에 필요한 보호구의 종류와 수량을 바르게 설명한 것은?
① 보호복은 독성가스를 취급하는 전종업원 수의 수량을 구비할 것
② 보호장갑 및 보호장화는 긴급작업에 종사하는 작업원 수의 수량만큼 구비할 것
③ 소화기는 긴급작업에 종사하는 작업원 수의 수량을 구비할 것
④ 격리식 방독 마스크는 독성가스를 취급하는 전종업원의 수량만큼 구비할 것

해설 격리식 방독 마스크는 독성가스를 취급하는 전종업원의 수량만큼 구비한다.

43 다음과 같이 25A×25A×25A의 티이에 20A관을 직접 A부에 연결하고자 할 때 필요한 이음쇠는 어느 것인가?

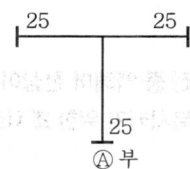

① 유니언   ② 니플
③ 이경부싱   ④ 플러그

해설

44 보일러 내부의 수위가 내려가 과열되었을 때 응급조치 사항 중 타당하지 않은 것은?
① 안전밸브를 열어 증기를 빼낼 것
② 급수밸브를 열어 다량의 물을 공급할 것
③ 댐퍼 및 재를 받는 곳의 문을 닫을 것
④ 연료의 공급밸브를 중지하고 댐퍼와 1차 공기의 입구를 차단할 것

해설 보일러 내부의 수위가 내려가 과열이 되면 응급조치로서 보일러 운전을 중지한다.

45 다음 냉매에 대한 설명 중 옳은 것은?
① 증발온도에서의 압력은 대기압보다 약간 낮은 것이 유리하다.
② 비열비가 큰 것이 유리하다.
③ 임계온도가 낮을수록 유리하다.
④ 응고온도가 낮을수록 유리하다.

해설 냉매는 응고점이 낮을수록 이상적이다.

46 액펌프 냉각방식의 이점으로 옳은 것은?
① 리퀴드 백(Liquid Back)을 방지할 수 있다.
② 자동제상이 용이하지 않다.
③ 증발기의 열통과율은 타 증발기보다 양호하지 않다.
④ 펌프의 캐비테이션 현상 방지를 위한 낙차는 고려하지 않는다.

해설 액펌프 냉각방식
• 리퀴드 백이 방지된다.
• Defrost의 자동화가 가능하다.
• 증발기에 오일이 고이지 않아 열통과율이 저하되지 않는다.
• 증발기의 열통과율이 타형의 증발기보다 양호하다.

47 다음 강관용 이음쇠 중 관을 도중에서 분기할 때 사용하는 이음쇠는?
① 벤드   ② 엘보
③ 소켓   ④ 와이

해설 와이(y)는 강관용 이음쇠 중 관을 도중에 분기할 때 사용된다.

ANSWER | 41. ④ 42. ④ 43. ③ 44. ② 45. ④ 46. ① 47. ④

48 NH_3 냉매를 사용하는 냉동장치에서는 열교환기를 설치하지 않는다. 그 이유는?
① 응축압력이 낮기 때문에
② 증발압력이 낮기 때문에
③ 비열비 값이 크기 때문에
④ 임계점이 높기 때문에

해설 암모니아 냉매는 비열비 값이 커서 열교환기를 설치하지 않는다.

49 용접 강관을 벤딩할 때 구부리고자 하는 관을 바이스에 어떻게 물려야 되나?
① 용접선을 안쪽으로 향하게 한다.
② 용접선을 바깥쪽으로 향하게 한다.
③ 용접선을 중간에 놓는다.
④ 용접선은 방향에 관계없이 물린다.

해설 용접 강관을 벤딩(굴곡)할 때 구부리고자 하는 관을 용접선의 중간에 놓고 관을 바이스에 물린다.

50 다음 난방설비에 관한 설명 중 옳지 않은 것은?
① 증기난방의 방열기는 주로 열의 복사작용을 이용하는 것이다.
② 온수난방은 주택, 병원, 호텔 등의 거실에 적합한 난방방식이다.
③ 증기난방은 학교, 사무소와 같은 건축물에 사용할 수 있는 난방방식이다.
④ 전기열에 의한 난방은 편리하지만, 경제적이지 못하다.

해설 증기난방의 방열기는 주로 대류작용을 이용한다.

51 흡수식 냉동기의 특징 중 부적당한 것은?
① 전력 사용량이 적다.
② 소음, 진동이 크다.
③ 용량제어 범위가 넓다.
④ 여름철에도 보일러 운전이 필요하다.

해설 흡수식 냉동기는 압축기가 부착되지 않아서 소음 진동이 작다.

52 2개 이상의 전선이 서로 접촉되어 폭음과 함께 녹아 버리는 현상은?
① 혼촉   ② 단락
③ 누전   ④ 지락

해설 단락이란 2개 이상의 전선이 서로 접촉되어 폭음과 함께 녹아 버리는 현상이다.

53 보일러 청소인 화학적인 방법에서 염산을 많이 사용하는 이유가 아닌 것은?
① 스케일 용해 능력이 우수하다.
② 물에 용해도가 작아서 세관 후 세척이 쉽다.
③ 가격이 저렴하여 경제적이다.
④ 부식 억제제의 종류가 많다.

해설 염산은 물에 용해도(60±5℃)가 커서 세관 후 세척이 수월하다.

54 증기방열기의 표준방열량의 값은 몇 $kcal/m^2 \cdot h$인가?
① 450   ② 650
③ 750   ④ 850

해설
• 증기난방 : $650 kcal/m^2 \cdot h$
• 온수난방 : $450 kcal/m^2 \cdot h$

55 냉동장치 운전 중 액해머 현상이 일어나는 경우 정상운전으로 회복시키기 위한 조치로 제일 먼저 해야 할 것은?
① 토출밸브를 닫는다.
② 흡입밸브를 연다.
③ 안전밸브를 연다.
④ 압축기를 정지시킨다.

해설 냉동장치 운전 중 액해머 현상이 일어나면 정상운전으로 회복시키기 위하여 제일 먼저 압축기를 정지시킨다.

48. ③ 49. ③ 50. ① 51. ② 52. ② 53. ② 54. ② 55. ④ | ANSWER

56 다음 냉매가스 중 1RT당 냉매가스 순환량이 제일 큰 것은?(단, 온도조건은 동일하다.)
① 암모니아   ② 프레온 22
③ 프레온 21 ④ 프레온 11

해설 1RT당 냉매 순환량
- R-11(86.1kg)
- R-22(82.7kg)
- R-21(65.2kg)
- 암모니아(12.34kg)

57 장치의 저온 측에서 윤활유와 가장 잘 용해되는 냉매는 어느 것인가?
① 프레온 12   ② 프레온 22
③ 암모니아   ④ 아황산가스

해설
- 기름과 잘 용해되는 냉매
  R-11, R-12, R-21, R-113
- 기름에 잘 용해되지 않는 냉매
  R-13, R-22, R-114

58 정작업을 할 때 강하게 때려서는 안 될 경우는 어느 때인가?
① 전 작업에 걸쳐
② 작업 중간과 끝에
③ 작업 처음과 끝에
④ 작업 처음과 중간에

해설 정작업 시 강하게 때려서는 안 되는 경우에는 처음 작업과 끝마침 작업이다.

59 다음은 이중덕트방식에 대한 설명이다. 옳지 않은 것은?
① 중앙식 공조방식으로 운전 보수관리가 용이하다.
② 실내부하에 따라 각실 제어나 존(Zone)별 제어가 가능하다.
③ 열매가 공기이므로 실온의 응답이 아주 빠르다.
④ 단일덕트방식에 비해 에너지 소비량이 적다.

해설 이중덕트방식은 단일덕트방식에 비해 에너지 소비량이 많다.

60 다음 중 제빙용 냉동장치의 증발기로서 가장 적합한 것은?
① 탱크형 냉각기
② 반만액식 냉각기
③ 건식 냉각기
④ 관 코일식 냉각기

해설 제빙용 냉동장치의 증발기는 탱크형 냉각기(주로 NH_3용)이며 만액식이며 전열이 양호하다.

ANSWER | 56. ④ 57. ① 58. ③ 59. ④ 60. ①

2004년 2회 공조냉동기계기능사

01 줄작업할 때의 안전수칙에 어긋나는 것은?
① 줄을 해머 대신 사용해서는 안 된다.
② 넓은 면은 톱 작업하기 전에 삼각 줄로 안내 홈을 만든다.
③ 마주보고 줄작업을 한다.
④ 줄눈에 끼인 쇠밥은 와이어 브러시로 제거한다.

해설 줄작업 시는 서로 마주 바라보지 않고 단독으로 작업한다.

02 다음 중 장갑을 끼고 하여도 좋은 작업은?
① 용접작업 ② 줄작업
③ 선반작업 ④ 세이퍼 작업

해설 용접작업은 장갑을 끼고 한다.

03 다음 중 재해조사 시에 유의하지 않아도 좋은 것은?
① 주관적인 입장에서 정확하게 조사한다.
② 재해발생 현장이 변형되지 않은 상태에서 조사한다.
③ 재해현상을 사진이나 도면을 작성 기록해 둔다.
④ 과거의 사고 경향을 참고하여 조사한다.

해설 재해조사 시는 객관적인 입장에서 정확하게 조사한다.

04 보일러 사고원인 중 파열사고의 원인이 될 수 없는 것은?
① 압력초과 ② 저수위
③ 고수위   ④ 과열

해설 고수위는 습포화증기를 유발한다.

05 다음 중 암모니아 냉매가스의 누설검사로 적합하지 않은 것은?
① 붉은 리트머스 시험지가 청색으로 변한다.
② 네슬러 시약을 이용해서 검사한다.
③ 헬라이드 토치를 사용해서 검사한다.
④ 염화수소와 반응시켜 흰 연기를 발생시켜 검사한다.

해설 헬라이드 토치를 사용하여 프레온 냉매의 누설을 검사한다.

06 연소실 내 폭발 등으로부터 보호하기 위한 안전장치는?
① 압력계   ② 안전밸브
③ 가용마개 ④ 방폭문

해설 연소실 내 가스폭발 방지용으로 방폭문(폭발구)을 설치한다.

07 드라이버 끝이 나사홈에 맞지 않으면 뜻밖의 상처를 입을 수가 있다. 드라이버 선정 시 주의사항이 아닌 것은?
① 날 끝이 홈의 폭과 길이에 맞는 것을 사용한다.
② 날 끝이 수직이어야 하며 둥근 것을 사용한다.
③ 작은 공작물이라도 한 손으로 잡지 않고 바이스 등으로 고정시킨다.
④ 전기작업 시 자루는 절연된 것을 사용한다.

해설 드라이버의 끝이 둥근 것은 사용해서는 안 된다.

08 다음 가스용접법의 장점 중 틀린 것은?
① 응용범위가 넓다.
② 설비비용이 싸다.
③ 유해광선의 발생이 적다.
④ 가열범위가 넓다.

해설 전기용접은 가열범위가 넓다.

09 산소 아세틸렌 용접장치에서 ㉠ 산소 호스와 ㉡ 아세틸렌 호스의 색깔로 맞는 것은?
① ㉠ 적색, ㉡ 흑색
② ㉠ 적색, ㉡ 녹색
③ ㉠ 녹색, ㉡ 적색
④ ㉠ 녹색, ㉡ 흑색

1.③ 2.① 3.① 4.③ 5.③ 6.④ 7.② 8.④ 9.③ | ANSWER

해설 ㉠ 산소 : 녹색
㉡ 아세틸렌 : 적색

10 보호구 선정조건에 해당되지 않는 것은?
① 종류 ② 형상
③ 성능 ④ 미(美)

해설 보호구 선정조건에서 아름다움은 선결조건이 아니다.

11 액체연료 사용 시 화재가 발생되었다. 조치사항으로 옳지 않은 것은?
① 모든 전기의 전원 스위치를 끈다.
② 연료밸브를 닫는다.
③ 모래를 사용하여 불을 끈다.
④ 물을 사용하여 불을 끈다.

해설 액체연료의 화재 시 포말 또는 분말소화기가 필요하다.

12 안전교육 중 양성교육의 교육 대상자가 아닌 것은?
① 운반차량 운전자
② 냉동시설 안전관리자가 되고자 하는 자
③ 일반시설 안전관리자가 되고자 하는 자
④ 사용시설 안전관리자가 되고자 하는 자

해설 안전관리자가 되려는 자가 안전교육, 양성교육 대상자이다.

13 다음은 쇠톱작업 시의 유의사항이다. 틀린 것은?
① 모가 난 재료를 절단할 때는 모서리보다는 평면부터 자른다.
② 톱날을 사용할 때는 2~3회 사용한 다음 재조정하고 작업을 한다.
③ 절단이 완료될 무렵에는 힘을 적절히 줄이고 작업을 한다.
④ 얇은 판을 절단할 때는 목재 사이에 끼운 다음 작업을 한다.

해설 쇠톱작업 시에는 모가 난 쇠붙이를 자를 때는 톱날을 기울이고 모서리로부터 자르기 시작하며 둥근 강이나 파이프는 삼각 줄로 안내 홈을 파고서 그 위를 자르기 시작한다.

14 전기 기기 방폭구조의 형태가 아닌 것은?
① 내압방폭구조 ② 안전증방폭구조
③ 특수방폭구조 ④ 차등방폭구조

해설 방폭구조
• 내압방폭구조
• 안전증방폭구조
• 특수방폭구조
• 압력방폭구조
• 본질안전방폭구조

15 보일러가 부식되는 원인으로 볼 수 없는 것은?
① 보일러수 pH값 저하
② 수중에 함유된 산소의 작용
③ 수중에 함유된 암모니아의 작용
④ 수중에 함유된 탄산가스의 작용

해설 암모니아는 보일러 부식방지용으로 사용이 가능하다.(만수 보존 시)

16 동력의 단위 중 그 값이 큰 순서대로 나열 된 것은? (단, ps는 국제 마력이고 HP는 영국 마력임)
① $1kW > 1HP > 1ps > 1kg \cdot m/sec$
② $1kW > 1ps > 1HP > 1kg \cdot m/sec$
③ $1HP > 1ps > 1kW > 1kg \cdot m/sec$
④ $1HP > 1ps > 1kg \cdot m/sec > 1kW$

해설 $1kW-h = 860kcal$
$1HP-h = 641kcal$
$1ps-h = 632kcal$
$1kg \cdot m/sec = 0.0023kcal$

17 비중 0.8, 비열 0.7인 30℃의 어떤 액체 $3m^3$를 10℃로 냉각하고자 할 때 제거열량은 몇 kcal인가?
① 33.6kcal ② 3,360kcal
③ 33,600kcal ④ 336,000kcal

해설 $3m^3 \times 800kg/m^3 = 2,400kg$
∴ $Q = 2,400 \times 0.7 \times (30-10) = 33,600kcal$

ANSWER | 10. ④ 11. ④ 12. ① 13. ① 14. ④ 15. ③ 16. ① 17. ③

18 냉동이란 저온을 생성하는 수단방법이다. 다음 중 저온 생성방법에 들지 못하는 것은?
① 기한제 이용
② 액체의 증발열 이용
③ 펠티에 효과(Peltier Effect) 이용
④ 기체의 응축열 이용

해설 기체의 응축열을 이용하면 난방에 유리하다.

19 기준 냉동사이클에서 토출온도가 제일 높은 냉매는?
① R-11   ② R-22
③ NH_3 ④ CH_3Cl

해설 기준 냉동사이클에서 토출가스의 온도
① R-11 : 44.4℃   ② R-22 : 55℃
③ NH_3 : 98℃   ④ CH_3Cl : 77.8℃

20 다음 중 암모니아 냉매의 단점에 속하지 않는 것은?
① 폭발 및 가연성이 있다.
② 독성이 있다.
③ 사용되는 냉매 중 증발잠열이 가장 작다.
④ 공기조화용으로 사용하기에는 부적절하다.

해설 암모니아 냉매는 사용되는 냉매 중 증발잠열이 가장 크다.

21 암모니아와 프레온 냉동장치를 비교 설명한 다음 사항 중 옳은 것은?
① 압축기의 실린더 과열은 프레온보다 암모니아가 심하다.
② 냉동장치 내에 수분이 있을 경우, 그 정도는 프레온보다 암모니아가 심하다.
③ 냉동장치 내에 윤활유가 많은 경우, 프레온보다 암모니아가 문제성이 적다.
④ 위 사항에 관계없이 동일 조건에서는 성능, 효율 및 모든 제원이 같다.

해설 압축기의 실린더 과열은 프레온보다 암모니아가 심하다.

22 압축기 분해 시, 다음 부품 중 제일 나중에 분해되는 것은?
① 실린더 커버
② 세이프티 헤드 스프링
③ 피스톤
④ 토출밸브

해설 피스톤은 압축기 분해 시 제일 나중에 분해된다.

23 압축기의 용량제어의 목적이 아닌 것은?
① 기동 시 경부하 기동으로 동력을 증대시킬 수 있다.
② 압축기를 보호할 수 있고 기계의 수명이 연장된다.
③ 부하변동에 대응한 용량제어로 경제적인 운전이 가능하다.
④ 일정한 온도를 유지할 수 있다.

해설 압축기 용량제어는 기동 시 경부하 기동으로 동력 소비를 절감시킬 수 있다.

24 대기 중의 습도가 냉매의 응축온도에 관계있는 응축기는?
① 입형 셸 앤 튜브 응축기
② 공랭식 응축기
③ 횡형 셸 앤 튜브 응축기
④ 증발식 응축기

해설 증발식 응축기는 외기의 습구온도 영향을 많이 받는다. 냉각수가 부족한 곳에서 사용하며 쿨링타워를 사용하는 경우보다 설비비가 싸고 응축압력도 낮게 유지할 수 있다.

25 다음 회전식(Rotary) 압축기의 설명 중 틀린 것은?
① 흡입변이 없다.
② 압축이 연속적이다.
③ 회전수가 매우 적다.
④ 왕복동에 비해 구조가 간단하다.

해설 회전식 압축기는 체적이 큰 가스를 압축하는 데 적합하다. 이 압축기는 500rpm 정도의 회전수에 사용되며 주로 저온용 냉동장치의 부스터(Booster) 또는 가정용 소형 냉동기에 사용되고 있다.

18. ④ 19. ③ 20. ③ 21. ① 22. ③ 23. ① 24. ④ 25. ③ | ANSWER

26 냉각탑 부속품 중 엘리미네이터(Eliminator)가 있는데 그 사용목적은?
① 물의 증발을 양호하게 한다.
② 공기를 흡수하는 장치이다.
③ 물이 과냉각되는 것을 방지한다.
④ 수분이 대기 중에 방출하는 것을 막아주는 장치이다.

해설 엘리미네이터는 수분이 대기 중에 방출하는 것을 막아주는 장치이다.

27 다음 쿨링타워에 대한 설명 중 옳은 것은?
① 냉동장치에서 쿨링타워를 설치하면 응축기는 필요 없다.
② 쿨링타워에서 냉각된 물의 온도는 대기의 습구온도보다 높다.
③ 타워의 설치장소는 습기가 많고 통풍이 잘 되는 곳이 적합하다.
④ 송풍량을 많게 하면 수온이 내려가고 대기의 습구온도보다 낮아진다.

해설 냉각탑(Cooling Tower)에서 냉각수는 외기의 습구온도보다 낮게는 냉각시킬 수 없다. 즉 냉각된 물의 온도는 대기의 습구온도보다 다소 높다.

28 온도식 액면 제어변에 설치된 전열히터의 용도는?
① 감온통의 동파를 방지하기 위해 설치하는 것이다.
② 냉매와 히터가 직접 접촉하여 저항에 의해 작동한다.
③ 주로 소형 냉동기에 사용되는 팽창밸브이다.
④ 감온통 내에 충진된 가스를 민감하게 작동토록 하기 위해 설치하는 것이다.

해설 온도식 액면 제어변에 설치된 전열히터의 용도는 감온통에 감아 액면이 낮아지면 감온통이 가열되어 팽창밸브의 개도를 조정한다. 전열히터는 15W를 이용한다.

29 다음 중 고속 다기통 압축기의 장점이 아닌 것은?
① 체적효율이 높다.
② 부품교환 범위가 넓다.
③ 진동이 적다.
④ 용량에 비하여 기계가 적다.

해설 고속다기통 압축기는 체적효율의 감소가 많아진다.(압축기가 커질수록)

30 유분리기의 설치 위치로서 알맞은 것은?
① 압축기와 응축기 사이
② 응축기와 수액기 사이
③ 수액기와 증발기 사이
④ 증발기와 압축기 사이

해설 유분리기의 설치 위치
• 암모니아 냉동장치 : 압축기와 응축기의 $\frac{3}{4}$ 지점
• 프레온 냉동장치 : 압축기에서 응축기 사이 $\frac{1}{4}$ 지점(온도가 높으면 오히려 분리가 잘 되므로)
• 유분리기는 어떤 경우라도 응축기나 수액기보다 온도가 낮은 곳에 설치해서는 안 된다.

31 암모니아 냉동기의 압축기에 공랭식을 채택하지 않는 이유는?
① 토출가스의 온도가 높기 때문에
② 압축비가 작기 때문에
③ 냉동능력이 크기 때문에
④ 독성가스이기 때문에

해설 암모니아 냉동기의 압축기에 공랭식을 채택하지 않는 이유는 토출가스의 온도가 높기 때문이다.

32 다음 중 옳은 것은?
① 냉각탑의 입구수온은 출구수온보다 낮다.
② 응축기 냉각수 출구온도는 입구온도보다 낮다.
③ 응축기에서의 방출열량은 증발기에서 흡수하는 열량과 같다.
④ 증발기의 흡수열량은 응축열량에서 압축열량을 뺀 값과 같다.

해설 응축열량 − 압축열량 = 증발기의 흡수열량

33 보온재나 보냉재의 단열재는 무엇을 기준으로 구분하는가?
① 사용압력　② 내화도
③ 열전도율　④ 안전사용 온도

해설 보온재, 보냉재, 단열재, 내화재의 구별기준은 안전사용 온도로 한다.

34 비교적 점도(粘度)가 큰 유체 또는 약간의 저항에도 정출(晶出)하는 유체의 흐름에 사용되는 것은?
① 코크　② 안전밸브
③ 글로브 밸브　④ 앵글밸브

해설 글로브 밸브는 비교적 점도가 큰 유체 또는 약간의 저항에도 정출하는 유체의 흐름에 사용된다.

35 관의 직경이 크거나 기계적 강도가 문제될 때 유니온 대용으로 결합하여 쓸 수 있는 것은?
① 이경소켓　② 플랜지
③ 니플　④ 부싱

해설 플랜지 이음은 50A 이상이나 관의 직경이 크거나 기계적 강도가 문제될 때 유니온 이음 대용으로 결합한다.

36 고압 측 액관에 설치한 여과기의 매시(Mesh)는 어느 정도인가?
① 40~60mesh　② 80~100mesh
③ 120~140mesh　④ 160~180mesh

해설
• 고압 측 액관에 사용되는 여과기 : 80~100mesh
• 가스관에 사용되는 여과기 : 40mesh

37 2개 이상의 엘보를 사용하여 배관의 신축을 흡수하는 신축이음은?
① 루프형 이음　② 벨로스형 이음
③ 슬리브형 이음　④ 스위블형 이음

해설 스위블형 이음은 2개 이상의 엘보를 사용하여 배관의 신축을 흡수하는 신축이음이다.

38 동관접합 중 동관의 끝을 넓혀 압축이음쇠로 접합하는 접합방법을 무엇이라고 표현하는가?
① 플랜지 접합　② 플레어 접합
③ 플라스턴 접합　④ 빅토리 접합

해설 플레어 접합은 압축이음이며 동관접합 중 동관의 끝을 넓혀 압축이음쇠로 접합하는 방법이다.

39 그림은 8핀 타이머의 내부회로도이다. ⑤, ⑧ 접점을 표시한 것은 무엇인가?

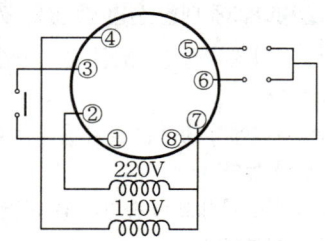

해설
① 한시동작(b) 접점
② a접점 : 열려있는 접점
③ b접점 : 닫혀있는 접점
④ c접점 : 전환접점

40 $P-h$ 선도상의 번호명칭 중 맞는 것은?

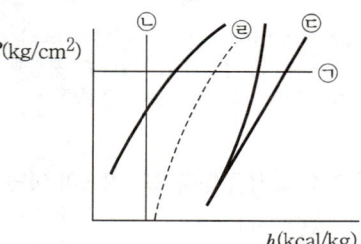

① ㉠ : 등비체적선　② ㉡ : 등엔트로피선
③ ㉢ : 등엔탈피선　④ ㉣ : 등건조도선

33. ④ 34. ③ 35. ② 36. ② 37. ④ 38. ② 39. ① 40. ④ | ANSWER

해설 ㉠ 등압선
㉡ 등엔탈피선
㉢ 등엔트로피선
㉣ 등건조도선

41 냉동사이클의 변화에서 증발온도가 일정할 때 응축온도가 상승할 경우의 영향으로 맞는 것은?
① 성적계수 증대
② 압축일량 감소
③ 토출가스온도 저하
④ 플래시 가스발생량 증가

해설 증발온도 일정, 응축온도 상승 시에는 플래시 가스의 발생이 증가한다.

42 다음 중 냉매의 물리적 조건이 아닌 것은?
① 상온에서 임계온도가 낮을 것(상온 이하)
② 응고온도가 낮을 것
③ 증발잠열이 크고, 액체비열이 작을 것
④ 누설 발견이 쉽고, 전열 작용이 양호할 것

해설 냉매는 임계온도가 높아서 반드시 상온에서 액화할 것

43 2단 압축을 채용하는 목적이 아닌 것은?
① 냉동 능력을 증대시키기 위해
② 압축비가 2 이상일 때 채택
③ 압축비를 감소시키기 위해
④ 체적효율을 증가시키기 위해

해설 압축비가 6 이상이면 2단 압축을 채용한다.

44 저항이 250[Ω]이고 40[W]인 전구가 있다. 점등 시 전구에 흐르는 전류는 몇 [A]인가?
① 0.16　② 0.4
③ 2.5　④ 6.25

해설 전력$(P) = VI = (IR)I = I^2R$[W]
1초 동안에 전기가 하는 일의 양이 전력이다.

$40 = I^2 \times 250$

$\dfrac{40}{250} = 0.16$

$\therefore \sqrt{0.16} = 0.4$

45 100V 교류 전원에 1kW 배연용 송풍기를 접속하였더니 15A의 전류가 흘렀다. 이 송풍기의 역률은?
① 0.57　② 0.67
③ 0.77　④ 0.87

해설 역률$(\cos\theta) = \dfrac{R}{Z} = \dfrac{R}{\sqrt{R^2 + X^2}}$

※ X : 리액턴스(Ω)
　Z : 임피던스(Ω)
　R : 저항(Ω)
1kW = 1,000W

$I = \dfrac{V}{R} = GV$[A], $P = I^2R$[W], $V = IR$[V]

$R = \dfrac{V}{I}$[Ω], $\dfrac{100}{15} = 6.67$[Ω]

리액턴스$(X) = \sqrt{(100 \times 15)^2 - 1,000^2} = 1,118$[Ω]

46 유효온도와 관계가 없는 것은?
① 온도　② 습도
③ 기류　④ 압력

해설 유효온도와 관계되는 것은 온도, 습도, 기류이다.
(ET : Effective Temperature)

47 다음 그림에서 A점의 상대습도는 몇 %인가?

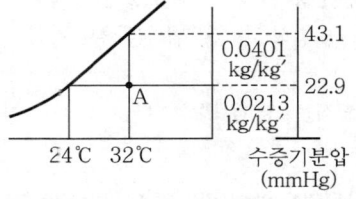

① 53　② 58
③ 63　④ 68

해설 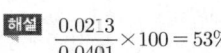 $\dfrac{0.0213}{0.0401} \times 100 = 53\%$

ANSWER | 41.④ 42.① 43.② 44.② 45.② 46.④ 47.①

48 습공기의 정압비열은 Cp = 0.24 + 0.441x로 나타낸다. 여기서 x는 무엇을 가리키는가?
① 상대습도
② 습구온도
③ 건구온도
④ 절대습도

해설 0.24 : 공기의 정압비열(kcal/kg℃)
0.441 : 수증기의 정압비열(kcal/kg℃)
x : 절대습도(kg/kg′)

49 다음 공조부하 현열, 잠열로 이루어진 것은?
① 외벽부하
② 내벽부하
③ 조명기기의 발생열량
④ 틈새바람의 의한 부하

해설 틈새바람(극간풍) : 현열, 잠열로 이루어진다.

50 저속 덕트의 이점에 속하지 않는 것은?
① 덕트 소음이 작다.
② 덕트 스페이스가 작게 된다.
③ 설비비가 싸다.
④ 덕트에서의 저항이 적다.

해설 저속덕트(15m/s 이하)는 덕트의 스페이스가 크게 된다.

51 다음과 같은 공기조화방식의 분류 중 공기 – 물 방식이 아닌 것은?
① 인덕션 유닛 방식
② 팬코일 유닛 방식
③ 복사 냉난방 방식
④ 멀티존 유닛 방식

해설 멀티존 유닛 방식은 2중 덕트방식이다.

52 공조기에 사용되는 에어 필터의 여과효율을 검사하는 데 사용되는 방법과 거리가 먼 것은?
① 중량법
② Dop법
③ 변색도법
④ 체적법

해설 여과효율법 : 중량법, 변색도법(NBS법), 계수법(Dop법)

53 다음 덕트의 부속품 중에서 풍량조절용 댐퍼가 아닌 것은?
① 버터플라이 댐퍼
② 루버 댐퍼
③ 베인 댐퍼
④ 방화 댐퍼

해설 방연 댐퍼 : 방화 댐퍼이다.

54 덕트 내를 흐르는 풍량을 조절 또는 폐쇄하기 위해 쓰이는 댐퍼로서 특히 분기되는 곳에 설치하는 풍량조절 댐퍼는?
① 루버 댐퍼
② 볼륨 댐퍼
③ 스플릿 댐퍼
④ 방화 댐퍼

해설 스플릿 댐퍼(Split Damper)는 분기부에 설치한다.

55 온수난방설비에서 고온수식과 저온수식의 기준온도는 몇 ℃인가?
① 50
② 80
③ 100
④ 150

해설 100℃ 이상 : 고온수난방
100℃ 미만 : 저온수난방

56 냉방부하 계산 시 실내에서 취득하는 열량이 아닌 것은?
① 기구, 조명 등의 발생열량
② 유리에서의 침입열량
③ 인체 발생열량
④ 송풍기로부터 발생한 열량

해설 송풍기는 실내취득열량이 아니고 기기로부터 취득열량이다.

57 패널난방에서 실내 주벽의 온도 tw = 25℃, 실내공기의 온도 ta = 15℃라고 하면 실내에 있는 사람이 받는 감각온도 te는 몇 ℃인가?
① 10
② 15
③ 20
④ 25

해설 $te = \dfrac{25+15}{2} = 20℃$

58 공기조화설비의 구성요소가 아닌 것은?
① 공기조화기　　② 연료가열기
③ 열원장치　　　④ 자동제어장치

해설 공기조화설비의 구성요소
• 열원장치　　　• 열운반장치
• 공기조화기　　• 자동제어장치

59 수관식 보일러의 장점이 아닌 것은?
① 구조상 고압, 대용량에 적합하다.
② 전열면적이 크고, 효율이 높다.
③ 관수 순환이 빠르고 증기 발생속도가 빠르다.
④ 구조가 단순하여 청소, 검사, 수리가 쉽다.

해설 수관식 보일러는 구조가 복잡하여 청소나 검사 수리가 불편하다.

60 공기 예열기 사용 시 이점을 열거한 것 중 아닌 것은?
① 열효율 증가　　② 연소효율 증가
③ 저질탄 연소 가능　④ 노내 온도저하

해설 공기 예열기를 사용하면 노내 온도가 상승한다.

ANSWER | 58. ② 59. ④ 60. ④

2004년 3회 공조냉동기계기능사

01 다음 중 냉동기의 토출압력이 이상 상승 시 제일 먼저 작동되는 안전장치는?
① 안전두 스프링
② 저압차단 스위치
③ 고압차단 스위치
④ 유압차단 스위치

해설
- 안전두 : 정상압력＋$3kg/cm^2$
- 고압차단 스위치 : 정상고압＋$4kg/cm^2$
- 안전밸브 : 정상고압＋$5kg/cm^2$

02 다음 중 산업안전보건법에 의한 작업환경 측정대상에 포함되지 않는 작업장은?
① 산소결핍 위험이 있는 작업장
② 유기용제 업무를 행하는 작업장
③ 강렬한 소음과 분진이 발생되는 옥내 작업장
④ 냉동 냉장업무를 하는 작업장

해설 산업안전에 적용되는 사업장
- 산소결핍의 위험이 있는 작업장
- 유기용제 업무를 행하는 작업장
- 강렬한 소음과 분진이 발생되는 옥내 작업장

03 작업 전 기계 및 설비에 대하여 점검하지 않아도 되는 것은?
① 방호장치의 이상유무
② 동력전달장치의 이상유무
③ 보호구의 이상유무
④ 공구함의 이상유무

해설 공구함은 기계 및 설비에 해당되지 않는다.

04 공조실 기능공이 전기에 의하여 감전되었다. 이때 응급조치방법이 아닌 것은?
① 인공호흡을 시킬 것
② 전원을 차단할 것
③ 즉시 의사에게 연락할 것
④ 감전자에게 뜨거운 물을 먹일 것

해설 전기 감전 시 응급 조치
- 인공호흡 실시
- 전원 즉시 차단
- 즉시 병원에 이송

05 다음 중 산소결핍 장소가 아닌 것은?
① 우물 내부
② 맨홀 내부
③ 밀폐된 공간
④ 보일러실

해설 산소결핍 장소
- 우물 내부
- 맨홀 내부
- 밀폐된 공간 등

06 작업 시에 입는 작업복으로서 부적당한 것은?
① 주머니는 가급적 수가 적은 것이 좋다.
② 정전기가 발생하기 쉬운 섬유질 옷의 착용을 금한다.
③ 옷에 끈이 있는 것은 기계작업을 할 때는 입지 않는다.
④ 화학약품 작업 시는 화학약품에 내성이 약한 것을 착용한다.

해설 작업복은 화학약품 작업 시 화학약품 내성이 강한 것을 착용한다.

07 감전을 방지하기 위해 전격방지기를 사용하는데 전격 방지기는 무엇을 조정하는가?
① 1차 측 전류
② 2차 측 전류
③ 1차 측 전압
④ 2차 측 전압

해설 전격 방지기는 2차측 전압을 조정한다.

1.① 2.④ 3.④ 4.④ 5.④ 6.④ 7.④ | ANSWER

08 냉동장치에서 냉매가 적정량보다 부족할 경우 제일 먼저 해야 할 일은?
① 냉매의 배출
② 누설부위 수리 및 보충
③ 냉매의 종류를 확인
④ 펌프타운

해설 냉동장치에서 냉매가 적정량보다 부족하다고 판단되면 즉시 냉매누설 수리 및 냉매를 보충시킨다.

09 아세틸렌 가스용기의 보관장소로 적당한 것은?
① 습기가 있는 장소
② 발화성 물질이 없는 장소
③ 전류가 흐르는 전선 근처
④ 직사광선이 잘 드는 창고

해설 아세틸렌(C_2H_2)가스는 위험도가 크고 폭발범위가 넓어서 발화성 물질이 없는 장소에 보관시킨다.

10 안전모와 안전벨트의 용도는?
① 감독자용품의 일종이다.
② 추락재해 방지용이다.
③ 전도 방지용이다.
④ 작업능률 가속용이다.

해설 안전모나 안전벨트 착용은 추락 시 재해를 방지한다.

11 작업자의 안전태도를 형성하기 위한 가장 유효한 방법은?
① 안전표지판의 부착
② 안전에 관한 훈시
③ 안전한 환경의 조성
④ 안전에 관한 교육의 실시

해설 작업자의 안전태도를 형성하기 위한 가장 유효한 방법은 안전에 관한 교육의 실시이다.

12 용접 팁의 청소는 다음 중 무엇으로 해야 하는가?
① 철선이나 동선
② 동선이나 놋쇠선
③ 팁 클리너
④ 시멘트 바닥

해설 가스 용접에서 용접 팁의 청소도구는 팁 클리너로 한다.

13 보일러 파열사고 원인 중 가장 빈번히 일어나는 것은?
① 강도 부족   ② 압력 초과
③ 부식   ④ 그루빙

해설 보일러 파열사고
• 압력초과   • 저수위 사고
• 가스 폭발   • 과열

14 다음 중 줄작업 시 유의해야 할 내용으로 적절하지 못한 것은?
① 디끄러지면 손을 베일 위험이 있으므로 유의하도록 한다.
② 손잡이가 줄에 튼튼하게 고정되어 있는지 확인한다.
③ 줄의 균열유무를 확인할 필요는 없다.
④ 줄작업의 높이는 허리를 낮추고 몸의 안정을 유지하며 전신을 이용하도록 한다.

해설 줄작업 시 균열 유무를 반드시 확인한다.

15 보일러에 사용되는 압력계로 가장 널리 사용되는 것은?
① 진공 압력계
② 부르동 압력계
③ 공기 압력계
④ 마노미터

해설 보일러실이나 압력용기에 사용되는 압력계는 부르동 압력계($2.5 \sim 3,000 kg/cm^2$)이다.

ANSWER | 8.② 9.② 10.② 11.④ 12.③ 13.② 14.③ 15.②

16 열에 관한 다음 사항 중 틀린 것은?
① 감열은 건구온도계로서 측정할 수 있다.
② 잠열은 물체의 상태를 바꾸는 작용을 하는 열이다.
③ 감열은 상태변화 없이 온도변화에 필요한 열이다.
④ 승화열은 감열의 일종이며, 고체를 기체로 바꾸는 데 필요한 열이다.

해설 승화열은 일종의 잠열이며 고체를 기체로 바꾸는 데 필요한 열이다. 또는 기체에서 액체를 거치지 않고 고체로 될 때 필요한 열이다.

17 열용량의 식을 맞게 기술한 것은?
① 물질의 부피×밀도
② 물질의 무게×비열
③ 물질의 부피×비열
④ 물질의 무게×밀도

해설 열용량(kcal/℃)=물질의 무게×비열

18 2원 냉동장치에는 고온 측과 저온 측에 서로 다른 냉매를 사용한다. 다음 중 저온 측에 사용하기에 적합한 냉매군은 어느 것인가?
① 암모니아, 프로판, R-11
② R-13, 에탄, 에틸렌
③ R-13, R-21, R-113
④ R-12, R-22, R-500

해설 • 2원 냉동의 저온 측 냉매
R-22(-40.8℃), R-13(-81.5℃)
• 2원 냉동의 고온 측 냉매
R-12(-29.8℃), R-22(-40.8℃)

19 냉매의 특성에 관한 다음 사항 중 옳은 것은?
① R-12는 암모니아에 비하여 유분리기가 용이하다.
② R-12는 암모니아 보다 냉동력(kcal/kg)이 크다.
③ R-22는 R-12에 비하여 저온용에 부적당하다.
④ R-22는 암모니아 가스보다 무거우므로 가스의 유동저항이 크다.

해설 • R-22($CHCClF_2$)는 NH_3보다 무겁다. 고로 가스의 유동저항이 크다.
• R-12는 오일과 잘 용해한다.
• R-12는 냉동력 38.57kcal/kg이므로 냉동력이 작고 R-22에 비해서는 고온용이다.

20 습포화 증기에 관한 사항 중 올바른 것은?
① 가열하면 과열증기, 포화증기 순으로 된다.
② 냉각하면 건조포화 증기가 된다.
③ 습포화 증기 중 액체가 차지하는 질량비를 습도라 한다.
④ 대기압하에서 습포화 증기의 온도는 98℃정도이다.

해설 습포화 증기 중 액체가 차지하는 질량비가 습도, 나머지는 건도이다. 건도(x)가 큰 증기가 좋은 증기이다.

21 다음 중 압축기와 관계없는 효율은?
① 체적효율　　② 기계효율
③ 압축효율　　④ 슬립효율

해설 ④ 슬립은 전동기(모터)와 관계된다.
• 압축기의 효율 : 체적효율, 기계효율, 압축효율

22 고속다기통 압축기에서 정상운전 상태로서의 유압은 저압보다 얼마나 높아야 하는가?
① 0~1.5kg/cm²　　② 1.5~3.0kg/cm²
③ 3.5~4.0kg/cm²　　④ 4.5~5.0kg/cm²

해설 고속다기통 압축기에서 정상운전 시 유압은 저압보다 1.5~3.0kg/cm²정도 높아야 한다.

23 다음 중 불응축 가스가 주로 모이는 것은?
① 증발기　　② 액분리기
③ 압축기　　④ 응축기

해설 냉동기에서 불응축 가스가 주로 모이는 곳은 응축기이다.

24 수랭식 응축기의 응축압력에 관한 사항 중 옳은 것은?

① 수온이 일정한 경우 유막 물때가 두껍게 부착하여도 수량을 증가하면 응축압력에는 영향이 없다.
② 냉각관 내의 냉각수 속도가 빨라지면 횡형 셸 앤 튜브식 응축기의 열통과율은 커지고 응축압력에 영향을 준다.
③ 냉각 수량이 풍부한 경우에는 불응축 가스의 혼입 영향은 없다.
④ 냉각 수량이 일정한 경우에는 수온에 의한 영향은 없다.

해설 냉각관 내의 냉각수 속도가 빨라지면 횡형 셸 앤 튜브식 응축기는 열통과율이 커지면서 응축압력에 영향을 준다.

25 압축기의 압축비가 커지면 어떤 현상이 일어나겠는가?

① 압축비가 커지면 체적효율이 증가한다.
② 압축비가 커지면 체적효율이 저하된다.
③ 압축비가 커지면 소요동력이 작아진다.
④ 압축비와 체적효율은 아무런 관계가 없다.

해설 압축기의 압축비가 커지면
• 체적효율이 저하된다.
• 소요동력이 증대한다.
• 토출가스의 온도가 상승한다.
• 압축기의 과열이 일어난다.
• 윤활유의 열화 및 탄화가 발생한다.
• 냉동능력 감소한다.
• 냉매 순환량 감소한다.

26 가열원이 필요하며 압축기가 필요 없는 냉동기는?

① 터보 냉동기
② 흡수식 냉동기
③ 회전식 냉동기
④ 왕복동식 냉동기

해설 흡수식 냉동기는 가열원이 필요하며 압축기가 필요 없고 증발기, 흡수기, 재생기, 응축기 등이 필요하다.

27 압축비의 설명 중 알맞은 것은?

① 고압 압력계가 나타내는 압력을 저압 압력계가 나타내는 압력으로 나눈 값에다 1을 더한 값이다.
② 흡입압력이 동일할 때 압축비가 클수록 토출가스 온도는 저하된다.
③ 압축비가 적어지면 소요동력이 증가한다.
④ 응축압력이 동일할 때 압축비가 적어지면 소요동력은 감소한다.

해설 응축압력이 동일할 때 압축비가 적어지면 소요동력이 감소한다.

28 소요 냉각수량 120L/min, 냉각수 입출구 온도차 6°C인 수랭 응축기의 응축부하는?

① 43,200kcal/h ② 14,400kcal/h
③ 12,000kcal/h ④ 66,400kcal/h

해설 $Q = 120 \times 1 \times 6 \times 60 = 43,200$ kcal/h
• 물의 비열 = 1kcal/kg°C
• 1시간 = 60분

29 터보 냉동기와 왕복동식 냉동기를 비교했을 때 터보 냉동기의 특징으로 맞는 것은?

① 회전수가 매우 빠르므로 동작밸런스나 진동이 크다.
② 보수가 어렵고 수명이 짧다.
③ 소용량의 냉동기에는 한계가 있고 생산가가 비싸다.
④ 저온장치에서도 압축단수가 적어지므로 사용도가 넓다.

해설 터보 냉동기는 연속압축이라서 소용량의 냉동기에는 한계가 있고 생산가가 비싸다.

30 축봉장치(Shaft Seal)의 역할로서 부적당한 것은?

① 냉매누설 방지
② 오일누설 방지
③ 외기침입 방지
④ 전동기의 슬립(Slip) 방지

해설 축봉장치(샤프트-실)의 역할
• 냉대누설 방지 • 오일누설 방지 • 외기침입 방지

ANSWER | 24. ② 25. ② 26. ② 27. ④ 28. ① 29. ③ 30. ④

31 정압식 자동팽창밸브(AEV)는 어느 것에 의하여 제어작용을 행하는가?
① 증발기의 압력   ② 증발기의 온도
③ 냉매의 응축온도 ④ 냉동 부하량

해설 정압식 팽창밸브(Automatic Expansion Valve)는 증발기 내의 압력을 일정하게 유지하기 위한 것이다.

32 나사식 이음쇠 중 배관을 분기할 때 사용되지 않는 것은?
① 티   ② 크로스
③ 플랜지 ④ 와이

해설 플랜지는 분기용이 아니고 직선이음용이다.

33 동관의 가공에 플레어(Flare) 공구를 사용할 수 있는 것은 관지름이 얼마 이하일 때인가?
① 15mm   ② 20mm
③ 25mm   ④ 32mm

해설 20mm 이하의 동관에 플레어 공구를 사용하여 압축이음(플레어 이음)으로 관을 연결한다.

34 다음의 기호는 어떤 밸브인가?
① 볼 밸브
② 글로브 밸브
③ 수동 밸브
④ 앵글 밸브

해설 90° 앵글 밸브는 직각형 방향전환 밸브이다.

35 고압 배관용 탄소강 강관의 기호는?
① SPLT   ② SPP
③ SGP   ④ SPPH

해설
• SPLT : 저온배관용 탄소강관
• SPP : 일반배관용 탄소강관
• SPPH : 고압배관용 탄소강관
• SPPS : 압력배관용 탄소강관

36 350℃ 정도 이하에서 사용하는 압력배관에 쓰이는 압력배관용 탄소강관의 기호는 무엇인가?
① SPP   ② SPPS
③ SPHT   ④ SPLT

해설 SPPS : 압력배관용 탄소강관($10\sim100$kg/cm^2)은 350℃ 이하의 배관에 사용된다.

37 교류 전압계의 일반적인 지시값은?
① 실효값   ② 최대값
③ 평균값   ④ 순시값

해설 교류는 계속해서 크기가 변화하므로 어떤 값을 기준크기로 할 것인가가 문제이다. 교류의 크기는 최대값으로 나타내는 경우도 있지만 보통 그 크기는 교류가 행한 일의 양에 의해 결정된다. 교류 전압계와 전류계의 눈금은 보통 실효값이다.

38 $i = 50\sqrt{2}\sin\left(wt + \dfrac{\pi}{6}\right)$A의 값을 벡터로 표시한 것은 어느 것인가?
① $i = 50\angle\dfrac{\pi}{6}$ ② $i = 50\angle -\dfrac{\pi}{6}$
③ $i = 50\sqrt{2}\angle\dfrac{\pi}{6}$ ④ $i = 50\sqrt{2}\angle -\dfrac{\pi}{6}$

해설 사인파 교류는 크기와 위상각으로 가진 벡터로 가정하여 취급할 수 있다.
$i = 50\sqrt{2}\sin\left(wt + \dfrac{\pi}{6}\right)$A의 벡터값 $i = 50\angle\dfrac{\pi}{6}$

39 다음 회로에서 2Ω의 양단에 걸리는 전압강하 V는?

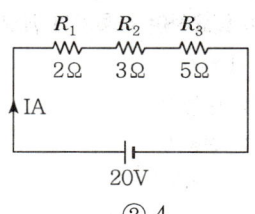

① 2   ② 4
③ 6   ④ 10

해설 $I = \dfrac{20}{2+3+5} = 2$A
∴ $V = RI = 2 \times 2 = 4$V

31.① 32.③ 33.② 34.④ 35.④ 36.② 37.① 38.① 39.② | ANSWER

40 다음 설명 중 내용이 맞는 것은?
① 1[BTU]는 물 1[lb]를 높이는 데 필요한 열량이다.
② 절대압력은 대기압의 상태를 0으로 기준하여 측정한 압력이다.
③ 이상기체를 단열팽창시켰을 때 온도는 내려간다.
④ 보일-샤를의 법칙이란 기체의 부피는 압력에 반비례하고 절대온도에 반비례한다.

해설 ① 1BTU 열량은 물 1파운드(lb)를 1F 높이는 데 필요한 열량이다.
② 게이지 압력은 대기압의 상태를 0으로 기준하여 측정한 압력이다.
③ 이상기체를 단열팽창시키면 압력과 온도가 하강된다.
④ 보일-샤를의 법칙은 기체의 부피는 압력에 반비례하고 절대온도에 비례한다.

41 냉매의 물리적 성질로서 맞는 것은?
① 응고온도는 높을 것
② 증발잠열이 작을 것
③ 표면장력이 클 것
④ 임계온도가 높을 것

해설 • 냉매는 임계온도가 높아야 상온에서 쉽게 액화가 가능하다.
• 냉매는 응고온도가 낮고 증발잠열이 크고 점도가 적고 전열작용이 우수하여 표면장력이 작아야 된다.

42 R-21의 분자식은?
① $CHCl_2F$ ② $CClF_3$
③ $CHClF_2$ ④ CCl_2F_2

해설 R-21 분자식 : $CHCl_2F$
• C-1
• H+1
• F : 숫자 그대로

43 암모니아 냉동기의 냉동능력이 40,000[kcal/h]이고, 성적계수가 15, 압축일 60[kcal/kg]일 때 냉매순환량은?
① 14.4[kg/h]   ② 24.4[kg/h]
③ 34.4[kg/h]   ④ 44.4[kg/h]

해설 $\dfrac{40,000}{15 \times 60} = 44.4 kg/h$

44 다음 그림에서 고압액관은 어느 것인가?

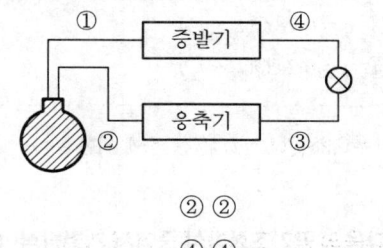

① ①   ② ②
③ ③   ④ ④

해설 응축은 고압부에서 일어나므로, 여기서는 ③번선이 고압액관 배관이다.

45 냉동장치 내에 냉매가 부족할 때 일어나는 현상이 아닌 것은?
① 냉동능력이 감소한다.
② 고압이 상승한다.
③ 흡입관에 상이 붙지 않는다.
④ 흡입가스가 과열된다.

해설 냉매가 부족할 때 현상
• 냉동능력(kcal/h)이 감소된다.
• 흡입관에 상이 붙지 않는다.
• 흡입가스가 과열된다.

46 다음 용어 중에서 습공기 선도와 관계가 없는 것은?
① 엔탈피   ② 열용량
③ 비체적   ④ 노점온도

해설 몰리에 선도
• 등압선   • 등엔탈피선
• 등엔트로피선   • 등온선
• 등비체적선   • 등건조도선
공기선도
• 상대습도   • 절대습도
• 노점온도   • 건구온도
• 습구온도   • 비체적선
• 엔탈피선 등

ANSWER | 40. ③ 41. ④ 42. ① 43. ④ 44. ③ 45. ② 46. ②

47 송풍 공기량을 Q(m³/h), 외기 및 실내온도를 각각 t_o, t_r(℃)라 할 때 침입 외기에 의한 취득열량 중 현열부하를 구하는 공식은?

① $q = 600Q(t_o - t_r)$
② $q = 715Q(t_o - t_r)$
③ $q = 0.28Q(t_o - t_r)$
④ $q = 0.24Q(t_o - t_r)$

해설 $q = 0.28Q(t_o - t_r)$ (극간풍에 의한 부하)

48 다음의 공기조화방식 중에서 개별방식이 아닌 것은?

① 룸 쿨러
② 멀티 유닛형 룸 쿨러
③ 패키지 방식
④ 팬코일 유닛 방식

해설 팬코일 유닛 방식은 중앙식 공조방식에서 수(水)방식에 속한다.

49 증기난방의 장점으로 옳은 것은?

① 스팀 해머링 등 소음이 작다.
② 증기순환이 빠르며 실내 방열량 조정이 쉽다.
③ 환수관에서 부식이 적고 보일러 취급이 용이하다.
④ 열의 운반능력이 크고 유지비가 싸다.

해설 증기난방
- 해머링에 의해 소음이 크다.
- 실내방열량 조정이 어렵다.
- 환수관에서 부식이 심하다.
- 열의 운반능력이 크고 유지비가 싸다.

50 습공기의 절대습도와 그와 동일온도의 포화습공기의 절대습도의 비로 나타낸 것은?

① 상대습도   ② 절대습도
③ 노점온도   ④ 포화도

해설 포화도는 습공기의 절대습도와 그와 동일한 포화습공기의 절대습도의 비이다.

51 다음 중 점검구(Access Door)가 필요치 않은 곳은?

① 주덕트 중간
② 방화댐퍼의 퓨즈를 교체할 수 있는 곳
③ 풍량조절 댐퍼의 점검 및 조정이 필요한 곳
④ 덕트 내의 코일이나 송풍기가 내장되어 있는 곳

해설 주덕트의 중간에는 점검구가 필요 없다.

52 댐퍼 중 대형 덕트에 사용하는 것은?

① 방화 댐퍼   ② 다익 댐퍼
③ 스플리터 댐퍼 ④ 볼륨 댐퍼

해설
- 소형 덕트형 : 버터플라이 댐퍼
- 분지 댐퍼 : 스플리터 댐퍼
- 대형 덕트형 : 다익 댐퍼

53 덕트 설계 시 고려하지 않아도 되는 것은?

① 덕트로부터의 소음
② 덕트로부터의 열손실
③ 덕트 내를 흐르는 공기의 엔탈피
④ 공기의 흐름에 따른 마찰저항

해설 덕트의 설계 시 고려사항
- 덕트의 소음
- 덕트로부터의 열손실
- 공기의 흐름에 따른 마찰저항

54 고속덕트와 저속덕트를 구분하는 풍속기준은 주 덕트에서 몇 m/s인가?

① 20   ② 15
③ 7   ④ 30

해설 덕트에서 저속덕트와 고속덕트의 풍속기준은 주덕트에서 15m/s이다.
- 저속덕트 풍속 : 15m/s 이하
- 고속덕트 풍속 : 15m/s 초과

ANSWER 47. ③ 48. ④ 49. ④ 50. ④ 51. ① 52. ② 53. ③ 54. ②

55 표준대기압 상태의 환수량 및 환수온도가 각각 1,000kg/h, 60℃이고 발생증기량 및 압력이 각각 1,000kg/h, 4kg/cm²인 증기 보일러가 있다. 이 증기 보일러의 환산증발량을 구하면 몇 kg/h인가? (단, 압력 4kg/cm²인 포화증기의 엔탈피는 656kcal/kg이다.)

① 1,000 ② 1,106
③ 2,000 ④ 2,212

해설 $\dfrac{\text{발생증기량}(\text{포화증기엔탈피}-\text{급수엔탈피})}{539(538.8)}$ (kg/h)

$= \dfrac{1,000(656-60)}{538.8} = 1,106 \text{(kg/h)}$

56 다음 공기조화방식 중 중앙 공기조화방식이 아닌 것은 어느 것인가?

① 전공기방식 ② 공기수방식
③ 전수방식 ④ 냉매방식

해설 냉매방식은 개별식 공기조화방식이다.

57 공업공정 공조의 목적에 대한 설명으로 적당하지 않은 것은?

① 제품의 품질향상
② 공정속도의 증가
③ 불량률의 감소
④ 신속한 사무환경 유지

해설 공업공정 공조의 목적
- 제품의 품질향상
- 공정속도의 증가
- 불량률의 감소

58 팬의 효율을 표시하는 데 사용되는 정압효율에 대한 올바른 정의는?

① 팬의 축동력에 대한 공기의 저항력
② 팬의 축동력에 대한 공기의 정압동력
③ 공기의 저항력에 대한 팬의 축동력
④ 공기의 정압동력에 대한 팬의 축동력

해설 팬의 정압효율은 팬의 축동력에 대한 공기의 정압동력

59 증기난방에서 사용되는 부속기기인 감압밸브를 설치하는 데 있어서 주의사항이 아닌 것은?

① 감압밸브는 가능한 사용개소에 가까운 곳에 설치한다.
② 감압밸브로 응축수를 제거한 증기가 들어오지 않도록 한다.
③ 감압밸브 앞에서는 반드시 스트레이너(Strainer)를 설치하도록 한다.
④ 바이패스는 수평 또는 위로 설치하고 감압밸브의 구경과 동일 구경으로 한다.

해설
- 응축수를 제거하는 것은 증기트랩이다.
- 습증기가 들어오지 못하게 하는 것으로 기수분리기, 비수방지기가 있다.

60 열부하 계산 시 적용되는 열관류율(k)에 대한 설명으로 틀린 것은?

① 열관류율이란 전도, 대류, 복사에 의한 열전달의 모든 요인들을 혼합하여 하나의 값으로 나타낸 값이다.
② 단위는 kcal/kg℃이다.
③ 열관류율이 커지면 열부하도 커진다.
④ 고체벽을 사이에 두고 유체에서 유체로 열이 이동하는 비율을 말한다.

해설
- 열관류율 단위 : kcal/m²h℃
- 열전도율의 단위 : kcal/mh℃

ANSWER | 55. ② 56. ④ 57. ④ 58. ② 59. ② 60. ②

2005년 1회 공조냉동기계기능사

01 독성가스를 냉매로 사용 시 수액기 내용적이 몇 L 이상이면 방류둑을 설치하는가?
① 10,000 ② 8,000
③ 6,000   ④ 4,000

해설 ▶ 독성가스를 냉매로 사용 시 (암모니아 등) 수액기의 내용적은 10,000L 이상이면 반드시 파열을 대비하여 방류둑을 설치하여야 한다.

02 사고의 원인으로 불안전한 행위에 해당하는 것은?
① 작업상태 불량   ② 기계의 결함
③ 물적 위험상태   ④ 고용자의 능력부족

해설 ▶ 작업상태가 불량하면 사고의 원인이 되며 불안전한 행위에 해당된다.

03 보일러에 사용되는 압력계로 가장 널리 사용되는 것은?
① 진공압력계   ② 부르동 압력계
③ 공기압력계   ④ 마노미터

해설 ▶ 부르동 압력계는 보일러에서 가장 많이 사용되는 탄성식 압력계이다.

04 다음 중 보일러에 사용하는 안전밸브의 필요조건이 아닌 것은?
① 분출압력에 대한 작동이 정확할 것
② 안전밸브의 지름과 리프트(Lift)가 충분하여 분출 증기량이 많을 것
③ 밸브의 개폐동작이 완만할 것
④ 분출 전후에 증기가 새지 않을 것

해설 ▶ 안전밸브는 밸브의 개폐동작이 신속하여야 한다.

05 쿨링타워(Cooling Tower) 설치위치 선정 시 주의사항 중 타당하지 않은 것은?
① 먼지가 적은 장소에 설치할 것
② 냉동기로부터 거리가 먼 장소일 것
③ 설치, 보수, 점검이 용이한 장소일 것
④ 고온의 배기영향을 받지 않는 장소일 것

해설 ▶ 쿨링타워는 냉동기의 응축기와 가까운 거리에 설치한다.

06 다음 중 발화온도가 낮아지는 조건과 관계없는 것은?
① 발열량이 높을수록 발화온도는 낮아진다.
② 분자구조가 간단할수록 발화온도는 낮아진다.
③ 압력이 높을수록 발화온도는 낮아진다.
④ 산소농도가 높을수록 발화온도가 낮아진다.

해설 ▶ 분자구조가 복잡할수록 착화온도는 낮아진다.

07 고압가스 저장실(가연성 가스) 주위에는 화기 또는 인화성 물질을 두어서는 안 된다. 이때 유지하여야 할 적당한 거리는?
① 1m   ② 3m
③ 7m   ④ 8m

해설 ▶ 가연성 가스 주위에 인화성 물질은 8m 이상의 이격거리를 유지한다.

08 가스 용접 시 사용하는 아세틸렌 호스의 색은?
① 청색   ② 적색
③ 녹색   ④ 백색

해설 ▶ 아세틸렌 가스의 호스 색상은 적색이다.

09 산소용접 시 사용하는 조정기의 취급에 대한 설명 중 틀린 것은?
① 작업 중 저압계의 지시가 자연 증가 시 조정기를 바꾸도록 한다.
② 조정기는 정밀하므로 충격이 가해지지 않도록 한다.
③ 조정기의 수리는 전문가에 의뢰하여야 한다.
④ 조정기의 각 부에 작동이 원활하도록 기름을 친다.

1.① 2.① 3.② 4.③ 5.② 6.② 7.④ 8.② 9.④ | ANSWER

해설 산소용접기에는 기름을 치면 가연성과 조연성 산소와 폭발의 위험이 초래된다.

10 보호구 선정조건에 해당되지 않는 것은?
① 종류 ② 형상
③ 성능 ④ 미(美)

해설 보호구 선정조건 : 종류, 형상, 성능

11 쇠톱의 사용법에서 안전관리에 적합하지 않은 것은?
① 초보자는 잘 부러지지 않는 탄력성이 없는 톱날을 쓰는 것이 좋다.
② 날은 가운데 부분만 사용하지 말고 전체를 고루 사용한다.
③ 톱날을 틀에 끼운 후 두 세 번 시험하고 다시 한번 조정한 다음에 사용한다.
④ 톱작업이 끝날 때에는 힘을 알맞게 줄인다.

해설 톱날은 반드시 탄력성이 있어야 절삭성도 양호하다.

12 냉동설비 사업소의 경계표지 방법으로 적당한 것은?
① 사업소의 경계표지는 출입구를 제외한 울타리, 담 등에 게시할 것
② 이동식 냉동설비에는 표시를 생략할 것
③ 외부사람이 명확하게 식별할 수 있는 크기로 할 것
④ 당해 시설에 접근할 수 있는 장소가 여러 방향일 때는 대표적인 장소에만 게시할 것

해설 냉동설비 사업소의 경계표시로서 외부사람이 명확하게 식별할 수 있는 크기로 한다.

13 안전 작업모를 착용하는 목적과 관계가 없는 것은?
① 분진에 의한 재해방지
② 추락에 의한 위험방지
③ 감전의 방지
④ 비산물로 인한 부상방지

해설 분진에 의한 재해방지는 방진 마스크 등을 이용한다.

14 감전사고를 예방하기 위한 조치로서 적합하지 못한 것은?
① 전기설비의 점검 철저
② 전기기기에 위험표시
③ 설비의 필요부분에 보호접지는 생략
④ 유자격자 이외에는 전자기계 조작 금지

해설 감전사고 예방을 위하여 설비의 필요부분에 보호접지를 반드시 접속시킨다.

15 드릴로 뚫어진 구멍의 내벽이나 절단한 관의 내벽을 다듬어서 구멍의 치수를 정확하게 하고, 구멍 내면을 다듬는 구멍 수정용 공구는?
① 평줄 ② 리머
③ 드릴 ④ 렌치

해설 드릴로 뚫어진 구멍의 내벽은 치수를 정확하게 하기 위하여 리머로 수정시킨다.

16 온도계의 표시방법으로 옳은 것은?
① 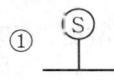   ②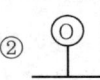
③ 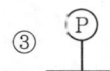   ④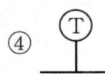

해설 : 온도계,   : 압력계

17 다음 응축기에 대한 설명 중 옳은 것은?
① 수랭식 응축기에서는 냉각수의 흐르는 속도가 클수록 열통과율이 크지만 부식될 염려가 있다.
② 냉각관 내에 물때가 많이 끼어도 냉각 수량은 변하지 않는다.
③ 응축기의 안전밸브의 최소구경은 압축기의 피스톤 압출량에 의해서 산출된다.
④ 하수를 냉각수로 사용하는 응축기에서는 동합금이 부식을 일으키기 때문에 일반적으로 스테인리스 강관을 사용한다.

ANSWER | 10.④ 11.① 12.③ 13.① 14.③ 15.② 16.④ 17.①

해설 수랭식 응축기는 냉각수의 유속이 클수록 열통과율은 크지만 부식의 우려가 있다.

18 다음 중 압축기의 과열원인이 아닌 것은?
① 냉매 부족   ② 밸브 누설
③ 공기의 혼입   ④ 부하 감소

해설 압축기의 과열원인
• 냉매 부족
• 공기의 혼입
• 밸브 누설

19 완전 진공상태를 0으로 기준하여 측정한 압력은?
① 대기압   ② 진공도
③ 계기압력   ④ 절대압력

해설 절대압력은 완전 진공상태를 0으로 기준하여 측정한 압력
• 대기압+계기압=절대압력
• 절대압-진공압=절대압력

20 냉동장치에 수분이 침입되었을 때 에멀전 현상이 일어나는 냉매는?
① 황산   ② R-12
③ R-22   ④ NH₃

해설 암모니아 냉매에 수분이 혼입하면 에멀전 현상(NH₄OH가 생성되어 Oil을 미립자로 분리시키고 우유빛 현상 발생)이 발생된다.

21 1HP는 몇 W인가?
① 535   ② 620
③ 710   ④ 746

해설
• 1kW=1,000W, $1HP = 1,000 \times \dfrac{641}{860} = 746W$
• 1HP-h=641kcal
• 1PS-h=632kcal
• 1kW-h=860kcal

22 프레온 냉동장치에서 오일포밍 현상이 급격히 일어나면 피스톤 상부로 다량의 오일이 올라가 오일을 압축하게 되는데, 이때 이상음을 발생하게 되는 것을 무엇이라 하는가?
① 에멀전 현상   ② 동부착 현상
③ 오일포밍 현상   ④ 오일해머 현상

해설 오일해머 현상이란 프레온 냉동장치에서 오일포밍 현상에 의해 피스톤 상부에서 오일이 압축하여 이상음을 발생시킨 경우에 나타난다.

23 다음 프레온 냉매 중 냉동능력이 가장 좋은 것은?
① R-113   ② R-11
③ R-12   ④ R-22

해설 ① R-113 : 39.2kcal/kg
② R-11 : 45.8kcal/kg
③ R-12 : 38.57kcal/kg
④ R-22 : 52kcal/kg

24 다음 그림과 같은 역카르노 사이클에 대한 설명을 적절하게 한 것은?

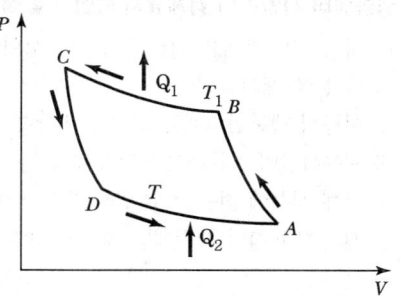

① C→D의 과정은 압축과정이다.
② B→C, D→A의 변화는 등온변화이다.
③ B→A는 냉동장치의 증발기에 해당되는 구간이다.
④ 역카르노 사이클은 1개의 단열과정과 2개의 등온과정으로 표시된다.

해설
• A→B : 단열압축(압축기)
• B→C : 등온압축(응축기)
• C→D : 단열팽창(팽창밸브)
• D→A : 등온팽창(증발기)

25 동관작업 시 사용되는 공구와 용도에 관한 다음 설명 중 틀린 것은?
① 플레어링 툴 세트 – 관을 압축 접합할 때 사용
② 튜브벤더 – 관을 구부릴 때 사용
③ 익스팬더 – 관 끝을 오므릴 때 사용
④ 사이징 툴 – 관을 원형으로 정형할 때 사용

해설 익스팬더는 동관의 확관기이다.

26 다음 중 전자밸브를 작동시키는 주 원리는?
① 냉매의 압력
② 영구자석 철심의 힘
③ 전류에 의한 자기작용
④ 전자밸브의 소형 전동기

해설 전자밸브(솔레노이드 밸브)는 전류에 의한 자기 작용을 이용한다.

27 다음 보온재의 설명 중 규산칼슘계 보온재 조건으로 맞는 것은?
① 가연성이며 유해한 연기를 발생하지 않아야 한다.
② 내한성, 내약품성, 내흡수성이 있어야 하고 변질되지 않아야 한다.
③ 중량이며 강도가 있어야 한다.
④ 작업성, 가공성이 좋지 않아도 된다.

해설 규산칼슘 보온재(650℃까지 사용)는 내한성, 내약품성, 내흡수성이 있어야 하고 변질되지 않아야 한다.

28 냉동기 계통 내에 스트레이너가 필요 없는 곳은?
① 압축기의 토출구
② 압축기의 흡입구
③ 팽창변 입구
④ 크랭크 케이스 내의 저유통

해설 압축기의 토출구는 여과기가 필요 없다.
(압축기 → 응축기 → 팽창밸브 → 증발기 → 압축기)

29 팽창변 직후의 냉매의 건조도 $x = 0.14$이고, 증발잠열이 400kcal/kg이라면 냉동효과는?
① 56kcal/kg ② 213kcal/kg
③ 344kcal/kg ④ 566kcal/kg

해설 $Q = (1-0.14) \times 400 = 344$kcal/kg

30 건조도화증기를 압축기에서 압축시킬 경우 토출되는 증기의 양상은 어떻게 되는가?
① 과열증기 ② 포화증기
③ 포화액   ④ 습증기

해설 건조포화증기를 압축기에서 압축시키면 포화증기 온도보다 높은 과열증기가 발생한다.

31 냉동의 뜻을 올바르게 설명한 것은?
① 인공적으로 주위의 온도보다 낮게 하는 것을 말한다.
② 열이 높은데서 낮은 곳으로 흐르는 것을 말한다.
③ 물체 자체의 열을 이용하여 일정한 온도를 유지하는 것을 말한다.
④ 기체가 액체로 변화할 때의 기화열에 의한 것을 말한다.

해설 냉동이란 인공적으로 주위의 온도보다 낮게 하는 것이다.

32 관 이음의 도시기호에서 용접이음 기호는?
① ——●—— ② ——┤——
③ ——╫—— ④ ——⊂——

해설 ——●—— : 용접이음

33 냉동장치의 능력을 나타내는 단위로서 냉동톤(RT)이 있다. 1냉동톤을 설명한 것으로 옳은 것은?
① 0℃의 물 1kg을 24시간에 0℃의 얼음으로 만드는 데 필요한 열량
② 0℃의 물 1ton을 24시간에 0℃의 얼음으로 만드는 데 필요한 열량

ANSWER | 25. ③ 26. ③ 27. ② 28. ① 29. ③ 30. ① 31. ① 32. ① 33. ②

③ 0℃의 물 1kg을 1시간에 0℃의 얼음으로 만드는 데 필요한 열량
④ 0℃의 물 1ton을 1시간에 0℃의 얼음으로 만드는 데 필요한 열량

해설 1RT란 0℃의 물 1ton(1,000kg)을 24시간동안 0℃의 얼음으로 만드는 데 필요한 열량(3,320kcal/h)이다.

34 도체의 저항에 대한 설명으로 틀린 것은?
① 도체의 종류에 따라 다르다.
② 길이에 비례한다.
③ 도체의 단면적에 반비례한다.
④ 항상 일정하다.

해설 도체
금속 및 전해질 용액과 같이 전기가 잘 흐르는 물질이 Conductor이다. 도체의 전기저항은 재질, 길이, 단면적, 온도 등에 의해 결정된다. 어떤 일정온도에서 전기저항은 도체의 길이에 비례하고 단면적에는 반비례한다.(고유저항은 Ω, m가 그 단위이다.)

35 시퀀스 제어에 사용되는 무접점 릴레이의 특징으로 틀린 것은?
① 작동속도가 빠르다.
② 온도 특성이 양호하다.
③ 장치의 소형화가 가능하다.
④ 진동에 의한 오작동이 적다.

해설 시퀀스 제어에서 무접점 릴레이는 온도 특성이 양호하지 못하다.

36 원심압축기에 관한 다음 설명 중 틀린 것은?
① 가스는 축방향으로 회전차(Impeller)에 혼입되고 반경방향으로 나간다.
② 냉매의 유량을 가이드 베인이 제어한다.
③ 정지 중에는 윤활유 히터를 켜둘 필요가 없다.
④ 서징은 운전상 좋지 않은 현상이다.

해설 원심식 압축기는 프레온 냉동장치에서 오일포밍을 방지하기 위하여 히터(Heater)를 설치하는데, 무정전 히터로서 연중무휴로 히터에 통전하여 오일의 온도를 일정하게 한다.

37 강관용 공구 중 파이프 커터날의 종류는?
① 1매날, 2매날   ② 1매날, 3매날
③ 2매날, 4매날   ④ 2매날, 3매날

해설 강관용 파이프 커터날은 1매날, 3매날이 있다.

38 다음 중 관의 지름이 다를 때 사용하는 이음쇠가 아닌 것은?
① 리듀서   ② 부싱
③ 리턴밴드 ④ 편심이경소켓

해설 리턴밴드 사용은 관의 지름이 일정할 때 사용된다.

39 압축기 종류에 따른 정상적인 유압이 아닌 것은?
① 터보=정상저압+6kg/cm²
② 입형저속=정상저압+0.5~1.5kg/cm²
③ 고속다기통=정상저압+1.5~3kg/cm²
④ 고속다기통=정상저압+6kg/cm²

해설 고속다기통의 유압=정상저압+1.5~3kg/cm²이다.

40 다음 증발기에 대한 설명 중 옳은 것은?
① 증발기에 많은 성애가 끼는 것은 냉동 능력에 영향을 주지 않는다.
② 냉동부하에 대해 증발기의 전열면적이 작으면 냉동능력당의 전력소비가 증대한다.
③ 냉동부하에 대해 냉매순환량이 적으면 증발기 출구에서 냉매가스의 과열도가 작아진다.
④ 액순환식의 증발기에서는 냉매액만이 흐르고 냉매증기는 일체없다.

해설 냉동부하에 대해 증발기의 전열면적이 작으면 증발부하가 적어서 냉동능력당의 전력 소비가 증대한다.

41 냉매의 특성을 설명한 것 중 맞는 것은?
① NH_3는 R-22보다 열전도가 양호하다.
② NH_3는 R-22보다 배관저항이 크다.
③ NH_3는 R-22보다 내구성이 우수하다.
④ NH_3는 R-22보다 냉동효과가 작다.

34. ④ 35. ② 36. ③ 37. ② 38. ③ 39. ④ 40. ② 41. ① **ANSWER**

[해설] • NH₃ 열전도율 : 0.43kcal/mh℃(30℃)
• R-22 열전도율 : 0.089kcal/mh℃(30℃)

42 어느 열기관이 45ps를 발생할 때 1시간마다의 일을 열량으로 환산하면 얼마인가?

① 20,000kcal ② 23,650kcal
③ 25,000kcal ④ 28,440kcal

[해설] 1PS-h=632kcal
∴ 632×45=28,440kcal

43 2중효용 흡수식 냉동기에 대한 설명 중 옳지 않은 것은?

① 단중효용 흡수식 냉동기에 비해 효율이 높다.
② 2개의 재생기가 있다.
③ 2개의 증발기가 있다.
④ 열교환기가 추가로 필요하다.

[해설] 1중효용, 2중효용 흡수식 냉동기는 1개의 증발기가 있고, 2중효용의 경우 재생기는 2개(고온, 저온)가 있다.

44 안산암, 현무암 등에 석회석을 섞어 용해하여 만든 무기질 단열재로서 400℃ 이하의 파이프, 덕트, 탱크 등의 보온재로 사용되는 것은?

① 탄산마그네슘 ② 규조토
③ 석면 ④ 암면

[해설] 암면
무기질 단열재이며 400℃ 이하의 파이프, 덕트, 탱크 등의 보온재이다.(안산암+현무암+석회석)

45 다음과 같은 건조증기 압축 냉동사이클(Cycle)에서 성적계수는 얼마인가?

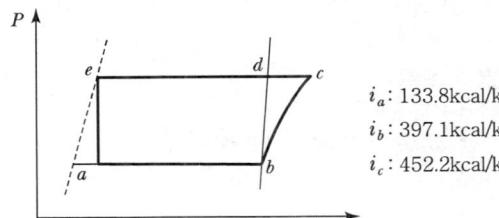

i_a: 133.8kcal/kg
i_b: 397.1kcal/kg
i_c: 452.2kcal/kg

① 5.11 ② 4.82
③ 5.37 ④ 4.78

[해설] $Q = 397.1 - 133.8 = 263.3$ kcal/kg
$A = 452.2 - 397.1 = 55.1$ kcal/kg
∴ $Co_P = \dfrac{263.3}{55.1} = 4.778$

46 전공기방식에 대한 설명 중 잘못된 것은?

① 공기-수방식에 비해 에너지 절약면에서 유리하다.
② 실내공기의 오염이 적다.
③ 외기 냉방이 가능하다.
④ 대형의 공조기실이 필요하다.

[해설] 전공기방식은 열매체인 냉온풍의 운반에 필요한 팬의 소요동력이 냉온수를 운반하는 펌프동력보다 많이 든다.

47 온수난방에 설치되는 팽창탱크에 대한 설명이다. 올바르지 않은 것은?

① 팽창된 물을 밖으로 배출하여 장치를 안전하게 유지한다.
② 운전 중 장치 내 압력을 소정의 압력으로 유지하고, 온수온도를 유지한다.
③ 운전 중 장치 내의 온도상승에 의한 물의 체적팽창과 압력을 흡수한다.
④ 개방식은 장치 내의 주된 공기배출구로 이용되고, 온수보일러의 도피관으로도 이용된다.

[해설] 온수난방에서 팽창된 물은 팽창탱크에 저장하였다가 팽창관을 통하여 다시 보일러로 되돌려준다.

48 공기조화용 흡입구의 일반 공장 내에서는 허용 풍속은 얼마인가?

① 2(m/s) 이상 ② 3(m/s) 이상
③ 4(m/s) 이상 ④ 5(m/s) 이상

[해설] 흡입구의 풍속
• 주택 2.0m/s
• 공장 4.0m/s 이상

ANSWER | 42.④ 43.③ 44.④ 45.④ 46.① 47.① 48.③

49 냉방 시 공조기의 송풍량 계산과 관계있는 것은?
① 송풍기와 덕트로부터 취득열량
② 외기부하
③ 펌프 및 배관부하
④ 재열부하

해설 냉방부하 기기로부터의 취득열량
- 송풍기에 의한 취득열량
- 덕트로부터의 취득열량

50 다음 중에서 중앙식 난방법이 아닌 것은?
① 개별난방법 ② 직접난방법
③ 간접난방법 ④ 복사난방법

해설 난방법
- 개별식 난방
- 중앙식 난방
  - 직접난방(온수, 증기)
  - 간접난방
  - 복사난방

51 보일러의 3대 구성요소가 아닌 것은?
① 보일러 본체
② 연소장치
③ 부속품과 부속장치
④ 분출장치

해설 보일러 3대 구성요소
- 본체
- 연소장치
- 부속장치(분출장치 등)

52 취출 기류의 방향조정이 가능하고, 댐퍼가 있어 풍량조절이 가능하나, 공기저항이 크며, 공장, 주방 등의 국소냉방에 적합한 것은?
① 다공판형 ② 베인격자형
③ 펑커루버형 ④ 아네모스탯형

해설 축류형 Punka Louver 취출구는 미용실, 사진실, 주방, 버스, 선박 등에 사용한다.

53 다음 중 인간의 냉난방에 관계가 없는 것은?
① 실내공기의 온도
② 공기의 흐름
③ 공기가 함유하는 탄산가스의 양
④ 공기 중의 수증기의 양

해설 인간의 냉난방에 관계되는 것
- 실내공기의 온도
- 공기의 흐름
- 공기 중의 수증기의 양

54 외기온도 0℃, 실내온도 20℃, 벽면적 20m²인 벽체를 통한 손실열량은 몇 kcal/h인가?(단, 벽체의 열통과율은 2.35kcal/m²h℃이다.)
① 470 ② 940
③ 1,410 ④ 1,880

해설 $Q = A \times k \times \Delta t = 20 \times 2.35 \times (20-0) = 940 \text{kcal/h}$

55 다음은 공기조화 과정 중 30℃인 습공기를 80℃ 온수로 가습한 경우에 대한 설명 중 부적합한 것은?
① 절대습도가 증가한다.
② 건구온도가 증가한다.
③ 엔탈피가 증가한다.
④ 상대습도가 증가한다.

해설 습공기 중 온수를 가습하면 습도, 엔탈피 증가

56 다음 중 가습효율이 가장 좋은 방법은?
① 온수 분무
② 증기 분무
③ 가습 팬(Pan)
④ 초음파 분무

해설 가습방식
- 수분무식
- 증기식(가습효율이 가장 높다.)
- 증발식

49. ① 50. ① 51. ④ 52. ③ 53. ③ 54. ② 55. ② 56. ② **ANSWER**

57 상대습도 60%, 건구온도 25℃인 습공기의 수증기 분압은 얼마인가?(단, 25℃ 포화 수증기 압력은 23.8mmHg이다.)

① 14.28mmHg　② 9.52mmHg
③ 0.02kg/cm²　④ 0.013kg/cm²

해설　H_2O 분압 = 23.8 × 0.6 = 14.28mmHg

58 복사난방의 특징으로 옳은 것은?

① 외기온도변화에 따른 방열량 조절이 쉽다.
② 천장이 높은 곳에는 부적합하며 시공이 쉽다.
③ 방열기가 필요 없으며 바닥 이용면적이 커진다.
④ 대류난방에 비해 바닥면의 먼지가 상승하기 쉽다.

해설　복사난방은 패널난방이기 때문에 방열기가 불필요하며 바닥의 이용면적이 크다.

59 온수 보일러의 출력표시 단위로 가장 적합한 것은?

① kg/kcal　② kcal/h
③ kg/kg'　④ kcal/kg

해설　온수보일러의 출력표시(kcal/h)
0.58MW가 50만 kcal/h이다. 가스용 온수 보일러는 232.6kW가 20만 kcal/h이다. 온수보일러 697.8kW가 증기 1톤 보일러에 해당된다.(60만 kcal/h이다.)

60 다음 중 대규모 건축물에서 중앙공조방식이 개별공조방식보다 우수한 점은?

① 유지관리가 편리하다.
② 개별제어가 쉽다.
③ 국소운전이 편리하다.
④ 조닝이 쉽다.

해설　개별공조방식보다는 중앙공조방식이 대규모 건축물에서는 유지관리가 편리하다.

ANSWER | 57. ① 58. ③ 59. ② 60. ①

2005년 2회 공조냉동기계기능사

01 보일러 운전상의 장애로 인한 역화(Back Fire)의 방지대책으로 옳지 않은 것은?
① 점화방법이 좋아야 하므로 착화를 느리게 한다.
② 공기를 노내에 먼저 공급하고 다음에 연료를 공급한다.
③ 노 및 연도 내에 미연소 가스가 발생하지 않도록 취급에 유의한다.
④ 점화 시 댐퍼를 열고 미연소 가스를 배출시킨 뒤 점화한다.

해설 보일러 운전 시 점화 시에는 열량이 큰 연료로 착화를 신속히 하여야 한다. 착화가 느리면 가스폭발 우려가 있다.

02 냉동기 운전 중 토출압력이 높아져 안전장치가 작동하거나 냉매가 유출되는 사고 시 점검하지 않아도 되는 것은?
① 계통 내에 공기혼입 유무
② 응축기의 냉각수량, 풍량의 감소여부
③ 응축기와 수액기간, 균압관의 이상여부
④ 흡입관의 여과기 막힘 유무

해설 냉매유출과 흡입관 여과기와는 관련이 없으며 토출압력은 압축기에서 발생하므로 흡입관 여과기와는 관련이 없다. 단 여과기의 이물질을 걸러내지 않으면 밸브나 팽창밸브의 오리피스 작동을 방해한다.

03 보일러수를 탈산소할 목적으로 사용하는 약제로 묶여진 것은?

[보기]
① 탄닌　　② 리그닌
③ 히드라진　④ 탄산소다
⑤ 아황산나트륨

① ①-②-③　　② ①-④-⑤
③ ①-③-⑤　　④ ①-③-④

해설 탈산소재
탄닌, 히드라진, 아황산나트륨

04 다음 중 공구별 역할을 바르게 나타낸 것은?
① 펀치 : 목재나 금속을 자르거나 다듬는다.
② 니퍼 : 금속편을 물려서 잡고 구부리고 당긴다.
③ 스패너 : 볼트나 너트를 조이고 푸는 데 사용한다.
④ 소켓렌치 : 금속이나 개스킷류 등에 구멍을 뚫는다.

해설 스패너 : 볼트나 너트를 조이고 푸는 데 사용한다.

05 작업장에서 계단을 설치할 때 옳지 않은 것은?
① 계단 하나하나의 넓이를 동일하게 하지 않아도 된다.
② 경사가 완만하여야 한다.
③ 손잡이를 설치하여야 한다.
④ 견고하고 튼튼한 구조라야 한다.

해설 작업장 계단은 하나하나 폭과 간격이 균일하고 안전대가 설치되어야 한다.

06 정전기의 제거방법으로 적당치 않은 것은?
① 설비 주변에 적외선을 쪼인다.
② 설비 주변의 공기를 가습한다.
③ 설비의 금속부분을 접지한다.
④ 설비에 정전기 발생 방지 도장을 한다.

해설 정전기의 제거방법
• 설비 주변의 공기를 가습한다.
• 설비의 금속부분을 접지한다.
• 설비에 정전기 발생 방지 도장을 한다.

07 프레온 냉동장치를 능률적으로 운전하기 위한 대책이 아닌 것은?
① 이상고압이 되지 않도록 주의한다.
② 냉매부족이 없도록 한다.
③ 습압축이 되도록 한다.
④ 각부의 가스 누설이 없도록 유의한다.

해설 냉매가스의 압축 시에는 건압축이 이상적이다.

1. ① 2. ④ 3. ③ 4. ③ 5. ① 6. ① 7. ③ | ANSWER

08 NH₃의 누설검사와 관련이 없는 것은?
① 붉은 리트머스 시험지를 물에 적셔 누설 개소에 대면 청색으로 변한다.
② 유황초에 불을 붙여 누설 개소에 대면 백색 연기가 발생한다.
③ 브라인에 NH₃ 누설 시에는 네슬러시약을 사용하면 다량 누설 시 자색으로 변한다.
④ 페놀프탈레인지를 물에 적셔 누설 개소에 대면 청색으로 변한다.

해설 냉매가 누설되면 물에 적신 페놀프탈레인지를 누설 개소에 대면 홍색으로 변화가 일어난다.

09 아크 용접기의 2차 무부하 전압을 일정하게 유지시켜 감전사고를 예방하기 위해 부착하는 것은?
① 2차 권선장치　② 자동전격방지장치
③ 접지케이블장치　④ 리밋 스위치

해설 자동전격방지장치는 감전사고를 예방한다.

10 아크 용접작업 시 주의할 사항으로 틀린 것은?
① 우천 시 옥외작업을 금한다.
② 눈 및 피부를 노출시키지 않는다.
③ 용접이 끝나면 반드시 용접봉을 빼어 놓는다.
④ 장소가 협소한 곳에서는 전격방지기를 설치하지 않는다.

해설 아크 용접작업 시에는 장소에 관계없이 전격방지기를 설치하여 전기에 의한 감전사고를 예방한다.

11 줄을 사용할 때 주의점이 아닌 것은?
① 오일에 담근 후 사용한다.
② 연한 재료부터 사용한다.
③ 무리한 힘을 가하지 않는다.
④ 경도가 작은 재료에 사용한다.

해설 줄 사용 시에는 건조한 상태에서 실시해야 하므로 오일에 담그는 것은 금기사항이다.

12 안전관리의 제반활동사항에 관한 내용 중 거리가 먼 것은?
① 산업체에서 일어날 수 있는 재해의 원인을 찾아내고 그 원인을 제거한다.
② 재해로부터 인명과 재산을 보호하기 위한 제반안전활동을 한다.
③ 재해로부터 오는 손실을 제거하여 기업의 이윤을 증대시킨다.
④ 안전사고의 범위에는 천재지변으로 인하여 발생한 것도 포함된다.

해설 천재지변은 자연재해이므로 안전관리와는 무관하다.

13 보호구의 착용작업과 착용보호구가 서로 잘못 연결된 것은?
① 전락 등 위험방지 - 안전화
② 용접 등의 작업 - 보안경
③ 전기공사 시 감전방지 - 활선작업용 보호구
④ 추락, 벌목, 하역작업 - 안전모

해설 전락　굴러 떨어짐

14 보일러 파열사고 원인 중 빈번히 일어나는 것은?
① 강도부족　② 압력초과
③ 부식　　　④ 그루빙

해설 보일러 파열사고는 압력초과, 저수위사고, 가스 폭발 등이 원인이다.

15 안전화가 갖추어야 할 조건으로 틀린 것은?
① 내유성　② 내열성
③ 누전성　④ 내마모성

해설 안전화의 구비조건
- 내유성
- 내열성
- 내마모성

ANSWER | 8. ④　9. ②　10. ④　11. ①　12. ④　13. ①　14. ②　15. ③

16 증발식 응축기에 관한 사항 중 옳은 것은?
① 응축온도는 외기의 건구온도보다 습구 온도의 영향을 더 많이 받는다.
② 냉각수의 현열을 이용하여 냉매가스를 응축시킨다.
③ 응축기 냉각관을 통과하여 나오는 공기의 엔탈피는 감소한다.
④ 냉각관 내 냉매의 압력강하가 작다.

해설 응축기의 냉매응축온도는 외기의 건구온도보다 습구온도의 영향을 더 많이 받는다.(증발식 응축기에서 습도가 높으면 응축능력 저하)

17 프레온 냉동장치에서 유분리기를 설치하는 경우로 틀린 것은?
① 만액식 증발기를 사용하는 장치의 경우
② 증발온도가 높은 저온장치의 경우
③ 토출가스 배관이 길어진다고 생각되는 경우
④ 토출가스에 다량의 오일이 섞여 나간다고 생각되는 경우

해설 유분리기(오일분리기)는 압축기와 응축기 사이에 설치하며 증발온도가 낮은 저온장치에도 유분리기를 설치한다.

18 냉동기 운전 중 수랭식 응축기의 파열을 방지하기 위한 부속기기에 해당되지 않는 것은?
① 냉각수 플로 스위치(온도)
② 냉각수 플로 스위치(압력)
③ 차압 스위치
④ 유압 보호장치

해설 수랭식 응축기의 파열을 방지하기 위하여
• 냉각수 온도 플로 스위치 설치
• 냉각수 압력 플로 스위치 설치
• 차압 스위치 설치

19 다음 동파이프에 대한 설명으로 틀린 것은?
① 가공이 쉽고 얼어도 다른 금속보다 파열이 쉽게 되지 않는다.
② 내식성이 좋으며 수명이 길다.
③ 연관이나 철관보다 운반이 쉽다.
④ 마찰저항이 크다.

해설 동파이프는 마찰저항이 작다.

20 온도작동식 자동팽창 밸브에 대한 설명이다. 옳은 것은?
① 실온을 서모스탯에 의하여 감지하고, 밸브의 개도를 조정한다.
② 팽창밸브 직전의 냉매온도에 의하여 자동적으로 개도를 조정한다.
③ 증발기 출구의 냉매온도에 의하여 자동적으로 개도를 조정한다.
④ 팽창밸브를 통하는 냉매온도에 의하여 자동적으로 개도를 조정한다.

해설 온도작동식 자동팽창 밸브는 증발기 출구의 냉매온도에 의해 감온통의 작동으로 자동적 개도를 조정한다.

21 냉동장치는 냉매의 어떤 열을 이용하여 냉동효과를 얻는가?
① 승화열 ② 기화열
③ 융해열 ④ 응고열

해설 냉동장치는 증발기에서 냉매의 기화열을 이용하여 냉동효과를 얻는다.

22 증발기의 설명 중 틀린 것은?
① 건식 증발기는 냉매량이 적어도 되는 이익이 있고, 프레온과 같이 윤활유를 용해하는 냉매에 있어서는 유가 압축기에 들어가기 쉽다.
② 만액식 증발기는 냉매 측에 열전달률이 양호하므로 주로 액체 냉각용에 사용한다.
③ 만액식 증발기를 프레온을 냉매로 하는 것은 압축기에 유를 돌려보내는 장치가 필요 없다.
④ 액순환식 증발기는 액화 냉매량의 4~5배의 액을 액펌프를 이용해 강제 순환시킨다.

16. ① 17. ② 18. ④ 19. ④ 20. ③ 21. ② 22. ③ | ANSWER

해설 만액식 증발기에는 유분리기를 반드시 설치하여 프레온 냉매사용 시는 분리된 오일은 크랭크 케이스로 회수하고, 암모니아 사용 시는 오일 탄화를 예방하기 위해 분리된 오일은 외부로 배출시킨다.

23 터보 압축기의 능력조정방법으로 옳지 않은 방법은?
① 흡입 댐퍼(Damper)에 의한 조정
② 흡입 베인(Vane)에 의한 조정
③ 바이패스(By-pass)에 의한 조정
④ 클리어런스 체적에 의한 조정

해설 클리어런스(간극) 체적에 의한 조정은 왕복동 압축기의 용량제어방법이다.

24 다음 중 냉매가 갖추어야 할 조건에 해당되지 않는 것은?
① 증발잠열이 클 것
② 증발압력이 낮을 것
③ 비체적이 적당히 작을 것
④ 응축압력이 적당히 낮을 것

해설 냉매는 온도가 낮아도 대기압 압력 이상에서 증발하고 또한 상온에 있어서 비교적 저압에서 액화가 가능할 것

25 다음 설명 중 내용이 맞는 것은?
① 윤활유와 혼합된 프레온 냉매는 오일포밍현상이 일어나기 쉽다.
② 윤활유 중에 냉매가 용해하는 정도는 압력이 낮을수록 많아진다.
③ 윤활유 중에 냉매가 용해하는 정도는 온도가 높을수록 많아진다.
④ 장치 내의 온도가 낮을수록 동부착현상을 일으킨다.

해설 프레온 냉매는 크랭크 케이스 내의 압력이 높아지고 온도가 낮아지면 오일은 그 압력과 온도에 상당하는 양의 냉매를 용해하고 있다가 압축기 재가동 시 크랭크 케이스 내 압력이 급격히 떨어지면 오일과 냉매가 급격히 분리하면서 거품이 발생된다.

26 다음 사항 중 틀린 것은?
① H_2의 임계온도는 약 $-239℃$이다.
② 공기의 임계온도는 $150℃$이다.
③ $R-12$ 임계압력은 약 $41kg/cm^2 \cdot a$이다.
④ 암모니아 임계온도는 약 $133℃$이다.

해설 공기의 임계온도는 약 $192℃$이다.

27 열전도가 좋아 급유관이나 냉각, 가열관으로 사용되나 고온에서 강도가 떨어지는 파이프는?
① 강관   ② 플라스틱관
③ 주철관   ④ 동관

해설 동관은 고온도에서 강도가 저하된다.

28 배관의 부식방지를 위해 사용되어지는 도료가 아닌 것은?
① 광경단   ② 알루미늄
③ 산화철   ④ 석면

해설 석면은 무기질 보온재이다.

29 냉동장치의 냉각기에 적상이 심할 때 미치는 영향이 아닌 것은?
① 냉동능력 감소
② 냉장고 내 온도 저하
③ 냉동능력당 소요동력 증대
④ 리퀴드 백 발생

해설 냉동장치에 적상(서리현상)이 생기면 냉동장치 내 온도가 상승한다.(전열이 불량하기 때문에)

30 냉동장치의 기기 중 직접 압축기의 보호역할을 하는 것과 관계없는 것은?
① 안전밸브
② 유압보호 스위치
③ 고압차단 스위치
④ 증발압력 조정밸브

ANSWER | 23. ④ 24. ② 25. ① 26. ② 27. ④ 28. ④ 29. ② 30. ④

해설 증발압력 조정밸브는 한 대의 압축기로 유지온도가 다른 여러 대의 증발실을 운용할 때 제일 온도가 낮은 냉장실의 압력을 기준으로 운전되기 때문에 고온 측의 증발기에 증발압력조정밸브를 설치하여 압력이 한계치 이하가 되지 않도록 한다.

31 스크루 압축기의 장점이 아닌 것은?
① 흡입, 토출밸브가 없어 밸브의 마모, 소음이 없다.
② 냉매의 압력손실이 커서 효율이 저하된다.
③ 1단의 압축비를 크게 취할 수 있다.
④ 체적효율이 크다.

해설 스크루 압축기의 장점
• 흡입, 토출밸브가 없다.
• 밸브의 마모나 소음이 없다.
• 1단의 압축비를 크게 취할 수 있다.
• 체적효율이 크다.

32 일반 접합의 티(Tee)를 나타낸 것은?

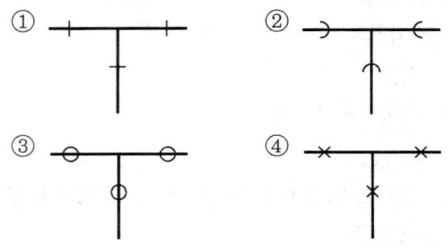

해설 ① 일반 나사접합
② 턱걸이 이음
③ 납땜 접합
④ 용접 접합

33 저항이 5Ω인 도체에 2A의 전류가 1분간 흘렀을 때 발생하는 열량은 몇 J인가?
① 50   ② 100
③ 600   ④ 1,200

해설 $W = Pt = \dfrac{V^2}{R}t$
$H = I^2 Rt = 2^2 \times 5 \times 60 = 1{,}200\mathrm{J}$
(H : 저항 중에 발생되는 열량, 1분은 60초)

34 유체의 저항이 적어서 대형 배관용으로 사용되는 밸브는?
① 글로브밸브   ② 슬루스밸브
③ 체크밸브   ④ 안전밸브

해설 슬루스밸브는 유체의 저항이 적어서 대형 배관용으로 사용된다.

35 냉동장치의 압축기에서 가장 이상적인 압축과정은?
① 등온 압축
② 등엔트로피 압축
③ 등적 압축
④ 등압 압축

해설 냉동장치에서 압축기의 압축은 등엔트로피 압축이다.

36 만액식 증발기의 전열을 좋게 하기 위한 것이 아닌 것은?
① 냉각관이 냉매액에 잠겨 있거나 접촉해 있을 것
② 관면이 거칠거나 Fin을 부착한 것일 것
③ 평균 온도차가 작고 유속이 빠를 것
④ 유막이 없을 것

해설 • 만액식 증발기는 타 증발기에 비해 효율이 20% 정도 높다.
• 평균 온도차가 커야 열전달이 양호하다.

37 증기압축식 냉동장치에서 증발기로부터의 흡입가스를 압축기로서 압축하는 이유는?
① 엔탈피를 증가시키고 비체적을 감소시키기 위하여
② 압축함으로써 압력을 상승시키면 대응하는 포화온도가 상승하여 상온에서 액화시키기 위하여
③ 수랭식 또는 공랭식 응축기를 사용할 수 있도록 하기 위하여
④ 압축함으로써 압력을 상승시키면 임계온도가 상승되어 상온에서 액화시키기 쉽기 때문에

해설 흡입가스를 압축기에서 압축하면 고온 고압이 되며 상온에서 액화가 용이해진다.

31. ② 32. ① 33. ④ 34. ② 35. ② 36. ③ 37. ② | ANSWER

38 전자변(Solenoid Valve)의 용도 중 맞지 않는 것은?
① 온도조절
② 용량조절
③ 액백방지 및 액면조절
④ 프레온 만액식 유회수장치

해설 전자밸브의 설치 목적
• 온도조절
• 용량조절
• 액백방지 및 액면조절

39 가용전(Fusible Plug)에 대한 설명으로 틀린 것은?
① 프레온 장치의 수액기, 응축기 등에 사용한다.
② 용융점은 냉동기에서 75℃ 이하로 한다.
③ 구성성분은 주석, 구리, 납으로 되어 있다.
④ 토출가스의 영향을 직접 받지 않는 곳에 설치해야 한다.

해설 가용전은 주성분이 비스무트, 카드뮴, 납, 주석이다.

40 증기를 교축시킬 때 변화가 없는 것은?
① 비체적
② 엔탈피
③ 압력
④ 엔트로피

해설 증기를 교축시킬 때 온도나 압력은 하강하나 엔탈피의 변화는 없다.

41 정전용량 4[μF]의 콘덴서에 2,000[V]의 전압을 가할 때 축적되는 전하는 얼마인가?
① 8×10^{-1}[C]
② 8×10^{-2}[C]
③ 8×10^{-3}[C]
④ 8×10^{-4}[C]

해설 전하 : 대전체가 가지는 전기량(단위 : C 쿨롱)
∴ $4 \times 20^{-6} \times 10^3 = 8 \times 10^{-3}$
※ 1V의 전위를 주었을 때 1C의 전하를 축적하는 정전용량을 1페럿(F)으로 나타낸다.
보조단위는 μF, PF가 있다. $1\mu F = 10^{-6}F$

42 몰리에르 선도상에서 알 수 없는 것은?
① 냉동능력
② 성적계수
③ 압축비
④ 압축효율

해설 $P-h$ 몰리에르 선도
• 등압선 • 등엔탈피선 • 등온선
• 등비체적선 • 등엔트로피선 • 등건조도선

43 전장의 세기와 같은 것은?
① 유전속밀도
② 전하밀도
③ 정전력
④ 전기력선밀도

해설 전기력선
전계의 상태를 쉽게 생각하도록 가상해서 그려지는 선으로 그 밀도가 전계의 세기를 나타내고 접선의 방향이 그것을 그은 장소에서의 전계의 방향을 나타낸다. 전기력선은 양전하에서 나와 음전하로 향한다.(전계란 전기력이 존재하고 있는 공간이다.)

44 R-113의 분자식은?
① C_2HClF_3
② $C_2Cl_2F_2$
③ C_2Cl_3F
④ $C_2Cl_3F_3$

해설
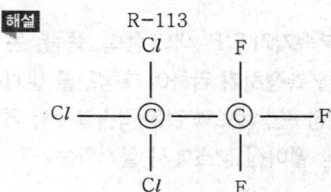

45 운전 중에 있는 암모니아 압축기의 압력계가 고압은 8kg/cm², 저압은 진공도 100mmHg를 나타내고 있다. 이 압축기의 압축비는 얼마인가?
① 약 7
② 약 8
③ 약 9
④ 약 10

해설 $760 - 100 = 660$mmHg(절대압 기준)
$1.033 \times \dfrac{660}{760} = 0.897$kg/cm²
압축비 $= \dfrac{8 + 1.033}{0.897} = 10$

46 온수난방에만 사용하는 기기는?
① 응축수 펌프 ② 열저장탱크
③ 방열기   ④ 팽창탱크

해설 팽창탱크(개방식, 밀폐식)는 온수보일러에만 설치된다.

47 공기조화방식 중 혼합 체임버(Chamber)를 설치해서 냉풍과 온풍을 자동으로 혼합하여 공급하는 방식은?
① 멀티존 덕트 방식
② 재열방식
③ 팬코일 유닛 방식
④ 이중 덕트 방식

해설 2중 덕트 방식은 공기조화방식 중 혼합 체임버를 설치해서 냉풍과 온풍을 자동으로 혼합하여 공급한다.

48 공기조화장치 중에서 온도와 습도를 조절하는 것은?
① 공기여과기   ② 열교환기
③ 냉각코일   ④ 공기가열기

해설 냉각코일은 공기조화에서 온도와 습도를 조절한다.

49 공기조화용 덕트 부속기기 덕트 내의 풍속, 풍량, 온도, 압력, 먼지 등을 측정하기 위하여 측정구를 설치한다. 이와 같은 측정구는 엘보와 같은 곡관부에서 덕트 폭의 몇 배 이상 떨어진 장소에서 실시하는가?
① 7.5배 이상   ② 8.5배 이상
③ 9.5배 이상   ④ 6.5배 이상

해설 공기조화용 덕트 시설에서 풍속, 풍량, 온도, 압력, 먼지 등을 측정하기 위하여 측정구를 설치한다. 이와 같은 측정구는 엘보와 같은 곡관부에서 덕트 폭의 7.5배 이상 떨어진 장소에서 실시한다.

50 습공기 절대습도와 그와 동일온도의 포화습공기 절대습도와의 비로 나타내며 단위는 %로 나타내는 것은?
① 절대습도   ② 상대습도
③ 비교습도   ④ 관계습도

해설 비교습도
$$\frac{습공기의\ 절대습도}{포화습공기의\ 절대습도} \times 100(\%)$$

51 5℃인 450kg/h인 공기를 65℃가 될 때까지 가열기로 가열하는 경우 필요한 열량은 몇 kcal/h인가?(단, 공기의 비열은 0.24kcal/kg℃이다.)
① 6,480   ② 6,490
③ 6,580   ④ 6,590

해설 $Q = G \times \Delta t \times CP$
$450 \times (65 - 5) \times 0.24 = 6,480 \text{kcal/h}$

52 공기조화의 개념을 가장 바르게 설명한 것은?
① 실내의 온도를 20℃로 유지하는 것
② 실내의 습도를 항상 일정하게 유지하는 것
③ 실내의 공기를 청정하게 유지하는 것
④ 실내 또는 특정장소의 공기를 사용목적에 적합한 상태로 조정하는 것

해설 공기조화란 실내 또는 특정장소의 공기를 사용목적에 적합한 상태로 조정하는 것

53 덕트 치수를 결정하는 데 있어서 유의해야 할 사항으로 잘못된 것은?
① 덕트의 굴곡은 1.5~2.0으로 한다.
② 덕트의 확대부 각도는 30° 이하, 축소부는 60° 이하가 되도록 한다.
③ 동일풍량의 경우, 가장 표면적이 적은 것은 원형 덕트이고, 다음이 장방형 덕트이다.
④ 건축적인 사정으로 장방형 덕트를 사용하는 경우에도 종횡비는 4 이하로 하는 것이 좋다.

해설 덕트의 확대 및 축소에서 단면적비가 75% 이하의 확대 및 축소를 하는 경우 정압손실을 줄이기 위해 확대의 경우 15° 이하(고속 덕트는 8° 이하) 축소의 경우는 30° 이하(고속 덕트는 15° 이하)로 한다.

46.④ 47.④ 48.③ 49.① 50.③ 51.① 52.④ 53.② | ANSWER

54 겨울난방에 적당한 건구온도는 몇 ℃인가?
① 7~10   ② 12~15
③ 20~22 ④ 27~30

해설 겨울난방에 적당한 건구온도는 20~22℃이다.

55 공기조화기의 열운반방법에 따른 분류에서 공기와 물에 의한 방식이 아닌 것은?
① 단일덕트 재열방식 ② 각층 유닛 방식
③ 복사냉난방 방식   ④ 패키지 방식

해설 개별 패키지 방식은 냉매방식을 이용하는 방식이다. 그 외에도 개별방식은 룸 쿨러 방식, 멀티유닛 방식이다.

56 공기를 가열했을 때 감소하는 것은?
① 엔탈피   ② 절대습도
③ 상대습도 ④ 비체적

해설 공기를 가열하면 상대습도가 감소한다.

57 복사난방의 설명이 아닌 것은?
① 설비비가 적게 든다.
② 매설관 때문에 준공 후의 수리나 보존이 매우 번잡하다.
③ 바닥면에서 예열이 이용되므로 연료 소비량이 적다.
④ 실내의 벽, 바닥 등을 가열하여 평균복사온도를 상승시키는 방법이다.

해설 복사난방은 벽, 바닥, 천장 등에 코일(패널)을 설치한 난방이라서 고장 발견이 어렵고 설비비가 많이 든다. (단, 난방의 쾌감도가 좋고 실내온도 분포가 고르게 나타난다.)

58 보일러의 증발량이 20ton/h이고 본체 전열면적이 400m²일 때 이 보일러의 증발률은 얼마인가?
① 30kg/m²h   ② 40kg/m²h
③ 50kg/m²h   ④ 60kg/m²h

해설 증발률 = $\dfrac{보일러증발량}{전열면적} = \dfrac{20 \times 1,000}{400} = 50kg/m^2h$

59 다음 중 팬코일 유닛 방식을 채용하는 이유로 부적당한 것은?
① 개별제어가 쉽다.
② 환기량 확보가 쉽다.
③ 운송동력이 적게 소요된다.
④ 중앙기계실의 면적을 줄일 수 있다.

해설 팬 코일 유닛 방식
• 외기를 도입하지 않는 팬코일 유닛 방식
• 팬코일 유닛으로 외기를 직접 도입하는 방식
• 덕트병용 팬코일 유닛 방식(공기-수방식)
② 전공기방식에 비해 외기 송풍량 확보가 수월하지 않다.

60 다음 감습장치에 대한 내용 중 옳지 않은 것은?
① 압축감습장치는 동력소비가 작은 편이다.
② 냉각감습장치는 노점온도 제어로 감습한다.
③ 흡수식 감습장치는 흡수성이 큰 용액을 이용한다.
④ 흡착식 감습장치는 고체 흡수제를 이용한다.

해설 ① 압축을 이용하는 감습장치(습도의 감소)는 압축 시에 동력 소비가 많이 든다.
• 감습장치
 - 압축감습
 - 냉각감습
 - 흡수식 감습
 - 흡착식 감습

ANSWER | 54. ③ 55. ④ 56. ③ 57. ① 58. ③ 59. ② 60. ①

2005년 3회 공조냉동기계기능사

01 방진마스크의 구비조건이다. 틀린 것은?
① 중량이 가벼울 것
② 흡입배기 저항이 클 것
③ 시야가 넓을 것
④ 여과효율이 좋을 것

해설 방진마스크는 흡입배기 저항이 작을 것

02 소화작업에 대한 설명 중 틀린 것은?
① 화재 시에는 가스밸브를 닫고 전기 스위치를 끈다.
② 화재가 발생하면 화재경보를 한다.
③ 전기 배선시설 수리 시는 전기가 통하는지 여부를 확인한다.
④ 유류 및 카바이트에 붙은 불은 물로 끄는 것이 좋다.

해설 유류화재에는 분말, 포말 소화기를 사용한다.

03 아크 용접작업 시 주의사항으로 옳지 않은 것은?
① 눈과 피부를 노출시키지 말 것
② 슬래그 제거 시는 보안경을 쓸 것
③ 습기 있는 보호구는 착용하지 말 것
④ 가열된 홀더는 물에 넣어 냉각할 것

해설 아크 용접에서 가열된 홀더라도 물에 넣으면 전기 감전에 의한 안전사고가 일어날 수 있다.

04 보일러 사용 중에 돌연히 비상사태가 발생해서 긴급하게 운전정지를 하지 않으면 안된다고 판단했을 때의 순서로 맞는 것은?

[보기]
① 연료의 공급을 중지한다.
② 연소용 공기공급을 중지한다.
③ 댐퍼는 개방한 채로 두고 취출송풍을 가한다.
④ 급수를 시킬 필요가 있을 때에는 급수를 보내고 수위 유지를 도모한다.
⑤ 주증기 밸브를 닫는다.

① ①-②-③-④-⑤
② ①-②-④-③-⑤
③ ①-②-④-⑤-③
④ ①-⑤-②-③-④

해설 보일러 긴급정지 순서는 ①-②-④-⑤-③이다.

05 다음 연삭작업의 안전수칙에 맞지 않는 것은?
① 작업 도중 진동이나 마찰면에서의 파열이 심하면 곧 작업을 중지한다.
② 숫돌차에 편심이 생기거나 원주면의 메짐이 심하면 드레싱을 한다.
③ 작업 시에는 반드시 정면에 서서 작업한다.
④ 축과 구멍에는 틈새가 없어야 한다.

해설 연삭작업은 측면에 서서 작업을 실시한다.

06 용기의 재검사 기간 설명이 바른 것은?
① 용기의 경과 연수가 15년 미만이며, 500L 이상인 용접 용기는 7년
② 용기의 경과 연수가 15년 미만이며, 500L 미만인 용접 용기는 5년
③ 용기의 경과 연수가 15년 이상에서 20년 미만이며, 500L 이상인 용접 용기는 3년
④ 용기의 경과 연수가 20년 이상이며, 500L 이상인 용접 용기는 1년

해설 ① 5년마다, ② 3년마다, ③ 2년마다, ④ 1년마다

07 냉동장치에서 냉매가 적정량보다 많이 부족한 것을 발견하였다. 이때 제일 먼저 확인해야 할 작업은?
① 누설장소를 찾고 수리한다.
② 냉매의 종류를 확인한다.
③ 펌프 다운시킨다.
④ 냉매를 충전한다.

1. ② 2. ④ 3. ④ 4. ③ 5. ③ 6. ④ 7. ① | ANSWER

해설 냉동장치에서 냉매가 적정량보다 부족한 경우 가장 먼저 냉매의 누설장소를 찾아서 수리한다.

08 다음 빈칸에 알맞은 말로 연결된 것은?

> 외부의 점화원에 의해서 인화될 수 있는 최저의 온도를 (㉠)이라 하고, 외부의 직접적인 점화원이 없어 축적에 의하여 발화되고 연소가 일어나는 최저의 온도를 (㉡)이라 한다.

① ㉠ 누전, ㉡ 지락
② ㉠ 지락, ㉡ 누전
③ ㉠ 인화점, ㉡ 발화점
④ ㉠ 발화점, ㉡ 인화점

해설 ㉠ 인화점, ㉡ 발화점

09 압력용기 내의 압력이 제한압력을 넘었을 때 열려서 파손을 방지하는 밸브는?

① 안전밸브　　② 체크밸브
③ 스톱밸브　　④ 게이트밸브

해설 안전밸브는 용기 내의 압력이 제한압력을 넘었을 때 압력을 정상화시키기 위해 열려서 고압의 증기를 배출시킨다.

10 정신적 또는 육체적 활동의 부산물로 체내에 누적되어 활동능력을 둔화시킴으로써 사고원인이 되기 쉬운 것은?

① 근심걱정　　② 주의집중
③ 피로　　　　④ 공상

해설 피로는 정신적 또는 육체적 활동의 부산물로 체내에 누적된 현상이다.

11 해머작업 시 보안경을 꼭 써야 할 경우에 해당되는 작업방향은?

① 위쪽 방향　　② 아래쪽 방향
③ 왼쪽 방향　　④ 오른쪽 방향

해설 해머작업 시 보안경의 사용은 위쪽 방향을 향한 작업인 경우에 착용한다.

12 감전되거나 전기 화상을 입을 위험이 있는 작업에 있어서는 무엇을 사용하여야 하는가?

① 보호구　　② 구급용구
③ 신호기　　④ 구명구

해설 보호구는 감전되거나 전기 화상을 입을 위험이 있는 작업에 사용한다.

13 공구의 안전한 취급방법이 아닌 것은?

① 손잡이에 묻은 기름, 그리스 등을 닦아낸다.
② 측정공구는 부드러운 헝겊 위에 올려놓는다.
③ 높은 곳에서 작업 시 간단한 공구는 던져서 신속하게 전달한다.
④ 날카로운 공구는 공구함에 넣어서 운반한다.

해설 공구의 안전한 취급방법은 ①, ②, ④항이다.

14 방호장치의 기본목적이 아닌 것은?

① 조업자의 보호
② 인적, 물적 손실의 방지
③ 기계기능의 향상
④ 기계 위험부위의 접촉방지

해설 방호장치의 기본 목적은 ①, ②, ④항에 해당된다.

15 수공구에 의한 재해를 막는 내용 중 틀린 것은?

① 결함이 없는 공구를 사용할 것
② 외관이 좋은 공구만 사용할 것
③ 작업에 올바른 공구만 취급할 것
④ 공구는 안전한 장소에 둘 것

해설 수공구에 재해를 막는 내용은 ①, ③, ④항에 속한다.

ANSWER | 8. ③　9. ①　10. ③　11. ①　12. ①　13. ③　14. ③　15. ②

16 공비혼합냉매에 대한 설명으로 틀린 것은?
① 서로 다른 냉매를 혼합하여 결점을 보완한 좋은 냉매로 만든다.
② 적당한 비율로 혼합하여 비등점이 일치하는 혼합냉매로 만든다.
③ 공비혼합냉매를 사용하면 응축압력을 감소시킬 수 있다.
④ 공비혼합냉매는 혼합된 후 각각 서로 다른 특성을 지니게 된다.

해설 공비혼합냉매는 혼합된 후 각각 같은 비점의 특성을 가진다.

17 온도가 일정할 때 가스 압력과 체적은 어떤 관계가 있는가?
① 체적은 압력에 반비례한다.
② 체적은 압력에 비례한다.
③ 체적은 압력과 무관하다.
④ 체적은 압력과 제곱 비례한다.

해설 체적은 압력에 반비례하며 절대온도에 비례한다.

18 다음 중 반도체를 이용하는 냉동기는?
① 흡수식 냉동기 ② 전자식 냉동기
③ 증기분사식 냉동기 ④ 스크루식 냉동기

해설 전자식 냉동기는 반도체를 이용한다.

19 25℃의 순수한 물 50kg을 10분 동안에 0℃까지 냉각하려 할 때, 최저 몇 냉동톤의 냉동기를 써야 하는가?(단, 손실은 흡수 열량의 25%이고 냉동톤은 한국냉동톤으로 한다.)
① 1.53냉동톤 ② 1.98냉동톤
③ 2.82냉동톤 ④ 3.13냉동톤

해설 $\dfrac{\{50 \times 1(25-0) \times 1.25\} \times \dfrac{60}{10}}{3,320} = 2.82\text{RT}$
※ 1RT = 3,320kcal/h

20 관접합부의 수밀, 기밀유지와 기계적 성질 향상, 작업공정 감소의 효과를 얻을 수 있는 접합법은?
① 용접접합 ② 플랜지접합
③ 리벳접합 ④ 소켓접합

해설 용접접합은 관접합부의 수밀, 기밀유지와 기계적 성질 향상 작업공정의 감소 효과를 가져올 수 있다.

21 다음 중 냉동장치에 관한 설명이 옳지 않은 것은?
① 안전밸브가 작동하기 전에 고압차단 스위치가 작동하도록 조정한다.
② 온도식 자동팽창변의 감온통은 증발기의 입구 측에 붙인다.
③ 가용전은 응축기의 보호를 위하여 사용한다.
④ 파열판은 주로 터보 냉동기의 저압 측에 사용한다.

해설 온도식 자동팽창변의 감온통은 증발기의 출구 측에 부착시킨다.

22 다음 중 압축기 보호를 위한 장치가 아닌 것은?
① 가용전 ② 안전헤드
③ 안전밸브 ④ 유압보호 스위치

해설 가용전은 응축기를 보호하는 안전장치이다.

23 액순환식 증발기에 대한 설명 중 알맞은 것은?
① 증발기가 여러 대가 되면 팽창밸브도 여러 개가 된다.
② 전열을 양호하게 하기 위하여 공랭식에 주로 사용된다.
③ 증발기 출구에서 액이 80% 정도이고 기체가 20% 정도까지 차지한다.
④ 다른 증발기에 비해 전열작용이 50% 정도 양호하다.

해설 액순환식 증발기는 증발기 출구에서 액이 80% 정도이고 기체가 20% 정도이다.

16. ④ 17. ① 18. ② 19. ③ 20. ① 21. ② 22. ① 23. ③ | **ANSWER**

24 다음의 도표는 2단 압축 냉동사이클을 몰리에 선도로서 표시한 것이다. 맞는 것은 어느 것인가?

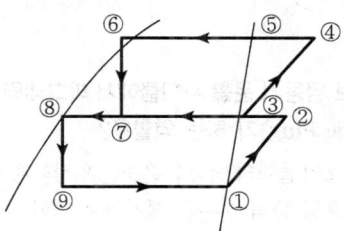

① 중간냉각기의 냉동효과 : ③-⑦
② 증발기의 냉동효과 : ②-⑨
③ 팽창변 통과 직후의 냉매 위치 : ⑦-⑨
④ 응축기의 방출열량 : ⑧-②

해설 ③-⑦ 중간냉각기의 냉동효과

25 입형 단동 압축기로 직경 200mm, 행정 200mm, 회전수 450rpm, 실린더수 2개의 피스톤 배제량은 얼마인가?

① 약 33.92㎥/h   ② 약 339.29㎥/h
③ 약 539.75㎥/h   ④ 약 3,397.9㎥/h

해설 $A = \frac{\pi}{4}D^2 = \frac{3.14}{4} \times 0.20^2 = 0.0314 \text{m}^2$
$Q = (0.0314 \times 0.2 \times 2 \times 450) \times 60 = 339.12 \text{m}^3/\text{h}$

26 배관의 중량을 천장이나 기타 위에서 매다는 방법으로 배관을 지지하는 장치는?

① 서포트(Support)   ② 앵커(Anchor)
③ 행거(Hanger)   ④ 브레이스(Brace)

해설 행거는 배관의 중량을 천장이나 기타 위에서 매다는 방법으로 배관을 지지하는 장치이다.

27 시퀀스 제어에 속하지 않는 것은?

① 자동 전기밥솥   ② 전기세탁기
③ 가정용 전기냉장고   ④ 네온사인

해설 가정용 전기냉장고는 On-off 작동제어이다.

28 다음 냉매가스 중 표준 냉동사이클에서 냉동효과가 가장 큰 냉매가스는?

① 프레온 11   ② 프레온 13
③ 프레온 22   ④ 암모니아

해설 냉동효과
① R-11 : 38.57kcal/kg
② R-13 : 약 20kcal/kg
③ R-22 : 40.15kcal/kg
④ 암모니아 : 269.03kcal/kg

29 다음 나사 패킹제 중 냉매배관에 많이 사용하며 빨리 굳어 페인트에 조금씩 섞어서 사용하는 것은?

① 광명단(Supper Heat)
② 액상 합성수지
③ 페인트
④ 일산화연

해설 일산화연은 나사 패킹으로 냉매배관용이며 빨리 굳어 페인트에 조금씩 섞어서 사용한다.

30 냉매의 특성 중 틀린 것은?

① 냉동톤당 소요동력은 증발온도, 응축온도가 변하여도 일정하다.
② 압축비가 클수록 냉매 단위중량당의 압축일이 커진다.
③ 냉매 특성상 동일 냉동능력에 대한 소요동력이 적은 것이 좋다.
④ 압축기의 흡입가스가 과열되었을 때 NH_3는 성적계수가 감소한다.

해설 냉동톤당 소요동력은 증발온도, 응축온도 변화 시 소요동력은 증감된다.

31 압축기 클리어런스 값이 크면 어떤 영향이 있는가?

① 냉동능력이 증대된다.
② 토출가스 온도는 변화없다.
③ 체적효율이 증대된다.
④ 윤활유가 열화되기 쉽다.

[해설] 압축기의 클리어런스 값이 크면 압축기의 윤활유가 열화되기 쉽다.

32 냉매 중 NH_3에 대한 설명으로 올바르지 않은 것은?
① 누설 검지가 쉽다.
② 가격이 비싼 편이다.
③ 임계온도, 응고온도 등이 적당하다.
④ 가장 오랫동안 사용되어온 냉매로 대규모 냉동장치에 널리 사용되고 있다.

[해설] 암모니아 냉매의 특성은 ①, ③, ④항에 해당된다.

33 비체적이란 어떤 것인가?
① 어느 물체의 체적이다.
② 단위체적당 중량이다.
③ 단위체적당 엔탈피이다.
④ 단위중량당 체적이다.

[해설] 비체적 = $\dfrac{중량}{체적}$ m^3/kg

34 저단 측 토출가스의 온도를 냉각시켜 고단 측 압축기가 과열되는 것을 방지하는 것은?
① 부스터
② 인터쿨러
③ 컴파운드 압축기
④ 익스팬션탱크

[해설] 인터쿨러란 저단 측 토출가스의 온도를 냉각시켜 고단 측 압축기가 과열되는 것을 방지한다.

35 다음 그림이 나타내는 관의 결합방식으로 적당한 것은?

———)

① 용접식
② 플랜지식
③ 소켓식
④ 유니언식

[해설] ———) : 소켓식(턱걸이 이음)

36 터보 냉동기 윤활 사이클에서 마그네틱 플러그(Magnetic Plug)가 하는 역할은?
① 오일 쿨러의 냉각수 온도를 일정하게 유지하는 역할
② 오일 중의 수분을 제거하는 역할
③ 윤활 사이클로 공급되는 유압을 일정하게 하여 주는 역할
④ 윤활 사이클로 공급되는 철분을 제거하여 장치의 마모를 방지하는 역할

[해설] 터보냉동기 윤활 사이클에서 마그네틱 플러그는 철분을 제거시킨다.

37 다음 냉동장치의 제어장치 중 온도제어장치에 해당되는 것은?
① E.P.R
② T.C
③ L.P.S
④ O.P.S

[해설]
① E.P.R : 증발압력 조정밸브
② T.C : 온도 컨트롤
③ L.P.S : 저압차단 스위치
④ O.P.S : 유압조절 스위치

38 제빙공장에서 냉동기를 가동하여 30℃의 물 1ton을 24시간 동안에 −9℃ 얼음으로 만들고자 한다. 이때 필요한 열량은 얼마인가?(단, 외부로부터 열침입은 전혀 없는 것으로 하고, 물의 응고잠열은 80kcal/kg으로 한다.)
① 420kcal/h
② 4,770kcal/h
③ 9,540kcal/h
④ 110,000kcal/h

[해설]
$Q_1 = 1,000 \times 1 \times (30-0) = 30,000$ kcal
$Q_1 = 1,000 \times 0.5 \times \{0-(-9)\} = 4,500$ kcal
$Q_1 = 1,000 \times 80 = 80,000$ kcal
∴ $\dfrac{30,000+4,500+80,000}{24} = 4,770$ kcal/h

32. ② 33. ④ 34. ② 35. ③ 36. ④ 37. ② 38. ② | ANSWER

39 소구경 강관을 조립할 때 또는 막혔을 때 쉽게 수리하기 위하여 사용하는 연결부속은 어느 것인가?
① 니플　　　② 유니언
③ 캡　　　　④ 엘보

[해설]
- 소구경용 : 유니언
- 대구경 : 플랜지

40 압축 후의 온도가 너무 높으면 실린더 헤드를 냉각할 필요가 있다. 다음 표를 참고하여 압축 후 냉매의 온도가 가장 높은 냉매는?(단, 모든 냉매는 같은 조건으로 압축함)

냉매	비열비(r)	정압비열
R-12	1.136	0.147
R-22	1.184	0.152
NH_3	1.31	0.52
CH_3Cl	1.20	0.62

① R-12　　　② R-22
③ NH_3　　　④ CH_3Cl

[해설] 비열비가 높은 냉매는 압축 후의 온도가 높다.

41 압축비가 1대일 경우 고압차단 스위치(HPS)의 압력 인출위치는?
① 토출스톱밸브 직후
② 토출밸브 직전
③ 토출밸브 직후와 토출스톱밸브 직전 사이
④ 고압부 어디라도 관계없다.

[해설] 압축기가 1대이면 고압차단 스위치의 압력 인출위치는 토출밸브 직후와 토출밸브 직전 사이이다.

42 증발식 응축기에 대하여 틀리게 설명한 것은?
① NH_3 장치에 주로 사용한다.
② 냉각탑을 사용하는 것보다 응축압력이 높다.
③ 물의 증발열을 이용한다.
④ 소비 냉각수의 양이 적다.

[해설] 증발식 응축기의 특징은 ①, ③, ④항에 해당된다.

43 네온사인, 세탁기 등 미리 정해 놓은 순서에 따라 제어의 각 단계를 순차적으로 행하는 제어를 무엇이라 하는가?
① 공정제어
② 비공정제어
③ 시퀀스제어
④ 되먹임제어

[해설] 네온사인, 세탁기, 승강기 등은 시퀀스제어를 사용한다.

44 다음 문장의 ( )안에 알맞은 말이 순서대로 맞게 짝지어진 것은?

> 체적효율은 클리어런스의 증대에 의하여 ( )한다. 또한 압축비가 클수록 ( )하게 되며 Cp/Cv가 적은 냉매일수록 그 정도가 ( ). 단, 여기서 Cp는 ( )비열, Cv는 ( )비열이다.

① 감소, 감소, 크다, 정압, 정적
② 증가, 감소, 적다, 정압, 정적
③ 감소, 증가, 크다, 정압, 정적
④ 증가, 증가, 적다, 정압, 정적

[해설] 감소, 감소, 크다, 정압, 정적

45 캐비테이션 방지책으로 잘못 서술되고 있는 것은?
① 단흡입을 양흡입으로 바꾼다.
② 수직 측 펌프를 사용하고 회전차를 수중에 완전히 잠기게 한다.
③ 펌프의 설치 위치를 낮춘다.
④ 펌프 회전수를 빠르게 한다.

[해설] 캐비테이션(공동현상)을 방지하려면 펌프의 회전수를 감소시킨다.

ANSWER | 39. ② 40. ③ 41. ③ 42. ② 43. ③ 44. ① 45. ④

46 다음 설명 중 중앙식 공기조화방식에 대한 공통적인 특징으로 적당한 것은?
① 실내에는 취출구와 흡입구를 설치하면 되고, 팬코일 유닛과 같은 기구가 노출되지 않는다.
② 큰 부하를 가진 방에 대해서도 덕트가 작게 되고, 덕트 스페이스가 작다.
③ 취급이 간단하고 대형의 것도 누구든지 운전할 수 있다.
④ 대규모 건물에 채용하면 설비비가 절감되고, 보수관리가 편리하다.

해설 중앙식 공기조화방식은 대규모 건물에 채택하면 설비비가 절감되고 보수관리가 용이하다.

47 공기조화용 덕트 부속기기의 댐퍼종류에서 주로 소형 덕트의 개폐용으로 사용되며 구조가 간단하고 완전히 닫았을 때 공기의 누설이 적으나 운전 중 개폐 조작에 큰 힘을 필요로 하며 날개가 중간정도 열렸을 때 와류가 생겨 유량조절용으로 부적당한 댐퍼는?
① 버터플라이 댐퍼　② 평행익형 댐퍼
③ 대향 익형 댐퍼　④ 스플릿 댐퍼

해설 버터플라이 댐퍼는 주로 소형덕트의 개폐용이다. 단, 유량 조절은 부적당하다.

48 난방부하에 포함되지 않는 것은?
① 벽체를 통한 부하　② 외기부하
③ 틈새부하　④ 인체발생부하

해설 인체발생부하(현열+잠열)는 냉방부하이다.

49 공기조화의 목적에 대한 기술로서 옳은 것은?
① 공기의 정화와 온도만을 조절하는 설비이다.
② 공기의 정화와 기류 및 음향을 조절한다.
③ 공기의 온도와 습도만을 조절하는 설비이다.
④ 공기의 정화와 온도, 습도 및 기류를 조절한다.

해설 공기조화란 공기의 정화, 온도, 습도, 기류를 조절한다.

50 다음 중 냉각코일을 결정하는 부하가 아닌 것은?
① 실내 취득열량　② 외기부하
③ 펌프배관부하　④ 기기 내 취득열량

해설 펌프의 배관부하는 냉각코일 부하와는 관련이 없다. 펌프의 전동기는 기기의 취득열량이다.

51 공기조화기에서 외면을 단열시공하는 이유가 아닌 것은?
① 외부로부터의 열침입방지
② 외부로부터의 소음차단
③ 외부로부터의 습기차단
④ 외부로부터의 충격차단

해설 공기조화의 외면을 단열시공하는 경우는 그 목적이 ①, ②, ③항이다.

52 다음 중 잠열부하를 제거하는 경우 변화하지 않는 상태량은?
① 상대습도　② 비체적
③ 절대습도　④ 건구온도

해설 건구온도는 H_2O를 배제한 경우라서 잠열부하와는 관련이 없다.

53 공기조화설비 중에서 열원장치의 구성요소로 적당하지 않은 것은?
① 냉각탑　② 냉동기
③ 보일러　④ 덕트

해설 덕트는 부속기기이다.

54 난방효율이 가장 높은 난방방식은?
① 온수난방　② 열펌프난방
③ 온풍난방　④ 복사난방

해설 열펌프 히트난방은 열손실이 적어서 난방효율이 높다.

46. ④　47. ①　48. ④　49. ④　50. ③　51. ④　52. ④　53. ④　54. ②

55 원심 송풍기의 번호가 No 2일 때 깃의 지름은 얼마인가?(단, 단위는 mm)
① 150   ② 200
③ 250   ④ 300

해설 No 1=150mm
∴ 150×2=300mm

56 보일러에서 발생한 증기가 증기의 공급관 속을 흐르는 것은 보일러에서 방열기까지의 무엇에 의하여 순환되는가?
① 압력차   ② 온도차
③ 속도차   ④ 밀도차

해설 보일러에서 발생된 증기는 방열기까지의 압력차에 의해 배관 내를 이송한다.

57 1차 공조기로부터 보내온 고속공기가 노즐 속을 통과할 때의 유인력에 의하여 2차 공기를 유인하여 냉각 또는 가열하는 방식을 무엇이라 하는가?
① 패키지 유닛 방식   ② 유인 유닛 방식
③ FCU 방식   ④ 바이패스 방식

해설 유인 유닛 방식은 1차, 2차, 혼합공기가 필요하다.

58 온수난방장치의 체적이 700L이다. 이 경우 개방식 팽창탱크의 필요 체적은 약 몇 L인가?(단, 초기 수온은 5℃, 보일러 운전 시 수온을 80℃로 하고 각각의 온도에 대한 물의 밀도는 0.99999kg/L 및 0.97183kg/L로 하며, 개방식 팽창탱크의 용량은 온수팽창탱크의 2배로 한다.)
① 40.5   ② 41.2
③ 43.5   ④ 45.7

해설 $V = 700 \times \left(\dfrac{1}{0.97183} - \dfrac{1}{0.99999}\right) \times 2$
$= 700 \times (1.028986551 - 1.00001) \times 2 = 40.5377L$

59 외기냉방이 불가능한 공기조화방식은?
① 정풍량 단일덕트 방식
② 변풍량 단일덕트 방식
③ 팬코일 유닛 방식
④ 각층 유닛 방식

해설 팬코일 유닛 방식은 전수방식이라서 소규모의 건물이나 주택 등에서는, 즉 재실 인원이 적은 경우에는 외기도입이 불필요하다.

60 다음 공기의 상태를 표시하는 용어들 중에서 단위표시가 틀린 것은?
① 상대습도 : %
② 엔칼피 : kcal/m³℃
③ 절대습도 : kg/kg′
④ 수증기 분압 : mmHg

해설 엔탈피 단위는 kcal/kg이다.

2006년 1회 공조냉동기계기능사

01 다음 중 감전 시 조치사항 설명으로 잘못된 것은?
① 병원에 연락한다.
② 감전된 사람의 발을 잡아 도전체에서 떼어낸다.
③ 부근에 스위치가 있으면 즉시 끈다.
④ 전원의 식별이 어려울 때는 즉시 전기부서에 연락한다.

해설 감전된 사람의 발을 도전체에서 떼어 내면 또 다른 감전 사고를 유발하게 된다.

02 수공구 작업에서 재해를 가장 많이 입는 신체 부위는?
① 손 ② 머리
③ 눈 ④ 다리

해설 수공구 작업에서는 손이 재해를 가장 많이 입게 된다.

03 산소용기를 취급할 때의 주의사항 중 틀린 것은?
① 항상 40℃ 이하로 유지할 것
② 밸브의 개폐는 급격히 할 것
③ 화기로부터 멀리할 것
④ 밸브에는 그리스나 기름 등을 묻히지 말 것

해설 산소용기 밸브의 개폐는 서서히 할 것

04 안전사고 방지의 기본원리 5단계를 바르게 표현한 것은?
① 사실의 발견 → 분석 → 시정방법의 선정 → 안전조직 → 시정책의 적용
② 안전조직 → 사실의 발견 → 분석 → 시정방법의 선정 → 시정책의 적용
③ 사실의 발견 → 시정방법의 선정 → 분석 → 시정책의 적용 → 안전조직
④ 안전조직 → 사실의 발견 → 시정방법의 선정 → 시정책의 적용 → 분석

해설 안전사고 방지 기본원리
안전조직 → 사실의 발견 → 분석 → 시정방법의 선정 → 시정책의 적용

05 아크 용접작업 중 아크 빛으로 인하여 혈안이 되고, 눈이 붓는 수가 있으며 눈병이 생긴다. 이때 우선 취해야 할 일은?
① 안약을 넣고 계속 작업해도 좋다.
② 먼 산을 보고 눈의 피로를 푼다.
③ 냉찜질을 하고 안정을 취한다.
④ 묽은 염수를 넣고 안정을 취한 다음 찬물로 씻는다.

해설 아크 용접 시 아크 빛에 의해 혈안이 되면 가장 먼저 냉찜질과 안정을 취한다.

06 냉동제조의 시설 및 기술기준으로 적당하지 못한 것은?
① 냉동제조설비 중 특정설비는 검사에 합격한 것일 것
② 냉동제조설비 중 냉매설비에는 자동제어 장치를 설치할 것
③ 제조설비는 진동, 충격, 부식 등으로 냉매가스가 누설되지 아니할 것
④ 압축기 최종단에 설치한 안전장치는 2년에 1회 이상 작동시험을 할 것

해설 압축기 최종단의 안전밸브는 1년에 1회 이상 기타 2년에 1회 이상이다.

07 보일러 수위가 낮으면 어떤 현상이 일어나는가?
① 습증기 발생의 원인이 된다.
② 수면계에 물때가 붙는다.
③ 보일러가 과열되기 쉽다.
④ 습증기압이 높아 누설된다.

해설 보일러 수위가 낮아 저수위사고가 발생되면 보일러 과열이나 폭발이 발생된다.

1.② 2.① 3.② 4.② 5.③ 6.④ 7.③ | ANSWER

08 다음 중 냉동기 윤활유 구비조건으로 적합하지 않은 것은?
① 고점도액일 것
② 전기적 절연내력이 클 것
③ 냉매가스와 용해가 적을 것
④ 인화점이 높을 것

해설 윤활유가 고점도이면 압축기에 사용되는 윤활유의 기능이 상실된다.(점도 적당)

09 보일러를 단기간 정지했을 경우에 사용하는 보존법은?
① 건조보존법 ② 만수보존법
③ 밀폐보존법 ④ 석회보존법

해설 보일러는 2~3개월 정도 휴지하려면 만수보존(단기보존)을 사용한다.

10 냉매누설 검지법 중 암모니아의 누설 검지 방법이 아닌 것은?
① 취기
② 붉은 리트머스 시험지
③ 페놀프타레인지
④ 헬라이드 토치

해설 헬라이드 토치는 냉매누설 방법이다.
• 소량 누설 : 녹색 불꽃 검지
• 중량 누설 : 자색 불꽃 검지
• 다량 누설 : 불이 꺼진다.
• 정상 : 청색 불꽃(누설이 없다.)

11 고압가스 일반 제조 시 저장탱크를 지하에 묻는 경우 기준에 맞지 않는 것은?
① 저장탱크의 주위에 마른 모래를 채워둘 것
② 지하에 묻는 저장탱크의 외면에는 부식방지 코팅을 할 것
③ 저장탱크를 묻는 곳의 주위에는 지상에 경계를 표시할 것
④ 저장탱크의 정상부와 지면과의 거리는 1m 이상으로 할 것

해설 지하 저장탱크는 정상부와 지면이 60cm 이상의 거리가 필요하다.

12 정전작업 시의 안전관리 사항 중 적합하지 못한 것은?
① 무전압 상태의 유지
② 잔류전하의 방전
③ 단락접지
④ 과열, 습기, 부식의 방지

해설 정전작업 시와 과열, 습기, 부식방지와는 상반된 내용이다.

13 다음 수공구에 관한 안전사항으로서 옳지 않은 것은?
① 주위 환경에 주의해서 작업을 시작한다.
② 수공구 상자 내의 수공구는 잘 정리정돈하여 놓는다.
③ 수공구는 항상 작업에 맞도록 점검과 보수를 한다.
④ 수공구는 기계나 재료 등의 위에 올려놓고 사용한다.

해설 수공구는 기계나 재료 등의 위에 올리지 말고 수공구 선반 위에 별도로 관리한다.

14 안전모의 취급 안전관리 사항 중 적합하지 않은 것은?
① 산이나 알칼리를 취급하는 곳에서는 펠트나 파이버 모자를 사용해야 한다.
② 화기를 취급하는 곳에서는 몸체와 차양이 셀룰로이드로 된 것을 사용해서는 안 된다.
③ 월 1회 정도 세척한다.
④ 모체와 착장제의 땀 방지대의 간격은 5mm 이하로 한다.

해설 안전모에서 머리의 맨 위 부분과 안전모 내의 최저부 사이의 간격은 25mm 이상이다.

15 다음 중 휘발성 유류의 취급 시 지켜야 할 안전사항으로 옳지 않은 것은?
① 실내의 공기가 외부와 차단되도록 한다.
② 수시로 인화물질의 누설여부를 점검한다.
③ 소화기를 규정에 맞게 준비하고 평상시에 조작방법을 익혀둔다.
④ 정전기가 발생하는 화학섬유 작업복의 착용을 금한다.

ANSWER | 8. ① 9. ② 10. ④ 11. ④ 12. ④ 13. ④ 14. ④ 15. ①

해설 휘발성 유류 취급 시는 유류의 증발사고를 막기 위하여 실내 공기와 외기의 환기를 자주 시킨다.

16 흡수식 냉동기의 주요 부품이 아닌 것은?
① 응축기   ② 증발기
③ 발생기   ④ 압축기

해설 흡수식 냉동기 구성요소
증발기, 재생기, 응축기, 흡수기

17 1분간에 25℃의 순수한 물 100L를 3℃로 냉각하기 위하여 필요한 냉동기의 냉동톤은?
① 0.66   ② 39.76
③ 37.67   ④ 45.18

해설 $RT = 3,320\text{kcal/h}$
∴ $RT = \dfrac{100 \times 1 \times (25-3) \times 60}{3,320} = 39.76$

18 보기와 같은 냉동기의 냉매 배관도에서 고압액 냉매 배관은 어느 부분인가?

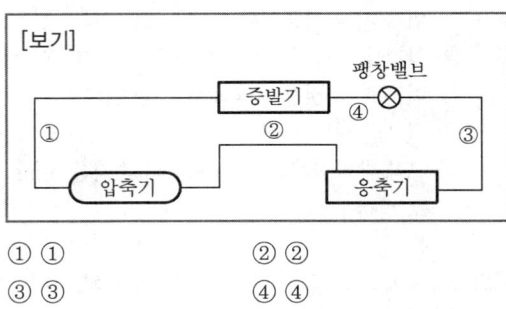

① ①   ② ②
③ ③   ④ ④

해설 고압액 냉매배관은 응축기 이후가 되므로 ③번이 된다.

19 냉동사이클에서 응축온도를 일정하게 하고, 압축기 흡입가스의 상태를 건포화 증기로 할 때 증발온도를 상승시키면 어떤 결과가 나타나는가?
① 압축비 증가   ② 냉동효과 증가
③ 성적계수 감소   ④ 압축일량 증가

해설 응축온도 일정, 증발온도 상승 시에는 냉동효과 증가

20 압축기 구동 전동기로 흐르는 전류가 5A이고 전압이 100V일 때 전동기의 소비전력량은 몇 W인가?
① 4   ② 20
③ 250   ④ 500

해설 전력은 단위시간 내에 기기나 장치에 소비되는 전기 에너지
$W = Pt = I^2 RT \text{(W.S)}$
$P = VI = I^2 R = \dfrac{V^2}{R} \text{(W)}$
∴ $5 \times 100 = 500\text{W}$

21 사용압력이 10kg/cm²의 비교적 낮은 증기, 물, 기름, 가스 및 공기배관용에 사용하며 아크 용접에 의해 제조된 관은?
① 배관용 아크 용접 탄소강관
② 고압 배관용 탄소강관
③ 아크 스테인리스 강관
④ 배관용 합금강관

해설 SPRY(배관용 아크 용접 탄소강관)은 사용압력이 비교적 낮은 증기, 물, 기름, 가스 및 공기배관에서 10kg/cm² 이하용으로 사용된다.

22 만액식 증발기에서 전열을 좋게 하는 조건 중 틀린 것은?
① 냉각관이 냉매에 잠겨 있거나 접촉해 있을 것
② 관 간격이 넓을 것
③ 관면이 거칠거나 핀이 부착되어 있을 것
④ 평균 온도차가 클 것

해설 만액식 증발기(냉매액, 75%, 냉매증기 25%)는 전열을 좋게 하려면 관의 폭이 좁고 관경이 좁을 것

23 다음의 냉동장치에 대하여 맞는 것은?
① R-12의 경우는 드라이어를 사용하나 R-22의 경우는 필요하지 않다.
② 암모니아의 경우에는 유분리기를 쓰지 않는다.

16. ④ 17. ② 18. ③ 19. ② 20. ④ 21. ① 22. ② 23. ④ | ANSWER

③ R-12의 경우는 압축기의 물재킷이 반드시 필요하다.
④ R-22의 자동팽창변은 암모니아에 사용될 수 없다.

해설 R-22는 Freon 냉매 중 냉동능력이 가장 좋다. 팽창밸브는 겸용이 불가능하다.

24 냉동장치에 설치하는 압력계에 관한 설명 중 올바른 항이 모두 조합된 것은?

> ㉠ 진공부의 눈금은 불필요하다
> ㉡ 압력계의 장착부는 검사 수리 등을 위하여 떼어내기 좋게 장착한다.
> ㉢ 압력계의 장착부는 냉매가스가 누설되지 않도록 용접한다.
> ㉣ 압력계는 냉매가스의 작용에 견디는 것일 것

① ㉠, ㉡
② ㉡, ㉢
③ ㉢, ㉣
④ ㉡, ㉣

해설 압력계
• 눈금은 반드시 필요하다.
• 용접하여 장착하지 않는다.
• 냉매가스의 작용에 견뎌야 한다.

25 증발식 응축기 설계 시 1RT당 전열면적은?
① $1.3 \sim 1.5 m^2/RT$
② $3.5 \sim 4 m^2/RT$
③ $5 \sim 6.5 m^2/RT$
④ $7.5 \sim 9 m^2/RT$

해설 증발식 응축기
• Freon 냉매($1.3m^2/RT$)
• NH_3 냉매($1.5m^2/RT$)

26 다음은 동관에 관한 설명이다. 틀린 것은?
① 전기 및 열전도율이 좋다.
② 가볍고 가공이 용이하며 동파되지 않는다.
③ 산성에는 내식성이 강하고 알칼리성에는 심하게 침식된다.
④ 전연성이 풍부하고 마찰저항이 작다.

해설 동관은 산성에는 침식되나 알칼리에는 침식되지 않는다.

27 배관에서 3방향으로 유체를 분기하여 나누어 보낼 때 쓰이는 부속품은?
① 리듀서(Reducer)
② 소켓(Socket)
③ 크로스(Cross)
④ 엘보(Elbow)

해설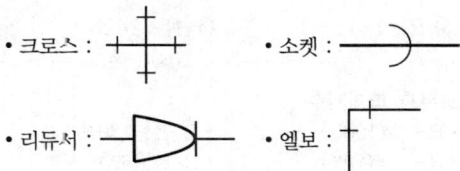

28 압축기에 대해서 옳은 것은?
① 토출가스온도는 압축기의 흡입가스 과열도가 클수록 높아진다.
② 프레온 12를 사용하는 압축기에는 토출온도가 낮아 워터 재킷(Water Jacket)을 부착한다.
③ 톱 클리어런스(Top Clearance)가 클수록 체적효율이 커진다.
④ 토출가스온도가 상승하여도 체적효율은 변하지 않는다.

해설 압축기의 흡입가스 과열도가 클수록 토출가스온도가 높아진다.(과열도=출구가스온도-입구가스온도)

29 냉동장치의 고압 측에 안전장치로 사용되는 것 중 부적당한 것은?
① 스프링식 안전밸브
② 플로트 스위치
③ 고압차단 스위치
④ 가용전

해설 • 플로트 저압밸브는 팽창밸브이다.
• 압력 스위치에는 고압, 저압 스위치가 있다.

30 주파수가 60Hz인 상용 교류에서 각 속도는 몇 rad/sec인가?
① 141.4
② 171.1
③ 377
④ 623

ANSWER | 24.④ 25.① 26.③ 27.③ 28.① 29.② 30.③

해설 $w = 2\pi n = 2 \times 3.14 \times 60 = 376.8 \text{rad/sec}$

31 다음 냉매 중 오존층 파괴정도가 가장 큰 냉매는?
① R-22
② R-113
③ R-134a
④ R-142b

해설 오존층 파괴지수
- R-12(100%)
- R-113(80%)
- R-115(60%)
- R-22(5%)

32 셸 튜브 응축기는?
① 공랭식 응축기이다.
② 수랭식 응축기이다.
③ 역류식 응축기이다.
④ 강제대류식 응축기이다.

해설 셸 튜브 응축기 : 수 냉각식 응축기

33 300A 강관을 B(inch) 호칭으로 지름을 표시하면?
① 2B
② 4B
③ 10B
④ 12B

해설 1인치 = 25.4mm
300A = 300mm
∴ $\frac{300}{25.4}$ ≒ 12인치

34 스크루 압축기의 장점이 아닌 것은?
① 흡입 및 토출밸브가 없다.
② 크랭크 샤프트, 피스톤링의 마모 부분이 없어 고장이 적다.
③ 냉매의 압력손실이 없어 체적효율이 향상된다.
④ 고속회전으로 인하여 소음이 작다.

해설
- rpm 3,500 고속회전으로 소음이 큰 단점이 있다.
- 경부하 운전 시 동력소비가 많다.
- 운전 유지비가 비싸다.

35 고체 이산화탄소가 기화할 때 필요한 열은?
① 융해열
② 응고열
③ 승화열
④ 증발열

해설 고체 이산화탄소(드라이아이스)는 기화 시 승화열을 필요로 한다.

36 냉매와 윤활유에 대하여 설명한 것 중 옳은 것은?
① R-12의 액은 윤활유보다 비중이 크다.
② R-12와 윤활유는 혼합이 잘 안 된다.
③ 암모니아액은 윤활유보다 비중이 크다.
④ 암모니아액은 R-12보다 비중이 크다.

해설
- R-12(CCl_2F_2)는 왕복동용에 많이 사용된다.
- 액의 비중은 30℃에서 1.29다.(R-12)
- R-12는 윤활유와 혼합이 순조롭다.
- MH_3는 30℃에서 비중이 0.595이다.

37 다음 중 흡수식 냉동기의 장점이 아닌 것은?
① 진동이 적다.
② 증기, 온수 등 배열을 이용할 수 있다.
③ 부분 부하 시는 운전비가 경제적이다.
④ 물을 냉매로 하는 것은 저온을 얻을 수 있다.

해설 흡수식 냉동기 냉매가 물인 경우 0℃에서 냉매가 얼어버린다. 고로 저온은 불가하다.

38 1kcal의 열을 전부 일로 바꾸면 몇 kg·m의 일이 되는가?
① $\frac{1}{427}$ kg·m
② 427kg·m
③ 632kg·m
④ 641kg·m

해설 1kcal = 427kg·m
427kg·m = 1kcal

39 암모니아 냉동기에서 오일 분리기의 설치로 적당한 것은?
① 압축기와 증발기 사이
② 압축기와 응축기 사이
③ 응축기와 수액기 사이
④ 응축기와 팽창변 사이

해설 • 오일 분리기 설치장소 : 압축기와 응축기 사이
• 종류 : 원심분리형, 가스충돌형, 유속감소형

40 다음의 사항 중에서 잘못된 것은?
① 1BTU란 물 1Lb를 1°F 높이는 데 필요한 열량이다.
② 1kcal란 물 1kg를 1℃ 높이는 데 필요한 열량이다.
③ 1BTU는 3.968kcal에 해당된다.
④ 기체에서 정압비열은 정적비열보다 크다.

해설 • 1kcal=3.968BTU
• 1BTU=0.252kcal
• 정압비열>정적비열(비열비는 항상 1보다 크다.)

41 강관의 피복재료로 적당하지 않은 것은?
① 규조토
② 석면
③ 기포성 수지
④ 광명단

해설 광명단은 페인트 밑칠용으로 사용

42 브롬화 리튬(LiBr) 수용액이 필요한 장치는?
① 증기압축식 냉동장치
② 흡수식 냉동장치
③ 증기분사식 냉동장치
④ 전자 냉동장치

해설 흡수식 냉동장치에서 냉매 흡수제는 LiBr(취화리튬)이다.

43 에바콘(EVA-CON) 내부에 설치된 엘리미네이터의 역할은?
① 물의 증발을 양호하게 함
② 공기를 제거해 주는 역할을 함
③ 바람으로 인한 수분의 비산을 방지함
④ 물의 과냉각을 방지함

해설 에바콘 내부에 엘리미네이터는 바람으로 인한 수분의 비산을 방지한다.

44 다음 냉매 중 수분의 냉매에 대한 용해도가 큰 것은?
① R-22
② 암모니아
③ 탄산가스
④ 아황산가스

해설 암모니아 1cc당 수분이 800cc 용해한다.

45 불연속 제어에 속하는 것은?
① On-off 제어
② 서보 제어
③ 피회로 제어
④ 시퀀스 제어

해설 ① On-off 제어 : 불연속 동작
② 연속동작 : 비례동작, 적분 동작, 미분 동작

46 공기선도에 관한 아래 도표를 보고 바르게 설명한 것은?

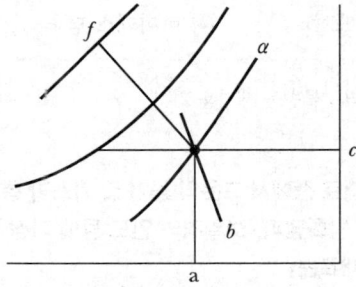

① 도표 중 f점은 습공기의 습구온도를 표시한다.
② 도표 중 c점은 습공기의 노점온도를 읽는 점이다.
③ 도표 중 곡선 α는 습공기의 절대습도를 읽는 점이다.
④ 도표 중 직선 b는 습공기의 비체적을 읽는 선이다.

ANSWER | 39. ② 40. ③ 41. ④ 42. ② 43. ③ 44. ② 45. ① 46. ④

해설 f : 엔탈피 표시 α : 상대습도 표시
      b : 비체적 표시 c : 절대습도 표시 a : 건구온도

47 어떤 실내의 취득 현열량을 구하였더니 30,000 [kcal/h], 잠열이 10,000[kcal/h]이었다. 실내를 25℃, 50% 유지하기 위해 취출 온도차 10℃로 송풍하고자 한다. 이때 현열비는?
① 0.7 ② 0.75
③ 0.8 ④ 0.85

해설 $30,000+10,000=40,000\text{kcal/h}$
$\therefore \frac{30,000}{40,000}\times 100 = 75\%$

48 다음 송풍기의 종류 중 축류형 송풍기는?
① 다익형 ② 터보형
③ 프로펠러형 ④ 리밋로드형

해설 축류형 송풍기
• 디스크형
• 프로펠러형

49 기류 속에 혼입된 물방울을 제거하기 위하여 냉각코일이나 에어와셔 출구 쪽에 설치하는 기기는?
① 엘리미네이터 ② 루버
③ 플러딩 노즐 ④ 바이패스 댐퍼

해설 엘리미네이터 : 물방울 제거용 기기

50 다음 덕트재료 중에서 고온의 공기 및 가스가 통과하는 덕트 및 방화댐퍼, 보일러의 연도 등에 가장 많이 사용되는 재료는?
① 열간 압연 박강판 ② 동판
③ 알루미늄판 ④ 염화비닐

해설 열간 압연 박강판 : 덕트의 재료로서 가장 많이 사용된다.

51 팬코일 유닛 방식(Fan Coil Unit System)의 특징을 설명한 것이다. 바르지 않은 것은?
① 고도의 실내 청정도를 높일 수 있다.
② 부하 증가 시 유닛 증설만으로 대처할 수 있다.
③ 다수 유닛이 분산 설치되어 관리보수가 어렵다.
④ 각 유닛마다 조절할 수 있어 개별제어에 적합하다.

해설 팬코일 유닛 방식(전수방식)은 펌프에 의해 냉온수가 이동하므로 외기량이 부족하여 실내공기오염이 심하다.

52 공기조화에 관한 설명으로 틀린 것은?
① 공기조화는 일반적으로 보건용 공기조화와 산업용 공기조화로 대별된다.
② 공장, 연구소, 전산실 등과 같은 곳은 보건용 공기조화이다.
③ 보건용 공조는 실내 인원에 대한 쾌적 환경을 만드는 것을 목적으로 한다.
④ 산업용 공조는 생산공정이나 물품의 환경조성을 목적으로 한다.

해설 공장에서는 보건용 공기조화방식이 아닌 산업용 공기조화방식이 필요하다.

53 전공기 공조방식의 장점이 아닌 것은?
① 외기냉방이 가능하다.
② 청정도 제어가 용이하다.
③ 동절기 가습이 용이하다.
④ 개별제어가 가능하다.

해설 전공기방식은 중앙공조기로부터 덕트를 통해 냉온풍을 공급받기 때문에 개별제어가 불가능하다.

54 실내온도 20℃, 외기온도 5℃, 열관류율 4kcal/m²h℃, 벽체의 두께가 150mm인 사무실의 벽 면적이 20m²일 때 벽면의 열손실량은?
① 1,000kcal/h ② 1,100kcal/h
③ 1,200kcal/h ④ 1,300kcal/h

해설 $Q=k(t_2-t_1)\times A = 4\times(20-5)\times 20 = 1,200\text{kcal/h}$

ANSWER 47. ② 48. ③ 49. ① 50. ① 51. ① 52. ② 53. ④ 54. ③

55 난방부하 계산 시 여유율을 고려하여 계산에 포함하지 않는 부하는?
① 유리를 통한 전도율
② 도입 외기부하
③ 조명부하
④ 벽체의 축열부하

해설
- 백열등의 경우
  qE＝0.86×조명기구 watt×조명점등률
- 형광등의 경우 (안정기가 실내에 있는 경우)
  0.86×조명가구 watt×조명점등률×1.2
※ 안정기 발열량은 형광등의 20% 가산

56 다음 공기조화용 흡입구 중 바닥 밑에 설치되어 사용되는 것은?
① 머시룸형 ② 그릴형
③ 레지스터형 ④ 아네모스탯형

해설 머시룸(Mushroom)형의 흡입구는 설치위치가 바닥이다.

57 난방 열원으로서의 증기와 고온수를 비교 설명한 것 중 올바른 것은?
① 고저가 심하고 넓은 지역에 산재해 있는 낮은 건물의 난방에는 증기가 유리하다.
② 고온수 난방방식은 간헐운전에 적당하다.
③ 증기난방방식은 부하에 대한 응답속도가 빠르다.
④ 배관거리가 비교적 짧은 경우에는 증기를 사용하면 배관지름이 커진다.

해설 증기난방방식은 부하에 대한 응답속도가 온수난방에 비해 빠르고 낮은 건물에는 온수난방이 유리하다. 또한 고온수난방은 연속운전에 유익하고 온수난방에는 배관지름이 커진다.

58 다음 댐퍼 중 기본적인 기능이 다른 하나는?
① 버터플라이 댐퍼 ② 루버 댐퍼
③ 대향익형 루버 댐퍼 ④ 피벗 댐퍼

해설 피벗(Pivot) 댐퍼는 풍량조절 댐퍼가 아닌 방화 댐퍼이다.

59 복사난방의 장점이 아닌 것은?
① 복사열에 의해 쾌감도가 높다.
② 실내온도의 고른 분포가 가능하다.
③ 실온이 낮아도 난방효과를 얻을 수 있다.
④ 외기에 따른 방열량 조절이 쉽다.

해설 복사난방은 외기에 따른 방열량 조절이 쉽지 않으며, 온수난방은 외기에 따른 방열량 조절이 수월하다.

60 보일러의 능력을 나타내는 것으로 실제로 급수로부터 소요증기를 발생시키는 데 필요한 열량을 기준상태로 환산하여 나타내는 환산증발량이라는 것이 있다. 다음 중 환산증발량에 관한 설명으로 옳은 것은?
① 100℃의 포화수를 100℃의 건포화 증기로 증발시키기 위하여 필요한 열량을 기준으로 하여 실제 증발량을 환산한 것
② 37.8℃의 포화수를 100℃의 건포화증기로 증발시키기 위하여 필요한 열량을 기준으로 하여 실제 증발량을 환산한 것
③ 100℃의 포화수를 소요증기로 증발시키기 위하여 필요한 열량을 기준으로 하여 실제 증발량을 환산한 것
④ 37.8℃의 포화수를 소요증기로 증발시키기 위하여 필요한 열량을 기준으로 하여 실제 증발량을 환산한 것

해설 환산증발량(kg/h)
$$= \frac{\text{시간당 증기발생량}(\text{발생증기엔탈피} - \text{급수엔탈피})}{539}$$

2006년 2회 공조냉동기계기능사

01 아세틸렌 용접기에서 가스가 새어나오는 경우에 검사하는 적당한 방법은?
① 냄새를 맡아본다.
② 모래를 뿌려본다.
③ 비눗물을 칠해 검사해 본다.
④ 성냥불을 가져다가 검사한다.

해설 가스누설 기초검사는 비눗물 도포 검사가 매우 편리하다.

02 가스 용접작업에서 일어나기 쉬운 재해가 아닌 것은?
① 전격   ② 화재
③ 가스폭발   ④ 가스중독

해설 전격은 전기용접에서 발생될 확률이 가장 크다.

03 스패너를 힘주어 돌릴 때 지켜야 할 안전사항이 아닌 것은?
① 스패너를 밀지 말고 당기는 식으로 사용한다.
② 주위를 살펴보고 나서 조심성 있게 사용한다.
③ 스패너 자루에 파이프 등을 끼워 사용한다.
④ 스패너는 조금씩 돌려가며 사용한다.

해설 스패너 자루에 파이프를 끼워 사용하는 것은 안전상 위험하다.

04 다음은 안전모에 대한 설명이다. 틀린 것은?
① 통풍이 잘 되어야 한다.
② 낡았거나 손상된 것은 교체한다.
③ 턱 끈은 반드시 조여매지 않아도 된다.
④ 각 개인별 전용으로 사용하도록 한다.

해설 안전모의 턱 끈은 반드시 조여매야 한다.

05 해머 작업 시 안전작업에 위배되는 것은?
① 장갑을 끼지 않고 작업
② 해머 작업 중에는 해머상태 확인
③ 해머 공동작업은 호흡을 맞출 것
④ 열처리된 것은 강하게 때릴 것

해설 해머 작업 시 열처리된 것은 강하게 때리면 파괴된다.

06 보일러 버너 방폭 문을 설치하는 이유는?
① 역화로 인한 폭발의 방지
② 연소의 촉진
③ 연료절약
④ 화염의 검출

해설 방폭 문의 설치 이유 : 노내 역화로 인한 폭발 방지

07 피복 아크 용접 시 가장 많이 발생하는 가스는?
① 수소   ② 이산화탄소
③ 일산화탄소   ④ 수증기

해설 피복 아크 용접 시 CO 가스가 많이 발생한다.

08 냉동장치 내압시험의 설명으로 적당한 것은?
① 물을 사용한다.   ② 공기를 사용한다.
③ 질소를 사용한다. ④ 산소를 사용한다.

해설 냉동장치의 내압시험 시에는 물을 많이 사용한다.

09 공조실에서 가스용접을 하던 중 산소 조정기에서 자연발화가 되었다. 그 원인은?
① 불똥이 조정기에 튀었을 때
② 직사광선을 받을 때
③ 급격히 용기밸브를 열었을 때
④ 산소가 새는 곳에 기름이 묻어 있을 때

해설 산소 조정기에서 자연발화가 일어나는 원인은 산소가 새기 때문이다.

1. ③ 2. ① 3. ③ 4. ③ 5. ④ 6. ① 7. ③ 8. ① 9. ④ | ANSWER

10 산소가 결핍되어 있는 장소에서 사용하는 마스크는?
① 송풍 마스크 ② 방진 마스크
③ 방독 마스크 ④ 격리식 방진 마스크

해설 산소가 결핍되어 있는 장소에서 사용하는 마스크는 송풍 마스크이다.

11 용접작업 중 감전사고가 발생했을 때 응급조치방법이 아닌 것은?
① 즉시 냉수를 먹인다.
② 인공호흡을 시킨다.
③ 전원을 차단한다.
④ 119에 전화한다.

해설 용접작업 중 감전사고 발생 시 응급조치사항
인공호흡 실시, 전원차단, 119 전화연락

12 수면계가 파손될 경우 제일 먼저 취해야 할 조치는?
① 물 코크를 먼저 닫는다.
② 증기 코크를 먼저 닫는다.
③ 기름밸브를 먼저 닫는다.
④ 급수밸브를 먼저 닫는다.

해설 수면계 파손의 경우에는 저수위 사고 예방을 위하여 물 코크를 가장 먼저 닫는다.

13 사업장에서 안전사고 발생 시 안전사고를 조사하는 목적은?
① 안전사고의 분석 자료로 물적 증거를 수집하기 위함이다.
② 사고의 원인을 파악하여 책임을 규명하기 위함이다.
③ 불안전한 행동과 상태의 사실을 알고 시정책을 강구하기 위함이다.
④ 관계자들의 활동을 조사하여 상, 벌을 주기 위함이다.

해설 사업장에서 안전사고 발생 시 안전사고를 조사하는 목적은 불안전한 행동과 상태의 사실을 알고 시정책을 강구하기 위함이다.

14 다음 중 유해한 광선과 가장 거리가 먼 것은?
① 적외선 ② 자외선
③ 레이저 광선 ④ 가시광선

해설 유해한 광선
적외선, 자외선, 레이저 광선

15 고압가스가 충전되어 있는 용기는 몇 ℃ 이하에서 보관해야 하는가?
① 40℃ ② 45℃
③ 50℃ ④ 55℃

해설 고압가스 용기는 항상 40℃ 이하에서 보관한다.

16 압축기에서 냉매를 압축하는 궁극적인 목적은 무엇인가?
① 저압으로 하기 위하여
② 액화하기 위하여
③ 저열원으로 하기 위하여
④ 팽창하기 위하여

해설 압축기에서 냉매를 압축하는 궁극적인 목적은 액화가 용이하게 하기 위함이다.

17 주파수 80Hz의 사인파 교류의 각속도는?
① 160.2[rad/sec] ② 251.2[rad/sec]
③ 461.2[rad/sec] ④ 502.4[rad/sec]

해설 1주파의 각을 2π(rad)로 정한다.
∴ $80 \times (2 \times 3.14) = 502.4$(rad/sec)

18 다음과 같은 $P-h$ 선도에서 온도가 가장 높은 곳은?

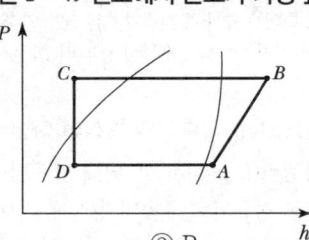

① A ② B
③ C ④ D

ANSWER | 10.① 11.① 12.① 13.③ 14.④ 15.① 16.② 17.④ 18.②

해설 압축기 토출부 냉매의 온도가 가장 높다.
(A : 압축기 입구, B : 압축기 출구)

19 증발기 내의 압력에 의해서 작동하는 팽창밸브는?
① 저압식 플로트밸브
② 정압식 자동팽창밸브
③ 온도식 자동팽창밸브
④ 수동팽창밸브

해설 정압식 자동팽창밸브는 증발기 내의 압력에 의해서 작동한다.

20 나사식 강관 이음쇠(파이프 조인트)에 대한 다음 글 중 맞는 것은?
① 소구경(小口徑)이고 저압의 파이프에 사용한다.
② 관로의 방향을 일정하게 할 때 사용한다.
③ 저압 대구경의 파이프에 사용한다.
④ 파이프의 분기점에는 사용해서는 안 된다.

해설 나사식 강관 이음쇠는 소구경이고 저압의 파이프에 사용되는 조인트이다

21 2단 압축 냉동장치에 있어서 중간냉각의 역할에 관한 사항 중 틀린 것은?
① 증발기에 공급하는 액을 과냉각시켜 냉동효과를 증개시킨다.
② 고압 압축기의 흡입가스 압력을 저하시키고 압축비를 감소시킨다.
③ 저압 압축기의 압축가스의 과열도를 저하시킨다.
④ 고압 압축기의 흡입가스의 온도를 내리고 냉동장치의 성적계수를 향상시킨다.

해설 2단 압축냉동에서 중간냉각기는 저단압축기의 흡입가스 과열도를 저하시킨다.(베인식 로터리 회전식 압축기 사용)

22 원심(Turbo) 압축기의 특징이 아닌 것은?
① 임펠러(Impeller)에 의해 압축된다.
② 보통 전동기로 구동되지만, 증속장치가 필요하다.
③ 부하가 감소되면 서징이 일어난다.
④ 주로 공기 냉각용으로 직접팽창방식을 사용한다.

해설 압축기의 설치목적은 냉매가스의 압력과 온도를 상승시켜 상온에서 냉매의 액화를 용이하게 하는 데 있다.

23 냉매에 대하여 다음 각항 중 맞는 것은?
① NH_3는 물과 기름에 잘 녹는다.
② R-12는 기름과 잘 용해하나 물에는 잘 녹지 않는다.
③ R-12는 NH_3보다 전열이 양호하다.
④ NH_3의 비중은 R-12보다 작지만 R-22보다 크다.

해설 R-12
• 기름에 잘 용해한다.
• 물에는 잘 녹지 않는다.
• NH_3보다는 전열이 불량하다.

24 냉동장치에 이용되는 부속기기 중 직접 압축기의 보호 역할을 하는 것이 아닌 것은?
① 온도자동 팽창밸브
② 안전밸브
③ 유압보호 스위치
④ 액분리기

해설 압축기의 보호장치
유압보호 스위치, 액분리기, 안전밸브, 고압스위치, 안전두

25 다음 설명 중 틀린 것은?
① 유압 보호 스위치의 종류는 바이메탈식과 가스통식이 잇다.
② 단수 릴레이는 수랭 응축기 및 브라인 냉각기의 단수 및 감수 시 압축기를 차단시키는 스위치다.
③ 왕복동식 압축기 기동 시 유압 보호 스위치의 차압 접점은 붙어 있다.
④ 파열판은 일단 동작된 후 내부 압력이 낮아지면 가스의 방출이 정지되며, 다시 사용할 수 있다.

해설 파열판은 1회용 안전장치이다.

26 다음 냉매 중 원심식 냉동기에 알맞은 냉매는?
 ① R-11   ② R-22
 ③ R-290   ④ R-717

해설 R-11(원심식용) : CCl₃F
CFC(Chloro Fluoro Carbon) 냉매(염소, 불소, 탄소화합 냉매)로서 규제냉매이다.

27 드라이어(Dryer)에 관한 사항 중 맞는 것은?
 ① 암모니아 가스관에 설치하여 수분을 제거한다.
 ② 냉동장치 내에 수분이 존재하는 것은 좋지 않으므로 냉매 종류에 관계없이 반드시 설치하여야 한다.
 ③ 프레온은 수분과 잘 용해하지 않으므로 팽창밸브에서의 동결을 방지하기 위하여 설치한다.
 ④ 건조제로는 황산, 염화칼슘 등의 물질을 사용한다.

해설 드라이어는 프레온 냉매가 수분과 잘 용해하지 않아서 팽창밸브의 동결방지용으로 사용된다.

28 무기질 보온재로서 원통상으로 가공하며 400℃ 이하의 파이프, 덕트, 탱크 등의 보온보냉용으로 사용하는 것은?
 ① 규조토   ② 글라스 울
 ③ 암면   ④ 경질 폴리우레탄 폼

해설 암면 보온재는 400℃ 이하의 파이프, 덕트, 탱크 등의 보온보냉용이다.

29 다음 설명 중 옳은 것은?
 ① 고체에서 기체가 될 때에 필요한 열을 증발열이라 한다.
 ② 온도의 변화를 일으켜 온도계에 나타나는 열을 잠열이라 한다.
 ③ 기체에서 액체로 될 때 제거해야 하는 열은 기화열 또는 감열이라 한다.
 ④ 기체에서 액체로 될 때 필요한 열은 응축열이며, 이를 잠열이라 한다.

해설
• 기체 → 액체 : 응축잠열
• 액체 → 기체 : 증발잠열
• 기체 → 고체 : 승화잠열

30 2원 냉동기의 저온측 냉매로 사용이 적당치 않은 것은?
 ① R-12   ② 프로판
 ③ R-13   ④ R-14

해설
• 2원 냉동 사이클 냉매 : R-22, 프로판, R-13, R-14
• 비등점
 - R-12(-29.8℃)
 - R-13(-81.5℃)
 - C₃H₈(-42℃)
 - R-22(-40.8℃)

31 왕복동 압축기의 특징이 아닌 것은?
 ① 압축이 단속적이다.
 ② 진동이 크다.
 ③ 크랭크 케이스 내부압력이 저압이다.
 ④ 압축능력이 적다.

해설 왕복등 압축기는 압축능력이 많다

32 다음 역률에 대한 설명 중 잘못된 것은?
 ① 전력과 피상전력과의 비이다.
 ② 저항만이 있는 교류회로에서는 1이다.
 ③ 유효전류와 전전류의 비이다.
 ④ 값이 0인 경우는 없다.

해설 역률
• 전력과 피상전력과의 비
• 저항만이 있는 교류 회로에서는 1이다.
• 유효전류와 전전류의 비이다.

33 저항이 50[Ω]인 도체에 100[V]의 전압을 가할 때, 그 도체에 흐르는 전류는 몇 [A]인가?
 ① 0.5[A]   ② 2[A]
 ③ 5,000[A]   ④ 5[A]

ANSWER | 26. ① 27. ③ 28. ③ 29. ④ 30. ① 31. ④ 32. ④ 33. ②

해설 $I = \dfrac{V}{R} = \dfrac{100}{50} = 2[A]$

34 배관재료 부식방지를 위하여 사용하는 도료가 아닌 것은?
① 래커 ② 아스팔트
③ 페인트 ④ 아교

해설 아교는 접착제이다.

35 다음 중 양모나 우모를 사용한 피복재료이며, 아스팔트로 방습피복한 보냉용 또는 곡면의 시공에 사용되는 것은?
① 펠트 ② 코르크
③ 기포성 수지 ④ 암면

해설 펠트
• 양모나 우모를 사용한다.
• 곡면 시공에 사용된다.
• 아스팔트로 방습 피복한 경우 −60℃까지 보냉용으로 사용

36 다음 중 프레온계 냉매의 특성이 아닌 것은?
① 화학적으로 안정하다.
② 독성이 없다.
③ 가연성, 폭발성이 없다.
④ 강관에 대한 부식성이 크다.

해설 프레온계 냉매는 Mg을 2% 이상 함유한 Al(알루미늄)을 부식시킨다.

37 일반적으로 벽코일 동결실의 선반으로 많이 사용되는 증발기 형식은?
① 헤링본식(Herring−bone) 증발기
② 핀 튜브식(Finned Tube Type) 증발기
③ 평판식(Plate Type) 증발기
④ 캐스케이드식(Cascade Type) 증발기

해설 캐스케이드식 증발기는 벽코일 동결실의 선반으로 많이 사용된다.

38 어떤 냉동사이클의 증발온도가 −15℃이고 포화액의 엔탈피가 100kcal/kg, 건조포화증기의 엔탈피가 160kcal/kg, 증발기에 유입되는 습증기의 건조도 $x = 0.25$일 때 냉동효과는?
① 15kcal/kg ② 35kcal/kg
③ 45kcal/kg ④ 75kcal/kg

해설 $160 - 100 = 60\text{kcal/kg}$
∴ $60 \times (1 - 0.25) = 45\text{kcal/kg}$

39 다음에서 분해조립이 가능한 배관연결 부속은?
① 부싱, 티 ② 플러그, 캡
③ 소켓, 엘보 ④ 플랜지, 유니온

해설 플랜지(대구경관용), 유니온(소구경관용)은 관의 분해나 조립이 가능한 부속이다.

40 기체를 액화시키는 방법으로 옳은 것은?
① 임계압력 이하로 압축한 후 냉각시킨다.
② 임계온도 이상으로 가열한 후 압력을 높인다.
③ 임계온도 이하로 냉각하고 임계압력 이상으로 가압한다.
④ 임계온도 이하로 냉각하고 임계압력 이하로 감압한다.

해설 기체를 액화시키는 방법은 기체를 임계온도 이하로 냉각하고 임계압력 이상으로 가압시킨다.

41 입형 셸 앤 튜브식 응축기의 장점이 아닌 것은?
① 과부하에 잘 견딘다.
② 운전중에도 냉각관 청소가 용이하다.
③ 과냉각이 양호하다.
④ 옥외 설치가 가능하다.

해설 입형 셸 앤 튜브식 응축기는 냉매액이 냉각수와 냉매가 평행하므로 과냉이 잘 되지 않는다.

34. ④ 35. ① 36. ④ 37. ④ 38. ③ 39. ④ 40. ③ 41. ③ | ANSWER

42 회전날개형 압축기에서 회전날개의 부착은?
① 스프링 힘에 의하여 실린더에 부착한다.
② 원심력에 의하여 실린더에 부착한다.
③ 고압에 의하여 실린더에 부착한다.
④ 무게에 의하여 실린더에 부착한다.

해설 회전 날개형 압축기는 원심력에 의해 실린더에 부착한다.

43 냉동장치의 운전상태에 관한 사항이다. 옳은 것은?
① 증발기 내의 냉매는 피냉각물체로부터 열을 흡수함으로써 증발기 내를 흘러감에 따라 온도가 상승한다.
② 응축온도는 냉각수 입구온도보다 약간 높다.
③ 크랭크 케이스 내의 유온은 흡입가스에 의하여 냉각되므로 흡입가스 온도보다 낮아지는 경우도 있다.
④ 압축기 토출직후의 증기온도는 응축과정 중의 냉매온도 보다 낮다.

해설 냉동장치에서 응축온도는 냉각수 입구온도보다 약간 높다.

44 왕복동식 암모니아(NH_3) 압축기에서 워터 재킷(Water Jacket)을 사용하는 설명 중에서 옳은 것은?
① 암모니아(NH_3) 냉매는 다른 냉매에 비하여 비열비가 크기 때문이다.
② 암모니아(NH_3) 냉매는 다른 냉매에 비하여 저온에 사용되기 때문이다.
③ 암모니아(NH_3) 냉매는 다른 냉매에 비하여 비체적이 크기 때문이다.
④ 암모니아(NH_3) 냉매는 다른 냉매에 비하여 압력범위가 넓기 때문이다.

해설 암모니아 냉매는 비열비가 커서 토출가스 온도가 높기 때문에 워터 재킷이 필요하다.

45 흡수식 냉동장치에서 냉매인 물이 5℃ 전후의 온도로 증발하고 있다. 이때 증발기 내부의 압력은?
① 약 7mmHg a 정도
② 약 32mmHg a 정도
③ 약 75mmHg a 정도
④ 약 108mmHg a 정도

해설 약 7mmHg a 진공절대압에서 비점은 5℃

46 상대습도(RH)가 100%일 때 동일하지 않은 온도는?
① 건구온도   ② 습구온도
③ 효과온도   ④ 노점온도

해설 상대습도가 100%이면
① 건구온도 동일 ② 습구온도 동일 ③ 노점온도 동일

47 다음 중 냉각탑과 응축기 사이에 순환되는 물의 명칭은?
① 정수   ② 냉각수
③ 응축수   ④ 온수

해설 냉각수는 냉각탑과 응축기 사이에 순환되는 물이다.

48 100RT의 터보 냉동기에 순환되는 냉수량(L/min)을 구하면 약 얼마인가?(단, 냉각기 입구에서 냉수의 온도는 12℃, 출구에서는 6℃이며, 또 응축기로 들어오는 냉각수의 온도는 32℃, 출구의 온도는 37℃이다.)
① 1,922L/min   ② 1,439L/min
③ 1,107L/min   ④ 922L/min

해설 $100RT = 3,320 \times 100 = 332,000 kcal/h$
$\therefore w = \dfrac{332,000}{(12-6)\times 60} = 922 L/min$

49 면적이 100m²이고, 열통과율이 3.0kcal/m²h℃인 서쪽 외벽을 통한 손실열량은 얼마인가?(단, 실내공기와 외기의 온도차는 20℃이고, 방위계수는 동쪽 1.05, 서쪽 1.05, 남쪽 1.00, 북쪽 1.10이다.)
① 3,714kcal/h   ② 5,000kcal/h
③ 6,300kcal/h   ④ 7,600kcal/h

해설 $Q = K \times (t_2 - t_1) A \cdot K$
$= 3.0 \times (20) \times 100 \times 1.05 = 6,300 kcal/h$

ANSWER | 42. ② 43. ② 44. ① 45. ① 46. ③ 47. ② 48. ④ 49. ③

50 다음 중 공기를 가습하는 방법으로 부적당한 것은?
① 직접 팽창코일의 이용
② 공기세정기의 이용
③ 증기의 직접분무
④ 온수의 직접분무

해설 공기의 가습
- 공기세정기 이용
- 증기분무 이용
- 온수 직접분무 이용

51 다음의 특징을 갖는 보일러는 어느 것인가?

> 구조가 간단하고 내부청소가 쉬우며, 전열면적이 적은데다 수부가 크므로 증기발생은 느리나 취급이 용이하다.

① 노통보일러   ② 연관식 보일러
③ 주철제 보일러 ④ 기관차형 보일러

해설 노통보일러
- 구조가 간단하다. (취급이 용이하다.)
- 내부청소가 수월하다.
- 전열면적이 작다.
- 수부가 커서 증기발생이 느리다.

52 다음 중 조명부하를 쉽게 처리할 수 있는 취출구는?
① 아네모스텟   ② 축류형 취출구
③ 웨이형 취출구   ④ 라이트 트로퍼

해설 라이트 트로퍼 취출구는 조명부하를 쉽게 처리할 수 있다.

53 다음 중 중앙 공기조화방식으로 각 실내의 온도조절이 가장 잘 되는 방식은?
① 멀티존 유닛 방식
② 패키지 방식
③ 팬코일 유닛 방식
④ 단일덕트 방식

해설 팬코일 유닛 방식은 수방식으로 각 실내의 온도조절이 용이하다.

54 복사난방에 관한 설명 중 맞지 않는 것은?
① 복사난방은 주야를 계속 난방해야 하는 곳에 유리하다.
② 단열층 공사비가 많이 들고 배관의 고장 발견이 어렵다.
③ 대류난방에 비하여 설비비가 많이 든다.
④ 방열체의 열용량이 작으므로 외기온도에 따라 방열량의 조절이 쉽다.

해설 복사난방은 방열체의 열용량이 커서 외기온도에 따라 방열량 조절이 불편하다.

55 냉난방에 필요한 전 송풍량을 하나의 주덕트 만으로 분배하는 방식은?
① 단일덕트 방식   ② 이중덕트 방식
③ 멀티존 유닛 방식 ④ 팬코일 유닛 방식

해설 단일덕트 방식은 냉난방에 필요한 전 송풍량을 하나의 주덕트 만으로 분배하는 방식이다.

56 공기조화에는 크게 보건용 공기조화와 산업용(공업용) 공기조화로 구분될 수 있다. 아래의 설명 중 보건용 공기조화로만 취급하기 어려운 것은?
① A라는 사람이 근무하는 전자계산기실의 공기조화
② B라는 사람이 근무하는 일반사무실의 공기조화
③ C라는 사람이 쇼핑하는 백화점의 공기조화
④ D라는 사람이 살고 있는 주택의 공기조화

해설 전자계산실의 공기조화는 산업용 공기조화방식을 채택하여야 한다.

57 상대습도(ϕ)를 옳게 표시한 것은?
① $\phi = \dfrac{수증기압}{포화수증기압} \times 100$
② $\phi = \dfrac{포화수증기압}{수증기압} \times 100$
③ $\phi = \dfrac{수증기중량}{포화수증기압} \times 100$
④ $\phi = \dfrac{포화수증기중량}{수증기중량} \times 100$

50. ① 51. ① 52. ④ 53. ③ 54. ④ 55. ① 56. ① 57. ① | ANSWER

해설 상대습도$(\phi) = \dfrac{수증기압}{포화수증기압} \times 100$

58 열전도율의 단위로 맞는 것은?
① kcal/h · m²
② kcal/h · kg · m²
③ kcal/h · ℃ · m
④ kcal/h · m

해설 열전도율 단위 : kcal/mh℃

59 폐회로식 수열원 히트 유닛 방식의 장점으로 알맞은 것은?
① 소음이 크다.
② 열회수가 용이하다.
③ 고장률이 높고 수명이 짧다.
④ 운전전문 기술자가 필요 없다.

해설 폐회로식 수열원 히트 유닛 방식은 열회수가 용이하다.

60 다음 설명 중 틀린 것은?
① 지구상에 존재하는 모든 공기는 건조공기로 취급된다.
② 공기 중에 수증기가 많이 함유될수록 상대습도는 높아진다.
③ 지구상의 공기는 질소, 산소, 아르곤, 이산화탄소 등으로 이루어졌다.
④ 공기 중에 함유될 수 있는 수증기의 한계는 온도에 따라 달라진다.

해설 지구상에 존재하는 모든 공기는 습공기로 취급된다.

ANSWER | 58. ③ 59. ② 60. ①

2006년 3회 공조냉동기계기능사

01 독성가스를 식별조치할 때 표지판의 가스 명칭은 무슨 색으로 하는가?
① 흰색   ② 노란색
③ 적색   ④ 흑색

해설 식별표지판
- 독성가스의 가스 명칭색 : 적색
- 바탕색 : 흰색
- 글자색 : 흑색

02 암모니아 누설검지방법이 아닌 것은?
① 유황초 사용
② 리트머스 시험지 사용
③ 네슬러 시약 사용
④ 헬라이드 토치 사용

해설 헬라이드 토치는 프레온 냉매의 검지법이다.

03 공구의 안전한 취급방법이 아닌 것은?
① 손잡이에 묻은 기름, 그리스 등을 닦아 낸다.
② 측정공구는 부드러운 헝겊 위에 올려놓는다.
③ 날카로운 공구는 공구함에 넣어서 운반한다.
④ 높은 곳에서 작업 시 간단한 공구는 던져서 신속하게 전달한다.

해설 공구를 던져서 전달하는 방법은 지양되어야 한다.

04 다음 사항 중 재해의 직접적인 원인에 해당되는 것은?
① 불안전한 상태   ② 기술적인 원인
③ 관리적인 원인   ④ 교육적인 원인

해설 재해의 원인에서 불안전한 상태는 직접적인 원인이다. 나머지는 간접적이다.

05 프레온 냉매에 대한 것 중 염려가 되는 것은?
① 폭발   ② 화재
③ 독성   ④ 금속재료의 부식

해설
- 프레온 독성은 불소수가 많고 염소수가 적을수록 독성은 적다.
- 프레온은 HF, HCl 등 산을 생성하여 금속을 부식시킨다.
- Mg이나 Mg 2% 이상 함유한 Al을 부식시킨다.

06 B급 화재(유류)에 가장 적합한 소화기는?
① 산알칼리 소화기   ② 강화액 소화기
③ 포말 소화기   ④ 방화수

해설 유류 화재 : 포말 소화기, 분말 소화기

07 보일러 수면계 수위가 보이지 않을 시 응급조치 사항은?
① 연료의 공급차단   ② 냉수공급
③ 증기보충   ④ 자연냉각

해설 보일러 저수위사고(수면계가 보이지 않으면)에서는 연료의 공급차단이 가장 우선이다.

08 산소용접 토치 취급법에 대한 설명 중 잘못된 것은?
① 용접팁은 흙바닥에 놓아서는 안 된다.
② 작업목적에 따라서 팁을 선정한다.
③ 토치는 기름으로 닦아 보관해 두어야 한다.
④ 점화 전에 토치의 안전여부를 검사한다.

해설 산소용접 토치는 기름과는 멀리한다.

09 교류 용접 시 표시란에 AW200이라고 표시되어 있을 때 200은 무엇을 나타내는가?
① 정격 1차 전류값   ② 정격 2차 전류값
③ 1차 전류 최대값   ④ 2차 전류 최대값

해설 교류용접기 표시란 AW200 : 정격 2차 전류값이다.

1.③ 2.④ 3.④ 4.① 5.④ 6.③ 7.① 8.③ 9.② | ANSWER

10 보일러에 대한 안전도를 검사하지 않아도 되는 경우는?
① 보일러를 수리했을 때
② 보일러를 가동했을 때
③ 보일러를 신설했을 때
④ 제작자가 제품을 완성해 놓았을 때

해설 보일러 가동 시는 수면계 점검이나 압력계 주시 등에 대한 주의가 필요하다.

11 정전작업이 끝난 후 필요한 조치사항은?
① 감전위험요인 제거
② 개로 개폐기의 시건 혹은 표시
③ 단락접지
④ 감독자 선임

해설 정전작업이 끝난 후에는 감전위험 요인을 제거한다.

12 안전점검의 주 목적은?
① 위험을 사전에 발견하여 시정하는 데 있다.
② 법 및 기준에의 적합여부를 점검하는 데 있다.
③ 안전작업 표준의 적절성을 점검하는 데 있다.
④ 시설, 장비의 설계를 점검하는 데 있다.

해설 안전점검의 주 목적은 위험을 사전에 발견하여 시정하는 데 있다.

13 드릴 작업 중 칩의 제거방법으로서 가장 안전한 방법은?
① 회전시키면서 막대로 제거한다.
② 회전시키면서 솔로 제거한다.
③ 회전을 중지시킨 후 손으로 제거한다.
④ 회전을 중지시킨 후 솔로 제거한다.

해설 드릴 작업 중 칩의 제거방법은 회전을 중지시킨 후 솔로 제거한다.

14 산소가 결핍되어 있는 장소에서 사용되는 마스크는?
① 송풍 마스크
② 방진 마스크
③ 방독 마스크
④ 특급 방진 마스크

해설 산소가 18% 이하이면 결핍이므로 송풍 마스크가 필요하다.

15 그라인더 작업이 안전수칙에 위배되는 것은?
① 숫돌차의 옆면에 붙어있는 종이는 떼어 내어 측면을 사용하도록 한다.
② 그라인더 커버가 없는 것은 사용을 금한다.
③ 연마할 때는 너무 강하게 누르지 말고 가볍게 접촉시킨다.
④ 숫돌은 작업시작 전엔 결함유무를 확인한다.

해설 그라인더 작업은 정면을 사용한다.

16 다음 중 고속 다기통 압축기의 장점이 아닌 것은?
① 체적효율이 좋다.
② 부품교환 범위가 넓다.
③ 진동이 비교적 적다.
④ 용량에 비하여 기계가 작다.

해설 고속 다기통 압축기의 단점은 체적효율이 나쁜 편이다.

17 회전식 압축기에서 회전식 베인형의 베인은?
① 구계에 의하여 실린더에 부착한다.
② 고압에 의하여 실린더에 부착한다.
③ 스프링 힘에 의하여 실린더에 부착한다.
④ 원심력에 의하여 실린더에 부착한다.

해설 회전식 압축기에서 베인형은 원심력에 의하여 실린더에 부착한다.

18 터보 냉동기의 구조에서 불응축 가스 퍼지, 진공작업, 냉대충전, 냉매재생의 기능을 갖추고 있는 장치는?
① 플로트 챔버 장치
② 전동장치
③ 엘리미네이터 장치
④ 추기회수장치

ANSWER | 10. ② 11. ① 12. ① 13. ④ 14. ① 15. ① 16. ① 17. ④ 18. ④

해설 추기회수장치는 불응축 가스의 퍼지, 진공작업 등에 관한 기능을 가진 터보냉동기의 부속품이다.

19 아래 그림과 같은 A, B의 증발기에 관한 설명 중 옳은 것은?

그림 A

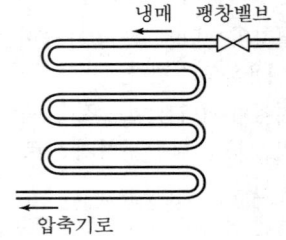

그림 B

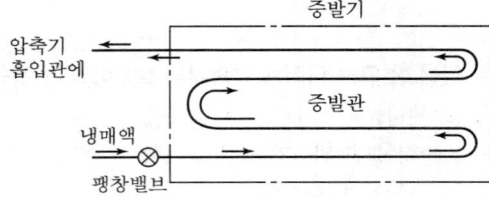

① A와 B는 건식 증발기이며 전열은 A가 더 양호하다.
② A는 건식, B는 만액식 증발기이며 전열은 B가 더 양호하다.
③ A는 건식, B는 반만액식이며 전열은 B가 더 양호하다.
④ A와 B는 반만액식 증발기이며 전열은 A와 B가 동등하다.

해설 A : 건식 증발기
B : 반만액식 증발기(전열이 양호)

20 다음 중 강관용 공구가 아닌 것은?
① 파이프 바이스   ② 파이프 커터
③ 드레서   ④ 동력 나사절삭기

해설 드레서는 연관표면의 산화물 제거용 공구

21 포핏(Poppet)밸브의 사용처에 관한 설명으로 가장 옳은 것은?
① 암모니아 입형 저속 압축기에 많이 사용한다.
② 카 쿨러에 많이 사용한다.
③ 프레온 소형 압축기에 많이 사용한다.
④ 고속 압축기의 토출밸브에 사용한다.

해설 포핏밸브는 중량이 무겁고 구조가 튼튼하며 암모니아(NH_3) 입형 저속에 많이 사용하는 밸브

22 다음 중 비등점이 가장 높은 것은?(단, 대기압에서)
① NH_3 ② CO_2
③ $R-502$ ④ SO_2

해설 비등점
① NH_3 : $-33.3℃$ ② CO_2 : $-78.5℃$
③ $R-502$: $-45.6℃$ ④ SO_2 : $-10℃$

23 프레온계 냉매의 특성으로 거리가 먼 것은?
① 화학적으로 안정하다.
② 비열비가 작다.
③ 전기절연물을 침식시키지 않으므로 밀폐형 압축기에 적합하다.
④ 수분과의 용해성이 극히 크다.

해설 ① 암모니아의 특징은 비열비가 높다.
② 프레온은 수분과의 용해도가 극히 작아서 제습기가 필요하다.

24 제빙장치에서 브라인의 온도가 $-10℃$이고, 결빙소요 시간이 48시간일 때 얼음의 두께는 약 몇 mm인가?
① 253mm   ② 273mm
③ 293mm   ④ 313mm

해설
$48 = \dfrac{0.56 \times t^2}{-(-10)}$
$t^2 = \dfrac{48 \times 10}{0.56} = 857.4$
$\therefore t = \sqrt{857.14 \times 10} = 293mm$

25 NH₃ 냉매를 사용하는 냉동장치에서는 열교환기를 설치하지 않는다. 그 이유는?
① 응축압력이 낮기 때문에
② 증발압력이 낮기 때문에
③ 비열비 값이 크기 때문에
④ 임계점이 높기 때문에

해설 냉매는 비열비(1.31)가 커서 열교환기가 필요 없다.

26 프레온 냉동장치에 대한 다음 설명 중 옳은 것은?
① 냉매가 다량 누설하는 부위에 헬라이드 토치를 가깝게 대면 불꽃은 흑색으로 변한다.
② -50~-70℃의 저온용 배관재료로서 이음매 없는 동관을 사용한다.
③ 브라인 중에 냉매가 누설하였을 경우의 시험 약품으로서 네슬러 시약 용액을 사용한다.
④ 포밍을 방지하기 위해 압축기에 오일필터를 사용한다.

해설 -50~-70℃ 배관은 동관 사용

27 수랭식 응축기의 능력은 냉각수 온도와 냉각수량에 의해 결정되는데, 응축기의 능력을 증대시키는 방법에 관한 사항 중 틀린 것은?
① 냉각수온을 낮춘다.
② 응축기의 냉각관을 세척한다.
③ 냉각수량을 늘린다.
④ 냉각수 유속을 줄인다.

해설 수랭식 응축기의 능력을 증대하려면 냉각수 유속을 증가시킨다.

28 다음 그림기호 중 정압식 자동팽창밸브를 나타내는 것은?

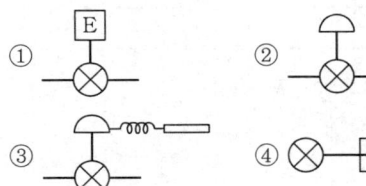

해설 정압식 : AEV, 온도식 : TEV
파일럿식 : PEV

29 고속다기통 압축기에서 정상운전상태로서의 유압은 저압보다 얼마나 높아야 하는가?
① 0~1.5kg/cm²
② 1.5~3.0kg/cm²
③ 3.5~4.0kg/cm²
④ 4.5~5.0kg/cm²

해설 고속다기통 압축기의 정상운전 시 유압
저압+1.5~3.0kg/cm²이다.

30 주어진 입력신호가 동시에 가해질 때만 출력이 나오는 회로를 무슨 회로라 하는가?
① AND
② OR
③ NOT
④ NAND

해설 AND 회로

입력		출력
A	B	X
0	0	0
0	1	0
1	0	0
1	1	1

주어진 입력신호 A, B가 동시에 가해질 때만 출력이 나오는 회로가 AND 회로이다
X=A, B

31 다음 중 터보냉동기에 사용하는 냉매는?
① R-11
② R-12
③ R-21
④ R-13

해설 터보냉동기용 냉매
• R-11
• R-113

32 증발온도의 변화에 따른 비교가 맞지 않은 것은?

① 증발잠열 : 저온(-20℃) > 중온(-10℃) > 고온(0℃)
② 냉동효과 : 저온(-20℃) > 중온(-10℃) > 고온(0℃)
③ 토출가스온도 : 저온(-20℃) > 중온(-10℃) > 고온(0℃)
④ 압축비 : 저온(-20℃) > 중온(-10℃) > 고온(0℃)

해설 증발온도가 높을수록 냉동효과가 좋아진다.

33 가정용 백열전등의 점등 스위치는 어떤 스위치인가?

① 복귀형 스위치   ② 검출 스위치
③ 리밋 스위치   ④ 유지형 스위치

해설 가정용 백열전등 점등 스위치 : 유지형 스위치

34 축봉장치(Shaft Seal)의 역할로서 부적당한 것은?

① 냉매누설방지
② 오일누설방지
③ 외기침입방지
④ 전동기의 슬립(Slip) 방지

해설 축봉장치의 역할
- 냉매 및 윤활유의 누설
- 외기의 침입방지
- 기밀유지

35 강관의 나사이음용 이음쇠 중 밴드의 종류에 해당하지 않는 것은?

① 암수 롱 밴드   ② 45° 롱 밴드
③ 리턴 밴드   ④ 크로스 밴드

해설 밴드
- 암수 롱 밴드
- 45° 암수 롱 밴드
- 리턴 밴드

36 다음 응축기에 대한 설명 중 옳은 것은?

① 수랭식 응축기에서는 냉각수의 흐르는 속도가 클수록 열통과율이 크지만 부식될 염려가 있다.
② 냉각관 내에 물때가 많이 끼어도 응축효과는 변하지 않는다.
③ 응축기의 안전밸브의 최소구경은 압축기의 피스톤 입출량에 의해서 산출된다.
④ 해수를 냉각수로 사용하는 응축기에서는 동합금이 부식을 일으키기 때문에 일반적으로 배관용 탄소강관을 사용한다.

해설 수랭식 응축기에서는 냉각수의 흐르는 속도가 클수록 열통과율이 크지만 부식의 염려가 있다.

37 수평배관을 서로 연결할 때 사용되는 이음쇠는?

① 엘보(Elbow)
② 티(Tee)
③ 유니언(Union)
④ 캡(Cap)

해설 유니언은 수평배관 이음쇠이다.

38 $P-h$(몰리에르) 선도에서 팽창밸브 통과 시 발생한 플래시 가스(Flash Gas)량을 알기위해 필요한 선은?

① 등건조도선   ② 등비체적선
③ 동온선   ④ 등엔트로피선

해설 등건조도선은 $P-h$ 선도에서 팽창밸브 통과 시 플래시 가스량을 알수 있다.

39 관속을 흐르는 유체가 가스관을 나타내는 것은?

① ─O⊙   ② ─G⊙
③ ─S⊙   ④ ─A⊙

해설 O : 오일   S : 증기   W : 물
G : 가스   A : 공기

32. ② 33. ④ 34. ④ 35. ④ 36. ① 37. ③ 38. ① 39. ② | ANSWER

40 다음의 $P-h$ 선도(Mollier 선도)에서 등온선을 나타낸 것은?

①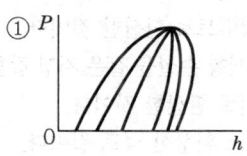

②

③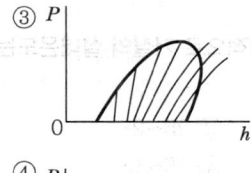

④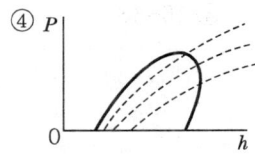

해설 ② : 등온선
③ : 등엔트로피선

41 동력의 단위 중 그 값이 큰 순서대로 나열된 것은? (단, PS는 국제 마력이고, HP는 영국 마력임)

① 1kW>1HP>1PS>1kg·m/sec
② 1kW>1PS>1HP>1kg·m/sec
③ 1HP>1PS>1kW>1kg·m/sec
④ 1HP>1PS>1kg·m/sec>1kW

해설
· 1kW−h=860kcal
· 1PS−h=632kcal
· 1HP−h=641kcal
· 1kg·m/s=0.00234kcal

42 그림은 8핀 타이머의 내부회로도이다. ⑤, ⑧접점을 표시한 것은 무엇인가?

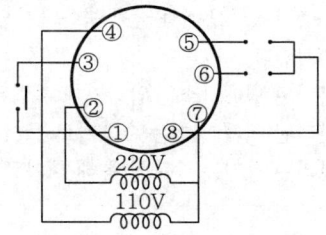

① ⑤─○─△─○─⑧

② ⑤─○──△──○─⑧

③ ⑤─○────○─⑧

④ ⑤─○────○─⑧

해설 ⑤−⑧ 접점: 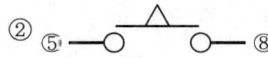(한시 b접점)

43 1초 동안에 75kg·m의 일을 할 경우 시간당 발생하는 열량은 약 몇 kcal/h인가?

① 621kcal/h   ② 632kcal/h
③ 653kcal/h   ④ 675kcal/h

해설 1PS = 75kg·m/s

$1PS-h = 75kg·m/s × 1hr × 3,600s/h × \frac{1}{427}kcal/kg·m$
$= 632kcal$

44 냉동장치가 어떤 조건하에서 운전할 때 냉동 능력이 5RT이고, 압축기 동력이 5kW이면, 응축기에서 방출하여야 할 열량은?(단, 1RT=3,320kcal/h이다.)

① 123,500kcal/h   ② 20,900kcal/h
③ 29,000kcal/h   ④ 14,260kcal/h

해설 1kW−h=860kcal
5×860=4300kcal
3,320×5=16,600kcal
∴ $Q=4,300+16,600=20,900kcal/h$

45 암모니아 냉동기에서 불응축 가스 분리기(Gas-purger)의 작용에 대한 설명 중 틀린 것은?

① 응축기에서 냉매와 같이 액화되지 않은 공기를 분리시킨다.
② 분리된 냉매가스는 압축기에 흡입된다.
③ 분리된 액체 냉매는 수액기로 들어간다.
④ 분리된 공기는 수조를 통해 대기로 방출된다.

해설 불응축 가스는 암모니아(NH_3) 냉동기에서 물통에 방출시키고, 프레온의 경우 불응축 가스의 제거는 대기 중에 방출시킨다.

46 다음 중 라인형 취출구에 해당되지 않는 것은?

① 캠 라인형   ② 슬롯 라인형
③ T-바형   ④ 노즐형

해설 축류형 취출구
노즐형, 펑커루버형

47 다음 중 습공기 선도의 종류의 속하지 않는 것은?(단, h는 엔탈피, x는 절대습도, t는 건구온도, P는 압력을 각각 나타낸다.)

① $h-x$ 선도   ② $t-x$ 선도
③ $t-h$ 선도   ④ $P-h$ 선도

해설 $P-h$ 선도는 냉동기 몰리에르 선도이다.

48 저온수 난방방식의 방열기 표준방열량으로 옳은 것은?

① 450kcal/m²h
② 550kcal/m²h
③ 650kcal/m²h
④ 750kcal/m²h

해설 온수 : 450kcal/m²h
증기 : 650kcal/m²h

49 덕트 상당장이란 무엇인가?

① 덕트의 실제길이를 말한다.
② 덕트의 길이를 원형덕트로 환산한 것이다.
③ 덕트계통에서 국부저항 손실을 같은 저항 값을 갖는 직선덕트의 길이로 환산한 것이다.
④ 덕트의 직경을 20cm 환상한 덕트 길이다.

해설 덕트 상당장
덕트계통에서 국부저항 손실을 같은 저항 값을 갖는 직선 덕트의 길이로 환산한 값이다.

50 냉방을 하는 경우 일반적으로 거실의 실내온도는 몇 ℃로 하는가?

① 29~32   ② 25~28
③ 18~23   ④ 16~18

해설 • 난방 : 18~23℃
• 냉방 : 25~28℃

51 건구온도 20℃, 절대습도 0.008kg/kg(DA)인 공기의 비엔탈피는 약 얼마인가?(단, 공기의 정압비열(C_p) = 0.24kcal/kg℃ 수증기의 정압비열(C_p) = 0.441kcal/kg℃이다.)

① 7.0kcal/kg(DA)   ② 8.3kcal/kg(DA)
③ 9.6kcal/kg(DA)   ④ 11.0kcal/kg(DA)

해설 $hw = ha + xhv = C_p \cdot t + x(\gamma - C_{vp} \cdot t)$
$= 0.24 \times 20 + 0.008(597.5 + 0.44 \times 20)$
$= 4.8 + 4.8504 = 9.6504$ kcal/kg′

52 증기압력에 따라 분류한 증기난방방식에 속하는 것은?

① 고압식   ② 중력식
③ 기계식   ④ 습식

해설 • 저압식 : 0.1~0.35kg/cm²g
• 고압식 : 1.0kg/cm²g 이상

45. ② 46. ④ 47. ④ 48. ① 49. ③ 50. ② 51. ③ 52. ① | ANSWER

53 덕트의 부속품에 대한 설명이다. 잘못된 것은?
① 소형의 풍량 조절용으로는 버터플라이 댐퍼를 사용한다.
② 공조덕트의 분기부에는 베인형 댐퍼를 사용한다.
③ 화재 시 화염이 덕트 내에 침입하였을 때 자동적으로 폐쇄되도록 방화댐퍼를 사용한다.
④ 화재초기 시 연기감지로 다른 방화구역에 연기가 침입하는 것을 방지하는 방연댐퍼를 사용한다.

해설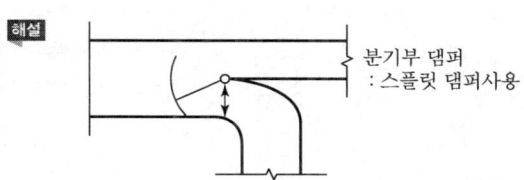
분기부 댐퍼
: 스플릿 댐퍼사용

54 냉수코일에 대한 설명 중 옳지 않은 것은?
① 물의 속도는 일반적으로 1m/s 전후이다.
② 코일을 통과하는 공기의 풍속은 7~8m/s 정도이다.
③ 입구수온과 출구수온의 차이는 일반적으로 5℃ 전후이다.
④ 코일의 설치는 관이 수평으로 놓이게 한다.

해설
• 코일 : 예열코일, 예냉코일, 가열코일, 냉각코일, 열매의 종류에 따라(냉수코일, 온수코일, 냉온수코일, 증기코일, 직접 팽창코일)이 있다.
• 냉수코일의 풍속은 2.0~3.0m/s 정도이다.

55 보일러를 구성하는 3대 요소가 아닌 것은?
① 세정장치   ② 보일러 본체
③ 부속기기   ④ 부속장치

해설 보일러 3대 구성요소
본체, 부속기기, 부속장치

56 강제순환식 난방에서 실내손실 열량이 3,000kcal/h이고, 방열기 입구수온이 50℃, 출구온도가 42℃일 때 펌프 용량은 몇 kg/h인가?
① 254kg/h   ② 313kg/h
③ 342kg/h   ④ 375kg/h

해설 $x = \dfrac{3,000}{(50-42) \times 1} = 375\text{kg/h}$

57 다음 그림에서 설명하는 공기조화방식은?

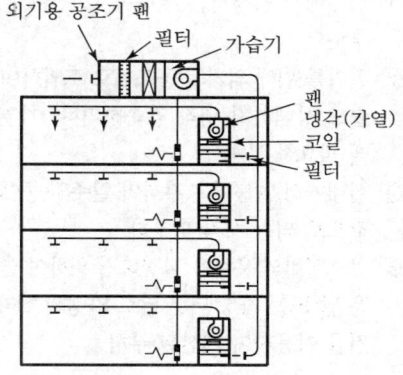

① 단일덕트 방식   ② 이중덕트 방식
③ 가변풍량 방식   ④ 각층 유닛 방식

해설 각층 유닛 방식
각층마다 2차 공조기를 설치하고 중앙공조기(1차 공기)가 외기를 가열 가습, 냉각 감습하여 2차 공조기로 보내 환기와 혼합시킨다.

58 다음 중 공기조화의 정의를 가장 바르게 설명한 것은?
① 일정한 공간의 요구에 알맞은 온도를 적절히 조정하는 것
② 일정한 공간의 습도를 조정하는 것
③ 일정한 공간의 청결도를 조정하는 것
④ 일정한 공간의 요구에 온도, 습도, 청정도, 기류 속도 등을 조정하는 것

해설 공기조화
일정한 공간의 요구에 알맞은 온도, 습도, 청정도, 기류 속도 등을 조정하는 것

59 다음 공조방식 중 에너지 손실이 가장 큰 공조방식은?
① 2중덕트 방식   ② 각층 유닛 방식
③ F.C 유닛 방식   ④ 유인 유닛 방식

ANSWER | 53. ② 54. ② 55. ① 56. ④ 57. ④ 58. ④ 59. ①

해설 이중덕트 방식은 냉풍, 온풍을 혼합시키기 때문에 에너지 손실이 가장 크다.

60 최대 열 부하에 대한 설명으로 옳은 것은?
① 실내에서 발생하는 부하를 1년간에 걸쳐 합계한 부하
② 환기를 위해 외기를 공조기로 도입하여 실내의 온습도 상태까지 냉각 감습하거나, 가열 가습하는데 필요한 부하
③ 실내에서 발생되는 부하가 일주일 중에서 가장 큰 값으로 되는 시각의 부하
④ 공조설비의 용량을 결정하기 위하여 연중 가장 추운 날 또는 가장 더운 날로 가정된 설계용 외기조건을 이용하여 계산된 부하

해설 최대 열 부하
공조설비의 용량을 결정하기 위해 연중 가장 추운 날 또는 가장 더운 날로 가정된 설계용 외기조건을 이용하여 계산된 부하이다.

60. ④ | ANSWER

2006년 4회 공조냉동기계기능사

01 가스 장치실의 구조에 해당되지 않는 것은?
① 벽은 불연성으로 할 것
② 지붕, 천장의 재료는 가벼운 불연성일 것
③ 가스 누출 시 당해 가스가 정체되지 아니하도록 할 것
④ 방음장치를 설치할 것

[해설] 가스 장치실에는 방음장치보다는 방폭구조 시설의 기기부착이 필요하다.

02 다음 중 암모니아 냉매가스의 누설검사로 적합하지 않은 것은?
① 붉은 리트머스 시험지가 청색으로 변한다.
② 브라인에 누설될 때는 네슬러 시약을 이용해서 검사한다.
③ 헬라이드 토치를 사용해서 검사한다.
④ 염화수소와 반응시켜 흰 연기를 발생시켜 검사한다.

[해설] 헬라이드 토치는 프레온 가스의 누설에 적용된다.

03 다음 NH_3 냉동기 운전에 관한 설명 중 가장 위험한 것은?
① 액 해머 현상이 일어나고 있다.
② 압축기 냉각수온이 높아지고 있다.
③ 냉동장치에 수분이 들어 있다.
④ 증발기에 적상이 과도하게 끼어 있다.

[해설] 압축기 운전 중 가장 위험한 것은 액 해머(리퀴드 백) 현상이 일어날 때이다.

04 사업주의 안전에 대한 책임에 해당되지 않는 것은?
① 안전기구의 조직
② 안전활동 참여 및 감독
③ 사고기록 조사 및 분석
④ 안전방침 수립 및 시달

[해설] 사고기록 조사 및 분석은 사고 조사자의 업무사항이다.

05 다음 드릴 작업 중 유의할 사항으로 틀린 것은?
① 작은 공작물이라도 바이스나 크랩을 사용한다.
② 드릴이나 소켓을 척에서 해체시킬 때에는 해머를 사용한다.
③ 가공 중 드릴절삭 부분에 이상음이 들리면 작업을 중지하고 드릴을 바꾼다.
④ 드릴의 착탈은 회전이 멈춘 후에 한다.

[해설] 드릴이나 소켓을 척에서 해체시킬 때에는 해머사용은 필요 없다.

06 작업장 내에 안전표지를 부착하는 이유는?
① 능률적인 작업을 유도하기 위해
② 인간심리의 활성화 촉진
③ 인간행동의 변화 통제
④ 작업장 내의 환경정비 목적

[해설] 작업장 안전표시 부착이유는 인간행동의 변화 통제에 적응하기 위해서이다.

07 보호구를 사용하지 않아도 무방한 작업은?
① 우해 방사선을 쬐는 작업
② 유해물을 취급하는 작업
③ 공작기계를 판매하는 작업
④ 유해가스를 발산하는 장소에서 행하는 작업

[해설] 기계 판매작업 시 보호구는 사용하지 않아도 된다.

08 기계의 운전 중에도 할 수 있는 것은?
① 치수측정   ② 주유
③ 분해조립   ④ 기계주변 변경

[해설] 기계의 운전 중에도 주유는 가능하다.

ANSWER | 1.④ 2.③ 3.① 4.③ 5.② 6.③ 7.③ 8.②

09 가스 용접 시 사용하는 아세틸렌 호스의 색깔은?
① 흑색　　　② 적색
③ 녹색　　　④ 백색

해설　아세틸렌가스 호스의 색깔은 적색이다.

10 다음 중 소화기는 어느 곳에 두어야 가장 적당한가?
① 밀폐된 곳에 둔다.
② 방화물질이 있는 곳에 둔다.
③ 눈에 잘 띄는 곳에 둔다.
④ 적당한 구석에 둔다.

해설　소화기 설치장소 : 눈에 잘 띄는 곳에 둔다.

11 사용 중인 보일러의 점화 전 일반 준비사항으로 옳지 않은 것은?
① 수면계 수위를 확인할 것
② 압력계 기능을 확인할 것
③ 연료가 석탄일 경우에는 오일펌프와 프리히터를 작동시킬 것
④ 댐퍼, 안전밸브, 급수장치를 조절할 것

해설　오일펌프 및 프리히터 작동 시에는 연료가 석탄이 아닌 중유 사용 시에 필요하다.

12 감전사고를 예방하기 위한 조치로서 적당하지 못한 것은?
① 전기 기기에 위험 표시
② 전기 설비의 점검 철저
③ 가급적 보호접지는 생략
④ 노출된 충전부분에는 절연용 보호구를 설치

해설　감전사고를 예방하기 위해서는 가급적 보호접지가 필요하다.

13 보일러 내부의 수위가 내려가 과열되었을 때 응급 조치 사항 중 타당하지 않은 것은?
① 보일러의 운전을 정지시킬 것
② 급수밸브를 열어 급히 다량의 물을 공급할 것
③ 댐퍼 및 재를 받는 곳의 문을 닫을 것
④ 연료의 공급밸브를 중지하고 댐퍼와 1차 공기의 입구를 차단할 것

해설　보일러 내부의 수위가 내려가서 저수위 사고가 발생 시 응급 조치는 ①, ③, ④의 사항이고 조사 후 변형이 없으면 급수한다.

14 작업 시에 입는 작업복으로서 부적당한 것은?
① 주머니는 가급적 수가 적은 것이 좋다.
② 정전기가 발생하기 쉬운 섬유질 옷의 착용을 금한다.
③ 옷에 끈이 있는 것은 기계작업을 할 때는 입지 않는다.
④ 화학약품 작업 시는 화학약품에 내성이 약한 것을 착용한다.

해설　화학약품 작업 시에는 화학약품에 내성이 강한 작업복 착용이 요망된다.

15 줄을 사용할 때의 주의점 중 틀린 것은?
① 반드시 자루를 끼워서 사용할 것
② 해머 대용으로 사용하지 말 것
③ 땜질한 줄은 부러지기 쉬우므로 사용하지 말 것
④ 줄의 눈이 막힌 것은 손으로 털어 사용할 것

해설　줄의 눈이 막히면 와이어브러시 등으로 털어 낸다.

16 R-12를 사용하는 밀폐식 냉동기의 전동기가 타서 냉매가 수백도의 고온에 노출되었을 경우 발생하는 유독 기체는?
① 일산화탄소
② 사염화탄소
③ 포스겐
④ 염소

해설　R-12 냉매가 고온에 노출되면 독성가스인 포스겐 [$COCl_2$]이 발생된다.

9. ②　10. ③　11. ③　12. ③　13. ②　14. ④　15. ④　16. ③ | ANSWER

17 NH₃ 냉동장치에서 토출가스의 과냉각은 몇 ℃가 적당한가?
① 5℃ ② 11℃
③ 14℃ ④ 21℃

해설 토출가스의 과냉각은 5℃가 가장 이상적이다.

18 다음은 공비냉매의 조합에 대한 설명이다. 틀린 것은?
① R-500=R152+R12
② R-501=R12+R22
③ R-502=R115+R22
④ R-503=R13+R22

해설 R-503=R-23+R-13

19 압축기에서 보통 안전밸브의 분출압력은 고압차단 스위치(HPS) 작동압력에 비하여 어떻게 조정하면 좋은가?
① 고압차단 스위치 작동압력보다 다소 낮게 한다.
② 고압차단 스위치 작동압력보다 다소 높게 한다.
③ 고압차단 스위치 작동압력과 같게 한다.
④ 고압차단 스위치 작동압력보다 낮거나 높아도 관계없다.

해설 압축기에서 안전밸브의 분출 압력은 HPS 보다 다소 높게 조정하여 분출되게 한다.

20 관 절단 후 절단부에 생기는 비트(거스러미)를 제거하는 공구는?
① 클립 ② 사이징 툴
③ 파이프 리머 ④ 쇠톱

해설 파이프 리머 : 거스러미 제거용

21 원심식 냉동기의 서징 현상에 대한 설명 중 옳지 않은 것은?
① 응축압력이 한계점 이상으로 계속 상승한다.
② 전류계의 지침이 심히 움직인다.
③ 고압이 저하하며, 저압이 상승한다.
④ 소음과 진동을 수반하고 베어링 등 운동부분에서 급격한 마모현상이 발생한다.

해설 서징 현상 시 이상현상은 ②, ③, ④항의 부작용이 발생한다.(어떤 한계치 이하의 가스 유량 운전 시 서징 발생)

22 제빙용으로 적당한 증발기는?
① 플레이트식 증발기
② 헤링본식 증발기
③ 셀 튜브식 건식 증발기
④ 팬코일식 증발기

해설 제빙용 증발기 : 헤링본식 증발기

23 다음 중 무기질 단열재에 해당되지 않는 것은?
① 펠트 ② 유리면
③ 암면 ④ 규조토

해설 펠트는 유기질 단열재이다.

24 2단 압축 냉동장치에 있어서 다음 사항 중 옳은 것은?
① 고단 측 압축기와 저단 측 압축기의 피스톤 압출량을 비교하면 저단 측이 크다.
② 냉매순환량은 저단 측 압축기 쪽이 많다.
③ 2단 압축은 압축비와는 관계없으며 단단압축에 비해 유리하다.
④ 2단 압축은 R-22 및 R-12에는 사용되지 않는다.

해설 피스톤 압출량은 저단 측 압축기가 고단 측 압축기 보다 2단 압축에서는 더 크다.

25 브라인의 구비조건으로 적당하지 못한 것은?
① 응고점이 낮아야 한다.
② 열전도가 커야 한다.
③ 화학반응을 일으키지 않아야 한다.
④ 점성이 커야 한다.

ANSWER | 17. ① 18. ④ 19. ② 20. ③ 21. ① 22. ② 23. ① 24. ① 25. ④

해설 브라인 간접냉매는 점성이 적어야 동력소비가 적다.

26 흡수식 냉동장치에는 안전확보와 기기의 보호를 위하여 여러 가지 안전장치가 설치되어 있다. 그 목적에 해당되지 않는 것은?
① 냉수 동결방지　② 결정방지
③ 모터보호　　　④ 압축기보호

해설 흡수식 냉동기에서는 압축기가 장착되지 않는다.

27 흡수식 냉동기의 특징이 아닌 것은?
① 압축기 구동용의 대형 전동기가 없다.
② 부분 부하 시의 운전 특성이 우수하다.
③ 용량제어성의 좋다.
④ 부하가 규정용량을 초과하게 되면 상당히 위험하다.

해설 흡수식 냉동기는 비교적 안전하게 용이하다.(저압용이기 때문이다.)

28 냉매가스 압축 시 단열압축이 행하여지는데 토출가스의 온도가 상승하는 이유는?
① 압축일량이 열로 바뀌어서 냉매에 전해지기 때문
② 주위의 열을 흡수하여 냉매가스의 온도를 높이기 때문
③ 내부에너지를 사용하여 냉매가스의 온도를 높이기 때문
④ 압축 시 팽창된 냉매가스의 체적이 열로 바뀌기 때문

해설 단열압축에서는 압축일량이 열로 바뀌어서 냉매에 전해지므로 온도가 상승한다.

29 냉매의 설명으로 적당하지 못한 것은?
① 프레온 냉동장치에서 유분리기를 압축기에서 멀리 응축기 가까운 곳에 설치하면 가스온도가 낮아져 유의 점도가 커지므로 분리가 용이하다.
② 프레온 냉동장치에서는 수분에 의한 영향을 덜기 위해 건조기를 설치한다.
③ NH_3 냉동장치에서의 패킹재료로서 천연고무가 사용된다.
④ 압축효율 증대를 위해 NH_3 냉동장치에서는 워터재킷을 설치한다.

해설 프레온 냉매는 온도가 오히려 높아야 오일과 냉가스 분리가 용이하다. 압축기와 응축기 사이의 1/4 지점에 유분리기 설치

30 저압차단 스위치(LPS)의 작동에 의하여 장치가 정지되었을 때 점검사항에 속하는 사항이다. 틀린 것은?
① 응축기의 냉각수 단수 여부 확인 조치
② 압축기의 용량제어장치의 고장여부
③ 저압 측의 적상 유무확인
④ 팽창밸브의 개도 점검

해설 LPS는 저압이 일정 이하가 되면 전기적 접점이 떨어져서 압축기의 운전이 정지된다.

31 30℃의 물 2,000Kg을 -15℃의 얼음으로 만들려고 한다. 이 경우 물로부터 빼앗아야 할 열량은 약 얼마인가?(단, 외부로부터 침입되는 열량은 없는 것으로 한다.)
① 149,400kcal　② 234,360kcal
③ 281,232kcal　④ 393,400kcal

해설 $2,000 \times 0.5 \times [0-(-15)] = 15,000$kcal
$2,000 \times 79.68 = 159,360$kcal
$2,000 \times 1 \times (30-0) = 60,000$kcal
∴ $15,000 + 159,360 + 60,000 = 234,360$kcal

32 다음 그림과 같은 논리회로는?

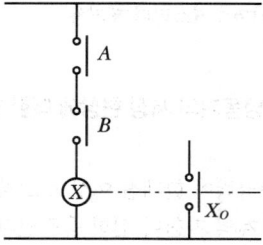

26. ④ 27. ④ 28. ① 29. ① 30. ① 31. ② 32. ④ | ANSWER

① OR 회로　② NOR 회로
③ NOT 회로　④ AND 회로

해설 AND(논리곱회로)
- ON(도통)=1
- OFF(비도통)=0
- $Y = X_1 \cdot X_2$
- 기호

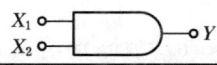

입력		출력
X_1	X_2	Y
0	0	0
0	1	0
1	0	0
1	1	1

33 접합점의 온도를 달리하여 전기가 흐르는 현상은?
① 전자효과　② 제백효과
③ 펠티어효과　④ 줄톰슨효과

해설 제백효과
접합점의 온도를 달리하여 전기가 흐른다.(열전대 온도계에 접목)

34 다음 중 용어설명이 맞는 것은?
① 건포화증기 : 습포화증기를 계속 가열하여 액이 존재하지 않는 포화상태의 가스
② 과열도 : 과열증기 온도 - 포화액 온도
③ 포화온도 : 어떤 압력 하에서 상승하는 온도
④ 건조도 : 과열증기 구역에서 액과 가스의 존재비율

해설
② 과열도 : 과열증기 온도 - 포화증기 온도
③ 포화온도 : 어떤 압력하에서의 온도
④ 건조도 : 습증기구역에서 가스의 비율

35 압축기의 톱 클리어런스(Top Clearance)가 크면 어떠한 영향이 나타나는가?
① 체적효율이 증대한다.
② 냉동능력이 감소한다.
③ 압축가스 온도가 저하한다.
④ 윤활유가 열화하지 않는다.

해설 압축기 톱 클리어런스(간극)가 크면 냉동능력이나 체적효율 감소가 온다.

36 복귀형 수동 스위치의 a 접점기호는?

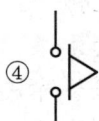

해설
─o̸o─ : 수동복귀 b 접점
─⌐o─ : 수동복귀 a 접점

37 액체가 기체로 변할 때의 열은?
① 승화열　② 응축열
③ 증발열　④ 융해열

해설 증발열 : 액체가 기체로 변할 때의 열

38 몰리에 선도상에서 알 수 없는 것은?
① 압축비　② 냉동효과
③ 성적계수　④ 압축효율

해설 몰리에 선도
- 등압선
- 등온선
- 등엔트로피선
- 등엔탈피선
- 등비체직선
- 등건조도선

39 다음 중 나사용 패킹이 아닌 것은?
① 네오프렌　② 일산화연
③ 액상 합성수지　④ 페인트

해설 네오프렌
고무 패킹재로서 플랜지 패킹이다.

ANSWER | 33.② 34.① 35.② 36.③ 37.③ 38.④ 39.①

40 다음 중 흡수식 냉동장치의 적용대상이 아닌 것은?
① 백화점 공조용 ② 산업공조용
③ 제빙공장용 ④ 냉난방장치용

해설 흡수식 냉동장치는 냉방에만(공조냉동) 관여한다.

41 증발온도가 다른 2개의 증발기에서 발생하는 냉매가스를 압축하는 다효압축 시 저압 흡입구는 어디에 연결되어 있는가?
① 피스톤 상부
② 피스톤 행정 최하단 실린더 벽
③ 피스톤 하부
④ 피스톤 행정 중간 실린더 벽

해설 다효압축
증발 온도가 다른 두 개의 증발기에서 발생하는 압력이 다른 가스를 1개의 압축기로 동시에 흡입하며 저압 흡입구는 피스톤 상부에 연결된다.

42 배관에서 지름이 다른 관을 연결하는 데 사용하는 것은?
① 캡 ② 유니언
③ 리듀서 ④ 플러그

해설 리듀서
배관에서 지름이 다른 관을 연결하는 부속이다.

43 얼음두께 280mm, 브라인 온도 −9℃일 때 결빙에 소요된 시간은?
① 약 25시간 ② 약 49시간
③ 약 60시간 ④ 약 75시간

해설 $h = \dfrac{0.56 t^2}{-(tb)} = \dfrac{0.56 \times (28)^2}{-(-9)} = 48.78$ 시간
※ 280mm = 28cm

44 다음 유체의 문자기호의 의미가 다른 것은?
① 공기 − A ② 가스 − G
③ 유류 − O ④ 물 − S

해설 물 : W, 스팀 : S

45 피스톤의 지름이 150mm, 행정이 90mm, 회전수가 1,500rpm이고, 6기통인 암모니아 왕복동 피스톤 토출량은 약 얼마인가?
① 211.9m³/h ② 311.9m³/h
③ 658.4m³/h ④ 858.4m³/h

해설 $Q = \dfrac{\pi}{4} D^2 \cdot L \cdot N \cdot R \times 60$
$= \dfrac{3.14}{4} \times (0.15)^2 \times 0.09 \times 6 \times 1,500 \times 60 = 858.4 \text{m}^3/\text{h}$

46 증기방열기의 표준방열량 값은 몇 kcal/m² · h인가?
① 450 ② 650
③ 750 ④ 850

해설
• 증기방열기 : 650kcal/m² · h
• 온수방열기 : 450kcal/m² · h

47 난방 시의 상대습도와 실내 기류의 값으로 적당한 것은?
① 60~70%, 0.13~0.18m/s
② 40~50%, 0.13~0.18m/s
③ 20~30%, 0.10~0.25m/s
④ 60~70%, 0.10~0.25m/s

해설 난방
• 상대습도 : 40~50%
• 기류속도 : 0.13~0.18m/s

48 외기온도 −5℃일 때 공급공기를 18℃로 유지하는 히트펌프 난방을 한다. 방의 총 열손실이 50,000 kcal/h일 때 외기로부터 얻은 열량은 몇 kcal/h인가?
① 43,500 ② 46,047
③ 50,000 ④ 53,255

해설 $50,000 \times \dfrac{(273-5)}{(273+18)} = 46,048 \text{kcal/h}$

---

40. ③ 41. ① 42. ③ 43. ② 44. ④ 45. ④ 46. ② 47. ② 48. ② | **ANSWER**

49 온도, 습도, 기류의 영향을 하나로 모아서 만든 온열 쾌감지표는?
① 실내건구온도 ② 실내습구온도
③ 상대습도 ④ 유효온도

해설 유효온도
온도, 습도, 기류의 영향을 하나로 모아서 만든 온열 쾌감지표이다.

50 패키지 유닛 방식의 특징이 아닌 것은?
① 중앙기계실의 면적을 적게 차지한다.
② 취급이 간단해서 단독운전을 할 수 있고, 대규모 건물 부분공조가 용이하다.
③ 송풍기 정압이 높으므로 제진효율이 높아진다.
④ 시공이 용이하고 공기가 단축된다.

해설 패키지 유닛 방식의 특징은 ①, ②, ④항의 내용이다.

51 보일러에서 절탄기(Economizer)를 사용하였을 때 얻을 수 있는 이점이 아닌 것은?
① 보일러의 열효율이 향상된다.
② 보일러의 증발능력이 증가된다.
③ 보일러판의 열응력을 감소시킨다.
④ 저온부식 방지 및 통풍력이 증대된다.

해설 연도에 절탄기를 설치하면 저온부식이 일어나고 통풍력이 감소한다. 단, 보일러의 열효율은 상승한다.

52 온풍난방을 하고 있는 사무실 내의 거주 환경에서 적합한 건구온도는 몇 ℃인가?
① 22 ② 28
③ 30 ④ 33

해설 난방 시 적정 건구온도 : 22℃

53 다음 공조방식 중 전공기방식이 아닌 것은?
① 팬코일 유닛 방식
② 이중 덕트 방식
③ 단일 덕트 방식
④ 각층 유닛 방식

해설 팬코일 유닛 방식 : 전수방식

54 공조설비에 사용되는 보일러에 대한 설명으로 틀린 것은?
① 증기보일러의 보급수는 가능한 연수장치로 처리할 필요가 있다.
② 보일러 효율은 연료가 보유하는 고위발열량을 기준으로 하고, 보일러에서 발생한 열량과의 비를 나타낸 것이다.
③ 관류보일러는 소요 압력의 증기를 짧은 시간에 발생시킬 수 있다.
④ 보일러의 증기압력이 이상으로 높아지면 보일러가 파괴될 위험성이 있으므로 안전장치로서 본체에 안전밸브를 설치할 필요가 있다.

해설 효율
$$\frac{\text{시간당 증기발생량(발생증기엔탈피 - 급수엔탈피)}}{\text{시간당 연료소비량} \times \text{연료의 저위발열량}} \times 100(\%)$$

55 보일러에서 공기 예열기 사용 시 이점을 열거한 것 중 틀린 것은?
① 열효율 증가 ② 연소 효율 증대
③ 저질탄 연소 가능 ④ 노내 온도 저하

해설 공기 예열기를 설치하면 노내 온도가 상승되고 연소효율이 증가된다.

56 루버댐퍼에 관한 설명 중 옳은 것은?
① 취출구에 설치하여 풍량조절
② 덕트 도중에서의 풍량조절
③ 분기점에서의 풍량조절
④ 다른 구역으로 연기의 침투를 방지

해설 루버댐퍼 : 취출구설치, 풍량조절용

ANSWER | 49. ④ 50. ③ 51. ④ 52. ① 53. ① 54. ② 55. ④ 56. ①

57 다음 그림에서 설명하고 있는 냉방부하의 변화요인은?

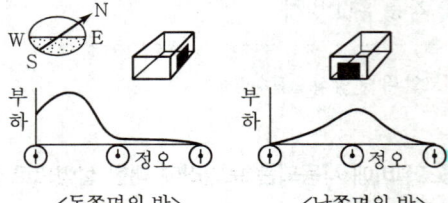
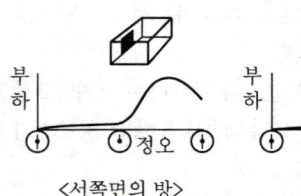

① 방의 크기 ② 방의 방위
③ 단열재의 두께 ④ 단열재의 종류

58 다음 용어 중에서 습공기 선도와 관계가 없는 것은?
① 비체적 ② 열용량
③ 노점온도 ④ 엔탈피

[해설] 열용량이란 어떤 유체를 온도 1℃ 상승시키는 데 필요한 열(kcal/℃)이다. (질량×비열)

59 중앙의 공기조화기로부터 온풍과 냉풍을 혼합하여 각 실에 공급하는 방식은?
① 재열 방식 ② 단일 덕트 방식
③ 이중 덕트 방식 ④ 팬코일 유닛 방식

[해설] 이중 덕트 방식
중앙의 공기조화기로부터 온풍과 냉풍을 혼합하여 각 실에 공급한다.

60 공기조화설비를 하는 이유가 아닌 것은?
① 사용자에게 쾌감 제공
② 작업능률의 증진
③ 화재를 미연에 방지
④ 건강, 유지의 도모

[해설] 공기조화기의 설비 이유는 ①, ②, ④항에 해당된다.

57. ② 58. ② 59. ③ 60. ③ | **ANSWER**

2007년 1회 공조냉동기계기능사

01 안전관리에 대한 가장 중요한 목적이라 할 수 있는 것은?
① 신뢰성 향상 ② 재산보호
③ 생산성 향상 ④ 인간존중

[해설] 안전관리의 중요 목적 : 인간존중

02 다음 중 냉동제조시설에서 안전관리자의 직무에 해당되지 않는 것은?
① 안전관리 규정의 시행
② 냉동시설 설계 및 시공
③ 사업소의 시설 안전유지
④ 사업소 종사자 지휘 감독

[해설] 냉동제조시설 안전관리자의 직무
• 안전관리 규정의 시행
• 사업소의 시설 안전유지
• 사업소 종사자 지휘감독

03 산소압력 조정기의 취급에 대한 설명으로 틀린 것은?
① 작업 중 저압계의 지시가 자연 증가 시 조정기를 바꾸도록 한다.
② 조정기는 정밀하므로 충격이 가해지지 않도록 한다.
③ 조정기의 수리는 전문가에 의뢰하여야 한다.
④ 조정기의 각부에 작동이 원활하도록 기름을 친다.

[해설] 산소는 조연성 가스이므로 조정기에 기름칠을 삼간다.

04 전기기계 기구에서 절연상태를 측정하는 계기로 맞는 것은?
① 검류계 ② 전류계
③ 절연저항계 ④ 접지저항계

[해설] • 절연저항계 : 절연저항을 측정하는 계기
• 절연저항 : 절연물에 직류전압을 가하면 아주 미소한 전류가 흐른다. 이때의 전압과 전류의 비로 구한 저항을 절연저항이라 한다.(단위 : 메그옴 $M\Omega$)

05 보일러 운전 중 역화의 원인이 아닌 것은?
① 흡입통풍이 부족한 경우
② 과대한 연료 공급인 경우
③ 연도 내에 미연소가 없는 경우
④ 점화할 때 착화가 늦은 경우

[해설] 연도 내에 미연소가 없는 경우에는 보일러 운전 중 역화발생이 일어나지 않는다.

06 장갑을 끼고 할 수 있는 작업은?
① 연삭작업
② 드릴작업
③ 판금작업
④ 밀링작업

[해설] 판금작업 시 손을 보호하기 위해 장갑을 끼고 작업해야 한다.

07 다음 중 보일러 파열로 인하여 위험을 초래하는 현상과 관계없는 것은?
① 구조가 불량할 때
② 연료선택 부주의로 증발량이 높을 때
③ 구성재료가 불량할 때
④ 제한압력을 초과해서 사용할 때

[해설] 증발량이 높은 보일러는 정상작동 운전에 의해 가능하다.

08 연소실 내 역화 폭발 등으로부터 보호하기 위한 안전장치는?
① 압력계
② 안전밸브
③ 가용마개
④ 방폭문

[해설] 방폭문
연소실 내 역화나 가스폭발 발생 시 보호하는 안전장치이다.

ANSWER | 1.④ 2.② 3.④ 4.③ 5.③ 6.③ 7.② 8.④

09 NH₃를 충전할 때 지켜야 할 사항으로 적당하지 못한 것은?
① 화기를 취급하는 장소를 피한다.
② 충전 시 적정 규정량을 충전한다.
③ 가스가 다른 곳으로 발산되지 않도록 한다.
④ 저장능력이 1만[kg] 이하인 경우 주택과의 거리는 10[m] 이상의 거리를 가진다.

해설 독성가스가 1만kg 이하일 경우 제2종 보호시설(주택)과는 12m 이상의 거리를 둔다.

10 아크 용접의 안전사항으로 틀린 것은?
① 홀더가 신체에 접촉되지 않도록 한다.
② 절연부분이 균열이나 파손되었으면 교체한다.
③ 장시간 용접기를 사용하지 않을 때는 반드시 스위치를 차단시킨다.
④ 1차 코드는 벗겨진 것을 사용해도 좋다.

해설 아크 용접 시 전기감전방지를 위해 코드가 벗겨진 것은 절대 사용하지 않는다.

11 다음 중 전기로 인한 화재발생 시의 소화물로서 가장 알맞은 것은?
① 모래   ② 포말
③ 물   ④ 탄산가스

해설 전기화재 시 소화물은 CO₂ 소화기가 이상적이다.

12 프레온 냉동장치를 능률적으로 운전하기 위한 대책이 아닌 것은?
① 이상고압이 되지 않도록 주의한다.
② 냉매부족이 없도록 한다.
③ 습압축이 되도록 한다.
④ 각 부의 가스 누설이 없도록 유의한다.

해설 냉동장치는 언제나 건조증기 압축이 되도록 운전하여야 한다.

13 가스용접작업 시 안전관리 조치사항으로 틀린 것은?
① 역화되었을 때는 산소밸브를 열도록 한다.
② 작업하기 전에 안전기에 산소조정기의 상태를 점검한다.
③ 가스의 누설검사는 비눗물을 사용하도록 한다.
④ 작업장은 환기가 잘 되게 한다.

해설 가스용접 시 역화방지 등을 위하여 안정기 사용 산소밸브 등을 차단한다.

14 다음 중 보호구를 사용하지 않고 할 수 있는 작업은?
① 산소가 결핍된 장소에서 작업 시
② 전기용접작업 시
③ 유해가스 취급장소에서 작업 시
④ 물품보관 및 수송작업 시

해설 물품보관이나 수송작업 시에는 보호구 착용을 하지 않고 작업이 가능하다.

15 해머는 다음 어느 것을 사용해야 안전한가?
① 쐐기가 없는 것
② 타격면에 홈이 있는 것
③ 타격면이 평탄한 것
④ 머리가 깨진 것

해설 해머작업 시에는 안전을 위하여 타격면이 평탄한 것을 사용한다.

16 다음 중 냉동능력의 단위로 옳은 것은?
① kcal/kg·m²
② kcal/h
③ m³/h
④ kcal/kg℃

해설
• 냉동기 1RT : 3,320kcal/h
• 냉각탑 1RT : 3,900kcal/h(냉동기 1.65RT)

9. ④ 10. ④ 11. ④ 12. ③ 13. ① 14. ④ 15. ③ 16. ② | **ANSWER**

17 냉각수 입구온도 32℃, 냉각수량 1,000L/ min, 응축기 냉각면적 100m², 그 전열계수가 720kcal/m² h℃이고, 응축온도와 냉각 수온의 평균온도차가 6.5℃일 때 냉각수 출구수온은 얼마인가?

① 31.8℃ ② 35.5℃
③ 39.8℃ ④ 44.6℃

해설 $720 \times 6.5 \times 100 = 468,000$
∴ $\dfrac{468,000}{1,000 \times 60} + 32 = 39.8℃$

18 냉매의 비열비가 크다는 것과 가장 관계가 큰 것은?

① 워터 재킷 ② 플래시 가스
③ 오일포밍 현상 ④ 에멀션 현상

해설 냉매의 비열비가 큰 암모니아 냉매증기는 출구온도가 높아 압축기에 냉각용 워터 재킷이 필요하다.

19 다음 중 초저온에 가장 적합한 냉매는?

① R-11 ② R-12
③ R-13 ④ R-114

해설 • 초저온 냉매 : R-22, R-13, R-14
• 비등점
  - R-13(-81.3℃)
  - R-22(-40.8℃)
  - R-13(CClF₃)
  - R-22(CHClF₂)

20 응축온도 및 증발온도가 냉동기의 성능에 미치는 영향에 관한 사항 중 옳은 것은?

① 응축온도가 일정하고 증발온도가 낮아지면 압축비는 증가한다.
② 증발온도가 일정하고 응축온도가 높아지면 압축비는 감소한다.
③ 응축온도가 일정하고 증발온도가 높아지면 토출가스 온도는 상승한다.
④ 응축온도가 일정하고 증발온도가 낮아지면 냉동능력은 증가한다.

해설 응축온도가 일정한 가운데 증발온도가 낮아지면 증발압력이 낮아져서 압축비(응축/증발)가 커진다.

21 증기압축식 냉동장치의 주요 구성요소가 아닌 것은?

① 압축기 ② 흡수기
③ 응축기 ④ 팽창밸브

해설 흡수식 냉동기 : 흡수기, 증발기, 재생기, 응축기

22 다음 중 압축기와 관계없는 효율은?

① 체적효율 ② 기계효율
③ 압축효율 ④ 슬립효율

해설 슬립 주파수(Slip Frequency)
미끄럼 주파수, 유도전동기의 토크는 회전자계 속을 도는 회전자가 동기 속도 n에 대하여 약간 작은 n'의 속도로 회전함으로써 생긴다.

23 수랭식 응축기에서 시간당 12,000kcal의 열을 제거하고 있을 때 18℃의 물을 매분 40L 사용했다면 냉각수 출구온도는 몇 ℃가 되겠는가?

① 21℃ ② 23℃
③ 25℃ ④ 27℃

해설 $\dfrac{12,000}{60 \times 40 \times 1(x-18)}$
$x = \dfrac{12,000}{60 \times 40 \times 1} + 18 = 23℃$

24 대기 중의 습도가 냉매의 응축온도에 관계있는 응축기는?

① 입형 셸 앤 튜브 응축기
② 이중관식 응축기
③ 횡형 셸 앤 튜브 응축기
④ 증발식 응축기

해설 증발식 응축기
외기의 습도가 높으면 능력이 저하되는 응축기이다.

ANSWER | 17. ③ 18. ① 19. ③ 20. ① 21. ② 22. ④ 23. ② 24. ④

25 팽창밸브에 관한 설명 중 틀린 것은?
① 팽창밸브의 조절이 양호하면 증발기를 나올 때 가스 상태를 건조포화 증기로 할 수 있다.
② 팽창밸브에 될 수 있는 대로 낮은 온도의 냉매액을 보내면 냉동능력이 증대한다.
③ 팽창밸브를 과도하게 조이면 증발기 내부가 저압, 저온이 되어 증발기 출구의 가스가 가열되므로 압축기는 과열압축이 된다.
④ 팽창밸브를 조절할 때는 서서히 개폐하는 것보다 급히 개폐하는 것이 빨리 안정된 운전상태로 들어갈 수 있으므로 좋다.

해설 팽창밸브를 조절할 때는 서서히 개폐하여야 안정된 운전상태로 들어간다.

26 부하가 감소되면 서징(Surging) 현상이 일어나는 압축기는?
① 터보 압축기
② 왕복동 압축기
③ 회전 압축기
④ 스크루 압축기

해설 서징 현상
터보냉동기가 어떤 한계치 이하의 가스유량을 운전하면 운전이 불안하게 되어 진동소음이 발생되는 현상

27 회전식 압축기의 설명 중 틀린 것은?
① 회전식 압축기는 조립이나 조정에 있어 고도의 공작 정밀도가 요구되지 않는다.
② 잔류가스의 재팽창에 의한 체적효율의 감소가 적다.
③ 회전식 압축기는 구조가 간단하다.
④ 왕복동식에 비해 진동과 소음이 적다.

해설 회전식 압축기
회전식은 고정익형, 가변익형이 있다. 그 특징은 ②, ③, ④ 항이고 그 외에도 압축이 연속적이므로 고진공을 얻을 수 있고 왕복동식에 비해 부품의 수가 적고 구조가 간단하다.

28 다음 중 냉동장치의 부속기기에 대한 설명에서 잘못된 것은?
① 여과기는 팽창밸브 직전에 부착하고 가스 중의 먼지를 제거하기 위해 사용한다.
② 암모니아 냉동장치의 유분리기에서 분리된 유(油)는 유류(油留)로 보내 냉매와 분리 후 회수한다.
③ 액순환식 냉동장치에 있어 유분리기는 압축기의 흡입부에 부착한다.
④ 프레온 냉동장치에 있어서는 유와 잘 용해되므로 특별한 유회수장치가 필요하다.

해설 유분리기
• 프레온 냉동장치 : 압축기에서 응축기 사이 $\frac{1}{4}$ 지점에 설치한다.
• 암모니아 냉동장치 : 압축기에서 응축기 사이 $\frac{3}{4}$ 지점에 설치한다.

29 냉각탑의 일리미네이터(Eliminator)의 역할은?
① 물의 증발을 양호하게 한다.
② 공기를 흡수하는 장치다.
③ 물이 과냉각되는 것을 방지한다.
④ 수분이 대기 중에 방출하는 것을 막아주는 장치다.

해설 냉각탑 일리미네이터
수분이 대기 중에 방출하는 것을 막아준다.

30 2단 압축 냉동장치에 있어서 흡입압력 진공도가 7 cmHg.Gauge(P_o), 토출압력이 13kg/cm².Gauge (P_k)일 때 이상적인 중간압력은?

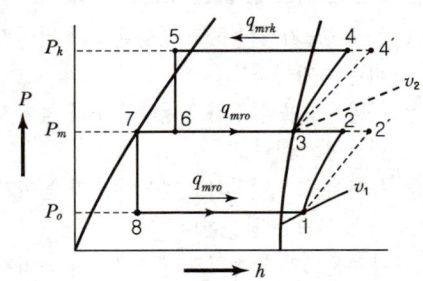

① 1.5[kg/cm²G]
② 2.6[kg/cm²G]
③ 3.6[kg/cm²G]
④ 4.0[kg/cm²G]

해설 $\{\sqrt{0.937 \times (1+13)}\} - 1 = 2.6 \text{kg/cm}^2 \text{G}$

절대압 $= 1.033 \times \dfrac{76-7}{76} = 0.937 \text{kg/cm}^2$

31 간접 팽창식과 비교한 직접 팽창식 냉동장치의 설명으로 틀린 것은?

① 소요동력이 적다.
② RT당 냉매순환량이 적다.
③ 감열에 의해 냉각시키는 방법이다.
④ 냉매 증발온도가 높다.

해설
- 직접 팽창식 : 잠열 형태로 열을 제거한다.
- 간접 팽창식 : 냉각수나, 브라인을 순환시켜 감열에 의해 냉각시킨다.

32 다음 중 전자밸브를 작동시키는 주 원리는?

① 냉매의 압력
② 영구자석 철심의 힘
③ 전류에 의한 자기 작용
④ 전자밸브 내의 소형 전동기

해설 전자밸브의 작동원리
전류에 의한 자기작용을 이용하는 온-오프 방식이다.

33 다음 중 관의 지름이 다를 때 사용하는 이음쇠가 아닌 것은?

① 리듀서
② 부싱
③ 리턴 밴드
④ 편심 이경 소켓

해설 리턴 밴드
동일관을 연결시키는 이음쇠이다.

34 배관의 부식방지를 위해 사용되는 도료가 아닌 것은?

① 광명단   ② 알루미늄
③ 산화철   ④ 석면

해설 석면
아스베스트질 섬유이며 400℃ 이하의 파이프, 탱크, 노벽 등의 보온재이나 사용 중 잘 갈라지지 않아서 진동을 받는 곳에 사용이 가능하나 폐암을 일으키는 물질이다.

35 배관에 설치되어 관속의 유체에 혼입된 불순물을 제거하는 기기는?

① 트랩   ② 체크밸브
③ 스트레이너 ④ 안전밸브

해설 스트레이너
여과기로서 U자형, V자형, Y자형 3가지가 있다.

36 냉매에 따른 배관재료를 선택할 때 옳지 못한 것은?

① 염화에틸-이음매 없는 알루미늄관
② 프레온-배관용 스테인리스 강관
③ 암모니아-압력배관용 탄소강 강관
④ 암모니아-저온배관용 강관

해설
- 염화메틸 냉매[R-40 : CH_3Cl]
- 프레온 냉매는 알루미늄을 부식시킨다.(Mg을 2%이상 함유한 Al 합금)
- 알루미늄관은 전기기기, 광학기기, 위생기기, 방직기기, 항공기 제작용이다.

37 다음 중 유량조절용으로 가장 적합한 밸브의 도시기호는?

① ─▷│◁─   ② ─▷◁─
③ ─▷◁─   ④ ─▷◁─

해설 유량조절용 밸브 : ─▷◁─ 글로브 밸브

38 시퀀스 제어에 속하지 않는 것은?

① 자동 전기밥솥   ② 전기세탁기
③ 가정용 전기냉장고 ④ 네온사인

해설 냉장고(T.C) : On-off 제어

ANSWER | 31. ③ 32. ③ 33. ③ 34. ④ 35. ③ 36. ① 37. ② 38. ③

39 다음은 R-22 표준냉동사이클의 $P-h$ 선도이다. 압축일량은?

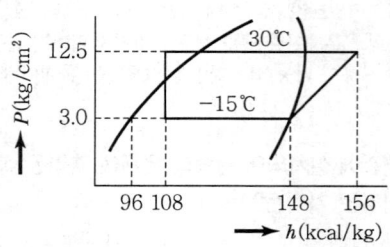

① 8kcal/kg
② 48kcal/kg
③ 52kcal/kg
④ 60kcal/kg

해설 $A = 156 - 148 = 8\text{kcal/kg}$

40 메탄계 냉매 R-22의 분자식은?
① CCl_4
② CCl_3F
③ $CHCl_2F$
④ $CHClF_2$

해설 $CHClF_2 = R-22$
$CHCl_2F = R-21$
$CCl_3F = R-11$

41 냉매 중 NH_3에 대한 설명으로 옳지 않은 것은?
① 누설검지가 대체적으로 쉽다.
② 응고점이 비교적 낮아 초저온용 냉동에 적합하다.
③ 독성, 가연성, 폭발성이 있다.
④ 경제적으로 우수하여 대규모 냉동장치에 널리 사용되고 있다.

해설 암모니아(NH_3) 냉매
• 응고점 : $-77.3℃$(저온용은 부적당)
• 초저온용 냉매 : R-22, R-13, R-14

42 다음 중 할로겐화 탄화수소 냉매가 아닌 것은?
① R-114
② R-115
③ R-134
④ R-717

해설 • 암모니아 냉매 : R-717
• NH_3 분자량 : 17

43 전기저항에 관한 설명 중 틀린 것은?
① 전류가 흐르기 힘든 정도를 저항이라 한다.
② 도체의 길이가 길수록 저항이 커진다.
③ 저항은 도체의 단면적에 반비례한다.
④ 금속의 저항은 온도가 상승하면 감소한다.

해설 전기저항(Electric Resistance)
금속의 저항은 온도가 상승하면 증가한다.

44 열통과에 대한 설명 중 가장 바르게 설명한 것은?
① 열이 기체에서 기체로 이동하는 것이다.
② 열이 기체에서 고체로 이동하는 것이다.
③ 열이 고체벽을 사이에 두고 유체 "A"에서 "B"로 이동하는 것이다.
④ 열이 고체벽 "A"에서 다른 고체벽 "B"로 이동하는 것이다.

해설 • 열통과 : 열이 고체벽을 사이에 두고 유체 "A"에서 "B"로 이동하는 것이다.
• 열통과율 : $kcal/m^2h℃$

45 펌프의 캐비테이션 방지책으로 잘못된 것은?
① 양흡입 펌프를 사용한다.
② 펌프의 회전차를 수중에 완전히 잠기게 한다.
③ 펌프의 설치위치를 낮춘다.
④ 펌프 회전수를 빠르게 한다.

해설 캐비테이션(공동현상)
펌프에서 압력저하 시 유체가 증발하여 소음, 진동, 부식 급수불능 등을 발생한다. 펌프의 회전수를 감소시키면 방지책이 될 수 있다.

46 유효온도와 관계가 없는 것은?
① 온도
② 습도
③ 기류
④ 압력

해설 유효온도(ET : Effective Temperature)
온도, 습도, 기류를 하나로 조합한 상태의 온도감각을 상대습도 100% 풍속 0m/s일 때 느껴지는 온도감각이다.

47 공조방식의 설치위치에 따른 분류 중 중앙식 (전공기) 공조방식의 설명이 아닌 것은?
① 이동보관이 용이하다.
② 많은 배기량에도 적응성이 있다.
③ 공조기가 기계실에 집중되어 있어 관리가 용이하다.
④ 계절변화에 따른 냉난방 전환이 용이하다.

해설 개별방식 공조방식은 이동보관이 용이하다.

48 다음 중 공기조화기의 구성요소가 아닌 것은?
① 공기여과기   ② 공기가열기
③ 공기세정기   ④ 공기압축기

해설 공기조화설비(공조설비)
열원장치, 열운반장치, 공기조화기, 터미널 기구, 자동제어장치가 있다.

49 냉방부하 계산 시 실내에서 취득하는 열량이 아닌 것은?
① 기구, 조명 등의 발생열량
② 유리에서의 침입열량
③ 인체발생열량
④ 송풍기로부터 발생한 열량

해설 기기로부터의 취득열량
• 송풍기에 의한 취득열량
• 덕트로부터의 취득열량

50 환기공조용 저속덕트 송풍기로서 저항변화에 대한 풍량, 동력변화가 크고 정숙운전에 사용하기 알맞은 것은?
① 시로코 팬
② 축류 송풍기
③ 에어 포일팬
④ 프로펠러형 송풍기

해설 시로코 팬
환기공조용 저속덕트 송풍기로서 저항변화에 대해 풍량, 동력변화가 크고 정숙운전에 사용하기 알맞은 송풍기이다.

51 건구온도 30℃, 상대습도 50%인 습공기 500m³/h를 냉각코일에 의하여 냉각한다. 냉각코일의 표면온도는 10℃이고 바이패스 팩터가 0.1이라면 냉각된 공기의 온도(℃)는 얼마인가?
① 10   ② 12
③ 24   ④ 28

해설 $t_4 = t's + (t_3 t's) \times BF$
$= 10 + (30-10) \times 0.1 = 12℃$

52 코일, 팬, 필터를 내장하는 유닛으로서, 여름에는 코일에 냉수를 통과시켜 공기를 냉각 감습하고 겨울에는 온수를 통과시켜 공기를 가열하는 공기조화방식은?
① 덕트병용 패키지 공조기방식
② 각층 유닛 방식
③ 유인 유닛 방식
④ 팬코일 유닛 방식

해설 팬코일 유닛 방식(FCU)
코일, 팬, 필터가 내장된 유닛이다. (외기를 도입하지 않은 방식, 팬코일 유닛으로 외기를 직접 도입하는 방식, 덕트병용 팬코일 유닛 방식)

53 다음 중 저속덕트 방식의 풍속에 해당되는 것은?
① 35~43m/s
② 26~30m/s
③ 13~23m/s
④ 8~12m/s

해설
• 저속덕트 : 풍속 15m/s 이하
• 고속덕트 : 풍속 15m/s 초과

54 원형 덕트의 지름을 사각덕트를 변형시킬 때, 원형 덕트의 d와 사각덕트의 긴 변 길이 a 및 짧은 변 길이 b의 관계식을 나타낸 것 중 옳은 것은?
① $d = \left[\dfrac{a \times b^5}{(a \times b)^2}\right]^{\frac{1}{8}}$

ANSWER | 47.① 48.④ 49.④ 50.① 51.② 52.④ 53.④ 54.③

② $d = 1.3 \times \left[\dfrac{a^5 \times b}{(a+b)^2}\right]^{\frac{1}{8}}$

③ $d = 1.3 \times \left[\dfrac{(a \times b)^5}{(a+b)^2}\right]^{\frac{1}{8}}$

④ $d = \left[\dfrac{a^5 \times b}{(a+b)^2}\right]^{\frac{1}{8}}$

해설 원형 덕트의 직경 또는 상당 직경(d)

$d = 1.3 \times \left[\dfrac{(a \times b)^5}{(a+b)^2}\right]^{\frac{1}{8}}$

55 공기에서 수분을 제거하여 습도를 조정하기 위해서는 어떻게 하는 것이 옳은가?
① 공기의 유로 중에 가열코일을 설치한다.
② 공기의 유로 중에 공기의 노점온도보다 높은 온도의 코일을 설치한다.
③ 공기의 유로 중에 공기의 노점온도와 같은 온도의 코일을 설치한다.
④ 공기의 유로 중에 공기의 노점온도보다 낮은 온도의 코일을 설치한다.

해설 공기 중 수분을 제거하여 습도를 조정하기 위해서는 공기의 유로 중에 공기의 노점보다 낮은 온도의 코일을 설치하여 수분을 제거한다.

56 공업공정 공조의 목적에 대한 설명으로 적당하지 않은 것은?
① 제품의 품질향상
② 공정속도의 증가
③ 불량률의 감소
④ 신속한 사무환경 유지

해설 공업공정 공조의 목적
• 제품의 품질향상
• 공정속도의 증가
• 불량률의 감소

57 밀폐식 온수보일러에만 설치된 부속장치는?
① 팽창탱크
② 스팀트랩
③ 공기빼기밸브
④ 압력계

해설 온수보일러 부속장치
• 팽창탱크   • 순환펌프
• 송수주관   • 환수주관
• 공기빼기밸브(개방식 온수보일러의 경우)

58 복사난방에 대한 설명 중 옳은 것은?
① 복사난방의 공간 이용도는 낮다.
② 복사난방은 방열기가 필요하다.
③ 복사난방은 쾌감도가 좋다.
④ 복사난방은 환기에 의한 손실열량이 크다.

해설 복사난방은 온도 분포가 균일하여 쾌감도가 좋다.

59 방열기는 주로 개구부 근처에 설치하는데 이는 실내 공기의 어떠한 작용을 이용한 것인가?
① 전도
② 대류
③ 복사
④ 전달

해설 방열기는 주로 개구부 근처에 설치하여 대류작용을 이용하여 난방을 실시한다.

60 공기조화방식을 공기방식, 수방식, 냉매방식, 공기·수방식으로 분류할 때 그 기준은?
① 열의 분배방법에 의한 분류
② 제어방식에 의한 분류
③ 열을 운반하는 열매체에 의한 분류
④ 공기조화기의 설치방법에 의한 분류

해설 공기조화방식은 열을 운반하는 열매체에 의한 분류에 의해 전공기방식, 공기-수방식, 전수방식 등이 있다.

55. ④ 56. ④ 57. ① 58. ③ 59. ② 60. ③ | **ANSWER**

2007년 2회 공조냉동기계기능사

01 다음 중 공구별 주된 역할을 바르게 나타낸 것은?
① 펀치 : 목재나 금속을 자르거나 다듬는다.
② 플라이어 : 금속을 절단하는 데 사용한다.
③ 스패너 : 볼트나 너트를 조이고 푸는 데 사용한다.
④ 소켓렌치 : 금속이나 개스킷류 등에 구멍을 뚫는다.

해설 스패너 : 볼트나 너트를 조이고 푸는 데 사용한다.

02 안전사고의 발생 중 가장 큰 원인이라 할 수 있는 것은?
① 설비의 미비
② 정돈상태의 불량
③ 계측공구의 미비
④ 작업자의 실수

해설 안전사고의 발생원인 : 작업자의 실수

03 보호구 선정 시 유의사항에 해당되지 않는 것은?
① 사용 목적에 적합할 것
② 작업에 방해되지 않을 것
③ 규정에 합격하고 보호성능이 보장될 것
④ 외형이 화려할 것

해설 보호구는 외형보다 기능이 중요하다.

04 다음 중 기술적인 대책이 아닌 것은?
① 안전설계   ② 근로의욕의 향상
③ 작업행정의 개선 ④ 점검보전의 확립

해설 기술적 대책
• 안전설계
• 작업행정의 개선
• 점검보전의 확립

05 보일러 운전 중 미연소가스로 인한 폭발에 관한 안전사항으로 옳은 것은?
① 방폭문을 부착한다.
② 연도를 가열한다.
③ 스케일을 제거한다.
④ 배관을 굵게 한다.

해설 방폭문(폭발구)
보일러 운전 중 미연소가스로 인한 폭발 시 폭발가스를 안전한 장소로 대피시킨다.

06 냉동기 검사에 합격한 냉동기에는 다음 사항을 명확히 각인한 금속박판을 부착하여야한다. 각인할 내용에 해당되지 않는 것은?
① 냉매가스의 종류
② 냉동능력(RT)
③ 냉동기 제조자의 명칭 또는 약호
④ 냉동기 운전조건(주위 온도)

해설 냉동기에 표시할 내용
• 냉동기 제조자의 명칭 또는 약호
• 냉대가스의 종류
• 냉동능력
• 제조번호
• 원동기 소요전력 및 전류
• 내압시험에 합격한 연월일
• 내압시험압력
• 최고사용압력

07 냉동장치에서 안전상 운전 중에 점검해야 할 중요사항에 해당되지 않는 것은?
① 흡입압력과 온도   ② 유압과 유온
③ 냉각수량과 수온   ④ 전동기의 회전방향

해설 냉동장치의 운전 중 점검사항
• 흡입압력과 온도
• 유압과 유온도
• 냉각수량과 수온

ANSWER | 1.③ 2.④ 3.④ 4.② 5.① 6.④ 7.④

08 전동공구 작업 시 감전의 위험성 때문에 해야 하는 것은?
① 단전   ② 감지
③ 단락   ④ 접지

해설 접지는 감전의 위험성을 방지한다.

09 독성가스의 제독작업에 필요한 보호구가 아닌 것은?
① 안전화 및 귀마개
② 공기 호흡기 또는 송기식 마스크
③ 보호장화 및 보호장갑
④ 보호복 및 격리식 방독마스크

해설 보호구
- 방독마스크
- 공기호흡기
- 보호의
- 보호장갑
- 보호장화

10 사고의 본질적인 특성에 대한 설명으로 올바르지 못한 것은?
① 사고의 시간성   ② 사고의 우연성
③ 사고의 정기성   ④ 사고의 재현 불가능성

해설 사고의 본질적인 특성
- 사고의 시간성
- 사고의 우연성
- 사고의 재현 불가능성

11 보일러 취급 시 주의사항이다. 옳지 않은 것은?
① 보일러의 수면계 수위는 중간위치를 기준 수위로 한다.
② 점화 전에 미연소가스를 방출시킨다.
③ 연료계통의 누설 여부를 수시로 확인한다.
④ 보일러 저부의 침전물 배출은 부하가 가장 클 때 하는 것이 좋다.

해설 보일러 저부의 침전물 배출은 부하가 가장 클 때가 아니라 가장 작을 때 실시한다.

12 전기용접작업 시 주의사항 중 맞지 않는 것은?
① 눈 및 피부를 노출시키지 말 것
② 우천 시 옥외작업을 가능한 하지 말 것
③ 용접이 끝나고 슬랙작업 시 보안경과 장갑은 벗고 작업할 것
④ 홀더가 가열되면 자연적으로 열이 제거될 수 있도록 할 것

해설 용접작업 시 슬랙작업에서는 보안경과 장갑을 착용하고 행한다.

13 보일러 취급 부주의로 작업자가 화상을 입었을 때 응급처치방법으로 틀린 것은?
① 화상부를 냉수에 담가 화기를 빼도록 한다.
② 물집이 생겼으면 터뜨리지 말고 그냥 둔다.
③ 기계유나 변압기유를 바른다.
④ 상처부위를 깨끗이 소독한 다음 외용 항생제를 사용하고 상처를 보호한다.

해설 작업자가 화상을 입었을 때 기름유 냉각은 금물이다.

14 재해의 원인 중 불안전한 상태에 해당되는 것은?
① 보호구 미착용
② 유해한 작업환경
③ 안전조치의 불이행
④ 운전의 실패

해설 유해한 작업환경은 재해의 원인에서 불안전한 상태이다.

15 연소에 미치는 영향으로 잘못 설명된 것은?
① 온도가 높을수록 연소속도가 빨라진다.
② 입자가 작을수록 연소속도가 빨라진다.
③ 촉매가 작용하면 연소속도가 빨라진다.
④ 산화되기 어려운 물질일수록 연소속도가 빨라진다.

해설 산화되기 어려운 물질은 연소속도가 완만하다.

8. ④ 9. ① 10. ③ 11. ④ 12. ③ 13. ③ 14. ② 15. ④ | ANSWER

16 흡수식 냉동기의 성적계수를 구하는 식은?
① 냉동능력/흡수기에서의 방열량
② 용액 열교환기의 열 교환량/냉동능력
③ 냉동능력/재생기에서의 방열량
④ 응축기에서의 방열량/냉동능력

해설 $COP = \dfrac{냉동능력}{재생기에서의\ 방열량}$

17 유기질 브라인으로서 마취성이 있고, -100℃정도의 식품 초온 동결에 사용되는 것은?
① 에틸알코올   ② 염화칼슘
③ 에틸렌글리콜 ④ 염화나트륨

해설 에틸알코올(C_2H_5OH)

18 압축 후의 온도가 너무 높으면 실린더 헤드를 냉각할 필요가 있다. 다음 표를 참고하여 압축 후 냉매의 온도가 가장 높은 냉매는?(단, 모든 냉매는 같은 조건으로 압축함)

냉매	비열비(r)	정압비열
R-12	1.136	0.147
R-22	1.184	0.152
NH_3	1.31	0.52
CH_3Cl	1.20	0.62

① R-12   ② R-22
③ NH_3 ④ CH_3Cl

해설 비열비가 높은 냉매는 압축 후 온도가 상승한다.

19 왕복동 압축기의 기계효율(η_m)에 대한 설명으로 옳은 것은?
① $\dfrac{지시동력}{축동력}$ ② $\dfrac{이론적\ 동력}{지시동력}$
③ $\dfrac{지시동력}{이론적\ 동력}$ ④ $\dfrac{축동력 \times 지시동력}{이론적\ 동력}$

해설 왕복동 압축기의 기계효율 = $\dfrac{지시동력}{축동력}$

20 다음 중 이상적인 냉동사이클로 맞는 것은?
① 오토 사이클   ② 카르노 사이클
③ 사바테 사이클 ④ 역카르노 사이클

해설 역카르노 사이클 : 냉동기나 히트펌프의 이상적인 냉동사이클

21 냉동이란 저온을 생성하는 수단 방법이다. 다음 중 저온생성방법에 들지 못하는 것은?
① 기한제 이용
② 액체의 증발열 이용
③ 펠티에 효과(Peltier Effect) 이용
④ 기체의 응축열 이용

해설 고체의 융해열 또는 승화열을 이용한다.

22 다음의 그림은 무슨 냉동사이클이라고 하는가?

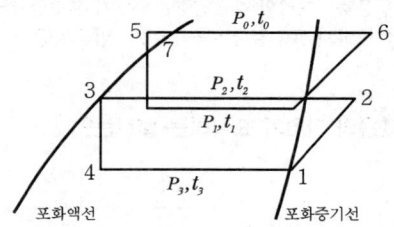

① 2단 압축 1단 팽창 냉동사이클이라 한다.
② 2단 압축 2단 팽창 냉동사이클이라 한다.
③ 2원 냉동사이클이라 한다.
④ 강제 순환식 2단 사이클이라 한다.

해설 2원 냉동법
• 2단 압축보다 더욱 저온을 얻을 수 있다.
• 비등점이 서로 다른 2종의 냉매를 사용한다.
• 압축기를 각각 병렬로 연결한다.

23 다음 중 입형 셸 앤 튜브식 응축기의 특징이 아닌 것은?
① 옥외 설치가 가능
② 액냉매의 과냉각도가 쉬움
③ 과부하에 잘 견딤
④ 운전 중 청소 가능

해설 입형 셸 앤 튜브식 응축기는 냉매액이 과냉이 잘 안 된다.(냉각수와 냉매가 평행하기 때문에)

ANSWER | 16. ③ 17. ① 18. ③ 19. ① 20. ④ 21. ④ 22. ③ 23. ②

PART 02 | 과년도 기출문제

24 다음 중 표준대기압(1atm)에 해당되지 않는 것은?
① 76cmHg ② 1.013bar
③ 15.2lb/in² ④ 1.0332kgf/cm²

해설 표준대기압 : 14.7[lb/in²]

25 다음 설명 중 옳은 것은?
① 냉각탑의 입구수온은 출구수온보다 낮다.
② 응축기 냉각수 출구온도는 입구온도보다 낮다.
③ 응축기에서의 방출열량은 증발기에서 흡수하는 열량과 같다.
④ 증발기의 흡수열량은 응축열량에서 압축열량을 뺀 값과 같다.

해설 ① 냉각탑의 입구수온은 출구수온보다 높다.
② 응축기 냉각수 출구온도는 입구온도보다 높다.
③ 응축기에서의 방출열량=증발기 흡수열량+압축열량
④ 증발기 흡수열량=응축열량-압축열량

26 다음의 기호가 표시하는 밸브는?

① 볼 밸브 ② 글로우 밸브
③ 수동 밸브 ④ 앵글 밸브

해설 앵글밸브

27 35℃의 물 3m³을 5℃로 냉각하는 데 제거할 열량은?
① 60,000kcal ② 80,000kcal
③ 90,000kcal ④ 120,000kcal

해설 3m³=3,000kg
Q=3,000×1×(35-5)=90,000kcal

28 프레온 냉동장치에 열교환기 설치목적으로서 적합지 않은 것은?
① 냉매액을 과냉각시켜 플래시 가스 발생 방지
② 만액식 증발기의 유회수장치에서는 오일과 냉매를 분리
③ 흡입가스를 약간 과열시킴으로써 리퀴드백 방지
④ 팽창밸브 통과 시 발생되는 플래시 가스량을 증가시켜 냉동효과를 증대

해설 열교환기는 팽창밸브에서 냉매가 통과 시 발생되는 플래시 가스량을 감소시켜 냉동효과를 증대시킨다.

29 냉동기용 윤활유로서 필요조건에 해당되지 않는 것은?
① 냉매와 친화반응을 일으키지 않을 것
② 열 안전성이 좋을 것
③ 응고점이 낮을 것
④ 유막 강도가 작을 것

해설 냉동기 윤활유는 운동면에 유막을 형성하여 마찰을 감소시켜 마모를 방지한다.

30 주로 저압증기나 온수배관에서 호칭지름이 작은 분기관에 이용되며, 굴곡부에서 압력강하가 생기는 이음쇠는?
① 슬리브형 ② 스위블형
③ 루프형 ④ 벨로스형

해설 스위블형 신축조인트 : 주로 저압증기나 온수배관에 사용하며 작은 분기관에 사용한다.

31 다음 중 나사용 패킹으로 냉매배관에 주로 많이 쓰이는 것은?
① 고무 ② 몰드
③ 일산화연 ④ 합성수지

해설 나사용 패킹
• 페인트
• 일산화연 : 냉매배관용
• 액상합성수지

24. ③ 25. ④ 26. ④ 27. ③ 28. ④ 29. ④ 30. ② 31. ③ | ANSWER

32 25A 배관용 탄소강 강관의 관용 나사산 수는 길이 25.4mm에 대하여 몇 산이 표준인가?
① 19산 ② 14산
③ 11산 ④ 8산

해설
- 15A, 20A : 14산
- 25A, 32A : 11산

33 다음 보온재 중 사용온도가 가장 낮은 것은?
① 스티로폼 ② 암면
③ 글라스울 ④ 규조토

해설 스티로폼 등 유기질 보온재는 사용온도가 매우 낮다.

34 전자밸브는 다음 어느 동작에 해당되는가?
① 비례동작 ② 적분동작
③ 미분동작 ④ 2위치동작

해설 온 - 오프(2위치동작)

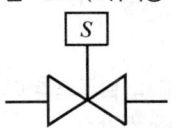

35 습포화 증기에 관한 사항 중 올바른 것은?
① 가열하면 과열증기, 포화증기 순으로 된다.
② 습포화증기를 냉각하면 건조포화증기가 된다.
③ 습포화증기 중 액체가 차지하는 질량비를 습도라 한다.
④ 대기압하에서 습포화증기의 온도는 98℃ 정도 이다.

해설
① 습포화증기 → 건포화증기 → 과열증기
② 습포화증기를 냉각하면 응축수가 된다.
④ 대기압하에서 습포화증기의 온도는 100℃이다.

36 증발온도가 낮을 때 미치는 영향 중 틀린 것은?
① 냉동능력 감소
② 소요동력 감소
③ 압축 비 증대로 인한 실린더 과열
④ 성적계수 저하

해설 증발온도가 낮으면 소요동력이 증가한다.

37 왕복 압축기에서 실린더 수 Z, 직경 D, 실린더 행정 L, 매분 회전수 N일 때 이론적 피스톤 압출량의 산출식으로 옳은 것은?(단, 압출량의 단위는 m^3/h이다.)

① $V = D^2 \cdot L \cdot Z \cdot N \cdot 60$
② $V = \dfrac{\pi D^2}{4} \cdot Z \cdot L \cdot N \cdot 60$
③ $V = \dfrac{\pi D^2}{4} \cdot L^3 \cdot Z \cdot N \cdot 60$
④ $V = \dfrac{\pi D^2}{4} \cdot L \cdot Z \cdot N$

해설 $V = \dfrac{\pi D^2}{4} \cdot Z \cdot L \cdot N \cdot 60 (m^3/h)$

38 냉동기의 냉동능력이 24,000kcal/h, 압축일 5kcal/kg, 응축열량이 35kcal/kg일 경우 냉매순환량은?
① 600kcal/h ② 800kcal/h
③ 700kcal/h ④ 4,000kcal/h

해설 $\dfrac{24,000}{35-5} = 800 kcal/h$

39 다음 중 전자밸브를 작동시켜 주는 원리는?
① 냉매 압력
② 영구 자석의 철심의 힘
③ 전류에 의한 자기작용
④ 전자밸브 내의 소형 전동기

해설 전자밸브의 작동은 전류에 의한 자기작용에 의해 작동된다.

ANSWER | 32. ③ 33. ① 34. ④ 35. ③ 36. ② 37. ② 38. ② 39. ③

40 정압식 팽창밸브의 설명 중 틀린 것은?
① 부하변동에 따라 자동적으로 냉매 유량을 조절한다.
② 증발기 내의 압력을 자동으로 항상 일정하게 유지한다.
③ 단일냉동장치에서 냉동부하의 변동이 적을 때 사용한다.
④ 냉수 브라인 등의 동결을 방지할 때 사용한다.

해설 정압식 팽창밸브는 부하변동에 대응하여 유량제어를 할 수 없다.

41 CA 냉장고란 무엇의 총칭인가?
① 제빙용 냉장고의 총칭이다.
② 공조용 냉장고의 총칭이다.
③ 해산물 냉장고의 총칭이다.
④ 청과물 냉장고의 총칭이다

해설 CA(Contarolled Atmosphere Storage Room)
냉장고 내의 산소를 3~5% 감소시키고 CO_2를 3~5% 증대시킨다.

42 터보 냉동기 용량제어와 관계없는 것은?
① 흡입 가이드 베인 조절법
② 회전수 가감법
③ 클리어런스 증대법
④ 냉각수량 조절법

해설 클리어런스 증대법 : 왕복동 압축기의 용량제어

43 전류계의 측정범위를 넓히는 데 사용되는 것은?
① 배율기 ② 분류기
③ 역률기 ④ 용량분압기

해설 분류기(Shunt)
어느 정도의 전류를 측정하려는 경우에 전기전도의 전류가 전류계의 정격보다 큰 경우에는 전류계와 병렬로 다른 전도를 만들고 전류를 분류하여 측정한다.

44 2원 냉동장치에는 고온 측과 저온 측에 서로 다른 냉매를 사용한다. 다음 중 저온 측에 사용하기 적합한 냉매는?
① 암모니아, 프로판, R-11
② R-13, 에탄, 에틸렌
③ R-13, R-21, R-113
④ R-12, R-22, R-500

해설 -70~-100℃
• 고온 측 : R-22
• 저온 측 : R-13, 에탄, 에틸렌

45 저온을 얻기 위해 2단 압축을 했을 때의 장점은?
① 성적계수가 향상된다.
② 설비비가 적게 된다.
③ 체적효율이 저하한다.
④ 증발압력이 높아진다.

해설 • 2단 압축 시에는 성적계수가 향상된다.
• 압축비가 6 이상이면 2단 압축이 필요하다.

46 양수량 2,000L/min, 양정 50m, 펌프효율 65%인 펌프의 소요 축동력은 약 몇 kW인가?
① 2kW   ② 14kW
③ 25kW ④ 36kW

해설 $\dfrac{2{,}000 \times 1 \times 50}{102 \times 60 \times 0.65} = 25.138\text{kW}$
1분(min)=60초, 1kW=102kg·m/sec

47 송풍기의 축동력 산출 시 필요한 값이 아닌 것은?
① 송풍량
② 덕트의 단면적
③ 전압효율
④ 전압

해설 송풍기의 축동력
$$kW = \dfrac{전압 \times 송풍량}{102 \times 60 \times 전압효율}$$

ANSWER 40.① 41.④ 42.③ 43.② 44.② 45.① 46.③ 47.②

48 고온수 난방의 특징으로 적당하지 않은 것은?
① 고온수 난방은 증기난방에 비하여 연료절약이 된다.
② 고온수 난방방식의 설계는 일반적인 온수난방 방식보다 쉽다.
③ 공급과 환수의 온도차를 크게 할 수 있으므로 열수송량이 크다.
④ 장거리 열수송에 고온수일수록 배관경이 작아진다.

해설 고온수 난방방식의 설계는 일반적인 온수난방방식보다 어렵다.

49 개별공조방식의 특징 설명으로 틀린 것은?
① 설치 및 철거가 간편하다.
② 개별제어가 어렵다.
③ 히트펌프식은 냉난방을 겸할 수 있다.
④ 실내 유닛이 분리되어 있지 않은 경우는 소음과 진동이 있다.

해설 개별공조방식은 개별제어가 용이하다.

50 다음 가습기 중 부하에 대한 응답이 빠르고 가습효율이 100%에 가까우며 대용량의 중앙식 공조방식에 적합한 가습기는?
① 물분무식 가습기   ② 증발팬 가습기
③ 증기 가습기   ④ 소형 초음파 가습기

해설 증기 가습기
가습효율 응답이 빠르고 가습효율이 100%에 가깝다.

51 간접난방(온풍난방)에 관한 설명으로 옳지 않은 것은?
① 연소장치, 송풍장치 등이 일체로 되어 있어 설치가 간단하다.
② 예열부하가 거의 없으므로 기동시간이 아주 짧다.
③ 방열기기나 배관 등의 시설이 필요 없으므로 설비비가 싸다.
④ 실내 층고가 높을 경우에도 상하의 온도차가 적다.

해설 온풍난방은 실내 층고가 높을 경우에는 상하의 온도차가 크다.

52 증기보일러 및 온수온도가 120℃를 넘는 온수보일러에서 최대 연속증발량보다 많은 취출량을 갖는 경우에 설치해야 할 부속기기는?
① 안전밸브   ② 체크밸브
③ 릴리프관   ④ 압력계

해설 120℃ 이상의 온수보일러에서는 방출밸브보다 안전밸브를 설치한다.

53 다음 중 냉방부하 계산 시 현열부하에만 속하는 것은?
① 인체 발생열   ② 기구 발생열
③ 송풍기 발생열   ④ 틈새바람에 의한 열

해설 송풍기 발생열은 잠열부하가 없으므로 현열부하가 계산된다.

54 단일덕트 정풍량방식의 특징이 아닌 것은?
① 실내부하가 감소될 경우에 송풍량을 줄여도 실내 공기가 오염되지 않는다.
② 고성능 필터의 사용이 가능하다.
③ 기계실에 기기류가 집중 설치되므로 운전 보수관리가 용이하다.
④ 각 실이나 존의 부하변동이 서로 다른 건물에서는 온습도에 불균형이 생기기 쉽다.

해설 단일덕트 정풍량방식은 실내부하가 감소될 경우 송풍량을 줄이면 실내의 공기오염이 심하다.

55 다음 취출에 관한 용어 설명 중 틀린 것은?
① 1차공기 : 취출구로부터 취출된 공기
② 2차공기 : 1차공기로부터 유도되어 운동하는 실내의 공기
③ 내부유인 : 취출구의 내부에 실내공기를 흡입해서 이것과 취출 1차 공기를 혼합해서 취출하는 작용
④ 유인비 : 덕트단면의 장변을 단변으로 나눈 값

해설 유인 유닛에서 사용한다.
$$k(\text{유인비}) = \frac{1\text{차 공기} + 2\text{차 공기}}{1\text{차 공기}}$$

ANSWER | 48. ② 49. ② 50. ③ 51. ④ 52. ① 53. ③ 54. ① 55. ④

56 습공기 절대습도와 그와 동일 온도의 포화습공기 절대습도와의 비로 나타내며 단위는 %인 것은?

① 절대습도 ② 상대습도
③ 비교습도 ④ 관계습도

해설 비교습도 = $\dfrac{\text{습공기 절대습도}}{\text{포화공기 절대습도}}$

57 불쾌지수를 구하는 공식으로 옳은 것은?(단, t : 건구온도, t' : 습구온도)

① $0.72(t+t')+40.6$
② $0.85(t+t')+40.6$
③ $0.72(t-t')+50.6$
④ $0.85(t-t')+50.6$

해설 불쾌지수 UI(Uncomfort Index)
UI = $0.72(t+t')+40.6$
※ t(건구온도), t'(습구온도)

58 난방공조에서 실내온도(코일의 입구온도)가 23℃, 현열량 4,000kcal/h, 풍량이 2,400kg/h이면 코일의 출구온도는?

① 26.95℃ ② 29.94℃
③ 33.42℃ ④ 36.52℃

해설 $4,000 = 2,400 \times 0.24(t_2 - 23)$
$t_2 = \dfrac{4,000}{2,400 \times 0.24} + 23 = 29.94℃$
※ 공기의 비열 = 0.24kcal/kg · ℃

59 자연환기에 관한 설명 중 틀린 것은?

① 자연환기는 실내외의 온도차에 의한 부력과 외기의 풍압에 의한 실내외의 압력차에 의해 이루어진다.
② 자연환기에 의한 방의 환기량은 그 방의 바닥 부근과 천장 부근의 공기 온도차에 의해 결정되는데, 급기구 및 배기구의 위치와는 무관하다.
③ 자연환기는 자연력을 이용하므로 동력은 필요하지 않지만 항상 일정한 환기량을 얻을 수 없다.
④ 자연환기로 공장 등에서 다량의 환기량을 얻고자 할 경우는 벤틸레이터를 지붕면에 설치한다.

해설 자연환기구는 급기구나 배기구의 위치가 중요한 역할을 하게 된다.(방의 바닥 부근과 천장 부근의 공기 온도차에 의한다.)

60 공조부하계산에 있어서 백열등의 1kW당 발생열량은 얼마인가?

① 641kcal/h ② 680kcal/h
③ 860kcal/h ④ 1,000kcal/h

해설 1kW−h
= 102kg · m/sec × $3,600$sec/h$_2$ × $\dfrac{1}{427}$kcal/kg · m
= 860kcal

56. ③ 57. ① 58. ② 59. ② 60. ③ | ANSWER

2007년 3회 공조냉동기계기능사

01 압축기의 정상운전 중 이상음이 발생하는 원인이 아닌 것은?
① 기초 볼트의 이완
② 토출 밸브, 흡입 밸브의 파손
③ 피스톤 하부에 다량의 오일이 고임
④ 크랭크 샤프트 및 피스톤 핀 등의 마모

해설 오일이 과량 충전되면 유압이 상승된다.

02 전기 용접 시 전격을 방지하는 방법으로 틀린 것은?
① 용접기의 절연 및 접지상태를 확실히 점검할 것
② 가급적 개로 전압이 높은 교류용접기를 사용할 것
③ 장시간 작업 중지 때는 반드시 스위치를 차단시킬 것
④ 반드시 주어진 보호구와 복장을 착용할 것

해설 개회로(Open Circuit) : 전류의 통로가 끊겨 있는 상태

03 방진 차광안경에 관한 사항으로 옳은 것은?
① 착용자가 움직일 때 쉽게 탈락 또는 움직여야 한다.
② 연기나 수증기가 있는 곳에서 작업 시 환기구멍을 뚫은 것을 사용하여 렌즈가 흐려지는 것을 막는다.
③ 연마작업 시 착용하는 안경은 강화렌즈와 측면 실드가 있는 것을 사용한다.
④ 반사광이나 섬광이 있는 곳에서는 가벼운 차광렌즈가 붙은 보통 안경을 사용한다.

해설 반사광이나 섬광이 있는 곳에서는 가벼운 차광렌즈안경을 사용한다.

04 일반 공구 사용법에서 안전관리에 적합하지 않은 것은?
① 공구는 작업에 적합한 것을 사용할 것
② 공구는 사용 전에 점검하여 불안전한 공구는 사용하지 말 것
③ 공구를 옆사람에게 넘겨줄 때에는 일의 능률을 위하여 던져줄 것
④ 손이나 공구에 기름이 묻었을 때는 완전히 닦은 후에 사용할 것

해설 공구를 옆 사람에게 넘겨줄 때에는 직접 손에서 손으로 넘겨준다.

05 목재화재 시에는 물을 소화제로 이용하는데 주된 소화효과는?
① 제거효과
② 질식효과
③ 냉각효과
④ 억제효과

해설 물을 소화제로 이용하는 소화효과는 냉각효과이다.

06 산소용접 중 역화되었을 때 조치방법으로 옳은 것은?
① 아세틸렌 밸브를 즉시 닫는다.
② 토치 속의 공기를 배출한다.
③ 팁을 청소한다.
④ 산소압력을 용접조건에 맞춘다.

해설 산소가스용접 중 역화가 발생되면 압력이 낮은 아세틸렌 가스용기 밸브를 즉시 닫는다.

07 전기 기기의 방폭구조의 형태가 아닌 것은?
① 내압방폭구조
② 안전증방폭구조
③ 특수방폭구조
④ 차등방폭구조

해설 방폭구조는 ①, ②, ③ 외에도 압력방폭구조, 유입방폭구조, 본질안전증방폭구조가 있다.

08 펌프의 보수관리 시 점검사항 중 맞지 않는 것은?
① 윤활유 작동 확인
② 축수 온도 확인
③ 스타핑 박스의 누설 확인
④ 다단 펌프에 있어서 프라이밍 누설 확인

해설 다단 펌프 운전 시에는 프라이밍 누설을 방지하여야 한다.

ANSWER | 1.③ 2.② 3.④ 4.③ 5.③ 6.① 7.④ 8.④

09 안전관리자의 직무에 해당하지 않는 것은?
① 산업재해 발생의 원인조사 및 재발방지를 위한 기술적 지도, 조언
② 안전에 관한 조직편성 및 예산책정
③ 안전에 관련된 보호구의 구입 시 적격품 선정
④ 당해 사업장 안전교육계획의 수립 및 실시

해설 안전관리자는 예산책정의 업무내용과는 관련이 없다.

10 보일러 운전상의 장애로 인한 역화(Back Fire)의 방지대책으로 옳지 않은 것은?
① 점화방법이 좋아야 하므로 착화를 느리게 한다.
② 공기를 노 내에 먼저 공급하고 다음에 연료를 공급한다.
③ 노 및 연도 내에 미연소가스가 발생하지 않도록 취급에 유의한다.
④ 점화 시 댐퍼를 열고 미연소가스를 배출시킨 뒤 점화한다.

해설 착화가 느리면 가스가 발생하여 역화나 가스폭발 발생(점화는 신속하게 한다.)

11 산업안전보건법의 제정 목적과 가장 관계가 적은 것은?
① 산업재해 예방
② 쾌적한 작업환경 조성
③ 근로자의 안전과 보건을 유지증진
④ 산업안전에 관한 정책수립

해설 산업안전에 관한 정책수립과 산업안전보건법의 제정 목적과는 관계가 적다.

12 다음 중 안전을 위한 동기 부여로 적당치 않은 것은?
① 상벌제도를 합리적으로 시행한다.
② 경쟁과 협동을 유도한다.
③ 안전목표를 명확히 설정하여 주지시킨다.
④ 기능을 숙달시킨다.

해설 기능숙달과 안전을 위한 동기부여와는 직접적인 관련이 없다.

13 암모니아 가스의 제독제로 올바른 것은?
① 물
② 가성소다
③ 탄산소다
④ 소석회

해설 암모니아 가스의 제독제 : H_2O

14 냉동기 제조의 시설기준 중 갖추어야 할 설비가 아닌 것은?
① 프레스설비
② 용접설비
③ 제관설비
④ 누출방지설비

해설 냉매 누출방지설비는 제조설비가 아닌 사용설비이다.

15 다음 중 감전 시 조치방법에 대한 설명으로 잘못된 것은?
① 병원에 연락한다.
② 감전된 사람의 발을 잡아 도전체에서 떼어낸다.
③ 부근에 스위치가 있으면 즉시 끈다.
④ 전원의 식별이 어려울 때는 즉시 전기부서에 연락한다.

해설 전기에 감전된 사람에게는 접근하지 말고, 먼저 전기설비를 차단시켜야 한다.

16 회전식 압축기(Rotary Compressor)의 특징 설명으로 옳지 않은 것은?
① 왕복동식에 비해 구조가 간단하다.
② 기동 시 무부하로 기동될 수 있으며 전력소비가 크다.
③ 잔류가스의 재팽창에 의한 체적효율 저하가 적다.
④ 진동 및 소음이 적다.

해설 고속다기통 왕복동식 압축기는 기동 시 무부하 기동이 가능하다.

17 암모니아와 프레온 냉동장치를 비교 설명한 것 중 옳은 것은?

① 압축기의 실린더 과열은 프레온보다 암모니아가 심하다.
② 냉동장치 내에 수분이 있을 경우, 장치에 미치는 영향은 프레온보다 암모니아가 심하다.
③ 냉동장치 내에 윤활유가 많은 경우, 프레온보다 암모니아가 문제성이 적다.
④ 위 사항에 관계없이 동일 조건에서는 성능, 효율 및 모든 제원이 같다.

해설 압축기 실린더 과열은 프레온 냉매보다 토출가스 온도가 높은 암모니아 냉매 사용 압축기가 과열이 심하다.

18 다음 중 비체적의 설명으로 맞는 것은?

① 어느 물체의 체적이다.
② 단위 체적당 중량이다.
③ 단위 체적당 엔탈피이다.
④ 단위 중량당 체적이다.

해설 비체적
- 단위 질량당 체적(m^3/kg)
- 단위 중량당 체적(m^3/kg)

19 3,320kcal의 열량에 해당되는 것은?

① 1USRT
② 1,417,640kg·m
③ 19,588BTU
④ 5.86kW

해설 1kcal = 427kg·m
∴ 3,320 × 427 = 1,417,640kg·m

20 압축방식에 의한 분류 중 체적 압축식 압축기가 아닌 것은?

① 왕복동식 압축기
② 회전식 압축기
③ 스크루 압축기
④ 흡수식 압축기

해설 흡수식 냉동기
- 증발기
- 흡수기
- 재생기
- 응축기

21 흡입압력 조정밸브(SPR)에 대한 설명 중 틀린 것은?

① 흡입압력이 일정압력 이하가 되는 것을 방지한다.
② 저전압에서 높은 압력으로 운전될 때 사용한다.
③ 종류에는 직동식, 내부파이롯트 작동식, 외부파이롯트 작동식 등이 있다.
④ 흡입압력의 변동이 많은 경우에 사용한다.

해설 흡입압력 조정밸브는 압축기의 흡입압력이 일정 조정압력 이상이 되면 방지하여 전동기 과부하를 방지한다.

22 수액기 취급 시 주의사항 중 옳은 것은?

① 저장 냉매액을 $\frac{3}{4}$ 이상 채우지 말아야 한다.
② 직사광선을 받아도 무방하다.
③ 안전밸브를 설치할 필요가 없다.
④ 균압관은 지름이 작은 것을 사용한다.

해설 수액기에서 저장냉매는 그 팽창을 방지하기 위해서 전체 용량의 3/4 이상 저장하지 않는다.

23 온도식 자동팽창 밸브에 대하여 옳은 것은?

① 증발기가 너무 길어 증발기의 출구에서 압력강하가 커지는 경우에는 내부균압형을 사용한다.
② F-12에 사용하는 팽창밸브를 R-22 냉동기에 그대로 사용해도 된다.
③ 팽창밸브가 지나치게 적으면 압축기 흡입가스의 과열도는 크게 된다.
④ 냉매의 유량은 증발기의 입구 냉매가스 과열도에 제어된다.

해설 팽창밸브가 지나치게 적으면 압축기 흡입가스의 과열도는 크게 된다.

24 냉동장치의 고압 측에 안전장치로 사용되는 것 중 부적당한 것은?

① 스프링식 안전밸브
② 플로트 스위치
③ 고압차단 스위치
④ 가용전

해설 플로트 스위치 : 만액식 증발기, 저압수액기 등의 액면제어용이다.(냉동기의 전기적 액면장치로도 사용)

ANSWER | 17. ① 18. ④ 19. ② 20. ④ 21. ① 22. ① 23. ③ 24. ②

25 다음 중 압력자동 급수밸브의 역할은?
① 냉각수온을 제어한다.
② 수압을 제어한다.
③ 부하변동에 대응하여 냉각수량을 제어한다.
④ 응축압력을 제어한다.

해설 압력자동 급수밸브 역할은 부하변동에 대응하여 냉각수량을 제어하는 것이다.

26 다음과 같은 냉동기의 냉매 배관도에서 고압액 냉매 배관은 어느 부분인가?

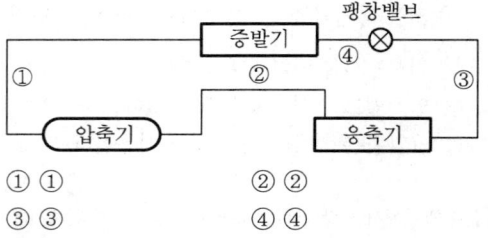

① ①
② ②
③ ③
④ ④

해설 ① : 저압증기
② : 고압증기
③ : 고압액냉매(응축기 이후)
④ : 저압액냉매

27 고체에서 직접 기체로 변화하면서 흡수하는 열은?
① 증발열
② 승화열
③ 응고열
④ 기화열

해설 승화
• 고체 → 기체
• 기체 → 고체

28 암모니아 냉동장치가 다음 몰리에 선도에 표시되어 있는 것과 같이 운전될 때 냉매순환량 G[kg/h] 및 압축기 실제 소요동력 N[kW]은 얼마인가?(단, 냉동능력은 10RT(한국)이고, 압축효율 70%, 기계효율 80%이다.)

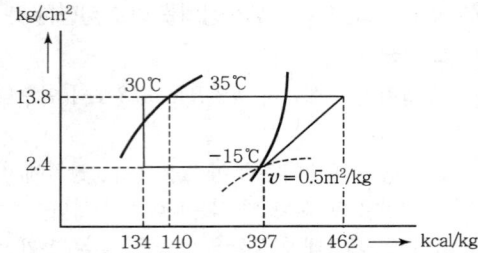

① $G : 26.2\text{kg/h}$, $N : 27.4\text{kW}$
② $G : 66.2\text{kg/h}$, $N : 5.7\text{kW}$
③ $G : 96.2\text{kg/h}$, $N : 34.4\text{kW}$
④ $G : 126.2\text{kg/h}$, $N : 17.0\text{kW}$

해설 $10\text{RT} = 3,320 \times 10 = 33,200\text{kcal/h}$
$\dfrac{33,200}{397-134} = 126.2\text{kg/h}$
$\dfrac{126.2 \times (462-397)}{860 \times 0.7 \times 0.8} = 17\text{kW}$

29 회전날개형 압축기에서 회전날개의 부착은?
① 스프링 힘에 의하여 실린더에 부착한다.
② 원심력에 의하여 실린더에 부착한다.
③ 고압에 의하여 실린더에 부착한다.
④ 무게에 의하여 실린더에 부착한다.

해설 회전날개형 압축기에서 회전날개는 원심력에 의하여 실린더에 부착한다.

30 다음 보온재 중 안전사용온도가 가장 높은 것은?
① 세라믹 파이버
② 규산칼슘
③ 규조토
④ 탄산마그네슘

해설 • 탄산마그네슘 : 250℃ 이하
• 규산칼슘 : 650℃ 이하
• 규조토 : 500℃ 이하
• 세라믹 파이버 : 1,300℃ 이하

31 다이 헤드형 동력나사 절삭기로 할 수 없는 작업은?
① 파이프 벤딩
② 파이프 절단
③ 나사 절삭
④ 리이머 작업

해설 벤딩 작업 : 램식, 로터리식 등의 벤딩기기로 벤딩이 가능하다.

25. ③ 26. ③ 27. ② 28. ④ 29. ② 30. ① 31. ① | ANSWER

32 다음 중 구리관 이음용 공구와 관계없는 것은?

① 사이징 툴(Sizing Tool)
② 익스팬더(Expander)
③ 오스터(Oster)
④ 플레어 공구(Flaring Tool)

해설 오스터는 강관의 나사내기에 사용되는 공구이다.

33 2단 압축 냉동 사이클에 대한 설명으로 틀린 것은?

① 2단 압축이란 증발기에서 증발한 냉매 가스를 저단 압축기와 고단 압축기로 구성되는 2대의 압축기를 사용하여 압축하는 방식이다.
② NH_3 냉동장치에서 증발온도가 -30℃ 정도 이하가 되면 2단 압축을 하는 것이 유리하다.
③ 압축비가 10 이상이 되는 냉동장치인 경우에만 2단 압축을 해야 한다.
④ 최근에는 한 대의 압축기로 각각 다른 2대의 압축기 역할을 할 수 있는 컴파운드 압축기를 사용하기도 한다.

해설 압축비가 6 이상이 되면 2단 압축이 필요하다.

34 직접 팽창의 냉동방식에 비해 브라인식은 어떤 장점이 있는가?

① RT당 냉동능력이 크다.
② 설비가 간단하다.
③ 같은 냉장온도에 비해 증발온도가 높게 된다.
④ 운전비가 적게 들어간다.

해설 브라인식(간접팽창식)은 냉매사용(직접팽창식)보다 RT당 냉동능력이 크다.

35 다음 중 일반식 결합의 티(Tee)를 나타낸 것은?

36 다음 그림과 같은 회로는 무슨 회로인가?

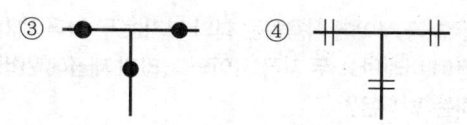

① AND 회로　　② OR 회로
③ NOT 회로　　④ NAND 회로

해설 OR 논리합회로(병렬접속)
A, B 중 한 개만 달혀도 출력이 달힌 상태로 동작하는 회로이다. (X = A + B)

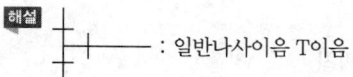 : 일반나사이음 T이음

37 암모니아 냉동장치 중에 다량의 수분이 함유될 경우 윤활유가 우유빛으로 변하게 되는 현상은?

① 커퍼플레이팅 현상
② 오일포밍 현상
③ 오일해머 현상
④ 어멀션 현상

해설 에멀션 현상 : 냉매에 다량의 수분이 함유된 경우 윤활유가 우유빛으로 변하게 되는 현상(암모니아 냉동장치에서)

38 흡수식 냉동장치와 증기분사식 냉동장치의 냉매로 사용되는 것은?

① 물　　　② 공기
③ 프레온　　④ 탄산가스

해설 흡수식, 증기분사식 냉동기의 냉매 : 물

ANSWER | 32. ③　33. ③　34. ①　35. ①　36. ②　37. ④　38. ①

39 두 자극 사이에 작용하는 힘의 크기는 두 자극 세기의 곱에 비례하고 두 자극 사이의 거리의 제곱에 반비례하는 법칙은?

① 옴의 법칙
② 쿨롱의 법칙
③ 패러데이의 법칙
④ 키르히호프의 법칙

해설 쿨롱의 법칙 : 두 자극 사이에 작용하는 힘의 크기는 두 자극 세기의 곱에 비례하고 두 자극 사이의 거리의 제곱에 반비례하는 법칙

40 응축기의 냉각관 청소시기로 옳은 것은?

① 매월 1회   ② 매년 1회
③ 3개월에 1회 ④ 6개월에 1회

해설 응축기의 냉각관 청소세관은 매년 1회 이상이 이상적이다.

41 증발기의 설명으로 올바른 것은?

① 증발기 입구 냉매온도는 출구 냉매온도보다 높다.
② 탱크형 냉각기는 주로 제빙용에 쓰인다.
③ 1차 냉매는 감열로 열을 운반한다.
④ 브라인은 무기질이 유기질보다 부식성이 작다.

해설 탱크형 증발기(헤링본식)는 주로 암모니아용 제빙장치에 사용된다.

42 다음 설명 중 옳은 것은?

① 응축기에서 방출하는 열량은 증발기에서 흡수하는 열량과 같다.
② 증발기에서 흡수하는 열량은 응축기에서 방출하는 열량보다 작다.
③ 응축기 냉각수 출구온도는 응축온도와 같다.
④ 증발기 냉각수 출구온도는 응축온도보다 크다.

해설 증발기에서 흡수하는 열량은 응축기에서 방출하는 열량보다 작다.(압축기의 일의 열당량을 뺀 값이기 때문이다.)

43 응축온도를 상승시킬 때 일어나는 변화 중 틀린 것은?

① 압축비 감소
② 성적계수 감소
③ 압축 일량 증가
④ 냉동효과 감소

해설 응축온도 상승 시에는 압축비가 증가된다.

44 냉동장치의 배관에 있어서 유의할 사항이 아닌 것은?

① 관의 강도가 적합한 규격이어야 한다.
② 냉매의 종류에 따라 관의 재질을 선택해야 한다.
③ 관내부의 유체 압력 손실이 커야 한다.
④ 관의 온도 변화에 의한 신축을 고려해야 한다.

해설 냉동장치의 배관은 관 내부의 유체압력 손실은 적어야 한다.

45 압축식 냉동기와 흡수식 냉동기에 대한 설명 중 잘못된 것은?

① 증기를 값싸게 얻을 수 있는 장소에서는 흡수식이 경제적으로 유리하다.
② 냉매를 압축하기 위해 압축식에서는 기계적 에너지를, 흡수식에서는 화학적 에너지를 이용한다.
③ 흡수식에 비해 압축식이 열효율이 높다.
④ 동일한 냉동능력을 갖기 위해서 흡수식은 압축식에 비해 장치가 커진다.

해설 흡수식 냉동기에서는 가열에 의해 흡수용액에서 냉매와 흡수제(LiBr)를 분리시킨다.

46 간접 가열식 급탕설비의 가열관으로 가장 적당한 것은?

① 알루미늄관 ② 강관
③ 주철관   ④ 동관

해설 동관은 간접가열식 급탕설비의 가열관으로 이상적이다.

39. ② 40. ② 41. ② 42. ② 43. ① 44. ③ 45. ② 46. ④ | ANSWER

47 물탱크에 증기코일 또는 전열히터를 사용해 물을 가열 증발시켜 가습하는 것으로 패키지 등의 소형 공조기에 사용되는 가습방법은?
① 수 분무에 의한 방법
② 증기 분사에 의한 방법
③ 고압수 분무에 의한 방법
④ 가습팬에 의한 방법

해설 물탱크에 증기코일 또는 전열히터를 사용해 물을 가열 증발시켜 가습하는 방식은 가습팬에 의한 방법이다.

48 송풍기의 풍량을 증가하기 위해 회전속도를 변경시킬 때 다음 상사법칙에 대한 설명 중 옳은 것은?
① 소요동력은 회전수의 제곱에 반비례한다.
② 소요동력은 회전수의 3제곱에 비례한다.
③ 정압은 회전수의 3제곱에 비례한다.
④ 정압은 회전수의 제곱에 반비례한다.

해설
- 풍량 $\times \left(\dfrac{N_2}{N_1}\right)$
- 풍압 $\times \left(\dfrac{N_2}{N_1}\right)^2$
- 동력 $\times \left(\dfrac{N_2}{N_1}\right)^3$

49 1차공조기로부터 보내온 고속공기가 노즐 속을 통과할 때의 유인력에 의하여 2차 공기를 유인하여 냉각 또는 가열하는 방식을 무엇이라고 하는가?
① 패키지 유닛방식   ② 유인유닛방식
③ FCI방식   ④ 바이패스방식

해설 유인유닛방식 : 1차공조기로부터 보내온 고속공기가 노즐 속을 통과할 때의 유인력에 의하여 2차 공기를 유인하여 냉각 또는 가열하는 방식이다.

50 습구온도 30℃의 공기 20kg과 습구온도 15℃의 공기 40kg을 단열 혼합하면 습구온도는 어떻게 되겠는가?
① 27℃   ② 25℃
③ 23℃   ④ 20℃

해설 $30 \times 20 = 600$
$15 \times 40 = 600$
$\therefore \dfrac{600+600}{20+40} = 20℃$

51 난방 부하가 3,000kcal/h인 온수낭방시설에서 방열기의 입구온도가 85℃, 출구온도가 25℃, 외기온도가 -5℃일 때, 온수의 순환량은 얼마인가? (단, 물의 비열은 1kcal/kg℃이다.)
① 50kcal/h   ② 75kcal/h
③ 150kcal/h   ④ 450kcal/h

해설 $G = \dfrac{3,000}{(85-25)} = 50\text{kcal/h}$

52 덕트시설이 필요 없고 각 실에 수 배관이 필요하며 실내에 유닛을 설치하여 개별제어를 하는 공조방식은?
① 각층유닛식   ② 유인유닛식
③ 복사냉난방식   ④ 팬코일유닛식

해설 팬코일유닛방식(전수방식)은 중앙기계실의 냉, 열원기기로부터 냉수 또는 온수나 증기를 배관을 통해 각 실에 있는 팬코일 유닛에 공급한다. 수동으로 제어가 가능하고 개별제어가 용이하다.

53 바이패스 팩터란?
① 냉각코일 또는 가열코일과 접촉하지 않고 그대로 통과하는 공기비율
② 송풍되는 공기 중에 있는 습공기와 건공기의 비율
③ 신선한 공기와 순환공기와의 중량비율
④ 흡입되는 공기 중의 냉방, 난방의 공기비율

해설 바이패스 팩터
냉각코일 또는 가열코일과 접촉하지 않고 그대로 통과하는 공기비율

54 공조용 송풍량 결정 등의 원인이 되는 열부하는?
① 실내열부하   ② 장치열부하
③ 열원부하   ④ 배관부하

ANSWER | 47. ④ 48. ② 49. ② 50. ④ 51. ① 52. ④ 53. ① 54. ①

해설 실내부하(기타)
- 급기 덕트에서의 손실
- 송풍기의 동력열

55 덕트 치수를 결정하는 데 있어서 유의해야 할 사항으로 잘못된 것은?
① 덕트 굽힘부 곡률반경(반경/장변)은 일반적으로 1.5~2.0으로 한다.
② 덕트의 확대부 각도는 30° 이하, 축소부는 60° 이하가 되도록 한다.
③ 동일 풍량의 경우, 가장 표면적이 작은 것은 원형 덕트이고, 다음이 정방형 덕트이다.
④ 건축적인 사정으로 장방형 덕트를 사용하는 경우에도 종횡비는 4 이내로 하는 것이 좋다.

해설 덕트의 단면적비가 75% 이하의 확대 및 축소의 경우 정압손실을 줄이기 위해 확대의 경우 15° 이하 축소의 경우 30° 이하로 한다.

56 다음 중 노통 연관 보일러에 대한 설명으로 옳지 않은 것은?
① 노통 보일러와 연관 보일러의 장점을 혼합한 보일러이다.
② 보일러 열효율이 80~85% 정도로 좋다.
③ 형체에 비해 전열면적이 크다.
④ 수관식 보일러보다는 가격이 비싸다.

해설 노통연관보일러는 구조상 수관식 보일러보다 제작이 용이하여 가격이 싸다.

57 설치면적이 작으며 구조가 간단하고 취급이 용이하나 비교적 효율이 낮은 보일러는?
① 연관 보일러   ② 입형 보일러
③ 수관 보일러   ④ 노통연관 보일러

해설 입형 보일러 : 설치면적이 작으며 구조가 간단하고 취급이 용이하나 비교적 효율이 낮다.

58 다음 기계환기 중 1종 환기(병용식)로 맞는 것은?
① 강제급기와 강제배기
② 강제급기와 자연배기
③ 자연급기와 강제배기
④ 자연급기와 자연배기

해설 제1종 환기법 : 강제급기와 강제배기 병용

59 디그리 데이(Degree Day)에 관한 설명이다. 옳은 것은?
① 최대 열부하를 계산하는 방법이다.
② 연료의 소비량을 예측할 수 있다.
③ 냉난방이 필요한 개월 수와 온도와의 합으로 나타낸다.
④ 온도 대신 압력을 사용하여 나타낸다.

해설 Degree Day(度日, 도일)를 알고 있으면 쉽게 난방기간 중의 소요열량을 산출할 수 있다.

60 중앙식 공조기에서 외기측에 설치되는 기기는?
① 공기예열기
② 엘리미네이터
③ 가습기
④ 송풍기

해설 공기예열기는 중앙식 공조기에서 외기 측에 설치한다.

2007년 4회 공조냉동기계기능사

01 연삭작업 시 유의사항으로 옳지 않은 것은?
① 숫돌바퀴에 균열이 있는가 확인한다.
② 보호안경을 써야 한다.
③ 연삭숫돌 작업 시는 작업 시작 전에 15분 이상 시운전을 한 후 이상이 없을 때 작업한다.
④ 회전하는 숫돌에 손을 대지 않는다.

해설 숫돌은 3~5분 정도 공회전 시운전 실시

02 어떤 위험을 예방하기 위하여 사업주가 취해야 할 안전상의 조치로 적당하지 못한 것은?
① 시설에 의한 위험
② 기계에 의한 위험
③ 근로수당에 의한 위험
④ 작업방법에 의한 위험

해설 근로수당은 근로자의 임금과 관계된다.

03 수리 중 표시를 나타내는 색깔은?
① 녹색 ② 백색
③ 보라색 ④ 청색

해설 수리 중 : 바탕색(백색), 글씨(청색)

04 소화효과에 대한 설명으로 잘못된 것은?
① 산소공급 차단은 제거효과이다.
② 물을 사용하는 소화는 냉각효과이다.
③ 불연성가스를 사용하는 것은 질식효과이다.
④ 할로겐 및 알칼리 금속을 첨가하여 불활성화시키는 것은 억제효과이다.

해설 산소공급차단은 질식효과이다.

05 방류둑에 대한 설명으로 옳은 것은?
① 기화가스가 누설된 경우 저장탱크 주위에서 다른 곳으로의 유출을 방지한다.
② 지하 저장탱크 내의 액화가스가 전부 유출되어도 액면이 지면보다 낮을 경우에는 방류둑을 설치하지 않을 수도 있다.
③ 저장탱크 주위에 충분한 안전용 공지가 확보되고 유도구가 있는 경우에 방류둑을 설치한다.
④ 비 독성가스를 저장하는 저장탱크 주위에는 방류둑을 설치하지 않아도 무방하다.

해설 지하 저장탱크가 액면이 지면보다 낮으면 방류둑이 생략된다.

06 가스용접 작업에서 일어날 수 있는 재해가 아닌 것은?
① 화재 ② 전격
③ 폭발 ④ 중독

해설 전격은 전기용접의 재해이다.

07 피뢰기가 구비해야 할 성능조건으로 옳지 않은 것은?
① 반복 동작이 가능할 것
② 견고하고 특성변화가 없을 것
③ 충격방전개시 전압이 높을 것
④ 뇌 전류의 방전능력이 클 것

해설 충격방전개시 전압과 피뢰기 구비조건과는 별개 문제이다.

08 컨베이어의 안전장치에 해당되지 않는 것은?
① 역회전 방지장치
② 비상 정지장치
③ 과속 방지장치
④ 이탈 방지장치

해설 컨베이어 동작은 저속작업기기이다.

ANSWER | 1.③ 2.③ 3.④ 4.① 5.② 6.② 7.③ 8.③

09 안전사고의 발생 요인 중 가장 비율이 높다고 볼 수 있는 것은?
① 불안전한 상태 ② 개인적인 결함
③ 불안전한 행동 ④ 사회적 결함

해설 안전사고의 발생요인에서 불안전한 행동비율이 높다.

10 아크 용접작업 시 인적 피해로 볼 수 없는 것은?
① 감전으로 인한 사고
② 과대전류에 의한 용접기의 소손
③ 스패터 및 슬랙에 의한 화상
④ 유해가스에 의한 중독

해설 과대전류에 의한 용접기 소손은 인적피해가 아닌 기기피해이다.

11 산업안전보건 개선계획에 포함되어야 할 중요한 사항이 아닌 것은?
① 안전보건 관리체계 ② 안전보건 교육
③ 근로자 배치 ④ 시설

해설 근로자 배치와 산업안전보건 개선계획과는 별개의 문제이다.

12 다음은 보일러의 수압시험을 하는 목적이다. 부적합한 것은?
① 균열의 유무를 조사
② 각종 덮개를 장치한 후의 기밀도 확인
③ 이음부의 누설정도 확인
④ 각종 스테이의 효력을 조사

해설 스테이와 수압시험과는 무관한 내용이다.

13 다음 보기의 설명에 해당되는 것은?

[보기]
• 실린더에 상이 붙는다.
• 토출가스 온도가 낮아진다.
• 냉동능력이 감소한다.
• 압축기가 타격음을 발생한다.

① 액 해머 ② 커퍼 플레이팅
③ 냉매과소 충전 ④ 플래시 가스 발생

해설 보기에 해당되는 이상상태는 액 해머(리퀴드 해머)와 관계되는 사항이다.

14 다음 중 안전장치의 취급에 관한 사항 중 틀리는 것은?
① 안전장치는 반드시 작업 전에 점검한다.
② 안전장치는 구조상의 결함유무를 항상 점검한다.
③ 안전장치가 불량할 때에는 즉시 수정한 다음 작업한다.
④ 안전장치는 작업 형편상 부득이한 경우엔 일시 제거해도 좋다.

해설 안전장치는 일시라도 제거하여서는 아니 된다.

15 보호구 사용 시 유의사항으로 옳지 않은 것은?
① 작업에 적절한 보호구를 설정한다.
② 작업장에는 필요한 수량의 보호구를 비치한다.
③ 보호구는 사용하는 데 불편이 없도록 관리를 철저히 한다.
④ 작업을 할 때 개인에 따라 보호구는 사용하지 않아도 된다.

해설 보호구는 작업 시에 반드시 착용한다.

16 스크루 압축기의 장점이 아닌 것은?
① 흡입 및 토출밸브가 없다.
② 크랭크 샤프트, 피스톤링 등의 마모부분이 없어 고장이 적다.
③ 냉매의 압력손실이 없어 체적효율이 향상된다.
④ 고속회전으로 인하여 소음이 적다.

해설 스크루 압축기는 고속회전으로 소음이 많다.

17 다음 냉매 중에서 흡수식 냉동기에 가장 적합한 냉매는?
① R-502 ② 황산
③ 암모니아 ④ R-22

9. ③ 10. ② 11. ③ 12. ④ 13. ① 14. ④ 15. ④ 16. ④ 17. ③ | ANSWER

해설 흡수식의 냉동기에서 냉매는 암모니아나 H_2O가 이상적이다.

18 다음 중 내열도가 450℃이며, 강인한 특징이 있어, 고온, 고압 증기용으로 사용되는 것은?
① 석면 조인트 시트
② 합성수지 패킹
③ 고무 패킹
④ 오일실 패킹

해설 석면 조인트 시트의 패킹제는 내열도가 약 450℃이다.

19 압축비에 관한 설명으로 옳은 것은?
① 압축비가 클수록 체적효율이 커진다.
② 압축비의 값은 1을 초과하지 않는다.
③ 압축비가 클수록 냉매 단위 중량당의 일량이 커진다.
④ 압축비가 클수록 기계 일량이 작아지고 냉동능력에는 하등의 영향을 주지 않는다.

해설 압축비가 크면 냉매 단위 중량당 일량이 커진다.

20 냉동장치에서 전자밸브를 사용하는데 그 사용목적 중 거리가 먼 것은?
① 리퀴드 백(Liquid back) 방지
② 냉매, 브라인의 흐름제어
③ 습도제어
④ 온도제어

해설 습도제어에는 전자밸브는 사용되지 않는다.

21 다음 중 불응축 가스가 주로 모이는 곳은?
① 증발기
② 액분리기
③ 압축기
④ 응축기

해설 불응축가스가 주로 모이는 곳
• 응축기 상부
• 수액기 상부
• 증발식 응축기에서는 액의 헤더

22 배관용 아크 용접 탄소강강관(SPW)에 대한 설명 중 틀린 것은?
① 비교적 사용압력이 낮은 배관에 사용한다.
② 자동 서브머지드 용접으로 제조한다.
③ 가스, 물 등의 유체 수송용이다.
④ 관호칭은 안지름×두께이다.

해설 SPW 특징
• 비교적 사용압력이 낮은 배관용
• 자동 서브 머지드 용접으로 제조
• 가스, 물 등의 유체 수송용
• 관호칭은 내경기준이다.

23 다음 중 냉동장치에 관한 설명이 옳지 않은 것은?
① 안전밸브가 작동하기 전에 고압차단 스위치가 작동하도록 조정한다.
② 온도식 자동팽창밸브의 감온통은 증발기의 입구 측에 붙인다.
③ 가용전은 응축기의 보호를 위하여 사용한다.
④ 파열판은 주로 터보 냉동기의 저압 측에 사용한다.

해설 온도식 자동 팽창밸브의 감온통은 증발기의 출구에 수평관으로 부착

24 기계적인 냉동방법인 것은?
① 고체의 융해잠열을 이용하는 방법
② 고체의 승화열을 이용하는 방법
③ 기한제를 이용하는 방법
④ 증기압축식 냉동기를 이용하는 방법

해설 기계적인 냉동방법은 증기압축식 냉동기에 해당된다.

ANSWER | 18. ① 19. ③ 20. ③ 21. ④ 22. ④ 23. ② 24. ④

25 2단 압축 냉동장치에 있어서 중간냉각의 역할에 관한 사항 중 틀린 것은?
① 증발기에 공급하는 액을 과냉각시켜 냉동효과를 증대시킨다.
② 고압 압축기의 흡입가스 압력을 저하시키고 압축비를 증가시킨다.
③ 저압 압축기의 압축가스의 과열도를 저하시킨다.
④ 고압 압축기의 흡입가스의 온도를 내리고 냉동장치의 성적계수를 향상시킨다.

해설 1단 압축에서 압축비가 6을 넘으면 2단 압축을 채용한다. (중간압력은 고저압의 압축비가 동일할 때)

26 저압수액기와 액펌프의 설치 위치로 가장 적당한 것은?
① 저압수액기 위치를 액펌프보다 약 1.2m정도 높게 한다.
② 응축기 높이와 일정하게 한다.
③ 액펌프와 저압 수액기 위치를 같게 한다.
④ 저압 수액기를 액펌프보다 최소한 5m 낮게 한다.

해설 저압수액기는 액펌프보다 약 1.2m 정도 높게 설치한다.

27 왕복 압축기의 용량제어방법이 아닌 것은?
① 흡입밸브 조정에 의한 방법
② 회전수 가감법
③ 안전두 스프링의 강도조정법
④ 바이패스방법

해설 안전두 스프링의 강도조정과 왕복동 압축기의 용량제어와는 관련성이 없다.

28 브라인 동파방지 대책이 아닌 것은?
① 동결방지용 온도조절기 사용
② 브라인 부동액을 첨가 사용
③ 응축압력 조정밸브 설치 사용
④ 단수릴레이를 사용

해설 응축압력 조정밸브와 브라인 동파방지 대책과는 관련성이 없다.

29 온도식 액면 제어밸브에 설치된 전열 히터의 용도는?
① 감온통의 동파를 방지하기 위해 설치하는 것이다.
② 냉매와 히터가 직접 접촉하여 저항에 의해 작동한다.
③ 주로 소형 냉동기에 사용되는 팽창밸브이다.
④ 감온통 내에 충진된 가스를 민감하게 작동토록 하기 위해 설치하는 것이다.

해설 온도식 액면 제어밸브 전열 히터의 용도는 감온통 내에 충진 가스를 민감하게 작동토록 하기 위한 설치한다.

30 증발온도와 응축온도가 일정하고 과냉각도가 없는 냉동사이클에서 압축기에 흡입되는 상태가 변화했을 때의 $P-h$ 선도 중 건조포화압축 냉동사이클은?

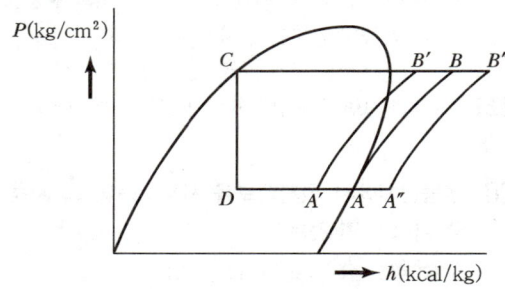

① $A-B-C-D-A$
② $A'-B'-C-D-A'$
③ $A''-B''-C-D-A''$
④ $A'-B'-B''-A''-A'$

해설 ① : 건압축
② : 습압축
③ : 과열압축

31 영국의 마력 1[HP]를 열량으로 환산할 때 맞는 것은?
① 102[kcal/h]   ② 632[kcal/h]
③ 860[kcal/h]   ④ 641[kcal/h]

해설 $1HP-h = 76 kg\cdot m/s \times 1h \times 3,600s/h \times \dfrac{1}{427} kcal/kg\cdot m$
$= 641 kcal$

32 흡수식 냉동장치에서 암모니아가 냉매로 사용될 때 흡수제는 어떤 것인가?
① LiBr   ② $CaCl_2$
③ NH_3 ④ H_2O

해설 암모니아 냉매 시 흡수제는 H_2O

33 용접 강관을 벤딩할 때 구부리고자 하는 관을 바이스에 어떻게 물려야 하는가?
① 용접선을 안쪽으로 향하게 한다.
② 용접선을 바깥쪽으로 향하게 한다.
③ 용접선이 위로 향하게 한다.
④ 용접선은 방향에 관계없이 물린다.

해설 용접 강관의 벤딩 시 용접선이 위로 향하게 된다.

34 다음 중 전자밸브를 나타낸 것은?

① 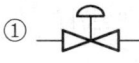   ②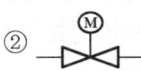
③ 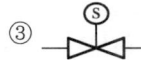   ④

해설 전자밸브(솔레노이드 밸브)
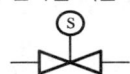

35 다음 중 이상적인 냉동사이클은?
① 역카르노사이클
② 랭킨사이클
③ 브리튼사이클
④ 스털링사이클

해설 이상적인 냉동사이클은 역카르노사이클이다.
• 냉동기 성적계수
$$\dfrac{Q_2}{AW} = \dfrac{Q_2}{Q_1-Q_2} = \dfrac{T_2}{T_1-T_2}$$
• 열펌프 성적계수
$$\dfrac{Q_1}{AW} = \dfrac{Q_1}{Q_1-Q_2} = \dfrac{T_1}{T_1-T_2}$$
• 카르노사이클의 역방향은 역카르노사이클이다.

36 정전 시 조치사항 중 틀린 것은?
① 냉각수 공급을 중단한다.
② 수액기 출구밸브를 닫는다.
③ 흡입밸브를 닫고 모터가 정지한 후 토출밸브를 닫는다.
④ 냉동기의 주 전원 스위치는 계속 통전시킨다.

해설 정전 시에는 냉동기 주 전원 스위치는 차단시킨다.

37 다음 증발기 중 공기 냉각용 증발기는 어느 것인가?
① 셀 앤 코일형 증발기
② 캐스케이드 증발기
③ 보데로 증발기
④ 탱크형 증발기

해설 캐스케이드 증발기는 공기냉각용이다.(관코일용 증발기도 공기냉각용)

38 냉동기유의 구비조건 중 옳지 않은 것은?
① 응고점과 유동점이 높을 것
② 인화점이 높을 것
③ 점도가 적당할 것
④ 전기절연 내력이 클 것

해설 냉동기 오일
• 응고점이 낮을 것
• 유등성이 좋을 것
• 왁스 성분이 적을 것

ANSWER | 32. ④ 33. ③ 34. ③ 35. ① 36. ④ 37. ② 38. ①

39 전자밸브(솔레노이드 밸브)에 대한 설명 중 옳은 것은?

① 전자코일에 전류가 흐르면 밸브는 닫힌다.
② 밸브를 수직으로 설치하여야 정상적인 작동을 한다.
③ 압력스위치와 결합시켜 사용할 수 없다.
④ 직동 전자밸브에는 밸브시트 구경의 제한이 없다.

해설 전자밸브는 밸브를 수직을 설치하여야 사용이 가능하다.

40 표준 대기압을 0으로 기준하여 측정한 압력은?

① 대기압 ② 절대압력
③ 게이지 압력 ④ 진공도

해설
• 게이지압 : 표준대기압은 0으로 기준
• 절대압력 : 완전 진공압을 기준

41 증발식 응축기를 설치할 경우 불응축 가스의 인출 위치는?

① 가스헤더
② 액 헤더
③ 수액기와 가스 헤더를 연결하는 균압관
④ 가스 헤더와 증발기를 연결한 균압관

해설 증발식 응축기의 불응축 가스의 인출 위치는 액 헤더이다.

42 응축온도가 13°C이고, 증발온도가 −13°C인 이론적 냉동사이클에서 냉동기의 성적계수는 얼마인가?

① 0.5 ② 2
③ 5 ④ 10

해설 $(273+13)-(273-13)=26$
$\therefore \dfrac{273-13}{26}=10$ COP

43 냉매의 구비조건으로 틀린 것은?

① 저온에서는 증발압력이 대기압 이하일 것
② 임계온도가 높고 상온에서 액화될 것
③ 증발잠열이 크고 액체비열이 작을 것
④ 증기의 비열비가 작을 것

해설 냉매는 저온에서도 대기압 이상의 압력에서 증발하고 상온에서 비교적 저압에서 액화가 가능하여야 한다.

44 전장의 세기와 같은 것은?

① 유전속 밀도 ② 전하 밀도
③ 정전력 ④ 전기력선 밀도

해설 전장의 세기 : 전기력선의 밀도

45 용접접합을 나사접합에 비교한 것 중 옳지 않은 것은?

① 누수가 적고 보수에 비용이 절약된다.
② 유체의 마찰손실이 많다.
③ 배관상으로 공간 효율이 좋다.
④ 접합부의 강도가 크다.

해설 용접접합은 유체의 마찰손실이 적다.

46 공기조화용 덕트 부속기기에서 실내에 설치된 연기감지기로 화재의 초기에 발생된 연기를 탐지하여 덕트를 폐쇄시키므로 다른 구역으로 연기의 침투를 방지해주는 부속기기는 무엇인가?

① 방연댐퍼
② 챔버
③ 방수댐퍼
④ 풍량조절 댐퍼

해설 방연댐퍼 : 연기의 침투방지

47 개별공조방식의 특징이 아닌 것은?

① 국소적인 운전이 자유롭다.
② 실내에 유닛의 설치면적을 차지한다.
③ 외기 냉방을 할 수 있다.
④ 취급이 간단하다.

해설 개별공조방식은 외기 냉방이 불가능하다.

39. ② 40. ③ 41. ② 42. ④ 43. ① 44. ④ 45. ② 46. ① 47. ③ | ANSWER

48 공기조화기의 냉각코일 용량을 구할 때 관계가 없는 것은?
① 송풍량 ② 재열부하
③ 외기부하 ④ 배관부하

해설) 냉각코일 용량과 배관부하와는 연관성이 없다.

49 온수난방장치의 체적이 700L이다. 이 경우 개방식 팽창탱크의 필요체적은 약 몇 L인가?(단, 초기 수온은 5℃, 보일러 운전 시 수온을 80℃로 하고 각각의 온도에 대한 물의 밀도는 0.99999kg/L 및 0.97183 kg/L로 하며, 개방식 팽창탱크의 용량은 온수팽창탱크의 2배로 한다.)
① 40.5 ② 41.2
③ 43.5 ④ 45.7

해설) $V = 700 \times \left(\dfrac{1}{0.97183} - \dfrac{1}{0.99999} \right)$
$= 20.2832L$
∴ $20.2832 \times 2 = 40.56L$

50 어떤 실의 난방부하가 5,000kcal/h일 때 저압증기 방열기의 방열면적은 몇 m^2인가?
① 4.5 ② 6.6
③ 7.7 ④ 8.8

해설) 증기난방 표준방열량 = 650kcal/m^2h
∴ $\dfrac{5,000}{650} = 7.69 m^2$

51 다음은 이중덕트방식에 대한 설명이다. 옳지 않은 것은?
① 실의 냉난방 부하가 감소되어도 취출공기의 부족현상은 없다.
② 실내부하에 따라 각실 제어나 존(Zone)별 제어가 가능하다.
③ 열매가 공기이므로 실온의 응답이 빠르다.
④ 단일덕트방식에 비해 에너지 소비량이 적다.

해설) 이중덕트방식은 단일덕트방식에 비해 에너지 소비량이 크다.

52 설치가 쉽고 설치면적도 적으며 소규모 난방에 많이 사용되는 보일러는?
① 입형 보일러
② 노통 보일러
③ 연관 보일러
④ 수관 보일러

해설) 입형 보일러는 설치가 쉽고 소규모 난방용이다.

53 가정의 주방이나 가스레인지 상부 측 후드를 이용하여 배기하는 환기법은?
① 국부환기, 제3종 환기
② 전체환기, 제3종 환기
③ 국부환기, 제2종 환기
④ 전체환기, 제2종 환기

해설) 가정의 주방, 가스레인지 상부 측 후드는 국부환기(제3종 환기) 사용

54 벽체로부터의 취득열량(q)을 산출하는 식으로 옳은 것은?(단, K : 열통과율, Δte : 상당외기온도차, A : 벽면적)
① $q = \Delta te \cdot A \cdot (1/K)$
② $q = K \cdot \Delta te \cdot A$
③ $q = K \cdot A \cdot (1/\Delta te)$
④ $q = K \cdot \Delta te \cdot (1/A)$

해설) 벽체 취득열량(q) = $K \cdot \Delta te \cdot A$

55 실리카겔, 활성 알루미나 등의 고체를 사용하여 공기의 수분을 제거하는 감습방법은?
① 냉각감습 ② 압축감습
③ 흡수감습 ④ 흡착감습

해설) 흡착감습은 실리카겔, 활성 알루미나 등의 고체를 사용하여 공기 중의 수분 제거

ANSWER | 48. ④ 49. ① 50. ③ 51. ④ 52. ① 53. ① 54. ② 55. ④

56 다음 중 보건용 공기조화에 해당되지 않는 것은?
① 전자계산기실의 공기조화
② 일반사무실의 공기조화
③ 백화점의 공기조화
④ 주택의 공기조화

해설 전자계산기실의 공기조화는 산업용 공기조화이다.

57 공기를 가열하였을 때 감소하는 것은?
① 엔탈피   ② 절대습도
③ 상대습도   ④ 비체적

해설 공기를 가열하면 상대습도가 감소한다.

58 공조설비비 중 차지하는 비율(%)이 가장 큰 것은?
① 냉동기 설비
② 공기조화기 및 덕트
③ 보일러 설비
④ 냉각탑 설비

해설 공조설비비용에서 가장 비율이 큰 것은 공기조화기 및 덕트 시설비용이다.

59 다음 중 고속에서도 비교적 정숙한 운전을 할 수 있는 것은?
① 다익 송풍기   ② 리밋 로드 송풍기
③ 터보 송풍기   ④ 관류 송풍기

해설 터보 송풍기(원심식)는 고속에서도 비교적 정숙한 운전이 가능하다.

60 수조 내의 물이 진동자의 진동에 의해 수면에서 작은 물방울이 발생되어 가습되는 가습기의 종류는?
① 초음파식   ② 원심식
③ 전극식   ④ 진동식

해설 초음파식 가습기는 수조 내의 물이 진동자의 진동에 의해 수면에서 작은 물방울이 발생되어 가습된다.

56. ① 57. ③ 58. ② 59. ③ 60. ① | ANSWER

2008년 1회 공조냉동기계기능사

01 보일러 수위가 낮으면 어떤 현상이 일어나는가?
① 습증기 발생의 원인이 된다.
② 수면계에 물때가 붙는다.
③ 보일러가 과열되기 쉽다.
④ 습증기압이 높아 누설된다.

해설 보일러 저수위 시에는 보일러의 과열 또는 폭발이 우려된다.

02 공구와 그 사용법을 바르게 연결한 것은?
① 바이스 – 암나사 내기
② 그라인더 – 공작물 연마
③ 리머 – 공작물을 고정
④ 핸드 탭 – 구멍의 내면 다듬질

해설
• 바이스 : 숫나사 내기 도움 공구
• 그라인더 : 공작물 연마
• 리머 : 거스러미 제거
• 핸드 탭 : 암나사 내기

03 다음 중 가스용접 작업 시 가장 많이 발생되는 사고는?
① 가스누설에 의한 폭발
② 자외선에 의한 망막 손상
③ 누전에 의한 감전사고
④ 유해가스에 의한 중독

해설 가스용접 작업 시에는 가스누설에 의한 폭발이 우려된다.

04 다음 중 소화효과의 원리가 아닌 것은?
① 질식효과   ② 제거효과
③ 냉각효과   ④ 단열효과

해설 소화효과
• 질식효과
• 제거효과
• 냉각효과

05 교류 아크 용접기에서 감전을 방지하기 위해 전격 방지기를 사용하는데 전격 방지기는 무엇을 조정하는가?
① 1차 측 전류   ② 2차 측 전류
③ 1차 측 전압   ④ 2차 측 전압

해설 전격 방지기 : 2차 측 전압조정

06 냉동제조의 시설 및 기술기준으로 적당하지 못한 것은?
① 냉동제조설비 중 특정설비는 검사에 합격한 것일 것
② 냉동제조시설 중 냉매설비는 자동제어장치를 설치할 것
③ 제조설비는 진도, 충격, 부식 등으로 냉매가스가 누설되지 아니할 것
④ 압축기 최종단에 설치한 안전장치는 2년에 1회 이상 압력시험을 할 것

해설 압축기 최종단에 설치한 안전장치는 1년에 1회 이상, 그 밖의 안전장치는 2년에 1회 이상 압력시험이 필요하다.

07 냉동기를 운전하기 전에 준비해야 할 사항으로 옳지 않은 것은?
① 압축기 유면 및 냉매량을 확인한다.
② 응축기, 유냉각기의 냉각수 입·출구밸브를 연다.
③ 냉각수 펌프를 운전하여 응축기 및 실린더 자켓의 통수를 확인한다.
④ 암모니아 냉동기의 경우는 오일히터를 기동 30~60분 전에 통전한다.

해설 터보식냉동기는 오일 히터를 기동 30~60분 전에 통전한다.

08 냉동장치 안전운전을 위한 주의사항 중 틀린 것은?
① 압축기와 응축기 간에 스톱밸브가 닫혀 있는 것을 확인한 후가 아니면 압축기를 가동시키지 말 것
② 주기적으로 유압을 체크할 것

ANSWER | 1.③ 2.② 3.① 4.④ 5.④ 6.④ 7.④ 8.①

③ 운전휴지 중 실내온도가 빙점 이하로 내려갈 가능성이 있을 때는 응축기 및 수배관에서 물을 완전히 뽑아 동파를 방지할 것
④ 압축기를 처음 가동 시에는 정상으로 가동되는가를 확인할 것

[해설] 압축기와 응축기 간의 스톱밸브가 열려 있을 때 압축기 가동이 이루어져야 한다.

09 다음 중 재해발생의 3요소가 아닌 것은?
① 교육　　　　　② 인간
③ 환경　　　　　④ 기계

[해설] 재해발생의 3요소 : 인간, 환경, 기계

10 보일러 운전 중 주시해야 할 사항으로 옳지 못한 것은?
① 연소상태　　　② 수면
③ 압력　　　　　④ 밀도

[해설] 보일러 운전 중 주시사항
• 연소상태　　　• 수면높이
• 압력　　　　　• 가스누설

11 방폭성능을 가진 전기기의 구조 분류에 해당되지 않는 것은?
① 내압 방폭구조　② 유입 방폭구조
③ 압력 방폭구조　④ 자체 방폭구조

[해설] 방폭분류
• 내압 방폭구조
• 유입 방폭구조
• 압력 방폭구조
• 안전증 방폭구조
• 본질안전 방폭구조

12 산업안전기준상 작업장의 계단의 폭은 얼마 이상으로 하여야 하는가?
① 50cm　　　　② 100cm
③ 150cm　　　　④ 200cm

[해설] 작업장 계단의 폭 : 100cm 이상

13 폭발 인화성 위험물 취급에서 주의할 사항 중 틀린 것은?
① 위험물 부근에는 화기를 사용하지 않는다.
② 위험물은 습기가 없고 양지 바르고 온도가 높은 곳에 둔다.
③ 위험물은 취급자 외에 취급해서는 안된다.
④ 위험물이 든 용기에 충격을 주든지 난폭하게 취급해서는 안된다.

[해설] 폭발 인화성 위험물은 습기가 없고 음지에서 온도가 낮은 곳에 저장한다.

14 다음 마스크 중 공기 중에 부유하는 유해한 미립자 물질을 흡입함으로써 건강 장해의 우려성이 있는 경우 사용하는 것은?
① 방진 마스크　　② 방독 마스크
③ 방수 마스크　　④ 송기 마스크

[해설] 방진 마스크 : 공기 중에 부유하는 미립자 물질을 제거한다.

15 재해 형태에서 물건에 끼워지거나 말려든 상태를 무엇이라고 하는가?
① 추락　　　　　② 충돌
③ 협착　　　　　④ 전도

[해설] 협착 : 재해 형태에서 물건에 끼워지거나 말려든 상태

16 2원 냉동장치의 설명으로 볼 수가 없는 것은?
① −70℃ 이하의 저온을 얻는 데 사용된다.
② 비등점이 높은 냉매는 고온 측 냉동기에 사용된다.
③ 저온 측 압축기의 흡입관에는 팽창탱크가 설치되어 있다.
④ 중간 냉각기를 설치하여 고온 측과 저온 측을 열교환시킨다.

9. ①　10. ④　11. ④　12. ②　13. ②　14. ①　15. ③　16. ④ | **ANSWER**

해설 2단 압축기 : 중간 냉각기를 설치하여 고 · 저온 측을 열교환시킨다.

17 다음 중 단수 릴레이의 종류에 속하지 않는 것은?
① 단압식 릴레이 ② 차압식 릴레이
③ 수류식 릴레이 ④ 온도식 릴레이

해설 단수 릴레이
단압식, 차압식, 수류식

18 가역 사이클인 냉동기의 능력이 20RT, 증발온도 −10℃, 응축온도 20℃에서 작동하고 있다. 이 냉동기의 이론적인 소요동력은 몇 마력인가?
① 17.74[PS] ② 11.98[PS]
③ 10.76[PS] ④ 9.87[PS]

해설 성적계수$(COP) = \dfrac{273-10}{(273+20)-(273-10)} = 8.76$

동력$(PS) = \dfrac{Q_e}{632 \times COP} = \dfrac{20 \times 3,320}{632 \times 8.76} = 11.98PS$

19 다음 설명 중 맞는 것은?
① 윤활유와 혼합된 프레온 냉매는 오일 포밍현상이 일어나기 쉽다.
② 윤활유 중에 냉매가 용해하는 정도는 압력이 낮을수록 많아진다.
③ 윤활유 중에 냉매가 용해하는 정도는 온도가 높을수록 많아진다.
④ 장치 내의 온도가 낮을수록 동 부착현상을 일으킨다.

해설 프레온 냉매는 윤활유와 혼합되면 오일 포밍현상이 발생될 우려가 있다.

20 증발식 응축기 설계 시 1RT당 전열면적은?(단, 응축온도는 43℃로 한다.)
① 1.2m²/RT ② 3.5m²/RT
③ 6.5m²/RT ④ 7.5m²/RT

해설 증발식 응축기 전열면적
• 암모니아 : 1.5m²/RT
• 프레온 : 1.3m²/RT

21 냉동 장치에서는 자동제어를 위하여 전자 밸브가 많이 쓰이고 있는데 그 사용 예가 아닌 것은?
① 액압축 방지
② 냉매 및 브라인 물의 흐름제어
③ 용량 및 액면 조정
④ 고수위 경보

해설 고수위 경보 : 맥도널이 필요하나 냉동장치에서는 사용이 되지 않는다.

22 제빙공장에서 냉동기를 가동하여 30℃의 물 1ton을 24시간 동안에 −9℃ 얼음으로 만들고자 한다. 이때 필요한 열량은 약 얼마인가?(단, 외부로부터 열침입은 전혀 없는 것으로 하고, 물의 응고잠열은 80kcal/kg으로 한다.)
① 420kcal/h ② 4,770kcal/h
③ 9,540kcal/h ④ 110,000kcal/h

해설
• 물의 현열 = 1,000 × 1 × 30 = 30,000kcal
• 얼음의 융해잠열(물의 응고잠열)
 = 1,000 × 80 = 80,000kcal
• 얼음의 현열 = 1,000 × 0.5 × [0−(−9)] = 4,500kcal
∴ $Q = \dfrac{30,000 + 80,000 + 4,500}{24} = 4,770$kcal/h

23 터보식 냉동기와 왕복동식 냉동기를 비교했을 때 터보식 냉동기의 특징으로 맞는 것은?
① 회전수가 매우 빠르므로 동작밸런스나 진동이 크다.
② 보수가 어렵고 수명이 짧다.
③ 소용량의 냉동기에는 한계가 있고 생산가가 비싸다.
④ 저온장치에서도 압축단수가 적어지므로 사용도가 넓다.

해설 터보식(원심식)은 소용량의 제작에는 한계가 있어서 생산가가 비싸다.

ANSWER | 17. ④ 18. ② 19. ① 20. ① 21. ④ 22. ② 23. ③

24 액순환식 증발기에 대한 설명 중 알맞은 것은?
① 오일이 체류할 우려가 크고 제상 자동화가 어렵다.
② 전열을 양호하게 하기 위하여 공랭식에 주로 사용된다.
③ 증발기 출구에서 액은 80% 정도이고 기체는 20% 정도까지 차지한다.
④ 다른 증발기에 비해 전열작용이 80% 정도 양호하다.

해설 액순환식 증발기는 증발기 출구에서 냉매액은 80%, 기체(가스)는 20% 정도이다.

25 고체 이산화탄소가 기화할 때 필요한 열은?
① 융해열   ② 응고열
③ 승화열   ④ 증발열

해설 고체 CO_2는 승화열이 필요하다.

26 강관의 이음용 이음쇠 중 벤드의 종류에 해당하지 않는 것은?
① 암수 롱 벤드   ② 45° 롱 벤드
③ 리턴 벤드   ④ 크로스 벤드

해설 T, Y, 크로스는 관의 분기용

27 다음 중 암모니아 불응축 가스 분리기의 작용에 대한 설명으로 옳은 것은?
① 분리되어진 공기는 수조로 방출된다.
② 암모니아 가스는 냉각되어 응축액으로 되어 유분리기로 되돌아간다.
③ 분리기 내에서 분리되어진 공기는 온도가 상승한다.
④ 분리된 암모니아 가스는 압축기로 흡입되어진다.

해설 암모니아용 불응축 가스로 분리되어진 공기는 물탱크(수조)로 방출된다.

28 회전식과 비교하여 왕복동식 압축기의 특징이 아닌 것은?
① 압축이 단속적이다.
② 진동이 크다.
③ 크랭크 케이스 내부압력이 저압이다.
④ 압축능력이 적다.

해설 회전식 압축기는 압축이 연속적이나 일반적으로 소용량이다.

29 저항이 5Ω인 도체에 2A의 전류가 1분간 흘렀을 때 발생하는 열량은 몇 J인가?
① 50   ② 100
③ 600   ④ 1,200

해설 전위차(V) = $\dfrac{W}{Q}$ = (J)
전력량(W) = VIT = Pt(J) = RI^2t(J)
∴ $5 \times (2)^2 \times 60(\sec) = 1,200(J)$

30 1냉동톤(한국 RT)이란?
① 65kcal/min   ② 3,320kcal/hr
③ 1.92kcal/sec   ④ 55,680kcal/day

해설
• 한국 1RT = 3,320kcal/h
• 미국 1RT = 3,024kcal/h
• 흡수식 1RT = 6,640kcal/h
• 냉각탑 1RT = 3,900kcal/h

31 2단 압축 1단 팽창 사이클에서 중간 냉각기 주위에 연결되는 장치로서 적당하지 못한 것은?

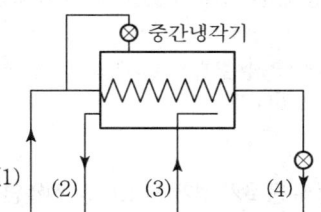

① (1) : 수액기로부터   ② (2) : 고단 측 압축기로
③ (3) : 응축기로부터   ④ (4) : 증발기로

해설 (3) 저단 압축기로부터

32 다음의 역카르노사이클에서 냉동장치의 각 기기에 해당되는 구간이 바르게 연결된 것은?

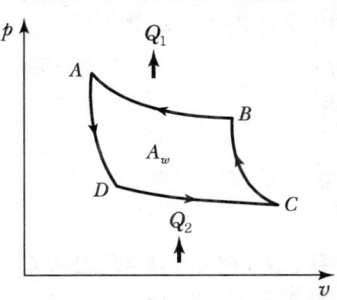

① B→A : 응축기
   C→B : 팽창변
   D→C : 증발기
   A→D : 압축기

② B→A : 증발기
   C→B : 압축기
   D→C : 응축기
   A→D : 팽창변

③ B→A : 응축기
   C→B : 압축기
   D→C : 증발기
   A→D : 팽창변

④ B→A : 압축기
   C→B : 응축기
   D→C : 증발기
   A→D : 팽창변

해설 역카르노사이클(냉동사이클)
- B→A(응축기)
- C→B(압축기)
- D→C(증발기)
- A→D(팽창변)

33 다음 회전식(Rotary) 압축기의 설명 중 틀린 것은?
① 흡입밸브가 없다.
② 압축이 연속적이다.
③ 회전수가 100rpm 정도로 매우 적다.
④ 왕복동에 비해 구조가 간단하다.

해설 회전식 압축기는 압축이 연속적이라서 rpm이 크다.

34 가스관의 맞대기 용접을 할 때 유의사항 중 틀린 것은?
① 관 단면을 V형으로 가공한다.
② 관을 지지대에 올려놓고 편심이 되지 않게 고정한다.
③ 관의 중심축을 맞춘 후 3~4개소에 가접을 한다.
④ 가접 후 본용접은 하향 용접보다 상향 용접을 하는 것이 좋다.

해설 가스관의 맞대기 용접의 경우 하향용접이 상향용접보다 편리하다.

35 매설 주철관 파이프를 절단할 때 가장 많이 사용하는 것은?
① 원단 그라인더
② 링크형 파이프 커터
③ 오스타
④ 체인블럭

해설 링크형 파이프 커터 : 200A 이상의 매설 주철관 절단용이다.

36 비체적의 단위로 맞는 것은?
① m^3/kgf
② $m^2/kgf \cdot s$
③ $kgf/m^3 \cdot ℃$
④ $m^3/kgf \cdot h$

해설
- 비체적의 단위 : m^3/kgf
- 밀도의 단위 : kgf/m^3

37 파이프의 표시법 중 틀린 것은?
① 가스관은 G자로 표시한다.
② 파이프는 하나의 실선으로 표시한다.
③ 수증기 관은 S자로 표시한다.
④ 관을 파단하여 표시하는 경우에는 화살표 방향으로 표시한다.

해설 화살표는 유체의 흐름방향 표시

38 압력과 온도를 동시에 낮추어 주는 곳은?
① 증발기
② 압축기
③ 응축기
④ 팽창밸브

해설 팽창벌브 : 압력, 온도하강

39 브라인에 대한 설명 중 옳은 것은?
① 브라인은 냉동능력을 낼 때 잠열형태로 열을 운반한다.
② 에틸렌 글리콜, 프로필렌 글리콜, 염화칼슘 용액은 유기질 브라인이다.

ANSWER | 32. ③ 33. ③ 34. ④ 35. ② 36. ① 37. ④ 38. ④ 39. ④

③ 염화칼슘 브라인은 그중에 용해되고 있는 산소량이 많을수록 부식성이 적다.
④ 프로필렌 글리콜은 부식성, 독성이 없어 냉동식품의 동결용으로 사용된다.

해설 프로필렌 글리콜 브라인 냉매는 부식성이 없고 식품동결에 사용된다.

40 다음의 내용 중 잘못 설명된 것은?
① CFC 프레온 냉매는 안전하므로 누출되어도 환경에 전혀 문제가 없다.
② 물을 냉매로 하면 증발온도를 0℃ 이하로 운전하는 것은 불가능하다.
③ 응축기 내에 들어있는 불응축가스는 전열효과를 저하시킨다.
④ 2원 냉동장치는 초저온 냉각에 사용되는 것이다.

해설 프레온 냉매가 누설되면 오존층의 파괴로 환경에 막대한 지장을 준다.

41 냉동장치 내에 냉매가 부족할 때 일어나는 현상이 아닌 것은?
① 냉동능력이 감소한다.
② 고압이 상승한다.
③ 흡입관에 상이 붙지 않는다.
④ 흡입가스가 과열된다.

해설 냉매가 부족하면 고압 및 저압이 저하된다.

42 배관재료 부식방지를 위하여 사용하는 도료가 아닌 것은?
① 타르   ② 아스팔트
③ 광명단   ④ 아교

해설 아교 : 접착제

43 압축기가 냉매를 압축할 때 단열 압축과정에서 변하지 않는 것은?(단 외부에 열손실이 없는 표준 냉동사이클을 기준으로 할 것)
① 엔탈피   ② 엔트로피
③ 온도   ④ 압력

해설 단열압축 : 엔트로피 불변

44 그림은 8핀 타이머의 내부회로도이다. ⑤, ⑧접점을 표시한 것은 무엇인가?

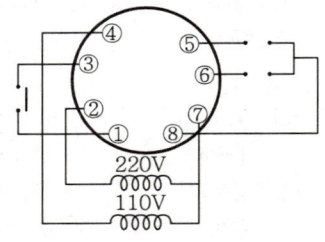

① ⑤—○—△—○—⑧
② ⑤—○———○—⑧
③ ⑤—○———○—⑧
④ ⑤—○———○—⑧

해설 timer : 타임스위치, 가정용, 장치의 자동화, 시퀀스제어의 중요부속품(전동식, 제동식, 기계식, 전자식이 있다.)

45 흡수식 냉동장치에서 냉매인 물이 5℃ 전후의 온도로 증발하고 있다. 이때 증발기 내부의 압력은?
① 약 7mmHg(933Pa) · a 정도
② 약 32mmHg(4,266Pa) · a 정도
③ 약 75mmHg(9,999Pa) · a 정도
④ 약 108mmHg(14,398Pa) · a 정도

해설 흡수식 냉동기 증발기 내 압력 7mmHg 상태 : 비점온도 약 5℃

46 난방부하가 3,500kcal/h인 방의 온수 방열량의 방열 면적은 몇 m²인가?
① 5.4   ② 6.6
③ 7.8   ④ 8.9

해설 $EDR = \dfrac{H_R}{450} = \dfrac{3,500}{450} = 7.8\text{m}^2$

47 다음 중 펌프의 종류에서 작동부분이 왕복운동을 하는 왕복식 펌프는?
① 벌류트 펌프 ② 기어 펌프
③ 플런저 펌프 ④ 베인 펌프

해설 왕복식펌프
- 플런저
- 피스톤
- 워싱턴

48 송풍기에서 오버로드(Overload)가 일어나는 경우로 옳은 것은?
① 풍량이 과잉인 경우
② 풍량이 과소인 경우
③ 풍량이 적정인 경우
④ 장치저항이 적은 경우

해설 송풍기 오버로드 : 풍량과잉

49 틈새바람량 $Q(\text{m}^3/\text{h})$, 실내온도 t_r, 외기온도 t_o라 할 때, 틈새바람에 의한 현열부하를 구하는 식은?
① $0.24\,Q(t_r - t_o)$ ② $597\,Q(t_r - t_o)$
③ $717\,Q(t_r - t_o)$ ④ $0.29\,Q(t_r - t_o)$

해설 공기의 비열=0.29kcal/m³℃(0.24×1.2=0.29)
$q_s = 0.29 \times Q \times (t_r - t_o)[\text{kcal/h}]$

50 다음 공조방식 중 에너지 손실이 가장 큰 공조방식은?
① 2중 덕트방식
② 각층 유닛방식
③ F.C 유닛방식
④ 유인 유닛방식

해설 2중 덕트방식 : 에너지 손실이 크다.

51 다음 중 건조공기의 구성요소가 아닌 것은?
① 산소 ② 질소
③ 수증기 ④ 이산화탄소

해설 건조공기에는 수증기가 없다.

52 다음의 공기선도에서 (2)에서 (1)로 냉각, 감습을 할 때 현열비(SHF)의 값을 구하면 어떻게 표시되는가?

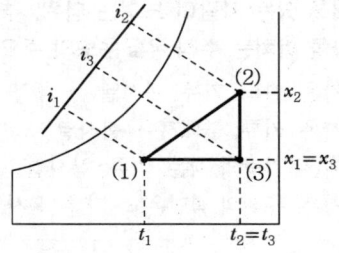

① $SHF = \dfrac{i_2 - i_3}{i_2 - i_1}$ ② $SHF = \dfrac{i_3 - i_1}{i_2 - i_1}$
③ $SHF = \dfrac{i_2 - i_1}{i_3 - i_1}$ ④ $SHF = \dfrac{i_3 + i_1}{i_2 + i_1}$

해설 현열비$(SHF) = \dfrac{i_3 - i_1}{i_2 - i_1}$

53 다음은 증기난방과 온수난방을 비교한 것이다. 틀린 것은?
① 증기난방보다 온수난방의 쾌적도가 더 좋다.
② 증기난방보다 온수난방의 취급이 더 용이하다.
③ 온수난방보다 증기난방의 가열 시간이 더 빠르다.
④ 온수난방보다 증기난방의 설비비가 더 많이 든다.

해설 온수난방은 관경이 커서 증기난방 설비비보다 더 많이 든다.

54 다음 중 환기의 효과가 가장 큰 환기법은?
① 제1종 환기 ② 제2종 환기
③ 제3종 환기 ④ 제4종 환기

해설 제1종 환기 : 급기팬, 배기팬 사용

ANSWER | 47. ③ 48. ① 49. ④ 50. ① 51. ③ 52. ② 53. ④ 54. ①

55 5℃인 450kg/h의 공기를 65℃가 될 때까지 가열기로 가열하는 경우 필요한 열량은 몇 kcal/h인가? (단, 공기의 비열은 0.24kcal/kg℃이다.)
① 6,480
② 6,490
③ 6,580
④ 6,590

해설 $Q = 450 \times 0.24 \times (65-5) = 6,480 \text{kcal/h}$

56 실내에 있는 사람이 느끼는 더위, 추위의 체감에 영향을 미치는 수정 유효온도의 주요 요소는?
① 기온, 습도, 기류, 복사열
② 기온, 기류, 불쾌지수, 복사열
③ 기온, 사람의 체온, 기류, 복사열
④ 기온, 주위의 벽면온도, 기류, 복사열

해설 수정 유효온도(CET : Corrected Effective Temperature)
기온 습도, 기류, 복사열 등이 수정 유효온도의 주요 요소

57 온수 베이스 보드 난방(Hot Base Board Heating)에서 가열면의 공기 유동을 조절하기 위한 장치는?
① 라디에이터
② 드레인 밸브
③ 그릴
④ 서모스탯

해설 그릴 : 온수 베이스 보드 난방에서 가열면의 공기유동을 조절한다.

58 냉동기의 증발기에서 공조기의 코일로 공급되는 것은?
① 냉매
② 냉수
③ 냉각수
④ 냉풍

해설 냉동기 증발기에서 공조기의 코일로 공급되는 것은 냉수이다.

59 다음의 냉방부하 중 현열부하만 생기는 것은?
① 인체
② 틈새바람
③ 외기
④ 유리창

해설 유리창의 냉방부하는 현열부하이다.

60 다음 설명 중 개별식 공기조화방식으로 볼 수 있는 것은?
① 사무실 내에 패키지형 공조기를 설치하고, 여기에서 조화된 공기는 패키지 상부에 있는 취출구로 실내에 송풍한다.
② 사무실 내에 유인유닛형 공조기를 설치하고, 외부의 공기조화기로부터 유인유닛에 공기를 공급한다.
③ 사무실 내에 팬코일 유닛형 공조기를 설치하고, 외부의 열원기기로부터 팬코일 유닛에 냉온수를 공급한다.
④ 사무실 내에는 덕트만 설치하고, 외부의 공기조화기로부터 덕트 내에 공기를 공급한다.

해설 사무실 패키지형 공조기 : 개별식 공기조화

55. ① 56. ① 57. ③ 58. ② 59. ④ 60. ① | ANSWER

2008년 2회 공조냉동기계기능사

01 냉동기 운전 중 증발기로부터 리퀴드 백으로 인하여 압축기의 흡입밸브 및 토출밸브 등의 파손을 방지하기 위해 설치하는 것은?
① 증발압력조정밸브
② 흡입압력조정밸브
③ 고압차단스위치
④ 저압차단스위치

해설 흡입압력조정밸브
• 압축기 과부하 방지
• 압축기 운전 안정
• 리퀴드 백 방지

02 전동공구 사용상의 안전수칙이 아닌 것은?
① 전기드릴로 아주 작은 물건이나 긴 물건에 작업할 때에는 지그를 사용한다.
② 전기 그라인더나 샌더가 회전하고 있을 때 작업대 위에 공구를 놓아서는 안 된다.
③ 수직 휴대용 연삭기의 숫돌의 노출각도는 90°까지만 허용된다.
④ 이동식 전기드릴 작업 시는 장갑을 끼지 말아야 한다.

해설 연삭기 최대노출각도(안전커버 노출각도)
• 스탠드용 : 125°
• 원통용 : 180°
• 평면용 : 150°

03 안전대책의 3원칙에 속하지 않는 것은?
① 기술   ② 자본
③ 교육   ④ 관리

해설 안전대책 3원칙
• 기술
• 교육
• 관리

04 다음 중 산업안전표지의 색과 표시하는 의미가 서로 맞게 되어 있는 것은?
① 적색 : 진행표시   ② 황색 : 금지표시
③ 청색 : 지시표시   ④ 녹색 : 권고표시

해설 • 적색 : 방화금지, 방향금지
• 황색 : 주의표지
• 녹색 : 안전진행, 구급표지

05 가스 용접작업 시 안전관리 조치사항으로 틀린 것은?
① 역화되었을 때는 산소 밸브를 열도록 한다.
② 작업하기 전에 안전기와 산소조정기의 상태를 점검한다.
③ 가스의 누설검사는 비눗물을 사용하도록 한다.
④ 작업장은 환기가 잘 되게 한다.

해설 가스 용접작업 시 역화되면 산소밸브를 차단시킨다.

06 작업장의 출입구 설치기준으로 옳지 않은 것은?
① 출입구의 위치·수 및 크기가 작업장의 용도와 특성에 적합하도록 할 것
② 출입구에 문을 설치할 경우에는 근로자가 쉽게 열고 닫을 수 있도록 할 것
③ 주목적이 하역운반기계용인 출입구에는 보행자용 출입구를 따로 설치하지 말 것
④ 계단이 출입구와 바로 연결된 경우에는 작업자의 안전한 통행을 위하여 그 사이에 충분한 거리를 둘 것

해설 작업장 출입구가 하역운반기계용인 경우 출입구에는 보행자용 출입구를 따로 설치하여야 한다.

07 소화제로 물을 사용하는 이유로 가장 적당한 것은?
① 산소를 잘 흡수하기 때문에
② 증발잠열이 크기 때문에
③ 연소하지 않기 때문에
④ 산소와 가열물질을 분리시키기 때문에

ANSWER | 1. ② 2. ③ 3. ② 4. ③ 5. ① 6. ③ 7. ②

해설 물을 소화제로 사용하는 이유는 증발잠열이 매우 크기 때문이다.

08 보일러의 휴지보존법 중 장기보존법에 해당되지 않는 것은?
① 석회밀폐건조법　② 질소가스봉입법
③ 소다만수보존법　④ 가열건조법

해설 보일러휴지보존법
- 석회밀폐건조법
- 질소가스봉입법
- 소다만수보존법

09 전기용접기에 의한 감전사망의 위험성은 체내를 통과한 다음 어느 것에 의해서 결정되는가?
① 속도치　② 전류치
③ 수용치　④ 주행치

해설 전기용접기에 의한 감전사망의 위험성은 체내를 통과한 전류치에 의해 결정된다.

10 재해발생의 원인 중 간접원인으로서 안전관리 조직결함 안전수칙 미제정, 작업준비 불충분 등은 다음 중 어느 요인에 해당되는가?
① 신체적 원인　② 정신적 원인
③ 교육적 원인　④ 관리적 원인

해설 관리적 원인
재해발생의 원인 중 간접 원인으로서 안전관리 조직결함, 안전수칙 미제정, 작업준비 불충분 등에 해당된다.

11 안전관리의 목적을 올바르게 나타낸 것은?
① 기능향상을 도모한다.
② 경영의 혁신을 도모한다.
③ 기업의 시설투자를 확대한다.
④ 근로자의 안전과 능률을 향상시킨다.

해설 안전관리목적은 근로자의 안전과 능률을 향상시킨다.

12 연삭 숫돌을 갈아 끼운 후 시운전 시 몇 분 동안 공회전을 시켜야 하는가?
① 1분 이상　② 3분 이상
③ 5분 이상　④ 10분 이상

해설 연삭 숫돌을 갈아 끼운 후 시운전은 3분 이상 공회전을 시켜야 한다.

13 냉동설비에 설치된 수액기의 방류둑 용량에 관한 설명으로 옳은 것은?
① 방류둑 용량은 설치된 수액기 내용적의 90% 이상으로 할 것
② 방류둑 용량은 설치된 수액기 내용적의 80% 이상으로 할 것
③ 방류둑 용량은 설치된 수액기 내용적의 70% 이상으로 할 것
④ 방류둑 용량은 설치된 수액기 내용적의 60% 이상으로 할 것

해설 냉동설비 수액기의 방류둑 용량은 설치된 수액기 내용적의 90% 이상이 되어야 한다.

14 가스용접 중 고무호스에 역화가 일어났을 때 제일 먼저 해야 할 일은?
① 토치에서 고무관을 뗀다.
② 즉시 용기를 눕힌다.
③ 즉시 아세틸렌 용기의 밸브를 닫는다.
④ 안전기에 규정의 물을 넣어 다시 사용하도록 한다.

해설 가스 용접 중 고무호스에 역화 발생 시 C_2H_2 용기밸브를 가장 먼저 차단시킨다.

15 프레온 냉동장치에 수분이 침입하였을 경우 장치에 미치는 영향이 아닌 것은?
① 동 부착현상
② 팽창밸브 동결
③ 장치 부식촉진
④ 유탁액 현상

8. ④　9. ②　10. ④　11. ④　12. ②　13. ①　14. ③　15. ④ | ANSWER

해설 에멀션 현상(유탁액 Emulsion)
NH₃를 사용하는 냉동장치에 수분이 반응하여 알칼리성 암모니아수가 발생하여 (NH₃+H₂O → NH₄OH) 오일과 접촉 오일 입자를 미세하게 갈라놓아 오일이 우윳빛으로 변화되는 현상

16 터보냉동기의 특징을 설명한 것이다. 옳은 것은?
① 마찰부분이 많아 마모가 크다.
② 소용량 제작이 용이하며 가격이 싸다.
③ 저온장치에서는 압축단수가 작아지며 효율이 좋다.
④ 저압냉매를 사용하므로 취급이 용이하고 위험이 적다.

해설 터보냉동기는 R-11 저압냉매를 사용하므로 취급이 간편하고 위험성이 적다.

17 2원 냉동장치에 대한 설명 중 틀린 것은?
① 냉매는 저온용과 고온용을 50 : 50으로 주로 섞어서 사용한다.
② 고온 측 냉매로는 응축압력이 낮은 냉매를 주로 사용한다.
③ 저온 측 냉매로는 비점이 낮은 냉매를 주로 사용한다.
④ -80~-70℃ 정도 이하의 초저온 냉동장치에 주로 사용된다.

해설 2원 냉동냉매(-70℃ 이하의 초저온을 얻는 냉매)
• 고온 측 냉매 : R-12, R-22
• 저온 측 냉매 : R-13, R-14, 에틸렌, 에탄, 프로판

18 만액식 증발기에서 전열을 좋게 하는 조건 중 틀린 것은?
① 냉각관이 냉매에 잠겨 있거나 접촉해 있을 것
② 관 간격이 넓을 것
③ 유막이 존재하지 않을 것
④ 평균 온도차가 클 것

해설 만액식 증발기(액냉매 75%, 기체냉매 25%)는 전열을 양호하게 하려면 관의 폭이 좁고 관경이 작아야 한다.

19 브라인의 구비조건으로 적당하지 못한 것은?
① 응고점이 낮아야 한다.
② 전열이 좋아야 한다.
③ 화학반응을 일으키지 않아야 한다.
④ 점성이 커야 한다.

해설 브라인 냉매(간접 2차 냉매)
• 비열이 클 것
• 점성이 작고 응고점이 낮을 것
• 전열이 양호할 것

20 다음에 해당되는 법칙은?

들어오는 전류와 나가는 전류의 대수합은 0이다.

① 쿨롱의 법칙
② 옴의 법칙
③ 키르히호프의 제1법칙
④ 줄의 법칙

해설 키르히호프의 제1법칙
들어오는 전류와 나가는 전류의 대수합은 0이다.

21 전기저항에 관한 설명 중 틀린 것은?
① 전류가 흐르기 힘든 정도를 저항이라 한다.
② 도체의 길이가 길수록 저항이 커진다.
③ 저항은 도체의 단면적에 반비례한다.
④ 금속의 저항은 온도가 상승하면 감소한다.

해설 금속의 전기저항은 온도가 상승하면 증가한다.

22 2단 압축냉동 사이클에서 저압이 0atg, 고압이 16 atg일 때 중간 압력(ata)은?
① $\dfrac{0+16}{2}$
② $\dfrac{1.033+17.033}{2}$
③ $1.033+\dfrac{16}{2}$
④ $\sqrt{1.033\times 17.033}$

해설 2단 압축의 중간 압력
$P_o = \sqrt{P_1 \times P_2} = \sqrt{(1.033+0)\times(16+1.033)}$

ANSWER | 16. ④ 17. ① 18. ② 19. ④ 20. ③ 21. ④ 22. ④

23 열펌프에 대한 설명 중 옳은 것은?
① 저온부에서 열을 흡수하여 고온부에서 열을 방출한다.
② 성적계수는 냉동기 성적계수보다 압축소요동력만큼 낮다.
③ 제빙용으로 사용이 가능하다.
④ 성적계수는 증발온도가 높고, 응축온도가 낮을수록 작다.

해설 열펌프(히트펌프)는 저온부에서 열을 흡수하여 고온부에 열을 방출한다.

24 표준 냉동 사이클을 모리엘 선도상에 나타내었을 때 온도와 압력이 변하지 않는 과정은?
① 과냉각과정   ② 팽창과정
③ 증발과정   ④ 압축과정

해설 냉동기에서 모리엘 선도($H-S$ 선도)상의 증발과정에서는 온도와 압력이 변하지 않는다.

25 회전식 압축기의 특징 설명으로 틀린 것은?
① 회전식 압축기는 조립이나 조정에 있어 고도의 공작 정밀도가 요구되지 않는다.
② 잔류가스의 재팽창에 의한 체적효율의 감소가 적다.
③ 직결구동에 용이하며 왕복동에 비해 부품수가 적고 구조가 간단하다.
④ 왕복동식에 비해 진동과 소음이 적다.

해설 회전식 압축기(고정익형, 회전익형)는 조립이나 조정에 있어 고도의 정밀도가 요구된다.

26 모리엘 선도를 이용하여 압축기 피스톤경 130mm, 행정 90mm, 4기통, 1,200rpm으로서 표준상태로 작동하고 있다. 이때 냉매 순환량은 약 몇 kg/h인가?

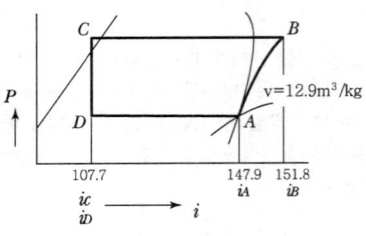

[R-22 모리엘 선도]

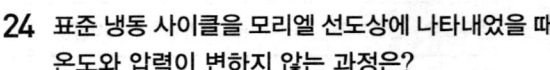

① 26.7   ② 343.8
③ 1,257.4   ④ 4,438.1

해설
$V = \dfrac{3.14}{4} \times (0.13)^2 \times 0.09 \times 4 \times 1,200 \times 60$
$= 343.87 \text{m}^3/\text{h}$
$G = \dfrac{343.87}{12.9} = 26.66 \text{kg/h}$

27 시퀀스 제어에 속하지 않는 것은?
① 자동전기 밥솥
② 전기세탁기
③ 가정용 전기냉장고
④ 네온싸인

해설 가정용 전기냉장고 : On-Off 제어

28 단단 증기압축식 이론 냉동사이클에서 응축부하가 10kW이고 냉동능력이 6kW일 때 이론 성적계수는 얼마인가?
① 0.6   ② 1.5
③ 1.67   ④ 2.5

해설 $10\text{kW} - 6\text{kW} = 4\text{kW}$
∴ $\dfrac{6}{4} = 1.5$

29 암모니아(NH_3) 냉매에 대한 설명으로 옳지 않은 것은?
① 누설검지가 대체적으로 쉽다.
② 응고점이 비교적 낮아 초저온용 냉동에 적합하다.
③ 독성, 가연성, 폭발성이 있다.
④ 경제적으로 우수하여 대규모 냉동장치에 널리 사용되고 있다.

해설 암모니아 냉매 응고점
−77.7℃이나 임계온도가 133℃로 높아 상온에서 액화가 용이하며 응고온도가 별로 낮지 않아서 초저온에는 부적당하다.

30 다음 중 냉각수 계통에서 발생하는 장애가 아닌 것은?
① 부식장애 ② 스케일 장애
③ 슬라임 장애 ④ 오일 장애

해설 냉각수 계통 장애
- 부식장애
- 스케일 장애
- 슬라임 장애

31 압축기의 톱 클리어런스가 크면 어떠한 영향이 나타나는가?
① 체적효율이 증대한다.
② 냉동능력이 감소한다.
③ 토출가스 온도가 저하한다.
④ 윤활유가 열화하지 않는다.

해설 압축기의 톱 클리어런스(간주)가 크면 냉동능력이 감소한다.

32 다음 중 게이트밸브의 도시기호는?

① 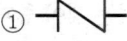 ②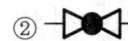

③  ④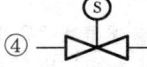

해설 ① : 체크밸브 ② : 글로브밸브
③ : 게이트밸브 ④ : 전자밸브

33 관 절단 후 절단부에 생기는 비트(거스러미)를 제거하는 공구는?
① 클립 ② 사이징 툴
③ 파이프 리머 ④ 쇠톱

해설 파이프 리머
관을 절단한 후 절단부 가장자리에 생기는 거스러미를 제거하는 공구

34 다음 중 양모나 우모를 사용한 피복재료이며, 아스팔트로 방습피복한 보냉용 또는 곡면의 시공에 사용되는 것은?
① 펠트 ② 코르크
③ 기포성 수지 ④ 암면

해설 펠트(양모, 우모)는 방로피복용이며, 아스팔트로 방습한 것은 −60℃까지 유지가 가능하다. 100℃ 이하용이다.

35 온도작동식 자동팽창밸브에 대한 설명이다. 옳은 것은?
① 실온을 서모스탯에 의하여 감지하고, 밸브의 개도를 조정한다.
② 팽창밸브 직전의 냉매온도에 의하여 자동적으로 가도를 조정한다.
③ 증발기 출구의 냉매온도에 의하여 자동적으로 개도를 조정한다.
④ 압축기의 토출냉매온도에 의하여 자동적으로 개도를 조정한다.

36 동력의 단위 중 그 값이 큰 순서대로 나열된 것은?
① 1kW > 1PS > 1kgf · m/sec > 1kcal/h
② 1kW > 1kcal/h > 1kgf · m/sec > 1PS
③ 1PS > 1kgf · m/sec > 1kcal/h > 1kW
④ 1PS > 1kgf · m/sec > 1kW > 1kcal/h

해설 1kW > 1PS > 1kgf · m/sec > 1kcal/h

37 금속 패킹의 재료로 적당치 않은 것은?
① 납 ② 구리
③ 연강 ④ 탄산마그네슘

해설 금속 패킹
납, 구리, 연강

ANSWER | 30. ④ 31. ② 32. ③ 33. ③ 34. ① 35. ③ 36. ① 37. ④

38 압축기에서 보통 안전밸브의 작동압력으로 옳은 것은?
① 저압차단 스위치 작동압력보다 다소 낮게 한다.
② 고압차단 스위치 작동압력보다 다소 높게 한다.
③ 유압보호 스위치 작동압력과 같게 한다.
④ 고저압차단 스위치 작동압력보다 낮게 한다.

해설 압축기의 안전밸브 작동조절압력은 고압차단 스위치 작동 조절압력보다 설정치가 다소 높다.

39 다음 중 반도체를 이용하는 냉동기는?
① 흡수식 냉동기   ② 전자식 냉동기
③ 증기분사식 냉동기 ④ 스크루식 냉동기

해설 전자식 냉동기(펠티어 효과 이용)
- 비스무트 텔루루
- 안티몬 텔루루
- 비스무트 셀렌

40 다음 중 흡수식 냉동장치의 적용대상이 아닌 것은?
① 백화점 공조용   ② 산업 공조용
③ 제빙공장용   ④ 냉난방장치용

해설 흡수식 냉동기는 냉방에 관여한다.

41 다음 중 저장품을 동결하기 위한 동결부하 계산에 속하지 않는 것은?
① 동결 전 부하   ② 동결 후 부하
③ 동결 잠열   ④ 환기 부하

해설 저장품 동결 부하
동결 전 부하, 동결 후 부하, 동결 잠열

42 냉매가 냉동기유에 다량으로 융해되어 압축기 기동 시 크랭크케이스 내의 압력이 급격히 낮아지면서 발생하는 현상은?
① 오일흡착 현상   ② 오일에멀션 현상
③ 오일포밍 현상   ④ 오일캐비테이션 현상

해설 오일포밍 현상
냉매가 냉동기유에 다량으로 융해되어 압축기 기동 시 크랭크케이스 내의 압력이 급격히 낮아지면서 냉매가 분리하며 유면이 약동하면서 윤활유 거품이 일어나는 프레온 냉동기 현상

43 다음은 열과 온도에 관한 설명이다. 이 중 틀린 것은?
① 물체의 온도를 내리거나 올리는 데 그 원인이 되는 것을 열이라 한다.
② 물체가 뜨겁고 찬 정도를 나타내는 것을 온도라 하며 단위로는 섭씨(℃)와 화씨(℉) 등이 사용된다.
③ 온도가 낮은 물에 손을 담그면 차게 느껴지는 것은 물의 열이 손으로 이동하기 때문이다.
④ 두 물체 사이의 온도 차이가 클수록 열의 이동이 잘 된다.

해설 온도가 낮은 물에 손을 담그면 차게 느껴지는 것은 손의 열이 물로 이동하기 때문이다.

44 응축기에 관한 설명으로 옳은 것은?
① 입형 셸 앤 튜브 응축기보다 횡형 셸 앤 튜브 응축기가 다량의 냉각수를 필요로 한다.
② 증발식 응축기는 다량의 물을 필요로 하기 때문에 널리 사용되지는 않는다.
③ 프레온용 횡형 셸 앤 튜브 응축기에 판을 붙일 때는 물 측에 붙이는 것보다 냉매 측에 붙이는 것이 보통이다.
④ 응축기는 수액기의 밑에 설치하는 것이 좋다.

해설
- 입형 셸 앤 튜브 응축기 : 냉각수 소비량이 많다.
- 증발식 응축기 : 물의 증발을 이용하므로 냉각수량이 적게 든다.
- 수액기의 설치는 응축기의 하부

45 2단 압축장치의 중간 냉각기의 역할이 아닌 것은?
① 압축기로 흡입되는 액냉매를 방지하기 위함이다.
② 고압응축액을 냉각시켜 냉동능력을 증대시킨다.
③ 저단 측 압축기 토출가스의 과열을 제거한다.
④ 냉매액을 냉각하여 그 중에 포함되어 있는 수분을 동결시킨다.

38. ② 39. ② 40. ③ 41. ④ 42. ③ 43. ③ 44. ③ 45. ④ | ANSWER

해설 ①, ②, ③ 내용은 2단 압축기의 중간 냉각기 역할이다. 그 외에도 성적 계수가 향상된다.

46 패키지 유닛 공조방식의 특징이 아닌 것은?
① 취급이 간단해서 단독운전을 할 수 있고 대규모 건물의 부분 공조가 용이하다.
② 실내에 설치하는 경우 급기를 위한 덕트 샤프트가 필요 없다.
③ 압축기를 실외기에 설치함으로써 소음을 적게 할 수 있다.
④ 기계실이 필요하고 실내부하 및 운전시간이 다른 방에는 부적당하다.

해설 패키지 공조기는 하나의 케이스에 내장하기 때문에 별도의 기계실이 필요하지 않고 운전시간이 다른 방에 적합하다.

47 환기를 계획할 때 실내 허용 오염도의 한계를 말하며 %나 ppm으로 나타내는 용어는?
① 불쾌지수   ② 유효온도
③ 쾌감온도   ④ 서한도

해설 서한도
실내 허용 오염도의 한계(%, ppm 등)를 나타내는 용어

48 실내 상태점을 통과하는 현열비선과 포화곡선과의 교점이 나타내는 온도로 취출 공기가 실내 잠열부하에 상당하는 수분을 제거하는 데 필요한 코일표면온도는?
① 코일장치 노점온도   ② 바이패스 온도
③ 실내장치 노점온도   ④ 설계온도

해설 실내장치 노점온도
취출 공기가 실내 잠열부하에 상당하는 수분을 제거하는 데 필요한 코일표면온도이다.

49 실내 냉방부하 중에서 현열부하가 2,500kcal/h, 잠열부하가 500kcal/h일 때 현열비는 약 얼마인가?
① 0.2   ② 0.83
③ 1   ④ 1.2

해설 총부하=2,500+500=3,000kcal/h
∴ $\frac{2,500}{3,000}=0.83$

50 원심 송풍기의 번호가 NO 2일 때 회전날개의 지름은 얼마인가?(단, 단위는 mm)
① 150   ② 200
③ 250   ④ 300

해설 NO 1=150mm
∴ 150×2=300mm

51 보일러의 부속품 중 온수보일러에 사용하지 않는 것은?
① 순환펌프
② 수면계
③ 릴리프관
④ 릴리프 밸브

해설 수면계
증기보일러 증기드럼 내 수위측정계

52 다음의 그림은 열 흐름을 나타낸 것이다. 열 흐름에 대한 용어로 틀린 것은?

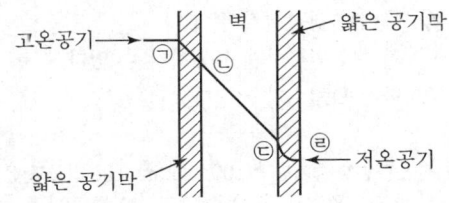

① ㉠→㉡ : 열전달
② ㉡→㉢ : 열관류
③ ㉢→㉣ : 열전달
④ ㉠→㉣ : 열통과

해설
• ㉠→㉡ : 열저항
• ㉡→㉢ : 열전도

ANSWER | 46.④ 47.④ 48.③ 49.② 50.④ 51.② 52.②

53 에어필터의 선정 및 설치에 관한 설명이다. 잘못된 것은?
① 공조기 내의 에어필터는 송풍기의 흡입 측, 코일의 앞쪽에 설치한다.
② 고성능의 HEPA 필터나 전기식 필터는 송풍기의 출구 측에 설치한다.
③ 고성능의 HPEA 필터를 사용하는 경우는 프리필터를 설치하는 것이 좋다.
④ 성능 표시로서 포집 효율은 측정방법에 따라 계수법＞비색법＞중량법 순으로 나타난다.

해설 에어필터 효율 측정법 : 중량법＞비색법＞계수법

54 2중 덕트 방식에 대한 설명 중 틀린 것은?
① 실의 냉난방 부하가 감소되어도 취출공기의 부족현상이 없다.
② 실내습도의 완전한 조절이 가능하다.
③ 동시에 냉난방을 행하기가 용이하다.
④ 설비비 및 운전비가 많이 든다.

해설 2중 덕트 방식은 전공기방식이므로 송풍량이 많아서 실내 습도의 완전한 조절이 어렵다.

55 다음 중 진공환수식 증기난방에 관한 설명으로 틀린 것은?
① 보통 큰 건물에 적용된다.
② 구배를 경감시킬 수 있다.
③ 환수를 원활하게 유통시킬 수 있다.
④ 파이프 치수가 커진다.

해설 진공환수식 증기난방(100~250mmHg 진공도)은 응축수의 배출이 빨라서 파이프 치수가 작아도 된다.

56 쾌감용 공기조화에 해당되는 것은?
① 제품창고   ② 전자 계산실
③ 전화국 기계실   ④ 학교

해설 공기조화
• 보건용 공기조화 : ④
• 산업용 공기조화 : ①, ②, ③

57 대형 덕트에서 덕트의 강도를 높이기 위해 덕트의 옆면 철판에 주름을 잡아주는 것을 무엇이라 하는가?
① 보강 바   ② 다이아몬드 브레이크
③ 보강 앵글   ④ 슬립

해설 다이아몬드 브레이크
대형 덕트에서 덕트의 강도를 높이기 위해 덕트의 옆면 철판에 주름을 잡아두는 것

58 공기에서 수분을 제거하여 습도를 조정하기 위해서는 어떻게 하는 것이 옳은가?
① 공기의 유로 중에 가열코일을 설치한다.
② 공기의 유로 중에 공기의 노점온도보다 높은 온도의 코일을 설치한다.
③ 공기의 유로 중에 공기의 노점온도와 같은 온도의 코일을 설치한다.
④ 공기의 유로 중에 공기의 노점온도보다 낮은 온도의 코일을 설치한다.

해설 공기에서 수분을 제거하기 위해서는 공기의 유로 중에 공기의 노점보다 낮은 온도의 코일을 설치하면 습도가 조정된다.

59 온풍난방에 대한 설명 중 맞는 것은?
① 설비비는 다른 난방에 비해 고가이다.
② 열용량이 크고 예열시간이 길다.
③ 토출공기온도가 높으므로 쾌적도가 떨어진다.
④ 실내층고가 높을 경우에는 상하의 온도차가 작다.

해설 온풍난방은 토출공기온도가 높아서 쾌적도가 떨어진다.

60 공기세정기에서 유입되는 공기를 정화시키기 위한 것은?
① 루버   ② 댐퍼
③ 분무 노즐   ④ 엘리미네이터

해설 Louver(루버)
공기세정기에서 유입되는 공기를 정화시키는 기기이다.

53. ④ 54. ② 55. ④ 56. ④ 57. ② 58. ④ 59. ③ 60. ① | ANSWER

2008년 3회 공조냉동기계기능사

01 보일러의 파열사고 중 제작상의 사고로 볼 수 없는 것은?
① 급수처리불량   ② 용접불량
③ 설계불량   ④ 재료불량

해설 급수처리불량 : 취급자의 사고

02 가연성 가스 냉매설비에 설치하는 방출관의 방출구 위치 기준으로 옳은 것은?
① 지상으로부터 2m 이상의 높이
② 지상으로부터 3m 이상의 높이
③ 지상으로부터 4m 이상의 높이
④ 지상으로부터 5m 이상의 높이

해설 방출관의 방출구 높이 : 지상 5m 이상 높이

03 패키지형 에어콘에서 냉장운전은 되나, 풍량이 부족하여 냉각속도가 늦어질 때 조치방법으로 잘못된 것은?
① 덕트 댐퍼를 닫는다.
② 공기 통로의 불량 이물질을 제거한다.
③ 팬벨트의 장력을 조정한다.
④ 취출 그릴을 열어준다.

해설 풍량이 부족하면 덕트의 댐퍼를 연다.

04 다음 중 보일러에서 점화 전에 운전원이 점검 확인하여야 할 사항은?
① 증기압력관리
② 집진장치의 매진처리
③ 노내 여열로 인한 압력상승
④ 연소실 내 잔류가스 측정

해설 보일러 점화 전 연소실 내 잔류가스가 있으면 프리퍼지(치환)가 우선이다.

05 전기사고 중 감전의 위험인자를 설명한 것이다. 이 중 옳지 않은 것은?
① 전류량이 클수록 위험하다.
② 통전시간이 길수록 위험하다.
③ 심장에 가까운 곳에서 통전되면 위험하다.
④ 인체에 습기가 없으면 저항이 감소하여 위험하다.

해설 인체에 습기가 없으면 저항이 증가하여 위험이 감소된다.

06 방폭전기기기를 선정할 경우 중요하지 않은 것은?
① 대상가스의 종류
② 방호벽의 종류
③ 폭발성 가스의 폭발 등급
④ 발화도

해설 방폭전기기기 선정 시 고려사항
• 가스 종류
• 가스 폭발 등급
• 발화도

07 전기용 고무장갑은 몇 V 이하의 전기회로 작업에서의 감전방지를 위해 사용하는 보호구인가?
① 7,000V   ② 12,000V
③ 17,000V   ④ 20,000V

해설 전기용 고무장갑은 7,000V 이하 감전방지용 보호구

08 교류 아크용접기 사용 시 안전유의사항으로 옳지 않은 것은?
① 용접변압기의 1차 측 전로는 하나의 용접기에 대해서 2개의 개폐기로 할 것
② 2차 측 전로는 용접봉 케이블 또는 캡타이어 케이블을 사용할 것
③ 용접기의 외함은 접지하고 누전차단기를 설치할 것
④ 일정 조건에서 용접기를 사용할 때는 자동전격방지장치를 사용할 것

ANSWER | 1.① 2.④ 3.① 4.④ 5.④ 6.② 7.① 8.①

해설 하나의 용접기에는 용접변압기 개폐기도 1개일 것

09 수공구 사용방법 중 옳은 것은?
① 스패너는 깊이 물리고 바깥쪽으로 밀면서 풀고 죈다.
② 정작업 시 끝날 무렵에는 힘을 빼고 천천히 타격한다.
③ 쇠톱작업 시 톱날을 고정한 후에는 재조정을 하지 않는다.
④ 장갑을 낀 손이나 기름 묻은 손으로 해머를 잡고 작업해도 된다.

해설 ①, ③, ④ 항은 수공구 취급 시 옳지 못한 안전관리 사항이다.

10 경고신호의 구비조건이 아닌 것은?
① 주의를 끌 수 있어야 한다.
② 신호의 뜻과 동작의 절차를 제시하여야 한다.
③ 심리적 불안감을 제거할 수 있어야 한다.
④ 경고를 받고 행동하기까지의 시간적 여유가 있어야 한다.

해설 경고신호는 심리적 불안감 제거와는 관련이 없다.

11 가연성 가스가 있는 고압가스 저장실 주위에는 화기를 취급해서는 안 된다. 이때 화기를 취급하는 장소와 몇 m 이상의 우회거리를 두어야 하는가?
① 1   ② 2
③ 7   ④ 8

해설
가연성 가스 ←—— 8m 우회거리 ——→ 화기취급

12 작업장에서 계단을 설치할 때 폭은 몇 m 이상으로 하여야 하는가?
① 0.2   ② 1
③ 3   ④ 5

해설 작업장 계단 폭은 1m 이상 유지

13 유류 화재 시 가장 적합한 소화기는?
① 무상수 소화기   ② 봉상수 소화기
③ 분말 소화기   ④ 방화수

해설 유류화재 소화기 : 분말 소화기

14 가스용접 작업 시 유의해야 할 사항으로 옳지 않은 것은?
① 용접 전 반드시 소화기, 방화사 등을 준비할 것
② 아세틸렌의 사용압력은 $5kg/cm^2$ 이상으로 할 것
③ 작업하기 전에 안전기와 산소조정기의 상태를 점검할 것
④ 과열되었을 때 재 점화 시 역화에 주의할 것

해설 아세틸렌 가스용접은 $1.05kg/cm^2$ 이하에서 사용하면 안전하다.

15 사람이 평면상으로 넘어졌을 때의 재해를 무엇이라고 하는가?
① 추락   ② 전도
③ 비래   ④ 도괴

해설 전도사고
사람이 평면상으로 넘어졌을 때의 사고이다.

16 압력이 일정한 조건하에서 냉매가 가열, 냉각에 의해 일어나는 상태 변화에 대해 다음 설명 중 틀린 것은?
① 과냉각액을 냉각하면 액체의 상태에서 온도만 내려간다.
② 건포화증기를 가열하면 온도가 상승하고 과열증기로 된다.
③ 포화액이 주위에서 열을 흡수하여 가열되면 온도가 변하고 일부가 증발하여 습증기로 된다.
④ 습증기를 냉각하면 온도가 변하지 않고 건조도가 감소한다.

해설 포화액은 동일 압력하에서는 온도가 동일한 습증기가 발생된다.

9. ② 10. ③ 11. ④ 12. ② 13. ③ 14. ② 15. ② 16. ③ | ANSWER

17 브라인에 암모니아 냉매가 누설되었을 때, 적합한 누설검사방법은?
① 리트머스 시험지로 검사한다.
② 누설 검지기로 검사한다.
③ 헬라이드 토치로 검사한다.
④ 네슬러 시약으로 검사한다.

해설 브라인 냉매에 암모니아 냉매가 누설되면 네슬러 시약을 떨어뜨리면 소량은 황색, 다량은 자색으로 나타난다.

18 표준사이클을 유지하고 암모니아의 순환량을 186[kg/h]로 운전했을 때의 소요동력은 약 몇 [kW]인가?(단, NH_3 1kg을 압축하는 데 필요한 열량은 모리엘 선도상에서는 56[kcal/kg]이라 한다.)
① 12.1
② 24.2
③ 28.6
④ 36.4

해설 1kW-h=860kcal
186×56=10,416kcal/h
∴ $\frac{10,416}{860}$ =12.11kW

19 다음 증발기에 대한 설명 중 옳은 것은?
① 증발기에 많은 성애가 끼는 것은 냉동 능력에 영향을 주지 않는다.
② 직접 팽창식보다 간접 팽창식 증발기가 RT당 냉매 충전량이 적다.
③ 만액식 증발기에서 냉매측의 전열을 좋게 하기 위한 방법으로는 관경을 크고 관 간격을 넓게 하는 방법이 있다.
④ 액순환식의 증발기에서는 냉매액만이 흐르고 냉매증기는 전혀 없다.

해설 간접 팽창식보다 직접 팽창식이 RT당 냉매 충전량이 많다.

20 압축기에 관한 설명으로 옳은 것은?
① 토출가스 온도는 압축기의 흡입가스 과열도가 클수록 높아진다.
② 프레온 12를 사용하는 압축기에는 토출온도가 낮아 워터자켓(Water Jacket)을 부착한다.
③ 톱 클리어런스(Top Clearance)가 클수록 체적효율이 커진다.
④ 토출가스 온도가 상승하여도 체적 효율은 변하지 않는다.

해설 압축기에서 흡입가스 과열도가 클수록 토출가스 온도는 높아진다.

21 팽창밸브 선정 시 고려할 사항 중 관계 없는 것은?
① 관 두께
② 냉동능력
③ 사용냉매 종류
④ 증발기의 형식 및 크기

해설 팽창밸브 선정 시 고려사항
• 냉동능력
• 사용냉매
• 증발기 형식 및 크기

22 다음 냉동장치에 대한 설명 중 옳은 것은?
① 고압 차단스위치 작동압력은 안전밸브 작동압력보다 조금 높게 한다.
② 온도식 자동 팽창밸브의 감온통은 증발기의 입구측에 붙인다.
③ 가용전은 프레온 냉동장치의 응축기나 수액기 보호를 위하여 사용된다.
④ 파열판은 암모니아 왕복동 냉동장치에만 사용된다.

해설
• 안전밸브 작동압력 > 고압차단 스위치 압력
• 감온통 위치 : 증발기 출구
• 파열판 안전장치 : 응축기, 수액기에 부착

23 냉매 건조기(Dryer)에 관한 설명 중 맞는 것은?
① 암모니아 가스관에 설치하여 수분을 제거한다.
② 압축기와 응축기 사이에 설치한다.
③ 프레온은 수분과 잘 용해하지 않으므로 팽창밸브에서의 동결을 방지하기 위하여 설치한다.
④ 건조제로는 황산, 염화칼슘 등의 물질을 사용한다.

해설 냉매 건조기(드라이어) 설치목적은 프레온 냉매는 수분과 잘 용해하지 않으므로 팽창밸브에서 동결방지를 위해 설치한다.

ANSWER | 17. ④ 18. ① 19. ② 20. ① 21. ① 22. ③ 23. ③

24 냉방능력 1냉동톤인 응축기에 10L/min의 냉각수가 사용되었다. 냉각수 입구의 온도가 32℃이면 출구 온도는 약 몇 ℃인가?(단, 방열계수는 1.2으로 한다.)
① 12.5℃ ② 22.6℃
③ 38.6℃ ④ 49.5℃

해설 1RT=3,320kcal/h, 3,320×1.2=3,984kcal/h
3,984=10×1×60×(x−32)
∴ $x = 32 + \dfrac{3,984}{10 \times 1 \times 60} = 38.6℃$

25 터보 냉동기 윤활 사이클에서 마그네틱 플러그가 하는 역할은?
① 오일 쿨러의 냉각수 온도를 일정하게 유지하는 역할
② 오일 중의 수분을 제거하는 역할
③ 윤활 사이클로 공급되는 유압을 일정하게 하여 주는 역할
④ 윤활 사이클로 공급되는 철분을 제거하여 장치의 마모를 방지하는 역할

해설 터보 냉동기 윤활 사이클 마그네틱 플러그 역할
철분을 제거하여 장치의 마모방지

26 다음 보온재의 구비조건 중 틀린 것은?
① 열전도성이 적을 것
② 수분 흡수가 좋을 것
③ 내구성이 있을 것
④ 설치공사가 쉬울 것

해설 보온재는 흡수성이나 흡습성이 적을 것

27 다음 중 유기질 보온재인 코르크에 대한 설명이 옳지 않은 것은?
① 액체나 기체를 잘 통과시키지 않는다.
② 입상(粒狀), 판상(版狀) 및 원통으로 가공되어 있다.
③ 굽힘성이 좋아 곡면시공에 사용해도 균열이 생기지 않는다.
④ 냉수, 냉매배관, 냉각기, 펌프 등의 보냉용에 사용된다.

해설 펠트류는 곡면 등에 시공이 가능하다.

28 동관의 납땜 이음 시 이음쇠와 동관의 틈새는 몇 mm 정도가 가장 적당한가?
① 0.04~0.2mm ② 0.5~1.0mm
③ 1.2~1.8mm ④ 2.0~3.5mm

해설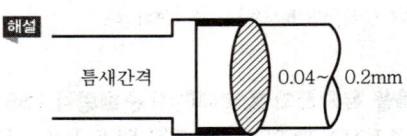

29 다음 그림은 냉동용 그림기호(KS B 0063)에서 무엇을 표시하는가?

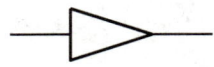

① 리듀서 ② 디스트리뷰터
③ 줄임 플랜지 ④ 플러그

해설 리듀서(줄임쇠)
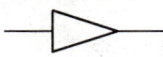

30 불연속 제어에 속하는 것은?
① ON−OFF 제어 ② 비례제어
③ 미분제어 ④ 적분제어

해설
• ON−OFF 제어 : 불연속 제어
• 연속제어 : 비례제어, 미분제어, 적분제어

31 가스의 비열비에 대한 설명 중 맞는 것은?
① 비열비는 항상 1보다 작다.
② 정적비열을 정압비열로 나눈 값이다.
③ 비열비는 항상 1보다 크기도 하고 1보다 작기도 한다.
④ 비열비의 값이 커질수록 압축기 토출가스 온도는 상승된다.

해설 비열비의 값이 커질수록 압축기의 토출가스 온도가 상승된다.

24. ③ 25. ④ 26. ② 27. ③ 28. ① 29. ① 30. ① 31. ④ **ANSWER**

32 냉동톤(RT)에 대한 설명 중 맞는 것은?
① 한국 1냉동톤은 미국 1냉동톤보다 크다.
② 한국 1냉동톤은 3,024kcal/h이다.
③ 제빙기가 1일 동안 생산할 수 있는 얼음의 톤수를 1냉동톤이라고 한다.
④ 1냉동톤은 0℃의 얼음이 1시간에 0℃의 물이 되는 데 필요한 열량이다.

해설
- 미국 1RT=3,024kcal/h
- 한국 1RT=3,320kcal/h
- 냉각탑 1RT=3,900kcal/h
- 제빙톤 1RT=1.65 한국RT

33 R-21의 분자식은?
① $CHCl_2F$ ② $CClF_3$
③ $CHClF_2$ ④ CCl_2F_2

해설
$CH_4 = \begin{matrix} H(Cl) \\ H \\ (Cl) \end{matrix} - C - H(+1)$
         $H(F)$

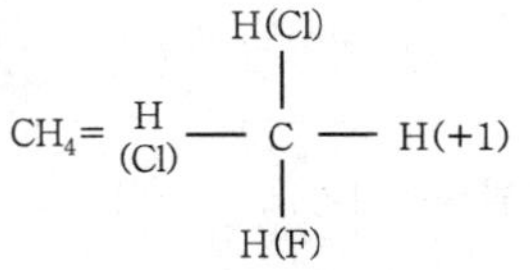

∴ $CHCl_2F$

34 스크류 압축기의 특징이 아닌 것은?
① 오일펌프를 따로 설치하여야 한다.
② 소형 경량으로 설치면적이 작다.
③ 액 해머 및 오일 해머가 크다.
④ 밸브와 피스톤이 없어 장시간의 연속운전이 가능하다.

해설 스크류 압축기는 급유 또는 무급유식이므로 오일 해머에는 영향이 없다.

35 다음 단상 유도 전동기 중 기동전류가 가장 큰 것은?
① 콘덴서기동형
② 분상기동형
③ 반발기동형
④ 콘덴서 · 모터기동형

해설 기동토크, 기동전류의 크기 비교
반발기등형 > 반발유도형 > 콘덴서기동형 > 분상기동형 > 셰이딩코일형

36 1대의 압축기로 증발온도를 저온도로 낮출 경우 장치에 미치는 영향이 아닌 것은?
① 압축기 토출가스의 온도 상승
② 압축비 증대
③ 압축기 체적효율 감소
④ 압축기 행정 체적의 증가

해설 증발온도 저하와 압축기 행정 체적과는 관련이 없다.

37 흡수식 냉동기에 사용되는 흡수제의 구비조건으로 맞지 않는 것은?
① 용액의 증기압이 낮을 것
② 농도변화에 의한 증기압의 변화가 작을 것
③ 재생에 많은 열량을 필요로 하지 않을 것
④ 점도가 높을 것

해설 흡수제(LiBr)는 점도가 적어야 한다.

38 강제급유식에 기어펌프를 주로 사용하는 이유는?
① 유체의 마찰저항이 크다.
② 저속으로도 일정한 압력을 얻을 수 있다.
③ 구조가 복잡하다.
④ 대형으로만 높은 압력을 얻을 수 있다.

해설 기어펌프(회전식 펌프)
저속으로도 공급압력이 일정한 오일펌프

39 2원 냉동장치에 사용하는 냉매로서 저온 측의 냉매로 옳은 것은?
① R-717   ② R-718
③ R-14   ④ R-22

해설 저온냉매 : R-13, R-14, 에틸렌, 메탄, 에탄, 프로판가스

ANSWER | 32. ① 33. ① 34. ③ 35. ③ 36. ④ 37. ④ 38. ② 39. ③

40 공정점이 −55℃로 얼음제조에 사용되는 무기질 브라인으로 우리나라에서 가장 일반적으로 쓰이는 것은?

① 염화칼슘 수용액
② 염화마그네슘 수용액
③ 에틸렌 글리콜
④ 에틸렌 글리콜 수용액

해설 염화칼슘 냉매 공정점 : −55℃

41 냉동기의 정상적인 운전상태를 파악하기 위하여 운전관리상 검토해야 할 사항이 아닌 것은?

① 윤활유의 압력, 온도 및 청정도
② 냉각수 온도 또는 냉각공기 온도
③ 정지 중의 소음 및 진동
④ 압축기용 전동기의 전압 및 전류

해설 정지 중에는 소음 및 진동이 억제된다.

42 흡수식 냉동기의 발생기(재생기)가 하는 역할을 올바르게 설명한 것은?

① 냉수 출구온도를 감지하여 부하변동에 대응하는 증기량을 조절한다.
② 흡수액과 냉매를 분리하여 냉매는 응축기로 흡수제는 흡수기로 보낸다.
③ 냉매증기의 열을 대기 중으로 방출하여 액화시킨 다음 증발기로 보낸다.
④ 응축기에서 넘어온 냉매를 이용하여 피 냉각물체로부터 열을 흡수한다.

해설 재생기(고온, 저온 재생기)
용액 중 냉매(H_2O)와 흡수제(리튬브로마이드)와 분리

43 표준냉동 사이클의 P(압력)−h(엔탈피) 선도에 대한 설명 중 틀린 것은?

① 응축과정에서는 압력이 일정하다.
② 압축과정에서는 엔트로피가 일정하다.
③ 증발과정에서는 온도와 압력이 일정하다.
④ 팽창과정에서는 엔탈피와 압력이 일정하다.

해설 팽창과정 : 온도와 압력강하

44 열펌프에서 압축기 이론 축동력이 3kW이고, 저온부에서 얻은 열량이 7kW일 때 이론 성적계수는 약 얼마인가?

① 1.43
② 1.75
③ 2.33
④ 3.33

해설 3kW−h=2,580kcal
7kW−h=6,020kcal
∴ $COP = \dfrac{2,580+6,020}{2,580} = 3.33$

45 다음 중 전압계의 측정범위를 넓히기 위해서 사용되는 것은?

① 분류기
② 휘스톤브리지
③ 배율기
④ 변압기

해설 배율기 : 전압계의 측정범위를 넓힌다.

46 다음 중 현열비를 구하는 식은?

① 현열비 = $\dfrac{현열부하}{잠열부하}$
② 현열비 = $\dfrac{잠열부하}{잠열부하+현열부하}$
③ 현열비 = $\dfrac{현열부하}{잠열부하+현열부하}$
④ 현열비 = $\dfrac{잠열부하}{현열부하}$

해설 현열비 = $\dfrac{현열부하}{현열부하+잠열부하}$

47 100℃ 물의 증발잠열은 몇 kcal/kg인가?

① 539
② 600
③ 627
④ 700

해설 1atm에서 100℃의 물의 증발잠열은 539kcal/kg

40. ① 41. ③ 42. ② 43. ④ 44. ④ 45. ③ 46. ③ 47. ① | ANSWER

48 냉동기의 용량 결정에 있어서 실내취득 열량이 아닌 것은?
① 벽체로부터의 열량
② 인체발생 열량
③ 기구발생 열량
④ 덕트로부터의 열량

해설 덕트로부터 취득 열량 : 기기로부터 취득 열량

49 다음 기기 중 공기의 온도와 습도를 변화시킬 수 없는 것은?
① 공기 재열기　② 공기 필터
③ 공기 가습기　④ 공기 예냉기

해설 공기필터
실내에서 발생되는 오염물질 제거기(건성, 점성, 전기, 활성탄 사용)

50 수분이 많이 함유된 증기가 보일러에서 발생될 때의 해(害)에 대한 설명 중 틀린 것은?
① 건조도를 증가시킨다.
② 기관의 열효율을 저하시킨다.
③ 배관에 부식이 발생하기 쉽다.
④ 열손실이 증가한다.

해설 건조도가 증가하면 수격작용(워터해머)이 방지되고 엔탈피가 증가한다.

51 냉각기 입구 및 출구의 냉수온도는 각각 12℃와 6℃ 그리고, 응축기로 들어오는 냉각수 온도는 32℃, 출구온도는 37℃인 100RT 용량을 가진 터보 냉동기에 순환되는 냉각수량(L/min)은 약 얼마인가?(단, 방열계수는 1.2로 한다.)
① 1,992　② 1,328
③ 1,107　④ 922

해설 $Q = 100 \times 3,320 \times 1.2 = 398,400$ kcal/h
$398,400 = G \times 1 \times 60 \times (37-32)$
$G = \dfrac{398,400}{1 \times 60 \times 5} = 1,328$ L/min

52 독립계통으로 운전이 자유롭고 냉수 배관이나 복잡한 덕트 등이 없기 때문에 소규모 상점이나 사무실 등에서 사용되는 경제적인 공조방식은?
① 중앙식 공기 방식
② 팬코일 유닛 공조 방식
③ 패키지 유닛 공조 방식
④ AHJ 공조 방식

해설 패키지 유닛 공조 방식
소규모 상점, 사무실, 개인 사무실에 사용이 용이하다.

53 공조기의 필터 저항을 10mmAq, 냉각코일 저항을 20mmAq, 가열코일저항을 7mmAq라 하고, 취출구와 토출덕트의 전 저항은 각각 5mmAq라 할 때 팬의 전압(mmAq)은?
① 10　② 25
③ 34　④ 47

해설 $10 + 20 + 7 + (5 \times 2) = 47$ mmAq

54 증기난방과 온수난방을 비교한 것 중 맞는 것은?
① 쾌적도에서는 온수난방이 좋다.
② 온수난방이 증기난방보다 부식이 크다.
③ 증기난방은 현열을 이용하고, 온수난방은 잠열을 이용한다.
④ 증기난방은 예열 및 냉각이 늦으며 동결위험이 적다.

해설 • 부식은 증기난방이 크다.
• 증기난방 : 잠열이용, 온수난방 : 현열이용
• 증기난방은 예열이 빠르고 냉각도 빠르다.

55 덕트 각부에 있어서의 풍속이 일정하게 될 수 있도록 치수를 정하는 덕트의 설계법은?
① 등온법　② 등속도법
③ 등마찰손실법　④ 정압재취득법

해설 등속도법
덕트 내 풍속이 일정하게 되도록 치수를 정한다.

56 다음 공기의 성질에 대한 설명 중 틀린 것은?

① 최대한도의 수증기를 포함한 공기를 포화공기라 한다.
② 습공기의 온도를 낮추면 물방울이 맺히기 시작하는 온도를 그 공기의 노점온도라고 한다.
③ 건조공기 1kg에 혼합된 수증기의 질량비를 절대습도라 한다.
④ 우리 주변에 있는 공기는 대부분의 경우 건조공기이다.

해설 우리 주변의 공기 : 습공기

57 온풍난방에 대한 설명으로 옳지 않은 것은?

① 예열시간이 짧고 간헐운전이 가능하다.
② 가스연소로 덕트나 연도의 과열에 따른 화재 우려가 없다.
③ 설치가 간단하여 전문 기술자를 필요로 하지 않는다.
④ 송풍온도가 고온이 되므로 덕트를 소형으로 할 수 있다.

해설 온풍난방
배기가스 또는 연소가스온도 상승으로 과열에 따른 화재 우려가 있다.

58 다음 중 배관 및 덕트에 사용되는 보온 단열재가 갖추어야 할 조건이 아닌 것은?

① 열전도율이 클 것
② 불연성 재료로서 흡습성이 작을 것
③ 안전 사용 온도 범위에 적합할 것
④ 물리 · 화학적 강도가 크고 시공이 용이할 것

해설 보온, 단열재 : 열전도율이 작을 것

59 세주형 주철방열기 호칭법에서 원을 3등분하여 상단에 표시하는 것은?

① 유입관의 크기
② 유출관의 크기
③ 절(섹션)수
④ 방열기의 종류와 높이

해설 주철제 방열기

60 다음과 같은 특징을 갖고 있는 공조방식은?

㉠ 각 유닛마다 제어가 가능하므로 개별실 제어가 가능하다.
㉡ 고속덕트를 사용하므로 덕트 스페이스를 작게 할 수 있다.
㉢ 1차 공기와 2차 냉온수를 공급하므로 실내환경 변화에 대응이 용이하다.

① 유인 유닛 방식
② 패키지 유닛 방식
③ 단일덕트 정풍량 방식
④ 덕트 병용 패키지 방식

해설 유인 유닛 방식은 ㉠, ㉡, ㉢ 내용에 따른 공조방식이다.

2008년 4회 공조냉동기계기능사

01 안전대용 로프의 구비조건과 관련이 없는 것은?
① 완충성이 높을 것
② 질기고 되도록 매끄러울 것
③ 내마모성이 높을 것
④ 내열성이 높을 것

[해설] 안전대용 로프는 매끄러우면 사용이 매우 불편하다.

02 재해 발생 중 사람이 건축물, 비계, 사다리, 계단 등에서 떨어지는 것을 무엇이라 하는가?
① 도괴　　② 낙하
③ 비래　　④ 추락

[해설] 추락 : 상부에서 작업 중 하부로 떨어지는 현상

03 물을 소화재로 사용하는 가장 큰 이유는?
① 연소하지 않는다.
② 산소를 잘 흡수한다.
③ 기화잠열이 크다.
④ 취급하기가 편리하다.

[해설] 0℃에서 물의 기화잠열은 600kcal/kg로 매우 크다.

04 연삭기 숫돌의 파괴원인에 해당되지 않는 것은?
① 숫돌의 속도가 너무 빠를 때
② 숫돌에 균열이 있을 때
③ 플랜지가 현저히 클 때
④ 숫돌에 과대한 충격을 줄 때

[해설] 플랜지 대, 소와 연삭기 숫돌의 파괴와는 관련성이 없다.

05 냉동 제조시설 중 압축기 최종단에 설치한 안전장치의 작동 점검실시 기준으로 옳은 것은?
① 3월에 1회 이상　　② 6월에 1회 이상
③ 1년에 1회 이상　　④ 2년에 1회 이상

[해설] 냉동기 압축기 최종단에 설치한 안전밸브는 1년에 1회 이상 점검이 필요하다.

06 스패너(Spanner) 사용 시 주의할 사항 중 틀린 것은?
① 스패너가 벗겨지거나 미끄러짐에 주의한다.
② 스패너의 입이 너트 폭과 잘 맞는 것을 사용한다.
③ 스패너 길이가 짧은 경우에는 파이프를 끼워서 사용한다.
④ 무리하게 힘을 주지 말고 조심스럽게 사용한다.

[해설] 스패너에 파이프를 끼워서 사용은 금한다.

07 냉동장치를 정상적으로 운전하기 위한 것이 아닌 것은?
① 이상고압이 되지 않도록 주의한다.
② 냉매부족이 없도록 한다.
③ 습압축이 되도록 한다.
④ 각부의 가스 누설이 없도록 유의한다.

[해설] 냉매는 항상 건조압축이 되도록 한다.

08 다음 중 보호구로서 갖추어야 할 조건이 아닌 것은?
① 착용 시 작업에 지장이 없을 것
② 대상물에 대하여 방호가 충분할 것
③ 보호구 재료의 품질이 우수할 것
④ 성능보다는 외관이 좋을 것

[해설] 보호구는 외관보다 성능이 우수해야 한다.

09 다음 중 고압선과 저압가공선이 병가된 경우 접촉으로 인해 발생하는 것과, 1, 2차 코일의 절연파괴로 인하여 발생하는 현상과 관계있는 것은?
① 단락　　② 지락
③ 혼촉　　④ 누전

ANSWER | 1.② 2.④ 3.③ 4.③ 5.③ 6.③ 7.③ 8.④ 9.③

해설 혼촉 : 1, 2차 코일의 절연파괴로 인하여 발생한다.

10 다음 중 안전관리에 대한 설명으로 적절하지 못한 것은?
① 인간의 생명과 재산 보호
② 비계획적인 제반 활동
③ 체계적인 제반 활동
④ 인간생활의 복지향상

해설 비계획적이 아닌 계획적이어야 한다.

11 다음 중 정전기 방전의 종류가 아닌 것은?
① 불꽃 방전   ② 연면 방전
③ 분기 방전   ④ 코로나 방전

해설 방전
불꽃 방전, 연면 방전, 코로나 방전

12 운반기계에 의한 운반작업 시 안전수칙에 어긋나는 것은?
① 운반대 위에는 여러 사람이 타지 말 것
② 미는 운반차에 화물을 실을 때에는 앞을 볼 수 있는 시야를 확보할 것
③ 운반차의 출입구는 운반차의 출입에 지장이 없는 크기로 할 것
④ 운반차에 물건을 쌓을 때 될 수 있는 대로 전체의 중심이 위가 되도록 쌓을 것

해설 운반차에 물건을 쌓을 때 될 수 있는 대로 전체의 중심이 아래가 되도록 한다.

13 냉동장치 운전 중 안전상 별로 위험이 없는 경우에 해당되는 것은?
① 액면계 파손 시 볼밸브가 작동불량인 것
② 고압 측에 안전밸브가 설치되지 않은 경우
③ 수액기와 응축기를 연락하는 균압관의 스톱 밸브를 닫지 않았을 경우
④ 팽창밸브 직전에 전자밸브가 있는 경우 압축기 출구밸브를 닫고 장시간 운전했을 경우

해설 균압관의 스톱밸브는 별다른 경우가 아닌 이상 운전 중 개방이 원칙이다.

14 보일러 사고 원인 중 제작상의 원인이 아닌 것은?
① 재료불량   ② 설계불량
③ 급수처리불량   ④ 구조불량

해설 급수처리불량 : 취급운전상의 원인

15 아크 용접작업에서 전격의 방지대책으로 올바르지 못한 것은?
① 용접기의 내부에 함부로 손을 대지 않는다.
② 절연 홀더의 절연부분이 노출·파손되면 곧 보수하거나 교체한다.
③ TIG 용접이나 MIG 용접기가 수냉식 토치에서 냉각수가 새어나오면 사용을 시작한다.
④ 맨홀 등과 같이 밀폐된 구조물 안이나 앞쪽에 막혀 잘 보이지 않는 장소에서 작업을 할 때에는 자동 전격방지기를 부착하여 사용한다.

해설 불활성 가스 아크용접(TIG, MIG)에서 수냉식 토치를 사용하는 경우 만일 물의 흐름이 정지되면 토치와 케이블이 소손될 우려가 있으므로 냉각수가 흐르지 않을 때 자동으로 전류의 흐름이 정지되도록 하는 보호장치가 필요하다.

16 냉동기에서 압축기의 기능이라 할 수 없는 것은?
① 냉매를 순환시킨다.
② 응축기에 냉각수를 순환시킨다.
③ 냉매의 응축을 돕는다.
④ 저압을 고압으로 상승시킨다.

해설 응축기의 냉각수 순환은 쿨링타워 기능이다.

17 단열압축, 등온압축, 폴리트로픽 압축에 관한 다음 사항 중 틀린 것은?
① 압축일량은 단열압축이 제일 크다.
② 압축일량은 등온압축이 제일 작다.
③ 실제 냉동기의 압축방식은 폴리트로픽 압축이다.
④ 압축가스온도는 폴리트로픽 압축이 제일 높다.

해설 단열압축 시 압축가스온도가 높다.

18 다음 브라인(Brine)에 관한 설명 중 옳은 것은?
① 식염수 브라인의 공정점보다 염화칼슘 브라인의 공정점이 높다.
② 브라인의 부식성을 없애기 위해 되도록 공기와 접촉시키지 않는 것이 좋다.
③ 무기질 브라인보다 유기질 브라인이 부식성이 더 크다.
④ 브라인은 약한 산성이 좋다.

해설 브라인 냉매의 부식성을 없애기 위해 되도록 공기와 접촉시키지 않는 것이 좋다.

19 온도 자동팽창 밸브에서 감온통의 부착위치는?
① 팽창밸브 출구   ② 증발기 입구
③ 증발기 출구   ④ 수액기 출구

해설 감온통의 부착위치 : 증발기 출구

20 유접점 시퀀스의 특징으로 틀린 것은?
① 수명이 길다.
② 소비전력이 많다.
③ 작동속도가 늦다.
④ 장치 외형이 크다.

해설 유접점은 무접점에 비해 수명이 짧다.

21 다음 중 수소, 염소, 불소, 탄소로 구성된 냉매계열은?
① HFC계   ② HCFC계
③ CFC계   ④ 할론계

해설 • H : 수소
• C : 탄소
• F_2 : 불소
• Cl_2 : 염소

22 소요 냉각수량 120L/min, 냉각수 입출구 온도차 6℃인 수냉 응축기의 응축부하는?
① 43,200kcal/h   ② 14,400kcal/h
③ 12,000kcal/h   ④ 6,400kcal/h

해설 $(120 \times 1 \times 6) \times 60 = 43,200$kcal/h
※ 1시간은 60분, 물의 비열은 1kcal/L·℃

23 어떤 냉동기를 사용하여 25℃의 순수한 물 100L를 −10℃의 얼음으로 만드는 데 10분이 걸렸다고 한다면, 이 냉동기는 약 몇 냉동톤인가?(단, 1냉동톤은 3,320kcal/h, 냉동기의 모든 효율은 100%이다.)
① 3냉동톤   ② 16냉동톤
③ 20냉동톤   ④ 25냉동톤

해설 물의 현열 $= 100 \times 1 \times 25 = 2,500$kcal
물의 응고잠열 $= 100 \times 80 = 8,000$kcal
얼음의 현열 $= 100 \times 0.5 \times [0-(-10)] = 500$kcal
$Q = 2,500 + 8,000 + 500 = 11,000$kcal
$\therefore \dfrac{11,000 \times \frac{60}{10}}{3,320} ≒ 20$RT

24 시트 모양에 따라 삽입형, 홈꼴형, 유합형 등이 있으며, 냉매 배관용으로 사용되는 이음법은?
① 플레어 이음   ② 나사 이음
③ 납땜 이음   ④ 플랜지 이음

해설 플랜지 이음
• 삽입형   • 홈꼴형
• 유합형   • 전면
• 대평면   • 소평면

25 관 속을 흐르는 유체가 가스관을 나타내는 것은?
① ─O─⊙   ② ─G─⊙
③ ─S─⊙   ④ ─A─⊙

해설 ① O : 오일   ② G : 가스
③ S : 스팀   ④ A : 공기

ANSWER | 18. ② 19. ③ 20. ① 21. ② 22. ① 23. ③ 24. ④ 25. ②

26 그림에서 습압축 냉동사이클은 어느 것인가?

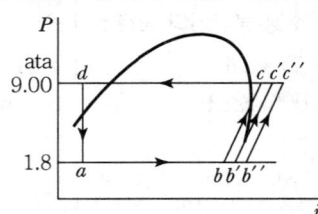

① $ab'c'da$ ② $bb''c''cb$
③ $ab''c''da$ ④ $abcda$

해설 ① : 건압축, ③ : 과열압축, ④ : 습압축

27 열과 일의 관계를 바르게 나타낸 것은?(단, J = 열의 일당량, A = 일의 열당량, W = 소요되는 일, Q = 발생열량이다.)

① $Q = AW$ ② $W = \dfrac{1}{J}Q$
③ $W = AQ$ ④ $J = AW$

해설 $Q = A \times W$

28 저단 측 토출가스의 온도를 냉각시켜 고단 측 압축기가 과열되는 것을 방지하는 것은?

① 부스터
② 인터쿨러
③ 콤파운드 압축기
④ 익스텐션탱크

해설 인터쿨러
고단 측 압축기 과열방지용

29 다음 회로에서 2Ω의 양단에 걸리는 전압강하 V는?

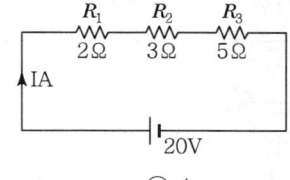

① 2   ② 4
③ 6   ④ 10

해설 $V = \dfrac{R_1}{R_1 + R_2 + R_3} \times V = \dfrac{2}{2+3+5} \times 20 = 4$

30 다음 중 비등점이 가장 낮은 냉매는?(단, 대기압에서)

① R-500   ② R-22
③ NH_3 ④ R-12

해설 ① R-500 : -33.3℃
② R-22 : -40.8℃
③ NH_3 : -33.3℃
④ R-12 : -29.8℃

31 1제빙톤은 몇 냉동톤인가?(단, 원료수의 온도는 25° 기준임)

① 1.25RT   ② 1.45RT
③ 1.65RT   ④ 1.85RT

해설 1제빙톤=1.65RT(5,478kcal/h)

32 냉동장치 배관설치 시 주의사항으로 틀린 것은?

① 관통부 외에는 매설하지 않는다.
② 배관 내 응력 발생이 있는 곳에 루프형 배관을 한다.
③ 기기조작, 보수, 점검에 지장이 없도록 한다.
④ 전체길이는 짧게 하며 곡률반경을 작게 한다.

해설 배관의 곡률 반경은 저항을 방지하기 위해 다소 크게 한다.

33 다단압축을 하는 목적은?

① 압축비 증가와 체적효율 감소
② 압축비와 체적효율 증가
③ 압축비와 체적효율 감소
④ 압축비 감소와 체적효율 증가

해설 다단압축의 목적
• 압축비 감소
• 체적효율 증가

26. ④ 27. ① 28. ② 29. ② 30. ② 31. ③ 32. ④ 33. ④ | ANSWER

34 냉동능력 20톤 이상의 냉동설비와 압력계에 관한 설명 중 틀린 것은?

① 냉매설비에는 압축기의 토출 및 흡입압력을 표시하는 압력계를 부착할 것
② 압축기가 강제윤활방식인 경우에는 윤활유 압력을 표시하는 압력계를 부착할 것
③ 발생기에는 냉매가스의 압력을 표시하는 압력계를 부착할 것
④ 압력계 눈금판의 최고눈금 수치는 당해 압력계의 설치장소에 따른 시설의 기밀시험압력 이상이고 그 압력의 1배 이하일 것

해설 냉동능력 20톤 이상의 냉동설비 압력계는 압력계 눈금판의 최고 눈금 수치는 당해 압력계의 설치 장소에 따른 시설의 기밀시험압력 이상이고 그 압력의 2배 이하일 것, 진공부는 그 최저눈금이 76cmHg 이상일 것

35 부하 측(저압 측)압력을 일정하게 유지시켜 주는 밸브는?

① 감압밸브 ② 안전밸브
③ 체크밸브 ④ 앵글밸브

해설 감압밸브 : 부하 측의 압력을 일정하게 유지

36 동관을 용접이음하려고 한다. 다음 용접법 중 가장 적당한 것은?

① 가스 용접 ② 플라즈마 용접
③ 테르밋 용접 ④ 스폿 용접

해설 동관 용접 : 가스 용접

37 전류계로 회로에서 전류를 측정하고자 한다. 전류계의 설명으로 틀린 것은?

① 전류계는 회로와 직렬로 연결하여 측정한다.
② 큰 전류를 측정하기 위해 분류기를 기동코일 계기와 병렬로 접속한다.
③ 전류계의 내부저항은 전류를 못 흐르게 할 만큼 커야 한다.
④ 전류계 단자 사이의 전압강하는 40~100mV 정도이다.

해설 전류계 내부저항은 전류가 흐르도록 저항이 적어야 한다.

38 냉동장치의 배관공사에서 옳지 않은 것은?

① 두 계통의 토출관이 합류하는 곳은 Y형 접속으로 한다.
② 압축기 토출관의 수평부분은 응축기를 향해 상향 구배를 한다.
③ 응축기와 수액기의 균압관은 압력을 같게 하기 위한 것이다.
④ 압력손실은 되도록 작게 하기 위해 굴곡부의 개수를 적게 한다.

해설 압축기 토출관의 수평부분은 응축기를 향해 하향구배한다.

39 흡수식 냉동장치에서 냉매와 흡수제를 분리하는 것은?

① 발생기 ② 응축기
③ 증발기 ④ 흡수기

해설 발생기 : 냉매(H_2O)와 흡수기(LiBr)와 분리시킨다.

40 원심(Turbo)식 압축기의 특징이 아닌 것은?

① 임펠러(Impeller)에 의해 압축된다.
② 보통 전동기 직결에서는 증속장치가 필요하다.
③ 부하가 감소되면 서징이 일어난다.
④ 주로 공기 냉각용으로 직접팽창방식을 사용한다.

해설 원심식은 흡입관 및 배출관이 직접팽창식에서는 아주 굵어지므로 브라인식(간접식)이 필요하다.

41 NH_3 냉매를 사용하는 냉동장치에서는 열교환기를 설치하지 않는다. 그 이유는?

① 응축압력이 낮기 때문에
② 증발압력이 낮기 때문에
③ 비열비 값이 크기 때문에
④ 임계점이 높기 때문에

ANSWER | 34.④ 35.① 36.① 37.③ 38.② 39.① 40.④ 41.③

해설 암모니아 냉매는 비열비 값이 커서 열교환기 설치가 불필요하다.

42 다음 보온재 중 최고사용온도가 가장 큰 것은?
① 탄산마그네슘
② 규조토
③ 암면
④ 펄라이트

해설
① 탄산마그네슘 : 250℃ 이하
② 규조토 : 250℃
③ 암면 : 400℃ 이하
④ 펄라이트 : 650℃

43 압축비의 설명 중 알맞은 것은?
① 고압압력계가 나타내는 압력을 저압압력계가 나타내는 압력으로 나눈 값에다 1을 더한 값이다.
② 흡입압력이 동일할 때 압축비가 클수록 토출가스 온도는 저하된다.
③ 압축비가 적어지면 소요동력이 증가한다.
④ 응축압력이 동일할 때 압축비가 커지면 냉동능력이 감소한다.

해설 응축압력이 동일한 경우 압축비가 커지면 냉동능력이 감소한다.

44 기준 냉동사이클에서 흡입압력이 높은 순서대로 나열된 것은?
① R-12 > R-22 > NH₃
② R-22 > NH₃ > R-12
③ NH₃ > R-22 > R-12
④ R-12 > NH₃ > R-22

해설 $-15℃$에서 증발압열
- R-22 : 3.03kg/cm²
- NH₃ : 2.41kg/cm²
- R-12 : 1.862kg/cm²

45 증발기에 대한 다음 설명 중 틀린 것은?
① 건식 증발기에서 냉매액 공급을 상·하부 어디로 하나 전열효과는 같다.
② 프레온을 사용하는 만액식 증발기에서 증발기 내 오일이 체류할 수 있으므로 유회수장치가 필요하다.
③ 만액식 증발기에서 오일(Oil)이 프레온 냉매에 용해하면 냉동능력이 떨어진다.
④ 프레온을 사용하는 건식 증발기에서는 냉매액을 상부로 공급하는 것이 보통이다.

해설 건식증발기 냉매공급은 위에서 아래로 한다.

46 덕트의 부속품에 대한 설명으로 잘못된 것은?
① 소형의 풍량 조절용으로는 버터플라이 댐퍼를 사용한다.
② 공조덕트의 분기부에는 베인형 댐퍼를 사용한다.
③ 화재 시 화염이 덕트 내에 침입하였을 때 자동적으로 폐쇄되도록 방화댐퍼를 사용한다.
④ 화재 초기 시 연기감지로 다른 방화구역에 연기가 침입하는 것을 방지하는 방연댐퍼를 사용한다.

해설 분기부에는 스플릿 댐퍼(Split Damper)를 사용한다. 버터플라이 댐퍼는 소형덕트에 사용

47 팬코일 유닛과 관계없는 것은?
① 송풍기   ② 여과기
③ 냉온수코일   ④ 가습기

해설 가습기는 공기에 직접 가습시킨다.

48 공기조화기의 송풍기의 축동력을 산출할 때 필요한 것과 거리가 먼 것은?
① 송풍량   ② 현열비
③ 송풍기 전압효율   ④ 송풍기 전압

해설 송풍기의 축동력 산출 시 필요할 때 송풍량, 송풍기 전압효율, 송풍기 전압이 필요하다.

49 온수난방에 이용되는 밀폐형 팽창탱크에 관한 설명으로 옳지 않은 것은?
① 공기층의 용적을 작게 할수록 압력의 변동은 감소한다.
② 개방형에 비해 용적은 크다.
③ 통상 보일러 근처에 설치되므로 동결의 염려가 없다.
④ 개방형에 비해 보수점검이 유리하고 가압실이 필요하다.

해설 밀폐형 팽창탱크는 공기층의 용적을 크게 할수록 압력의 변동은 감소한다.

50 난방을 하고 있는 사무실 내의 거주 환경에서 가장 적합한 건구온도는 몇 ℃인가?
① 22 ② 28
③ 30 ④ 33

해설 사무실 난방건구온도 : 22℃

51 냉방부하의 취득열량에는 현열부하와 잠열부하가 있다. 잠열부하를 포함하는 것은?
① 덕트로부터의 취득열량
② 인체로부터의 취득열량
③ 벽체의 전도에 의해 침입하는 열량
④ 일사에 의한 취득열량

해설 인체에는 현열 및 잠열부하가 포함된다.

52 다음 환기에 대한 설명으로 틀린 것은?
① 실내의 오염공기를 신선공기로 희석하거나 확산시키지 않고 배출한다.
② 실내에서 발생하는 열이나 수증기를 제거한다.
③ 실내압력을 +압력상태로 유지시키면서 환기하는 방식이 제3종 환기법이다.
④ 재실자의 건강, 안전, 쾌적성, 작업능률을 향상시킨다.

해설 제3종 환기법
① 급기는 자연급기
② 배기는 기계배기

53 다음 중 소규모인 건물에 가장 적합한 공조방식은?
① 패키지 유닛 방식 ② 인덕션 유닛 방식
③ 이중 덕트 방식 ④ 복사 냉난방 방식

해설 패키지 유닛 방식 : 소규모 건물에 적합하다.

54 에어필터(Air Filter)의 제진효율에 관한 식으로 올바른 것은?(단, 입구 측 공기 중의 먼지농도 : C_1, 출구 측 먼지농도 : C_2이다.)
① 제진효율 $= \dfrac{C_2}{C_1} \times 100$
② 제진효율 $= \dfrac{C_1}{C_2} \times 100$
③ 제진효율 $= \left[1 - \dfrac{C_2}{C_1}\right] \times 100$
④ 제진효율 $= \left[1 - \dfrac{C_1}{C_2}\right] \times 100$

해설 제진효율 $= \left[1 - \dfrac{C_2}{C_1}\right] \times 100$

55 다음은 어느 실의 열발생에 따른 부하를 처리하기 위한 급기풍량(m³/h)의 계산식이다. 계산식에서 Δt는 무엇을 나타내는가?

$$Q(풍량) = \dfrac{qs}{\rho \times Cp \times \Delta t}$$

① 상당외기 온도차
② 실내·외 온도차
③ 실내설정온도와 실내취출 온도차
④ 유효온도차

해설 Δt : 실내설정온도와 실내 취출온도차

56 물과 공기의 접촉면적을 크게 하기 위해 증발포를 사용하여 수분을 자연스럽게 증발시키는 가습방식은?
① 초음파식 ② 가열식
③ 원심분리식 ④ 기화식

해설 기화식 가습방식은 증발포를 사용한다.

ANSWER | 49.① 50.① 51.② 52.③ 53.① 54.③ 55.③ 56.④

57 셸튜브형 열교환기에 관한 설명이다. 옳은 것은?

① 전열관 내 유속은 내식성이나 내마모성을 고려하여 1.8m/s 이하가 되도록 하는 것이 바람직하다.
② 동관을 전열관으로 사용할 경우 유체온도가 150℃ 이상이 좋다.
③ 증기와 온수의 흐름은 열교환 측면에서 병행류가 바람직하다.
④ 열관류율은 재료와 유체의 종류에 따라 거의 일정하다.

해설 셸튜브형 열교환기 절연관 내 유속은 1.8m/s 이하가 바람직하다.

58 다음 설명 중 옳지 않은 것은?

① 공기조화장치에서 취급하는 공기는 모두 건공기이다.
② 건공기는 수증기를 포함하지 않는 공기이다.
③ 습공기의 전압은 건공기 분압과 수증기분압의 합과 같다.
④ 포화공기란 최대한도의 수증기를 포함한 공기를 말한다.

해설 공기조화장치에서 취급하는 공기는 모두 습공기이다.

59 온수난방에 설치되는 팽창탱크에 대한 설명으로 틀린 것은?

① 팽창된 물을 밖으로 배출하여 장치를 안전하게 유지한다.
② 운전 중 장치 내 압력을 소정의 압력으로 유지하고, 온수온도를 유지한다.
③ 운전 중 장치 내의 온도상승에 의한 물의 체적팽창과 압력을 흡수한다.
④ 개방식은 장치 내의 주된 공가배출구로 이용되고, 온수보일러의 도피관으로도 이용된다.

해설 팽창탱크
팽창된 물을 팽창탱크 내부에 저장하였다가 운전 정지 후 보일러 내로 다시 공급한다.

60 다음 펌프 중에서 비속도가 가장 작은 펌프는?

① 축류펌프   ② 사류펌프
③ 볼류트 펌프   ④ 터빈펌프

해설 비속도가 큰 순서
축류펌프＞사류펌프＞볼류트펌프＞터빈펌프

57. ① 58. ① 59. ① 60. ④ | ANSWER

2009년 1회 공조냉동기계기능사

01 냉동제조시설이 적합하게 설치 또는 유지·관리되고 있는지 확인하기 위한 검사의 종류가 아닌 것은?
① 중간 검사 ② 완성 검사
③ 불시 검사 ④ 정기 검사

해설 검사의 종류
중간 검사, 완성 검사, 정기 검사

02 보일러의 안전한 운전을 위하여 근로자에게 보일러의 운전방법을 교육하여 안전사고를 방지하여야 한다. 다음 중 교육내용에 해당되지 않는 것은?
① 가동 중인 보일러에는 작업자가 항상 정위치를 떠나지 아니할 것
② 압력방출장치·압력제한스위치·화염검출기의 설치 및 정상 작동 여부를 점검할 것
③ 압력방출장치의 개방된 상태를 확인할 것
④ 고저수위조절장치와 급수펌프와의 상호 기능상태를 점검할 것

해설 압력방출장치는 정상점에 도달하지 않은 이상 밀폐되어야 한다.(방출밸브는 온수온도 120℃ 이하에서 사용)

03 기계설비에서 일어나는 사고의 위험점이 아닌 것은?
① 협착점 ② 끼임점
③ 고정점 ④ 절단점

해설 고정점
고정된 상태에서는 사고 빈도가 매우 낮다.

04 구내 운반차를 사용하여 운반작업을 하고자 한다. 사전 점검사항에 해당되지 않는 것은?
① 제동장치 및 조종장치 기능의 이상유무
② 바퀴의 이상유무
③ 와이어로프 등의 이상유무
④ 충전장치를 포함한 홀더 등의 결합상태의 이상유무

해설 와이어로프는 구내 운반차와는 관련성이 없다.

05 냉동기 운전 중 액 압축이 일어난 경우에 나타나는 현상으로 옳은 것은?
① 토출배관이 따뜻해진다.
② 실린더에 서리가 낀다.
③ 실린더가 과열된다.
④ 축수하중이 감소된다.

해설 냉동기 운전 중 액 압축(리퀴드 해머)이 일어나면 실린더에 서리가 낀다.

06 감전되었을 경우 위험도가 가장 큰 것은?
① 통전전류의 크기
② 통전경로
③ 전원의 종류
④ 통전시간과 전격의 인가 위상

해설 통전전류
• 5mA(아픔을 느낀다.)
• 20mA(회로를 떨어질 수 없다.)
• 100mA(치명적이다.)

07 가스보일러의 점화 시 주의사항 중 맞지 않은 것은?
① 연소실 내의 용적 4배 이상의 공기로 충분히 환기를 행할 것
② 점화는 3~4회로 착화될 수 있도록 할 것
③ 갑작스런 실화 시에는 연료공급을 즉시 차단할 것
④ 점화버너의 스파크 상태가 정상인가 확인할 것

해설 보일러 점화 시 착화는 한 번에 점화가 되도록 한다.

08 산업안전보건법의 제정목적과 가장 관계가 적은 것은?
① 산업재해 예방
② 쾌적한 작업환경 조성
③ 근로자의 안전과 보건을 유지·증진
④ 산업안전에 관한 정책수립

ANSWER | 1.③ 2.③ 3.③ 4.③ 5.② 6.① 7.② 8.④

해설 산업안전보건법 제정목적은 ①, ②, ③항이 관계되는 내용이다.

09 가스용접 작업 중에 발생되는 재해가 아닌 것은?
① 전격
② 화재
③ 가스 폭발
④ 가스 중독

해설 전격(감전)
전기시설에서 부주의나 공사의 불비 등으로 인체에 전기를 받는 것으로 100mA 이상이면 치명적이다.

10 연소에 관한 설명이 잘못된 것은?
① 온도가 높을수록 연소속도가 빨라진다.
② 입자가 작을수록 연소속도가 빨라진다.
③ 촉매가 작용하면 연소속도가 빨라진다.
④ 산화되기 어려운 물질일수록 연소속도가 빨라진다.

해설 산화되기 어려운 물질은 연소속도가 느려진다.

11 가스용접 작업 시 아세틸렌가스와 접촉하는 부분에 사용해서는 안 되는 것은?
① 알루미늄
② 납
③ 구리
④ 탄소강

해설 아세틸렌가스는 동, 은, 수은 등과 직접 반응하여 폭발성 아세틸렌라이트를 만든다.

12 가연성 가스(암모니아, 브롬화메탄 및 공기 중에서 자기 발화하는 가스 제외)설비의 전기설비는 어떤 기능을 갖는 구조이어야 하는가?
① 방수기능
② 내화기능
③ 방폭기능
④ 일반기능

해설 가연성 가스의 설비 시 전기설비는 방폭기능을 갖는 구조이어야 한다.

13 안전보건표지에서 비상구 및 피난소, 사람 또는 차량의 통행표지의 색채는?
① 빨강
② 녹색
③ 파랑
④ 노랑

해설 녹색
안전보건표지에서 비상구 및 피난소, 사람 또는 차량의 통행표지 색채

14 가스용접기를 이용하여 동관을 용접하였다. 용접을 마친 후 조치로서 올바른 것은?(단, 용기의 메인 밸브는 추후 닫는 것으로 한다.)
① 산소 밸브를 먼저 닫고 아세틸렌 밸브를 닫을 것
② 아세틸렌 밸브를 먼저 닫고 산소 밸브를 닫을 것
③ 산소 및 아세틸렌 밸브를 동시에 닫을 것
④ 가스 압력조정기를 닫은 후 호스 내 가스를 유지시킬 것

해설 동관 가스용접 시 용접을 마친 후 산소 밸브를 먼저 닫고 아세틸렌 밸브를 닫을 것

15 감전되거나 전기 화상을 입을 위험이 있는 작업에서 인체의 전부나 일부를 보호하기 위해 구비해야 할 것은?
① 보호구
② 구명구
③ 구급용구
④ 비상등

해설 보호구
감전되거나 전기 화상을 입을 위험이 있는 작업에서 인체의 전부나 일부를 보호하기 위해 구비하는 것

16 다음 설명 중 내용이 맞는 것은?
① 1[BTU]는 물 1[lb]를 1[℃] 높이는 데 필요한 열량이다.
② 절대압력은 대기압의 상태를 0으로 기준하여 측정한 압력이다.
③ 이상기체를 단열팽창시켰을 때 온도는 내려간다.
④ 보일-샤를의 법칙이란 기체의 부피는 압력에 반비례하고 절대온도에 반비례한다.

9. ① 10. ④ 11. ③ 12. ③ 13. ② 14. ① 15. ① 16. ③ | ANSWER

해설 ① 1BTU : 물 1lb를 1°F 높인다.
② 절대압력은 완전진공상태에서 측정한 압력
④ 보일-샤를의 법칙이란 기체의 부피는 압력에 반비례, 절대온도에 비례한다.

17 암모니아 냉매 배관을 설치할 때 시공방법으로 틀린 것은?
① 관이음 패킹재료는 천연고무를 사용한다.
② 흡입관에는 U트랩을 설치한다.
③ 토출관의 합류는 Y접속으로 한다.
④ 액관의 트랩부에는 오일 드레인 밸브를 설치한다.

해설 냉매배관에서 U Trap을 설치하면 오일이 고이므로 가급적 피한다.

18 냉매와 화학분자식이 옳게 짝지어진 것은?
① R113 : CCl_3F_3
② R114 : CCl_2F_4
③ R500 : $CCl_2F_2 + CH_2CHF_2$
④ R502 : $CHClF_2 + C_2ClF_5$

해설 ① R113 : $C_2Cl_3F_3$
② R114 : $C_2Cl_2F_4$
③ R500 : CCl_2F_2/CH_3CHF_2

19 냉동장치에서 전자밸브를 사용하는데 그 사용목적 중 거리가 먼 것은?
① 리퀴드 백(Liquid Back) 방지
② 냉매, 브라인의 흐름 제어
③ 습도 제어
④ 온도 제어

해설 전자밸브 기능
리퀴드 백 방지, 냉매, 브라인의 흐름 제어, 온도 제어

20 다음 중 냉동기유에 가장 용해하기 쉬운 냉매는 어느 것인가?
① R-11
② R-13
③ R-14
④ R-502

해설 오일에 비교적 용해가 잘되는 냉매
R-11, R-12, R-21, R-113

21 2단 압축냉동 사이클에 대한 설명으로 틀린 것은?
① 2단 압축이란 증발기에서 증발한 냉매가스를 저단 압축기와 고단 압축기로 구성되는 2대의 압축기를 사용하여 압축하는 방식이다.
② NH_3 냉동장치에서 증발온도가 -35℃ 정도 이하가 되면 2단 압축을 하는 것이 유리하다.
③ 압축비가 10 이상이 되는 냉동장치인 경우에만 2단 압축을 해야 한다.
④ 최근에는 한 대의 압축기로서 각각 다른 2대의 압축기 역할을 할 수 있는 콤파운드 압축기를 사용하기도 한다.

해설 압축비가 6 이상이면 2단 압축이 필요하다.

22 다음 중 열펌프(Heat Pump)의 열원이 아닌 것은?
① 대기
② 지열
③ 태양열
④ 빙축열

해설 빙축열
심야전기를 이용한 냉방방식

23 "회로 내의 임의의 점에서 들어오는 전류와 나가는 전류의 총합은 0이다." 이것은 무슨 법칙에 해당되는가?
① 키르히호프의 제1법칙
② 키르히호프의 제2법칙
③ 줄의 법칙
④ 앙페르의 오른나사 법칙

해설 키르히호프의 제1법칙
회로 내의 임의의 점에서 들어오는 전류와 나가는 전류의 총합은 0이다.

ANSWER | 17. ② 18. ④ 19. ③ 20. ① 21. ③ 22. ④ 23. ①

24 25A 배관용 탄소강 강관의 관용 나사산수는 길이 25.4mm에 대하여 몇 산이 표준인가?
① 19산　　② 14산
③ 11산　　④ 8산

해설
- 6A : 28산
- 8A~10A : 19산
- 15A~20A : 14산
- 25A 이상 : 11산

25 2개 이상의 엘보를 사용하여 배관의 신축을 흡수하는 신축이음은?
① 루프형 이음
② 벨로스형 이음
③ 슬리브형 이음
④ 스위블형 이음

해설 스위블형 이음
2개 이상의 엘보를 사용하여 배관의 신축을 흡수하는 신축이음

26 시간적으로 변화하지 않는 일정한 입력신호를 단속신호로 변환하는 회로로서 경보용 부저신호의 발생 등에 많이 사용하는 것은?
① 선택 회로　　② 플리커 회로
③ 인터로크 회로　　④ 자기유지 회로

해설 플리커 회로
시간적으로 변화하지 않는 일정한 입력신호를 단속신호로 변환하는 회로로서 경보용 부저신호의 발생 등에 많이 사용한다.

27 고압수액기에 부착되지 않는 것은?
① 액면계　　② 안전밸브
③ 전자밸브　　④ 오일드레인 밸브

해설 고압수액기 부속품
액면계, 안전밸브, 오일드레인 밸브

28 간접식과 비교한 직접팽창식 냉동기의 특징이 아닌 것은?
① 냉매순환량이 적다.
② 냉매의 증발온도가 높다.
③ 구조가 간단하다.
④ 냉매 소비량(충전량)이 적다.

해설 직접팽창식 냉동기는 냉매충전량이 간접식에 비해 많다.

29 스크롤 압축기의 장점으로 맞는 것은?
① 토크 변동이 없다.
② 압축요소의 미끄럼 속도가 빠르다.
③ 흡입밸브나 토출밸브가 없으며 부품수가 적다.
④ 고효율, 고소음, 고진동 및 고신뢰성을 갖는다.

해설 스크롤 압축기는 흡입밸브나 토출밸브가 없으며 부품수가 적다.

30 냉각탑의 엘리미네이터(Eliminator) 역할은?
① 물의 증발을 양호하게 한다.
② 공기를 흡수하는 장치다.
③ 물이 과냉각되는 것을 방지한다.
④ 수분이 대기 중에 방출하는 것을 막아주는 장치다.

해설 엘리미네이터
수분이 대기 중에 방출하는 것을 막아준다.

31 공정점이 -55℃이고 저온용 브라인으로서 일반적으로 제빙, 냉장 및 공업용으로 많이 사용되고 있는 것은?
① 염화칼슘
② 염화나트륨
③ 염화마그네슘
④ 프로필렌글리콜

해설
① 염화칼슘 수용액 : 공정점 -55℃
② 염화나트륨 수용액 : 공정점 -21℃
③ 염화마그네슘 : 공정점 -33.6℃

24. ③　25. ④　26. ②　27. ③　28. ④　29. ③　30. ④　31. ① | **ANSWER**

32 감온식 팽창밸브(T.E.V) 작동에 관계없는 것은?
① 압축기의 압력
② 증발기 내 냉매 증발압력
③ 스프링의 압력
④ 감온통 내의 가스압력

해설 TEV 작동에 관계되는 압력
- P_1 : 감온통 내의 압력
- P_2 : 과열도 스프링 압력
- P_3 : 증발기 내의 증발압력

33 고압(응축압력)이 18[kg/cm²a], 저압(증발압력)이 5[kg/cm²a]일 때 압축비는?
① 2   ② 3.6
③ 4.5 ④ 6.0

해설 압축비 = $\frac{18}{5}$ = 3.6
압축비가 6 이상이면 2단 압축이 필요하다.

34 다음과 같이 25A×25A×25A의 티에 20A관을 직접 A부(압력게이지)에 연결하고자 할 때, 필요한 이음쇠는?

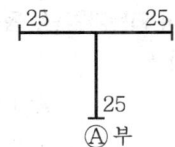

① 유니언   ② 캡
③ 이경부싱   ④ 플러그

해설 이경부싱

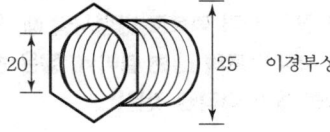

35 다음 중 이상적인 냉동사이클에 해당되는 것은?
① 오토 사이클   ② 카르노 사이클
③ 사바테 사이클   ④ 역카르노 사이클

해설 냉동사이클 : 역카르노 사이클

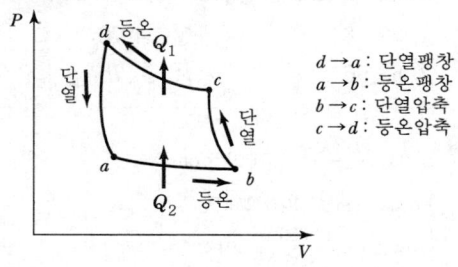

$d \to a$: 단열팽창
$a \to b$: 등온팽창
$b \to c$: 단열압축
$c \to d$: 등온압축

36 2중 효용 흡수식 냉동기에 대한 설명 중 옳지 않은 것은?
① 단중 효용 흡수식 냉동기에 비해 효율이 높다.
② 2개의 재생기가 있다.
③ 2개의 증발기가 있다.
④ 2개의 열교환기를 가지고 있다.

해설
- 흡수식에서 증발기는 1개이다.
- 2중 효용 흡수식 냉동기는 고온재생기, 저온재생기가 설치된다.
- 흡수식은 고온열교환기, 저온열교환기가 있다.

37 원심식 냉동기의 서징 현상에 대한 설명 중 옳지 않은 것은?
① 흡입가스 유량이 증가되어 냉매가 어느 한계치 이상으로 운전될 때 주로 발생한다.
② 전류계의 지침이 심하게 움직인다.
③ 고압이 저하되며, 저압이 상승한다.
④ 소음과 진동을 수반하고 베어링 등 운동부분에서 급격한 마모현상이 발생한다.

해설 원심식은 유량이 어느 한계치 이하에서 Surging 현상 발생

38 -15℃에서 건조도 0인 암모니아 가스를 교축 팽창시켰을 때 변화가 없는 것은?
① 비체적   ② 압력
③ 엔탈피   ④ 온도

해설
- 교축과정 : 엔탈피 변화가 없다.
- 단열압축 : 엔트로피 변화가 없다.

ANSWER | 32. ① 33. ② 34. ③ 35. ④ 36. ③ 37. ① 38. ③

PART 02 | 과년도 기출문제

39 대기압이 1.005at일 때 1,300mmHg·a는 계기압력으로 몇 kPa인가?
① 22.56　② 34.76
③ 52.96　④ 74.76

해설
$1.033 \times \dfrac{1,300}{760} = 1.7669 \text{kg/cm}^2$

$1.033 \text{kg/cm}^2 = 101.325 \text{kPa}$

$\left(101.325 \times \dfrac{1.7669}{1.033}\right) - 101.325 = 71.98 \text{kPa}$

$\therefore 71.98 \times \dfrac{1.033}{1.005} = 74 \text{kPa}$

40 고속 다기통 압축기의 정상유압으로 옳은 것은?
① 정상저압+0.5~1.5kg/cm²
② 정상저압+1.5~3.0kg/cm²
③ 정상저압+4.5~5.5kg/cm²
④ 정상저압+6.5~8.5kg/cm²

해설 ① : 입형 저속유압
② : 고속 다기통유압

41 이원냉동사이클에 대한 설명 중 틀린 것은?
① 다단압축 방식보다 저온에서 좋은 효율을 얻을 수 있다.
② 저온 측 냉매와 고온 측 냉매를 구분하여 사용한다.
③ 저온 측 응축기의 열은 냉각수를 이용하여 냉각시킨다.
④ 이원냉동은 -100℃ 정도의 저온을 얻고자 할 때 사용한다.

해설 이원냉동사이클에서 캐스케이드 콘덴서는 고온 측 증발기와 저온 측 응축기를 열교환할 수 있도록 조립한 것을 말한다.

42 제빙장치 중 결빙한 얼음을 제빙관에서 떼어낼 때 관내의 얼음 표면을 녹이기 위해 사용하는 기기는?
① 주수조　② 양빙기
③ 저빙고　④ 용빙조

해설 용빙조
결빙한 얼음을 제빙관에서 떼어낼 때 관내의 얼음 표면을 녹이기 위해 사용한다.

43 증발잠열을 이용하는 물질로서 맞지 않은 것은?
① 알코올　② 암모니아
③ 물　④ 수증기

해설 수증기는 이미 증발잠열을 이용한 물질이며 다만, 대류방열기에서는 잠열을 난방에는 사용이 가능하나 냉방에서는 불가하다.

44 냉동 윤활장치에서 유압이 낮아지는 원인이 아닌 것은?
① 오일이 부족할 때
② 유온이 낮을 때
③ 유여과망이 막혔을 때
④ 유압조정 밸브가 많이 열렸을 때

해설
• 유온이 높을 때 유압의 저하가 온다.
• 유온이 낮으면 유압이 상승한다.

45 20℃에서 4Ω의 동선이 온도 80℃로 상승하였을 때 저항은 몇 Ω이 되는가?(단, 동선의 저항온도계수=0.00393이다.)
① 3.94　② 4.94
③ 5.94　④ 6.94

해설 $R = 4 \times (80-20) \times 0.00393 = 0.9432$
$\therefore R' = 4 + 0.9432 = 4.9432 \Omega$

46 원형 덕트의 지름을 사각 덕트로 변형시킬 때, 원형 덕트 지름 d와 사각 덕트의 긴 변 길이 a, 짧은 변 길이 b의 관계식을 옳게 나타낸 것은?

① $d = \left[\dfrac{a \times b^5}{(a \times b)^2}\right]^{\frac{1}{8}}$

② $d = 1.3 \times \left[\dfrac{a^5 \times b}{(a+b)^2}\right]^{\frac{1}{8}}$

234　　39. ④ 40. ② 41. ③ 42. ④ 43. ④ 44. ② 45. ② 46. ③ | ANSWER

③ $d = 1.3 \times \left[\dfrac{(a \times b)^5}{(a+b)^2}\right]^{\frac{1}{8}}$

④ $d = \left[\dfrac{a^5 \times b}{(a+b)^2}\right]^{\frac{1}{8}}$

해설 $d = 1.3 \times \left[\dfrac{(a \times b)^5}{(a+b)^2}\right]^{\frac{1}{8}}$

47 가열코일에 사용되는 핀의 형태 중에서 공기 축 열전달률이 가장 높은 것은?
① 평판 핀
② 파형 핀
③ 슬릿 핀
④ 슈퍼 슬릿 핀

해설 슈퍼 슬릿 핀
가열코일에 사용되는 핀 중에서 공기 측 열전달률이 가장 높다.

48 1대의 응축기(실외기)로 여러 대의 냉각코일(실내기)을 운영하는 방식으로 실외기의 설치면적을 줄일 수 있어 많이 사용되는 형식을 무엇이라 하는가?
① 룸쿨러 방식
② 패키지유닛 방식
③ 멀티유닛 방식
④ 히트 펌프 방식

해설 멀티유닛 방식
1대의 실외기 응축기로 여러 대의 실내기 냉각코일을 운영한다.

49 공조덕트의 취출구에 대한 설명이다. 옳지 않은 것은?
① 천장 취출구의 경우 온풍 취출이면 도달거리가 짧아진다.
② 취출구의 배치는 최소 확산반경이 겹치지 않도록 해야 한다.
③ 베인형 취출구에서 베인 각도를 확대하면 소음을 줄일 수 있다.
④ 베인형 취출구의 천장 설치의 경우 냉방 시는 베인 각도를 작게 한다.

해설 베인의 각도는 0~45°까지 확대가 가능하나 그 이상이면 소음이 커진다.

50 200rpm으로 운전되는 송풍기가 4kW의 성능을 나타내고 있다. 회전수를 250rpm으로 상승시키면 동력은 몇 kW가 소요되는가?
① 5.5
② 7.8
③ 8.3
④ 8.8

해설 $4 \times \left(\dfrac{250}{200}\right)^3 = 7.8125 \text{kW}$
동력은 회전수 증가의 3승에 비례한다.

51 겨울철 창면을 따라서 존재하는 냉기에 의해 외기와 접한 창면에 존재하는 사람은 더욱 추위를 느끼게 하는 현상을 콜드 드래프트라 한다. 다음 중 콜드 드래프트의 원인으로 볼 수 없는 것은?
① 인체 주위의 온도가 너무 낮을 때
② 주위벽면의 온도가 너무 낮을 때
③ 창문의 틈새가 많을 때
④ 인체 주위 기류속도가 너무 느릴 때

해설 인체 주위의 기류속도가 너무 크면 콜드 드래프트(Cold Draft)의 원인이 된다.

52 다음 중 공기의 감습방법에 해당되지 않는 것은?
① 흡수식
② 흡착식
③ 냉각식
④ 가열식

해설 감습방법
흡수식, 흡착식, 냉각식

53 거실의 창문 밑에 설치할 주철제 방열기의 상당방열면적은 6m²로 산출되었다. 표준상태에서 이 방열기가 가지는 방열량은 몇 kcal/h인가?(단, 증기난방인 경우)
① 2,700
② 3,300
③ 3,900
④ 4,500

ANSWER | 47. ④ 48. ③ 49. ③ 50. ② 51. ④ 52. ④ 53. ③

[해설] 방열기 증기 표준방열량 : 650kcal/m²h
650×6=3,900kcal/h

54 13,500m³/h의 풍량을 나타낸 것으로 맞는 것은?
① 225CMM
② 225CMS
③ 13,500CMM
④ 13,500CMS

[해설] 풍량 = $\frac{13,500}{60}$ = 225CMM(m³/min)

55 공기가 노점온도보다 낮은 냉각코일을 통과하였을 때의 상태를 기술한 것 중 틀린 것은?
① 상대습도 저하
② 절대습도 저하
③ 비체적 저하
④ 건구온도 저하

[해설] 공기가 노점온도보다 낮으면 이슬점이 맺히며 상대습도가 냉각코일을 통과할 때 증가한다.

56 온풍난방법에서의 특징에 대한 설명 중 맞는 것은?
① 예열부하가 작아 예열시간이 짧다.
② 송풍기의 전력소비가 작다.
③ 송풍 덕트의 스페이스가 필요 없다.
④ 실온과 동시에 실내의 습도와 기류의 조정이 어렵다.

[해설] 온풍난방은 공기의 비열이 낮아서 예열부하가 작아 예열시간이 짧다.

57 (a), (b), (c)와 같은 관로의 국부저항계수(전압기준)를 큰 것부터 작은 순서로 나열한 것은?

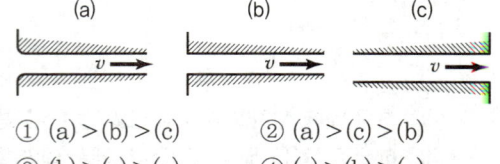

① (a) > (b) > (c)
② (a) > (c) > (b)
③ (b) > (c) > (a)
④ (c) > (b) > (a)

[해설] 국부저항계수가 큰 것
(c) > (b) > (a)

58 건축물의 내벽, 내창, 천장 등을 통하여 손실되는 열량을 계산할 때 관계없는 것은?
① 열 통과율
② 면적
③ 인접실과 온도차
④ 방위계수

[해설] 방위계수는 건축물의 동서남북 방위에 따라 열손실계수가 달라진다.

59 공조용 전열교환기의 이용에 관한 설명이다. 옳은 것은?
① 배열회수에 이용되는 배기는 탕비실, 주방 등을 포함한 모든 공간의 배기를 포함한다.
② 회전형 전열교환기의 로터 구동 모터와 급배기팬은 반드시 연동 운전할 필요가 없다.
③ 중간기 외기냉방을 행하는 공조시스템의 경우에도 별도의 덕트 없이 이용할 수 있다.
④ 외기량과 배기량의 밸런스를 조정할 때 배기량은 외기량의 40% 이상을 확보해야 한다.

[해설] 전열교환기 외기(OA), 배기(EA)량의 밸런스 조정 시 배기량은 외기 도입량의 40% 이상을 확보해야 한다.

60 EDR = $\frac{방열기의\ 전열량}{표준\ 방열량}$ 에서 EDR은 무엇인가?
① 증발량
② 상당방열면적
③ 응축수량
④ 실제방열량

[해설] EDR : 상당방열면적(m²)
[Equivalent, Direct, Radiation]

2009년 2회 공조냉동기계기능사

01 작업자의 안전태도를 형성하기 위한 가장 유효한 방법은?
① 안전에 관한 훈시
② 안전한 환경의 조성
③ 안전 표지판의 부착
④ 안전에 관한 교육실시

해설 작업자 안전태도에 가장 유효한 방법은 안전에 관한 교육실시

02 안전관리자의 직무에 해당하지 않는 것은?
① 산업재해 발생의 원인조사 및 재발방지를 위한 기술적 지도, 조언
② 안전에 관한 조직편성 및 예산책정
③ 안전에 관련된 보호구의 구입 시 적격품 선정
④ 당해 사업장 안전교육계획의 수립 및 실시

해설 안전에 관한 조직편성 및 예산책정은 안전관리 총괄자의 직무사항

03 공구취급 안전관리 일반사항으로 옳지 않은 것은?
① 결함이 없는 완전한 공구를 사용한다.
② 공구는 사용 전에 반드시 점검한다.
③ 불량공구는 일단 수리하여 사용하고 반납한다.
④ 공구는 항상 일정한 장소에 비치하여 놓는다.

해설 불량공구는 교체하여 사용한다.

04 냉동설비 사업소의 경계표지방법으로 적당한 것은?
① 사업소의 경계표지는 출입구를 제외한 울타리, 담 등에 게시할 것
② 이동식 냉동설비에는 표시를 생략할 것
③ 외부사람이 명확하게 식별할 수 있는 크기로 할 것
④ 당해 시설에 접근할 수 있는 장소가 여러 방향일 때는 대표적인 장소에만 게시할 것

해설 냉동설비 사업소의 경계표지방법은 외부사람이 명확하게 식별할 수 있는 크기로 한다.

05 산업안전의 관심과 이해증진으로 얻을 수 있는 이점이라 볼 수 없는 것은?
① 기업의 신뢰도를 높여준다.
② 기업의 투자경비를 증대시킬 수 있다.
③ 이직률이 감소된다.
④ 고유기술이 축적되어 품질이 향상된다.

해설 산업안전의 관심과 이해증진은 기업의 투자경비를 감소시킬 수 있다.

06 가스 집합 용접장치를 사용하여 금속의 용접·용단 및 가열작업을 하는 때에 가스 집합 용접장치의 관리상 준수하여야 하는 사항이 아닌 것은?
① 사용하는 가스의 명칭 및 최대가스저장량을 가스장치실의 보기 쉬운 장소에 게시할 것
② 밸브·콕 등의 조작 및 점검요령을 가스장치실의 보기 쉬운 장소에 게시할 것
③ 가스 집합장치로부터 5m 이내의 장소에서는 흡연, 화기의 사용 또는 불꽃을 발생시킬 우려가 있는 행위를 금지시킬 것
④ 이동식 가스 집합 용접장치는 고온의 장소, 통풍이나 환기가 불충분한 장소 또는 진동이 많은 장소에 설치하여 사용할 것

해설 가스는 환기가 원활한 장소, 진동이 적은 장소에 사용하여야 한다.

07 냉동장치 취급에 있어서 안전관리를 위한 사항이 아닌 것은?
① 고압가스 안전관리에 관계되는 법규를 이해한다.
② 안전검사를 위하여 구체적인 계획을 세우고 실천해야 한다.

ANSWER | 1.④ 2.② 3.③ 4.③ 5.② 6.④ 7.③

③ 냉매의 특성을 이해하는 것은 안전관리에 별다른 도움을 주지 않는다.
④ 압력계, 온도계, 전류계 등 각종 계기의 수치와 단위에 대하여 이해한다.

해설 냉매의 특성을 이해하면 안전관리에 도움을 준다.

08 교류 용접기의 규격란에 AW200이라고 표시되어 있을 때 200이 나타내는 값은?
① 정격 1차 전류값
② 정격 2차 전류값
③ 1차 전류 최대값
④ 2차 전류 최대값

해설 교류용접기 AW : 정격 2차 전류값

09 근로자가 안전하게 통행할 수 있도록 통로에는 몇 럭스 이상의 조명시설을 해야 하는가?
① 10 ② 30
③ 45 ④ 75

해설 근로자의 안전통로 조명 럭스 : 75럭스 이상

10 가연성 가스 또는 가연성 분진 등이 체류하는 장소에 설치해야 하는 것으로 옳은 것은?
① 진동설비 ② 배수설비
③ 소음설비 ④ 환기설비

해설 가연성 가스 설치장소에는 환기설비나 경보설비가 필요하다.

11 가스보일러의 점화 전 주의사항 중 연소실 용적의 약 몇 배 이상의 공기량을 보내어 충분히 환기를 행해야 되는가?
① 2 ② 4
③ 6 ④ 8

해설 가스보일러는 점화 전 연소실 용적의 약 4배 이상의 공기량을 투입, 충분히 환기시킨다.

12 발화온도가 낮아지는 조건과 관계없는 것은?
① 발열량이 높을수록 발화온도는 낮아진다.
② 분자구조가 간단할수록 발화온도는 낮아진다.
③ 압력이 높을수록 발화온도는 낮아진다.
④ 산소농도가 높을수록 발화온도는 낮아진다.

해설 분자구조가 복잡할수록 발화온도는 낮아진다.

13 가스용접장치에 대한 안전수칙으로 틀린 것은?
① 가스용기의 밸브는 빨리 열고 닫는다.
② 가스의 누설검사는 비눗물로 한다.
③ 용접작업 전에 소화기 및 방화사 등을 준비한다.
④ 역화의 위험을 방지하기 위하여 역화방지기를 설치하여 역화를 방지한다.

해설 가스용기는 열 때는 서서히 닫을 때는 신속히 닫는다.

14 가스용접작업에서 일어날 수 있는 재해가 아닌 것은?
① 화재 ② 전격
③ 폭발 ④ 중독

해설 전격은 전기용접 시 발생하며 감전우려 피해를 줄이기 위해 감전방지장치가 필요하다.

15 전기의 접지목적에 해당되지 않는 것은?
① 화재 방지 ② 설비증설 방지
③ 감전 방지 ④ 기기손상 방지

해설 전기접지목적
• 화재 방지
• 감전 방지
• 기기손상 방지

16 옴의 법칙에 대한 설명 중 옳은 것은?
① 전류는 전압에 비례한다.
② 전류는 저항에 비례한다.
③ 전류는 전압의 2승에 비례한다.
④ 전류는 저항의 2승에 비례한다.

8. ② 9. ④ 10. ④ 11. ② 12. ② 13. ① 14. ② 15. ② 16. ① | ANSWER

해설 전류는 전압에 비례하여 흐른다.

17 절대압력과 게이지 압력과의 관계식으로 옳은 것은?
① 절대압력 = 대기압력 + 게이지압력
② 절대압력 = 대기압력 − 게이지압력
③ 절대압력 = 대기압력 × 게이지압력
④ 절대압력 = 대기압력 ÷ 게이지압력

해설 절대압력 = 대기압력 + 게이지압력

18 가용전(Fusible Plug)에 대한 설명으로 틀린 것은?
① 프레온 장치의 수액기, 응축기 등에 사용한다.
② 용융점은 냉동기에서 68~75℃ 이하로 한다.
③ 구성성분은 주석, 구리, 납으로 되어 있다.
④ 토출가스의 영향을 직접 받지 않는 곳에 설치해야 한다.

해설 냉동기 가용전 : 비스무스, 카드뮴, 납, 주석이며 용융온도는 68~75℃

19 다음 중 압축기와 관계없는 효율은?
① 체적효율   ② 기계효율
③ 압축효율   ④ 팽창효율

해설 압축기 효율
• 체적효율
• 기계효율
• 압축효율

20 다음 중 액순환식 증발기와 액 펌프 사이에서 부착하는 것은?
① 감압밸브
② 여과기
③ 역지밸브
④ 건조기

해설 역지밸브 : 액순환식 증발기와 액 펌프 사이에 설치한다.

21 반가산기의 더한 합 S와 자리올림 C에 대한 논리식이 적절하게 설명된 것은?
① $S = \overline{A} \cdot B + A \cdot \overline{B},\ C = A + B$
② $S = \overline{A} \cdot B + A \cdot \overline{B},\ C = A \cdot B$
③ $S = A \cdot B + \overline{A} \cdot B,\ C = A + B$
④ $S = A \cdot B + \overline{A} \cdot B,\ C = A \cdot B$

해설
• $S = \overline{A} \cdot B + A \cdot \overline{B} = \overline{\overline{\overline{A}B}+\overline{A\overline{B}}}$
• $C = A \cdot B = \overline{\overline{AB}} = \overline{\overline{A}+\overline{B}}$
• 반가산기(Half Adder) : 2진수의 1자리 덧셈을 행하는 회로 OR, AND, NOT 소자를 합쳐서 만든다.

22 열에 관한 설명으로 틀린 것은?
① 감열은 건구온도계로서 측정할 수 있다.
② 잠열은 물체의 상태를 바꾸는 작용을 하는 열이다.
③ 감열은 상태변화 없이 온도변화에 필요한 열이다.
④ 융해열은 감열의 일종이며, 고체를 액체로 바꾸는 데 필요한 열이다.

해설
• 감열 : 현열
• 융해열 : 잠열
• 증발열 : 잠열

23 암모니아 냉동장치에서 실린더 직경 150mm, 행정이 90mm, 회전수 1,170rpm, 기통수 6기통일 때 법정 냉동능력(RT)은?(단, 냉매상수는 8.4이다.)
① 98.2   ② 79.7
③ 59.2   ④ 38.9

해설
$$RT = \frac{\frac{3.14}{4} \times (0.15)^2 \times 0.09 \times 1{,}170 \times 6 \times 60분}{8.4} = 79.7$$

24 제빙장치에서 브라인의 온도가 −10℃이고 결빙 소요시간이 48시간일 때 얼음의 두께는 약 몇 mm인가?(단, 결빙계수는 0.56이다.)
① 253mm   ② 273mm
③ 293mm   ④ 313mm

ANSWER | 17.① 18.③ 19.④ 20.③ 21.② 22.④ 23.② 24.③

해설) 결빙시간 $= \dfrac{0.56 \times t^2}{-(tb)} = \dfrac{0.56 \times t^2}{-(-10)} = 48$

$48 \times 10 = 480$, $\dfrac{480}{0.56} = 857.1428$

$\therefore t = \sqrt{857.1428} = 29.3\text{cm} = 293\text{mm}$

25 냉동기에 사용하는 윤활유의 구비조건으로서 틀린 것은?

① 불순물을 함유하지 않을 것
② 인화점이 높을 것
③ 냉매와 분리되지 않을 것
④ 응고점이 낮을 것

해설) 냉동기의 냉매와 윤활유는 반드시 분리되어야 한다.

26 전류 I, 시간 t, 전기량 Q라고 할 때 전기량은?

① $Q = I \cdot t$ ② $Q = \dfrac{I}{t}$
③ $Q = \dfrac{t}{I}$ ④ $Q = \dfrac{1}{[I \cdot t]}$

해설) $Q = I \cdot t$

27 브라인 부식 방지처리에 관한 설명으로 틀린 것은?

① 공기와 접촉하면 부식성이 증대하므로 공기와 접촉하지 않는 순환방식을 채택한다.
② $CaCl_2$ 브라인 1L에는 중크롬산소다 1.6g을 첨가하고 중크롬산소다 100g마다 가성소다 27g씩 첨가한다.
③ 브라인은 산성을 띠게 되면 부식성이 커지므로 pH7.5~8.2로 유지되도록 한다.
④ NaCl 브라인 1L에 대하여 중크롬산소다 0.6g을 첨가하고 중크롬산소다 100g마다 가성소다 2.7g씩 첨가한다.

해설) NaCl 브라인 1L에 대하여 중크롬산소다 3.2g을 첨가하고 중크롬산소다 100g마다 가성소다 27g씩 첨가하여 부식을 방지한다.

28 관이음 KS(B 0063)도시기호 중 틀린 것은?

① 플랜지이음 : ─╫─
② 소켓이음 : ─⊂⊃─
③ 유니언이음 : ─╫─
④ 용접이음 : ─N─

해설) 용접이음 : ─✕─

29 나사식 강관 이음쇠에 대한 설명 중 옳은 것은?

① 소구경(小口經)이고 저압의 배관에 사용한다.
② 충격, 진동, 부식 등이 생길 우려가 있는 곳에 사용한다.
③ 저압 대구경의 파이프에 사용한다.
④ 고압용 일반배관에 사용한다.

해설) 나사식 강관 이음쇠는 소구경, 저압의 배관에 사용

30 표준냉동사이클에서 과냉각도는 얼마인가?

① 45℃ ② 30℃
③ 15℃ ④ 5℃

해설) 표준냉동사이클
• 증발온도 : -15℃(5°F)
• 응축온도 : 30℃(86°F)
• 팽창밸브 직전온도 : 25℃(77°F)
• 압축기 흡입가스 온도 : -15℃ 건조증기
∴ 30 - 25 = 5℃(과냉각도)

31 아래 그림에서 온도식 자동 팽창밸브의 감온통 부착 위치로 가장 적당한 것은?

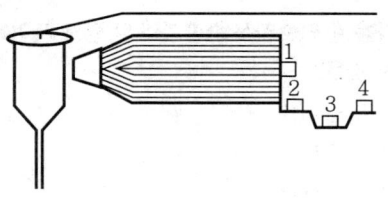

① 1 ② 2
③ 3 ④ 4

[해설]
- 흡입관경이 $\frac{7}{8}''$ 이하 : 관의 상부에 부착
- 흡입관경이 $\frac{7}{8}''$ 이상일 때 : 관의 중앙부에서 45° 하부에 설치

32 간접 팽창식과 비교한 직접 팽창식 냉동장치의 설명으로 틀린 것은?
① 소요동력이 적다.
② 냉동톤(RT)당 냉매 순환량이 적다.
③ 감열에 의해 냉각시키는 방법이다.
④ 냉매의 증발온도가 높다.

[해설] 직접 팽창식은 냉매의 잠열에 의해 냉각시킨다.

33 냉동장치 운전 중 유압이 이상저하되었다. 원인으로 옳은 것은?
① 유온이 너무 낮을 때
② 오일 배관계통이 막혀 있을 때
③ 유량조정밸브 개도가 과소할 때
④ 크랑크케이스 내의 유 여과기가 막혀 있을 때

[해설] 유압의 이상저하 : 크랑크케이스 내의 유 여과기 폐쇄

34 다음 중 흡수식 냉동기의 특징이 아닌 것은?
① 운전 시의 소음 및 진동이 거의 없다.
② 증기, 온수 등 배열을 이용할 수 있다.
③ 압축식에 비해서 설치면적 및 중량이 크다.
④ 압축식에 비해서 예냉시간이 짧다.

[해설] 흡수식 냉동기는 증기압축식 냉동기에 비해 예냉시간이 길다.

35 다음 중 체적 압축식 냉동장치에 해당되지 않는 것은?
① 스크루식 냉동기   ② 회전식 냉동기
③ 흡수식 냉동기   ④ 왕복동식 냉동기

[해설] 흡수식 냉동기는 냉매가 물이며 압축기가 필요 없고 재생기가 필요하다.

36 냉매배관의 시공에 대한 설명 중 맞지 않는 것은?
① 기기 상호 간의 길이는 가능한 한 길게 한다.
② 관의 가공에 의한 재질의 변질을 최소화한다.
③ 압력손실은 지나치게 크지 않도록 한다.
④ 냉매의 온도와 압력에 충분히 견딜 수 있어야 한다.

[해설] 냉매배관의 기기 상호 간의 길이는 가능한 짧게 한다.

37 수냉식 응축기의 응축압력에 관한 설명 중 옳은 것은?
① 수온이 일정한 경우 유막 물때가 두껍게 부착하여도 수량이 증가하면 응축압력에는 영향이 없다.
② 냉각관 내의 냉각수 속도는 열통과율에 영향을 준다.
③ 냉각수량이 풍부한 경우에는 불응축 가스의 혼입 영향이 없다.
④ 냉각수량이 일정한 경우에는 수온에 의한 영향은 없다.

[해설] 수냉식 응축기의 냉각관 내 냉각수 속도는 열통과율에 영향을 미친다.

38 이원 냉동사이클에 사용하는 냉매 중 저온 측 냉매로 가장 적당한 것은?
① R-11   ② R-12
③ R-21   ④ R-13

[해설] 이원냉동기
- 저온냉매 : R-22, R-13, R-14
- 고온냉매 : R-22, R-12

39 터브 압축기의 특징으로 맞지 않는 것은?
① 임펠러에 의한 원심력을 이용하여 압축한다.
② 응축기에서 가스가 응축하지 않을 경우 이상고압이 발생한다.
③ 부하가 감소하면 서징을 일으킨다.
④ 진동이 적고, 1대로도 대용량이 가능하다.

[해설] 터코형 압축기는 일정압력 이상으로 오르지 않는다.

ANSWER | 32. ③ 33. ④ 34. ④ 35. ③ 36. ① 37. ② 38. ④ 39. ②

40 다음 중 불에 잘 타지 않으며 보온성, 보냉성이 좋고 흡수성은 좋지 않으나 굽힘성이 풍부한 유기질 보온재는?

① 기포성 수지
② 콜크
③ 우모펠트
④ 유리섬유

해설 기포성 수지 : 불에 잘 타지 않으며 보온성, 보냉성이 좋다. 흡습성은 좋지 않으나 굽힘성이 풍부한 유기질 보온재이다.

41 다음 중 암모니아 냉매의 특성에 속하지 않는 것은?

① 폭발 및 가연성이 있다.
② 독성이 있다.
③ 사용되는 냉매 중 증발잠열이 가장 작다.
④ 물에 잘 용해된다.

해설 암모니아 냉매는 증발잠열이 313kcal/kg이므로 가장 크다.

42 지열을 이용하는 열펌프(Heat Pump)의 종류가 아닌 것은?

① 엔진구동 열펌프(GHP)
② 지하수 이용 열펌프(GWHP)
③ 지표수 이용 열펌프(SWHP)
④ 지중열 이용 열펌프(GCHP)

해설 엔진구동 열펌프는 가스엔진구동 GHP이다.

43 다음은 2단 압축 2단 팽창 냉동사이클을 모리엘 선도에 표시한 것이다. 옳은 것은?

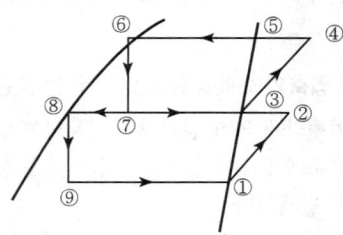

① 중간냉각기의 냉동효과 : ③-⑦
② 증발기의 냉동효과 : ②-⑨
③ 팽창변 통과 직후의 냉매위치 : ④-⑤
④ 응축기의 방출열량 : ⑧-②

해설 중간냉각기의 냉동효과 : ③-⑦

44 압축기 운전상태가 다음 $P-h$ 선도와 같이 나타났을 때 냉동능력은 약 몇 RT인가?(단, 피스톤 압출량은 350m³/h이고, 압축기의 체적효율은 75%이다.)

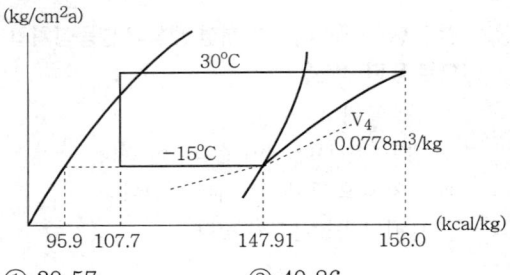

① 30.57
② 40.86
③ 50.57
④ 60.86

해설 $RT = \dfrac{V_a \times q_s \times \eta_V}{3,320 V} = \dfrac{350(147.91-107.7) \times 0.75}{3,320 \times 0.0778}$
   $= 40.86 RT$

45 회전식 압축기의 특징 설명으로 틀린 것은?

① 용량제어가 없고 분해조립 및 정비에 특수한 기술이 필요하다.
② 대형 압축기와 저온용 압축기로 사용하기 적당하다.
③ 왕복동식처럼 격간이 없어 체적효율, 성능계수가 양호하다.
④ 소형이고 설치면적이 작다.

해설 회전식 압축기(연속압축기)는 일반적으로 소용량이다.

46 다음의 습공기 선도에 나타낸 공기의 상태점에서 노점온도는?

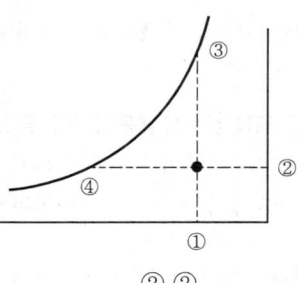

① ①
② ②
③ ③
④ ④

해설 ① : 습구온도 하강
② : 건구온도 하강
③ : 습구온도 상승

47 가습팬에 의한 가습장치의 설명으로 틀린 것은?
① 온수가열용에는 증기 또는 전기가열기가 사용된다.
② 가습장치 중 효율이 가장 우수하다.
③ 응답속도가 느리다.
④ 패키지 등의 소형 공조기에 사용한다.

해설 증기가습이 가습장치 중 효율이 가장 높다.

48 다음 설명 중 ( ) 안에 적당한 용어는?

> 강제순환식 온수난방에서는 순환펌프의 양정이 그대로 온수의 ( )가(이) 된다.

① 비중량   ② 순환량
③ 순환수두   ④ 마찰계수

해설 순환펌프의 양정=순환수두(가득수두)

49 건구온도 30℃, 상대습도 50%인 습공기 500m³/h를 냉각코일에 의하여 냉각한다. 코일의 장치노점온도는 10℃이고 바이패스 팩터가 0.1이라면 냉각된 공기의 온도(℃)는 얼마인가?
① 10   ② 12
③ 24   ④ 28

해설 30−10=20℃
20×0.1=2℃
∴ $t = 10+2 = 12℃$
$t_2 = t_s + (t_1 - t_s)BF = 10 + (30-10) \times 0.1 = 12℃$

50 공기조화에 관한 설명으로 틀린 것은?
① 공기조화는 일반적으로 보건용 공기조화와 산업용 공기조화로 대별된다.
② 공장, 연구소, 전산실 등과 같은 곳은 보건용 공기조화이다.
③ 보건용 공조는 실내 인원에 대한 쾌적 환경을 만드는 것을 목적으로 한다.
④ 산업용 공조는 생산공정이나 물품의 환경조성을 목적으로 한다.

해설 보건용은 학교, 병원, 주거공간, 사무실, 점포, 오락실의 근무환경용

51 각종 공조방식 중에서 개별공조방식의 장점으로 틀린 것은?
① 개별제어가 가능하다.
② 실내유닛이 분리되어 있지 않은 경우는 소음과 진동이 있다.
③ 취급이 용이하다.
④ 외기냉방이 용이하다.

해설 개별공조방식은 외기냉방이 어렵다.

52 장방형 저속덕트의 장변의 길이가 850mm일 때 시공하여야 할 아연도 강판의 두께로 가장 적당한 것은?
① 0.3mm   ② 0.5mm
③ 0.8mm   ④ 1.2mm

해설
• 450mm 이하 : 0.5mm
• 760~1,500mm : 0.8mm
• 2,210mm 이상 : 1.2mm

53 다음의 난방방식 중 방열체가 필요 없는 것은?
① 온수난방   ② 증기난방
③ 복사난방   ④ 온풍난방

해설 온풍난방은 방열체가 필요 없이 팬에 의해 열풍이 방열된다.

54 공기조화설비 중에서 열원장치의 구성요소가 아닌 것은?
① 냉각탑   ② 냉동기
③ 보일러   ④ 덕트

ANSWER | 47. ② 48. ③ 49. ② 50. ② 51. ④ 52. ③ 53. ④ 54. ④

해설
- 열원장치 : 냉각탑, 냉동기, 보일러
- 열운반장치 : 송풍기, 덕트, 펌프, 배관

55 이중 덕트방식에 대한 설명으로 틀린 것은?
① 실의 냉난방 부하가 감소되어도 취출공기의 부족 현상은 없다.
② 실내부하에 따라 각실 제어나 존(Zone)별 제어가 가능하다.
③ 방의 설계변경이나 완성 후 용도변경에도 쉽게 대처할 수 있다.
④ 단일 덕트방식에 비해 에너지 소비량이 적다.

해설 이중 덕트방식은 단일 덕트방식에 비해 에너지 소비량이 크다.

56 공기선도에 관한 아래 그림에서 구성요소의 연결이 올바르게 된 것은?

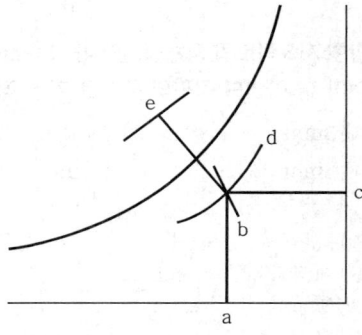

① a : 건구온도, b : 비체적, c : 노점온도
② a : 습구온도, c : 절대습도, d : 엔탈피
③ b : 비체적, c : 절대습도, e : 엔탈피
④ c : 상대습도, d : 절대습도, e : 열수분비

해설 a : 건구온도, b : 비체적, c : 절대습도,
d : 상대습도, e : 엔탈피

57 HEPA필터의 성능시험방법으로 적당한 것은?
① 중량법 ② 변색도법
③ DOP법 ④ 여과법

해설 HEPA : 고성능 필터(건성여과식)는 송풍기 출구에 설치하고 먼지제거율이 99.9% DOP법의 성능을 가진다.

58 1kW를 열량으로 환산하면 몇 kcal/h인가?
① 860 ② 750
③ 632 ④ 427

해설
$1kW \times 102kg \cdot m/s \times \frac{1}{423} kcal/kg \cdot m \times 3,600sec/h$
$= 859.953 kcal$

59 기계환기 중 1종 환기(병용식)인 것은?
① 강제급기와 강제배기
② 강제급기와 자연배기
③ 자연급기와 강제배기
④ 자연급기와 자연배기

해설
- 제1종 환기 : 급기는 기계, 배기는 기계팬
- 제2종 환기 : 급기는 기계, 배기는 자연
- 제3종 환기 : 급기는 자연, 배기는 기계팬

60 공기 세정기에서 물방울이 출구공기에 섞여 나가는 것을 방지하는 비산방지장치는?
① 루버
② 분무노즐
③ 플러딩노즐
④ 엘리미네이터

해설 엘리미네이터 : 물방울 비산방지

2009년 3회 공조냉동기계기능사

01 냉동설비의 설치공사 완료 후 시운전 또는 기밀시험을 실시할 때 사용할 수 없는 것은?
① 헬륨 ② 산소
③ 질소 ④ 탄산가스

해설 조연성 가스인 산소는 금속의 산화·가연성 냉매와의 산화폭발 등의 염려로 사용은 금물

02 일정기간마다 정기적으로 점검하는 것을 말하며, 일반적으로 매주 또는 매월 1회씩 담당 분야별로 당해 분야의 작업책임자가 점검하는 것은?
① 계획점검 ② 수시점검
③ 임시점검 ④ 특별점검

해설 계획점검
매주 또는 매월 1회씩 당해 분야별 책임자가 점검하는 것

03 가스용접 작업 시의 주의사항이 아닌 것은?
① 용기밸브는 서서히 열고 닫는다.
② 용접 전에 소화기 및 방화사를 준비한다.
③ 용접 전에 전격방지기 설치 유무를 확인한다.
④ 역화방지를 위하여 안전기를 사용한다.

해설 가스용접에서는 전격(감전)이 발생되지 않는다.

04 전기 기구에 사용하는 퓨즈(Fuse)의 재료로 부적당한 것은?
① 납 ② 주석
③ 아연 ④ 구리

해설 구리는 용융점이 1,000℃ 이상이므로 퓨즈재료로는 사용이 부적당하다.

05 안전한 작업을 하기 위한 작업복에 관한 설명으로 옳지 않은 것은?
① 직종에 따라 여러 색채로 나누는 것도 효과적이다.
② 작업기간에는 세탁을 하지 않는다.
③ 주머니는 가급적 수가 적어야 한다.
④ 화학약품에 대한 내성이 강해야 한다.

해설 작업복은 위생상 세탁이 필수적이다.

06 작업장에서 가장 높은 비율을 차지하는 사고원인이라 할 수 있는 것은?
① 작업방법
② 시설장비의 결함
③ 작업환경
④ 근로자의 불안전한 행동

해설 근로자의 불안전한 행동이 가장 높은 사고의 원인이 된다.

07 보호장구는 필요할 때 언제라도 착용할 수 있도록 청결하고 성능이 유지된 상태에서 보관되어야 한다. 보관방법으로 틀린 것은?
① 광선을 피하고 통풍이 잘되는 장소에 보관할 것
② 부식성, 유해성, 인화성 액체 등과 혼합하여 보관하지 말 것
③ 모래, 진흙 등이 묻은 경우는 깨끗이 씻고 햇빛에서 말릴 것
④ 발열성 물질을 보관하는 주변에 가까이 두지 말 것

해설 보호장구는 햇빛 등 광선을 피하고 통풍이 잘 되는 장소에 보관한다.

08 보일러에서 점화 시 점화 불량의 원인이 아닌 것은?
① 공기의 조성비가 나쁠 때
② 점화용 트랜스의 전기 스파크 불량일 때
③ 주전원 전압이 맞지 않을 때
④ 기름의 온도가 적당할 때

해설 기름의 온도가 적당하면 점화가 용이하다.

ANSWER | 1.② 2.① 3.③ 4.④ 5.② 6.④ 7.③ 8.④

09 압축기 운전 중 이상음이 발생하는 원인이 아닌 것은?
① 기초 볼트의 이완
② 토출 밸브, 흡입 밸브의 파손
③ 피스톤 하부에 오일이 고임
④ 크랭크 샤프트 및 피스톤 핀 등의 마모

해설 피스톤 핀, 연결봉, 베어링이 마모되면 운전 중 이상음 발생

10 연료계통에 화재 발생시 가장 적합한 소화작업에 해당되는 것은?
① 찬물을 붓는다.
② 산소를 공급해 준다.
③ 점화원을 차단한다.
④ 가연성 물질을 차단한다.

해설 가연성 물질을 차단하면 소화는 즉시 해결된다.

11 줄작업 시 안전사항으로 옳지 않은 것은?
① 줄의 균열 유무를 확인한다.
② 줄은 손잡이가 정상인 것만을 사용한다.
③ 땜질한 줄은 사용하지 않는다.
④ 줄작업에서 생긴 가루는 입으로 불어 제거한다.

해설 줄작업 시 생긴 가루는 털어서 제거한다.

12 다음 중 감전사고 예방을 위한 방법이 아닌 것은?
① 전기설비의 점검을 철저히 한다.
② 전기기기에 위험 표시를 해 둔다.
③ 설비의 필요 부분에는 보호 접지를 한다.
④ 전기기계 기구의 조작은 필요시 아무나 할 수 있게 한다.

해설 전기기계 기구 조작은 전문 책임자가 조작하여야 한다.

13 기계설비를 안전하게 사용하고자 한다. 다음 [보기]와 같은 작업을 하고자 할 때 필요한 보호구인 것은?

[보기]
물체가 떨어지거나 날아올 위험 또는 근로자가 감전되거나 추락할 위험이 있는 작업

① 안전모   ② 안전벨트
③ 방열복   ④ 보안면

해설 안전모는 물체가 떨어지거나 근로자 감전시 또는 추락시 위험으로부터 보호하는 장비이다.

14 수공구 중 정작업 시 안전작업수칙으로 옳지 않은 것은?
① 정의 머리가 둥글게 된 것은 사용하지 말 것
② 처음에는 가볍게 때리고 점차 타격을 가할 것
③ 철재를 절단할 때에는 철편이 날아 튀는 것에 주의할 것
④ 표면이 단단한 열처리 부분은 정으로 가공할 것

해설 열처리에 의해 표면이 단단한 부분은 정작업이 불가능하다.

15 컨베이어 등에 근로자의 신체의 일부가 말려드는 등 근로자에게 위험을 미칠 우려가 있을 때는 무엇을 설치하여야 하는가?
① 권과방지장치
② 비상정지장치
③ 해지장치
④ 이탈 및 역주행방지장치

해설 컨베이어 등 위험성이 내포된 작업기계를 다룰 시에는 비상정지장치를 반드시 설치한다.

16 다음 K.S 배관도시 기호 중 신축 관 이음을 표시하는 기호는?

① ——| ② ⊏═⊐
③ —◇—   ④ ▷—

해설 ⊏═⊐ : 슬리브형 신축이음

9.③ 10.④ 11.④ 12.④ 13.① 14.④ 15.② 16.② | ANSWER

17 1냉동톤(한국)에 대한 설명으로 옳은 것은?
① 0℃의 물 1,000kg을 24시간 동안에 0℃의 얼음으로 만드는 냉동 능력
② 25℃의 물 1,000kg을 24시간 동안에 0℃의 얼음으로 만드는 냉동 능력
③ 0℃의 물 1,000kg을 24시간 동안에 −10℃의 얼음으로 만드는 냉동 능력
④ 0℃의 물 1,000kg을 24시간 동안에 0℃의 얼음으로 만드는 냉동 능력

해설 1RT
0℃의 물 1,000kg을 24시간 동안 0℃의 얼음으로 만들 수 있는 능력

18 팽창밸브 직후의 냉매 건조도를 0.23, 증발 잠열을 52kcal/kg이라 할 때 이 냉매의 냉동효과는 약 몇 kcal/kg인가?
① 226   ② 40
③ 38   ④ 12

해설 $52 \times 0.23 = 11.96$ kcal/kg
∴ $52 - 11.96 = 40.04$ kcal/kg

19 1PS는 1시간당 약 몇 kcal에 해당되는가?
① 860   ② 550
③ 632   ④ 427

해설 1PS-h
$= 75$ kg·m/s $\times \dfrac{1}{427}$ kcal/kg·m $\times 1$h $\times 3{,}600$sec/h
$\fallingdotseq 632$ kcal

20 팽창밸브에 관한 설명 중 틀린 것은?
① 팽창밸브의 조절이 양호하면 증발기를 나올 때 가스상태를 건조포화증기로 할 수 있다.
② 팽창밸브에 될 수 있는 대로 낮은 온도의 냉매액을 보내면 냉동능력이 증대한다.
③ 팽창밸브를 과도하게 조이면 증발기 출구의 가스가 과열되므로 압축기는 과열압축이 된다.
④ 팽창밸브를 조절할 때는 서서히 개폐하는 것보다 급히 개폐하는 것이 빨리 안정된 운전상태로 들어갈 수 있으므로 좋다.

해설 팽창밸브를 조절할 때는 반드시 서서히 개폐하여 조정하여야 한다.

21 수직형 셸 앤 튜브 응축기의 설명으로 틀린 것은?
① 설치면적이 적어도 되며 옥외 설치가 가능하다.
② 유분리기와 응축기 사이는 균압관을 설치하는 것이 좋다.
③ 대형 NH_3 냉동장치에 사용된다.
④ 응축열량은 증발기에서 흡수한 열량과 압축기 열량의 합과 같다.

해설 균압관은 응축기와 수액기 사이에 연결하여 부착한다.

22 스윙(Swing)형 체크밸브에 관한 설명으로 틀린 것은?
① 호칭치수가 큰 관에 사용된다.
② 유체의 저항이 리프트(Lift)형보다 적다.
③ 수평배관에만 사용할 수 있다.
④ 핀을 축으로 하여 회전시켜 개폐한다.

해설 스윙형 체크밸브
수평, 수직배관에 사용

23 다음 중 보온재를 선정할 때의 유의사항이 아닌 것은?
① 열전도율   ② 물리적·화학적 성질
③ 전기 전도율   ④ 사용온도 범위

해설 보온재는 전기 전도율이 극히 미미하다.

24 다음 중 단수 릴레이의 종류에 속하지 않는 것은?
① 단압식 릴레이   ② 차압식 릴레이
③ 수류식 릴레이   ④ 비례식 릴레이

해설 단수 릴레이
단압식 릴레이, 차압식 릴레이, 수류식 릴레이

ANSWER | 17. ① 18. ② 19. ③ 20. ④ 21. ② 22. ③ 23. ③ 24. ④

25 터보식 냉동기와 왕복동식 냉동기를 비교했을 때 터보식 냉동기의 특징으로 맞는 것은?
① 회전수가 매우 빠르므로 동작밸런스나 진동이 크다.
② 고압 냉매를 사용하므로 취급이 어렵다.
③ 소용량의 냉동기에는 한계가 있고 생산가가 비싸다.
④ 저온장치에서도 압축단수가 적어지므로 사용도가 넓다.

해설 터보식 냉동기는 대용량 냉동기로서 소용량 사용에는 한계가 있고 소형으로 제작시에는 생산가가 비싸게 제작된다. 일명 원심식 압축기이다.

26 루프형 신축이음의 곡률 반경은 관지름의 몇 배 이상이 좋은가?
① 1배 ② 2배
③ 4배 ④ 6배

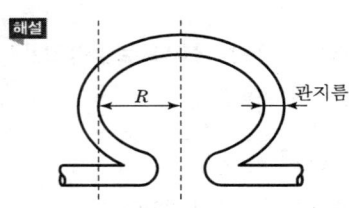

R : 6~8배(관지름의)

27 고온가스를 이용하는 제상장치 중 고온가스를 증발기에 유입시키기 위한 적합한 인출 위치는?
① 액분리기와 압축기 사이
② 증발기와 압축기 사이
③ 유분리기와 응축기 사이
④ 수액기와 팽창밸브 사이

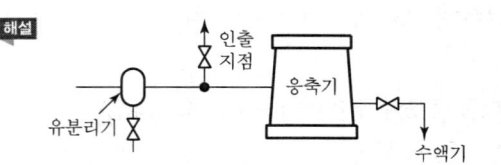

28 전류계의 측정범위를 넓히는 데 사용되는 것은?
① 배율기 ② 분류기
③ 역률기 ④ 용량분압기

해설 분류기
전류계의 측정범위를 넓힌다.

29 정전 시 조치사항 내용으로 틀린 것은?
① 냉각수 공급을 중단한다.
② 수액기 출구밸브를 닫는다.
③ 흡입밸브를 닫고 모터가 정지한 후 토출밸브를 닫는다.
④ 냉동기의 주전원 스위치는 계속 통전 시킨다.

해설 정전 시에는 반드시 냉동기의 주전원 스위치를 내려 통전을 정지시킨다.

30 CA 냉장고란 무엇을 말하는가?
① 제빙용 냉동고를 CA 냉장고라 한다.
② 공조용 냉장고를 CA 냉장고라 한다.
③ 해산물 냉장고를 CA 냉장고라 한다.
④ 청과물 냉장고를 CA 냉장고라 한다.

해설 CA 냉장고
청과물의 신선도를 높이고 산화를 지연시키는 냉장고이다.

31 증기를 교축시킬 때 변화가 없는 것은?
① 비체적 ② 엔탈피
③ 압력   ④ 엔트로피

해설 증기의 교축변화 시 엔탈피(kcal/kg)의 변화는 발생되지 않는다.

32 스크루 압축기의 장점이 아닌 것은?
① 흡입·토출밸브가 없으므로 마모 부분이 없어 고장이 적다.
② 냉매의 압력 손실이 크다.
③ 무단계 용량제어가 가능하며 연속적으로 행할 수 있다.
④ 체적 효율이 좋다.

해설 Screw Compressor 압축기는 숫로터와 암로터가 맞물려 회전하는 압축기로서 냉매의 압력손실이 없어 체적효율이 향상된다.

33 냉동기유의 구비조건 중 옳지 않은 것은?
① 응고점과 유동점이 높을 것
② 인화점이 높을 것
③ 점도가 적당할 것
④ 전기절연내력이 클 것

해설 냉동기의 오일은 응고점이 낮고 인화점은 높아야 하며 점도가 적당해야 한다.

34 냉동장치 운전에 관한 설명으로 옳은 것은?
① 흡입압력이 저하되면 토출가스 온도가 저하된다.
② 냉각수온이 높으면 응축압력이 저하된다.
③ 냉매가 부족하면 증발압력이 상승한다.
④ 응축압력이 상승되면 소요동력이 증가한다.

해설 응축압력이 상승되거나 증발압력이 낮아지면 압축비가 커지고 소요동력이 증가한다.

35 2원냉동 사이클에 대한 설명으로 틀린 것은?
① -70℃ 이하의 저온을 얻기 위해 이용한다.
② 2종류의 냉매를 이용한다.
③ 저온측 냉매는 수냉각으로 응축시켜야 한다.
④ 저압축에 팽창탱크를 설치한다.

해설 2원냉동기는 서로 다른 냉매를 각각의 독립된 냉동사이클을 온도적으로 2단계로 분리하여 저온 측의 응축기와 고온 측의 증발기를 열교환시키는 캐스케이드 콘덴서를 사용한다.

36 저온을 얻기 위해 2단 압축을 했을 때의 장점은?
① 성적계수가 향상된다.
② 설비비가 적게 된다.
③ 체적효율이 저하한다.
④ 증발압력이 높아진다.

해설 2단 압축의 장점
• 성적계수 향상
• 냉동능력 증가
• 체적효율 증가

37 다음 논리기호의 논리식으로 적절한 것은?

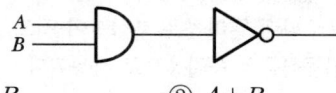

① $A \cdot B$ ② $A+B$
③ $\overline{A \cdot B}$ ④ $\overline{A+B}$

해설 $\overline{A \cdot B} = \overline{A \cdot B} = \overline{A} + \overline{B}$
• NOT 기호
• AND 기호
∴ AND의 연산을 부정하는 회로로서 NAND 기호이며 Y로 변환

38 흡수식 냉동장치에서 냉매인 물이 5℃ 전후의 온도로 증발하고 있다. 이때 증발기 내부의 압력은?
① 약 7mmHg(933Pa)·a 정도
② 약 32mmHg(4,266Pa)·a 정도
③ 약 75mmHg(9,999Pa)·a 정도
④ 약 108mmHg(14,398Pa)·a 정도

해설 비등점 5℃에서 증발압력 : 6.5mmHg

39 1[psi]는 몇 [gf/cm²]인가?
① 64.5   ② 70.3
③ 82.5   ④ 98.1

해설 14.7psi = 1.0332kgf/cm² = 1,033.2gf/cm²
∴ $1,033.2 \times \dfrac{1}{14.7} = 70.2857$ gf/cm²

ANSWER | 33. ① 34. ④ 35. ③ 36. ① 37. ③ 38. ① 39. ②

40 브라인에 대한 설명 중 옳은 것은?
① 브라인은 냉동능력을 낼 때 잠열 형태로 열을 운반한다.
② 에틸렌 글리콜, 프로필렌 글리콜, 염화칼슘 용액은 유기질 브라인이다.
③ 염화칼슘 브라인은 그 중에 용해되고 있는 산소량이 많을수록 부식성이 적다.
④ 프로필렌 글리콜은 부식성이 적고, 독성이 없어 냉동식품의 동결용으로 사용된다.

해설
- 브라인 냉매는 현열 이용
- 염화칼슘($CaCl_2$)은 무기질 브라인이며 산소가 많으면 산화된다.
- 프로필렌 글리콜은 유기질 브라인이며 부식성이 적고 독성이 없어 식품동결용 냉매이다.

41 용적형 압축기에 대한 설명으로 맞지 않는 것은?
① 압축실내의 체적을 감소시켜 냉매의 압력을 증가시킨다.
② 압축기의 성능은 냉동능력, 소비동력, 소음, 진동값 및 수명 등 종합적인 평가가 요구된다.
③ 압축기의 성능을 측정하는 데 유용한 두 가지 방법은 성능계수와 단위 냉동능력당 소비동력을 측정하는 것이다.
④ 개방형 압축기의 성능계수는 전동기와 압축기의 운전효율을 포함하는 반면, 밀폐형 압축기의 성능계수에는 전동기효율이 포함되지 않는다.

해설
성능계수 = $\dfrac{냉매냉동효과}{압축기\ 압축일의\ 열당량}$
(개방식, 밀폐식 모두 전동기 효율이 포함된다.)

42 다음 중 실제 증기압축 냉동사이클의 설명으로 맞지 않는 것은?
① 실제 냉동사이클과 이론적인 냉동사이클과의 차이는 주로 압축기에서 발생한다.
② 압축기를 제외한 시스템의 모든 부분에서 냉매배관의 마찰저항 때문에 냉매유동의 압력강하가 존재한다.
③ 실제 냉동사이클의 압축과정에서 소요되는 일량은 표준 증기 압축사이클보다 감소하게 된다.
④ 사이클의 작동유체는 순수물질이 아니라 냉매와 오일의 혼합물로 구성되어 있다.

해설
- 압축일의 열당량(AW) = (압축기 토출가스 냉매 엔탈피 - 증발기 출구 냉매가스 엔탈피)
- 실제 압축과정에서 소요되는 일량은 표준상태보다 증가한다.

43 가스엔진 구동형 열펌프(GHP)의 장점이 아닌 것은?
① 폐열의 유효이용으로 외기온도 저하에 따른 난방능력의 저하를 보충한다.
② 소음 및 진동이 없다.
③ 제상운전이 필요 없다.
④ 난방시 기동 특성이 빨라 쾌적난방이 가능하다.

해설 가스엔진 구동형 열펌프는 엔진과 압축기의 운전시 소음이나 진동이 발생한다.

44 다음 중 2단압축 2단팽창 냉동사이클에서 사용되는 중간 냉각기의 형식은?
① 플래시형 ② 액냉각형
③ 직접팽창식 ④ 저압수액기식

해설 중간 냉각기
- 고단압축기 과열방지
- 고압냉매액을 과냉시켜 냉동효과 증대
- 고압측의 액을 분리하여 리키드 백 방지

45 출력이 5kW인 직류전동기 효율이 80%이다. 이 직류전동기의 손실은 몇 W인가?
① 1,250 ② 1,350
③ 1,450 ④ 1,550

해설
5kW = 5,000W
5,000 × 0.8 = 4,000W
5,000 × 0.2 = 1,000W
직류전동기 = 타여자전동기, 자여자전동기(직권전동기, 분권전동기, 복권전동기)

---

40. ④ 41. ④ 42. ③ 43. ② 44. ① 45. ① | ANSWER

효율 = 출력/(출력+손실) × 100 = 80%

∴ 5,000/(5,000+x), x = 5,000/0.8 = 6,250

∴ 6,250 − 5,000 = 1,250W

46 강제순환식 난방에서 실내손실 열량이 3,000kcal/h 이고, 방열기 입구수온이 50℃, 출구수온이 42℃ 일 때 온수순환량은 몇 kg/h인가?(단, 평균 온수 온도의 비열은 1kcal/kg · ℃이다.)

① 254 ② 313
③ 342 ④ 375

[해설] $3,000 = G \times 1 \times (50-42)$

$G = \dfrac{3,000}{1 \times (50-42)} = 375$kg/h

47 다음 중 풍량조절용 댐퍼가 아닌 것은?
① 버터플라이 댐퍼 ② 베인 댐퍼
③ 루버 댐퍼 ④ 릴리프 댐퍼

[해설] 릴리프 : 방출

48 가습효율이 100%에 가까우며 무균이면서 응답성이 좋아 정밀한 습도제어가 가능한 가습기는?
① 물분무식 가습기
② 증발팬 가습기
③ 증기 가습기
④ 소형 초음파 가습기

[해설] 증기 가습기
가습효율이 100%에 가까우며 무균성, 응답성이 좋은 가습기

49 습공기를 절대습도의 변화 없이 가열하거나 냉각하면 실내 현열비(SHF)의 변화는 어떻게 되는가?
① SHF=0 선상을 이동한다.
② SHF=0.5 선상을 이동한다.
③ SHF=1 선상을 이동한다.
④ SHF는 나타나지 않는다.

[해설]

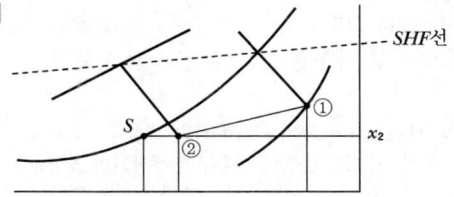

50 온풍난방기에서 사용되는 배기통 공사 시의 주의사항으로 틀린 것은?
① 배기통이 가연성 벽이나 천장을 통과하는 부분에는 슬리브를 사용한다.
② 배기통의 직경은 온풍난방기의 배기통 접속구 치수와 같은 규격을 사용하도록 한다.
③ 배기통의 가로길이는 되도록 길게 하고, 구부리는 곳은 4개소 이내로 하여 통풍저항을 줄인다.
④ 배기통 선단은 옥외로 내고, 우수침입 및 역풍을 방지하는 배기통 톱을 고정시키고 모든 방향으로 통풍이 되는 위치에서 풍압대가 아닌 것으로 한다.

[해설] 배기통의 가로길이는 되도록 짧게 하며 구부리는 곳은 3개소 이내가 이상적이다.

51 최근 공기조화방식을 설계하는 데 있어서 중점적으로 고려되고 있는 사항과 거리가 먼 것은?
① 건물의 모양
② 에너지 절약 대책
③ 잔업시간에 대한 경제적인 운전 대책
④ 설비의 수명과 지출비용의 경제성 비교

[해설] 공기조화방식을 설계하는 데 건물의 모양과는 관련이 없다.

52 공기조화기에 속하지 않는 것은?
① 공기가열기 ② 공기냉각기
③ 덕트 ④ 공기여과기(에어필터)

[해설] 덕트
열 운반장치

ANSWER | 46. ④ 47. ④ 48. ③ 49. ③ 50. ③ 51. ① 52. ③

53 다음 중 조명부하를 쉽게 처리할 수 있는 취출구는?
① 아네모스텟　　② 축류형 취출구
③ 웨이형 취출구　④ 라이트 트로퍼

해설 라이트 트로퍼(Light-troffer)형 취출구
천장 취출구이며 양쪽에 취출구가 부착되며 조명등을 갖추고 있다. 조명등의 외관으로 취출구 역할을 겸한다.

54 다음 중 보일러 스케일 방지책으로 적합하지 않은 것은?
① 청정제를 사용한다.
② 급수 중의 불순물을 제거한다.
③ 보일러 판을 미끄럽게 한다.
④ 수질분석을 통한 급수의 한계값을 유지한다.

해설 스케일 방지책은 ①, ②, ④ 항 외에도 연수기 사용, 세관작업 등을 실시한다.

55 공기조화기에서 사용하는 에어필터 중에서 병원의 수술실이나 클린룸 시설에 가장 적합한 필터는?
① 룰 필터　　② 프리 필터
③ HEPA 필터　④ 활성탄 필터

해설 HEPA(High Efficiency Particulate Air) 필터
건성여과식 고성능 필터는 유닛형으로 방사성 물질을 취급하는 등 클린룸, 바이오클린룸 등에서 미립자를 여과시킨다. 99.9% 성능을 가진다.

56 겨울철 창문의 창면을 따라서 존재하는 냉기가 토출기류에 의하여 밀려 내려와서 바닥을 따라 거주구역으로 흘러 들어와 인체의 과도한 차가움을 느끼는 현상을 무엇이라 하는가?
① 쇼크현상　　② 콜드 드래프트
③ 도달거리　　④ 확산반경

해설 콜드 드래프트
창문 냉기가 토출기류에 의하여 밀려 내려와 인체에 과도한 차가움을 느끼게 하는 현상

57 공연장의 건물에서 관람객이 500명이고 1인당 CO_2 발생량이 $0.05m^3/h$일 때 환기량(m^3/h)은?(단, 실내 허용 CO_2 농도는 600ppm, 외기 CO_2 농도는 100ppm이다.)
① 30,000　　② 35,000
③ 40,000　　④ 50,000

해설 $Q = \dfrac{G}{C_r - C_o} \times 10^6 = \dfrac{25}{600-100} \times 10^6 = 50,000 m^3/h$

58 실내에서 폐기되는 공기 중의 열을 이용하여 외기 공기를 예열하는 열회수방식은?
① 열펌프방식　　② 열파이프방식
③ 턴어라운드방식　④ 팬코일방식

해설 턴어라운드방식
실내에서 폐기되는 공기 중의 열을 이용하여 외기 공기를 예열하는 열회수방식이다.

59 드럼이 없이 수관만으로 되어 있고 가동시간이 짧으며 과열되어 파손되어도 비교적 안전한 보일러는?
① 주철제 보일러　② 관류 보일러
③ 원통형 보일러　④ 노통연관식 보일러

해설 관류 보일러
드럼이 없고 가동시간이 짧으며 효율이 높고 파열시 피해가 적다.

60 밀폐식 수열원 히트펌프 유닛방식의 설명으로 옳지 않은 것은?
① 유닛마다 제어기구가 있어 개별운전이 가능하다.
② 냉·난방부하를 동시에 발생하는 건물에서 열회수가 용이하다.
③ 외기냉방이 가능하다.
④ 사무소, 백화점 등에 적합하다.

해설
- 각층유닛방식은 외기냉방이 가능하다.
- 수열원은 동절기 지하수에 의해 냉매를 증발시키는 히트펌프로서 외기냉방은 불가능하다.

2009년 4회 공조냉동기계기능사

01 다음은 드릴작업에 대한 내용이다. 틀린 것은?
① 드릴 회전 시에는 테이블을 조정하지 않는다.
② 드릴을 끼운 후에 척 렌치를 반드시 뺀다.
③ 전기드릴을 사용할 때에는 반드시 접지(Earth)시킨다.
④ 공작물을 손으로 고정시는 반드시 장갑을 낀다.

해설 드릴작업시 장갑착용은 금지사항이다.

02 아세틸렌 용접장치를 사용하여 금속의 용접·용단 또는 가열작업을 하는 때에는 게이지압력이 얼마를 초과하는 압력의 아세틸렌을 발생시켜 사용하여서는 안되는가?
① $1.0kg/cm^2$
② $1.3kg/cm^2$
③ $2.0kg/cm^2$
④ $15.5kg/cm^2$

해설 아세틸렌은 분해폭발을 방지하기 위하여 $1.3kg/cm^2$ 이하에서 사용한다.

03 아크 용접작업 시 사망재해의 주원인은?
① 아크광선에 의해 재해
② 전격에 의한 재해
③ 가스중독에 의한 재해
④ 가스폭발에 의한 재해

해설 아크용접시 전격(감전)에 의한 사고가 가장 위험하다.

04 화물을 벨트, 롤러 등을 이용하여 연속적으로 운반하는 컨베이어의 방호장치에 해당되지 않는 것은?
① 이탈 및 역주행 방지장치
② 비상정지 장치
③ 덮개 또는 울
④ 권과방지 장치

해설 컨베이어 방호장치로서는 ①, ②, ③항의 장치가 필요하다.

05 아세틸렌 용접장치 사용시 역화의 원인으로 틀린 것은?
① 과열되었을 때
② 산소공급 압력이 과소할 때
③ 압력조정기가 불량할 때
④ 토치 팁에 이물질이 묻었을 때

해설 산소공급압력이 과대할 때 역화가 발생될 수 있다.

06 기계설비의 안전조건에 들지 않는 것은?
① 구조의 안전화
② 설치상의 안전화
③ 기능의 안전화
④ 외형의 안전화

해설 기계설비의 안전조건에 설치상의 안전화는 해당되지 않는다.

07 냉동기 운전 중 토출압력이 높아져 안전장치가 작동할 때 점검하지 않아도 되는 것은?
① 계통 내에 공기혼입 유무
② 응축기의 냉각수량, 풍량의 감소여부
③ 토출배관 중의 밸브 잠김 이상여부
④ 냉매액이 넘어오는 유무

해설 냉매액은 액분리기로 처리한다.

08 안전모와 안전벨트의 용도로 적당한 것은?
① 물체 비산 방지용이다.
② 추락재해 방지용이다.
③ 전도 방지용이다.
④ 용접작업 보호용이다.

해설 안전모, 안전벨트 용도
추락재해 방지용

ANSWER | 1.④ 2.② 3.② 4.④ 5.② 6.② 7.④ 8.②

09 휘발유, 벤젠 등 액상 또는 기체상의 연료성 화재는 무슨 화재로 분류되는가?
① A급   ② B급
③ C급   ④ D급

해설
- A급화재 : 일반화재
- B급화재 : 오일화재
- C급화재 : 전기화재
- D급화재 : 금속화재
- E급화재 : 가스화재

10 보일러 사고원인 중 파열사고의 취급상 원인이 될 수 없는 것은?
① 과열   ② 저수위
③ 고수위   ④ 압력초과

해설 고수위 운전
습증기 발생원인 제공

11 냉동기 검사 시 냉동기에 각인되지 않아도 되는 것은?
① 원동기 소요전력 및 전류
② 제조번호
③ 내압시험압력(기호 : TP, 단위 : MPa)
④ 최저사용압력(기호 : DP, 단위 : MPa)

해설 냉동기는 최고사용압력(MPa)이 각인된다.

12 피뢰기가 구비해야 할 성능조건으로 옳지 않은 것은?
① 반복 동작이 가능할 것
② 견고하고 특성변화가 없을 것
③ 충격방전 개시전압이 높을 것
④ 뇌 전류의 방전능력이 클 것

해설 피뢰기 성능조건의 내용은 ①, ②, ④항이다.

13 다음 중 가스용접 작업시 가장 많이 발생되는 사고는?
① 가스 폭발
② 자외선에 의한 망막 손상
③ 누전에 의한 감전사고
④ 유해가스에 의한 중독

해설 가스용접시 가연성가스는 가스폭발에 주의한다.

14 추락을 방지하기 위해 작업발판을 설치해야 하는 높이는 몇 m 이상인가?
① 2   ② 3
③ 4   ④ 5

해설 추락방지를 위해 작업발판은 작업공간 높이가 2m 이상 시 설치한다.

15 안전관리에 대한 제반활동을 설명한 것이다. 이 중 옳지 않은 것은?
① 재해로부터 인명과 재산을 보호하기 위한 계획적인 안전활동이다.
② 재해의 원인을 찾아내고 그 원인을 사전에 제거하는 안전활동이다.
③ 근로자에게 쾌적한 작업환경을 조성해주고 경영자의 재해손실을 줄여 준다.
④ 안전활동을 수행하기 위해서는 경영자를 제외한 모든 종업원이 참여해야 한다.

해설 안전활동수행에는 경영자가 반드시 참여해야 한다.

16 동결장치 상부에 냉각코일을 집중적으로 설치하고 공기를 유동시켜 피냉각물체를 동결시키는 장치는?
① 송풍 동결장치
② 공기 동결장치
③ 접촉 동결장치
④ 브라인 동결장치

해설 공기를 유동시키는 동결장치에서 냉각물체를 동결시키는 장치는 송풍 동결장치이다.

9. ② 10. ③ 11. ④ 12. ③ 13. ① 14. ① 15. ④ 16. ① | ANSWER

17 그림은 8핀 타이머의 내부회로도이다. ⑤, ⑧접점을 옳게 표시한 것은?

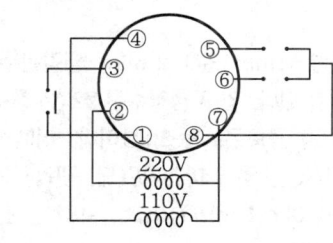

① ⑤─○△○─⑧
② ⑤─○△○─⑧
③ ⑤─○ ○─⑧
④ ⑤─○ ○─⑧

해설
① ──○△○── : 한시동작 B접점
② ──○△○── : 한시동작 A접점
③ ──○ ○── : 전기접점 A접점
④ ──○ ○── : 전기접점 B접점

18 브라인 동파방지 대책이 아닌 것은?
① 동결방지용 온도조절기를 사용한다.
② 브라인 부동액을 첨가한다.
③ 응축압력 조정밸브를 설치한다.
④ 단수 릴레이를 설치한다.

해설 응축압력을 조절시키면 성적계수 향상

19 암모니아 기준 냉동 사이클에서 1RT를 얻기 위한 시간당 냉매 순환량은?
① 11.32kg/hr ② 12.34kg/hr
③ 13.32kg/hr ④ 14.34kg/hr

해설 1RT=3,320kcal/h
NH₃ 냉매 냉동효과=269kcal/kg
∴ $G = \frac{3,320}{269} = 12.342$ kg/h

20 암모니아 냉동기의 압축기에 공랭식을 채택하지 않는 이유는?
① 토출가스의 온도가 높기 때문에
② 압축비가 작기 때문에
③ 냉동능력이 크기 때문에
④ 독성가스이기 때문에

해설 암모니아 냉동기에서 공랭식을 채택하지 않는 이유는 압축기의 토출가스온도가 높기 때문이다.

21 냉동장치의 기기 중 직접 압축기의 보호역할을 하는 것과 관계 없는 것은?
① 안전밸브   ② 유압보호 스위치
③ 고압차단 스위치   ④ 증발압력 조정 밸브

해설 증발압력조정밸브(EPR)
한 대의 압축기로 유지온도가 다른 여러 대의 증발실을 운용할 때 제일 온도가 낮은 냉장실의 압력을 기준으로 운전되기 때문에 고온측의 증발기에 EPR을 설치하여 압력이 한계치 이하가 되지 않게 조정한다.

22 다음 중 불응축 가스가 주로 모이는 곳은?
① 증발기   ② 액분리기
③ 압축기   ④ 응축기

해설 불응축 가스가 주로 모이는 곳은 응축기이다.

23 일정 전압의 직류 전원에 저항을 접속하고 전류를 흘릴 때 이 전류의 값을 50% 증가시키면 저항 값은 약 몇 배로 되는가?
① 0.12   ② 0.36
③ 0.67   ④ 1.53

해설 전류$(I) = \frac{Q}{t}$(A), 저항$(R) = \frac{1}{G}$(Ω)
$R = \frac{V}{I}$, $V = IR$(V), $I = \frac{V}{R}$(A)
전압은 전류에 비례, 전류는 저항크기에 반비례
∴ $R = \frac{V}{I} = \frac{1}{1+0.5} = 0.67$

ANSWER | 17.① 18.③ 19.② 20.① 21.④ 22.④ 23.③

PART 02 | 과년도 기출문제

24 배관의 부식방지를 위해 사용하는 도료가 아닌 것은?
① 광명단
② 연산칼슘
③ 크롬산아연
④ 탄산마그네슘

[해설] 탄산마그네슘
무기질보온재(250℃ 이하용)

25 강관의 용접접합에 전기용접을 많이 이용하는 이유는?
① 응용범위가 넓다.
② 용접속도가 빠르고 변형이 적다.
③ 박판용접에 적당하다.
④ 가열조절이 자유롭다.

[해설] 전기용접은 용접속도가 빠르고 변형이 적다.

26 관의 입체적 표시방법 중 관 A가 화면에 직각으로 앞쪽에 서 있으며, 관 B에 접속되어 있는 경우의 도면은?

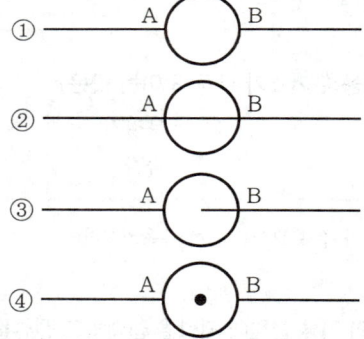

[해설]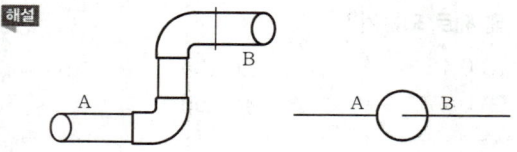

27 증발 온도가 낮을 때 미치는 영향 중 틀린 것은?
① 냉동능력 감소
② 소요동력 감소
③ 압축비 증대로 인한 실린더 과열
④ 성적계수 저하

[해설] 증발온도가 낮으면 소요동력이 증가한다.

28 바깥지름 54mm, 길이 2.66m, 냉각관수 28개로 된 응축기가 있다. 입구 냉각수온 22℃, 출구 냉각수온 28℃이며 응축온도는 30℃이다. 이때의 응축부하 Q(kcal/h)는 약 얼마인가?(단, 냉각관의 열통과율 (K)은 900kcal/m²h℃이고, 온도차는 산술 평균 온도차를 이용한다.)
① 25,300
② 43,700
③ 56,858
④ 79,682

[해설] 응축면적 $= \pi DL = 3.14 \times 0.054 \times 2.66 \times 28$
$= 12.63 m^2$
$\Delta t_m = \dfrac{28+22}{2} = 25, \ 30-25 = 5℃$
$\therefore Q = 12.63 \times 900 \times 5 = 56,835 kcal/h$

29 용접 접합을 나사 접합에 비교한 것 중 옳지 않은 것은?
① 누수의 우려가 적다.
② 유체의 마찰 손실이 많다.
③ 배관상으로 공간 효율이 좋다.
④ 접합부의 강도가 크다.

[해설] 용접 접합은 유체의 마찰손실이 적다.

30 터보 냉동기 용량제어와 관계없는 것은?
① 흡입 가이드 베인 조절법
② 회전수 가감법
③ 클리어런스 증대법
④ 냉각수량 조절법

[해설] 클리어런스 증대법(간극 증대법)은 왕복동 압축기 용량 제어방법이다.

31 축열장치 중 수축열 장치의 특징으로 틀린 것은?
① 냉수 및 온수 축열이 가능하다.
② 축열조의 설계 및 시공이 용이하다.
③ 열용량이 큰 물을 축열재로 이용한다.
④ 빙축열에 비하여 축열공간이 작아진다.

해설 수축열장치는 빙축열 방식에 비해 축열공간이 커진다.

32 증기 압축식 냉동기와 흡수식 냉동기에 대한 설명 중 잘못된 것은?

① 증기를 값싸게 얻을 수 있는 장소에서는 흡수식이 경제적으로 유리하다.
② 냉매를 압축하기 위해 압축식에서는 기계적 에너지를, 흡수식에서는 화학적 에너지를 이용한다.
③ 흡수식에 비해 압축식이 열효율이 높다.
④ 동일한 냉동능력을 갖기 위해서 흡수식은 압축식에 비해 장치가 커진다.

해설 흡수식에서는 냉매를 흡수시키는 흡수제 LiBr(리튬브로마이드)가 필요하다.(흡수열 제거를 위해 냉각탑 설치)

33 [kcal/mh℃]의 단위는 무엇인가?
① 열전도율   ② 비열
③ 열관류율   ④ 오염계수

해설 열전도율 단위 : kcal/mh℃

34 냉매에 대한 설명으로 틀린 것은?
① 암모니아에는 동 또는 동합금을 사용해도 좋다.
② R-12, R-22에는 강관을 사용해도 좋다.
③ 암모니아는 물에 잘 용해한다.
④ 암모니아액은 냉동기유보다 가볍다.

해설 암모니아 냉매는 동이나 동합금 사용은 금물이다.(동 부식 발생)

35 다음 중 자연적인 냉동방법이 아닌 것은?
① 증기분사식을 이용하는 방법
② 융해열을 이용하는 방법
③ 증발잠열을 이용하는 방법
④ 승화열을 이용하는 방법

해설 증기분사식 냉동기
증기이젝터(Ejector)를 이용하여 대량의 증기 분사 시 분압작용에 의해 증발기 내의 압력저하로 물의 일부를 증발시키고 동시에 잔류물이 냉각된다.

36 정압식 팽창밸브의 설명으로 틀린 것은?
① 부하변동에 따라 자동적으로 냉매 유량을 조절한다.
② 증발기 내의 압력을 자동으로 항상 일정하게 유지한다.
③ 냉동부하의 변동이 적은 냉동장치에 주로 사용된다.
④ 냉수 브라인 동결방지용으로 사용한다.

해설 정압식 팽창밸브는 증발기 내의 압력을 일정하게 유지한다.(부하변동에는 반대로 작동하므로 부하변동으로는 유량제어가 불가능)

37 2원 냉동장치의 캐스케이드 콘덴서(Cascade Condenser)에 대한 설명 중 맞는 것은?
① 고온 측 응축기와 저온 측 증발기를 열교환기 형식으로 조합한 것이다.
② 저온 측 응축기와 고온 측 증발기를 열교환기 형식으로 조합한 것이다.
③ 고온 측 응축기의 열을 저온 측 증발기로 이동한다.
④ 저온 측 응축기의 열을 고온 측 증발기로 이동한다.

해설 캐스케이드 콘덴서
저온 측 응축기와 고온 측 증발기를 열교환기 형식으로 조합한 것

38 만액식 냉각기에 있어서 냉매측의 열전달률을 좋게 하는 것이 아닌 것은?
① 냉각관이 액 냉매에 접촉하거나 잠겨 있을 것
② 관 간격이 좁을 것
③ 유막이 존재하지 않을 것
④ 관면이 매끄러울 것

해설 만액식 증발기에서 전열을 좋게 하려면 관면이나 내부를 거칠게 하거나 핀을 부착한다.

39 도선에 전류가 흐를 때 발생하는 열량으로 옳은 것은?
① 전류의 세기에 비례한다.
② 전류의 세기에 반비례한다.
③ 전류의 세기의 제곱에 비례한다.
④ 전류의 세기의 제곱에 반비례한다.

해설 도선에 전류가 흐를 때 발생열량은 전류세기의 제곱에 비례한다.

40 냉동기유의 구비 조건으로 맞지 않는 것은?
① 냉매와 접하여도 화학적 작용을 하지 않을 것
② 왁스 성분이 많을 것
③ 유성이 좋을 것
④ 인화점이 높을 것

해설 냉동기유는 산에 대한 안정성이 좋고 왁스(Wax) 성분이 적어야 한다.

41 스크루 압축기의 장점이 아닌 것은?
① 흡입 및 토출밸브가 없다.
② 크랭크샤프트, 피스톤링 등의 마모부분이 없어 고장이 적다.
③ 냉매의 압력손실이 없어 체적효율이 향상된다.
④ 고속회전으로 인하여 소음이 적다.

해설 스크루 압축기는 고속회전으로 인하여 소음이 크다.

42 SI단위에서 비체적 설명으로 맞는 것은?
① 단위 엔트로피당 체적이다.
② 단위 체적당 중량이다.
③ 단위 체적당 엔탈피이다.
④ 단위 질량당 체적이다.

해설 비체적(m^3/kg) : 단위 질량당 체적

43 부스터(Booster) 압축기 설명으로 옳은 것은?
① 2단 압축 냉동에서 저단 압축기를 말한다.
② 2원 냉동에서 저온용 냉동장치의 압축기를 말한다.
③ 회전식 압축기를 말한다.
④ 다효 압축을 하는 압축기를 말한다.

해설 부스터 압축기
2단 압축냉동에서 저단 압축기를 말한다.

44 역 카르노 사이클은 어떤 상태변화 과정으로 이루어져 있는가?
① 2개의 등온과정, 1개의 등압과정
② 2개의 등압과정, 2개의 단열과정
③ 2개의 단열과정, 1개의 교축과정
④ 2개의 단열과정, 2개의 등온과정

해설 역 카르노 사이클(냉동 사이클)
• 2개의 단열과정(단열압축, 단열팽창)
• 2개의 등온과정(등온팽창, 등온압축)

45 $P-h$ 선도상의 [a-b] 변화과정 중 맞는 것은?

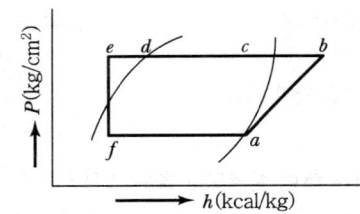

① 압력저하   ② 온도저하
③ 엔탈피 증가   ④ 비체적 증가

해설 • a : 압축구 입구   • b : 압축기 출구
• 엔탈피 증가 발생   • 온도 압력상승

46 패키지 개별공조방식은 열매체에 의한 분류 중 어느 방식에 해당되는가?
① 냉매방식
② 공기방식
③ 수방식
④ 수-공기 방식

해설 패키지 개별공조 방식 : 냉매방식

47 온수 및 증기 코일의 설계에 대한 설명 중 틀린 것은?
① 온수코일의 헤더 상부에는 공기배출 밸브를 설치한다.
② 증기코일의 전면풍속은 6~9m/s 정도로 선정한다.
③ 온수코일의 유량제어는 2방 또는 3방 밸브를 쓴다.
④ 증기코일은 온수에 비하여 열 수를 작게 할 수 있다.

해설 증기코일의 정면풍속은 3~4m/s로 계산한다.

48 공기조화에서 덕트 외면을 단열시공하는 이유가 아닌 것은?
① 외부로부터의 열침입방지
② 외부로부터의 소음차단
③ 외부로부터의 습기차단
④ 외부로부터의 충격차단

해설 덕트 단열시공과 외부 충격차단과는 관련성이 없다.

49 실내의 현열부하가 45,000kcal/h이고, 잠열부하가 15,000kcal/h일 때 현열비(SHF)는 얼마인가?
① 0.75 ② 0.67
③ 0.33 ④ 0.25

해설 현열비 = $\dfrac{\text{현열부하}}{\text{총부하}}$ = $\dfrac{45,000}{45,000+15,000}$ = 0.75

50 송풍기의 축동력 산출 시 필요한 값이 아닌 것은?
① 송풍량 ② 덕트의 길이
③ 전압효율 ④ 전압

해설 송풍기 축동력 = $\dfrac{\text{전압} \times \text{송풍량}}{75 \times 60 \times \text{전압효율}}$ (PS)

51 실리카겔, 활성알루미나 등의 고체 흡착제를 사용하여 공기의 수분을 제거하는 감습방법은?
① 냉각감습 ② 압축감습
③ 흡수감습 ④ 흡착감습

해설 실리카겔, 활성알루미나 흡수제 사용원리는 흡착감습작용이다.

52 다음 중 습공기 선도의 종류에 속하지 않는 것은?(단, h는 엔탈피, x는 절대습도, t는 건구온도, P는 압력을 각각 나타낸다.)
① $h-x$ 선도 ② $t-x$ 선도
③ $t-h$ 선도 ④ $P-h$ 선도

해설 습공기 선도 : $P-S$ 선도가 있다.($P-h$: 냉동선도)

53 다음은 노통연관식 보일러의 특징을 열거한 것이다. 옳지 않은 것은?
① 부하변동에 따른 압력변동이 적다.
② 크기에 비하여 전열면적이 작다.
③ 보유수량이 크므로 기동시간이 약간 길다.
④ 분할반입이 불가능하다.

해설 노통연관식 보일러는 원통형 보일러 중 전열면적이 가장 크고 열효율이 높다.

54 인체 활동 시의 대사를 표시하는 단위는?
① RMR ② BMR
③ MET ④ CET

해설 1MET
대사량을 나타내는 단위이며 열적으로 쾌적상태에서의 안정시 대사를 기준으로 한다.
1MET = 50kcal/m²h

55 열교환기에서 냉수코일 출구 측의 공기와 물의 온도차를 6℃, 냉수코일 입구 측의 공기와 물의 온도차를 16℃라고 하면 대수평균 온도차(℃)는 약 얼마인가?
① 2.67 ② 8.37
③ 10.0 ④ 10.2

해설 $\Delta t_m = \dfrac{16-6}{2.3\log\left(\dfrac{16}{6}\right)} = \dfrac{10}{0.9646} = 10.4$

ANSWER | 47.② 48.④ 49.① 50.② 51.④ 52.④ 53.② 54.③ 55.④

56 온도, 습도, 기류속도의 3요소를 조합하여 인체에 주는 감각을 온도로 표시하는 것은?

① 유효온도　　② 습구온도
③ 작용온도　　④ 건구온도

해설 유효온도
온도, 습도, 기류속도의 3요소를 조합하여 인체에 주는 감각을 온도로 표시

57 다음 중 환기의 효과가 가장 큰 환기법은?

① 제1종 환기　　② 제2종 환기
③ 제3종 환기　　④ 제4종 환기

해설 제1종 환기
- 급기는 기계사용
- 배기는 기계사용
- 환기효과가 크다.
- 내압이 정압, 부압의 유지 가능

58 다음 취출구 중 내부유인성능을 가지고 있으며 취출온도차를 크게 반영할 수 있는 것은?

① 아네모스탯형 취출구
② 라인형 취출구
③ 노즐형 취출구
④ 유니버설형 취출구

해설 아네모스탯형 취출구
내부유인성능을 가지고 있으며 취출온도차를 크게 반영할 수 있는 취출구이다.

59 증기난방의 부속기기인 감압밸브의 사용목적에 해당하지 않는 것은?

① 증기의 질을 향상시킨다.
② 방열기기나 증기 사용기기에 적합한 온도로 조절하기 위한 수단으로 사용된다.
③ 고압증기는 저압증기에 비하여 비체적이 크므로 배관경을 크게 설치해야 한다.
④ 증기사용설비에서 사용 압력조건, 즉 온도조건으로 운전하기 위해서 사용된다.

해설 고압증기는 저압증기에 비하여 비체적(m^3/kg)이 작아서 배관경을 작게 할 수 있다.

60 중앙식 공기조화 장치의 장점이 아닌 것은?

① 중앙기계실에 집중되어 있으므로 보수관리가 용이하다.
② 설치이동이 용이하므로 이미 건축된 건물에 적합하다.
③ 대규모 건물에서 공기조화를 할 때 설비비, 경상비가 저렴하다.
④ 공기조화용 기계가 별실에서 멀리 떨어져 있으므로 소음이 적다.

해설 중앙식 공기조화는 이동이 불편하고 고정식이다.

2010년 1회 공조냉동기계기능사

01 감전의 위험성에 대한 내용으로 틀린 것은?
① 통전의 위험도에서 전기 기구는 오른손으로 사용하는 것보다는 왼손으로 사용하는 것이 안전하다.
② 저압 전기라도 인체에 흐르는 전류의 양이 크면 위험하므로 조심해야 된다.
③ 전압이 동일한 경우 교류는 직류보다 위험하며 교류인 경우 주파수에 따라 위험성이 다르다.
④ 감전은 전류의 크기, 통전시간, 통전경로, 전원의 종류에 따라 그 위험성이 결정된다.

해설 왼손보다는 오른손사용이 감전의 위험성이 감소된다.

02 운반기계에 의한 운반작업 시 안전수칙에 어긋나는 것은?
① 운반대 위에는 여러 사람이 타지 말 것
② 미는 운반차에 화물을 실을 때에는 앞을 볼 수 있는 시야를 확보할 것
③ 운반차의 출입구는 운반차의 출입에 지장이 없는 크기로 할 것
④ 운반차에 물건을 쌓을 때 될 수 있는 대로 전체의 중심이 위가 되도록 쌓을 것

해설 운반차에 물건을 쌓을 때 될 수 있는 대로 전체의 중심이 아래가 되도록 쌓는다.

03 신규 검사에 합격된 냉동용 특정설비의 각인 사항과 그 기호의 연결이 올바르게 된 것은?
① 용기의 질량 : TM
② 내용적 : TV
③ 최고사용압력 : FT
④ 내압시험압력 : TP

해설 ① 용기질량 : W
② 내용적 : V
③ 최고사용압력 : DP

04 산업안전 표시 중 다음 그림이 나타내는 의미는?
① 부식성 물질 경고
② 낙하물 경고
③ 방사성 물질 경고
④ 몸균형 상실 경고

해설 그림의 의미 : 부식성 물질 경고

05 소화제로 물을 사용하는 이유로서 가장 적당한 것은?
① 산소를 잘 흡수하기 때문
② 증발잠열이 크기 때문
③ 연소하지 않기 때문
④ 산소와 가열물질을 분리시키기 때문

해설 물이 소화제로 사용되는 이유는 증발잠열이 크기 때문이다.

06 냉동장치를 설비할 때 [보기]의 작업순서가 올바르게 나열된 것은?

[보기]
① 냉각운전   ② 냉매충전
③ 누설시험   ④ 진공시험
⑤ 배관의 방열공사

① ③→④→②→⑤→①
② ④→⑤→③→②→①
③ ③→⑤→④→②→①
④ ④→②→③→⑤→①

해설 냉동장치 설비 시 작업순서
③→④→②→⑤→①

07 가연성 가스가 있는 고압가스 저장실 주위에는 화기를 취급해서는 안 된다. 이때 화기를 취급하는 장소와 몇 m 이상의 거리를 두어야 하는가?
① 1   ② 2
③ 7   ④ 8

ANSWER | 1.① 2.④ 3.④ 4.① 5.② 6.① 7.④

해설
- 가스설비 저장설비 : 2m
- 가연성, 산소 가스설비 저장설비 : 8m

08 수공구인 망치(Hammer)의 안전 작업수칙으로 올바르지 못한 것은?
① 작업 중 해머 상태를 확인할 것
② 해머는 처음부터 힘을 주어 치지 말 것
③ 불꽃이 생기거나 파편이 발생할 수 있는 작업 시에는 반드시 차광안경을 착용할 것
④ 해머의 공동작업 시에는 호흡을 맞출 것

해설 차광안경이 아닌 보호안경 착용

09 안전관리의 목적을 가장 올바르게 나타낸 것은?
① 기능향상을 도모한다.
② 경영의 혁신을 도모한다.
③ 기업의 시설투자를 확대한다.
④ 근로자의 안전과 능률을 향상시킨다.

해설 안전관리의 목적은 근로자의 안전과 능률을 향상시킨다.

10 방폭 전기설비를 선정할 경우 중요하지 않은 것은?
① 대상가스의 종류
② 방호벽의 종류
③ 폭발성 가스의 폭발 등급
④ 발화도

해설 방호벽은 가연성 가스 취급장소에서 필요한 것이며 기타 저장탱크와 가스충전장소와의 사이에 방호벽이 필요하다.

11 볼트조임작업 시 안전사항이다. 맞게 기술한 것은?
① 공기 또는 물 등의 유체가 누설되는 것을 방지하기 위하여 스패너에 파이프를 끼워 단단히 조인다.
② 단단히 조이기 위해서는 스패너를 망치로 두들겨 조인다.
③ 스패너가 규격보다 클 때는 얇은 철판을 끼워 너트 머리에 꼭 맞도록 한 후 조인다.
④ 볼트조임작업 시 스패너가 벗겨지더라도 넘어지지 않도록 몸가짐에 주의한다.

해설 볼트조임작업 시 스패너가 벗겨지더라도 넘어지지 않도록 몸가짐에 주의한다.

12 보일러의 과열 원인으로 옳지 않은 것은?
① 동(胴)내면에 스케일 생성 시
② 보일러수가 농축되어 있을 때
③ 전열면에 국부적인 열을 받았을 때
④ 보일러수의 순환이 양호할 때

해설 보일러수의 순환이 양호하면 보일러과열이 방지된다.

13 크레인의 방호장치로서 와이어로프가 혹에서 이탈하는 것을 방지하는 장치는?
① 과부하방지장치
② 권과방지장치
③ 비상정지장치
④ 해지장치

해설 크레인의 방호장치로서 와이어로프가 혹에서 이탈하는 것을 방지하는 장치가 해지장치이다.

14 일반적으로 볼 때 안전대책은 무슨 방법으로 수립해야 좋은가?
① 사무적
② 계획적
③ 경험적
④ 통계적

해설 일반적으로 안전대책은 통계적 방법으로 수립해야 한다.

15 온열원 발생장치인 보일러설비의 운전 중 보일러의 과열을 방지하기 위하여 최고사용압력과 상용압력 사이에서 보일러의 버너연소를 차단할 수 있도록 부착하여야 하는 안전장치는?
① 압력제한스위치
② 안전밸브
③ 저압차단스위치
④ 고압차단스위치

해설 압력제한스위치는 압력조절에 실패하면 압력을 제한시키며 보일러 동 상부에 부착한다.

8. ③ 9. ④ 10. ② 11. ④ 12. ④ 13. ④ 14. ④ 15. ① | ANSWER

16 1BTU는 몇 kcal인가?
① 3.968 ② 0.252
③ 252   ④ 1.8

해설 1kcal=3.968BTU
∴ $\frac{1}{3.968}$ =0.252kcal

17 다음 그림과 같은 역카르노 사이클에 대한 설명이 옳은 것은?

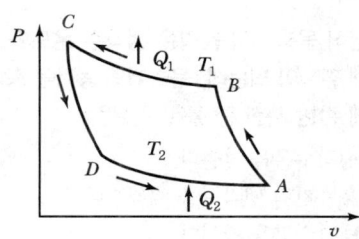

① C→D의 과정은 압축과정이다.
② B→C, D→A의 변화는 등온변화이다.
③ A→B는 냉동장치의 증발기에 해당되는 구간이다.
④ 역카르노 사이클은 1개의 단열과정과 2개의 등온과정으로 표시된다.

해설 • A→B : 단열압축   • B→C : 등온압축
• C→D : 단열팽창   • D→A : 등온팽창

18 시트 모양에 따라 삽입형, 홈꼴형, 유합형 등으로 구분되는 배관 이음방법은?
① 플레어 이음   ② 나사 이음
③ 납땜 이음   ④ 플랜지 이음

해설 플랜지 이음은 시트 모양에 따라 삽입형, 홈꼴형, 유합형이 있다.

19 순저항(R)만으로 구성된 회로에 흐르는 전류와 전압과의 위상 관계는?
① 90° 앞선다.   ② 90° 뒤진다.
③ 180° 앞선다.   ④ 동위상이다.

해설 순저항(R)만으로 구성된 회로에 흐르는 전류와 전압과의 위상관계는 동위상이다.
• 위상 : 전기적 또는 기계적인 회전에서 어느 임의의 기점에 대한 상대적인 위치

20 냉동장치의 냉각기에 적상이 심할 때 미치는 영향이 아닌 것은?
① 냉동능력 감소
② 냉장고 내 온도 저하
③ 냉동 능력당 소요동력 증대
④ 리키드 백 발생

해설 적상(증발기에 서리가 생기는 현상)이 생기면 냉장고 내 전열이 이루어지지 않아서 냉장실 내 온도가 상승한다.

21 압축기 용량제어의 목적이 아닌 것은?
① 경제적 운전을 하기 위하여
② 일정한 증발온도를 유지하기 위하여
③ 경부하 운전을 하기 위하여
④ 응축압력을 일정하게 유지하기 위하여

해설 용량을 제어하면 일정한 증발온도를 얻는다.

22 증발온도와 응축온도가 일정하고 과냉각도가 없는 냉동사이클에서 압축기에 흡입되는 냉매 증기의 상태가 변화했을 때 $P-h$ 선도 중 건조포화압축 냉동사이클은?

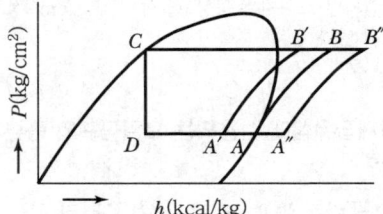

① $A-B-C-D-A$
② $A''-B''-C-D-A$
③ $A''-B''-C-D-A''$
④ $A-B-B''-A''-A$

[해설] 건조포화압축 냉동사이클
$A \to B \to C \to D \to A$

23 증발열을 이용한 냉동법이 아닌 것은?
① 증기분사식 냉동법
② 압축기체팽창 냉동법
③ 흡수식 냉동법
④ 증기압축식 냉동법

[해설] 압축기체팽창 냉동법은 존재하지 않는 냉동법이다.

24 원심(Tube)식 압축기의 특징이 아닌 것은?
① 진동이 적다.
② 1대로 대용량이 가능하다.
③ 접동부(摺動部)가 없다.
④ 용량에 비해 대형이다.

[해설] 원심식 냉동기는 소용량 제작에는 한계가 있고 대형화함에 따라 냉동톤당의 가격이 싸다.

25 압축기 보호장치 중 고압차단 스위치(HPS)의 작동 압력은 정상적인 고압에 몇 kgf/cm² 정도 높게 설정하는가?
① 1　　② 4
③ 10　　④ 25

[해설] 고압차단 스위치는 정상고압에서 4kg/cm² 정도 높게 설정되어 있다.

26 강제급유식에 사용되는 오일펌프의 종류가 아닌 것은?
① 플런저 펌프　② 로터리 펌프
③ 터보 펌프　　④ 기어 펌프

[해설] 터보형은 압축기나 송풍기 용도로 많이 사용한다.

27 시퀀스도의 설명으로 가장 적합한 것은?
① 부품의 배치 배선 상태를 구성에 맞게 그린 것이다.
② 동작 순서대로 알기 쉽게 그린 접속도를 말한다.
③ 기기 상호 간 및 외부와의 전기적인 접속관계를 나타낸 접속도를 말한다.
④ 전기 전반에 관한 계통과 전기적인 접속관계를 단선으로 나타낸 접속도이다.

[해설] 시퀀스도는 동작 순서대로 알기 쉽게 그린 접속도를 말한다.

28 수냉식 응축기의 능력은 냉각수 온도와 냉각수량에 의해 결정이 되는데, 응축기의 능력을 증대시키는 방법에 관한 사항 중 틀린 것은?
① 냉각수온을 낮춘다.
② 응축기의 냉각관을 세척한다.
③ 냉각수량을 줄인다.
④ 냉각수 유속을 적절히 조절한다.

[해설] 냉각수량을 줄이면 응축압력이 증가할 수 있으므로 적정량을 투입한다.

29 냉동장치의 팽창밸브 용량을 결정하는 것은?
① 밸브시트의 오리피스 직경
② 팽창밸브의 입구의 직경
③ 니들밸브의 크기
④ 팽창밸브의 출구의 직경

[해설] 팽창밸브 용량을 결정하는 인자는 밸브시트의 오리피스 직경으로 한다.

30 다음 설명 중 틀린 것은?
① 전위차가 높을수록 전류는 잘 흐르지 않는다.
② 물체의 마찰 등에 의하여 대전된 전기를 전하라 한다.
③ 1초 동안에 1[C]의 전기량이 이동하면 전류는 1[A]이다.
④ 전기의 흐름을 방해하는 정도를 나타내는 것을 전기저항이라 한다.

23. ②　24. ④　25. ②　26. ③　27. ②　28. ③　29. ①　30. ①　| ANSWER

해설 전위차가 높을수록 전류가 잘 흐른다.

31 고속다기통 압축기 유압계의 정상유압으로 옳은 것은?
① 정상 저압+4~6kgf/cm²
② 정상 고압+1.5~3kgf/cm²
③ 정상 고압+4~6kgf/cm²
④ 정상 저압+1.5~3kgf/cm²

해설 유압
- 소형(저압+0.5kgf/cm²)
- 입형저속(저압+0.5~1.5kgf/cm²)
- 고속다기통(저압+1.5~3kgf/cm²)
- 터보(저압+6kgf/cm²)

32 LNG 냉열이용 동결장치의 특징으로 맞지 않는 것은?
① 식품과 직접 접촉하여 급속동결이 가능하다.
② 외기가 흡입되는 것을 방지한다.
③ 공기에 분산되어 있는 먼지를 철저히 제거하여 장치내부에 눈이 생기는 것을 방지한다.
④ 저온공기의 풍속을 일정하게 확보함으로써 식품과의 열전달계수를 저하시킨다.

해설 ①, ②, ③은 LNG 냉열이용 동결장치의 특징이다.

33 어떤 냉동사이클의 증발온도가 -15℃이고 포화액의 엔탈피가 100kcal/kg, 건조포화증기의 엔탈피가 160kcal/kg, 증발기에 유입되는 습증기의 건조도 $x=0.25$일 때 냉동효과는?
① 15kcal/kg
② 35kcal/kg
③ 45kcal/kg
④ 75kcal/kg

해설 잠열=160-100=60kcal/kg
∴ 60×(1-0.25)=45kcal/kg

34 브라인의 구비조건 중 틀린 것은?
① 공정점과 점도가 낮을 것
② 전열이 양호할 것
③ 부식성이 적고 냉장품을 변질, 변색시키지 말 것
④ 구입이 용이하고 열용량이 적을 것

해설 브라인 간접냉매는 열용량이 크고 응고온도가 낮을 것

35 관속을 흐르는 유체가 가스일 경우 도시기호는?
① ─O─⊙─
② ─G─⊙─
③ ─S─⊙─
④ ─A─⊙─

해설 ① O : 오일   ② G : 가스
③ S : 스팀   ④ A : 공기

36 강관의 나사 이음쇠가 아닌 것은?
① 크로스   ② 엘보
③ 부스터   ④ 니플

해설 강관나사 이음쇠
크로스, 엘보, 니플, 소켓

37 냉동장치 배관 설치 시 주의사항으로 틀린 것은?
① 냉매의 종류, 온도 등에 따라 배관재료를 선택한다.
② 온도변화에 의한 배관의 신축을 고려한다.
③ 기기 조작, 보수, 점검에 지장이 없도록 한다.
④ 굴곡부는 가능한 적게 하고 곡률 반경을 작게 한다.

해설 배관에서 굴곡부는 가능한 적게 하고 곡률 반경을 크게 한다.

38 다음 그림은 무슨 냉동사이클이라고 하는가?

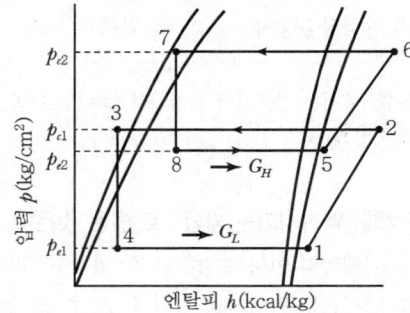

① 2단 압축 1단 팽창 냉동사이클이라 한다.
② 2단 압축 2단 팽창 냉동사이클이라 한다.
③ 2원 냉동사이클이라 한다.
④ 강제순환식 2단 사이클이라 한다.

ANSWER | 31. ④ 32. ④ 33. ③ 34. ④ 35. ② 36. ③ 37. ④ 38. ③

해설 2원냉동법은 −70℃ 정도의 저온을 얻기 위해 고온 측에서 R−12, 저온 측에서 R−22가 필요하다.

39 냉동 사이클에서 액관 여과기의 규격은 보통 몇 메시(Mesh)인가?
① 40
② 60~70
③ 80~100
④ 150

해설 여과기
- 여과기 액관용 : 80~100Mesh
- 여과기 가스관용 : 40Mesh

40 고온부에서 방출하는 열량을 이용하여 난방을 행하는 열펌프의 고온부 온도가 30℃이고, 저온부 온도가 −10℃일 때 이 열펌프의 성적계수는?
① 약 4.5
② 약 5.5
③ 약 6.5
④ 약 7.5

해설 30+273=303K, 273−10=263K
303−263=40K
$\therefore COP = \dfrac{303}{40} = 7.575$

41 흡수식 냉동장치에는 안전확보와 기기의 보호를 위하여 여러 가지 안전장치가 설치되어 있다. 그 목적에 해당되지 않는 것은?
① 냉수동결방지
② 흡수액 결정방지
③ 압력상승방지
④ 압축기 보호

해설 흡수식에서는 압축기가 설치되지 않는다. 다만, 재생기가 설치된다.

42 기체를 액화시키는 방법으로 옳은 것은?
① 임계압력 이하로 압축한 후 냉각시킨다.
② 임계온도 이상으로 가열한 후 압력을 높인다.
③ 임계압력 이상으로 가압하고 임계온도 이하로 냉각한다.
④ 임계온도 이하로 냉각하고 임계압력 이하로 감압한다.

해설 기체를 액화시키려면 임계압력 이상으로 가압하고 임계온도 이하로 냉각시킨다.

43 프레온 냉동장치에서 오일포밍현상이 일어나면 실린더 내로 다량의 오일이 올라가 오일을 압축하여 실린더 헤드부에서 이상음이 발생하게 되는 현상은?
① 에멀전현상
② 동부착현상
③ 오일포밍현상
④ 오일해머현상

해설 오일포밍=오일해머현상 발생

44 다이헤드형 동력나사 절삭기로 할 수 없는 작업은?
① 파이프 벤딩
② 파이프 절단
③ 나사 절삭
④ 리머 작업

해설 벤딩 : 로터리식, 램식, 수동식

45 2단압축 냉동장치에서 각각 다른 2대의 압축기를 사용하지 않고 1대의 압축기가 2대의 압축기 역할을 할 수 있는 압축기는?
① 부스터 압축기
② 캐스캐이드 압축기
③ 콤파운드 압축기
④ 보조 압축기

해설 콤파운드 압축기에서는 각각 다른 2대의 압축기를 사용하지 않고 1대의 압축기가 2대의 압축기 역할을 할 수 있다.

46 온수 베이스 보드 난방(Hot Water Base Board Heating)에서 가열면의 공기 유동을 조절하기 위한 장치는?
① 라지에터
② 드레인 밸브
③ 그릴
④ 서모스텟

해설 그릴
온수 베이스 보드 난방에서 가열면의 공기유동을 조절하기 위한 장치이다.

39. ③ 40. ④ 41. ④ 42. ③ 43. ④ 44. ① 45. ③ 46. ③ | ANSWER

47 설비공사 비용 중 차지하는 비율(%)이 가장 큰 것은?
① 급배수설비
② 공기조화기 및 덕트
③ 전기설비
④ 승강기설비

해설 공기조화기 및 덕트는 어떤 설비공사비용보다도 비율이 크다.

48 패키지형 공조방식의 특징으로 틀린 것은?
① 자동운전이며 개별제어 및 유지관리가 쉽다.
② 대량 생산이 가능하며 품질도 안정되어 있다.
③ 특별한 기계실이 필요 없고 설치면적도 작다.
④ 실내 설치는 가능하지만 덕트 접속은 불가능하다.

해설 패키지형 공조기는 조화된 공기는 상부의 취출구를 통해 실내로 직접 취출시키지만 여러 개의 방으로 분배시킬 경우에는 덕트를 이용한다.

49 다음 중 용어의 설명이 틀린 것은?
① 대기 중에는 습공기가 존재하지 않으므로 공기조화에서 취급되는 공기는 모두 건공기이다.
② 절대습도는 습공기에서 수증기의 중량을 건조공기의 중량으로 나눈 값이다.
③ 습구온도는 온도계의 감열부를 물에 젖은 헝겊으로 싼 상태에서 가리키는 온도를 말한다.
④ 노점온도는 공기 중의 수증기가 응축하기 시작할 때의 온도, 즉 공기가 수증기 포화상태로 될 때의 온도를 말한다.

해설 대기 중에는 약 1%의 수증기가 포함되므로 습공기가 존재한다.

50 석면으로 만든 박판 등의 소재에 흡수재로 염화리튬을 침투시킨 판을 사용하여 현열과 잠열을 동시에 열교환하는 공기 대 공기 열교환기는?
① 판형 열교환기
② 셸 앤드 튜브형 열교환기
③ 히트 파이프형 열교환기
④ 전열 교환기

해설 전열교환기(Total Heat Exchanger)
공기의 현열과 잠열을 동시에 열교환할 수 있는 열교환기로서 회전식, 고정식이 있다.

51 수정 유효온도는 유효온도에 무엇의 영향을 고려한 것인가?
① 온도
② 습도
③ 기류
④ 복사열

해설 수정 유효온도(Corrected Effective Temperature)
유효온도를 구할 때 건구온도 대신 글로브(Globe)온도를 이용해 복사효과를 수정한 것으로 유효온도는 복사열 및 낮은 온도에서 습도의 영향이 과장된 것이 결점으로 지적되어 왔다.

52 난방공조에서 실내온도(코일의 입구온도)가 23℃, 현열량 4,000kcal/h, 풍량이 2,400 kg/h이면 코일의 출구온도는 약 얼마인가?
① 26.95℃
② 29.94℃
③ 33.42℃
④ 36.52℃

해설 공기비열 0.24kcal/kg℃
$4,000 = 2,400 \times 0.24 (t_2 - 23)$
$t_2 = \dfrac{4,000}{2,400 \times 0.24} + 23 = 29.94℃$

53 난방 부하가 3,000kcal/h인 온수 난방시설에서 방열기의 입구온도가 85℃, 출구온도가 25℃, 외기온도가 -5℃일 때, 온수의 순환량은 얼마인가? (단, 물의 비열은 1kcal/kg℃이다.)
① 50kg/h
② 75kg/h
③ 150kg/h
④ 450kg/h

해설 $G = \dfrac{H}{CP(t_2 - t_1)}$
$\therefore G = \dfrac{3,000}{1 \times (85 - 25)} = 50\text{kg/h}$

ANSWER | 47. ② 48. ④ 49. ① 50. ④ 51. ④ 52. ② 53. ①

54 고성능 필터 성능을 측정하는 방법으로 시험입자를 사용하여 입자의 수를 계측하는 방법은?
① 중량법　　② 비색법
③ 점착법　　④ 계수법

해설 계수법(DOP법)
광산란식 입자계수기를 사용하여 필터의 상류 및 하류의 미립자에 의한 산란광에서 그 입경과 개수를 계측하여 농도를 측정함으로써 포집률을 구한다.

55 난방방식의 분류에서 간접난방에 해당하는 것은?
① 온수난방　　② 증기난방
③ 복사난방　　④ 히트펌프난방

해설 히트펌프난방(간접난방)
- 공기 – 공기방식
- 공기 – 물방식
- 물 – 공기방식
- 물 – 물방식
- 흡수식 방식

56 2중 덕트 방식에 대한 설명 중 잘못된 것은?
① 실의 냉·난방 부하가 감소되어도 취출공기의 부족현상이 없다.
② 실내습도의 완전한 조절이 가능하다.
③ 부하특성이 다른 다수의 실에 적용할 수 있다.
④ 설비비 및 운전비가 많이 든다.

해설 2중 덕트 방식은 단점은 습도의 완전한 조절이 힘들다.

57 동일한 용량의 다른 보일러에 비해 전열면적이 크고 기동시간이 짧으며, 고압증기를 만들기 쉬워서 대용량에 적합한 것은?
① 주철제 보일러　　② 입형 보일러
③ 노통 보일러　　④ 수관 보일러

해설 수관 보일러는 전열면적이 크고 기동시간이 짧고 고압증기를 만들기 쉬워서 대용량에 적합하다.

58 자연환기에 관한 설명 중 틀린 것은?
① 자연환기는 실내외의 온도차에 의한 부력과 외기의 풍압에 의한 실내외의 압력차에 의해 이루어진다.
② 자연환기에 의한 방의 환기량은 그 방의 바닥 부근과 천장 부근의 공기 온도차에 의해 결정되는데, 급기구 및 배기구의 위치에는 무관하다.
③ 자연환기는 자연력을 이용하므로 동력은 필요하지 않지만 항상 일정한 환기량을 얻을 수 없다.
④ 자연환기로 공장 등에서 다량의 환기량을 얻고자 할 경우는 벤틸레이터를 지붕면에 설치한다.

해설 자연환기는 실내외의 온도차에 의한 부력과 외기의 풍압에 의한 실내외의 압력차에 의해 이루어지는 중력 환기이다.

59 감습장치에 대한 내용 중 옳지 않은 것은?
① 압축 감습장치는 동력소비가 작다.
② 냉각 감습장치는 노점온도 제어로 감습한다.
③ 흡수식 감습장치는 흡수성이 큰 용액을 이용한다.
④ 흡착식 감습장치는 고체 흡수제를 이용한다.

해설 압축감습장치(Pressure Drying Equipment)
공기를 가압하면 포화수증기량이 감소하는 원리를 이용하며 가압 시 동력소비가 발생하며 효율이 좋지 않다.

60 건축물의 벽이나 지붕을 통하여 실내로 침입하는 열량을 구할 때 관계없는 요소는?
① 구조체의 면적
② 구조체의 열관류율
③ 상당외기 온도차
④ 차폐계수

해설 차폐계수는 유리로부터 일사취득열량 계산 시 사용된다.

2010년 2회 공조냉동기계기능사

01 안전표시를 하는 목적이 아닌 것은?
① 작업환경을 통제하여 예상되는 재해를 사전에 예방함
② 시각적 자극으로 주의력을 키움
③ 불안전한 행동을 배제하고 재해를 예방함
④ 사업장의 경계를 구분하기 위해 실시함

해설 안전표시를 하는 목적은 ①, ②, ③항을 지키기 위함이다.

02 재해의 직접적 원인이 아닌 것은?
① 복장, 보호구의 잘못된 사용
② 불안전한 조작
③ 구조, 재료의 부적합
④ 안전장치의 기능제거

해설 구조나 재료의 부적합은 재해의 간접적 원인이 된다.

03 아세틸렌 용접기에서 가스가 새어나오는 경우에 검사하는 방법으로 적당한 것은?
① 냄새를 맡아 검사한다.
② 모래를 뿌려 검사한다.
③ 비눗물을 칠해 검사한다.
④ 성냥불을 가져다가 검사한다.

해설 아세틸렌 용접기의 가스누설검사는 비눗물 검사가 가장 편리하다.

04 수공구 사용 시 주의사항으로 틀린 것은?
① 사용 전에 이상 유무를 확인한다.
② 작업에 적합하지 않아도 유사한 것을 사용할 수 있다.
③ 충분한 사용법을 숙지하고 사용하도록 한다.
④ 공구를 사용하고 나면 일정한 장소에 보관한다.

해설 수공구는 작업에 적합해야 하며 유사한 수공구는 사용하지 않는 것이 좋다.

05 전기설비의 방폭성능기준 중 용기 내부에 보호구조를 압입하여 내부압력을 유지함으로써 가연성 가스가 용기 내부로 유입되지 아니하도록 한 구조를 말하는 것은?
① 내압방폭구조   ② 유입방폭구조
③ 압력방폭구조   ④ 안전증방폭구조

해설 압력방폭구조
용기 내부에 보호구조를 압입하여 내부 압력을 유지하는 전기설비의 방폭성능이다.

06 작업자의 신체를 보호하기 위한 보호구의 구비조건으로 가장 거리가 먼 것은?
① 착용이 간편할 것
② 방호성능이 충분한 것일 것
③ 정비가 간단하고 점검, 검사가 용이할 것
④ 견고하고 값비싼 고급 품질일 것

해설 보호구는 가격이 저렴하며 견고하고 품질이 좋아야 한다.

07 가연물의 구비조건에 해당되지 않는 것은?
① 연소열이 많을 것   ② 열전도율이 클 것
③ 산화되기 쉬울 것   ④ 건조도가 양호할 것

해설 가연물(연료)은 열전도율이 적어야 한다.

08 다음 [보기] 중 암모니아 냉동장치 운전을 정지하는 순서로 올바르게 나열한 것은?

[보기]
① 응축기 액출구 밸브를 닫는다.
② 전동기 스위치를 끈다.
③ 압축기 토출밸브를 닫는다.
④ 압축기 흡입밸브를 닫는다.

① ①→②→④→③
② ①→④→②→③
③ ③→④→①→②
④ ③→①→②→④

ANSWER | 1.④ 2.③ 3.③ 4.② 5.③ 6.④ 7.② 8.②

[해설] 암모니아 냉동운전 정지순서
① → ④ → ② → ③

09 중량물을 운반하는 크레인 사용 시 하중을 초과할 경우 리미트스위치에 의해 권상을 정지시키는 방호장치는?
① 과부하 방지 장치 ② 권과 방지 장치
③ 비상 정지 장치   ④ 해지 장치

[해설] 과부하 방지 장치
중량물을 운반하는 크레인 사용 시 하중을 초과하면 리미트 스위치에 의해 권상을 정지시킨다.

10 보일러 수위가 낮아지는 원인에 해당되지 않는 것은?
① 급수계통의 이상
② 분출계통의 누수
③ 증발량의 감소
④ 환수배관의 누수

[해설] 증발량이 증가하면 보일러 수위가 낮아질 확률이 높다.

11 산소가 결핍되어 있는 장소에서 사용하는 마스크는?
① 송기 마스크
② 방진 마스크
③ 방독 마스크
④ 격리식 방진 마스크

[해설] 송기 마스크
산소 결핍장소에서 사용하는 마스크이다.

12 접지공사의 목적으로 가장 올바른 것은?
① 전류변동방지, 전압변동방지, 절연저하방지
② 절연저하방지, 화재방지, 전압변동방지
③ 화재방지, 감전방지, 기기손상방지
④ 감전방지, 전압변동방지, 화재방지

[해설] 접지공사의 목적
화재방지, 감전방지, 기기손상방지

13 작업조건의 적합한 내용과 보호구와의 연계가 올바르지 못한 것은?
① 높이 또는 깊이 1m 이상의 추락할 위험이 있는 장소에서의 작업 : 안전대
② 물체의 낙하·충격, 물체에의 끼임, 감전 또는 정전기의 대전에 의한 위험이 있는 작업 : 안전화
③ 물체가 떨어지거나 날아올 위험 또는 근로자가 감전되거나 추락할 위험이 있는 작업 : 안전모
④ 용접시 불꽃 또는 물체가 날아 흩어질 위험이 있는 작업 : 보안면

[해설] 안전대는 높이가 최소한 2m 이상에서 사용이 가능하다.

14 가연성 냉매가스 중 냉매설비의 전기설비를 방폭구조로 하지 않아도 되는 것은?
① 암모니아   ② 노말부탄
③ 에탄   ④ 염화메탄

[해설] 암모니아, 브롬화메탄은 가연성 폭발범위가 좁아서 방폭구조는 필요없다.

15 줄작업 시 안전관리사항으로 틀린 것은?
① 손잡이가 줄에 튼튼하게 고정되어 있는가 확인한 다음에 사용한다.
② 줄작업의 높이는 작업자의 눈높이로 하는 것이 좋다.
③ 칩은 브러시로 제거한다.
④ 줄의 균열 유무를 확인한다.

[해설] 줄작업의 높이는 작업자의 팔꿈치 높이로 하는 것이 좋다.

16 증기 압축식 냉동장치의 냉동원리에 해당되는 것은?
① 증기의 팽창열을 이용한다.
② 액체의 증발잠열을 이용한다.
③ 고체의 승화열을 이용한다.
④ 기체의 온도차에 의한 현열변화를 이용한다.

[해설] 증기 압축식 냉동장치는 냉매액체의 증발잠열을 이용한다.

9. ① 10. ③ 11. ① 12. ③ 13. ① 14. ① 15. ② 16. ② | ANSWER

17 2원 냉동장치에 사용하는 저온 측 냉매로서 옳은 것은?
① R-717
② R-718
③ R-14
④ R-22

해설
- 저온 측 냉매 : R-13, R-14, R-22, 에틸렌, 에탄, 메탄 등
- 고온 측 냉매 : R-12, R-22

18 전기장의 세기를 나타내는 것은?
① 유전속 밀도
② 전하 밀도
③ 정전력
④ 전기력선 밀도

해설 전기장의 세기
전기력선 밀도로 세기를 나타낸다.

19 압축방식에 의한 분류 중 체적 압축식 압축기가 아닌 것은?
① 왕복동식 압축기
② 회전식 압축기
③ 스크류식 압축기
④ 흡수식 압축기

해설 흡수식 냉동기에는 압축기가 부착되지 않는다.

20 주철관을 직선으로 연결하는 접속법은?
① 티(Tee)이음
② 소켓(Socket)이음
③ 크로스(Cross)이음
④ 벤드(Bend)이음

해설 소켓이음
주철관을 직선으로 연결이 가능하다.

21 터보 냉동기 윤활 사이클에서 마그네틱 플러그가 하는 역할은?
① 오일 쿨러의 냉각수 온도를 일정하게 유지하는 역할
② 오일 중의 수분을 제거하는 역할
③ 윤활 사이클로 공급되는 유압을 일정하게 하여 주는 역할
④ 윤활 사이클로 공급되는 철분을 제거하여 장치의 마모를 방지하는 역할

해설 마그네틱 플러그 역할
윤활 사이클로 공급되는 철분을 제거하여 장치의 마모를 방지하는 역할이다.

22 프레온 냉매(할로겐화 탄화수소)의 호칭기호 결정과 관계없는 성분은?
① 수소
② 탄소
③ 산소
④ 불소

해설 프레온 냉매는 산소성분은 포함되지 않는다.

23 1분간에 25℃의 순수한 물 40L를 5℃로 냉각하기 위한 냉각기의 냉동능력은 약 몇 냉동톤인가?
① 0.24(RT)
② 14.45(RT)
③ 241(RT)
④ 14,458(RT)

해설 1RT=3,320kcal/h
현열=40×1×(25-5)×60=48,000kcal/h
∴ RT=$\frac{48,000}{3,320}$=14.45RT

24 온도작동식 자동팽창 밸브에 대한 설명으로 옳은 것은?
① 실온을 써모스탯에 의하여 감지하고, 밸브의 개도를 조정한다.
② 팽창밸브 직전의 냉매온도에 의하여 자동적으로 개도를 조정한다.
③ 증발기 출구의 냉매온도에 의하여 자동적으로 개도를 조정한다.
④ 압축기의 토출 냉매온도에 의하여 자동적으로 개도를 조정한다.

해설 온도식 자동팽창 밸브
증발기 출구의 냉매온도에 의하여 팽창밸브를 자동적으로 개도를 조정

25 동관의 납땜 이음 시 이음쇠와 동관의 틈새는 몇 mm 정도가 가장 적당한가?
① 0.04~0.2
② 0.5~1.0
③ 1.2~1.8
④ 2.0~3.5

ANSWER | 17.③ 18.④ 19.④ 20.② 21.④ 22.③ 23.② 24.③ 25.①

해설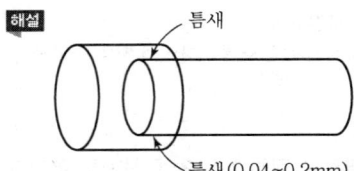

① 2.4 ② 4.9
③ 5.4 ④ 6.3

해설 냉매 증발열=397−128=269kcal/kg
압축기일량=452−397=55kcal/kg
∴ $COP = \dfrac{269}{55} = 4.8909$

26 펌프의 캐비테이션 방지책으로 잘못된 것은?
① 양흡입 펌프를 사용한다.
② 펌프의 회전차를 수중에 완전히 잠기게 한다.
③ 펌프의 설치 위치를 낮춘다.
④ 펌프 회전수를 빠르게 한다.

해설 캐비테이션(공동현상)을 방지하려면 펌프의 회전수를 느리게 한다.

30 열펌프(Heat Pump)의 구성요소가 아닌 것은?
① 압축기 ② 열교환기
③ 4방 밸브 ④ 보조 냉방기

해설 히트펌프 구성요소
실내기, 실외기(압축기, 응축기, 팽창밸브, 증발기, 열교환기, 4방 방향전환밸브 등)

27 다음 중 일반 나사식 결합의 티(Tee)를 나타낸 것은?

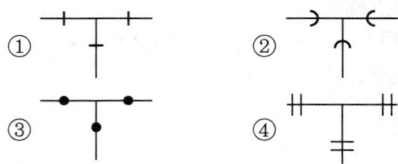

해설 ① : 나사식 ② : 턱걸이식
③ : 용접식 ④ : 플랜지식

31 증발식 응축기에 관한 사항 중 옳은 것은?
① 외기의 건구온도 영향을 많이 받는다.
② 냉각수의 현열을 이용하여 냉매가스를 응축시킨다.
③ 펌프(Pump), 팬(Fan), 노즐(Nozzle) 등의 부속설비가 많다.
④ 냉각관 내 냉매의 압력강하가 작다.

해설 증발식 응축기 : 분사노즐, 송풍팬, 순환펌프
응축기 냉각관 코일에 냉각수를 분사시키고 3m/s 정도의 공기를 보내 냉각관 표면의 물을 냉각시킨다.

28 열용량을 나타내는 식으로 맞는 것은?
① 물질의 부피×밀도 ② 물질의 무게×비열
③ 물질의 부피×비열 ④ 물질의 무게×밀도

해설 열용량=물질의 무게×비열(kcal/℃)

32 보온재 중 사용온도 범위가 가장 낮은 것은?
① 폴리에틸렌 폼 ② 암면
③ 세라믹파이버 ④ 규산칼슘

해설 ① 폴리에텔렌 폼 : 100℃ 이하
② 암면 : 400℃ 이하
③ 세라믹파이버 : 1,300℃ 이하
④ 규산칼슘 : 650℃ 이하

29 다음 몰리에르 선도에서의 성적계수는 약 얼마인가?

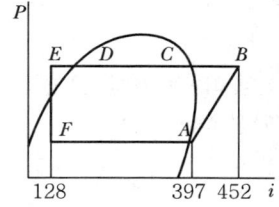

33 역카르노 사이클에 대한 설명 중 옳은 것은?
① 2개의 압축과정과 2개의 증발과정으로 이루어져 있다.
② 2개의 압축과정과 2개의 응축과정으로 이루어져 있다.

③ 2개의 단열과정과 2개의 등온과정으로 이루어져 있다.
④ 2개의 증발과정과 2개의 응축과정으로 이루어져 있다.

해설 역카르노 사이클(냉동 사이클)

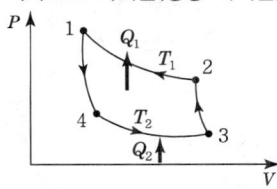

• 1→4 : 단열팽창(팽창밸브)
• 4→3 : 등온팽창(증발기)
• 3→2 : 단열압축(압축기)
• 2→1 : 등온압축(응축기)

34 냉동기용 윤활유로서 필요조건에 해당되지 않는 것은?
① 냉매와 친화반응을 일으키지 않을 것
② 열 안전성이 좋을 것
③ 응고점이 낮을 것
④ 유막강도가 작을 것

해설 냉동기용 윤활유는 유막강도가 높고 전기절연성이 있을 것

35 프레온 냉동장치에서 유분리기를 설치하는 경우로 틀린 것은?
① 만액식 증발기를 사용하는 장치의 경우
② 증발온도가 높은 저온장치의 경우
③ 토출가스 배관이 길어진다고 생각되는 경우
④ 토출가스에 다량의 오일이 섞여 나간다고 생각되는 경우

해설 암모니아 냉동장치에서 유분리기를 설치하려면 증발온도가 낮은 저온장치에 사용한다.

36 유기질 브라인으로서 마취성과 인화성이 있고, -100℃ 정도의 식품 초저온 동결에 사용되는 것은?
① 에틸알코올   ② 염화칼슘
③ 에틸렌글리콜 ④ 염화나트륨

해설 에틸알코올(C_2H_5OH) 냉매 브라인은 -100℃ 정도의 초저온에 사용이 가능하나 마취성이 있다.

37 증발온도가 다른 2개의 증발기에서 발생하는 냉매가스를 압축하는 다효압축 시 저압 흡입구는 어디에 연결되어 있는가?
① 피스톤 상부
② 피스톤 행정 최하단 실린더 벽
③ 피스톤 하부
④ 피스톤 행정 중간 실린더 벽

해설 다효압축은 증발온도가 다른 2개의 고온, 저온증발기에서 발생하는 압력이 다른 가스를 1개의 압축기 실린더를 동시에 흡입하여 압축하기 위해 2개의 흡입구를 갖는 하나의 피스톤 상부에 설치하여 저압증기만 흡입한다.

38 흡수식 냉동기에 사용되는 흡수제의 구비조건으로 맞지 않는 것은?
① 용액의 증기압이 낮을 것
② 농도변화에 의한 증기압의 변화가 클 것
③ 재생에 많은 열량을 필요로 하지 않을 것
④ 점도가 높지 않을 것

해설 흡수식 냉동기는 농도 변화에 의한 증기압의 변화가 일정하여야 한다.

39 증발기에 대한 설명 중 옳은 것은?
① 증발기에 많은 성애가 끼는 것은 냉동 능력에 영향을 주지 않는다.
② 직접 팽창식보다 간접 팽창식 증발기가 RT당 냉매 충전량이 적다.
③ 만액식 증발기에서 냉매 측의 전열을 좋게 하기 위한 방법으로는 관경을 크게 하고 관 간격을 넓게 하는 방법이 있다.
④ 액순환식의 증발기에서는 냉매액만이 흐르고 냉매증기는 전혀 없다.

해설 간접팽창식 증발기가 RT당 직접 팽창식보다 RT당 냉매 충전량이 적다.

ANSWER | 34. ④ 35. ② 36. ① 37. ① 38. ② 39. ②

40 다음 $P-h$ 선도상의 $(f \to a)$ 변화과정에 대한 내용으로 맞는 것은?

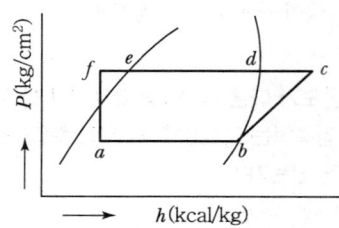

① 압력 상승
② 온도 상승
③ 엔탈피 불변
④ 비체적 감소

해설 냉매 $f \to a$ 과정 : 엔탈피 불변

41 얼음 두께를 t, 브라인 온도를 t_b라 할 때 결빙시간의 산정식으로 맞는 것은?

① $\dfrac{0.56 \times t^2}{t_b}$ = 결빙시간

② $\dfrac{0.56 \times t_b}{t^2}$ = 결빙시간

③ $\dfrac{0.56 \times t^2}{-t_b}$ = 결빙시간

④ $\dfrac{0.56 \times t_b}{-t^2}$ = 결빙시간

해설 결빙시간 산정식$(h) = \dfrac{0.56 \times t^2}{-t_b}$

42 압축기의 압축비가 커지면 어떤 현상이 일어나는가?

① 압축비가 커지면 체적효율이 증가한다.
② 압축비가 커지면 체적효율이 저하한다.
③ 압축비가 커지면 소요동력이 작아진다.
④ 압축비와 체적효율은 아무런 관계가 없다.

해설 압축비가 커지면 체적효율이 저하한다.

43 전압계의 측정범위를 넓히기 위해서 사용되는 것은?

① 분류기
② 휘스톤브리지
③ 배율기
④ 변압기

해설 배율기
전압계의 측정범위를 넓히기 위해 사용한다.

44 불연속 제어에 속하는 것은?

① On-off 제어
② 비례 제어
③ 미분 제어
④ 적분 제어

해설 불연속 제어
온-오프 제어(2위치 제어)

45 전자밸브를 작동시켜 주는 원리는?

① 냉매 압력
② 영구 자석의 철심의 힘
③ 전류에 의한 자기 작용
④ 전자밸브 내의 소형 전동기

해설 전자밸브의 작동원리는 전류에 의한 자기작용이다.

46 공기조화기의 송풍기의 축동력을 산출할 때 필요한 값과 거리가 먼 것은?

① 송풍량
② 현열비
③ 송풍기 전압효율
④ 송풍기 전압

해설 송풍기 축동력 산출 시 필요한 값
• 송풍량
• 전압효율
• 송풍기 전압

47 현열교환기에 대한 설명으로 잘못된 것은?

① 보건 공조용으로 사용한다.
② 연도배기 가스의 열회수용으로 사용한다.
③ 회전형과 히트파이프가 있다.
④ 산업용 공조에 주로 사용한다.

해설 현열교환기는 보건용이 아닌 산업용이다.

48 팬코일 유니트 방식을 채용하는 이유로 부적당한 것은?
① 개별제어가 쉽다.
② 환기량 확보가 쉽다.
③ 운송 동력이 적게 소요된다.
④ 중앙 기계실의 면적을 줄일 수 있다.

해설 팬코일 유니트는 실내용이라 환기량 확보가 다소 어렵다.

49 냉방부하의 종류 중 실내부하에 해당하는 것은?
① 문틈에서의 틈새바람
② 환기덕트, 배관에서의 손실
③ 펌프의 동력열
④ 외기부하

해설 냉방부하에서 문틈의 틈새바람은 실내부하에 해당된다.

50 지름 50cm의 덕트 내의 풍속이 7.5m/sec일 때 풍량은 약 몇 m³/h인가?
① 3,750
② 5,300
③ 8,960
④ 9,650

해설 단면적(A) = $\frac{\pi}{4}d^2 = \frac{3.14}{4} \times 0.5^2 = 0.19625 m^2$
1시간 = 3,600초
∴ $Q = 0.19625 \times 7.5 \times 3,600 = 5,298.75 m^3/h$

51 가습기 중 응답성이 빠르고 제어성이 좋아 많이 사용하며 물의 정체성이 없어 미생물의 번식이 없는 것은?
① 원심형 가습기
② 팬형 가습기
③ 증기가습기
④ 모세관형 가습기

해설 증기가습기는 응답성이 빠르고 제어성이 좋으며 물의 정체성이 없다. 또한 미생물의 번식이 없다.

52 인체의 신진대사량과 방열량과의 관계에 대한 다음 설명 중 옳지 않은 것은?

① 신진대사량 = 전체 방열량인 경우 체온은 일정하다.
② 신진대사량 > 전체 방열량일 경우 더위를 느낀다.
③ 신진대사량 < 전체 방열량일 경우 추위를 느낀다.
④ 신진대사량과 전체 방열량은 어떠한 관계도 없다.

해설 인체 신진대사량과 전체 방열량은 상호 관계가 형성된다.

53 대기압하에서 100℃의 포화수를 100℃의 건포화증기로 만들 수 있는 보일러의 증발량은?
① 상당증발량
② 실제증발량
③ 정기증발량
④ 보일러증발량

해설 상당증발량(kg/h)
대기압하에서 100℃의 포화수를 100℃의 건포화증기로 만들 수 있는 보일러 증발량

54 습공기의 상태변화에 관한 설명으로 옳은 것은?
① 습공기를 가열하면 절대습도는 상승한다.
② 습공기를 가습하면 상대습도는 저하한다.
③ 습공기를 냉각시키면 건구온도는 저하하고, 상대습도는 상승한다.
④ 습공기를 가열하여 그 온도를 상승시키면 상대습도는 상승한다.

해설 습공기가 냉각되면 건구온도는 저하하고 상대습도는 상승한다.

55 송풍량이 360m³/min인 팬을 540m³/min로 송풍하려면 회전수와 동력은 각각 약 몇 배로 증가되는가?
① 회전수 : 1.5배, 동력 : 3.4배
② 회전수 : 1.0배, 동력 : 1.5배
③ 회전수 : 1.0배, 동력 : 3.4배
④ 회전수 : 1.5배, 동력 : 1.5배

해설
• 회전수 = $\frac{540}{360} = 1.5$배
• 동력 = 회전수 증가의 3배
$(1.5)^3 = 3.375$배, 약 3.4배

ANSWER | 48. ② 49. ① 50. ② 51. ③ 52. ④ 53. ① 54. ③ 55. ①

56 덕트설비에 사용되는 댐퍼의 용도를 나타낸 것이다. 옳지 않은 것은?

① 버터플라이 댐퍼 : 대형 덕트의 개폐용
② 볼륨 댐퍼 : 덕트의 풍량 조절용
③ 스플릿 댐퍼 : 분기부의 풍량 배분용
④ 방화 댐퍼 : 화재시 화염의 침입방지용

해설 버터플라이 댐퍼는 소형덕트용 댐퍼

57 증기배관의 말단이나 방열기 환수구에 설치하여 증기관이나 방열기에서 발생한 응축수 및 공기를 배출하여 수격작용 및 배관의 부식을 방지하는 장치는?

① 공기빼기밸브(AAV)
② 신축이음(EXP)
③ 증기트랩(ST)
④ 팽창탱크(ET)

해설 증기트랩
배관이나 방열기에서 응축수 제거

58 온수난방의 특징 설명으로 틀린 것은?

① 장치의 열용량이 크므로 예열시간이 길다.
② 배관 열손실이 적고 연료의 소비량이 적다.
③ 온수용 주철 보일러는 수두 제한 때문에 고층에서는 사용할 수 없다.
④ 트랩이나 기구장치 등이 필요하다.

해설 증기난방에서는 응축수 배출용 트랩이 필요하다.

59 주철제 방열기의 종류가 아닌 것은?

① 2주형   ② 3주형
③ 4세주형   ④ 5세주형

해설 주철제
- 주형 : 2주형, 3주형
- 세주형 : 3세주형, 5세주형

60 독립계통으로 운전이 자유롭고 냉수 배관이나 복잡한 덕트 등이 없기 때문에 소규모 상점이나 사무실 등에서 사용되는 경제적인 공조방식은?

① 중앙식 공조방식
② 팬코일 유닛 공조방식
③ AHU 공조방식
④ 패키지 유닛 공조방식

해설 패키지 유닛 공조방식
독립계통으로 운전이 자유롭고 덕트가 필요없고 소규모 상점 및 사무실용으로 경제적인 공조방식이다.

2010년 3회 공조냉동기계기능사

01 재해의 직접적인 원인에 해당되는 것은?
① 불안전한 상태 ② 기술적인 원인
③ 관리적인 원인 ④ 교육적인 원인

해설 불안전한 상태
재해의 직접적 원인

02 냉동장치 내에 불응축가스가 침입되었을 때 미치는 영향 중 틀린 것은?
① 압축비 증대
② 응축압력 상승
③ 소요동력 증대
④ 토출가스 온도저하

해설 냉동장치에 불응축가스의 침입은 토출가스 온도상승으로 이어진다.

03 작업장에서 계단을 설치할 때 폭은 몇 m 이상으로 하여야 하는가?
① 0.2 ② 1
③ 2   ④ 5

해설 계단폭은 1m 이상이 안전하다.

04 재해방지의 기본원리인 도미노(Domino) 이론의 5단계 중 재해제거를 위해 가장 중요하다고 할 수 있는 요인은?
① 가정 및 사회적 환경의 결함
② 개인적 결함
③ 불안전한 행동 및 상태
④ 사고

해설 도미노 이론에서 재해제거를 위해 중요한 것은 불안전한 행동 및 상태

05 기계설비의 안전한 사용을 위하여 지급되는 보호구를 설명한 것이다. 이 중 작업조건에 따른 적합한 보호구로 올바른 것은?
① 용접 시 불꽃 또는 물체가 날아 흩어질 위험이 있는 작업 : 보안면
② 물체가 떨어지거나 날아올 위험 또는 근로자가 감전되거나 추락할 위험이 있는 작업 : 안전대
③ 감전의 위험이 있는 작업 : 보안경
④ 고열에 의한 화상 등의 위험이 있는 작업 : 방화복

해설 보안면
용접 시 불꽃으로부터 피해를 방지한다.

06 소화기 보관상의 주의사항으로 잘못된 것은?
① 겨울철에는 얼지 않도록 보온에 유의한다.
② 소화기 뚜껑은 조금 열어놓고 봉인하지 않고 보관한다.
③ 습기가 적고 서늘한 곳에 둔다.
④ 가스를 채워 넣는 소화기는 가스를 채울 때 반드시 제조업자에게 의뢰하도록 한다.

해설 소화기는 뚜껑을 닫고 봉인하여 보관한다.

07 공기압축기를 가동하는 때의 시작 전 점검사항에 해당되지 않는 것은?
① 공기저장 압력용기의 외관상태
② 드레인밸브의 조작 및 배수
③ 압력방출장치의 기능
④ 비상정지장치 및 비상하강방지장치 기능의 이상 유무

해설 공기압축기의 가동 전 점검사항은 ①, ②, ③ 항이다.

ANSWER | 1.① 2.④ 3.② 4.③ 5.① 6.② 7.④

08 전기용접 작업의 안전사항에 해당되지 않는 것은?
① 용접 작업 시 보호장비를 착용토록 한다.
② 홀더나 용접봉은 맨손으로 취급하지 않는다.
③ 작업 전에 소화기 및 방화사를 준비한다.
④ 용접이 끝나면 용접봉은 홀더에서 빼지 않는다.

해설 전기용접 작업의 안전조치로서 용접이 끝나면 용접봉을 홀더에서 뺀다.

09 정(Chisel)의 사용 시 안전관리에 적합하지 않은 것은?
① 비산 방지판을 세운다.
② 올바른 치수와 형태의 것을 사용한다.
③ 칩이 끊어져 나갈 무렵에는 힘주어서 때린다.
④ 담금질한 재료는 정으로 작업하지 않는다.

해설 정작업 시 칩이 끊어져 나갈 무렵에는 힘을 빼고서 약하게 때린다.

10 안전모가 내전압성을 가졌다는 말은 최대 몇 볼트의 전압에 견디는 것을 말하는가?
① 600V   ② 720V
③ 1,000V   ④ 7,000V

해설 안전모의 내전압성 : 최대 7,000V 전압에 견딘다는 뜻

11 고압가스안전관리법에 의거 원심식 압축기의 냉동설비 중 그 압축기의 원동기 냉동능력 산정기준으로 맞는 것은?
① 정격출력 1.0kW를 1일의 냉동능력 1톤으로 본다.
② 정격출력 1.2kW를 1일의 냉동능력 1톤으로 본다.
③ 정격출력 1.5kW를 1일의 냉동능력 1톤으로 본다.
④ 정격출력 2.0kW를 1일의 냉동능력 1톤으로 본다.

해설 원심식 압축기 1RT 값 : 정격출력 1.2kW

12 보일러에 부착된 안전밸브의 구비조건 중 틀린 것은?
① 밸브 개폐동작이 서서히 이루어질 것
② 안전밸브의 지름과 압력분출장치 크기가 적정할 것
③ 정상압력으로 될 때 분출을 정지할 것
④ 보일러 정격용량 이상 분출할 수 있어야 할 것

해설 보일러는 안전밸브 개폐동작이 신속하게 이루어져야 한다.

13 휘발성 유류의 취급 시 지켜야 할 안전사항으로 옳지 않은 것은?
① 실내의 공기가 외부와 차단되도록 한다.
② 수시로 인화물질의 누설 여부를 점검한다.
③ 소화기를 규정에 맞게 준비하고, 평상시에 조작 방법을 익혀둔다.
④ 정전기가 발생하는 작업복의 착용을 금한다.

해설 휘발성 유류의 취급 시 실내의 공기가 통하여 환기가 되도록 하여 증기폭발을 막는다.

14 보호구 사용 시 유의사항으로 옳지 않은 것은?
① 작업에 적절한 보호구를 선정한다.
② 작업장에는 필요한 수량의 보호구를 비치한다.
③ 보호구는 사용하는 데 불편이 없도록 관리를 철저히 한다.
④ 작업을 할 때 개인에 따라 보호구는 사용 안 해도 된다.

해설 보호구는 모든 작업장에서 착용하도록 한다.

15 중량물을 운반하기 위하여 크레인을 사용하고자 한다. 크레인의 안전한 사용을 위해 지정거리에서 권상을 정지시키는 방호장치는?
① 과부하방지장치   ② 권과방지장치
③ 비상정지장치   ④ 해지장치

해설 크레인 권상을 정지시키는 보호장치는 권과방지장치이다.

16 어떤 냉동기를 사용하여 25℃의 순수한 물 100L를 −10℃의 얼음으로 만드는 데 10분이 걸렸다고 한다면, 이 냉동기는 약 몇 냉동톤인가?(단, 1냉동톤은 3,320kcal/h, 냉동기의 모든 효율은 100%이다.)
① 3냉동톤   ② 16냉동톤
③ 20냉동톤   ④ 25냉동톤

8. ④ 9. ③ 10. ④ 11. ② 12. ① 13. ① 14. ④ 15. ② 16. ③ | ANSWER

해설 물의 현열 = $100 \times 1 \times (25-0) = 2,500$
얼음의 응고잠열 = $100 \times 79.68 = 7,968$
얼음의 현열 = $100 \times 0.5 \times (0-(-10)) = 500$
$$\therefore \frac{(2,500+7,968+500) \times \frac{60}{10}}{3,320} = 19.82\text{RT}$$

17 동관 공작용 작업공구이다. 해당사항이 적은 것은?
① 익스팬더   ② 사이징 툴
③ 튜브 벤더   ④ 봄볼

해설 봄볼
연관에서 구멍을 뚫는다.

18 만액식 증발기의 전열을 좋게 하기 위한 것이 아닌 것은?
① 냉각관이 냉매액에 잠겨 있거나 접촉해 있을 것
② 증발기 관에 핀(Fin)을 부착할 것
③ 평균 온도차가 작고 유속이 빠를 것
④ 유막이 없을 것

해설 전열을 좋게 하려면 평균온도차가 커야 한다.

19 다음 중 압축기와 관계없는 효율은?
① 체적효율   ② 기계효율
③ 압축효율   ④ 팽창효율

해설 압축기 효율
- 체적효율
- 기계효율
- 압축효율

20 냉동장치 내에 냉매가 부족할 때 일어나는 현상으로 옳은 것은?
① 흡입관에 서리가 보다 많이 붙는다.
② 토출압력이 높아진다.
③ 냉동능력이 증가한다.
④ 흡입압력이 낮아진다.

해설 냉매가 부족하면 흡입압력이 낮아진다.

21 냉동장치의 부속기기에 대한 설명에서 잘못된 것은?
① 여과기는 냉매계통 중의 이물질을 제거하기 위해 사용한다.
② 암모니아 냉동장치의 유분리기에서 분리된 유(油)는 냉매와 분리 후 회수한다.
③ 액순환식 냉동장치에 있어 유분리기는 압축기의 흡입부에 부착한다.
④ 프레온 냉동장치에 있어서는 냉매와 유가 잘 혼합되므로 특별한 유회수장치가 필요하다.

해설 액순환식 증발기에서 유(油)분리기는 압축기와 응축기 사이에 설치한다.

22 저단 측 토출가스의 온도를 냉각시켜 고단 측 압축기가 과열되는 것을 방지하는 것은?
① 부스터
② 인터쿨러
③ 콤파운드 압축기
④ 익스팬션 탱크

해설 인터쿨러
저단 측 토출가스의 온도를 냉각시켜 고단 측 압축기가 과열되는 것을 방지한다.

23 열에 관한 설명으로 틀린 것은?
① 승화열은 고체가 기체로 되면서 주위에서 빼앗는 열량이다.
② 잠열은 물체의 상태를 바꾸는 작용을 하는 열이다.
③ 현열은 상태변화 없이 온도변화에 필요한 열이다.
④ 융해열은 현열의 일종이며, 고체를 액체로 바꾸는 데 필요한 열이다.

해설 융해열 = 잠열

24 암모니아와 프레온 냉동장치를 비교 설명한 것 중 옳은 것은?

① 압축기의 실린더 과열은 프레온보다 암모니아가 심하다.
② 냉동장치 내에 수분이 있을 경우, 장치에 미치는 영향은 프레온보다 암모니아가 심하다.
③ 냉동장치 내에 윤활유가 많은 경우, 프레온보다 암모니아가 문제성이 적다.
④ 동일 조건에서는 성능, 효율 및 모든 제원이 같다.

해설 압축기 과열은 암모니아 압축기가 프레온보다 심하다.

25 팽창밸브 선정 시 고려할 사항 중 관계없는 것은?

① 관 두께
② 냉동기의 냉동능력
③ 사용냉매 종류
④ 증발기의 형식 및 크기

해설 팽창밸브 선정 시 관 두께는 해당되지 않는다.

26 다음 중 나사용 패킹으로 냉매배관에 주로 많이 쓰이는 것은?

① 고무
② 일산화연
③ 몰드
④ 오일시일

해설 일산화연
나사용 패킹이며 냉매배관에 사용된다.

27 다음 설명 중 옳은 것은?

① 냉장실의 온도는 열복사에 의해서 균일하게 된다.
② 냉장실의 방열벽에는 열전도율이 큰 재료를 사용한다.
③ 물은 얼음보다는 열전도율이 작으나 공기보다는 크다.
④ 수냉응축기에서 냉각관의 전열은 물때의 영향은 받으나 냉각수의 유속과는 관계가 없다.

해설 열전도율(kJ/kg℃)
얼음 > 물 > 공기

28 터보 냉동기의 특징을 설명한 것이다. 옳은 것은?

① 마찰부분이 많아 마모가 크다.
② 제어범위가 좁아 정밀제어가 곤란하다.
③ 저온장치에서는 압축단수가 작아지며 효율이 좋다.
④ 저압냉매를 사용하므로 취급이 용이하고 위험이 적다.

해설 터보 냉동기(원심식 냉동기)
저압냉매를 사용하며 취급이 용이하고 위험이 적으며 대용량 냉동기이다.

29 냉동기 오일에 관한 설명 중 틀린 것은?

① 윤활방식에는 비말식과 강제급유식이 있다.
② 사용 오일은 응고점이 높고 인화점이 낮아야 한다.
③ 수분의 함유량이 적고 장기간 사용하여도 변질이 적어야 한다.
④ 일반적으로 고속다기통 압축기의 경우 윤활유의 온도는 50~60℃ 정도이다.

해설 냉동기 오일은 응고점이 낮고 인화점(180~200℃)이 높아야 한다.

30 2원 냉동장치의 설명으로 볼 수가 없는 것은?

① 약 -80℃ 이하의 저온을 얻는 데 사용된다.
② 비등점이 높은 냉매는 고온 측 냉동기에 사용된다.
③ 저온 측 압축기의 흡입관에는 팽창탱크가 설치되어 있다.
④ 중간 냉각기를 설치하여 고온 측과 저온 측을 열교환시킨다.

해설 2단 압축기
중간냉각기를 설치하여 고온 측과 저온 측을 열교환시킨다.

31 다음은 용접이음용 크로스(Cross)를 나타낸 것이다. 호칭표시가 맞는 것은 어느 것인가?

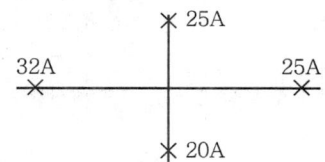

① 크로스 : 25A×25A×20A×32A
② 크로스 : 32A×25A×25A×20A
③ 크로스 : 20A×25A×25A×32A
④ 크로스 : 32A×20A×25A×25A

해설 크로스 호칭표시 : 32A×25A×25A×20A

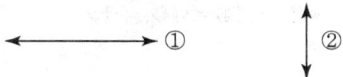

32 전자밸브는 다음 어느 동작에 해당되는가?
① 비례동작   ② 적분동작
③ 미분동작   ④ 2위치동작

해설 전자밸브(솔레노이드밸브)
2위치동작

33 프레온계 냉매 중에서 수소원자(H)를 가지고 있지 않은 것은?
① R-21   ② R-22
③ R-502   ④ R-114

해설 $C_2Cl_2F_4 = R-114$

34 공정점이 -55℃이고 저온용 브라인으로서 일반적으로 제빙, 냉장 및 공업용으로 많이 사용되고 있는 것은?
① 염화칼슘   ② 염화나트륨
③ 염화마그네슘 ④ 프로필렌글리콜

해설 염화칼슘(무기질브라인) : 탄소를 포함하지 않는다.
• 공정점 : -55℃(사용온도 -40℃)
• 비중 : 1.2~1.24

35 소요 냉각수량 120L/min, 냉각수 입출구 온도차 6℃인 수냉 응축기의 응축부하는 몇 kcal/h인가?
① 6,400   ② 12,000
③ 14,400   ④ 43,200

해설 응축부하(시간당) = 120×1×6×60
= 43,200kcal/h

36 기준냉동사이클의 증발과정에서 증발압력과 증발온도는 어떻게 변화하는가?
① 압력과 온도가 모두 상승한다.
② 압력과 온도가 모두 일정하다.
③ 압력은 상승하고 온도는 일정하다.
④ 압력은 일정하고 온도는 상승한다.

해설 증발과정에서 냉매압력, 냉매온도는 일정하다.

37 회전식 압축기의 특징에 해당되지 않는 것은?
① 즈립이나 조정에 있어서 고도의 정밀도가 요구된다.
② 대형압축기와 저온용 압축기에 많이 사용한다.
③ 왕복동식보다 부품수가 적으며, 흡입밸브가 없다.
④ 압축이 연속적으로 이루어져 진공펌프로도 사용된다.

해설 • 회전식은 진공펌프로 많이 사용된다.
• 고진공을 얻을 수 있다.
• 전력소비가 적고 소용량에 많이 사용된다.

38 가용전(Fusible Plug)에 대한 설명으로 틀린 것은?
① 불의의 사고(화재 등) 시 일정온도에서 녹아 냉동장치의 파손을 방지하는 역할을 한다.
② 용융점은 냉동기에서 68~75℃ 이하로 한다.
③ 구성성분은 주석, 구리, 납으로 되어 있다.
④ 토출가스의 영향을 직접 받지 않는 곳에 설치해야 한다.

해설 가용전 성분
비스무트, 카드뮴, 납, 주석 등

ANSWER | 31. ② 32. ④ 33. ④ 34. ① 35. ④ 36. ② 37. ② 38. ③

39 일반적으로 보온재와 보냉재를 구분하는 기준으로 맞는 것은?
① 사용압력
② 내화도
③ 열전도율
④ 안전사용온도

해설 내화물, 단열재, 보온재, 보냉재 등은 안전사용온도로 구분한다.

40 단단 증기압축식 이론 냉동사이클에서 응축부하가 10kW이고 냉동능력이 6kW일 때 이론 성적계수는 얼마인가?
① 0.6
② 1.5
③ 1.67
④ 2.5

해설 10−6=4kW(전동기 부하)
∴ COP = $\frac{6}{4}$ = 1.5

41 다음 중 흡수식 냉동기의 용량제어방법이 아닌 것은?
① 구동열원 입구제어
② 증기토출 제어
③ 발생기 공급 용액량 조절
④ 증발기 압력제어

해설 흡수식 냉동기 증발기 내는 6.5mmHg($\frac{1}{100}$ 기압) 고진공이다.

42 서로 다른 지름의 관을 이을 때 사용되는 것은?
① 소켓
② 유니온
③ 플러그
④ 부싱

해설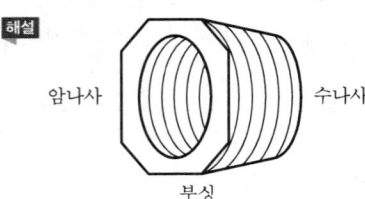
암나사   수나사
부싱

43 어떤 물질의 산성, 알칼리성 여부를 측정하는 단위는?
① CHU
② RT
③ pH
④ B.T.U

해설 pH : 7 이상(알칼리), pH : 7 미만(산성)

44 팽창변 직후의 냉매의 건조도 X=0.14이고, 증발잠열이 400kcal/kg이라면 냉동효과는?
① 56kcal/kg
② 213kcal/kg
③ 344kcal/kg
④ 566kcal/kg

해설 냉동효과=잠열×(1−건조도)
=400×(1−0.14)=344kcal/kg

45 지열을 이용하는 열펌프(Heat Pump)의 종류가 아닌 것은?
① 엔진구동 열펌프
② 지하수 이용 열펌프
③ 지표수 이용 열펌프
④ 지중열 이용 열펌프

해설 엔진구동 열펌프는 GHP(가스용 히트펌프)이다.

46 다음 수관식 보일러에 대한 설명으로 틀린 것은?
① 부하변동에 따른 압력변화가 크다.
② 급수의 순도가 낮아도 스케일 발생이 잘 안된다.
③ 보유수량이 적어 파열 시 피해가 적다.
④ 고온 고압의 증기발생으로 열의 이용도를 높였다.

해설 수관식 보일러는 급수의 순도가 높아야 스케일 발생이 억제된다.

47 공기조화설비의 구성을 나타낸 것 중 관계가 없는 것은?
① 열원장치 : 가열기, 펌프
② 공기처리장치 : 냉각기, 에어필터
③ 열운반장치 : 송풍기, 덕트
④ 자동제어장치 : 온도조절장치, 습도조절장치

해설 열원장치 : 보일러, 냉동기, 배관, 전기 등

39. ④ 40. ② 41. ④ 42. ④ 43. ③ 44. ③ 45. ① 46. ② 47. ① | ANSWER

48 개별공조방식의 특징 설명으로 틀린 것은?
① 설치 및 철거가 간편하다.
② 개별제어가 어렵다.
③ 히트 펌프식은 냉난방을 겸할 수 있다.
④ 실내 유닛이 분리되어 있지 않은 경우는 소음과 진동이 있다.

해설 개별제어방식은 개별제어가 용이하다.

49 복사난방에 관한 설명 중 맞지 않는 것은?
① 바닥면의 이용도가 높고 열손실이 적다.
② 단열층 공사비가 많이 들고 배관의 고장 발견이 어렵다.
③ 대류 난방에 비하여 설비비가 많이 든다.
④ 방열체의 열용량이 적으므로 외기온도에 따라 방열량의 조절이 쉽다.

해설 복사난방은 방열체의 열용량이 커서 외기온도 변화에 따른 방열량 조절이 어렵다.

50 고온수 난방의 특징으로 적당하지 않은 것은?
① 고온수 난방은 증기난방에 비하여 연료절약이 된다.
② 고온수 난방방식의 설계는 일반적인 온수난방 방식보다 쉽다.
③ 공급과 환수의 온도차를 크게 할 수 있으므로 열 수송량이 크다.
④ 장거리 열수송에 고온수일수록 배관경이 작아진다.

해설 고온수 난방(100℃ 이상)은 일반 저온수 난방보다 설계가 어려운 측면이 많다.

51 덕트의 부속품에 대한 설명으로 잘못된 것은?
① 소형의 풍량 조절용으로는 버터플라이 댐퍼를 사용한다.
② 공조덕트의 분기부에는 베인형 댐퍼를 사용한다.
③ 화재 시 화염이 덕트 내에 침입하였을 때 자동적으로 폐쇄되도록 방화댐퍼를 사용한다.
④ 화재의 초기 시 연기감지로 다른 방화구역에 연기가 침입하는 것을 방지하는 방연댐퍼를 사용

해설 스프릿 댐퍼
덕트의 분기부에 설치하여 풍량을 조절한다.

52 어떤 상태의 공기가 노점온도보다 낮은 냉각코일을 통과하였을 때의 상태를 설명한 것 중 틀린 것은?
① 절대습도 저하   ② 비체적 저하
③ 건구온도 저하   ④ 상대습도 저하

해설 공기가 노점온도보다 낮아지면 상대습도가 증가한다.

53 다음 중 공기의 감습방법에 해당되지 않는 것은?
① 흡수식   ② 흡착식
③ 냉각식   ④ 가열식

해설 감습방법
• 흡수식
• 흡착식
• 냉각식

54 1차 공조기로부터 보내온 고속공기가 노즐 속을 통과할 때의 유인력에 의하여 2차 공기를 유인하여 냉각 또는 가열하는 방식을 무엇이라고 하는가?
① 패키지 유닛방식   ② 유인 유닛방식
③ FCU 방식   ④ 바이패스 방식

해설 유인 유닛방식
고속공기가 노즐 속을 통과할 때의 유인력에 의하여 2차 공기를 유인하여 냉각 또는 가열하는 방식이다.

55 연도나 굴뚝으로 배출되는 배기가스에 선회력을 부여함으로써 원심력에 의해 연소가스 중에 있는 입자를 제거하는 집진기는?
① 세정식 집진기   ② 사이클론 집진기
③ 전기 집진기   ④ 자석식 집진기

해설 사이클론식 집진기 : 원심력 집진기

56 다음의 냉방부하 중에서 현열부하만 발생하는 것은?
① 극간풍에 의한 열량
② 인체의 발생 열량
③ 벽체로부터의 열량
④ 실내기구의 발생 열량

해설 벽체로부터의 열량 : 현열부하

57 다음 중 현열비를 구하는 식은?
① 현열비 = $\dfrac{\text{현열부하}}{\text{잠열부하}}$
② 현열비 = $\dfrac{\text{잠열부하}}{\text{잠열부하} + \text{현열부하}}$
③ 현열비 = $\dfrac{\text{현열부하}}{\text{잠열부하} + \text{현열부하}}$
④ 현열비 = $\dfrac{\text{잠열부하}}{\text{현열부하}}$

해설 현열비 = $\dfrac{\text{현열부하}}{\text{잠열부하} + \text{현열부하}}$

58 다음 중 온풍난방의 장점이 아닌 것은?
① 예열시간이 짧아 비교적 연료소비량이 적다.
② 온도의 자동제어가 용이하다.
③ 필터를 채택하므로 깨끗한 공기를 유지할 수 있다.
④ 실내온도 분포가 균등하다.

해설 실내온도 분포도가 균등한 난방은 복사난방이다.

59 화재발생 시 연기를 방연구획 등의 건축물의 일정한 구획 내에 가둬 넣고 이것을 건물에서 배출하는 설비는?
① 환기설비
② 급기설비
③ 통풍설비
④ 배연설비

해설 배연설비
화재발생 시 연기를 배출하는 설비이다.

60 상대습도(RH)가 100%일 때 동일하지 않은 온도는?
① 건구온도
② 습구온도
③ 작용온도
④ 노점온도

해설 상대습도 100%에 동일한 온도
• 건구온도
• 습구온도
• 노점온도

56. ③ 57. ③ 58. ④ 59. ④ 60. ③ | ANSWER

2010년 4회 공조냉동기계기능사

01 안전점검의 종류에 대한 설명이 바르지 않은 것은?
① 정기점검은 작업 전에 실시하는 점검이다.
② 수시점검은 작업 전, 작업 중, 작업 후에 수시로 실시하는 점검이다.
③ 임시점검은 일상 발견 시 또는 재해 발생 시 실시하는 점검이다.
④ 특별점검은 기계기구의 신설, 변경, 수리 등에 의해 부정기적으로 실시하는 점검이다.

해설 정기점검은 평소에 수시로 한다.

02 다음 중 보일러의 부식원인과 가장 관계가 적은 것은?
① 온수에 불순물이 포함될 때
② 부적당한 급수처리 시
③ 더러운 물을 사용 시
④ 증기 발생량이 적을 때

해설 증기 발생량이 많으면 산소 발생이 많아서 점식 등 부식이 많이 발생한다.

03 아크용접작업 기구 중 보호구와 가장 관계가 없는 것은?
① 용접용 보안면   ② 용접용 앞치마
③ 용접용 홀더   ④ 용접용 장갑

해설 용접용 홀더는 용접용 기구이다.

04 전기용접 작업할 때에 안전관리사항 중 적합하지 않은 것은?
① 우천시에는 옥외작업을 하지 않는다.
② 피용접물은 완전히 접지시킨다.
③ 옥외용접 시에는 헬멧이나 핸드실드를 사용하지 않아도 된다.
④ 용접봉은 홀더로부터 빠지지 않도록 정확히 끼운다.

해설 전기용접 시에는 옥내, 옥외 구분 없이 헬멧이나 핸드실드를 사용한다.

05 산업안전기준에 관한 규칙상 작업장의 계단의 폭은 얼마 이상으로 하여야 하는가?
① 50cm   ② 100cm
③ 150cm   ④ 200cm

해설 작업장의 계단 폭은 100cm 이상

06 다음 중 불안전한 상태라고 볼 수 없는 것은?
① 환기불량
② 위험물의 방치
③ 안전교육의 미숙
④ 기계기구의 정비불량

해설 불안전한 상태
• 환기불량
• 위험물의 방치
• 기계기구의 정비불량

07 아세틸렌 용기의 사용설명에 대한 내용으로 적절치 못한 것은?
① 화기나 열기를 멀리한다.
② 충돌이나 충격을 주면 안된다.
③ 용기저장소는 옥외의 환기가 안되는 곳이어야 한다.
④ 가스조정기나 용기의 밸브에 호스를 연결시킬 때는 바르게 한다.

해설 아세틸렌 용기의 가스누설을 대비하여 용기저장소는 옥외 환기소통이 원활한 곳에 둔다.

08 산업안전기준에 관한 규칙에 의거 사업주는 안전을 위해 작업조건에 적합한 보호구를 지급하여야 한다. 이 때 사업주가 보호구를 지급하는 기준으로 옳은 것은?
① 동시에 작업하는 근로자의 수 이하
② 동시에 작업하는 근로자의 수 이상
③ 월 평균 작업근로자의 수 이상
④ 연 평균 작업근로자의 수 이상

ANSWER | 1.① 2.④ 3.③ 4.③ 5.② 6.③ 7.③ 8.②

해설 보호구는 사업주가 동시에 작업하는 근로자의 수 이상 지급한다.

09 컨베이어 등을 사용하여 작업할 때 작업 시작 전 점검 사항이다. 해당되지 않는 것은?
① 원동기 및 풀리기능의 이상 유무
② 이탈 등의 방지장치기능의 이상 유무
③ 비상정지장치 기능의 이상 유무
④ 작업면의 기울기 또는 요철유무

해설 컨베이어를 이용한 작업 시 사전 점검내용은 ①, ②, ③ 항

10 펌프의 보수 관리 시 점검사항 중 맞지 않는 것은?
① 윤활유 작동 확인
② 축수 온도 확인
③ 스타핑 박스의 누설 확인
④ 다단 펌프에 있어서 프라이밍 누설 확인

해설 프라이밍 누설은 펌프의 운전 중 관리사항

11 냉동제조설비의 안전관리자의 인원에 대한 설명 중 바른 것은?
① 냉동능력 300톤 초과(냉매가 프레온일 경우는 600톤 초과)인 경우 안전관리원은 3명 이상이어야 한다.)
② 냉동능력이 100톤 초과 300톤 이하(냉매가 프레온일 경우는 200톤 초과 600톤 이하)인 경우 안전관리원은 1명 이상이어야 한다.
③ 냉동능력 50톤 초과 100톤 이하(냉매가 프레온일 경우는 100톤 초과 200톤 이하)인 경우 안전관리 총괄자는 없어도 상관없다.
④ 냉동능력 50톤 이하(냉매가 프레온일 경우 100톤 이하)인 경우 안전관리 책임자는 없어도 상관없다.

해설 냉동능력 100톤 초과 300톤 이하의 안전관리원은 1인 이상 (단, 프레온의 경우는 200톤 초과 600톤 이하)

12 응축기에서 응축 액화된 냉매가 수액기로 원활히 흐르지 못하는 가장 큰 원인은?
① 액 유입관경이 크다.
② 액 유출관경이 크다.
③ 안전밸브의 구경이 적다.
④ 균압관의 관경이 적다.

해설 균압관의 관경이 적으면 응축기의 응축액화냉매가 수액기로 원활하게 흐르지 못한다.

13 전기의 접지목적에 해당되지 않는 것은?
① 화재 방지   ② 설비 증설 방지
③ 감전 방지   ④ 기기손상 방지

해설 전기의 접지목적
㉠ 화재 방지
㉡ 감전 방지
㉢ 기기손상 방지

14 연료계통의 화재 발생 시 가장 적합한 소화작업에 해당하는 것은?
① 물을 붓는다.
② 산소를 공급해 준다.
③ 점화원을 차단한다.
④ 가연성 물질을 차단한다.

해설 연료계통 화재 발생 시 가연성 물질을 차단하면 소화작업에 가장 이상적이다.

15 공구와 그 사용법을 바르게 연결한 것은?
① 바이스 – 암나사 내기
② 그라인더 – 공작물 연마
③ 리머 – 공작물을 고정
④ 핸드 탭 – 구멍 내면의 다듬질

해설
- 바이스 : 파이프 고정시키기
- 리머 : 관의 나사 절삭 시 거스러미 제거
- 핸드 탭 : 암나사 내기

16 압축기의 톱 클리어런스가 크면 어떠한 영향이 나타나는가?
① 체적효율이 증대한다.
② 냉동능력이 감소한다.
③ 토출가스 온도가 저하한다.
④ 윤활유가 열화하지 않는다.

해설 톱 클리어런스(간극)가 크면 냉동능력이 감소된다.

17 수냉식 응축기 냉각관의 일반적인 청소시기로 적당한 것은?
① 매월 1회
② 매년 1회
③ 3개월에 1회
④ 6개월에 1회

해설 수냉식 응축기 냉각관 청소시기는 매년 1회 정도

18 다음 냉동장치에 대한 설명 중 옳은 것은?
① 고압 차단스위치 작동압력은 안전밸브 작동압력보다 조금 높게 한다.
② 온도식 자동 팽창밸브의 감온통은 증발기의 입구측에 붙인다.
③ 가용전은 프레온 냉동장치의 응축기나 수액기 등을 보호하기 위하여 사용된다.
④ 파열판은 암모니아 왕복동 냉동장치에만 사용된다.

해설 • 안전밸브 작동압력이 고압 차단스위치보다 높다. (감온통은 증발기 출구에 부착)
• 파열판은 응축기나 수액기에 부착

19 다음 중 입형 셸 앤 튜브식 응축기의 특징이 아닌 것은?
① 옥외 설치가 가능
② 액냉매의 과냉각도가 쉬움
③ 과부하에 잘 견딤
④ 운전 중 청소 가능

해설 입형 셸 앤 튜브식 응축기 특징
• 옥외 설치가 가능
• 과부하에 잘 견딤
• 운전 중 청소 가능

20 응축기의 방열량 Q_1, 증발량 흡수열량 Q_2, 압축소요 열당량 Aw이라면 올바른 관계식은?
① $Aw = Q_1 - Q_2$
② $Aw = Q_1 + Q_2$
③ $Aw = Q_2 - Q_1$
④ $Aw = Q_1 / Q_2$

해설 압축소요 열당량(Aw) = 응축기 방열량 − 증발기 흡수열량

21 다음 회로 내에 흐르는 전류는 몇 A인가?

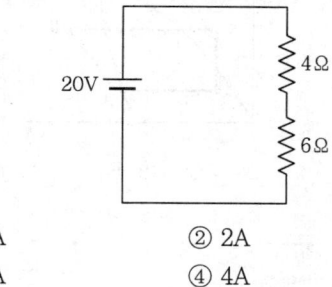

① 1A
② 2A
③ 3A
④ 4A

해설 $I = \dfrac{V}{R} = \dfrac{20}{4+6} = 2A$

22 분해조립이 필요한 부분에 사용하는 배관연결 부속은?
① 부싱, 티
② 플러그, 캡
③ 소켓, 엘보
④ 플랜지, 유니온

해설 플랜지, 유니온 : 배관의 분해조립 가능

23 냉동장치의 장기간 정지 시 운전자의 조치사항으로서 옳지 않은 것은?

① 냉각수는 다음에 사용 시 필요하므로 누설되지 않게 밸브 및 플러그의 잠김상태를 확인하여 잘 잠가 둔다.
② 저압축 냉매를 전부 수액기에 회수하고, 수액기에 전부 회수할 수 없을 때에는 냉매통에 회수한다.
③ 냉매 계통 전체의 누설을 검사하여 누설 가스를 발견했을 때에는 수리해 둔다.
④ 압축기의 축봉장치에서 냉매가 누설될 수 있으므로 압력을 걸어 둔 상태로 방치해서는 안 된다.

해설 냉동장치는 장기간 정지 시 동결이나 부식 등의 방지를 위해 냉각수를 제거한다.

24 다음과 같은 $P-h$ 선도에서 온도가 가장 높은 곳은?

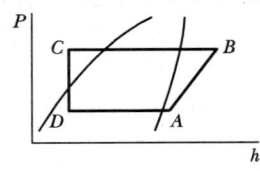

① A
② B
③ C
④ D

해설 A : 압축기 입구
B : 압축기 출구(온도가 가장 높다.)

25 시퀀스 제어에 사용되는 무접점 릴레이의 특징으로 틀린 것은?

① 작동속도가 빠르다.
② 온도 특성이 양호하다.
③ 장치의 소형화가 가능하다.
④ 진동에 의한 오작동이 적다.

해설 시퀀스 제어 무접점 릴레이 특징
• 작동속도가 빠르다.
• 장치의 소형화가 가능하다.
• 진동에 의한 오작동이 적다.

26 냉동장치의 온도 관계에 대한 사항 중 올바르게 표현한 것은?(단, 표준냉동 사이클을 기준으로 할 것)

① 응축온도는 냉각수 온도보다 낮다.
② 응축온도는 압축기 토출가스 온도와 같다.
③ 팽창밸브 직후의 냉매온도는 증발온도보다 낮다.
④ 압축기 흡입가스 온도는 증발온도와 같다.

해설 ① 응축온도는 냉각수 온도보다 높다.
② 압축기 토출가스 온도가 응축온도보다 높다.
③ 팽창밸브 직후 온도는 증발온도와 같다.

27 열펌프에서 압축기 이론 축동력이 3kW이고, 저온부에서 얻은 열량이 7kW일 때 이론 성적계수는 약 얼마인가?

① 1.43
② 1.75
③ 2.33
④ 3.33

해설 $COP = \dfrac{\text{저온 부열량} + \text{축동력}}{\text{축동력}} = \dfrac{3+7}{3} = 3.33$

28 냉동톤(RT)에 대한 설명 중 맞는 것은?

① 한국 1냉동톤은 미국 1냉동톤보다 크다.
② 한국 1냉동톤은 3,024kcal/h이다.
③ 제빙기가 1일 동안 생산할 수 있는 얼음의 톤수를 1냉동톤이라고 한다.
④ 1냉동톤은 0℃의 얼음이 1시간에 0℃의 물이 되는 데 필요한 열량이다.

해설 • 한국냉동톤(3,320kcal/h)
• 미국냉동톤(3,024kcal/h)

29 간접 팽창식과 비교한 직접 팽창식 냉동장치의 설명으로 틀린 것은?

① 소요동력이 적다.
② 냉동톤(RT)당 냉매 순환량이 적다.
③ 감열에 의해 냉각시키는 방법이다.
④ 냉매의 증발온도가 높다.

해설 감열은 간접 팽창식 냉각법이다.

30 다음 중 교류회로의 주기 T(sec)를 옳게 표현한 것은?(단, 주파수 f[Hz], 각도 θ[rad]로 한다.

① $T = \dfrac{1}{f}$ 　　② $T = \dfrac{f}{1}$

③ $T = \dfrac{\theta}{f}$ 　　④ $T = \dfrac{f}{\theta}$

해설 교류회로 주기(T) = $\dfrac{1}{주파수(f)}$

31 완전기체에서 단열 압축과정에 나타나는 현상은?
① 비체적이 커진다.
② 전열량이 변화가 없다.
③ 엔탈피가 증가한다.
④ 온도가 낮아진다.

해설 완전기체에서 단열 압축에서는 엔탈피가 증가한다.

32 다음 중 암모니아 불응축 가스 분리기의 작용에 대한 설명으로 옳은 것은?
① 분리되어진 공기는 수조로 방출된다.
② 암모니아 가스는 냉각되어 응축액으로 되어 유분리기로 되돌아간다.
③ 분리기 내에서 분리되어진 공기는 온도가 상승한다.
④ 분리된 암모니아 가스는 압축기로 흡입 되어진다.

해설 암모니아 냉동기에서 불응축 가스는 수조로 공기가 방출된다.

33 암모니아 냉매 배관을 설치할 때 시공방법으로 틀린 것은?
① 관이음 패킹재료는 천연고무를 사용한다.
② 흡입관에는 U트랩을 설치한다.
③ 토출관의 합류는 Y접속으로 한다.
④ 액관의 트랩부에는 오일 드레인 밸브를 사용한다.

해설 암모니아 냉매 배관에서 흡입관에는 트랩을 설치하지 않는다.

34 파이프 내의 압력이 높아지면 고무링은 더욱 파이프 벽에 밀착되어 누설을 방지하는 접합 방법은?
① 기계적 접합 　　② 플랜지 접합
③ 빅토릭 접합 　　④ 소켓 접합

해설 빅토릭 접합
고무링의 압력이 높아지면 파이프 벽에 밀착되어 누설을 방지하는 접합

35 냉매가 냉동기유에 다량으로 융해되어 압축기 기동 시 크랭크케이스 내의 압력이 급격히 낮아지면서 발생하는 현상은?
① 오일흡착 현상
② 오일에멀션 현상
③ 오일포밍 현상
④ 오일캐비테이션 현상

해설 오일포밍 현상
냉매가 냉동기 오일에 다량 융해되어 기동 시 크랭크케이스 내 압력이 급격히 낮아지며 거품을 발생시킨다.

36 2단 압축장치의 구성기기가 아닌 것은?
① 고단 압축기 　　② 증발기
③ 팽창밸브 　　④ 캐스케이드 응축기

해설 2단 압축기 구성
• 고단 압축기
• 부스터 저단 압축기
• 인터클러 중간 냉각기
• 증발기
• 팽창밸브

37 회전식 압축기(Rotary Compressor)의 특징 설명으로 옳지 않은 것은?
① 왕복동식에 비해 구조가 간단하다.
② 기동 시 무부하로 기동될 수 있으며 전력소비가 크다.
③ 압축비에 비하여 체적효율이 높다.
④ 진동 및 소음이 적다.

ANSWER | 30. ① 31. ③ 32. ① 33. ② 34. ③ 35. ③ 36. ④ 37. ②

해설 회전식 압축기는 전력소비가 적다.

38 온도 자동팽창 밸브에서 감온통의 부착위치는?
① 팽창밸브 출구   ② 증발기 입구
③ 증발기 출구   ④ 수액기 출구

해설 감온통 부착위치 : 증발기 출구

39 브라인의 종류 중 무기질 브라인은?
① 에틸알코올
② 에틸렌글리콜
③ 프로필렌글리콜
④ 염화나트륨수용액

해설 염화나트륨(식염수 NaCl) 수용액은 무기질 브라인 냉매(공정점은 −21.2℃, 비중 1.15~1.18)

40 흡수식 냉동장치와 증기분사식 냉동장치의 냉매로 사용되는 것은?
① 물   ② 공기
③ 프레온   ④ 탄산가스

해설 냉매(水) : 흡수식, 증기분사식 냉동장치의 냉매

41 배관도시 기호 중 유체의 종류에 따른 문자 기호가 서로 잘못 짝지워진 것은?
① 공기−A   ② 가스−G
③ 유류−O   ④ 물−S

해설 • S : 스팀
• W : 물(水)

42 다음 중 다원 냉동장치에서만 볼 수 있는 것은?
① 불응축가스퍼저
② 중간 냉각기
③ 캐스케이드 열교환기
④ 부스터

해설 다원 냉동장치(캐스케이드 열교환기)는 2원 냉동장치라 하며 저온 측 응축기와 고온 측 증발기를 열교환시킨다.

43 얼음두께 280mm, 브라인 온도 −9℃일 때 결빙에 소요된 시간으로 맞는 것은?
① 약 25시간   ② 약 49시간
③ 약 60시간   ④ 약 75시간

해설 결빙시간(h)
$$h = \frac{0.56 \times t^2}{-(tb)} = \frac{0.56 \times 28^2}{-(-9)} = 48.78$$
※ 280mm = 28cm

44 다음 중 수소, 염소, 불소, 탄소로 구성된 냉매계열은?
① HFC계   ② HCFC계
③ CFC계   ④ 할론계

해설 H : 수소, C : 염소(Cl), F : 불소, C : 탄소

45 핀 튜브에 관한 설명 중 틀리는 것은?
① 관내에 냉각수, 관외부에 프레온 냉매가 흐를 때 관외 측에 부착한다.
② 증발기에 핀 튜브를 사용하는 것은 전열 효과를 크게 하기 위함이다.
③ 핀은 열 전달이 나쁜 유체쪽에 부착한다.
④ 관내에 냉각수, 관외부에 프레온 냉매가 흐를 때 관내 측에 부착한다.

해설 • 튜브 내 : 냉각수
• 튜브 외부 : 프레온 냉매
• 핀 : 튜브 외부에 부착

46 덕트재료 중에서 고온의 공기 및 가스가 통과하는 덕트 및 방화댐퍼, 보일러의 연도 등에 가장 많이 사용되는 재료는?
① 열간 압연 박강판   ② 동판
③ 아연도금 강판   ④ 염화비닐판

38. ③ 39. ④ 40. ① 41. ④ 42. ③ 43. ② 44. ② 45. ④ 46. ① | ANSWER

해설 덕트, 방화댐퍼, 연도의 재료 : 열간 압연 강판

47 다음 중 송풍량을 결정하는 것은?
① 실내취득열량+기기 내 취득열량
② 실내취득열량+재열량
③ 기기 내 취득열량+외기부하
④ 재열량+외기부하

해설 송풍량 결정
실내취득열량+기기 내 취득열량

48 다음 밸브 중 유체의 역류방지용으로 사용되는 것은?
① 게이트 밸브(Gate Valve)
② 글로브 밸브(Globe Valve)
③ 앵글 밸브(Angle Valve)
④ 체크 밸브(Check Valve)

해설 체크 밸브 : 유체의 역류방지

49 파이프 코일을 바닥이나 천장 등에 설치하고 냉수 또는 온수를 보내어 냉난방을 하는 방식을 무엇이라고 하는가?
① 전 공기방식
② 패키지 유닛방식
③ 유인 유닛방식
④ 복사 냉난방방식

해설 복사 냉난방방식 : 파이프 코일 사용(바닥용, 천장용, 벽용)

50 인체가 느끼는 온열 감각에 대한 온도, 습도, 기류의 영향을 하나로 모아서 만든 쾌감지표는?
① 실내건구온도
② 실내습구온도
③ 상대습도
④ 유효온도

해설 유효온도 : 온도, 습도, 기류의 영향을 하나로 모아서 만든 쾌감지표

51 어떤 실내의 취득 현열량을 구하였더니 30,000kcal/h, 잠열이 10,000kcal/h이었다. 실내를 25℃, 50% 유지하기 위해 취출온도차 10℃로 송풍하고자 한다. 이때 현열비는?
① 0.7
② 0.75
③ 0.8
④ 0.85

해설 $현열비 = \dfrac{현열량}{현열량+잠열량} = \dfrac{30,000}{30,000+10,000} = 0.75$

52 덕트의 열손실방지를 위해 반드시 보온을 필요로 하는 부분은?
① 환기덕트
② 외기덕트
③ 배기덕트
④ 급기덕트

해설 급기덕트는 에너지 절약을 위하여 보온처리가 필요하다.

53 방열기의 표준방열량은 표준상태에 있어서 실내온도 및 열대온도에 의해 결정되는데, 증기방열기의 표준방열량으로 옳은 것은?
① 450kcal/mh²
② 550kcal/mh²
③ 650kcal/mh²
④ 750kcal/mh²

해설 표준방열량
• 증기 : 650kcal/m²h
• 온수 : 450kcal/m²h

54 팬의 효율을 표시하는 데 있어서 전압효율에 대한 올바른 정의는?
① $\dfrac{축동력}{공기동력}$
② $\dfrac{공기동력}{축동력}$
③ $\dfrac{회전속도}{송풍기\ 크기}$
④ $\dfrac{송풍기\ 크기}{회전속도}$

해설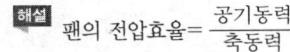
팬의 전압효율 $= \dfrac{공기동력}{축동력}$

ANSWER | 47.① 48.④ 49.④ 50.④ 51.② 52.④ 53.③ 54.②

55 다음의 습공기 선도에서 비체적을 나타낸 선은?

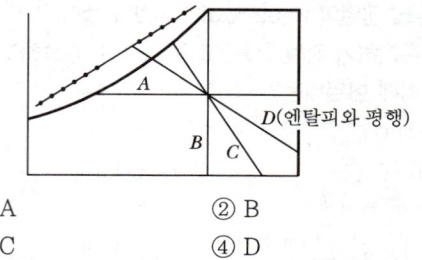

① A ② B
③ C ④ D

해설
- A : 절대습도
- B : 건구온도
- C : 비체적

56 주철제 보일러의 특징이 아닌 것은?
① 내식성 및 내열성이 좋다.
② 내압강도 및 열 충격에 강하다.
③ 복잡한 구조도 제작이 용이하다.
④ 조립식으로 반입 또는 해체가 용이하다.

해설 주철제 보일러는 내압강도 및 열충격에 약하다.

57 난방을 하기 위한 공조시스템의 열원설비에 속하지 않는 것은?
① 보일러 ② 급수펌프
③ 환수탱크 ④ 냉각수펌프

해설 냉각수펌프는 냉방 시 열운반 장치

58 다음 중 공조방식 중에서 개별 공기조화 방식에 해당되는 것은?
① 팬코일 유닛 방식
② 2중덕트 방식
③ 복사 · 냉난방 방식
④ 패키지 유닛 방식

해설 개별방식
- 패키지 방식
- 룸 쿨러 방식

59 흡수식 감습장치에서 주로 사용하는 흡수제는?
① 아드 소울
② 리튬염화
③ 실리카겔
④ 활성 알루미나

해설 흡수식 감습제 : 리튬염화

60 공기 냉각 코일의 설치에 대한 내용으로 틀린 것은?
① 공기의 풍속은 2~3m/s가 되도록 한다.
② 물의 속도는 일반적으로 1m/s 전후가 되도록 한다.
③ 코일의 설치는 관이 수직으로 놓이게 한다.
④ 공기류와 수류의 방향은 역류가 되도록 한다.

해설 코일의 설치는 관이 수평으로 놓이게 한다.

2011년 1회 공조냉동기계기능사

01 프레온계 냉매액이 피부에 묻었을 때에 대한 가장 적당한 조치는?
① 진한 염산으로 중화시킨다.
② 암모니아, 황산나트륨 포화용액으로 살포한다.
③ 물로 씻고 피크린산용액을 바른다.
④ 레몬쥬스 또는 20%의 식초를 바른다.

해설 프레온 냉매가 피부에 묻었을 때는 물로 씻고 피크린산 용액을 바른다.

02 추락을 방지하기 위해 작업발판을 설치해야 하는 높이는 몇 m 이상인가?
① 2 ② 3
③ 4 ④ 5

해설 추락방지 작업발판 높이 : 2m 이상

03 보일러의 수면계가 파손될 경우 제일먼저 취해야 할 조치는?
① 물 콕을 먼저 닫는다.
② 증기 콕을 먼저 닫는다.
③ 기름밸브를 먼저 닫는다.
④ 배수밸브를 먼저 연다.

해설 보일러 수면계 파손시 물 콕을 먼저 닫고 다음은 증기 콕 차단

04 연소에 관한 설명이 잘못된 것은?
① 온도가 높을수록 연소속도가 빨라진다.
② 입자가 작을수록 연소속도가 빨라진다.
③ 촉매가 작용하면 연소속도가 빨라진다.
④ 산화되기 어려운 물질일수록 연소속도가 빨라진다.

해설 • 산화되기 어려운 물질은 연소속도가 느려진다.
• 촉매, 온도상승, 입자가 작을수록 연소속도가 증가한다.

05 냉동기의 운전 중 점검해야 할 사항이 아닌 것은?
① 냉매누설 유무확인
② 액 압축상태 확인
③ 벨트의 장력상태 확인
④ 윤활상태 및 유면확인

해설 냉동기 운전 중 점검사항은 ①, ②, ④항이다.

06 전기용접 시 전격을 방지하는 방법으로 틀린 것은?
① 용접기의 절연 및 접지상태를 확실히 점검할 것
② 가급적 개로 전압이 높은 교류용접기를 사용할 것
③ 장시간 작업 중지 때는 반드시 스위치를 차단시킬 것
④ 반드시 주어진 보호구와 복장을 착용할 것

해설 전격을 방지하려면 무부하 전압이 90V 이상으로 높은 용접기는 사용하지 말 것

07 사업주는 그 작업조건에 적합한 보호구를 동시에 작업하는 근로자의 수 이상으로 지급하고 이를 착용하도록 하여야 한다. 이때 적합한 보호구 지급에 해당되지 않는 것은?
① 보안경 : 물체가 날아 흩어질 위험이 있는 작업
② 보안면 : 용접 시 불꽃 또는 물체가 날아 흩어질 위험이 있는 작업
③ 안전대 : 감전의 위험이 있는 작업
④ 방열복 : 고열에 의한 화상 등의 위험이 있는 작업

해설 안전대는 보호구가 아니며 건물에 고정시킨다.

08 가스용접 작업 시의 주의사항이 아닌 것은?
① 용기밸브는 서서히 열고 닫는다.
② 용접 전에 소화기 및 방화사를 준비한다.
③ 용접 전에 전격방지기 설치 유무를 확인한다.
④ 역화방지를 위하여 안전기를 사용한다.

ANSWER | 1. ③ 2. ① 3. ① 4. ④ 5. ③ 6. ② 7. ③ 8. ③

해설 전기용접 시 전격방지기 설치 유무를 확인, 가스용접 시에는 불필요하다.

09 화물을 벨트, 롤러 등을 이용하여 연속적으로 운반하는 컨베이어의 방호장치에 해당되지 않는 것은?
① 이탈 및 역주행 방지장치
② 비상정지장치
③ 덮개 또는 울
④ 권과방지장치

해설 컨베이어 방호장치는 ①, ②, ③항의 사용상 안전장치가 필요하다.

10 가스 용접작업 시 안전관리 조치사항으로 틀린 것은?
① 역화되었을 때는 산소밸브를 열도록 한다.
② 작업하기 전에 안전기와 산소조정기의 상태를 점검한다.
③ 가스의 누설검사는 비눗물을 사용하도록 한다.
④ 작업장은 환기가 잘되게 한다.

해설 가스 용접작업 시 안전조치는 역화가 발생하면 신속히 산소밸브를 차단한다.

11 냉동제조의 시설 및 기술·검사기준으로 적당하지 못한 것은?
① 냉동제조설비 중 특정설비는 검사에 합격한 것일 것
② 냉매설비에는 자동제어장치를 설치할 것
③ 냉매설비는 진동, 충격, 부식 등으로 냉매가스가 누설되지 않도록 할 것
④ 압축기 최종단에 설치한 안전장치는 2년에 1회 이상 압력시험을 할 것

해설 압축기 최종단 안전장치는 1년에 1회 이상 압력시험을 실시한다. 기타는 2년에 1회 이상 압력시험실시

12 다음에서 연삭숫돌을 고속 회전시켜 공작물의 표면을 깎아내는 연삭작업 시 안전수칙으로 옳지 않은 것은?
① 작업시작 전에 1분 이상 시운전한다.
② 연삭숫돌을 교체한 후에는 2분 이상 시운전한다.
③ 측면을 사용하는 것을 목적으로 하는 연삭숫돌 이외의 연삭숫돌은 측면을 사용하도록 하여서는 안 된다.
④ 연삭숫돌의 최고 사용회전속도를 초과하여 사용하도록 하여서는 안 된다.

해설 연삭작업 시는 스위치를 켠 후 약 2~3분간 공회전 후 정상 회전속도가 될 때까지 기다렸다가 연삭한다.

13 기계설비에서 일어나는 사고의 위험점이 아닌 것은?
① 협착점　② 끼임점
③ 고정점　④ 절단점

해설 기계설비 사고 위험점
• 협착점
• 끼임점
• 절단점

14 안전모의 무게는 얼마 이상을 초과하면 안 되는가? (단, 턱끈 등의 부속품 무게는 제외한다.)
① 240g　② 340g
③ 440g　④ 540g

해설 안전모는 턱끈 등의 부속품 무게를 제외하고 440g을 초과하지 않는다.

15 줄 작업 시 유의해야 할 내용으로 적절하지 못한 것은?
① 미끄러지면 손을 다칠 위험이 있으므로 유의하도록 한다.
② 손잡이가 줄에 튼튼하게 고정되어 있는지 확인한다.
③ 줄의 균열 유무를 확인할 필요는 없다.
④ 줄 작업은 몸의 안정을 유지하며 전신을 이용하도록 한다.

해설 줄 작업 시 줄의 균열 유무를 반드시 확인한다.

9. ④　10. ①　11. ④　12. ②　13. ③　14. ③　15. ③ | ANSWER

16 관 절단 후 절단부에 생기는 거스러미를 제거하는 공구는?

① 클립
② 사이징 툴
③ 파이프 리머
④ 쇠톱

해설 파이프 리머
관 절단 후 절단부에 생기는 거스러미 제거 공구

17 사용압력이 30kgf/cm², 관의 허용응력이 10kgf/cm²일 때의 스케줄 번호는?

① 30
② 40
③ 100
④ 80

해설 스케줄 번호(Sch) $10 \times \dfrac{P}{S} = 10 \times \dfrac{30}{10} = 30$

18 도체의 저항에 대한 설명으로 틀린 것은?

① 도체의 종류에 따라 다르다.
② 길이에 비례한다.
③ 도체의 단면적에 반비례한다.
④ 항상 일정하다.

해설 도체의 저항은 도체의 종류, 길이, 단면적에 따라 다르다.
$R = \dfrac{V}{I}(\Omega)$, V(전압), I(전류)

19 표준냉동사이클의 온도조건과 관계없는 것은?

① 증발온도 : -15℃
② 응축온도 : 30℃
③ 팽창밸브 입구에서의 냉매액 온도 : 25℃
④ 압축기 흡입가스 온도 : 0℃

해설 표준냉동사이클에서 ①, ②, ③ 항 외에 압축기 흡입가스 온도 : -15℃(건조포화증기상태)이다.

20 2단압축 냉동사이클에서 중간냉각기가 하는 역할 중 틀린 것은?

① 저단압축기의 토출가스온도를 낮춘다.
② 냉매가스를 과냉각시켜 압축비를 낮춘다.
③ 고단압축기로의 냉매액 흡입을 방지한다.
④ 냉매액을 과냉각시켜 냉동효과를 증대시킨다.

해설
• 중간압력산정
$P_m = \sqrt{P_c \times P_e} = \sqrt{응축압력 \times 증발압력}$
• 중간냉각기는 저단측 토출가스의 온도를 냉각시켜 고단측 압축기가 과열되는 것을 방지한다.

21 정압식 팽창밸브의 설명으로 틀린 것은?

① 부하변동에 따라 자동적으로 냉매유량을 조절한다.
② 증발기 내의 압력을 자동적으로 항상 일정하게 유지한다.
③ 냉동부하의 변동이 적은 냉동장치에 주로 사용된다.
④ 냉수 브라인 동결방지용으로 사용한다.

해설 정압식 팽창밸브 : 증발기 내 압력을 일정하게 한다.

22 배관의 중량을 천정이나 기타 위에서 매다는 방법으로 배관을 지지 하는 장치는?

① 서포트(Support)
② 앵커(Anchor)
③ 행거(Hanger)
④ 브레이스(Brace)

해설 행거 배관의 중량을 천정이나 기타 위에서 매다는 지지 장치(행거 반대는 서포트)

23 이원 냉동사이클에 사용하는 냉매 중 저온 측 냉매로 가장 적당한 것은?

① R-11
② R-12
③ R-21
④ R-13

해설 이원 냉동사이클 저온 측 냉매 : R-13

24 한 공학자가 가정용 냉장고를 이용하여 겨울에 난방을 할 수 있다고 주장하였다면 이 주장은 이론적으로 열역학 법칙과 어떠한 관계를 갖는가?

① 열역학 제1법칙에 위배된다.
② 열역학 제2법칙에 위배된다.
③ 열역학 제1, 2법칙에 위배된다.
④ 열역학 제1, 2법칙에 위배되지 않는다.

ANSWER | 16. ③ 17. ① 18. ④ 19. ④ 20. ② 21. ① 22. ③ 23. ④ 24. ②

해설 열역학 제2법칙
- 열은 고온체에서 저온체로 스스로 흐른다.
- 열효율 100%인 기관을 만들 수는 없다.
- 열을 저온체에서 고온체로 흐르게 하려면 일이 필요하다.

25 관의 지름이 다를 때 사용하는 이음쇠가 아닌 것은?
① 리듀서 ② 부싱
③ 리턴 밴드 ④ 편심 이경 소켓

해설 리턴 밴드
관의 지름이 다를 때 사용하는 이음쇠가 아니고 지름이 같은 관을 벤딩연결한다.

26 다음 중 3,320kcal의 열량에 해당되는 것은?
① 1 USRT ② 1,417,640kg · m
③ 19,588 BTU ④ 5.86kW

해설 1kcal=427kg · m
∴ 3,320×427=1,417,640kg · m

27 물이 얼음으로 변할 때의 동결잠열은 얼마인가?
① 79.68kJ/kg ② 632kJ/kg
③ 333.62kJ/kg ④ 0.5kJ/kg

해설 물의 동결잠열(79.68kcal/kg)
79.68×4.18kJ/kcal=333.062kJ/kg

28 냉동장치에 사용하는 브라인(Brine)의 산성도(pH)로 가장 적당한 것은?
① 9.2~9.5 ② 7.5~8.2
③ 6.5~7.0 ④ 5.5~6.0

해설 브라인 2차 냉매 pH 값은 7.5~8.2 정도이다.

29 다음 중 주로 원심식 냉동기의 안전장치로 사용하며, 용기의 과열 등에 의한 이상, 고압으로부터의 위해를 방지하기 위한 장치는?
① 가용전 ② 릴리프 밸브
③ 차압 스위치 ④ 파열판

해설 원심식 냉동기 안전장치 : 파열판(박판으로 제작)이며 1회용으로 한번 사용하면 새로운 것으로 교체한다.

30 다음 중 냉동기유에 가장 용해하기 쉬운 냉매는 어느 것인가?
① R-11 ② R-13
③ R-114 ④ R-502

해설 R-11 냉매
공조기 터보형 냉동기에 사용
- 비등점이 23.7℃로 높다.
- 저압냉매로 가스중량이 무겁다.
- 오일과 잘 용해하므로 냉동장치 세척용으로 사용

31 관 끝부분 표시방법 중 용접식 캡을 나타낸 것은?

해설 • 용접식 캡 : ──────D
• 캡 : ──────┐

32 흡수식 냉동장치의 냉매와 흡수제의 조합으로 맞는 것은?
① 물(냉매)-NH₃(흡수제)
② NH₃(냉매)-물(흡수제)
③ LiBr(냉매)-물(흡수제)
④ 물(냉매)-메탄올(흡수제)

해설 • 냉매(물)-흡수제(LiBr 리튬브로마이드)
• 냉매(암모니아 NH₃)-흡수제(H₂O)

33 단면적이 5cm²인 도체가 있다. 이 단면을 3초 동안 30[C]의 전하가 이동하면 전류는 몇 암페어(A)인가?
① 2 ② 10
③ 20 ④ 90

해설 전류$(I) = \dfrac{Q}{t} = \dfrac{30C}{3sec} = 10(A)$

34 증발압력 조정밸브를 붙이는 주요 목적은?

① 흡입압력을 저하시켜 전동기의 기동 전류를 적게 한다.
② 증발기 내의 압력이 일정 압력 이하가 되는 것을 방지한다.
③ 냉매의 증발온도를 일정치 이하로 내리게 한다.
④ 응축압력을 항상 일정하게 유지한다.

해설 증발압력 조정밸브
증발기 내의 압력이 일정압력 이하가 되는 것을 방지한다.

35 냉동장치의 고압 측에 안전장치로 사용되는 것 중 옳지 않은 것은?

① 스프링식 안전밸브
② 플로트 스위치
③ 고압차단 스위치
④ 가용전

해설 플로트 스위치(Float Switch)
만액식 증발기의 액면제어용이다. 수동식 팽창밸브와 조합하여 액면조정에 이용

36 시퀀스 제어에 속하지 않는 것은?

① 자동 전기밥솥
② 전기세탁기
③ 가정용 전기냉장고
④ 네온사인(Neon Sign)

해설 가정용 전기냉장고 : 피드백제어

37 냉매와 화학분자식이 옳게 짝지어진 것은?

① R113 : CCl_3F_3
② R114 : CCl_2F_4
③ R500 : $CCl_2F_2 + CH_2CHF_2$
④ R502 : $CHClF_2 + C_2ClF_5$

해설 ① R-113 : $C_2Cl_3F_3$
② R-114 : $C_2Cl_2F_4$
③ R-500 : $CCl_2F_2 - CH_3CHF_2$

38 압축기의 실린더를 냉각수로 냉각시키는 이유 중 해당되지 않는 것은?

① 윤활작용이 양호해 진다.
② 체적 효율이 증대한다.
③ 실린더의 마모를 방지한다.
④ 응축 능력이 향상된다.

해설 압축기 실린더를 냉각수로 냉각시키는 이유에서 응축능력과는 별개이다.

39 아래 그림 A, 그림 B와 같은 증발기에 관한 설명 중 옳은 것은?

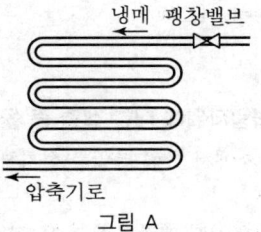
그림 A

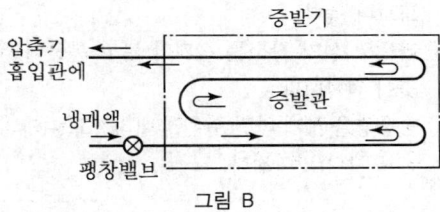
그림 B

① A와 B는 건식 증발기이며 전열은 A가 더 양호하다.
② A는 건식, B는 만액식 증발기이며 전열은 B가 더 양호하다.
③ A는 건식, B는 반만액식이며 전열은 B가 더 양호하다.
④ A와 B는 반만액식 증발기이며 전열은 A와 B가 동등하다.

해설 A : 건식 증발기, B : 반만액식 증발기

40 다음 중 냉동능력의 단위로 옳은 것은?

① $kcal/kg \cdot m^2$
② kJ/h
③ m^3/h
④ $kcal/kg℃$

ANSWER | 34. ② 35. ② 36. ③ 37. ④ 38. ④ 39. ③ 40. ②

해설 냉동능력(kcal/h)=(kJ/h)

41 표준사이클을 유지하고 암모니아의 순환량을 186[kg/h]로 운전했을 때의 소요동력(kW)은 약 얼마인가?(단, NH_3 1kg을 압축하는 데 필요한 열량은 모리엘 선도상에서는 56kcal/kg이라 한다.)
  ① 12.1
  ② 24.2
  ③ 28.6
  ④ 36.4

해설 1kW-h=860kcal
$Q=186\times56=10,416$ kcal/h
∴ $\frac{10,416}{860}=12.11$ kW

42 다음 중 쿨링타워에 대한 설명 중 옳은 것은?
  ① 냉동장치에서 쿨링 타워를 설치하면 응축기는 필요 없다.
  ② 쿨링 타워에서 냉각된 물의 온도는 대기의 습구온도보다 높다.
  ③ 타워의 설치 장소는 습기가 많고 통풍이 잘되는 곳이 적합하다.
  ④ 송풍량을 많게 하면 수온이 내려가고 대기의 습구온도 보다 낮아진다.

해설 쿨링타워(냉각탑)에서 냉각된 물의 온도는 대기의 습구온도보다는 높다.(응축기가 필요하다.)

43 스크루 압축기의 특징이 아닌 것은?
  ① 오일펌프를 따로 설치하여야 한다.
  ② 소형 경량으로 설치면적이 작다.
  ③ 액 해머(Liquid Hammer) 및 오일 해머(Oil Hammer)가 크다.
  ④ 밸브와 피스톤이 없어 장시간의 연속운전이 가능하다.

해설 스크루 압축기는 냉매가스와 오일이 같이 토출된다.

44 다음 중 이상적인 냉동 사이클은?
  ① 역 카르노 사이클
  ② 랭킨 사이클
  ③ 브리튼 사이클
  ④ 스털링 사이클

해설 이상적인 냉동 사이클 : 역 카르노 사이클(냉동기 사이클을 역카르노 사이클이라 한다.)

45 냉동윤활장치에서 유압이 낮아지는 원인이 아닌 것은?
  ① 오일이 부족할 때
  ② 유온이 낮을 때
  ③ 유 여과망이 막혔을 때
  ④ 유압조정밸브가 많이 열렸을 때

해설 유온이 너무 높으면 유압이 낮아진다.
• 유압이 낮으면 유온이 높을 때다.

46 팬코일 유닛방식(Fan Coil Unit System)의 특징을 설명한 것으로 틀린 것은?
  ① 고도의 실내 청정도를 높일 수 있다.
  ② 부하증가 시 유닛 증설만으로 대처할 수 있다.
  ③ 다수 유닛이 분산설치되어 관리보수가 어렵다.
  ④ 각 유닛마다 조절할 수 있어 개별제어에 적합하다.

해설 팬코일 유닛방식은 유닛 내에 있는 필터를 주기적으로 청소해야 한다.

47 수관보일러로부터 드럼을 제거하고 수관으로만 연소실을 둘러싸는 것으로 보유수량이 적어 증기발생이 빠른 보일러는?
  ① 노통 보일러
  ② 연관 보일러
  ③ 노통연관 보일러
  ④ 관류 보일러

해설 관류 보일러 : 드럼이 없고 보유수가 적어 증기발생이 3~5분 안에 이루어진다.

48 공기가 노점온도보다 낮은 냉각코일을 통과하였을 때의 상태를 기술한 것 중 틀린 것은?

① 상대습도 저하   ② 절대습도 저하
③ 비체적 저하   ④ 건구온도 저하

해설 공기가 노점보다 낮은 냉각코일을 통과하면 상대습도가 증가한다.

49 물탱크에 증기코일 또는 전열히터를 사용해 물을 가열 증발시켜 가습하는 것으로 패키지 등의 소형 공조기에 사용되는 가습방법은?

① 수분무에 의한 방법
② 증기분사에 의한 방법
③ 고압수 분무에 의한 방법
④ 가습 팬에 의한 방법

해설 소형 공조기 분무방법 : 가습 팬에 의한 방법

50 오존층 파괴문제 등으로 인해 냉열원기기로서 흡수식 냉동기가 많이 채택된다. 이것의 장점이 아닌 것은?

① 구성요소 중 회전기기가 적으므로 진동 소음이 매우 적다.
② 전기사용량이 적으므로 여름철 전력 수급에 유리하다.
③ 기기의 배출열량이 압축식에 비해 적으므로 냉각탑의 용량이 적다.
④ 기기 내부가 진공에 가까우므로 파열의 위험이 없어 안전하다.

해설 흡수식 냉동기는 냉각탑의 용량은 압축식의 1.5~2배 크기로 한다.

51 지구상에 존재하는 공기의 주된 성분이 아닌 것은?

① 산소   ② 질소
③ 알곤   ④ 염소

해설 공기주성분
산소, 질소, 오존 및 기타(질소 78%, 산소 21%, 오존 및 기타 1%)

52 환기공조용 저속덕트 송풍기로서 저항변화에 대해 풍량, 동력변화가 크고 정숙운전에 사용하기 적합한 것은?

① 시로코 팬
② 축류 송풍기
③ 에어 포일팬
④ 프로펠러형 송풍기

해설 시로코 팬
다익형 팬이며 정숙운전용(압입용 송풍기로 사용된다.)

53 건구온도 30℃, 상대습도 50%인 습공기 500m³/h를 냉각코일에 의하여 냉각한다. 코일의 장치노점온도는 10℃이고 바이패스 팩터가 0.1이라면 냉각된 공기의 온도(℃)는 얼마인가?

① 10   ② 12
③ 24   ④ 28

해설 냉각온도$(t_2) = t_s + (t_1 - t_s) \times (BF)$
$= 10 + (30 - 10) \times 0.1 = 12℃$

54 다음 중 난방손실부하만으로 나열된 것은?

① 전도, 틈새바람, 덕트, 복사에 의한 열 손실
② 전도, 조명, 틈새바람, 환기에 의한 열 손실
③ 전도, 틈새바람, 덕트, 환기에 의한 열 손실
④ 전도, 인체, 조리기구, 환기에 의한 열 손실

해설 난방손실부하
전도손실, 틈새바람에 의한 열손실, 덕트에 의한 열손실, 환기열손실

55 개별 공조방식의 특징이 아닌 것은?

① 국소적인 운전이 자유롭다.
② 중앙방식에 비해 소음과 진동이 크다.
③ 외기 냉방을 할 수 있다.
④ 취급이 간단하다.

해설 개별 공조방식은 외기냉방이 불가능하다.

ANSWER | 48. ① 49. ④ 50. ③ 51. ④ 52. ① 53. ② 54. ③ 55. ③

56 다음 난방방식 중 열매체의 열용량이 가장 작으며 실내온도 분포도가 나쁜 방식은?
① 복사난방　　② 온수난방
③ 증기난방　　④ 온풍난방

해설 온풍난방
열매체의 열용량이 가장 작다.(공기의 비열이 적기 때문)

57 벌집모양의 로터를 회전시키면서 위 부분으로 외기를 아래쪽으로 실내배기를 통과하면서 외기와 배기의 온도 및 습도를 교환하는 열교환기는?
① 고정식 전열교환기
② 현열교환기
③ 히트 파이프
④ 회전식 전열교환기

해설 전열식 회전열 교환기
카세트의 내부에는 알루미늄박지·세라믹 파이버 등을 사용하여 표면적이 최대가 되고, 벌집형·원통형으로 제작

58 외기온도 -5℃일 때 공급공기를 18℃로 유지하는 히트 펌프 난방을 한다. 방의 총 열손실이 50,000 kcal/h일 때 외기로부터 얻은 열량은 약 몇 kcal/h인가?
① 43,500　　② 46,047
③ 50,000　　④ 53,255

해설 $T_1 = 273 - 5 = 268K$
$T_2 = 273 + 18 = 291K$
$Q' = Q \times \dfrac{T_1}{T_2} = 50,000 \times \dfrac{268}{291} = 46,048 \text{kcal/h}$

59 다음 중 배관 및 덕트에 사용되는 보온 단열재가 갖추어야 할 조건이 아닌 것은?
① 열전도율이 클 것
② 불연성 재료로서 흡습성이 작을 것
③ 안전 사용 온도 범위에 적합할 것
④ 물리·화학적 강도가 크고 시공이 용이할 것

해설 단열보온재는 다공질로서 열전도율(kJ/m℃)이 적어야 된다.

60 다음 중 기계적인 힘을 에너지원으로 사용하는 방식으로 송풍기 등을 이용하여 강제로 배기하는 방식은?
① 자연적인 환기
② 기계적인 환기
③ 대류에 의한 환기
④ 온도차에 의한 환기

해설 • 기계적인 환기 : 강제급배기환기(1, 2, 3종 환기)
• 자연환기 : 중력환기

56. ④ 57. ④ 58. ② 59. ① 60. ② | ANSWER

2011년 2회 공조냉동기계기능사

01 가스용접기를 이용하여 동관을 용접하였다. 용접을 마친 후 조치로서 올바른 것은?(단, 용기의 메인 밸브는 추후 닫는 것으로 한다.)
① 산소 밸브를 먼저 닫고 아세틸렌 밸브를 닫을 것
② 아세틸렌 밸브를 먼저 닫고 산소 밸브를 닫을 것
③ 산소 및 아세틸렌 밸브를 동시에 닫을 것
④ 가스 압력조정기를 닫은 후 호스 내 가스를 유지시킬 것

해설 동관 가스용접기 안전조치
산소밸브를 먼저 닫고 아세틸렌 밸브를 닫을 것

02 해머작업 시 지켜야 할 사항 중 적절하지 못한 것은?
① 녹슨 것을 때릴 때 주의하도록 한다.
② 해머는 처음부터 힘을 주어 때리도록 한다.
③ 작업 시에는 타격하려는 곳에 눈을 집중시킨다.
④ 열처리된 것을 해머로 때리지 않도록 한다.

해설 해머는 처음부터 가볍게 힘을 준 후 차츰차츰 힘을 주어 때리도록 한다.

03 작업자의 안전태도를 형성하기 위한 가장 유효한 방법은?
① 안전한 보호구 준비
② 안전한 환경의 조성
③ 안전 표지판의 부착
④ 안전에 관한 교육 실시

해설 작업자의 안전태도를 형성하기 위한 가장 유효한 방법으로 안전에 관한 교육을 실시한다.

04 재해 발생 중 사람이 건축물, 비계, 기계, 사다리, 계단 등에서 떨어지는 것을 무엇이라고 하는가?
① 도괴 ② 낙하
③ 비래 ④ 추락

해설 추락
건축물, 비계, 기계, 사다리, 계단 등에서 떨어지는 것

05 피뢰기가 구비해야 할 성능조건으로 옳지 않은 것은?
① 반복 동작이 가능할 것
② 견고하고 특성변화가 없을 것
③ 충격방전 개시전압이 높을 것
④ 뇌전류의 방전능력이 클 것

해설 피뢰기기 구비조건에서는 충격방전 개시전압이 낮을 것

06 보일러의 안전한 운전을 위하여 근로자에게 보일러와 운전방법을 교육하여 안전사고를 방지하여야 한다. 다음 중 교육내용에 해당되지 않는 것은?
① 가동 중인 보일러에는 작업자가 항상 정위치를 떠나지 아니할 것
② 압력방출장치·압력제한스위치·화염검출기의 설치 및 정상 작동 여부를 점검할 것
③ 압력방출장치의 개방된 상태를 확인할 것
④ 고저수위조절장치와 급수펌프와의 상호 기능상태를 점검할 것

해설 압력방출장치의 상태확인은 보일러 계속사용안전검사 시 실시한다.(압력방출장치는 밀폐되어 있다.)

07 압축가스의 저장탱크에는 그 저장탱크 내용적의 몇 %를 초과하여 충전하면 안되는가?
① 90% ② 80%
③ 75% ④ 70%

해설
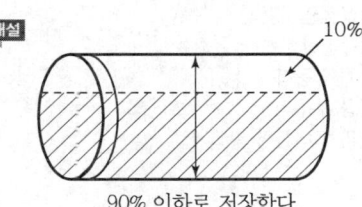
90% 이하로 저장한다.

ANSWER | 1.① 2.② 3.④ 4.④ 5.③ 6.③ 7.①

08 불응축 가스가 냉동장치 운전에 미치는 영향으로 옳지 않은 것은?
① 응축압력이 낮아진다.
② 냉동능력이 감소한다.
③ 소비전력이 증가한다.
④ 응축압력이 상승한다.

해설 불응축가스가 존재하면 냉동장치 운전 중 응축압력이 높아진다.

09 보일러 점화 직전 운전원이 반드시 제일 먼저 점검해야 할 사항은?
① 공기온도 측정
② 보일러 수위 확인
③ 연료의 발열량 측정
④ 연소실의 잔유가스 측정

해설 보일러 점화 직전 프리퍼지(환기) 및 수위확인이 가장 우선이다.

10 방폭성능을 가진 전기기기의 구조 분류에 해당되지 않는 것은?
① 내압 방폭구조
② 유입 방폭구조
③ 압력 방폭구조
④ 자체 방폭구조

해설 ④는 안전증 방폭구조이어야 한다.

11 산업재해의 직접적인 원인에 해당되지 않는 것은?
① 안전장치의 기능상실
② 불안전한 자세와 동작
③ 위험물의 취급 부주의
④ 기계장치 등의 설계불량

해설 산업재해의 직접적인 원인
① 안전장치 기능상실
② 불안전한 자세와 동작
③ 위험물의 취급 부주의
④ 기계장치 등의 조립불량 및 고장

12 안전에 관한 정보를 제공하기 위한 안내표지의 구성색으로 맞는 것은?
① 녹색과 흰색
② 적색과 흑색
③ 노란색과 흑색
④ 청색과 흰색

해설 안내표지 구성색은 일반적으로 녹색과 흰색이다.

13 냉동제조시설의 안전관리규정 작성요령에 대한 설명 중 잘못된 것은?
① 안전관리자의 직무, 조직에 관한 사항을 규정할 것
② 종업원의 훈련에 관한 사항을 규정할 것
③ 종업원의 후생복지에 관한 사항을 규정할 것
④ 사업소시설의 공사·유지에 관한 사항을 규정할 것

해설 ③은 종업원의 복지에 관한 설명이다.

14 산업재해의 발생원인별 순서로 맞는 것은?
① 불안전한 상태 > 불안전한 행위 > 불가항력
② 불안전한 행위 > 불안전한 상태 > 불가항력
③ 불안전한 상태 > 불가항력 > 불안전한 행위
④ 불안전한 행위 > 불가항력 > 불안전한 상태

해설 산업재해 발생원인별 순서
불안전한 행위 > 불안전한 상태 > 불가항력

15 목재화재 시에는 물을 소화제로 이용하는데 주된 소화효과는?
① 제거효과
② 질식효과
③ 냉각효과
④ 억제효과

해설 목재화재 시에는 물을 소화제로 사용하면 냉각효과(물의 증발잠열 이용)를 보게 된다.

16 다음 중 지수식 응축기라고도 하며 나선모양의 관에 냉매를 통과시키고 이 나선관을 구형 또는 원형의 수조에 담고 순환시켜 냉매를 응축시키는 응축기는?
① 셸 앤 코일식 응축기
② 증발식 응축기
③ 공랭식 응축기
④ 대기식 응축기

8. ① 9. ② 10. ④ 11. ④ 12. ① 13. ③ 14. ② 15. ③ 16. ① | ANSWER

해설 셸 앤 코일식 응축기
원통 내에 핀이 달린 동관제의 코일이 감겨 있으며 근래에는 잘 사용하지 않는다. 셸 내는 냉매 코일 내는 냉각수가 흐르며 일명 지수식이라 한다.

17 냉동장치에 사용하는 냉동기유(Refrigeration Oil)에 대한 설명 및 구비조건으로 잘못된 것은?
① 적당한 점도를 가지며, 유막형성 능력이 뛰어날 것
② 인화점이 충분히 높아 고온에서도 변하지 않을 것
③ 밀폐형에 사용하는 것은 전기절연도가 클 것
④ 냉매와 접촉하여도 화학반응을 하지 않고, 냉매와의 분리가 어려울 것

해설 냉동기유는 냉매와 분리가 용이한 것이어야 한다.

18 다음 압축기 중에서 압축방법이 다른 것은?
① 고속다기통압축기 ② 터보압축기
③ 스크루압축기 ④ 회전식 압축기

해설 터보압축기(원심식) : 비용적식 압축기

19 1초 동안에 75kgf·m의 일을 할 경우 시간당 발생하는 열량은 약 몇 kcal/h인가?
① 621kcal/h ② 632kcal/h
③ 653kcal/h ④ 675kcal/h

해설 1마력(1PS)
$75kg \cdot m/s \times 1hr \times 3,600s/hr \times \frac{1}{427} kcal/kg \cdot m$
$= 632 kcal/h$

20 냉동장치 내에 냉매가 부족할 때 일어나는 현상이 아닌 것은?
① 냉동능력이 감소한다.
② 고압 측 압력이 상승한다.
③ 흡입관에 상(雪)이 묻지 않는다.
④ 흡입가스가 과열된다.

해설 냉매량이 부족하면 압력이 저하된다. 수온이 상승하면 응축압력이 상승한다.

21 냉동부속장치 중 응축기와 팽창밸브 사이의 고압관에 설치하며 증발기의 부하변동에 대응하여 냉매공급을 원활하게 하는 것은?
① 유분리기 ② 수액기
③ 액분리기 ④ 중간 냉각기

해설 수액기 역할
증발기 부하변동에 대응하여 냉매공급을 원활하게 한다.

22 다음 중 350~450℃의 배관에 사용하는 탄소강관으로서 과열증기관 등의 배관에 가장 적합한 관은?
① SPPH ② SPHT
③ SPW ④ SPPW

해설 SPHT
350~450℃의 배관용으로 과열증기관 등의 고온배관용 탄소강 강관

23 다음 중 이상적인 냉동사이클에 해당되는 것은?
① 오토 사이클 ② 카르노 사이클
③ 사바테 사이클 ④ 역카르노 사이클

해설 이상적인 냉동사이클 : 역카르노 사이클

24 관속을 흐르는 유체가 가스일 경우 도시기호는?
① ─O─⊙ ② ─G─⊙
③ ─S─⊙ ④ ─A─⊙

해설 ① O : 오일
② G : 가스
③ S : 스팀
④ A : 공기

ANSWER | 17.④ 18.② 19.② 20.② 21.② 22.② 23.④ 24.②

25 관로를 흐르는 유체의 유속 및 유량에 대한 설명으로 틀린 것은?

① 동일 유량이 흐르는 관로에서는 연속의 법칙에 의해 관의 단면 크기에 따라 유속은 다르게 나타난다.
② 단위시간에 흐르는 물의 양을 유속이라 한다.
③ 유량의 측정은 용기에 의한 방법, 오리피스에 의한 방법 등이 사용된다.
④ 유속은 베르누이 정리에 의해 중력가속도, 에너지수두에 의해 결정된다.

해설 단위시간에 흐르는 물의 양 : 유량(m^3/h)
유량(Q) = 유속(V) × 단면적(A)
유속(V) = $\dfrac{유량(m^3/s)}{단면적(m^2)}$ (m/s)
단면적(A) = $\dfrac{유량(m^3/s)}{유속(m/s)}$ (m^2)

26 다음 중 보온재의 구비조건 중 틀린 것은?

① 열전도성이 적을 것
② 수분흡수가 좋을 것
③ 내구성이 있을 것
④ 설치공사가 쉬울 것

해설 보온재는 흡수성이나 흡습성이 적을 것

27 2단압축 2단팽창사이클로 운전되는 암모니아 냉동장치에서 저단축 압축기의 피스톤 압축량이 444.4 m^3/h일 때 저단축 냉매순환량(kg/h)은 얼마인가? (단, 저단축 및 고단축 압축기의 체적효율은 각각 0.7 및 0.8이며, 저단축 및 고단축 흡입가스의 비체적을 각각 1.55m^3/kg 및 0.42m^3/kg이다.)

① 100.2
② 200.7
③ 300.7
④ 400.5

해설 $\dfrac{444.4}{1.55}$ = 286.70kg/h
∴ 286.70 × 0.7 = 200.7kg/h

28 암모니아 흡수냉동사이클에 관한 설명 중 틀린 것은?

① 흡수기에서 암모니아 증기가 농축된 농용액이 된다.
② 발생기에서는 남은 희박용액을 흡수기로 되돌려 보낸다.
③ 열교환기에서는 발생기로부터 흡수기로 가는 희박용액이 가열된다.
④ 발생기 내에서는 물의 일부도 증발한다.

해설 흡수식 냉동기에서 열교환기에서 발생기로부터 흡수기로 가는 희박용액은 냉각된다. 흡수기에서 재생기로 가기 위해 열교환기에서는 가열된다.

29 절대압력이 0.5165kgf/cm^2일 때 복합 압력계로 표시되는 진공도는 약 얼마인가?

① 28cmHgV
② 22.8cmHgV
③ 38cmHgV
④ 32.8cmHgV

해설
- 진공도 = $\dfrac{진공압(cmHg)}{76cmHg}$
- 진공도 0% = 표준대기압(76cmHg)
- 진공도 100% = 완전진공
∴ 76 × $\dfrac{0.5165}{1.0332}$ = 38cmHg

30 응축기에서 제거되는 열량은?

① 증발기에서 흡수한 열량
② 압축기에서 가해진 열량
③ 증발기에서 흡수한 열량과 압축기에서 가해진 열량
④ 압축기에서 가해진 열량과 기계실 내에서 가해진 열량

해설 응축기의 제거열량(Q)
Q = 증발기 흡수열량 + 압축기에서 가해진 열량

31 다음 중 불응축가스가 주로 모이는 곳은?

① 증발기
② 액분리기
③ 압축기
④ 응축기

해설
- 불응축가스가 주로 모이는 곳 : 응축기
- 불응축가스 : 공기, 수소가스 등

32 도선에 전류가 흐를 때 발생하는 열량으로 옳은 것은?

① 전류의 세기에 비례한다.
② 전류의 세기에 반비례한다.
③ 전류의 세기의 제곱에 비례한다.
④ 전류의 세기의 제곱에 반비례한다.

해설 도선에 전류가 흐를 때 발생하는 열량은 전류의 세기의 제곱에 비례

열량$(H) = \dfrac{1}{4.186} I^2 Rt = 0.24 I^2 Rt$ (cal)

33 대기 중의 습도에 따라 냉매의 응축에 영향을 많이 받는 응축기는?

① 입형 셸 앤 튜브(Shell & Tube) 응축기
② 이중관식 응축기
③ 횡형 셸 앤 튜브(Shell & Tube) 응축기
④ 증발식 응축기

해설 증발식 응축기 특성
대기 중의 습도에 따라 냉매의 응축에 영향을 많이 받는다.

34 가정용 세탁기나 커피자동 판매기처럼 미리 정해진 순서에 따라 조작부가 동작하여 제어목표를 달성하는 제어는?

① On-Off 제어
② 시퀀스 제어
③ 공정 제어
④ 서보 제어

해설 시퀀스 제어(정성적 제어)
가정용 세탁기, 커피자동 판매기 등 순차적 제어

35 압축기 체적효율에 영향을 미치지 않는 것은?

① 격간(Clearance)용적
② 전동기의 슬립효율
③ 실린더 과열
④ 흡입밸브의 저항

해설 슬립(Slip)
미끄럼(유도전동기에서 자계의 회전수, 즉, 동기회전수 n과 실제의 회전수 n의 차와 동기회전수와의 비) 백분율로 나타내는 일이 많다.

36 다음 $P-h$(압력-엔탈피) 선도에서 응축기 출구의 포화액을 표시하는 점은?

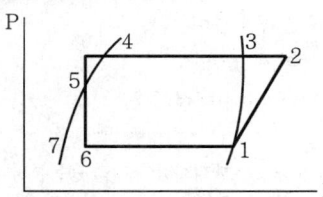

① 1
② 3
③ 4
④ 6

해설 $P-h$(압력-엔탈피) 선도
• 4 : 응축기 출구의 포화액
• 1 : 압축기 입구(증발기 출구)

37 브라인에 대한 설명 중 옳지 못한 것은?

① 일반적으로 무기질 브라인은 유기질 브라인에 비해 부식성이 크다.
② 브라인은 용액의 농도에 따라 동결온도가 달라진다.
③ 브라인은 2차 냉매라고도 한다.
④ 브라인의 구비조건으로는 비중이 적당하고 점도가 커야 한다.

해설 브라인(2차 냉매=간접냉매)은 점성이 적고 열용량이 크며 전열이 좋을 것

38 표준냉동사이클에서 냉동효과가 큰 냉매 순서로 맞는 것은?

① 암모니아>프레온 114>프레온 22
② 프레온 22>프레온 114>암모니아
③ 프레온 114>프레온 22>암모니아
④ 암모니아>프레온 22>프레온 114

해설 기준냉동사이클냉동효과
• 암모니아 : 269(kcal/kg)
• 프레온 22 : 52(kcal/kg)
• 프레온 114 : 25.13(kcal/kg)

ANSWER | 32.③ 33.④ 34.② 35.② 36.③ 37.④ 38.④

39 원심(Turbo)식 압축기의 특징이 아닌 것은?
① 진동이 적다.
② 1대로 대용량이 가능하다.
③ 접동부가 없다.
④ 용량에 비해 대형이다.

해설 원심식 냉동기는 대형화함에 따라 냉동톤당 가격이 싸다. 중용량 이상에서는 단위냉동톤당 설치면적이 적어도 된다.

40 회전식 압축기의 특징을 설명한 것으로 틀린 것은?
① 회전식 압축기는 조립이나 조정에 있어 정밀도가 요구되지 않는다.
② 잔류가스의 재팽창에 의한 체적효율의 감소가 적다.
③ 직결구동에 용이하며 왕복통에 비해 부품수가 적고 구조가 간단하다.
④ 왕복동식에 비해 진동과 소음이 적다.

해설 회전식은 구조는 간단하나 조립이나 조정이 편리하고 부품수가 적어도 된다. 압축이 연속적이라 고진공을 얻을 수 있다.

41 압축기 보호장치 중 고압차단 스위치(HPS)의 작동 압력을 정상적인 고압에 몇 kgf/cm²정도 높게 설정하는가?
① 1   ② 4
③ 10   ④ 25

해설 고압차단스위치(HPS)
정상적인 고압+4kg/cm²에서 작동한다.

42 동력나사 절삭기의 종류가 아닌 것은?
① 오스터식
② 다이헤드식
③ 로터리식
④ 호브(Hob)식

해설 로터리식 : 강관의 벤딩용 공구

43 다음 중 냉동에 대한 정의 설명으로 가장 적합한 것은?
① 물질의 온도를 인위적으로 주위의 온도보다 낮게 하는 것을 말한다.
② 열이 높은 데서 낮은 곳으로 흐르는 것을 말한다.
③ 물체 자체의 열을 이용하여 일정한 온도를 유지하는 것을 말한다.
④ 기체가 액체로 변화할 때의 기화열에 의한 것을 말한다.

해설 냉동
물질의 온도를 인위적으로 주위의 온도보다 낮게 하는 것

44 온도작동식 자동팽창 밸브에 대한 설명으로 옳은 것은?
① 실온을 서모스탯에 의하여 감지하고, 밸브의 개도를 조정한다.
② 팽창밸브 직전의 냉매온도에 의하여 자동적으로 개도를 조정한다.
③ 증발기 출구의 냉매온도에 의하여 자동적으로 개도를 조정한다.
④ 압축기의 토출 냉매온도에 의하여 자동적으로 개도를 조정한다.

해설 온도작동식 자동팽창밸브
증발기 출구의 냉매온도에 의하여 자동적으로 개도를 조정한다.

45 열펌프에 대한 설명 중 옳은 것은?
① 저온부에서 열을 흡수하여 고온부에서 열을 방출한다.
② 성적계수는 냉동기 성적계수보다 압축소요동력만큼 낮다.
③ 제빙용으로 사용이 가능하다.
④ 성적계수는 증발온도가 높고, 응축온도가 낮을수록 작다.

해설 열펌프(히트펌프)
저온부에서 (증발기) 열을 흡수하여 고온부(응축기)에서 열을 방출한다.

39. ④ 40. ① 41. ② 42. ③ 43. ① 44. ③ 45. ① | ANSWER

46 다음 중 송풍기의 풍량 제어방법이 아닌 것은?
① 뎀퍼 제어 ② 회전수 제어
③ 베인 제어 ④ 자기 제어

해설 송풍기 제어
- 댐퍼 제어
- 베인 제어
- 회전수 제어

47 공기조화기의 열원장치에 사용되는 온수보일러의 밀폐형 팽창탱크에 설치되지 않는 부속설비는?
① 배기관 ② 압력계
③ 수면계 ④ 안전밸브

해설 배기관은 온수보일러 개방식 팽창탱크에 설치된다.

48 공기정화장치인 에어필터에 대한 설명으로 틀린 것은?
① 유닛형 필터는 유닛형의 틀 안에 여재를 고정시킨 것으로 건식과 점착식이 있다.
② 고성능의 HEPA 필터는 포집률이 좋아 클린룸이나 방사성 물질을 취급하는 시설 등에서 사용된다.
③ 롤형필터는 포집률은 높지 않으나 보수관리가 용이하므로 일반공조용으로 많이 사용된다.
④ 포집률의 측정법에는 계수법, 비색법, 농도법, 중량법의 4가지 방법이 있다.

해설 에어필터 효율측정법
중량법, 변색도법(비색법), 계수법(DOP법)

49 겨울철 환기를 위해 실내를 지나는 덕트 내의 공기 온도가 노점온도 이하의 상태로 통과되면 덕트에 이슬이 발생하는데 이를 방지하기 위한 조치로서 가장 적당한 것은?
① 방식 피복 ② 배기 보온
③ 방로 피복 ④ 덕트 은폐

해설 방로 피복 : 겨울철 덕트 내의 이슬제거용

50 1보일러 마력은 약 몇 kcal/h의 증발량에 상당하는가?
① 7,205kcal/h ② 8,435kcal/h
③ 9,500kcal/h ④ 10,800kcal/h

해설 보일러 1마력=상당증발량 15.65(kg/h)
∴ 15.65(kg/h)×539(kcal/kg)=8,435kcal/h
※ 100℃의 포화수 증발잠열=539kcal/kg

51 셸 튜브(Shell & Tube)형 열교환기에 관한 설명으로 옳은 것은?
① 전열관 내 유속은 내식성이나 내마모성을 고려하여 1.8m/s 이하가 되도록 하는 것이 바람직하다.
② 동관을 전열관으로 사용할 경우 유체 온도가 150℃ 이상이 좋다.
③ 증기와 온수의 흐름은 열교환 측면에서 병행류가 바람직하다.
④ 열관류율을 재료의 유체의 종류에 따라 거의 일정하다.

해설 동관은 온도가 높으면 열 팽창률이 크며 열교환기는 향류흐름이 열전달이 우수하고 열관류율은 유체의 종류 또는 열교환기 재질에 따라 다르다.

52 실내에 있는 사람이 느끼는 더위, 추위의 체감에 영향을 미치는 수정 유효온도의 주요요소는?
① 기온, 습도, 기류, 복사열
② 기온, 기류, 불쾌지수, 복사열
③ 기온, 사람의 체온, 기류, 복사열
④ 기온, 주위의 벽면온도, 기류, 복사열

해설 수정유효온도 주요요소
세로측의 건구온도 대신 글로브(Globe) 온도계의 온도로 대치시켜서 유효온도선도와 같은 방법으로 읽는 온도가 수정유효온도(CET)이고 주요요소는 온도, 습도, 기류, 복사열이다.

53 공기조화과정 중에서 80℃의 온수를 분무시켜 가습하고자 한다. 이때의 열수분비는 몇 kcal/kg인가?
① 30 ② 80
③ 539 ④ 640

ANSWER | 46. ④ 47. ① 48. ④ 49. ③ 50. ② 51. ① 52. ① 53. ②

해설 열수분비 $(u) = \dfrac{i_2 - i_1}{x_2 - x_1} = \dfrac{d_i}{dx}$

80℃ × 1kcal/kg℃ = 80kcal/kg

54 다음 중 공기조화기의 구성요소가 아닌 것은?
① 공기여과기 ② 공기가열기
③ 공기세정기 ④ 공기압축기

해설 압축기는 냉동기에 필요하고 공기압축기는 공업용으로 사용. 공조기는 냉, 난방용에 많이 사용한다.

55 다음 중 환기의 목적이 아닌 것은?
① 이산화탄소의 공급
② 신선한 공기의 공급
③ 재실자의 건강, 안전, 쾌적, 작업능률 등의 유지
④ 공기환경의 악화로부터 제품과 주변기기의 손상 방지

해설 환기를 하면 CO_2를 배출하고 신선한 실외공기를 실내로 투입시킨다.

56 실내의 바닥, 천장 또는 벽면 등에 파이프코일(혹은 패널)을 설치하고 그 면을 복사면으로 하여 냉난방의 목적을 달성할 수 있는 방식은 무엇인가?
① 각층 유닛 방식 ② 유인 유닛 방식
③ 복사 냉난방방식 ④ 팬코일 유닛 방식

해설 복사냉난방 방식
파이프코일 내로 온수를 보내어 냉방 또는 난방에 사용한다.

57 온풍난방에 대한 설명 중 맞는 것은?
① 설비비는 다른 난방에 비하여 고가이다.
② 예열부하가 크므로 예열시간이 길다.
③ 습도조절이 불가능하다.
④ 실내 층고가 높을 경우에는 상하의 온도차가 크다.

해설 온풍난방의 특징
• 저가로 해결된다.
• 예열부하가 작다.
• 습도조절이 가능하다.
• 온도차가 적다.(층고에 따라서)

58 다음 방열기 중 고압증기 사용에 가장 적합한 것은?
① 대류 방열기 ② 복사 방열기
③ 길드 방열기 ④ 관 방열기

해설 관 방열기
고압증기 사용에 가장 적합하다.

59 공기조화용 취출구 종류 중 관에 일정한 크기의 구멍을 뚫어 토출구를 만들었으며 천장설치용으로 적당하며, 확산효과가 크기 때문에 도달거리가 짧은 것은?
① 아네모스탯(Annemostat)형
② 라인(Line)형
③ 팬(Pan)형
④ 다공판(Multi Vent)형

해설 다공판형 취출구
• 취출구 프레임에 다공판을 부착시킨다.
• 천장용 취출구이며 취출구 두께가 얇아서 천장 내의 덕트 스페이스가 작다.
• 확산효과가 크고 도달거리가 짧으며 통풍력이 적다.
• 거주영역의 공간높이가 낮은 방에도 확산효과가 크다.

60 다음 중 현열만 함유한 부하는?
① 인체의 발생부하
② 환기용 외기부하
③ 극간풍에 의한 부하
④ 조명(형광등)에 의한 부하

해설 조명이나 형광등은 현열부하만 계산되며 H_2O성분이 없어서 잠열부하는 불가능하다.

54. ④ 55. ① 56. ③ 57. ④ 58. ④ 59. ④ 60. ④ | ANSWER

2011년 3회 공조냉동기계기능사

01 암모니아 냉동장치에서 암모니아가 누설되는 곳에 붉은 리트머스 시험지를 대면 어떤 색으로 변화되는가?
① 흑색　　② 다갈색
③ 청색　　④ 백색

[해설] 암모니아 누설검지
적색의 리트머스 시험지(누설되면 청색변화 발생)

02 고압전선이 단선된 것을 발견하였을 때 어떠한 조치가 가장 안전한 것인가?
① 위험하다는 표시를 하고 돌아온다.
② 사고사항을 기록하고 다음 장소의 순찰을 계속한다.
③ 발견 즉시 회사로 돌아와 보고한다.
④ 일반인의 접근 및 통행을 막고 주변을 감시한다.

[해설] 고압전선이 끊어져서 단선되면 즉시 일반인의 접근 및 통행을 막고 주변을 감시한다.

03 산소-아세틸렌 용접 시 역화의 원인으로 틀린 것은?
① 토치 팁이 과열되었을 때
② 토치에 절연장치가 없을 때
③ 사용가스의 압력이 부적당할 때
④ 토치 팁 끝이 이물질로 막혔을 때

[해설] 토치 절연장치 미비와 산소-아세틸렌 가스용접의 역화원인과는 관련성이 없다.

04 드릴작업 시 주의사항이다. 틀린 것은?
① 드릴회전 중에는 칩을 입으로 불어서는 안 된다.
② 작업에 임할때는 복장을 단정히 한다.
③ 가공 중 드릴 끝이 마모되어 이상한 소리가 나면 즉시 바꾸어 사용한다.
④ 이송레버에 파이프를 끼워 걸고 재빨리 돌린다.

[해설] 드릴작업 시 이송레버에 파이프를 끼워 작업하는 것은 금물이다.

05 산소가 결핍되어 있는 장소에서 사용되는 마스크는?
① 송풍마스크　　② 방진마스크
③ 방독마스크　　④ 특급 방진마스크

[해설] 송풍마스크
산소가 결핍되어 있는 장소에 사용되는 마스크

06 안전대책의 3원칙에 속하지 않는 것은?
① 기술적 대책　　② 자본적 대책
③ 교육적 대책　　④ 관리적 대책

[해설] 안전대책 3원칙
• 기술적 대책
• 교육적 대책
• 관리적 대책

07 안전사고의 발생 중 가장 큰 원인이라 할 수 있는 것은?
① 설비의 미비　　② 정돈상태의 불량
③ 계측공구의 미비　　④ 작업자의 실수

[해설] 안전사고 발생 중 가장 큰 원인 : 작업자의 실수

08 다음 중 B급 및 C급 화재에 공용으로 사용하는 소화기로 적당한 것은?
① 포말소화기
② 분말소화기
③ 수용액(물)
④ 건조사(모래)

[해설] • B급, C급 화재 공용 소화기 : 분말소화기
• B급(유류화재), C급(전기화재)

ANSWER | 1.③ 2.④ 3.② 4.④ 5.① 6.② 7.④ 8.②

09 전기기구에 사용하는 퓨즈(Fuse)의 재료로 부적당한 것은?
① 납 ② 주석
③ 아연 ④ 구리

해설 전기기구 퓨즈 재료 : 납, 주석, 아연 등

10 정전 작업 시의 안전관리사항 중 적합하지 못한 것은?
① 무전압 상태의 유지
② 잔류전하의 방전
③ 단락접지
④ 과열, 습기, 부식의 방지

해설 정전 작업 시 안전관리사항
- 무전압 상태의 유지
- 잔류전하의 방전
- 단락접지

11 냉동설비의 설치공사 후 기밀시험 시 사용되는 가스로 적합하지 않은 것은?
① 공기
② 산소
③ 질소
④ 아르곤

해설 산소 같은 조연성 가스는 기밀시험 가스로는 적합하지 못하다.

12 냉동기 운전 중 토출압력이 높아져 안전장치가 작동할 때 점검하지 않아도 되는 것은?
① 냉매 계통에 공기혼입 유무
② 응축기의 냉각수량, 풍량의 감소 여부
③ 토출배관 중의 밸브 잠김의 이상 여부
④ 토출 밸브에서의 누설 여부

해설 냉동기 운전 중 토출압력이 높아져 안전장치가 작동하면 ①, ②, ③ 내용을 점검한다.

13 보일러 설치 기준으로 옳지 않은 것은?
① 증기 보일러에는 2개 이상의 안전밸브를 설치할 것
② 안전밸브는 가능한 한 보일러의 동체에 직접 부착할 것
③ 안전밸브 및 압력 방출 장치의 크기는 호칭지름 10A 이상으로 할 것
④ 과열기 출구에는 1개 이상의 안전밸브를 설치할 것

해설 안전밸브나 압력방출장치는 20A 이상의 호칭지름이 필요하다.

14 산업안전보건법에 의하여 고용노동부장관이 실시하는 검정을 받아야 할 보호구에 속하지 않는 것은?
① 안전대 ② 보호의
③ 보안경 ④ 방독마스크

해설 보호의는 검정을 받지 않아도 되는 보호구이다.(산업안전보건법에서)

15 다음 중 정신적인 재해의 원인에 해당되는 것은?
① 불안과 초조
② 수면부족 및 피로
③ 이해부족 및 훈련미숙
④ 난청 및 시각장애

해설 불안, 초조 : 정신적 재해의 원인

16 일정 전압의 직류 전원에 저항을 접속하고 전류를 흘릴 때 이 전류의 값을 50% 증가시키면 저항 값은 약 몇 배로 되는가?
① 0.12 ② 0.36
③ 0.67 ④ 1.53

해설
- 고유저항 단위 : $\rho = R\dfrac{n}{l} = (\Omega \cdot m^2/m)$
- 전류의 크기는 도체의 저항에 반비례한다.
- $I(전류) = \dfrac{V}{R}(A), V = IR(V), R = \dfrac{V}{I}(\Omega)$

$\therefore \dfrac{V}{(1+0.5) \cdot I} = \dfrac{1}{1.5} = 0.67$

9. ④ 10. ④ 11. ② 12. ④ 13. ③ 14. ② 15. ① 16. ③ | ANSWER

17 냉매 배관의 시공에 대한 설명 중 맞지 않는 것은?
① 기기 상호 간의 길이는 가능한 길게 한다.
② 관의 가공에 의한 재질의 변질을 최소화 한다.
③ 압력손실은 지나치게 크지 않도록 한다.
④ 냉매의 온도와 압력에 충분히 견딜 수 있어야 한다.

해설 냉매 배관의 시공에 대한 설명에서 기기 상호 간의 길이는 가능한 짧게 연결한다.(냉매순환을 촉진하기 위하여)

18 CA 냉장고란 무엇을 말하는가?
① 제빙용 냉동고
② 공조용 냉장고
③ 해산물 냉동고
④ 청과물 냉장고

해설 CA 냉장고 : 청과물 냉장고

19 탱크형 증발기를 설명한 것 중 잘못된 것은?
① 만액식에 속한다.
② 바라인의 유동속도가 늦어도 능력에는 변화가 없다.
③ 상부에는 가스헤드, 하부에는 액헤드가 존재한다.
④ 주로 암모니아용으로 제빙용에 사용된다.

해설 탱크형 증발기의 냉각관을 통과하는 브라인 통과 유속이 0.3~0.75m/s 정도여야 한다.

20 증발기에서 나온 냉매가스를 압축기에서 압축하는 이유는?
① 냉매가스의 온도를 상승시키기 위하여
② 냉매가스의 비체적을 감소시키기 위하여
③ 압력을 상승시켜 응축기 내에서 쉽게 액화할 수 있게 하기 위하여
④ 응축기에서 냉각수량 부족 시 수온상승을 방지하기 위하여

해설 압축기에서 냉매가스를 압축하여 고온, 고압하는 이유는 응축기 내에서 쉽게 잠열을 방열시켜 액화를 용이하게 한다.

21 냉동장치의 팽창밸브 용량을 결정하는 것은?
① 밸브 시트의 오리피스 직경
② 팽창밸브의 입구 직경
③ 니들 밸브의 크기
④ 팽창밸브의 출구 직경

해설 팽창밸브 용량을 결정하는 것은 밸브 시트의 오리피스 직경이다.

22 다음 중 입력신호가 0이면 출력이 1이 되고 반대로 입력이 1이면 출력이 0이 되는 회로는?
① AND회로   ② OR회로
③ NOR회로   ④ NOT회로

해설 NOT회로
• 입력신호 0 → 출력 1
• 입력신호 1 → 출력 0

23 터보식 냉동기와 왕복동식 냉동기를 비교했을 때 터보식 냉동기의 특징으로 맞는 것은?
① 회전수가 매우 빠르므로 동작밸런스를 잡기 어렵고 진동이 크다.
② 고압 냉매를 사용하므로 취급이 어렵다.
③ 소용량의 냉동기에는 한계가 있고 비싸다.
④ 저온장치에서도 압축단수가 적어지므로 사용도가 넓다.

해설 터보형 냉동기(원심식)는 소용량 제작에는 한계가 있고 가격이 비싸진다.

24 다음 설명 중 옳은 것은?
① 1HP는 860kcal/h이다.
② 승화열, 증발열, 융해열은 잠열이다.
③ 1kW보다 1kg의 물이 가진 증발잠열이 크다.
④ 섭씨온도 t℃와 절대온도 TK의 관계는 T=273－t이다.

해설 • 1kW-h=860kcal(1HP=641kcal/h)
• 잠열 : 승화열, 증발열, 융해열

ANSWER | 17. ① 18. ④ 19. ② 20. ③ 21. ① 22. ④ 23. ③ 24. ②

- 증발잠열(물) : 539kcal/kg
- T=273+℃=K(캘빈 절대온도)

25 다음 중 체크 밸브의 도시기호는?

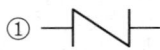 
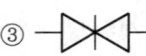 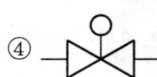

해설
① 체크 밸브 :
② 글로브 밸브 :
③ 게이트 밸브 :
④ 일반조작 밸브 :

26 다음 그림과 같이 15A 강관을 45° 엘보에 나사 연결할 때 연결 부분의 실제 소요길이는 약 얼마인가?(단, 엘보중심 길이 21mm, 나사물림 길이 13mm이다.)

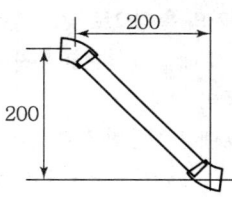

① 255.8mm ② 266.8mm
③ 274.8mm ④ 282.8mm

해설 $l = L - 2 \times (A-a)$, $\sqrt{2} = 1.414$
$L = 200 \times 1.414 = 282.8mm$
∴ $l = 282.8 - 2 \times (21-13) = 266.8mm$

27 다음 그림과 같은 역카르노 사이클에 대한 설명이 옳은 것은?

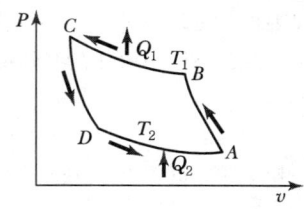

① C→D의 과정은 압축과정이다.
② B→C, D→A의 변화는 등온변화이다.
③ A→B는 냉동장치의 증발기에 해당되는 구간이다.
④ 역카르노 사이클은 1개의 단열과정과 2개의 등온과정으로 표시된다.

해설
카르노사이클　　　역카르노사이클
• C→B : 등온팽창　• C→D : 단열팽창
• A→D : 등온압축　• D→A : 등온팽창
• B→A : 단열팽창　• B→C : 등온압축
• C→D : 단열압축　• A→B : 단열압축

28 유분리기의 설치 위치로서 적당한 곳은?
① 압축기와 응축기 사이
② 응축기와 수액기 사이
③ 수액기와 증발기 사이
④ 증발기와 압축기 사이

해설 유분리기 설치 위치 : 압축기와 응축기 사이

29 완전 진공상태를 0으로 기준하여 측정한 압력은?
① 대기압 ② 진공도
③ 계기압력 ④ 절대압력

해설
• 절대압력 : 완전진공상태를 0으로 기준한 측정압력
• 계기압력 : 대기압을 0으로 기준한 측정압력
• 진공도 : 진공압의 도수

30 개스킷 재료가 갖추어야 할 조건이 아닌 것은?
① 유체에 의해 변질되지 않을 것
② 열변형이 용이할 것
③ 충분한 강도를 가질 것
④ 유연성을 유지할 수 있을 것

해설 개스킷 재료는 열의 변형이 용이한 제품은 사용상 금물이다.

25. ① 26. ② 27. ② 28. ① 29. ④ 30. ②

31 냉동장치의 기기 중 직접 압축기의 보호역할을 하는 것과 관계없는 것은?
① 안전밸브
② 유압보호 스위치
③ 고압차단 스위치
④ 증발압력 조정밸브

해설 증발압력 조정밸브(EPR)
증발기 출구에 설치하여 증발압력이 일정 압력 이하가 되면 밸브를 조여 증발기 내의 압력이 일정압력 이하가 되는 것을 방지한다.

32 냉동기유에 대한 설명으로 맞는 것은?
① 냉동기유는 암모니아 냉매보다 가벼워 만액식 증발기의 냉매액면 위로 뜬다.
② 냉동기유는 저온에서 쉽게 응고되지 않고 고온에서 쉽게 탄화되지 않아야 한다.
③ 냉동기유의 탄화현상은 일반적으로 암모니아보다 프레온 냉동장치에서 자주 발생한다.
④ 냉동기유는 증발하기 쉽고 열전도율 및 점도가 커야 한다.

해설 냉동기유 조건
• 고온에서 쉽게 탄화되지 않아야 한다.
• 저온에서 쉽게 응고되지 말 것

33 다음 중 기계적 냉동방법인 것은?
① 고체의 융해잠열을 이용하는 방법
② 고체의 승화열을 이용하는 방법
③ 기한제를 이용하는 방법
④ 증기압축식 냉동기를 이용하는 방법

해설 기계적 냉동방법
증기압축식 냉동기 이용방법(프레온, 암모니아 등을 사용하는 냉동법)

34 스크루 압축기의 장점으로 맞는 것은?
① 토크 변동이 많다.
② 압축요소의 미끄럼 속도가 빠르다.
③ 흡입밸브나 토출밸브가 없으며 부품수가 적다.
④ 고효율, 고소음, 고진동 및 고신뢰성을 갖는다.

해설 스크루 압축기 특징
• 흡입 및 토출밸브가 없다.
• 압축기 체적이 작다.
• 역지밸브가 필요하다.
• 고장이 적다.

35 축열장치 중 수축열 장치의 특징으로 틀린 것은?
① 냉수 및 온수 축열이 가능하다.
② 축열조의 설계 및 시공이 용이하다.
③ 열용량이 큰 물을 축열재로 이용한다.
④ 빙축열에 비하여 축열공간이 작아진다.

해설 축열장치(수축열) 방식은 빙축열에 비하여 축열공간이 넓어진다.

36 직접 팽창의 냉동 방식에 비해 브라인식은 어떤 장점이 있는가?
① 냉매누설에 의한 냉장용의 오염우려가 없다.
② 설비가 간단하다.
③ 냉동기 장치에 따른 냉장실 온도의 상승이 빠르다.
④ 운전비가 적게 들어간다.

해설 브라인(간접 팽창)은 냉매누설에 의한 냉장품의 오염 우려가 적다.

37 수냉식 응축기의 능력을 증가시키는 방법 중 적합하지 않은 것은?
① 냉각수량을 증가시킨다.
② 수온을 낮춰 준다.
③ 응축기 코일을 세척한다.
④ 냉각수 유속을 2배로 증가시킨다.

해설 수냉식 응축기의 냉각수 유속은 적당하게 하여 잠열을 회수하여 냉매가스를 응축액화시킨다.

ANSWER | 31. ④ 32. ② 33. ④ 34. ③ 35. ④ 36. ① 37. ④

38 암모니아 냉매의 성질에서 압력이 상승할 때 성질변화에 대한 것으로 맞는 것은?
① 증발잠열은 커지고 증기의 비체적은 작아진다.
② 증발잠열은 작아지고 증기의 비체적은 커진다.
③ 증발잠열은 작아지고 증기의 비체적도 작아진다.
④ 증발잠열은 커지고 증기의 비체적도 커진다.

해설 냉매가 압력이 상승하면 증발잠열은 작아지고 증기의 비체적이 작아지고 포화온도가 높아진다.

39 냉동장치 배관 설치 시 주의사항으로 틀린 것은?
① 냉매의 종류, 온도 등에 따라 배관재료를 선택한다.
② 온도변화에 의한 배관의 신축을 고려한다.
③ 기기 조작, 보수, 점검에 지장이 없도록 한다.
④ 굴곡부는 가능한 적게 하고 곡률반경을 작게 한다.

해설 냉매배관은 굴곡부를 가능한 크게 하여 곡률반경을 다소 크게 하여야 냉매흐름이 원활해 진다.

40 다음은 모리엘(Mollier)선도를 참고로 했을 때 5냉동톤(RT)의 냉동기 냉매순환량은 약 얼마인가?

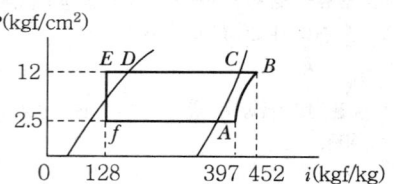

① 301.8kg/h   ② 51.3kg/h
③ 61.7kg/h   ④ 67.7kg/h

해설 냉매증발열 : $397-128=269$ kcal/kg
$1RT=3,320$ kcal/h
∴ $G=\dfrac{3,320\times5}{269}=61.7$ kg/h

41 2원 냉동사이클에 대한 설명 중 틀린 것은?
① 다단압축 방식보다 저온에서 좋은 효율을 얻을 수 있다.
② 저온 측 냉매와 고온 측 냉매를 구분하여 사용한다.
③ 저온 측 응축기의 열은 냉각수를 이용하여 냉각시킨다.
④ 2원냉동은 -100℃ 정도의 저온을 얻고자 할 때 사용한다.

해설 2원냉동은 냉각수가 아닌 저온 측의 응축기와 고온 측의 증발기(캐스케이드 콘덴서)를 열교환시킨다. 즉, 저온 측의 열을 고온 측으로 이동한다.

42 2단압축 냉동사이클에서 저압 측 증발압력이 2kgf/cm²g이고 고압 측 응축압력이 17kgf/cm²g일 때 중간압력은 약 얼마인가?(단, 대기압은 1kgf/cm²a이다.)
① 5.8kgf/cm²a   ② 6.0kgf/cm²a
③ 7.3kgf/cm²a   ④ 8.5kgf/cm²a

해설 $P_1=2+1=3$ kg/cm²a
$P_2=17+1=18$ kg/cm²a
중간압력(P) $=\sqrt{P_1\times P_2}$
∴ $\sqrt{3\times18}=7.34$ kg/cm²a

43 다음 중 프레온계 냉매의 일반적 특성으로 틀린 것은?
① 화학적으로 안정하다.
② 독성이 없다.
③ 가연성, 폭발성이 없다.
④ 동관에 대한 부식성이 크다.

해설 암모니아 냉매 사용배관이 동관이면 부식성이 크다.

44 정현파 교류에서 최대값은 실효값의 몇 배인가?
① 2   ② $\sqrt{3}$
③ $\sqrt{2}$ ④ $\dfrac{1}{\sqrt{2}}$

해설 정현파 교류에서 최대값은 실효값의 ($\sqrt{2}$)배 값

45 흡수식 냉동장치에서 냉매인 물이 5℃ 전후의 온도로 증발하고 있다. 이때 증발기 내부의 압력은?

① 약 7mmHg(993Pa)·a 정도
② 약 32mmHg(4,266Pa)·a 정도
③ 약 75mmHg(9,999Pa)·a 정도
④ 약 108mmHg(14,398Pa)·a 정도

해설 흡수식 냉동장치에서 냉매가 물이면 비점 5℃에서 증발기 내부압력은 약 6.5~7mmHg(a) 절대값 기준 진공이다.

46 공기조화설비에서 단면의 형상은 주로 정방형과 원형의 것이 있으며 공기를 수송하는 데 사용되는 것은?

① 댐퍼 ② 밸브
③ 배관 ④ 덕트

해설 덕트
장방형 덕트, 원형 덕트가 있으며 냉·온의 공기를 수송한다.

47 덕트의 아스팩트(Aspect)비는 보통 얼마로 하는가?

① 2:1 이하가 바람직하나 4:1을 넘지 않는 범위로 한다.
② 4:1 이하가 바람직하나 8:1을 넘지 않는 범위로 한다.
③ 6:1 이하가 바람직하나 12:1을 넘지 않는 범위로 한다.
④ 8:1 이하가 바람직하나 16:1을 넘지 않는 범위로 한다.

해설 덕트의 Aspect Ratio(아스팩트)비는 덕트 장변과 단변의 비이다. 보통 4:1 이하가 바람직하나 8:1을 넘지 않게 한다.

48 외기온도 0℃, 실내온도 20℃, 벽면적 20m²인 벽체를 통한 손실 열량은 몇 kcal/h인가?(단, 벽체의 열통과율은 2.35kcal/m²h℃이며, 방위계수는 무시한다.

① 470 ② 940
③ 1,410 ④ 1,880

해설 열관류 손실열량(Q)
Q = 면적×열관류율×온도차×방위계수
= 20×2.35×[20−0] = 940kcal/h

49 건물의 바닥, 천장, 벽 등에 온수를 통하는 관을 매설하여 방열면으로 사용하며 아파트, 주택 등에 적당한 난방방법은?

① 복사난방 ② 증기난방
③ 온풍난방 ④ 전기히터난방

해설 복사난방
온수관을 매설하여 방열면으로 사용하는 난방으로 아파트, 주택 등에 많이 이용하는 난방방식

50 다음 중 개별제어 방식이 아닌 것은?

① 유인유닛 방식
② 패키지유닛 방식
③ 단일덕트 정풍량 방식
④ 단일덕트 변풍량 방식

해설
• ①, ②, ④는 개별제어가 가능하다.
• 이중덕트방식 등은 중앙식 난방이다.

51 다음 그림에서 ㉠의 상태의 공기를 ㉡의 상태로 변화하였을 때 상태변화를 바르게 설명한 것은?

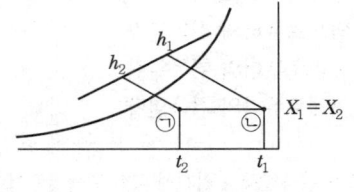

① 냉각 ② 가열
③ 가습 ④ 감습

해설 ㉠ → ㉡ : 온도 $t_1 \rightarrow t_2$: 냉각시킨다.(습도의 변화는 $X_1 = X_2$로 변화가 없으나 엔탈피는 감소한다.)

ANSWER | 45. ① 46. ④ 47. ② 48. ② 49. ① 50. ③ 51. ①

52 보일러의 부속장치에서 댐퍼의 설치목적으로 틀린 것은?
① 주연도와 부연도가 있을 경우 가스흐름을 전환한다.
② 배기가스의 흐름을 조절한다.
③ 통풍력을 조절한다.
④ 열효율을 조절한다.

해설 보일러 댐퍼의 역할은 ①, ②, ③항이다.

53 공기 가열 및 냉각코일에 관한 설명으로 옳지 않은 것은?
① 관 재료는 동관과 강관, 핀 재료로는 알루미늄판, 동판 등을 사용한다.
② 설치목적에 따라 예열·예냉코일, 가열·냉각코일로 분류할 수 있다.
③ 고압증기를 사용하는 가열코일은 신축을 고려할 필요없이 직관으로 사용한다.
④ 직접팽창코일을 사용하는 경우는 균일 분배를 위한 분배기를 사용한다.

해설 온수코일, 냉각코일은 신축을 고려할 코일과 부품이 반드시 필요하다.

54 다음 냉방부하 중 실내 취득열량이 아닌 것은?
① 송풍기에 의한 취득열량
② 벽으로부터의 취득열량
③ 유리로부터의 취득열량
④ 인체로부터의 취득열량

해설 송풍기 취득열량은 기기에 의한 취득열량이다. (②, ③, ④는 실내 취득열량)

55 방열기의 EDR이란 무엇을 뜻하는가?
① 최대방열면적   ② 표준방열면적
③ 상당방열면적   ④ 최소방열면적

해설
- 방열기 EDR : 상당방열면적(m^2)
- 표준방열량
  - 증기 650(kcal/m^2h)
  - 온수 450(kcal/m^2h)

56 공기여과기의 효율 측정법에 들지 않는 것은?
① 중량법   ② 집진법
③ 비색법   ④ 계수법

해설 공기여과기의 효율측정법
- 중량법
- 비색법
- 계수법

57 증기보일러의 실제 증발량을 계산하는 식으로 맞는 것은?(단, Ge는 환산 증발량(kg/h), h_2는 발생증기의 엔탈피(kcal/kg), h_1는 급수의 엔탈피(kcal/kg) 이다.)
① $Ge \times (h_2 - h_1)$ ② $\dfrac{Ge \times 539}{(h_2 - h_1)}$
③ $\dfrac{Ge \times (h_2 - h_1)}{539}$ ④ $\dfrac{539 \times (h_2 - h_1)}{Ge}$

해설 증기보일러 실제 증발량 계산법
$$\dfrac{환산증발량 \times 539}{발생증기엔탈피 - 급수엔탈피} (kg/h)$$

58 공기조화를 행하는 주목적과 거리가 먼 것은?
① 온도 조절   ② 습도 조절
③ 청정도 조절   ④ 소음 조절

해설 공기조화의 목적
온도 조절, 습도 조절, 청정도 조절

59 표준 대기압 상태에서 100℃의 포화수 1kg을 100℃의 건포화증기로 만드는데 필요한 열량은 몇 kcal/kg 인가?
① 620   ② 539
③ 427   ④ 273

해설
- 포화수의 증발잠열 : 539kcal/kg
- 0℃에서 물의 증발잠열 : 약 600kcal/kg
- 얼음의 융해잠열 : 79.68kcal/kg

60 이중덕트 변풍량 방식의 특징으로 틀린 것은?
① 각 실내의 온도제어가 용이하다.
② 설비비가 높고 에너지손실이 크다.
③ 냉풍과 온풍을 혼합하여 공급한다.
④ 단일덕트 방식에 비해 덕트 스페이스가 작다.

해설 이중덕트 변풍량 방식은 단일덕트 방식에 비해 덕트 스페이스가 커야 한다.

ANSWER | 60. ④

2011년 4회 공조냉동기계기능사

01 위험을 예방하기 위하여 사업주가 취해야 할 안전상의 조치로 적당하지 않은 것은?
① 시설에 대한 안전대책
② 기계에 대한 안전대책
③ 근로수당에 대한 안전대책
④ 작업방법에 대한 안전대책

해설 근로수당과 위험예방과는 관련성이 없다.

02 화재 시 소화제로 물을 사용하는 이유로 가장 적당한 것은?
① 산소를 잘 흡수하기 때문에
② 증발잠열이 크기 때문에
③ 연소하지 않기 때문에
④ 산소와 가연성물질을 분리시키기 때문에

해설
- 물은 냉각소화제로서 증발잠열이 크다.
- 0℃에서 증발잠열은 약 600kcal/kg이다.

03 고압가스 안전관리법에 의하면 냉동기를 사용하여 고압가스를 제조하는 자는 안전관리자를 해임하거나, 퇴직한 때에는 지체 없이 이를 허가 또는 신고 관청에 신고하고, 해임 또는 퇴직한 날로부터 며칠 이내에 다른 안전 관리자를 선임하여야 하는가?
① 7일   ② 10일
③ 20일   ④ 30일

해설 안전관리자 선임
사유가 발생한 날로부터 30일 이내

04 프레온 냉매가 누설되어 사고가 발생되었을 때의 응급조치 방법이 바르지 않은 것은?
① 프레온이 눈에 들어갔을 경우 응급조치로 묽은 붕산용액으로 눈을 씻어준다.
② 프레온은 공기보다 가벼우므로 머리를 아래로 한다.
③ 프레온이 피부에 닿으면 동상의 위험이 있으므로 물로 씻고, 피크르산 용액을 얇게 뿌린다.
④ 프레온이 불꽃에 닿으면 유독한 포스겐가스가 발생하여 더 큰 피해가 발생하므로 주의한다.

해설 프레온은 공기보다 무겁다.
- 공기분자량 29
- R-11(CCl_3F)
- R-12(CCl_2F_2)

05 산업안전 표시 중 다음 그림이 나타내는 의미는?

① 방사성 물질 경고   ② 낙하물 경고
③ 부식성 물질 경고   ④ 몸균형 상실 경고

06 다음 중 호흡용 보호구에 해당되지 않는 것은?
① 방진 마스크
② 방수 마스크
③ 방독 마스크
④ 송기 마스크

해설 방수 마스크란 보호구는 제조되지 않는다.

07 정전기의 예방대책으로 적당하지 않은 것은?
① 설비 주변에 적외선을 쪼인다.
② 설비 주변의 공기를 가습한다.
③ 설비의 금속 부분을 접지한다.
④ 설비에 정전기 발생 방지 도장을 한다.

해설 적외선은 정전기 예방대책으로는 부적당하다.

1.③ 2.② 3.④ 4.② 5.③ 6.② 7.① | ANSWER

08 작업장의 출입문에 대한 설명이다. 옳지 않은 것은?
① 담당자 외에는 쉽게 열고 닫을 수 없게 해야 한다.
② 출입문 위치 및 크기는 작업장 용도에 적합해야 한다.
③ 운반기계용의 출입구는 보행자용문을 따로 설치해야 한다.
④ 통로의 출입구는 근로자의 안전을 위해 경보장치를 해야 한다.

해설 작업장 출입문은 담당자 외에도 유사시를 위해 쉽게 열고 닫을 수 있어야 한다.

09 줄 작업 시 주의사항으로 잘못된 것은?
① 줄 작업은 되도록 빠른 속도로 한다.
② 줄 작업의 높이는 작업자의 팔꿈치 높이로 하는 것이 좋다.
③ 줄의 손잡이는 작업 전에 잘 고정되어 있는지 확인한다.
④ 칩(Chip)은 브러시로 제거한다.

해설 줄 작업 시에는 무리하게 힘을 주지 말고 부드럽게 밀어댄다.

10 보일러의 전열 면적이 $10m^2$를 초과하는 경우의 급수밸브 및 체크밸브의 크기로 옳은 것은?
① 15A 이상   ② 20A 이상
③ 25A 이상   ④ 32A 이상

해설 • 전열면적 $10m^2$ 이하 : 15A 이상
• 전열면적 $10m^2$ 초과 : 20A 이상

11 산업안전보건법의 제정목적과 가장 관계가 적은 것은?
① 산업재해 예방
② 쾌적한 작업환경 조성
③ 근로자의 안전과 보건을 유지 · 증진
④ 산업안전에 관한 정책수립

해설 산업안전보건법 제정목적은 ①, ②, ③항에 관계된다.

12 아크 용접작업 시 주의할 사항으로 틀린 것은?
① 우천시 옥외 작업을 금한다.
② 눈 및 피부를 노출시키지 않는다.
③ 용접이 끝나면 반드시 용접봉을 빼어 놓는다.
④ 장소가 협소한 곳에서는 전격 방지기를 설치하지 않는다.

해설 아크 용접작업 시 장소가 협소하여도 반드시 전격방지기를 설치한다.

13 가스 용접장치에 대한 안전수칙으로 틀린 것은?
① 가스의 누설검사는 비눗물로 한다.
② 가스용기의 밸브는 빨리 열고 닫는다.
③ 용접작업 전에 소화기 및 방화사 등을 준비한다.
④ 역화의 위험을 방지하기 위하여 역화방지기를 설치한다.

해설 가스 용접 시 밸브는 천천히 열고 닫을 시에는 가급적 신속히 닫는다.

14 플래시가스(Flash Gas)가 냉동장치의 운전에 미치는 영향 중 부적당한 것은?
① 냉동능력이 감소
② 압축비 저하
③ 소요동력이 증대
④ 토출가스 온도상승

해설 • 압축비가 저하되면 안전운전에 기여한다.
• 압축비 = $\dfrac{응축압력}{증발압력}$ (6 이상이면 2단 압축이 필요하다.)

15 안전사고의 원인 중 물적 원인(불안전한 상태)이라고 볼 수 없는 것은?
① 불충분한 방호   ② 빈약한 조명 및 환기
③ 개인 보호구 미착용   ④ 지나친 소음

해설 개인 보호구 미착용(인적 원인 : 불안전한 행동)은 물적 원인에 해당되지 않는다.

16 열의 이동에 관한 설명으로 틀린 것은?
① 열에너지가 중간물질에는 관계없이 열선의 형태를 갖고 전달되는 전열형식을 복사라 한다.
② 대류는 기체나 액체 운동에 의한 열의 이동현상을 말한다.
③ 온도가 다른 두 물체가 접촉할 때 고온에서 저온으로 열이 이동하는 것을 전도라 한다.
④ 물체 내부를 열이 이동할 때 전열량은 온도차에 반비례하고, 거리에 비례한다.

해설 물체 내부를 열이 이동할 때 전열량은 온도차에 비례하고 거리에 반비례한다.

17 다음 그림의 회로에서 a, b 양단의 합성 정전용량은 얼마인가?

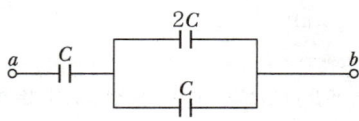

① $\dfrac{C}{4}$ ② $\dfrac{2C}{4}$
③ $\dfrac{3C}{4}$ ④ C

해설 정전용량
콘덴서가 전하를 축적할 수 있는 능력을 표시하는 양
단위 : 패럿(F), 전하(Q)=비례상수(C)×전압(V)
$1\mu F = 10^{-6} F$, $1PF = 10^{-12} F$
$\dfrac{(2+C) \cdot C}{(2+C)+C} = \dfrac{3C}{4C} = \dfrac{3}{4}C$

18 1대의 압축기를 이용해 저온의 증발온도를 얻으려 할 경우 여러 문제점이 발생되어 2단 압축 방식을 택한다. 1단 압축으로 발생되는 문제점으로 틀린 것은?
① 압축기의 과열   ② 냉동능력 저하
③ 체적효율 증가   ④ 성적계수 저하

해설 한 대의 압축기를 이용하여 저온의 증발온도를 얻으려 하면 압축비 상승, 실린더 과열, 체적효율 감소, 냉동능력 저하, 성적계수 저하가 온다.

19 다음 증발기 중 공기냉각용 증발기는?
① 셸 앤 코일형 증발기   ② 캐스케이드 증발기
③ 보데로 증발기   ④ 탱크형 증발기

해설 캐스케이드 증발기
공기냉각용의 선반 및 벽 코일로 제작 사용된다.

20 가스엔진 구동형 열펌프(GHP)의 특징이 아닌 것은?
① 폐열의 유효이용으로 외기온도 저하에 따른 난방능력의 저하를 보충한다.
② 소음 및 진동이 없다.
③ 제상운전이 필요 없다.
④ 난방 시 기동특성이 빨라 쾌적 난방이 가능하다.

해설 가스엔진 구동형 히트펌프(GHP)는 엔진 및 압축기 구동에 의한 소음이나 진동이 일어나기 수월하다.

21 NH_3을 냉매로 하고 물을 흡수제로 하는 흡수식 냉동기에서 열교환기의 기능을 잘 나타낸 것은?
① 흡수기의 물과 발생기의 NH_3와의 열교환
② 흡수기의 진한 NH_3 수용액과 발생기의 묽은 NH_3 수용액과의 열교환
③ 응축기에서 냉매와 브라인과의 열교환
④ 증발기에서 NH_3 냉매액과 브라인과의 열교환

해설 NH_3(암모니아)용 흡수식 냉동기
• 냉매 : NH_3(증발기)
• 흡수제 : 물(흡수기)
증발기의 NH_3 냉매가 흡수기에 흡수되고 진한 NH_3 수용액이 발생기로 가서 묽은 NH_3 수용액으로 변한다.

22 역카르노 사이클에 대한 설명 중 옳은 것은?
① 2개의 압축과정과 2개의 증발과정으로 이루어져 있다.
② 2개의 압축과정과 2개의 응축과정으로 이루어져 있다.
③ 2개의 단열과정과 2개의 등온과정으로 이루어져 있다.
④ 2개의 증발과정과 2개의 응축과정으로 이루어져 있다.

16. ④ 17. ③ 18. ③ 19. ② 20. ② 21. ② 22. ③ | ANSWER

해설 역카르노 사이클(냉동사이클)

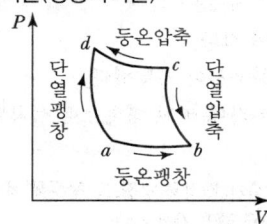

23 자연적인 냉동밸브의 특징으로 틀린 것은?
① 온도조절이 자유롭지 않다.
② 얼음의 융해열을 이용할 수 있다.
③ 다량의 물품을 냉동할 수 없다.
④ 연속적으로 냉동효과를 얻을 수 있다.

해설 자연적인 냉동방법은 불연속적 냉동효과만을 기대한다.

24 프레온계 냉매용 횡형 셸 앤 튜브(Shell and Tube)식 응축기에서 냉각관의 설명으로 맞는 것은?
① 재료는 강이고 냉각수측의 전열저항에 비해 냉매측의 전열저항이 매우 크므로 외측의 전열면적을 증가시킨 핀튜브가 사용된다.
② 재료는 동이고 냉각수측의 전열저항에 비해 냉매측의 전열저항이 매우 크므로 외측의 전열면적을 증가시킨 핀튜브가 사용된다.
③ 재료는 강이고 냉각수측의 전열저항에 비해 냉매측의 전열저항이 매우 크므로 내측의 전열면적을 증가시킨 핀튜브가 사용된다.
④ 재료는 동이고 냉각수측의 전열저항에 비해 냉매측의 전열저항이 매우 크므로 내측의 전열면적을 증가시킨 핀튜브가 사용된다.

해설 횡형 셸 앤 튜브식 응축기
• 셸(Shell) 내의 냉매 관내는 냉각수가 흐른다.
• 프레온 냉매용에는 전열면적을 넓혀 주기 위해 로우핀 튜브를 사용한다.(열통과율 : 900kcal/m²h℃이다.)

25 냉동능력 10RT이고 압축일량이 10kW일 때 응축기의 방열량은 약 얼마인가?
① 41,800kcal/h   ② 22,900kcal/h
③ 2,400kcal/h   ④ 18,600kcal/h

해설 $1kW-h = 860kcal(10 \times 860 = 8,600)$
$1RT = 3,320kcal/h(10 \times 3,320 = 33,200)$
∴ $8,600 + 33,200 = 41,800kcal/h$

26 암모니아 냉동장치에서 팽창밸브 직전의 온도가 25℃, 흡입가스의 온도가 -15℃인 건조포화 증기인 경우, 냉매 1kg당의 냉동효과가 280kcal라면 냉동능력 15RT가 요구될 때의 냉매순환량은 얼마인가?
① 약 178kg/h   ② 약 195kg/h
③ 약 188kg/h   ④ 약 200kg/h

해설 $1RT = 3,320kcal/h$
$3,320 \times 15 = 49,800kcal/h$
냉매순환량 $= \dfrac{49,800}{280} = 178kg/h$

27 다음 냉매 중 대기압하에서 냉동력이 가장 큰 냉매는?
① R-11   ② R-12
③ R-21   ④ R-22

해설 기준 냉동의 냉매 비등점에서 증발열(kcal/kg)
① R-11 : 43.5
② R-12 : 39.97
③ R-21 : 57.9
④ R-22 : 55.92(대기압에서는 크다.)
R-22는 프레온 냉매 중 냉동능력이 가장 좋다.

28 정전 시 냉동장치의 조치사항으로 틀린 것은?
① 냉각수 공급을 중단한다.
② 수액기 출구 밸브를 닫는다.
③ 흡입밸브를 닫고 모터가 정지한 후 토출밸브를 닫는다.
④ 압축기의 주 전원 스위치는 계속 통전시킨다.

해설 냉동기 운전 중 정전 시에는 냉동기의 주 전원 스위치를 내려주어야 한다.

29 다음 브라인의 부식성 크기순서가 맞는 것은?
① NaCl > MgCl₂ > CaCl₂
② NaCl > CaCl₂ > MgCl₂
③ MgCl₂ > CaCl₂ > NaCl
④ MgCl₂ > NaCl > CaCl₂

해설 브라인 냉매 부식성 크기(무기질 브라인)
NaCl(식염수) > MgCl₂(염화마그네슘) > CaCl₂(염화칼슘)

30 냉동장치에서 자동제어를 위하여 사용되는 전자밸브의 역할로 볼 수 없는 것은?
① 액압축 방지
② 냉매 및 브라인 등의 흐름제어
③ 용량 및 액면제어
④ 고수위 경보

해설 • 고수위, 저수위 : 경보장치가 필요하다.
• 전자밸브 용도
 ─용량 조정   ─액면 조정
 ─온도 제어   ─액 해머 방지
 ─냉매, 물, 브라인 흐름제어 등

31 냉동기에 사용하는 윤활유의 구비조건으로서 틀린 것은?
① 불순물을 함유하지 않을 것
② 인화점이 높을 것
③ 냉매와 분리되지 않을 것
④ 응고점이 낮을 것

해설 냉매와 윤활유는 분리가 용이하여야 한다.

32 모리엘(Moilier)선도로서 계산할 수 없는 것은?
① 냉동능력   ② 성적계수
③ 냉매순환량 ④ 오염계수

해설 모리엘선도로 계산이 가능한 것
• 냉동능력
• 성적계수
• 냉매순환량

33 밀폐형 압축기의 특징으로 잘못된 것은?
① 냉매의 누설이 작다.
② 소음이 적다.
③ 과부하운전이 가능하다.
④ 냉동능력에 비해 대형으로 설치면적이 크다.

해설 밀폐형 압축기(가정용 냉장고, 창문형 에어컨, 쇼케이스 등)는 소용량에 널리 사용된다.

34 강관 이음법 중 용접 이음의 이점을 설명한 것으로 옳지 않은 것은?
① 유체의 마찰손실이 적다.
② 관의 해체와 교환이 쉽다.
③ 접합부 강도가 강하며, 누수의 염려가 작다.
④ 중량이 가볍고 시설의 보수 유지비가 절감된다.

해설 용접이음은 관의 해체와 교환이 어렵다.

35 아래 그림에서 온도식 자동 팽창밸브의 감온통 부착 위치로 가장 적당한 곳은?

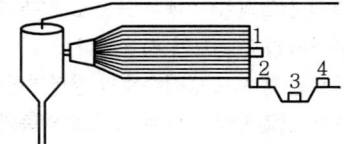

① 1   ② 2
③ 3   ④ 4

해설 • 감온통 부착위치 : 증발기 출구 측 가까이 흡입관과 수평으로 설치(2번 위치)
• 온도식 자동팽창밸브(TEV) 종류 : 내부 균압형, 외부 균압형

36 [kcal/mh℃]의 단위는 무엇인가?
① 열전도율   ② 비열
③ 열관류율   ④ 오염계수

해설 • 열전도율 : kcal/mh℃
• 열관류율 : kcal/m²h℃
• 열전달률 : kcal/m²h℃

29. ① 30. ④ 31. ③ 32. ④ 33. ④ 34. ② 35. ② 36. ① | **ANSWER**

- 전열저항계수 : m²h℃/kcal
- 비열 : kcal/kgK

37 자기유지(Self Holding)란 무엇인가?
① 계전기 코일에 전류를 흘려서 여자시키는 것
② 계전기 코일에 전류를 차단하여 자화성질을 잃게 되는 것
③ 기기의 미소시간 동작을 위해 동작되는 것
④ 계전기가 여자된 후에도 동작기능이 계속해서 유지되는 것

해설 자기유지
계전기가 여자된 후에도 동작기능이 계속 유지되는 현상

38 터보냉동기의 주요부품이 아닌 것은?
① 임펠러 ② 피스톤링
③ 추기 회수장치 ④ 흡입 가이드 배인

해설
- 왕복동 압축기에는 피스톤과 피스톤링이 필요하다.
- 피스톤링 3대 작용
  - 압축 중 가스누설방지
  - 오일 누설 방지
  - 기계효율 증대

39 암모니아를 냉매로 하는 냉동장치와 기밀시험에 사용하면 안 되는 기체는?
① 질소 ② 아르곤
③ 공기 ④ 산소

해설 암모니아는(폭발범위 : 15~28%) 가연성 가스이므로 기밀시험에 조연성 가스인 O_2를 사용하지 않는다.

40 보온재 선정 시 고려사항으로 거리가 먼 것은?
① 열전도율 ② 물리적·화학적 성질
③ 전기전도율 ④ 사용온도 범위

해설 보온재는 전기전도율과는 관련성이 없다.

41 LNG 냉열이용 동결장치의 특징으로 맞지 않는 것은?
① 식품과 직접 접촉하여 급속동결이 가능하다.
② 외기가 흡입되는 것을 방지한다.
③ 공기에 분산되어 있는 먼지를 철저히 제거하여 장치 내부에 눈이 생기는 것을 방지한다.
④ 저온공기의 풍속을 일정하게 확보함으로써 식품과의 열전달계수를 저하시킨다.

해설 LNG(비점 : -162℃) 냉열이용 동결장치는 저온 공기의 풍속을 일정하게 확보함으로써 식품과의 열전달계수를 증가시킨다.

42 표준 냉동사이클을 모리엘 선도상에 나타내었을 때 온도와 압력이 변하지 않는 과정은?
① 과냉각과정 ② 팽창과정
③ 증발과정 ④ 압축과정

해설 냉매증발 과정
온도와 압력은 변동이 없고 액에서 증기로 상의 변화가 발생

43 스크루(Screw) 압축기의 특징으로 틀린 것은?
① 액격(Liquid Hammer) 및 유격(Oil Hammer)이 적다.
② 부품수가 적고 수명이 길다.
③ 오일펌프를 따로 설치하여야 한다.
④ 비교적 소음이 적다.

해설 스크루 압축기
2개의 로터에 의해 회전운동으로(약 3,500rpm) 소음이 많아서 소음방지기가 필요하다. 고속으로 중, 대형에 적합하며 흡입 및 토출밸브가 없다.

44 강관의 특징을 설명한 것이다. 맞지 않는 것은?
① 내충격성, 굴요성이 크다.
② 관의 접합작업이 용이하다.
③ 연관, 주철관에 비해 가볍고 인장강도가 크다.
④ 합성수지관보다 가격이 저렴하다.

해설 강관은 합성수지관(PVC)보다 가격이 비싸다.

ANSWER | 37. ④ 38. ② 39. ④ 40. ③ 41. ④ 42. ③ 43. ④ 44. ④

45 냉매건조기(Dryer)에 관한 설명 중 맞는 것은?
① 암모니아 가스관에 설치하여 수분을 제거한다.
② 압축기와 응축기 사이에 설치한다.
③ 프레온은 수분에 잘 용해되지 않으므로 팽창밸브에서의 동결을 방지하기 위하여 설치한다.
④ 건조제로는 황산, 염화칼슘 등의 물질을 사용한다.

해설 냉매건조기
프레온 냉동장치의 운전 중 냉매 및 오일에 혼입된 수분을 제거한다.(팽창밸브 동결방지)
• 설치 위치는 팽창밸브 직전 고압액관에 설치한다.
• 건조제 : 실리카겔, 활성 알루미나, 소바비드, 몰레큘러시브 등

46 각실의 부하변동에 따라 풍량을 제어하여 실내온도를 유지하는 공조방식은?
① 2종 덕트 방식
② 유인 유닛 방식
③ 변풍량 단일덕트 방식
④ 단일덕트 채열 방식

해설 전공기방식(덕트 방식)에서 변풍량 단일덕트 방식은 각 실의 부하변동에 따라 풍량을 제어한다.

47 공기조화용 베인격자형 취출구에서 냉방 및 난방의 경우에 편리하며 세로방향과 가로방향의 베인을 모두 갖추고 있는 것은?
① V형
② H형
③ S형
④ V·H형

해설 베인격자형 취출구(벽 설치용)
• 종류 : V형, H형, HV형
• V형 : 수직형, H형 : 수평형, VH형 : 수직 수평형

48 공기세정기에서 유입되는 공기를 정화시키기 위한 것은?
① 루버
② 댐퍼
③ 분무노즐
④ 엘리미네이터

해설 공기세정기(에어워셔)에서 공기를 정화시키는 것은 루버에서 행한다.(공기흐름을 균일하게 하는 Louver이다.)

49 소규모의 건물에 가장 적합한 공조방식은?
① 패키지 유닛 방식
② 변풍량 단일덕트 방식
③ 이중 덕트 방식
④ 복사 냉난방 방식

해설 소규모용 공조기
패키지 유닛 방식, 히트펌프 방식, 룸쿨러 방식이 채택된다.

50 공기조화기의 가열코일에서 30℃, DB의 공기 3,000 kg/h를 40℃ DB까지 가열했을 때의 가열 열량은 얼마인가?(단, 공기의 비열은 0.24kcal/kg℃이다.)
① 7,200kcal/h
② 8,700kcal/h
③ 6,200kcal/h
④ 5,040kcal/h

해설 가열열량(Q) = $G \times C_P \times \Delta t$
= $3,000 \times 0.24(40-30) = 7,200$kcal/h
• 건구온도(Dry Bulb Temperature) : DB
• 습구온도(Wet Bulb Temperature) : WB

51 실내의 현열부하가 52,000kcal/h이고, 잠열부하가 20,000kcal/h일 때 현열비(SHF)는 약 얼마인가?
① 0.72
② 0.67
③ 0.38
④ 0.25

해설 현열비(SHF)
$\dfrac{현열}{총열} = \dfrac{52,000}{52,000+20,000} \times 100 = 72\%(0.72)$

52 일정한 크기의 시험입자를 사용하여 먼지의 수를 계측하는 에어필터의 효율측정법으로 옳은 것은?
① 중량법
② 비색법
③ 계수법
④ 변색도법

해설
• 에어필터 효율측정법 : 중량법, 변색도법, 계수법(DOP법)
• 계수법 : 광산란식 입자계수기를 사용하는 (Di-Octyl-Phthalate 사용)

45. ③ 46. ③ 47. ④ 48. ① 49. ① 50. ① 51. ① 52. ③ | ANSWER

53 공기조화시스템의 열원장치 중 보일러에 부착되는 안전장치가 아닌 것은?
① 감압밸브 ② 안전밸브
③ 저수위 경보장치 ④ 화염검출기

해설 감압밸브
압력을 설정압력으로 감압시킨다.(일종의 보일러 증기이송장치이다.)

54 공기조화에 관한 설명이다. 틀린 것은?
① 공기조화는 쾌감공조와 산업공조로 분류할 수 있다.
② 산업공조는 노동능률을 향상시키는 데 그 목적이 있다.
③ 쾌감공조는 인간의 보건, 위생을 그 목적으로 한다.
④ 산업공조는 물품의 환경조성을 그 목적으로 한다.

해설 산업공조
생산과정에 있는 물질의 온도 – 습도의 변화 및 유지와 환경의 청정화로 생산성 형상이 주목적이다.

55 환기의 효과가 가장 큰 환기법은?
① 제1종 환기 ② 제2종 환기
③ 제3종 환기 ④ 제4종 환기

해설
• 제1종 환기 : 급기팬+배기팬(효과가 크다.)
• 제2종 환기 : 급기팬+자연배기
• 제3종 환기 : 자연급기+배기팬
• 자연환기 : 중력환기

56 실내 취득 감열량이 30,000kcal/h이고 실내로 유입되는 송풍량이 9,470m³/h일 때 실내의 온도를 25℃로 유지하려면 실내로 유입되는 공기의 온도를 약 몇 ℃로 해야 하는가?(단, 공기의 비중량은 1.2kg/m³, 비열은 0.24kcal/kg℃로 한다.)
① 8 ② 10
③ 12 ④ 14

해설 $9,470m^3/h \times 1.2kg/m^3 = 11,364kg/h$
$30,000 = 11,364 \times 0.24 \times (25-x)$
$x = 25 - \dfrac{30,000}{11,364 \times 0.24} = 14℃$

57 전열교환기에 대한 설명으로 잘못된 것은?
① 보건용 공조로 사용한다.
② 연도배기 가스의 열회수용으로 사용한다.
③ 회전형과 히트파이프가 있다.
④ 산업용 공조에 주로 사용한다.

해설 전열교환기(일반 공조용이며 외기와 배기의 전열교환용)는 에너지 절약기기로 공기방식의 중앙 공조시스템이나 공장 등에서 환기에서의 에너지 회수 목적으로 많이 사용된다.

58 온수난방의 구분에서 저온수식의 온수온도는 몇 ℃ 미만인가?
① 100 ② 150
③ 200 ④ 250

해설 온수난방
• 저온수 난방 : 100℃ 미만
• 고온수 난방 : 100℃ 이상

59 가습팬에 의한 가습장치의 설명으로 틀린 것은?
① 온수가열용에는 증기 또는 전기가열기가 사용된다.
② 가습장치 중 효율이 가장 우수하다.
③ 응답속도가 느리다.
④ 소형공조기에 사용한다.

해설
• 가습방식 : 수분무식, 증기식, 증발식
• 가습팬(전열식) : 가습팬 내에 있는 물을 증기 또는 전열가습기로 가열하여 물을 증발에 의해 가습한다. 가습량이 적어 패키지 등의 소형공조기에 사용된다.

ANSWER | 53.① 54.② 55.① 56.④ 57.① 58.① 59.②

60 공기여과기의 분류에 해당하지 않는 것은?

① 건식 공기여과기
② 습식 공기여과기
③ 점착식 공기여과기
④ 가스 중력 집진기

해설
- 여과기 종류
  - 점착식(충돌식)
  - 건성 여과식
  - 전기식
  - 활성 탄식
- 집진장치(배기가스 불순물 처리장치)
  - 중력식
  - 관성식
  - 사이클론식
  - 백필터식
  - 세정식
  - 전기식(코트렐식) 등

60. ④ | ANSWER

2012년 1회 공조냉동기계기능사

01 작업자의 신체를 보호하기 위한 보호구의 구비조건으로 가장 거리가 먼 것은?
① 착용이 간편할 것
② 방호성능이 충분한 것일 것
③ 정비가 간단하고 점검, 검사가 용이할 것
④ 견고하고 값비싼 고급 품질일 것

해설 보호구는 가격이 비싼 고급 품질보다는 저렴하면서 착용이 간편해야 한다.

02 가스용접 작업 시 유의사항이다. 적절하지 못한 것은?
① 산소병은 60℃ 이하 온도에서 보관하고 직사광선을 피해야 한다.
② 작업자의 눈을 보호하기 위한 차광안경을 착용해야 한다.
③ 가스누설의 점검을 수시로 해야 하며 점검은 비눗물로 한다.
④ 가스용접장치는 화기로부터 5m 이상 떨어진 곳에 설치해야 한다.

해설 산소나 가스통은 40℃ 이하에서 보관하여야 한다.

03 안전사고 예방의 사고예방원리 5단계를 단계별로 바르게 나타낸 것은?
① 사실의 발견 → 평가분석 → 시정책의 선정 → 조직 → 시정책의 적용
② 조직 → 사실의 발견 → 평가분석 → 시정책의 선정 → 시정책의 적용
③ 사실의 발견 → 시정책의 선정 → 평가분석 → 시정책의 적용 → 조직
④ 조직 → 사실의 발견 → 시정책의 선정 → 시정책의 적용 → 평가분석

해설 안전사고 예방 5단계
조직 → 사실의 발견 → 평가분석 → 시정책의 선정 → 시정책의 적용

04 드릴링 작업을 할 때의 안전수칙을 설명한 것으로 바른 것은?
① 옷소매가 긴 작업복이나 장갑을 착용한다.
② 드릴의 착탈은 회전이 완전히 멈춘 다음 행한다.
③ 드릴작업을 하면서 칩을 가끔 손으로 제거한다.
④ 드릴작업 시에는 보안경을 착용해서는 안된다.

해설 드릴링 작업 시 보안경 착용 및 가끔 칩을 손이 아닌 기구로 제거하면서 장갑을 착용하지 말고 착탈은 회전이 완전히 멈춘 다음 행한다.

05 도수율(빈도율)이 30인 사업장의 연천인율은 얼마인가?
① 24   ② 36
③ 72   ④ 96

해설 빈도율 = $\dfrac{재해발생건수}{근로연시간수} \times 1,000,000$

연천인율 = $\dfrac{재해발생건수}{연평균 근로자수} \times 1,000$

연천인율 = 도수율 × 2.4
∴ 30 × 2.4 = 72

06 소화효과의 원리가 아닌 것은?
① 질식효과   ② 제거효과
③ 냉각효과   ④ 단열효과

해설 소화효과
질식효과, 제거효과, 냉각효과

07 안전관리의 목적을 가장 올바르게 설명한 것은?
① 기능향상을 도모한다.
② 경영의 혁신을 도모한다.
③ 기업의 시설투자를 확대한다.
④ 근로자의 안전과 능률을 향상시킨다.

해설 안전관리의 목적
근로자의 안전과 능률을 향상시킨다.

ANSWER | 1.④ 2.① 3.② 4.② 5.③ 6.④ 7.④

08 냉동제조 시설기준에 대한 설명 중 틀린 것은?
① 냉매설비에는 상용압력을 초과하는 경우 즉시 그 압력을 상용압력 이하로 되돌릴 수 있는 안전장치를 설치할 것
② 암모니아 냉동설비의 전기설비는 반드시 방폭성능을 가지는 것일 것
③ 냉매설비에는 긴급사태가 발생하는 것을 방지하지 위해 자동제어장치를 설치할 것
④ 가연성가스 또는 독성가스 냉매설비의 배관에서 냉매가스가 누출될 경우 그 가스가 체류하지 않도록 필요한 조치를 할 것

해설 암모니아나 브롬화메탄은 전기설비시 방폭성능이 아니어도 된다. 폭발범위 하한치가 높기 때문이다.(15~28%)

09 공조설비에 사용되는 NH₃ 냉매가 눈에 들어간 경우 조치방법으로 적당한 것은?
① 레몬주스 또는 20%의 식초를 바른다.
② 2%의 붕산액으로 세척하고 유동파라핀을 점안한다.
③ 차아황산나트륨 포화용액으로 씻어낸다.
④ 암모니아수로 씻는다.

해설 암모니아(NH₃) 냉매가 눈에 들어가면 응급조치로 2% 붕산액으로 세척하고 유동파라핀을 점안한다.

10 보일러에 스케일 부착으로 인한 영향으로 틀린 것은?
① 전열량 증가
② 연료소비량 증가
③ 과열로 인한 과열사고 위험발생
④ 보일러효율 저하

해설 보일러 전열면에 스케일(관석)이 부착되면 열전열이 매우 불량하게 된다.

11 안전·보건표지의 색채에서 바탕은 파란색, 관련 그림은 흰색으로 된 표지로 맞는 것은?
① 금지표지
② 경고표지
③ 지시표지
④ 안내표지

해설 안전보건표지 색채
• 지시표지 표기 : 파란색 바탕에 흰색
• 금지표지 : 적색바탕에 흑색
• 경고표지 : 황색바탕에 흑색
• 안내표지 : 녹색바탕에 백색

12 토출압력이 너무 낮은 경우의 원인으로 적절하지 못한 것은?
① 냉매 충전량 과다
② 토출밸브에서의 누설
③ 냉각수 수온이 너무 낮아서
④ 냉각 수량이 너무 많아서

해설 냉매충전량이 과다하면 토출압력이 높다.

13 전기기계 기구에서 절연상태를 측정하는 계기로 맞는 것은?
① 검류계
② 전류계
③ 절연저항계
④ 접지저항계

해설 절연저항계
전기기계 기구에서 절연상태 측정계기

14 전기 용접작업을 할 때 옳지 않은 것은?
① 비오는 날 옥외에서 작업하지 않는다.
② 소화기를 준비한다.
③ 가스관에 접지한다.
④ 화상에 주의한다.

해설 전기접지는 배선에 연결한다. 즉, 피용접물은 코드로 완전 접지시킨다.

15 정작업 시 안전 작업수칙으로 옳지 않은 것은?
① 정의 머리가 둥글게 된 것은 사용하지 말 것
② 처음에는 가볍게 때리고 점차 타격을 가할 것
③ 철재를 단절할 때에는 철편이 날아 튀는 것에 주의할 것
④ 표면이 단단한 열처리 부분은 정으로 가공할 것

8. ② 9. ② 10. ① 11. ③ 12. ① 13. ③ 14. ③ 15. ④ | **ANSWER**

해설 열처리한 재료는 정으로 작업하지 않는다.

16 다음 설명 중 틀린 것은?
① 유압 보호 스위치의 종류는 바이메탈식과 가스통식이 있다.
② 단수 릴레이는 수냉식 응축기에서 브라인이나 냉각수가 단수 또는 감수 시 압축기를 정지시키는 스위치다.
③ 가용전은 토출가스의 영향을 직접 받지 않는 곳에 설치한다.
④ 파열판은 일단 동작된 후 내부 압력이 낮아지면 가스의 방출이 정지되며 다시 사용할 수 있다.

해설 안전장치 가용전 및 파열판
- 성분 : 납+주석+안티몬+카드뮴, 비스무스
- 용융온도 : 68~78℃
- 사용횟수 : 1회용으로만 사용
- 파열판
 -얇은 철판으로 만든 안전장치로서 1회용으로 제작된다.
 -방출이 정지되며 다시 사용할 수 없다.

17 내식성이 우수하고 열전도율이 비교적 크며 굽힘성 등이 좋아 냉난방관, 급수관 등에 널리 이용되는 관은?
① 구리관   ② 납관
③ 합성수지관   ④ 합금강 강관

해설 구리관
내식성이 우수하고 열전도율이 매우 크고 굽힘성이 좋다.
(냉난방관, 급수관용)

18 열용량에 대한 설명으로 맞는 것은?
① 어떤 물질 1kg의 온도를 10℃ 올리는 데 필요한 열량을 뜻한다.
② 어떤 물질의 온도를 1℃ 올리는 데 필요한 열량을 뜻한다.
③ 물 1kg의 온도를 0.1℃ 올리는 데 필요한 열량을 뜻한다.
④ 물 1lb의 온도를 1°F 올리는 데 필요한 열량을 뜻한다.

해설 열용량
- 어떤 물질의 온도를 1℃ 올리는데 필요한 열량
- 단위(kcal/℃)

19 브라인 냉매에 관한 설명 중 틀린 것은?
① 무기질 브라인 중 염화나트륨이 염화칼슘보다 부식성이 더 크다.
② 염화칼슘 브라인은 공정점이 낮아 제빙, 냉장 등으로 사용된다.
③ 브라인 냉매의 pH값은 7.5~8.2(약 알칼리)로 유지하는 것이 좋다.
④ 브라인은 유기질과 무기질로 구분되며 유기질 브라인의 부식성이 더 크다.

해설 무기질 브라인(염화칼슘, 염화나트륨, 염화마그네슘)은 부식력이 크다.

20 주기가 0.002S일 때 주파수는 몇 Hz인가?
① 400
② 450
③ 500
④ 550

해설 주파수 : 1초 동안에 반복하는 사이클 수
$T = \dfrac{1}{f} = \dfrac{1}{x} = 0.002$
∴ 주파수$(x) = \dfrac{1}{0.02} = 500$Hz

21 액순환식 증발기에 대한 설명 중 맞는 것은?
① 오일이 체류할 우려가 크고 제상 자동화가 어렵다.
② 냉매량이 적게 소요되며 액펌프, 저압수액기 등 설비가 간단하다.
③ 증발기 출구에서 액은 80% 정도이고 기체는 20% 정도 차지한다.
④ 증발기가 하나라도 여러개의 팽창밸브가 필요하다.

해설 액순환식 증발기
증발기 출구에서 액은 80%, 냉매증기 기체는 20%이다.

ANSWER | 16. ④ 17. ① 18. ② 19. ④ 20. ③ 21. ③

22 배관시공 시 진동 및 충격을 완화시키기 위하여 설치하는 기기는?
① 행거
② 서포트
③ 브레이스
④ 레스트레인트

해설 브레이스
배관이나 펌프, 압축기 등의 진동 및 충격을 완화시킨다.

23 냉동기유의 구비조건 중 옳지 않은 것은?
① 응고점과 유동점이 높을 것
② 인화점이 높을 것
③ 점도가 적당할 것
④ 전기절연 내력이 클 것

해설 냉동기유는 응고점이 낮고 유동점(응고점+2.5℃)이 낮을 것

24 2단 압축냉동장치에서 저압 측(흡입압력)이 0kgf/cm²g, 고압 측(토출압력)이 15kgf/cm²g이었다. 이때 중간압력은 약 몇 kgf/cm²g인가?
① 2.03
② 3.03
③ 4.03
④ 5.03

해설 중간압력(P_m)
$\sqrt{P_c + P_e} = \sqrt{(0+1.033) \times (15+1.033)}$
$= 4.069 \text{kg/cm}^2 a$
∴ 중간압력(P_m) = 4.069 − 1.033 = 3.03kg/cm²

25 터보 냉동기 윤활 사이클에서 마그네틱 플러그가 하는 역할은?
① 오일 쿨러의 냉각수 온도를 일정하게 유지하는 역할
② 오일 중의 수분을 제거하는 역할
③ 윤활 사이클로 공급되는 유압을 일정하게 하여 주는 역할
④ 윤활 사이클로 공급되는 철분을 제거하여 장치의 마모를 방지하는 역할

해설 터보냉동기(대용량 냉동기)에서 윤활사이클에서 마그네틱 플러그 역할 : 철분을 제거한다.

26 수액기에 부착되지 않는 것은?
① 액면계
② 안전밸브
③ 전자밸브
④ 오일드레인 밸브

해설 전자밸브는 팽창밸브에서 밸브본체를 자동으로 개폐시킨다.

27 두 가지 금속으로 폐회로를 만들었을 때 두 접합점에 온도 차이를 주면 열기전력이 발생하는 현상은?
① 평형효과
② 톰슨효과
③ 열전효과
④ 펠티어효과

해설 열전효과
두 가지 금속으로 폐회로를 만들 때 두 접합점에 온도차이를 주어서 열기전력이 발생하는 효과이다.

28 흡입배관에서 압력손실이 발생하면 나타나는 현상이 아닌 것은?
① 흡입압력의 저하
② 토출가스 온도의 상승
③ 비체적 감소
④ 체적효율 저하

해설 냉매 흡입배관에서 압력손실이 생기면 비체적(m³/kg)이 증가한다.

29 유니언 나사이음의 도시기호로 맞는 것은?
① ─╫─
② ─┼─
③ ─┤├─
④ ─✕─

해설
① 플랜지 이음
② 나사이음
④ 용접이음

22.③ 23.① 24.② 25.④ 26.③ 27.③ 28.③ 29.③ | ANSWER

30 가열원이 필요하며 압축기가 필요 없는 냉동기는?
① 터보 냉동기　　② 흡수식 냉동기
③ 회전식 냉동기　④ 왕복동식 냉동기

해설 흡수식 냉동기는 가열원이 필요하며 압축기 대신 재생기가 필요하다.
증발기 → 흡수기 → 재생기 → 응축기
　↑　　　　　　　　　　　　　↓
　└──────────────────────┘

31 옴의 법칙에 대한 설명 중 옳은 것은?
① 전류는 전압에 비례한다.
② 전류는 저항에 비례한다.
③ 전류는 전압의 2승에 비례한다.
④ 전류는 저항의 2승에 비례한다.

해설 옴의 법칙
도체에 흐르는 전류 I는 전압 V에 비례하고 저항 R에 반비례한다.
$I = \dfrac{V}{R}(A)$

32 주철관을 절단할 때 사용하는 공구는?
① 원판 그라인더　　② 링크형 파이프커터
③ 오스터　　　　　 ④ 체인블럭

해설 주철관 절단공구 : 링크형 파이프 커터

33 냉동기의 스크루 압축기(Screw Compressor)에 대한 특징 설명 중 잘못된 것은?
① 암, 수 2개 나선형 로터의 맞물림에 의해 냉매가스를 압축한다.
② 액격 및 유격이 적다.
③ 왕복동식과 비교하여 동일 냉동능력일 때 압축기 체적이 크다.
④ 흡입·토출밸브가 없다.

해설 스크루식 압축기는 왕복동에 비해 가볍고 설치면적이 적고 고속회전이며 중, 대용량이다.

34 만액식 증발기에 사용되는 팽창밸브는?
① 저압식 플로트 밸브
② 온도식 자동 팽창밸브
③ 정압식 자동 팽창밸브
④ 모세관 팽창밸브

해설 저압식 플로트 팽창밸브 : 만액식 증발기용

35 다음의 역 카르노 사이클에서 냉동장치의 각 기기에 해당되는 구간이 바르게 연결된 것은?

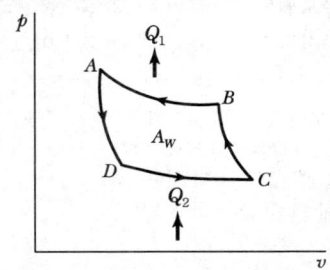

① B→A : 응축기, C→B : 팽창변,
　D→C : 증발기, A→D : 압축기
② B→A : 증발기, C→B : 압축기,
　D→C : 응축기, A→D : 팽창변
③ B→A : 응축기, C→B : 압축기,
　D→C : 증발기, A→D : 팽창변
④ B→A : 압축기, C→B : 응축기,
　D→C : 증발기, A→D : 팽창변

해설
• A→D(단열팽창) : 팽창밸브
• D→C(등온팽창) : 증발기
• C→B(단열압축) : 압축기
• B→A(등온압축) : 응축기

36 다음 용어의 설명 중 맞지 않는 것은?
① 냉각 : 식품을 얼리지 않는 범위 내에서 온도를 낮추는 것
② 제빙 : 물을 동결하여 얼음을 생산하는 것
③ 동결 : 어떤 물체를 가열하여 얼리는 것
④ 저빙 : 생산된 얼음을 저장하는 것

해설 동결 : 어떤 물체를 냉동하여 얼리는 조작

37 냉매의 건조도가 가장 큰 상태는?
① 과냉액 ② 습포화 증기
③ 포화액 ④ 건조포화 증기

해설 건조도(x)
x : 1 이하(습포화증기)
x : 0(포화액)
x : 1(건조포화증기)

38 안전사용 최고온도가 가장 높은 배관 보온재는?
① 우모펠트 ② 폼 폴리스티렌
③ 규산칼슘 ④ 탄산마그네슘

해설 ① 우모펠트 : 120℃ 이하
② 폼 폴리스티렌 : 80℃ 이하
③ 규산칼슘 : 650℃ 이하
④ 탄산마그네슘 : 250℃ 이하

39 어떤 냉동기의 냉동능력이 4,300kJ/h, 성적계수 6, 냉동효과 7.1kJ/kg, 응축기 방열량 8.36kJ/kg일 경우 냉매 순환량은 약 얼마인가?
① 450kg/h ② 505kg/h
③ 550kg/h ④ 605kg/h

해설 냉매순환량 $= \dfrac{4,300}{7.1} = 605 \text{kg/h}$

※ 순환량 $= \dfrac{\text{냉동능력(kJ/h)}}{\text{냉동효과(kJ/kg)}}$ (kg/h)

40 냉동능력이 45냉동톤인 냉동장치의 수직형 쉘 엔드 튜브 응축기에 필요한 냉각수량은 약 얼마인가?(단, 응축기 입구 온도는 23℃이며, 응축기 출구 온도는 28℃이다.)
① 38,844(L/h) ② 43,200(L/h)
③ 51,870(L/h) ④ 60,250(L/h)

해설 냉동력 1(RT) = 3,320kcal/h
$45 \times 3,320 = 149,400 \text{kcal/h}$
$149,400 \times 1.3배 = 194,220 \text{kcal/h}$
∴ $\dfrac{194,220}{1 \times (28-23)} = 38,844 \text{(L/h)}$

41 다음 $P-h$ 선도는 NH_3를 냉매로 하는 냉동장치의 운전상태를 냉동 사이클로 표시한 것이다. 이 냉동장치의 부하가 50,000kcal/h일 때 이 응축기에서 제거해야 할 열량은 약 얼마인가?

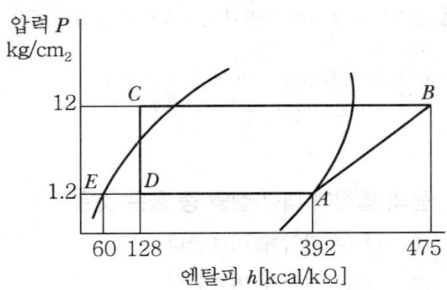

① 209,032kcal/h ② 41,813kcal/h
③ 65,720kcal/h ④ 52,258kcal/h

해설 증발기 부하 : 50,000kcal/h
냉매사용량 : $\dfrac{50,000}{(392-128)} = 189 \text{kg/h}$
압축기 일량 $= 189 \times (475-392) = 15,690 \text{kcal/h}$
∴ $50,000 + 15,690 ≒ 65,720 \text{kcal/h}$

42 냉동장치의 능력을 나타내는 단위로서 냉동톤(RT)이 있다. 1냉동톤을 설명한 것으로 옳은 것은?
① 0℃의 물 1kg을 24시간에 0℃의 얼음으로 만드는 데 필요한 열량
② 0℃의 물 1ton을 24시간에 0℃의 얼음으로 만드는 데 필요한 열량
③ 0℃의 물 1kg을 1시간에 0℃의 얼음으로 만드는 데 필요한 열량
④ 0℃의 물 1ton을 1시간에 0℃의 얼음으로 만드는 데 필요한 열량

해설 1냉동톤
0℃의 물 1톤을 24시간에 0℃의 얼음으로 만들 수 있는 능력

43 공정점이 $-55℃$로 얼음제조에 사용되는 무기질 브라인으로 가장 일반적으로 쓰이는 것은?
① 염화칼슘 수용액 ② 염화마그네슘 수용액
③ 에틸렌글리콜 ④ 프로필렌글리콜

37. ④ 38. ③ 39. ④ 40. ① 41. ③ 42. ② 43. ① | ANSWER

해설 염화칼슘 수용액(무기질 브라인 냉매) : 공정점이 −55℃

44 왕복 압축기에서 이론적 피스톤 압출량(m³/h)의 산출식으로 옳은 것은?(단, 기통수 N, 실린더 내경 D(m), 회전수 R(rpm), 피스톤 행정 L(m)이다.)

① $V = D \cdot L \cdot R \cdot N \cdot 60$
② $V = \frac{\pi}{4} D \cdot L \cdot R \cdot N$
③ $V = \frac{\pi}{4} D \cdot L \cdot R \cdot N \cdot 60$
④ $V = \frac{\pi}{4} D^2 \cdot L \cdot N \cdot R \cdot 60$

해설 왕복동 압축기 시간당 냉매가스 압출량(m³/h)
$V = \frac{\pi}{4} D^2 \cdot L \cdot N \cdot R \cdot 60$

45 용접 접합을 나사 접합에 비교한 것 중 옳지 않은 것은?
① 누수의 우려가 적다.
② 유체의 마찰 손실이 많다.
③ 배관상으로 공간 효율이 좋다.
④ 접합부의 강도가 크다.

해설 용접접합은 유체의 마찰 손실이 적다.

46 보일러의 종류 중 원통형 보일러에 해당하지 않는 것은?
① 입형 보일러   ② 노통 보일러
③ 관류 보일러   ④ 연관 보일러

해설 관류 보일러
수관식 보일러로서 효율이 높으나 스케일 부착이 심하다.

47 공기조화기에 사용되는 공기가열 코일이 아닌 것은?
① 직접팽창코일   ② 온수코일
③ 증기코일   ④ 전열코일

해설 직접팽창코일 : 냉매코일

48 공기를 가습하는 방법으로 적당하지 않은 것은?
① 직접 팽창코일의 이용
② 공기세정기의 이용
③ 증기의 직접분무
④ 온수의 직접분무

해설 공기가습기 종류는 ②, ③, ④항을 이용하여 습도를 조절한다.

49 급기, 배기 모두 기계를 이용한 환기법으로 보일러실 등에 사용되는 것은?
① 제1종 기계환기법   ② 제2종 기계환기법
③ 제3종 기계환기법   ④ 제4종 기계환기법

해설 • 제1종 환기 : 급기, 배기 모두 기계 이용
• 제2종 환기 : 급기(기계), 배기(자연)
• 제3종 환기 : 급기(자연), 배기(기계)

50 상대습도에 대한 설명 중 맞는 것은?
① 습공기에 포함되는 수증기의 양과 건조공기 양과의 중량비
② 습공기의 수증기압과 동일 온도에 있어서 포화공기의 수증기압과의 비
③ 포화상태의 수증기의 분량과의 비
④ 습공기의 절대습도와 그와 동일 온도의 포화 습공기의 절대 습도의 비

해설 상대습도(ϕ) = $\frac{P_v}{P_s} \times 100(\%)$
= $\frac{습공기의\ 수증기압}{동일온도에서\ 포화공기의\ 수증기압} \times 100$

51 원심송풍기의 풍량 제어방법으로 적당하지 않은 것은?
① 온−오프제어   ② 회전수제어
③ 흡입베인제어   ④ 댐퍼제어

해설 풍량제어
• 토출댐퍼에 의한 제어
• 흡입댐퍼에 의한 제어
• 흡입베인에 의한 제어
• 회전수에 의한 제어
• 가변피치제어

ANSWER | 44. ④ 45. ② 46. ③ 47. ① 48. ① 49. ① 50. ② 51. ①

52 캐비테이션(공동현상)의 방지대책이 아닌 것은?
① 펌프의 흡입양정을 짧게 한다.
② 펌프의 회전수를 적게 한다.
③ 양흡입 펌프를 단흡입 펌프로 바꾼다.
④ 흡입관경은 크게 하며 굽힘을 적게 한다.

해설 양흡입을 단흡입으로 바꾸면 공동현상이 증가한다.

53 다음의 그림은 열흐름을 나타낸 것이다. 열흐름에 대한 용어로 틀린 것은?

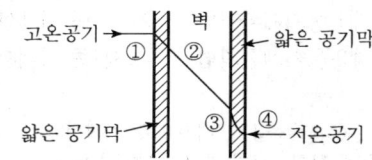

① ①→② : 열전달   ② ②→③ : 열관류
③ ③→④ : 열전달   ④ ①→④ : 열통과

해설 ②→③ : 고체벽에서는 열전도가 나타난다.

54 보건용 공기조화에서 쾌적한 상태를 제공하여 주는 4가지 주요한 요소에 해당되지 않는 것은?
① 온도   ② 습도
③ 기류   ④ 음향

해설 보건용 공기조화 4대 주요요소
온도, 기류, 습도, 청정도

55 공조방식 중 각층 유닛방식의 장점으로 틀린 것은?
① 각 층의 공조기 설치로 소음과 진동의 발생이 없다.
② 각 층별로 부분 부하운전이 가능하다.
③ 중앙기계실의 면적을 적게 차지하고 송풍기 동력도 적게 든다.
④ 각층 슬래브의 관통 덕트가 없게 되므로 방재상 유리하다.

해설 각층 유닛방식은 각 층마다 부하변동에 대응이 가능하나 소음 및 진동이 발생된다. 전공기 방식에 속한다.

56 난방부하가 3,600kcal/h인 실에 온수를 열매로 하는 방열기를 설치하는 경우 소요방열 면적은 몇 m²인가? (단, 방열기의 방열량은 표준방열량[kcal/m²·h]을 기준으로 한다.)
① 2.0   ② 4.0
③ 6.0   ④ 8.0

해설 온수표준난방 방열량(450kcal/m²h)
∴ 방열면적$(EDR) = \dfrac{3,600}{450} = 8m^2$

57 공조되는 인접실과 5℃의 온도차가 나는 경우에 벽체를 통한 관류열량은?(단, 벽체의 열관류율은 0.5 kcal/m²h℃이며, 인접실과 접한 벽체의 면적은 300 m²이다.)
① 215kcal/h   ② 325kcal/h
③ 750kcal/h   ④ 1,500kcal/h

해설 열관류율$(K) = \dfrac{1}{\dfrac{1}{a_1}+\dfrac{b}{\lambda}+\dfrac{1}{a_2}}$ (kcal/m²h℃)

관류열량$(Q) = k \times A \times \Delta t = 0.5 \times 300 \times 5 = 750$ kcal/h

58 공조용 저속덕트를 등마찰법으로 설계할 때 사용하는 단위마찰저항으로 맞는 것은?
① 0.08~0.15mmAq/m
② 0.8~1.5mmAq/m
③ 8~15mmAq/m
④ 80~150mmAq/m

해설 등마찰법 저항
• 음악감상실 : 0.07mmAq/m
• 일반건축 : 0.1mmAq/m
• 기타 : 0.15mmAq/m

59 온풍난방의 장점이 아닌 것은?
① 예열시간이 짧아 비교적 연료소비량이 적다.
② 온도의 자동제어가 용이하다.
③ 필터를 채택하므로 깨끗한 공기를 유지할 수 있다.
④ 실내온도 분포가 균등하다.

ANSWER 52. ③ 53. ② 54. ④ 55. ① 56. ④ 57. ③ 58. ① 59. ④

해설 복사난방은 실내온도 분포가 균등하다.

60 보일러로부터의 증기 또는 온수나 냉동기로부터의 냉수를 객실에 있는 유닛으로 공급시켜 냉·난방을 하는 것으로 덕트 스페이스가 필요없고, 각 실의 제어가 쉬워서 주택, 여관 등과 같이 재실인원이 적은 방에 적절한 방식은?
① 전공기방식　　② 전수방식
③ 공기-수방식　　④ 냉매방식

해설 전수방식(팬코일 유닛방식)
- 수동제어나 개별제어가 용이하다.
- 펌프에 의해 냉·온수를 이송한다.
- 스페이스가 필요 없거나 작아도 된다.

ANSWER | 60. ②

2012년 2회 공조냉동기계기능사

01 다음 중 불안전한 상태라 볼 수 없는 것은?
① 환기 불량
② 위험물의 방치
③ 안전교육의 미참여
④ 기계기구의 정비 불량

해설 불안전한 상태
• 환기 불량
• 위험물 방치
• 기계기구의 정비 불량

02 응축기에서 응축 액화된 냉매가 수액기로 원활히 흐르지 못하는 가장 큰 원인은?
① 액 유입관경이 크다.
② 액 유출관경이 크다.
③ 안전밸브의 구경이 작다.
④ 균압관의 관경이 작다.

해설 균압관의 관경이 작으면 응축기에서 응축액화된 냉매가 수액기로 원활히 흐르지 못하는 경우가 발생한다.

03 재해율 중 연천인율을 구하는 식으로 옳은 것은?
① 연천인율=(연간 재해자수/연평균 근로자수) ×1,000
② 연천인율=(연평균근로자수/재해발생건수) ×1,000
③ 연천인율=(재해발생건수/근로총시간수) ×1,000
④ 연천인율=(근로총시간수/재해발생건수) ×1,000

해설 연천인율 = $\dfrac{\text{연간 재해자수}}{\text{연평균 근로자수}} \times 1,000$

04 보호장구는 필요할 때 언제라도 착용할 수 있도록 청결하고 성능이 유지된 상태에서 보관되어야 한다. 보관방법으로는 틀린 것은?

① 광선을 피하고 통풍이 잘되는 장소에 보관할 것
② 부식성, 유해성, 인화성 액체 등과 혼합하여 보관하지 말 것
③ 모래, 진흙 등이 묻은 경우는 깨끗이 씻고 햇빛에서 말릴 것
④ 발열성 물질을 보관하는 주변에 가까이 두지 말 것

해설 보호장구는 모래, 진흙 등이 묻은 경우 깨끗이 씻고 햇빛이 아닌 음지에서 말린다.

05 냉동 제조 설비의 안전관리자의 인원에 대한 설명 중 올바른 것은?
① 냉동능력이 300톤 초과(냉매가 프레온일 경우는 600톤 초과)인 경우 안전관리원은 3명 이상이어야 한다.
② 냉동능력이 100톤 초과 300톤 이하(냉매가 프레온일 경우는 200톤 초과 600톤 이하)인 경우 안전관리원은 1명 이상이어야 한다.
③ 냉동능력이 50톤 초과 100톤 이하(냉매가 프레온인 경우 100톤 초과 200톤 이하)인 경우 안전관리 총괄자는 없어도 상관없다.
④ 냉동능력이 50톤 이하(냉매가 프레온인 경우 100톤 이하)인 경우 안전 관리 책임자는 없어도 상관없다.

해설 ① 냉동능력 300톤 초과 : 안전관리원 2명 이상
② 냉동 능력 100톤초과~300톤 이하 : 안전관리 총괄자 1인, 안전관리 책임자 1명, 안전관리원 1명 이상
③ 50톤 초과~100톤 이하 : 안전관리 총괄자 1명
④ 50톤 이하 : 총괄자 1명, 책임자 1명

06 전기화재 발생 시 가장 좋은 소화기는?
① 산·알칼리 소화기   ② 포말 소화기
③ 모래   ④ 분말 소화기

해설 분말소화기 : 전기, 기름 화재시 사용이 편리한 소화기

1.③ 2.④ 3.① 4.③ 5.② 6.④ | ANSWER

07 수공구 안전에 대한 일반적인 유의 사항으로 잘못된 것은?
① 사용 전에 이상 유무를 반드시 점검한다.
② 작업에 적합한 공구가 없을 경우 대용으로 유사한 것을 사용한다.
③ 수공구 사용 시에는 필요한 보호구를 착용한다.
④ 수공구 사용전에 충분한 사용법을 숙지하고 익히도록 한다.

해설 수공구 안전에서 공구를 대용으로 유사한 것을 사용하는 것은 금물이다.

08 냉동기의 메인 스위치를 차단하고 전기 시설을 점검하던 중 감전사고가 있었다면 어떤 전기부품 때문인가?
① 콘덴서　② 마그네트
③ 릴레이　④ 타이머

해설
- 콘덴서 사용 시 감전사고에 주의하여야 한다.(가변콘덴서, 고정콘덴서)
- Condenser : 두 도체 사이에 유전체를 넣어 절연하여 전하축적한다.

09 산소용접 중 역화현상이 일어났을 때 조치 방법으로서 가장 적합한 것은?
① 아세틸렌 밸브를 즉시 닫는다.
② 토치 속의 공기를 배출한다.
③ 아세틸렌 압력을 높인다.
④ 산소압력을 용접조건에 맞춘다.

해설 가스용접시 역화가 발생하면 신속히 가연성 가스인 아세틸렌(C_2H_2) 가스 밸브를 차단시킨다.

10 고압선과 저압 가공선이 병가된 경우 접촉으로 인해 발생하는 것과 변압기의 1, 2차 코일의 절연파괴로 인하여 발생하는 현상과 관계있는 것은?
① 단락　② 지락
③ 혼촉　④ 누전

해설 혼촉
고압선과 저압·가공선이 병가된 경우 접촉으로 인해 발생한다.(변압기의 1차, 2차 코일의 절연 파괴로 인하여 발생도 가능하다.)

11 양중기의 종류 중 동력을 사용하여 중량물을 매달아 상하 및 좌우로 운반하는 기계장치는?
① 크레인　② 리프트
③ 곤돌라　④ 승강기

해설 크레인
양중기의 종류 중 동력을 사용하여 중량물을 매달아 상하, 좌우로 운반하는 기계장치이다.

12 보일러 파열사고의 원인으로 적절하지 못한 것은?
① 압력 초과
② 취급 불량
③ 수위 유지
④ 과열

해설 수위가 정상유지(수면제 중심선)까지 유지되면 보일러 안전 운전이 유지된다.

13 가스용접토치가 과열되었을 때 가장 적절한 조치 사항은?
① 아세틸렌 가스를 멈추고 산소 가스만을 분출시킨 상태로 물속에서 냉각시킨다.
② 산소 가스를 멈추고 아세틸렌 가스만을 분출시킨 상태로 물속에서 냉각시킨다.
③ 아세틸렌과 산소 가스를 분출시킨 상태로 물속에 냉각시킨다.
④ 아세틸렌 가스만을 분출시킨 상태로 팁 클리너를 사용하여 팁을 소제하고 공기 중에서 냉각시킨다.

해설 가스용접토치가 과열되면 아세틸렌 가스를 멈추고 산소 가스만을 분출시킨 상태로 물속에서 냉각시킨다.

ANSWER | 7. ② 8. ① 9. ① 10. ③ 11. ① 12. ③ 13. ①

14 작업복에 대한 설명 중 옳지 않은 것은?
① 작업복의 스타일은 착용자의 연령, 성별 등을 고려할 필요가 없다.
② 화기사용 작업자는 방염성, 불연성의 작업복을 착용한다.
③ 작업복은 항상 깨끗이 하여야 한다.
④ 작업복은 몸에 맞고 동작이 편하며, 상의 끝이나 바지락 등이 기계에 말려 들어갈 위험이 없도록 한다.

해설 작업복은 착용자의 연령, 성별, 신체 등을 고려하여 스타일에 맞추어야 한다.

15 사업주는 보일러의 안전한 운전을 위하여 근로자에게 보일러의 운전방법을 교육하여 안전사고를 방지하여야 한다. 다음 중 교육내용에 해당되지 않는 것은?
① 보일러의 각종 부속장치의 누설상태를 점검할 것
② 압력방출장치·압력제한스위치·화염검출기의 설치 및 정상 작동여부를 점검할 것
③ 압력방출장치의 개방된 상태를 확인할 것
④ 고저수위조절장치와 급수펌프와의 상호 기능상태를 점검할 것

해설 압력방출장치(릴리프 밸브)는 보일러 운전 시 안전운전을 할 때는 밀폐된 상태가 된다.

16 아래와 같은 배관의 도시기호는 어느 이음인가?

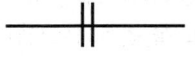

① 나사식 이음   ② 플랜지식 이음
③ 용접식 이음   ④ 턱걸이식 이음

해설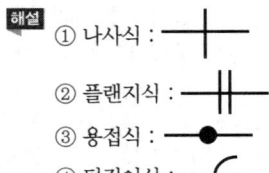

17 다음은 NH₃ 표준냉동사이클의 $P-h$ 선도이다. 플래시 가스열량은 얼마인가?

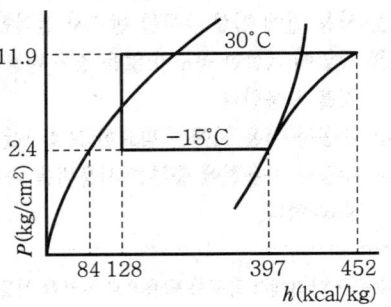

① 44kcal/kg   ② 55kcal/kg
③ 313kcal/kg ④ 368kcal/kg

해설 • 증발열 : 397−128=269kcal/kg
• 압축기 출구 가스엔탈피 : 452kcal/kg
• 플래시가스열 : 128−84=44kcal/kg

18 영국의 마력 1[HP]를 열량으로 환산할 때 맞는 것은?
① 102[kcal/h]   ② 632[kcal/h]
③ 860[kcal/h]   ④ 641[kcal/h]

해설 1HP=76kg.m/s, 1시간=60분(1분=60초)
$1\ HP-h=76\times(60\times60)\times\dfrac{1}{427}=641kcal$

19 임계점에 대한 설명으로 맞는 것은?
① 어느 압력 이상에서 포화액이 증발이 시작됨과 동시에 건포화 증기로 변하게 되는데, 포화액선과 건포화 증기선이 만나는 점
② 포화온도 하에서 증발이 시작되어 모두 증발하기까지의 온도
③ 물이 어느 온도에 도달하면 온도는 더 이상 상승하지 않고 증발이 시작하는 온도
④ 일정한 압력하에서 물체의 온도가 변화하지 않고 상(相)이 변화하는 점

해설 임계점
증발현상이 없고(증발잠열 0kcal/kg) 액과 증기의 구별이 없어지는 점으로 ①의 내용과 동일하다.

20 냉동장치의 배관에 있어서 유의할 사항으로 틀린 것은?
① 관의 강도가 적합한 규격이어야 한다.
② 냉매의 종류에 따라 관의 재질을 선택해야 한다.
③ 관 내부의 유체 압력 손실이 커야 한다.
④ 관의 온도변화에 의한 신축을 고려해야 한다.

해설 냉동배관에서는 관내부의 유체는 압력손실이 적어야 한다.

21 지열을 이용하는 열펌프(Heat Pump)의 종류가 아닌 것은?
① 엔진구동 열펌프
② 지하수 이용 열펌프
③ 지표수 이용 열펌프
④ 지중열 이용 열펌프

해설 엔진구동 열펌프(GHP) : 가스구동 열펌프(히트펌프)

22 2단 압축 1단 팽창 냉동장치에 대한 설명 중 옳은 것은?
① 단단 압축시스템에서 압축비가 작을 때 사용된다.
② 냉동부하가 감소하면 중간냉각기는 필요 없다.
③ 단단 압축시스템보다 응축능력을 크게 하기 위해 사용된다.
④ −30℃ 이하의 비교적 낮은 증발온도를 요하는 곳에 주로 사용된다.

해설 2단 압축 1단 팽창 냉동장치
−30℃ 이하의 비교적 낮은 증발온도를 요하는 냉동장치

23 냉매가 팽창밸브(Expansion Valve)를 통과할 때 변하는 것은?(단, 이론상의 표준냉동 사이클)
① 엔탈피와 압력   ② 온도와 엔탈피
③ 압력과 온도   ④ 엔탈피와 비체적

해설 냉매가스가 팽창밸브를 통과할 때는 냉매가스의 압력과 온도가 하강한다.

24 동결장치 상부에 냉각코일을 집중적으로 설치하고 공기를 유동시켜 피 냉각물체를 동결시키는 장치는?
① 송풍 동결장치
② 공기 동결장치
③ 접촉 동결장치
④ 브라인 동결장치

해설 송풍동결장치
동결장치 상부에 냉각코일을 집중적으로 설치하고 공기를 유동시켜 피 냉각물체를 동결시키는 장치이다.

25 회전식(Rotary) 압축기의 설명 중 틀린 것은?
① 흡입밸브가 없다.
② 압축이 연속적이다.
③ 회전수가 200rpm 정도로 매우 적다.
④ 왕복동에 비해 구조가 간단하다.

해설 회전식 압축기(회전자 로우터 사용)
• 종류 : 고정날개형, 회전날개형
• 연속식 압축기(고진공 진공펌프로도 이용)
• 흡입밸브는 없고 토출밸브만 있다.
• 왕복동에 비해 구조가 간단하다.

26 다음 그림과 같이 20A 강관을 45° 엘보에 나사 연결할 때 관의 실제 소요길이는 약 얼마인가?(단, 엘보 중심 길이 25mm, 나사물림 길이 13mm이다.)

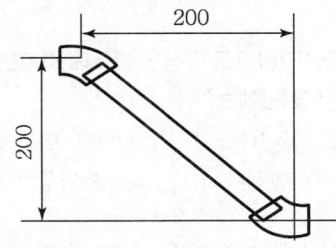

① 255.8mm   ② 258.8mm
③ 274.8mm   ④ 282.8mm

해설 대각선길이 = 200 × √2 = 283mm
절단길이(l) = L − 2(A − a)
= 283 − 2(25 − 13) ≒ 258.8mm

27 냉동장치의 냉매계통 중에 수분이 침입하였을 때 일어나는 현상을 열거한 것 중 잘못된 것은?

① 유리된 수분이 물방울이 되어 프레온 냉매계통을 순환하다가 팽창밸브에서 동결한다.
② 침입한 수분이 냉매나 금속과 화학반응을 일으켜 냉매계통의 부식, 윤활유의 열화 등을 일으킨다.
③ 암모니아는 물에 잘 녹으므로 침입한 수분이 동결하는 장애가 적은 편이다.
④ R-12는 R-22보다 많은 수분을 용해하므로, 팽창밸브 등에서의 수분동결의 현상이 적게 일어난다.

해설
- NH_3(암모니아)는 수분과 잘 용해하나 오일과는 용해하지 않는다.
- R-12는 오일과 잘 용해한다.
- R-113은 오일과 잘 혼합한다.
- R-22는 오일과 용해도가 적다.

28 팽창밸브 선정 시 고려할 사항 중 관계 없는 것은?

① 관의 두께
② 냉동기의 냉동능력
③ 사용냉매의 종류
④ 증발기의 형식 및 크기

해설 팽창밸브 선정 시 고려사항
①번을 제외한 ②, ③, ④번을 고려한다.

29 순저항(R)만으로 구성된 회로에 흐르는 전류와 전압과의 위상관계는?

① 90° 앞선다.   ② 90° 뒤진다.
③ 180° 앞선다.   ④ 동위상이다.

해설 수저항만으로 구성된 회로에 흐르는 전류와 전압과의 위상관계는 동위상이다.(위상이 같다.)

30 전자냉동은 어떠한 원리를 이용한 것인가?

① 제백 효과   ② 안티 효과
③ 펠티에 효과   ④ 증발 효과

해설
- 펠티에 효과 이용(전자냉동기의 원리)
  열전 냉동법이며, Peltier Effect 이용
- 열전냉동용 반도체
  비스무드텔구르, 안티몬텔구르, 비스무트 셀렌 등

31 다음 용어 설명 중 잘못된 것은?

① 냉각(Cooling) : 상온보다 낮은 온도로 열을 제거하는 것
② 동결(Freezing) : 냉각작용에 의해 물질을 응고점 이하까지 열을 제거하여 고체상태로 만든 것
③ 냉장(Storage) : 냉각장치를 이용, 0℃ 이상의 온도에서 식품이나 공기 등을 상변화 없이 저장하는 것
④ 냉방(Air Conditioning) : 실내공기에 열을 가하여 주위 온도보다 높게 하는 방법

해설 냉방
실내공기의 열을 제거하여 주위 온도보다 낮게 하는 방법

32 증발식 응축기에 관한 설명으로 옳은 것은?

① 일반적으로 물의 소비량이 수냉식 응축기보다 현저하게 적다.
② 대기의 습구온도가 낮아지면 응축온도가 높아진다.
③ 송풍량이 적어지면 응축능력이 증가한다.
④ 냉각작용 3가지(수냉, 공냉, 증발) 중 1가지(증발)에 의해서만 응축이 된다.

해설 증발식 응축기
일반적으로 물의 소비량이 수냉식 응축기보다 현저하게 적게 사용. 물의 증발잠열 이용(주로 암모니아 냉동장치용)

33 윤활유의 사용목적으로 거리가 먼 것은?

① 운동면에 윤활작용으로 마모방지
② 기계적 효율 향상과 소손방지
③ 패킹재료를 보호하여 냉각작용을 억제
④ 유막형성으로 냉매가스 누설방지

해설 압축기 윤활유 사용목적은 ①, ②, ④ 항이다.

27. ④ 28. ① 29. ④ 30. ③ 31. ④ 32. ① 33. ③ | ANSWER

34 제빙용으로 브라인(Brine)의 냉각에 적당한 증발기는?
① 관코일 증발기 ② 헤링본 증발기
③ 원통형 증발기 ④ 평판상 증발기

해설 탱크형 증발기(Herring Bone Cooler)
주로 NH_3 냉매용이며, 제빙장치의 브라인 냉각용 증발기로 사용된다.

35 [보기]의 내용 중 브라인의 구비 조건으로 적절한 것만 골라놓은 것은?

[보기]
㉠ 비열과 열전도율이 클 것
㉡ 끓는점이 높고, 불연성일 것
㉢ 동결온도가 높을 것
㉣ 점성이 크고 부식성이 클것

① ㉠, ㉡   ② ㉠, ㉢
③ ㉡, ㉢   ④ ㉠, ㉣

해설
- 브라인 냉매는 농도가 진해지면 동결온도가 낮아진다. (최저의 온도 : 공정점)
- 브라인은 점도가 크면 순환펌프 동력소비가 커진다.

36 증발기의 성에부착을 제거하기 위한 제상 방법이 아닌 것은?
① 전열제상   ② 핫 가스제상
③ 산 살포제상 ④ 부동액 살포제상

해설 성에(적상)부착 제거방법
- 전열제상
- 고압가스 제상(핫 가스)
- 온 브라인 제상
- 살수식 제상
- 온 공기제상
- 재 증발기 고압가스 제상
- 부동액 살포제상

37 온도가 다른 두 물체를 접촉시키면 열은 고온에서 저온의 물체로 이동한다. 이것은 어떤 법칙인가?
① 주울의 법칙   ② 열역학 제2법칙
③ 헤스의 법칙   ④ 열역학 제1법칙

해설 열역학 제2법칙
온도가 다른 두 물체를 접촉시키면 열은 고온에서 저온의 물체로 이동하는 법칙

38 냉동장치의 고압 측에 안전장치로 사용되는 것 중 옳지 않은 것은?
① 스프링식 안전밸브   ② 플로우트 스위치
③ 고압차단 스위치   ④ 가용전

해설 플로우트 스위치(부자식 스위치)
만액식 증발기에서 액면제어용으로 사용(팽창밸브를 조절한다.)

39 저항 3Ω과 유도 리액턴스 4Ω이 직렬로 접속된 회로의 역률은?
① 0.4   ② 0.5
③ 0.6   ④ 0.8

해설 역률($\cos\phi m$) = $\dfrac{P}{\sqrt{P^2+Q^2}} = \dfrac{3}{\sqrt{3^2+4^2}} = 0.6$

40 다음 중 계전기 b 접점을 나타낸 것은?

해설
- : 순시동작 한시복귀 타이머 b 접점
- : 한시동작 순시복귀 타이머 a 접점
- : 수동동작 자동복귀접점 a 접점
- : 수동동작 자동복귀접접 b 접점

ANSWER | 34. ② 35. ① 36. ③ 37. ② 38. ② 39. ③ 40. ④

41 강관용 이음쇠를 이음방법에 따라 분류한 것이 아닌 것은?

① 용접식   ② 압축식
③ 플랜지식 ④ 나사식

해설 강관용 이음쇠 이음방법
- 용접식
- 플랜지식
- 나사식
④의 압축식은 동관용 이음법

42 암모니아 냉매의 특성에 대한 것으로 틀린 것은?

① 동 및 동합금, 아연을 부식시킨다.
② 철 및 강을 부식시킨다.
③ 물에 잘 용해되지만 윤활유에는 잘 녹지 않는다.
④ 염산이나 유황의 불꽃과 반응하여 흰 연기를 발생시킨다.

해설
- 암모니아 냉매는 동(Cu)이나 동합금을 부식시킨다. (수분이 없으면 제외)
- 프레온 냉매는 마그네슘(Mg)이나 Mg 2% 이상을 함유하는 알루미늄(Al)합금을 부식시킨다.

43 2중 효용 흡수식 냉동기에 대한 설명 중 옳지 않은 것은?

① 단중 효용 흡수식 냉동기에 비해 효율이 높다.
② 2개의 재생기가 있다.
③ 2개의 증발기가 있다.
④ 2개의 열교환기를 가지고 있다.

해설 2중 효용 흡수식 냉동기는 냉매가 물이며(H_2O) 재생기는 2개이나 증발기는 1개이다.(고온재생기, 저온재생기)

44 배관의 부식방지를 위해 사용하는 도료가 아닌 것은?

① 광명단   ② 연산칼슘
③ 크롬산아연 ④ 탄산마그네슘

해설 탄산마그네슘 보온재
염기성 탄산마그네슘 85%+석면 15% 배합(250℃ 이하의 파이프, 탱크의 보냉용 보온재)

45 증발온도가 낮을 때 미치는 영향 중 틀린 것은?

① 냉동능력 감소
② 소요동력 감소
③ 압축비 증대로 인한 실린더 과열
④ 성적 계수 저하

해설 냉매 증발온도가 낮으면 압축비가 커지며 압축기 소요동력이 증가한다.

46 시간당 5,000m³의 공기가 지름 80cm의 원형 덕트 내를 흐를 때 풍속은 약 몇 m/s인가?

① 1.81   ② 2.32
③ 2.76   ④ 3.25

해설 풍속 = $\dfrac{풍량(m^3/h)}{단면적 \times 3{,}600}$, 단면적$(A) = \dfrac{\pi}{4}d^2$

∴ 풍속$(V) = \dfrac{5{,}000}{\dfrac{3.14}{4} \times (0.8)^2 \times 3{,}600} = 2.76\,m/s$

47 감습장치에 대한 내용 중 옳지 않은 것은?

① 압축 감습장치는 동력소비가 작다.
② 냉각 감습장치는 노점온도 이하로 감습한다.
③ 흡수식 감습장치는 흡수성이 큰 용액을 이용한다.
④ 흡착식 감습장치는 고체 흡수제를 이용한다.

해설 ① 압축식 감습장치는 동력소비가 크다.
- 냉각감습장치(노점제어감습, 냉각코일, 공기세정기)
- 압축감습장치(공기압축 후 급격히 팽창시킨다. 동력소비 증가)
- 흡수감습장치(염화리튬 LiCl, 트리에틸렌글리콜 사용)
- 흡착식 감습장치(실리카겔, 활성알루미나, 아드소울 사용)

48 공기조화의 개념을 가장 올바르게 설명한 것은?

① 실내 공기의 청정도를 적합하도록 조절하는 것
② 실내 공기의 온도를 적합하도록 조절하는 것
③ 실내 공기의 습도를 적합하도록 조절하는 것
④ 실내 또는 특정한 장소의 공기의 기류속도, 습도, 청정도 등을 사용 목적에 적합하도록 조절하는 것

해설 ④의 내용은 공기조화의 개념 설명이다.

ANSWER 41. ② 42. ② 43. ③ 44. ④ 45. ② 46. ③ 47. ① 48. ④

49 기계배기와 적당한 자연급기에 의한 환기방식으로서 화장실, 탕비실, 소규모 조리장의 환기 설비에 적당한 환기법은?
① 제1종 환기법 ② 제2종 환기법
③ 제3종 환기법 ④ 제4종 환기법

해설 제1종환기 : 공조기용(급기팬+배기팬 사용)
제2종환기 : 청정실용(급기팬+자연배기 조합)
제3종환기 : 오염실용(자연급기+배기팬 조합)
※ 배기팬 : 기계배기

50 다음 중 부하의 양이 가장 큰 것은?
① 실내부하 ② 냉각코일부하
③ 냉동기부하 ④ 외기부하

해설 냉방부하
• 실내부하   • 기기취득부하
• 재열부하   • 외기부하
③ 냉동기의 부하가 크다.

51 공기조화설비의 구성요소 중에서 열원장치에 속하는 것은?
① 송풍기 ② 덕트
③ 자동제어장치 ④ 흡수식 냉온수기

해설 열원장치
• 냉동기
• 보일러
• 흡수식 냉온수기

52 신축곡관이라고도 하며 관의 구부림을 이용하여 신축을 흡수하는 신축이음장치는?
① 슬리브형 신축이음
② 벨로스형 신축이음
③ 루프형 신축이음
④ 스위블형 신축이음

해설 루프형 신축이음(신축곡관)
만곡형(구부림관)으로 응력이 발생되나 옥외 대형배관용이다.

53 다음 중 개별 공기조화 방식은?
① 패키지유닛 방식 ② 단일덕트 방식
③ 팬코일유닛 방식 ④ 멀티존 방식

해설 개별방식
• 패키지유닛 방식
• 룸 쿨러 방식
• 멀티유닛 방식

54 어느 실내온도가 25℃이고, 온수방열기의 방열면적이 10m² EDR인 실내의 방열량은 얼마인가?
① 1,250kcal/h ② 2,500kcal/h
③ 4,500kcal/h ④ 6,000kcal/h

해설 표준온수난방(상당방열면적 1EDR : 450kcal/m²h)
∴ 10×450=4,500kcal/h

55 다음 공기조화방식 중에서 덕트방식이 아닌 것은?
① 팬코일유닛 방식 ② 유인유닛 방식
③ 각층유닛 방식 ④ 전공기 방식

해설 전수방식 : 팬코일유닛 방식(냉수, 온수, 증기사용)

56 송풍기의 크기가 정수일 때 풍량은 회전속도비에 비례하며, 압력은 회전속도비의 2제곱에 비례하고, 동력은 회전속도비의 3제곱에 비례한다는 법칙으로 맞는 것은?
① 상압의 법칙 ② 상속의 법칙
③ 상사의 법칙 ④ 상동의 법칙

해설 송풍기 소요동력은 회전속도의 3승에 비례한다.(상사의 법칙에 비례한다.)

57 온풍난방의 특징에 대한 설명 중 맞는 것은?
① 예열부하가 작아 예열시간이 짧다.
② 송풍기의 전력소비가 작다.
③ 송풍덕트의 스페이스가 필요없다.
④ 실온과 동시에 실내의 습도와 기류의 조정이 어렵다.

ANSWER | 49. ③ 50. ③ 51. ④ 52. ③ 53. ① 54. ③ 55. ① 56. ③ 57. ①

해설 온풍은 비열이 낮아서 예열부하가 작아 예열시간이 짧다.
(온수난방의 반대이다).

58 그림과 같이 공기가 상태변화를 하였을 때를 바르게 설명한 것은?

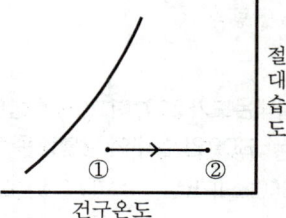

① 절대습도 증가 ② 상대습도 감소
③ 수증기분압 감소 ④ 현열량 감소

해설 ①→② : 건구온도 상승
    습구온도 상승
    상대습도 감소
    엔탈피 증가
    비체적 증가
②→① : 상대습도 증가

59 다음 중 배연방식이 아닌 것은?
① 자연 배연방식   ② 국소 배연방식
③ 스모크타워방식 ④ 기계 배연방식

해설 배연방식(배기방식)
• 자연 배연방식
• 스모크타워방식
• 기계 배연방식

60 실내공기의 흡입구 중 펀칭메탈형 흡입구의 자유면적비는 펀칭메탈의 관통된 구멍의 총면적과 무엇의 비율인가?
① 전체면적   ② 디퓨져의 수
③ 격자의 수   ④ 자유면적

해설 (실내공기흡입구, 펀칭메탈형)자유면적비
$= \dfrac{\text{펀칭메탈의 관통된 구멍 총면적}}{\text{전체 면적}}$

2012년 3회 공조냉동기계기능사

01 다음 중 안전장치에 관한 사항으로 옳지 않은 것은?
① 해당 설비에 적합한 안전장치를 사용한다.
② 안전장치는 수시로 점검한다.
③ 안전장치는 결함이 있을 때에는 즉시 조치한 후 작업한다.
④ 안전장치는 작업형편상 부득이한 경우에는 일시적으로 제거하여도 좋다.

해설 안전장치는 작업형편상 부득이한 경우라도 절대로 제거하면 안 된다.

02 중량물을 운반하기 위하여 크레인을 사용하고자 한다. 크레인의 안전한 사용을 위해 지정거리에서 권상을 정지시키는 방호장치는?
① 과부하 방지 장치 ② 권과 방지 장치
③ 비상 정지 장치 ④ 해지 장치

해설 권상기(시브레이) 정지 방호장치는 권과방지장치를 말한다.

03 연소에 관한 설명이 잘못된 것은?
① 온도가 높을수록 연소속도가 빨라진다.
② 입자가 작을수록 연소속도가 빨라진다.
③ 촉매가 작용하면 연소속도가 빨라진다.
④ 산화되기 어려운 물질일수록 연소속도가 빨라진다.

해설 산화되기 어려운 물질은 연소속도가 느려진다.

04 수공구 사용 시 주의사항으로 적당하지 않은 것은?
① 작업대 위의 공구는 작업 중에도 정리한다.
② 스패너 자루에 파이프를 끼어 사용해서는 안 된다.
③ 서피스 게이지의 바늘 끝은 위쪽으로 향하게 둔다.
④ 사용 전에 이상 유무를 반드시 점검한다.

해설 서피스게이지
사용할 때 바늘 끝을 아래로 향하게 한다.

05 누전 및 지락의 방지대책으로 적절하지 못한 것은?
① 절연 열화의 방지
② 퓨즈, 누전차단기의 설치
③ 과열, 습기, 부식의 방지
④ 대전체 사용

해설 누전 및 지락의 방지대책
• 절연 열화의 방지
• 퓨즈, 누전차단기 설치
• 과열, 습기, 부식의 방지

06 전기용접작업의 안전사항에 해당되지 않는 것은?
① 용접작업 시 보호구를 착용토록 한다.
② 홀더나 용접봉은 맨손으로 취급하지 않는다.
③ 작업 전에 소화기 및 방화사를 준비한다.
④ 용접이 끝나면 용접봉은 홀더에서 빼지 않는다.

해설 전기용접 시 용접이 끝나면 용접봉은 반드시 홀더에서 빼야 한다.

07 산소-아세틸렌 가스용접 시 역화현상이 발생하였을 때 조치사항으로 적절하지 못한 것은?
① 산소의 공급압력을 최대로 높인다.
② 팁 구멍의 이물질 제거 등 토치의 기능을 점검한다.
③ 팁을 물로 냉각한다.
④ 아세틸렌을 차단한다.

해설 가스용접 시 역화가 발생하면 산소의 공급압력을 저하시킨다.

08 안전화의 구비조건에 대한 설명으로 틀린 것은?
① 정전화는 인체에 대전된 정전기를 구두바닥을 통하여 땅으로 누전시킬 수 있는 재료를 사용할 것
② 가죽제 안전화는 가능한 한 무거울 것
③ 착용감이 좋고 작업에 편리할 것
④ 앞발가락 끝부분에 선심을 넣어 압박 및 충격에 다하여 착용자의 발가락을 보호할 수 있을 것

ANSWER | 1.④ 2.② 3.④ 4.③ 5.④ 6.④ 7.① 8.②

해설 가죽제 안전화는 가볍고 실용적이어야 한다.

09 보일러 취급 부주의에 의한 사고 원인이 아닌 것은?
① 이상 감수(減水) ② 압력 초과
③ 수처리 불량   ④ 용접불량

해설 용접불량
보일러 제조 시 제작불량이 원인

10 추락을 방지하기 위해 작업발판를 설치해야 하는 높이는 몇 m 이상인가?
① 2 ② 3
③ 4 ④ 5

해설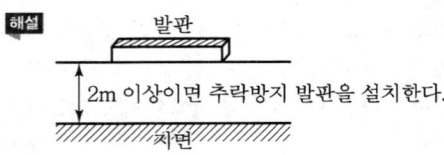
2m 이상이면 추락방지 발판을 설치한다.

11 다음 보기의 설명에 해당되는 것은?

[보기]
• 실린더에 상이 붙는다.
• 토출가스 온도가 낮아진다.
• 냉동능력이 감소한다.
• 압축기의 손상이 우려된다.

① 액 햄머   ② 커퍼 플레이팅
③ 냉매과소 충전 ④ 플래쉬 가스 발생

해설 액 햄머(리퀴드 햄머) 장해
• 실린더에 상이 붙는다.
• 토출가스 온도가 낮아진다.
• 냉동능력이 감소한다.
• 압축기의 손상이 우려된다.

12 냉동기계 설치 시 각 기기의 위치를 정하기 위한 설명으로 옳지 않은 것은?

① 운전상 작업의 용이성을 고려할 것
② 실내의 기계 상태를 일부분만 볼 수 있게 하고 제어가 쉽도록 할 것
③ 실내의 조명과 환기를 고려할 것
④ 현장의 상황에 맞는가를 조사할 것

해설 실내의 기계는 전체를 볼 수 있게 설치해야 한다.

13 사업주는 그 작업조건에 적합한 보호구를 동시에 작업하는 근로자의 수 이상으로 지급하고 이를 착용하도록 하여야 한다. 이때 적합한 보호구 지급에 해당되지 않는 것은?
① 보안경 : 물체가 날아 흩어질 위험이 있는 작업
② 보안면 : 용접 시 불꽃 또는 물체가 날아 흩어질 위험이 있는 작업
③ 안전대 : 감전의 위험이 있는 작업
④ 방열복 : 고열에 의한 화상 등의 위험이 있는 작업

해설 안전대
작업장 추락방지용

14 위험물 취급 및 저장 시의 안전조치사항 중 틀린 것은?
① 위험물은 작업장과 별도의 장소에 보관하여야 한다.
② 위험물을 취급하는 작업장에는 너비 0.3m 이상, 높이 2m 이상의 비상구를 설치하여야 한다.
③ 작업장 내부에는 작업에 필요한 양만큼만 두어야 한다.
④ 위험물을 취급하는 작업장에는 출입구와 같은 방향에 있지 아니하고, 출입구로부터 3m 이상 떨어진 곳에 비상구를 설치하여야 한다.

해설 위험물의 피난구(비상구) 크기
가로 0.5m 이상, 세로 1m 이상이 필요하다.

15 냉동설비의 설치공사 완료 후 시운전 및 기밀시험을 실시할 때 사용할 수 없는 것은?
① 헬륨 ② 산소
③ 질소 ④ 탄산가스

9. ④ 10. ① 11. ① 12. ② 13. ③ 14. ② 15. ② | ANSWER

해설 기밀시험 가스
질소 등 불활성가스로 하고 조연성인 산소는 제외된다.

16 브라인 동결 방지의 목적으로 사용되는 기기가 아닌 것은?
① 서모스탯 ② 단수 릴레이
③ 흡입압력 조정 밸브 ④ 증발압력 조정 밸브

해설 흡입압력 조정밸브(SPR)
압축기 흡입관상에 설치하며 흡입압력이 일정압력 이상으로 되었을 때 과부하로 인한 전동기의 소손을 방지한다.

17 그림과 같은 회로에서 6[Ω]에 흐르는 전류[A]는 얼마인가?

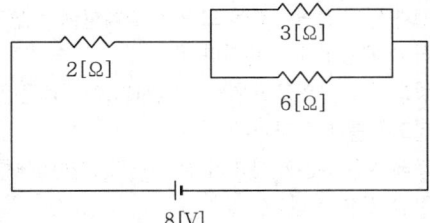

① $\frac{1}{3}$[A] ② $\frac{2}{3}$[A]
③ $\frac{1}{2}$[A] ④ $\frac{3}{2}$[A]

해설 저항의 직·병렬 접속
전류$(I) = \frac{v}{R_0}$,

합성저항$(R_0) = R + \frac{R_1 \times R_2}{R_1 + R_2}$ (Ω)

$R_0 = 2 + \frac{3 \times 6}{3+6} = 4Ω$

∴ $I = \frac{v}{R}(A) = \frac{8}{2+4+6} = \frac{8}{12} = \frac{2}{3}$

18 수동나사 절삭방법 중 잘못된 것은?
① 관을 파이프 바이스에서 약 150mm 정도 나오게 하고 관이 찌그러지지 않게 주의하면서 단단히 물린다.
② 관 끝은 절삭날이 쉽게 들어갈 수 있도록 약간의 모따기를 한다.
③ 나사 절삭기를 관에 끼우고 래칫을 조정한 다음 약 30°씩 회전시킨다.
④ 나사가 완성되면 편심 핸들을 급히 들고 절삭기를 뺀다.

해설 수동나사 절삭기에서 나사산이 완공되면 핸들을 풀고 서서히 절삭기를 뺀다.

19 강제급유식에 기어펌프를 많이 사용하는 이유로 가장 적합한 것은?
① 유체의 마찰저항이 크기 때문에
② 저속으로도 일정한 압력을 얻을 수 있기 때문에
③ 구조가 복잡하기 때문에
④ 대형으로만 높은 압력을 얻을 수 있기 때문에

해설
• 기어펌프(급유회전펌프)는 저속운전에서도 일정한 압력이 유지되는 급유이송펌프이다.
• 스트로이지(저유조탱크) → 기어펌프 → 서비스탱크 → 메터링 펌프 → 버너

20 냉매액을 수액기로 유입시키는 냉매 회수장치의 구성요소가 아닌 것은?
① 3방 밸브 ② 고압 압력 스위치
③ 체크 밸브 ④ 플로우트 스위치

해설 냉매액을 수액기로 회수하는 장치의 구성요소
3방밸브, 체크밸브, 플로우트스위치

21 1psi는 약 몇 gf/cm²인가?
① 64.5 ② 70.3
③ 82.5 ④ 98.1

해설 표준대기압(1atm) = 1.0332kg/cm² = 760mmHg
= 101,325Pa = 14.7PSi = 1033.2g/cm²

∴ $1033.2 \times \frac{1}{14.7} = 70.3$PSi

ANSWER | 16. ③ 17. ② 18. ④ 19. ② 20. ② 21. ②

22 관의 끝부분의 표시방법에서 종류별 그림기호를 나타낸 것으로 틀린 것은?

① 용접식 캡
② 체크포인트
③ 블라인더 플랜지
④ 나사박음식 캡

해설
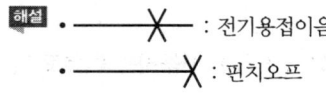
- ✕ : 전기용접이음
- ─✕ : 핀치오프

23 다음 중 배관의 부식방지용 도료가 아닌 것은?
① 광명단   ② 산화철
③ 규조토   ④ 타르 및 아스팔트

해설 규조토
600℃ 이하 사용 무기질 보온재

24 압축기 및 응축기에서 심한 온도 상승을 방지하기 위한 대책이 아닌 것은?
① 불응축 가스를 제거한다.
② 규정된 냉매량보다 적은 냉매를 충전한다.
③ 충분한 냉각수를 보낸다.
④ 냉각수 배관을 청소한다.

해설 규정된 냉매량보다 적은 냉매가 충전되면 냉동기의 저압이 과도하게 낮아진다.

25 이상기체의 엔탈피가 변하지 않는 과정은?
① 가역 단열과정   ② 등온과정
③ 비가역 압축과정   ④ 교축과정

해설 교축과정
- 엔트로피 증가
- 엔탈피 불변
- 온도 하강

26 왕복동 압축기의 기계효율(η_m)에 대한 설명으로 옳은 것은?(단, 지시 동력은 가스를 압축하기 위한 압축기의 실제 필요 동력이고, 축 동력은 실제 압축기를 운전하는 데 필요한 동력이며, 이론적 동력은 압축기의 이론상 필요한 동력을 말한다.)

① $\dfrac{지시 동력}{축동력}$
② $\dfrac{이론적 동력}{지시 동력}$
③ $\dfrac{지시 동력}{이론적 동력}$
④ $\dfrac{축동력 \times 지시 동력}{이론적 동력}$

해설 왕복동식 압축기 기계효율 = $\dfrac{지시동력}{축동력}$(%)

27 다음 중 냉매의 성질로 옳은 것은?
① 암모니아는 강을 부식시키므로 구리나 아연을 사용한다.
② 프레온은 절연내력이 크므로 밀폐형에는 부적합하고 개방형에 사용된다.
③ 암모니아는 인조고무를 부식시키고 프레온은 천연고무를 부식시킨다.
④ 프레온은 수분과 분리가 잘 되므로 드라이어를 설치할 필요는 없다.

해설
① 암모니아는 구리를 부식시키므로 강관을 사용한다.
② 프레온은 절연내력이 커서 밀폐형 냉동기에 많이 사용된다.
④ 프레온은 수분과 분리가 되므로 반드시 건조기가 필요하다.

28 다음 전기에 대한 설명 중 틀린 것은?
① 전기가 흐르기 어려운 정도를 컨덕턴스라 한다.
② 일정시간 동안 전기에너지가 한 일의 양을 전력량이라 한다.
③ 일정한 도체에 가한 전압을 증가시키면 전류도 커진다.
④ 기전력은 전위차를 유지시켜 전류를 흘리는 원동력이 된다.

해설
- 컨덕턴스 : 저항의 역수로서 전류가 흐르기 쉬운 정도를 나타낸다.
- 컨덕턴스(G) = $\dfrac{1}{R}$(Ω^{-1}), 단위(지멘스(S), 모(Ω^{-1}))
- $\therefore G = \dfrac{I}{V}$

22. ② 23. ③ 24. ② 25. ④ 26. ① 27. ③ 28. ① | ANSWER

29 냉동장치에서 압력과 온도를 낮추고 동시에 증발기로 유입되는 냉매량을 조절해 주는 곳은?

① 수액기　　　② 압축기
③ 응축기　　　④ 팽창밸브

해설
- 팽창밸브 : 압력을 낮추고 동시에 증발기로 유입되는 냉매량을 조절하는 제어장치이다.
- 증발기 → 압축기 → 응축기 → 팽창밸브 → 증발기

30 원심력을 이용하여 냉매를 압축하는 형식으로 터보 압축기라고도 하며 흡입하는 냉매증기의 체적은 크지만 압축압력을 크게 하기 곤란한 압축기는?

① 원심식 압축기
② 스크류 압축기
③ 회전식 압축기
④ 왕복동식 압축기

해설 원심식 압축기 : 대용량 압축기(터보형 압축기)

31 고체 냉각식 동결장치의 종류에 속하지 않는 것은?

① 스파이럴식 동결장치
② 배치식 콘택트 프리져 동결장치
③ 연속식 싱글스틸 벨트프리져 동결장치
④ 드럼 프리져 동결장치

해설
- 고체 냉각식 동결장치 : ②, ③, ④형 동결장치
- 공기동결장치
  - 정지공기 동결장치
  - 송풍동결장치
  - 나선형 컨베이어 동결장치
  - 유동층 동결장치

32 냉동장치에서 디스트리뷰터(Distributor)의 역할로서 가장 적합한 것은?

① 냉매의 분배　　　② 토출가스 과열
③ 증발온도 저하　　④ 플래시가스 발생

해설 디스트리뷰터 : 냉매의 분배기

33 다음 그림은 무슨 냉동사이클이라고 하는가?

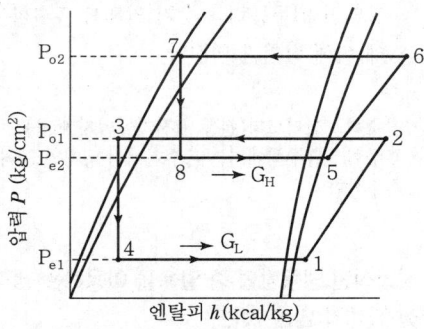

① 2단 압축 1단 팽창 냉동사이클
② 2단 압축 2단 팽창 냉동사이클
③ 2원 냉동사이클
④ 강제 순환식 2단 사이클

해설 2원 냉동법
−70℃ 이하의 초저온을 얻기 위해 각각 다른 2개의 냉동사이클을 조합하여 고온 측 증발기로 저온 측 응축기의 냉매를 냉각시킨다.
4→1 저온 측 증발, 8→5 고온 측 증발, 3→2 저온 측 응축
7→6 고온 측 응축, 7→8 고온 측 팽창, 3→4 저온 측 팽창

34 열역학 제1법칙을 설명한 것 중 옳은 것은?

① 열평형에 관한 법칙이다.
② 이론적으로 유도 가능하여 엔트로피의 뜻을 잘 설명한다.
③ 이상 기체에만 적용되는 열량 법칙이다.
④ 에너지 보존의 법칙 중 열과 일의 관계를 설명한 것이다.

해설
① : 제0법칙
② : 제2법칙
④ : 제1법칙

35 증기 압축식 냉동기와 흡수식 냉동기에 대한 설명 중 잘못된 것은?

① 증기를 값싸게 얻을 수 있는 장소에서는 흡수식이 경제적으로 유리하다.
② 냉매를 압축하기 위해 압축식에서는 기계적 에너지를, 흡수식에서는 화학적 에너지를 이용한다.

③ 흡수식에 비해 압축식이 열효율이 높다.
④ 동일한 냉동능력을 갖기 위해서 흡수식은 압축식에 비해 장치가 커진다.

해설
- 압축식 : 전기모터(전동기 전기에너지 이용)
- 흡수식 : 흡수식에서는 흡수기에서 냉매인 물의 증발열을 흡수한다.

36 자연적인 냉동방법 중 얼음을 이용하는 냉각법과 가장 관계가 많은 것은?
① 융해열 ② 증발열
③ 승화열 ④ 응고열

해설 얼음의 융해잠열
0℃ 얼음~0℃ 물(융해잠열 : 79.68kcal/kg)

37 프레온 냉동장치에서 필요 없는 것은?
① 워터자켓 ② 드라이어
③ 액분리기 ④ 유분리기

해설 워터자켓(압축기 냉각 물주머니)은 왕복동 압축기에 압축기 냉각용으로 사용한다.(냉매온도가 높다.)

38 브라인에 암모니아 냉매가 누설되었을 때 적합한 누설 검사방법은?
① 비눗물 등의 발포액을 발라 검사한다.
② 누설 검지기를 검사한다.
③ 헬라이드 토치로 검사한다.
④ 네슬러 시약으로 검사한다.

해설 물 또는 브라인에 암모니아(NH_3) 냉매가 누설되면 그 액을 조금 떠서 네슬러 시약을 몇 방울 떨어뜨린다.(암모니아 소량 누설 시에는 황색으로, 암모니아 다량누설시에는 자색의 변화가 나타난다.)

39 2단 압축장치의 중간 냉각기 역할이 아닌 것은?
① 압축기로 흡입되는 액냉매를 방지하기 위함이다.
② 고압응축액을 냉각시켜 냉동능력을 증대시킨다.
③ 저단측 압축기 토출가스의 과열을 제거한다.
④ 냉매액을 냉각하여 그중에 포함되어 있는 수분을 동결시킨다.

해설 2단압축
한 대의 압축기를 이용하여 저온의 증발온도를 얻는 경우 증발압력 저하로 압축비 상승, 실린더 과열, 체적효율감소, 냉동능력 저하, 성적계수 저하 등의 영향이 우려된다. 이를 개선하기 위해 2대의 압축기를 설치하여 압축비를 줄인다. 중간냉각기(인터쿨러)의 역할은 ①, ②, ③이다.

40 각종 밸브의 종류와 용도와의 관계를 설명한 것이다. 잘못된 것은?
① 글로브밸브 : 유량 조절용
② 체크밸브 : 역류 방지용
③ 안전밸브 : 이상 압력 조절용
④ 콕 : 0~180° 사이의 회전으로 유로의 느린 개폐용

해설
- 콕(폐쇄가 목적) : 90° 회전
- 밸브(여는 것이 목적) : 글로브, 게이트 등

41 터보 압축기의 특징으로 맞지 않는 것은?
① 임펠러에 의한 원심력을 이용하여 압축한다.
② 응축기에서 가스가 응축하지 않을 경우 이상고압이 발생된다.
③ 부하가 감소하면 서징을 일으킨다.
④ 진동이 적고, 1대로도 대용량이 가능하다.

해설
① 터보형(원심식) 압축기는 속도를 압력으로 바꾸기 위해 비중이 큰 냉매를 사용한다.(4,000~10,000rpm 회전하는 임펠러의 원심력에 의해 속도에너지를 압력에너지로 변화시켜 냉매를 압축한다.)
② 1단 압축기로는 압축비를 크게 할 수 없어서 2단압축 이상이 필요하고 그 특징은 ①, ③, ④번이다.

42 역카르노 사이클은 어떤 상태변화 과정으로 이루어져 있는가?
① 2개의 등온과정, 1개의 등압과정
② 2개의 등압과정, 2개의 교축과정
③ 2개의 단열과정, 1개의 교축과정
④ 2개의 단열과정, 2개의 등온과정

36. ① 37. ① 38. ④ 39. ④ 40. ④ 41. ② 42. ④ | ANSWER

해설 역카르노 사이클
①→②(단열압축) : 압축기
②→③(등온팽창) : 응축기
③→④(단열팽창) : 팽창밸브
④→①(등온팽창) : 증발기

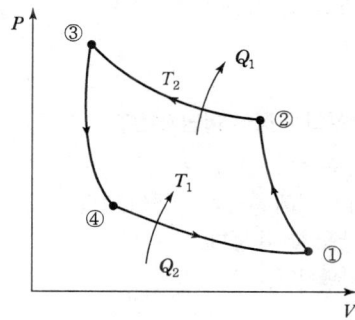

43 2단 압축 냉동사이클에서 저압축 증발압력이 3kgf/cm²g이고, 고압축 응축압력이 18kgf/cm²g일 때 중간압력은 약 얼마인가?(단, 대기압은 1kgf/cm²g이다.)

① 6.7kgf/cm²g ② 7.8kgf/cm²g
③ 8.7kgf/cm²g ④ 9.5kgf/cm²g

해설 $P'(중간압력) = \sqrt{P_1 \times P_2} = \sqrt{(3+1) \times (18+1)}$
$= 8.7 kg/cm^2$

44 압축식 냉동장치를 운전하였더니 다음 그림과 같은 사이클이 형성되었다. 이 장치의 성적계수는 약 얼마인가?(단, 점의 엔탈피는 $a : 115$, $b : 143$, $c : 154 kcal/kg$이다.)

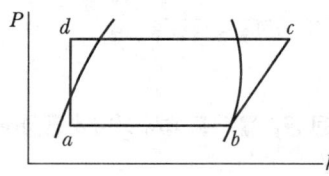

① 4.55 ② 3.55
③ 2.55 ④ 1.55

해설 압축기 압축일의 열당량 = 154 - 143 = 11kcal/kg
증발잠열 = 143 - 115 = 28kcal/kg
성적계수$(COP) = \dfrac{28}{11} = 2.55$

45 다음 중 열펌프(Heat Pump)의 열원이 아닌 것은?
① 대기   ② 지열
③ 태양열 ④ 빙축열

해설 빙축열
심야전력을 이용하는 냉방용 기기

46 원통보일러의 장점에 속하지 않는 것은?
① 부하변동에 따른 압력변동이 적다.
② 구조가 간단하다.
③ 고장이 적으며 수명이 길다.
④ 보유수량이 적어 파열사고 발생 시 위험성이 적다.

해설 수관식 보일러
보유수량이 적어 파열사고 발생시 위험성이 적다.

47 환기방법 중 제1종 환기법으로 맞는 것은?
① 강제급기와 강제배기
② 강제급기와 자연배기
③ 자연급기와 강제배기
④ 자연급기와 자연배기

해설 • 제1종 환기법 : 급기(기계), 배기(기계)
• 제2종 환기법 : 급기(기계), 배기(자연)
• 제3종 환기법 : 급기(자연), 배기(기계)

48 쉘 튜브(Shell&Tube)형 열교환기에 관한 설명으로 옳은 것은?
① 전열관 내 유속은 내식성이나 내마모성을 고려하여 1.8m/s 이하가 되도록 하는 것이 바람직하다.
② 동관을 전열관으로 사용할 경우 유체 온도는 200℃ 이상이 좋다.
③ 증기와 온수의 흐름은 열 교환 측면에서 병행류가 바람직하다.
④ 열 관류율은 재료와 유체의 종류에 상관없이 거의 일정하다.

해설 쉘 튜브형(원통 다관형) 열 교환기
전열관 내 유속은 대체로 1.8m/s 이하로 설정한다.

ANSWER | 43. ③ 44. ③ 45. ④ 46. ④ 47. ① 48. ①

동관은 200℃ 이하용, 향류형이 좋다.
열관류율은 유체나 재료에 따라 차이가 난다.

49 공기의 설명 중 틀린 것은?
① 공기 중의 수분이 불포화 상태에서는 건구온도가 습구온도보다 높게 나타난다.
② 공기에 가습, 감습이 없어도 온도가 변하면 상대습도는 변한다.
③ 건공기는 수분이 전혀 함유하지 않은 공기이며, 습공기란 건조공기 중에 수분을 함유한 공기이다.
④ 공기 중의 수증기 일부가 응축하여 물방울이 맺히기 시작하는 점을 비등점이라 한다.

해설 공기 중의 수증기 일부가 응축하여 물방울이 맺히기 시작하는 점을 노점이라 한다.

50 증기배관이 말단이나 방열기 환수구에 설치하여 증기관이나 방열관에서 발생한 응축수 및 공기를 배출시키는 장치는?
① 공기빼기밸브   ② 신축이음
③ 증기트랩   ④ 팽창탱크

해설 증기트랩(기계적, 온도차적, 열역학적)은 증기설비에는 응축수로 신속히 제거하여 관내 수격작용(워터햄머)을 방지한다.

51 틈새바람에 의한 부하를 계산하는 방법에 속하지 않는 것은?
① 창면적법   ② 크랙(Crack)법
③ 환기횟수법   ④ 바닥면적법

해설 틈새바람(극간풍)에 의한 부하계산 방법
- 창면적법
- 크랙법
- 환기횟수법

52 상당증발량이 3,000kg/h이고 급수 온도가 30℃, 발생증기 엔탈피가 635.2kcal/kg일 때 실제 증발량은 얼마인가?
① 2,048kg/h   ② 2,200kg/h
③ 2,472kg/h   ④ 2,672kg/h

해설 실제증발량 $= \dfrac{상당증발량 \times 539}{발생증기엔탈피 - 급수엔탈피}$ (kg/h)

$\therefore \dfrac{3,000 \times 539}{635.2 - 30} = 2,672$ (kg/h)

53 개별 공조방식의 특징이 아닌 것은?
① 국소적인 운전이 자유롭다.
② 중앙방식에 비해 소음과 진동이 크다.
③ 외기 냉방을 할 수 있다.
④ 취급이 간단하다.

해설 개별공조방식은 외기냉방이 불가능하나 중앙식 공조방식에서는 일부가 가능하다.

54 공기조화기에 있어 바이패스 팩터(Bypass Factor)가 작아지는 경우에 해당되는 것이 아닌 것은?
① 전열면적이 클 때
② 코일의 열수가 많을 때
③ 송풍량이 클 경우
④ 핀 간격이 좁을 때

해설
- 바이패스 팩터(BF : By-Pass Factor) : 공기가 코일을 통과해도 코일과 접촉하지 못하고 지나가는 공기의 비율 (송풍량이 크면 바이패스 팩터가 커진다.)
- 콘텍트 팩터(CF : Contact Factor) : 전공기에 비해 코일과 접촉한 비율 (1 - BF = CF),

$\therefore \text{BF} = \dfrac{\text{By-Pass한 공기량}}{\text{코일을 통과한 공기량}}$

55 조화된 공기를 덕트에서 실내에 공급하기 위한 개구부는?
① 취출구   ② 흡입구
③ 펀칭메탈   ④ 그릴

해설 취출구
공기조화에서 공기를 덕트에서 실내에 공급하기 위한 개구부(흡입구의 반대)

49. ④ 50. ③ 51. ④ 52. ④ 53. ③ 54. ③ 55. ① | ANSWER

56 온수난방방식에서 방열량이 2,500kcal/h인 방열기에 공급되어야 할 온수량은 약 얼마인가?(단, 방열기 입구 온도는 80℃, 출구 온도는 70℃, 물의 비열은 1.0kcal/kg℃, 평균온도에 있어서 물의 밀도는 977.5kg/m³이다.)

① 0.135m³/h ② 0.255m³/h
③ 0.345m³/h ④ 0.465m³/h

해설 온수량= $\dfrac{\text{시간당 방열량}}{(\text{방열기입구온도}-\text{출구온도})\times\text{물의 비열}}$

= $\dfrac{2,500}{1\times(80-70)}$ = 250kg/h

∴ 온수체적량 = $1\text{m}^3 \times \dfrac{250}{977.5}$

= 0.255m³/h 물의 비중량(1,000kg/m³)

57 송풍기의 종류 중 전곡형과 후곡형 날개 형태가 있으며 다익송풍기, 터보송풍기 등으로 분류되는 송풍기는?

① 원심 송풍기 ② 측류 송풍기
③ 사류 송풍기 ④ 관류 송풍기

해설 원심식 송풍기
• 다익형 송풍기
• 터보형 송풍기
• 플레이트형 송풍기

58 가습효율이 100%에 가까우며 무균이면서 응답성이 좋아 정밀한 습도제어가 가능한 가습기는?

① 물분무식 가습기
② 증발팬 가습기
③ 증기 가습기
④ 소형 초음파 가습기

해설 증기 가습기
가습효율이 100%에 가까우며 무균이면서 응답성이 좋아서 정밀한 습도제어가 가능하다.

59 실내의 사람이 쾌적하게 생활할 수 있도록 조절해 주어야 할 사항으로 거리가 먼 것은?

① 공기의 온도 ② 공기의 습도
③ 공기의 압력 ④ 공기의 속도

해설 쾌적한 생활이 필요한 공기의 조건
• 공기의 온도
• 공기의 습도
• 공기의 속도

60 공기조화방식 중에서 중앙식의 전공기 방식에 속하는 것은?

① 패키지 유닛방식 ② 복사 냉난방식
③ 팬코일 유닛방식 ④ 2중 덕트방식

해설 공기조화 전공기 방식
• 단일덕트 방식
• 2중 덕트방식

ANSWER | 56. ② 57. ① 58. ③ 59. ③ 60. ④

2012년 4회 공조냉동기계기능사

01 안전관리의 주된 목적을 바르게 설명한 것은?
① 사고 후 처리 ② 사상자의 치료
③ 생산가의 절감 ④ 사고의 미연방지

[해설] 안전관리의 주된 목적
사고의 미연방지

02 고압가스안전관리법 시행규칙에 의거 원심식 압축기의 냉동설비 중 그 압축기의 원동기 냉동능력 산정기준으로 맞는 것은?
① 정격출력 1.0kW를 1일의 냉동능력 1톤으로 본다.
② 정격출력 1.2kW를 1일의 냉동능력 1톤으로 본다.
③ 정격출력 1.5kW를 1일의 냉동능력 1톤으로 본다.
④ 정격출력 2.0kW를 1일의 냉동능력 1톤으로 본다.

[해설] 원심식 압축기 1RT 능력
정격출력 1.2kW를 1일의 냉동능력 1톤으로 본다.

03 렌치 사용 시 유의사항이다. 적절하지 못한 것은?
① 항상 자기 몸 바깥 쪽으로 밀면서 작업한다.
② 렌치에 파이프 등을 끼워 사용해서는 안 된다.
③ 볼트를 죌 때에는 나사가 일그러질 정도로 과도하게 조이지 않아야 한다.
④ 사용한 렌치는 깨끗하게 닦아서 건조한 곳에 보관한다.

[해설] 렌치 사용 시 항상 자기 몸 안쪽으로 조금씩 앞으로 잡아당기면서 작업한다.

04 공구를 취급할 때 지켜야 할 사항에 해당되지 않는 것은?
① 공구는 떨어지기 쉬운 곳에는 놓지 않는다.
② 공구는 손으로 넘겨주거나 때에 따라서 던져서 주어도 무방하다.
③ 공구는 항상 일정한 장소에 놓고 사용한다.
④ 불량공구는 함부로 수리하지 않는다.

[해설] 공구는 어떠한 경우에도 던져서 주면 아니된다.

05 냉동기 운전 전 점검사항으로 잘못된 것은?
① 냉매량 확인
② 압축기 오일유면 점검
③ 전자밸브 작동 확인
④ 모든 밸브의 닫힘을 확인

[해설] 밸브는 개방, 밀폐밸브의 역할이 다르므로 운전 전 개·폐를 확인하여야 한다.

06 전기 화재의 원인으로 거리가 먼 것은?
① 누전 ② 합선
③ 접지 ④ 과전류

[해설] 전기 누전 또는 지락 시 방지를 하는 데 그 목적이 있다.

07 감전사고 발생 시 위험도에 영향을 주는 것과 관계없는 것은?
① 통전전류의 크기
② 통전시간과 전격의 위상
③ 사용기기의 크기와 모양
④ 전원(직류 또는 교류)의 종류

[해설] 감전사고 발생 시 위험도 영향
• 통전전류의 크기
• 통전시간과 전격의 위상
• 전원의 종류

08 재해를 일으키는 원인 중 물적 원인(불안전한 상태)이라 볼 수 없는 것은?
① 불충분한 경보시스템
② 작업장소의 조명 및 환기불량
③ 안전수칙 및 지시의 불이행
④ 결함이 있는 기계나 기구의 배치

ANSWER 1.④ 2.② 3.① 4.② 5.④ 6.③ 7.③ 8.③

해설 재해의 원인
• 안전수칙 및 지시의 불이행 : 간접원인
• 물적 원인(직업원인)의 불안전한 상태 : ①, ②, ④번

09 안전장치의 취급에 관한 사항 중 틀린 것은?
① 안전장치는 반드시 작업 전에 점검한다.
② 안전장치는 구조상의 결함 유무를 항상 점검한다.
③ 안전장치가 불량할 때에는 즉시 수정한 다음 작업한다.
④ 안전장치는 작업 형편상 부득이한 경우에는 일시 제거해도 좋다.

해설 안전장치는 어떠한 경우에도 제거가 되면 안전관리 불이행이 된다.

10 아크 용접작업 시 사망재해의 주원인은?
① 아크광선에 의한 재해
② 전격에 의한 재해
③ 가스 중독에 의한 재해
④ 가스폭발에 의한 재해

해설 아크용접(전기용접) 시 사망재해 주원인
전격에 의한 재해

11 안전 보호구 사용 시 주의할 점으로 잘못된 것은?
① 규정된 장갑, 앞치마, 발 덮개를 사용한다.
② 보호구나 장갑 등은 사용하기 전에 결함이 있는지 확인한다.
③ 독극물을 취급하는 작업 시 입었던 보호구는 다음 작업 시에도 계속 입고 작업한다.
④ 보안경은 차광도에 맞게 사용하고 작업에 임한다.

해설 독극물 취급 시 입었던 보호구는 반드시 세탁한 후 다음 작업 시 착용한다.

12 고압가스 운반 등의 기준으로 적합하지 않은 것은?
① 충전용기를 차량에 적재하여 운반할 때에는 적재함에 세워서 운반할 것
② 독성가스 중 가연성 가스와 조연성 가스는 같은 차량의 적재함으로 운반하지 않을 것
③ 질량 500kg 이상의 암모니아 운반 시는 운반 책임자를 동승시킨다.
④ 운반 중인 충전용기는 항상 40℃ 이하를 유지할 것

해설 독성가스(암모니아)는 질량 1,000kg 이상이면 운반책임자가 동승하여 수송하여야 한다.

13 보일러 파열사고 원인 중 구조물의 강도 부족에 의한 원인이 아닌 것은?
① 용접불량
② 재료불량
③ 동체의 구조불량
④ 용수관리의 불량

해설 보일러 용수관리 불량은 보일러 운전자 취급불량이다.

14 공조실에서 용접작업 시 안전사항으로 적당하지 않은 것은?
① 전극 크램프 부분에는 작업 중 먼지가 많아도 그냥 두고 접속 부분의 접촉 저항만 크게 하면 된다.
② 용접기의 리드 단자와 케이블의 접속은 절연물로 보호한다.
③ 용접작업이 끝났을 경우 전원스위치를 내린다.
④ 홀더나 용접봉은 맨손으로 취급하지 않는다.

해설 용접 작업 시 클램프 부분을 항상 깨끗한 상태로 사용하여야 사고를 방지할 수 있다.

15 도수율(빈도율)이 20인 사업장의 연천인율은 얼마인가?
① 24
② 48
③ 72
④ 96

해설 연천인율 = $\dfrac{\text{재해발생건수}}{\text{연평균근로자수}} \times 100$
= 도수율 × 2.4 = 20 × 2.4 = 48

ANSWER | 9. ④ 10. ② 11. ③ 12. ③ 13. ④ 14. ① 15. ②

16 증기분사 냉동법 설명으로 가장 옳은 것은?
① 융해열을 이용하는 방법
② 승화열을 이용하는 방법
③ 증발열을 이용하는 방법
④ 펠티어 효과를 이용하는 방법

해설 증기분사냉동법 : 증발잠열을 이용하는 방법

17 다음 그림 기호의 밸브 종류는?

① 볼 밸브 ② 게이트 밸브
③ 풋 밸브 ④ 안전 밸브

해설 : 게이트 밸브(슬루스 밸브)

18 2단 압축 냉동 사이클에 대한 설명으로 틀린 것은?
① 2단 압축이란 증발기에서 증발한 냉매 가스를 저단 압축기와 고단 압축기로 구성되는 2대의 압축기를 사용하여 압축하는 방식이다.
② NH_3 냉동장치에서 증발온도가 $-35℃$ 정도 이하가 되면 2단 압축을 하는 것이 유리하다.
③ 압축비가 16 이상이 되는 냉동장치인 경우에만 2단 압축을 해야 한다.
④ 최근에는 1대의 압축기가 2대의 압축기 역할을 할 수 있는 콤파운드 압축기를 사용하기도 한다.

해설 압축비(응축압력/증발압력)가 6 이상인 경우 2단 압축을 실시한다.(암모니아 냉동기에서 $-35℃$ 이하, 프레온의 경우 $-50℃$ 이하를 얻고자 할 때도 2단 압축 채용)

19 어떤 증발기의 열통과율이 $500kcal/m^2h℃$ 이고 대수평균 온도차가 $7.5℃$, 냉각능력이 15RT일 때, 이 증발기의 전열면적은 약 얼마인가?
① $13.3m^2$ ② $16.6m^2$
③ $18.2m^2$ ④ $24.4m^2$

해설 1RT=3,320kcal/h 냉동능력
$15 \times 3,320 = 49,800kcal/h$
전열면적$(A) = \dfrac{49,800}{500 \times 7.5} = 13.3m^2$

20 프레온 응축기에 대하여 맞는 것은?
① 냉각관 내의 유속을 빠르게 하면 할수록 열전달이 잘 되므로 빠를수록 좋다.
② 냉각수가 오염되어도 응축온도는 상승하지 않는다.
③ 냉매 중에 공기가 혼입되면 응축압력이 상승하고 부식의 원인이 된다.
④ 냉각 수량이 부족하면 응축온도는 상승하고 응축압력은 하강한다.

해설 ① 냉각관 내 물의 유속은 알맞게 한다.
② 냉각수가 오염되면 응축온도가 상승한다.
③ 냉매 중에 공기가 혼입되면 응축압력이 상승하고 기기의 부식이 발생된다.
④ 냉각수량이 부족하면 응축온도 응축압력이 상승한다.

21 냉동장치에서 가스 퍼져(Purger)를 설치할 경우, 가스의 인입선은 어디에 설치해야 하는가?
① 응축기와 수액기의 균압관에 한다.
② 수액기와 팽창 밸브 사이에 한다.
③ 압축기의 토출관으로부터 응축기의 3/4되는 곳에 한다.
④ 응축기와 증발기 사이에 한다.

해설 가스퍼져 시 가스의 인입선 설치 장소
응축기와 수액기의 균압관에 설치한다.

22 강관의 명칭과 KS규격기호가 잘못된 것은?
① 배관용 합금강관 : SPA
② 고압 배관용 탄소강관 : SPW
③ 고온 배관용 탄소강관 : SPHT
④ 압력 배관용 탄소강관 : SPPS

해설 고압배관용 탄소강관
SPPH($350℃$ 이하 10MPa 이상 사용, 호칭지름 : 6~500A)

16. ③ 17. ② 18. ③ 19. ① 20. ③ 21. ① 22. ② | **ANSWER**

23 흡수식 냉동기의 설명으로 잘못된 것은?
① 운전 시의 소음 및 진동이 거의 없다.
② 증기, 온수 등 배열을 이용할 수 있다.
③ 압축식에 비해서 설치면적 및 중량이 크다.
④ 흡수식은 냉매를 기계적으로 압축하는 방식이며 열적(熱的)으로 압축하는 방식은 증기압축식이다.

해설 • 흡수식 냉매 : 물(H_2O)
• 흡수식은 증발기 내 압력이 진공압력(6.5mmHg)에 의해 냉매가 증발되면(비점 5℃) 진공펌프(기계식)에 의해 진공압력이 유지되며 냉매 흡수제는 LiBr(리튬브로마이드)

24 브라인 부식방지처리에 관한 설명으로 틀린 것은?
① 공기와 접촉하면 부식성이 증대하므로 가능한 공기와 접촉하지 않도록 한다.
② 염화칼슘 브라인 1L에는 중크롬산소다 1.6g을 첨가하고 중크롬산소다 100g마다 가성소다 27g씩 첨가한다.
③ 브라인은 산성을 띠게 되면 부식성이 커지므로 pH 7.5~8.2로 유지되도록 한다.
④ NaCl 브라인 1L에 대하여 중크롬산소다 0.9g을 첨가하고 중크롬산소다 100kg마다 가성소다 1.3g씩 첨가한다.

해설 NaCl(염화나트륨 무기질 냉매 브라인)
가격이 싸나 부식력이 커서 방청제가 필요하다.
(브라인 1L당 $Na_2Cr_2O_7$ 중크롬산소다 1.6g, 중크롬산소다 100g당 가성소다 27g씩 첨가 희석하여 사용한다.)

25 제빙장치 중 결빙한 얼음을 제빙관에서 떼어낼 때 관 내의 얼음 표면을 녹이기 위해 사용하는 기기는?
① 주수조 ② 양빙기
③ 저빙고 ④ 용빙조

해설 용빙조
제빙장치 중 결빙한 얼음을 제빙관에서 떼어낼 때 관내의 얼음 표면을 녹이기 위해 사용(용빙탱크 속의 수온은 20℃가 적당하다.)

26 표준 냉동 사이클에서 토출가스 온도가 제일 높은 냉매는?
① R-11 ② R-22
③ NH_3 ④ CH_3Cl

해설 암모니아(NH_3) 냉매는 토출가스 온도가 높아서 고온에 견디는 오일을 사용한다.(비열비가 높으면 토출가스 온도가 높다.)

27 열전도가 좋아 급유관이나 냉각, 가열관으로 사용되나 고온에서 강도가 떨어지는 관은?
① 강관
② 플라스틱관
③ 주철관
④ 동관

해설 동관
열전도가 좋고 급유관, 냉각관, 가열관의 열교환기용관으로 사용되나 고온에서 강도가 떨어진다.

28 가스용접에서 용제를 사용하는 이유는?
① 모재의 용융온도를 낮게 하기 위하여
② 용접 중 산화물 등의 유해물을 제거하기 위하여
③ 침탄이나 질화작용을 돕기 위하여
④ 용접봉의 용융속도를 느리게 하기 위하여

해설 가스용접에서 용제는 붕사 등이며 용접 중 산화물 등의 유해물질을 제거한다.

29 0℃의 얼음 3.5kg을 융해 시 필요한 잠열은 약 몇 kcal인가?
① 245 ② 280
③ 326 ④ 630

해설 얼음의 융해잠열 : 80kcal/kg
∴ 3.5×80=280kcal

ANSWER | 23. ④ 24. ④ 25. ④ 26. ③ 27. ④ 28. ② 29. ②

30 관 용접작업 시 지켜야 할 안전에 대한 사항으로 옳지 않은 것은?

① 실내나 지하실 등에서는 통기가 잘 되도록 조치한다.
② 인화성 물질이나 전기 배선으로부터 충분히 떨어지도록 한다.
③ 관 내에 남아있는 잔류 기름이나 약품 따위를 가스 토치로 태운 후 작업한다.
④ 자신뿐만 아니라 옆 사람의 안전에도 최대한 주의한다.

해설 관 용접작업 시에는 관 내 남아 있는 잔류기름이나 약품 따위를 약품 등으로 제거 또는 세척 후 용접한다.

31 수랭식 응축기의 응축압력에 관한 설명 중 옳은 것은?

① 수온이 일정한 경우 유막 물때가 두껍게 부착하여도 수량을 증가하면 응축압력에는 영향이 없다.
② 응축부하가 크게 증가하면 응축압력 상승에 영향을 준다.
③ 냉각수량이 풍부한 경우에는 불응축 가스의 혼입 영향이 없다.
④ 냉각수량이 일정한 경우에는 수온에 의한 영향은 없다.

해설 ① 유막 물때가 두꺼우면 응축압력이 높아진다.
③ 냉각수량과 불응축가스의 혼입과는 관련성이 없다.
④ 냉각수량이 일정한 경우 수온이 낮으면 응축온도가 낮아진다.

32 금속패킹의 재료로 적당치 않은 것은?

① 납 ② 구리
③ 연강 ④ 탄산마그네슘

해설 탄산마그네슘
열 전달이 많고 300~320℃에서 열분해를 한다.(250℃ 이하에서 사용되는 방열재) 파이프나 탱크의 보냉용 보온재이다.

33 그림과 같이 25A×25A×25A의 티에 20A관을 직접 A부에 연결하고자 할 때 필요한 이음쇠는?

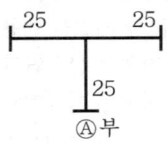

① 유니언 ② 캡
③ 부싱 ④ 플러그

해설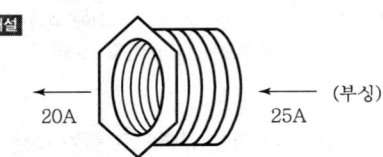

34 단상 유도 전동기 중 기동토크가 가장 큰 것은?

① 콘덴서기동형
② 분상기동형
③ 반발기동형
④ 세이딩코일형

해설 • 토크(Torgue) : 전동기 회전력
• 반발기동형 유도 전동기 : 큰 시동토크가 필요하며 시동, 정지가 빈번한 기계나 컴퓨레서, 냉동기, 깊은 우물물용 펌프에 쓰인다.

35 한쪽에는 구동원으로 바이메탈과 전열기가 조립된 바이메탈 부분과, 다른 한쪽은 니들밸브가 조립되어 있는 밸브 본체 부분으로 구성되어 있는 팽창밸브로 맞는 것은?

① 온도식 자동팽창밸브
② 정압식 자동팽창밸브
③ 열전식 팽창밸브
④ 플로토식 팽창밸브

해설 열전식 팽창밸브
구동원으로 바이메탈과 전열기가 조립된 바이메탈 부분과 다른 한쪽은 니들밸브가 조립된 밸브 본체 부분으로 구성된 팽창밸브이다.

36 단열압축, 등온압축, 폴리트로픽 압축에 관한 사항 중 틀린 것은?
① 압축일량은 단열압축이 제일 크다.
② 압축일량은 등온압축이 제일 작다.
③ 실제 냉동기의 압축 방식은 폴리트로픽 압축이다.
④ 압축가스 온도는 폴리트로픽 압축이 제일 높다.

해설 압축의 크기(압축일량 크기)
단열압축>폴리트로픽 압축>등온 압축

37 다음 그림에서 전류 I 값은 몇(A)인가?

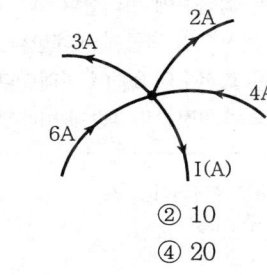

① 5   ② 10
③ 15   ④ 20

해설 6+4=10A, 3+2=5A
전류(I)=10−5=5A

38 SI단위에서 비체적의 설명으로 맞는 것은?
① 단위 엔트로피당 체적이다.
② 단위 체적당 중량이다.
③ 단위 체적당 엔탈피이다.
④ 단위 질량당 체적이다.

해설 비체적(m^3/kg) : 단위 질량당 체적

39 펌프의 캐비테이션 방지책으로 잘못된 것은?
① 양흡입 펌프를 사용한다.
② 흡입관의 손실을 줄이기 위해 관지름을 굵게, 굽힘을 적게 한다.
③ 펌프의 설치 위치를 낮춘다.
④ 펌프 회전수를 빠르게 한다.

해설 • 펌프의 캐비테이션을 방지하려면 펌프의 회전수를 감소시켜야 한다.
• 캐비테이션 : 펌프의 공동현상(저압력에서 발생)

40 냉동기 계통 내에 스트레이너가 필요 없는 곳은?
① 압축기의 토출구
② 압축기의 흡입구
③ 팽창변 입구
④ 크랭크케이스 내의 저유통

해설 압축구의 토출구에서 냉매가스가 응축기로 들어가므로 스트레이너(여과기)는 불필요하다.

41 단수 릴레이의 종류에 속하지 않는 것은?
① 단압식 릴레이   ② 차압식 릴레이
③ 수류식 릴레이   ④ 비례식 릴레이

해설 단수릴레이
수냉각기의 냉수 출입구의 압력차를 검출하여 수량의 감소를 확인함으로써 동결을 방지한다.(종류는 ①, ②, ③ 등이다.)

42 다음은 R-22 표준냉동사이클의 P-h 선도이다. 건조도는 약 얼마인가?

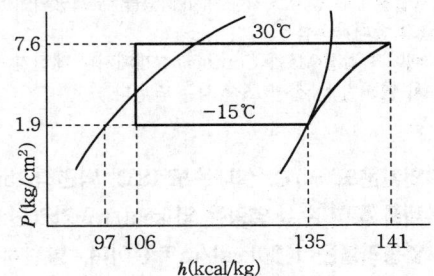

① 0.8   ② 0.21
③ 0.24   ④ 0.36

해설 • 냉매 흡수증발열 : 135−106=29kcal/kg
• 냉매의 증발잠열 : 135−97=38kcal/kg
• 플래시 가스량 : 106−97=9kcal/kg
∴ $\frac{9}{38} \times 100 = 24(\%)(0.24)$

43 냉매의 명칭과 표기방법이 잘못된 것은?
① 아황산가스 : R−764
② 물 : R−718
③ 암모니아 : R−717
④ 이산화탄소 : R−746

ANSWER | 36.④ 37.① 38.④ 39.④ 40.① 41.④ 42.③ 43.④

해설 이산화탄소 분자량 : CO_2(44)이며 냉매의 표기 : 744

44 팽창 밸브에서 냉매액이 팽창할 때 냉매의 상태 변화에 관한 사항으로 옳은 것은?
① 압력과 온도는 내려가나 엔탈피는 변하지 않는다.
② 압력은 내려가나 온도와 엔탈피는 변하지 않는다.
③ 온도는 변하지 않으나 압력과 엔탈피가 감소한다.
④ 엔탈피만 감소하고 압력과 온도는 변하지 않는다.

해설 팽창밸브에서 냉매는 압력과 온도는 내려가나 엔탈피(kcal/kg)는 일정하다.

45 작동 전에는 열려 있고, 조작할 때 닫히는 접점을 무엇이라고 하는가?
① 브레이크 접점 ② 메이크 접점
③ 보조 접점 ④ b접점

해설 a접점 : 주 장치가 기준위치에 있을 때 개방되어 있는 접점(그 반대가 b접점)
메이크 접점(Make Contact) : 개폐기나 계전기 등에서 상시 열려 있는 접점(조작 시는 닫힌다.)

46 외기온도 −5℃, 실내온도 18℃, 벽면적 15m²인 벽체를 통한 손실 열량은 몇 kcal/h인가?(단, 벽체의 열통과율은 1.30kcal/m²h℃이며, 방위계수는 무시한다.)
① 448.5 ② 529
③ 645 ④ 756.5

해설 손실열량(θ) = 면적 × 열통과율 × 온도차
= 15 × 1.30 × (18 − (−5)) = 448.5kcal/h

47 공기조화설비 중에서 열원장치의 구성 요소가 아닌 것은?
① 냉각탑 ② 냉동기
③ 보일러 ④ 덕트

해설 공기조화 열원장치
냉각탑, 냉동기, 보일러

48 다음 중 환기의 목적이 아닌 것은?
① 연소가스의 도입
② 신선한 외기도입
③ 실내의 사람에 대한 건강과 작업능률을 유지
④ 공기환경의 악화로부터 제품과 주변기기의 손상 방지

해설 연소가스의 배출은 환기의 목적이 될 수 있다.

49 펌프에 관한 설명 중 부적당한 것은?
① 양수량은 회전수에 비례한다.
② 양정은 회전수의 제곱에 비례한다.
③ 축동력은 회전수의 3승에 비례한다.
④ 토출속도는 회전수의 4승에 비례한다.

해설 펌프수량 = 유속 × 단면적(m³/s)
유속 = $\dfrac{펌프수량(m^3/s)}{단면적(m^2)}$ = m/s

50 결로를 방지하기 위한 방법이 아닌 것은?
① 벽면의 온도를 올려준다.
② 다습한 외기를 도입한다.
③ 벽면을 단열시킨다.
④ 강제로 온풍을 해준다.

해설
• 결로를 방지하려면 공기와의 접촉면 온도를 노점온도 이상으로 유지해야 한다. 습기가 구조체 내로 전달되는 것을 차단할 수 있도록 실내 측에 방습막을 부착하는 것이 바람직하다.
• 결로 : 공기 중에 함유된 수분이 응축되어 그 표면에 이슬이 맺히는 현상

51 공기조화기 구성 요소가 아닌 것은?
① 댐퍼 ② 필터
③ 펌프 ④ 가습기

해설 공기조화기 구성요소 : 댐퍼, 필터, 가습기 등

44. ① 45. ② 46. ① 47. ④ 48. ① 49. ④ 50. ② 51. ③ | **ANSWER**

52 온수난방에 대한 설명으로 잘못된 것은?
① 예열부하가 증기난방에 비해 작다.
② 한냉지에서는 동결의 위험성이 있다.
③ 온수온도에 의해 보통온수식과 고온수식으로 구분한다.
④ 난방부하에 따라 온도조절이 용이하다.

해설 물은 비열이 높아서 온수난방이 증기난방에 비해 예열부하가 크다.(물의 비열 : 1kcal/kg℃, 증기비열 : 0.44kcal/kg℃)

53 공기조화기기에서 송풍기를 배출압력에 따라 분류할 때 블로어(Blower)의 일반적인 압력범위는?
① $0.1 kgf/cm^2$ 미만
② $0.1 kgf/cm^2$ 미만~$1kgf/cm^2$ 미만
③ $1kgf/cm^2$ 미만~$2kgf/cm^2$ 미만
④ $2kgf/cm^2$ 이상

해설
- 팬 : $0.1 kg/cm^2$ 미만
- 블로어 : $0.1~1.0 kg/cm^2$
- 압축기 : $1.0 kg/cm^2$ 이상

54 보일러의 열 출력이 150,000kcal/h, 연료소비율이 20kg/h이며 연료의 저위발열량이 10,000kcal/kg이라면 보일러의 효율은 얼마인가?
① 65% ② 70%
③ 75% ④ 80%

해설 효율 = $\dfrac{\text{열출력}}{\text{연료소비량} \times \text{저위발열량}} \times 100(\%)$
= $\dfrac{150,000}{20 \times 10,000} \times 100 = 75\%$

55 다음 공조방식 중 개별식 공기조화방식은?
① 팬코일 유닛방식
② 정풍량 단일덕트 방식
③ 패키지 유닛방식
④ 유인 유닛방식

해설 개별식
패키지 방식, 룸 쿨러방식, 멀티 유닛방식

56 클린룸(병원 수술실 등)의 공기조화 시 가장 중요시 해야 할 사항은?
① 공기의 청정도
② 공기 소음
③ 기류속도
④ 공기압력

해설 병원 클린룸의 공기 조화 시 중요사항 : 공기의 청정도

57 주철제 방열기의 종류가 아닌 것은?
① 2주형
② 3주형
③ 4세주형
④ 5세주형

해설 주철제 방열기
- 주형 : 2주형, 3주형, 3세주형, 5세주형
- 벽걸이형 : 수직형, 수평형

58 물과 공기의 접촉면적을 크게 하기 위해 증발포를 사용하여 수분을 자연스럽게 증발시키는 가습방식은?
① 초음파식
② 가열식
③ 원심분리식
④ 기화식

해설 기화식
물과 공기의 접촉면적을 크게 하기 위해 증발포를 사용하여 수분을 증발시키는 가습법

59 공기조화용 취출구 종류 중 1차 공기에 의한 2차 공기의 유인성능이 좋고, 확산반경이 크고 도달거리가 짧기 때문에 천장 취출구로 많이 사용하는 것은?
① 팬(Pan)형
② 라인(Line)형
③ 아네모스탯(Annemostat)형
④ 그릴(Grille)형

ANSWER | 52. ① 53. ② 54. ③ 55. ③ 56. ① 57. ③ 58. ④ 59. ③

[해설] 아네모스탯(Annemostat)형 취출구
1차 공기에 의한 2차 공기의 유인성능이 좋고 확산반경이 크고 도달거리가 짧아서 천장 취출구로 많이 사용한다.

60 전 공기방식에 비해 반송동력이 적고, 유닛 1대로서 조운을 구성하므로 조우닝이 용이하며, 개별제어가 가능한 장점이 있어 사무실, 호텔, 병원 등의 고층 건물에 적합한 공기조화방식은?
① 단일덕트 방식
② 유인 유닛 방식
③ 이중 덕트 방식
④ 재열 방식

[해설] 유인 유닛 방식
공기-수방식이며 유닛 1대로서 조운을 구성하므로 조우닝이 용이하며 개별제어가 가능하다.(사무실, 호텔, 병원 등의 고층 건물에 적합한 중앙방식의 공기조화방식)

60. ② | ANSWER

2013년 1회 공조냉동기계기능사

01 고압가스 안전관리법에서 규정한 용어를 바르게 설명한 것은?
① "저장소"라 함은 산업통상자원부령이 정하는 일정량 이상의 고압가스를 용기나 저장탱크로 저장하는 일정한 장소를 말한다.
② "용기"라 함은 고압가스를 운반하기 위한 것(부속품을 포함하지 않음)으로서 이동할 수 있는 것을 말한다.
③ "냉동기"라 함은 고압가스를 사용하여 냉동을 하기 위한 모든 기기를 말한다.
④ "특정설비"라 함은 저장탱크와 모든 고압가스 관계 설비를 말한다.

해설 ② 용기 : 고압가스를 충전하기 위한 것(부속품 포함)
③ 냉동기 : 고압가스를 사용하여 냉동을 하기 위한 기기
④ 특정설비 : 저장탱크 및 산업자원부령으로 정하는 고압가스 관련 설비

02 보안경을 사용하는 이유로 적합하지 않은 것은?
① 중량물의 낙하 시 얼굴을 보호하기 위해서
② 유해약물로부터 눈을 보호하기 위해서
③ 칩의 비산으로부터 눈을 보호하기 위해서
④ 유해 광선으로부터 눈을 보호하기 위해서

해설 보안경
• 자외선용 : 유리 보안경
• 적외선용 : 플라스틱 보안경
• 복합용 : 도수렌즈 보안경
• 용접용

03 재해의 직접적 원인이 아닌 것은?
① 보호구의 잘못된 사용
② 불안전한 조작
③ 안전지식 부족
④ 안전장치의 기능 제거

해설 • 산업재해의 직접원인
 - 인적 원인(불안전한 행동)
 - 물적 원인(불안전한 상태)
• 산업재해의 간접원인
 - 기술적 원인   - 교육적 원인
 - 신체적 원인   - 정신적 원인
 - 관리적 원인

04 보일러에서 폭발구(방폭문)를 설치하는 이유는?
① 연소의 촉진을 도모하기 위하여
② 연료의 절약을 위하여
③ 연소실의 화염을 검출하기 위하여
④ 폭발가스의 외부배기를 위하여

해설 폭발구
노나, 연도 내 폭발가스의 외부배기를 위하여 설치한다(보일러 후부).

05 재해예방의 4가지 기본원칙에 해당되지 않는 것은?
① 대책 선정의 원칙   ② 손실우연의 원칙
③ 예방가능의 원칙   ④ 재해통계의 원칙

해설 산업자해예방의 4원칙
• 예방가능의 원칙   • 손실우연의 원칙
• 원인 연계의 원칙   • 대책 선정의 원칙

06 일반 공구 사용 시 주의사항으로 적합하지 않은 것은?
① 공구는 사용 전보다 사용 후에 점검한다.
② 본래의 용도 이외에는 절대로 사용하지 않는다.
③ 항상 작업주위 환경에 주의를 기울이면서 작업한다.
④ 공구는 항상 일정한 장소에 비치하여 놓는다.

해설 일반공구는 사용 후보다 사용 전에 점검한다.

ANSWER | 1.① 2.① 3.③ 4.④ 5.④ 6.①

07 전기로 인한 화재 발생 시의 소화제로서 가장 알맞은 것은?
① 모래
② 포말
③ 물
④ 탄산가스

해설 탄산가스 소화기
전기화재용 소화제

08 가스보일러 점화 시 주의사항 중 맞지 않는 것은?
① 연소실 내의 용적 4배 이상의 공기로 충분히 환기를 행할 것
② 점화는 3~4회로 착화될 수 있도록 할 것
③ 착화 실패나 갑작스러운 실화 시에는 연료공급을 중단하고 환기 후 그 원인을 조사할 것
④ 점화버너의 스파크 상태가 정상인가 확인할 것

해설 가스보일러는 화력이 커서 단 한 번에 착화되어야 가스폭발이 방지된다.

09 가연성 가스의 화재, 폭발을 방지하기 위한 대책으로 틀린 것은?
① 가연성 가스를 사용하는 장치를 청소하고자 할 때는 가연성 가스로 한다.
② 가스가 발생하거나 누출될 우려가 있는 실내에서는 환기를 충분히 시킨다.
③ 가연성 가스가 존재할 우려가 있는 장소에서는 화기를 엄금한다.
④ 가스를 연료로 하는 연소설비에서는 점화하기 전에 누출 유무를 반드시 확인한다.

해설 가연성 가스 사용 시 청소 시에는 불연성 가스인 CO_2나 N_2 가스 등으로 치환시킨다.

10 공기조화용으로 사용되는 교류 3상 220V의 전동기가 있다. 전동기의 외함 및 철대에 제3종 접지공사를 하는 목적에 해당되지 않는 것은?
① 감전사고의 방지
② 성능을 좋게 하기 위해서
③ 누전 화재의 방지
④ 기기, 배관 등의 파괴 방지

해설 접지의 목적
누전 시에 인체에 가해지는 전압을 감소시킴으로써 감전을 방지하고 지락전류를 원활히 흐르게 함으로써 차단기를 확실히 동작시켜 화재폭발의 위험을 방지한다.

11 전기용접기의 사용상 준수사항으로 적합하지 않은 것은?
① 용접기 설치장소는 습기나 먼지 등이 많은 곳은 피하고 환기가 잘 되는 곳을 선택한다.
② 용접기의 1차 측에는 용접기 근처에 규정 값보다 1.5배 큰 퓨즈(Fuse)를 붙인 안전 스위치를 설치한다.
③ 2차 측 단자의 한쪽과 용접기 케이스는 접지(Earth)를 확실히 해둔다.
④ 용접 케이블 등의 파손된 부분은 즉시 절연 테이프로 감아야 한다.

해설 용접기 2차 측 용접기 근처에 퓨즈를 붙인 안전스위치를 설치한다.

12 압축기 토출압력이 정상보다 너무 높게 나타나는 경우 그 원인에 해당하지 않는 것은?
① 냉각수량이 부족한 경우
② 냉매계통에 공기가 혼합되어 있는 경우
③ 냉각수 온도가 낮은 경우
④ 응축기 수 배관에 물때가 낀 경우

해설 냉각수 온도가 너무 낮으면 냉동기 압축기 토출압력이 정상보다 낮게 유지된다.

13 근로자가 보호구를 선택 및 사용하기 위해 알아두어야 할 사항으로 거리가 먼 것은?
① 올바른 관리 및 보관방법
② 보호구의 가격과 구입방법
③ 보호구의 종류와 성능
④ 올바른 사용(착용)방법

해설 보호구 선택 시 올바른 방법은 ①, ③, ④이다.

7. ④ 8. ② 9. ① 10. ② 11. ② 12. ③ 13. ② | ANSWER

14 냉동장치에서 안전상 운전 중에 점검해야 할 중요 사항에 해당되지 않는 것은?

① 냉매의 각부 압력 및 온도
② 윤활유의 압력과 온도
③ 냉각수 온도
④ 전동기의 회전방향

해설 냉동장치 운전 중 안전관리도 점검사항은 ①, ②, ③이다.

15 가스용접에서 토치의 취급상 주의사항으로서 적합하지 않은 것은?

① 토치나 팁은 작업장 바닥이나 흙 속에 방치하지 않는다.
② 팁을 바꿀 때에는 반드시 가스밸브를 잠그고 한다.
③ 토치를 망치 등 다른 용도로 사용해서는 안 된다.
④ 토치에 기름이나 그리스를 주입하여 관리한다.

해설 가스용접에서 토치 사용 시 토치에 묻은 기름, 그리스는 완전히 제거하고 사용한다.

16 어느 제빙공장의 냉동능력은 6RT이다. 응축기 방열량은 얼마인가?(단, 방열계수는 1.3이다.)

① 10,948kcal/h
② 11,248kcal/h
③ 15,952kcal/h
④ 25,896kcal/h

해설 냉동능력 1RT=3,320kcal/h
∴ 응축기 방열량=(3,320×6)×1.3=25,896kcal/h

17 증발식 응축기의 엘리미네이트에 대한 설명으로 맞는 것은?

① 물의 증발을 양호하게 한다.
② 공기를 흡수하는 장치다.
③ 물이 과냉각되는 것을 방지한다.
④ 냉각관에 분사되는 냉각수가 대기 중에 비산되는 것을 막아주는 장치다.

해설 응축기 엘리미네이트 역할
냉각관에 분사되는 냉각수가 대기 중에 비산되는 것을 막아주는 장치다.

18 OR회로를 나타내는 논리기호로 맞는 것은?

① 　②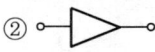
③ 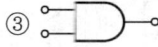　④

해설 기본 논리회로
- A, B → C : OR 회로(논리합)
- A, B → C : NOT 회로(부정회로)
- A, B → C : AND 회로(논리곱)
- A, B → C : NOR 회로
- A, B → C : NOR 회로(부정논리합)
- A, B → C : NAND 회로(부정논리곱)
- A, B → C : NAND 회로(부정논리곱)

19 분해조립이 필요한 부분에 사용되는 배관연결 부속은?

① 부싱, 티
② 플러그, 캡
③ 소켓, 엘보
④ 플랜지, 유니온

해설
- 플랜지, 유니온 : 배관에서 분해나 조립, 검사가 필요한 곳에 연결되는 부속품
- 플랜지(50mm 이상용), 유니온(50mm 미만용)

20 다음 그림의 기호가 나타내는 밸브로 맞는 것은?

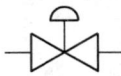

① 슬루스 밸브　② 글로브 밸브
③ 다이어프램 밸브　④ 감압 밸브

해설 다이어프램(격막) 밸브

ANSWER | 14. ④ 15. ④ 16. ④ 17. ④ 18. ① 19. ④ 20. ③

21 2원 냉동장치 냉매로 많이 사용되는 R-290은 어느 것인가?
① 프로판 ② 에틸렌
③ 에탄   ④ 부탄

해설
- R-17 : NH₃ 냉매
- R-290 : 프로판 냉매

22 2단 압축 2단 팽창 냉동사이클을 모리엘 선도에 표시한 것이다. 옳은 것은?

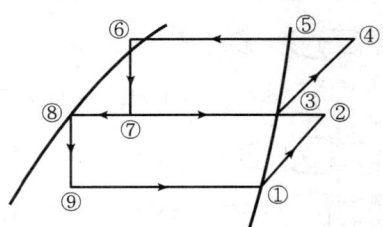

① 중간냉각기의 냉동효과 : ③-⑦
② 증발기의 냉동효과 : ②-⑨
③ 팽창변 통과 직후의 냉매위 : ④-⑤
④ 응축기의 방출열량 : ⑧-②

해설

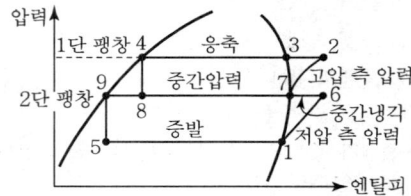

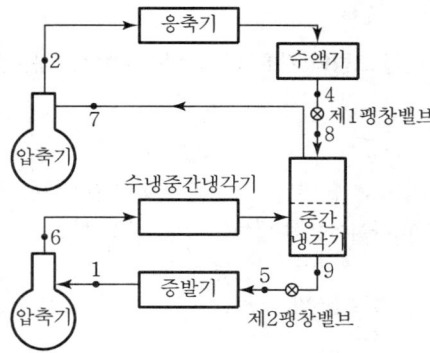
(2단 압축 2단 팽창)

23 어떤 냉동기에서 0℃의 물로 0℃의 얼음 2톤(ton)을 만드는 데 40kWh의 일이 소요된다면 이 냉동기의 성적계수는 약 얼마인가?(단, 얼음의 융해잠열은 80 kcal/kg이다.)
① 2.72 ② 3.04
③ 4.04 ④ 4.65

해설
2톤=2,000kg/h, 2,000×80=160,000 kcal/h
(얼음의 냉각잠열)
1kw-h=860kcal, 40×860=34,400kcal/h
(압축기소요일량)

성적계수$(COP) = \dfrac{160,000}{34,400} = 4.65$

24 2차 냉매의 열전달 방법은?
① 상태 변화에 의한다.
② 온도 변화에 의하지 않는다.
③ 잠열로 전달한다.
④ 감열로 전달한다.

해설 열전달 방법
- 2차 냉매(브라인) : 감열로 열전달
- 1차 냉매(프레온, 암모니아 등) : 잠열로 열전달

25 압력표시에서 1atm과 값이 다른 것은?
① 1.01325bar   ② 1.10325Mpa
③ 760mmHg   ④ 1.03227kgf/cm²

해설 1atm
- 1.01325bar
- 760mmHg
- 1.03227kgf/cm²
- 101.325Pa
- 1.033kgf/cm²(0.1033MPa)

26 응축온도 및 증발온도가 냉동기의 성능에 미치는 영향에 관한 사항 중 옳은 것은?
① 응축온도가 일정하고 증발온도가 낮아지면 압축비가 증가한다.
② 증발온도가 일정하고 응축온도가 높아지면 압축비는 감소한다.

③ 응축온도가 일정하고 증발온도가 높아지면 토출가스 온도는 상승한다.
④ 응축온도가 일정하고 증발온도가 낮아지면 냉동능력은 증가한다.

해설 응축온도 일정, 증발온도가 낮아지면 압축비 증가 발생

27 역률에 대한 설명 중 잘못된 것은?
① 유효전력과 피상전력과의 비이다.
② 저항만이 있는 교류회로에서는 1이다.
③ 유효전류와 전전류의 비이다.
④ 값이 0인 경우는 없다.

해설 역률(Power Factor) : $\cos\theta$
$\cos\theta = \dfrac{\text{유효전력(P)}}{\text{피상전력(Pa)}} = \dfrac{P}{VI} \times 100(\%)$
$= \cos\theta = \dfrac{R}{Z}$

28 동관 굽힘 가공에 대한 설명으로 옳지 않은 것은?
① 열간 굽힘 시 큰 직경으로 관 두께가 두꺼운 경우에는 관 내에 모래를 넣어 굽힘한다.
② 열간 굽힘 시 가열온도는 100℃ 정도로 한다.
③ 굽힘 가공성이 강관에 비해 좋다.
④ 연질관은 핸드벤더(Hand Bender)를 사용하여 쉽게 굽힐 수 있다.

해설 동관의 열간 굽힘 가열온도 : 600~700℃

29 사용압력이 비교적 낮은(10kgf/cm² 이하) 증기, 물, 기름, 가스 및 공기 등의 각종 유체를 수송하는 관으로, 일명 가스관이라고도 하는 관은?
① 배관용 탄소강관
② 압력배관 탄소강관
③ 고압배관용 탄소강관
④ 고온배관용 탄소강관

해설 SPP(배관용 탄소강관) : 10kg/cm² 이하 증기, 물, 기름, 가스, 공기 수송관(일명 가스관)

30 $P-h$ 선도상의 각 번호에 대한 명칭 중 맞는 것은?

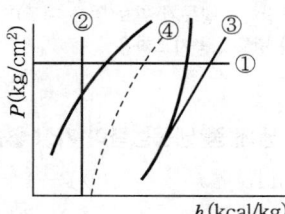

① ① : 등비체적선   ② ② : 등엔트로피선
③ ③ : 등엔탈피선   ④ ④ : 등건조도선

해설 ① 압력선
② 엔탈피선
③ 등엔트로피선
④ 등건조도선

31 탄성이 부족하여 석면, 고무, 금속 등과 조합하여 사용되며 냉열범위는 -260~260℃ 정도로 기름에 침식되지 않는 패킹은?
① 고무 패킹
② 석면조인트 시트
③ 합성수지 패킹
④ 오일시트 패킹

해설 합성수지 패킹(테프론)
탄성이 부족하여 석면, 고무, 금속 등과 조합하여 사용한다.(내열범위 : -260~260℃)

32 정현파 교류전류에서 크기를 나타내는 실효치를 바르게 나타낸 것은?(단, I_m은 전류의 최대치이다.)
① $I_m \sin\omega t$
② $0.636 I_m$
③ $\sqrt{2}$
④ $0.707 I_m$

해설
• 교류의 실효값 $(I) = \dfrac{I_m}{\sqrt{2}} = 0.707 I_m(V)$
• 교류의 평균값 $(Va) = \dfrac{2}{\pi} V_m = 0.637 V_m(V)$

33 흡수식 냉동장치의 적용대상이 아닌 것은?
① 백화점 공조용
② 산업 공조용
③ 제빙공장용
④ 냉난방장치용

ANSWER | 27. ④ 28. ② 29. ① 30. ④ 31. ③ 32. ④ 33. ③

해설
• 제빙공장용 : 냉동기 필요(얼음 제조)
• 흡습식 냉동 : 공기조화용

34 프레온 냉매 중 냉동능력이 가장 좋은 것은?
① R-113   ② R-11
③ R-12   ④ R-22

해설 냉동능력(kcal/kg) : 15℃에서
① R-113 : 39.2   ② R-11 : 45.8
③ R-12 : 38.57   ④ R-22 : 52

35 왕복동 압축기의 용량제어방법으로 적합하지 않은 것은?
① 흡입밸브 조정에 의한 방법
② 회전수 가감법
③ 안전스프링의 강도 조정법
④ 바이패스 방법

해설 왕복동 압축기 용량제어법
①, ②, ④ 외 언로드 제어법 등이 있다.

36 터보냉동기의 운전 중에 서징(Surging) 현상이 발생하였다. 그 원인으로 옳지 않은 것은?
① 흡입가이드 베인을 너무 조일 때
② 가스 유량이 감소될 때
③ 냉각수온이 너무 낮을 때
④ 어떤 한계치 이하의 가스유량으로 운전할 때

해설 터보냉동기(원심식 냉동기)
냉각수온이 너무 낮으면 서징(맥동) 현상 발생이 감소한다.
터보형은 압축이 연속적이라 기체의 맥동현상이 없다.

37 회전식 압축기의 피스톤 압출량(V)을 구하는 공식은 어느 것인가?(단, D = 실린더 내경(m), d = 회전 피스톤의 외경(m), t = 실린더의 두께(m), R = 회전수(rpm), n = 기통수, L = 실린더 길이이다.)
① $V = 60 \times 0.785 \times (D^2 - d^2) t_n R (\mathrm{m^3/h})$
② $V = 60 \times 0.785 \times D^2 t_n R (\mathrm{m^3/h})$
③ $V = 60 \times \dfrac{\pi D^2}{4} t_n R (\mathrm{m^3/h})$
④ $V = \dfrac{\pi D R}{4} (\mathrm{m^3/h})$

해설 압축기 피스톤 압출량($\mathrm{m^3/h}$)
• 회전식 : $60 \times 0.785 \, t n R (D^2 - d^2)$
• 스크루식 : $K \times D^3 \times \dfrac{L}{D} \times n \times 60$
• 왕복동식 : $0.785 \times D^2 \times L \times N \times n \times 60$

38 냉동의 원리에 이용되는 열의 종류가 아닌 것은?
① 증발열   ② 승화열
③ 융해열   ④ 전기 저항열

해설
• 자연적 냉동 : 융해잠열, 증발잠열, 승화잠열, 기한제 이용
• 기계적 냉동 : 증기압축식, 흡수식, 증기분사식, 전자냉동법

39 다음 설명 중 내용이 맞는 것은?
① 1[BTU]는 물 1[lb]를 1[℃] 높이는 데 필요한 열량이다.
② 절대압력은 대기압의 상태를 0으로 기준하여 측정한 압력이다.
③ 이상기체를 단열팽창시켰을 때 온도는 내려간다.
④ 보일-샤를의 법칙이란 기체의 부피는 절대압력에 비례하고 절대온도에 반비례한다.

해설 ① 1BTU : 물 1lb를 1°F 높인다.
② 절대압력 : 진공상태에서 기준한 압력
③ 보일-샤를의 법칙 : 기체의 부피는 절대온도에 비례하고 절대압력에 반비례한다.

40 냉동 사이클에서 액관 여과기의 규격은 보통 몇 메시(Mesh) 정도인가?
① 40~60   ② 80~100
③ 150~220   ④ 250~350

해설 냉동 사이클에서 액관 여과기의 규격
80~100메시

34.④ 35.③ 36.③ 37.① 38.④ 39.③ 40.② | ANSWER

41 증발기에 대한 제상방식이 아닌 것은?
① 전열 제상
② 핫 가스 제상
③ 살수 제상
④ 피냉제거 제상

해설 제상방식
• 전열제상   • 핫 가스제상
• 살수 제상   • 브라인 분무제상
• 온 브라인 제상 • 온 공기 제상
• 냉동기 정지 제상

42 다음 그림에서 습압축 냉동사이클은 어느 것인가?

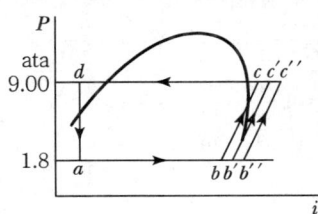

① $ab'c'da$ ② $bb''c''cb$
③ $ab''c''da$ ④ $abcda$

해설 ① : 건압축
③ : 과열압축
④ : 습압축

43 압축기에 대한 설명으로 옳은 것은?
① 토출가스 온도는 압축기의 흡입가스 과열도가 클수록 높아진다.
② 프레온 12를 사용하는 압축기에는 토출온도가 낮아 워터재킷(Water-Jacket)을 부착한다.
③ 톱 클리어런스(Top Clearance)가 클수록 체적효율이 커진다.
④ 토출가스 온도가 상승하여도 체적효율은 변하지 않는다.

해설 • 암모니아 : 워터재킷을 부착한다.
• 톱 클리어런스가 클수록 체적효율이 감소한다.
• 토출가스 온도가 상승하면(압축비가 크다.) 체적효율이 감소한다.

44 인버터 구동 가변 용량형 공기조화장치나 증발온도가 낮은 냉동장치에서는 냉매유량조절의 특성 향상과 유량제어 범위의 확대 등이 중요하다. 이러한 목적으로 사용되는 팽창밸브로 적당한 것은?
① 온도식 자동 팽창밸브
② 정압식 자동 팽창밸브
③ 열전식 팽창밸브
④ 전자식 팽창밸브

해설 전자식 팽창밸브의 특성
인버터 구동 가변 용량형 공기조화장치나 증발온도가 낮은 냉동기의 냉매유량 조절의 특성 향상과 유량제어 범위의 확대 등에 사용된다.

45 암모니아 냉동기에 사용되는 수냉 응축기의 전열계수(열통과율)가 800kcal/m²h℃이며, 응축온도와 냉각수 입출구의 평균 온도차가 8℃일 때 1 냉동톤당 응축기 전열면적은 약 얼마인가?(단, 방열계수는 1.3으로 한다.)
① $0.52m^2$ ② $0.67m^2$
③ $0.97m^2$ ④ $1.7m^2$

해설 냉동능력
1RT=3,320kcal/h
$Q=3,320×1.3=4,316kcal/h$
$Q=K·F·\Delta tm$
전열면적$(F)=\dfrac{4,316}{800×8}=0.67m^2$

46 보일러에서의 상용출력이란?
① 난방부하
② 난방부하+급탕부하
③ 난방부하+급탕부하+배관부하
④ 난방부하+급탕부하+배관부하+예열부하

해설 ② : 정미부하
④ : 정격출력

ANSWER | 41. ④ 42. ④ 43. ① 44. ④ 45. ② 46. ③

47 공조방식 중 패키지 유닛 방식의 특징으로 틀린 것은?
① 공조기로의 외기도입이 용이하다.
② 각 층을 독립적으로 운전할 수 있으므로 에너지 절감효과가 크다.
③ 실내에 설치하는 경우 급기를 위한 덕트 샤프트가 필요 없다.
④ 송풍기 전압이 낮으므로 제진효율이 떨어진다.

해설 패키치 유닛 방식(개별식)
외기도입이 불편하다.

48 공조용 급기 덕트에서 취출된 공기가 어느 일정 거리만큼 진행했을 때의 기류 중심선과 취출구 중심과의 거리를 무엇이라고 하는가?
① 도달거리
② 1차 공기거리
③ 2차 공기거리
④ 강하거리

해설
- 강하거리 : 공조용 급기 덕트에서 취출된 공기가 어느 일정 거리만큼 진행했을 때의 기류 중심선과 취출구 중심과의 거리
- 도달거리 : 공기조화기 등의 축류 취출구에서 나온 공기가 영향을 유지하는 거리(기류의 중심 풍속이 6.26m/s로 감쇄하는 거리)

49 난방방식 중 방열체가 필요 없는 것은?
① 온수난방
② 증기난방
③ 복사난방
④ 온풍난방

해설
- 온풍난방 : 더운 공기를 방 안에 보내어 난방한다.
  - 온풍로 직접가열
  - 열교환기 간접가열
- 열용량이 극히 적어서 예열시간이 짧고 연료비가 적은 것이 온풍난방의 특징이다.

50 다익형 송풍기의 임펠러 직경이 600mm일 때 송풍기 번호는 얼마인가?
① No2
② No3
③ No4
④ No6

해설 다익형 송풍기의 직경 150mm : No 1
$$\therefore \frac{600}{150} = 4(\text{No 4})$$

51 공연장의 건물에서 관람객이 500명이고 1인당 CO_2 발생량이 $0.05m^3/h$일 때 환기량(m^3/h)은 얼마인가?(단, 실내 허용 CO_2 농도는 600ppm, 외기 CO_2 농도는 100ppm이다.)
① 30,000
② 35,000
③ 40,000
④ 50,000

해설 유독가스 환기량(Q)
$Q = \dfrac{C_k}{C_1 - C_0} (m^3/h)$, $1\text{ppm} = \dfrac{1}{10^6}$
$\therefore Q = \dfrac{0.05 \times 500}{\left(\dfrac{600}{10^6} - \dfrac{100}{10^6}\right)} = 50,000 m^3/h$

52 가변풍량 단일덕트 방식의 특징이 아닌 것은?
① 송풍기의 동력을 절약할 수 있다.
② 실내공기의 청정도가 떨어진다.
③ 일사량 변화가 심한 존(Zone)에 적합하다.
④ 각 실이나 존(Zone)의 온도를 개별제어하기가 어렵다.

해설 단일덕트 변풍량방식은 취출구 1개 또는 여러 개에 변풍량(VAV Unit)을 설치하여 실내온도에 따라 취출풍량을 제어한다.

53 증기 가열 코일의 설계 시 증기코일의 열수가 적은 점을 고려하여 코일의 전면풍속은 어느 정도가 가장 적당한가?
① 0.1m/s
② 1~2m/s
③ 3~5m/s
④ 7~9m/s

해설 증기 가열 코일의 전면 풍속
3~5m/s

47. ① 48. ④ 49. ④ 50. ③ 51. ④ 52. ④ 53. ③ | **ANSWER**

54 송풍기 선정 시 고려해야 할 사항 중 옳은 것은?

① 소요 송풍량과 풍량조절 댐퍼의 유무
② 필요 유효정압과 전동기 모양
③ 송풍기 크기와 공기 분출 방향
④ 소요 송풍량과 필요 정압

해설 송풍기 선정 시 고려해야 할 사항
소요 송풍량, 필요 정압

55 공조부하 계산 시 잠열과 현열을 동시에 발생시키는 요소는?

① 벽체로부터의 취득열량
② 송풍기에 의한 취득열량
③ 극간풍에 의한 취득열량
④ 유리로부터의 취득열량

해설 극간풍 취득열량
- 잠열취득량
  $r \cdot G_1 (x_0 - x_r) = 717 Q_1 (x_0 - x_r)$
- 현열취득량
  $0.24 G_1 (t_0 - t_r) = 0.29 Q_1 (t_0 - t_r)$

56 실내의 취득열량을 구했더니 현열이 28,000kcal/h, 잠열이 12,000kcal/h였다. 실내를 21℃, 60%(RH)로 유지하기 위해 취출온도차 10℃로 송풍할 때, 현열비는 얼마인가?

① 0.7   ② 1.8
③ 1.4   ④ 0.4

해설 현열비 = $\dfrac{\text{현열}}{\text{현열} + \text{잠열}} = \dfrac{28,000}{28,000 + 12,000} = 0.7$

57 감습장치에 대한 설명이다. 옳은 것은?

① 냉각식 감습장치는 감습만을 목적으로 사용하는 경우 경제적이다.
② 압축식 감습장치는 감습만을 목적으로 하면 소요 동력이 커서 비경제적이다.
③ 흡착식 감습법은 액체에 의한 감습법보다 효율이 좋으나 낮은 노점까지 감습이 어려워 주로 큰 용량의 것에 적합하다.
④ 흡수식 감습장치는 흡착식에 비해 감습효율이 떨어져 소규모 용량에만 적합하다.

해설 감습장치
- 냉각식 감습 : 노점제어, 냉각코일 또는 공기세정기는 냉각감습장치운전
- 흡수식 감습 : 염화리튬(LiCl), 트리에틸렌글리콜 사용
- 흡착식 감습 : 실리카겔, 활성알루미나, 아드소울과 같은 고체 사용
- 압축식 감습 : 공기를 압축하여 급격히 팽창하여 온도를 낮추고 수증기 응축 후 제거

58 중앙식 공조기에서 외기 측에 설치되는 기기는?

① 공기 예열기   ② 엘리미네이터
③ 가습기   ④ 송풍기

해설 공기 예열기
중앙식 공조기에서 외기 측에 설치(다량의 외부공기 흡입 시 예열용으로 사용됨)

59 다음 공기의 성질에 대한 설명 중 틀린 것은?

① 최대한도의 수증기를 포함한 공기를 포화공기라 한다.
② 습공기의 온도를 낮추면 물방울이 맺히기 시작하는 온도를 그 공기의 노점온도라고 한다.
③ 건공기 1kg에 혼합된 수증기의 질량비를 절대습도라 한다.
④ 우리 주변에 있는 공기는 대부분의 경우 건공기이다.

해설 우리 주변에 있는 공기는 대부분 습공기이다.(약 1% 정도의 H_2O 포함 공기이다)

60 온수난방방식의 분류로 적당하지 않은 것은?

① 강제순환식   ② 복관식
③ 상향공급식   ④ 진공환수식

해설 증기난방 응축수 환수방식
- 중력환수식(소규모 난방용)
- 기계환수식(중규모 난방용)
- 진공환수식(대규모 난방용)

ANSWER | 54. ④ 55. ③ 56. ① 57. ② 58. ① 59. ④ 60. ④

2013년 2회 공조냉동기계기능사

01 신규 검사에 합격된 냉동용 특정설비의 각인 사항과 그 기호의 연결이 올바르게 된 것은?
① 용기의 질량 : TM
② 내용적 : TV
③ 최고 사용 압력 : FT
④ 내압 시험 압력 : TP

해설 ① 용기의 질량 : W   ② 내용적 : V
③ 최고 충전 압력 : FP   ④ 내압 시험 압력 : TP

02 보일러 취급 부주의로 작업자가 화상을 입었을 때 응급처치 방법으로 적당하지 않은 것은?
① 냉수를 이용하여 화상부의 화기를 빼도록 한다.
② 물집이 생겼으면 터뜨리지 말고 그냥 둔다.
③ 기계유나 변압기유를 바른다.
④ 상처 부위를 깨끗이 소독한 다음 상처를 보호한다.

해설 응급처치
아연화 연고를 바른다.

03 다음 중 보일러의 부식 원인과 가장 관계가 적은 것은?
① 온수에 불순물이 포함될 때
② 부적당한 급수처리 시
③ 더러운 물을 사용 시
④ 증기 발생량이 적을 때

해설 증기 발생량이 적을 경우 보일러 부식과는 가장 관계가 없다.

04 연삭작업 시의 주의 사항이다. 옳지 않은 것은?
① 숫돌은 장착하기 전에 균열이 없는가를 확인한다.
② 작업 시에는 보호안경을 착용한다.
③ 숫돌은 작업개시 전 1분 이상, 숫돌교환 후 3분 이상 시운전한다.
④ 소형 숫돌은 측압에 강하므로 측면을 사용하여 연삭한다.

해설 연삭 숫돌은 항상 측면에 서서 전면작업을 한다.(단, 캡형은 측면작업 가능)

05 안전관리자가 수행하여야 할 직무에 해당되는 내용이 아닌 것은?
① 사업장 생산 활동을 위한 노무배치 및 관리
② 사업장 순회점검 · 지도 및 조치의 건의
③ 산업재해 발생의 원인조사
④ 해당 사업장의 안전교육계획의 수립 및 실시

해설 안전관리자의 수행직무 내용은 ②, ③, ④항이다. 노무배치는 회사 측에 해당하는 내용이다.

06 줄 작업 시 안전수칙에 대한 내용으로 잘못된 것은?
① 줄 손잡이가 빠졌을 때에는 조심하여 끼운다.
② 줄의 칩은 브러시로 제거한다.
③ 줄 작업 시 공작물의 높이는 작업자의 어깨높이 이상으로 하는 것이 좋다.
④ 줄은 경도가 높고 취성이 커서 잘 부러지므로 충격을 주지 않는다.

해설 줄 작업의 높이는 작업자의 팔꿈치 높이로 하는 것이 좋다.

07 전기용접 작업 시 주의사항으로 맞지 않는 것은?
① 눈 및 피부를 노출시키지 말 것
② 우천 시 옥외 작업을 하지 말 것
③ 용접이 끝나고 슬래그 제거작업 시 보안경과 장갑은 벗고 작업할 것
④ 홀더가 가열되면 자연적으로 열이 제거될 수 있도록 할 것

해설 전기용접 작업이 끝나고 슬래그 제거작업 시 보안경과 장갑은 반드시 착용하고 작업한다.

372　　　　　　　　　　　　　　1. ④ 2. ③ 3. ④ 4. ④ 5. ① 6. ③ 7. ③ | **ANSWER**

08 재해 조사 시 유의할 사항이 아닌 것은?
① 조사자는 주관적이고 공정한 입장을 취한다.
② 조사목적에 무관한 조사는 피한다.
③ 목격자나 현장 책임자의 진술을 듣는다.
④ 조사는 현장이 변경되기 전에 실시한다.

해설 재해 조사 시 조사자는 객관적이고 공정한 입장을 취한다.

09 물을 소화재로 사용하는 가장 큰 이유는?
① 연소하지 않는다. ② 산소를 잘 흡수한다.
③ 기화잠열이 크다. ④ 취급하기가 편리하다.

해설 물의 증발 시 기화잠열은 크다.
• 100℃ : 539kcal/kg
• 0℃ : 600kcal/kg

10 고온액체, 산, 알칼리 화학약품 등의 취급 작업을 할 때 필요 없는 개인 보호구는?
① 모자   ② 토시
③ 장갑   ④ 귀마개

해설 귀마개는 소음 진동 시 사용하는 보호구다.

11 산소 용접토치 취급법에 대한 설명 중 잘못된 것은?
① 용접 팁을 흙바닥에 놓아서는 안 된다.
② 작업목적에 따라서 팁을 선정한다.
③ 토치는 기름으로 닦아 보관해 두어야 한다.
④ 점화 전에 토치의 이상 유무를 검사한다.

해설 산소 용접토치는 가연성으로 사용하는 가열기이므로 기름 같은 연소성 물질 사용은 금물이다.

12 진공시험의 목적을 설명한 것으로 옳지 않은 것은?
① 장치의 누설 여부를 확인
② 장치 내 이물질이나 수분 제거
③ 냉매를 충전하기 전에 불응축 가스배출
④ 장치 내 냉매의 온도변화 측정

해설 냉매는 팽창밸브, 압축기에서 온도변화 발생

13 보일러 사고원인 중 취급상의 원인이 아닌 것은?
① 저수위   ② 압력초과
③ 구조불량   ④ 역화

해설 보일러 구조불량, 용접불량, 부속기기 미비 불량은 제작상의 원인이다.

14 전동공구 작업 시 감전의 위험성을 방지하기 위해 해야 하는 조치는?
① 단전   ② 감지
③ 단락   ④ 접지

해설 접지
전동공구 작업 시 감전의 위험성을 방지하기 위해 실시하는 조치이다.

15 방진 마스크가 갖추어야 할 조건으로 적당한 것은?
① 안면에 밀착성이 좋아야 한다.
② 여과효율은 불량해야 한다.
③ 흡기, 배기 저항이 커야 한다.
④ 시야는 가능한 한 좁아야 한다.

해설 방진마스크는 안면에 밀착성이 좋아야 불순물 혼입이 방지된다.

16 글랜드 패킹의 종류가 아닌 것은?
① 바운드 패킹   ② 석면 각형 패킹
③ 아마존 패킹   ④ 몰드 패킹

해설 글랜드 패킹 종류
• 석면 각형   • 석면 야안형
• 아마존형   • 몰드형

17 공비 혼합 냉매가 아닌 것은?
① 프레온 500   ② 프레온 501
③ 프레온 502   ④ 프레온 152a

해설 공비 혼합 냉매
• R-500(R152 26.2%+R-12 73.8%)
• R-502(R-115 51.2%+R-22 48.8%)
• R-503(R-23 40.1%+R-13 59.9%)

ANSWER | 8.① 9.③ 10.④ 11.③ 12.④ 13.③ 14.④ 15.① 16.① 17.④

18 압축기 보호장치에 해당되는 것은?
① 냉각수 조절 밸브
② 유압보호 스위치
③ 증발압력 조절 밸브
④ 응축기용 팬 컨트롤

해설 유압보호 스위치(OPS)
강제윤활방식의 압축기에서 유압이 일정 압력 이하가 되어서 60~90초 사이에 정상압력에 도달하지 못하면 압축기를 정지시켜 윤활불량에 의한 압축기 소손을 방지한다.

19 냉동사이클에서 응축온도를 일정하게 하고, 압축기 흡입 가스의 상태를 건포화 증기로 할 때 증발온도를 상승시키면 어떤 결과가 나타나는가?
① 압축비 증가
② 냉동효과 감소
③ 성적계수 상승
④ 압축일량 증가

해설 성적계수를 상승시키려면 냉동사이클에서
• 응축온도 일정, 증발온도 상승
• 압축기 흡입가스 상태를 건포화 증기로 공급

20 다음 그림은 냉동용 그림기호(KS B 0063)에서 무엇을 표시하는가?

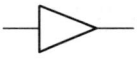

① 리듀서
② 디스트리뷰터
③ 줄임 플랜지
④ 플러그

해설 리듀서 : 줄임쇠

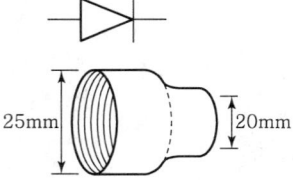

21 압력계의 지침이 9.80cmHgv였다면 절대압력은 약 몇 kgf/cm²a인가?
① 0.9
② 1.3
③ 2.1
④ 3.5

해설 진공압 : 9.80cmHgv
절대압력＝대기압－진공압력＝76cmHg－9.80cmHg
＝66.2cmHg
∴ 절대압력(abs)＝$1.033 \times \frac{66.2}{76}$＝0.9kg/cm²a

22 2단 압축방식을 채용하는 이유로서 맞지 않는 것은?
① 압축기의 체적효율과 압축효율 증가를 위해
② 압축비를 감소시켜서 냉동능력을 감소하기 위해
③ 압축비를 감소시켜서 압축기의 과열을 방지하기 위해
④ 냉동기유의 변질과 압축기 수명단축 예방을 위해

해설 • 압축기 운전 중 압축비가 6 이상이 되면 단단. 압축기에서 부하가 너무 크게 되어서 2단 압축을 채택해서 압축비를 감소시켜 냉동능력을 증가시킨다.
• 중간압력(P_m)계산＝$\sqrt{응축압력 \times 증발압력}$
• 중간압력까지는 부스터압축기 사용

23 100,000kcal의 열로 0℃의 얼음 약 몇 kg을 용해시킬 수 있는가?
① 1,000kg
② 1,050kg
③ 1,150kg
④ 1,250kg

해설 얼음의 융해잠열 : 79.68kcal/kg(80kcal/kg)
∴ $\frac{100,000}{79.68}$＝1,255kg 또는 $\frac{100,000}{80}$＝1,250kg

24 교류 전압계의 일반적인 지시값은?
① 실효값
② 최대값
③ 평균값
④ 순시값

해설 • 교류 : 전지로부터 전류는 그 크기와 방향이 시간에 따라 변하지 않는 데 대해서 전등선에 흐르는 전류는 크기와 방향이 주기적으로 변한다. 이와 같이 크기와 방향이 시간에 따라 주기적으로 변하는 전류이다.
• 실효값 : 주기파의 효과과의 대소를 나타내는 값으로 표현하며 일정한 시간 동안 교류가 발생하는 열량과 직류가 발생하는 열량을 비교한 교류의 크기이다.
• 교류 전위차계 : 교류전압측정(극좌표식, 직각좌표식 두 종류)

18. ② 19. ③ 20. ① 21. ① 22. ② 23. ④ 24. ① | ANSWER

25 만액식 냉각기에 있어서 냉매 측의 열전달률을 좋게 하기 위한 방법이 아닌 것은?

① 냉각관이 액 냉매에 접촉하거나 잠겨 있을 것
② 관 간격이 좁을 것
③ 유막이 존재하지 않을 것
④ 관면이 매끄러울 것

해설 만액식 증발기(쉘 내부 : 냉매, 튜브 내 : 브라인)
• 액체 냉각용 증발기이다.
• 증발기 냉각관 내(냉매액 75%, 냉매증기 25%로 흐른다)
• 열전달률(kcal/m²h℃)을 좋게 하기 위해 관면을 거칠게 한다.

26 모리엘(Mollier)선도에서 등온선과 등압선이 서로 평행한 구역은?

① 액체 구역   ② 습증기 구역
③ 건증기 구역   ④ 평행인 구역은 없다.

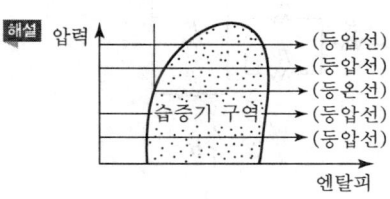

27 압축기의 과열원인이 아닌 것은?

① 냉매 부족   ② 밸브 누설
③ 윤활 불량   ④ 냉각수 과냉

해설 냉각수가 과냉되면 압축기 과열이 방지된다.
쿨링타워(냉각탑) → (응축기) → 냉각탑

28 다음 그림은 8핀 타이머의 내부회로도이다. ⑤-⑧ 접점을 옳게 표시한 것은?

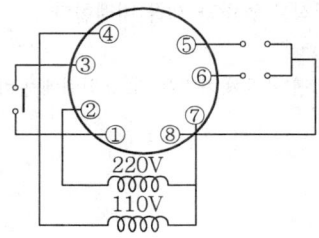

① ⑤─○─△─○─⑧
② ⑤─○─△─⑧
③ ⑤─○───○─⑧
④ ⑤─○─○─⑧

해설 ① ─○─△─○─ : 한시 동작 b접점(⑤-⑧)
② ─○─△── : 한시 동작 a접점
③ ─○─── : 보조스위치 a접점
④ ─○─○─ : 보조스위치 b접점

29 냉동사이클의 변화에서 증발온도가 일정할 때 응축온도가 상승할 경우의 영향으로 맞는 것은?

① 성적계수 증대
② 압축일량 감소
③ 토출가스 온도 저하
④ 플래시(Flash)가스 발생량 증가

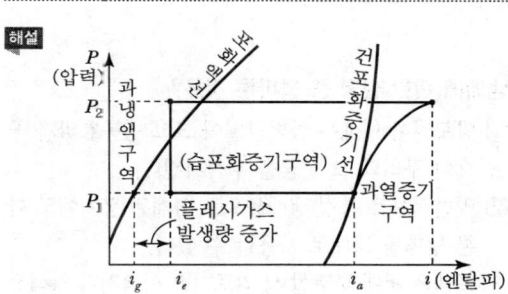

30 관의 결합방식 표시방법에서 결합방식의 종류와 그 림기호가 틀린 것은?

① 일반 : ──┼──
② 플랜지식 : ──┤├──
③ 용접식 : ──●──
④ 소켓식 : ──┤D──

해설 ④ 막힘플랜지 : ──┤D──

ANSWER | 25. ④ 26. ② 27. ④ 28. ① 29. ④ 30. ④

31 강관의 전기용접 접합 시의 특징(가스용접에 비해)으로 맞는 것은?

① 유해 광선의 발생이 적다.
② 용접 속도가 빠르고 변형이 적다.
③ 박판용접에 적당하다.
④ 열량조절이 비교적 자유롭다.

해설 강관에서 전기용접을 하는 경우 가스용접에 비해 용접 속도가 빠르고 변형이 적다.

32 물-LiBr계 흡수식 냉동기의 순환 과정이 옳은 것은?

① 발생기 → 응축기 → 흡수기 → 증발기
② 발생기 → 응축기 → 증발기 → 흡수기
③ 흡수기 → 응축기 → 증발기 → 발생기
④ 흡수기 → 응축기 → 발생기 → 증발기

해설 흡수식 냉동기 사이클 순서(냉매흐름)
발생기 → 응축기 → 증발기 → 흡수기

33 냉매에 관한 설명 중 올바른 것은?

① 암모니아 냉매는 증발잠열이 크고 냉동효과가 좋으나 구리와 그 합금을 부식시킨다.
② 일반적으로 특정 냉매용으로 설계된 장치에도 다른 냉매를 그대로 사용할 수 있다.
③ 프레온 냉매의 누설 시 리트머스 시험지가 청색으로 변한다.
④ 암모니아 냉매의 누설검사는 헬라이드 토치를 이용하여 검사한다.

해설 ① 암모니아 냉매 : 증발잠열이 크고 냉동 효과가 좋다.
② 특정냉매용 장치에는 다른 냉매사용은 금물이다.
③ 암모니아 냉매가 누설되면 리트머스 적색시험지는 청색으로 변화한다.
④ 프레온 냉매 누설검사 시 헬라이드 토치를 사용한다.(누설 시 불꽃이 청색으로 변화)

34 다음의 모리엘(Mollier)선도를 참고로 했을 때 3 냉동톤(RT)의 냉동기 냉매 순환량은 약 얼마인가?

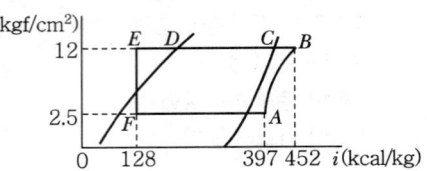

① 37.0kg/h
② 51.3kg/h
③ 49.4kg/h
④ 67.7kg/h

해설 452 − 397 = 55kcal/kg(압축일량)
397 − 128 = 269kcal/kg(증발효과)

냉매순환량 = $\frac{3,320 \times 3}{269}$ = 37.0kg/h

※ 1RT 용량 : 3,320kcal/h

35 다음 그림과 같은 회로의 합성저항은 얼마인가?

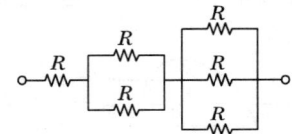

① 6R
② $\frac{2}{3}R$
③ $\frac{8}{5}R$
④ $\frac{11}{6}R$

해설 합성저항(RT) = $R + \frac{R}{2} + \frac{R}{3} = \frac{6+3+2}{6}R = \frac{11}{6}R$

36 온도가 일정할 때 가스압력과 체적은 어떤 관계가 있는가?

① 체적은 압력에 반비례한다.
② 체적은 압력에 비례한다.
③ 체적은 압력과 무관하다.
④ 체적은 압력과 제곱 비례한다.

해설 온도일정 시 유체 체적은(가스) 압력에 반비례한다.(보일의 법칙)

37 저압 수액기와 액펌프의 설치 위치로 가장 적당한 것은?
① 저압 수액기 위치를 액펌프보다 약 1.2m 정도 높게 한다.
② 응축기 높이와 일정하게 한다.
③ 액펌프와 저압 수액기 위치를 같게 한다.
④ 저압 수액기를 액펌프보다 최소한 5m 낮게 한다.

해설 저압 수액기

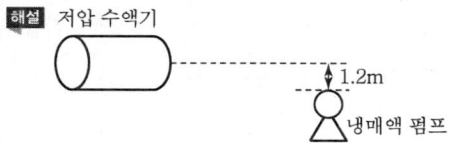

38 다음 그림과 같은 강관 이음부(A)에 적합하게 사용될 이음쇠로 맞는 것은?

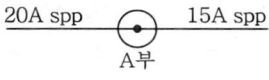

① 동경 소켓   ② 이경 소켓
③ 니플   ④ 유니언

해설 이경소켓(리듀서)

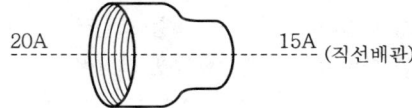

39 프레온 냉동장치에서 오일이 압력과 온도에 상당하는 양의 냉매를 용해하고 있다가 압축기 기동 시 오일과 냉매가 급격히 분리되어 크랭크 케이스 내의 유면이 약동하고 심하게 거품이 일어나는 현상은?
① 오일 해머   ② 동 부착
③ 에멀젼   ④ 오일 포밍

해설 오일포밍 현상
압축기 기동 시 프레온 냉매가 오일 내에 용해하고 있다가 오일과 냉매가 급격히 분리되어 크랭크 케이스 내의 유면이 약동하고 거품이 심하게 발생하는 현상

40 자동제어장치의 구성에서 동작신호를 만드는 부분으로 맞는 것은?
① 조절부   ② 조작부
③ 검출부   ④ 제어부

해설 피드백 제어

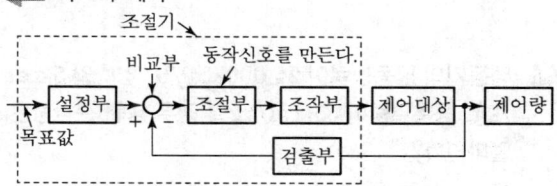

41 드라이아이스(고체 CO_2)는 어떤 열을 이용하여 냉동효과를 얻는가?
① 승화잠열   ② 응축잠열
③ 증발잠열   ④ 융해잠열

해설 승화잠열
고체 CO_2 냉동효과 열($-78.5℃$에서 137kcal/kg이다.)

42 브라인의 구비조건으로 틀린 것은?
① 비열이 클 것
② 점성이 클 것
③ 전열작용이 좋을 것
④ 응고점이 낮을 것

해설 브라인 2차 간접냉매
무기질, 유기질 냉매가 있으며 순환펌프나 동력소비 절약을 위하여 점성이 작아야 한다.

43 냉동장치에 관한 설명 중 올바른 것은?
① 응축기에서 방출하는 열량은 증발기에서 흡수하는 열과 같다.
② 응축기의 냉각수 출구온도는 응축온도보다 낮다.
③ 증발기에서 방출하는 열량은 응축기에서 흡수하는 열보다 크다.
④ 증발기의 냉각수 출구온도는 응축온도보다 높다.

ANSWER | 37. ① 38. ② 39. ④ 40. ① 41. ① 42. ② 43. ②

해설
- 응축기 산술평균 온도차(Δt)
$$\Delta t = 응축온도 - \left(\frac{냉각수입구수온 + 냉각수출구수온}{2}\right)$$
- 응축기에서 냉각수 출구 온도는 응축온도보다 낮다.
- 냉각수 출구온도는 냉각수 입구온도보다 응축기에서는 높다.

44 냉동기의 냉동능력이 24,000kcal/h, 압축일 5kcal/kg, 응축열량이 35kcal/kg일 경우 냉매 순환량은 얼마인가?

① 600kg/h ② 800kg/h
③ 700kg/h ④ 4,000kg/h

해설 냉매 증발 효과 = 35 - 5 = 30kcal/kg
∴ 냉매 순환량 = $\frac{24,000}{30}$ = 800kg/h

45 동관의 분기이음 시 주관에는 지관보다 얼마 정도의 큰 구멍을 뚫고 이음하는가?

① 8~9mm ② 6~7mm
③ 3~5mm ④ 1~2mm

해설 주관
지관보다 크다. 주관에 지관을 연결하려면 지관보다 1~2mm 정도 큰 구멍을 뚫는다.

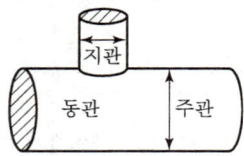

46 밀폐식 수열원 히트 펌프 유닛방식의 설명으로 옳지 않은 것은?

① 유닛마다 제어기구가 있어 개별운전이 가능하다.
② 냉·난방부하를 동시에 발생하는 건물에서 열회수가 용이하다.
③ 외기냉방이 가능하다.
④ 중앙 기계실에 냉동기가 필요하지 않아 설치면적상 유리하다.

해설
- 밀폐식 수열원 히트펌프 유닛은 외기냉방이 불가능하다.
- 전공기방식은 외기냉방이 가능하다.

47 송풍기의 축동력 산출 시 필요한 값이 아닌 것은?

① 송풍량 ② 덕트의 길이
③ 전압효율 ④ 전압

해설 송풍기 축동력 = $\frac{풍압 \times 풍량}{102 \times 60 \times 효율}$ (kW)

48 환기횟수를 시간당 0.6회로 할 경우에 체적이 2,000m³인 실의 환기량은 얼마인가?

① 800m³/h ② 1,000m³/h
③ 1,200m³/h ④ 1,440m³/h

해설 환기량 = 2,000 × 0.6 = 1,200m³/h

49 설치가 쉽고 설치 면적이 작아 소규모 난방에 많이 사용되는 보일러는?

① 입형 보일러 ② 노통 보일러
③ 연관 보일러 ④ 수관 보일러

해설 입형 버티컬 보일러의 특징
- 설치가 용이하다.
- 소규모 난방용이다.
- 전열면적이 적다.
- 효율이 낮다.

50 수조 내의 물이 진동자의 진동에 의해 수면에서 작은 물방울이 발생되어 가습되는 가습기의 종류는?

① 초음파식 ② 원심식
③ 전극식 ④ 증발식

해설 초음파식 가습기
수조(물통) 내의 물이 진동자의 진동에 의해 수면에서 작은 물방울이 발생되는 가습기이다.

44. ② 45. ④ 46. ③ 47. ② 48. ③ 49. ① 50. ① | **ANSWER**

51 덕트설계 시 고려사항으로 거리가 먼 것은?
① 송풍량
② 덕트방식과 경로
③ 덕트 내 공기의 엔탈피
④ 취출구 및 흡입구 수량

해설 덕트설계 시 고려사항
- 송풍량
- 덕트방식 및 경로
- 취출구 및 흡입구 수량

52 5℃인 350kg/h의 공기를 65℃가 될 때까지 가열하는 경우 필요한 열량은 몇 kcal/h인가?(단, 공기의 비열은 0.24kcal/kg℃이다.)
① 4,464
② 5,040
③ 6,564
④ 6,590

해설 현열(Q) = 질량 × 비열 × 온도차
= 350 × 0.24 × (65 − 5) = 5,040kcal/h

53 공조방식을 개별식과 중앙식으로 구분하였을 때 중앙식에 해당되는 것은?
① 패키지 유닛방식
② 멀티 유닛형 룸쿨러방식
③ 팬 코일 유닛방식(덕트병용)
④ 룸쿨러방식

해설 개별식 공조방식
- 패키지 유닛방식
- 멀티 유닛형 룸쿨러방식
- 룸쿨러방식

54 공기를 냉각하였을 때 증가되는 것은?
① 습구온도
② 상대습도
③ 건구온도
④ 엔탈피

해설
- 상대습도 : 습공기가 함유하고 있는 습도의 정도를 나타내는 지표(%)
- 절대습도 : 습공기 중에 함유되어 있는 수증기의 중량을 표시하는 습도(kg/kg′)
- 공기 냉각 : 상대습도 증가

55 온풍난방에 대한 설명으로 옳지 않은 것은?
① 예열시간이 짧고 간헐 운전이 가능하다.
② 실내 온도분포가 균일하여 쾌적성이 좋다.
③ 방열기나 배관 등의 시설이 필요 없어 설비비가 비교적 싸다.
④ 송풍기로 인한 소음이 발생할 수 있다.

해설
- 온풍난방은 온도분포가 불균일하고 쾌적성이 떨어진다 (그 특징은 ①, ③, ④번)
- 복사난방은 실내온도 분포가 균일하고 쾌적성이 좋다.

56 보건용 공기조화가 적용되는 장소가 아닌 것은?
① 병원
② 극장
③ 전산실
④ 호텔

해설 전산실
산업용 공기조화가 필요하다.

57 회전식 전열교환기의 특징에 대한 설명으로 옳지 않은 것은?
① 르우터의 상부에 외기공기를 통과하고 하부에 실내공기가 통과한다.
② 배기공기는 오염물질이 포함되지 않으므로 필터를 설치할 필요가 없다.
③ 일반적으로 효율은 로우터 회전수가 5rpm 이상에서는 대체로 일정하고 10rpm 전후 회전수가 사용된다.
④ 로터를 회전시키면서 실내공기의 배기공기와 외기공기를 열교환한다.

해설 전열열교환기
대부분 일반공조용으로 외기와 배기의 전열교환용으로 사용되지만 보일러용 외기를 예열하여 효율을 높인다.(배기공기는 오염물질이 포함되어 필터를 사용하여 효과를 높인다)

58 다음 용어 중 환기를 계획할 때 실내 허용 오염도의 한계를 의미하는 것은?
① 불쾌지수
② 유효온도
③ 쾌감온도
④ 서한도

ANSWER | 51. ③ 52. ② 53. ③ 54. ② 55. ② 56. ③ 57. ② 58. ④

[해설] • 서한도 : 환기를 계획할 때 실내 허용 오염도의 한계를 의미한다.
• 환기
자연 환기, 기계 환기, 강제 환기

59 펌프에서 흡입양정이 크거나 회전수가 고속일 경우 흡입관의 마찰저항 증가에 따른 압력강하로 수중에 다수의 기포가 발생되고 소음 및 진동이 일어나는 현상은?

① 플라이밍 현상
② 캐비테이션 현상
③ 수격 현상
④ 포밍 현상

[해설] 캐비테이션 현상(공동현상)
펌프 운전 중
• 흡입 양정이 크거나
• 회전수가 고속이거나
• 압력 강하가 일어나거나
하면 수중에 다수의 기포발생으로 소음·진동, 부식, 급수 불능이 발생하는 현상

60 증기난방의 환수관·배관 방식에서 환수주관을 보일러의 수면보다 높은 위치에 배관하는 것은?

① 진공 환수식
② 강제 환수식
③ 습식 환수식
④ 건식 환수식

[해설] 증기난방 환수관 배관법
건식 환수관 : $\dfrac{1}{200}$ 끝내림 구배로 보일러실까지 배관하며 환수관을 보일러 수면보다 높게 설치해 준다. 증기관 내 응축수를 환수관에 배출할 때는 응축수가 체류할 장소에 반드시 트랩을 설치한다.

59. ② 60. ④ | ANSWER

2013년 3회 공조냉동기계기능사

01 연삭기 숫돌의 파괴 원인에 해당되지 않는 것은?
① 숫돌의 회전속도가 너무 느릴 때
② 숫돌의 측면을 사용하여 작업할 때
③ 숫돌의 치수가 부적당할 때
④ 숫돌 자체에 균열이 있을 때

해설 숫돌의 회전속도가 너무 빠를 때 연삭기 숫돌의 파괴 원인이 된다.

02 근로자의 안전을 위해 지급되는 보호구를 설명한 것이다. 이 중 작업조건에 맞는 보호구로 올바른 것은?
① 용접 시 불꽃 또는 물체가 남아 흩어질 위험이 있는 작업 : 보안면
② 물체가 떨어지거나 날아올 위험 또는 근로자가 감전되거나 추락할 위험이 있는 작업 : 안전대
③ 감전의 위험이 있는 작업 : 보안경
④ 고열에 의한 화상 등의 위험이 있는 작업 : 방한복

해설 ② 안전모에 대한 설명이다.
③ 안전장갑(절연장갑) 및 전기안전모에 대한 설명이다.
④ 보호복에 대한 설명이다.

03 방폭 전기설비를 선정할 경우 중요하지 않은 것은?
① 대상가스의 종류
② 방호벽의 종류
③ 폭발성 가스의 폭발 등급
④ 발화도

해설 방폭 전기설비를 선정하는 중요 요소
• 대상가스 종류
• 폭발성 가스의 폭발등급
• 발화도

04 산업안전보건기준에 관한 규칙에서 정한 가스장치실을 설치하는 경우 설치구조에 대한 내용에 해당되지 않는 것은?

① 벽에는 불연성 재료를 사용할 것
② 지붕과 천장에는 가벼운 불연성 재료를 사용할 것
③ 가스가 누출된 경우에는 그 가스가 정체되지 않도록 할 것
④ 방음장치를 설치할 것

해설 가스장치실 설치 시 방음장치 설치와는 거리가 먼 내용이다.(방폭장치 등은 필요하다.)

05 산소가 충전되어 있는 용기의 취급상 주의사항으로 틀린 것은?
① 용기밸브는 녹이 생겼을 때 잘 열리지 않으므로 그리스 등 기름을 발라둔다.
② 용기밸브의 개폐는 천천히 하며, 산소누출 여부 검사는 비눗물을 사용한다.
③ 공기밸브가 얼어서 녹일 경우에는 약 40℃ 정도의 따뜻한 물로 녹여야 한다.
④ 산소용기는 눕혀두거나 굴리는 등 충격을 주지 말아야 한다.

해설 산소는 조연성 가스(연소성을 도와주는 가스)라서 용기 밸브에 그리스나 기름을 발라두는 것은 금물이다.

06 정 작업 시 안전수칙으로 옳지 않은 것은?
① 작업 시 보호구를 착용한다.
② 열처리한 것은 정 작업을 하지 않는다.
③ 공구의 사용 전 이상 유무를 반드시 확인한다.
④ 정의 머리부분에는 기름을 칠해 사용한다.

해설 정의 머리부분에는 기름을 칠하지 않고 그대로 사용한다.

07 발호온도가 낮아지는 조건을 나열한 것으로 옳은 것은?
① 발열량이 높을수록
② 압력이 낮을수록
③ 산소농도가 낮을수록
④ 결전도도가 낮을수록

ANSWER | 1.① 2.① 3.② 4.④ 5.① 6.④ 7.①

해설 발열량이 높을수록, 분자구조가 복잡할수록 발화온도는 낮아진다.

08 안전사고 예방을 위한 기술적 대책이 될 수 없는 것은?
① 안전기준의 설정 ② 정신교육의 강화
③ 작업공정의 개선 ④ 환경설비의 개선

해설 안전사고 예방기술 대책
- 안전기준의 설정
- 작업공정의 개선
- 환경설비의 개선

09 사고 발생의 원인 중 정신적 요인에 해당되는 항목으로 맞는 것은?
① 불안과 초조
② 수면부족 및 피로
③ 이해부족 및 훈련미숙
④ 안전수칙의 미제정

해설 불안과 초조
사고발생 중 정신적 요인

10 안전모를 착용하는 목적과 관계가 없는 것은?
① 감전의 위험방지
② 추락에 의한 위험경감
③ 물체의 낙하에 의한 위험방지
④ 분진에 의한 재해방지

해설 분진에 의한 재해방지 보호구 : 방진마스크

11 정전기의 예방 대책으로 적합하지 않은 것은?
① 설비 주변에 적외선을 쪼인다.
② 적정 습도를 유지해 준다.
③ 설비의 금속 부분을 접지한다.
④ 대전 방지제를 사용한다.

해설 정전기 예방 대책은 ②, ③, ④이다.

12 냉동기의 기동 전 유의사항으로 틀린 것은?
① 토출밸브는 완전히 닫고 기동한다.
② 압축기의 유면을 확인한다.
③ 액관 중에 있는 전자밸브의 작동을 확인한다.
④ 냉각수 펌프의 작동 유무를 확인한다.

해설 냉동기의 운전에서 기동 전 토출밸브는 완전히 열고 기동하여야 한다.

13 재해 발생 등 사람이 건축물, 비계, 기계, 사다리, 계단 등에서 떨어지는 것을 무엇이라고 하는가?
① 도괴 ② 낙하
③ 비계 ④ 추락

해설 추락
건축물, 비계, 기계, 사다리, 계단 등에서 사람이 떨어지는 것

14 보일러 압력계의 최고등급은 보일러의 최고사용압력의 몇 배 이상 지시할 수 있는 것이어야 하는가?
① 0.5배 ② 0.75배
③ 1.0배 ④ 1.5배

해설 보일러 압력계 최고 눈금은 보일러 최고사용압력 1.5배 이상 3배 이하여야 한다.

15 고압 전선이 단선된 것을 발견하였을 때 어떠한 조치가 가장 안전한 것인가?
① 위험표시를 하고 돌아온다.
② 사고사항을 기록하고 다음 장소의 순찰을 계속한다.
③ 발견 즉시 학사로 돌아와 보고한다.
④ 통행의 접근을 막는 조치를 한다.

해설 고압 전선이 단선된 것을 발견하였을 때는 통행의 접근을 막는 조치를 하여야 한다.

16 프레온 냉매의 일반적인 특성으로 틀린 것은?
① 누설되어 식품 등과 접촉하면 품질을 떨어뜨린다.
② 화학적으로 안정되고 연소되지 않는다.
③ 전기절연성이 양호하다.
④ 비열비가 작아 압축기를 공랭식으로 할 수 있다.

8. ② 9. ① 10. ④ 11. ① 12. ① 13. ④ 14. ④ 15. ④ 16. ① | ANSWER

해설
- 프레온 냉매는 천연고무나 수지를 부식시킨다.
- 프레온 냉매는 오일과 잘 용해한다.
  (R-11, R-12, R-21, R-113 등)
- 프레온 냉매는 수분과의 용해도가 극히 작다.

17 다음 그림과 같은 회로는 무슨 회로인가?

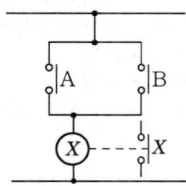

① AND회로 ② OR회로
③ NOT회로 ④ NAND회로

해설 OR회로
논리합 회로(입력신호 A, B의 어느 한편 또는 양편이 가해졌을 때만 출력이 신호를 나타낸다)이며 A, B출력신호값을 Z라 하면 입력신호의 값이 1이면 출력신호 Z의 값이 1이 되는 회로 논리식 A+B=Z이다.

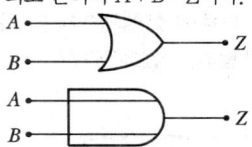

OR 회로의 참값

입력신호값		출력신호값
A	B	Z
0	0	0
0	1	1
1	0	1
1	1	1

18 흡입관경이 20mm(7/8°) 이하일 때 감온통의 부착 위치로 적당한 것은?(단, • 표시가 감온통임)

① 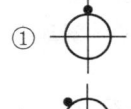   ②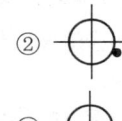
③    ④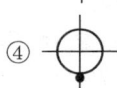

해설 온도식 팽창밸브 감온통 설치 위치
- 흡입관경이 20mm 이하 : 관의 상부에 설치
- 흡입관경이 20mm 초과 : 관의 중앙에서 45° 하부에 설치

19 다음 그림기호 중 정압식 자동팽창 밸브를 나타내는 것은?

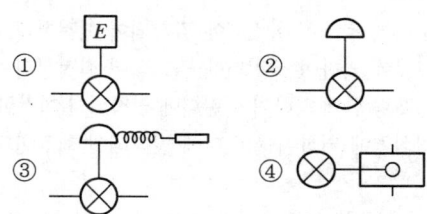

해설 정압식 자동팽창 밸브 기호
(벨로즈와 다이어프램 사용)

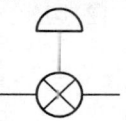

20 프레온 냉동장치에서 오일포밍(Oil Foaming) 현상과 관계없는 것은?

① 오일해머(Oil Hammer)의 우려가 있다.
② 응축기, 증발기 등에 오일이 유입되어 전열효과를 증가시킨다.
③ 크랭크케이스 내에 오일부족현상을 초래한다.
④ 오일포밍을 방지하기 위해 크랭크 케이스 내에 히터를 설치한다.

해설
- 오일포밍 현상 : 응축기, 증발기 등에 오일이 유입되어 전열을 방해한다. (프레온 냉동기에서)
- 크랭크 케이스 내의 압력이 높아지고 온도가 낮아지면 오일은 그 압력과 온도에 상당하는 양의 냉매를 용해하고 있다가 압축기 재가동 시 크랭크 케이스 내 압력이 급히 저하하면 오일과 냉매가 급격히 붕괴하고 유면약동, 거품발생

21 서로 친화력을 가진 두 물질의 용해 및 유리작용을 이용하여 압축효과를 얻는 냉동법은 어느 것인가?

① 증기압축식 냉동법 ② 흡수식 냉동법
③ 증기분사식 냉동법 ④ 전자냉동법

ANSWER | 17. ② 18. ① 19. ② 20. ② 21. ②

해설 흡수식 냉동법 두 물질
- 리튬브로마이드 → 물
- 물 → 암모니아

22 회전식 압축기에서 회전식 베인형의 베인은 어떻게 회전하는가?
① 무게에 의하여 실린더에 밀착되어 회전한다.
② 고압에 의하여 실린더에 밀착되어 회전한다.
③ 스프링 힘에 의하여 실린더에 밀착되어 회전한다.
④ 원심력에 의하여 실린더에 밀착되어 회전한다.

해설 회전식 압축기(Rotary Compressor)
원심력에 의해 실린더에 밀착되어 회전하는 회전 브레이드가 있다.(고정익형, 회전익형이 있다.)
- 크랭크 케이스 내는 고압이 걸린다.
- 토출밸브에는 역지밸브(체크밸브)가 사용된다.
- 피스톤압출량(V)
$$V = \frac{\pi}{4}(D^2 - d^2) \times t \times R \times 60 (\text{m}^3/\text{h})$$

23 냉동능력이 40냉동톤인 냉동장치의 수직형 쉘 앤드 튜브 응축기에 필요한 냉각수량은 약 얼마인가?(단, 응축기 입구 온도는 23℃이며, 응축기 출구 온도는 28℃이다.)
① 51,870(L/h)   ② 43,200(L/h)
③ 38,844(L/h)   ④ 34,528(L/h)

해설 1RT=3,320kcal/h, 40×3,320=132,800kcal/h
냉동기에서 방열계수=1.3, 물의 비열 : 1kcal/kg℃
∴ 냉각수량 = $\frac{132,800 \times 1.3}{1 \times (28-23)}$ = 34,528L/h

24 동결점이 최저로 되는 용액의 농도를 공융농도라 하고 이때의 온도를 공융온도라 하는데, 다음 브라인 중에서 공융온도가 가장 낮은 것은?
① 염화칼슘   ② 염화나트륨
③ 염화마그네슘   ④ 에틸렌글리콜

해설 무기질 브라인 공정점
- 염화칼슘 : -55℃
- 염화나트륨 : -21.2℃
- 염화마그네슘 : -33.6℃

25 1대의 압축기를 이용해 저온의 증발 온도를 얻으려 할 경우 여러 문제점이 발생되어 2단 압축 방식을 택한다. 1단 압축으로 발생되는 문제점으로 틀린 것은?
① 압축기의 과열   ② 냉동능력 증가
③ 체적 효율 감소   ④ 성적계수 저하

해설 1대의 압축기로 저온을 얻으려면 냉동능력이 감소한다.(압축비가 6 이상이면 2단 압축이 필요하다.)
- 압축비 = $\frac{응축절대압력}{증발절대압력}$
- 중간압력 = $\sqrt{증발절대압력 \times 응축절대압력}$

26 할로겐화탄화수소 냉매가 아닌 것은?
① R-114   ② R-115
③ R-134a   ④ R-717

해설 R-717 : 암모니아 냉매
NH₃(암모니아의 분자량 : 17)

27 다음 냉동 사이클에서 이론적 성적계수가 5.0일 때 압축기 토출가스의 엔탈피는 얼마인가?

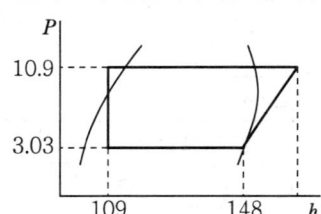

① 17.8kcal/kg   ② 138.9kcal/kg
③ 19.5kcal/kg   ④ 155.8kcal/kg

해설 148-109=39kcal/kg(증발잠열)
∴ 토출가스 엔탈피=(39×5)-39=156kcal/kg

28 고속다기통 압축기의 장점으로 틀린 것은?
① 동적(動的) 평형이 양호하여 진동이 적고 운전이 정숙하다.
② 압축비가 증가하여도 체적효율이 감소하지 않는다.
③ 냉동능력에 비해 압축기가 작아져 설치면적이 작아진다.
④ 부품의 교환이 간단하고 수리가 용이하다.

해설 고속다기통 압축기는 체적효율을 좋게 할 수가 없으며 저압측을 고진공으로 하기가 어렵다. 또한 마찰부의 베어링 등의 마모가 크다.(기통은 짝수로 설치한다.)

29 만액식 증발기의 전열을 좋게 하기 위한 것이 아닌 것은?
① 냉각관이 냉매액에 잠겨 있거나 접촉해 있을 것
② 증발기 관에 핀(Fin)을 부착할 것
③ 평균 온도차가 작고 유속이 빠를 것
④ 유막이 없을 것

해설 만액식 증발기는 전열을 좋게 하려면 평균 온도차가 크고 유속이 적당해야 한다.
(만액식은 증발기 냉각관 내 냉매가 75%, 냉매증기가 25% 정도로 항상 일정량의 냉매가 들어 있다).

30 증발기에 대한 설명 중 틀린 것은?
① 건식 증발기는 냉매액의 순환량이 많아 액분리가 필요하다.
② 프레온을 사용하는 만액식 증발기에서 증발기 내 오일이 체류할 수 있으므로 유회수 장치가 필요하다.
③ 반 만액식 증발기는 냉매액이 건식보다 많아 전열이 양호하다.
④ 건식 증발기는 주로 공기냉각용으로 많이 사용한다.

해설 건식 셀앤튜브식 증발기(냉장고, 에어컨 증발기용)
• 증발기 내 냉매액 : 25%
• 증발기 내 냉매가스 : 75%
• 냉매순환량이 적다.(만액식의 반대)

31 열펌프에 대한 설명 중 옳은 것은?
① 저온부에서 열을 흡수하여 고온부에서 열을 방출한다.
② 성적계수는 냉동기 성적계수보다 압축소요동력만큼 낮다.
③ 제빙용으로 사용이 가능하다.
④ 성적계수는 증발온도가 높고, 응축온도가 낮을수록 작다.

해설 열펌프(히트펌프)

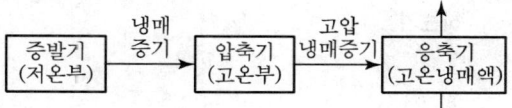

32 무기질 단열재에 해당되지 않는 것은?
① 코르크   ② 유리섬유
③ 암면   ④ 규조토

해설 코르크
유기질 코온재(액체 및 기체를 쉽게 침투시키지 않아서 냉매 배관, 냉각기, 펌프 등의 보냉용)

33 냉동장치에 사용하는 냉동기유의 구비조건으로 잘못된 것은?
① 적당한 점도를 가지며, 유막형성 능력이 뛰어날 것
② 인화성이 충분히 높아 고온에서도 변하지 않을 것
③ 밀폐형에 사용하는 것은 전기절연도가 클 것
④ 냉대와 접촉하여도 화학반응을 하지 않고, 냉매와의 분리가 어려울 것

해설 냉매는 냉동기유와 화학반응을 하지 않으면서 냉매와 분리는 용이하여야 한다.
※ 액분리기 : 냉매가스와 냉매액을 분리하여 냉매가스만 압축기로 흡입시킨다.

34 냉동장치의 흡입관 시공 시 흡입관의 입상이 매우 길 때에는 약 몇 m마다 중간에 트랩을 설치하는가?
① 5m   ② 10m
③ 15m   ④ 20m

해설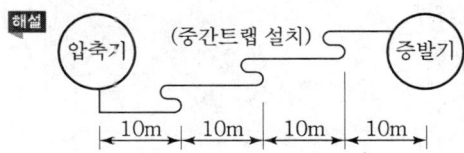

ANSWER | 29. ③ 30. ① 31. ① 32. ① 33. ④ 34. ②

35 압축기 보호장치 중 고압차단 스위치(HPS)의 작동 압력은 정상적인 고압에 몇 kgf/cm² 정도 높게 설정하는가?

① 1　　② 4
③ 10　　④ 25

해설 압축기 안전장치
- 안전두 : 정상압력+3kg/cm²에서 작동
- 고압차단스위치 : 정상고압+4kg/cm²에서 작동
- 안전밸브 : 정상고압+5kg/cm²에서 작동

36 브라인을 사용할 때 금속의 부착방지법으로 맞지 않는 것은?

① 브라인 pH를 7.5~8.2 정도로 유지한다.
② 방청제를 첨가한다.
③ 산성이 강하면 가성소다로 중화시킨다.
④ 공기와 접촉시키고, 산소를 용입시킨다.

해설 무기질 브라인은 부식력이 크다 하여 배관의 부식 및 동결 주의가 필요하며 공기나 산소를 배제시킨다.

37 냉동 관련 설명에 대한 내용 중에서 잘못된 것은?

① 1Btu란 물 1lb를 1℉ 높이는 데 필요한 열량이다.
② 1kcal란 물 1kg을 1℃ 높이는 데 필요한 열량이다.
③ 1Btu는 3.968kcal에 해당된다.
④ 기체에서 정압비열은 정적비열보다 크다.

해설 1kcal=3.968Btu 열량에 해당된다.
1Btu=0.254kcal이다.

38 100V 교류 전원에 1kW 배연용 송풍기를 접속하였더니 15A의 전류가 흘렀다. 이 송풍기의 역률은 약 얼마인가?

① 0.57　　② 0.67
③ 0.77　　④ 0.87

해설 동기전동기는 역률을 가장 좋게 운전이 가능하다.

역률 = $\dfrac{1kW \times 10^3}{100V}$ = 10　∴ $\dfrac{10}{15}$ ≒ 0.67

39 핀 튜브에 관한 설명 중 틀린 것은?

① 관 내에 냉각수, 관외부에 프레온 냉매가 흐를 때 관 외측에 부착한다.
② 증발기에 핀 튜브를 사용하는 것은 전열 효과를 크게 하기 위함이다.
③ 핀이 열전달이 나쁜 유체 쪽에 부착한다.
④ 관 내에 냉각수, 관외부에 프레온 냉매가 흐를 때 관 내측에 부착한다.

해설 핀 튜브 증발기(자연대류식, 강제대류식)
- 자연대류식은 냉각관 표면에 핀을 부착시킨다.(코일상 증발기)
- 강제 대류식은 증발기에 팬을 장치하여 강제 대류시킨다.
- 관 내에 냉매 관 외부에 냉각수가 흐른다.

40 냉동 사이클의 구성 순서가 바른 것은?

① 증발 → 응축 → 팽창 → 압축
② 압축 → 응축 → 증발 → 팽창
③ 압축 → 응축 → 팽창 → 증발
④ 팽창 → 압축 → 증발 → 응축

해설 냉동사이클(냉매흐름도)

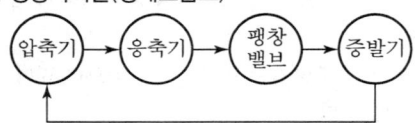

41 물이 얼음으로 변할 때의 동결잠열은 얼마인가?

① 79.68kJ/kg　　② 632kJ/kg
③ 333.62kJ/kg　　④ 0.5kJ/kg

해설 물의 응고 잠열
79.68kcal/kg(79.68×4.186kJ/kg)=333.62kJ/kg

42 압축기의 축봉장치에서 슬립 림형 축봉장치의 종류에 속하는 것은?

① 소프트 패킹식
② 메탈릭 패킹식
③ 스터핑 박스식
④ 금속 벨로즈식

해설
- 압축기 축봉장치 슬립 림형 축봉장치 : 금속 벨로즈식
- 축봉장치(Shaft Seal) : 개방형 압축기에서 크랭크축이 밖으로 나오는 부분을 봉쇄하여 냉매 및 윤활유의 누설, 외기의 침입을 방지하여 기밀을 유지시킨다.(축상형과 기계식이 있다.)

43 다음 중 동관작업에 필요하지 않는 공구는?
① 튜브 벤더 ② 사이징 툴
③ 플레어링 툴 ④ 클립

해설 클립
플레이너(Planer)의 테이블에 공작물을 고정시키는 데 사용하는 고정판이다.(또는 클립이음 Clipper Joint도 있다. 벨트이음의 일종이다.)

44 다음 중 냉동능력의 단위로 옳은 것은?
① kcal/kg·m² ② kJ/h
③ m³/h ④ kcal/kg℃

해설 냉동능력 1RT : 3,320kcal/h = 3,320 × 4.186kJ/kcal = 13,897.52kJ/h

45 냉동기의 정상적인 운전상태를 파악하기 위하여 운전관리상 검토해야 할 사항으로 틀린 것은?
① 윤활유의 압력, 온도 및 청정도
② 냉각수 온도 또는 냉각공기 온도
③ 정지 중의 소음 및 진동
④ 압축기용 전동기의 전압 및 전류

해설 냉동기 가동 중의 소음이나 진동은 정상적인 운전상태 파악을 위해서 조사가 필요하다.

46 실내에 있는 사람이 느끼는 더위, 추위의 체감에 영향을 미치는 수정 유효온도의 주요 요소는?
① 기온, 습도, 기류, 복사열
② 기온, 기류, 불쾌지수, 복사열
③ 기온, 사람의 체온, 기류, 복사열
④ 기온, 주위의 벽면온도, 기류, 복사열

해설 수정유효온도(CET)
실내에 있는 사람이 느끼는 더위·추위의 체감에 영향을 미치는 주요 요소로는 기온, 습도, 기류, 복사열이 있다.

47 송풍기의 법칙에 대한 내용 중 잘못된 것은?
① 동력은 회전속도비의 2제곱에 비례하여 변화한다.
② 풍량은 회전속비에 비례하여 변화한다.
③ 압력은 회전속도비의 2제곱에 비례하여 변화한다.
④ 풍량은 송풍기 크기비의 3제곱에 비례하여 변화한다.

해설 송풍기의 동력은 회전속도비의 3제곱에 비례하여 변화한다.

48 실내 냉방 시 현열부하가 8,000kcal/h인 실내를 26℃로 냉방하는 경우 20℃의 냉풍으로 송풍하면 필요한 송풍량은 약 몇 m³/h인가?(단, 공기의 비열은 0.24kcal/kg℃이며, 비중량은 1.2kg/m³이다.)
① 2,893 ② 4,630
③ 5,787 ④ 9,260

해설 송풍량(m³/h) = $\frac{8,000}{1.2 \times 0.24(26-20)}$ = 4,630m³/h

49 유체의 역류방지용으로 가장 적당한 밸브는?
① 게이트 밸브(Gate Valve)
② 글로브 밸브(Globe Valve)
③ 앵글 밸브(Angle Valve)
④ 체크 밸브(Check Valve)

해설 체크밸브(스윙식, 리프트식)는 유체의 역류방지용 밸브

50 냉방부하를 줄이기 위한 방법으로 적당하지 않은 것은?
① 외벽 부분의 단열화 ② 유리창 면적의 증대
③ 틈새바람의 차단 ④ 조명기구 설치축소

ANSWER | 43. ④ 44. ② 45. ③ 46. ① 47. ① 48. ② 49. ④ 50. ②

해설 유리창 면적을 증대하면 일사량의 증가로 냉방부하가 증가한다.(kcal/h)
- 유리창 : 일사량의 취득열량, 일사량의 관류열량
- 일사취득열량 : 표준일사취득열량×전차폐계수×유리면적

51 덕트 시공에 대한 내용 중 잘못된 것은?
① 덕트의 단면적비가 75% 이하의 축소부분은 압력손실을 적게 하기 위해 30° 이하(고속덕트에서는 15° 이하)로 한다.
② 덕트의 단면변화 시 정해진 각도를 넘을 경우에는 가이드 베인을 설치한다.
③ 덕트의 단면적비가 75% 이하의 확대부분은 압력손실을 적게 하기 위해 15° 이하(고속덕트에서는 8° 이하)로 한다.
④ 덕트의 경로는 될 수 있는 한 최장거리로 한다.

해설 덕트는 유체의 저항을 받으므로 경로는 될 수 있는 한 최단거리로 시공하여야 한다.

52 공기조화기의 열원장치에 사용되는 온수보일러의 개방형 팽창탱크에 설치되지 않는 부속설비는?
① 통기관   ② 수위계
③ 팽창관   ④ 배수관

해설 수위계
온수보일러 밀폐식 팽창탱크(고온수 난방)

53 환기방식 중 환기의 효과가 가장 낮은 환기법은?
① 제1종 환기
② 제2종 환기
③ 제3종 환기
④ 제4종 환기

해설
- 자연환기(제4종 환기법) : 환기효과가 가장 낮다.
  - 급기 : 자연
  - 배기 : 자연
- 제1종 환기(급기팬+배기팬) : 환기효과가 가장 크다.

54 건구온도 20℃, 절대습도 0.008kg/kg(DA)인 공기의 비엔탈피는 약 얼마인가?(단, 공기의 정압비열(C_p)은 0.24kcal/kg℃, 수증기의 정압비열(C_p)은 0.441kcal/kg℃이다.)
① 7kcal/kg(DA)   ② 8.3kcal/kg(DA)
③ 9.6kcal/kg(DA) ④ 11kcal/kg(DA)

해설 습공기의 비엔탈피(kcal/kg)
$h_w = h_a + x \cdot hv = C_p \cdot t + x(r + C_{vp} \cdot t)$
$= 0.24t + x(597.5 + 0.44t)$
$= 0.24 \times 20 + 0.008(597.5 + 0.441 \times 20)$
$= 4.8 + 4.85056 = 9.65 \text{kcal/kg(DA)}$

55 개별공조방식의 특징으로 틀린 것은?
① 개별제어가 가능하다.
② 실내유닛이 분리되어 있지 않는 경우는 소음과 진동이 크다.
③ 취급이 용이하며, 국소운전이 가능하다.
④ 외기냉방이 용이하다.

해설 개별방식(냉매방식)
- 패키지 방식
- 룸 쿨러방식
- 멀티유닛 방식

특징
- 개별제어 및 국소운전이 가능하다.
- 에너지 절약형이다.
- 각 유닛마다 냉동기가 있어서 소음 및 진동이 크다.
- 외기냉방을 할 수가 없다.
- 여러 곳에 분산되어 관리가 불편하다.

56 역환수(Reverse Return)방식을 채택하는 이유로 가장 적합한 것은?
① 환수량을 늘리기 위하여
② 배관으로 인한 마찰저항이 균등해지도록 하기 위하여
③ 온수 귀환관을 가장 짧은 거리로 배관하기 위하여
④ 열손실을 줄이기 위하여

해설 리버스 리턴 방식(온수난방 역환수방식)
배관으로 인한 마찰저항이 균등해지도록 하기 위해 채택된다.

51. ④ 52. ② 53. ④ 54. ③ 55. ④ 56. ② | ANSWER

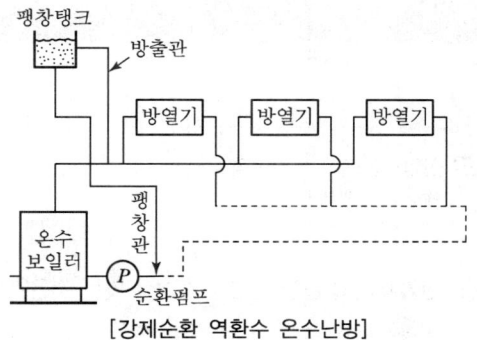

[강제순환 역환수 온수난방]

57 보일러의 종류에 따른 전열면적당 증발량으로 틀린 것은?

① 노통보일러 : 45~65(kgf/m² · h) 정도
② 연관보일러 : 30~55(kgf/m² · h) 정도
③ 입형보일러 : 15~20(kgf/m² · h) 정도
④ 노통연관보일러 : 30~60(kgf/m² · h) 정도

해설 전열면적당 증발량(kg/m²h)
수관식보일러 > 노통연관보일러 > 연관보일러 > 노통보일러 > 입형보일러
노통보일러 : 연관보일러보다 증발량이 작다.

58 팬형가습기(증발식)에 대한 설명으로 틀린 것은?

① 팬 속의 물을 강제적으로 증발시켜 가습한다.
② 가습장치 중 효율이 가장 우수하며, 가습량을 자유로이 변화시킬 수 있다.
③ 가습의 응답속도가 느리다.
④ 패키지형의 소형 공조기에 많이 사용한다.

해설 가습장치
수분무형, 고압수분무형, 증기분사형, 가습팬방법

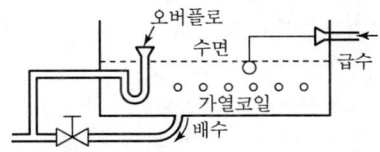

[팬형가습기 : 효율이 나쁘고 응답속도가 느리다.]

59 공기 가열코일의 종류에 해당되지 않는 것은?

① 전열코일   ② 습코일
③ 증기코일   ④ 온수코일

해설 공기코일
• 냉각코일 : 냉수코일, 직팽코일(DX코일)
• 가열코일 : 온수코일, 증기코일, 전열코일
※ 냉수코일 : 습코일
  직팽코일 : 건조코일

60 이중 덕트 공기조화 방식의 특징이라고 할 수 없는 것은?

① 열매체가 공기이므로 실온의 응답이 빠르다.
② 혼합으로 인한 에너지 손실이 없으므로 운전비가 적게 든다.
③ 실내습도의 제어가 어렵다.
④ 실내부하에 따라 개별제어가 가능하다.

해설 2중 덕트방식
냉각코일, 가열코일이 각각 있어서 냉방 시나 난방 시를 불문하고 냉풍 및 온풍을 만드는 전공기 방식이다.(냉, 온풍의 혼합으로 인한 혼합손실이 있어서 에너지 소비량이 많다.)

ANSWER | 57. ① 58. ② 59. ② 60. ②

2013년 4회 공조냉동기계기능사

01 산업재해 원인분류 중 직접원인에 해당되지 않는 것은?
① 불안전한 행동
② 안전보호장치 결함
③ 작업자의 사기의욕 저하
④ 불안전한 환경

해설 작업자의 사기의욕 저하
산업재해의 간접적인 원인

02 전기화재의 소화에 사용하기에 부적당한 것은?
① 분말 소화기 ② 포말 소화기
③ CO_2 소화기 ④ 할로겐 소화기

해설 포말 소화기
액체연료의 소화기

03 전기설비의 방폭성능기준 중 용기 내부에 보호구조를 압입하여 내부압력을 유지함으로써 가연성 가스가 용기 내부로 유입되지 아니하도록 한 구조를 말하는 것은?
① 내압방폭구조
② 유입방폭구조
③ 압력방폭구조
④ 안전증방폭구조

해설 압력방폭구조
용기 내부 압력 유지로서 가연성 가스가 용기 내부로 유입되지 아니하도록 한 구조

04 산업현장에서 위험이 잠재한 곳이나 현존하는 곳에 안전표지를 부착하는 목적으로 적당한 것은?
① 작업자의 생산능률을 저하시키기 위함
② 예상되는 재해를 방지하기 위함
③ 작업장의 환경미화를 위함
④ 작업자의 피로를 경감시키기 위함

해설 산업안전표시 부착목적
예상되는 재해방지

05 산업재해의 발생 원인별 순서로 맞는 것은?
① 불안전한 상태 > 불안전한 행동 > 불가항력
② 불안전한 행동 > 불가항력 > 불안전한 상태
③ 불안전한 상태 > 불가항력 > 불안전한 상태
④ 불안전한 행동 > 불안전한 상태 > 불가항력

해설 산업재해 발생원인별 순서
불안전한 행동 > 불안전한 상태 > 불가항력

06 전기의 접지 목적에 해당되지 않는 것은?
① 화재 방지 ② 설비 증설 방지
③ 감전 방지 ④ 기기손상 방지

해설 접지 목적
• 화재방지
• 감전방지
• 기기손상 방지

07 냉동제조의 시설 및 기술기준으로 적당하지 못한 것은?
① 냉매설비에는 긴급상태가 발생하는 것을 방지하기 위하여 자동제어장치를 설치할 것
② 압축기 최종단에 설치한 안전장치는 3년에 1회 이상 압력시험을 할 것
③ 제조설비는 진동, 충격, 부식 등으로 냉매 가스가 누설되지 않을 것
④ 가연성 가스의 냉동설비 부근에는 작업에 필요한 양 이상의 연소하기 쉬운 물질을 두지 않을 것

해설 냉동기 안전장치 조정기간
• 압축기 최종단에 설치한 안전장치 : 1년에 1회 이상
• 그 밖의 안전밸브 : 2년에 1회 이상
• 고압가스 특정제조시설 안전밸브 : 조정주기 4년

1.③ 2.② 3.③ 4.② 5.④ 6.② 7.② | ANSWER

08 산업안전보건기준에 관한 규칙에 의거 사다리식 통로 등을 설치하는 경우에 대한 내용으로 잘못된 것은?
① 견고한 구조로 할 것
② 발판과 벽의 사이는 15cm 이상의 간격을 유지할 것
③ 폭은 55cm 이상으로 할 것
④ 발판의 간격은 일정하게 할 것

해설 사다리폭 : 60cm 이상

09 냉동장치의 운전관리에서 운전준비사항으로 잘못된 것은?
① 압축기의 유면을 점검한다.
② 응축기의 냉매량을 확인한다.
③ 응축기, 압축기의 흡입 측 밸브를 닫는다.
④ 전기결선, 조작회로를 점검하고, 절연저항을 측정한다.

해설 냉동장치 운전준비에서 응축기·압축기의 흡입 측 밸브는 열어준다.

10 드라이버 작업 시 유의사항으로 올바른 것은?
① 드라이버를 정이나 지렛대 대용으로 사용한다.
② 작은 공작물은 바이스에 물리지 말고 손으로 잡고 사용한다.
③ 드라이버의 날끝이 홈의 폭과 길이가 같은 것을 사용한다.
④ 전기작업 시 금속부분이 자루 밖으로 나와 있어 전기가 잘 통하는 드라이버를 사용한다.

해설 드라이버 작업 시 유의사항
• 지렛대 사용 금물
• 바이스에 공작물은 물려서 사용
• 전기가 통하지 않는 것 사용
• 날끝이 홈의 폭과 길이가 같은 것 사용

11 안전모가 내전압성을 가졌다는 말은 최대 몇 볼트의 전압에 견디는 것을 말하는가?
① 600V ② 720V
③ 1,000V ④ 7,000V

해설 안전모 내전압성
최대 7,000V 전압에 견딘다.

12 수공구에 의한 재해를 방지하기 위한 내용 중 적당하지 않은 것은?
① 결함이 없는 공구를 사용할 것
② 작업에 알맞은 공구가 없을 시에는 유사한 것을 대용할 것
③ 사용 전에 충분한 사용법을 숙지하고 익히도록 할 것
④ 공구는 사용 후 일정한 장소에 정비·보관할 것

해설 작업에 꼭 알맞은 공구가 없으면 반드시 구입하여 사용한다.(유사용 사용은 금물이다.)

13 다음 내용의 ( )에 알맞은 것은?

사업주는 아세틸렌 용접장치를 사용하여 금속의 용접·용단 또는 가열작업을 하는 경우에는 게이지압력이 ( )킬로파스칼을 초과하는 압력의 아세틸렌을 발생시켜 사용해서는 아니된다.

① 12.7 ② 20.5
③ 127 ④ 205

해설 아세틸렌 용접장치 가열시 게이지 압력으로 127kPa을 초과하는 압력의 아세틸렌(C_2H_2) 가스는 사용하지 않는다.

14 압축가스의 저장탱크에는 그 저장탱크 내용적의 몇 %를 초과하여 충전하면 안 되는가?
① 90% ② 80%
③ 75% ④ 60%

해설 압축가스 저장탱크
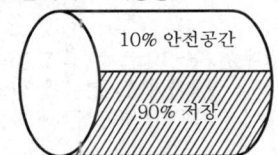

15 보일러의 사고 원인을 열거하였다. 이 중 취급자의 부주의로 인한 것은?
① 구조의 불량 ② 판 두께의 부족
③ 보일러수의 부족 ④ 재료의 강도 부족

해설 취급자의 부주의 사고
- 보일러수 부족
- 압력초과
- 화염소멸
- 가스폭발

16 암모니아 냉동기에서 일반적으로 압축비가 얼마 이상일 때 2단 압축을 하는가?
① 2 ② 3
③ 4 ④ 6

해설 냉동기 2단 압축 사용 $\left(\dfrac{응축압력}{증발압력}\right)$ 은 압축비가 6 이상에서 2단 압축 채택

17 공정점이 −55℃이고 저온용 브라인으로서 일반적으로 제빙 냉장 및 공업용으로 많이 사용되고 있는 것은?
① 염화칼슘 ② 염화나트륨
③ 염화마그네슘 ④ 프로필렌글리콜

해설 브라인 냉매 염화칼슘($CaCl_2$) 무기질 브라인
- 제빙용 사용냉매
- 공정점 : −55℃
- 식품과 직접 접촉하여서는 아니 된다.

18 다음 중 자연적인 냉동방법이 아닌 것은?
① 증기분사식을 이용하는 방법
② 융해열을 이용하는 방법
③ 증발잠열을 이용하는 방법
④ 승화열을 이용하는 방법

해설 증기분사식 냉동법
기계적인 냉동방법이다. (폐증기 3~10kg/cm²를 얻어서 증기이젝터(Steam ejector)를 이용하여 증기분사에 의해 압력이 저하되어 이 저압 속에서 물의 일부를 증발시켜 잔류물(水)을 냉각한다.

19 프레온 냉동장치에서 오일 포밍 현상이 일어나면 실린더 내로 다량의 오일이 올라가 오일을 압축하여 실린더 헤드부에서 이상음이 발생하게 되는 현상은?
① 에멀전 현상 ② 동부착 현상
③ 오일포밍 현상 ④ 오일해머 현상

해설 오일해머 현상
프레온 냉동에서 오일포밍 현상에 의해 실린더 내로 다량의 오일이 올라가 오일을 압축하여 실린더 헤드부에 이상음이 발생되는 현상

20 정상적으로 운전되고 있는 증발기에 있어서, 냉매 상태의 변화에 관한 사항 중 옳은 것은?(단, 증발기는 건식증발기이다.)
① 증기의 건조도가 감소한다.
② 증기의 건조도가 증대한다.
③ 포화액이 과냉각액으로 된다.
④ 과냉각액이 포화액으로 된다.

해설 건식증발기의 운전에서는 증기의 건조도가 증대한다.
- 증발관 내
  −냉매액 25%
  −냉매가스 75%
- 프레온 냉동기용이다.
- 모세관 팽창밸브 사용

21 구조에 따라 증발기를 분류하여 그 명칭들과 동시에 그들의 주 용도를 나타내었다. 틀린 것은?
① 핀 튜브형 : 주로 0℃ 이상의 물 냉각용
② 탱크식 : 제빙용 브라인 냉각용
③ 판냉각형 : 가정용 냉장고의 냉각용
④ 보데로(Baudelot)식 : 우유, 각종 기름류 등의 냉각용

해설 핀 튜브형 증발기 : 나관에 Fin을 부착
- 소형 냉장고, 쇼케이스, 에어컨에 사용
- 소형은 냉동력이 크나 제상이 곤란하여 0℃ 이상의 공기 조화용에 사용
- 강제대류, 자연대류형이 있다.

15. ③ 16. ④ 17. ① 18. ① 19. ④ 20. ② 21. ① | ANSWER

22 실린더 내경 20cm, 피스톤 행정 20cm, 기통 수 2개, 회전 수 300rpm인 압축기의 피스톤 배출량은 약 얼마인가?

① 182m³/h ② 201m³/h
③ 226m³/h ④ 263m³/h

해설 이론적 왕복동식 압축기 피스톤 내출량(m³/h)

$$V_a = \frac{\pi}{4}D^2 \cdot L \cdot N \cdot R \times 60$$
$$= \frac{3.14}{4} \times (0.2)^2 \times 0.2 \times 2 \times 300 \times 60 = 226 \text{m}^3/\text{h}$$

23 저장품을 동결하기 위한 동결부하 계산에 속하지 않는 것은?

① 동결 전 부하
② 동결 후 부하
③ 동결 잠열
④ 환기 부하

해설 동결부하
• 동결 전 부하
• 동결 후 부하
• 동결 잠열

24 관을 절단하는 데 사용하는 공구는?

① 파이프 리머 ② 파이프 커터
③ 오스터 ④ 드레서

해설 ① 파이프 리머 : 관의 내면에 생긴 거스러미 제거
② 파이트 커터 : 관의 절단(1개날 : 2개의 롤러, 날만 3개 등 2가지 종류)
③ 오스터 : 관의 나사 절삭
④ 드레서 : 연관의 관 표면 산화물 제거

25 다음 중 입력신호가 모두 1일 때만 출력신호가 0인 논리게이트는?

① AND 게이트 ② OR 게이트
③ NOR 게이트 ④ NAND 게이트

해설 NAND 회로 : AND 회로와 NOT 회로를 조합시킨 것

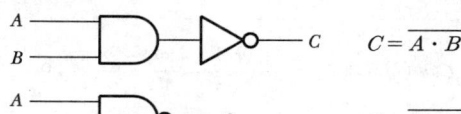

$$C = \overline{A \cdot B}$$
$$C = \overline{A \cdot B}$$

입력신호가 모두 1일 때 : 출력신호가 0

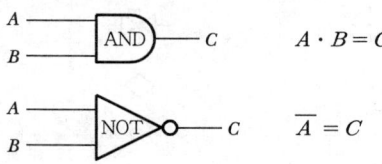

$$A \cdot B = C$$
$$\overline{A} = C$$

26 냉동기유의 구비 조건으로 맞지 않는 것은?

① 냉매와 접하여도 화학적 작용을 하지 않을 것
② 왁스 성분이 많을 것
③ 유성이 좋을 것
④ 인화점이 높을 것

해설 • 냉동기유는 왁스성분이 적고 운동면에 유막을 형성하여 마찰을 감소시켜 마모를 방지한다.
• 왁스(Wax)

27 압축기에서 보통 안전밸브의 작동압력으로 옳은 것은?

① 저압 차단 스위치 작동압력과 같게 한다.
② 고압 차단 스위치 작동압력보다 다소 높게 한다.
③ 유압 보호 스위치 작동압력과 같게 한다.
④ 고저압 차단 스위치 작동압력보다 낮게 한다.

해설 고압차단 스위치 작동=정상고압+4kg/cm
안전밸브 작동 : 고압차단스위치(HPS)보다 다소 높게 설정

28 다음 모리엘 선도에서의 성적계수는 약 얼마인가?

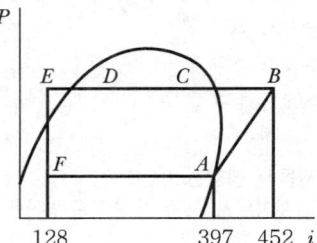

ANSWER | 22. ③ 23. ④ 24. ② 25. ④ 26. ② 27. ② 28. ②

① 2.4　　　　　② 4.9
③ 5.4　　　　　④ 6.3

해설 $COP(성적계수) = \dfrac{증발력}{압축일량} = \dfrac{397-128}{452-397} = 4.9$

29 다음 기호 중 콕의 도시기호는?

① 　　② ⋈

③ △　　④ ◇

해설
① ⊣N⊢ : 체크밸브
② ⋈ : 게이트밸브
③ △ : 플러그
④ ◇ : 콕

30 흡수식 냉동기에서 냉매순환과정을 바르게 나타낸 것은?
① 재생(발생)기 → 응축기 → 냉각(증발)기 → 흡수기
② 재생(발생)기 → 냉각(증발)기 → 흡수기 → 응축기
③ 응축기 → 재생(발생)기 → 냉각(증발)기 → 흡수기
④ 냉각(증발)기 → 응축기 → 흡수기 → 재생(발생)기

해설 흡수식냉동기 순환경로(냉매 = H₂O)

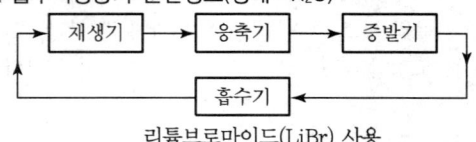

리튬브로마이드(LiBr) 사용

31 온도 자동팽창 밸브에서 감온통의 부착위치는?
① 팽창밸브 출구
② 증발기 입구
③ 증발기 출구
④ 수액기 출구

해설 온도자동식 팽창밸브(T.E.V)
감온통 부착위치 : 증발기 출구 수평관에 밀착

32 응축기 중 외기습도가 응축기 능력을 좌우하는 것은?
① 횡형 셸 앤드 튜브식 응축기
② 이중관식 응축기
③ 7통로식 응축기
④ 증발식 응축기

해설 증발식 응축기
냉각수 증발에 의하여 냉매기체가 응축된다.(외기 습도가 응축기 능력을 좌우한다) 습도가 높으면 능력이 저하된다.

33 관 또는 용기 안의 압력을 항상 일정한 수준으로 유지하여 주는 밸브는?
① 릴리프 밸브　　② 체크 밸브
③ 온도조정 밸브　　④ 감압 밸브

해설 릴리프 밸브(방출밸브)
용기나 관 안의 유체압력을 항상 일정하게 해준다.(액체유체용)

34 시트 모양에 따라 삽입형, 홈꼴형, 랩형 등으로 구분되는 배관의 이음방법은?
① 나사 이음
② 플레어 이음
③ 플랜지 이음
④ 납땜 이음

해설 플랜지 이음의 시트 모양에 의한 이음
• 삽입형
• 홈꼴형
• 랩형

35 불응축가스의 침입을 방지하기 위해 액순환식 증발기와 액펌프 사이에 부착하는 것은?
① 감압 밸브　　② 여과기
③ 역지 밸브　　④ 건조기

해설

36 어떤 물질의 산성, 알칼리성 여부를 측정하는 단위는?
① CHU　　② RT
③ pH　　④ B.T.U

해설 pH(페하) : 수소이온농도수지(산성, 알칼리성 판정)
- pH : 7(중성)
- pH : 7 초과(알칼리성)
- pH : 7 미만(산성)

37 0℃의 물 1kg을 0℃의 얼음으로 만드는 데 필요한 응고잠열은 대략 얼마 정도인가?
① 80kcal/kg　　② 540kcal/kg
③ 100kcal/kg　　④ 50kcal/kg

해설 얼음의 응고잠열 : 79.68kcal/kg
물의 증발잠열(포화수) : 539kcal/kg

38 냉동장치의 온도 관계에 대한 사항 중 올바르게 표현한 것은?(단, 표준냉동 사이클을 기준으로 할 것)
① 응축온도는 냉각수 온도보다 낮다.
② 응축온도는 압축기 토출가스 온도와 같다.
③ 팽창밸브 직후의 냉매온도는 증발온도보다 낮다.
④ 압축기 흡입가스 온도는 증발온도와 같다.

해설 표준냉동 사이클(냉매사이클)
- 증발온도 : -15℃
- 응축온도 : 30℃
- 팽창밸브 직전 온도 : 25℃
- 압축기 흡입가스 건포화증기 : -15℃

39 "회로 내의 임의의 점에서 들어오는 전류와 나가는 전류의 총합은 0이다."라는 법칙으로 맞는 것은?
① 키르히호프의 제1법칙
② 키르히호프의 제2법칙
③ 줄의 법칙
④ 앙페르의 오른나사법칙

해설 키르히호프의 제1법칙
회로 내의 임의의 점에서 들어오는 전류와 나가는 전류의 총합은 0이다.

40 옴의 법칙에 대한 설명으로 적절한 것은?
① 도체에 흐르는 전류(I)는 전압(V)에 비례한다.
② 도체에 흐르는 전류(I)는 저항(R)에 비례한다.
③ 도체에 흐르는 전압(V)은 저항(R)의 값과는 상관없다.
④ 도체에 흐르는 전류 $I = \dfrac{R}{V}$[A]이다.

해설 옴의 법칙
도체에 흐르는 전류(I)는 전압(V)에 비례하고 저항(R)에 반비례한다.
전류(I) = $\dfrac{V}{R}$[A]

41 용적형 압축기에 대한 설명으로 맞지 않는 것은?
① 압축실 내의 체적을 감소시켜 냉매의 압력을 증가시킨다.
② 압축기의 성능은 냉동능력, 소비동력, 소음, 진동값 및 수명 등 종합적인 평가가 요구된다.
③ 압축기의 성능을 측정하는 데 유용한 두 가지 방법은 성능계수와 단위 냉동능력당 소비동력을 측정하는 것이다.
④ 개방형 압축기의 성능계수는 전동기와 압축기의 운전효율을 포함하는 반면, 밀폐형 압축기의 성능계수에는 전동기효율이 포함되지 않는다.

해설 밀폐형 압축기에도 전동기효율이 성능계수에 포함된다.
성능계수(COP) = $Q_1 = Q_2 + AW$
$AW = Q_1 - Q_2$
$COP = \dfrac{Q_2}{AW} = \dfrac{Q_2}{Q_1 - Q_2} = \dfrac{T_2}{T_1 - T_2}$

42 터보 냉동기의 구조에서 불응축 가스 퍼지, 진공작업, 냉매 재생 등의 기능을 갖추고 있는 장치는?
① 플로트 챔버 장치　　② 추기회수장치
③ 엘리미네이터 장치　　④ 전동장치

해설 추기회수장치
불응축 가스 퍼지, 진공작업, 냉매 재생을 위하여 터보 냉동기에 설치한다.

ANSWER | 36. ③　37. ①　38. ④　39. ①　40. ①　41. ④　42. ②

43 고체에서 기체로 상태가 변화할 때 필요로 하는 열을 무엇이라 하는가?
① 증발열 ② 융해열
③ 기화열 ④ 승화열

해설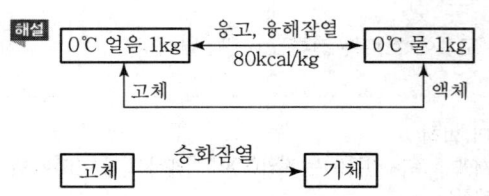

44 스윙(Swing)형 체크밸브에 관한 설명으로 틀린 것은?
① 호칭치수가 큰 관에 사용된다.
② 유체의 저항이 리프트(lift)형보다 적다.
③ 수평배관에만 사용할 수 있다.
④ 핀을 축으로 하여 회전시켜 개폐한다.

해설 리프트형 체크밸브
수평배관용

45 냉동장치 내에 냉매가 부족할 때 일어나는 현상으로 옳은 것은?
① 흡입관에 서리가 보다 많이 붙는다.
② 토출압력이 높아진다.
③ 냉동능력이 증가한다.
④ 흡입압력이 낮아진다.

해설 냉동장치 내 냉매 부족
흡입압력 저하 발생

46 온풍난방의 특징을 바르게 설명한 것은?
① 예열시간이 짧다.
② 조작이 복잡하다.
③ 설비비가 많이 든다.
④ 소음이 생기지 않는다.

해설 공기는 비열(0.24kcal/kg℃)이 작아서 예열시간이 짧다.
(물은 비열이 1kcal/kg℃)

47 겨울철 창면을 따라서 존재하는 냉기에 의해 외기와 접한 창면에 접해 있는 사람은 더욱 추위를 느끼게 되는 현상을 콜드 드래프트라 한다. 이 콜드 드래프트의 원인으로 볼 수 없는 것은?
① 인체 주위의 온도가 너무 낮을 때
② 주위 벽면의 온도가 너무 낮을 때
③ 창문의 틈새가 많을 때
④ 인체 주위 기류속도가 너무 느릴 때

해설 인체 주위 기류속도가 너무 느리면 콜드 드래프트가 저감된다.

48 일반적으로 덕트의 종횡비(Aspect Ratio)는 얼마를 표준으로 하는가?
① 2 : 1 ② 6 : 1
③ 8 : 1 ④ 10 : 1

해설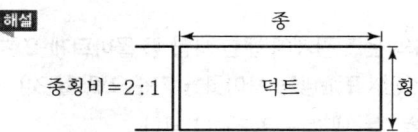

49 복사난방의 특징이 아닌 것은?
① 외기온도의 급변화에 따른 온도조절이 곤란하다.
② 배관시공이나 수리가 비교적 곤란하고 설비비용이 비싸다.
③ 공기의 대류가 많아 쾌감도가 나쁘다.
④ 방열기가 불필요하다.

해설 복사난방
공기의 대류가 적어 쾌감도가 크다.(실내의 평균복사 온도(MRT)가 상승된다.)

50 공기조화 방식의 중앙식 공조방식에서 수-공기방식에 해당되지 않는 것은?
① 2중 덕트방식
② 팬 코일 유닛방식(덕트 병용)
③ 유인 유닛방식
④ 복사 냉난방방식(덕트 병용)

해설 공기수 방식
- 덕트 병용 팬코일 유닛방식
- 유인 유닛방식
- 덕트 병용 복사 냉난방방식

전공기 방식
- 단일 덕트방식
- 2중 덕트방식
- 각층 유닛방식
- 덕트 병용 패키지방식

51 다음 난방방식에 대한 설명으로 틀린 것은?
① 온풍난방은 습도를 가습 또는 감습할 수 있는 장치를 설치할 수 있다.
② 증기난방의 응축수환수관 연결방식에는 습식과 건식이 있다.
③ 온수난방의 배관에는 팽창탱크를 설치하여야 하며 밀폐식과 개방식이 있다.
④ 복사난방은 천장이 높은 실(室)에는 부적합하다.

해설 복사난방은 상하 온도차가 적어서 천장이 높은 실에도 사용이 용이하다.

52 공기상태에 관한 내용 중 틀린 것은?
① 포화습공기의 상대습도는 100%이며 건조공기의 상대습도는 0%가 된다.
② 공기를 가습, 감습하지 않으면 노점온도 이하가 되어도 절대습도는 변함이 없다.
③ 습공기 중의 수분 중량과 포화습공기 중의 수분의 비를 상대습도라 한다.
④ 공기 중의 수증기가 분리되어 물방울이 되기 시작하는 온도를 노점온도라 한다.

해설 ② 노점 이하가 되면 절대습도는 증가한다.
- 절대습도 : 습공기 중에 수증기의 중량(kg)을 건조공기의 중량으로 나눈 값
$$\left(x = 0.622 \times \frac{수증기\ 분압}{대기압-수증기\ 분압}\right)kg/kg'$$
- 노점온도 : 습공기가 일정한 압력상태에서 수분의 증감 없이 냉각될 때 응결을 시작하는 온도

53 수조 내의 물에 초음파를 가하여 작은 물방울을 발생시켜 가습을 행하는 초음파 가습장치는 어떤 방식에 해당하는가?
① 수분무식
② 증기발생식
③ 증발식
④ 에어와셔식

해설 초음파 가습장치
수분무식 가습장치

54 개별식 공기조화방식으로 볼 수 있는 것은?
① 사무실 내에 패키지형 공조기를 설치하고, 여기에서 조화된 공기는 패키지 상부에 있는 취출구로 실내에 송풍한다.
② 사무실 내에 유인유닛형 공조기를 설치하고, 외부의 공기조화기로부터 유인유닛에 공기를 공급한다.
③ 사무실 내에 팬코일 유닛형 공조기를 설치하고, 외부의 열원기기로부터 팬코일 유닛에 냉온수를 공급한다.
④ 사무실 내에는 덕트만 설치하고, 외부의 공기조화기로부터 덕트 내에 공기를 공급한다.

해설 ① : 개별식 공기조화방식
②, ③, ④ : 중앙식 공기조화방식

55 유체의 속도가 20m/s일 때 이 유체의 속도수두는 얼마인가?
① 5.1m
② 10.2m
③ 15.5m
④ 20.4m

해설 속도수두 : $\frac{V^2}{2g} = \frac{20^2}{2 \times 9.8} = 20.4m$
※ 유속(V) = $\sqrt{2gh}$

56 어떤 보일러에서 발생되는 실제증발량을 1,000kg/h, 발생증기의 엔탈피를 614kcal/kg, 급수의 온도를 20℃라 할 때, 상당증발량은 얼마인가?(단, 증발잠열은 540kcal/kg으로 한다.)
① 847kg/h
② 1,100kg/h
③ 1,250kg/h
④ 1,450kg/h

ANSWER | 51.④ 52.② 53.① 54.① 55.④ 56.②

해설 보일러 상당증발량(We)
$$\frac{Ws(h_2-h_1)}{539(540)} = \frac{1,000(614-20)}{540} = 1,100 \text{kg/h}$$

57 풍량 조절용으로 사용되지 않는 댐퍼는?
① 방화 댐퍼 ② 버터플라이 댐퍼
③ 루버 댐퍼 ④ 스플릿 댐퍼

해설 방화 댐퍼
화재 시 화염이 덕트 내에 침입하였을 때 퓨즈가 용해되어 자동적으로 폐쇄되는 것이며 덕트가 방화구획을 통과하는 곳에 설치한다.

58 열이 이동되는 3가지 기본현상(형식)이 아닌 것은?
① 전도 ② 관류
③ 대류 ④ 복사

해설
• 열의 이동 : 전도, 대류, 복사
• 열관류(열통과)율 : $kcal/m^2h℃$

59 실내 필요환기량을 결정하는 조건과 거리가 먼 것은?
① 실의 종류
② 실의 위치
③ 재실자의 수
④ 실내에서 발생하는 오염물질 정도

해설 실내 필요환기량 결정조건
• 실의 종류
• 재실자의 수
• 실내 오염물질 정도

60 송풍기의 특성곡선에 나타나 있지 않은 것은?
① 효율 ② 축동력
③ 전압 ④ 풍속

해설 송풍기의 특성곡선에 나타나는 요인
효율, 축동력, 전압

57. ① 58. ② 59. ② 60. ④ | ANSWER

2014년 1회 공조냉동기계기능사

01 크레인(Crane)의 방호장치에 해당되지 않는 것은?
① 권과방지장치   ② 과부하방지장치
③ 비상정지장치   ④ 과속방지장치

[해설] 크레인의 방호장치
• 권과방지장치   • 과부하방지장치
• 비상정지장치   • 브레이크 장치
• 훅 해지장치

02 용기의 파열사고 원인에 해당되지 않는 것은?
① 용기의 용접불량
② 용기 내부압력의 상승
③ 용기 내에서 폭발성 혼합가스에 의한 발화
④ 안전밸브의 작동

[해설] 안전밸브가 작동되면 압력이 저하되어 용기가 안전하다.

03 물체가 떨어지거나 날아올 위험 또는 근로자가 추락할 위험이 있는 작업 시에 착용할 보호구로 적당한 것은?
① 안전모   ② 안전밸브
③ 방열복   ④ 보안면

[해설] 안전모
물체가 떨어지거나 날아올 위험 또는 근로자가 추락할 위험이 있는 작업 시에 착용하는 보호구

04 안전관리 관리 감독자의 업무가 아닌 것은?
① 안전작업에 관한 교육훈련
② 작업 전후 안전검검 실시
③ 작업의 감독 및 지시
④ 재해 보고서 작성

[해설] 작업 전후 안전검검은 안전관리자의 업무이다.

05 드릴작업 시 주의사항으로 틀린 것은?
① 드릴회전 중에는 칩을 입으로 불어서는 안 된다.
② 작업에 임할 때는 복장을 단정히 한다.
③ 가공 중 드릴 끝이 마모되어 이상한 소리가 나면 즉시 바꾸어 사용한다.
④ 이송레버에 파이프를 끼워 걸고 재빨리 돌린다.

[해설] ④ 드릴에 파이프를 끼워서 사용하는 것을 금한다.

06 전기 사고 중 감전의 위험 인자에 대한 설명으로 옳지 않은 것은?
① 전류량이 클수록 위험하다.
② 통전시간이 길수록 위험하다.
③ 심장에 가까운 곳에서 통전되면 위험하다.
④ 인체에 습기가 없으면 저항이 감소하여 위험하다.

[해설] ④ 인체에 습기가 있으면 저항이 감소하여 위험하다.

07 냉동시스템에서 액 해머링의 원인이 아닌 것은?
① 부하가 감소했을 때
② 팽창밸브의 열림이 너무 적을 때
③ 만액식 증발기의 경우 부하변동이 심할 때
④ 증발기 코일에 유막이나 서리(霜)가 끼었을 때

[해설] 팽창밸브의 열림이 너무 적으면 액 해머링(리퀴드 햄머)이 감소된다.

08 산소가 결핍되어 있는 장소에서 사용되는 마스크는?
① 송기 마스크
② 방진 마스크
③ 방독 마스크
④ 전안면 방독 마스크

[해설] ② 방진 마스크 : 분진이 많이 이는 곳에서 사용
③ 방독 마스크 : 독성가스 예방을 위해 사용

ANSWER | 1.④ 2.④ 3.① 4.② 5.④ 6.④ 7.② 8.①

09 냉동설비의 설치공사 후 기밀시험 시 사용되는 가스로 적합하지 않은 것은?

① 공기 ② 산소
③ 질소 ④ 아르곤

해설 냉동설비 설치공사 후 기밀시험에 사용되는 가스 중 가연성 가스와 조연성 가스인 산소(O_2)는 제외된다.

10 소화효과의 원리가 아닌 것은

① 질식효과 ② 제거효과
③ 희석효과 ④ 단열효과

해설 소화효과
질식효과, 제거효과, 희석효과

11 해머작업 시 지켜야 할 사항 중 적절하지 못한 것은?

① 녹슨 것을 때릴 때 주의하도록 한다.
② 해머는 처음부터 힘을 주어 때리도록 한다.
③ 작업 시에는 타격하려는 곳에 눈을 집중시킨다.
④ 열처리된 것은 해머로 때리지 않도록 한다.

해설 해머작업에서 처음에는 힘을 가볍게 주어 때리도록 한다.

12 가스용접 작업 중에 발생되는 재해가 아닌 것은?

① 전격 ② 화재
③ 가스폭발 ④ 가스중독

해설 전격 : 전기용접에서 감전사고와 직결된다.
전격의 원인
• 홀더가 신체에 접촉되었을 때
• 용접봉을 떼려다 사고
• 홀더에 용접봉을 물릴 때
• 도선 피복 손상부에 접촉

13 보일러 점화 직전 운전원이 반드시 제일 먼저 점검해야 할 사항은?

① 공기온도 측정
② 보일러 수위 확인
③ 연료의 발열량 측정
④ 연소실의 잔류가스 측정

해설 보일러 점화 직전 반드시 보일러 수위를 확인하여 저수위 사고를 예방한다.

14 교류 용접기의 규격란에 AW 200이라고 표시되어 있을 때 200이 나타내는 값은?

① 정격 1차 전류값 ② 정격 2차 전류값
③ 1차 전류 최댓값 ④ 2차 전류 최댓값

해설 교류용접기 규격 AW 200 표시 : 정격 2차 전류값

15 산소 용기 취급 시 주의사항으로 옳지 않은 것은?

① 용기를 운반 시 밸브를 닫고 캡을 씌워서 이동할 것
② 용기는 전도, 충돌, 충격을 주지 말 것
③ 용기는 통풍이 안 되고 직사광선이 드는 곳에 보관할 것
④ 용기는 기름이 묻은 손으로 취급하지 말 것

해설 산소 용기 보관실은 통풍이 잘 되고 직사광선에 의해 40℃ 이상이 되지 않도록 햇볕이 들지 않는 곳에 설치한다.

16 전력의 단위로 맞는 것은?

① C ② A
③ V ④ W

해설 • 전력단위 : W • 전압단위 : V
• 전류단위 : A • 전기량단위 : C
• 전자볼트 : eV(eV = 1.602×10^{-19}J)

17 브롬화 리튬(LiBr) 수용액이 필요한 냉동장치는?

① 증기 압축식 냉동장치
② 흡수식 냉동장치
③ 증기 분사식 냉동장치
④ 전자 냉동장치

해설 LiBr 흡수용액이 필요한 장치
• 흡수식 냉동기
• 흡수식 냉-온수기

18 기체의 비열에 관한 설명 중 옳지 않은 것은?

① 비열은 보통 압력에 따라 다르다.
② 비열이 큰 물질일수록 가열이나 냉각하기가 어렵다.
③ 일반적으로 기체의 정적비열은 정압비열보다 크다.
④ 비열에 따라 물체를 가열·냉각하는 데 필요한 열량을 계산할 수 있다.

해설 비열비$(k) = \dfrac{정압비열}{정적비열} = $(항상 1보다 크다)
※ 정압비열이 항상 크다.

19 지수식 응축기라고도 하며 나선 모양의 관에 냉매를 통과시키고 이 나선관을 구형 또는 원형의 수조에 담고 순환시켜 냉매를 응축시키는 응축기는?

① 셸 앤 코일식 응축기   ② 증발식 응축기
③ 공랭식 응축기   ④ 대기식 응축기

해설 셸 앤 코일식 응축기 : 지수식 응축기
• 셸 내 : 냉매가 흐른다.
• 튜브 내 : 냉각수가 흐른다.(튜브 내 스월 부착)

20 동력나사 절삭기의 종류가 아닌 것은?

① 오스터식   ② 다이 헤드식
③ 로터리식   ④ 호브(Hob)식

해설 • 로터리식, 램식 : 강관 밴딩기(90°, 180°, 45° 벤딩 가능)
• 동관 밴딩기 : 일체형, 분리형

21 암모니아 냉매의 성질에서 압력이 상승할 때 성질변화에 대한 것으로 맞는 것은?

① 증발잠열은 커지고 증기의 비체적은 커진다.
② 증발잠열은 작아지고 증기의 비체적은 커진다.
③ 증발잠열은 작아지고 증기의 비체적도 작아진다.
④ 증발잠열은 커지고 증기의 비체적도 커진다.

해설 냉매증기의 압력이 상승할 때 성질 변화
• 증발잠열 감소
• 증기의 비체적 감소
• 증기의 온도 상승

22 다음 $P-h$ 선도는 NH_3를 냉매로 하는 냉동장치의 운전 상태를 냉동 사이클로 표시한 것이다. 이 냉동장치의 부하가 45,000kcal/h일 때 NH_3의 냉매 순환량은 약 얼마인가?

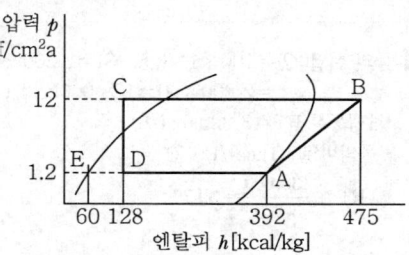

① 189.4kg/h   ② 602.4kg/h
③ 170.5kg/h   ④ 120.5kg/h

해설 냉매 1kg당 증발기 내 증발잠열
$r = 392 - 128 = 264 \text{kcal/kg}$
냉매순환량$(G) = \dfrac{냉동부하}{r} = \dfrac{45,000}{264} = 170.5 \text{kg/h}$

23 1초 동안에 76kgf·m의 일을 할 경우 시간당 발생하는 열량은 약 몇 kcal/h인가?

① 641kcal/h   ② 658kcal/h
③ 673kcal/h   ④ 685kcal/h

해설 $1 \text{kg} \cdot \text{m/s} = 0.00234 \text{kcal/s}$
1시간$(h) = 3,600$초
∴ $0.00234 \times 3,600 \times 76 = 641 \text{kcal/h}$

24 저온을 얻기 위해 2단 압축을 했을 때의 장점은?

① 성적계수가 향상된다.
② 설비비가 적게 된다.
③ 체적효율이 저하한다.
④ 증발압력이 높아진다.

해설 ㉠ 저온을 얻기 위해 2단 압축을 하면 성적계수(COP)가 향상된다.
㉡ 2단 압축(응축압력/증발압력)은 압력비가 6 이상일 때 실시한다.

ANSWER | 18. ③ 19. ① 20. ③ 21. ③ 22. ③ 23. ① 24. ①

25 1분간에 25℃의 순수한 물 100L를 3℃로 냉각하기 위하여 필요한 냉동기의 냉동톤은 약 얼마인가?
① 0.66RT ② 39.76RT
③ 37.67RT ④ 45.18RT

해설 물의 현열(Q) = $100 \times 1 \times (25-3)$ = 2,200kcal/min
= $2,200 \times 60$ = 138,000kcal/min
• 1냉동톤(RT = 3,320kcal/h)
• 물의비열 : 1kcal/L · ℃
∴ RT = $\dfrac{138,000}{3,320}$ = 39.76

26 증발온도가 낮을 때 미치는 영향 중 틀린 것은?
① 냉동능력 감소
② 소요동력 증대
③ 압축비 증대로 인한 실린더 과열
④ 성적계수 증가

해설 증발온도가 낮으면 압축비가 증가하여 성적계수가 저하된다.

27 강관의 이음에서 지름이 서로 다른 관을 연결하는 데 사용하는 이음쇠는?
① 캡(Cap) ② 유니언(Union)
③ 리듀서(Reducer) ④ 플러그(Plug)

해설

28 탄산마그네슘 보온재에 대한 설명 중 옳지 않은 것은?
① 열전도율이 적고 300~320℃ 정도에서 열분해한다.
② 방습 가공한 것은 습기가 많은 옥외 배관에 적합하다.
③ 250℃ 이하의 파이프, 탱크의 보냉용으로 사용된다.
④ 유기질 보온재의 일종이다.

해설 ④ 탄산마그네슘 보온재는 무기질 보온재이다.

29 전자밸브에 대한 설명 중 틀린 것은?
① 전자코일에 전류가 흐르면 밸브는 닫힌다.
② 밸브의 전자코일을 상부로 하고 수직으로 설치한다.
③ 일반적으로 소용량에는 직동식, 대용량에는 파일럿 전자밸브를 사용한다.
④ 전압과 용량에 맞게 설치한다.

해설 전자밸브(솔레노이드 밸브)
전자코일에 전류가 단절되면 밸브가 닫힌다.

30 증기를 단열 압축할 때 엔트로피의 변화는?
① 감소한다.
② 증가한다.
③ 일정하다.
④ 감소하다가 증가한다.

해설 단열압축 시에는 열의 출입이 없으므로 엔트로피는 일정하다.

31 냉동장치의 계통도에서 팽창밸브에 대한 설명으로 옳은 것은?
① 압축 증대장치로 압력을 높이고 냉각시킨다.
② 액봉이 쉽게 일어나고 있는 곳이다.
③ 냉동부하에 따른 냉매액의 유량을 조절한다.
④ 플래시 가스가 발생하지 않는 곳이며, 일명 냉각장치라 부른다.

해설 팽창밸브
냉동부하에 따른 냉매액의 유량을 조절한다.

32 온수난방의 배관 시공 시 적당한 구배로 맞는 것은?
① 1/100 이상 ② 1/150 이상
③ 1/200 이상 ④ 1/250 이상

해설

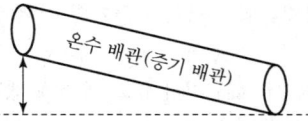

• 증기난방 구배 : 관 길이의 $\dfrac{1}{200}$ 구배
• 온수난방 구배 : 관 길이의 $\dfrac{1}{250}$ 구배

33 냉동장치 배관 설치 시 주의사항으로 틀린 것은?
① 냉매의 종류, 온도 등에 따라 배관재료를 선택한다.
② 온도변화에 의한 배관의 신축을 고려한다.
③ 기기 조작, 보수, 점검에 지장이 없도록 한다.
④ 굴곡부는 가능한 적게 하고 곡률 반경을 작게 한다.

해설

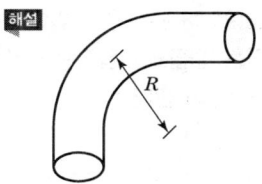

(곡률반경 R을 크게 해야 유체의 흐름 시 저항이 적어진다.)

34 유분리기의 종류에 해당되지 않는 것은?
① 배플형   ② 어큐뮬레이터형
③ 원심분리형   ④ 철망형

해설 어큐뮬레이터 : 응축기

35 냉매와 화학 분자식이 옳게 짝지어진 것은?
① R113 : CCl_3F_3
② R114 : CCl_2F_4
③ R500 : $CCl_2F_2 + CH_2CHF_2$
④ R502 : $CHClF_2 + C_2ClF_5$

해설
• 냉매 호칭법
 − 1의 자릿수 : (F)의 수
 − 10의 자릿수 : H(H는 +1)
 − 100의 자릿수 : C(C는 항상 1을 뺀다)
• $C_2Cl_3F_3$: R−113
• $C_2Cl_2F_4$: R−114
• R−152+R−12=R500
• R−115+R−22=R502

36 다음 그림이 나타내는 관의 결합방식으로 맞는 것은?

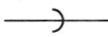

① 용접식   ② 플랜지식
③ 소켓식   ④ 유니언식

해설 ① ──●── : 용접식
     ② ─┤├─ : 플랜지식
     ③ ──⊃── : 소켓식
     ④ ─┤├─ : 유니언식

37 압축기의 흡입 및 토출밸브의 구비조건으로 적당하지 않은 것은?
① 밸브의 작동이 확실하고 개폐하는 데 큰 압력이 필요하지 않을 것
② 밸브의 관성력이 크고 냉매의 유동에 저항을 많이 주는 구조일 것
③ 밸브가 닫혔을 때 냉매의 누설이 없을 것
④ 밸브가 마모와 파손에 강할 것

해설 밸브는 냉매의 유동에 저항이 적어야 하며, 밸브가 닫히면 누설이 없고 마모 및 파손에 강하고 변형이 적어야 한다.

38 압축기 용량제어의 목적이 아닌 것은?
① 경제적 운전을 하기 위하여
② 일정한 증발온도를 유지하기 위하여
③ 경부하 운전을 하기 위하여
④ 응축압력을 일정하게 유지하기 위하여

해설 압축기 용량제어는 ①, ②, ③ 외에도 일정한 증발온도를 유지할 수 있어야 한다. 또한 압축기를 보호하여 기계적 수명을 연장할 수 있어야 한다.

39 냉동장치에 사용하는 브라인(Brine)의 산성도(pH)로 가장 적당한 것은?
① 9.2~9.5   ② 7.5~8.2
③ 6.5~7.0   ④ 5.5~6.0

해설
• 브라인 간접 2차 냉매(유기질, 무기질)의 산성도는 pH값이 7.5~8.2 정도이다.
• 브라인은 외부공기와의 접촉을 피하고 방청제 $Na_2Cr_2O_7$ (중크롬산소다), NaOH(가성소다)를 사용한다.

ANSWER | 33. ④ 34. ② 35. ④ 36. ③ 37. ② 38. ④ 39. ②

40 다음 냉매 중 대기압 하에서 냉동력이 가장 큰 냉매는?

① R-11 ② R-12
③ R-21 ④ R-717

해설 -15℃의 냉매 냉동력(증발열 : kcal/kg)
- R-11(CCl_3F) : 45.8
- R-12(CCl_2F_2) : 38.57
- R-21($CHCl_2F$) : 60.75
- R-717(NH_3) : 313.5

41 다음 중 브라인(Brine)의 구비조건으로 옳지 않은 것은?

① 응고점이 낮을 것
② 전열이 좋을 것
③ 열용량이 작을 것
④ 점성이 작을 것

해설 브라인 냉매(2차 냉매 : 간접냉매)
- 유기질
- 무기질
냉매배관 외에서 순환되면서 액의 현열에 의해 열을 운반하는 매개체(열용량이 클 것)

42 냉매 R-22의 분자식으로 옳은 것은?

① CCl_4 ② CCl_3F
③ $CHCl_2F$ ④ $CHClF_2$

해설
R-22 = C H Cl F_2
- 무시한다.
- 2로 읽는다.
- H는 1을 더한다.
- C=1을 뺀다.

43 냉동 부속 장치 중 응축기와 팽창 밸브 사이의 고압관에 설치하며 증발기의 부하 변동에 대응하여 냉매 공급을 원활하게 하는 것은?

① 유분리기 ② 수액기
③ 액분리기 ④ 중간 냉각기

해설
응축기 → 수액기(냉매액 저장) → 팽창밸브 → 증발기 → 압축 → 응축기

44 표준사이클을 유지하고 암모니아의 순환량을 186[kg/h]로 운전했을 때의 소요동력[kW]은 약 얼마인가?(단, NH_3 1kg를 압축하는 데 필요한 열량은 모리엘 선도상에서는 56kcal/kg이라 한다.)

① 12.1 ② 24.2
③ 28.6 ④ 36.4

해설 냉매증발열 총계 = 56 × 186 = 10,416kcal/h
1kW = 860kcal/h = 3,600kJ/h
∴ 소요동력(P) = $\frac{10,416}{860}$ = 12.1kW

45 가용전(Fusible Plug)에 대한 설명으로 틀린 것은?

① 불의의 사고(화재 등) 시 일정온도에서 녹아 냉동장치의 파손을 방지하는 역할을 한다.
② 용융점은 냉동기에서 68~75℃ 이하로 한다.
③ 구성 성분은 주석, 구리, 납으로 되어 있다.
④ 토출가스의 영향을 직접 받지 않는 곳에 설치해야 한다.

해설 가용전식(주성분 : 납, 주석, 안티몬, 카드뮴, 비스무스 등)
- 용융온도 : 68~78℃
- 부착위치 : 프레온 냉동기 수액기, 냉매용기
- 용도 : 수액기, 냉매용기 사고 시 용융하여 냉매를 방출시킨다.

46 보일러의 부속장치에서 댐퍼의 설치목적으로 틀린 것은?

① 통풍력을 조절한다.
② 연료의 분무를 조절한다.
③ 주연도와 부연도가 있을 경우 가스흐름을 전환한다.
④ 배기가스의 흐름을 조절한다.

해설 오일연료의 분무 조절 방법
유압 이용, 분무컵 사용, 공기, 증기압력 사용

40. ④ 41. ③ 42. ④ 43. ② 44. ① 45. ③ 46. ② | ANSWER

47 송풍기의 풍량을 증가시키기 위해 회전속도를 변화시킬 때 송풍기의 법칙에 대한 설명 중 옳은 것은?
① 축동력은 회전수의 제곱에 반비례하여 변화한다.
② 축동력은 회전수의 3제곱에 비례하여 변화한다.
③ 압력은 회전수의 3제곱에 비례하여 변화한다.
④ 압력은 회전수의 제곱에 반비례하여 변화한다.

해설
- 송풍기 축동력=회전수 증가의 3제곱에 비례
- 송풍기 풍량=회전수 증가의 1제곱에 비례
- 송풍기 풍압=회전수 증가의 2제곱에 비례

48 난방부하에서 손실열량의 요인으로 볼 수 없는 것은?
① 조명기구의 발열
② 벽 및 천장의 전도열
③ 문틈의 틈새바람
④ 환기용 도입외기

해설 조명기구 발열
난방부하에서 이득열량이며 냉방부하에서는 손실열량
- 백열등 : 0.86kcal/h · W
- 형광등 : 1kcal/h · W

49 덕트 설계 시 주의사항으로 올바르지 않은 것은?
① 고속 덕트를 이용하여 소음을 줄인다.
② 덕트 재료는 가능하면 압력손실이 적은 것을 사용한다.
③ 덕트 단면은 장방형이 좋으나 그것이 어려울 경우 공기이동이 원활하고 덕트 재료도 적게 들도록 한다.
④ 각 덕트가 분기되는 지점에 댐퍼를 설치하여 압력이 평형을 유지할 수 있도록 한다.

해설 저속 덕트를 이용하면 소음을 줄일 수 있다.

50 공기가 노점온도보다 낮은 냉각코일을 통과하였을 때의 상태를 기술한 것 중 틀린 것은?
① 상대습도 감소
② 절대습도 감소
③ 비체적 감소
④ 건구온도 저하

해설
- 공기가 노점보다 낮으면 이슬이 맺힌다.(수분의 증감이 없을 경우)
- 상대습도(δ)
  $= \dfrac{습공기의 \ 수증기분압}{같은 \ 온도의 \ 포화증기의 \ 수증기분압} \times 100(\%)$

51 공기조화설비의 구성요소 중에서 열원장치에 속하지 않는 것은?
① 보일러
② 냉동기
③ 공기여과기
④ 열펌프

해설 공기여과기 : 공기를 청정시킨다.

52 방열기의 EDR이란 무엇을 뜻하는가?
① 최대방열면적
② 표준방열면적
③ 상당방열면적
④ 최소방열면적

해설
- EDR : 방열기 상당방열면적(m²)
- 표준방열량
  - 증기 : 650kcal/m²h
  - 온수 : 450kcal/m²h

53 1보일러 마력은 약 몇 kcal/h의 증발량에 상당하는가?
① 7,205kcal/h
② 8,435kcal/h
③ 9,600kcal/h
④ 10,800kcal/h

해설
- 보일러 1마력 : 상당증발량 생산 15.65kg/hr
- 열량계산 : 15.65×증발잠열(539kcal/kg)
  ≒8,435kcal/h

54 공조방식의 분류에서 2중 덕트 방식은 어느 방식에 속하는가?
① 물-공기방식
② 전수방식
③ 전공기방식
④ 냉매방식

해설 공조 중앙식
- 물-공기방식 : 덕트병용 팬코일 유닛방식, 유인 유닛방식, 복사냉난방방식
- 전수방식 : 팬코일 유닛방식
- 전공기방식 : 단일-2중덕트방식, 각층유닛방식, 덕트병용 패키지 방식

ANSWER | 47. ② 48. ① 49. ① 50. ① 51. ③ 52. ③ 53. ② 54. ③

55 코일의 열수 계산 시 계산항목에 해당되지 않는 것은?
① 코일의 열관류율
② 코일의 정면면적
③ 대수평균 온도차
④ 코일 내를 흐르는 유체의 유속

해설 공기조화 냉온수코일 필요 열수계산 항목
- 코일의 열관류율
- 코일의 정면면적
- 대수평균 온도차

56 팬코일 유닛 방식의 특징으로 옳지 않은 것은?
① 외기 송풍량을 크게 할 수 없다.
② 수 배관으로 인한 누수의 염려가 있다.
③ 유닛별로 단독운전이 불가능하므로 개별 제어도 불가능하다.
④ 부분적인 팬코일 유닛만의 운전으로 에너지 소비가 적은 운전이 가능하다.

해설 ③ 팬코일 유닛방식은 개별제어가 가능하다.
- 팬코일 유닛방식 : 한 개의 케이싱 내에 에어필터, 냉온수 코일, 소형송풍기 내장

57 겨울철 창문의 창면을 따라서 존재하는 냉기가 토출기류에 의하여 밀려 내려와서 바닥을 따라 거주구역으로 흘러들어와 인체의 과도한 차가움을 느끼는 현상을 무엇이라 하는가?
① 쇼크 현상
② 콜드 드래프트
③ 도달거리
④ 확산 반경

해설 콜드 드래프트
겨울철 창문의 창면을 따라서 존재하는 냉기가 토출기류에 의하여 인체에 과도한 차가움을 전달하는 현상

58 다음 중 개별제어 방식이 아닌 것은?
① 유닛유닛 방식
② 패키지유닛 방식
③ 단일덕트 정풍량 방식
④ 단일덕트 변풍량 방식

해설 단일덕트 정풍량 방식
풍량의 변화가 없어서 개별제어가 불가능하다.

59 증기배관 설계 시 고려사항으로 잘못된 것은?
① 증기의 압력은 기기에서 요구되는 온도조건에 따라 결정하도록 한다.
② 배관관경, 부속기기는 부분부하나 예열부하 시의 과열부하도 고려해야 한다.
③ 배관에는 적당한 구배를 주어 응축수가 고이지 않도록 해야 한다.
④ 증기배관은 가동 시나 정지 시 온도차이가 없으므로 온도변화에 따른 열응력을 고려할 필요가 없다.

해설 증기배관은 가동 시와 정지 시 온도 차이가 커서 온도변화에 의한 열응력이 발생된다.

60 실내 냉방부하 중에서 현열부하가 2,500kcal/h, 잠열부하가 500kcal/h일 때 현열비는 약 얼마인가?
① 0.21
② 0.83
③ 1.2
④ 1.85

해설 현열비$(SHF) = \dfrac{현열}{현열 + 잠열} = \dfrac{2,500}{2,500 + 500}$
$= 0.83(83\%)$

2014년 2회 공조냉동기계기능사

01 와이어로프를 양중기에 사용해서는 아니 되는 기준으로 잘못된 것은?
① 열과 전기충격에 의해 손상된 것
② 지름의 감소가 공칭지름의 7%를 초과하는 것
③ 심하게 변형 또는 부식된 것
④ 이음매가 없는 것

해설 와이어로프
강선을 여러 개 합하여 꼬아 작은 줄을 만들고 이 줄을 꼬아 로프를 만든다.(면로프, 삼로프, 마닐라로프 등의 섬유로프와 강으로 만든 와이어로프가 있다.)
이음매가 있는 와이어로프는 사용금지기준이다. 또한, 꼬인 것도 사용하면 안 되고 기타 ①, ②, ③항 외 와이어로프의 한 꼬임에서 끊어진 소선의 수가 10% 이상이면 사용금지한다.

02 응축압력이 높을 때의 대책이라 볼 수 없는 것은?
① 가스퍼저(Gas Purger)를 점검하고 불응축가스를 배출시킬 것
② 설계 수량을 검토하고 막힌 곳이 없는가를 조사 후 수리할 것
③ 냉매를 과충전하여 부하를 감소시킬 것
④ 냉각면적에 대한 설계계산을 검토하여 냉각면적을 추가할 것

해설 냉매의 과충전과 과부하가 걸리면 응축압력이 상승한다.

03 아세틸렌 용접기에서 가스가 새어 나올 경우 적당한 검사방법은?
① 촛불로 검사한다.
② 기름을 칠해본다.
③ 성냥불로 검사한다.
④ 비눗물을 칠해 검사한다.

해설 아세틸렌(C_2H_2)가스 용접기에서 가스누설검사는 비눗물로 칠해 검사하면 간단하게 누설파악이 된다.

04 전기기계·기구의 퓨즈 사용 목적으로 가장 적합한 것은?
① 기동 전류차단   ② 과전류 차단
③ 과전압 차단   ④ 누설 전류차단

해설 전기기계, 기구 과전류 차단은 퓨즈를 사용한다.

05 안전표시를 하는 목적이 아닌 것은?
① 작업환경을 통제하여 예상되는 재해를 사전에 예방함
② 시각적 자극으로 주의력을 키움
③ 불안전한 행동을 배제하고 재해를 예방함
④ 사업장의 경계를 구분하기 위해 실시함

해설 사업장의 경계구분 : 주의 또는 위험도 표시

06 수공구인 망치(Hammer)의 안전 작업수칙으로 올바르지 못한 것은?
① 작업 중 해머 상태를 확인할 것
② 담금질한 것은 처음부터 힘을 주어 두들길 것
③ 장갑이나 기름 묻은 손으로 자루를 잡지 않는다.
④ 해머의 공동 작업 시에는 서로 호흡을 맞출 것

해설 담금질(열처리)한 수공구인 망치(Hammer)는 처음에는 가볍게 두들기다가 차츰차츰 힘을 주어서 작업한다.

07 안전사고 발생의 심리적 요인에 해당되는 것은?
① 감정
② 극도의 피로감
③ 육체적 능력의 초과
④ 신경계통의 이상

해설 안전사고 발생의 심리적 요인 : 감정

ANSWER | 1.④ 2.③ 3.④ 4.② 5.④ 6.② 7.①

08 다음 중 C급 화재에 적합한 소화기는?
① 건조사
② 포말 소화기
③ 물 소화기
④ 분말 소화기와 CO_2 소화기

해설
- A급(일반화재) : 건조사, 물 소화기
- B급(유류화재) : 포말 · 분말 소화기
- C급(전기화재) : 분말 소화기, CO_2 소화기
- D급(금속화재) : 건조사

09 상용주파수(60Hz)에서 전류의 흐름을 느낄 수 있는 최소전류값으로 옳은 것은?
① 1mA
② 5mA
③ 10mA
④ 20mA

해설 상용주파수 60Hz에서 전류의 흐름을 느낄 수 있는 최소전류값은 1mA 정도이다.

10 연삭기의 받침대와 숫돌차의 중심 높이에 대한 내용으로 적합한 것은?
① 서로 같게 한다.
② 받침대를 높게 한다.
③ 받침대를 낮게 한다.
④ 받침대가 높든 낮든 관계없다.

해설 연삭기 받침대와 숫돌차의 중심 높이는 서로 같게 한다.

11 동력에 의해 운전되는 컨베이어 등에 근로자의 신체 일부가 말려드는 등 근로자에게 위험을 미칠 우려가 있을 때 설치해야 할 장치는 무엇인가?
① 권과방지장치
② 비상정지장치
③ 해지장치
④ 이탈 및 역주행 방지장치

해설 컨베이어(동력장치) : 반드시 비상정지장치가 설치되어야 한다.

12 산소의 저장설비 주위 몇 m 이내에는 화기를 취급해서는 안 되는가?
① 5m
② 6m
③ 7m
④ 8m

해설

13 안전사고 예방을 위하여 신는 작업용 안전화의 설명으로 틀린 것은?
① 중량물을 취급하는 작업장에서는 앞 발가락 부분이 고무로 된 신발을 착용한다.
② 용접공은 구두창에 쇠붙이가 없는 부도체의 안전화를 신어야 한다.
③ 부식성 약품 사용 시에는 고무제품 장화를 착용한다.
④ 작거나 헐거운 안전화는 신지 말아야 한다.

해설 ① 고무신발이 아닌 안전화를 착용해야 한다.

14 보일러 휴지 시 보존방법에 관한 내용 중 틀린 것은?
① 휴지기간이 6개월 이상인 경우에는 건조보존법을 택한다.
② 휴지기간이 3개월 이내인 경우에는 만수보존법을 택한다.
③ 만수보존 시의 pH값은 4~5 정도로 유지하는 것이 좋다.
④ 건조보존 시에는 보일러를 청소하고 완전히 건조시킨다.

해설
- 만수보존 시의 pH값 : 12~13
- 사용약품 : 가성소다, 탄산소다, 아황산소다, 히드라진, 암모니아 등

15 보일러에 사용하는 안전밸브의 필요조건이 아닌 것은?
① 분출압력에 대한 작동이 정확할 것
② 안전밸브의 크기는 보일러의 정격용량 이상을 분출할 것
③ 밸브의 개폐동작이 완만할 것
④ 분출 전 · 후에 증기가 새지 않을 것

해설
- 안전밸브는 동작이 신속하여야 한다.
- 보일러 전열면적 50m² 초과는 안전밸브를 2개 이상 부착한다.(1개는 상용압력초과 조정, 나머지 1개는 최고사용압력의 1.03배 이하에 조정 분출시킬 것)

16 절대 압력과 게이지 압력과의 관계식으로 옳은 것은?
① 절대압력＝대기압력＋게이지 압력
② 절대압력＝대기압력－게이지 압력
③ 절대압력＝대기압력×게이지 압력
④ 절대압력＝대기압력÷게이지 압력

해설 절대압력
＝대기압력＋게이지 압력
＝대기압력－진공압력
게이지 압력＝절대압력－대기압력

17 제빙 장치에서 브라인의 온도가 －10℃이고, 결빙소요시간이 48시간일 때 얼음의 두께는 약 몇 mm인가?(단, 결빙계수는 0.56이다.)
① 253mm ② 273mm
③ 293mm ④ 313mm

해설
결빙시간 ＝ $\frac{0.56 \times t^2}{-(tb)}$ ＝ $\frac{0.56 \times t^2}{-(-10)}$

얼음두께(t^2) ＝ $\frac{48 \times -(-10)}{0.56}$ ＝ 857.14cm²

∴ 지름 $d = \sqrt{857.14} = 29.3$cm ＝ 293mm

18 2단 압축장치의 구성 기기에 속하지 않는 것은?
① 증발기 ② 팽창 밸브
③ 고단 압축기 ④ 캐스케이드 응축기

해설 캐스케이드 응축기
2원 냉동장치에서 저온 측 응축기와 고온 측 증발기를 열교환 형식으로 조합하여 저온 측의 열이 고온 측으로 이동하도록 한다.

19 수평배관을 서로 직선 연결할 때 사용되는 이음쇠는?
① 캡 ② 티
③ 유니온 ④ 엘보

해설

①	캡	②	티
③	유니온	④	엘보

20 냉동기의 보수계획을 세우기 전에 실행하여야 할 사항으로 옳지 않은 것은?
① 인사기록철의 완비
② 설비 운전기록의 완비
③ 보수용 부품 명세의 기록 완비
④ 설비 인·허가에 관한 서류 및 기록 등의 보존

해설 냉동기 보수계획과 인사기록철의 완비는 관련성이 없다.

21 온도식 자동팽창 밸브에 관한 설명으로 옳은 것은?
① 냉매의 유량은 증발기 입구의 냉매가스 과열도에 의해 제어된다.
② R－12에 사용하는 팽창밸브를 R－22 냉동기에 그대로 사용해도 된다.
③ 팽창 밸브가 지나치게 적으면 압축기 흡입가스의 과열도는 크게 된다.
④ 증발기가 너무 길어 증발기의 출구에서 압력 강하가 커지는 경우에는 내부균압형을 사용한다.

해설
- 냉매공급량 분배 : 팽창밸브 역할
- R－12 팽창밸브와 R－22 냉동기 팽창밸브는 동시 사용 불가능
- 증발압력을 일정하게 하려면 증발압력 조정밸브 사용

22 냉매에 관한 설명으로 옳은 것은?
① 비열비가 큰 것이 유리하다.
② 응고온도가 낮을수록 유리하다.
③ 임계온도가 낮을수록 유리하다.
④ 증발온도에서의 압력은 대기압보다 약간 낮은 것이 유리하다.

ANSWER | 16. ① 17. ③ 18. ④ 19. ③ 20. ① 21. ③ 22. ②

[해설] 냉매
- 냉매액 비열이 커지면 플래시가스 발생량이 증가한다.
- 임계온도가 높고 응고온도는 낮아야 한다.
- 온도가 낮아도 대기압 이상의 압력에서 증발하도록 한다.
- 상온에서 쉽게 응축되어 액화가 가능하여야 한다.

23 2원 냉동장치에 사용하는 저온 측 냉매로서 옳은 것은?
① R-717 ② R-718
③ R-14   ④ R-22

[해설] 2원 냉동
-70℃ 이하의 초저온을 얻기 위해 서로 다른 냉매를 사용하여 각각 독립된 냉동사이클을 2단계로 분리하여 저온 측의 응축기와 고온 측 증발기 캐스케이드 콘덴서와 열교환을 하도록 하는 냉동법
- 저온 측 냉매 : R-13, 14, 22, 에틸렌, 에탄, 메탄 등
- 고온 측 냉매 : R-12, R-22 등

24 회로망 중의 한 점에서의 전류의 흐름이 그림과 같을 때 전류 I는 얼마인가?

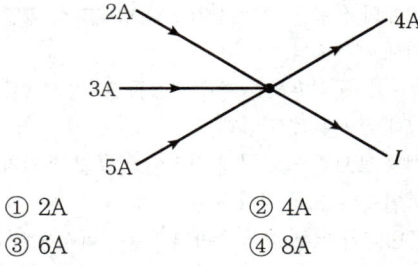

① 2A   ② 4A
③ 6A   ④ 8A

[해설] 회로망 전류 I값
$(2+3+5)=10A$
∴ $I=10A-4A=6A$

25 냉동 효과의 증대 및 플래시(Flash) 가스 방지에 적당한 사이클은?
① 건조 압축 사이클
② 과열 압축 사이클
③ 습압축 사이클
④ 과냉각 사이클

[해설]
- 플래시 가스 : 팽창밸브에서 냉매액이 증발기에서 증발하지 못하고 일부가 팽창밸브에서 미리 증발한 손실냉매액가스
- 플래시 가스 발생방지법 : 과냉각 사이클 이용

26 수액기 취급 시 주의사항으로 옳은 것은?
① 직사광선을 받아도 무방하다.
② 안전밸브를 설치할 필요가 없다.
③ 균압관은 지름이 작은 것을 사용한다.
④ 저장 냉매액을 $\frac{3}{4}$ 이상 채우지 말아야 한다.

[해설]

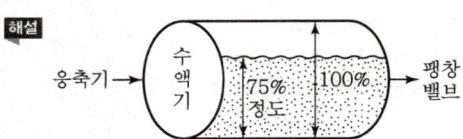

27 15℃의 1ton의 물을 0℃의 얼음으로 만드는데 제거해야 할 열량은?(단, 물의 비열 4.2kJ/kg·K, 응고잠열 334kJ/kg이다.)
① 63,000kJ   ② 271,600kJ
③ 334,000kJ ④ 397,000kJ

[해설] 물의 현열 $=1,000\times4.2(15-0)=63,000kJ$
얼음의 응고열 $=1,000\times334=334,000kJ$
∴ 제거열량 $=63,000+334,000=397,000kJ$

28 다음 중 브라인의 동파방지책으로 옳지 않은 것은?
① 부동액을 첨가한다.
② 단수릴레이를 설치한다.
③ 흡입압력조절밸브를 설치한다.
④ 브라인 순환펌프와 압축기 모터를 인터록 한다.

[해설] 브라인 간접냉매(2차 냉매)동파방지법은 ①, ②, ④항을 이용한다.

29 다음 중 수소, 염소, 불소, 탄소로 구성된 냉매계열은?
① HFC계   ② HCFC계
③ CFC계   ④ 할론계

23. ③ 24. ③ 25. ④ 26. ④ 27. ④ 28. ③ 29. ② | ANSWER

해설 H C F C (프레온계 냉매)
      수 염 불 탄
      소 소 소 소

30 15A 강관을 45°로 구부릴 때 곡관부의 길이(mm)는?(단, 굽힘 반지름은 100mm이다.)

① 78.5   ② 90.5
③ 157   ④ 209

해설 곡관부 길이(L) = $2\pi R \left(\dfrac{\theta}{360}\right)$
    = $2 \times 3.14 \times 100 \left(\dfrac{45°}{360°}\right)$
    = $78.5mm$

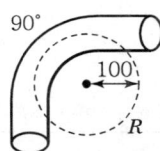
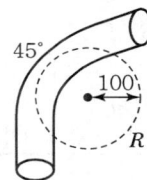

31 유니언 나사이음의 도시기호로 옳은 것은?

① ┤├   ② ┤├
③ ┤├   ④ ─✕─

해설 ① 플랜지 이음   ② 나사 이음
    ③ 유니언 이음   ④ 용접 이음

32 탱크형 증발기에 관한 설명으로 옳지 않은 것은?

① 만액식에 속한다.
② 주로 암모니아용으로 제빙용에 사용된다.
③ 상부에는 가스헤드, 하부에는 액헤드가 존재한다.
④ 브라인의 유동속도가 늦어도 능력에는 변화가 없다.

해설 탱크형 증발기(Herring Bone Type Cooler 헤링본) 주로 NH_3 냉매용이며 제빙장치의 브라인(Brine) 냉각용 증발기이다.(브라인이 비교적 0.3~0.75m/s) 고속으로 통과하므로 교반기에 의해 순환된다.

33 증발식 응축기 설계 시 1RT당 전열면적은?(단, 응축온도는 43℃로 한다.)

① $1.2m^2/RT$ ② $3.5m^2/RT$
③ $6.5m^2/RT$ ④ $7.5m^2/RT$

해설 증발식 응축기 1RT당 전열면적(응축온도 43℃ 정도)은 $1.2m^2$이다.

34 회전식과 비교한 왕복동식 압축기의 특징으로 옳지 않은 것은?

① 진동이 크다.
② 압축능력이 적다.
③ 압축이 단속적이다.
④ 크랭크 케이스 내부압력이 저압이다.

해설 왕복동식은 고압압축기로서 출구의 압축능력이 크다.

35 증발열을 이용한 냉동법이 아닌 것은?

① 증기분사식 냉동법
② 압축기체 팽창 냉동법
③ 흡수식 냉동법
④ 증기압축식 냉동법

해설 • 기계적 냉동법
    − 증기압축식
    − 흡수식
    − 증기분사식
    − 전자냉동법
  • 압축기체는 액화가 가능하다.

36 다음 그림($P-h$ 선도)에서 응축부하를 구하는 식으로 맞는 것은?

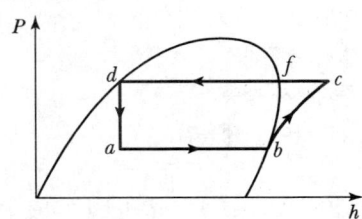

① $h_c - h_d$ ② $h_c - h_b$
③ $h_b - h_a$ ④ $h_d - h_a$

ANSWER | 30. ① 31. ③ 32. ④ 33. ① 34. ② 35. ② 36. ①

해설
- 응축기 : $h_c - h_d$
- 팽창밸브 : $h_d - h_a$
- 증발기 : $h_a - h_b$
- 압축기 : $h_b - h_c$

37 동관을 용접 이음하려고 한다. 다음 중 가장 적당한 것은?
① 가스 용접
② 스폿 용접
③ 테르밋 용접
④ 플라즈마 용접

해설 동관을 용접 이음할 때는 가스 용접 이음이 가장 편리하다.

38 최대값이 I_m인 사인파 교류전류가 있다. 이 전류의 파고율은?
① 1.11
② 1.414
③ 1.71
④ 3.14

해설
- 정현파 교류
  - 순시값
  - 평균값
  - 실효값
  - 파고율과 파형률
- 파고율 = $\left(\dfrac{최대값}{실효값}\right) = \left(\dfrac{I_m}{I}\right) = \left(\dfrac{I_m}{\dfrac{I_m}{\sqrt{2}}}\right) = \sqrt{2} = 1.414$
- 파형률 = $\dfrac{\pi}{2\sqrt{2}} = 1.11$

39 4방 밸브를 이용하여 겨울에는 고온부 방출열로 난방을 행하고 여름에는 저온부로 열을 흡수하여 냉방을 행하는 장치는?
① 열펌프
② 열전 냉동기
③ 증기분사 냉동기
④ 공기사이클 냉동기

해설 열펌프(히트펌프)는 4방 밸브(난방 : 고온부방출열 이용, 냉방 : 저온부열을 흡수)를 이용한다.

40 압축방식에 의한 분류 중 체적 압축식 압축기에 속하지 않는 것은?
① 왕복동식 압축기
② 회전식 압축기
③ 스크류식 압축기
④ 흡수식 압축기

해설 흡수식 냉동기(압축기가 불필요하다.)

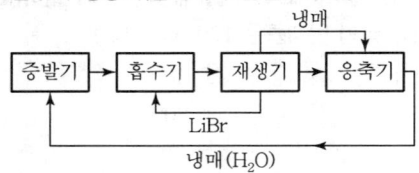

41 다음 중 입력신호가 0이면 출력이 1이 되고 반대로 입력이 1이면 출력이 0이 되는 회로는?
① NAND회로
② OR회로
③ NOR회로
④ NOT회로

해설 논리 NOT회로
입력신호가 0이면 출력이 1, 입력신호가 1이면 출력이 0

기호	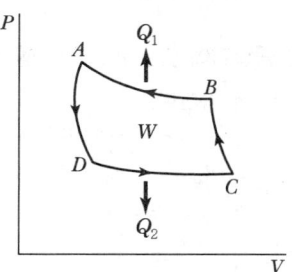
수식	$(Y = \overline{A} = A')$
진리표	A | Y 0 | 1 1 | 0

42 다음의 역 카르노 사이클에서 냉동장치의 각 기기에 해당되는 구간이 바르게 연결된 것은?

① B→A : 응축기, C→B : 팽창변, D→C : 증발기, A→D : 압축기
② B→A : 증발기, C→B : 압축기, D→C : 응축기, A→D : 팽창변

37. ① 38. ② 39. ① 40. ④ 41. ④ 42. ③ | ANSWER

③ B→A : 응축기, C→B : 압축기, D→C : 증발기, A→D : 팽창변
④ B→A : 압축기, C→B : 응축기, D→C : 증발기, A→D : 팽창변

해설 역 카르노 사이클(냉동기 사이클) $P-V$ 선도
• B→A : 응축기   • D→C : 증발기
• A→D : 팽창밸브   • C→B : 압축기

43 냉동기 오일에 관한 설명으로 옳지 않은 것은?
① 윤활 방식에는 비말식과 강제급유식이 있다.
② 사용 오일은 응고점이 높고 인화점이 낮아야 한다.
③ 수분의 함유량이 적고 장기간 사용하여도 변질이 적어야 한다.
④ 일반적으로 고속다기통 압축기의 경우 윤활유의 온도는 50~60℃ 정도이다.

해설 냉동기 오일(윤활유)은 응고점이 낮고 인화점이 높아야 한다.

44 다음 중 냉동장치에서 전자밸브의 사용 목적과 가장 거리가 먼 것은?
① 온도 제어
② 습도 제어
③ 냉매, 브라인의 흐름 제어
④ 리키드 백(Liquid back) 방지

해설 냉동기 습도는 건조제(Dryer)인 실리카겔(SiO_2nH_2O), 알루미나겔($Al_2O_3nH_2O$), 소바비드(규소일종), 몰리큘러시브(합성제오라제) 등으로 제거한다.

45 수증기를 열원으로 하여 냉방에 적용시킬 수 있는 냉동기는?
① 원심식 냉동기   ② 왕복식 냉동기
③ 흡수식 냉동기   ④ 터보식 냉동기

해설 40번 해설 참조
흡수식 냉동기
• 냉매 : H_2O(수증기)
• 흡수제 : 리튬브로마이드(LiBr)

PART 02 | 공조냉동기계기능사 2014년 2회

46 터보형 펌프의 종류에 해당되지 않는 것은?
① 볼류트 펌프   ② 터빈 펌프
③ 축류 펌프   ④ 수격 펌프

해설 수격 펌프, 마찰 펌프, 제트 펌프는 특수형 펌프에 포함된다.

47 벌집모양의 로터를 회전시키면서 윗부분으로 외기를 아래쪽으로 실내배기를 통과하면서 외기와 배기의 온도 및 습도를 교환하는 열교환기는?
① 고정식 전열교환기   ② 현열교환기
③ 히트 파이프   ④ 회전식 전열교환기

해설 회전식 전열교환기 : 벌집모양의 로터를 회전시키는 전열교환기이며 외기와 배기의 온도 및 습도를 교환한다.

48 공기조화 설비의 구성은 열원장치, 공기조화기, 열운반장치 등으로 구분하는데, 이 중 공기조화기에 해당되지 않는 것은?
① 여과기   ② 제습기
③ 가열기   ④ 송풍기

해설
• 열운장치 : 보일러, 냉동기 등
• 열운반장치 : 송풍기
• 열원장치 : 여과기, 제습기, 가열기 등

49 수-공기 방식인 팬 코일 유닛(Fan Coil Unit) 방식의 장점으로 옳지 않은 것은?
① 개별제어가 가능하다.
② 부하변경에 따른 증설이 비교적 간단하다.
③ 전공기 방식에 비해 이송동력이 적다.
④ 부분 부하 시 도입 외기량이 많아 실내공기의 오염이 적다.

해설 팬코일 유닛 방식
• 외기를 도입하지 않는 경우
• 팬코일 유닛으로 외기를 직접 도입하는 경우
• 덕트병용 팬코일 유닛 방식
※ 외기량 부족으로 인해 실내공기의 오염이 심각하므로 유닛나 필터를 주기적으로 청소해야 한다.

ANSWER | 43. ② 44. ② 45. ③ 46. ④ 47. ④ 48. ④ 49. ④

50 습공기 선도에 표시되어 있지 않은 값은?
① 건구온도 ② 습구온도
③ 엔탈피 ④ 엔트로피

해설 엔트로피 = $\dfrac{열량변화}{절대온도}$ (kcal/kg · K)

51 송풍기의 정압에 대한 내용으로 옳은 것은?
① 정압=정압×전압
② 정압=동압÷전압
③ 정압=전압-동압
④ 정압=전압+동압

해설
• 전압=정압+동압
• 정압=전압-동압
• 동압=전압-정압

52 보일러의 증발량이 20ton/h이고 본체 전열면적이 400m²일 때, 이 보일러의 증발률은 얼마인가?
① 30kg/m²h ② 40kg/m²h
③ 50kg/m²h ④ 60kg/m²h

해설 증발률 = $\dfrac{증기발생량}{전열면적}$, (1톤=1,000kg)

∴ $\dfrac{20 \times 10^3}{400} = 50 \text{kg/m}^2 \cdot K$

53 적당한 위치에 배기구를 설치하고 송풍기를 통해 외기를 강제적으로 도입하여 배기는 배기구에서 배기가 자연적으로 환기되도록 하는 환기법은?
① 제1종 환기 ② 제2종 환기
③ 제3종 환기 ④ 제4종 환기

해설 제2종 환기법(급기팬과 자연배기의 조합)

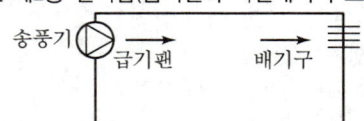

54 냉방부하 계산 시 현열부하에만 속하는 것은?
① 인체에서의 발생열
② 실내 기구에서의 발생열
③ 송풍기의 동력열
④ 틈새바람에 의한 열

해설 송풍기의 동력열 : H_2O가 없으므로 잠열부하는 없고 온도변화에 의한 현열부하만 발생

55 온풍난방의 특징에 대한 설명으로 옳은 것은?
① 예열시간이 짧아 간헐운전이 가능하다.
② 온·습도 조정을 할 수 없다.
③ 실내 상하온도차가 적어 쾌적성이 좋다.
④ 공기를 공급하므로 소음발생이 적다.

해설 공기는 비열(0.24kcal/kg · ℃)이 낮아서 난방 시 예열시간이 짧아 간헐운전이 수시로 가능하다. (공기 정압 체적당 비열은 0.29kcal/m³ · ℃이다.)

56 콜드 드래프트(Cold Draft) 현상의 원인에 해당되지 않는 것은?
① 주위 벽면의 온도가 낮을 때
② 동절기 창문의 극간풍이 없을 때
③ 기류의 속도가 클 때
④ 주위 공기의 습도가 낮을 때

해설 콜드 드래프트
생산된 열량보다 소비되는 열량이 많으면 추위를 느끼게 된다. 이와 같이 소비되는 열량이 많아져서 추위를 느끼게 되는 현상을 Cold Draft라 한다. 특히 겨울 동절기 창문의 극간풍이 많을 때 일어난다.

57 공기조화기용 코일의 배열방식에 따른 분류에 해당되지 않는 것은?
① 풀 서킷 코일 ② 더블 서킷 코일
③ 슬릿 핀 서킷 코일 ④ 하프 서킷 코일

해설 핀(Fin)의 종류에 따른 코일(Coil)
• 나선형 핀코일
• 플레이트 핀코일
• 슬릿 핀 코일

58 온도, 습도, 기류를 1개의 지수로 나타낸 것으로 상대습도 100%, 풍속 0m/s인 경우의 온도는?

① 복사온도　　② 유효온도
③ 불쾌온도　　④ 효과온도

해설 ET(유효온도)
공조되는 실내 환경을 평가하는 척도이다. 유효온도는 온도, 습도, 기류를 하나로 조합한 상태의 온도감각을 뜻하며, 상대습도 100%, 풍속 0m/s일 때 느껴지는 온도 감각을 표시한 것이다. (ET에 복사온도를 고려한 것을 수정유효온도 CET라 한다.)

59 독립계통으로 운전이 자유롭고 냉수 배관이나 복잡한 덕트 등이 없기 때문에 소규모 상점이나 사무실 등에서 사용되는 경제적인 공조 방식은?

① 중앙식 공조 방식
② 복사 냉난방 공조 방식
③ 유인유닛 공조 방식
④ 패키지 유닛 공조 방식

해설 패키지 유닛 공조 방식
독립계통 공조이며 소규모 상점이나 사무실에서 사용되는 경제적인 공조방식이다.

60 다익형 송풍기의 임펠러 지름이 450mm인 경우 이 송풍기의 번호는 몇 번인가?

① No 2　　② No 3
③ No 4　　④ No 5

해설
- 원심식 송풍기 No 1번의 지름=150mm
- 축류형 송풍기 No 1번의 지름=100mm
- 다익형(시로코팬)은 원심식 송풍기

∴ 번호 No(#) = $\frac{450}{150}$ = 3번

2014년 3회 공조냉동기계기능사

01 고압가스 냉동제조시설에서 압축기의 최종단에 설치한 안전장치의 작동 점검기준으로 옳은 것은?(단, 액체의 열팽창으로 인한 배관의 파열 방지용 안전밸브는 제외한다.)
① 3개월에 1회 이상   ② 6개월에 1회 이상
③ 1년에 1회 이상   ④ 2년에 1회 이상

해설 고압냉동시설 압축기 최종단 안전장치 작동 점검기준 1년에 1회 이상 점검

02 산업재해의 직접적인 원인에 해당되지 않는 것은?
① 안전장치의 기능 상실
② 불안전한 자세와 동작
③ 위험물의 취급 부주의
④ 기계장치 등의 설계불량

해설 산업재해의 직접적 원인
• 불안전한 행동 : 기계·기구의 잘못된 사용
• 불안전한 상태

03 작업조건에 따라 착용하여야 하는 보호구의 연결로 틀린 것은?
① 고열에 의한 화상 등의 위험이 있는 작업 – 안전대
② 근로자가 추락할 위험이 있는 작업 – 안전모
③ 물체가 흩날릴 위험이 있는 작업 – 보안경
④ 감전의 위험이 있는 작업 – 절연용 보호구

해설 보호구의 종류
• 안전모
• 안전화
• 안전장갑
• 방진마스크
• 방독마스크
• 송기마스크
• 전동식 호흡 보호구
• 보호복
• 안전대(추락방지대)
• 차광 및 비산물 위험방지 보안경
• 용접용 보안면
• 방음용 귀마개, 귀덮개

04 피로의 원인 중 외부인자로 볼 수 있는 것은?
① 경험   ② 책임감
③ 생활조건   ④ 신체적 특성

해설 피로현상의 내부인자
• 경험
• 책임감
• 신체적 특징

05 전기용접 작업할 때 안전관리 사항 중 적합하지 않은 것은?
① 피용접물은 완전히 접지시킨다.
② 우천 시에는 옥외작업을 하지 않는다.
③ 용접봉은 홀더로부터 빠지지 않도록 정확히 끼운다.
④ 옥외용접 시에는 헬멧이나 핸드실드를 사용하지 않는다.

해설 전기용접 작업이 옥외에서 이루어질 때에는 반드시 헬멧이나 핸드실드를 사용하여야 한다.

06 압축기 운전 중 이상음이 발생하는 원인으로 가장 거리가 먼 것은?
① 기초 볼트의 이완
② 피스톤 하부의 오일 고임
③ 토출 밸브, 흡입 밸브의 파손
④ 크랭크 샤프트 및 피스톤 핀의 마모

해설 압축기 피스톤 하부에 오일이 고이는 것은 압축기 운전상 윤활작용에 유리하다.

07 보일러 파열사고의 원인으로 가장 거리가 먼 것은?
① 역화의 발생   ② 강도 부족
③ 취급 불량   ④ 계기류의 고장

1. ③ 2. ④ 3. ① 4. ③ 5. ④ 6. ② 7. ① | **ANSWER**

해설 역화
보일러 연소실 내 가스폭발

08 작업장에서 계단을 설치할 때 계단의 폭은 최소 얼마 이상으로 하여야 하는가?(단, 급유용·보수용·비상용 계단 및 나선형 계단이 아닌 경우)
① 0.5m ② 1m
③ 2m ④ 5m

해설 작업장에서 계단을 설치할 때 계단의 폭은 안전상 최소 1m 이상이 좋다.

09 다음의 안전·보건표지가 의미하는 것은?

① 사용금지 ② 보행금지
③ 탑승금지 ④ 출입금지

해설 문제의 안전·보건표지는 '사용금지'를 의미한다.

10 가스용접 작업의 안전사항으로 틀린 것은?
① 기름 묻은 옷은 인화의 위험이 있으므로 입지 않도록 한다.
② 역화하였을 때에는 산소밸브를 조금 더 연다.
③ 역화의 위험을 방지하기 위하여 역화 방지기를 사용하도록 한다.
④ 밸브를 열 때는 용기 앞에서 몸을 피하도록 한다.

해설 가스용접 시 역화가 발생하면 먼저 아세틸렌 밸브를 조여준다.

11 드릴로 뚫린 구멍의 내벽이나 절단한 관의 내벽을 다듬어서 구멍의 치수를 정확하게 하고, 구멍 내면을 다듬는 구멍 수정용 공구는?
① 평줄 ② 리머
③ 드릴 ④ 렌치

해설 리머
드릴 작업 시 뚫어진 구멍 내벽 또는 절단한 관의 내벽을 다듬어서 거스러미를 제거하고 구멍 내면을 다듬는다.

12 드릴링 머신의 작업 시 일감의 고정방법에 관한 설명으로 틀린 것은?
① 일감이 작을 때 – 바이스로 고정
② 일감이 클 때 – 볼트와 고정구(클램프) 사용
③ 일감이 복잡할 때 – 볼트와 고정구(클램프) 사용
④ 대량 생산과 정밀도를 요구할 때 – 이동식 바이스 사용

해설 일감을 드릴링 머신으로 작업 중 대량 생산과 정밀도를 요구할 때는 고정식 바이스를 사용한다.

13 목재 화재 시에는 물을 소화제로 이용하는데, 주된 소화효과는?
① 제거효과 ② 질식효과
③ 냉각효과 ④ 억제효과

해설 물(H_2O)을 소화제로 사용하면 냉각효과가 나타난다.

14 냉동장치 내에 공기가 유입되었을 경우에 나타나는 현상으로 가장 거리가 먼 것은?
① 응축 압력이 높아진다.
② 압축비가 높아져 체적 효율이 증가한다.
③ 냉매와 증발관의 열전달을 방해하여 냉동능력이 감소된다.
④ 공기 침입 시 수분도 혼입되어 프레온 냉동장치에서 부식이 일어난다.

해설 냉동기 내 공기(불응축가스)가 유입되면 응축압력이 높아져 압축비가 증가되고 체적 효율이 감소한다.

15 보호구 사용 시 유의사항으로 틀린 것은?
① 작업에 적절한 보호구를 선정한다.
② 작업장에는 필요한 수량의 보호구를 비치한다.

ANSWER | 8.② 9.① 10.② 11.② 12.④ 13.③ 14.② 15.④

③ 보호구는 사용하는 데 불편이 없도록 관리를 철저히 한다.
④ 작업을 할 때 개인에 따라 보호구는 사용 안해도 된다.

[해설] 보호구는 개인에 따라 각자 보호구 사용을 철저히 하여야 한다.

16 강관의 보온 재료로 가장 거리가 먼 것은?
① 규조토　　　② 유리면
③ 기포성 수지　　④ 광명단

[해설] 광명단
파이프 배관의 페인트 도료를 칠하기 전 밑칠에 사용한다.

17 이론상의 표준냉동사이클에서 냉매가 팽창밸브를 통과할 때 변하는 것은?
① 엔탈피와 압력　　② 온도와 엔탈피
③ 압력과 온도　　　④ 엔탈피와 비체적

[해설] 냉매액이 팽창밸브를 통과하면 압력과 온도가 하강한다.

18 냉동장치에서 자동제어를 위해 사용되는 전자밸브(Solenoide Valve)의 역할로 가장 거리가 먼 것은?
① 액압축 방지
② 냉매 및 브라인 흐름 제어
③ 용량 및 액면 제어
④ 고수위 경보

[해설] 고·저수위 경보는 주로 보일러에서 사용하는 안전장치로, 종류는 다음과 같다.
• 맥도널식　　　• 전극식
• 차압식　　　　• 코프식

19 강관의 나사식 이음쇠 중 벤드의 종류에 해당하지 않는 것은?
① 암수 롱 벤드　　② 45° 롱 벤드
③ 리턴 벤드　　　　④ 크로스 벤드

[해설] 크로스(+자 사방밸브)

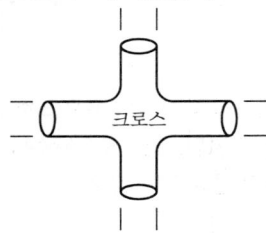

20 압축기 종류에 따른 정상적인 유압이 아닌 것은?
① 터보=정상저압+6kg/cm²
② 입형 저속=정상저압+0.5~1.5kg/cm²
③ 소형=정상저압+0.5kg/cm²
④ 고속다기통=정상저압+6kg/cm²

[해설] ④ 고속다기통=정상저압+1.5~3kg/cm²

21 암모니아 냉동장치에서 실린더 직경 150mm, 행정 90mm, 회전수 1,170rpm, 6기통일 때 냉동능력(RT)은?(단, 냉매상수는 8.4이다.)
① 약 98.2　　② 약 79.7
③ 약 59.2　　④ 약 38.9

[해설] 1RT=3,320kcal/h, 1시간=60분
냉동능력(RT)
$$=\frac{Q/h}{C}=\frac{\frac{3.14}{4}(0.15)^2 \times 0.09 \times 1,170 \times 6 \times 60}{8.4}$$
$$=79.7RT$$

22 동결장치 상부에 냉각코일을 집중적으로 설치하고 공기를 유동시켜 피냉각물체를 동결시키는 장치는?
① 송풍 동결장치　　② 공기 동결장치
③ 접촉 동결장치　　④ 브라인 동결장치

[해설] 송풍 동결장치
동결장치 상부에 냉각코일을 집중적으로 설치하고 공기를 유동시켜 피냉각물체를 동결시키는 장치

16. ④ 17. ③ 18. ④ 19. ④ 20. ④ 21. ② 22. ① | ANSWER

23 건포화증기를 압축기에서 압축시킬 경우 토출되는 증기의 상태는?

① 과열증기
② 포화증기
③ 포화액
④ 습증기

해설 과냉각액 → 포화액 → 습포화증기 → 건포화증기 → [압축기] → 과열증기

24 냉동기용 전동기의 시동 릴레이는 전동기 정격속도의 얼마에 달할 때까지 시동권선에 전류를 흐르게 하는가?

① $\frac{1}{2}$
② $\frac{2}{3}$
③ $\frac{1}{4}$
④ $\frac{1}{5}$

해설 냉동기용 전동기(모터) 시동 릴레이는 전동기 정격속도의 $\frac{2}{3}$에 달할 때까지 시동권선에 전류를 흐르게 한다.

25 열전달률에 대한 설명으로 옳은 것은?

① 관벽 또는 브라인(Brine) 등의 재질 내에서의 열의 이동을 나타내며, 단위는 kcal/m·h·℃이다.
② 액체면과 기체면 사이의 열의 이동을 나타내며, 단위는 kcal/m·h·℃이다.
③ 유체와 고체 사이의 열의 이동을 나타내며, 단위는 kcal/m²·h·℃이다.
④ 고체와 기체 사이의 한정된 열의 이동을 나타내며, 단위는 kcal/m³·h·℃이다.

해설 열전달률
유체와 고체 사이의 열의 이동을 나타내며 그 단위는 열관류율과 같이 kcal/m²·h·℃이다.

26 표준냉동 사이클의 증발과정 동안 압력과 온도는 어떻게 변화하는가?

① 압력과 온도가 모두 상승한다.
② 압력과 온도가 모두 일정하다.
③ 압력은 상승하고 온도는 일정하다.
④ 압력은 일정하고 온도는 상승한다.

해설 냉매의 증발과정에서는 압력과 온도가 일정하게 유지된다.

27 흡수식 냉동장치에서 냉매로 암모니아를 사용할 때, 흡수제로 가장 적당한 것은?

① LiBr
② $CaCl_2$
③ LiCl
④ H_2O

해설 흡수식 냉매의 경우 흡수제
• 냉매, 물(H_2O) : LiBr(리튬브로마이드)
• 냉매, 암모니아(NH_3) : 물(H_2O)

28 냉동장치에서 다단 압축을 하는 목적으로 옳은 것은?

① 압축비 증가와 체적 효율 감소
② 압축비와 체적 효율 증가
③ 압축비와 체적 효율 감소
④ 압축비 감소와 체적 효율 증가

해설 냉동장치에서 다단압축의 목적은 압축비 감소와 체적효율 증가에 있다.

29 동력의 단위 중 값이 큰 순서대로 바르게 나열된 것은?

① 1kW > 1PS > 1kgf·m/sec > 1kcal/h
② 1kW > 1kcal/h > 1kgf·m/sec > 1PS
③ 1PS > 1kgf·m/sec > 1kcal/h > 1kW
④ 1PS > 1kgf·m/sec > 1kW > 1kcal/h

해설
• 1kW−h = 860kcal
• 1PS−h = 632kcal
• 1kgf·m/s = 0.00234kcal × 3,600 = 8.43kcal/h
  1kgf·m/s × $\frac{1}{427}$ kcal/kg·m = 0.00234kcal/s

30 암모니아 냉동장치에 대한 설명 중 틀린 것은?

① 윤활유에는 잘 용해되나, 수분과의 용해성이 극히 작다.
② 연소성, 폭발성, 독성 및 악취가 있다.
③ 전열 성능이 양호하다.
④ 프레온 냉동장치에 비해 비열비가 크다.

ANSWER | 23. ① 24. ② 25. ③ 26. ② 27. ④ 28. ④ 29. ① 30. ①

해설 암모니아(NH_3) 냉매는 윤활유에는 잘 용해하지 않는다. 또한 수분이 존재하면 유탁액이 존재하여 유분리기에서 분리되지 않고 전열을 방해하며 또한 NH_3와 H_2O가 반응하여 알칼리성의 암모니아수(NH_4OH)를 생성한다.

31 온도식 자동팽창밸브에서 감온통의 부착위치는?
① 응축기 출구 ② 증발기 입구
③ 증발기 출구 ④ 수액기 출구

해설 • 온도식 자동팽창밸브의 감온통 위치 : 증발기 출구
• 감온통 : 냉매 온도 감지기

32 냉동장치 운전에 관한 설명으로 옳은 것은?
① 흡입압력이 저하되면 토출가스 온도가 저하된다.
② 냉각수온이 높으면 응축압력이 저하된다.
③ 냉매가 부족하면 증발압력이 상승한다.
④ 응축압력이 상승하면 소요동력이 증가한다.

해설 ① 흡입압력이 저하되면 압축비가 높아져서 노출가스 온도가 상승한다.
② 냉각수 수온이 높으면 응축압력이 상승한다.
③ 냉매가 부족하면 증발압력이 감소한다.

33 다음 [보기] 중 브라인의 구비 조건으로 적절한 것은?

[보기]
(가) 비열과 열전도율이 클 것
(나) 끓는점이 높고, 불연성일 것
(다) 동결온도가 높을 것
(라) 점성이 크고, 부식성이 클 것

① (가), (나)   ② (가), (다)
③ (나), (다)   ④ (가), (라)

해설 브라인 2차 냉매(간접냉매)의 특징은 (가), (나)에 해당한다.

34 냉동능력이 5냉동톤(한국냉동톤)이며, 압축기의 소요동력이 5마력(PS)일 때 응축기에서 제거하여야 할 열량(kcal/h)은?
① 약 18,790kcal/h   ② 약 19,760kcal/h
③ 약 20,900kcal/h   ④ 약 21,100kcal/h

해설 1RT = 3,320kcal/h, 1PS-h = 632kcal
응축부하 = 냉동부하 + 압축기 소요동력
= (5×3,320) + (5×632) = 19,760kcal/h

35 동일한 증발온도일 경우 간접 팽창식과 비교한 직접 팽창식 냉동장치에 대한 설명으로 틀린 것은?
① 소요동력이 적다.
② 냉동톤(RT)당 냉매 순환량이 적다.
③ 감열에 의해 냉각시키는 방법이다.
④ 냉매의 증발 온도가 높다.

해설 간접 팽창식(브라인 냉매)은 감열(현열)에 의해 냉각시킨다.

36 증발기에 대한 설명으로 옳은 것은?
① 증발기 입구 냉매 온도는 출구 냉매 온도보다 높다.
② 탱크형 냉각기는 주로 제빙용에 쓰인다.
③ 1차 냉매는 감열로 열을 운반한다.
④ 브라인은 무기질이 유기질보다 부식성이 작다.

해설 ① 증발기 입·출구는 온도가 같다.
③ 1차 냉매는 냉매의 잠열을 이용한다.
④ 브라인 2차 냉매는 유기질이 무기질보다 부식이 작다.
(유기질에 비해 무기질 브라인의 부식력이 크다.)

37 냉동기의 스크류 압축기(Screw Compressor)에 대한 특징으로 틀린 것은?
① 암·수나사 2개의 로터나사의 맞물림에 의해 냉매가스를 압축한다.
② 왕복동식 압축기와 동일하게 흡입, 압축, 토출의 3행정으로 이루어진다.
③ 액격 및 유격이 비교적 크다.
④ 흡입·토출 밸브가 없다.

해설 스크루식 압축기(Screw Compressor)는 수로터, 암로터에 의해 서로 맞물려 회전하면서 가스를 압축시킨다. 그 특징은 ①, ②, ④항이고 무단계 용량계어가 가능하며 연속 압축이다.

31. ③ 32. ④ 33. ① 34. ② 35. ③ 36. ② 37. ③ | ANSWER

38 증발식 응축기에 대한 설명으로 옳은 것은?
① 냉각수의 사용량이 많아 증발량도 커진다.
② 응축능력은 냉각관 표면의 온도와 외기 건구온도 차에 비례한다.
③ 냉각수량이 부족한 곳에 적합하다.
④ 냉매의 압력강하가 작다.

해설 증발식 응축기
냉각수가 부족한 곳에서 사용되며 냉각탑(쿨링 타워)을 사용하는 경우보다 설비비가 적게 소요되고, 응축압력도 낮게 유지가 가능하다.(특징은 외기의 습구온도 영향을 많이 받는다.)

39 시간적으로 변화하지 않는 일정한 입력신호를 단속신호로 변환하는 회로로서 경보용 부저 신호에 많이 사용하는 것은?
① 선택회로   ② 플리커 회로
③ 인터로크 회로   ④ 자기유지회로

해설 플리커 회로
시간적으로 변화하지 않는 일정한 입력신호를 단속신호로 변환하며, 경보용 부저 신호에 많이 사용하는 회로이다.

40 저압 차단 스위치의 작동에 의해 장치가 정지 되었을 때, 행하는 점검사항으로 가장 거리가 먼 것은?
① 응축기의 냉각수 단수 여부 확인
② 압축기의 용량제어 장치의 고장 여부 확인
③ 저압 측 적상 유무 확인
④ 팽창밸브의 개도 점검

해설 저압 차단 스위치(LPS) : 압축기 정지용, 용량제어용
점검사항은(장치 정지 시) ②, ③, ④항이다.

41 왕복동 압축기와 비교하여 원심 압축기의 장점으로 틀린 것은?
① 흡입밸브, 토출밸브 등의 마찰부분이 없으므로 고장이 적다.
② 마찰에 의한 손상이 적어서 성능 저하가 적다.
③ 저온장치에는 압축단 수 1단으로 가능하다.
④ 왕복동 압축기에 비해 구조가 간단하다.

해설 원심식 압축기(터보형)
임펠러 수에 따라 1단 혹은 2단 압축비라 한다.(임펠러와 디퓨저(Diffuser)가 부착된다. 적은 용량의 것에는 제작상 한계가 있고 저온 장치에서는 압축단 수가 증가하고 간접식이란 점에서 불리한 점이 있다.)

42 냉동장치에서 응축기나 수액기 등 고압부에 이상이 생겨 점검 및 수리를 위해 고압 측 냉매를 저압 측으로 회수하는 작업은?
① 펌프아웃(Pump Out)
② 펌프다운(Pump Down)
③ 바이패스아웃(Bypass Out)
④ 바이패스다운(Bypass Down)

해설 펌프아웃(냉동기 역회전)
고압부(응축기, 수액기)에 이상이 생겨서 점검이나 수리를 위해 고압측 냉매를 저압 측으로 회수하는 것

43 응축온도가 13℃이고, 증발온도가 −13℃인 이론적 냉동 사이클에서 냉동기의 성적계수는?
① 0.5   ② 2
③ 5   ④ 10

해설 성적계수$(COP) = \dfrac{T_1}{T_2 - T_1} = \dfrac{\theta_1}{\theta_2 - \theta_1}$
여기서, $T_1 = 273 - 13 = 260K$, $T_2 = 273 + 13 = 286K$
∴ $COP = \dfrac{260}{286 - 260} = 10$

44 입형 셸 앤 튜브식 응축기의 특징으로 가장 거리가 먼 것은?
① 옥외 설치가 가능하다.
② 냉매액의 과냉각이 쉽다.
③ 과부하에 잘 견딘다.
④ 운전 중 청소가 가능하다.

해설 입형 셸 앤 튜브식 응축기는 냉각수와 냉매가 평행하므로 냉매액의 과냉각이 잘 안 된다.(관 내 스월(Swirl)을 사용하여 냉각수가 관벽을 따라 흐르고 주로 대형 NH_3 냉동장치에 사용한다.)

ANSWER | 38. ③ 39. ② 40. ① 41. ③ 42. ① 43. ④ 44. ②

45 동관을 구부릴 때 사용되는 동관 전용 벤더의 최소곡률 반지름은 관지름의 약 몇 배인가?
① 약 1~2배
② 약 4~5배
③ 약 7~8배
④ 약 10~11배

해설 동관 벤딩 시 동관 전용 벤더의 최소곡률 반지름은 동관 지름의 4~5배이다.

46 사무실의 공기조화를 행할 경우, 다음 중 전체 열부하에서 가장 큰 비중을 차지하는 항목은?
① 바닥에서 침입하는 열과 재실자로부터의 발생열
② 문을 열 때 들어오는 열과 문틈으로 들어오는 열
③ 재실자로부터의 발생열과 조명기구로부터의 발생열
④ 벽, 창, 천장 등에서 침입하는 열과 일사에 의해 유리 창을 투과하여 침입하는 열

해설 사무실 공기조화에서 열부하가 가장 큰 것은 벽, 창, 천장 등에서 침입하는 열과 태양 일사에 의해 유리창을 투과하여 침입하는 열이다.

47 실내의 오염된 공기를 신선한 공기로 희석 또는 교환하는 것을 무엇이라고 하는가?
① 환기
② 배기
③ 취기
④ 송기

해설 환기
실내의 오염된 공기를 신선한 공기로 희석 또는 교환하는 것

48 보일러 스케일 방지책으로 적절하지 않은 것은?
① 청정제를 사용한다.
② 보일러 판을 미끄럽게 한다.
③ 급수 중의 불순물을 제거한다.
④ 수질분석을 통한 급수의 한계값을 유지한다.

해설 보일러 스케일(관석) 방지대책은 ①, ③, ④항이다.

49 냉방부하 계산 시 인체로부터의 취득열량에 대한 설명으로 틀린 것은?
① 인체 발열부하는 작업 상태와는 관계없다.
② 땀의 증발, 호흡 등은 잠열이라 할 수 있다.
③ 인체의 발열량은 재실 인원수와 현열량과 잠열량으로 구한다.
④ 인체 표면에서 대류 및 복사에 의해 방사되는 열은 현열이다.

해설 인체 발열부하(현열, 잠열)는 작업형태에 따라서 부하 열량이 증가 또는 감소한다.

50 보일러 송기장치의 종류로 가장 거리가 먼 것은?
① 비수방지관
② 주증기밸브
③ 증기헤더
④ 화염검출기

해설 화염검출기(화염안전장치)
노 내 화염 검출용
• 프레임 아이
• 프레임 로드
• 스택 스위치

51 건물 내 장소에 따라 부하변동의 상황이 달라질 경우, 구역 구분을 통해 구역마다 공조기를 설치하여 부하 처리를 하는 방식은?
① 단일덕트 재열방식
② 단일덕트 변풍량방식
③ 단일덕트 정풍량방식
④ 단일덕트 각 층 유닛방식

해설 단일덕트 정풍량방식
건물 내 장소에 따라서 부하변동 시 구역 구분을 통해 구역마다 공조기를 설치하여 부하를 처리한다.

52 복사난방에 대한 설명으로 틀린 것은?
① 설비비가 적게 든다.
② 매립 코일이 고장나면 수리가 어렵다.
③ 외기침입이 있는 곳에서도 난방감을 얻을 수 있다.
④ 실내의 벽, 바닥 등을 가열하여 평균복사온도를 상승시키는 방법이다.

해설 복사난방(패널난방)
바닥, 벽, 천장 속에 온수코일을 묻어서 난방을 하므로 설비비가 많이 소요된다.(온도분포가 균일하다)

53 다음 보기의 설명에 알맞은 취출구의 종류는?

[보기]
- 취출 기류의 방향 조정이 가능하다.
- 댐퍼가 있어 풍량 조절이 가능하다.
- 공기저항이 크다.
- 공장, 주방 등의 국소 냉방에 사용된다.

① 다공판형 ② 베인격자형
③ 펑커루버형 ④ 아네모스탯형

해설 취출구는 냉난방식 온풍, 냉풍을 실내로 취출하는 기구로, 펑커루버형의 특징은 위의 보기 내용과 같다.

54 공기조화용 에어필터의 여과효율을 측정하는 방법으로 가장 거리가 먼 것은?

① 중량법 ② 비색법
③ 계수법 ④ 용적법

해설 공기조화 에어필터 여과효율 측정법은 ①, ②, ③항 측정법을 사용한다.

55 열원이 분산된 개별공조방식에 대한 설명으로 틀린 것은?

① 서모스탯이 내장되어 개별 제어가 가능하다.
② 외기냉방이 가능하여 중간기에는 에너지 절약형이다.
③ 유닛에 냉동기를 내장하고 있어 부분운전이 가능하다.
④ 장래의 부하 증가, 증축 등에 대해 쉽게 대응할 수 있다.

해설 개별 공조는 냉동사이클을 이용하여야 하는 공조방식으로, 외기량이 부족하기 때문에 외기냉방은 불가하다.(각 층 유닛방식은 중앙식 공조기로서 외기를 도입하기 쉽다)

56 실내에서 폐기되는 공기 중의 열을 이용하여 외기 공기를 예열하는 열 회수방식은?

① 열펌프 방식 ② 팬코일 방식
③ 열파이프 방식 ④ 런 어라운드 방식

해설 런 어라운드 방식
실내에서 폐기되는 공기 중의 열을 이용하여 외기 공기를 예열하는 열 회수방식이다.

57 유체의 속도가 15m/s일 때 이 유체의 속도수두는?

① 약 5.1m ② 약 11.5m
③ 약 15.5m ④ 약 20.4m

해설 속도수두 = $\dfrac{V^2}{2g} = \dfrac{15^2}{2 \times 9.8} = 11.5\text{m}$

58 흡수식 감습장치에서 주로 사용하는 흡수제는?

① 실리카겔 ② 염화리튬
③ 아드 소울 ④ 활성 알루미나

해설 감습장치의 종류
- 냉각감습장치(노점제어 감습)
- 압축감습장치(압축 후 팽창)
- 흡수식 감습장치(액체 제습장치) : LiCl
- 흡착식 감습장치(고체 제습장치) : 실리카겔

59 습공기의 엔탈피에 대한 설명으로 틀린 것은?

① 습공기가 가열되면 엔탈피가 증가한다.
② 습공기 중에 수증기가 많아지면 엔탈피는 증가한다.
③ 습공기의 엔탈피는 온도, 압력, 풍속의 함수로 결정된다.
④ 습공기 중의 건공기 엔탈피와 수증기 엔탈피의 합과 같다.

해설 습공기의 엔탈피(hw)
$= ha + x \cdot hv$
$= C_p \cdot t + x(r + C_{vp} \cdot t)$
$= 0.24t + x(597.5 + 0.44t)(\text{kcal/kg})$

ANSWER | 53. ③ 54. ④ 55. ② 56. ④ 57. ② 58. ② 59. ③

60 공기조화기의 자동제어 시 제어요소가 바르게 나열된 것은?

① 온도제어 – 습도제어 – 환기제어
② 온도제어 – 습도제어 – 압력제어
③ 온도제어 – 차압제어 – 환기제어
④ 온도제어 – 수위제어 – 환기제어

해설 공기조화기 자동제어 시 제어요소 순서
온도제어 → 습도제어 → 환기제어

2014년 4회 공조냉동기계기능사

01 전기용접 작업의 안전사항으로 옳은 것은?
 ① 홀더는 파손되어도 사용에는 관계없다.
 ② 물기가 있거나 땀에 젖은 손으로 작업해서는 안 된다.
 ③ 작업장은 환기를 시키지 않아도 무방하다.
 ④ 용접봉을 갈아 끼울 때는 홀더의 충전부가 몸에 닿도록 한다.

해설 전기용접작업
물기가 있거나 땀에 젖은 손으로 작업하지 않는다.

02 고압 전선이 단선된 것을 발견하였을 때 조치로 가장 적절한 것은?
 ① 위험하다는 표시를 하고 돌아온다.
 ② 사고사항을 기록하고 다음 장소의 순찰을 계속한다.
 ③ 발견 즉시 회사로 돌아와 보고한다.
 ④ 일반인의 접근 및 통행을 막고 주변을 감시한다.

해설 고압전선 단선사고 발견 시 조치사항
일반인의 접근 및 통행을 막고 주변을 감시한다.

03 다음 중 감전사고 예방을 위한 방법으로 틀린 것은?
 ① 전기 설비의 점검을 철저히 한다.
 ② 전기 기기에 위험표시를 해 둔다.
 ③ 설비의 필요 부분에는 보호접지를 한다.
 ④ 전기기계기구의 조작은 필요 시 아무나 할 수 있게 한다.

해설 전기기계기구의 조작은 자격증 취득자나 평소 적정한 전기 업무를 담당하던 자만이 조작하도록 한다.

04 연삭 숫돌을 교체한 후 시험운전 시 최소 몇 분 이상 공회전을 시켜야 하는가?
 ① 1분 이상   ② 3분 이상
 ③ 5분 이상   ④ 10분 이상

해설 연삭 숫돌 교체 후 시험운전
최소 3분 이상

05 아세틸렌 – 산소를 사용하는 가스용접장치를 사용할 때 조정기로 압력 조정 후 점화순서로 옳은 것은?
 ① 아세틸렌과 산소 밸브를 동시에 열어 조연성 가스를 많이 혼합한 후 점화시킨다.
 ② 아세틸렌 밸브를 열어 점화시킨 후 불꽃 상태를 보면서 산소밸브를 열어 조정한다.
 ③ 먼저 산소 밸브를 연 다음 아세틸렌 밸브를 열어 점화시킨다.
 ④ 먼저 아세틸렌 밸브를 연 다음 산소 밸브를 열어 적정하게 혼합한 후 점화시킨다.

해설 아세틸렌(C_2H_2) – 산소(O_2) 가스용접에서 조정기로 압력조정 후 점화순서로는 ②, ④항의 방식에 따른다.

06 압축기의 탑 클리어런스(Top Clearance)가 클 경우에 일어나는 현상으로 틀린 것은?
 ① 체적효율 감소   ② 토출가스온도 감소
 ③ 냉동능력 감소   ④ 윤활유의 열화

해설 (압축기) 탑 클리어런스(간극)가 크면 가스온도 증가
실린더 통, 피스톤 → 토출가스, 냉매가스

07 위험을 예방하기 위하여 사업주가 취해야 할 안전상의 조치로 틀린 것은?
 ① 시설에 대한 안전조치
 ② 기계에 대한 안전조치
 ③ 근로수당에 대한 안전조치
 ④ 작업방법에 대한 안전조치

ANSWER | 1.② 2.④ 3.④ 4.② 5.②,④ 6.② 7.③

해설 위험물 안전예방을 위하여 ①, ②, ④항의 안전조치가 필요하다.

08 유류 화재 시 사용하는 소화기로 가장 적합한 것은?
① 무상수 소화기   ② 봉상수 소화기
③ 분말 소화기   ④ 방화수

해설 유류(오일)화재 소화기
분말 또는 포말소화기 사용

09 냉동설비에 설치된 수액기의 방류둑 용량에 관한 설명으로 옳은 것은?
① 방류둑 용량은 설치된 수액기 내용적의 90% 이상으로 할 것
② 방류둑 용량은 설치된 수액기 내용적의 80% 이상으로 할 것
③ 방류둑 용량은 설치된 수액기 내용적의 70% 이상으로 할 것
④ 방류둑 용량은 설치된 수액기 내용적의 60% 이상으로 할 것

해설 냉동설비 수액기(냉매액 저장고) 용량
수액기 내용적의 90% 이상으로 방류둑을 설치하여야 한다. (독성가스 냉매의 경우)

10 보일러 운전상의 장애로 인한 역화(Back Fire) 방지대책으로 틀린 것은?
① 점화방법이 좋아야 하므로 착화를 느리게 한다.
② 공기를 노 내에 먼저 공급하고 다음에 연료를 공급한다.
③ 노 및 연도 내에 미연소 가스가 발생하지 않도록 취급에 유의한다.
④ 점화 시 댐퍼를 열고 미연소 가스를 배출시킨 뒤 점화한다.

해설 보일러 노 내 점화 시는 화력이 큰 불씨로 5초 이내에 한 번에 점화가 가능해야 가스폭발을 방지할 수 있다.

11 다음 산업안전대책 중 기술적인 대책이 아닌 것은?
① 안전설계   ② 근로의욕의 향상
③ 작업행정의 개선 ④ 점검보전의 확립

해설 산업안전대책 중 기술적 대책
• 안전설계
• 작업행정의 개선
• 점검보전의 확립 등

12 공장설비계획에 관하여 기계설비의 배치와 안전의 유의사항으로 틀린 것은?
① 기계설비 주위에는 충분한 공간을 둔다.
② 공장 내외에는 안전 통로를 설정한다.
③ 원료나 제품의 보관장소는 충분히 설정한다.
④ 기계 배치는 안전과 운반에 관계없이 가능한 가깝게 설치한다.

해설 공장설비계획에서 기계설비의 배치는 안전과 운반을 염두에 두고 적당한 거리를 유지하여야 한다.

13 화물을 벨트, 롤러 등을 이용하여 연속적으로 운반하는 컨베이어의 방호장치에 해당되지 않는 것은?
① 이탈 및 역주행 방지장치
② 비상정지장치
③ 덮개 또는 물
④ 권과방지장치

해설 권과방지장치
크레인(양중기)의 리프트 권과장지장치는 운반구 이탈 등의 위험방지용이다.

14 가스용접 또는 가스절단 시 토치 관리의 잘못으로 인한 가스누출 부위로 타당하지 않은 것은?
① 산소밸브, 아세틸렌 밸브의 접속 부분
② 팁과 본체의 접속 부분
③ 절단기의 산소관과 본체의 접속 부분
④ 용접기와 안전홀더 및 어스선 연결 부분

해설 ④항 내용은 전기용접(아크용접)의 관리사항에 속한다.

8. ③ 9. ① 10. ① 11. ② 12. ④ 13. ④ 14. ④ | ANSWER

15 보일러 사고원인 중 제작상의 원인이 아닌 것은?
① 재료불량 ② 설계불량
③ 급수처리불량 ④ 구조불량

해설 보일러 사고 취급자 원인
• 급수처리 불량 • 역화
• 압력 초과 • 저수위 사고
• 보일러 과열

16 동관의 이음방식이 아닌 것은?
① 플레어 이음 ② 빅토릭 이음
③ 납땜 이음 ④ 플랜지 이음

해설 빅토릭 이음
주철관이음(Victoric Joint)으로 고무링과 칼라(누름판)를 사용하여 관을 접합한다. 가스배관용으로 우수하다.

17 다음과 같은 냉동장치의 $P-h$ 선도에서 이론 성적계수는?

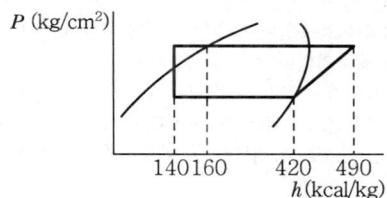

① 3.7 ② 4
③ 4.7 ④ 5

해설 냉동기 성적계수(COP)
$$COP = \frac{Q_2}{AW} = \frac{Q_2}{(Q_1-Q_2)} = \frac{T_2}{(T_1-T_2)}$$
$$= \frac{420-140}{490-420} = 4$$

18 브라인에 대한 설명 중 옳은 것은?
① 브라인은 잠열형태로 열을 운반한다.
② 에틸렌글리콜, 프로필렌글리콜, 염화칼슘 용액은 유기질 브라인이다.
③ 염화칼슘 브라인은 그중에 용해되고 있는 산소량이 많을수록 부식성이 적다.
④ 프로필렌글리콜은 부식성이 적고, 독성이 없어 냉동식품의 동결용으로 사용된다.

해설 브라인(간접냉매=2차 냉매) : 현열이용
• 유기질 브라인은 부식력은 적으나 가격이 비싸다.
• 유기질 : 에틸렌글리콜, 프로필렌글리콜, 물, 메틸렌 클로라이드
• 프로필렌 글리콜 : 부식, 독성이 없어서 식품동결용에 사용
※ 산소가 내부에 많으면 부식이 증가한다.

19 프레온 냉매 액관을 시공할 때 플래시 가스 발생 방지 조치로서 틀린 것은?
① 열교환기를 설치한다.
② 지나친 입상을 방지한다.
③ 액관을 방열한다.
④ 응축 설계온도를 낮게 한다.

해설 응축온도를 낮추면 압축비가 감소하여 냉동기 성적계수가 향상된다.

20 다음 냉매 중 물에 용해성이 좋아서 흡수식 냉동기의 냉매로 가장 적합한 것은?
① R-502
② 황산
③ 암모니아
④ R-22

해설 흡수식 냉동기의 냉매 및 흡수제
• 냉매(NH_3) : 흡수제(H_2O)
• 냉매(H_2O) : 흡수제(LiBr, 리튬브로마이드)

21 완전 기체에서 단열압축과정 동안 나타나는 현상은?
① 비체적이 커진다.
② 전열량의 변화가 없다.
③ 엔탈피가 증가한다.
④ 온도가 낮아진다.

해설 완전기체 단열압축
냉매가스 엔탈피가 증가한다.(비체적 감소, 온도 증가, 전열량 증가)

ANSWER | 15. ③ 16. ② 17. ② 18. ④ 19. ④ 20. ③ 21. ③

22 팽창밸브를 적게 열었을 때 일어나는 현상으로 옳은 것은?

① 증발압력 상승
② 토출온도 상승
③ 증발온도 상승
④ 냉동능력 상승

해설 팽창밸브를 규정보다 적게 열면 냉매량이 적어서 과열되어 토출가스냉매의 온도가 상승된다.

23 프레온 누설 검사 중 헬라이드 토치 시험에서 냉매가 다량으로 누설될 때 변화된 불꽃의 색깔은?

① 청색
② 녹색
③ 노랑
④ 자색

해설 냉매 누설 시
• 정상냉매 : 청색
• 소량누설 : 녹색
• 다량누설 : 자색
• 최대누설 : 공기 부족으로 불이 꺼진다.

24 교류 주기가 0.004sec일 때 주파수는?

① 400Hz
② 450Hz
③ 200Hz
④ 250Hz

해설 주파수 $= \dfrac{1}{\text{교류주기}} = \dfrac{1}{0.004} = 250\text{Hz}$

25 다음의 기호가 표시하는 밸브로 옳은 것은?

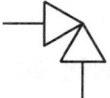

① 볼 밸브
② 게이트 밸브
③ 수동 밸브
④ 앵글 밸브

해설 앵글 밸브
90° 각의 분출밸브

26 다음 그림은 2단압축, 2단팽창 이론 냉동 사이클이다. 이론 성적계수를 구하는 공식으로 옳은 것은? (단, G_L 및 G_H는 각각 저단, 고단 냉매순환량이다.)

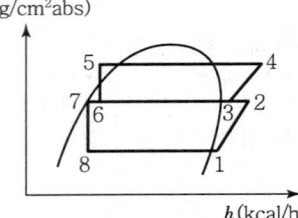

① $COP = \dfrac{G_L \times (h_1 - h_8)}{(G_L + G_H) \times (h_4 - h_1)}$

② $COP = \dfrac{G_L \times (h_1 - h_8)}{(G_L - G_H) \times (h_4 - h_1)}$

③ $COP = \dfrac{G_H \times (h_1 - h_8)}{G_L \times (h_2 - h_1) + G_H \times (h_4 - h_3)}$

④ $COP = \dfrac{G_L \times (h_1 - h_8)}{G_L \times (h_2 - h_1) + G_H \times (h_4 - h_3)}$

해설 2단 압축, 2단 팽창식 : ④
압축비(응축압력/증발압력)가 6 이상이면 2단 압축으로 하여 압축기의 일을 감소시킨다.
• 압축기 : 고단, 저단 압축기
• 팽창밸브 : 제1 · 제2팽창밸브
• 중간냉각기(고압냉매를 과랭시켜 냉동효과 증대)

27 프레온 응축기(수랭식)에서 냉각수량이 시간당 18,000L, 응축기 냉각관의 전열면적 20m², 냉각수 입구온도 30℃, 출구온도 34℃인 응축기의 열통과율 900kcal/m²·h·℃라고 할 때 응축온도는?(단, 냉매와 냉각수와의 평균온도차는 산술평균치로 하고 열손실은 없는 것으로 한다.)

① 32℃
② 34℃
③ 36℃
④ 38℃

해설 산술평균온도차 = 응축온도 $- \dfrac{\text{냉각수 입구수온} + \text{냉각수 출구수온}}{2}$

응축부하 $= 18,000 \times 1 \times (34-30) = 72,000\text{kcal/h}$

$$\text{응축온도}$$
$$= \frac{\text{응축부하}}{K \cdot F} + \text{냉각수입구수온} + \frac{\text{응축부하}}{2 \times \text{냉각수량} \times \text{비열}}$$
$$= (72,000/900 \times 20) + 30 + (7,200/2 \times 18,000 \times 1)$$
$$= 36℃$$

28 열의 이동에 관한 설명으로 틀린 것은?
① 열에너지가 중간물질과 관계없이 열선의 형태를 갖고 전달되는 전열형식을 복사라 한다.
② 대류는 기체나 액체 운동에 의한 열의 이동현상을 말한다.
③ 온도가 다른 두 물체가 접촉할 때 고온에서 저온으로 열이 이동하는 것을 전도라 한다.
④ 물체 내부를 열이 이동할 때 전열량은 온도차에 반비례하고, 도달거리에 비례한다.

해설 물체 내부에서 열이 이동할 때 전열량은 온도차에 비례하며, 도달거리에 반비례한다.(거리가 짧으면 전열량 증가)

29 광명단 도료에 대한 설명 중 틀린 것은?
① 밀착력이 강하고 도막도 단단하여 풍화에 강하다.
② 연단에 아마인유를 배합한 것이다.
③ 기계류의 도장 밑칠에 널리 사용된다.
④ 은분이라고도 하며, 방청효과가 매우 좋다.

해설 광명단 도료(방청용 도로 Paint)
연단이며 그 특성은 ①, ②, ③항이고 ④의 은분은 알루미늄 도료에 속한다.

30 압축기의 축봉장치에 대한 설명으로 옳은 것은?
① 냉매나 윤활유가 외부로 새는 것을 방지한다.
② 축의 회전을 원활하게 하는 베어링 역할을 한다.
③ 축이 빠지는 것을 막아주는 역할을 한다.
④ 윤활유를 냉각하는 장치이다.

해설 압축기 축봉장치(Shaft Seal, 샤프트-실) 역할은 냉매나 윤활유(오일)가 압축기 외부로 누설하는 것을 방지한다.

31 강관 이음법 중 용접 이음에 대한 설명으로 틀린 것은?
① 유체의 마찰손실이 적다.
② 관의 해체와 교환이 쉽다.
③ 접합부 강도가 강하며, 누수의 염려가 적다.
④ 중량이 가볍고 시설의 보수 유지비가 절감된다.

해설 • 용접이음(영구이음) : 관의 해체나 교환이 어렵다.
• 플랜지, 유니언 이음 : 관의 해체나 교환이 용이하다.

32 냉동장치의 장기간 정지 시 운전자의 조치사항으로 틀린 것은?
① 냉각수는 그 다음 사용 시 필요하므로 누설되지 않게 밸브 및 플러그의 잠김 상태를 확인하여 잘 잠가 둔다.
② 저압 측 냉매를 전부 수액기에 회수하고, 수액기에 전부 회수할 수 없을 때에는 냉매통에 회수한다.
③ 냉매 계통 전체의 누설을 검사하여 누설 가스를 발견했을 때에는 수리해 둔다.
④ 압축기의 축봉장치에서 냉매가 누설될 수 있으므로 압력을 걸어 둔 상태로 방치해서는 안 된다.

해설 냉동장치를 장기간 정지할 경우 겨울철 동파를 방지하기 위해서 냉각수를 비워두는 것이 좋다.

33 암모니아 냉매에 대한 설명으로 틀린 것은?
① 가연성, 독성, 자극적인 냄새가 있다.
② 전기 절연도가 떨어져 밀폐식 압축기에는 부적합하다.
③ 냉동효과와 증발잠열이 크다.
④ 철, 강을 부식시키므로 냉매배관은 동관을 사용해야 한다.

해설 • 암모니아 냉매는 동이나 동합금을 부식시킨다.
• 프레온 냉매는 마그네슘 및 2% 이상 알루미늄 합금을 부식시킨다.

34 다음과 같은 $P-h$ 선도에서 온도가 가장 높은 곳은?

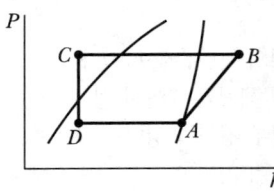

① A ② B
③ C ④ D

해설 ㉠ D→A : 증발기(저온)
㉡ A→B : 압축기(고온)
㉢ B→C : 응축기(고온)
㉣ C→D : 팽창밸브(저온)
㉤ B : 압축기 냉매가스 토출구(온도가 높다.)

35 냉동장치 내에 냉매가 부족할 때 일어나는 현상으로 가장 거리가 먼 것은?
① 냉동능력이 감소한다.
② 고압 측 압력이 상승한다.
③ 흡입관에 상(霜)이 붙지 않는다.
④ 흡입가스가 과열된다.

해설 고압 측 압력이 상승하는 이유는 압축비 증가 또는 불응축가스 발생, 냉각수량 부족 등이다.

36 고속 다기통 압축기의 흡입 및 토출밸브에 주로 사용하는 것은?
① 포핏 밸브   ② 플레이트 밸브
③ 리이드 밸브   ④ 와샤 밸브

해설 플레이트 밸브 : Plate Valve 밸브는 주로 고속다기통 압축기 흡입 및 토출밸브에 사용하며, 밸브성능은 유속과 릴리프, 스프링에 의해 좌우된다.

37 표준냉동사이클의 온도조건으로 틀린 것은?
① 증발온도 : $-15℃$
② 응축온도 : $30℃$
③ 팽창밸브 입구에서의 냉매액 온도 : $25℃$
④ 압축기 흡입가스 온도 : $0℃$

해설 표준냉동 흡입가스온도 : $-15℃$

38 냉동장치의 냉각기에 적상이 심할 때 미치는 영향이 아닌 것은?
① 냉동능력 감소
② 냉장고 내 온도 저하
③ 냉동능력당 소요동력 증대
④ 리퀴드 백(Liquid Back) 발생

해설 적상(Defrost)이 심하면 토출가스온도 상승, 압축비 상승, 냉장고 내 온도가 상승된다.

39 냉매배관에 사용되는 저온용 단열재에 요구되는 성질로 틀린 것은?
① 열전도율이 작을 것
② 투습저항이 크고 흡습성이 작을 것
③ 팽창계수가 클 것
④ 불연성 또는 난연성일 것

해설 배관용 단열재는 팽창계수가 적어야 한다.

40 아래의 기호에 대한 설명으로 적절한 것은?

① 누르고 있는 동안만 접점이 열린다.
② 누르고 있는 동안만 접점이 닫힌다.
③ 누름/안누름 상관없이 언제나 접점이 열린다.
④ 누름/안누름 상관없이 언제나 접점이 닫힌다.

해설
• a접점 : 조작하고 있는 동안에만 닫히는 접점(메이크 접점)
• b접점 : 조작하고 있는 동안에만 열리는 접점(브레이크 접점)

41 건포화 증기를 흡입하는 압축기가 있다. 고압이 일정한 상태에서 저압이 내려가면 이 압축기의 냉동능력은 어떻게 되는가?

① 증대한다.
② 변하지 않는다.
③ 감소한다.
④ 감소하다가 점차 증대한다.

해설 고압일정, 저압저하=압축비 상승으로 냉동능력이 감소한다.

42 압축기의 토출가스 압력의 상승 원인이 아닌 것은?
① 냉각수온의 상승
② 냉각수량의 감소
③ 불응축가스의 부족
④ 냉매의 과충전

해설 불응축가스(공기 등)가 많아지면 토출가스의 압력이 상승한다.

43 유기질 브라인으로 부식성이 적고, 독성이 없으므로 주로 식품냉동의 동결용에 사용되는 브라인은?
① 염화마그네슘　② 염화칼슘
③ 에틸렌글리콜　④ 프로필렌글리콜

해설 프로필렌글리콜
유기질 브라인(부식성이 적고 독성이 없으므로 식품냉동 동결용 간접냉매)

44 2원 냉동사이클에 대한 설명으로 가장 거리가 먼 것은?
① 각각 독립적으로 작동하는 저온 측 냉동사이클과 고온 측 냉동사이클로 구성된다.
② 저온 측의 응축기 방열량을 고온 측의 증발기로 흡수하도록 만든 냉동사이클이다.
③ 보통 저온 측 냉매는 임계점이 낮은 냉매, 고온 측은 임계점이 높은 냉매를 사용한다.
④ 일반적으로 −180℃ 이하의 저온을 얻고자 할 때 이용하는 냉동사이클이다.

해설
• 2원냉동 : −70℃ 이하의 극저온을 얻는다.(냉동사이클이 2단계)
• 냉매
  −저온 측 : R−13, R−14, 에틸렌, 메탄, 에탄, 프로판 등 사용
  −고온 측 : R−12, R−22 등 사용

45 개방식 냉각탑의 종류로 가장 거리가 먼 것은?
① 대기식 냉각탑
② 자연통풍식 냉각탑
③ 강제통풍식 냉각탑
④ 증발식 냉각탑

해설 냉각탑(Cooling Tower) : 응축기에서 열을 흡수한 냉각수를 공기와 접촉시켜 물의 증발잠열을 이용하여 냉각시켜 다시 사용한다.
• 대기식 냉각탑
• 강제 대류형 냉각탑
• 자연통풍식 냉각탑
• 공랭식 응축기
• 수랭식 응축기
증발식 응축기 : 응축기 냉각관 코일에 냉각수를 분무 노즐에 의해 분무하여 냉매기체를 응축시킨다.

46 건물의 바닥, 벽, 천장 등에 온수코일을 매설하고 열원에 의해 패널을 직접 가열하여 실내를 난방하는 방식은?
① 온수난방
② 열펌프난방
③ 온풍난방
④ 복사난방

해설 복사난방(방사난방)
• 바닥 등 구조체가 필요하다.
• 구조체 안에 온수코일을 시공한다.
• 패널을 설치한다.
• 온도 분포가 균일하다.

47 보일러에서 연도로 배출되는 배기열을 이용하여 보일러 급수를 예열하는 부속장치는?
① 과열기
② 연소실
③ 절탄기
④ 공기예열기

해설 절탄기(급수가열기) : 폐열회수장치(열효율을 높이는 장치) 연도 배기가스 열을 이용하여 보일러수를 예열시킨다.

ANSWER | 42. ③　43. ④　44. ④　45. ④　46. ④　47. ③

48 환기에 대한 설명으로 틀린 것은?
① 환기는 배기에 의해서만 이루어진다.
② 환기는 급기, 배기의 양자를 모두 사용하기도 한다.
③ 공기를 교환해서 실내공기 중의 오염물 농도를 희석하는 방식은 전체환기라고 한다.
④ 오염물이 발생하는 곳과 주변의 국부적인 공간에 대해서 처리하는 방식을 국소환기라고 한다.

해설 치환(환기)은 급기나 배기에 의해 사용이 가능하다.
- 자연배기(자연환기)
- 강제배기(기계환기) : 배풍기 사용

49 캐비테이션(공동현상)의 방지대책으로 틀린 것은?
① 펌프의 흡입양정을 짧게 한다.
② 펌프의 회전수를 적게 한다.
③ 양흡입 펌프를 단흡입 펌프로 바꾼다.
④ 흡입관경은 크게 하며 굽힘을 적게 한다.

해설 캐비테이션(펌프의 공동현상 방지)을 방지하려면 단흡입 펌프보다는 양흡입 펌프를 사용하여야 한다.

50 공기조화기의 가열코일에서 건구온도 3℃의 공기 2,500kg/h를 25℃까지 가열하였을 때 가열 열량은?(단, 공기의 비열은 0.24kcal/kg · ℃이다.)
① 7,200kcal/h   ② 8,700kcal/h
③ 9,200kcal/h   ④ 13,200kcal/h

해설 가열량(Q) = 소요공기량 × 공기비열 × 온도차
= $2,500 \times 0.24(25-3) = 13,200$ kcal/h

51 공기 중의 미세먼지 제거 및 클린룸에 사용되는 필터는?
① 여과식 필터   ② 활성탄 필터
③ 초고성능 필터 ④ 자동감기용 필터

해설
- 여과효율측정법 : 중량법, 변색도법(비색법, NBS법), 계수법(DOP법)
- 에어필터 : 충돌점착식, 건성여과식(고성능 필터 HEPA), 전기식, 활성탄 흡착식 등이 있다.
- 고성능 필터 : 방사성 물질, 바이오 클린룸에 사용

52 덕트 보온 시공 시 주의사항으로 틀린 것은?
① 보온재를 붙이는 면은 깨끗하게 한 후 붙인다.
② 보온재의 두께가 50mm 이상인 경우는 두 층으로 나누어 시공한다.
③ 보의 관통부 등은 반드시 보온공사를 실시한다.
④ 보온재를 다층으로 시공할 때는 종횡의 이음이 한 곳에 합쳐지도록 한다.

해설 보온재 시공에서 다층시공 시 종이나 횡의 이음은 한곳에 합치지 않고 간격마다 분산하여 이음한다.

53 다음 공조방식 중 개별 공기조화 방식에 해당되는 것은?
① 팬코일 유닛 방식   ② 2중덕트 방식
③ 복사 · 냉난방 방식 ④ 패키지 유닛 방식

해설 개별식 공기조화
- 패키지 유닛 방식
- 룸쿨러 방식

54 원심식 송풍기의 종류에 속하지 않는 것은?
① 터보형 송풍기
② 다익형 송풍기
③ 플레이트형 송풍기
④ 프로펠러형 송풍기

해설 축류식 송풍기
- 디스크식
- 프로펠러형 송풍기

55 공기조화에서 시설 내 일산화탄소의 허용되는 오염 기준은 시간당 평균 얼마인가?
① 25ppm 이하   ② 30ppm 이하
③ 35ppm 이하   ④ 40ppm 이하

해설 공기조화기 CO 가스 허용농도기준
시간당 25ppm 이하

48. ① 49. ③ 50. ④ 51. ③ 52. ④ 53. ④ 54. ④ 55. ① | ANSWER

56 복사난방에 대한 설명으로 틀린 것은?
① 실내의 쾌감도가 높다.
② 실내온도 분포가 균등하다.
③ 외기 온도의 급변에 대한 방열량 조절이 용이하다.
④ 시공, 수리, 개조가 불편하다.

해설 온수난방
온수난방은 외기온도 급변화에 대한 방열량 조절이 용이하다.

57 온풍난방에 대한 설명으로 틀린 것은?
① 예열시간이 짧다.
② 송풍온도가 고온이므로 덕트가 대형이다.
③ 설치가 간단하여 설비비가 싸다.
④ 별도의 가습기를 부착하여 습도조절이 가능하다.

해설 온풍난방
송풍온도가 난방 적정 저온이라 덕트의 소형 제작이 가능하다. (덕트 대형은 공기조화난방)

58 난방부하를 줄일 수 있는 요인으로 가장 거리가 먼 것은?
① 천장을 통한 전도열
② 태양열에 의한 복사열
③ 사람에서의 발생열
④ 기계의 발생열

해설 천장을 통한 전도열이 많으면 난방부하가 오히려 증가한다.

59 열의 운반을 위한 방법 중 공기방식이 아닌 것은?
① 단일덕트방식
② 이중덕트방식
③ 멀티존유닛방식
④ 패키지유닛방식

해설 패키지유닛방식, 룸쿨러방식 등은 개별방식이므로 열의 운반이 불필요한 방식이다.
(중앙식 공기조화방식은 열의 운반이 필요하다.)

60 30℃인 습공기를 80℃ 온수로 가열가습한 경우 상태 변화로 틀린 것은?
① 절대습도가 증가한다.
② 건구온도가 감소한다.
③ 엔탈피가 증가한다.
④ 느점온도가 증가한다.

해설 습공기의 상태변화

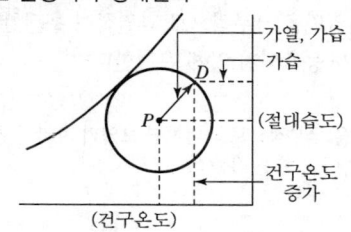

2015년 1회 공조냉동기계기능사

01 보일러 운전 중 과열에 의한 사고를 방지하기 위한 사항으로 틀린 것은?
① 보일러의 수위가 안전저수면 이하가 되지 않도록 한다.
② 보일러수의 순환을 교란시키지 말아야 한다.
③ 보일러 전열면을 국부적으로 과열하여 운전한다.
④ 보일러수가 농축되지 않게 운전한다.

[해설] 보일러 전열면을 국부적으로 과열하면 보일러 파열이 발생한다.(국부적 : 어느 한곳 집중적)

02 응축압력이 지나치게 내려가는 것을 방지하기 위한 조치방법 중 틀린 것은?
① 송풍기의 풍량을 조절한다.
② 송풍기 출구에 댐퍼를 설치하여 풍량을 조절한다.
③ 수냉식일 경우 냉각수의 공급을 증가시킨다.
④ 수냉식일 경우 냉각수의 온도를 높게 유지한다.

[해설] 수냉식 응축기는 냉각수 공급을 증가시키면 응축압력이 오히려 하강한다.

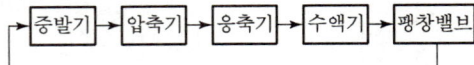

03 전기기기의 방폭구조의 형태가 아닌 것은?
① 내압 방폭구조   ② 안전증 방폭구조
③ 유입 방폭구조   ④ 차동 방폭구조

[해설] 전기기기 방폭구조
①, ②, ③ 외 압력 방폭구조 등이 있다.

04 기계작업 시 일반적인 안전에 대한 설명 중 틀린 것은?
① 취급자나 보조자 이외에는 사용하지 않도록 한다.
② 칩이나 절삭된 물품에 손을 대지 않는다.
③ 사용법을 확실히 모르면 손으로 움직여 본다.
④ 기계는 사용 전에 점검한다.

[해설] 사용법을 숙지하지 못한 경우 손으로 기계를 다루어서는 안 된다.

05 가스용접 작업 시 주의사항이 아닌 것은?
① 용기밸브는 서서히 열고 닫는다.
② 용접 전에 소화기 및 방화사를 준비한다.
③ 용접 전에 전격방지기 설치 유무를 확인한다.
④ 역화방지를 위하여 안전기를 사용한다.

[해설] 전격방지기
가스용접이 아닌 전기용접 안전과 관련이 있다.

06 냉동기를 운전하기 전에 준비해야 할 사항으로 틀린 것은?
① 압축기 유면 및 냉매량을 확인한다.
② 응축기, 유냉각기의 냉각수 입구·출구밸브를 연다.
③ 냉각수 펌프를 운전하여 응축기 및 실린더 재킷의 통수를 확인한다.
④ 암모니아 냉동기의 경우는 오일 히터를 기동 30~60분 전에 통전한다.

[해설] 원심식(터보식) 냉동기는 오일 히터를 기동 30~60분 전에 통전시켜 놓아야 한다.

07 냉동기 검사에 합격한 냉동기 용기에 반드시 각인해야 할 사항은?
① 제조업체의 전화번호
② 용기의 번호
③ 제조업체의 등록번호
④ 제조업체의 주소

[해설] 냉동기 용기의 각인사항
• 용기의 번호
• 냉동기 제조자의 명칭 또는 약호
• 냉매가스의 종류
• 제조번호 등

1.③ 2.③ 3.④ 4.③ 5.③ 6.④ 7.② | ANSWER

08 수공구 사용에 대한 안전사항 중 틀린 것은?
① 공구함에 정리를 하면서 사용한다.
② 결함이 없는 완전한 공구를 사용한다.
③ 작업완료 시 공구의 수량과 훼손 유무를 확인한다.
④ 불량공구는 사용자가 임시 조치하여 사용한다.

해설 수공구 중 불량공구는 수리하거나 폐기처분한다.

09 전기화재의 원인으로 고압선과 저압선이 나란히 설치된 경우, 변압기의 1, 2차 코일의 절연파괴로 인하여 발생하는 것은?
① 단락   ② 지락
③ 혼촉   ④ 누전

해설 혼촉
전기화재의 원인으로 고압전선과 저압선이 나란히 설치된 경우 변압기의 1, 2차 코일의 절연파괴로 화재가 발생한다.

10 보호구의 적절한 선정 및 사용방법에 대한 설명 중 틀린 것은?
① 작업에 적절한 보호구를 선정한다.
② 작업장에는 필요한 수량의 보호구를 비치한다.
③ 보호구는 방호 성능이 없어도 품질이 양호해야 한다.
④ 보호구는 착용이 간편해야 한다.

해설 보호구는 방호 성능과 품질이 양호해야 한다.

11 보일러의 수압시험을 하는 목적으로 가장 거리가 먼 것은?
① 균열의 유무를 조사
② 각종 덮개를 장치한 후의 기밀도 확인
③ 이음부의 누설 정도 확인
④ 각종 스테이의 효력 조사

해설 스테이
보일러에서 약한 부위의 강도를 보강하기 위한 기기이다.

12 보일러 운전 중 파열사고의 원인으로 가장 거리가 먼 것은?
① 수위 상승   ② 강도의 부족
③ 취급의 불량   ④ 계기류의 고장

해설 보일러 수위상승 장해
• 습증기 유발
• 기수공발 발생
• 워터해머 촉진
• 보일러 중량 증가

13 팽창밸브가 냉동용량에 비하여 너무 작을 때 일어나는 현상은?
① 증발압력 상승
② 압축기 소요동력 감소
③ 소요전류 증대
④ 압축기 흡입가스 과열

해설 냉동용량에 비해 팽창밸브 용량이 너무 작으면 냉매가 전부 증발하여 압축기로 흡입되는 흡입가스가 과열된다.

14 작업 시 사용하는 해머의 조건으로 적절한 것은?
① 쐐기가 없는 것
② 타격면에 흠이 있는 것
③ 타격면이 평탄한 것
④ 머리가 깨어진 것

해설 해머는 작업 시 타격면이 평탄한 것으로 사용하여야 사고를 방지할 수 있다.

15 다음 중 정전기 방전의 종류가 아닌 것은?
① 불꽃 방전   ② 연면 방전
③ 분기 방전   ④ 코로나 방전

해설 정전기 방전(건조 시 정전기 발생 증가)
• 불꽃 방전
• 연면 방전
• 코로나 방전

ANSWER | 8. ④ 9. ③ 10. ③ 11. ④ 12. ① 13. ④ 14. ③ 15. ③

16 냉동장치의 냉매배관에서 흡입관의 시공상 주의점으로 틀린 것은?

① 두 개의 흐름이 합류하는 곳은 T이음으로 연결한다.
② 압축기가 증발기보다 밑에 있는 경우, 흡입관을 증발기 상부보다 높은 위치까지 올린 후 압축기로 이동시킨다.
③ 흡입관의 입상이 매우 길 때는 약 10m마다 중간에 트랩을 설치한다.
④ 각각의 증발기에서 흡인 주관으로 들어가는 관은 주관위에서 접속한다.

해설 T이음은 합류가 아닌 유체의 분기가 되는 곳에 사용되는 이음이다.

17 유체의 입구와 출구의 각이 직각이며, 주로 방열기의 입구 연결밸브나 보일러 주증기 밸브로 사용되는 밸브는?

① 슬루스밸브(Sluice valve)
② 체크밸브(Check valve)
③ 앵글밸브(Angle valve)
④ 게이트밸브(Gate valve)

해설 ② 체크밸브 : 역류방지용 밸브
③ 앵글밸브(90° 직각밸브) : 방열기 입구나 보일러 주증기 밸브의 개폐에 사용되는 밸브
④ 게이트밸브(슬루스밸브) : 완폐, 완개용 밸브(유량조절 불가)

18 암모니아 냉매의 특성으로 틀린 것은?

① 물에 잘 용해된다.
② 밀폐형 압축기에 적합한 냉매이다.
③ 다른 냉매보다 냉동효과가 크다.
④ 가연성으로 폭발의 위험이 있다.

해설 밀폐형 압축기(가정집 냉장고 등에 사용)에는 프레온 냉매가 많이 사용된다.

19 냉동사이클에서 응축온도는 일정하게 하고 증발온도를 저하시키면 일어나는 현상으로 틀린 것은?

① 냉동능력이 감소한다.
② 성능계수가 저하한다.
③ 압축기의 토출온도가 감소한다.
④ 압축비가 증가한다.

해설 저압과 고압의 압력차가 커서 압축기가 과열될 우려가 있으며 압축기의 토출가스 온도가 상승한다.

20 흡수식 냉동기에 사용되는 흡수제의 구비조건으로 틀린 것은?

① 용액의 증기압이 낮을 것
② 농도 변화에 의한 증기압의 변화가 클 것
③ 재생에 많은 열량을 필요로 하지 않을 것
④ 점도가 높지 않을 것

해설 흡수식 냉동기는 흡수제(리튬브로마이드, H_2O)의 농도변화가 적고 진공상태에서 운전하여야 하기 때문에 증기압력이 낮아야 한다.(증발기 내 압력 : 6.5mmHg)

21 단단 증기압축식 냉동사이클에서 건조압축과 비교하여 과열압축이 일어날 경우 나타나는 현상으로 틀린 것은?

① 압축기 소비동력이 커진다.
② 비체적이 커진다.
③ 냉매 순환량이 증가한다.
④ 토출가스의 온도가 높아진다.

해설 증기압축식의 과열압축 단점
• 소요동력 증가
• 냉매의 비체적 증가(m^3/kg)
• 토출가스 온도 상승
• 압축기 과열
• 냉매순환량 감소

22 기준냉동사이클에 의해 작동되는 냉동장치의 운전 상태에 대한 설명 중 옳은 것은?

① 증발기 내의 액냉매는 피냉각 물체로부터 열을 흡수함으로써 증발기 내를 흘러감에 따라 온도가 상승한다.
② 응축온도는 냉각수 입구온도보다 높다.
③ 팽창과정 동안 냉매는 단열팽창하므로 엔탈피가 증가한다.
④ 압축기 토출 직후의 증기온도는 응축과정 중의 냉매 온도보다 낮다.

16. ① 17. ③ 18. ② 19. ③ 20. ② 21. ③ 22. ② | **ANSWER**

해설
- 응축기 내 냉매 응축온도는 냉각수 입구 온도보다 항상 높다.
- 증발기나 응축기 내의 온도는 항상 일정하다.
- 단열팽창에서는 냉매 엔탈피가 감소한다.
- 압축기의 토출가스 냉매온도는 응축온도보다 높다.

23 표준냉동사이클의 $P-h$(압력-엔탈피)선도에 대한 설명으로 틀린 것은?
① 응축과정에서는 압력이 일정하다.
② 압축과정에서는 엔트로피가 일정하다.
③ 증발과정에서는 온도와 압력이 일정하다.
④ 팽창과정에서는 엔탈피와 압력이 일정하다.

해설 냉동기 팽창과정(냉매가 액에서 팽창한다)
- 엔탈피 감소
- 온도, 압력 저하

24 액체가 기체로 변할 때의 열은?
① 승화열 ② 응축열
③ 증발열 ④ 융해열

해설 유체 삼상태
- 증발열 : 액체 → 기체
- 승화열 : 고체 → 기체, 기체 → 고체
- 융해열 : 고체 → 액체
- 응축열 : 기체 → 액체

25 냉동기의 2차 냉매인 브라인의 구비조건으로 틀린 것은?
① 낮은 응고점으로 낮은 온도에서도 동결되지 않을 것
② 비중이 적당하고 점도가 낮을 것
③ 비열이 크고 열전달 특성이 좋을 것
④ 증발이 쉽게 되고 잠열이 클 것

해설 브라인 2차(간접냉매) 냉매
- 비열이 크고 현열을 이용한다.(브라인 냉매는 잠열 사용 불가)
- 프레온, 암모니아 냉매 : 잠열 이용

26 두 전하 사이에 작용하는 힘의 크기는 두 전하 세기의 곱에 비례하고, 두 전하 사이의 거리의 제곱에 반비례하는 법칙은?
① 옴의 법칙 ② 쿨롱의 법칙
③ 패러데이의 법칙 ④ 키르히호프의 법칙

해설 쿨롱의 법칙
두 전하 사이에 작용하는 힘의 크기는 두 전하 세기의 곱에 비례하고 두 전하 사이의 거리의 제곱에 반비례한다.

27 다음 중 동관작업용 공구가 아닌 것은?
① 익스팬더 ② 티뽑기
③ 플레어링 툴 ④ 클립

해설 동관용 공구
①, ②, ③ 외 사이징 툴, 리머, 파이프커터 등이 있다.

28 점토 또는 탄산마그네슘을 가하여 형틀에 압축 성형한 것으로 다른 보온재에 비해 단열효과가 떨어져 두껍게 시공하여, 500℃ 이하의 파이프, 탱크노벽 등의 보온에 사용하는 것은?
① 규조토 ② 합성수지 패킹
③ 석면 ④ 오일시일 패킹

해설 규조토(무기질 보온재)
점토 또는 탄산 마그네슘을 가하여 형틀에 압축 성형한 것으로 다른 보온재에 비해 단열효과가 떨어져 두껍게 시공 후 500℃ 이하의 파이프 탱크노벽 등 보온에 사용한다.

29 동관에 관한 설명 중 틀린 것은?
① 전기 및 열전도율이 좋다.
② 가볍고 가공이 용이하며 일반적으로 동파에 강하다.
③ 산성에는 내식성이 강하고 알칼리성에는 심하게 침식된다.
④ 전연성이 풍부하고 마찰저항이 적다.

해설 동관은 알칼리성 및 내식성이 강하고 산성에는 침식된다. (유기약품에는 침식되지 않는다)

ANSWER | 23. ④ 24. ③ 25. ④ 26. ② 27. ④ 28. ① 29. ③

30 다음 $P-h$ 선도(Mollier Diagram)에서 등온선을 나타낸 것은?

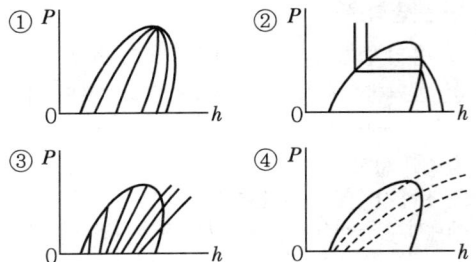

해설 ① 등건도선 ② 등온선
③ 등비체적선 ④ 등엔트로피선

31 흡수식 냉동장치의 주요 구성 요소가 아닌 것은?
① 재생기 ② 흡수기
③ 이젝터 ④ 용액펌프

해설 증기 이젝터(Steam Ejector)
증기분사식 냉동기에서 분압작용에 의해 증발기 내의 압력 저하를 일으켜서 이 저압 속에서 물의 일부를 증발시켜 잔류 물을 냉각시킨다.

32 다음은 NH_3 표준냉동사이클의 $P-h$ 선도이다. 플래시 가스열량(kcal/kg)은 얼마인가?

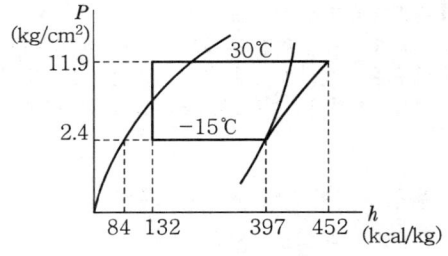

① 48 ② 55
③ 313 ④ 368

해설 • 플래시 가스 : 팽창밸브에서 증발기로 공급하는 냉매가 증발기에 공급되기 전 팽창밸브에서 가스화한 냉매기체
(압축일량=452-397=55kcal/kg)
• 플래시 가스 열량=132-84=48kcal/kg
• 증발열=397-132=265kcal/kg

33 횡형 셸 앤 튜브(Horizontal Shell and Tube)식 응축기에 부착되지 않는 것은?
① 역지밸브
② 공기배출구
③ 물 드레인 밸브
④ 냉각수 배관 출·입구

해설 역지밸브
• 체크밸브(역류방지 밸브)
• 보일러 급수라인에 많이 사용한다.
• 스윙식, 리프트식, 판형 등이 있다.

34 회전 날개형 압축기에서 회전 날개의 부착은?
① 스프링 힘에 의하여 실린더에 부착한다.
② 원심력에 의하여 실린더에 부착한다.
③ 고압에 의하여 실린더에 부착한다.
④ 무게에 의하여 실린더에 부착한다.

해설 회전식 압축기(Rotary Compressor)의 종류
• 고정익형
• 회전익형(플레이트는 원심력에 의해 실린더에 접촉하게 된다)

35 2단 압축 1단 팽창 사이클에서 중간냉각기 주위에 연결되는 장치로 적당하지 않은 것은?

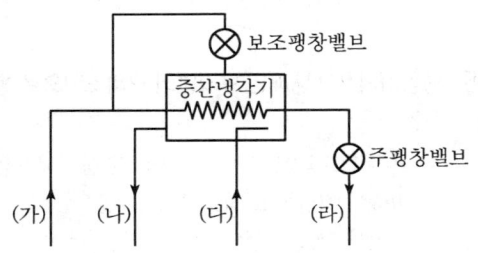

① (가) : 수액기
② (나) : 고단측압축기
③ (다) : 응축기
④ (라) : 증발기

해설 ③ (다) : 수냉각기관

30. ② 31. ③ 32. ① 33. ① 34. ② 35. ③ | ANSWER

36 다음 그림과 같이 15A강관을 45° 엘보에 동일부속 나사 연결할 때 관의 실제 소요길이는?(단, 엘보중심 길이 21mm, 나사물림 길이 11mm이다.)

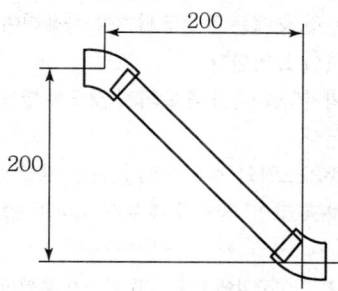

① 약 255.8mm ② 약 258.8mm
③ 약 274.8mm ④ 약 262.8mm

해설 실제 소요길이(l)
= L − 2(A − a), L = $\sqrt{200}$
= $\sqrt{200}$ − 2(21 − 11) = 262.8mm(실제관의 절단 길이)
※ $\sqrt{200}$ = 282.8mm(45° 전장길이)

37 압축기의 상부간격(Top Clearance)이 크면 냉동장치에 어떤 영향을 주는가?
① 토출가스 온도가 낮아진다.
② 체적 효율이 상승한다.
③ 윤활유가 열화되기 쉽다.
④ 냉동능력이 증가한다.

해설 톱 클리어런스(상부간격)가 크면 윤활유가 열화되기 쉽다.(고온의 잔존 가스량이 많아서)

38 회전식 압축기의 특징에 관한 설명으로 틀린 것은?
① 조립이나 조정에 있어서 고도의 정밀도가 요구된다.
② 대형 압축기와 저온용 압축기에 많이 사용한다.
③ 왕복동식보다 부품 수가 적으며 흡입밸브가 없다.
④ 압축이 연속적으로 이루어져 진공펌프로도 사용된다.

해설 회전식은 일반적으로 소용량에 많이 사용하며 크랭크 케이스 내는 고압이 걸리며 흡입밸브가 없고 토출밸브만 있다.

39 200V, 300W의 전열기를 100V 전압에서 사용할 경우 소비전력은?
① 약 50kW ② 약 75kW
③ 약 100kW ④ 약 150kW

해설 전 항 정답(출제오류)
전력(P) = $\frac{W(J)}{t(\sec)}$ (W), $P = VI = I^2R = \frac{V^2}{R}$ (W)

전류(I) = $\frac{Q}{t} = \frac{V}{R}$

전압(V) = $\frac{W}{Q} = IR$ (V)

저항(R) = $\frac{V}{I}$ (Ω)

40 지열을 이용하는 열펌프(Heat Pump)의 종류로 가장 거리가 먼 것은?
① 엔진 구동 열펌프 ② 지하수 이용 열펌프
③ 지표수 이용 열펌프 ④ 토양 이용 열펌프

해설 엔진 구동 열펌프(GHP : 가스용 히트펌프)
GHP는 가스열로 엔진을 구동하고 엔진 구동으로 압축기를 기동시킨다.

41 고체냉각식 동결장치가 아닌 것은?
① 스파이럴식 동결장치
② 배치식 콘택트 프리저 동결장치
③ 연속식 싱글 스틸 벨트 프리저 동결장치
④ 드럼 프리저 동결장치

해설 스파이럴식
동관으로 만든 열교환장치(증기열을 이용하여 온수를 생산한다)

ANSWER | 36. ④ 37. ③ 38. ② 39. 전 항 정답 40. ① 41. ①

42 표준냉동사이클로 운전될 경우, 다음 왕복동 압축기용 냉매 중 토출가스 온도가 제일 높은 것은?
① 암모니아　　② R-22
③ R-12　　　　④ R-500

해설 • 암모니아(NH_3) 냉매는 비열비(K)가 커서 압축기 토출가스 온도가 매우 높다.
• 비열비(K) = $\dfrac{냉매가스\ 정압비열}{냉매가스\ 정적비열}$ (1보다 크다)

43 증기압축식 냉동사이클의 압축과정 동안 냉매의 상태 변화로 틀린 것은?
① 압력 상승　　② 온도 상승
③ 엔탈피 증가　④ 비체적 증가

해설 증기압축식 냉동기는 압축기의 압축과정에서 냉매의 비체적(m^3/kg)이 감소한다. 압축 시에는 밀도가 증가(kg/m^3)한다.

44 냉동장치의 압축기에서 가장 이상적인 압축과정은?
① 등온 압축　　② 등엔트로피 압축
③ 등압 압축　　④ 등엔탈피 압축

해설 냉동장치의 이상적인 압축
단열압축(등엔트로피 압축)

45 냉동장치의 능력을 나타내는 단위로서 냉동톤(RT)이 있다. 1냉동톤에 대한 설명으로 옳은 것은?
① 0℃의 물 1kg을 24시간에 0℃의 얼음으로 만드는 데 필요한 열량
② 0℃의 물 1ton을 24시간에 0℃의 얼음으로 만드는 데 필요한 열량
③ 0℃의 물 1kg을 1시간에 0℃의 얼음으로 만드는 데 필요한 열량
④ 0℃의 물 1ton을 1시간에 0℃의 얼음으로 만드는 데 필요한 열량

해설 증기압축식 냉동기 1냉동톤(RT)
• 0℃의 물 1,000kg(1톤)을 24시간에 0℃의 얼음(고체)으로 만드는 데 필요한 열량(3,320kcal/h)
• 냉매는 프레온, 암모니아 등 냉매가스의 잠열을 이용하는 냉동기이다.

46 동절기의 가열코일의 동결방지 방법으로 틀린 것은?
① 온수코일은 야간 운전정지 중 순환펌프를 운전한다.
② 운전 중에는 전열교환기를 사용하여 외기를 예열하여 도입한다.
③ 외기와 환기가 혼합되지 않도록 별도의 통로를 만든다.
④ 증기코일의 경우 0.5kg/cm² 이상의 증기를 사용하고 코일 내에 응축수가 고이지 않도록 한다.

해설 동절기 가열코일에서 외기와 환기가 혼합되거나 열교환을 하여야 동결 방지 및 에너지가 절약된다.

47 송풍기의 효율을 표시하는 데 사용되는 정압효율에 대한 정의로 옳은 것은?
① 팬의 축 동력에 대한 공기의 저항력
② 팬의 축 동력에 대한 공기의 정압동력
③ 공기의 저항력에 대한 팬의 축 동력
④ 공기의 정압 동력에 대한 팬의 축 동력

해설 송풍기 정압효율
팬의 축동력에 대한 공기의 정압동력
• 동압=전압-정압
• 전압=동압+정압

48 다음 그림에서 설명하고 있는 냉방 부하의 변화 요인은?

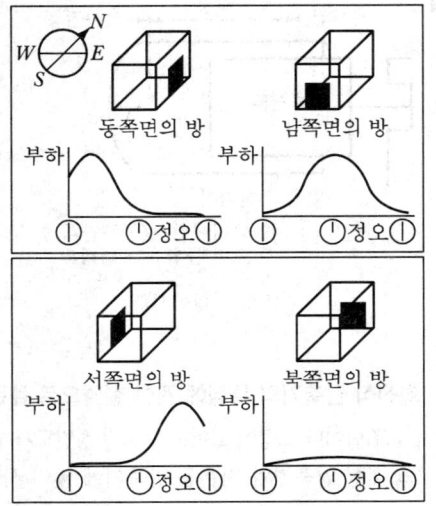

① 방의 크기   ② 방의 방위
③ 단열재의 두께   ④ 단열재의 종류

해설 동서남북 방의 냉방부하
방(거실) 방위 표시

49 공기조화방식 중에서 외기도입을 하지 않아 덕트 설비가 필요 없는 방식은?
① 팬코일 유닛방식   ② 유인 유닛방식
③ 각 층 유닛방식   ④ 멀티존 방식

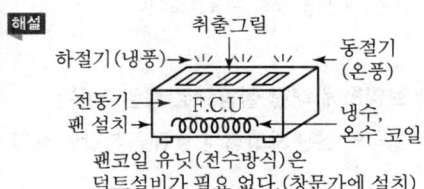

해설 팬코일 유닛(전수방식)은 덕트설비가 필요 없다.(창문가에 설치)

50 난방방식의 분류에서 간접난방에 해당하는 것은?
① 온수난방   ② 증기난방
③ 복사난방   ④ 히트펌프난방

해설 • 히트펌프(열펌프) 난방 : 간접난방방식(압축기 사용)
• 온수, 증기난방 : 직접난방
• 복사난방 : 온수사용 패널난방(구조체 사용)

51 다음의 공기선도에서 (2)에서 (1)로 냉각, 감습을 할 때 현열비(SHF)의 값을 식으로 나타낸 것 중 옳은 것은?

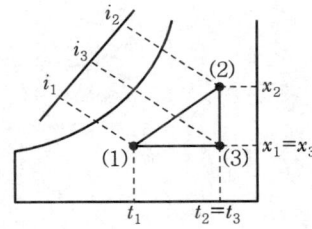

① $\dfrac{i_2-i_3}{i_2-i_1}$ ② $\dfrac{i_3-i_1}{i_2-i_1}$
③ $\dfrac{i_2-i_1}{i_3-i_1}$ ④ $\dfrac{i_3+i_2}{i_2+i_1}$

해설 • 현열비 = $\dfrac{현열}{현열+잠열}=\dfrac{i_3-i_1}{i_2-i_1}$
• 전열량 = 현열+잠열

52 15℃의 공기 15kg과 30℃의 공기 5kg을 혼합할 때 혼합 후의 공기온도는?
① 약 22.5℃   ② 약 20℃
③ 약 19.2℃   ④ 약 18.7℃

해설 공기의 비열 = 0.24kcal/kg · ℃
혼합공기(T)
$=\dfrac{(15\text{kg}\times 0.24\times 15℃)+(5\text{kg}\times 0.24\times 30℃)}{(15\times 0.24)+(5\times 0.24)}=18.7℃$

53 판형 열교환기에 관한 설명 중 틀린 것은?
① 열전달 효율이 높아 온도차가 작은 유체 간의 열교환에 매우 효과적이다.
② 전열판에 요철 형태를 성형시켜 사용하므로 유체의 압력손실이 크다.
③ 셸튜브형에 비해 열관류율이 매우 높으므로 전열면적을 줄일 수 있다.
④ 다수의 전열판을 겹쳐 놓고 볼트로 고정시키므로 전열면의 점검 및 청소가 불편하다.

해설 판형 열 교환기(플레이트형)는 볼트를 해체하면 전열면의 점검이나 청소가 매우 용이하다.(열 교환기는 스파이럴형, 히트파이프형 등도 있다)

54 건축물에서 외기와 접하지 않는 내벽, 내창, 천장 등에서의 손실열량을 계산할 때 관계없는 것은?
① 열관류율
② 면적
③ 인접실과 온도차
④ 방위계수

해설 방위계수(열손실 계산 시 외기와 접하는 곳 사용)
• 남향 = 1
• 북향 등 태양열이 적으면 방위계수는 1보다 크다.

55 개별 공조방식이 아닌 것은?

① 패키지방식 ② 룸쿨러방식
③ 멀티유닛방식 ④ 팬코일 유닛방식

해설 팬코일 유닛방식(FCU)
전수방식으로 중앙식 공조방식이다(냉수나 증기, 온수가 공급된다).
• 냉동기, 보일러, 열교환기, 축열조 등이 필요하다.
• 냉각, 가열코일 및 필터가 필요하다.

56 핀(Fin)이 붙은 튜브형 코일을 강판형 박스에 넣은 것으로 대류를 이용한 방열기는?

① 콘벡터(Convector)
② 팬코일 유닛(Fan Coil Unit)
③ 유닛 히터(Unit Heater)
④ 라디에이터(Radiator)

해설 콘벡터
핀이 붙은 튜브형 코일을 강판형 박스에 넣은 것으로 대류를 이용한 방열기

57 덕트 속에 흐르는 공기의 평균 유속 10m/s, 공기의 비중량 1.2kgf/m³, 중력 가속도가 9.8m/s²일 때 동압은?

① 약 3mmAq ② 약 4mmAq
③ 약 5mmAq ④ 약 6mmAq

해설 유속 $10m/s = \sqrt{2gh}$, $10 = \sqrt{2 \times 9.8 \times h}$
동압$(h) = \dfrac{V^2 \cdot r}{2g} = \dfrac{10 \times 10 \times 1.2}{2 \times 9.8} = 6mmAq$

58 단일 덕트방식의 특징으로 틀린 것은?

① 단일 덕트 스페이스가 비교적 크게 된다.
② 외기 냉방운전이 가능하다.
③ 고성능 공기정화장치의 설치가 불가능하다.
④ 공조기가 집중되어 있으므로 보수관리가 용이하다.

해설 덕트방식은 고성능 공기정화장치의 설치가 가능한 중앙식 공조기이다.

59 공기조화에 사용되는 온도 중 사람이 느끼는 감각에 대한 온도, 습도, 기류의 영향을 하나로 모아 만든 쾌감의 지표는?

① 유효온도(ET : Effective Temperature)
② 흑구온도(GT : Globe Temperature)
③ 평균복사온도(MRT : Mean Radiant Temperature)
④ 작용온도(OT : Operation Temperature)

해설 유효온도(ET)
공기조화에서 사람이 느끼는 감각에 대한 온도, 습도, 기류의 영향을 하나로 만든 쾌감의 지표온도이다.

60 노통 연관 보일러에 대한 설명으로 틀린 것은?

① 노통 보일러와 연관 보일러의 장점을 혼합한 보일러이다.
② 보유수량에 비해 보일러 열효율이 80~85% 정도로 좋다.
③ 형체에 비해 전열면적이 크다.
④ 구조상 고압, 대용량에 적합하다.

해설 노통연관식은 수관식에 비해 보일러 수가 많아서 파열 시 피해가 크므로 구조상 저압, 소용량에 적합한 보일러이다.

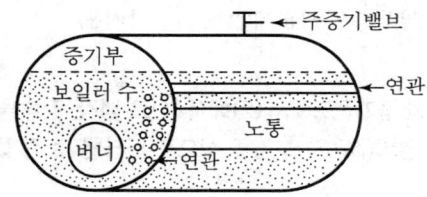

2015년 2회 공조냉동기계기능사

01 전기스위치 조작 시 오른손으로 사용하기를 권장하는 이유로 가장 적당한 것은?
① 심장에 전류가 직접 흐르지 않도록 하기 위하여
② 작업을 손쉽게 하기 위하여
③ 스위치 개폐를 신속히 하기 위하여
④ 스위치 조작 시 많은 힘이 필요하므로

해설 전기스위치 조작 시 오른손 사용 권장 이유
심장에 전류가 직접 흐르지 않도록 하기 위함이다.

02 작업복 선정 시 유의사항으로 틀린 것은?
① 작업복의 스타일 선정 시 착용자의 연령, 성별 등은 고려할 필요가 없다.
② 화기 사용 작업자는 방염성·불연성의 작업복을 착용한다.
③ 작업복은 항상 깨끗이 하여야 한다.
④ 작업복은 몸에 맞고 동작이 편하며, 상의 끝이나 바지 자락 등이 기계에 말려들어갈 위험이 없도록 한다.

해설 현장 작업복의 스타일은 착용자의 연령, 성별 등을 고려하여 선정한다.

03 다음 중 저속 왕복동 냉동장치의 운전 순서로 옳은 것은?

1. 압축기를 시동한다.
2. 흡입 측 스톱밸브를 천천히 연다.
3. 냉각수 펌프를 운전한다.
4. 응축기의 액면계 등으로 냉매량을 확인한다.
5. 압축기의 유면을 확인한다.

① 1-2-3-4-5 ② 5-4-3-2-1
③ 5-4-3-1-2 ④ 1-2-5-3-4

해설 저속왕복동 냉동장치 운전순서
5-4-3-1-2

04 소화기 보관상의 주의사항으로 틀린 것은?
① 겨울철에는 얼지 않도록 보온에 유의한다.
② 소화기 뚜껑은 조금 열어놓고 봉인하지 않고 보관한다.
③ 습기가 적고 서늘한 곳에 둔다.
④ 가스를 채워 넣는 소화기는 가스를 채울 때 반드시 제조업자에게 의뢰하도록 한다.

해설 화재예방 소화기는 밀폐시켜 봉인하여 비치한다.

05 왕복펌프의 보수·관리 시 점검사항으로 틀린 것은?
① 윤활유 작동 확인
② 축수 온도 확인
③ 스터핑 박스의 누설 확인
④ 다단펌프에 있어서 프라이밍 누설 확인

해설 다단펌프
원심식 펌프(공기 제거 목적으로 물을 채워 넣어서 펌프 작동을 원활하게 하는 것을 프라이밍이라 한다.)

06 가스집합용접장치의 배관을 하는 경우 주관, 분기관에 안전기를 설치하는데, 이때 하나의 취관에 몇 개 이상의 안전기를 설치해야 하는가?
① 1 ② 2
③ 3 ④ 4

해설
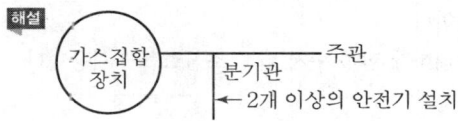

07 안전·보건관리책임자의 직무와 가장 거리가 먼 것은?
① 산업재해의 원인 조사 및 재발 방지대책 수립에 관한 사항
② 안전에 관한 조직편성 및 예산책정에 관한 사항

ANSWER | 1.① 2.① 3.③ 4.② 5.④ 6.② 7.②

③ 안전 · 보건과 관련된 안전장치 및 보호구 구입 시의 적격품 여부 확인에 관한 사항
④ 근로자의 안전 · 보건교육에 관한 사항

해설 예산책정에 관한 사항은 안전관리책임자의 업무영역 외에 속한다.

08 전기용접 시 전격을 방지하는 방법으로 틀린 것은?
① 용접기의 절연 및 접지상태를 확실히 점검할 것
② 가급적 개로 전압이 높은 교류용접기를 사용할 것
③ 장시간 작업 중지 때는 반드시 스위치를 차단시킬 것
④ 반드시 주어진 보호구와 복장을 착용할 것

해설
- 무부하전압 : 아크를 발생시키지 않는 상태의 출력전압
- 무부하전압이 높아지면 아크가 안정되고 용접작업이 용이하지만 전격에 대한 위험성이 증가하여 자동전격방지장치가 필요하다.(교류아크용접기의 안전장치이다.)

09 다음 중 점화원으로 볼 수 없는 것은?
① 전기 불꽃
② 기화열
③ 정전기
④ 못을 박을 때 튀는 불꽃

해설 기화열
액체에서 기체로 상태변화 시 소비되는 열이다.

10 스패너 사용 시 주의사항으로 틀린 것은?
① 스패너가 벗겨지거나 미끄러짐에 주의한다.
② 스패너의 입이 너트 폭과 잘 맞는 것을 사용한다.
③ 스패너 길이가 짧은 경우에는 파이프를 끼워서 사용한다.
④ 무리하게 힘을 주지 말고 조심스럽게 사용한다.

해설 스패너에 파이프를 끼워서 사용하면 불안전한 작업이 된다.

11 보일러의 과열 원인으로 적절하지 못한 것은?
① 보일러 수의 수위가 높을 때
② 보일러 내 스케일이 생성되었을 때
③ 보일러 수의 순환이 불량할 때
④ 전열면에 국부적인 열을 받았을 때

해설 보일러 수의 수위가 높게 운전하면 비수(프라이밍 : 증기에 수(水)분이 함께 섞이는 것), 즉 습증기 유발이 일어나서 증기의 건도가 감소한다.

12 다음 중 위생보호구에 해당되는 것은?
① 안전모
② 귀마개
③ 안전화
④ 안전대

해설
- 보호구 : 안전대, 보호복, 안전화, 안전모, 송기마스크, 방진마스크, 용접보안면, 보안경, 안전장갑, 방음용 귀마개 등
- 위생보호구 : 귀마개(귀덮개), 송기 또는 방진마스크 등

13 근로자가 안전하게 통행할 수 있도록 통로에는 몇 럭스 이상의 조명시설을 설치해야 하는가?
① 10
② 30
③ 45
④ 75

해설 근로자 통행로 조명
75럭스 이상의 밝기

14 교류 아크 용접기 사용 시 안전 유의사항으로 틀린 것은?
① 용접변압기의 1차 측 전로는 하나의 용접기에 대해서 2개의 개폐기로 할 것
② 2차 측 전로는 용접봉 케이블 또는 캡타이어 케이블을 사용할 것
③ 용접기의 외함은 접지하고 누전차단기를 설치할 것
④ 일정 조건하에서 용접기를 사용할 때는 자동전격방지장치를 사용할 것

해설 용접변압기 1차 측 전로
하나의 용접기에 1개의 개폐기로 사용한다.

8. ② 9. ② 10. ③ 11. ① 12. ② 13. ④ 14. ① | ANSWER

15 전동공구 사용상의 안전수칙이 아닌 것은?
① 전기 드릴로 아주 작은 물건이나 긴 물건에 작업할 때에는 지그를 사용한다.
② 전기 그라인더나 샌더가 회전하고 있을 때 작업대 위에 공구를 놓아서는 안 된다.
③ 수직 휴대용 연삭기의 숫돌의 노출각도는 90°까지 허용된다.
④ 이동식 전기드릴 작업 시 장갑을 끼지 말아야 한다.

해설
- 휴대용 연삭기 덮개의 노출각도 : 180° 이내
- 평면연삭기, 절단연삭기 덮개의 노출각도 : 150° 이내

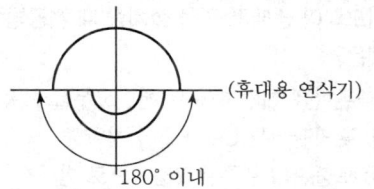
(휴대용 연삭기)
180° 이내

16 글랜드 패킹의 종류가 아닌 것은?
① 오일실 패킹   ② 석면 얀(Yarn) 패킹
③ 아마존 패킹   ④ 몰드 패킹

해설 오일실 패킹(플랜지 패킹)
화지를 일정한 두께로 겹쳐 내유가공한 것으로 내열도가 낮으나 펌프 기어박스에 사용된다.

17 냉동사이클에서 증발온도가 -15℃이고 과열도가 5℃일 경우 압축기 흡입가스온도는?
① 5℃   ② -10℃
③ -15℃   ④ -20℃

해설 흡입가스온도=과열도-증발온도=(5)-15=-10℃
∴ -15+5=-10℃

18 열에 관한 설명으로 틀린 것은?
① 승화열은 고체가 기체로 되면서 주위에서 빼앗는 열량이다.
② 잠열은 물체의 상태를 바꾸는 작용을 하는 열이다.
③ 현열은 상태 변화 없이 온도 변화에 필요한 열이다.
④ 융해열은 현열의 일종이며, 고체를 액체로 바꾸는 데 필요한 열이다.

해설
- 얼음의 융해열 : 80kcal/kg(잠열)
- 승화열 : 고체 → 기체, 기체 → 고체
- 잠열 : 액체 → 기체

19 2,000W의 전기가 1시간 일한 양을 열량으로 표현하면 얼마인가?
① 172kcal/h   ② 860kcal/h
③ 17,200kcal/h   ④ 1,720kcal/h

해설 1kW=1,000W, 2,000W=2kW
1kW-h=860kcal
∴ 860×2=1,720kcal/h

20 왕복동식 압축기와 비교하여 스크류 압축기의 특징이 아닌 것은?
① 흡입·토출밸브가 없으므로 마모 부분이 없어 고장이 적다.
② 냉매의 압력 손실이 크다.
③ 무단계 용량제어가 가능하며 연속적으로 행할 수 있다.
④ 체적 효율이 좋다.

해설 Screw Compressor(스크루식)
숫로터와 암로터(Female Rotor)가 맞물려 회전을 하면서 가스를 압축한다. 독립된 오일펌프가 필요하고 압축기 체적이 작으며 냉매의 압력손실이 없다.

21 2원 냉동장치에 대한 설명 중 틀린 것은?
① 냉매는 주로 저온용과 고온용을 1 : 1로 섞어서 사용한다.
② 고온 측 냉매로는 비등점이 높은 냉매를 주로 사용한다.
③ 저온 측 냉매로는 비등점이 낮은 냉매를 주로 사용한다.
④ -80℃~-70℃ 정도 이하의 초저온 냉동장치에 주로 사용된다.

해설 2원 냉동냉매
- 저온 측 : R-13, R-14, 에틸렌, 메탄, 에탄, 프로판

- 고온 측 : R-12, R-22(비등점이 높고 응축압력이 낮은 냉매 사용)

22 흡수식 냉동장치의 적용대상으로 가장 거리가 먼 것은?

① 백화점 공조용   ② 산업 공조용
③ 제빙공장용   ④ 냉난방장치용

해설 흡수식 냉동장치(공기조화기)
냉방, 난방용에 사용된다. (진공 6.5mmHg에서 5℃에서 냉매(H_2O)가 증발하고, 7℃의 냉수를 얻는다.)
0℃ 이하에서는 사용이 불가능하다.

23 냉매의 특징에 관한 설명으로 옳은 것은?

① NH_3는 물과 기름에 잘 녹는다.
② R-12는 기름과 잘 용해하나 물에는 잘 녹지 않는다.
③ R-12는 NH_3보다 전열이 양호하다.
④ NH_3의 포화증기의 비중은 R-12보다 작지만 R-22보다 크다.

해설
- R-12, R-11, R-21, R-113 : 윤활유와 잘 혼합한다.
- R-13, R-22, R-114 : 윤활유와 용해도가 적고 저온에서 분리되는 경향이 있다.
- 암모니아 냉매가 전열이 양호하다.

24 컨덕턴스는 무엇을 뜻하는가?

① 전류의 흐름을 방해하는 정도를 나타낸 것이다.
② 전류가 잘 흐르는 정도를 나타낸 것이다.
③ 전위차를 얼마나 적게 나타내느냐의 정도를 나타낸 것이다.
④ 전위차를 얼마나 크게 나타내느냐의 정도를 나타낸 것이다.

해설 G(컨덕턴스)
저항의 역수로서 전류가 흐르기 쉬운 정도를 나타낸다.
$G = \frac{1}{R}(\mho^{-1})$, 전류$(I) = GV$, $\frac{I}{V} = G$
G의 단위(지멘스 $S = \mho^{-1} = \frac{1}{\Omega}$)를 사용한다.

25 다음 중 2단 압축, 2단 팽창 냉동사이클에서 주로 사용되는 중간 냉각기의 형식은?

① 플래시형   ② 액냉각형
③ 직접팽창식   ④ 저압수액기식

해설
- 2단 압축(압축비 6 이상 시 채택)
- 중간냉각기 : 저단압축기에서 출구에 설치하여 저단측 압축기 토출가스의 과열을 제거하여 고단 압축기가 과열되는 것을 방지한다.
- 2단 압축 2단 팽창사이클 중간냉각기 : 플래시형

26 암모니아 냉매 배관을 설치할 때 시공방법으로 틀린 것은?

① 관이음 패킹 재료는 천연고무를 사용한다.
② 흡입관에는 U트랩을 설치한다.
③ 토출관의 합류는 Y접속으로 한다.
④ 액관의 트랩부에는 오일 드레인 밸브를 설치한다.

해설
- 프레온 냉매배관 흡입관 : 얇은 관, 굵은 관 등 이중 관을 설치하여 굵은 관 입구에 U트랩을 설치하여 오일을 회수한다.
- 암모니아 냉매배관은 흡입관을 하향구배로 하고 U자 트랩을 만들지 말아야 한다.

27 엔탈피의 단위로 옳은 것은?

① kcal/kg
② kcal/h · ℃
③ kcal/kg · ℃
④ kcal/m^3 · h · ℃

해설 엔탈피
단위물질이 가지는 열량(내부에너지 + 외부에너지)으로서 단위가 kcal/kg이다.
③은 비열의 단위이다.

28 냉방능력 1냉동톤인 응축기에 10L/min의 냉각수가 사용되었다. 냉각수 입구의 온도가 32℃이면 출구 온도는?(단, 방열계수는 1.2로 한다.)

① 12.5℃   ② 22.6℃
③ 38.6℃   ④ 49.5℃

22. ③ 23. ② 24. ② 25. ① 26. ② 27. ① 28. ③ | **ANSWER**

해설 1냉동톤(RT)=3,320kcal/h
(물의 비열은 1kcal/kg · ℃, 1시간=60분)
냉각수 현열 =10×1×60=600kcal/h
냉각수 출구온도 = $\frac{3,320 \times 1.2}{600}+32=38.64℃$

29 다음 중 등온변화에 대한 설명으로 틀린 것은?
① 압력과 부피의 곱은 항상 일정하다.
② 내부에너지는 증가한다.
③ 가해진 열량과 한 일이 같다.
④ 변화 전과 후의 내부에너지의 값이 같아진다.

해설 등온변화
내부에너지와 엔탈피 변화량은 없다.
$dT=0$, $\Delta u = u_2 - u_1 = 0$, $\Delta h = h_2 - h_1 = 0$
(온도 일정, 내부에너지 일정, 엔탈피 일정)

30 열역학 제1법칙을 설명한 것으로 옳은 것은?
① 밀폐계가 변화할 때 엔트로피의 증가를 나타낸다.
② 밀폐계에 가해 준 열량과 내부에너지의 변화량의 합은 일정하다.
③ 밀폐계에 전달된 열량은 내부에너지 증가와 계가 한 일의 합과 같다.
④ 밀폐계의 운동에너지와 위치에너지의 합은 일정하다.

해설 밀폐계에 열을 가하면 그 계는 온도가 상승하며 동시에 외부에 대하여 일을 한다. 경우에 따라서는 계의 물체에 상(相)의 변화도 일어난다. 즉, 내부에너지가 증가하면서 외부에 대해 일을 한다.
$dh = \delta q + udp$
$\delta q = dh - vdp$

31 팽창밸브 직후의 냉매 건조도가 0.23, 증발잠열이 52kcal/kg이라 할 때, 이 냉매의 냉동효과는?
① 226kcal/kg   ② 40kcal/kg
③ 38kcal/kg   ④ 12kcal/kg

해설 냉동효과=냉매증발잠열×(1-건도)
=52×(1-0.23)=40.04kcal/kg

32 터보냉동기의 운전 중 서징(Surging) 현상이 발생하였다. 그 원인으로 틀린 것은?
① 흡입가이드 베인을 너무 조일 때
② 가스유량이 감소될 때
③ 냉각수온이 너무 낮을 때
④ 너무 낮은 가스유량으로 운전할 때

해설 터보냉동기의 운전 중 서징 현상(송출압력과 송출유량사이에 주기적인 변동이 일어나서 펌프입구·출구의 진공계·압력계 지침이 흔들리는 현상)은 냉각수온이 너무 높으면 발생 가능성이 높다.

33 2단 압축 냉동장치에서 각각 다른 2대의 압축기를 사용하지 않고 1대의 압축기가 2대의 압축기 역할을 대신하는 압축기는?
① 부스터 압축기   ② 캐스케이드 압축기
③ 콤파운드 압축기 ④ 보조 압축기

해설 콤파운드 압축기
2단 압축에서 각각 다른 2대의 압축기를 사용하지 않고 1대의 압축기가 2대의 압축기 역할을 대신하는 압축기이다.(보조적인 압축기로서 저압과 고압의 중간압력까지 압축하는 압축기는 부스터 압축기라 한다.)

34 역 카르노 사이클은 어떤 상태변화 과정으로 이루어져 있는가?
① 1개의 등온과정, 1개의 등압과정
② 2개의 등압과정, 2개의 교축작용
③ 1개의 단열과정, 2개의 교축과정
④ 2개의 단열과정, 2개의 등온과정

해설 역카르노(냉동기사이클)

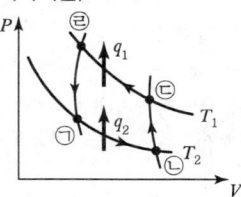

• ㉠→㉡(등온팽창)증발기
• ㉡→㉢(단열압축)압축기
• ㉢→㉣(등온압축)응축기
• ㉣→㉠(단열팽창)팽창밸브

35 팽창밸브 본체와 온도센서 및 전자제어부를 조립함으로써 과열도 제어를 하는 특징을 가지며, 바이메탈과 전열기가 조립된 부분과 니들밸브 부분으로 구성된 팽창밸브는?
① 온도식 자동팽창밸브
② 정압식 자동팽창밸브
③ 열전식 팽창밸브
④ 플로트식 팽창밸브

해설 열전식 팽창밸브
전자제어부가 있고 과열도를 제어하며 바이메탈과 전열기가 조립된 부분과 니들밸브로 구성된다.

36 회전식 압축기의 특징에 관한 설명으로 틀린 것은?
① 용량제어가 없고 분해·조립 및 정비에 특수한 기술이 필요하다.
② 대형 압축기와 저온용 압축기로 사용하기 적당하다.
③ 왕복동식처럼 격간이 없어 체적효율, 성능계수가 양호하다.
④ 소형이고 설치면적이 작다.

해설 회전식 압축기(Rotary Compressor)
로터(회전자)가 실린더 내를 회전하면서 가스를 압축한다. 압축이 연속적으로 고진공을 얻을 수 있다. 일반적으로 소용량에 널리 쓰이며 흡입밸브가 없고 크랭크케이스는 고압이다. 오일 냉각기가 설치되며 잔류가스의 재팽창에 의한 체적효율이 적다.

37 다음 중 흡수식 냉동기의 용량제어방법이 아닌 것은?
① 구동열원 입구제어
② 증기토출 제어
③ 발생기 공급 용액량 조절
④ 증발기 압력제어

해설 흡수식 냉동기는 증발기나 흡수기가 고진공상태로 운전하므로 압력제어는 냉각수 온도설정과 관계된다.

38 동관 공작용 작업 공구가 아닌 것은?
① 익스팬더　② 사이징 툴
③ 튜브 벤더　④ 봄볼

해설 봄볼
연관의 분기관 따내기 작업 시 주관에 구멍을 풀어낸다.

39 유량이 적거나 고압일 때에 유량조절을 한 층 더 엄밀하게 행할 목적으로 사용되는 것은?
① 콕　② 안전밸브
③ 글로브 밸브　④ 앵글밸브

해설 글로브 밸브(Glove Valve)
유체의 흐름과 평행하게 개폐되며 밸브디스크에 의해 유량조절이 가능하다. 유체의 저항이 크나 가볍고 가격이 싸다.

40 다음 중 압축기 효율과 가장 거리가 먼 것은?
① 체적효율　② 기계효율
③ 압축효율　④ 팽창효율

해설 압축기 효율
• 체적효율
• 기계효율
• 압축효율

41 −15℃에서 건조도가 0인 암모니아 가스를 교축팽창시켰을 때 변화가 없는 것은?
① 비체적　② 압력
③ 엔탈피　④ 온도

해설 교축작용(드로틀링 작용)
• 엔트로피 증가
• 엔탈피 일정

42 다음 수냉식 응축기에 관한 설명으로 옳은 것은?
① 수온이 일정한 경우 유막 물때가 두껍게 부착되어도 수량을 증가하면 응축압력에는 영향이 없다.
② 응축부하가 크게 증가하면 응축압력 상승에 영향을 준다.
③ 냉각수량이 풍부한 경우에는 불응축 가스의 혼입 영향이 없다.
④ 냉각수량이 일정한 경우에는 수온에 의한 영향은 없다.

35. ③　36. ②　37. ④　38. ④　39. ③　40. ④　41. ③　42. ②

[해설] ① 물때가 두껍게 부착되면 응축압력이 증가한다.
③ 불응축 가스는 공기나 수소가스로서 냉각수량과는 관계 없다.
④ 냉각수량이 일정한 경우에는 수온에 의한 영향이 크다.

43 증발압력 조정밸브를 부착하는 주요 목적은?
① 흡입압력을 저하시켜 전동기의 기동 전류를 적게 한다.
② 증발기 내의 압력이 일정 압력 이하가 되는 것을 방지한다.
③ 냉매의 증발온도를 일정치 이하로 감소시킨다.
④ 응축압력을 항상 일정하게 유지한다.

[해설] 증발압력 조정밸브(EPR)
• 자동제어로서 증발압력이 일정 압력 이하가 되면 밸브를 조여 증발기 내의 압력이 일정 압력 이하가 되는 것을 방지한다.
• 설치위치 : 증발기와 압축기 사이의 흡입관(증발기 출구)

44 주로 저압증기나 온수배관에서 호칭 지름이 작은 분기관에 이용되며, 굴곡부에서 압력강하가 생기는 이음쇠는?
① 슬리브형   ② 스위블형
③ 루프형   ④ 벨로즈형

[해설] 스위블형 신축이음
저압증기나 온수배관에 설치한다.(엘보를 2개 이상 사용하며 굴곡부에서 압력이 하강한다.)

45 시퀀스 제어에 속하지 않는 것은?
① 자동 전기밥솥
② 전기세탁기
③ 가정용 전기냉장고
④ 네온사인

[해설] ③ 가정용 전기냉장고 : 피드백 제어 사용

46 개별 공조방식에서 성적계수에 관한 설명으로 옳은 것은?
① 히트펌프의 경우 축열조를 사용하면 성적계수가 낮다.
② 히트펌프 시스템의 경우 성적계수는 1보다 적다.
③ 냉방 시스템은 냉동효과가 동일한 경우에는 압축일이 클수록 성적계수는 낮아진다.
④ 히트펌프의 난방운전 시 성적계수는 냉방운전 시 성적계수보다 낮다.

[해설] ① 축열조를 사용하면 성적계수가 증가한다.
② 히트펌프의 성적계수는 냉동보다 1이 크다.
④ 히트펌프는 냉방 시보다 난방 시 성적계수가 크다.

47 복사난방에 관한 설명 중 틀린 것은?
① 바닥면의 이용도가 높고 열손실이 적다.
② 단열층 공사비가 많이 들고 배관의 고장 발견이 어렵다.
③ 대류 난방에 비하여 설비비가 많이 든다.
④ 방열체의 열용량이 적으므로 외기온도에 따라 방열량의 조절이 쉽다.

[해설]
• 복사난방 : 방열체(구조체)의 열용량이 커서 외기온도에 따라 방열량 조절이 어렵다.
• 온수난방 : 외기온도 급변화에 응하기가 수월하다.

48 환기에 대한 설명으로 틀린 것은?
① 기계환기법에는 풍압과 온도차를 이용하는 방식이 있다.
② 제품이나 기기 등의 성능을 보전하는 것도 환기의 목적이다.
③ 자연환기는 공기의 온도에 따른 비중차를 이용한 환기이다.
④ 실내에서 발생하는 열이나 수증기도 제거한다.

[해설] 풍압과 온도차 이용 환기방법
자연환기법 적용

ANSWER | 43. ② 44. ② 45. ③ 46. ③ 47. ④ 48. ①

49 다음의 습공기선도에 대하여 바르게 설명한 것은?

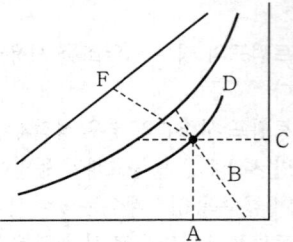

① F점은 습공기의 습구온도를 나타낸다.
② C점은 습공기의 노점온도를 나타낸다.
③ A점은 습공기의 절대습도를 나타낸다.
④ B점은 습공기의 비체적을 나타낸다.

해설
- A : 건구온도
- B : 습구온도 및 습공기 비체적
- C : 절대습도
- D : 상대습도
- F : 등엔탈피

50 공기의 감습방법에 해당되지 않는 것은?
① 흡수식   ② 흡착식
③ 냉각식   ④ 가열식

해설 공기의 수분 감습법
흡수식, 흡착식, 냉각식

51 냉방부하에서 틈새바람으로 손실되는 열량을 보호하기 위하여 극간풍을 방지하는 방법으로 틀린 것은?
① 회전문을 설치한다.
② 충분한 간격을 두고 이중문을 설치한다.
③ 실내의 압력을 외부압력보다 낮게 유지한다.
④ 에어 커튼(Air Curtain)을 사용한다.

해설 실내압력이 외부압력보다 낮으면 틈새바람(극간풍)이 증가하여 열손실이 증가한다.

52 체감을 나타내는 척도로 사용되는 유효온도와 관계 있는 것은?
① 습도와 복사열   ② 온도와 습도
③ 온도와 기압   ④ 온도와 복사열

해설 유효온도(ET)
실내 환경을 평가하는 척도(온도, 습도, 기류를 하나로 조합한 상태일 때 상대습도 100%, 풍속 0m/s에서 느껴지는 온도감각)

53 기계배기와 적당한 자연급기에 의한 환기방식으로서 화장실, 탕비실, 소규모 조리장의 환기설비에 적당한 환기법은?
① 제1종 환기법   ② 제2종 환기법
③ 제3종 환기법   ④ 제4종 환기법

해설 제3종 환기법(화장실, 탕비실, 소규모 조리장의 환기법)
- 자연급기
- 기계배기

54 난방부하에 대한 설명으로 틀린 것은?
① 건물의 난방 시에 재실자 또는 기구의 발생열량은 난방 개시 시간을 고려하여 일반적으로 무시해도 좋다.
② 외기부하 계산은 냉방부하 계산과 마찬가지로 현열부하와 잠열부하로 나누어 계산해야 한다.
③ 덕트면의 열통과에 의한 손실열량은 작으므로 일반적으로 무시해도 좋다.
④ 건물의 벽체는 바람을 통하지 못하게 하므로 건물 벽체에 의한 손실 열량은 무시해도 좋다.

해설 난방부하에서 건물의 벽체 손실열량은 매우 크게 작용한다.(kcal/m² · h · ℃ : 벽체 열관류율)

55 온수난방에 대한 설명 중 틀린 것은?
① 일반적으로 고온수식과 저온수식의 기준온도는 100℃이다.
② 개방형은 방열기보다 1m 이상 높게 설치하고, 밀폐형은 가능한 보일러로부터 멀리 설치한다.
③ 중력 순환식 온수난방 방법은 소규모 주택에 사용된다.
④ 온수난방 배관의 주재료는 내열성을 고려해서 선택해야 한다.

해설 개방형·밀폐형 팽창탱크
• 개방형 : 상부 방열관에서 1m 이상 높은 곳에 설치한다.
• 밀폐형 : 보일러 설치 장소에 구애를 받지 않는다.

56 2중 덕트방식의 특징이 아닌 것은?
① 설비비가 저렴하다.
② 각 실, 각 존의 개별 온습도의 제어가 가능하다.
③ 용도가 다른 존 수가 많은 대규모 건물에 적합하다.
④ 다른 방식에 비해 덕트 공간이 크다.

해설 단일덕트방식(전공기 방식)
• 설비비가 저렴하다.
• 2중 덕트방식은 에너지 손실 및 설비비가 많이 든다.

57 실내의 현열부하가 3,200kcal/h, 잠열부하가 600 kcal/h일 때, 현열비는?
① 0.16
② 6.25
③ 1.20
④ 0.84

해설 현열비 = $\dfrac{\text{현열}}{\text{현열}+\text{잠열}} = \dfrac{3,200}{3,200+600} = 0.842$

58 흡수식 냉동기의 특징으로 틀린 것은?
① 전력 사용량이 적다.
② 압축식 냉동기보다 소음, 진동이 크다.
③ 용량제어 범위가 넓다.
④ 부분 부하에 대한 대응성이 좋다.

해설 흡수식은 재생기에 가열원으로서 중온수, 증기, 직화식 등을 사용하고 압축기 사용이 없어서 소음이나 진동이 매우 적다.

59 다음은 덕트 내의 공기압력을 측정하는 방법이다. 그림 중 정압을 측정하는 방법은?

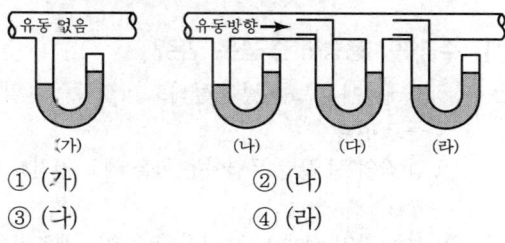

① (가)
② (나)
③ (다)
④ (라)

해설 베르누이 정리
(나) : 정압, (다) : 동압, (라) : 전압

60 건구온도 33℃, 상대습도 50%인 습공기 500m³/h를 냉각 코일에 의하여 냉각한다. 코일의 장치노점온도는 9℃이고 바이패스 팩터가 0.1이라면, 냉각된 공기의 온도는?
① 9.5℃
② 10.2℃
③ 11.4℃
④ 12.6℃

해설 (33−9)×0.1=2.4(바이패스 팩터온도 증가)
∴ 냉각된 공기온도=2.4+9=11.4℃

ANSWER | 56. ① 57. ④ 58. ② 59. ② 60. ③

2015년 3회 공조냉동기계기능사

01 수공구 사용방법 중 옳은 것은?
① 스패너에 너트를 깊이 물리고 바깥쪽으로 밀면서 풀고 죈다.
② 정 작업 시 끝날 무렵에는 힘을 빼고 천천히 타격한다.
③ 쇠톱 작업 시 톱날을 고정한 후에는 재조정을 하지 않는다.
④ 장갑을 낀 손이나 기름 묻은 손으로 해머를 잡고 작업해도 된다.

해설 ① 스패너나 공구는 너트를 깊이 물리고 안으로 밀면서 죈다.
③ 쇠톱 작업 시 톱날을 고정한 후에 재조정한다.
④ 기름 묻은 손으로 해머를 잡지 않는다.

02 공기압축기를 가동할 때, 시작 전 점검사항에 해당되지 않는 것은?
① 공기저장 압력용기의 외관상태
② 드레인밸브의 조작 및 배수
③ 압력방출장치의 기능
④ 비상정지장치 및 비상하강 방지장치 기능의 이상 유무

해설 공기압축기 운전 중에 비상정지장치, 비상상승 방지장치의 기능이나 이상 유무를 확인한다.

03 화재 시 소화제로 물을 사용하는 이유로 가장 적당한 것은?
① 산소를 잘 흡수하기 때문에
② 증발잠열이 크기 때문에
③ 연소하지 않기 때문에
④ 산소 공급을 차단하기 때문에

해설 물
0℃에서 증발잠열(약 600kcal/kg)이 매우 크다.

04 각 작업조건에 맞는 보호구의 연결로 틀린 것은?
① 물체가 떨어지거나 날아올 위험이 있는 작업 : 안전모
② 고열에 의한 화상 등의 위험이 있는 작업 : 방열복
③ 선창 등에서 분진이 심하게 발생하는 하역작업 : 방한복
④ 높이 또는 깊이 2미터 이상의 추락할 위험이 있는 장소에서 하는 작업 : 안전대

해설 방진복
선창 등에서 분진이 심하게 발생하는 곳에 사용한다.(=방한복, 동절기 사용)

05 연삭작업의 안전수칙으로 틀린 것은?
① 작업 도중 진동이나 마찰면에서의 파열이 심하면 곧 작업을 중지한다.
② 숫돌차에 편심이 생기거나 원주면의 메짐이 심하면 드레싱을 한다.
③ 작업 시 반드시 숫돌의 정면에 서서 작업한다.
④ 축과 구멍에는 틈새가 없어야 한다.

해설 연삭이나 그라인더 작업 시에는 항상 측면에 서서 작업한다.

06 크레인을 사용하여 작업을 하고자 한다. 작업시작 전의 점검사항으로 틀린 것은?
① 권과방지장치·브레이크·클러치 및 운전장치의 기능
② 주행로의 상측 및 트롤리가 횡행(橫行)하는 레일의 상태
③ 와이어로프가 통하고 있는 곳의 상태
④ 압력방출장치의 기능

해설 크레인에는 압력방출장치가 필요 없다.

1. ② 2. ④ 3. ② 4. ③ 5. ③ 6. ④ | **ANSWER**

07 보일러의 휴지보존법 중 장기보존법에 해당되지 않는 것은?
① 석회밀폐건조법
② 질소가스봉입법
③ 소다만수보존법
④ 가열건조법

해설
- 보일러단기보존법(6개월 이하 보존) : 만수보존법 (단, 소다만수보존법은 장기보존법)
- 가열휴지건조법은 존재하지 않는다.

08 보일러의 역화(Back Fire)의 원인이 아닌 것은?
① 점화 시 착화를 빨리한 경우
② 점화 시 공기보다 연료를 먼저 노 내에 공급하였을 경우
③ 노 내에 미연소가스가 충만해 있을 때 점화하였을 경우
④ 연료밸브를 급개하여 과다한 양을 노 내에 공급하였을 경우

해설 점화 시 5초 이내로 착화를 빨리하면 CO 가스 발생이 방지되고, 노 내 폭발 방지로 역화가 방지된다.

09 산업안전보건기준에 따른 작업장의 출입구 설치기준으로 틀린 것은?
① 출입구의 위치·수 및 크기를 작업장의 용도와 특성에 맞도록 할 것
② 출입구에 문을 설치하는 경우에는 근로자가 쉽게 열고 닫을 수 있도록 할 것
③ 주된 목적이 하역운반기계용인 출입구에는 보행자용 출입구를 따로 설치하지 말 것
④ 계단이 출입구와 바로 연결된 경우에는 작업자의 안전한 통행을 위하여 그 사이에 충분한 거리를 둘 것

해설 주된 목적이 하역운반기계용인 출입구에는 보행자용 출입구를 별도로 설치한다.

10 아크 용접의 안전사항으로 틀린 것은?
① 홀더가 신체에 접촉되지 않도록 한다.
② 절연 부분이 균열이나 파손되었으면 교체한다.
③ 장시간 용접기를 사용하지 않을 때는 반드시 스위치를 차단시킨다.
④ 2차 코드는 벗겨진 것을 사용해도 좋다.

해설 아크용접의 전선용 코드 1차, 2차는 벗겨지지 않은 것을 사용한다.

11 차량계 하역 운반 기계의 종류로 가장 거리가 먼 것은?
① 지게차   ② 화물 자동차
③ 구내 운반차   ④ 크레인

해설 크레인
동력을 사용하여 중량물을 매달아 상하 및 좌우로 운반하는 것을 목적으로 하는 기계장치

12 보일러의 폭발사고 예방을 위하여 그 기능이 정상적으로 작동할 수 있도록 유지·관리해야 하는 장치로 가장 거리가 먼 것은?
① 압력방출장치   ② 감압밸브
③ 화염검출기   ④ 압력제한스위치

해설
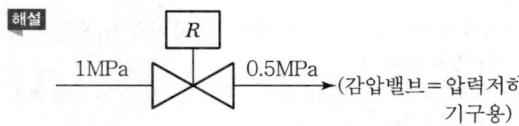
(감압밸브=압력저하 기구용)

13 냉동장치의 안전운전을 위한 주의사항 중 틀린 것은?
① 압축기와 응축기 간에 스톱밸브가 닫혀있는 것을 확인한 후 압축기를 가동할 것
② 주기적으로 유압을 체크할 것
③ 동절기(휴지기)에는 응축기 및 수배관의 물을 완전히 뺄 것
④ 압축기를 처음 가동 시에는 정상으로 가동되는가를 확인할 것

ANSWER | 7.④ 8.① 9.③ 10.④ 11.④ 12.② 13.①

해설 냉동기 운전 중에는 압축기와 응축기 간 스톱밸브를 개방시킨다.(4대 구성요소)

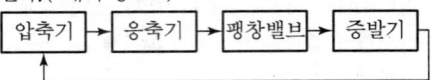

14 전체 산업재해의 원인 중 가장 큰 비중을 차지하는 것은?
① 설비의 미비
② 정돈상태의 불량
③ 계측공구의 미비
④ 작업자의 실수

해설 작업자의 실수
전체 산업재해의 원인 중 가장 비중이 크다.

15 가스용접 시 역화를 방지하기 위하여 사용하는 수봉식 안전기에 대한 내용 중 틀린 것은?
① 하루에 1회 이상 수봉식 안전기의 수위를 점검할 것
② 안전기는 확실한 점검을 위하여 수직으로 부착할 것
③ 1개의 안전기에는 3개 이하의 토치만 사용할 것
④ 동결 시 화기를 사용하지 말고 온수를 사용할 것

해설 • 수봉식 안전기 : 산소-아세틸렌 불꽃 사용 시 역류, 역화를 방지한다.
• 토치 : 저압식($0.07kg/cm^2$), 중압식($0.07\sim1.3kg/cm^2$), 고압식($1.3kg/cm^2$ 이상)
• 1개의 안전기에 1개의 토치사용이 이상적이다.

16 다음 설명에 해당하는 법칙은?

> 회로망 중 임의의 한 점에서 흘러 들어오는 전류와 나가는 전류의 대수합은 0이다.

① 쿨롱의 법칙
② 옴의 법칙
③ 키르히호프의 제1법칙
④ 키르히호프의 제2법칙

해설 • 키르히호프의 제1법칙 : 회로망 중의 임의의 한 점에서 흘러들어오는 전류와 나가는 전류의 대수합은 0이다.

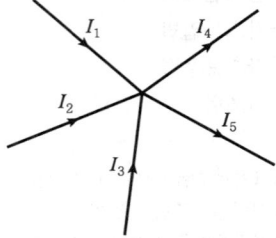

• 키르히호프의 제2법칙 : 임의의 폐회로에 전압강하와 기전력의 대수합은 같다.

17 2개 이상의 엘보를 사용하여 배관의 신축을 흡수하는 신축이음은?
① 루프형 이음
② 벨로스형 이음
③ 슬리브형 이음
④ 스위블형 이음

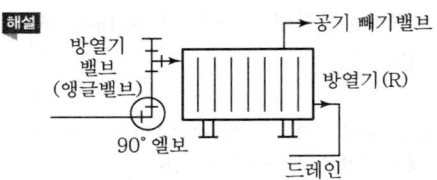

18 냉동장치에서 압축기의 이상적인 압축 과정은?
① 등엔트로피 변화
② 정압 변화
③ 등온 변화
④ 정적 변화

해설 압축
• 등온압축
• 정압압축
• 폴리트로픽 압축
• 단열압축(등엔트로피 압축)

19 원심식 압축기에 대한 설명으로 옳은 것은?
① 임펠러의 원심력을 이용하여 속도에너지를 압력에너지로 바꾼다.
② 임펠러 속도가 빠르면 유량 흐름이 감소한다.
③ 1단으로 압축비를 크게 할 수 있어 단단 압축방식을 주로 채택한다.
④ 압축비는 원주 속도의 3제곱에 비례한다.

해설 원심식 압축기(터보형 압축기)
임펠러의 원심력을 이용하여 속도에너지를 압력에너지로 바꾼다.

20 온도 작동식 자동팽창밸브에 대한 설명으로 옳은 것은?
① 실온을 서모스탯에 의하여 감지하고, 밸브의 개도를 조정한다.
② 팽창밸브 직전의 냉매온도에 의하여 자동적으로 개도를 조정한다.
③ 증발기 출구의 냉매온도에 의하여 자동적으로 개도를 조정한다.
④ 압축기의 토출 냉매온도에 의하여 자동적으로 개도를 조정한다.

해설 온도식 자동팽창밸브(감온통 부착)의 기능은 증발기 출구의 냉매온도에 의하여 자동적으로 개도(냉매량)를 조정하는 것이다.

21 냉동기에서 압축기의 기능으로 가장 거리가 먼 것은?
① 냉매를 순환시킨다.
② 응축기에 냉각수를 순환시킨다.
③ 냉매의 응축을 돕는다.
④ 저압을 고압으로 상승시킨다.

해설 ②항은 냉각수 펌프의 기능이다.
쿨링타워(냉각탑) → 응축기 → 냉각수펌프

22 파이프 내의 압력이 높아지면 고무링은 더욱 파이프 벽에 밀착되어 누설을 방지하는 접합방법은?
① 기계적 접합   ② 플랜지 접합
③ 빅토릭 접합   ④ 소켓 접합

해설 빅토릭 접합(Victoric Joint)
특수형상의 주철관 끝에 고무링과 금속제 칼라(Collar)를 죄어서 접합하는 방법이다.(압력이 증가하면 고무링은 더욱 더 관 벽에 밀착한다.)

23 표준 냉동사이클에서 과냉각도는 얼마인가?
① 45℃   ② 30℃
③ 15℃   ④ 5℃

해설 응축기 냉매온도를 5℃ 이하 감소시킨다.
압축기 → 응축기 → 팽창밸브(표준 과냉각도 유지)
: 플래시 가스 발생 방지를 위함

24 NH_3, R-12, R-22 냉매의 기름과 물에 대한 용해도를 설명한 것으로 옳은 것은?

㉠ 물에 대한 용해도는 R-12가 가장 크다.
㉡ 기름에 대한 용해도는 R-12가 가장 크다.
㉢ R-22는 물에 대한 용해도와 기름에 대한 용해도가 모두 암모니아보다 크다.

① ㉠, ㉡, ㉢   ② ㉡, ㉢
③ ㉡   ④ ㉢

해설 프레온 냉매(R)가 수분과 혼합하면 동부착 현상 촉진, 전기절연물 파괴, 슬러그(Slug) 생성을 일으킨다.
• 오일과 용해가 잘 되는 프레온 냉매: R-11, R-12, R-21, R-113
• 오일과 용해가 잘 안 되는 프레온 냉매: R-13, R-22, R-114

25 냉동장치 운전 중 유압이 너무 높을 때의 원인으로 가장 거리가 먼 것은?
① 유압계가 불량일 때
② 유배관이 막혔을 때
③ 유온이 낮을 때
④ 유압조정밸브 개도가 과다하게 열렸을 때

해설 유압이 너무 높은 원인은 ①, ②, ③항 외에도 오일의 과충전, 유압조정밸브의 개도 과소 등이 있다.

26 냉동에 대한 설명으로 가장 적합한 것은?
① 물질의 온도를 인위적으로 주위의 온도보다 낮게 하는 것을 말한다.
② 열이 높은데서 낮은 곳으로 흐르는 것을 말한다.

③ 물체 자체의 열을 이용하여 일정한 온도를 유지하는 것을 말한다.
④ 기체가 액체로 변화할 때의 기화열에 의한 것을 말한다.

해설 냉동
물질의 온도를 인위적으로 주위의 온도보다 낮게 하는 것

27 양측의 표면 열전달률이 3,000kcal/m²·h·℃인 수냉식 응축기의 열관류율은?(단, 냉각관의 두께는 3mm이고, 냉각관 재질의 열전도율은 40kcal/m·h·℃이며, 부착 물때의 두께는 0.2mm, 물때의 열전도율은 0.8kcal/m·h·℃이다.)
① 978kcal/m²·h·℃
② 988kcal/m²·h·℃
③ 998kcal/m²·h·℃
④ 1,008kcal/m²·h·℃

해설 열관류율(k)
$$= \cfrac{1}{\cfrac{1}{a_1}+\cfrac{b_1}{\lambda_1}+\cfrac{b_2}{\lambda_2}+\cfrac{1}{a_2}}$$
$$= \cfrac{1}{\cfrac{1}{3,000}+\cfrac{0.003}{40}+\cfrac{0.0002}{0.8}+\cfrac{1}{3,000}}$$
$$= 1,008 \text{kcal/m}^2 \cdot h \cdot ℃$$

28 2단 압축 1단 팽창 냉동장치에 대한 설명 중 옳은 것은?
① 단단 압축시스템에서 압축비가 작을 때 사용된다.
② 냉동부하가 감소하면 중간냉각기는 필요없다.
③ 단단 압축시스템보다 응축능력을 크게 하기 위해 사용된다.
④ -30℃ 이하의 비교적 낮은 증발온도를 요하는 곳에 주로 사용된다.

해설 2단 압축 조건
• 프레온냉매 : -50℃ 이하일 때
• 암모니아 : -35℃ 이하일 때

29 강관용 공구가 아닌 것은?
① 파이프 바이스
② 파이프 커터
③ 드레서
④ 동력 나사절삭기

해설 드레서
납으로 만든 연관의 표면 산화물 제거용 공구이다.

30 소요 냉각수량 120L/min, 냉각수 입·출구 온도차 6℃인 수냉 응축기의 응축부하는?
① 6,400kcal/h
② 12,000kcal/h
③ 14,400kcal/h
④ 43,200kcal/h

해설 응축부하(냉각수 현열 부하)

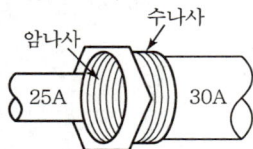

1시간=60분, 물의 비열 1kcal/kg℃
∴ 부하=120×60×(1×6)=43,200kcal/h

31 서로 다른 지름의 관을 이을 때 사용되는 것은?
① 소켓
② 유니온
③ 플러그
④ 부싱

해설 부싱(암나사, 수나사 겸용)

32 운전 중에 있는 냉동기의 압축기 압력계가 고압은 8kg/cm², 저압은 진공도 100mmHg를 나타낼 때 압축기의 압축비는?
① 약 6
② 약 8
③ 약 10
④ 약 12

해설 진공도 100mmHg=760-100=660mmHg(절대압)
$$압축비 = \frac{P_2(응축)}{P_1(증발)}$$
증발절대압력 $= 1.033 \times \frac{660}{760} = 0.89 \text{kg/cm}^2 a$
∴ 압축비 $= \frac{8+1}{0.89} = 10$

33 어떤 물질의 산성, 알칼리성 여부를 측정하는 단위는?
① CHU ② USRT
③ pH ④ Therm

해설 pH(페하)
수소이온 농도 지수
- pH 7 : 중성
- pH 7 이상~14까지 : 알칼리성
- pH 7 이하~0까지 : 산성

34 시퀀스 제어장치의 구성으로 가장 거리가 먼 것은?
① 검출부 ② 조절부
③ 피드백부 ④ 조작부

해설 제어
- 자동제어 : 피드백 제어, 시퀀스 제어
- 수동제어

35 고열원 온도 T_1, 저열원 온도 T_2인 카르노사이클의 열효율은?
① $\dfrac{T_2 - T_1}{T_1}$ ② $\dfrac{T_1 - T_2}{T_2}$
③ $\dfrac{T_2}{T_1 - T_2}$ ④ $\dfrac{T_1 - T_2}{T_1}$

해설 카르노사이클의 열효율(η_c)
$\eta_c = \dfrac{T_1 - T_2}{T_1} = 1 - \dfrac{T_2}{T_1}$
(고열원 온도 T_1이 높을수록 열효율이 좋고 저열원의 온도 T_2가 낮을수록 열효율이 높다.)

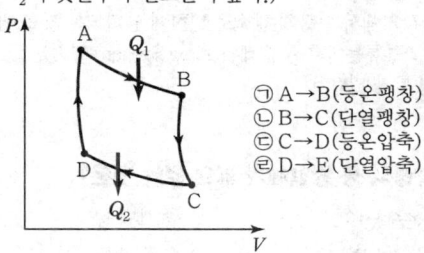
㉠ A→B(등온팽창)
㉡ B→C(단열팽창)
㉢ C→D(등온압축)
㉣ D→E(단열압축)

36 빙점 이하의 온도에 사용하며 냉동기 배관, LPG 탱크용 배관 등에 많이 사용하는 강관은?
① 고압배관용 탄소강관
② 저온배관용 강관
③ 라이닝 강관
④ 압력배관용 탄소강관

해설 SPLT(저온배관용)
－40~－100℃까지 사용이 가능하며 6~500A까지 있다. (LPG 탱크, 냉동기, 각종 화학공업용에 사용) 주로 0℃ 이하의 낮은 온도에 사용되는 탄소강관이다.

37 식품을 냉각된 부동액에 넣어 직접 접촉시켜서 동결시키는 것으로 살포식과 침지식으로 구분하는 동결장치는?
① 접촉식 동결장치 ② 공기 동결장치
③ 브라인 동결장치 ④ 송풍식 동결장치

해설 브라인 동결장치
식품을 냉각된 부동액에 넣어서 직접 접촉시켜서 동결시킨다.(살포식, 침지식이 있다.)

38 도선에 전류가 흐를 때 발생하는 열량으로 옳은 것은?
① 전류의 세기에 반비례한다.
② 전류 세기의 제곱에 비례한다.
③ 전류 세기의 제곱에 반비례한다.
④ 열량은 전류의 세기와 무관하다.

해설 도선에 전류가 흐를 때 발생하는 열량
전류 세기의 제곱에 비례한다.
$H = \dfrac{1}{4.186} \times I^2 R_t = 0.24 I^2 R_t$ (cal)

39 다음 중 불응축 가스가 주로 모이는 곳은?
① 증발기 ② 액분리기
③ 압축기 ④ 응축기

해설 불응축 가스(공기, 수소 등)가 고이는 곳
응축기, 수액기 상부(불응축 가스가 모이면 응축압력이 증가한다.)

ANSWER | 33. ③ 34. ③ 35. ④ 36. ② 37. ③ 38. ② 39. ④

40 회전식(Rotary) 압축기에 대한 설명으로 틀린 것은?
① 흡입밸브가 없다.
② 압축이 연속적이다.
③ 회전 압축으로 인한 진동이 심하다.
④ 왕복동식에 비해 구조가 간단하다.

해설 회전식(Rotary Compressor) 압축기
- 왕복동식에 비하여 부품 수가 적고 구조가 간단하다.
- 압축이 연속적이다. 고진공을 얻을 수 있다.
- 기동 시 무부하로 전력소비가 적다.
- 크랭크 케이스 내는 고압이 걸린다.
- 흡입밸브는 없고 토출밸브만 있다.
- 운동부의 동작이 단순하고 진동이나 소음이 적다.

41 1PS는 1시간당 약 몇 kcal에 해당되는가?
① 860
② 550
③ 632
④ 427

해설 1PS(동력)=75kg·m/sec
1PS−h
=75kg·m/s×1h×3,600S×$\frac{1}{427}$kcal/kg·m
=632kcal

42 −10℃ 얼음 5kg을 20℃ 물로 만드는 데 필요한 열량은?(단, 물의 융해잠열은 80kcal/kg으로 한다.)
① 25kcal
② 125kcal
③ 325kcal
④ 525kcal

해설 얼음의 현열=5×0.5×(0−(−10))=25kcal
얼음의 융해열=5×80=400kcal
물의 현열=5×1×(20−0)=100kcal
∴ 소요열량=25+400+100=525kcal
(얼음의 비열 0.5, 물의 비열 1)

43 다음 온도−엔트로피 선도에서 $a → b$ 과정은 어떤 과정인가?

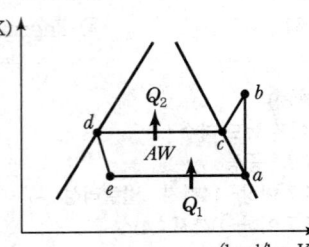

① 압축과정 ② 응축과정
③ 팽창과정 ④ 증발과정

해설
- $a → b$(압축과정) • $b → d$(응축과정)
- $d → e$(팽창과정) • $e → a$(증발과정)

44 제빙장치 중 결빙한 얼음을 제빙관에서 떼어낼 때 관 내의 얼음 표면을 녹이기 위해 사용하는 기기는?
① 주수조 ② 양빙기
③ 저빙고 ④ 용빙조

해설 용빙조
제빙장치에서 결빙한 얼음을 제빙관에서 떼어낼 때 관내의 얼음 표면을 녹이는 기기

45 단수 릴레이의 종류로 가장 거리가 먼 것은?
① 단압식 릴레이 ② 차압식 릴레이
③ 수류식 릴레이 ④ 비례식 릴레이

해설 단수 릴레이
수냉각기에서 수량의 감소로 인하여 동파되는 것을 방지한다. 그 종류는 수류식 릴레이(Flow Switch) 및 ①, ②, ③항의 종류가 있다.

46 난방방식 중 방열체가 필요 없는 것은?
① 온수난방 ② 증기난방
③ 복사난방 ④ 온풍난방

해설 온풍난방
비열이 낮은 공기를 이용하므로 방열체가 필요 없다.

47 물과 공기의 접촉면적을 크게 하기 위해 증발포를 사용하여 수분을 자연스럽게 증발시키는 가습방식은?
① 초음파식   ② 가열식
③ 원심분리식   ④ 기화식

해설 기화식 가습방법
물과 공기의 접촉면적을 크게 하기 위해 증발포를 사용하여 수분을 자연스럽게 증발시켜 가습한다.

48 송풍기의 상사법칙으로 틀린 것은?
① 송풍기의 날개 직경이 일정할 때 송풍압력은 회전수 변화의 2승에 비례한다.
② 송풍기의 날개 직경이 일정할 때 송풍동력은 회전수 변화의 3승에 비례한다.
③ 송풍기의 회전수가 일정할 때 송풍압력은 날개 직경 변화의 2승에 비례한다.
④ 송풍기의 회전수가 일정할 때 송풍동력은 날개 직경 변화의 3승에 비례한다.

해설 회전속도가 일정한 경우 송풍동력은 날개 직경에 따라
- 날개직경 변화의 $\left(\dfrac{D_2}{D_1}\right)^5$, 5승에 비례한다.
- 풍량 변화의 $\left(\dfrac{D_2}{D_1}\right)^3$, 3승에 비례변화한다.
- 압력 변화의 $\left(\dfrac{D_2}{D_1}\right)^2$, 2승에 비례변화한다.

49 온풍난방에 대한 설명 중 옳은 것은?
① 설비비는 다른 난방에 비하여 고가이다.
② 예열부하가 크므로 예열시간이 길다.
③ 습도 조절이 불가능하다.
④ 신선한 외기도입이 가능하여 환기가 가능하다.

해설 온풍난방
- 신선한 외기도입이 가능하여 환기가 가능하다.
- 공기는 비열이 적어 예열시간이 짧고, 설비비가 저렴하며, 습도 조절이 용이하다.

50 100℃ 물의 증발잠열은 약 몇 kcal/kg인가?
① 539   ② 600
③ 627   ④ 700

해설 물의 증발잠열
100℃ : 539kcal/kg, 0℃ : 590kcal/kg

51 어떤 사무실의 동쪽 유리면이 50m²이고 안쪽은 베니션 블라인드가 설치되어 있을 때, 동쪽 유리면에서 실내에 침입하는 냉방부하는?(단, 유리 통과율은 6.2 kcal/m²·h·℃, 복사량은 512kcal/m²·h, 차폐계수는 0.56, 실내외 온도차는 10℃이다.)
① 3,100kcal/h   ② 14,336kcal/h
③ 17,436kcal/h   ④ 15,886kcal/h

해설 열관류율에 의한 전열량(Q_1)
$Q_1 = 50 \times 6.2 \times 10 = 3,100$
열 복사 열량의 전열량(Q_2)
$Q_2 = 50 \times 512 \times 0.56 = 14,336$
∴ $Q = Q_1 + Q_2 = 3,100 + 14,336 = 17,436$ kcal/h

52 다음 중 제2종 환기법으로 송풍기만 설치하여 강제 급기하는 방식은?
① 병용식   ② 압입식
③ 흡출식   ④ 자연식

해설 제2종 환기법

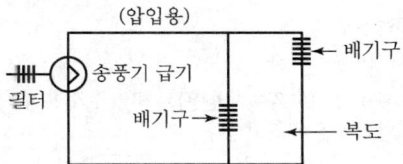

53 수분무식 가습장치의 종류가 아닌 것은?
① 모세관식   ② 초음파식
③ 분무식   ④ 원심식

해설
- 수분무식 가습장치 : ②, ③, ④항
- 증발식 가습장치 : 회전식, 모세관식, 적하식

54 다음 장치 중 신축이음 장치의 종류로 가장 거리가 먼 것은?
① 스위블 조인트   ② 볼 조인트
③ 루프형   ④ 버켓형

ANSWER | 47. ④ 48. ④ 49. ④ 50. ① 51. ③ 52. ② 53. ① 54. ④

[해설] 버켓형(상향식, 하향식)
증기트랩(응축수 제거용 송기장치)

55 단일덕트 정풍량 방식에 대한 설명으로 틀린 것은?
① 실내부하가 감소될 경우에 송풍량을 줄여도 실내 공기가 오염되지 않는다.
② 고성능 필터의 사용이 가능하다.
③ 기계실에 기기류가 집중 설치되므로 운전・보수・관리가 용이하다.
④ 각 실이나 존의 부하변동이 서로 다른 건물에서는 온습도에 불균형이 생기기 쉽다.

[해설] 단일덕트 정풍량 방식
실내 부하가 감소될 경우 송풍량을 줄이면 실내 공기오염이 심하다.

56 온수난방에 이용되는 밀폐형 팽창탱크에 관한 설명으로 틀린 것은?
① 공기층의 용적을 작게 할수록 압력의 변동은 감소한다.
② 개방형에 비해 용적은 크다.
③ 통상 보일러 근처에 설치되므로 동결의 염려가 없다.
④ 개방형에 비해 보수・점검이 유리하고 가압실이 필요하다.

[해설] 밀폐형 팽창탱크(고온수 난방용)는 공기층의 용적을 작게 할수록 압력 변동이 증가한다.

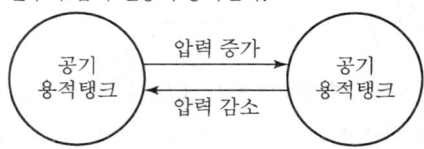

57 온수난방의 장점이 아닌 것은?
① 관 부식은 증기난방보다 적고 수명이 길다.
② 증기난방에 비해 배관 지름이 작으므로 설비비가 적게 든다.
③ 보일러 취급이 용이하고 안전하며 배관 열손실이 적다.
④ 온수 때문에 보일러의 연소를 정지해도 여열이 있어 실온이 급변하지 않는다.

[해설] 온수난방은 저항이나 마찰손실을 줄이기 위하여 관경을 크게 하면 설비비가 많이 증가한다.

58 이중덕트 변풍량 방식의 특징으로 틀린 것은?
① 각 실내의 온도제어가 용이하다.
② 설비비가 높고 에너지 손실이 크다.
③ 냉풍과 온풍을 혼합하여 공급한다.
④ 단일덕트 방식에 비해 덕트 스페이스가 작다.

[해설] 이중덕트는 냉풍, 온풍의 혼합상자(Mixing Box : Air Blender)가 필요하며 덕트 샤프트 및 덕트 스페이스를 크게 차지한다.

59 공기에서 수분을 제거하여 습도를 낮추기 위해서는 어떻게 하여야 하는가?
① 공기의 유로 중에 가열코일을 설치한다.
② 공기의 유로 중에 공기의 노점온도보다 높은 온도의 코일을 설치한다.
③ 공기의 유로 중에 공기의 노점온도와 같은 온도의 코일을 설치한다.
④ 공기의 유로 중에 공기의 노점온도보다 낮은 온도의 코일을 설치한다.

[해설] 공기유통과정 중 습도를 낮추려면 공기의 유로 중에 공기의 노점온도보다 낮은 온도의 코일을 설치한다.

60 공기의 냉각, 가열코일의 선정 시 유의사항에 대한 내용 중 가장 거리가 먼 것은?
① 냉각코일 내에 흐르는 물의 속도는 통상 약 1m/s 정도로 하는 것이 좋다.
② 증기코일을 통과하는 풍속은 통상 약 3~5m/s 정도로 하는 것이 좋다.
③ 냉각코일의 입・출구 온도차는 통상 약 5℃ 정도로 하는 것이 좋다.
④ 공기 흐름과 물의 흐름은 평행류로 하여 전열을 증대시킨다.

[해설]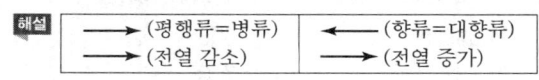

55. ① 56. ① 57. ② 58. ④ 59. ④ 60. ④ | ANSWER

2015년 4회 공조냉동기계기능사

01 가스용접작업 중 일어나기 쉬운 재해로 가장 거리가 먼 것은?
① 화재 ② 누전
③ 가스중독 ④ 가스폭발

해설 누전
- 전류가 설계된 부분 이외의 곳에 흐르는 현상
- 누전전류는 최대공급전력의 $\frac{1}{2,000}$ 을 넘지 않아야 한다.
- 전기용접 시 주의하여야 한다.

02 냉동제조의 시설 중 안전유지를 위한 기술기준에 관한 설명으로 틀린 것은?
① 안전밸브에 설치된 스톱밸브는 수리 등 특별한 경우 외에는 항상 열어둔다.
② 냉동설비의 설치공사가 완공되면, 시운전할 때 산소가스를 사용한다.
③ 가연성 가스의 냉동설비 부근에는 작업에 필요한 양 이상의 연소물질을 두지 않는다.
④ 냉동설비의 변경공사가 완공되어 기밀시험 시 공기를 사용할 때에는 미리 냉매 설비 중의 가연성 가스를 방출한 후 실시한다.

해설 냉동설비 시운전가스
질소나 불연성 가스로 한다. 암모니아 냉매는 가연성 가스, 산소는 연소성을 촉진하는 조연성 가스이다. (산소는 금속의 산화제)

03 크레인의 방호장치로서 와이어로프가 후크에서 이탈하는 것을 방지하는 장치는?
① 과부하 방지장치 ② 권과방지장치
③ 비상정지장치 ④ 해지장치

해설 해지장치(혹 해지장치)
크레인(권상기)의 방호장치로서 와이어로프가 후크에서 벗겨지거나 이탈하는 것을 방지하는 장치이다.

04 일반적인 컨베이어의 안전장치로 가장 거리가 먼 것은?
① 역회전방지장치 ② 비상정지장치
③ 과속방지장치 ④ 이탈방지장치

해설 컨베이어 안전장치
역회전방지장치, 비상정지장치, 이탈방지장치

05 위험물 취급 및 저장 시의 안전조치사항 중 틀린 것은?
① 위험물은 작업장과 별도의 장소에 보관하여야 한다.
② 위험물을 취급하는 작업장에는 너비 0.3m 이상, 높이 2m 이상의 비상구를 설치하여야 한다.
③ 작업장 내부에는 위험물을 작업에 필요한 양만큼만 두어야 한다.
④ 위험물을 취급하는 작업장의 비상구 문은 피난방향으로 열리도록 한다.

06 드릴 작업 중 유의할 사항으로 틀린 것은?
① 작은 공작물이라도 바이스나 크램을 사용하여 장착한다.
② 드릴이나 소켓을 척에서 해체시킬 때에는 해머를 사용한다.
③ 가공 중 드릴 절삭 부분에 이상음이 들리면 작업을 중지하고 드릴 날을 바꾼다.
④ 드릴의 탈착은 회전이 완전히 멈춘 후에 한다.

해설 드릴 작업
드릴이나 소켓을 척에서 해체시킬 때에는 손을 사용한다.

07 다음 중 용융온도가 비교적 높아 전기기구에 사용하는 퓨즈(Fuse)의 재료로 가장 부적당한 것은?
① 납 ② 주석
③ 아연 ④ 구리

해설 구리는 용융점(1,083℃)이 높아서 전기기구에 사용하는 퓨즈의 재료로는 부적당하다.

ANSWER | 1.② 2.② 3.④ 4.③ 5.② 6.② 7.④

08 암모니아의 누설검지방법이 아닌 것은?
① 심한 자극성 냄새를 가지고 있으므로, 냄새로 확인이 가능하다.
② 적색 리트머스 시험지에 물을 적셔 누설 부위에 가까이 하면 누설 시 청색으로 변한다.
③ 백색 페놀프탈레인 용지에 물을 적셔 누설 부위에 가까이 하면 누설 시 적색으로 변한다.
④ 황을 묻힌 심지에 불을 붙여 누설 부위에 가져가면 누설 시 홍색으로 변한다.

해설 ④에서는 홍색이 아닌 흰 연기가 발생된다.
• 물에 적신 페놀프탈레인지를 누설 개소에 대면 홍색으로 변한다.

09 산업안전보건법의 제정 목적과 가장 거리가 먼 것은?
① 산업재해 예방
② 쾌적한 작업환경 조성
③ 산업안전에 관한 정책 수립
④ 근로자의 안전과 보건을 유지·증진

해설 산업안전보건법의 제정목적은 ①, ②, ④항이다.

10 다음 중 압축기가 시동되지 않는 이유로 가장 거리가 먼 것은?
① 전압이 너무 낮다.
② 오버로드가 작동하였다.
③ 유압보호 스위치가 리셋되어 있지 않다.
④ 온도조절기 감온통의 가스가 빠져 있다.

해설 감온통은 압축기가 아닌 온도식 자동팽창밸브에 설치한다.

11 가스용접법의 특징으로 틀린 것은?
① 응용범위가 넓다.
② 아크용접에 비해 불꽃의 온도가 높다.
③ 아크용접에 비해 유해 광선의 발생이 적다.
④ 열량조절이 비교적 자유로워 박판용접에 적당하다.

해설 ② 가스용접은 아크전기용접에 비하여 온도가 낮다.
• 산소 – 아세틸렌 = 3,200℃ 정도
• 산소 – 수소 = 2,500℃ 정도
※ 전기용접의 불꽃온도는 약 4,000~5,200℃ 정도이다.

12 전기용접작업 시 전격에 의한 사고를 예방할 수 있는 사항으로 틀린 것은?
① 절연 홀더의 절연부분이 파손되었으면 바로 보수하거나 교체한다.
② 용접봉의 심선은 손에 접촉되지 않게 한다.
③ 용접용 케이블은 2차 접속단자에 접촉한다.
④ 용접기는 무부하 전압이 필요 이상 높지 않은 것을 사용한다.

해설 • 1차 측 케이블 : 전원에서 용접기까지 연결
• 2차 측 케이블 : 용접기에서 모재나 홀더까지 연결
• 전격(감전) 방지법으로는 ①, ②, ④항에 따른다.

13 산소용접 중 역화현상이 일어났을 때 조치방법으로 가장 적합한 것은?
① 아세틸렌 밸브를 즉시 닫는다.
② 토치 속의 공기를 배출한다.
③ 아세틸렌 압력을 높인다.
④ 산소압력을 용접조건에 맞춘다.

해설 산소용접 중 역화현상이 일어나면 즉시 아세틸렌 밸브를 차단시킨다.

14 안전장치의 취급에 관한 사항으로 틀린 것은?
① 안전장치는 반드시 작업 전에 점검한다.
② 안전장치는 구조상의 결함 유무를 항상 점검한다.
③ 안전장치가 불량할 때에는 즉시 수정한 다음 작업한다.
④ 안전장치는 작업 형편상 부득이한 경우에는 일시 제거해도 좋다.

해설 안전장치는 어떠한 경우에도 제거하지 않는다.

8. ④ 9. ③ 10. ④ 11. ② 12. ③ 13. ① 14. ④ | **ANSWER**

15 줄작업 시 안전관리사항으로 틀린 것은?

① 칩은 브러시로 제거한다.
② 줄의 균열 유무를 확인한다.
③ 손잡이가 줄에 튼튼하게 고정되어 있는지 확인한 다음에 사용한다.
④ 줄작업의 높이는 작업자의 어깨 높이로 하는 것이 좋다.

해설 줄작업 시 높이
작업자의 팔꿈치 높이로 하는 것이 좋다.

16 2단압축 2단팽창 냉동사이클을 몰리에르 선도에 표시한 것이다. 각 상태에 대해 옳게 연결한 것은?

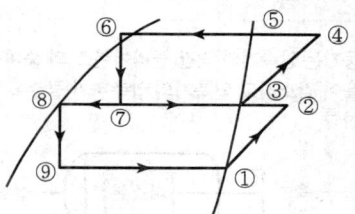

① 중간냉각기의 냉동효과 : ③−⑦
② 증발기의 냉동효과 : ②−⑨
③ 팽창변 통과 직후의 냉매위치 : ⑤−⑥
④ 응축기의 방출열량 : ⑧−②

해설
• ③ → ⑦ : 중간 냉각기
• ⑧ → ⑨ : 제2팽창밸브
• ⑤ → ⑥ : 응축기 방열량
• ④ → ⑤ : 고단압축기

17 다음 중 플랜지 패킹류가 아닌 것은?

① 석면 조인트 시트
② 고무 패킹
③ 글랜드 패킹
④ 합성수지 패킹

해설 패킹류
• 나사용 패킹
• 글랜드용 패킹
• 플랜지용 패킹

18 브라인 부식방지처리에 관한 설명으로 틀린 것은?

① 공기와 접촉하면 부식성이 증대하므로 가능한 공기와 접촉하지 않도록 한다.
② $CaCl_2$ 브라인 1L에는 중크롬산소다 1.6g을 첨가하고 중크롬산소다 100g마다 가성소다 27g의 비율로 혼합한다.
③ 브라인은 산성을 띠게 되면 부식성이 커지므로 pH 7.5∼8.2 정도로 유지되도록 한다.
④ NaCl 브라인 1L에 대하여 중크롬산소다 0.9g을 첨가하고 중크롬산소다 100g마다 가성소다 1.3g씩 첨가한다.

해설 NaCl 브라인 부식방지
브라인 1L에 대하여 중크롬산소다 3.2g씩 첨가하고 중크롬산스다 100g마다 가성소다 27g씩 첨가한다.

19 냉동기유에 대한 설명으로 옳은 것은?

① 암모니아는 냉동기유에 쉽게 용해되어 윤활 불량의 원인이 된다.
② 냉동기유는 저온에서 쉽게 응고되지 않고 고온에서 쉽게 탄화되지 않아야 한다.
③ 냉동기유의 탄화현상은 일반적으로 암모니아보다 프레온 냉동장치에서 자주 발생한다.
④ 냉동기유는 증발하기 쉽고, 열전도율 및 점도가 커야 한다.

해설
• 냉동기 오일은 저온에서 쉽게 응고되지 않고 고온에서도 쉽게 탄화(연소화)되지 않아야 한다.
• 냉동기유는 점도가 적당해야 한다.
• 암모니아 냉매는 오일과 용해되지 않는다.
• 냉동기유는 증발하기 어려워야 한다.

20 NH_3 냉매를 사용하는 냉동장치에서 일반적으로 압축기를 수랭식으로 냉각하는 주된 이유는?

① 냉매의 응축 압력이 낮기 때문에
② 냉매의 증발 압력이 낮기 때문에
③ 냉매의 비열비 값이 크기 때문에
④ 냉매의 임계점이 높기 때문에

ANSWER | 15. ④ 16. ① 17. ③ 18. ④ 19. ② 20. ③

[해설] 암모니아 냉동기 압축기를 수랭식으로 냉각시키는 주된 이유는 냉매의 비열비 값이 크고 토출가스 온도가 높아서 압축기의 과열을 방지하기 위함이다.

21 다음 냉동장치에 대한 설명 중 옳은 것은?
① 고압차단스위치는 조정 설정 압력보다 벨로스에 가해진 압력이 낮을 때 접점이 떨어지는 장치이다.
② 온도식 자동팽창밸브의 감온통은 증발기의 입구 측에 붙인다.
③ 가용전은 프레온 냉동장치의 응축기나 수액기 등을 보호하기 위하여 사용된다.
④ 파열판은 암모니아 왕복동 냉동장치에만 사용된다.

[해설] 가용전
프레온 냉동장치의 응축기, 수액기의 증기부분에 불의의 화재 시 일정온도에서 녹아서 고압가스를 외기로 방출하여 이상 고압에 의한 파손을 방지하는 역할을 한다.

22 액백(Liquid Back)의 원인으로 가장 거리가 먼 것은?
① 팽창밸브의 개도가 너무 클 때
② 냉매가 과충전되었을 때
③ 액분리기가 불량일 때
④ 증발기 용량이 너무 클 때

[해설] 액백(리퀴드 백)
액 압축이며 증발기에서 압축기로 유입되는 냉매액이 증발하지 못하고 액 그대로 유입되는 현상이다. 그 원인은 ①, ②, ③항 및 증발기 부하의 급격한 변동 등이다.

23 압축비에 대한 설명으로 옳은 것은?
① 압축비는 고압 압력계가 나타내는 압력을 저압 압력계가 나타내는 압력으로 나눈 값에 1을 더한 값이다.
② 흡입압력이 동일할 때 압축비가 클수록 토출가스 온도는 저하된다.
③ 압축비가 적어지면 소요 동력이 증가한다.
④ 응축압력이 동일할 때 압축비가 커지면 냉동능력이 감소한다.

[해설] 압축비 = $\dfrac{응축압력(고압)}{증발압력(저압)}$
• 압축비가 커지면 냉동능력이 감소
• 압축비가 커지면 소요동력 증가, 토출냉매가스 온도 상승

24 다음 표의 ( ) 안에 들어갈 말로 옳은 것은?

> 압축기의 체적효율은 격간(Clearance)의 증대에 의하여 (가)하며, 압축비가 클수록 (나)하게 된다.

① 가 : 감소, 나 : 감소
② 가 : 증가, 나 : 감소
③ 가 : 감소, 나 : 증가
④ 가 : 증가, 나 : 증가

[해설] 냉동기는 압축기의 격간(클리어런스)의 증대로 인하여 체적효율이 감소하고 압축기의 압축비가 클수록 체적효율은 감소한다.

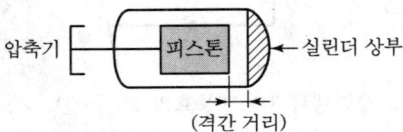

25 프레온 냉매(할로겐화 탄화수소)의 호칭기호 결정과 관계없는 성분은?
① 수소
② 탄소
③ 산소
④ 불소

[해설] 프레온 냉매
탄화수소 CH_4, C_2H_6와 할로겐 원소 F(불소), Cl(염소)의 화합물 R−11 : CCl_3F, R−12 : CCl_2F_2

26 수랭식 응축기의 능력은 냉각수 온도와 냉각 수량에 의해 결정되는데, 응축기의 응축능력을 증대시키는 방법으로 가장 거리가 먼 것은?
① 냉각수량을 줄인다.
② 냉각수의 온도를 낮춘다.
③ 응축기의 냉각관을 세척한다.
④ 냉각수 유속을 적절히 조절한다.

해설 응축기의 응축능력을 증대시키려면 냉각수량의 양을 알맞게 증대시킨다.

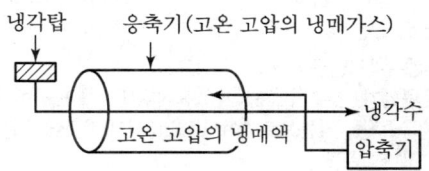

해설 터보형 냉동기는 비용적식이며 약 100~1,000RT 등 대형 냉동기로서 원심식이다. 서징현상이 발생하며 소용량 제작은 경제적이지 못하다. 저압냉매를 사용하며 저온장치에서는 압축단수가 증가한다.

27 탄성이 부족하여 석면, 고무, 금속 등과 조합하여 사용되며, 내열범위는 −260~260℃ 정도로 기름에 침식되지 않는 패킹은?
① 고무 패킹 ② 석면조인트 시트
③ 합성수지 패킹 ④ 오일실 패킹

해설 합성수지 패킹(플랜지 패킹)
• 테프론이며 내열범위가 −260~260℃ 정도이다.
• 탄성이 부족하여 석면, 고무, 금속 등과 조합하여 사용된다.

28 다음 설명 중 옳은 것은?
① 1kW는 760kcal/h이다.
② 증발열, 응축열, 승화열은 잠열이다.
③ 1kg의 얼음의 용해열은 860kcal이다.
④ 상대습도란 포화증기압을 증기압으로 나눈 것이다.

해설 ① 1kW=860kcal/h=3,600kJ/h이다.
③ 1kg의 얼음의 용해열은 79.68kcal/kg
④ 상대습도=수증기분압/포화증기압

29 왕복동식 냉동기와 비교하여 터보식 냉동기의 특징으로 옳은 것은?
① 회전수가 매우 빠르므로 동작 밸런스를 잡기 어렵고 진동이 크다.
② 일반적으로 고압 냉매를 사용하므로 취급이 어렵다.
③ 소용량의 냉동기에 적용하기에는 경제적이지 못하다.
④ 저온장치에서도 압축단수가 적어지므로 사용도가 넓다.

30 왕복압축기에서 이론적 피스톤 압출량(m^3/h)의 산출식으로 옳은 것은?(단, 기통수 N, 실린더 내경 D [m], 회전수 R[rpm], 피스톤행정 L[m]이다.)
① $V = D \cdot L \cdot R \cdot N \cdot 60$
② $V = \dfrac{\pi}{4} D \cdot L \cdot R \cdot N$
③ $V = \dfrac{\pi}{4} D \cdot L \cdot R \cdot N \cdot 60$
④ $V = \dfrac{\pi}{4} D^2 \cdot L \cdot N \cdot R \cdot 60$

해설 왕복동식(용적식 압축기)의 냉매가스 압출량 계산식(V)
V=단면적×행정×기통수×회전수×60분(m^3/h)

31 10A의 전류를 5분간 도체에 흘렸을 때 도선 단면을 지나는 전기량은?
① 3C ② 50C
③ 3,000C ④ 5,000C

해설 전기량(쿨롱)
$\dfrac{1}{1.60219 \times 10^{-19}} = 6.24 \times 10^{18}$개의 전자의 과부족으로 생기는 전하의 전기량
$Q = I \cdot t = 10 \times 5 \times 60초 = 3,000C$

32 다음 중 압력 자동 급수밸브의 주된 역할은?
① 냉각수온을 제어한다.
② 증발온도를 제어한다.
③ 과열도 유지를 위해 증발압력을 제어한다.
④ 부하변동에 대응하여 냉각수량을 제어한다.

해설 압력자동급수 밸브(절수밸브)
토출압력에 따라서 냉각수량을 제어하고 응축압력을 항상 일정하게 한다.(부하변동에 대응한다.)

ANSWER | 27. ③ 28. ② 29. ③ 30. ④ 31. ③ 32. ④

33 실제 증기압축 냉동사이클에 관한 설명으로 틀린 것은?

① 실제 냉동사이클은 이론 냉동사이클보다 열손실이 크다.
② 압축기를 제외한 시스템의 모든 부분에서 냉매배관의 마찰저항 때문에 냉매유동의 압력강하가 존재한다.
③ 실제 냉동사이클의 압축과정에서 소요되는 일량은 이론 냉동사이클보다 감소하게 된다.
④ 사이클의 작동유체는 순수물질이 아니라 냉매와 오일의 혼합물로 구성되어 있다.

해설 실제 냉동사이클의 압축과정에서 소요되는 일량은 이론냉동사이클보다 증가한다.

34 혼합원료를 일정량씩 동결시키도록 하는 장치인 배치(Batch)식 동결장치의 종류로 가장 거리가 먼 것은?
① 수평형 ② 수직형
③ 연속형 ④ 브라인식

해설 배치식 동결장치의 종류
- 수평형
- 수직형
- 브라인식

35 유기질 보온재인 코르크에 대한 설명으로 틀린 것은?
① 액체, 기체의 침투를 방지하는 작용을 한다.
② 입상(粒狀), 판상(版狀) 및 원통 등으로 가공되어 있다.
③ 굽힘성이 좋아 곡면시공에 사용해도 균열이 생기지 않는다.
④ 냉수·냉매배관, 냉각기, 펌프 등의 보냉용에 사용된다.

해설 유기질 보온재(코르크)
보냉·보온재로 사용하며 재질이 여리고 굽힘성이 없어 곡면에 사용하면 균열이 발생한다.(Cork 보온재)

36 가열원이 필요하며 압축기는 필요 없는 냉동기는?
① 터보 냉동기 ② 흡수식 냉동기
③ 회전식 냉동기 ④ 왕복동식 냉동기

해설 흡수식 냉동기 4대 구성요소
증발기, 흡수기, 재생기, 응축기(냉매가 H_2O이다.)
흡수제는 리튬브로마이드(LiBr)이고 진공에서 운전이 가능하다.

37 1냉동톤(한국 RT)이란?
① 65kcal/min ② 1.92kcal/sec
③ 3,320kcal/hr ④ 55,680kcal/day

해설 1RT
0℃의 물 1,000kg(1톤)을 24시간 동안 0℃의 얼음으로 만드는 능력
1,000×79.68(얼음의 응고잠열)kcal/kg=79,680kcal/h
∴ (79,680/24)=3,320kcal/h

38 다음 그림에서 고압 액관은 어느 부분인가?

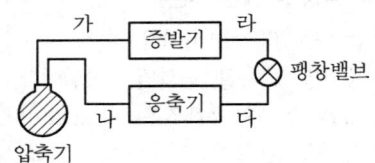

① 가 ② 나
③ 다 ④ 라

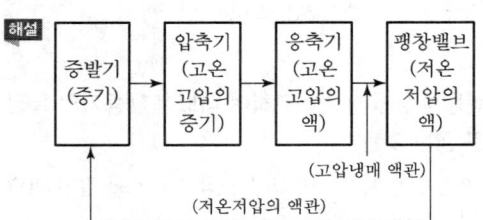

39 열펌프(Heat Pump)의 구성요소가 아닌 것은?
① 압축기
② 열교환기
③ 4방 밸브
④ 보조 냉방기

33. ③ 34. ③ 35. ③ 36. ② 37. ③ 38. ③ 39. ④ | ANSWER

해설 열펌프(히트펌프) 구성
압축기, 응축기, 증발기, 팽창밸브, 열교환기, 4방밸브, 실외기 등

40 피스톤링이 과대 마모되었을 때 일어나는 현상으로 옳은 것은?
① 실린더 냉각
② 냉동능력 상승
③ 체적효율 감소
④ 크랭크 케이스 내 압력 감소

해설 Piston Ring(주철로 제작)이 마모되면
• 체적효율, 냉동능력 감소
• 압력상승 발생
• 동력 소비 증기 발생
• 응축기, 수액기로 오일이 넘어간다.

41 저항이 50Ω인 도체에 100V의 전압을 가할 때 그 도체에 흐르는 전류는?
① 0.5A
② 2A
③ 5A
④ 5,000A

해설 전류$(I) = \dfrac{Q}{t} = (c/s) = I \cdot t$
$\therefore I = \dfrac{V}{R} = \dfrac{100}{50} = 2A$

42 다음 그림과 같은 건조 증기 압축 냉동사이클의 성적계수는?(단, 엔탈피 $a = 133.8$kcal/kg, $b = 397.1$ kcal/kg, $c = 452.2$kcal/kg이다.)

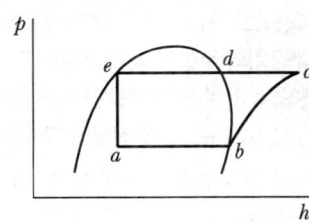

① 5.37
② 5.11
③ 4.78
④ 3.83

해설 증발열 = 397.1 − 133.8 = 263.3kcal/kg
압축기 모터 일량 = 452.2 − 397.1 = 55.1kcal/kg
$\therefore$ 성적계수 $COP = \dfrac{263.3}{55.1} = 4.78$

43 다음 설명 중 옳은 것은?
① 냉각탑의 입구수온은 출구수온보다 낮다.
② 응축기 냉각수 출구온도는 입구온도보다 낮다.
③ 응축기에서의 방출열량은 증발기에서 흡수하는 열량과 같다.
④ 증발기의 흡수열량은 응축열량에서 압축일량을 뺀 값과 같다.

해설
• 증발기 흡수열량 = 응축열량 − 압축일량
• 응축기 방열량 = 응축열량 + 압축일량

44 동관접합 중 동관의 끝을 넓혀 압축이음쇠로 접합하는 접합방법을 무엇이라고 하는가?
① 플랜지 접합
② 플레어 접합
③ 플라스턴 접합
④ 빅토리 접합

해설 동관의 압축이음
플레어 접합(20mm 이하의 동관 접합용)

45 다음 중 모세관의 압력 강하가 가장 큰 것은?
① 직경이 작고 길이가 길수록
② 직경이 크고 길이가 짧을수록
③ 직경이 작고 길이가 짧을수록
④ 직경이 크고 길이가 길수록

해설 모세관 팽창밸브
압력강하를 하려면 직경이 작고 길이가 길수록 가능하다.
(소형 가정용 냉장고, 창문형 에어콘, 쇼케이스 등 사용)

46 난방 설비에 대한 설명으로 옳은 것은?
① 상향 공급식이란 송수주관보다 방열기가 낮을 때 상향 분기한 배관이다.
② 배관방법 중 복관식은 증기관과 응축수관이 동일관으로 사용되는 것이다.
③ 리프트 이음은 진공펌프에 의해 응축수를 원활히 끌어올리기 위해 펌프 입구 쪽에 설치한다.
④ 하트포트 접속은 고압증기난방의 증기관과 환수관 사이에 저수위 사고를 방지하기 위한 균형관을 포함한 배관방법이다.

해설 ① 상향공급식은 송수주관보다 방열기가 높을 때 사용한다.
② 단관식은 증기관과 응축수관이 동일관이다.
④ 하트포트 접속은 저압증기 난방용이다.

47 온풍난방기 설치 시 유의사항으로 틀린 것은?
① 기기점검, 수리에 필요한 공간을 확보한다.
② 인화성 물질을 취급하는 실내에는 설치하지 않는다.
③ 실내의 공기온도 분포를 좋게 하기 위하여 창의 위치 등을 고려하여 설치한다.
④ 배기통식 온풍난방기를 설치하는 실내에는 바닥 가까이에 환기구, 천장 가까이에는 연소공기 흡입구를 설치한다.

해설 배기통식 온풍난방기
바닥 가까이는 연소공기 흡입구, 천장 가까이에는 환기구가 설치된다.

48 드럼 없이 수관만으로 되어 있으며 가동시간이 짧고 과열로 파손되어도 비교적 안전한 보일러는?
① 주철제 보일러
② 관류 보일러
③ 원통형 보일러
④ 노통연관식 보일러

해설 관류보일러
증기드럼, 물드럼이 없다. 가동시간이 짧고 효율이 좋으나 스케일 부착이 심하다. 수관으로만 제작된다.

49 공조용 전열교환기에 관한 설명으로 옳은 것은?
① 배열회수에 이용하는 배기는 탕비실, 주방 등을 포함한 모든 공간의 배기를 포함한다.
② 회전형 전열교환기의 로터 구동 모터와 급배기 팬은 반드시 연동 운전할 필요가 없다.
③ 중간기 외기냉방을 행하는 공조시스템의 경우에도 별도의 덕트 없이 이용할 수 있다.
④ 외기량과 배기량의 밸런스를 조정할 때 배기량은 외기량의 40% 이상을 확보해야 한다.

해설 전열 교환기

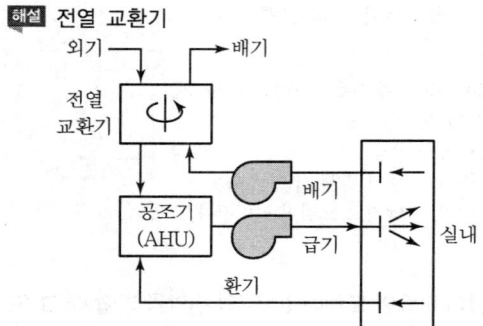

50 표준 대기압 상태에서 100℃의 포화수 2kg을 100℃의 건포화증기로 만드는 데 필요한 열량은?
① 3,320kcal
② 2,435kcal
③ 1,078kcal
④ 539kcal

해설 100℃ 포화수 증발잠열
539kcal/kg(2,257kJ/kg)
열량=2kg×539kcal/kg=1,078kcal

51 공기조화용 덕트 부속기기의 댐퍼 중 주로 소형 덕트의 개폐용으로 사용되며 구조가 간단하고 완전히 닫았을 때 공기의 누설이 적으나 운전 중 개폐 조작에 큰 힘을 필요로 하며 날개가 중간 정도 열렸을 때 와류가 생겨 유량조절용으로 부적당한 댐퍼는?
① 버터플라이 댐퍼
② 평행익형 댐퍼
③ 대향익형 댐퍼
④ 스플릿 댐퍼

해설 버터플라이 댐퍼
날개가 1개이며 풍량조절댐퍼로서 주로 소형 덕트에서 개폐용으로 사용된다.

52 일정 풍량을 이용한 전공기 방식으로 부하변동의 대응이 어려워 정밀한 온습도를 요구하지 않는 극장, 공장 등의 대규모 공간에 적합한 공기조화방식은?

① 정풍량 단일덕트방식
② 정풍량 2중덕트방식
③ 변풍량 단일덕트방식
④ 변풍량 2중덕트방식

해설 정풍량 단일덕트방식
- 전공기 방식이며 부하변동의 대응이 어려워 정밀한 온습도를 요구하지 않는다.
- 극장, 공장 등 대규모 공간에 적합하다. 냉·온풍의 혼합 손실이 없어서 에너지 절약형이다.

53 1차 공조기로부터 보내온 고속공기가 노즐 속을 통과할 때의 유인력에 의하여 2차 공기를 유인하여 냉각 또는 가열하는 방식은?

① 패키지 유닛방식   ② 유인유닛방식
③ 팬코일 유닛방식   ④ 바이패스방식

해설 유인유닛방식(IDU방식)

$$\text{유인비} = \frac{1 \cdot 2\text{차 혼합공기}(TA)}{1\text{차 공기}(PA)}$$

일반적으로 3, 4 정도이고 고층사무소나 호텔, 회관 등의 외부존에 사용된다.

54 건축물의 벽이나 지붕을 통하여 실내로 침입하는 열량을 계산할 때 필요한 요소로 가장 거리가 먼 것은?

① 구조체의 면적
② 구조체의 열관류율
③ 상당외기온도차
④ 차폐계수

해설 건축물의 실내 침입열량은 ①, ②, ③항의 요소이다. (차폐계수는 유리창에 관계된다.)

55 송풍기의 종류 중 전곡형과 후곡형 날개 형태가 있으며 다익 송풍기, 터보 송풍기 등으로 분류되는 송풍기는?

① 원심 송풍기   ② 축류 송풍기
③ 사류 송풍기   ④ 관류 송풍기

해설 원심식 송풍기
- 다익형(전곡형)
- 터보형(후곡형)
- 플레이트형(방사형)
- 익형(후곡형 + 다익형)

56 실내의 현열부하가 52,000kcal/h이고, 잠열부하가 25,000kcal/h일 때 현열비(*SHF*)는?

① 0.72   ② 0.68
③ 0.38   ④ 0.25

해설 $\text{현열비} = \frac{\text{현열}}{\text{현열} + \text{잠열}} = \frac{52,000}{25,000 + 52,000} \fallingdotseq 0.68$

57 개별공조방식의 특징에 관한 설명으로 틀린 것은?

① 설치 및 철거가 간편하다.
② 개별제어가 어렵다.
③ 히트 펌프식은 냉·난방을 겸할 수 있다.
④ 실내 유닛이 분리되어 있지 않은 경우는 소음과 진동이 있다.

해설 개별공조방식
- 히트펌프식
- 패키지식
- 룸쿨러방식
② 개별제어가 용이하다.

58 다음 설명 중 틀린 것은?

① 지구상에 존재하는 모든 공기는 건조공기로 취급된다.
② 공기 중에 수증기가 많이 함유될수록 상대습도는 높아진다.
③ 지구상의 공기는 질소, 산소, 아르곤, 이산화탄소 등으로 이루어졌다.
④ 공기 중에 함유될 수 있는 수증기의 한계는 온도에 따라 달라진다.

해설 지구상의 공기
모두 습공기이다. (약 1% 수증기 포함)

ANSWER | 52. ① 53. ② 54. ④ 55. ① 56. ② 57. ② 58. ①

59 공조용 취출구 종류 중 원형 또는 원추형 팬을 매달아 여기에 토출기류를 부딪히게 하여 천장면을 따라서 수평방향으로 공기를 취출하는 것으로 유인비 및 소음 발생이 적은 것은?
① 팬형 취출구
② 웨이형 취출구
③ 라인형 취출구
④ 아네모스탯형 취출구

해설 팬형 취출구(천장형)
유인비 및 소음발생이 적다. 팬의 위치를 상하로 이동시키므로 기류의 확산 범위를 조정한다.

60 다음 내용의 ( ) 안에 들어갈 용어로 모두 옳은 것은?

> 송풍기 송풍량은 (㉠)이나 기기취득부하에 의해 구해지며 (㉡)는(은) 이들 열 부하 외에 외기부하나 재열부하를 합해서 얻어진다.

① ㉠ 실내취득열량   ㉡ 냉동기용량
② ㉠ 냉각탑방출열량   ㉡ 배관부하
③ ㉠ 실내취득열량   ㉡ 냉각코일용량
④ ㉠ 냉각탑방출열량   ㉡ 송풍기부하

해설 • 송풍기 송풍량 : 실내취득열량+기기취득부하
• 냉각코일 열량 : 실내취득열량+기기취득부하+외기부하+재열부하

59. ① 60. ③ | ANSWER

2016년 1회 공조냉동기계기능사

01 가연성 가스가 있는 고압가스 저장실은 그 외면으로부터 화기를 취급하는 장소까지 몇 m이상의 우회거리를 유지해야 하는가?
① 1m ② 2m
③ 7m ④ 8m

해설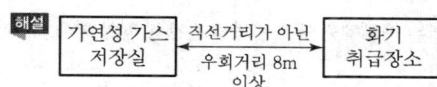

02 가연성 냉매가스 중 냉매설비의 전기설비를 방폭구조로 하지 않아도 되는 것은?
① 에탄 ② 노말부탄
③ 암모니아 ④ 염화메탄

해설 암모니아가스, 브롬화메탄가스는 폭발범위가 좁거나 하한계 값이 높아서 위험성이 적은 관계로 전기설비를 방폭구조로 하지 않아도 된다.

03 일반 공구의 안전한 취급방법이 아닌 것은?
① 공구는 작업에 적합한 것을 사용한다.
② 공구는 사용 전 점검하여 불안전한 공구는 사용하지 않는다.
③ 공구를 옆 사람에게 넘겨줄 때에는 일의 능률 향상을 위하여 던져 신속하게 전달한다.
④ 손이나 공구에 기름이 묻었을 때에는 완전히 닦은 후 사용한다.

해설 공구를 옆 사람에게 넘겨줄 때에는 던지지 말고 직접 전해준다.

04 사고 발생의 원인 중 정신적 요인에 해당되는 항목으로 맞는 것은?
① 불안과 초조
② 수면부족 및 피로
③ 이해부족 및 훈련미숙
④ 안전수칙의 미제정

해설 불안과 초조
사고발생의 정신적 요인

05 프레온 누설 검지에는 할라이드(Halide) 토치를 이용한다. 이때 프레온 냉매의 누설량에 따른 불꽃의 색깔 변화로 옳은 것은?(단, '정상' – '소량 누설' – '다량 누설'순으로 한다.)
① 청색 – 녹색 – 자색
② 자색 – 녹색 – 청색
③ 청색 – 자색 – 녹색
④ 자색 – 청색 – 녹색

해설 프레온 냉매 누설(할라이드 토치 사용) 불꽃색깔
• 정상일 때 : 청색의 색깔변화
• 소량누설 : 녹색의 색깔변화
• 다량누설 : 자색의 색깔변화

06 가스용접장치에서 산소와 아세틸렌 가스를 혼합 분출시켜 연소시키는 장치는?
① 토치 ② 안전기
③ 안전 밸브 ④ 압력 조정기

해설 가스용접용 토치
산소와 아세틸렌가스(C_2H_2)를 혼합시키고 연소시켜 용접한다.

07 휘발유 등 화기의 취급을 주의해야 하는 물질이 있는 장소에 설치하는 인화성 물질 경고표지의 바탕은 무슨 색으로 표시하는가?
① 흰색 ② 노란색
③ 적색 ④ 흑색

해설 인화성 물질 경고표지 바탕색
흰색(답을 노란색으로 채점하는 오류가 발생하여 전 항 정답으로 처리함)

ANSWER | 1.④ 2.③ 3.③ 4.① 5.① 6.① 7.전항정답

08 양중기의 종류 중 동력을 사용하여 중량물을 매달아 상하 및 좌우로 운반하는 기계장치는?
① 크레인   ② 리프트
③ 곤돌라   ④ 승강기

해설 • 크레인 등 양중기 : 호이스트, 크레인(Crane), 와이어로프
• 크레인 : 동력을 사용하여 중량물을 매달아서 상하 및 좌우로 운반한다(방호장치 : 권과방지장치, 과부하방지장치, 비상정지장치, 브레이크장치, 훅 해지장치).

09 다음 중 보일러에서 점화 전에 운전원이 점검 확인하여야 할 사항은?
① 증기압력관리
② 집진장치의 매진처리
③ 노 내 여열로 인한 압력상승
④ 연소실 내 잔류가스 측정

해설 ①, ②, ③항은 보일러 운전 중이나 보일러운전 정지 후 조치사항이고, ④항은 점화 전에 잔류가스를 프리퍼지(환기)하는 작업이다.

10 최신 자동화 설비는 능률적인 만큼 재해를 일으키는 위험성도 그만큼 높아지는 게 사실이다. 자동화 설비를 구입, 사용하고자 할 때 검토해야 할 사항으로 가장 거리가 먼 것은?
① 단락 또는 스위치나 릴레이 고장 시 오동작
② 밸브 계통의 고장에 따른 오동작
③ 전압 강하 및 정전에 따른 오동작
④ 운전 미숙으로 인한 기계설비의 오동작

해설 자동화설비 구입 시 검토사항은 ①, ②, ③항에 해당된다.

11 안전관리의 목적으로 가장 적합한 것은?
① 사회적 안정을 기하기 위하여
② 우수한 물건을 생산하기 위하여
③ 최고 경영자의 경영관리를 위하여
④ 생산성 향상과 생산원가를 낮추기 위하여

해설 안전관리의 목적은 생산성 향상과 생산원가를 낮추기 위함이다.

12 기계 운전 시 기본적인 안전수칙에 대한 설명으로 틀린 것은?
① 작업 중에는 작업범위 외의 어떤 기계도 사용할 수 있다.
② 방호장치는 허가 없이 무단으로 떼어놓지 않는다.
③ 기계운전 중에는 기계에서 함부로 이탈할 수 없다.
④ 기계 고장 시에는 정지 · 고장 표시를 반드시 기계에 부착해야 한다.

해설 작업 중에는 작업범위 내의 기계에 신경을 써야 한다.

13 산업재해 예방을 위한 필요 사항을 지켜야하며, 사업주나 그 밖의 관련 단체에서 실시하는 산업재해 방지에 관한 조치를 따라야 하는 의무자는?
① 근로자
② 관리감독자
③ 안전관리자
④ 안전보건관리책임자

해설 산업재해 방지에 관한 조치를 따라야 하는 의무자는 근로자이다.

14 신규검사에 합격된 냉동용 특정설비의 각인 사항과 그 기호의 연결이 올바르게 된 것은?
① 내용적 : TV
② 용기의 질량 : TM
③ 최고 사용 압력 : FT
④ 내압 시험 압력 : TP

해설 • 내용적 : V   • 용기질량 : W
• 최고충전압력 : FT   • 내압시험압력 : TP

15 다음 기계작업 중 반드시 운전을 정지하고 해야 할 작업의 종류가 아닌 것은?
① 공작기계 정비작업
② 냉동기 누설 검사작업
③ 기계의 날 부분 청소작업
④ 원심기에서 내용물을 꺼내는 작업

8. ① 9. ④ 10. ④ 11. ④ 12. ① 13. ① 14. ④ 15. ② | **ANSWER**

해설 냉동기 누설검사작업은 운전 중에(냉매누설) 조사가 가능하다.

16 브라인에 관한 설명으로 틀린 것은?
① 무기질 브라인 중 염화나트륨이 염화칼슘보다 금속에 대한 부식성이 더 크다.
② 염화칼슘 브라인은 공정점이 낮아 제빙, 냉장 등으로 사용된다.
③ 브라인 냉매의 pH 값은 7.5~8.2(약 알칼리)로 유지하는 것이 좋다.
④ 브라인은 유기질과 무기질로 구분되며 유기질 브라인의 금속에 대한 부식성이 더 크다.

해설 무기질 브라인(2차 간접냉매)
염화칼슘, 염화나트륨, 염화마그네슘이 유기질 브라인 보다 부식성이 크다.

17 수동나사 절삭방법으로 틀린 것은?
① 관 끝은 절삭날이 쉽게 들어갈 수 있도록 약간의 모따기를 한다.
② 관을 파이프 바이스에서 약 150mm 정도 나오게 하고 관이 찌그러지지 않게 주의하면서 단단히 물린다.
③ 나사가 완성되면 편심 핸들을 급히 풀고 절삭기를 뺀다.
④ 나사 절삭기를 관에 끼우고 래칫을 조정한 다음 약 30°씩 회전시킨다.

해설 수동나사 절삭기에서 나사산이 완성되면 편심핸들을 풀고 나사산이 부러지지 않게 절삭기를 서서히 뺀다.

18 냉동장치에서 압력과 온도를 낮추고 동시에 증발기로 유입되는 냉매량을 조절해 주는 장치는?
① 수액기   ② 압축기
③ 응축기   ④ 팽창밸브

해설 팽창밸브
압력과 온도를 낮추고 동시에 냉매가 증발기로 유입되는 냉매량을 조절해준다.

19 냉동능력이 29,980kcal/h인 냉동장치에서 응축기의 냉각수 온도가 입구온도는 32℃, 출구온도는 37℃일 때, 냉각수 수량이 120L/min이라고 하면 이 냉동기의 축동력은?(단, 열손실은 없는 것으로 가정한다.)
① 5kW   ② 6kW
③ 7kW   ④ 8kW

해설 냉각수현열(응축부하)
= 120 × 60분 × 1kcal/kg · ℃ × (37 − 32)
= 36,000kcal/h
축동력부하 = 36,000 − 29,980 = 6,020kcal/h
1kW−h = 860kcal
∴ 축동력(kW) = $\frac{6,020}{860}$ = 7

20 2원 냉동장치에 대한 설명으로 틀린 것은?
① 주로 약 −80℃ 정도의 극저온을 얻는 데 사용된다.
② 비등점이 높은 냉매는 고온 측 냉동기에 사용된다.
③ 저온부 응축기는 고온부 증발기와 열교환을 한다.
④ 중간 냉각기를 설치하여 고온 측과 저온 측을 열교환시킨다.

해설 중간냉각기가 필요한 냉동기는 압축비가 6 이상에서 사용하는 2단 압축에서 필요하다.(중간냉각기 : 저단압축기에 설치하여 저단압축기 토출가스의 과열도를 낮춰준다.)

21 강관에서 나타내는 스케줄 번호(Schedule Number)에 대한 설명으로 틀린 것은?
① 관의 두께를 나타내는 호칭이다.
② 유체의 사용 압력에 비례하고 배관의 허용응력에 반비례한다.
③ 번호가 클수록 관 두께가 두꺼워진다.
④ 호칭지름이 같은 관은 스케줄 번호가 같다.

해설 스케줄 번호(Sch. No) = 10 × $\frac{\text{사용압력(kg/cm}^2\text{)}}{\text{허용응력(kg/mm}^2\text{)}}$
• 스케줄 번호가 클수록 관의 두께가 두껍다.
• 허용응력$\left(\text{인장강도} \times \frac{1}{4} = \frac{\text{인장강도}}{\text{안전율}}\right)$

ANSWER | 16. ④ 17. ③ 18. ④ 19. ③ 20. ④ 21. ④

22 2단압축 냉동사이클에서 중간냉각을 행하는 목적이 아닌 것은?

① 고단 압축기가 과열되는 것을 방지한다.
② 고압 냉매액을 과냉시켜 냉동효과를 증대시킨다.
③ 고압측 압축기의 흡입가스 중 액을 분리시킨다.
④ 저단 측 압축기의 토출가스를 과열시켜 체적효율을 증대시킨다.

해설 중간냉각(Inter-Cooler)의 역할
- 저단압축기의 출구에 설치하여 저단압축기 토출가스의 과열도를 낮춰준다.
- 고압 냉매액을 과랭시켜 냉동효과를 증대시키며 고압 압축기의 흡입가스의 냉매액을 냉매증기와 분리시켜 리퀴드 백(Liquid Back)을 방지한다.

23 기체의 용해도에 대한 설명으로 옳은 것은?

① 고온·고압일수록 용해도가 커진다.
② 저온·저압일수록 용해도가 커진다.
③ 저온·고압일수록 용해도가 커진다.
④ 고온·저압일수록 용해도가 커진다.

해설 기체가 물에 용해할 때 저온이나 고압상태에서 용해도가 커진다.

24 전류계의 측정범위를 넓히는 데 사용되는 것은?

① 배율기   ② 분류기
③ 역률기   ④ 용량분압기

해설 Shunt(분류기)
전류계의 측정범위를 넓히는 데 사용된다.

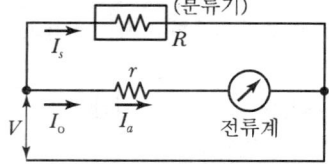

25 어떤 회로에 220V의 교류전압으로 10A의 전류를 통과시켜 1.8kW의 전력을 소비하였다면 이 회로의 역률은?

① 0.72   ② 0.81
③ 0.96   ④ 1.35

해설
$$역률(\%) = \frac{1.8 \times 10^3}{220V \times 10A} = 0.81(81\%)$$
$$\cos\theta(역률) = \frac{P}{VI}, \quad 3상역률 = \frac{P}{\sqrt{3}\,VI}$$

26 유분리기의 설치 위치로서 적당한 곳은?

① 압축기와 응축기 사이
② 응축기와 수액기 사이
③ 수액기와 증발기 사이
④ 증발기와 압축기 사이

해설 유분리기(오일 세퍼레이드)
압축기에서 토출되는 냉매가스 중에 윤활유의 혼입량이 현저하게 많아지면 압축기는 윤활유의 부족이 생기게 된다. 또한 전열이 감소하므로 압축기와 응축기 사이에 설치하여 토출가스 내의 오일(Oil)을 분리시킨다.
종류로는 원심분리형, 가스충돌식, 유속감소식이 있다.

27 강관의 전기용접 접합 시의 특징(가스용접에 비해)으로 옳은 것은?

① 유해 광선의 발생이 적다.
② 용접속도가 빠르고 변형이 적다.
③ 박판용접에 적당하다.
④ 열량 조절이 비교적 자유롭다.

해설 강관의 전기용접(아크용접)은 가스용접에 비해 용접속도가 빠르고 변형이 적다.

28 다음 중 공비혼합물 냉매는?

① R-11   ② R-123
③ R-717   ④ R-500

해설 ① R-11[CCl_3F]
② R-123[C_2HF_3]
③ R-717[NH_3]
④ R-500[$CCl_2F_2 + CH_3CHF_2$]

29 관의 지름이 다를 때 사용하는 이음쇠가 아닌 것은?

① 부싱   ② 레듀서
③ 리턴 밴드 ④ 편심 이경 소켓

ANSWER 22.④ 23.③ 24.② 25.② 26.① 27.② 28.④ 29.③

해설

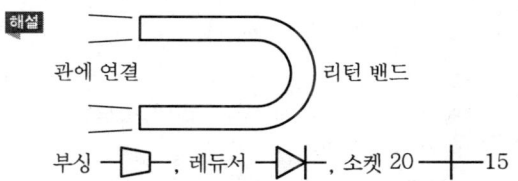

30 KS규격에서 SPPW는 무엇을 나타내는가?
① 배관용 탄소강 강관
② 압력배관용 탄소강 강관
③ 수도용 아연도금 강관
④ 일반구조용 탄소강 강관

해설 ① 배관용 탄소강 강관 : SPP
② 압력배관용 탄소강 강관 : SPPS
③ 수도용 아연도금 강관 : SPPW
④ 일반구조용 탄소강 강관 : SPS

31 다음 냉동장치의 제어장치 중 온도제어장치에 해당되는 것은?
① T.C
② L.P.S
③ E.P.R
④ O.P.S

해설 • 온도제어(T.C : 서모미터 컨트롤)
 − 바이메탈식
 − 가스압력식
 − 전기저항식
• LPS(저압차단 스위치)
• OPS(유압보호 스위치)
• EPR(증발압력 조절밸브)

32 공기 냉각용 증발기로서 주로 벽 코일 동결실의 선반으로 사용되는 증발기의 형식은?
① 만액식 쉘 앤 튜브식 증발기
② 보데로형 증발기
③ 탱크식 증발기
④ 캐스케이드식 증발기

해설 캐스케이드식 증발기
공기냉각용 증발기로서 주로 벽 코일 동결실의 선반으로 사용된다.(액냉매와 냉매가스를 분리해가는 방식으로 양호한 전열을 얻을 수 있다.)

33 CA냉장고의 주된 용도는?
① 제빙용
② 청과물보관용
③ 공조용
④ 해산물보관용

해설 CA냉장고
청과물을 보관하는 용도의 냉장고(과일과 야채 등의 생체식품 저장 시 저장기간 동안 호흡을 억제하기 위하여 공기 중의 O_2를 줄이고 CO_2를 늘린 인공공기를 저장고 안에 불어넣어서 체내 소비를 줄여 장기간 물질을 유지하고 저장고 내의 온도를 낮춘다.)

34 전기장의 세기를 나타내는 것은?
① 유전속 밀도
② 전하 밀도
③ 정전력
④ 전기력선 밀도

해설 전기장의 세기
전기력선 밀도에 비례한다.(전기장 : 정전력이 작용하는 공간)

35 고속다기통 압축기에 관한 설명으로 틀린 것은?
① 고속이므로 냉동능력에 비하여 소형 경량이다.
② 다른 압축기에 비하여 체적효율이 양호하며, 각 부품 교환이 간단하다.
③ 등적 밸런스가 양호하여 진동이 적고 운전 중 소음이 적다.
④ 용량제어가 타기에 비하여 용이하고, 자동운전 및 무부하 기동이 가능하다.

해설 고속다기통 압축기
압축비가 커지면 체적효율의 감소가 많아지며 능력이 감소하고 동력손실이 많아진다.(기통의 밸런스를 잡기 위해 4, 6, 8, 12, 16 기통 등 짝수로 제작한다.)

36 논리곱 회로라고 하며 입력신호 A, B가 있을 때 A, B 모두가 "1" 신호로 됐을 때만 출력 C가 "1" 신호로 되는 회로는?(단, 논리식은 $A \cdot B = C$이다.)
① OR 회로
② NOT 회로
③ AND 회로
④ NOR 회로

해설 AND(논리곱 회로)

A	B	X
0	0	0
0	1	0
1	0	0
1	1	1

$A \circ\!\!-\!\!\!\supset\!\!\!\circ X \quad X = A \cdot B$
$B \circ\!\!-$

37 30℃에서 2Ω의 동선이 온도 70℃로 상승하였을 때, 저항은 얼마가 되는가?(단, 동선의 저항온도계수는 0.0042이다.)

① 2.3Ω　　　② 3.3Ω
③ 5.3Ω　　　④ 6.3Ω

해설 $R_t = R_0(1 + a\Delta t)$
$\Delta t = 70 - 30 = 40℃$
∴ $R_t = 2(1 + 0.0042 \times 40) = 2.3Ω$

38 단열압축, 등온압축, 폴리트로픽 압축에 관한 사항 중 틀린 것은?

① 압축일량은 등온압축이 제일 작다.
② 압축일량은 단열압축이 제일 크다.
③ 압축가스 온도는 폴리트로픽 압축이 제일 높다.
④ 실제 냉동기의 압축방식은 폴리트로픽 압축이다.

해설 압축가스 온도는 단열압축 시 제일 높다.
(등온<폴리트로픽<단열압축)

39 다음 설명 중 틀린 것은?

① 냉동능력 2kW는 약 0.52 냉동톤(RT)이다.
② 냉동능력 10kW, 압축기 동력 4kW인 냉동장치의 응축부하는 14kW이다.
③ 냉매증기를 단열 압축하면 온도는 높아지지 않는다.
④ 진공계의 지시값이 10cmHg인 경우, 절대압력은 약 0.9kgf/cm²이다.

해설
① $\dfrac{1RT = 3{,}320 \text{kcal/h}}{2 \times 860} = 0.52RT$
② 응축부하 = 10 + 4 = 14kW
③ 냉매증기를 단열 압축시키면 압력증가, 온도상승
④ 76 - 10 = 66cmHg
∴ $1{,}033 \times \dfrac{66}{76} = 0.9 \text{kgf/cm}^2$

40 $P-h$ 선도의 등건조도선에 대한 설명으로 틀린 것은?

① 습증기 구역 내에서만 존재하는 선이다.
② 건도가 0.2는 습증기 중 20%는 액체, 80%는 건조포화증기를 의미한다.
③ 포화액의 건도는 0이고 건조포화증기의 건도는 1이다.
④ 등건조도선을 이용하여 팽창밸브 통과 후 발생한 플래시 가스량을 알 수 있다.

해설 건도(x) 0.2 : 증기 20%, 액체 80%에 해당된다.

41 펌프의 캐비테이션 방지대책으로 틀린 것은?

① 양흡입 펌프를 사용한다.
② 흡입관경을 크게 하고 길이를 짧게 한다.
③ 펌프의 설치 위치를 낮춘다.
④ 펌프 회전수를 빠르게 한다.

해설 펌프의 캐비테이션(Cavitation)
액 중에 어느 부분의 정압이 그때 물의 온도에 해당하는 증기압 이하로 되어서 물이 증기로 변화하여 기포가 발생하는 현상으로(공동현상) 펌프의 회전속도를 낮추면 방지된다.

42 왕복동식과 비교하여 회전식 압축기에 관한 설명으로 틀린 것은?

① 잔류가스의 재팽창에 의한 체적효율의 감소가 적다.
② 직결구동에 용이하며 왕복동에 비해 부품수가 적고 구조가 간단하다.
③ 회전식 압축기는 조립이나 조정에 있어 정밀도가 요구되지 않는다.
④ 왕복동식에 비해 진동과 소음이 적다.

37. ① 38. ③ 39. ③ 40. ② 41. ④ 42. ③ | ANSWER

해설 **회전식(Rotary Compressor) 압축기**
회전용 브레이드가 있다. 압축이 연속적이라 고진공을 얻을 수 있고 진공펌프로 많이 사용한다. 토출밸브가 역지밸브로 되어있고 일반적으로 소용량에 많이 사용한다. 고압용이며 회전자(Rotor)는 피스턴식, 베인식(Vane)이 있고 베인식은 2단 압축기의 부스터(저압용)로 많이 사용한다.

43 원심식 냉동기의 서징현상에 대한 설명 중 옳지 않은 것은?
① 흡입가스 유량이 증가되어 냉매가 어느 한계치 이상으로 운전될 때 주로 발생한다.
② 서징현상 발생 시 전류계의 지침이 심하게 움직인다.
③ 운전 중 고·저압의 차가 증가하여 냉매가 임펠러를 통과할 때 역류하는 현상이다.
④ 소음과 진동을 수반하고 베어링 등 운동부분에서 급격한 마모현상이 발생한다.

해설 **서징(Surging) 현상**
펌프운전 시 송출압력과 송출유량이 주기적으로 변동하여 펌프입구 및 출구에 설치된 진공계 압력의 지침이 흔들리는 현상(흡입가스 한계치 이하)

44 다음 중 응축기와 관계가 없는 것은?
① 스월(Swirl)
② 쉘 앤 튜브(Shell and Tube)
③ 로핀 튜브(Low Finned Tube)
④ 감온통(Thermo Sensing Bulb)

해설 **감온통**
온도식 자동 팽창밸브에서 감온통은 증발기 출구 수평관에 설치한다.(감온통이 과열되면 리퀴드백(Liquid Back)의 우려가 있다)

45 흡수식 냉동장치에 설치되는 안전장치의 설치 목적으로 가장 거리가 먼 것은?
① 냉수 동결방지
② 흡수액 결정방지
③ 압력상승방지
④ 압축기 보호

해설 **흡수식의 사이클**
증발기 → 흡수기 → 재생기 → 응축기(압축기의 부착은 설치되지 않는다.)

46 다음 중 효율은 그다지 높지 않고 풍량과 동력의 변화가 비교적 많으며 환기·공조 저속덕트용으로 주로 사용되는 송풍기는?
① 시로코 팬
② 축류 송풍기
③ 에어 포일팬
④ 프로펠러형 송풍기

해설 **시로코 팬(다익팬)**
효율은 그다지 높지 않고 풍량과 동력의 변화가 비교적 많은 원심식 송풍기로서 환기나 공조 등 저속덕트용으로 사용한다.

47 히트펌프 방식에서 냉·난방 절환을 위해 필요한 밸브는?
① 감압 밸브
② 2방 밸브
③ 4방 밸브
④ 전동 밸브

해설 **히트펌프 4방 밸브**
냉·난방 시 절환(환절기 사용)을 위해 필요하다.

48 실내 취득 감열량이 35,000kcal/h이고, 실내로 유입되는 송풍량이 9,000m³/h일 때 실내의 온도를 25℃로 유지하려면 실내로 유입되는 공기의 온도를 약 몇 ℃로 해야 되는가? (단, 공기의 비중량은 1.29kg/m³, 공기의 비열은 0.24kcal/kg·℃로 한다.)
① 9.5℃
② 10.6℃
③ 12.6℃
④ 14.8℃

해설 송풍량 = 9,000 × 1.29 = 11,610kg/h
35,000 = 11,610 × 0.24 × (25 − x)
∴ $x = 25 - \left(\dfrac{35,000}{11,610 \times 0.24}\right) = 12.5℃$

49 냉각코일의 종류 중 증발관 내에 냉매를 팽창시켜 그 냉매의 증발잠열을 이용하여 공기를 냉각시키는 것은?
① 건코일
② 냉수코일
③ 간접팽창코일
④ 직접팽창코일

해설 **직접팽창코일**
냉매의 증발잠열을 이용하여 공기를 냉각시킨다.(간접식은 브라인식이다. 현열을 이용한다.)

ANSWER | 43. ① 44. ④ 45. ④ 46. ① 47. ③ 48. ③ 49. ④

50 다음 중 상대습도를 맞게 표시한 것은?

① $\varphi = \dfrac{습공기수증기분압}{포화수증기압} \times 100$

② $\varphi = \dfrac{포화수증기압}{습공기수증기분압} \times 100$

③ $\varphi = \dfrac{습공기수증기중량}{포화수증기압} \times 100$

④ $\varphi = \dfrac{포화수증기중량}{습공기수증기중량} \times 100$

해설 상대습도$(\varphi) = \dfrac{습공기수증기분압}{포화수증기압} \times 100$

51 팬형가습기에 대한 설명으로 틀린 것은?

① 가습의 응답속도가 느리다.
② 팬 속의 물을 강제적으로 증발시켜 가습한다.
③ 패키지형의 소형 공조기에 많이 사용한다.
④ 가습장치 중 효율이 가장 우수하며, 가습량을 자유로이 변화시킬 수 있다.

해설 전열식(가습팬형)
가습기는 수면의 면적이 적어서 가습량이 적다. 가습팬 내에 물을 증기 또는 전열기로 가열하여 물을 증발에 의해 가습한다.

52 건물의 바닥, 천장, 벽 등에 온수를 통하는 관을 구조체에 매설하고 아파트, 주택 등에 주로 사용되는 난방 방법은?

① 복사난방　② 증기난방
③ 온풍난방　④ 전기히터난방

해설
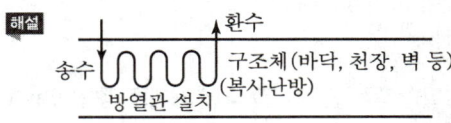

53 어떤 방의 체적이 2×3×2.5m이고, 실내온도를 21℃로 유지하기 위하여 실외온도 5℃의 공기를 3회/h로 도입할 때 환기에 의한 손실열량은?(단, 공기의 비열은 0.24kcal/kg·℃, 비중량은 1.2kg/m³이다.)

① 207.4kcal/h　② 381.2kcal/h
③ 465.7kcal/h　④ 727.2kcal/h

해설 면적 및 부피용량$(V) = 2 \times 3 \times 2.5 = 15\text{m}^3$
$15 \times 1.2 = 18\text{kg}$(공기질량)
환기손실열량$(\theta) = \{18 \times 0.24 \times (21-5)\} \times 3$
$= 207.4\text{kcal/h}$

54 환수주관을 보일러 수면보다 높은 위치에 배관하는 것은?

① 강제순환식　② 건식 환수관식
③ 습식 환수관식　④ 진공환수관식

해설
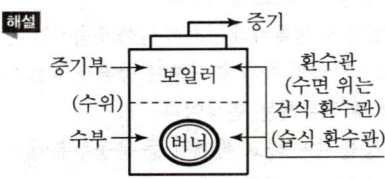

55 온풍난방에 사용되는 온풍로의 배치에 대한 설명으로 틀린 것은?

① 덕트 배관은 짧게 한다.
② 굴뚝의 위치가 되도록 가까워야 한다.
③ 온풍로의 후면(방문쪽)은 벽에 붙여 고정한다.
④ 습기와 먼지가 적은 장소를 선택한다.

해설
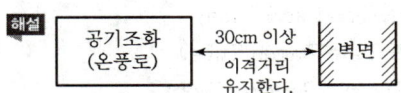

56 공기조화방식의 중앙식 공조방식에서 수-공기방식에 해당되지 않는 것은?

① 이중 덕트방식
② 유인 유닛방식
③ 팬코일유닛방식(덕트 병용)
④ 복사냉난방방식(덕트 병용)

해설 전공기방식
• 단일덕트방식
• 2중덕트방식

50. ① 51. ④ 52. ① 53. ① 54. ② 55. ③ 56. ① | ANSWER

57 다음 중 대기압 이하의 열매증기를 방출하는 구조로 되어 있는 보일러는?
① 무압 온수보일러
② 콘덴싱 보일러
③ 유동층 연소보일러
④ 진공식 온수보일러

해설 진공식 보일러 증기온도
90℃(진공압 700mmHg 부압에서) 증기로 온수를 생산하여 공급하는 부압용(대기압 이하) 보일러이다.

58 실내오염공기의 유입을 방지해야 하는 곳에 적합한 환기법은?
① 자연환기법 ② 제1종 환기법
③ 제2종 환기법 ④ 제3종 환기법

해설 제2종 환기법
급기팬과 자연배기의 조합

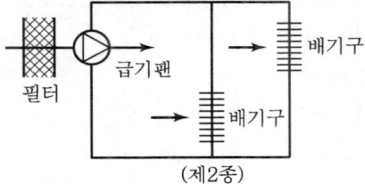
(제2종)

59 배관 및 덕트에 사용되는 보온 단열재가 갖추어야 할 조건이 아닌 것은?
① 열전도율이 클 것
② 안전사용 온도범위에 적합할 것
③ 불연성 재료로서 흡습성이 작을 것
④ 물리·화학적 강도가 크고 시공이 용이할 것

해설 보온단열재는 열전도율(kcal/mh℃)이 적어야 한다.(오염공기의 침입은 방지하고 연소용 공기가 필요한 곳에 설치한다.)

60 냉열원기기에서 열교환기를 설치하는 목적으로 틀린 것은?
① 압축기 흡입가스를 과열시켜 액 압축을 방지시킨다.
② 프레온 냉동장치에서 액을 과냉각시켜 냉동효과를 증대시킨다.
③ 플래시 가스 발생을 최소화한다.
④ 증발기에서의 냉매 순환량을 증가시킨다.

해설 냉열원기기에서 열교환기를 설치하는 목적은 증발기에서 냉매 순환량을 낮추어 동력소비를 감소시키는 것이다.(프레온 냉매 사용 시, 만액식 증발기 사용 시, 유회수 시 냉매와 오일을 분리시키기 위해서 설치한다.)

ANSWER | 57. ④ 58. ③ 59. ① 60. ④

2016년 2회 공조냉동기계기능사

01 용접기 취급상 주의사항으로 틀린 것은?
① 용접기는 환기가 잘되는 곳에 두어야 한다.
② 2차 측 단자의 한쪽 및 용접기의 외통은 접지를 확실히 해 둔다.
③ 용접기는 지표보다 약간 낮게 두어 습기의 침입을 막아 주어야 한다.
④ 감전의 우려가 있는 곳에서는 반드시 전격방지기를 설치한 용접기를 사용한다.

해설 용접기의 습기 방지
용접기는 지표보다 약간 높게 두어 습기의 침입을 막아야 한다.

02 냉동기 검사에 합격한 냉동기에는 다음 사항을 명확히 각인한 금속박판을 부착하여야 한다. 각인할 내용에 해당되지 않는 것은?
① 냉매가스의 종류
② 냉동능력(RT)
③ 냉동기 제조자의 명칭 또는 약호
④ 냉동기 운전조건(주위온도)

해설 검사에 합격한 냉동기의 명판에 각인할 내용으로 냉동기 운전조건이나 주위온도는 포함되지 않는다.

03 냉동장치를 정상적으로 운전하기 위한 유의사항이 아닌 것은?
① 이상고압이 되지 않도록 주의한다.
② 냉매부족이 없도록 한다.
③ 습압축이 되도록 한다.
④ 각 부의 가스 누설이 없도록 유의한다.

해설 냉매는 항상 건압축이 되어야 압축기에서 냉매액으로 인한 액해머(리퀴드 해머)가 방지된다.

04 전동공구 작업 시 감전의 위험성을 방지하기 위해 해야 하는 조치는?
① 단전   ② 감지
③ 단락   ④ 접지

해설 접지
전동공구 작업 시 감전의 위험성을 방지하기 위해 접지하여야 한다.

05 냉동장치를 설비 후 운전할 때 [보기]의 작업순서로 올바르게 나열된 것은?

[보기]
㉠ 냉각운전   ㉡ 냉매충전
㉢ 누설시험   ㉣ 진공시험
㉤ 배관의 방열공사

① ㉢→㉣→㉡→㉤→㉠
② ㉣→㉤→㉢→㉡→㉠
③ ㉢→㉤→㉣→㉡→㉠
④ ㉣→㉡→㉢→㉤→㉠

해설 냉동장치 운전 작업순서
㉢→㉣→㉡→㉤→㉠

06 배관 작업 시 공구 사용에 대한 주의사항으로 틀린 것은?
① 파이프 리머를 사용하여 관 안쪽에 생기는 거스러미 제거 시 손가락에 상처를 입을 수 있으므로 주의해야 한다.
② 스패너 사용 시 볼트에 적합한 것을 사용해야 한다.
③ 쇠톱 절단 시 당기면서 절단한다.
④ 리드형 나사절삭기 사용 시 조(Jaw) 부분을 고정시킨 다음 작업에 임한다.

해설 배관작업에서 쇠톱작업은 항상 밀면서 절단한다.

1. ③ 2. ④ 3. ③ 4. ④ 5. ① 6. ③ | ANSWER

07 다음 중 소화방법으로 건조사를 이용하는 화재는?
① A급   ② B급
③ C급   ④ D급

해설 ① A급 화재 : 일반화재(목재, 종이, 섬유 등 화재)
② B급 화재 : 유류 및 가스화재(연소 후 재가 남지 않는 화재)
③ C급 화재 : 전기화재
④ D급 화재 : 금속분 화재(마른 모래, 팽창질석, 팽창진주암 사용)

08 해머 작업 시 안전수칙으로 틀린 것은?
① 사용 전에 반드시 주위를 살핀다.
② 장갑을 끼고 작업하지 않는다.
③ 담금질된 재료는 강하게 친다.
④ 공동해머 사용 시 호흡을 잘 맞춘다.

해설 해머 작업 시 담금질(열처리)된 재료는 약하게 친다. 또한 담금질 공구는 사용을 제한한다.

09 기계설비의 본질적 안전화를 위해 추구해야 할 사항으로 가장 거리가 먼 것은?
① 풀 프루프(Fool Proof)의 기능을 가져야 한다.
② 안전 기능이 기계설비에 내장되어 있지 않도록 한다.
③ 조작상 위험이 가능한 없도록 한다.
④ 페일 세이프(Fail Safe)의 기능을 가져야 한다.

해설 기계설비의 본질적 안전화를 위해 안전 기능이 기계설비에 내장되도록 한다.

10 산업안전보건기준에 관한 규칙에 의하면 작업장의 계단 폭은 얼마 이상으로 하여야 하는가?
① 50cm   ② 100cm
③ 150cm   ④ 200cm

해설 작업장의 계단 폭
안전을 위하여 100cm(1m) 이상으로 한다.

11 안전모와 안전대의 용도로 적당한 것은?
① 물체 비산 방지용이다.
② 추락재해 방지용이다.
③ 전도 방지용이다.
④ 용접작업 보호용이다.

해설 안전모와 안전대의 사용목적
추락재해 방지

12 공구의 취급에 관한 설명으로 틀린 것은?
① 드라이버에 망치질을 하여 충격을 가할 때에는 관통 드라이버를 사용하여야 한다.
② 손 망치는 타격의 세기에 따라 적당한 무게의 것을 골라서 사용하여야 한다.
③ 나사 다이스는 구멍에 암나사를 내는 데 쓰고, 핸드탭은 수나사를 내는 데 사용한다.
④ 파이프 렌치의 알에는 이가 있어 상처를 주기 쉬우므로 연질 배관에는 사용하지 않는다.

해설 • 나사 다이스 : 수나사를 내는 공구
• 핸드탭 : 구멍에 암나사 내는 공구

13 가스보일러의 점화 시 착화가 실패하여 연소실의 환기가 필요한 경우, 연소실 용적의 약 몇 배 이상 공기량을 보내어 환기를 행해야 하는가?
① 2   ② 4
③ 3   ④ 10

해설 가스보일러 점화 시 점화가 실패하면 연소실 환기(포스트 퍼지)는 연소실 용적의 4배 이상 환기를 시킨다.

14 컨베이어 등을 사용하여 작업할 때 작업 시작 전 점검사항에 해당되지 않는 것은?
① 원동기 및 풀리 기능의 이상 유무
② 이탈 등의 방지장치 기능의 이상 유무
③ 비상정지장치 기능의 이상 유무
④ 작업면의 기울기 또는 요철 유무

ANSWER | 7.④ 8.③ 9.② 10.② 11.② 12.③ 13.② 14.④

해설 컨베이어(Conveyor) 안전장치
- 비상정지장치
- 덮개 또는 울
- 건널다리
- 역전 방지장치

15 산소 압력 조정기의 취급에 대한 설명으로 틀린 것은?
① 조정기를 견고하게 설치한 다음 가스누설 여부를 비눗물로 점검한다.
② 조정기는 정밀하므로 충격이 가해지지 않도록 한다.
③ 조정기는 사용 후에 조정나사를 늦추어서 다시 사용할 때 가스가 한꺼번에 흘러나오는 것을 방지한다.
④ 조정기의 각부에 작동이 원활하도록 기름을 친다.

해설
- 산소(조연성 가스=지연성 가스) 압력 조정기에는 기름 사용을 금지한다.
- 조연성(지연성) 가스 : 연소성을 도와주는 가스(공기, 산소, 오존, 염소 등)

16 1kg 기체가 압력 200kPa, 체적 0.5m³의 상태로부터 압력 600kPa, 체적 1.5m³로 상태변화하였다. 이 변화에서 기체 내부의 에너지변화가 없다고 하면 엔탈피의 변화는?
① 500kJ만큼 증가
② 600kJ만큼 증가
③ 700kJ만큼 증가
④ 800kJ만큼 증가

해설 200kPa에서 0.5m³(kg당)
600kPa에서 1.5m³(kg당)
∴ (600×1.5)−(200×0.5)=800kJ

17 냉동장치의 냉매배관의 시공상 주의점으로 틀린 것은?
① 흡입관에서 두 개의 흐름이 합류하는 곳은 T이음으로 연결한다.
② 압축기와 응축기가 같은 위치에 있는 경우 토출관은 일단 세워 올려 하향구배로 한다.
③ 흡입관의 입상이 매우 길 때는 약 10m마다 중간에 트랩을 설치한다.
④ 2대 이상의 압축기가 각각 독립된 응축기에 연결된 경우 토출관 내부에 가능한 응축기 입구 가까이에 균압관을 설치한다.

해설 냉동장치에서 T이음을 금지한다.

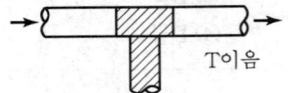

18 냉동장치의 냉매계통 중에 수분이 침입하였을 때 일어나는 현상을 열거한 것으로 틀린 것은?
① 프레온 냉매는 수분에 용해되지 않으므로 팽창밸브를 동결 폐쇄시킨다.
② 침입한 수분이 냉매나 금속과 화학반응을 일으켜 냉매계통의 부식, 윤활유의 열화 등을 일으킨다.
③ 암모니아는 물에 잘 녹으므로 침입한 수분이 동결하는 장애가 적은 편이다.
④ R−12는 R−22보다 많은 수분을 용해하므로, 팽창밸브 등에서의 수분동결의 현상이 적게 일어난다.

해설 R−22($CHClF_2$)은 R−12(CCl_2F_2)보다 수분의 용해도가 크다.
※ 수분의 냉매에 대한 용해도(g/100g)
- R−12 : 0.0026
- R−22 : 0.06

19 프레온계 냉매의 특성에 관한 설명으로 틀린 것은?
① 열에 대한 안정성이 좋다.
② 수분과의 용해성이 극히 크다.
③ 무색, 무취로 누설 시 발견이 어렵다.
④ 전기 절연성이 우수하므로 밀폐형 압축기에 적합하다.

해설 프레온계 냉매는 암모니아계 냉매보다 수분과의 용해성이 극히 적다.
※ 암모니아 수분의 용해도 : 89.9g/100g

20 만액식 증발기에서 냉매 측 전열을 좋게 하는 조건으로 틀린 것은?
① 냉각관이 냉매에 잠겨 있거나 접촉해 있을 것
② 열전달 증가를 위해 관 간격이 넓을 것
③ 유막이 존재하지 않을 것
④ 평균 온도차가 클 것

해설 만액식 증발기는 증발기 내 냉매액이 75%, 냉매가스가 25%이다. 전열이 양호하다.
- 액체 냉각용 증발기로 사용된다.
- 냉매 측의 전열을 좋게 하려면 관이 냉매액에 잠겨있거나, 관경이 작고 관간격의 폭이 좁을 것

21 냉동장치의 배관 설치 시 주의사항으로 틀린 것은?
① 냉매의 종류, 온도 등에 따라 배관재료를 선택한다.
② 온도변화에 의한 배관의 신축을 고려한다.
③ 기기 조작, 보수, 점검에 지장이 없도록 한다.
④ 굴곡부는 가능한 적게 하고 곡률 반경을 작게 한다.

해설
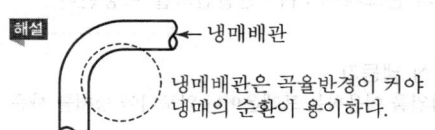
냉매배관은 곡률반경이 커야 냉매의 순환이 용이하다.

22 흡입배관에서 압력손실이 발생하면 나타나는 현상이 아닌 것은?
① 흡입압력의 저하
② 토출가스 온도의 상승
③ 비체적 감소
④ 체적효율 저하

해설 냉매가스 비체적(m^3/kg)이 감소하려면 압력을 증가시킨다.

23 흡수식 냉동사이클에서 흡수기와 재생기는 증기 압축식 냉동사이클의 무엇과 같은 역할을 하는가?
① 증발기
② 응축기
③ 압축기
④ 팽창밸브

해설 흡수식 = 증발기 → 흡수기 → 재생기(압축기 역할) → 냉동기
응축기 → 증발기로 회향

24 어떤 저항 R에 100V의 전압이 인가해서 10A의 전류가 1분간 흘렀다면 저항 R에 발생한 에너지는?
① 70,000J
② 60,000J
③ 50,000J
④ 40,000J

해설 에너지$(H) = \frac{1}{4.186} I^2 Rt ≒ 0.24 I^2 Rt(cal) = I^2 Rt(J)$
$1W \cdot s = 1J$, 1분=60초
$1J/s = 1W$
$R(저항) = \frac{V}{I} = \frac{100}{10} = 10Ω$
∴ $H = (10 \times 10) \times 10Ω \times 60 = 60,000J(60kJ)$

25 임계점에 대한 설명으로 옳은 것은?
① 어느 압력 이상에서 포화액이 증발이 시작됨과 동시에 건포화 증기로 변하게 되는데, 포화액선과 건포화 증기선이 만나는 점
② 포화온도하에서 증발이 시작되어 모두 증발하기까지의 온도
③ 물이 어느 온도에 도달하면 온도는 더 이상 상승하지 않고 증발을 시작하는 온도
④ 일정한 압력하에서 물체의 온도가 변화하지 않고 상(相)이 변화하는 점

해설 임계점(K)
어느 압력 이상에서 포화액의 증발이 시작됨과 동시에 건포화 증기로 변하게 되는데, 포화액선과 건포화 증기선이 만나는 점

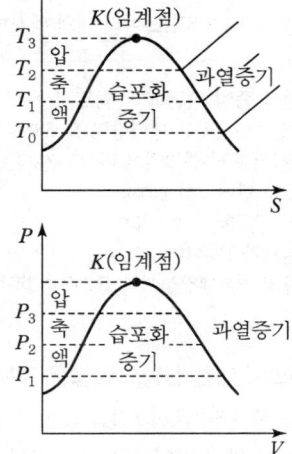

26 관의 직경이 크거나 기계적 강도가 문제될 때 유니온 대용으로 결합하여 쓸 수 있는 것은?
① 이경소켓
② 플랜지
③ 니플
④ 부싱

ANSWER | 21. ④ 22. ③ 23. ③ 24. ② 25. ① 26. ②

해설
- ─┤├─ : 유니온(50mm 미만 관에 사용)
- ─┨┠─ : 플랜지(50mm 이상 관에 사용)
- ─┼── : 나사이음(소구경용)

27 동관 작업 시 사용되는 공구와 용도에 관한 설명으로 틀린 것은?
① 플레어링 툴 세트 – 관을 압축 접합할 때 사용
② 튜브벤더 – 관을 구부릴 때 사용
③ 익스팬더 – 관 끝을 오므릴 때 사용
④ 사이징 툴 – 관을 원형으로 정형할 때 사용

해설 익스팬더
동관의 확관용 공구

28 액 순환식 증발기에 대한 설명으로 옳은 것은?
① 오일이 체류할 우려가 크고 제상 자동화가 어렵다.
② 냉매량이 적게 소요되며 액펌프, 저압수액기 등 설비가 간단하다.
③ 증발기 출구에서 액은 80% 정도이고, 기체는 20% 정도 차지한다.
④ 증발기가 하나라도 여러 개의 팽창밸브가 필요하다.

해설 액 순환식 증발기(냉매액 펌프 사용)
증발기에서 증발하는 냉매량의 4~6배의 액을 액펌프로 강제 순환시키며 타 증발기에 비해 20% 전열이 양호하다.(냉매액 80%, 냉매기체 20%)
- 오일이 체류할 우려가 없다.
- 팽창밸브가 1개이다.
- 대용량의 저온냉장실이나 급속동결장치에 사용된다.

29 팽창밸브에 대한 설명으로 옳은 것은?
① 압축 증대장치로 압력을 높이고 냉각시킨다.
② 액봉이 쉽게 일어나고 있는 곳이다.
③ 냉동부하에 따른 냉매액의 유량을 조절한다.
④ 플래시 가스가 발생하지 않는 곳이며, 일명 냉각장치라 부른다.

해설 팽창밸브(저온·저압의 냉매액이다.)
- 액봉이 일어나지 않고 플래시 가스가 발생한다.
- 냉동부하에 따라 냉매량을 공급한다.
- 증발기에서 냉매가 증발하기 용이하도록 압력과 온도를 저하시킨다.

30 증기 압축식 냉동장치의 냉동원리에 관한 설명으로 가장 적합한 것은?
① 냉매의 팽창열을 이용한다.
② 냉매의 증발잠열을 이용한다.
③ 고체의 승화열을 이용한다.
④ 기체의 온도차에 의한 현열변화를 이용한다.

해설 증기압축식 냉동기
냉매의 잠열을 이용하는 프레온이나 암모니아 냉매를 사용한다.
- 잠열 – NH_3 : 313.5kcal/kg
  – $R-11$: 45.8kcal/kg
  – $R-12$: 38.57kcal/kg
  – $R-22$: 52kcal/kg

31 정현파 교류에서 전압의 실효값(V)을 나타내는 식으로 옳은 것은?(단, 전압의 최댓값을 V_m, 평균값을 V_a라고 한다.)
① $V = \dfrac{V_a}{\sqrt{2}}$
② $V = \dfrac{V_m}{\sqrt{2}}$
③ $V = \dfrac{\sqrt{2}}{V_m}$
④ $V = \dfrac{\sqrt{2}}{V_a}$

해설 정현파 교류에서 교류의 실효값과 최댓값
$V = \dfrac{1}{\sqrt{2}} \cdot V_m$, 실효값 $= \sqrt{v^2 \text{의 평균}}$, 실효값(V, I)

정현파 교류의 실효값

32 용적형 압축기에 대한 설명으로 틀린 것은?
① 압축실 내의 체적을 감소시켜 냉매의 압력을 증가시킨다.
② 압축기의 성능은 냉동능력, 소비동력, 소음, 진동값 및 수명 등 종합적인 평가가 요구된다.
③ 압축기의 성능을 측정하는 데 유용한 두 가지 방법은 성능계수와 단위 냉동능력당 소비동력을 측정하는 것이다.
④ 개방형 압축기의 성능계수는 전동기와 압축기의 운전효율을 포함하는 반면, 밀폐형 압축기의 성능계수에는 전동기 효율이 포함되지 않는다.

해설 냉동기 성능계수 = $\dfrac{냉동효과}{압축기\ 일의\ 열당량}$
(개방형, 밀폐형 모두 전동기의 효율이 포함된다.)

33 냉매 건조기(Dryer)에 관한 설명으로 옳은 것은?
① 암모니아 가스관에 설치하여 수분을 제거한다.
② 압축기와 응축기 사이에 설치한다.
③ 프레온은 수분에 잘 용해되지 않으므로 팽창밸브에서의 동결을 방지하기 위하여 설치한다.
④ 건조제로는 황산, 염화칼슘 등의 물질을 사용한다.

해설 냉매 건조기(제습기 : Dryer)
프레온 냉동장치에서 수분의 침입으로 인한 팽창밸브 동결을 방지하기 위해 설치한다.
• 설치위치(응축기나 수액기에 가까운 쪽)
응축기 → 사이트글라스 → 냉매건조기 → 팽창밸브

34 스윙(Swing)형 체크밸브에 관한 설명으로 틀린 것은?
① 호칭치수가 큰 관에 사용된다.
② 유체의 저항이 리프트(Lift)형보다 적다.
③ 수평배관에만 사용할 수 있다.
④ 핀을 축으로 하여 회전시켜 개폐한다.

해설 • 리프트형 체크밸브 (수평 배관용)
• 스윙형 체크밸브 (수직, 수평 배관용)

35 냉동사이클 내를 순환하는 동작유체로서 잠열에 의해 열을 운반하는 냉매로 가장 거리가 먼 것은?
① 1차 냉매 ② 암모니아(NH_3)
③ 프레온(Freon) ④ 브라인(Brine)

해설 브라인 간접냉매(2차 냉매)
온도 변화에 의한 현열(감열) 변화 이용 냉매

36 직접 식품에 브라인을 접촉시키는 것이 아니고 얇은 금속판 내에 브라인이나 냉매를 통하게 하여 금속판의 외면과 식품을 접촉시켜 동결하는 장치는?
① 접촉식 동결장치
② 터널식 공기 동결장치
③ 브라인 동결장치
④ 송풍 동결장치

해설 접촉식 동결장치
식품에 브라인 냉매를 직접 접촉시키는 것이 아니고 금속판 내에 브라인이나 냉매를 통하게 하여 금속판의 외면과 식품을 접촉시켜 동결하는 장치이다.

37 냉동 부속 장치 중 응축기와 팽창밸브 사이의 고압관에 설치하며, 증발기의 부하 변동에 대응하여 냉매 공급을 원활하게 하는 것은?
① 유분리기 ② 수액기
③ 액분리기 ④ 중간 냉각기

해설 압축기 → 응축기 → 수액기 → 팽창밸브
(수액기 : 증발기의 부하 변동에 대응하여 냉매 공급을 원활하게 하는 냉매저장고)

38 냉매의 구비 조건으로 틀린 것은?
① 증발잠열이 클 것
② 표면장력이 작을 것
③ 임계온도가 상온보다 높을 것
④ 증발압력이 대기압보다 낮을 것

해설 냉매의 증발압력은 대기압보다 높다. 액화는 비교적 저압에서 해야 한다.

ANSWER | 32. ④ 33. ③ 34. ③ 35. ④ 36. ① 37. ② 38. ④

39 비열비를 나타내는 공식으로 옳은 것은?

① 정적비열/비중
② 정압비열/비중
③ 정압비열/정적비열
④ 정적비열/정압비열

해설 기체의 비열비 $(K) = \dfrac{\text{정압비열}(CP)}{\text{정적비열}(CV)} = > 1$

• 비열비(K)는 항상 1보다 크다.

40 LNG 냉열 이용 동결장치의 특징으로 틀린 것은?

① 식품과 직접 접촉하여 급속 동결이 가능하다.
② 외기가 흡입되는 것을 방지한다.
③ 공기에 분산되어 있는 먼지를 철저히 제거하여 장치 내부에 눈이 생기는 것을 방지한다.
④ 저온공기의 풍속을 일정하게 확보함으로써 식품과의 열전달계수를 저하시킨다.

해설 LNG(CH_4 가스) 냉열 이용으로 동결하면 저온공기의 풍속을 일정하게 확보하여 식품과의 열전달계수($W/m^2 \cdot K$)를 증가시킨다.(메탄 CH_4의 비점 : -161.5℃)

41 열에너지를 효율적으로 이용할 수 있는 방법 중 하나인 축열장치의 특징에 관한 설명으로 틀린 것은?

① 저속 연속운전에 의한 고효율 정격운전이 가능하다.
② 냉동기 및 열원설비의 용량을 감소할 수 있다.
③ 열회수 시스템의 적용이 가능하다.
④ 수질관리 및 소음관리가 필요 없다.

해설 축열장치는 수질관리나 소음관리가 잘 되면 열에너지및 환경적으로 또는 효율적으로 이용할 수 있다.(축열 : 수(水) 축열, 빙(氷) 축열)

42 암모니아 냉동장치에서 팽창밸브 직전의 온도가 25℃, 흡입가스의 온도가 -10℃인 건조포화 증기인 경우, 냉매 1kg당 냉동효과가 350kcal이고, 냉동능력 15RT가 요구될 때의 냉매순환량은?

① 139kg/h
② 142kg/h
③ 188kg/h
④ 176kg/h

해설 냉동기 1RT=3,320kcal/h
15RT=49,800kcal
∴ 냉매순환량$(G) = \dfrac{RT}{\text{냉동효과}} = \dfrac{49,800}{350} = 142$kg/h

43 흡수식 냉동기에서 냉매순환과정을 바르게 나타낸 것은?

① 재생(발생)기 → 응축기 → 냉각(증발)기 → 흡수기
② 재생(발생)기 → 냉각(증발)기 → 흡수기 → 응축기
③ 응축기 → 재생(발생)기 → 냉각(증발)기 → 흡수기
④ 냉각(증발)기 → 응축기 → 흡수기 → 재생(발생)기

해설 흡수식 냉동기 냉매(H_2O)의 순환과정
재생기 → 응축기 → 증발기 → 흡수기

44 증발기 내의 압력에 의해서 작동하는 팽창밸브는?

① 저압 측 플로트 밸브
② 정압식 자동팽창 밸브
③ 온도식 자동팽창 밸브
④ 수동 팽창 밸브

해설 정압식 팽창 밸브(AEV)
AEV 팽창밸브로서 증발기 내의 압력을 일정하게 유지하기 위해 사용한다.(벨로스나 다이어프램 사용)

45 2단 압축 냉동사이클에서 중간냉각기가 하는 역할로 틀린 것은?

① 저단압축기의 토출가스 온도를 낮춘다.
② 냉매가스를 과냉각시켜 압축비를 상승시킨다.
③ 고단압축기로의 냉매액 흡입을 방지한다.
④ 냉매액을 과냉각시켜 냉동효과를 증대시킨다.

해설 2단 압축(압축비가 6 이상)
압축비의 증가로 토출가스의 온도가 현저하게 상승하여 냉동기 체적효율 감소가 발생된다. 이것을 방지하기 위해 2단계로 나누어 저단 측 압축기에서 고단 측 압축기로 압력을 높여준다.(저단 측 압축기에서는 중간 압력까지 상승시킨다.)

• 중간 압력(P_m)
$\sqrt{\text{증발절대압력} \times \text{응축절대압력}} = kg_f/cm^2 abs$

39. ③ 40. ④ 41. ④ 42. ② 43. ① 44. ② 45. ② | **ANSWER**

46 어떤 상태의 공기가 노점온도보다 낮은 냉각코일을 통과하였을 때 상태변화를 설명한 것으로 틀린 것은?
① 절대습도 저하 ② 상대습도 저하
③ 비체적 저하   ④ 건구온도 저하

해설 공기가 노점온도보다 낮은 냉각코일을 통과하면 상대습도가 증가한다.

냉각코일

47 팬의 효율을 표시하는 데 있어서 사용되는 전압효율에 대한 올바른 정의는?
① 축동력/공기동력
② 공기동력/축동력
③ 회전속도/송풍기 크기
④ 송풍기 크기/회전속도

해설 송풍기 팬 전압효율(η)
$\eta = \dfrac{공기동력}{축동력} \times 100(\%)$

48 다음 중 일반적으로 실내공기의 오염 정도를 알아보는 지표로 사용하는 것은?
① CO_2 농도   ② CO 농도
③ PM 농도   ④ H 농도

해설 CO_2 가스
일반적으로 실내공기의 오염 정도를 알아보는 지표의 가스

49 덕트에서 사용되는 댐퍼의 사용 목적에 관한 설명으로 틀린 것은?
① 풍량조절 댐퍼 – 공기량을 조절하는 댐퍼
② 배연 댐퍼 – 배연덕트에서 사용되는 댐퍼
③ 방화 댐퍼 – 화재 시에 연기를 배출하기 위한 댐퍼
④ 모터 댐퍼 – 자동제어장치에 의해 풍량조절을 위해 모터로 구동되는 댐퍼

해설 방화댐퍼(FD : Fire Damper)
화재 발생 시 덕트를 통해 다른 곳으로 화재가 번지는 것을 방지하기 위함이다.(루버형, 피봇형, 슬라이드형, 스윙형 등이 있다.)

50 실내 현열 손실량이 5,000kcal/h일 때, 실내온도를 20℃로 유지하기 위해 36℃ 공기 몇 m³/h를 실내로 송풍해야 하는가?(단, 공기의 비중량은 1.2kgf/m³, 정압비열은 0.24kcal/kg · ℃이다.)
① 885m³/h   ② 1,085m³/h
③ 1,250m³/h ④ 1,350m³/h

해설 $Q' = Q \times r \times C_p \times \Delta t \,(\text{kcal/h})$
$5,000 = Q \times 1.2 \times 0.24 \times (36 - 20)$
$\therefore Q = \dfrac{5,000}{1.2 \times 0.24 \times 16} = 1,085 \text{m}^3/\text{h}$

51 공기 세정기에서 유입되는 공기를 정화시키기 위해 설치하는 것은?
① 루버   ② 댐퍼
③ 분무노즐 ④ 엘리미네이터

해설
• 루버(Louver) : 공기세정기에서 유입되는 공기를 정화시키기 위해 설치한다.
• 엘리미네이터(Eliminator) : 세정기 출구에서 물방울 제거
• 플러딩 노즐(Flooding Nozzle) : 엘리미네이터의 더러워짐을 물로 청소한다.

52 단일덕트 정풍량 방식의 특징으로 옳은 것은?
① 각 실마다 부하 변동에 대응하기가 곤란하다.
② 외기 도입을 충분히 할 수 없다.
③ 냉풍과 온풍을 동시에 공급할 수 있다.
④ 변풍량에 비하여 에너지 소비가 적다.

해설 단일덕트 정풍량 방식(전공기 방식)
• 각 실마다 부하 변동에 대응하기가 곤란하다.
• 외기 도입이 충분하다.
• 냉풍, 온풍의 동시 공급은 불가능하다.
• 변풍량에 비하여 에너지 소비가 크다.

53 보일러에서 배기가스의 현열을 이용하여 급수를 예열하는 장치는?
① 절탄기   ② 재열기
③ 증기 과열기 ④ 공기 가열기

ANSWER | 46. ② 47. ② 48. ① 49. ③ 50. ② 51. ① 52. ① 53. ①

해설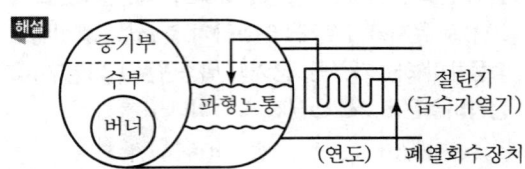

54 감습장치에 대한 설명으로 옳은 것은?
① 냉각식 감습장치는 감습만을 목적으로 사용하는 경우 경제적이다.
② 압축식 감습장치는 감습만을 목적으로 하면 소요동력이 커서 비경제적이다.
③ 흡착식 감습장치는 액체에 의한 감습보다 효율이 좋으나 낮은 노점까지 감습이 어려워 주로 큰 용량의 것에 적합하다.
④ 흡수식 감습장치는 흡착식에 비해 감습효율이 떨어져 소규모 용량에만 적합하다.

해설 • 냉각식 : 소형, 대형이 있고 감습만 하는 경우 비경제적이다.
• 흡착식 : 고체(실리카겔, 활성알루미나, 아드솔 사용) : 흡수용량에 한계가 있어 재생이 필요하다.
• 흡수식(액체제습) : 염화리튬(LiCl)이나 트리에틸렌글리콜 사용으로 흡수성이 큰 액체를 사용하므로 용량이 큰 경우에 사용된다.

55 실내 상태점을 통과하는 현열비선과 포화곡선과의 교점을 나타내는 온도로서 취출 공기가 실내 잠열부하의 상당 수분을 제거하는 데 필요한 코일 표면온도를 무엇이라 하는가?
① 혼합온도
② 바이패스 온도
③ 실내 장치노점온도
④ 설계온도

해설 실내 장치노점온도
실내 상태점을 통과하는 현열비선과 포화곡선의 교점을 나타내는 온도(취출 공기가 실내의 잠열부하에 상당하는 수분을 제거하는 코일표면온도)

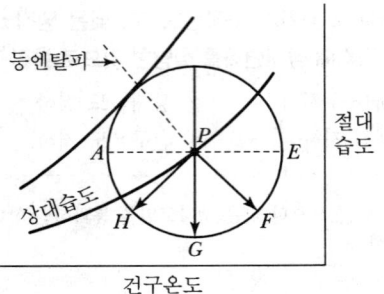

※ 노점온도 하강
• $P \rightarrow F$ • $P \rightarrow G$
• $P \rightarrow H$ • $P \rightarrow E$(불변)

56 다음 중 개별식 공조방식에 해당되는 것은?
① 팬코일 유닛 방식(덕트 병용)
② 유인 유닛 방식
③ 패키지 유닛 방식
④ 단일 덕트 방식

해설 개별식 공조방식
• 패키지형
• 히트펌프식
• 룸 쿨러식

57 증기난방에 사용되는 부속기인 감압밸브를 설치하는 데 있어서 주의사항으로 틀린 것은?
① 감압밸브는 가능한 한 사용개소에 가까운 곳에 설치한다.
② 감압밸브로 응축수를 제거한 증기가 들어오지 않도록 한다.
③ 감압밸브 앞에는 반드시 스트레이너를 설치하도록 한다.
④ 바이패스는 수평 또는 위로 설치하고, 감압밸브의 구경과 동일한 구경으로 하거나 1차 측 배관지름보다 한 치수 적은 것으로 한다.

해설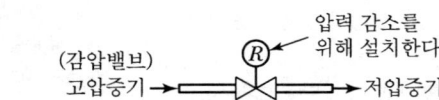
압력 감소를 위해 설치한다.

58 회전식 전열교환기의 특징에 관한 설명으로 틀린 것은?

① 로터의 상부에서 외기공기를 통과하고 하부에서 실내공기가 통과한다.
② 열교환은 현열뿐 아니라 잠열도 동시에 이루어진다.
③ 로터를 회전시키면서 실내공기의 배기공기와 외기공기를 열교환한다.
④ 배기공기는 오염물질이 포함되지 않으므로 필터를 설치할 필요가 없다.

해설 단일덕트용 전열교환기

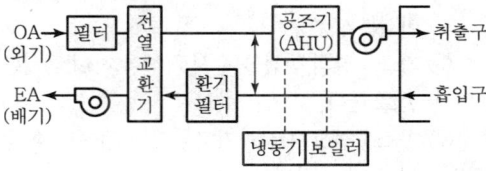

59 온풍난방에 대한 장점이 아닌 것은?

① 예열시간이 짧다.
② 실내 온습도 조절이 비교적 용이하다.
③ 기기 설치장소의 선정이 자유롭다.
④ 단열 및 기밀성이 좋지 않은 건물에 적합하다.

해설 온풍난방
단열 및 기밀성이 좋은 건물에 설치한다.
• 온풍가열원 : 오일, 가스 등 사용

60 다음 설명 중 틀린 것은?

① 대기압에서 0℃ 물의 증발잠열은 약 597.3kcal/kg이다.
② 대기압에서 0℃ 공기의 정압비열은 약 0.44kcal/kg·℃이다.
③ 대기압에서 20℃의 공기 비중량은 약 1.2kgf/m³이다.
④ 공기의 평균 분자량은 약 28.96kg/kmol이다.

해설 • 공기의 표준정압비열=0.24kcal/kg·℃
• 대기압 하에서 H_2O의 표준정압비열=0.44kcal/kg·℃

ANSWER | 58. ④ 59. ④ 60. ②

2016년 3회 공조냉동기계기능사

01 보일러 운전 중 수위가 저하되었을 때 위해를 방지하기 위한 장치는?
① 화염 검출기 ② 압력차단기
③ 방폭문 ④ 저수위 경보장치

해설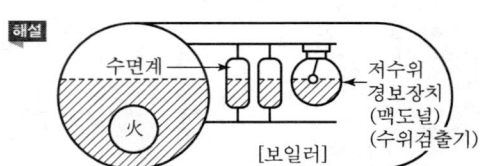

02 보호구 선택 시 유의사항으로 적절하지 않은 것은?
① 용도에 알맞아야 한다.
② 품질이 보증된 것이어야 한다.
③ 쓰기 쉽고 취급이 쉬워야 한다.
④ 겉모양이 호화스러워야 한다.

해설 보호구 선택 시 유의사항은 ①, ②, ③항을 기준한다.

03 보일러 취급 시 주의사항으로 틀린 것은?
① 보일러의 수면계 수위는 중간위치를 기준수위로 한다.
② 점화 전에 미연소가스를 방출시킨다.
③ 연료계통의 누설 여부를 수시로 확인한다.
④ 보일러 저부의 침전물 배출은 부하가 가장 클 때 하는 것이 좋다.

해설 보일러 저부의 침전물 배출(수저분출)은 부하가 가장 적을 때나 운전이 끝난 후에 실시한다.

04 보일러 취급 부주의로 작업자가 화상을 입었을 때 응급처치 방법으로 적당하지 않은 것은?
① 냉수를 이용하여 화상부의 화기를 빼도록 한다.
② 물집이 생겼으면 터뜨리지 않고 상처부위를 보호한다.
③ 기계유나 변압기유를 바른다.
④ 상처부위를 깨끗이 소독한 다음 상처를 보호한다.

해설 보일러 취급 중 작업자 화상 시 가장 기본으로 아연화 연고를 바르고 병원으로 이송시킨다.

05 가스용접 작업 시 유의사항으로 적절하지 못한 것은?
① 산소병은 60℃ 이하 온도에서 보관하고 직사광선을 피해야 한다.
② 작업자의 눈을 보호하기 위해 차광안경을 착용해야 한다.
③ 가스누설의 점검을 수시로 해야 하며 점검은 비눗물로 한다.
④ 가스용접장치는 화기로부터 일정거리 이상 떨어진 곳에 설치해야 한다.

해설 각종 가스용기는 항상 40℃ 이하로 유지하여 사용한다.

06 다음 발화온도가 낮아지는 조건 중 옳은 것은?
① 발열량이 높을수록
② 압력이 낮을수록
③ 산소농도가 낮을수록
④ 열전도도가 낮을수록

해설 발열량이 높을수록 발화온도가 낮아지고, 압력이 높을수록, 산소농도가 풍부할수록, 열전도가 좋을수록 발화(착화)온도가 낮아진다.

07 산소 – 아세틸렌 용접 시 역화의 원인으로 가장 거리가 먼 것은?
① 토치 팁이 과열되었을 때
② 토치에 절연장치가 없을 때
③ 사용가스의 압력이 부적당할 때
④ 토치 팁 끝이 이물질로 막혔을 때

해설 절연장치
전기용접(아크용접)에 필요하다.

1. ④ 2. ④ 3. ④ 4. ③ 5. ① 6. ① 7. ② | ANSWER

08 안전사고의 원인으로 불안전한 행동(인적 원인)에 해당하는 것은?
① 불안전한 상태 방치
② 구조재료의 부적합
③ 작업환경의 결함
④ 복장, 보호구의 결함

해설 산업재해 발생모델
- 불안전한 행동(부주의, 실수, 착오, 안전조치 미이행)
- 불안전한 상태(기계·설비 결함, 방호장치 결함, 작업환경 결함)

09 기계설비에서 일어나는 사고의 위험요소로 가장 거리가 먼 것은?
① 협착점   ② 끼임점
③ 고정점   ④ 절단점

해설 기계설비 고정점에서는 사고가 잘 일어나지 않는다.

10 줄 작업 시 안전사항으로 틀린 것은?
① 줄의 균열 유무를 확인한다.
② 부러진 줄은 용접하여 사용한다.
③ 줄은 손잡이가 정상인 것만을 사용한다.
④ 줄 작업에서 생긴 가루는 입으로 불지 않는다.

해설 줄이 부러진 경우에는 새것으로 교체하여 사용한다.

11 해머(Hammer)의 사용에 관한 유의사항으로 거리가 가장 먼 것은?
① 쇄기를 박아서 손잡이가 튼튼하게 박힌 것을 사용한다.
② 열간 작업 시에는 식히는 작업을 하지 않아도 계속해서 작업할 수 있다.
③ 타격면이 닳아 경사진 것은 사용하지 않는다.
④ 장갑을 끼지 않고 작업을 진행한다.

해설 해머로 열간 작업 시 식히는 작업을 하면서 작업이 가능하다.

12 재해예방의 4가지 기본원칙에 해당되지 않는 것은?
① 대책선정의 원칙   ② 손실우연의 원칙
③ 예방가능의 원칙   ④ 재해통계의 원칙

해설 재해예방 4원칙
- 손실우연의 원칙
- 원인계기의 원칙
- 예방가능의 원칙
- 대책선정의 원칙

13 아크용접작업 기구 중 보호구와 관계없는 것은?
① 용접용 보안면   ② 용접용 앞치마
③ 용접용 홀더   ④ 용접용 장갑

해설 용접용 홀더
지지구로서 아크용접에서 용접봉을 집고 전류를 통하는 기구로서 Holder라고 한다.

14 안전관리 감독자의 업무로 가장 거리가 먼 것은?
① 작업 전·후 안전점검 실시
② 안전작업에 관한 교육훈련
③ 작업의 감독 및 지시
④ 재해 보고서 작성

해설 안전관리는 작업이 실시되는 중에 점검이 매우 필요하다.

15 정(Chisel)의 사용 시 안전관리에 적합하지 않은 것은?
① 비산 방지판을 세운다.
② 올바른 치수와 형태의 것을 사용한다.
③ 칩이 끊어져 나갈 무렵에는 힘주어서 때린다.
④ 담금질한 재료는 정으로 작업하지 않는다.

해설 정 작업 시 물건의 칩이 끊어져 나갈 무렵에는 약하게 때린다.

16 저항이 250Ω이고 40W인 전구가 있다. 점등 시 전구에 흐르는 전류는?
① 0.1A   ② 0.4A
③ 2.5A   ④ 6.2A

해설
- 전류$(I) = \dfrac{Q}{t}$(A), 전기량$(Q) = It$(C)

ANSWER | 8. ① 9. ③ 10. ② 11. ② 12. ④ 13. ③ 14. ① 15. ③ 16. ②

- 시간$(t)=\dfrac{Q}{I}$ (sec), 전류$(I)=\dfrac{V}{\Omega}$ (A)
- 전력$(P)=VI=I^2R=\dfrac{V^2}{W}$

$\therefore I=\sqrt{\dfrac{P}{R}}=\sqrt{\dfrac{40}{250}}=0.4\text{A}$

17 바깥지름 54mm, 길이 2.66m, 냉각관 수 28개로 된 응축기가 있다. 입구 냉각수온 22℃, 출구 냉각수온 28℃이며 응축온도는 30℃이다. 이때 응축부하는? (단, 냉각관의 열통과율은 900kcal/m² · h · ℃이고, 온도차는 산술 평균 온도차를 이용한다.)

① 25,300kcal/h ② 43,700kcal/h
③ 56,859kcal/h ④ 79,682kcal/h

해설
- 산술 평균 온도차 $=30-\dfrac{22+28}{2}=5℃$
- 냉각관 면적 $=\pi DL_n=3.14\times 0.054\times 2.66\times 28=13\text{m}^2$

$\therefore$ 응축부하$(Q_c)=900\times 13\times 5=56,859\text{kcal/h}$

18 관 절단 후 절단부에 생기는 거스러미를 제거하는 공구는?
① 클립 ② 사이징 툴
③ 파이프 리머 ④ 쇠 톱

해설 파이프 리머
배관의 관 절단 후 절단부에 생기는 거스러미를 제거하는 공구이다.

19 암모니아(NH₃) 냉매에 대한 설명으로 틀린 것은?
① 수분에 잘 용해된다.
② 윤활유에 잘 용해된다.
③ 독성, 가연성, 폭발성이 있다.
④ 전열성능이 양호하다.

해설 암모니아는 윤활유에 잘 용해하지 않으므로 유(오일)분리기가 필요하다.

20 자기유지(Self Holding)에 관한 설명으로 옳은 것은?
① 계전기 코일에 전류를 흘려서 여자시키는 것
② 계전기 코일에 전류를 차단하여 자화 성질을 잃게 되는 것
③ 기기의 미소 시간 동작을 위해 동작되는 것
④ 계전기가 여자된 후에도 동작 기능이 계속해서 유지되는 것

해설 자기유지
계전기가 여자된 후에도 동작 기능이 계속해서 유지되는 것

21 냉동기에서 열교환기는 고온유체와 저온유체를 직접 혼합 또는 원형 동관으로 유체를 분리하여 열교환하는데 다음 설명 중 옳은 것은?
① 동관 내부를 흐르는 유체는 전도에 의한 열전달이 된다.
② 동관 내벽에서 외벽으로 통과할 때는 복사에 의한 열전달이 된다.
③ 동관 외벽에서는 대류에 의한 열전달이 된다.
④ 동관 내부에서 동관 외벽까지 복사, 전도, 대류의 열전달이 된다.

해설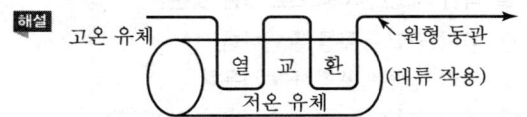

22 증발열을 이용한 냉동법이 아닌 것은?
① 압축 기체 팽창 냉동법
② 증기 분사식 냉동법
③ 증기 압축식 냉동법
④ 흡수식 냉동법

해설 ① 공기액화분리장치에 해당된다.

23 열전 냉동법의 특징에 관한 설명으로 틀린 것은?
① 운전부분으로 인해 소음과 진동이 생긴다.
② 냉매가 필요 없으므로 냉매 누설로 인한 환경오염이 없다.
③ 성적계수가 증기 압축식에 비하여 월등히 떨어진다.
④ 열전소자의 크기가 작고 가벼워 냉동기를 소형, 경량으로 만들 수 있다.

해설 열전 냉동법(Peltier Effect)은 두 종류의 금속을 접속하여 직류전기가 통하면 접합부에서 열의 방출과 흡수가 일어나는 현상을 이용하여 저온을 얻는 냉동방법이다.

24 왕복식 압축기 크랭크축이 관통하는 부분에 냉매나 오일이 누설되는 것을 방지하는 것은?
① 오일링　　② 압축링
③ 축봉장치　　④ 실린더재킷

해설 축봉장치
왕복식 압축기 크랭크축이 관통하는 부분에 냉매나 오일이 누설되는 것을 방지한다.

25 냉동장치에 사용하는 윤활유인 냉동기유의 구비조건으로 틀린 것은?
① 응고점이 낮아 저온에서도 유동성이 좋을 것
② 인화점이 높을 것
③ 냉매와 분리성이 좋을 것
④ 왁스(Wax) 성분이 많을 것

해설 냉동기 오일은 산에 대한 안정성이 좋고 왁스 성분이 적어야 한다.

26 불연속 제어에 속하는 것은?
① ON-OFF 제어　　② 비례 제어
③ 미분 제어　　④ 적분 제어

해설 • 제1항 : 불연속제어(2 위치 동작) 동작
• 제2, 3, 4항 : 연속제어 동작

27 다음의 $P-h$(모리엘)선도는 현재 어떤 상태를 나타내는 사이클인가?

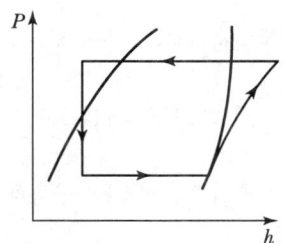

① 습냉각　　② 과열압축
③ 습압축　　④ 과냉각

해설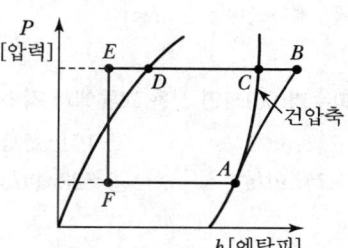

• A → B(압축)　　• B → C(과열제거)
• C → D(응축액화)　　• D → E(과냉각)
• E → F(교축)　　• F → A(증발)

28 냉동기에 냉매를 충전하는 방법으로 틀린 것은?
① 액관으로 충전한다.
② 수액기로 충전한다.
③ 유분리기로 충전한다.
④ 압축기 흡입측에 냉매를 기화시켜 충전한다.

해설 유(오일)분리기
압축기와 응축기사이에 설치하여 토출가스 중의 오일을 분리하는 기기이다.

29 브라인을 사용할 때 금속의 부식 방지법으로 틀린 것은?
① 브라인의 pH를 7.5~8.2 정도로 유지한다.
② 공기와 접촉시키고, 산소를 용입시킨다.
③ 산성이 강하면 가성소다로 중화시킨다.
④ 방청제를 첨가한다.

해설 브라인(Brine) 2차 간접냉매(무기질, 유기질)는 공기와 접촉하면 금속이 부식되므로 산소와는 접촉시키지 않는다.

30 흡수식 냉동기에 관한 설명으로 틀린 것은?
① 압축식에 비해 소음과 진동이 적다.
② 증기, 온수 등 배열을 이용할 수 있다.
③ 압축식에 비해 설치 면적 및 중량이 크다.
④ 흡수식은 냉매를 기계적으로 압축하는 방식이며, 열적(熱的)으로 압축하는 방식은 증기 압축식이다.

ANSWER | 24. ③ 25. ④ 26. ① 27. ④ 28. ③ 29. ② 30. ④

해설 흡수식 냉동기의 냉매는 물이며 흡수제는 리튬브로마이드(LiBr)이다. 고온재생기에서 버너에 의한 비점차의 열적으로 흡수제와 냉매를 분리시킨다.

31 주파수가 60Hz인 상용 교류에서 각속도는?
① 141rad/s   ② 171rad/s
③ 377rad/s   ④ 623rad/s

해설 주파수(f) = $\frac{1}{T}$(Hz), $T = \frac{1}{f}$(sec)
$f = 60$Hz, 각속도(W) = $2\pi \times 60 = 377$(rad/s)
- T(sec) : 주기(1사이클에 대한 시간)
- 각속도(각주파수) : $W = \frac{\theta}{t} = \frac{2\pi}{T} = 2\pi f$(rad/sec)

32 흡입압력 조정밸브(SPR)에 대한 설명으로 틀린 것은?
① 흡입압력이 일정압력 이하가 되는 것을 방지한다.
② 저전압에서 높은 압력으로 운전될 때 사용된다.
③ 종류에는 직동식, 내부 파이롯트 작동식, 외부 파이롯트 작동식 등이 있다.
④ 흡입압력의 변동이 많은 경우에 사용한다.

해설 흡입압력 조정밸브는 증발기와 압축기 사이의 흡입관에 설치하며 흡입압력이 소정압력 이상이 되었을 때 과부하에 의한 압축기용 전동기의 소손을 방지하기 위해 설치한다.

33 다음 중 제빙장치의 주요 기기에 해당되지 않는 것은?
① 교반기   ② 양빙기
③ 송풍기   ④ 탈빙기

해설 제빙장치(1RT = 1.65RT 능력)의 구성요소
교반기, 양빙기, 탈빙기

34 다음 중 프로세스 제어에 속하는 것은?
① 전압   ② 전류
③ 유량   ④ 속도

해설 프로세스 제어
온도, 유량, 압력, 액위, 농도 등의 공업 프로세스의 상태량으로 하는 제어이다.(위치는 서어보 기구이다).

35 배관의 신축 이음쇠의 종류로 가장 거리가 먼 것은?
① 스위블형   ② 루프형
③ 트랩형   ④ 벨로즈형

해설 배관 신축 이음쇠
- 스위블형
- 루프형
- 벨로즈형
③ 트랩형 : 응축수 제거용(스팀트랩)

36 증기분사 냉동법에 관한 설명으로 옳은 것은?
① 융해열을 이용하는 방법
② 승화열을 이용하는 방법
③ 증발열을 이용하는 방법
④ 펠티어 효과를 이용하는 방법

해설 증기분사 냉동법
증발기, 이젝터, 복수기, 냉수 및 복수펌프 등으로 구성되어 있으며 증기 이젝터의 노즐에서 분사되는 증기의 흡입작용으로 증발기 내를 진공으로 만들어 상부에서 살포되는 냉수의 일부가 증발하면서 나머지 물을 냉각시켜 냉수펌프로 부하 측에 보낸다.

37 냉동장치에 수분이 침입되었을 때 에멀션 현상이 일어나는 냉매는?
① 황산   ② R-12
③ R-22   ④ NH_3

해설 NH_3 : 암모니아 냉매는 수분과 용해하여 에멀션 유탁액(Emulsion) 현상이 촉진된다.

38 역카르노 사이클에 대한 설명 중 옳은 것은?
① 2개의 압축과정과 2개의 증발과정으로 이루어져 있다.
② 2개의 압축과정과 2개의 응축과정으로 이루어져 있다.
③ 2개의 단열과정과 2개의 등온과정으로 이루어져 있다.
④ 2개의 증발과정과 2개의 응축과정으로 이루어져 있다.

해설 역카르노(냉동 사이클) : 40번 해설 참고
- A → B(단열압축 = 등엔트로피 = 압축기)
- B → C(정압방열 = 응축기)
- C → D(교축과정 = 등엔탈피 = 팽창밸브)
- D → A(등온정압팽창 = 증발기 = 냉동효과)

39 프레온 냉동장치의 배관에 사용되는 재료로 가장 거리가 먼 것은?

① 배관용 탄소강 강관
② 배관용 스테인리스 강관
③ 이음매 없는 동관
④ 탈산 동관

해설 배관용 탄소강 강관(SPP)
암모니아 냉매 배관에 유리하다.

40 표준냉동사이클의 모리엘($P-h$) 선도에서 압력이 일정하고, 온도가 저하되는 과정은?

① 압축과정　　② 응축과정
③ 팽창과정　　④ 증발과정

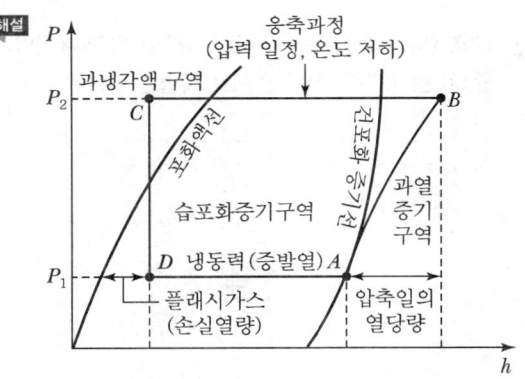

41 냉동장치에서 가스 퍼저(Purger)를 설치할 경우, 가스의 인입선은 어디에 설치해야 하는가?

① 응축기와 증발기 사이에 한다.
② 수액기와 팽창밸브 사이에 한다.
③ 응축기와 수액기의 균압관에 한다.
④ 압축기의 토출관으로부터 응축기의 3/4되는 곳에 한다.

해설 가스 퍼저 설치 시 가스의 인입선은 응축기와 수액기의 균압관에 설치한다.

42 배관의 중간이나 밸브, 각종 기기의 접속 및 보수점검을 위하여 관의 해체 또는 교환 시 필요한 부속품은?

① 플랜지　　② 소켓
③ 밴드　　④ 바이패스관

해설 플랜지, 유니언
배관의 중간이나 밸브, 각종 기기의 접속 및 보수점검 시 관의 해체 또는 교환 시 필요한 부품이다.

43 저단 측 토출가스의 온도를 냉각시켜 고단 측 압축기가 과열되는 것을 방지하는 것은?

① 부스터　　② 인터쿨러
③ 팽창탱크　　④ 콤파운드 압축기

해설 인터쿨러
저단 측 토출가스의 온도를 냉각시켜 고단 측 압축기가 과열되는 것을 방지하는 기기이다.

44 축봉장치(Shaft Seal)의 역할로 가장 거리가 먼 것은?

① 냉매 누설 방지
② 오일 누설 방지
③ 외기 침입 방지
④ 전동기의 슬립(Slip) 방지

해설 축봉장치
왕복동식 압축기의 부속품이다. 그 역할은 ①, ②, ③항이다.

45 냉동사이클에서 증발온도를 일정하게 하고 응축온도를 상승시켰을 경우의 상태변화로 옳은 것은?

① 소요동력 감소　　② 냉동능력 증대
③ 성적계수 증대　　④ 토출가스 온도 상승

해설 증발온도가 일정(저압)하고 응축온도(응축압력 : 고압)가 상승되면 압축비가 높아져서 토출가스 온도 상승, 소요동력 증대, 성적계수 감소 등이 나타난다.

ANSWER | 39. ① 40. ② 41. ③ 42. ① 43. ② 44. ④ 45. ④

46 개별 공조방식의 특징이 아닌 것은?
① 취급이 간단하다.
② 외기 냉방을 할 수 있다.
③ 국소적인 운전이 자유롭다.
④ 중앙방식에 비해 소음과 진동이 크다.

해설 실내 설치용 개별공조방식은 외기량이 부족하여 외기 냉방이 불편하다.

47 공조방식 중 각층 유닛 방식의 특징으로 틀린 것은?
① 각 층의 공조기 설치로 소음과 진동의 발생이 없다.
② 각 층별로 부분 부하운전이 가능하다.
③ 중앙기계실의 면적을 작게 차지하고 송풍기 동력도 적게 든다.
④ 각 층 슬래브의 관통 덕트가 없게 되므로 방재상 유리하다.

해설 각 층 유닛방식(전공기방식)
각 층마다 독립된 유닛(2차 공조기)을 설치하고 이 공조기의 냉각코일 및 가열코일에는 중앙기계실에서 냉수나 온수 중기를 받는다. 각 층의 공조기에서 소음, 진동이 발생한다.

48 환기방법 중 제1종 환기법으로 옳은 것은?
① 자연급기와 강제배기
② 강제급기와 자연배기
③ 강제급기와 강제배기
④ 자연급기와 자연배기

해설 제1종 환기법
급기(기계 이용), 배기(기계 이용)
• 기계환기 : 강제환기

49 외기온도 −5℃일 때 공급 공기를 18℃로 유지하는 열펌프로 난방을 한다. 방의 총 열손실이 50,000 kcal/h일 때 외기로부터 얻은 열량은?
① 43,500kcal/h
② 46,047kcal/h
③ 50,000kcal/h
④ 53,255kcal/h

해설 온도차에 의한 외기로부터 얻은 열량(Q)
$50,000 \times \dfrac{273-5}{273+18} = 46,048 \text{kcal/h}$

50 외기온도가 32.3℃, 실내온도가 26℃이고, 일사를 받은 벽의 상당온도차가 22.5℃, 벽체의 열관류율이 $3\text{kcal/m}^2 \cdot \text{h} \cdot \text{℃}$일 때, 벽체의 단위면적당 이동하는 열량은?
① $18.9\text{kcal/m}^2 \cdot \text{h}$
② $67.5\text{kcal/m}^2 \cdot \text{h}$
③ $96.9\text{kcal/m}^2 \cdot \text{h}$
④ $101.8\text{kcal/m}^2 \cdot \text{h}$

해설 열관류 열손실(Q) 계산식
$Q = A \times k(t_1 - t_2)$
• 상당온도차(ETD)를 이용하여 냉난방부하 계산 시 실내로 들어오는 열량(Q) = $K \cdot A \cdot ETD$
∴ $Q = 1\text{m}^2 \times 3\text{kcal/m}^2 \cdot \text{h} \cdot \text{℃} \times 22.5\text{℃} = 67.5$
• 일사 : 햇빛

51 프로펠러의 회전에 의하여 축방향으로 공기를 흐르게 하는 송풍기는?
① 관류 송풍기
② 축류 송풍기
③ 터보 송풍기
④ 크로스 플로 송풍기

해설 축류 송풍기
• 프로펠러형
• 디스크형

52 (가), (나), (다)와 같은 관로의 국부저항계수(전압기준)가 큰 것부터 작은 순서로 나열한 것은?

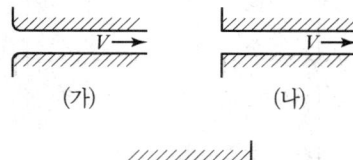

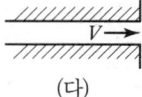

① (가)>(나)>(다)
② (가)>(다)>(나)
③ (나)>(다)>(가)
④ (다)>(나)>(가)

53 다음 중 건조 공기의 구성요소가 아닌 것은?
① 산소
② 질소
③ 수증기
④ 이산화탄소

해설 습공기 구성요소 = (산소 + 질소 + H_2O + 아르곤)

54 셸 앤 튜브(Shell & Tube)형 열교환기에 관한 설명으로 옳은 것은?

① 전열관 내 유속은 내식성이나 내마모성을 고려하여 약 1.8m/s 이하가 되도록 하는 것이 바람직하다.
② 동관을 전열관으로 사용할 경우 유체온도는 200℃ 이상이 좋다.
③ 증기와 온수의 흐름은 열교환 측면에서 병행류가 바람직하다.
④ 열관류율은 재료와 유체의 종류에 상관없이 거의 일정하다.

해설
① 셸 앤 튜브형 열교환기에서 전열관 내 유속은 약 1.8m/s 이하로 설정한다.
② 동관은 전열관에서 200℃ 이하 유체가 좋다.
③ 열교환은 향류가 좋다.
④ 열관류율은 유체마다 다르다.

55 보일러에서 공기 예열기의 사용에 따라 나타나는 현상으로 틀린 것은?

① 열효율 증가
② 연소효율 증대
③ 저질탄 연소 가능
④ 노 내 연소속도 감소

해설 공기예열기는 노가 아닌 연도에 설치
(폐열회수장치)

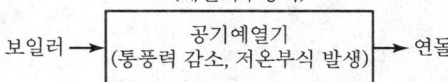

56 가습방식에 따른 분류로 수분무식 가습기가 아닌 것은?

① 원심식
② 초음파식
③ 모세관식
④ 분무식

해설 증발식 가습기
회전식, 모세관식, 적하식

57 공기조화시스템의 열원장치 중 보일러에 부착되는 안전장치로 가장 거리가 먼 것은?

① 감압밸브
② 안전밸브
③ 화염검출기
④ 저수위 경보장치

해설 감압밸브
보일러 → [R] → 저압증기(부하 측)
고압증기   (증기압력 일정)

58 물질의 상태는 변화하지 않고, 온도만 변화시키는 열을 무엇이라고 하는가?

① 현열
② 잠열
③ 비열
④ 융해열

해설
㉠ 현열 : 온도 변화 시 소비되는 열(물의 온도 상승, 하강 시 필요한 열)
㉡ 잠열 : 온도는 일정하고 상태 변화 시 소비되는 열(물의 증발잠열 등)

59 축류형 송풍기의 크기는 송풍기의 번호로 나타내는데, 회전날개의 지름(mm)을 얼마로 나눈 것을 번호(NO.)로 나타내는가?

① 100
② 150
③ 175
④ 200

해설
㉠ 축류형(NO.) = $\dfrac{\text{날개 지름}}{100}$
㉡ 원심형(NO.) = $\dfrac{\text{날개 지름}}{150}$

60 송풍기의 풍량 제어방식에 대한 설명으로 옳은 것은?

① 토출댐퍼 제어방식에서 토출댐퍼를 조이면 송풍량은 감소하나 출구 압력이 증가한다.
② 흡입 베인 제어방식에서 흡입 측 베인을 조금씩 닫으면 송풍량 및 출구 압력이 모두 증가한다.
③ 흡입댐퍼 제어방식에서 흡입댐퍼를 조이면 송풍량 및 송풍 압력이 모두 증가한다.
④ 가변피치 제어방식에서 피치각도를 증가시키면 송풍량은 증가하지만 압력은 감소한다.

해설
㉠ 송풍기의 토출댐퍼 제어에서 토출댐퍼를 조이면 송풍량이 감소하며 출구 압력이 증가한다.
㉡ 흡입 측 베인을 닫으면 압력이 저하한다.
㉢ 가변피치는 피치 각도를 증가시키면 압력이 감소한다.

ANSWER | 54. ① 55. ④ 56. ③ 57. ① 58. ① 59. ① 60. ①

공조냉동기계기능사 필기+실기 10일 완성
CRAFTSMAN AIR-CONDITIONING & REFRIGERATING MACHINERY

PART 03

CBT 실전모의고사

01 | CBT 실전모의고사
02 | CBT 실전모의고사
03 | CBT 실전모의고사
04 | CBT 실전모의고사
05 | CBT 실전모의고사
06 | CBT 실전모의고사

2017년 이후 CBT 필기시험 대비
복원기출문제 수록

실전점검! CBT 실전모의고사

01 산업안전보건법의 제정 목적과 가장 관계가 적은 것은?
① 산업재해 예방
② 쾌적한 작업환경 조성
③ 근로자의 안전과 보건을 유지증진
④ 산업안전에 관한 정책수립

02 다음 중 방독마스크를 사용해서는 안 되는 때는?
① 암모니아 가스가 존재 시
② 페인트 제조작업을 할 때
③ 공기 중의 산소가 결핍되었을 때
④ 소방작업을 할 때

03 용접작업 중 감전 시 심장마비를 일으킬 수 있는 전류치는 몇 mA인가?
① 8
② 15
③ 25
④ 50

04 보일러의 점화 시에는 노 내 가스폭발과 저수위 사고가 일어나기 쉽기 때문에 점검을 완전하게 해야 한다. 점검사항 중 틀린 것은?
① 통풍장치 점검
② 연소장치 점검
③ 급수계통 점검
④ 보일러 통내 스케일 점검

05 냉동기를 운전하기 전에 준비해야 할 사항 중 틀린 것은?
① 압축기 유면 및 냉매량을 확인한다.
② 응축기, 유냉각기의 냉각수 입, 출구변을 연다.
③ 냉각수 펌프를 운전하여 응축기 및 실린더 재킷의 통수를 확인한다.
④ 암모니아 냉동기의 경우는 오일 히터를 기동 30~60분 전에 통전한다.

06 냉동장치의 누출시험에 사용하는 것으로 적합한 것은?
① 물
② 질소
③ 오일
④ 산소

07 해머 작업 시 적합하지 못한 것은?
① 처음에는 세게 할 것
② 해머를 자루에 꼭 끼울 것
③ 장갑을 끼지 말 것
④ 자기 체중에 따라 선택할 것

08 다음 안전점검 중 구분이 다른 것은?
① 일상점검
② 수시점검
③ 정기점검
④ 환경점검

09 쇠톱의 사용법에서 안전관리에 적합하지 않은 것은?
① 초보자는 잘 부러지지 않는 탄력성이 없는 톱날을 쓰는 것이 좋다.
② 날은 가운데 부분만 사용하지 말고 전체를 고루 사용한다.
③ 톱날을 틀에 끼운 후 두 세 번 시험하고 다시 한번 조정한 다음에 사용한다.
④ 톱 작업이 끝날 때에는 힘을 알맞게 줄인다.

10 방진마스크가 갖추어야 할 조건 중 옳지 않은 것은?
① 시야가 넓어야 한다.
② 사용 후 손질이 쉬워야 한다.
③ 안면에 밀착되지 않아야 한다.
④ 피부와 접촉하는 고무의 질이 좋아야 한다.

11 다음 중 고압선과 저압 가공선이 병가된 경우 접촉으로 인해 발생하는 것과 1, 2차 코일의 절연파괴로 인하여 발생하는 현상과 관계있는 것은?

① 단락 ② 지락
③ 혼촉 ④ 누전

12 보일러 파열사고 원인 중 빈번히 일어나는 것은?

① 강도 부족 ② 압력초과
③ 부식 ④ 그루빙

13 산소 아세틸렌 용접에 사용하는 호스에 대한 설명으로 잘못된 것은?

① 아세틸렌 호스의 색깔은 적색인 것을 사용한다.
② 절단용 산소 호스는 주름이 있는 것을 사용해야 한다.
③ 호스를 밟지 않도록 한다.
④ 호스의 청소는 압축산소를 사용한다.

14 다음 중 점화원이 될 수 없는 것은?

① 전기 불꽃
② 기화열
③ 정전기
④ 못을 박을 때 튀는 불꽃

15 헬라이드 토치의 연료로 적합하지 않은 것은?

① 부탄 ② 알코올
③ 프로판 ④ 아세틸렌

01회 실전점검! CBT 실전모의고사

16 3,320kcal의 열량에 가장 가까운 값은?
① 1USRT
② 1,417,640kg/kg·m
③ 19,588BTU
④ 3.86kW

17 열용량의 식을 맞게 기술한 것은?
① 물질의 부피×밀도
② 물질의 무게×비열
③ 물질의 부피×비열
④ 물질의 무게×밀도

18 냉동장치에 사용하는 브라인(Brine)의 산성도(pH)로 가장 적당한 것은?
① 7.5~8.2
② 8.2~9.5
③ 6.5~7.0
④ 5.5~6.5

19 암모니아 누출검지법으로 틀린 것은?
① 자극성 있는 냄새가 난다.
② 페놀프탈레인지를 붉은색으로 변화시킨다.
③ 황산지를 태우면 흰 연기가 발생한다.
④ 헬라이드 토치를 접근시키면 불꽃 색깔이 변한다.

20 응축온도가 13℃이고, 증발온도가 −13℃인 카르노사이클에서 냉동기의 성적계수는 얼마인가?
① 0.5
② 2
③ 5
④ 10

21 다음과 같은 $P-h$ 선도에서 온도가 가장 높은 곳은?

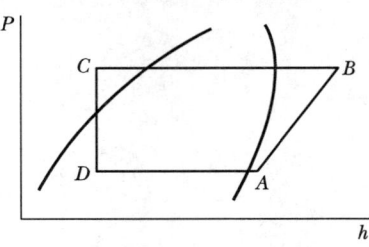

① A
② B
③ C
④ D

22 다음 사항 중 옳은 것은?
① 고압 차단스위치 작동압력은 안전밸브 작동압력 보다 조금 높게 한다.
② 온도식 자동 팽창밸브의 감온통은 증발기의 입구 측에 붙인다.
③ 가용전은 응축기의 보호를 위하여 사용된다.
④ 가용전, 파열판은 암모니아 냉동장치에만 사용된다.

23 냉각탑 부속품 중 엘리미네이터(Eliminator)가 있는데 그 사용목적은?
① 물의 증발을 양호하게 한다.
② 공기를 흡수하는 장치다.
③ 물이 과냉각되는 것을 방지한다.
④ 수분이 대기 중에 방출하는 것을 막아주는 장치다.

24 다음 쿨링 타워에 대한 설명 중 옳은 것은?
① 냉동장치에서 쿨링 타워를 설치하면 응축기는 필요 없다.
② 쿨링 타워에서 냉각된 물의 온도는 대기의 습구온도보다 높다.
③ 타워의 설치장소는 습기가 많고 통풍이 잘 되는 곳이 적합하다.
④ 송풍량을 많게 하면 수온이 내려가고 대기의 건구 습구온도보다 낮아진다.

25. 암모니아 냉동장치 중 냉매를 모을 수 있는 수액기의 보편적 크기는?

① 순환 냉매량의 $\frac{1}{5}$　　② 순환 냉매량의 $\frac{1}{2}$
③ 순환 냉매량의 $\frac{1}{3}$　　④ 순환 냉매량의 $\frac{1}{4}$

26. 다음의 내용 중 잘못 설명된 것은?

① 프레온 냉매는 안전하므로 누출되어도 전혀 문제는 없다.
② 물을 냉매로 하면 증발온도를 0℃ 이하로 운전하는 것은 불가능하다.
③ 응축기 내에 들어있는 불응축 가스는 전열효과를 저하시킨다.
④ 2원 냉동장치는 초저온 냉각에 사용되는 것이다.

27. 30℃의 물 2,000kg을 −15℃의 얼음으로 만들고자 한다. 이 경우 물로부터 빼앗아야 할 열량은 얼마인가?(단, 외부로부터 침입되는 열량은 없는 것으로 한다.)

① 234,360kcal　　② 281,232kcal
③ 149,400kcal　　④ 293,400kcal

28. 유분리기의 설치 위치로서 알맞은 것은?

① 압축기와 응축기 사이　　② 응축기와 수액기 사이
③ 수액기와 증발기 사이　　④ 증발기와 압축기 사이

29. 물과 브롬화리튬(LiBr)을 사용하는 장치는?

① 증기 압축식 냉동장치　　② 흡수식 냉동장치
③ 열전 냉동장치　　④ 볼텍스 튜브

30. 터보 냉동기에서 불응축 가스 퍼지, 진공작업, 냉매충전, 냉매재생 등에 이용되는 장치는?

① 플로트 챔버 장치　　② 전동장치
③ 엘리미네이터 장치　　④ 추기회수장치

31 가용전에 대한 설명 중 틀린 것은?

① 용전 구경은 안전밸브 구경의 약 $\frac{1}{2}$ 정도이다.
② 주로 프레온 냉동장치에서 고압 측에 설치한다.
③ 주성분은 비스무트, 주석, 납 등이다.
④ 토출밸브 직후, 토출밸브 직전에 설치한다.

32 왕복동 압축기의 특징이 아닌 것은?

① 압축이 단속적이다.
② 진동이 크다.
③ 내부압력이 저압이다.
④ 배기용량이 작다.

33 가스관의 맞대기 용접을 할 때 유의사항 중 틀린 것은?

① 관 단면을 30~90° V형으로 가공한다.
② 관을 지지대에 올려놓고 편심이 되지 않게 고정한다.
③ 관, 축을 맞춘 후 3~4개소에 가접을 한다.
④ 가접 후 본 용접은 하향 용접보다 상향용접을 하는 것이 좋다.

34 끝부분을 암, 수 형태로 만든 후 동관을 이을 때에 삽입부의 길이는 관경의 몇 배가 적당한가?

① 1배　　　　　　② 1.5배
③ 2배　　　　　　④ 2.5배

35 관 절단 후 절단부에 생기는 버트(거스러미)를 제거하는 공구는?

① 클립　　　　　　② 사이징 툴
③ 파이프 리머　　　④ 쇠톱

36 구리관의 이음방식이 아닌 것은?
① 플레어 이음 ② 소켓 이음
③ 납땜 이음 ④ 플랜지 이음

37 다음 배관 도시기호는 무엇을 나타내는가?
① 글로브밸브
② 코크
③ 체크밸브
④ 안전밸브

38 교류회로의 역률은?
① (전류×전압)/유효전력
② 유효전력/(전압×전류)
③ 피상전력/(전압×전류)
④ 무효전력/(전류×전압)

39 1kW의 전열기를 정격상태에서 1시간 동안 사용한 경우 발열량(kcal)은 얼마인가?
① 754 ② 785
③ 835 ④ 864

40 열전도저항에 대한 설명 중 맞는 것은?
① 길이에 반비례한다.
② 전도율에 비례한다.
③ 전도면적에 반비례한다.
④ 온도차에 비례한다.

41 공정점이 −55℃이고 저온용 브라인으로서 일반적으로 가장 많이 사용되고 있는 것은?

① 염화칼슘
② 염화나트륨
③ 염화마그네슘
④ 프로필렌글리콜

42 증발온도와 응축온도가 일정하고 과냉각도가 없는 냉동사이클에서 압축기에 흡입되는 상태가 변화했을 때의 $P-h$ 선도 중 건조포화압축 냉동사이클은?

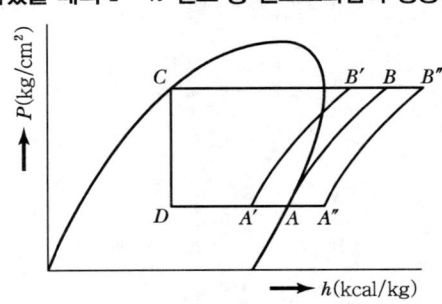

① A−B−C−D
② A′−B′−C−D
③ A″−B″−C−D
④ A′−B′−B″−A″

43 고유저항에 대한 설명 중 맞는 것은?

① 저항[R]는 길이[l]에 비례하고 단면적[A]에 반비례한다.
② 저항[R]는 단면적[A]에 비례하고 길이[l]에 반비례한다.
③ 저항[R]는 길이[l]에 비례하고 단면적[A]에 비례한다.
④ 저항[R]는 단면적[A]에 반비례하고 길이[l]에 반비례한다.

44 다음 냉매 중 독성이 큰 것부터 나열한 것은?

① $SO_2 - CH_3Cl - NH_3 - CO_2 - CCl_2F_2$
② $SO_2 - NH_3 - CH_3Cl - CO_2 - CCl_2F_2$
③ $NH_3 - SO_2 - CH_3Cl - CO_2 - CCl_2F_2$
④ $NH_3 - CO_2 - SO_2 - CH_3Cl - CCl_2F_2$

45 암모니아 냉동기에서 기름분리기의 설치로 적당한 것은?
① 압축기와 증발기 사이
② 압축기와 응축기 사이
③ 응축기와 수액기 사이
④ 응축기와 팽창변 사이

46 다음 설명 중 옳지 않은 것은?
① 건공기는 수증기가 전혀 포함되어 있지 않은 공기이다.
② 습공기는 건공기와 수증기의 혼합물이다.
③ 포화공기는 습공기 중의 절대습도가 점점 증가하여 최후에 수증기로 포화된 상태이다.
④ 지구상의 공기는 건공기로 되어 있다.

47 다음 중 상대습도에 대한 설명 중 맞는 것은?
① 습공기에 포함되는 수증기의 양과 건조공기 양과의 중량비
② 습공기의 수증기압과 동일 온도에 있어서 포화공기의 수증기압과의 비
③ 포화상태의 수증기의 분량과의 비
④ 습공기의 절대습도와 그와 동일온도의 포화습공기의 절대습도의 비

48 공기조화에서 "ET"는 무엇을 의미하는가?
① 인체가 느끼는 쾌적온도의 지표
② 유효습도
③ 적정 공기 속도
④ 적정 냉난방 부하

49 실내의 취득열량을 구했더니 현열이 28,000kcal, 잠열이 12,000kcal/h였다. 실내를 21℃, 60%(RH)로 유지하기 위해 취출온도차 10℃로 송풍할 때 이때의 현열비를 구하면?
① 0.7
② 1.8
③ 1.4
④ 0.4

50 다음 공조방식 중에서 개별식 공기조화방식은?
① 팬코일 유닛 방식
② 2중덕트 방식
③ 복사, 냉난방방식
④ 패키지 유닛 방식

51 보일러의 열 출력이 150,000kcal/h, 연료소비율이 20kg/h이며 연료의 저위발열량이 10,000kcal/kg이라면 보일러의 효율은 얼마인가?
① 0.65
② 0.70
③ 0.75
④ 0.80

52 취출구에 설치하여 취출풍량을 조절하는 기기의 명칭은?
① 덕트
② 송풍기
③ 밸브
④ 댐퍼

53 냉방부하 계산 시 형광등 용량 1kWH당 계산하여야 할 열량은 몇 kcal인가?
① 860
② 1,500
③ 1,000
④ 1,920

54 공기세정기에서 출구공기에 섞여 나가는 비산방지장치는?
① 루버
② 분무노즐
③ 플러딩노즐
④ 엘리미네이터

55 온풍난방의 특징을 바르게 설명한 것은?
① 예열시간이 짧다.
② 조작이 복잡하다.
③ 설비비가 많이 든다.
④ 소음이 생기지 않는다.

56 코일, 팬, 필터를 내장하는 유닛으로서 여름에는 코일에 냉수를 통과시켜 공기를 냉각감습하고 겨울에는 온수를 통과시켜 공기를 가열하는 공기조화방식은?

① 덕트 병용의 패키지 공조기방식
② 각층 유닛 방식
③ 유인 유닛 방식
④ 팬코일 유닛 방식

57 다음 중 노통연관 보일러에 대한 설명으로 옳지 않은 것은?

① 노통 보일러와 연관 보일러의 장점을 혼합한 보일러이다.
② 보일러 중 효율이 80~85%로 가장 높다.
③ 형체에 비해 전열면적이 크다.
④ 수관식 보일러보다는 가격이 비싸다.

58 다음은 증기난방과 온수난방을 비교한 것이다. 틀린 것은?

① 온수난방의 쾌적도가 더 좋다.
② 온수난방의 취급이 더 용이하다.
③ 증기난방의 가열시간이 더 빠르다.
④ 증기난방의 설비비가 더 많이 든다.

59 증기난방의 장점이 아닌 것은?

① 열매체 온도가 높아 실내온도의 변화가 작다.
② 온수난방에 비하여 배관 지름이 작아 설비비가 적게 든다.
③ 가열시간이 빠르고 난방개시 시간이 짧다.
④ 증기가 필요한 건물은 난방과 급기가 병용되어 장치를 단순화시킬 수 있다.

60 덕트 설계 시 고려하지 않아도 되는 것은?

① 덕트로부터의 소음
② 덕트로부터의 열손실
③ 덕트 내를 흐르는 공기의 엔탈피
④ 공기의 흐름에 따른 마찰저항

CBT 정답 및 해설

01	02	03	04	05	06	07	08	09	10
④	③	④	④	④	②	①	④	①	③
11	12	13	14	15	16	17	18	19	20
③	②	④	②	①	②	②	①	④	④
21	22	23	24	25	26	27	28	29	30
②	③	④	②	②	①	①	①	②	④
31	32	33	34	35	36	37	38	39	40
④	④	④	②	③	②	①	①	③	①
41	42	43	44	45	46	47	48	49	50
①	①	①	②	②	④	②	①	①	④
51	52	53	54	55	56	57	58	59	60
③	④	③	④	①	④	④	④	①	③

01 정답 | ④
풀이 | 산업안전보건법의 제정 목적
- 산업재해 예방
- 쾌적한 작업환경 조성
- 근로자의 안전과 보건을 유지증진

02 정답 | ③
풀이 | 방독마스크는 산소가 18% 이하 결핍된 곳에서 쓰면 질식 사망한다.

03 정답 | ④
풀이 | 용접작업 중 감전 시 40mA, SEC 이상이면 치명적 결과를 초래한다.

04 정답 | ④
풀이 | 보일러 노 내 가스폭발과 저수위 사고 예방을 위한 점검사항
- 통풍장치 점검
- 연소장치 점검
- 급수계통 점검

05 정답 | ④
풀이 | 프레온 냉동기의 경우 오일포밍(기름거품)을 방지하기 위하여 오일 히터를 기동 30~60분 전에 통전하여 특히 터보냉동기의 경우 무정전 히터를 설치한다.

06 정답 | ②
풀이 | 냉동장치에서 냉매의 누출시험에 사용하는 가스는 가연성이 없고 인체에 독성이 미치지 않는 질소가스를 사용한다.

07 정답 | ①
풀이 | 해머 작업 시
- 처음에는 약하게 타격한다.
- 해머에 자루를 꼭 끼울 것
- 장갑을 끼지 말 것
- 자기 체중에 따라 선택할 것

08 정답 | ④
풀이 | 안전점검 구분이 같은 것
- 일상점검
- 수시점검
- 정기점검

09 정답 | ①
풀이 | 쇠톱의 사용에서 초보자는 잘 부러지지 않는 탄력성이 있는 톱날을 쓴다.

10 정답 | ③
풀이 | 방진마스크는 광물성 먼지 등을 흡입함으로써 인체에 해로울 때 사용하며 그 조건은 ①, ②, ④ 외에도 안면에 밀착성이 좋아야 한다.

11 정답 | ③
풀이 | 혼촉이란 고압선과 저압가공선이 병가된 경우 접촉으로 인해 발생하는 것 또는 1, 2차 코일의 절연파괴로 인하여 발생한다.

12 정답 | ②
풀이 | 보일러 파열사고 원인 중 가장 빈번히 일어나는 것은 압력초과이다.

13 정답 | ④
풀이 | 아세틸렌 가스는 가연성 가스이기 때문에 호스의 청소는 조연성인 압축산소를 사용하는 것은 금물이다.

14 정답 | ②
풀이 | 기화열(증발열)은 액체에서 기체로 변화하는 상태변화 시 소비되는 열량이며 점화원과는 관련이 없다.

15 정답 | ①
풀이 | 헬라이드 토치는 프레온 가스의 누설검사 시 사용하며 토치에 사용하는 가스는 다음과 같다.
- 아세틸렌
- 프로판
- 부탄(잘 사용하지 않는 편이다.)
- 알코올

01 | CBT 실전모의고사

16 정답 | ②
풀이 | 1kcal = 427kg · m
∴ 3,320 × 427 = 1,417,640kg · m

17 정답 | ②
풀이 | 열용량
어떤 물질을 온도 1℃ 상승시키는 데 필요한 열량이며 그 단위는 kcal/℃이다.
∴ 물질의 무게 × 비열

18 정답 | ①
풀이 | 브라인 냉매의 산성도 7.5~8.2pH 값이다.

19 정답 | ④
풀이 | 헬라이드 토치는 프레온 냉매가스의 누출검지법에 사용한다.

20 정답 | ④
풀이 | $cop = \dfrac{T_2}{T_1 - T_2}$
∴ $\dfrac{273 - 13}{(273+13) - (273-13)} = 10$
※ T_2 : 증발절대온도, T_1 : 응축절대온도

21 정답 | ②
풀이 | A : 증발이 끝나는 지점
B : 압축이 끝나는 지점
C : 과냉각온도(응축온도보다 약간 낮은 곳)
D : 팽창밸브 끝나는 지점

22 정답 | ③
풀이 | • 가용전 사용처 : 응축기, 수액기
• 가용전 용융온도 : 68℃~75℃ 이상

23 정답 | ④
풀이 | 엘리미네이터의 사용목적은 수분이 대기 중에 방출되는 것을 막아주는 장치다.

24 정답 | ②
풀이 | • 쿨링 타워(냉각탑)의 출구온도는 대기의 습구온도보다 낮아지는 일이 없으며 일반적으로 냉각탑 입구관은 출구관보다 약간 크다.
• 냉각탑의 능력산정
Q_C = 순환수량 × 60 × (냉각수 입구 수온 - 냉각수 출구 수온)

25 정답 | ②
풀이 | 암모니아 냉동장치에서는 1냉동톤당 냉매 충전량을 15kg 투입시키며 냉매 전체 투입량의 1/2을 수액기의 크기로 한다.

26 정답 | ①
풀이 | 냉매의 누출은 그 어떤 경우에도 허용되어서는 안 된다.

27 정답 | ①
풀이 | • 물의 현열 2,000 × 1 × (30-0) = 60,000kcal
• 얼음의 응고잠열 2,000 × 79.68 = 159,360kcal
• 얼음의 현열 2,000 × 0.5 × (0-(-15)) = 15,000kcal
∴ Q = 60,000 + 159,360 + 15,000 = 234,360kcal
※ 얼음의 비열 0.5kcal/kg℃, 잠열 79.68kcal/kg

28 정답 | ①
풀이 | • 오일이 응축기나 증발기로 유입되면 전열이 불량하게 된다.
• 유분리기의 종류 : 원심분리형, 가스충돌식, 유속감소식
• 유분리기 설치 위치 : 압축기에서 응축기 사이의 전체 길이의 $\dfrac{3}{4}$ 지점에 설치(단, 프레온 냉동기의 경우 $\dfrac{1}{4}$ 지점에 설치)

29 정답 | ②
풀이 | 흡수식 냉동장치의 냉매와 흡수제

냉매	흡수제
암모니아	물
물	브롬화리튬
염화메틸	사염화에탄
톨루엔	파라핀유

30 정답 | ④
풀이 | • 냉매 계통에 공기와 같은 불응축 가스가 존재하면 그 분압만큼 응축압력이 높아져서 여러 가지 악영향이 생긴다.
• 불응축 가스가 모이는 곳 : 응축기 상부, 수액기 상부, 증발식 응축기의 액헤더
• 불응축 가스 퍼지 등에 이용되는 기기 : 추기회수장치

31 정답 | ④
풀이 |
- 가용전 용융안전장치 설치 위치 : 프레온 냉동장치의 응축기나 수액기
- 설치 시 주의사항 : 토출가스의 영향을 받지 않는 곳에 설치한다.
- 가용전의 지름 : 안전밸브의 $\frac{1}{2}$ 정도 크기

32 정답 | ④
풀이 | 왕복동은 압축능력이 크므로 배기용량이 크다.

33 정답 | ④
풀이 | 가스관의 맞대기 용접은 가접 후, 본 용접은 언제나 하향 용접이 용이하다.

34 정답 | ②
풀이 |

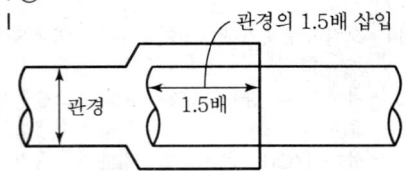

동관의 이음 시 끝부분을 암, 수형태로 한 후 동관 삽입부의 길이는 관경의 1.5배가 적당하다.

35 정답 | ③
풀이 | 관의 절단부에 생기는 거스러미 제거는 파이프 리머(관용 리머)로 한다.

36 정답 | ②
풀이 | 소켓 이음은 주철관의 전용 이음이다.

37 정답 | ①
풀이 | 글로브밸브 : ─▶◀─ (유량조절밸브)

38 정답 | ②
풀이 | 역률$(\cos\theta) = \frac{R}{Z} = \frac{R}{\sqrt{R^2 + X^2}}$
$= \frac{유효전력}{전압 \times 전류} = \frac{유효전력}{피상전력}$

39 정답 | ④
풀이 | $1kW = 102kg \cdot m/sec$
$1kW-h = 102kg \cdot m/sec \times 1hr \times 3,600sec/hr$
$\times \frac{1}{427} kcal/kg \cdot m = 860kcal$

40 정답 | ③
풀이 | 도체의 저항은 길이에 비례하고 단면적에 반비례한다.

41 정답 | ①
풀이 | 염화칼슘은 무기질 브라인 냉매로서 부식력이 크나 가격이 싸다. 공정점은 $-55℃$로서 가장 일반적인 브라인이다.

42 정답 | ①
풀이 |
- 과냉각도가 없는 $P-h$ 선도에서 건조포화압축 냉동사이클은 $A-B-C-D$ 상태이다.
- $A'-B'-C-D$는 습압축 냉동사이클
- $A''-B''-C-D$는 과열압축 냉동사이클

43 정답 | ①
풀이 | 고유저항$[R]$은 길이$[l]$에 비례하고 단면적$[A]$에 반비례한다.

44 정답 | ②
풀이 | 독성이 큰 냉매
아황산가스(SO_2) > 암모니아(NH_3) > 메틸클로라이드$(CH_3Cl : R-40)$ > 탄산가스(CO_2) > $R-12(CCl_2F_2)$

45 정답 | ②
풀이 | 28번 해설 참조

46 정답 | ④
풀이 | 지구상의 공기 중에는 수증기가 존재하므로 건공기가 아닌 습공기이다.
$cf = \frac{P_W}{P_S} \times 100(\%)$

47 정답 | ②
풀이 | 상대습도란 습공기의 수증기압과 동일온도에서 포화공기의 수증기압과의 비이다.

48 정답 | ①
풀이 | 유효온도(ET)
감각온도, 실감온도, 실효온도이며 인체가 느끼는 쾌적온도의 지표, 즉 Effective Temperature의 약자

CBT 정답 및 해설

49 정답 | ①
풀이 | 현열비(SHF) $= \dfrac{q_S}{q_S+q_L} = \dfrac{q_S}{q_T}$

$\dfrac{현열}{현열+잠열} = \dfrac{28,000}{28,000+12,000} = 0.7$

50 정답 | ④
풀이 | 개별식 공조방식
- Room Cooler
- 멀티 유닛형
- 패키지형

51 정답 | ③
풀이 | $\eta = \dfrac{열출력}{공급열} \times 100$

$\eta = \dfrac{150,000}{20 \times 10,000} \times 100 = 75\%$

52 정답 | ④
풀이 | 취출구에 설치하여 취출풍량을 조절하는 것은 댐퍼의 역할이다.

53 정답 | ③
풀이 | 조명기구의 발생열량
- 백열등 1kW당 860kcal/hr
- 형광등 1kW당 1,000kcal/hr

54 정답 | ④
풀이 | 에어와셔(공기세정기)에서 출구공기에 섞여 나가는 비산수를 제거하는 것은 엘리미네이터이다.(강판을 지그재그로 접은 것이다.)

55 정답 | ①
풀이 | 온풍난방
- 열용량이 작아서 예열에 시간이 걸리지 않는다.
- 송풍온도가 고온이므로 덕트가 소형으로 된다.
- 환기가 용이하다.
- 설치가 간단하며 설비비가 싸다.
- 별도의 가습기를 부착하여 습도조절이 용이하다.
- 연료소비가 적다.
- 조작이 간편하고 소리는 고소음이 난다.
- 실내 온도분포가 나쁘다.

56 정답 | ④
풀이 | 팬코일 유닛 방식(수방식)은 코일 내부에 여름에는 냉수를, 겨울에는 온수를 통과시켜 주위의 공기를 가열하는 공기조화방식이다. 덕트가 필요 없어서 덕트의 설치면적이 필요하지 않다. 공기가 도입되지 않아서 실내 공기의 오염이 심하다.

57 정답 | ④
풀이 | 노통연관 보일러는 수관식 보일러보다는 전열면적이 작아서 만들기가 용이하며 수관식 보일러보다는 가격이 저렴하다.

58 정답 | ④
풀이 | 증기난방은 온수난방에 비하여 배관지름이 작으므로 설비비가 적게 든다.

59 정답 | ①
풀이 | 증기난방은 증기의 열매체 온도가 높기 때문에 실내온도의 변화가 크고 난방효과가 나쁜 단점이 있다.

60 정답 | ③
풀이 | 덕트 설계 시 고려할 사항
- 덕트로부터의 소음
- 덕트로부터의 열손실
- 공기의 흐름에 대한 마찰저항

02회 실전점검! CBT 실전모의고사

01 냉동설비에 부착하는 압력계의 기준에 대한 설명 중 압력계의 최소눈금에 대해 타당한 것은?

① 기밀압력시험 이상이고 그 압력에 2배 이하일 것
② 최고 사용압력의 2배 이상일 것
③ $20kg/cm^2$ 이상, $30kg/cm^2$ 이하일 것
④ 내압시험 압력의 1.5배 이상 3배 이하일 것

02 방폭성능을 가진 전기기기의 구조 분류에 해당되지 않는 것은?

① 내압방폭구조
② 유입방폭구조
③ 압력방폭구조
④ 자체방폭구조

03 다음 중 로터의 회전에 의해 가스를 흡입 압축하는 압축기는?

① 원심식 압축기
② 회전식 압축기
③ 스크루 압축기
④ 왕복동식 압축기

04 일반 공구 사용 시 안전관리상 적합하지 않은 것은?

① 손이나 공구에 기름이 묻었을 때에는 완전히 닦은 후 사용할 것
② 공구는 작업에 적당한 것을 사용할 것
③ 공구는 사용하기 전에 점검하되 불완전한 공구는 사용하지 말 것
④ 공구를 옆 사람에게 넘겨줄 때는 일의 능률을 위하여 던져 주도록 할 것

05 다음 전기용접작업할 때에 안전관리 사항 중 적합하지 않은 것은?

① 우천 시에는 옥외작업을 하지 않는다.
② 피용접물은 코드로 완전히 접지시킨다.
③ 2차 측 단자의 한 쪽과 기계의 외부상자는 가능한 접지를 하지 않도록 한다.
④ 용접봉은 홀더로부터 빠지지 않도록 정확히 끼운다.

06 보일러 점화 시 역화와 폭발을 방지하기 위해 제일 먼저 조치해야 할 사항은?
  ① 댐퍼의 개방과 미연소가스 배출상태 점검
  ② 예열상태 점검
  ③ 과열기의 작동점검
  ④ 급수밸브의 개방상태 점검

07 안전모의 무게는 얼마 이상을 초과하면 안되는가?
  ① 200g   ② 300g
  ③ 400g   ④ 450g

08 다음 중 산업안전의 관심과 이해증진으로 얻을 수 있는 이점이 아닌 것은?
  ① 직장의 신뢰도를 높여준다.
  ② 기업의 투자경비를 증대시킬 수 있다.
  ③ 이직률이 감소된다.
  ④ 고유기술 축척으로 품질이 향상되어진다.

09 독성가스를 식별 조치할 때 표지판의 가스 명칭은 무슨 색으로 하는가?
  ① 흰색   ② 노란색
  ③ 적색   ④ 흑색

10 다음 [보기]의 작업에 알맞은 보호구는?

[보기]
• 점용접작업
• 비산물이 발생하는 철물기계 작업
• 연마광택 철사의 손질, 그라인딩 작업

  ① 보안면   ② 안전모
  ③ 안전대   ④ 방진 마스크

11 전기용접에서 아크 발생 시 주로 나오는 유해광선은?
① 알파선　　　② 엑스선
③ 자외선　　　④ 적외선

12 유류가 인화했을 때 가장 적합한 소화기는?
① 알칼리 소화기　　　② 건조사
③ 분말소화기　　　　④ 방화수

13 냉동장치 설치 후 먼저 하는 시험은?
① 진공시험　　　② 내압시험
③ 누설시험　　　④ 냉각시험

14 다음 중 보일러의 과열 원인으로 옳지 않은 것은?
① 동(胴) 내면에 스케일 생성 시
② 보일러 수가 농축되어 있을 때
③ 전열면에 국부적인 열을 받았을 때
④ 보일러 수의 순환이 양호할 때

15 렌치 사용 중 적합하지 않은 것은?
① 너트에 맞는 것을 사용
② 해머 대용으로 사용하지 말 것
③ 렌치를 몸 밖으로 밀어 움직이게 할 것
④ 파이프렌치를 사용할 때에는 정지장치를 확실히 할 것

16 암모니아 냉동기에 사용되는 수랭 응축기의 전열계수(열통과율)가 $800\text{kcal/m}^2 \text{h}℃$이며, 응축온도와 냉각수 입출구의 평균온도차가 $8℃$일 때 1냉동톤당의 응축기 전열면적은?(단, 방열계수는 1.3으로 한다.)

① 0.52m^2
② 0.67m^2
③ 0.97m^2
④ 1.7m^2

17 냉매에 대하여 다음 각항 중 맞는 것은?

① NH_3는 물과 기름에 잘 녹는다.
② $R-12$는 기름과 잘 용해하나 물에는 잘 녹지 않는다.
③ $R-12$는 NH_3보다 전열이 양호하다.
④ NH_3의 비중은 $R-12$보다 작지만 $R-22$보다 크다.

18 NH_3와 접촉 시 흰 연기를 발생하는 것은?

① 아세트산
② 수산화나트륨
③ 염산
④ 염화나트륨

19 간접식과 비교한 직접 팽창식 냉동기의 이점이 아닌 것은?

① 냉동능력을 저장할 수 없다.
② 같은 냉동온도에 대해서 냉매의 증발온도가 높다.
③ 구조가 간단하다.
④ 냉매량(충전량)이 적어도 된다.

20 다음 중 압축기의 과열 원인이 아닌 것은?

① 냉매 부족
② 밸브 누설
③ 공기의 혼입
④ 부하 감소

21 압축기의 상부간격(Top Clearance)이 크면 냉동장치에 어떤 영향을 주는가?
① 토출가스온도가 낮아진다.
② 윤활유가 열화되기 쉽다.
③ 체적효율이 상승한다.
④ 냉동능력이 증가한다.

22 다음 사항 중 옳은 것은?
① 고압 차단 스위치 작동압력은 안전밸브 작동압력보다 조금 높게 한다.
② 온도식 자동 팽창밸브의 감온통은 증발기의 입구 측에 붙인다.
③ 가용전은 응축기의 보호를 위하여 사용된다.
④ 가용전, 파열판은 암모니아 냉동장치에만 사용된다.

23 다음 쿨링 타워에 대한 설명 중 옳은 것은?
① 냉동장치에서 쿨링 타워를 설치하면 응축기는 필요 없다.
② 쿨링 타워에서 냉각된 물의 온도는 대기의 습구온도보다 높다.
③ 타워의 설치장소는 습기가 많고 통풍이 잘 되는 곳이 적합하다.
④ 송풍량을 많게 하면 수온이 내려가고 대기의 건구 습구온도보다 낮아진다.

24 압축기의 실린더(Cylinder)를 냉각수로 냉각시키는 이유 중 해당되지 않는 것은?
① 윤활작용이 양호해진다.
② 체적효율이 증대한다.
③ 실린더의 마모를 방지한다.
④ 응축 능력이 향상된다.

25 원심식 냉동기의 서징 현상에 대한 설명 중 옳지 않은 것은?
① 응축압력이 한계점 이상으로 계속 상승한다.
② 고저압계 및 전류계의 지침이 심히 움직인다.
③ 냉각수의 감소에도 원인이 있다.
④ 소음과 진동을 수반하는 맥동 현상이 일어난다.

26. 2단 압축 냉동장치에 있어서 다음 사항 중 옳은 것은?

① 고단 측 압축기와 저단 측 압축기의 피스톤 압출량을 비교하면 저단 측이 크다.
② 냉매순환량은 저단 측 압축기 쪽이 많다.
③ 2단 압축은 압축비와는 관계없으며 단단압축에 비해 유리하다.
④ 2단 압축은 R-22 및 R-12에는 사용되지 않는다.

27. 다음 중 냉동장치에 관한 설명이 옳지 않은 것은?

① 안전밸브가 작동하기 전에 고압 차단 스위치가 작동하도록 조정한다.
② 온도식 자동 팽창변의 감온통은 증발기의 입구 측에 붙인다.
③ 가용전은 응축기의 보호를 위하여 사용한다.
④ 파열판은 주로 터보 냉동기의 저압 측에 사용한다.

28. 다음 중 반도체를 이용하는 냉동기는?

① 흡수식 냉동기
② 전자식 냉동기
③ 증기분자식 냉동기
④ 스크루식 냉동기

29. 만액식 냉각기에 있어서 냉매 측의 열전달률을 좋게 하는 것이 아닌 것은?

① 관이 액냉매에 접촉하거나 잠겨 있을 것
② 관 간격이 좁을 것
③ 유가 존재하지 않을 것
④ 관면이 매끄러울 것

30. 냉동장치에서는 자동제어를 위하여 전자밸브가 많이 쓰이고 있는데 그 사용 예가 아닌 것은?

① 액압축 방지를 위한 액관 전자밸브
② 제상용 전자밸브
③ 용량제어용 전자밸브
④ 고수위 경보용 전자밸브

31 곡면 부분의 단열에 편리하며 양털, 쇠털을 가공하여 만든 단열재는?
① 석면
② 규조토
③ 코르크
④ 펠트

32 배관작업에서 관 끝의 폐쇄에 이용되는 부속은?
① 소켓(Socket)
② 부싱(Bushing)
③ 플러그(Plug)
④ 니플(Nipple)

33 유체를 일정방향으로만 흐르게 하고, 역류하는 것을 방지하는 데 사용하는 밸브는?
① 슬루스밸브
② 체크밸브
③ 코크
④ 글로브밸브

34 다음에 열거하는 원인 때문에 생기는 용접결함은?

- 용접전류가 너무 낮을 때
- 운봉 및 봉의 유지각도 불량
- 용접봉 선택 불량

① 기공
② 언더 컷
③ 오버랩
④ 스패터

35 25A 강관의 관용 나사산 수는 길이 25.4mm에 대하여 몇 산이 표준인가?
① 19산
② 14산
③ 11산
④ 8산

36 피동결물을 냉각한 부동액에 넣어서 동결시키는 방법은?
① 접촉식 동결장치　② 진공식 동결장치
③ 침지식 동결장치　④ 송풍식 동결장치

37 냉동톤[RT]에 대한 설명 중 맞는 것은?
① 한국 1냉동톤은 미국 1냉동톤보다 크다.
② 한국 1냉동톤은 3,024kcal/h이다.
③ 냉동능력은 응축온도가 낮을수록, 증발온도가 낮을수록 좋다.
④ 1냉동톤은 0℃의 얼음이 1시간에 0℃의 물이 되는 데 필요한 열량이다.

38 열전도저항에 대한 설명 중 맞는 것은?
① 길이에 반비례한다.
② 전도율에 비례한다.
③ 전도면적에 반비례한다.
④ 온도차에 비례한다.

39 다음 중 냉매의 물리적 조건이 아닌 것은?
① 상온에서 임계온도가 낮을 것(상온 이하)
② 응고온도가 낮을 것
③ 증발잠열이 크고, 액체비열이 작을 것
④ 누설 발견이 쉽고, 전열작용이 양호할 것

40 만액식 증발기의 전열을 좋게 하기 위한 것이 아닌 것은?
① 냉각관이 냉매액에 잠겨 있거나 접촉해 있을 것
② 관면이 거칠거나 Fin을 부착한 것일 것
③ 평균 온도차가 작고 유속이 빠를 것
④ 유막이 없을 것

41 냉매의 특성 중 틀린 것은?

① 냉동톤당 소요동력은 증발온도, 응축온도가 변하여도 일정하다.
② 압축비가 클수록 냉매 단위중량당의 압축열이 커진다.
③ 냉매 특성상 동일 냉동능력에 대한 소요동력은 작은 것이 좋다.
④ 압축기 흡입가스가 과열하였을 때 NH_3는 체적효율이 감소한다.

42 2원 냉동장치의 설명으로 볼 수가 없는 것은?

① $-70℃$ 이하의 저온을 얻는 데 사용된다.
② 비등점이 높은 냉매는 고온 측 냉동기에 사용된다.
③ 저온 측 압축기의 흡입관에는 팽창탱크가 설치되어 있다.
④ 중간냉각기를 설치하여 고온 측과 저온 측을 열교환시킨다.

43 다음 논리기호의 논리식으로 적절한 것은?

① $A \times B$
② $A + B$
③ $\overline{A \cdot B}$
④ $\overline{A + B}$

44 냉동사이클에서 증발온도가 $-15℃$이고, 과열도가 $5℃$일 경우 압축기 흡입가스 온도는 몇 ℃인가?

① $5℃$
② $-10℃$
③ $-15℃$
④ $-20℃$

45 전기저항에 관한 설명 중 틀린 것은?

① 전류가 흐르기 힘든 정도를 저항이라 한다.
② 도체의 길이가 길수록 저항이 커진다.
③ 저항은 도체의 단면적에 반비례한다.
④ 금속의 저항은 온도가 상승하면 감소한다.

46 난방부하로 포함되지 않는 것은?
① 벽체를 통한 부하
② 외기부하
③ 틈새부하
④ 인체발생부하

47 냉동기의 용량결정에 있어서 실내 취득열량이 아닌 것은?
① 벽체로부터의 열량
② 인체발생열량
③ 기구발생열량
④ 덕트로부터의 열량

48 환기의 필요성으로 볼 수가 없는 것은?
① 체취
② 습도 증가
③ 탄산가스 증가
④ 외기온도 증가

49 온풍난방을 사용할 수 있는 가장 알맞은 건물은?
① 학교
② 아파트
③ 공장
④ 병원

50 유효온도에 관한 것 중 옳지 않은 것은?
① 감각온도라고 한다.
② 온도, 습도, 기류의 3가지 요소를 1개의 지수로 나타낸다.
③ 습도 100%, 기류 0m/sec인 경우의 기온값을 말한다.
④ 온습도, 오염도가 적당한 조합을 이룬 상태의 기온값을 말한다.

51 다음 중 개별식 공조방식의 장점이 아닌 것은?
① 소규모의 공기조화에서는 설비비가 적게 든다.
② 덕트 스페이스를 요하지 않는다.
③ 대부분 공조기가 소형이므로 소음이 작다.
④ 설치이동이 용이하여 이미 건축된 건물에 적합하다.

52 패널난방에서 실내 주벽의 온도 tw = 25℃, 실내 공기의 온도 ta = 15℃라고 하면 실내에 있는 사람이 받는 감각온도 te는 몇 ℃인가?
① 10   ② 15
③ 20   ④ 25

53 원심 송풍기의 번호가 No 2일 때 깃의 지름은 얼마인가?(단, 단위는 mm)
① 150   ② 200
③ 250   ④ 300

54 덕트 내의 소음방지법이 아닌 것은?
① 송풍기 출구 부근에 플래넘 챔버를 장치한다.
② 덕트의 접속에 심 대신 다이아몬드 브레이크를 만든다.
③ 댐퍼와 분출구에 코르크판을 부착한다.
④ 덕트의 도중에 흡음재를 내장한다.

55 단일덕트 공기조화방식에 대한 설명으로 옳지 않은 것은?
① 각 실, 각 존의 개별 온습도의 제어가 가능하다.
② 공기조화기가 중앙기계실에 설치되어 있으므로 보수관리가 용이하다.
③ 단일덕트 방식에는 큰 덕트 스페이스를 필요로 한다.
④ 극장, 백화점, 공장 등 큰 방에 널리 이용된다.

56 다음 중 노통연관 보일러에 대한 설명으로 옳지 않은 것은?
① 노통 보일러와 연관 보일러의 장점을 혼합한 보일러이다.
② 보일러 효율이 80~85%로 매우 높다.
③ 형체에 비해 전열면적이 크다.
④ 수관식 보일러보다는 가격이 비싸다.

57 다음 설명 중 틀린 것은?
① 불포화상태에서의 건구온도는 습구온도보다 높게 나타난다.
② 공기에 가습, 감습이 없어도 온도가 변하면 상대습도는 변한다.
③ 습공기 절대습도와 포화공기 절대습도와의 비를 포화도라 한다.
④ 습공기 중에 함유되어 있는 건조공기의 중량을 절대습도라 한다.

58 보일러에서 절탄기(Economizer)를 사용하였을 때 얻을 수 있는 이점이 아닌 것은?
① 보일러의 열효율이 향상된다.
② 보일러의 증발능력이 증가된다.
③ 보일러 판의 열응력을 감소시킨다.
④ 저온부식 방지 및 통풍력이 증대된다.

59 습공기의 상태를 나타내는 단위 중 비체적이란 무엇인가?
① 단위 중량당의 습공기 체적
② 습공기의 보유 열량
③ 포화공기의 절대습도와의 비
④ 건공기 중의 수증기 중량

60 일반적으로 냉동기를 내장하고 있는 공기조화를 실내에 직접 설치하는 공기조화 방식은?
① 단일덕트 방식
② 2중덕트 방식
③ 유인유닛 방식
④ 패키지 방식

CBT 정답 및 해설

01	02	03	04	05	06	07	08	09	10
①	④	②	④	③	①	④	②	③	①
11	12	13	14	15	16	17	18	19	20
③	③	③	④	③	②	②	③	④	④
21	22	23	24	25	26	27	28	29	30
②	③	④	①	①	②	②	②	④	④
31	32	33	34	35	36	37	38	39	40
④	③	③	④	③	①	③	①	③	④
41	42	43	44	45	46	47	48	49	50
①	④	②	③	②	④	②	③	④	④
51	52	53	54	55	56	57	58	59	60
③	③	③	④	③	②	④	④	①	④

01 정답 | ①
풀이 | 냉동설비에 부착하는 압력계는 기밀시험 압력 이상이고 그 압력에 2배 이하일 것

02 정답 | ④
풀이 | 방폭구조(전기설비의 경우)
- 내압방폭구조
- 안전증방폭구조
- 유입방폭구조
- 본질안전방폭구조
- 압력방폭구조
- 특수방폭구조

03 정답 | ②
풀이 | 회전식 압축기는 로터의 회전에 의해 가스를 흡입압축하는 압축기이다.

04 정답 | ④
풀이 | 공구를 옆 사람에게 넘겨줄 때는 던져 주는 것을 피한다.

05 정답 | ③
풀이 | 전기용접작업 시에는 2차 측 단자의 한쪽과 기계의 외부상자는 반드시 접지를 확실히 한다.

06 정답 | ①
풀이 | 보일러 점화 시 역화와 폭발을 방지하기 위해 제일 먼저 프리퍼지(댐퍼의 개방과 미연소가스 배출상태 점검)를 실시한다.

07 정답 | ④
풀이 | 안전모의 무게는 450g을 초과하지 않아야 한다.

08 정답 | ②
풀이 | 산업안전의 관심과 이해증진으로 얻을 수 있는 이점은 ①, ③, ④ 외에도 기업의 투자경비를 줄일 수 있다.

09 정답 | ③
풀이 | 독성가스의 식별 조치 시 표지판의 가스 명칭은 적색이어야 한다.(단, 바탕색은 백색, 가스명칭 외의 글씨는 흑색이다.)

10 정답 | ①
풀이 | 보안면의 보호구가 필요한 곳
- 점용접작업
- 비산물이 발생하는 철물기계 작업
- 연마광택 철사의 그라인딩 작업

11 정답 | ③
풀이 | 전기용접에서 아크 발생 시 주로 나오는 유해광선은 자외선이다.

12 정답 | ③
풀이 | 유류가 인화되면 분말소화기가 가장 이상적이다.

13 정답 | ③
풀이 | 냉동장치 설치 후 가장 먼저 하는 시험은 냉매의 누설시험이다.

14 정답 | ④
풀이 | 보일러 수의 순환이 양호하면 과열은 일어나지 않는다.

15 정답 | ③
풀이 | 렌치는 앞으로 당겨 움직일 것

16 정답 | ②
풀이 | 1RT = 3,320kcal/h
$$\therefore \frac{3,320 \times 1.3}{800 \times 8} = 0.67 m^2$$

17 정답 | ②
풀이 |
- R-12 냉매는 오일과는 잘 용해한다.
  (압축기에서 응축기 $\frac{1}{4}$ 지점에서 유분리기 설치)
- 암모니아는 물에는 잘 용해하나 오일에는 용해하지 않는다.

18 정답 | ③
풀이 | 암모니아(NH_3) + 염화수소(HCl)
→ 염화암모늄(NH_4Cl)(흰색)

19 정답 | ④
풀이 | 직접팽창식 냉동기의 경우 그 단점으로는 암모니아의 경우 냉매누설로 인한 냉장품의 손상이 우려된다.

20 정답 | ④
풀이 | 냉동기의 부하가 증가하면 압축기의 과열 원인이 된다.

21 정답 | ②
풀이 | 톱 클리언스가 크면 윤활유가 열화되기 쉽다.

22 정답 | ③
풀이 | 가용전은 프레온 냉동장치의 응축기나 수액기 등에서 보호를 위하여 사용한다.

23 정답 | ②
풀이 | 냉각탑의 출구온도는 대기의 습구온도보다 낮아지는 일이 없으며 일반적으로 냉각탑 입구관은 출구관보다 약간 크다.

24 정답 | ④
풀이 | 압축기를 (실린더)냉각수로 냉각시키는 이유
- 윤활작용이 양호해진다.
- 체적효율이 증대한다.
- 실린더의 마모를 방지한다.

25 정답 | ①
풀이 | 원심식 냉동기의 서징 현상 시 장애
- 고저압계 및 전류계의 지침이 심하게 움직인다.
- 냉각수의 감소에도 원인이 있다.
- 소음과 진동을 수반하는 맥동 현상이 일어난다.

26 정답 | ①
풀이 | 2단 압축 냉동장치에서 고단 측 압축기와 저단 측 압축기의 피스톤 압출량을 비교하면 저단측이 크다.

27 정답 | ②
풀이 | 온도식 자동 팽창변은 감온통의 증발기 출구 수평관에 밀착시킬 것

28 정답 | ②
풀이 | 전자냉동기는 열전반도체(비스무트텔루르, 안티몬텔루르, 비스무트 셀렌 등)를 이용한다.

29 정답 | ④
풀이 | 만액식 냉각기(증발기)는 냉매 측에 전열을 좋게 하기 위하여 관면을 거칠게 하거나 핀을 부착한다.

30 정답 | ④
풀이 | 전자밸브의 사용처
- 용량 및 액면조절용
- 온도제어용
- 액 해머방지용
- 냉매 및 브라인의 흐름제어
- 물의 흐름제어

31 정답 | ④
풀이 | 펠트 보온재는 곡면 부분의 단열에 편리하며 양털, 쇠털을 가공하여 만든다.

32 정답 | ③
풀이 | 플러그나 캡은 관 끝의 폐쇄에 사용된다.

33 정답 | ②
풀이 | 체크밸브(스윙식, 리프트식)는 역류방지용이다.

34 정답 | ③
풀이 | 오버랩 용접 결함
- 용접전류가 너무 낮다.
- 운봉 및 봉의 유지각도 불량
- 용접봉 선택 불량

35 정답 | ③
풀이 | 25mm 강관의 관용 나사산 수는 길이 25.4mm 대하여 나사산 수는 11산이 필요하다.
- 15A : 14산
- 20A : 14산
- 32A : 11산
- 40A : 11산
- 50A : 11산

36 정답 | ③
풀이 | 피동결물을 냉각한 부동액에 넣어서 동결시키는 방법에는 침지식 동결장치가 이용된다.

37 정답 | ①
풀이 |
- 한국 1냉동톤 : 3,320kcal/h
- 미국 1냉동톤 : 3,024kcal/h

38 정답 | ③
풀이 | 저항 열전도
- 길이에 비례한다.
- 온도차에 반비례한다.
- 전도 면적에 반비례한다.

CBT 정답 및 해설

39 정답 | ①
풀이 | 냉매는 상온에서 임계온도가 높아야 한다. (상온에서 액화가 용이하기 때문이다.)

40 정답 | ③
풀이 | 만액식 증발기의 전열을 좋게 하려면 평균온도차가 크고 유속이 적당할 것

41 정답 | ①
풀이 | 냉동톤당 소요동력은 증발온도, 응축온도가 변화하면 소요동력이 변화한다.

42 정답 | ④
풀이 | 2원 냉동장치에서 저온부 응축기는 고온부 증발기와 열교환을 한다.

43 정답 | ③
풀이 | NAND 회로(AND+NOT)

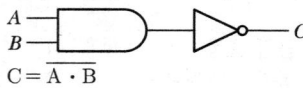

$C = \overline{A \cdot B}$

44 정답 | ②
풀이 | $5 - 15 = -10$

45 정답 | ④
풀이 | 금속은 전기저항이 온도가 상승하면 증가한다.

46 정답 | ④
풀이 | 인체발생부하는 냉방부하에 속한다.

47 정답 | ④
풀이 | 냉방부하 중 덕트의 열량은 기기 내 취득부하이다.

48 정답 | ④
풀이 | 환기의 필요성
체취, 습도 증가, 탄산가스 증가

49 정답 | ③
풀이 | 온풍난방은 공장이나 주택에 소규모 건물에서 사용된다.

50 정답 | ④
풀이 | 유효온도란 온도, 습도, 기류가 적당한 조합을 이룬 상태의 기온값이다.

51 정답 | ③
풀이 | 개별식 공조기는 소음이 큰 편이다.

52 정답 | ③
풀이 | $25 + 15 = 40℃$
te $= 40 \div 2 = 20℃$

53 정답 | ④
풀이 | 다익 송풍기의 번호
$No = \dfrac{깃의\ 지름(mm)}{150(mm)}$
$No \cdot x \div 150 = 2$
$x = 150 \times 2 = 300$

54 정답 | ②
풀이 | 덕트의 접속에서 소음을 방지하려면 소음 챔버와 소음 엘보 사용이 좋다.

55 정답 | ①
풀이 | 단일 덕트방식은 각 실 사이의 부하 변동이 다른 건물에서는 각 실 사이의 온도, 습도, 불평형이 생겨서 제어 성능이 떨어진다.

56 정답 | ④
풀이 | 노통연관 보일러는 수관식 보일러보다 가격이 저렴하다.

57 정답 | ④
풀이 | 절대습도란 습공기에서 수증기의 중량(kg)을 건조공기의 중량(kg)으로 나눈 값이다.
$x = 0.622 \dfrac{수증기의\ 분압}{대기압 - 수증기의\ 분압}$ (kg/kg′)

58 정답 | ④
풀이 | 보일러에서 절탄기(급수예열기)를 설치하거나 공기예열기의 설치 시 저온 부식이 발생하고 통풍력이 감소한다.

59 정답 | ①
풀이 | 습공기의 비체적(m^3/kg)

60 정답 | ④
풀이 | 패키지 방식은 개별식이므로 공기조화기를 실내에 직접 설치한다.

03회 실전점검! CBT 실전모의고사

01 수공구에 의한 재해를 막는 내용 중 틀린 것은?
① 결함이 없는 공구를 사용할 것
② 외관이 좋은 공구만 사용할 것
③ 작업에 올바른 공구만 취급할 것
④ 공구는 안전한 장소에 둘 것

02 보일러의 수위는 수면계의 어느 정도가 적당한가?
① $\frac{1}{4}$
② $\frac{1}{2}$
③ $\frac{1}{3}$
④ $\frac{1}{5}$

03 보일러 운전 종료 시 일반적인 순서를 나열한 것 중 순서대로 나열된 것은?

㉠ 주증기 밸브를 닫는다.
㉡ 천천히 연소율을 낮춘다.
㉢ 송풍기 가동을 중단한다.
㉣ 공기댐퍼를 닫아 공기를 차단시킨다.
㉤ 버너로부터 연료공급을 중지시킨다.

① ㉡－㉤－㉣－㉢－㉠
② ㉠－㉢－㉣－㉡－㉤
③ ㉣－㉡－㉢－㉠－㉤
④ ㉤－㉠－㉢－㉣－㉡

04 다음 중 암모니아 냉매가스의 누설검사로 적합하지 않은 것은?
① 붉은 리트머스 시험지가 청색으로 변한다.
② 네슬러 시약을 이용해서 검사한다.
③ 헬라이드 토치를 사용해서 검사한다.
④ 염화수소와 반응시켜 흰 연기를 발생시켜 검사한다.

05 다음 아크 용접의 안전사항으로 틀린 것은?
① 홀더가 신체에 접촉되지 않도록 한다.
② 절연부분이 균열이나 파손되었으면 교체한다.
③ 장시간 용접기를 사용하지 않을 때는 반드시 스위치를 차단시킨다.
④ 1차 코드는 벗겨진 것을 사용해도 좋다.

06 정전기 사고의 예방대책과 거리가 먼 것은?
① 보호구 착용
② 가습
③ 접지
④ 온도조절

07 전기용 고무장갑은 몇 V 이하의 전기회로 작업에서의 감전방지를 위해 사용하는 보호구인가?
① 600V
② 3,500V
③ 7,000V
④ 10,000V

08 가스용접작업을 할 때 주의해야 할 사항들이다. 사고방지를 위해 옳은 것은?
① 산소용기는 넘어지지 않도록 눕혀서 사용한다.
② 점화할 때는 반드시 점화용 라이터를 사용해야 한다.
③ 산소나 아세틸렌 용기는 햇빛이 잘 드는 곳에 보관해야 좋다.
④ 산소용기와 아세틸렌 용기는 같은 장소에 함께 보관하면 관리하기가 편리하다.

09 냉동장치에서 냉매가 적정량보다 부족할 경우 제일 먼저 해야 할 일은?
① 냉매의 배출
② 누설부위 수리 및 보충
③ 냉매의 종류를 확인
④ 펌프다운

10 전류의 흐름을 느낄 수 있는 최소전류 값으로 옳은 것은?(단, 상용주파수는 60Hz 이다.)
① 1mA
② 5mA
③ 10mA
④ 20mA

11 연삭(Grinding)작업 시 안전사항으로 틀린 것은?
① 안전 커버는 반드시 부착하고 작업한다.
② 받침대는 숫돌 차의 중심선보다 낮게 한다.
③ 스위치를 넣은 후 약 1분 동안 공회전시킨다.
④ 숫돌 차는 가능한 한 측면보다 전면을 사용한다.

12 압축 또는 액화 그 밖의 방법으로 처리할 수 있는 가스의 체적이 1일 100m^3 이상인 사업소는 표준압력계를 몇 개 이상 비치해야 하는가?
① 1개
② 2개
③ 3개
④ 4개

13 다음 중 줄작업 시 유의해야 할 내용으로 적절하지 못한 것은?
① 미끄러지면 손을 베일 위험이 있으므로 유의하도록 한다.
② 손잡이가 줄에 튼튼하게 고정되어 있는지 확인한다.
③ 줄의 균열 유무를 확인할 필요는 없다.
④ 줄작업의 높이는 허리를 낮추고 몸의 안정을 유지하며 전신을 이용하도록 한다.

14 다음 중 작업복에 대한 설명으로 적절하지 못한 것은?
① 옷에 끈이 있는 것이 좋다.
② 자주 세탁하여 입도록 한다.
③ 주머니는 가급적 수가 적은 것이 좋다.
④ 직종에 따라 여러 색채로 나누는 것이 효과적이다.

15 전기 화재의 원인으로 거리가 먼 것은?
① 누전
② 지락
③ 접지
④ 과전류

16 열(熱)의 뜻을 옳게 설명한 것은?
① 차고 따뜻한 정도를 말한다.
② 힘으로 바꿀 수 있는 원인이 되는 것이다.
③ 에너지의 한 형태이며, 기계적 에너지와 같은 것이다.
④ 분자의 운동 에너지이다.

17 냉동이란 저온을 생성하는 수단 방법이다. 다음 중 저온 생성방법에 들지 못하는 것은?
① 기한제 이용
② 액체의 증발열 이용
③ 펠티에 효과(Peltier Effect) 이용
④ 기체의 응축열 이용

18 2원 냉동장치 냉매로 많이 사용되는 R-290은 어느 것을 말하는가?
① 프로판
② 에틸렌
③ 에탄
④ 부탄

19 불연성이며 폭발성이 없고 수분을 함유하면 부식을 일으키고, 유(Oil)와 잘 혼합하지 않으며, 재료는 동 및 동합금을 사용할 수 있고, 체적은 암모니아의 약 1.5배이며 NH_3와 열역학 성질이 흡사한 냉매는?
① R-22
② CO_2
③ SO_2
④ 메틸클로라이드

20 냉매의 특성에 관한 다음 사항 중 옳은 것은?
① R-12는 암모니아에 비하여 유분리가 용이하다.
② R-12는 암모니아 보다 냉동력(kcal/kg)이 크다.
③ R-22는 R-12에 비하여 저온용에 부적당하다.
④ R-22는 암모니아 가스보다 무거우므로 가스의 유동저항이 크다.

21 표준 냉동사이클을 몰리에 선도 상에 나타내었을 때 온도와 압력이 변하지 않는 과정은?
① 응축과정
② 팽창과정
③ 증발과정
④ 압축과정

22 건조포화증기를 흡입하는 압축기가 있다. 고압이 일정한 상태에서 저압이 내려가면 이 압축기의 냉동능력은 어떻게 되는가?
① 증대한다.
② 변하지 않는다.
③ 감소한다.
④ 감소하다가 점차 증대한다.

23 압축기의 상부간격(Top Clearance)이 크면 냉동장치에 어떤 영향을 주는가?
① 토출가스 온도가 낮아진다.
② 윤활유가 열화되기 쉽다.
③ 체적효율이 상승한다.
④ 냉동능력이 증가한다.

24 회전식 압축기의 피스톤 압출량 V를 구하는 공식은 어느 것인가?(단, D = 직경[m], d = 회전 피스톤의 외경[m], t = 기통의 두께[m], N = 회전수[rpm], n = 기통수)
① $V = 60 \times 0.785 \times (D^2 - d^2)tN$
② $V = 60 \times 0.785 \times D^2 LNn$
③ $V = 60 \times \frac{\pi D^2}{4} LNn$
④ $V = \frac{\pi DL}{4}$

25 다음 회전식(Rotary) 압축기의 설명 중 틀린 것은?
① 흡입변이 없다.
② 압축이 연속적이다.
③ 회전수가 매우 적다
④ 왕복동에 비해 구조가 간단하다.

26 만액식 증발기에 사용되는 팽창밸브는?

① 저압식 플로트 밸브
② 온도식 자동 팽창밸브
③ 정압식 자동 팽창밸브
④ 모세관 팽창밸브

27 압축기의 압축비가 커지면 어떤 현상이 일어나겠는가?

① 압축비가 커지면 체적효율이 증가한다.
② 압축비가 커지면 체적효율이 저하된다.
③ 압축비가 커지면 소요동력이 작아진다.
④ 압축비와 체적효율은 아무런 관계가 없다.

28 실린더 내경 20cm, 피스톤 행정 20cm, 기통수 2개, 회전수 300rpm인 냉동기의 피스톤 압출량은?

① $182.1m^3/h$
② $201.4m^3/h$
③ $226.1m^3/h$
④ $262.7m^3/h$

29 냉동장치의 고압 측에 안전장치로 사용되는 것 중 부적당한 것은?

① 스프링식 안전밸브
② 플로트 스위치
③ 고압차단 스위치
④ 가용전

30 압축기 용량제어방법의 채택 목적이 아닌 것은?

① 냉동능력의 증대
② 경제적인 운전실현
③ 경부하 가동 및 운전
④ 압축기 보호

31 암모니아 냉동기에서 일반적으로 2단 압축을 하는 것은 압축비가 얼마 이상일 때인가?

① 1
② 2
③ 4
④ 6

32 축봉장치(Shaft Seal)의 역할로서 부적당한 것은?

① 냉매누설 방지
② 오일누설 방지
③ 외기침입 방지
④ 전동기의 슬립(Slip) 방지

33 냉동장치에서는 자동제어를 위하여 전자밸브가 많이 쓰이고 있는데 그 사용 예가 아닌 것은?

① 액압축 방지를 위한 액관 전자밸브
② 제상용 전자밸브
③ 용량제어용 전자밸브
④ 고수위 경보용 전자밸브

34 다음 보온재 중 고온에서 사용할 수 없는 것은?

① 스티로폼
② 석면
③ 글라스울
④ 규조토

35 유로를 급속히 여닫이 할 때 쓰이는 밸브는?

① 글로브밸브
② 코크
③ 슬루스밸브
④ 체크밸브

36 다음 중 강관용 연결 부속자재로서 한쪽이 암나사, 다른 한쪽이 수나사로 되어 있으며 직경이 다른 소켓과 같이 관경을 달리할 때 쓰이는 것은?

① 캡
② 니플
③ 플러그
④ 부싱

37 다음은 관의 종류와 접합법이다. 틀린 것은?

① 강관 - 나사 이음
② 구리관 - 플랜지 이음
③ 납관 - 플라스턴 이음
④ 주철관 - 플레어 이음

38 SPW에 대한 설명 중 틀린 것은?

① 비교적 사용압력이 낮은 배관에 사용한다.
② 자동 서브머지드 용접으로 제조한다.
③ 가스, 물 등의 유체 수송용이다.
④ 관호칭은 안지름×두께이다.

39 증발온도와 응축온도가 일정하고 과냉각도가 없는 냉동사이클에서 압축기에 흡입하는 상태가 변화했을 때의 $P-h$ 선도 중 건조포화압축 냉동사이클은?

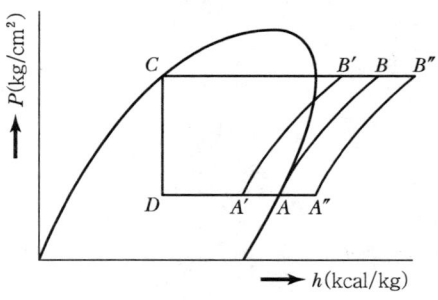

① A-B-C-D
② A′-B′-C-D
③ A″-B″-C-D
④ A′-B′-B″-A″

40 시간적으로 변화하지 않는 일정한 입력신호를 단속신호로 변환하는 회로는?
① 선택회로
② 플리커 회로
③ 인터로크 회로
④ 자기유지회로

41 다음 중 자연적인 냉동방법이 아닌 것은?
① 증기분사식과 진공식을 이용하는 방법
② 융해잠열을 이용하는 방법
③ 증발잠열을 이용하는 방법
④ 승화열을 이용하는 방법

42 무접점 제어회로의 특징과 관계가 적은 것은?
① 동작 속도가 빠르다.
② 별도의 전원이 필요하다.
③ 고빈도 사용이 가능하다.
④ 소형화에 불리하다.

43 다음 중 할로겐화 탄화수소 냉매가 아닌 것은?
① R-114
② R-115
③ R-134a
④ R-717

44 저항이 250[Ω]이고 40[W]인 전구가 있다. 점등 시 전구에 흐르는 전류는 몇 [A]인가?
① 0.16
② 0.4
③ 2.5
④ 6.25

45 피스톤링이 마모되었을 때 일어나는 현상으로 옳은 것은?
① 체적효율 감소
② 크랭크실 압력 감소
③ 실린더 냉각
④ 냉동능력 상승

46 증기의 압력제어에 적합한 밸브는?
① 팽창밸브
② 3방 밸브
③ 2방 밸브
④ 감압밸브

47 사무실의 난방에 있어서 가장 적합하다고 보는 상대습도와 실내 기류의 값은?
① 30%, 0.0m/s
② 50%, 0.25m/s
③ 30%, 0.25m/s
④ 50%, 0.05m/s

48 다음 중 에너지 손실이 가장 큰 공조방식은?
① 2중 덕트 방식
② 각 층 유닛 방식
③ F.C 유닛 방식
④ 유인 유닛 방식

49 난방부하가 3,000kcal/h인 온수난방시설에서 방열기의 입구온도가 85℃, 출구온도가 25℃, 외기온도가 -5℃일 때 온수의 순환량은 얼마인가?(단, 물의 비열은 1kcal/kg℃이다.)
① 50kg/h
② 75kg/h
③ 150kg/h
④ 450kg/h

50 다음 내용 중 잘못 설명된 것은?
① 벽이나 유리창을 통해 실내로 들어오는 열은 잠열과 감열이 있다.
② 창문의 틈새로 들어오는 공기가 가지고 들어오는 열은 잠열과 감열이 있다.
③ 여름철에 실내에서 인체에 발생하는 열은 잠열과 감열이 있다.
④ 실내의 발열기구(형광등, 조리기구 등)에서 발생하는 열은 잠열과 감열이다.

51. 공업공정 공조의 목적에 대한 설명으로 적당하지 않은 것은?
① 제품의 품질향상
② 공정속도의 증가
③ 불량률의 감소
④ 신속한 사무환경 유지

52. 공기조화에서 냉방부하를 결정할 때 태양열은?
① 커튼을 친 실내면 무시한다.
② 영향이 없으므로 무시한다.
③ 유리 건물에만 고려한다.
④ 반드시 고려한다.

53. 수량 2,000L/min, 양정 50m, 펌프효율 65%인 펌프의 소요 축동력은 몇 kW인가?
① 2kW
② 14kW
③ 25kW
④ 36kW

54. 수정 유효온도는 유효온도에 무엇의 영향을 고려한 것인가?
① 온도
② 습도
③ 기류
④ 복사열

55. 다음 중 사무실, 호텔, 병원 등의 고층건물에 적합한 공기조화방식은?
① 단일덕트방식
② 유인유닛방식
③ 이중덕트방식
④ 재열방식

56 난방 시 손실열량의 요인이 아닌 것은?
① 조명기구　　　　② 벽 및 천장
③ 틈새바람　　　　④ 급기 덕트

57 다음 감습장치에 대한 내용 중 옳지 않은 것은?
① 압축감습장치는 동력소비가 작은 편이다.
② 냉각감습장치는 노점온도 제어로 감습한다.
③ 흡수식 감습장치는 흡수성이 큰 용액을 이용한다.
④ 흡착식 감습장치는 고체 흡수제를 이용한다.

58 다음은 증기난방의 특징을 설명한 것이다. 옳지 않은 것은?
① 온수에 비하여 열의 운반능력이 크다.
② 온수에 비하여 관경을 작게 해도 된다.
③ 온수에 비하여 환수관의 부식이 적다.
④ 온수에 비하여 설비 및 유지비가 싸다.

59 다음 난방방식 중 열매체의 열용량이 가장 작으며 실내 온도 분포도가 나쁜 방식은?
① 복사난방　　　　② 온수난방
③ 증기난방　　　　④ 온풍난방

60 다음 중 온도가 높은 공기의 수송에 가장 부적합한 덕트용 재료는?
① 냉간압연 강판　　② 경질 염화비닐판
③ 알루미늄판　　　④ 글라스울판

CBT 정답 및 해설

01	02	03	04	05	06	07	08	09	10
②	②	①	③	④	④	③	②	②	①
11	12	13	14	15	16	17	18	19	20
②	②	③	①	③	④	④	①	③	④
21	22	23	24	25	26	27	28	29	30
③	③	②	①	③	①	②	③	②	①
31	32	33	34	35	36	37	38	39	40
④	④	④	①	②	④	④	④	①	②
41	42	43	44	45	46	47	48	49	50
①	④	④	②	①	④	②	①	①	①
51	52	53	54	55	56	57	58	59	60
④	④	③	④	②	①	①	③	④	②

01 정답 | ②
풀이 | 수공구에 의한 재해를 막는 방법
- 결함이 없는 공구를 사용할 것
- 작업에 올바른 공구만 취급할 것
- 공구는 안전한 장소에 둘 것

02 정답 | ②
풀이 | 보일러 수위는 수면계 중심선$\left(\frac{1}{2}\right)$에 위치하도록 한다.

03 정답 | ①
풀이 | 보일러 운전 종료 시 ①의 순서에 따른다.

04 정답 | ③
풀이 | 헬라이드 토치는 프레온 냉매의 누설검사에 의한다.

05 정답 | ④
풀이 | 아크 용접에서는 어떠한 경우에도 코드가 벗겨진 것을 사용해서는 안 된다.

06 정답 | ④
풀이 | 온도조절과 정전기 사고의 예방대책과는 거리가 멀다.

07 정답 | ③
풀이 | 전기용 고무장갑은 7,000V 이하의 전기회로 작업에서 감전방지를 위해 사용하는 보호구이다.

08 정답 | ②
풀이 | 가스용접작업 시 점화할 때는 반드시 점화용 라이터를 사용해야 한다.

09 정답 | ②
풀이 | 냉동장치에서 냉매가 적정량보다 부족할 경우 제일 먼저 누설부위 수리 및 보충해야 한다.

10 정답 | ①
풀이 | 상용주파수 60Hz에서 전류의 흐름을 느낄 수 있는 최소전류 값으로 옳은 것은 1mA이다.

11 정답 | ②
풀이 | 연삭작업 시 받침대는 숫돌 차의 중심선보다 낮게 하지 않는다. 그 이유는 작업 중 일감이 딸려 들어갈 위험이 있기 때문이다.

12 정답 | ②
풀이 | 압축 또는 액화 그 밖의 방법으로 처리할 수 있는 가스의 체적이 1일 100m³ 이상인 사업소는 표준압력계를 2개 이상 비치해야 한다.

13 정답 | ③
풀이 | 줄(File)작업 시는 반드시 줄의 균열(Crack) 유무를 확인한다.

14 정답 | ①
풀이 | 작업복에는 옷에 끈이 없는 것을 사용한다.

15 정답 | ③
풀이 | 접지는 전기의 감전을 방지한다.

16 정답 | ④
풀기 | 열이란 분자의 운동 에너지이다.

17 정답 | ④
풀이 | 기체의 응축열 이용으로는 저온을 생성하지 못한다.

18 정답 | ①
풀이 | $-70℃$ 이하의 초저온을 얻기 어려운 경우에 사용하는 냉동장치가 2원 냉동이다.
저온 측 냉매 : R-13, R-14, R-22, 에틸렌, 에탄, 메탄 고온 측 냉매 : R-12, R-22
프로판(C_3H_8) 냉매 : R-290

19 정답 | ③
풀이 | 아황산가스 냉매(SO_2)는 수분과 결합하면 부식을 일으킨다. 비등점이 $-10℃$ 사용냉매는 맹독성이다.

20 정답 | ④
풀이 | R-22 냉매(CHClF₂)는 암모니아(NH₃)보다 무거우므로 가스의 유동저항이 크다.

21 정답 | ③
풀이 | 온도와 압력이 변하지 않는 과정은 증발과정이다.

22 정답 | ③
풀이 | 고압이 일정한 가운데 저압이 내려가면 압축기의 냉동능력이 감소한다.

23 정답 | ②
풀이 | 압축기의 상부간격(톱 클리어런스)이 크면 냉동장치에서 오일이 열화되기 쉽다.

24 정답 | ①
풀이 | D : 실린더 안지름(m), $0.785 = 3.14 \div 4$
d : 피스톤 바깥지름(m), 60 = 1분은 60초
t : 피스톤의 두께(m), 1시간은 60분
N : 회전수

25 정답 | ③
풀이 | 회전식 압축기는 압축이 연속적이므로 회전수가 많고 고진공을 얻을 수 있다.

26 정답 | ①
풀이 | • 만액식 증발기에는 팽창밸브로 저압식 플로트 밸브를 사용한다.
• 만액식 증발기 내에는 액이 75%, 가스가 25% 존재한다.

27 정답 | ②
풀이 | • 압축기에서 압축비가 커지면 체적효율이 감소한다.
• 체적효율 $(\eta v) = \dfrac{\text{실제 피스톤 토출량}}{\text{이론적 피스톤 토출량}}$

28 정답 | ③
풀이 | $Q = 60 \times \dfrac{\pi}{4} D^2 \cdot L \cdot N \cdot R (\text{m}^3/\text{h})$
∴ $60 \times 0.785 \times (0.2)^2 \times 0.2 \times 2 \times 300$
$= 226.08 \text{m}^3/\text{h}$

29 정답 | ②
풀이 | 고압 측 안전장치
• 안전밸브
• 고압차단 스위치
• 가용전
※ 플로트 스위치 : 액면 검출용

30 정답 | ①
풀이 | 압축기 용량제어의 목적
• 경제적인 운전 실현
• 경부하 기동 및 운전
• 압축기 보호

31 정답 | ④
풀이 | 압축비가 6 이상이면 암모니아 냉동기에서는 2단 압축을 한다. 또는 암모니아가 -35℃ 이하 프레온 냉매는 -50℃ 이하에서 2단 압축을 한다.

32 정답 | ④
풀이 | 축봉장치(샤프트-실)의 기능
• 냉매누설 방지
• 오일누설 방지
• 외기침입 방지

33 정답 | ④
풀이 | 전자밸브의 사용 예
• 액압축 방지를 위한 액관 전자밸브
• 제상용 전자밸브
• 용량제어용 전자밸브

34 정답 | ①
풀이 | 스티로폼(기포성 수지)은 저온용에서 사용하는 유기질 보온재이다.

35 정답 | ②
풀이 | 코크는 유로를 급속히 여닫이 할 때 쓰이는 밸브이다.

36 정답 | ④
풀이 | 부싱의 한쪽은 암나사 다른 한쪽은 수나사로 되어 있으며 직경이나 관경이 다른 곳에 사용되는 부속이다.

37 정답 | ④
풀이 | 플레어 이음은 20mm 이하의 동관용 접합이다.

38 정답 | ④
풀이 | SPW(수도용 아연도금 강관)
정수두 100m 이하의 수도로서 주로 급수배관용 호칭지름 10~300A이고 관호칭은 안지름이다.

CBT 정답 및 해설

39 정답 | ①
풀이 | 증발온도와 응축온도가 일정하고 과냉각도가 없는 상태라면 A-B-C-D의 $P-h$ 상태가 된다.

40 정답 | ②
풀이 | 플리커 회로란 시간적으로 변화하지 않는 일정한 입력신호를 단속신호로 변환하는 회로이다.

41 정답 | ①
풀이 | 자연적인 냉동방법
- 융해잠열을 이용하는 방법
- 증발잠열을 이용하는 방법
- 승화열을 이용하는 방법

42 정답 | ④
풀이 | 무접점 제어회로 특징
- 동작속도가 빠르다.
- 별도의 전원이 필요하다.
- 고빈도 사용이 가능하다.

43 정답 | ④
풀이 | 암모니아 냉매(NH_3) : R-717
무기화합물로 구성된 냉매는 100의 자리수를 7로 하고 10의 자리수와 1의 자리수는 그 물질의 분자량을 표시한다.

44 정답 | ②
풀이 | 전류란 전자의 흐름으로서 전자의 경우 음극에서 양극으로 흐르며 1초간에 1[C]의 전하가 이동하였을 때의 전류의 크기가 1암페어(A)이다.
$1[C] = \dfrac{1}{1.60219} \times 10^{-19} = 0.624 \times 10^{19}$개 전자의 과부족으로 생기는 전하량이다.
$P = I^2 R(W)$, $I = \sqrt{\dfrac{P}{R}} = \sqrt{\dfrac{40}{250}} = 0.4$

45 정답 | ①
풀이 | 피스톤링의 마모 시 나타나는 현상
- 크랭크 케이스 내의 압력이 높아지고 체적효율, 냉동능력 감소
- 응축기나 수액기 내로 오일이 혼합되어 열교환을 감소시킴
- 냉동능력당 소비동력이 증가

46 정답 | ④
풀이 | 감압밸브는 증기의 압력제어에 적합한 밸브이다.

47 정답 | ②
풀이 | 사무실 난방의 습도와 기류 속도의 이상적인 조건
- 상대습도 : 50~60%
- 실내 기류 : 0.25m/s

48 정답 | ①
풀이 | 중앙식 전공기방식인 2중 덕트 방식은 온풍과 냉풍을 동시에 만들고 이것을 각각 별개의 덕트로 각 실에 보내는 방식으로서 에너지 효율이 별로 좋지 못하다.

49 정답 | ①
풀이 | $\dfrac{3{,}000}{1 \times \left(\dfrac{85+25}{2} - (-5)\right)} = 50\text{kg/h}$

50 정답 | ①
풀이 |
- 벽체의 열부하
  열관류율×구조체 면적×구조체 내외의 온도차
- 유리로부터 열부하
  (전 일사량×구조체 면적×차폐계수) + 열관류율×구조체 면적×유리면 내외의 온도차

51 정답 | ④
풀이 | 공업공정 공조 목적
- 제품의 품질향상
- 불량률의 감소
- 공정속도의 증가

52 정답 | ④
풀이 | 공기조화에서 냉방부하 결정 시 태양열을 반드시 고려한다.

53 정답 | ③
풀이 | $\dfrac{2{,}000 \times 1 \times 50}{102 \times 60 \times 0.65} = 25.138\text{kW}$

54 정답 | ④
풀이 | 수정 유효온도 = 유효온도 + 복사열

55 정답 | ②
풀이 | 유인유닛방식(공기-수방식)은 개별 제어가 용이하므로 호텔 객실 및 병원의 병실, 고층건물의 외부존에 적당하다.

CBT 정답 및 해설

56 정답 | ①
풀이 | 조명기구는 냉방부하에서 기구발생부하에 해당된다.

57 정답 | ①
풀이 | 압축감습장치는 동력소비가 커서 일반적으로 사용을 잘 하지 않는다.

58 정답 | ③
풀이 | 증기난방은 에어가 많이 생겨서 환수관의 부식이 많다.

59 정답 | ④
풀이 | 온풍난방은 열매체의 열용량이 가장 작지만 실내온도 분포가 가장 나쁘다.

60 정답 | ②
풀이 | 경질, 염화비닐판 덕트는 온도가 높은 공기의 수송에는 부적합한 덕트용 재료이다.

04회 실전점검! CBT 실전모의고사

01 안전관리의 가장 중요한 목적은?
① 신뢰성 향상
② 재산보호
③ 생산성 향상
④ 인간존중

02 안전모를 착용했을 때 안전모의 상부와 머리 상부 사이의 간격은 몇 mm 이상인가?
① 10
② 15
③ 25
④ 35

03 작업장에서 전기, 유해가스 및 위험한 물건이 있는 곳을 식별하기 위해 다음 어느 색으로 표시해야 되는가?
① 황색
② 녹색
③ 적색
④ 청색

04 보일러가 부식하는 원인으로 부적당한 것은?
① 보일러수의 pH의 저하
② 수중에 함유된 산소의 작용
③ 수중에 함유된 질소의 작용
④ 수중에 함유된 탄산가스의 작용

05 냉매의 누설검사방법 중 옳은 것은?
① 암모니아는 헬라이드 토치 등의 불꽃색으로 조사한다.
② R-12는 페놀프탈레인지를 사용하여 조사한다.
③ R-22는 유황초를 태워 백색 연기로 조사한다.
④ 암모니아는 적색 리트머스 시험지를 사용하여 조사한다.

06 전기설비의 방폭성능 기준 중 용기 내부에 보호구조를 압입하여 내부압력을 유지함으로써 가연성 가스가 용기 내부로 유입되지 아니하도록 한 구조를 말하는 것은?
① 내압방폭구조
② 유입방폭구조
③ 압력방폭구조
④ 안전증방폭구조

07 용접작업 시 사용하는 산소용기의 올바른 사용법이 아닌 것은?
① 운반할 경우에는 반드시 캡을 씌운다.
② 겨울철에 용기가 동결 시는 불로 녹이지 말고 열습포로 녹인다.
③ 산소가 새는 것을 조사할 경우는 비눗물을 사용한다.
④ 산소용기를 이동할 때 뉘어서 바로 굴려 이동시킨다.

08 냉동제조시설에 설치된 밸브 등을 조작하는 장소의 조도는 몇 LUX 이상인가?
① 50
② 100
③ 150
④ 200

09 다음 중 독성가스를 냉매가스로 하는 수액기 주위에 방류둑 설치는 내용적이 몇 L 이상인가?
① 5,000
② 10,000
③ 15,000
④ 20,000

10 감전사고와 관계없는 것은?
① 인체의 저항
② 인체에 가해지는 전압
③ 기기의 정격전류
④ 인체에 흐르는 전류

11 다음 작업 중 장갑 착용이 허용되는 것은?
① 선반 ② 용접
③ 드릴 ④ 해머

12 다음은 가스용접에 필요한 가스용기의 저장 시 주의사항이다. 옳지 않은 것은?
① 충격을 가하지 말 것
② 용기온도를 50℃ 이하로 보존할 것
③ 운반할 때에는 캡을 씌울 것
④ 전도의 우려가 없도록 할 것

13 보일러를 비상정지시키는 경우의 조치에 해당되지 않는 것은?
① 주 증기밸브를 닫는다.
② 연료의 공급을 정지한다.
③ 댐퍼를 닫고 통풍을 막는다.
④ 연소용 공기의 공급을 정지한다.

14 안전모와 안전벨트의 용도는?
① 감독자용품의 일종이다. ② 추락재해방지용이다.
③ 전도방지용이다. ④ 작업능률 가속용이다.

15 드릴링 머신에서 얇은 철판이나 동판에 구멍을 뚫을 때는 어떤 방법이 좋은가?
① 클램프로 고정한다.
② 테이블에 고정한다.
③ 드릴바이스에 고정한다.
④ 각목을 밑에 깔고 적당한 기구로 고정한다.

16 다음 설명 중 옳은 것은?
① 고체에서 기체가 될 때에 필요한 열을 증발열이라 한다.
② 온도의 변화를 일으켜 온도계에 나타나는 열을 잠열이라 한다.
③ 기체에서 액체로 될 때 제거해야 하는 열은 응축열 또는 감열이라 한다.
④ 기체에서 액체로 될 때 필요한 열은 응축열이며, 이를 잠열이라 한다.

17 1초 동안에 75kg·m의 일을 할 경우 시간당 발생하는 열량은?
① 623kcal/hr
② 632kcal/hr
③ 643kcal/hr
④ 685kcal/hr

18 R-113의 분자식은?
① C_2HClF_3
② $C_2Cl_2F_2$
③ C_2Cl_3F
④ $C_2Cl_3F_3$

19 초저온에 가장 적합한 냉매는?
① R-11
② R-12
③ R-13
④ R-114

20 다음 프레온 냉매 중 냉동능력이 가장 좋은 것은?
① R-113
② R-11
③ R-12
④ R-22

21 팽창변 직후의 냉매의 건조도 $x = 0.14$이고, 증발잠열이 400kcal/kg이라면 냉동효과는?
① 56kcal/kg
② 213kcal/kg
③ 344kcal/kg
④ 566kcal/kg

22 다음 그림은 증기압축식 냉동기의 구조를 도시한 것이다. A는 무엇인가?

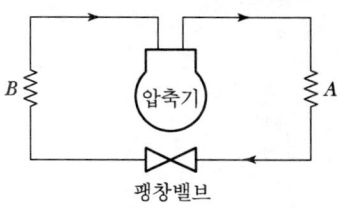

① 증발기   ② 응축기
③ 감온통   ④ 액분리기

23 압축기 분해 시, 다음 부품 중 제일 나중에 분해되는 것은?
① 실린더 커버   ② 세이프티 헤드 스프링
③ 피스톤   ④ 토출밸브

24 셸 튜브 응축기는?
① 공랭식 응축기이다.
② 수랭식 응축기이다.
③ 역류식 응축기이다.
④ 강제대류식 응축기이다.

25 다음 중 고속다기통 압축기의 장점이 되지 못하는 것은?
① 가볍게 시동되고 자동운전이 가능하다.
② 체적효율과 지시효율이 좋다.
③ 형태가 작고 가볍다.
④ 대부분의 부품이 같아서 서로 교환할 수 있고 수리가 용이하다.

26. 냉동장치에 이용되는 부속기기 중 직접 압축기의 보호역할을 하는 것이 아닌 것은?
   ① 온도자동 팽창밸브
   ② 안전밸브
   ③ 유압보호 스위치
   ④ 액분리기

27. 다음 중 응축기와 관계가 없는 것은?
   ① 헤어핀 코일
   ② 스월
   ③ 로핀 튜브
   ④ 감온통

28. 수액기 취급 시 주의사항 중 옳은 것은?
   ① 저장 냉매액을 $\frac{3}{4}$ 이상 채우지 말아야 한다.
   ② 직사광선을 받아도 무방하다.
   ③ 안전밸브를 설치할 필요가 없다.
   ④ 균압관은 지름이 작은 것을 사용한다.

29. 고압 수액기에 부착되지 않는 것은?
   ① 액면계
   ② 안전밸브
   ③ 전자밸브
   ④ 오일드레인 밸브

30. 정압식 팽창밸브의 설명 중 틀린 것은?
   ① 부하변동에 따라 자동적으로 냉매 유량을 조절한다.
   ② 증발기 내의 압력을 일정하게 유지시켜 주는 냉매 유량 조절밸브이다.
   ③ 단일 냉동장치에서 냉동부하의 변동이 적을 때 사용한다.
   ④ 냉수 브라인 등의 동결을 방지할 때 사용한다.

31 다음 쿨링 타워에 대한 설명 중 옳은 것은?
① 냉동장치에서 쿨링 타워를 설치하면 응축기는 필요 없다.
② 쿨링 타워에서 냉각된 물의 온도는 대기의 습구온도보다 높다.
③ 타워의 설치장소는 습기가 많고 통풍이 잘 되는 곳이 적합하다.
④ 송풍량을 많게 하면 수온이 내려가고 대기의 건구·습구온도보다 낮아진다.

32 보통 안전판의 분출압력은 고압 스위치 작동압력에 비하여 어떻게 조정하면 좋은가?
① 고압스위치 작동압력보다 다소 낮게 한다.
② 고압스위치 작동압력보다 다소 높게 한다.
③ 고압스위치 작동압력과 같게 한다.
④ 고압스위치 작동압력보다 다소 낮거나 높아도 무방하다.

33 냉동능력이 5냉동톤이며 그 압축기의 소요동력이 5마력(PS)일 때 응축기에서 제거하여야 할 열량은 몇 kcal/h인가?
① 18,790kcal/h
② 21,100kcal/h
③ 19,760kcal/h
④ 20,900kcal/h

34 액순환식 증발기와 액펌프 사이에 반드시 부착해야 하는 것은?
① 전자밸브
② 여과기
③ 역지밸브
④ 건조기

35 다음은 고압배관용 탄소강관에 대한 설명이다. 잘못된 것은?
① KS규격 기호로 SPHT라고 표기한다.
② 사용압력은 100kg/cm² 이상의 고압이다.
③ 이음매 없는 관으로만 제조되며 4종으로 규정되어 있다.
④ 350℃ 이하에서의 내연기관용 연료 분사관, 화학공업의 고압배관용으로 사용된다.

36 배관의 방향을 바꿀 때 필요한 관이음 재료는?
① 유니언　　　　　② 니플
③ 플러그　　　　　④ 밴드

37 로터리 벤더에 의한 강관 구부리기에서 관이 타원형으로 되는 원인이 아닌 것은?
① 받침쇠가 너무 들어가 있다.　　② 받침쇠와 안지름의 간격이 작다.
③ 받침쇠의 모양이 나쁘다.　　　 ④ 재질이 부드럽고 두께가 있다.

38 ─▷◁─의 도시기호 밸브 명칭은?
① 볼 밸브　　　　　② 게이트 밸브
③ 풋 밸브　　　　　④ 안전 밸브

39 다음 중 파이프의 이음을 도시한 것 중 틀리는 것은?
① 일반형 : ─┼─　　　② 플랜지형 : ─┤├─
③ 용접형 : ─●─　　　④ 턱걸이형 : ─┤D─

40 다음 기호가 나타내는 관조인트의 종류는?
① 엘보
② 디스트리뷰터
③ 리듀서
④ 휨 관조인트

41 시퀀스도의 설명으로 가장 적합한 것은?
① 부품의 배치 배선상태를 구성에 맞게 그린 것이다.
② 동작 순서대로 알기 쉽게 그린 접속도를 말한다.
③ 기기 상호 간 및 외부의 전기적인 접속관계를 나타낸 접속도를 말한다.
④ 전기 전반에 관한 계통과 전기적인 접속관계를 단선으로 나타낸 접속도이다.

42 전류계의 측정범위를 넓히는 데 사용되는 것은?
① 배율기 ② 분류기
③ 역률기 ④ 용량분압기

43 다음 중 계전기 b접점을 나타낸 것은?

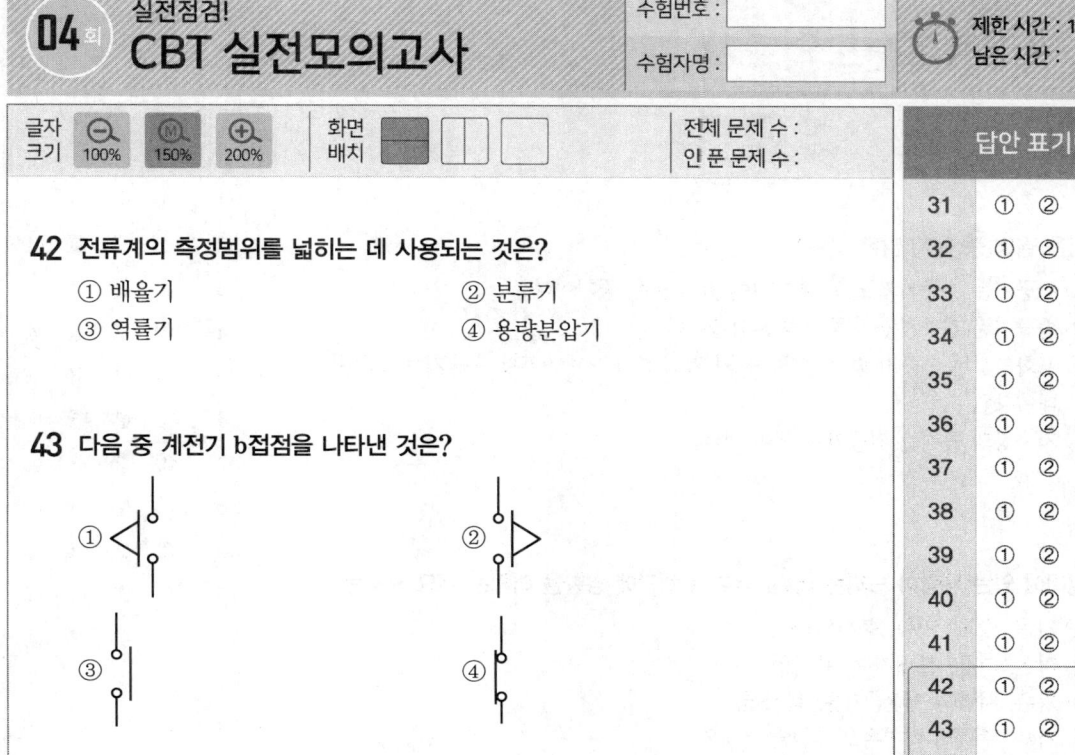

44 주어진 입력신호가 동시에 가해질 때만 나오는 회로를 무슨 회로라 하는가?
① AND ② OR
③ NOT ④ NAND

45 다음과 같은 R-22 냉동장치의 $P-h$ 선도에서의 이론성적계수는?

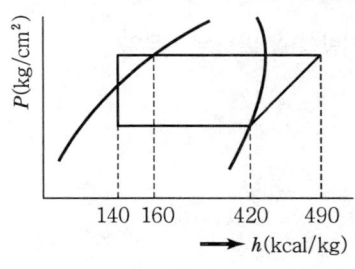

① 3.7 ② 4
③ 4.7 ④ 5

46 다음 설명 중 옳지 않은 것은?

① 건공기는 수증기가 전혀 포함되어 있지 않은 공기이다.
② 습공기는 건공기와 수증기의 혼합물이다.
③ 포화공기는 습공기 중의 절대습도가 점점 증가하여 최후에 수증기로 포화된 상태이다.
④ 지구상의 공기는 건공기로 되어 있다.

47 실내에 있는 사람이 느끼는 더위, 추위의 체감에 영향을 미치는 주요 요소는?

① 기온, 습도, 기류, 복사열
② 기온, 기류, 불쾌지수, 복사열
③ 기온, 사람의 체온, 기류, 복사열
④ 기온, 주위의 벽면온도, 기류, 복사열

48 은행의 실내 체적이 730m³이고 공기가 1시간에 40회 비율로 틈새바람에 의해 자연 환기될 때 풍량(m³/min)을 구한 것 중 옳은 것은?

① 310 ② 325
③ 450 ④ 486

49 다음 난방방식 중에서 중앙식 공조방식(전공기방식)에 속하는 것은?

① 패키지 유닛(Package Unit) 방식
② 유인 유닛 방식
③ 팬코일 유닛 방식
④ 2중덕트 방식

50 냉난방에 필요한 전 송풍량을 하나의 주덕트 만으로 분해하는 방식은?

① 단일덕트 방식 ② 이중덕트 방식
③ 멀티존 유닛 방식 ④ 팬코일 유닛 방식

51 다음 냉수코일에 대한 설명 중 옳지 않은 것은?
① 물의 속도는 일반적으로 1m/s 전후이다.
② 코일을 통과하는 공기의 풍속은 7~8m/s정도이다.
③ 입구수온과 출구수온의 차이는 일반적으로 5℃ 전후이다.
④ 코일의 설치는 관이 수평으로 놓이게 한다.

52 공조기에 사용되는 에어필터의 여과효율을 검사하는 데 사용되는 방법과 거리가 먼 것은?
① 중량법   ② Dop법
③ 변색도법   ④ 체적법

53 다음의 취출구 중에서 천장 취출구가 아닌 것은?
① 아네모스탯형   ② 팬형
③ 유니버설형   ④ 펑커 루버

54 저속덕트와 고속덕트가 구별되는 주덕트 풍속의 값은 얼마인가?
① 5m/sec   ② 10m/sec
③ 15m/sec   ④ 30m/sec

55 주택, 아파트 등에 적당한 난방방법은?
① 저압증기난방   ② 복사난방
③ 온기난방   ④ 열풍난방

56 사무실의 난방에 있어서 가장 적합하다고 보는 상대습도와 실내기류의 값은?
① 30%, 0.05m/s   ② 50%, 0.25m/s
③ 30%, 0.25m/s   ④ 50%, 0.05m/s

57 다음 중 개별식 공조방식의 장점이 아닌 것은?
① 소규모의 공기조화에서는 설비비가 적게 든다.
② 덕트 스페이스를 요하지 않는다.
③ 대부분 공조기가 소형이므로 소음이 작다.
④ 설치이동이 용이하여 이미 건축된 건물에 적합하다.

58 500W 전등의 발열량은 몇 kcal/h인가?
① 860
② 670
③ 550
④ 430

59 펌프에서 물의 온도가 높아지면 펌프의 흡입 측에서 물의 일부가 증발하여 기포가 발생해 임펠러를 거쳐 넘어가면 압력상승과 격심한 음향진동이 일어나는 현상은?
① 캐비테이션
② 서징
③ 수격작용
④ 와류

60 다음 덕트의 재료 중 가장 일반적으로 많이 사용되는 것은?
① 염화비닐판
② 주석판
③ 아연도금판
④ 스테인리스판

CBT 정답 및 해설

01	02	03	04	05	06	07	08	09	10
④	③	③	③	④	③	④	③	②	③
11	12	13	14	15	16	17	18	19	20
②	②	③	②	④	④	②	④	③	④
21	22	23	24	25	26	27	28	29	30
③	②	③	②	①	④	①	③	④	①
31	32	33	34	35	36	37	38	39	40
②	②	②	③	①	②	④	②	④	③
41	42	43	44	45	46	47	48	49	50
②	②	①	②	④	③	④	④	④	①
51	52	53	54	55	56	57	58	59	60
②	④	③	③	②	②	③	④	①	③

01 정답 | ④
풀이 | 각종 기계실이나 산업현장에서 안전관리의 가장 중요한 목적은 인간존중이다.

02 정답 | ③
풀이 | 안전모를 쓸 때 모자와 머리 끝부분과의 간격은 25mm 이상 되도록 헤모크를 조정한다. 또한 턱 끈은 반드시 조여맨다.

03 정답 | ③
풀이 | • 적색 : 위험, 금지, 방화의 표시
• 노랑 : 주의 경고표시
• 파랑 : 지시표지
• 녹색 : 안내표지
• 흰색 : 파랑, 녹색에 대한 보조색
• 흑색 : 문자, 빨강, 노랑에 대한 보조색

04 정답 | ③
풀이 | 보일러가 부식을 초래하는 인자
• 보일러수의 pH 저하로 보일러수가 산성으로 변화
• 보일러수 중에 함유된 산소의 작용
• 보일러수 중에 함유된 탄산가스의 작용 등

05 정답 | ④
풀이 | • 암모니아 냉매가 사용 중 누설검사 시 적색의 리트머스 시험지를 사용하여 청색으로 변화하면 누설이 된다는 뜻이다.
• 페놀프탈레인지가 홍색으로 변화하면 암모니아의 누설
• 유황초를 태워 백색연기가 나면 암모니아의 누설
• 헬라이드 토치 불꽃 검사는 프레온 냉매의 누설검사용이다.

06 정답 | ③
풀이 | 압력방폭구조
내부에 공기나 질소 등을 압입하여 내압을 갖도록 하여 외부의 폭발성 가스가 침입하지 못하게 한 구조이다.

07 정답 | ④
풀이 | 산소용기 이동 시 또는 작업사용 시에는 ①, ②, ③의 수칙을 준수하고 반드시 세워서 사용하고 이동시킨다.

08 정답 | ③
풀이 | 냉동제조시설에 설치된 밸브 등을 조작하는 장소의 조도는 150럭스이며 정밀작업 시에는 300럭스 정도이다.

09 정답 | ②
풀이 | 암모니아 냉매 등 독성가스를 냉매로 하는 냉동기의 수액기는 내용적이 10,000L 이상이면 반드시 방류둑을 설치하여 누설 시 차단시켜야 한다.

10 정답 | ③
풀이 | 정격전류란 기기장치에 있어서 시방 중에서 사용되는 전류값으로 그에 의해 장치의 동작이라든가 온도상승 조건 등이 산출되는 것, 정격출력으로 동작하고 있는 기기장치가 필요로 하는 전류이다.

11 정답 | ②
풀이 | • 선반, 드릴, 해머 작업 시에는 장갑은 절대로 착용해서는 안 된다.
• 전기나 가스용접 시에는 반드시 장갑을 착용하도록 한다.

12 정답 | ②
풀이 | 가스용접에 필요한 가스용기의 저장 시 주의사항은 ①, ③, ④ 외에도 용기의 온도를 40℃ 이하로 보존한다.

13 정답 | ③
풀이 | 보일러의 비상정지 시(저수위 사고, 압력초과, 실화 등)에는 즉시 ①, ②, ④의 조치를 취하고 댐퍼는 열고 통풍하여 프리퍼지(가스치환)를 실시하여 가스폭발을 예방한다.

14 정답 | ②
풀이 | 작업장에서 착용하는 안전모와 안전벨트의 용도는 추락재해방지용이다.

CBT 정답 및 해설

15 정답 | ④
풀이 | 드릴링 머신에서 얇은 철판이나 동판에 구멍을 뚫을 때는 각목을 밑에 깔고 적당한 기구로 고정시킨다.

16 정답 | ④
풀이 | ①의 경우는 승화잠열이 필요하다.
②의 경우는 현열에 해당한다.
③의 경우는 응축열이라 한다.
④의 경우는 응축열 또는 응축잠열이라 한다.

17 정답 | ②
풀이 | 1PS=75kg·m/sec
1PS-h=75kg·m/sec×1hr×3,600sec/hr
$\times \frac{1}{427}$ kcal/kg·m=632kcal/hr

18 정답 | ④
풀이 | R-113냉매 : $C_2Cl_3F_3$(비등점 47.57℃)
R-114냉매 : $C_2Cl_2F_4$(비등점 3.55℃)
※ C=1을 빼고 H는 1을 더하고 F=그대로 한다.

19 정답 | ③
풀이 | • R-13(CClF₃) 냉매는 비등점이 대기압 하에서 -81.3℃로서 대단히 낮아 초저온용 냉매로 사용된다.
• R-11 : 23.6℃, R-12 : -29.8℃
R-114 : 3.6℃, R-22 : -40.8℃

20 정답 | ④
풀이 | 15℃에서 프레온 냉매의 증발열
• R-113 : 39.2kcal/kg
• R-11 : 45.8kcal/kg
• R-12 : 38.57kcal/kg
• R-22 : 52.0kcal/kg

21 정답 | ③
풀이 | • 냉동효과 : 400×(1-0.14)=344kcal/kg
• 손실량 : 400-344=56kcal/kg
(건조도에 의해 56kcal/kg이 손실)

22 정답 | ②
풀이 | • A : 응축기, B : 증발기
• 증발기 → 압축기 → 응축기 → 수액기 → 팽창밸브 → 증발기

23 정답 | ③
풀이 | 압축기에는 피스톤, 피스톤링, 연결봉, 크랭크 샤프트, 크랭크 케이스, 축봉장치, 흡입 및 토출밸브 등이 있으며 분해 시 피스톤을 제일 나중에 분해한다.

24 정답 | ②
풀이 | 셸(Shell) 튜브 응축기는 입형, 횡형, 7통로식, 셸 앤 코일식 응축기 등이 있으며 응축은 수랭식으로 이루어진다.

25 정답 | ②
풀이 | ①, ③, ④의 내용은 고속다기통 압축기의 장점이며 그 단점은 압축비가 커지면 체적효율이 작아진다.

26 정답 | ①
풀이 | • 안전밸브나 유압보호 스위치, 액분리기는 압축기의 보호장치이다.
• 팽창밸브, 증발기, 압축기, 응축기는 냉동기의 4대 구성요소이다.

27 정답 | ④
풀이 | 감온통은 증발기 출구 수평관에 설치한다.

28 정답 | ①
풀이 | 수액기는 응축기에서 액화된 냉매를 팽창밸브에 보내기 전 일시적으로 저장하는 용기이다.
수액기는 어떠한 경우에도 가득 채워서는 안 되며 통 내에 75% 정도 직경의 3/4 정도가 좋다.
직사광선을 피하고 안전밸브를 설치하며 균압관은 지름이 다소 큰 것을 사용한다.

29 정답 | ③
풀이 | 수액기에는 액면계, 안전밸브, 균압밸브, 액출구, 액입구, 스톱밸브, 기름빼기 밸브 등이 설치된다.

30 정답 | ①
풀이 | 정압식 팽창밸브는 부하변동에 반대로 작동하기 때문에 부하변동에 따라 자동적으로 냉매 유량을 제어할 수 없다.

31 정답 | ②
풀이 | • 냉각탑(Cooling Tower)의 출구온도는 대기의 습구온도보다 낮아지는 일이 없으며 일반적으로 냉각탑 입구관은 출구관보다 약간 크다.
• 수랭식 응축기는 쿨링 타워가 반드시 필요하며 습기가 적고 통풍이 잘 되며 능력계산은 {분당 순환수량×60×(냉각수 입구 수온-냉각수 출구 수온)}

32 정답 | ②
풀이 | • 고압차단 스위치(HPS) 작동압력 : 정상고압+4kg/cm²
• 저압차단 스위치(LPS) : 저압이 일정압 이하 시 압축기 정지
• 안전판은 HPS 작동압력 이상에서 작동

33 정답 | ③
풀이 | 1냉동톤=3,320kcal/hr
1PS-h=632kcal/hr
응축기 부하=증발기 부하+압축의 일의 열상당량
(3,320×5)+(5×632)=19,760kcal/hr

34 정답 | ③
풀이 | 액순환식 증발기와 액펌프 사이에서는 그 역류를 방지하기 위하여 역지밸브를 설치한다.

35 정답 | ①
풀이 | • SPHT : 고온배관용 탄소강관(350℃ 이상용)
• SPPH : 고압배관용 탄소강관이며 그 특징은 ②, ③, ④항이다.

36 정답 | ④
풀이 | 밴드는 배관의 방향을 바꿀 때 필요하며 유니언, 니플은 직선배관 부속 이음이며 플러그는 관의 끝을 폐쇄시키는 부속이다.

37 정답 | ②
풀이 | 관이 타원형이 되는 원인
• 받침쇠가 너무 들어가 있다.
• 받침쇠 관경 내경의 간격이 크다.
• 받침쇠의 모양이 나쁘다.
• 재질이 무르고 두께가 얇다.

38 정답 | ②
풀이 | • 볼 밸브 :
• 게이트 밸브 :
• 풋 밸브 :
• 안전 밸브 :

39 정답 | ④
풀이 | • 턱걸이형 :
• 소켓 :

40 정답 | ③
풀이 | • 리듀서 나사이음 :
• 오는 엘보 :
• 가는 엘보 :

41 정답 | ②
풀이 | 시퀀스도란 동작순서대로 알기 쉽게 그린 접속도이다.

42 정답 | ②
풀이 | • 배율기 : 전압측정범위 확대를 위해 전압계와 직렬로 접속하는 저항이다.
• 분류기 : 전류측정범위 확대를 위해 전류계와 병렬로 접속하는 저항이다.

43 정답 | ④
풀이 | a 접점 b 접점 a 접점 b 접점

44 정답 | ①
풀이 | AND 회로는 주어진 입력신호가 동시에 가해질 때만 출력이 나오는 회로이다.

45 정답 | ②
풀이 | 증발열=420-140=280kcal/kg
압축기의 일의 열당량=490-420=70kcal/kg
$\therefore COP=\dfrac{280}{70}=4$

46 정답 | ④
풀이 | 지구상의 모든 공기가 습공기로 이루어져 있다. 그 특징은 ①, ②, ③이다.

47 정답 | ①
풀이 | 실내에 있는 사람이 느끼는 더위, 추위의 체감에 영향을 미치는 요소는 기온, 습도, 기류, 복사열 등이다.

48 정답 | ④
풀이 | $730\text{m}^3 \times 40\text{회} \times \dfrac{1}{60}\text{분}$
$=486.666\text{m}^3/\text{min}$

CBT 정답 및 해설

49 정답 | ④
풀이 | 전공기방식
- 단일덕트 방식(정풍량, 변풍량방식)
- 2중덕트 방식(정풍량, 변풍량, 멀티존 유닛 방식)
- 덕트병용 패키지 방식
- 각 층 유닛 방식

①은 개별식, ②는 공기수방식, ③는 전수방식이다.

50 정답 | ①
풀이 | 단일덕트 방식은 냉난방에 필요한 전 송풍량을 하나의 주덕트만으로 분배하는 방식이다.

51 정답 | ②
풀이 | 코일
- 냉수 코일의 정면풍속은 2.0~3.0m/s 범위 내이며 일반적으로 2.5m/s 기준이다.
- 냉온수 코일의 물의 속도는 1m/s 전후
- 코일을 통과하는 수온의 변화는 5deg℃ 정도
- 코일의 설치는 관이 수평으로 놓이게 한다.

52 정답 | ④
풀이 | 공기여과기(에어필터) 측정법의 종류
- 중량법
- 비색법(변색도법)
- 계수법(Dop법)

53 정답 | ③
풀이 | 유니버설형 취출구는 천장 취출구가 아니고 측벽 취출형(횡향)이며 분류는 광산형이고 냉방 시 최고 취출온도는 8~10℃이다.

54 정답 | ③
풀이 |
- 저속덕트 : 15m/s 이하
  마찰저항 : 0.3mmAq/m 이하
- 고속덕트 : 20~30m/s

55 정답 | ②
풀이 | 주택, 아파트 등에 적당한 난방법은 복사난방이 가장 이상적이며 그중 저온복사난방이 적당하다.

56 정답 | ②
풀이 | 사무실의 난방에 있어서 가장 적합하다고 보는 상대습도와 실내기류의 값은 50%, 0.25m/s이다.

57 정답 | ③
풀이 | 개별식 공조방식의 단점은 소음이 크고 ①, ②, ④의 내용은 개별식 공조방식의 장점이다.

58 정답 | ④
풀이 | 1kW=1,000W이다.
$$1kW-h = 102kg \cdot m/s \times 1hr \times 3,600sec/hr$$
$$\times \frac{1}{427} kcal/kg \cdot m = 860kcal$$
500W=0.5kW
0.5kW−h=430kcal/hr

59 정답 | ①
풀이 | 펌프에서 물의 온도가 높아지면 펌프의 흡입 측에서 물의 일부가 증발하여 기포가 발생해 임펠러를 거쳐 넘어가면 압력상승과 격심한 진동이 일어나는 현상을 캐비테이션(공동현상)이라 한다.

60 정답 | ③
풀이 | 덕트 재료
- 아연도금 강판(가장 많이 사용)
- 열간압연 박강판
- 냉간압연 강판
- 동판
- 알루미늄판
- 스테인리스 강판
- 염화비닐
- 글라스 울
- 콘크리트

05회 실전점검! CBT 실전모의고사

01 열 용량에 대한 설명으로 맞는 것은?
① 어떤 물질 1kg의 온도를 1℃ 올리는 데 필요한 열량을 뜻한다.
② 어떤 물질의 온도를 1℃ 올리는 데 필요한 열량을 뜻한다.
③ 물 1kg의 온도를 1℃ 올리는 데 필요한 열량을 뜻한다.
④ 물 1lb의 온도를 1℉ 올리는 데 필요한 열량을 뜻한다.

02 보일러의 안전밸브 설치에 관한 설명으로 적당하지 못한 것은?
① 안전밸브는 2개 이상 설치한다.
② 한 개는 최고 사용압력 이하에서 작동하게 한다.
③ 과열기용은 보일러용 나중에 작용하게 한다.
④ 과열기용은 설계온도 이상이 되지 않게 한다.

03 다음 전기 감전사고의 예방조치로서 적합하지 못한 것은?
① 전기설비의 점검철저
② 전기기기에 위험표시
③ 충전부와 수도관, 가스관 등과 이격
④ 설비의 필요 부분에는 보호접지

04 다음 중 용량제어의 목적이 아닌 것은?
① 부하변동에 대응한 용량제어로 경제적인 운전을 한다.
② 경부하 기동으로 기동이 용이하게 기동 시 전력을 크게 한다.
③ 고내 온도를 일정하게 유지할 수 있다.
④ 압축기를 보호하여 수명을 연장한다.

05 병원 건물의 공기조화 시 가장 중요시 해야 할 사항은?
① 공기의 청정도
② 공기소음
③ 기류속도
④ 온도, 압력조건

06 가스보일러의 점화 시 주의사항 중 연소실 내의 용적 몇 배 이상의 공기로 충분한 사전 환기를 행해야 되는가?
① 2   ② 4
③ 6   ④ 8

07 공기조화설비의 4대 구성요소 중 옳지 않은 것은?
① 공기조화기   ② 열원장치
③ 자동제어장치   ④ 공기가열기

08 보호구를 선정하여 효과적으로 사용하기 위한 것 중 틀린 것은?
① 작업에 적절한 보호구를 설정한다.
② 작업장에는 필요한 수량의 보호구를 비치한다.
③ 보호구는 방호성능이 없어도 품질이 양호해야 한다.
④ 작업자에게 올바른 사용방법을 빠짐없이 가르친다.

09 냉방 시 공조기의 송풍량 계산과 관계있는 것은?
① 송풍기와 덕트로부터 취득열량
② 외기부하
③ 펌프 및 배관부하
④ 재열부하

10 2단 압축을 채용하는 목적이 아닌 것은?
① 냉동능력을 증대시키기 위해
② 압축비가 2 이상일 때 채택
③ 압축비를 감소시키기 위해
④ 체적효율을 증가시키기 위해

11 다음 중 제빙용 냉동장치의 증발기로서 적합한 것은?
① 탱크형 냉각기
② 암모니아 만액식 셸 앤 튜브 냉각기
③ 건식 냉각기
④ 관 코일식 냉각기

12 공정점이 -55℃이고 저온용 브라인으로서 일반적으로 가장 많이 사용되고 있는 것은?
① 염화칼슘
② 염화나트륨
③ 염화마그네슘
④ 프로필렌글리콜

13 응축압력이 지나치게 내려가는 것을 방지하기 위한 방법 중 틀린 것은?
① 송풍기를 On-off시켜 풍량을 조절한다.
② 송풍기 출구에 댐퍼를 설치하여 풍량을 조절한다.
③ 수랭식일 경우 물의 공급을 증가시킨다.
④ 수랭식일 경우 물의 공급을 감소시킨다.

14 냉동용 압축기의 안전헤드(Safety Head)는?
① 액체 흡입으로 압축기가 파손되는 것을 막기 위한 것이다.
② 워터 재킷을 설치한 실린더 헤드(Cylinder Head)를 말한다.
③ 토출가스의 고압을 막아주므로 안전밸브를 따로 둘 필요가 없다.
④ 흡입압력의 저하를 방지한다.

15 냉동기의 냉동능력이 24,000kcal/h, 압축일 5kcal/kg, 응축열량이 35kcal/kg일 경우 냉매 순환량은?
① 600kg/h
② 800kg/h
③ 700kg/h
④ 4,000kg/h

16 입형 암모니아 압축기의 설명 중 옳지 않은 것은?
① 탑 클리어런스가 1mm 정도이고 체적효율이 좋다.
② 실린더를 일반적으로 물로 가열시켜 주기 위한 워터 재킷을 설치한다.
③ 피스톤이 길어지게 되면 더블 드링크 타입을 채용한다.
④ 회전수는 일반적으로 250~400rpm이다.

17 산소용기는 고압가스법에 어떤 색으로 표시하도록 되어 있는가?(단, 일반용)
① 녹색
② 갈색
③ 청색
④ 황색

18 다음 중 냉매의 물리적 조건이 아닌 것은?
① 상온에서 임계온도가 낮을 것(상온 이하)
② 응고 온도가 낮을 것
③ 증발잠열이 크고, 액체비열이 작을 것
④ 누설발견이 쉽고, 전열작용이 양호할 것

19 암모니아 누설검지방법이 아닌 것은?
① 유황초 사용
② 리트머스 시험지 사용
③ 네슬러 시약 사용
④ 헬라이드 토치 사용

20 추락이나 붕괴에 의한 재해방지를 위해 착용해야 할 보호구와 가장 거리가 먼 것은?
① 안전대
② 보안경
③ 안전모
④ 안전화

21 압축기의 압축비가 커지면 어떤 현상이 일어나겠는가?
① 압축비가 커지면 체적효율이 증가한다.
② 압축비가 커지면 체적효율이 저하된다.
③ 압축비가 커지면 소요동력이 작아진다.
④ 압축비와 체적효율은 아무런 관계가 없다.

22 방열기의 입구온도 75℃, 출구온도 65℃, 실내(방)의 온도 20℃, 온수순환량이 20L/h일 때 방열기의 방열량은 몇 kcal/h인가?
① 200
② 400
③ 1,400
④ 2,800

23 만액식 냉각기에 있어서 냉매 측의 열전달률을 좋게 하는 것이 아닌 것은?
① 관이 액 냉매에 접촉하거나 잠겨 있을 것
② 관 간격이 적을 것
③ 유가 존재하지 않을 것
④ 관경이 클 것

24 1분간에 25℃의 순수한 물 40L를 5℃로 냉각하기 위한 냉각기의 냉동능력은 몇 냉동톤인가?
① 0.24[RT]
② 14.45[RT]
③ 241[RT]
④ 14,458[RT]

25 다음 중 저속덕트 방식의 풍속은?
① 35~43m/s
② 26~30m/s
③ 16~23m/s
④ 8~12m/s

26 냉동기의 이론 냉동사이클로 맞는 것은?
① 오토사이클
② 카르노사이클
③ 사바테사이클
④ 역카르노사이클

27 다음 드릴작업 중 유의사항이 아닌 것은?
① 작은 공작물이라도 바이스나 크램을 사용한다.
② 드릴이나 소켓을 척에서 해체시킬 때에는 해머를 사용한다.
③ 가공 중 드릴절삭 부분에 이상음이 들리면 드릴을 바꾼다.
④ 드릴의 착탈은 회전이 멈춘 후에 한다.

28 다음 방열기 도면기호 중 상단 "25"는 무엇을 뜻하는 것인가?

25
5C-650
32×25

① 섹션수
② 높이
③ 형식
④ 유입관과 유출관의 관지름

29 오는 엘보를 나사이음으로 표시한 것은?
① ⊙—┤
② ○—┤
③ ○—┤┤
④ ⊙—✕

30 덕트 내를 흐르는 풍량을 조절 또는 폐쇄하기 위해 쓰이는 댐퍼로서 특히 분기되는 곳에 설치하는 풍량조절 댐퍼는?
① 루버댐퍼
② 볼륨댐퍼
③ 스플릿댐퍼
④ 방화댐퍼

05회 실전점검! CBT 실전모의고사

31 1초 동안에 75kg양의 일을 할 경우 시간당 발생하는 열량은?
① 623kcal/hr
② 632kcal/hr
③ 643kcal/hr
④ 685kcal/hr

32 유로를 급속히 여닫이 할 때 쓰이는 밸브는?
① 글로브 밸브
② 코크
③ 슬루스 밸브
④ 체크 밸브

33 다음 중 프로세스 제어에 속하는 것은?
① 전압
② 전류
③ 유량
④ 속도

34 장시간 재실자에 대한 쾌감조건 중 가장 영향이 큰 것은?
① 실내건구온도
② 실내습구온도
③ 상대습도
④ 유효온도

35 동관 굽힘가공에 대한 설명으로 옳지 않은 것은?
① 굽힘부의 진원도가 다른 관에 비해 우수하다.
② 가열굽힘 시 가열온도는 300~400℃로 한다.
③ 가공성이 다른 관에 비해 좋다.
④ 연질관은 핸드벤더를 사용하여 가공한다.

36 압축기 분해 시, 다음 부품 중 제일 나중에 분해되는 것은?
① 실린더 커버
② 세이프티 헤드 스프링
③ 피스톤
④ 토출 밸브

37 냉동장치 내의 불응축 가스가 체류하는 원인 중 틀린 것은?

① 냉동능력이 감소한다.
② 냉매 윤활유 등의 열분해에 의한 가스가 발생한다.
③ 장치를 분해, 조립하였을 때의 공기가 전류된다.
④ 냉동장치의 압력이 대기압 이하로 운전될 경우 저압부로부터 공기가 침입한다.

38 보일러의 역화(Back Fire)의 원인이 아닌 것은?

① 점화 시 착화를 빨리 한 경우
② 점화 시에 공기보다 연료를 먼저 노 내에 공급하였을 경우
③ 노 내의 미연소 가스가 충만해 있을 때 점화하였을 경우
④ 연료밸브를 급개하여 과다한 양을 노 내에 공급하였을 경우

39 우리나라 사람의 체감으로 약간 덥다고 느끼는 불쾌지수는?

① 65 이상
② 75 이상
③ 80 이상
④ 85 이상

40 다음 보기와 같은 도시기호는 무엇을 나타내는가?

① 슬루스 밸브
② 글로브 밸브
③ 다이어프램 밸브
④ 감압밸브

41 산소병 운반 취급상 가장 위험한 것은?

① 기름 묻은 손으로 운반한다.
② 산소병을 뉘어서 운반한다.
③ 캡을 씌어서 운반한다.
④ 손의 보호를 위해 장갑을 낀다.

42. 보일러의 열 출력이 150,000kcal/h, 연료소비율이 20kg/h이며 연료의 저위 발열량이 10,000kcal/kg이라면 보일러의 효율은 얼마인가?
   ① 0.65
   ② 0.70
   ③ 0.75
   ④ 0.80

43. 냉매의 특성에 관한 다음 사항 중 옳은 것은?
   ① R-12는 암모니아에 비하여 유분리가 용이하다.
   ② R-12는 암모니아 보다 냉동력(kcal/kg)이 크다.
   ③ R-22는 암모니아 R-12에 비하여 저온용에 부적당하다.
   ④ R-22는 암모니아 가스 보다 무거우므로 가스의 유동 저항이 크다.

44. 다음의 도표는 2단압축 냉동사이클을 몰리에 선도로서 표시한 것이다. 맞는 것은 어느 것인가?

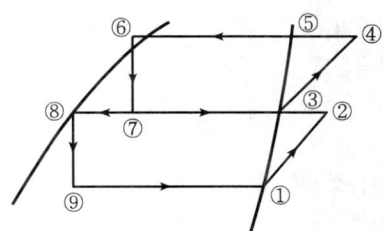

   ① 중간냉각기의 냉동효과 : ③-⑦
   ② 증발기의 냉동효과 : ②-⑨
   ③ 팽창변 통과직후의 냉매 위치 : ⑦-⑨
   ④ 응축기의 방출열량 : ⑧-②

45. 다음 냉동장치의 안전장치 중 전기적인 접점을 차단하는 것은?
   ① 안전변
   ② 파열판
   ③ 유압보호 스위치
   ④ 가용전

46 냉동장치의 계통도에서 팽창 밸브에 대하여 옳은 것은?
① 압축 증대장치로 압력을 높이고 냉각시킨다.
② 액봉이 쉽게 일어나고 있는 곳이다.
③ 고온도의 액이 저온도의 증발기로 흘러들어가서 냉각시키려는 교축작용이다.
④ 플래시 가스가 발생하지 않는 곳이며 일명 냉각장치라 부른다.

47 다음 중 L(코일)만의 회로의 전압, 전류 벡터는?

① $\overrightarrow{I} \quad \overrightarrow{V}$
② $\overrightarrow{V} \quad \overrightarrow{I}$
③ $\overrightarrow{V} \quad \overrightarrow{I}$
④ $\overrightarrow{V} \quad \overrightarrow{I}$

48 습공기 선도에 없는 선은?
① 건구온도
② 엔탈피
③ 수증기 포화압력
④ 상대습도

49 사고발생이 많이 일어나는 것부터 순서가 맞는 것은?
① 불안전한 상태 → 불안전한 행위 → 불가항력
② 불안전한 행위 → 불안전한 상태 → 불가항력
③ 불안전한 상태 → 불가항력 → 불안전한 행위
④ 불안전한 행위 → 불가항력 → 불안전한 상태

50 개별 공조방식의 특징이 아닌 것은?
① 국소적인 운전이 자유롭다.
② 성에너지가 된다.
③ 외기 냉방을 할 수 있다.
④ 취급이 간단하다.

51 다음 중 팬코일 유닛 방식의 특징이 아닌 것은?
① 외기 송풍량을 크게 할 수 없다.
② 각 실에 수배관을 해야 한다.
③ 유닛별로 단독운전이 불가능하므로 개별 제어도 곤란하다.
④ 부분적인 팬코일 유닛만의 운전으로 에너지 소비가 적은 운전이 가능하다.

52 다음 중 증발기에 대한 제상방식의 종류에 속하지 않는 것은?
① 전열제상
② 핫가스 제상
③ 온수살포 제상
④ 피복제 제거제상

53 가정용 백열전등의 점등 스위치는 어떤 스위치인가?
① 복귀형 스위치
② 검출 스위치
③ 리밋 스위치
④ 유지형 스위치

54 다음 중 공구별 역할을 바르게 나타낸 것은?
① 펀치 : 목재나 금속을 자르거나 다듬는다.
② 니퍼 : 금속편을 물려서 잡고 구부리고 당긴다.
③ 스패너 : 볼트나 너트를 조이고 푸는 데 사용한다.
④ 소켓렌치 : 금속이나 개스킷류 등에 구멍을 뚫는다.

55 팽창밸브 선정 시 고려할 사항 중 관계없는 것은?
① 응축기, 증발기 종류
② 냉동능력
③ 사용냉매 종류
④ 고저압의 압력차

56 냉방부하의 취득열량에는 현열부하와 잠열부하가 있다. 잠열부하를 포함하는 것은?
① 덕트로부터의 취득열량
② 인체로부터의 취득열량
③ 벽체의 전도에 의해 침입하는 열량
④ 일사에 의한 취득열량

57 다음 중 절수변을 사용하여야 하는 경우는?
① 냉각수 펌프로서 왕복동 펌프를 사용할 때
② 수압이 낮을 때
③ 부하변동에 대응하여 냉각수량을 제어할 때
④ 일반적인 대형 에어컨디셔너에 사용할 때

58 수－공기방식인 팬코일 유닛(Fan Coil Unit) 방식의 장점으로 옳지 않은 것은?
① 개별제어가 가능하다.
② 증설이 비교적 간단하다.
③ 전공기방식에 비해 반송동력이나 열의 반송을 위한 공간이 작아도 된다.
④ 팬코일 유닛의 송풍기 압력이 높기 때문에 성능이 좋은 필터를 사용할 수 있다.

59 다음은 동관에 관한 설명이다. 틀린 것은?
① 전기 및 열전도율이 좋다.
② 가볍고 가공이 용이하며 동파되지 않는다.
③ 산성에는 내식성이 강하고 알칼리성에는 심하게 침식된다.
④ 전연성이 풍부하고 마찰저항이 적다.

60 압력 자동급수 밸브에 대한 설명 중 옳은 것은?
① 냉각수량을 감소시켜 토출가스의 온도 상승을 방지한다.
② 압축기 흡입압력의 증감에 따라 밸브 출구의 압력에 의해 작동된다.
③ 응축압력을 항상 일정하게 유지시킨다.
④ 증발기의 과열도를 일정하게 해준다.

CBT 정답 및 해설

01	02	03	04	05	06	07	08	09	10
②	③	③	②	①	②	④	③	①	②
11	12	13	14	15	16	17	18	19	20
②	①	③	①	②	②	①	①	④	②
21	22	23	24	25	26	27	28	29	30
②	①	④	②	④	④	②	①	①	③
31	32	33	34	35	36	37	38	39	40
②	②	③	①	②	③	②	①	②	③
41	42	43	44	45	46	47	48	49	50
①	③	④	①	③	③	③	③	②	③
51	52	53	54	55	56	57	58	59	60
③	④	④	③	①	②	③	④	③	③

01 정답 | ②
풀이 | ①은 비열(kcal/kg℃)에 대한 설명이다.
②는 열용량(kcal/℃)에 대한 설명이다.
③은 열량 kcal의 설명이다.
④는 열량 BTU의 설명이다.

02 정답 | ③
풀이 | 과열기용 안전밸브의 분출압력은 증발부(보일러용) 안전밸브의 분출압력보다 먼저 작동하게 하여야 한다.

03 정답 | ③
풀이 | 가스 충전부와 수도관, 가스관 등과의 이격(서로 떨어져야 할 거리)은 전기 감전사고의 예방조치와는 관련이 없다.

04 정답 | ②
풀이 | 압축기의 용량제어 목적은 ①, ③, ④ 외에도 기동 시 경부하 기동으로 동력소비를 절감할 수 있다.

05 정답 | ①
풀이 | 병원 건물의 공기조화는 산업용 공기조화가 아닌 쾌감용 공기조화이므로 공기의 청정도가 가장 중요한 역할이다.

06 정답 | ②
풀이 | 가스보일러의 점화 시 연소실 내의 용적 4배 이상의 공기로 충분한 사전 환기를 하여 역화방지를 위한 프리퍼지를 해야 한다.

07 정답 | ④
풀이 | 공기조화의 4대 구성요소
- 공기조화기(공기처리장치)
- 열원장치
- 자동제어장치
- 열운반장치

08 정답 | ③
풀이 | 보호구는 품질만 양호한 것 보다는 방호성능이 우수하여야 한다. 그 외에도 보호구를 선정하여 효과적으로 사용하려면 ①, ②, ④ 항이 필요하다.

09 정답 | ①
풀이 | 냉방부하
- 벽체로부터의 부하
- 창문 유리로부터의 부하
- 극간풍(틈새바람)에 의한 부하
- 인체발생부하
- 기구발생부하
- 송풍기로부터의 부하
- 덕트로부터의 부하

10 정답 | ②
풀이 | 압축비가 6 이상일 때 2단 압축을 한다.
1대의 압축기로 증발온도를 낮추면 압축비의 증대로 (체적효율, 성적계수, 냉동능력) 감소된다. 또한 토출가스의 열화로 윤활유의 열화, 탄화, 냉동능력당의 소요동력 증대, 장치의 악영향 초래

11 정답 | ②
풀이 | 만액식 셸 앤 튜브식 증발기(암모니아용 냉각기와 프레온 냉각기가 있다.)

12 정답 | ①
풀이 | 무기질 브라인 냉매 공정점
- 염화칼슘($CaCl_2$) : $-55℃$
- 염화나트륨($NaCl$) : $-21.2℃$
- 염화마그네슘($MgCl_2$) : $-33.6℃$

유기질 브라인
- 에틸렌글리콜($C_2H_3O_2$)
- 프로필렌글리콜
- 물(H_2O)
- 메틸렌클로라이드

13 정답 | ③
풀이 | 수랭식 응축기는 공랭식 응축기보다 전열효과가 커서 물의 공급을 지나치게 많이 하면 응축압력이 내려간다.

14 정답 | ①
풀이 | 냉동용 압축기의 안전헤드(안전두)는 액체흡입으로 리퀴드 백(액백)이 일어나서 압축기의 헤드를 파손시키기 때문에 정상 압력보다 0.3MPa 오버 시 압축기 가동을 중지시키는 안전장치이다.

15 정답 | ②
풀이 | 응축기의 방출열량 = 냉동효과 + 압축일의 열당량

냉매 순환량 = $\dfrac{냉동능력}{냉동효과}$

냉동효과 = 35kcal/kg − 5kcal/kg = 30kcal/kg

∴ 냉매 순환량 = $\dfrac{24,000}{30}$ = 800kg/h

16 정답 | ②
풀이 | 압축기의 기통배열

입형 압축기(암모니아용 및 프레온 냉매용 제작)는 암모니아용은 실린더를 냉각시키기 위해 물로 (워터 재킷 이용) 가열시켜 주지만 프레온용은 냉각핀을 이용하는 것이 다르다.
①, ③, ④의 내용은 입형 암모니아 압축기의 설명이다.

17 정답 | ①
풀이 | 산소용기의 일반용 용기 도색은 고압가스법에 의해 녹색이다.(단, 의료용은 흰색이다.)

18 정답 | ①
풀이 | • 냉매의 물리적 조건에서 냉매는 임계온도가 높아 상온에서 반드시 액화할 것
• 임계온도
 − 암모니아 : 133℃
 − R − 12 : 111.5℃
 − R − 22 : 96℃

19 정답 | ④
풀이 | 프레온 냉매의 누설검지법
• 비눗물
• 헬라이드 토치 사용(연료 : 아세틸렌, 알코올, 프로판, 부탄)
 − 누설이 없을 때 : 청색
 − 소량 누설 시 : 녹색
 − 다량 누설 시 : 자색
 − 과량 누설 시 : 불이 꺼진다.
• 전자 누설 탐지기 사용

20 정답 | ②
풀이 | 보호구
• 안전모
• 작업복
• 보호장갑
• 안전화
• 귀마개(추락, 붕괴와는 관련이 없다.)
• 마스크(추락, 붕괴와는 관련이 없다.)
• 보호안경(차광안경, 보안용 안경)은 추락이나 붕괴에 의한 재해방지와는 거리가 멀다.

21 정답 | ②
풀이 | 압축기의 압축비가 커지면
• 체적효율 저하   • 성적계수 저하
• 냉동능력 감소   • 토출가스 온도상승
• 윤활유의 열화   • 소요동력 증대

22 정답 | ①
풀이 | $Q = 20 \times 1 \times (75 - 65) = 200\text{kcal/h}$

23 정답 | ④
풀이 | 만액식 냉각기의 열전달률을 좋게 하는 방법
• ①, ②, ③ 항
• 관경이 작을 것
• 관면이 거칠거나 핀(Fin)을 부착한 것일 것
• 평균 온도차가 크고 유속이 적당할 것

24 정답 | ②
풀이 | $1RT = 3,320\text{kcal/h}$

$40\text{L/min} \times 1\text{h} \times 60\text{min/h} \times (25 - 5) = 48,000\text{kcal/h}$

∴ $RT = \dfrac{48,000}{3,320} = 14.4578RT$

25 정답 | ④
풀이 | 저속덕트 : 풍속 15m/s 이하

26 정답 | ④
풀이 |

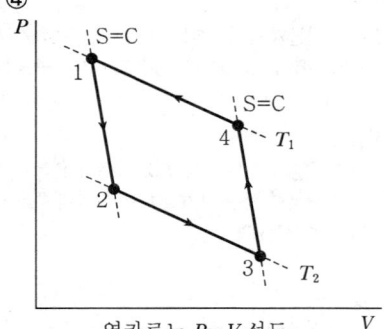

역카르노 $P-V$ 선도

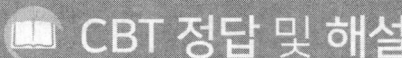

- 1~2과정 : 저온저압과정(팽창밸브)
- 2~3과정 : 저온저압 냉매과정(증발기)
- 3~4과정 : 고온고압과정(압축기)
- 4~1과정 : 고온고압과정(응축기)

27 정답 | ②
풀이 | 드릴이나 소켓을 척에서 해체시킬 때에는 해머사용은 금물이다.

28 정답 | ①
풀이 |
- 25 : 섹션수(절수)
- 5C : 주형 방열기 5세주형
- 650 : 방열기 높이 650mm
- 32×25 : 방열기 유입구 및 유출관경(mm)

29 정답 | ①
풀이 | ① 오는 엘보 나사이음

30 정답 | ③
풀이 | 스플릿댐퍼는 분기되는(덕트로부터) 곳에 풍량조절 댐퍼로 사용된다.

31 정답 | ②
풀이 | 1PS = 75kg · m/sec
1PS-h = 75kg · m/s × 1hr × 3,600s/hr
× $\frac{1}{427}$ kcal/kg · m = 632kcal/hr

32 정답 | ②
풀이 | 코크는 90° 회전하며 유로를 급속히 여닫을 때 쓰이는 플러그 밸브이다.

33 정답 | ③
풀이 | 제어량의 성질에 의한 분류
- 프로세스 제어 : 온도, 유량, 압력, 액위, 농도, 밀도 등 상태량을 제어량으로 하는 제어로서 외란의 억제를 주 목적으로 한다.
- 서보기구 : 물체의 위치, 방위, 자세의 제어
- 자동조정 : 전압, 전류, 주파수, 회전속도, 힘, 전기적 기계적 양의 제어

34 정답 | ①
풀이 | 장시간 실내에 거주하는 재실자에 대한 쾌감조건은 실내건구온도가 가장 영향이 크다.

35 정답 | ②
풀이 | 동관의 굽힘가공에 대한 내용 중 가열굽힘 시 가열온도는 600~700℃로 한다.

36 정답 | ③
풀이 |
- 압축기 분해 시 제일 나중에 분해되는 것은 피스톤이다.
- 압축기 구조상의 분류 : 개방형, 밀폐형(반밀폐형, 전밀폐형, 완전밀폐형)

37 정답 | ②
풀이 |
- 불응축 가스가 모이는 곳 : 응축기 상부, 수액기 상부
- 불응축 가스란 응축기에서 응축 액화되지 않은 가스
- 냉동장치 내 불응축 가스가 체류하면 장치에 미치는 영향과 가스혼입 원인 등은 ①, ③, ④ 항이며 또한 냉매 및 윤활유 충전 시 부주의로 침입하는 공기이며 냉매와 윤활유 등의 열분해에 의한 가스 발생은 제외된다.

38 정답 | ①
풀이 | 보일러 점화 시 역화(백 파이어)를 방지하기 위해서는 점화 시 착화를 신속하게 한다. 그 외 ②, ③, ④ 항의 경우는 역화의 원인이 된다.(역화방지 : 점화하기 전 프리퍼지를 실시한다.)

39 정답 | ②
풀이 | 불쾌지수(UI) = 0.72 × (건구온도 + 습구온도) + 40.6
- 불쾌지수 75 이상 : 덥다고 느낀다.
- 불쾌지수 80 이상 : 더워서 땀과 함께 불쾌감 증가
- 불쾌지수 85 이상 : 매우 더위를 느끼며 몹시 불쾌한 느낌을 갖는다.

40 정답 | ③
풀이 |
- 슬루스 밸브(사절밸브) :
- 글로브 밸브(옥형밸브) :
- 감압밸브 :
- 다이어프램 밸브 :

41 정답 | ①
풀이 | 산소는 조연성 가스이기 때문에 운반 시 ②, ③, ④ 항의 사항을 지키고, 가연성인 기름 묻은 손으로는 산소병 운반은 금물이다.

42 정답 | ③
풀이 | 효율 = 유효열/공급열 × 100

$$\frac{150,000}{10,000 \times 20} \times 100 = 75\%$$

43 정답 | ④
풀이 | 암모니아 액비중 = 0.595, R-22 액비중 = 1.177

44 정답 | ①
풀이 | 중간냉각기(인터쿨러)
- 저단압축기의 출구에 설치하여 저단 측 압축기 토출 가스의 과열을 제거하여 고단압축기가 과열되는 것을 방지한다.
- 고압냉매액을 과냉시켜 냉동효과를 증대시킨다.
- 고압 측 압축기의 흡입가스 중의 액을 분리, 리퀴드 백을 방지한다.
※ 중간냉각기 ③-⑦

45 정답 | ③
풀이 | 유압보호 스위치(OPS)는 강제윤활방식의 압축기에서 유압이 일정압력 이하가 되어 60~90초 동안 정상압력에 도달하지 못하면 압축기를 정지시켜(전기적인 접점 차단) 윤활불량에 의한 압축기의 소손을 방지한다.

46 정답 | ③
풀이 | 팽창밸브는 고온도의 액(응축기에서 나온 냉매)이 저온도의 증발기로 흘러들어가서 냉각시키려는 교축작용이다.(플래시 가스가 발생한다.)

47 정답 | ③
풀이 | R-L-C 회로의 특성
L만의 회로(전압 전류에 벡터 그림)

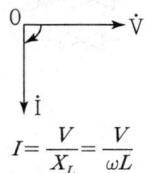

$$I = \frac{V}{X_L} = \frac{V}{\omega L}$$

$\dot{I}$는 $\dot{V}$보다 $\frac{\pi}{2}$ 만큼 뒤진다.

48 정답 | ③
풀이 | $P-i$ 선도의 구성요소
- 절대압력(kg/cm²a)
- 엔탈피(kcal/kg)
- 엔트로피(kcal/kg·K)
- 온도(℃)
- 비체적(m³/kg)
- 건조도 x(%)

습공기 선도
- 열수분비
- 현열비
- 포화선
- 상대습도
- 절대습도
- 수증기 압력
- 노점 온도 및 건구온도
- 엔탈피
- 습구온도

49 정답 | ②
풀이 | 사고발생 순서
불안전한 행위 → 불안전한 상태 → 불가항력

50 정답 | ③
풀이 | • 개별식 공조방식의 특징
- 국소적인 운전이 자유롭다.
- 성에너지가 된다.
- 취급이 간단하다.
• 외기냉방이 가능한 중앙공조방식
- 단일덕트 방식(정풍량방식)
- 팬코일 유닛 방식(별도의 설비가 필요하다.)
• 개별방식
- 룸 쿨러
- 멀티 유닛형 룸 쿨러
- 패키지 방식
- 폐회로식 수열원 히트 유닛 방식

51 정답 | ③
풀이 | 팬코일 유닛 방식의 특징은 ①, ②, ④ 외에도 각 유닛마다 조절할 수 있으므로 각 실 조절에 적합하다.

52 정답 | ④
풀이 | 제상
증발기 냉각관 표면에 서리가 생기는 것은 막을 수 없으므로 일정시간 운전을 하고 난 다음 서리를 제거해주는 것이 제상이다.
- 전열히터 제상
- 온공기 제상
- 살수식 제상
- 브라인 분무 제상
- 고압가스 제상

CBT 정답 및 해설

53 정답 | ④
풀이 | 가정용 백열전등을 한번 켜면 반대로 끄기 전까지는 접점의 상태가 그대로 유지되는 유지형 스위치를 사용한다.

54 정답 | ③
풀이 | 스패너는 볼트나 너트를 조이고 푸는 데 사용한다.

55 정답 | ①
풀이 | 팽창밸브 선정 시 고려할 사항
- 냉동능력
- 사용냉매 종류
- 고저압의 압력차
- 증발기의 종류

56 정답 | ②
풀이 | 인체로부터의 취득열량
- 인체의 발생 현열량(q_{HS})
- 인체의 발생 잠열량(q_{HL})

57 정답 | ③
풀이 | 절수밸브는 수랭식 응축기의 부하변동에 비례하여 냉각수를 제어한다.
효과 : 냉각수를 절약, 응축압력의 일정유지

58 정답 | ④
풀이 | 팬코일 유닛 방식의 특징은 ①, ②, ③항 외에도 송풍기 압력이 낮기 때문에 성능이 좋은 필터를 사용할 수 없다.

59 정답 | ③
풀이 | 동관은 알칼리성에는 강하고 산성에는 약하고 그 외에도 ①, ②, ④항이 특징이다. 또한 외부충격에는 약하다. 수명이 오래간다.

60 정답 | ③
풀이 | 압력 자동급수 밸브란 수랭각기의 냉수 출입구의 압력차를 검출하여 수량의 감소를 확인함으로써 동결을 방지한다. 응축기 냉각수 출입구의 압력차를 검출함으로써 수량이 감소할 경우 압축기를 정지시킴으로써 응축압력의 상승을 방지하여 응축압력을 항상 일정하게 유지시킨다.

06회 실전점검! CBT 실전모의고사

01 보일러에서 과열되는 원인은?
① 보일러 동체의 부식
② 안전밸브의 기능불량
③ 압력계를 주의깊게 관찰하지 않았을 때
④ 수관 내의 청소불량

02 전기화재의 소화에 사용하기에 부적당한 것은?
① 분말 소화기
② 포말 소화기
③ CO_2 소화기
④ 유기성 소화액

03 산소가 결핍되어 있는 장소에서 사용되는 마스크는?
① 송풍 마스크
② 방진 마스크
③ 방독 마스크
④ 특급 방진 마스크

04 드라이버 끝이 나사홈에 맞지 않으면 뜻밖의 상처를 입을 수가 있다. 드라이버 선정 시 주의사항이 아닌 것은?
① 날 끝이 홈의 폭과 길이에 맞는 것을 사용한다.
② 날 끝이 수직이어야 하며 둥근 것을 사용한다.
③ 작은 공작물이라도 한 손으로 잡지 않고 바이스 등으로 고정시킨다.
④ 전기작업 시 자루는 절연된 것을 사용한다.

05 줄작업 시 설명으로 적당하지 않은 것은?
① 새 줄인 경우에는 연질의 재료부터 작업을 한다.
② 줄을 밀 때 안전을 위하여 상체를 고정시키고 손목과 팔을 이용한다.
③ 줄눈에 쇳밥이 박히는 것을 방지하기 위해 분필을 사용한다.
④ 왼손을 줄 끝에 대고 줄의 균형을 유지한다.

06 냉동장치를 능률적으로 운전하기 위한 대책이 아닌 것은?
① 이상고압이 되지 않도록 주의한다.
② 냉매부족이 없도록 한다.
③ 습압축이 되도록 한다.
④ 각부의 가스 누설이 없도록 유의한다.

07 감전사고의 방지대책 중 잘못된 것은?
① 안전 절연 보호장구 사용
② 허가자 외 접근금지
③ 작업자에 대한 안전교육 철저
④ 전기기기에 위험표지를 하며 기기에 바짝 접근하여 작업한다.

08 안전모의 취급 안전관리 사항 중 적합하지 않은 것은?
① 산이나 알칼리를 취급하는 곳에서는 펠트나 파이버 모자를 사용해야 한다.
② 화기를 취급하는 곳에서는 몸체와 차양이 셀룰로이드로 된 것을 사용하여서는 안 된다.
③ 월 1회 정도로 세척한다.
④ 안전모를 쓸 때 모자와 머리끝 부분과의 간격은 25mm 이하 되도록 헤모크를 조정한다.

09 안전표지를 부착하는 이유는?
① 능률적인 작업을 유도하기 위하여
② 인간심리의 활성화 촉진
③ 인간생활의 변화 통제
④ 환경정비 목적

10 밀폐된 곳에서 전기용접작업 시 주의할 사항 중 틀린 것은?
① 용접작업 완료 후 냉각될 때까지 확실한 표식을 해둘 필요는 없다.
② 통풍장치를 한다.
③ 외부에서 공기공급이 가능한 마스크를 사용한다.
④ 보안경을 착용한다.

06회 실전점검! CBT 실전모의고사

11 보일러의 안전수위에 대한 설명 중 올바른 것은?
① 사용 중 유지해야 할 최고 수면
② 사용 중 유지해야 할 최저 수면
③ 사용 중 유지해야 할 중간 수면
④ 최고 부하 시 유지해야 할 적정수위

12 연소의 3요소에 속하지 않는 것은?
① 가연물 ② 산소
③ 점화물 ④ 상대습도

13 독성 가스를 식별 조치할 때 표지판의 가스 명칭은 무슨 색으로 하는가?
① 흰색 ② 노란색
③ 적색 ④ 흑색

14 가스 용접 시 사용하는 아세틸렌 호스의 색깔은?
① 흑색 ② 적색
③ 녹색 ④ 백색

15 프레온 냉동장치에서 건조기(Dryer)의 설치 위치는?
① 수액기와 팽창밸브 사이
② 팽창밸브와 증발기 사이
③ 증발기와 압축기 사이
④ 압축기와 응축기 사이

16 프레온 냉동장치에 대한 다음 설명 중 옳은 것은?
① 냉매가 누설하는 부위에 헬라이드등을 가깝게 대면 불꽃은 흑색으로 변한다.
② $-50 \sim -70℃$의 저온용 배관재료로서 이음매 없는 동관을 사용한다.
③ 브라인 중에 냉매가 누설하였을 경우의 시험 약품으로서 네슬러 시약 용액을 사용한다.
④ 포밍을 방지하기 위해 압축기에 오일필터를 사용한다.

17 불연성이며 폭발성이 없고 수분을 함유하면 부식을 일으키고, 유(Oil)와 잘 혼합하지 않으며, 재료는 동 및 동합금을 사용할 수 있고, 체적은 암모니아의 약 1.5배이며, NH_3와 열역학 성질이 흡사한 냉매는?
① R-22
② CO_2
③ SO_2
④ 메틸클로라이드

18 어떤 냉동사이클에 있어서 증발온도가 15℃일 때 포화액의 엔탈피를 100kcal/kg, 건조포화증기의 엔탈피를 150kcal/kg, 증발기에 유입되는 습공기의 건조도 $x = 0.25$라면, 이 냉동사이클의 냉동능력은?
① 12.5kcal/kg
② 25.5kcal/kg
③ 37.5kcal/kg
④ 50.5kcal/kg

19 회전식 압축기의 피스톤 압출량 V를 구하는 공식은 어느 것인가?(단, D = 직경[m], d = 회전 피스톤의 외경[m], t = 기통의 두께[m], N = 회전수[rpm], n = 기통수)
① $V = 60 \times 0.785 \times (D^2 - d^2)tN$
② $V = 60 \times 0.785 \times D^2 LNn$
③ $V = 60 \times \dfrac{\pi D^2}{4} LNn$
④ $V = \dfrac{\pi DL}{4}$

20 실린더 내경 20cm, 피스톤 행정 20cm, 기통수 2개, 회전수 300rpm인 냉동기의 피스톤 압출량은?

① 182.1m³/h ② 201.4m³/h
③ 226.1m³/h ④ 262.7m³/h

21 냉동장치의 오일 안전밸브에 관한 사항 중 옳은 것은?

① 오일펌프의 안전장치로서 과열을 방지한다.
② 프레온 냉동장치에만 설치한다.
③ 유압이 낮아지는 것을 방지하여 압축기를 보호한다.
④ 유압이 이상 고온일 때 작용하여 오일의 압력을 조절한다.

22 냉동장치의 고압 측에 안전장치로 사용되는 것 중 부적당한 것은?

① 스프링식 안전밸브 ② 플로트 스위치
③ 고압차단 스위치 ④ 가용전

23 증발기에서 나오는 저온의 냉매증기와 수액기 또는 응축기에서 팽창변에 이르는 고온의 냉매액과의 사이에 열교환을 시키는 것 중 틀리는 것은?

① 압축기로 흡입되는 액냉매를 방지하기 위함이다.
② 고압응축액을 냉각시켜 냉동능력을 증대시킨다.
③ 흡입가스를 가열시켜 성적계수를 높인다.
④ 냉매액을 냉각하여 그 중에 포함되어 있는 수분을 동결시킨다.

24 가용전(Fusible Plug)에 대한 설명으로 틀린 것은?

① 프레온 장치의 수액기, 응축기 등에 사용된다.
② 용융점은 냉동기에서 75℃ 이하로 한다.
③ 구성성분은 주석, 구리, 납으로 되어 있다.
④ 토출가스의 영향을 직접 받지 않는 곳에 설치해야 한다.

25 암모니아 냉동기의 압축기에 공랭식을 채택하지 않는 이유는?
  ① 토출가스의 온도가 높기 때문에
  ② 압축비가 작기 때문에
  ③ 냉동능력이 크기 때문에
  ④ 독성 가스이기 때문에

26 NH_3 냉매를 사용하는 냉동장치에서는 열교환기를 설치하지 않는다. 그 이유는?
  ① 응축압력이 낮기 때문에
  ② 증발압력이 낮기 때문에
  ③ 비열비 값이 크기 때문에
  ④ 임계점이 높기 때문에

27 액펌프 냉각방식의 이점으로 옳은 것은?
  ① 리퀴드 백(Liquid Back)을 방지할 수 있다.
  ② 자동제상이 용이하지 않다.
  ③ 증발기의 열통과율은 타 증발기보다 양호하지 못하다.
  ④ 펌프의 캐비테이션 현상 방지를 위해 낙차를 크게 하고 있다.

28 암모니아와 프레온 냉동장치를 비교하여 다음 중 옳은 것은?
  ① 압축기의 실린더의 과열은 프레온보다 암모니아가 심하다.
  ② 냉동장치 내에 수분이 있을 경우 프레온보다 암모니아가 문제성이 심하다.
  ③ 냉동장치 내에 윤활유가 많은 경우 프레온보다 암모니아가 문제성이 적다.
  ④ 암모니아보다 프레온이 독성이 심하다.

29 흡수식 냉동기의 주요 부품이 아닌 것은?
  ① 응축기
  ② 증발기
  ③ 발생기
  ④ 압축기

30 고압측 액관에 설치한 여과기의 메시(Mesh)는 어느 정도인가?
  ① 40~60mesh
  ② 80~100mesh
  ③ 120~140mesh
  ④ 160~180mesh

06 회 실전점검! CBT 실전모의고사

수험번호 :
수험자명 :

제한 시간 : 1시간
남은 시간 :

글자 크기 100% 150% 200% 화면 배치 전체 문제 수 : 안 푼 문제 수 :

답안 표기란

31	①	②	③	④
32	①	②	③	④
33	①	②	③	④
34	①	②	③	④
35	①	②	③	④
36	①	②	③	④
37	①	②	③	④
38	①	②	③	④
39	①	②	③	④
40	①	②	③	④
41	①	②	③	④
42	①	②	③	④
43	①	②	③	④
44	①	②	③	④
45	①	②	③	④
46	①	②	③	④
47	①	②	③	④
48	①	②	③	④
49	①	②	③	④
50	①	②	③	④
51	①	②	③	④
52	①	②	③	④
53	①	②	③	④
54	①	②	③	④
55	①	②	③	④
56	①	②	③	④
57	①	②	③	④
58	①	②	③	④
59	①	②	③	④
60	①	②	③	④

31 로터리 벤더에 의한 강관 구부리기에서 관이 타원형으로 될 때 원인이 아닌 것은?

① 받침쇠가 너무 들어가 있다.
② 받침쇠 안지름의 간격이 작다.
③ 받침쇠의 모양이 나쁘다.
④ 재질이 부드럽고 두께가 얇다.

32 다음 그림기호가 나타내는 관의 끝부분 표시방법은?

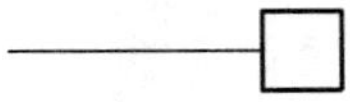

① 막힌 플랜지 ② 용접식 캡
③ 체크 포인트 ④ 나사 박음식 캡

33 다음의 기호는 어떤 밸브인가?

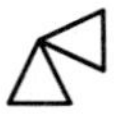

① 볼 밸브
② 글로브 밸브
③ 수동 밸브
④ 앵글 밸브

34 배관용 탄소강관의 기호로 맞는 것은?

① SPP ② SPPS
③ SPPH ④ SPHT

35 파이프 호칭법에서 SPPS 38로 표시될 때 아래 설명 중 맞는 것은?

① 호칭지름 38mm인 배관용 강관
② 최저 인장강도 $38kg/mm^2$인 배관용 강관
③ 최저 인장강도 $38kg/mm^2$인 압력배관용 탄소강관
④ 호칭지름 38mm인 압력배관용 강관

계산기 다음 ▶ 안 푼 문제 답안 제출

36 옴의 법칙에 대한 설명 중 옳은 것은?
① 전류는 전압에 비례한다.
② 전류는 저항에 비례한다.
③ 전류는 전압의 2승에 비례한다.
④ 전류는 저항의 2승에 비례한다.

37 교류회로의 3정수가 아닌 것은?
① 저항
② 인덕턴스
③ 커패시턴스
④ 컨덕턴스

38 다음 파형 중 펄스파를 나타내는 것은?

39 1[PSI]는 몇 [g/cm²]인가?
① 64.5g/cm²
② 70.3g/cm²
③ 82.5g/cm²
④ 98.1g/cm²

40 열전도저항에 대한 설명 중 맞는 것은?
① 길이에 반비례한다.
② 전도율에 비례한다.
③ 전도면적에 반비례한다.
④ 온도차에 비례한다.

41 냉매의 일반적인 성질로서 맞는 것은?
① 흡입압력이 저하되면 토출가스 온도가 저하된다.
② 냉각수온이 높으면 응축압력이 저하된다.
③ 냉매가 부족하면 증발압력이 상승한다.
④ 응축압력이 상승되면 소요동력이 증가한다.

42 공정점이 −55℃이고, 저온용 브라인으로서 일반적으로 가장 많이 사용되고 있는 것은?
① 염화칼슘
② 염화나트륨
③ 염화마그네슘
④ 프로필렌글리콜

43 증발온도와 응축온도가 일정하고 과냉각도가 없는 냉동사이클에서 압축기에 흡입되는 상태가 변화했을 때의 $P-h$ 선도 중 건조포화압축 냉동사이클은?

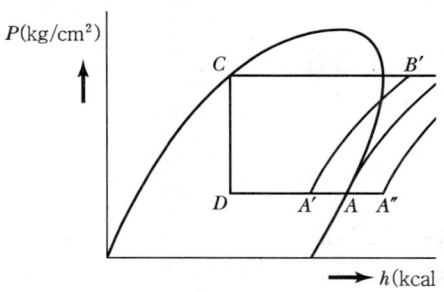

① A−B−C−D
② A′−B′−C−D
③ A″−B″−C−D
④ A′−B′−B″−A″

44 임계점에 대한 설명 중 가장 적당한 것은?
① 몰리에 선도 중에서 과열증기가 발생하는 그 순간의 점
② 액체와 증기가 서로 평형상태로 존재할 수 있는 상태
③ 그 이상의 체적에서 액체와 증기가 서로 평형으로 존재할 수 없는 상태
④ 그 이상의 온도에서 액체와 증기가 서로 평형으로 존재할 수 없는 상태

45 입형 암모니아 압축기의 설명 중 옳지 않은 것은?
① 탑 클리어런스가 1mm 정도이며 체적효율이 좋다.
② 실린더를 일반적으로 물로 가열시켜 주기 위한 워터 재킷을 설치한다.
③ 피스톤이 길어지게 되면 더블 드링크 타입을 채용한다.
④ 회전수는 일반적으로 250~400rpm이다.

46 공기조화에서 "ET"는 무엇을 의미하는가?
① 인체가 느끼는 쾌적온도의 지표
② 유효습도
③ 적정 공기속도
④ 적정 냉난방 부하

47 난방부하 3,600kcal/h인 실에 온수를 열매로 하는 방열기를 설치하는 경우 소요 방열 면적은 몇 m^2인가?(단, 표준상태로 가정)
① 2.0   ② 4.0
③ 6.0   ④ 8.0

48 다음의 공기조화방식 중에서 개별방식이 아닌 것은?
① 룸 쿨러   ② 멀티 유닛형 룸 쿨러
③ 패키지 방식   ④ 팬코일 유닛 방식

49 2중덕트 방식에 대한 설명 중 잘못된 것은?
① 개별 조절이 가능하다.
② 습도의 완전한 조절이 가능하다.
③ 동시에 냉방, 난방을 하기가 용이하다.
④ 설비비, 운전비가 많이 든다.

50 다음의 냉수코일에 대한 설명 중 옳지 않은 것은?
① 물의 속도는 일반적으로 1m/s 전후이다.
② 코일을 통과하는 공기의 풍속은 7m/s 정도이다.
③ 입구수온과 출구수온의 차이는 일반적으로 5℃ 전후이다.
④ 코일의 설치는 관이 수평으로 놓이게 한다.

51 공조기에 사용되는 에어필터의 여과효율을 검사하는 데 사용되는 방법과 거리가 먼 것은?
① 중량법
② Dop법
③ 변색도법
④ 체적법

52 공기조화에서 덕트의 설계 시 고려하지 않아도 되는 것은?
① 덕트로부터의 소음
② 덕트로부터의 열손실
③ 공기흐름에 따른 마찰저항
④ 덕트 내를 흐르는 공기의 엔탈피

53 다음의 온수난방에 대한 설명으로 잘못된 것은?
① 예열부하가 증기난방에 비해 작다.
② 한랭지에서는 동결의 위험성이 있다.
③ 증기난방보다 방열면적이 커지고 설비비가 증가한다.
④ 난방부하에 따라 온도조절이 용이하다.

54 증기압력에 따라 분류한 증기난방방식에 속하는 것은?
① 고압식
② 중력식
③ 진공식
④ 습식

55 습도 표시방법 중 건공기 1kg을 함유하고 있는 습공기 속의 수증기 중량을 무엇이라고 하는가?
① 상대습도　　② 비교습도
③ 절대습도　　④ 수증기습도

56 공기 중의 수증기가 응축하기 시작하는 온도는?
① 건구온도　　② 노점온도
③ 습구온도　　④ 감각온도

57 열의 이동의 3가지 기본형식이 아닌 것은?
① 전도　　② 관류
③ 대류　　④ 복사

58 사각형 덕트의 장변길이가 120cm일 때 아연도강판의 두께는 몇 mm인가?
① 0.5　　② 0.6
③ 0.8　　④ 1.0

59 공기조화설비의 구성요소가 아닌 것은?
① 공기조화기　　② 연료가열기
③ 열원장치　　④ 자동제어장치

60 수량 2,000L/min, 양정 50m, 펌프효율 65%인 펌프의 소요 축동력은 몇 kW인가?
① 23kW　　② 24kW
③ 25kW　　④ 26kW

CBT 정답 및 해설

01	02	03	04	05	06	07	08	09	10
④	②	①	②	②	③	④	④	③	①
11	12	13	14	15	16	17	18	19	20
②	④	③	②	①	②	③	③	①	③
21	22	23	24	25	26	27	28	29	30
④	②	③	①	③	①	①	①	④	③
31	32	33	34	35	36	37	38	39	40
②	③	④	①	③	①	④	①	②	③
41	42	43	44	45	46	47	48	49	50
④	①	②	②	④	②	②	②	③	②
51	52	53	54	55	56	57	58	59	60
④	④	②	①	③	④	②	③	②	③

01 정답 | ④
풀이 | 수관식 보일러에서 수관 내의 청소불량으로 스케일이 쌓이면 열전도의 불량으로 보일러가 과열된다.

02 정답 | ②
풀이 | 포말 소화기는 오일의 화재 시 적당한 소화기이다.

03 정답 | ①
풀이 | 산소가 18% 이하이면 산소결핍이며 16% 이하가 되면 생명이 위독하다. 산소결핍 시에는 송풍 마스크를 착용하고 작업에 임한다.

04 정답 | ②
풀이 | 드라이버 사용 시에는 날 끝이 둥글고 무딘 것은 사용 금물이다.

05 정답 | ②
풀이 | 줄작업 시에 작업 자세는 허리를 낮추고 몸의 안정을 유지하며 전신을 이용한다.

06 정답 | ③
풀이 | 냉동장치에서 습압축을 하면 압축기 내에서 리퀴드 백(액압축)이 발생하면 압축기의 파손이 발생되기 때문에 건조증기에 의한 건압축이 되어야 한다.

07 정답 | ④
풀이 | 감전사고의 방지대책은 ①, ②, ③ 항과 전기기기에 위험표지를 하며 기기에 약간 떨어져서 작업한다.

08 정답 | ④
풀이 | 안전모를 쓸 때 모자와 머리 끝부분과의 간격은 25mm 이상 되도록 헤모크를 조정한다.

09 정답 | ③
풀이 | 안전표지를 부착하는 이유는 인간행동의 변화 통제를 위함이다.

10 정답 | ①
풀이 | 밀폐된 곳에서 전기용접작업 시 주의할 사항은 용접작업 완료 후 냉각될 때까지 확실한 표식을 해두어야 한다.

11 정답 | ②
풀이 | 보일러 안전수위(수면계의 최하 부위와 일치되는 지점)란 사용 중 유지해야 할 최저 수면이다. ①은 고수위, ③은 상용수위이다.

12 정답 | ④
풀이 | 연소의 3대 요소는 가연물, 산소공급원, 점화원이다.

13 정답 | ③
풀이 | 독성 가스의 식별 조치 시 표지판의 가스 명칭은 적색이며 나머지 글자색은 흑색이다.

14 정답 | ②
풀이 | 가스 용접 시 사용하는 아세틸렌(C_2H_2) 가스의 도관 호스의 색깔은 적색이다.

15 정답 | ①
풀이 | 냉매 건조기(Dryer) 즉 제습기의 설치목적은 프레온 냉동장치에서 수분의 침입으로 인하여 팽창밸브의 동결을 방지한다.
설치위치는 팽창밸브와 수액기 사이 또는 응축기나 수액기 가까운 쪽의 액관에 설치한다.
건조제(제습제)는 실리카겔, 알루미나겔, 소바비드, 몰레큘러시브(합성 제올라이트) 등이다.

16 정답 | ②
풀이 | ① 녹색 또는 자주색이어야 한다.
② $-50 \sim -70℃$의 저온용 배관재료의 종류는 이음매 없는 동관을 사용한다.
③ 브라인에서 암모니아 가스가 누설되면 네슬러 시약 용액을 사용한다.
④ 오일포밍을 방지하기 위하여 오일히터를 사용한다.

CBT 정답 및 해설

17 정답 | ③
풀이 | 아황산가스(SO_2)는 불연성이며 폭발성이 없고 수분을 함유하면 황산(H_2SO_4)이 발생하여 부식을 일으킨다. 비등점은 $-10 \sim -15℃$로 가격이 싸고 구입이 용이하나 독성이 크다. 증발잠열이 93.1kcal/kg이다.

18 정답 | ③
풀이 |
- 냉동기의 냉동능력 $(150 \times 0.25) = 37.5$ kcal/kg
- 냉매의 엔탈피 $\{100 \times (1-0.25) + 150 \times 0.25\}$
  $= 75$ kcal/kg
$\therefore 75$ kcal/kg $+ 37.5$ kcal/kg $= 112.5$ kcal/kg

19 정답 | ①
풀이 | 회전식 압축기의 이론적인 피스톤 압출량
$$V = \frac{\pi}{4}(D^2 - d^2) \times t \times R \times 60$$
$$= 60 \times 0.785 \times (D^2 - d^2) \times t \times N (m^3/h)$$

20 정답 | ③
풀이 | $V = \frac{\pi}{4} D^2 \cdot L \cdot N \cdot R \cdot \eta \times 60 (m^3/h)$
$= \frac{3.14}{4} \times (0.2)^2 \times 0.2 \times 2 \times 300 \times 60$
$= 226.08 (m^3/h)$

21 정답 | ④
풀이 | 냉동장치의 오일 안전밸브의 역할은 유압이 이상 고압 시 작용하여 오일의 압력을 조절한다.

22 정답 | ②
풀이 | 냉동장치 안전장치
- 가용전
- 파열판
- 안전밸브
- 온도제어장치
- 압력제어장치
- 고저압 차단 스위치
- 유압보호 스위치
- 전자밸브
- 수량조절밸브
- 단수 릴레이

23 정답 | ④
풀이 | ①, ②, ③ 항은 열교환을 시키는 목적이며 또한 증발기로 유입되는 고압 액냉매를 과냉각시키거나 흡입가스를 약간 가열시켜 리퀴드 백을 방지하며 흡입가스를 과열시키는 역할을 하는 과열기이다.

24 정답 | ③
풀이 | 냉동장치에서 사용되는 가용전의 주성분은 비스무트(Bi), 카드뮴(Cd), 납(Pb), 주석(Sn) 등이다.

25 정답 | ①
풀이 | 암모니아 냉동기는 토출가스의 온도가 높아서 냉각효과가 큰 물을 사용하는 것이 필요하며 공랭식은 사용이 부적당하다.

26 정답 | ③
풀이 | 열교환기를 설치해야 할 경우
- 프레온(Freon) 냉매를 사용하는 장치
- 만액식 증발기를 사용하는 냉동장치
- 프레온 유 회수장치에서 유 회수 시 냉매와 오일을 분리하기 위해서

27 정답 | ①
풀이 | 액순환식 증발기는 액을 액펌프를 사용하여 강제로 순환시킨다. 액펌프식 냉각방식의 이점은 리퀴드 백을 방지한다. 또한 제상의 자동화가 용이하다. 오일이 증발기에 고이지 않으므로 전열이 양호하다.

28 정답 | ①
풀이 | 압축기에서 암모니아 가스의 토출가스 온도가 높아서 프레온 가스보다 압축기의 실린더의 과열이 크다.

29 정답 | ④
풀이 | 흡수식 냉동기의 구성은 응축기, 발생기, 증발기가 필요하며 압축기는 필요 없다.

30 정답 | ②
풀이 | 고압 측 액관 여과기 메시 : 80~100mesh

31 정답 | ②
풀이 | 로터리 벤더에 의한 강관 구부리기에서 관이 타원형이 되는 원인은 ①, ③, ④ 외에도 받침쇠(심봉)가 관의 반지름과의 간격이 클 때 생긴다.

32 정답 | ③
풀이 | ─────☐ : 체크 포인트

33 정답 | ④
풀이 | ◁ : 앵글 밸브(90° 직각 밸브)

34 정답 | ①
풀이 |
- SPP : 배관용 탄소강관
- SPPS : 압력배관용 탄소강관
- SPPH : 고압배관용 탄소강관
- SPHT : 고온배관용 탄소강관

35 정답 | ③
풀이 | • SPPS : 압력배관용 탄소강관
• 38 : 최저 인장강도(kg/mm²)

36 정답 | ①
풀이 | 옴의 법칙
도체에 흐르는 전류(I)는 전압(V)에 비례하고 저항(R)에 반비례한다.

37 정답 | ④
풀이 | 컨덕턴스는 저항의 역수이며 전류가 흐르기 쉬운 정도로 나타낸다.
$$G(\text{지멘스}) = \frac{1}{R}(\Omega^{-1})$$
※ 모($\text{mho}\Omega^{-1}$) 또는 $\left(\frac{1}{\Omega}\right)$을 사용한다.

38 정답 | ①
풀이 | ①은 펄스파형이다.
펄스(Pulse) : 충격파 직류를 단속할 경우에 생기는 전압, 전류가 매우 짧은 시간 동안만 존재하는 파형, 주기적으로 반복하는 것과 1회 고립해서 발생하는 것이 있으며 후자는 임펄스라고 해서 구별하기도 한다.

39 정답 | ②
풀이 | $1\text{PSI} = 1.0332 \times \frac{1}{14.7} = 0.0702857 \text{kg/cm}^2$
$= 70.2857 \text{g/cm}^2$
※ $14.7\text{Psi} = 760\text{mmHg} = 1.0332\text{kg/cm}^2$

40 정답 | ③
풀이 | 열전도저항(mh℃/kcal)은 전도면적에 반비례하며, 길이에 비례한다.

41 정답 | ④
풀이 | 냉매에서 응축압력이 상승되면 소요동력이 증가한다.

42 정답 | ①
풀이 | 브라인 냉매 공정점
• 염화칼슘 : $-55℃$
• 염화나트륨 : $-21℃$
• 염화마그네슘 : $-33.6℃$
• 에틸알코올 : 응고점 $-114.5℃$
• 에틸렌글리콜 : 응고점 $-12.6℃$
• 프로필렌글리콜 : 응고점 $-59.5℃$

43 정답 | ①
풀이 | 건조포화압축 냉동사이클($P-h$ 선도)는 A-B-C-D순이다. 과냉각도가 없는 상태이다.

44 정답 | ④
풀이 | 임계점이란 그 이상의 온도에서 액체와 증기가 서로 평형으로 존재할 수 없는 상태이다.

45 정답 | ②
풀이 | 입형 암모니아 압축기에서는 워터 재킷을 설치하나 프레온용은 냉각 팬을 부착하여 방열을 높인다. 암모니아용은 실린더 상부에 워터 재킷을 설치한다. ①, ③, ④의 내용은 입형 암모니아 압축기의 특징이다.

46 정답 | ①
풀이 | 공기조화에서 ET(유효온도, Effective Temperature)를 인체가 느끼는 쾌적온도의 지표라 한다.

47 정답 | ④
풀이 | 온수난방 방열기표준방열량(450kcal/m²h)
∴ $\frac{3,600}{450} = 8\text{m}^2$ (8EDR)

48 정답 | ④
풀이 | 개별방식(냉매방식)
• 룸 쿨러 방식
• 멀티 유닛형 룸 쿨러 방식
• 패키지 방식
④ 팬코일 유닛 방식은 전수방식(중앙방식)이다.

49 정답 | ②
풀이 | 2중덕트 방식의 공기조화는 가습기 밸브로서 가습량을 제어함으로써 상대습도 검출 및 송풍기와 인터록시키기 때문에 습도의 완전한 조절은 불가능하다.

50 정답 | ②
풀이 | • 냉수 코일에서 공기의 풍속은 2~3m/s이며 물의 속도는 1m/s
• 공기가열 코일에서는 증기의 코일을 전면 풍속이 3~5m/s로 선정한다.

51 정답 | ④
풀이 | 공조기 에어필터의 여과효율 검사방법
• 중량법
• 변색도법(NBS법)
• 계수법(Dop법)

CBT 정답 및 해설

52 정답 | ④
풀이 | 덕트의 설계순서
① 송풍량 결정
② 취출구, 흡입구의 위치결정
③ 덕트 경로 설정
④ 덕트의 치수결정
⑤ 송풍기 설정
⑥ 덕트의 소음
⑦ 덕트에서 열손실
⑧ 덕트 내의 공기의 마찰저항

53 정답 | ①
풀이 | 온수난방은 물의 비열이 높아서 예열부하가 증기난방에 비해 크다.

54 정답 | ①
풀이 | 증기난방은 증기압력에 따라서 고압식($1kg/cm^2$ 이상)과 저압식 증기난방이 있다.

55 정답 | ③
풀이 | 건공기 1kg을 함유하고 있는 습공기 속의 수증기 중량을 절대습도라 한다.

56 정답 | ②
풀이 | 노점온도란 공기 중의 수증기가 응축하기 시작하는 온도이다.

57 정답 | ②
풀이 | 열의 이동은 전도, 대류, 복사가 있다.

58 정답 | ③
풀이 | 장변길이 760~1,500mm 이내에는 아연도강판의 두께는 0.8mm(No22번)이다.
①은 450mm 이하용, ②는 460~750mm 이하용, ④는 1,510~2,200mm 이하 2,210mm 이상의 장변길이에서는 두께가 1.2mm이다.

59 정답 | ②
풀이 | • 열원장치 : 보일러, 냉동기, 배관 등
• 공기조화기 : 가열, 냉각, 가습, 냉각, 감습장치
• 열운반장치 : 송풍기, 덕트
• 자동제어장치

60 정답 | ③
풀이 | $kW = \dfrac{r \times Q \times H}{102 \times 60 \times 3}$
$= \dfrac{1kg/L \times 2,000L/min \times 50m}{102kg \cdot m/s \times 60s/min \times 0.65}$
$= 25.13826kW$

공조냉동기계기능사 필기+실기 10일 완성
CRAFTSMAN AIR-CONDITIONING & REFRIGERATING MACHINERY

PART

04

실기 작업형

01 | 공구목록 및 지급재료
02 | 가스용접작업
03 | 작업형 대비 지급재료목록
04 | 동관작업 도면 및 치수계산
05 | 도면작품 완성
06 | 작업형 대비 부속기기

CHAPTER 01 공구목록 및 지급재료

플레어링툴 세트

플레어 너트

CHAPTER 01 | 공구목록 및 지급재료

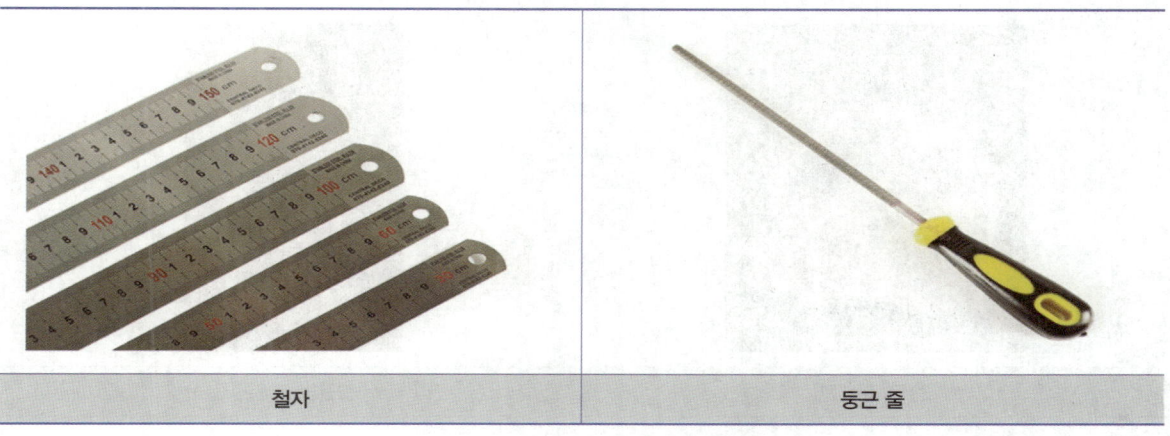

| 철자 | 둥근 줄 |

아세틸렌 가스(압력 조정기)

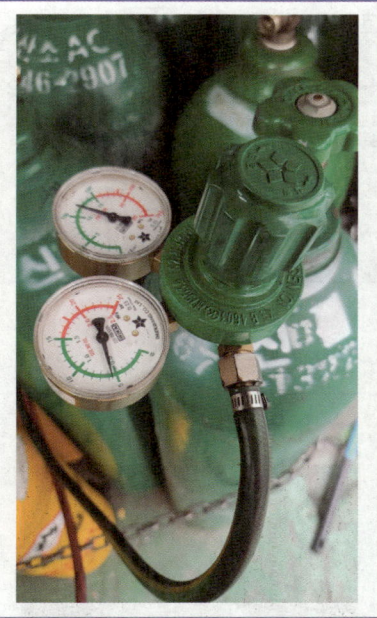

산소 가스(압력 조정기)

아세틸렌 가스, 산소 가스

3구멍 분배관

2구멍 분배관

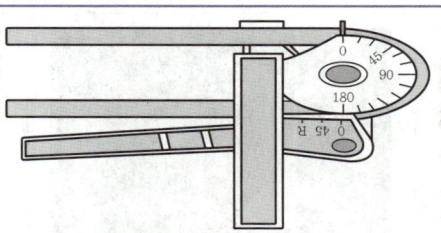
밴딩 작업(밴딩기)

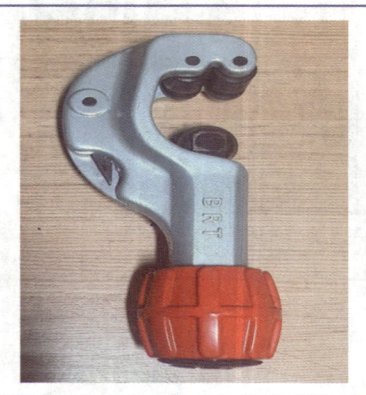  
동관 커터

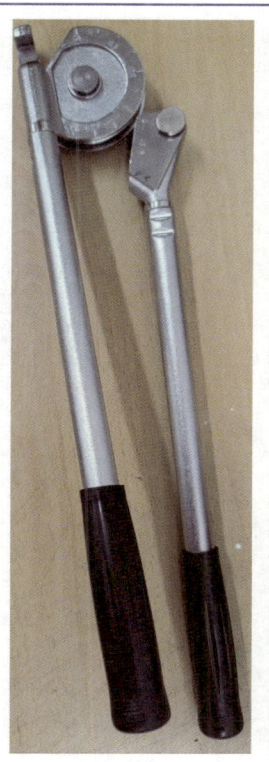	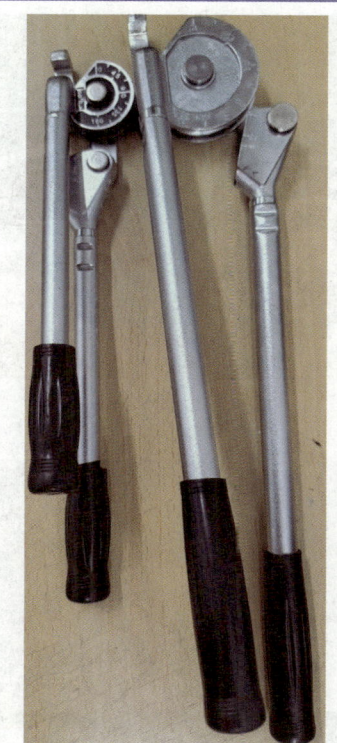	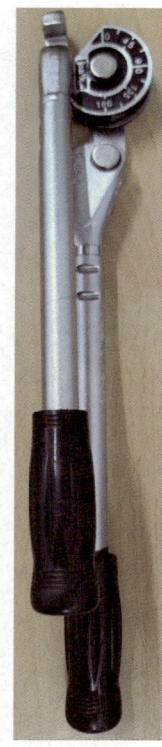
1/2인치	3/8, 1/2인치	3/8인치
동관 밴딩기		

O밴딩 L밴딩 사용

O밴딩 사용

배관(동관)치수는 확인

동관 밴딩

CHAPTER 01 | 공구목록 및 지급재료

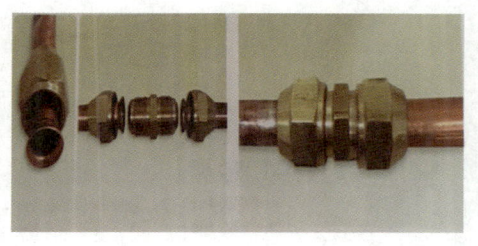

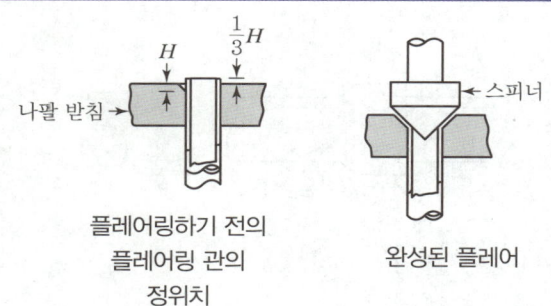

플레어링하기 전의
플레어링 관의
정위치

완성된 플레어

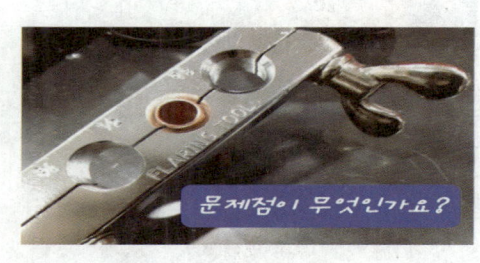

문제점이 무엇인가요?

동관의 이음(플레어 이음)

PART 04 | 실기 작업형

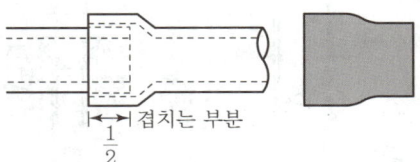

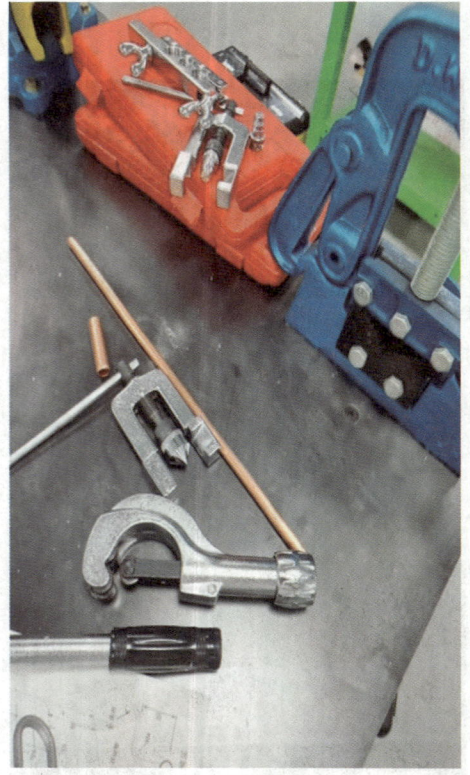

확관(Sweging)

CHAPTER 01 | 공구목록 및 지급재료

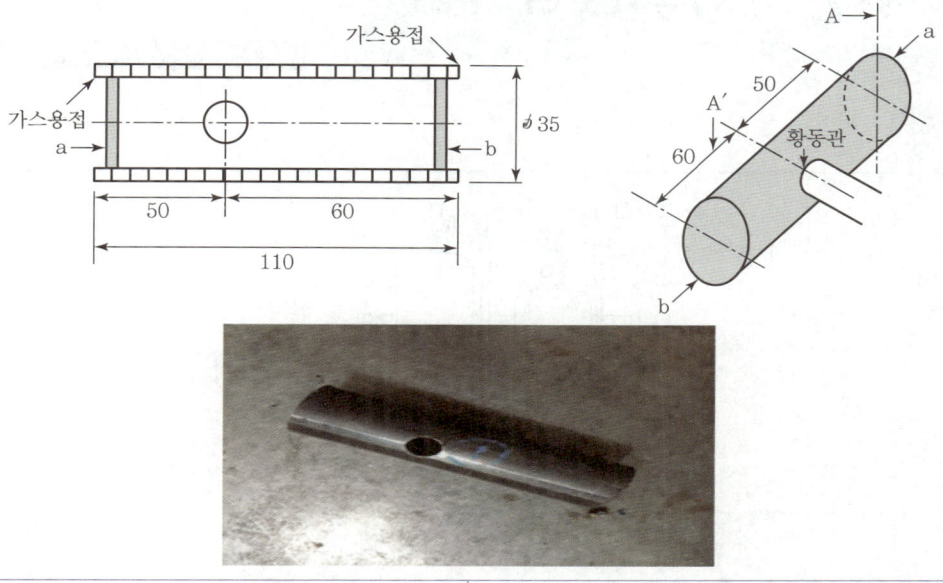

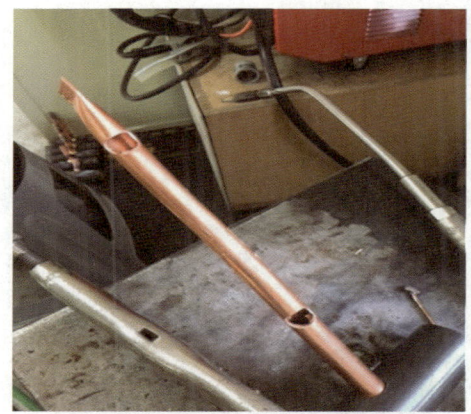

드릴 및 줄 작업

CHAPTER 02 가스용접작업

공조냉동기계기능사 필기+실기 10일 완성

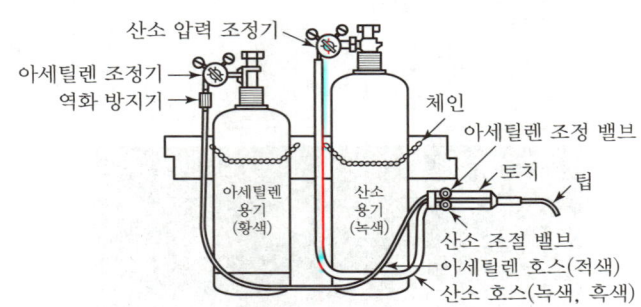

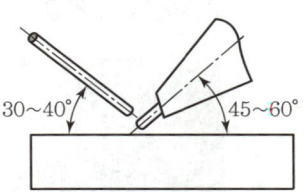

용접봉과 토치의 진행각

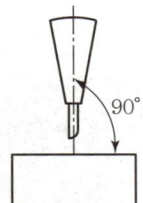

작업각

가스용접 및 용접자세

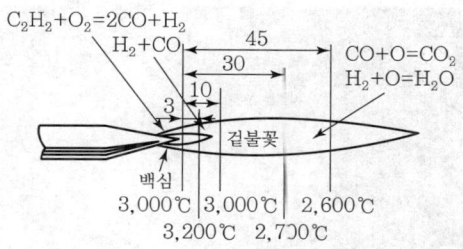

용접방법	용접봉	사용온도	용(가)제	용접요령
가스용접 (강관+강관)	연강봉	3,200℃	–	백심불꽃이용(강관용접)
황동땜 (강관+동관)	황동봉 (신주봉)	800~900℃	붕사	불꽃조절이 핵심(붕사사용)
은납땜 (동관+동관)	인동납 (긴노봉)	700℃	–	불꽃조절이 중요

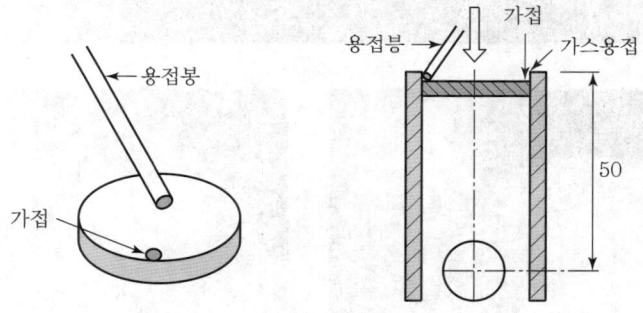

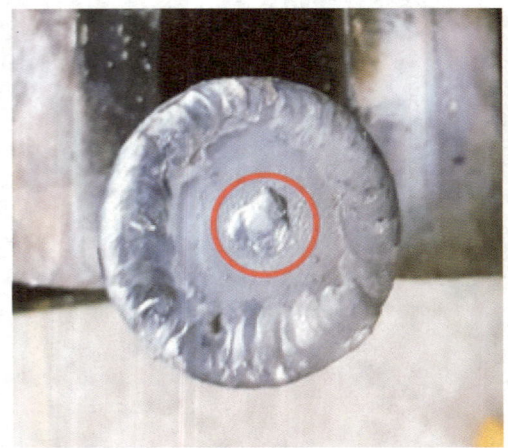

강관의 내접 및 외접

황동 용접 봉사

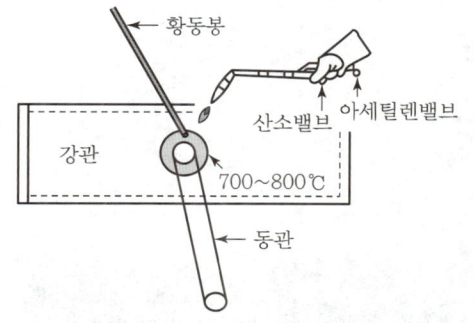

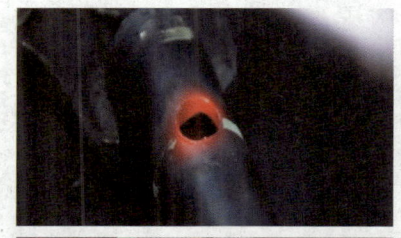

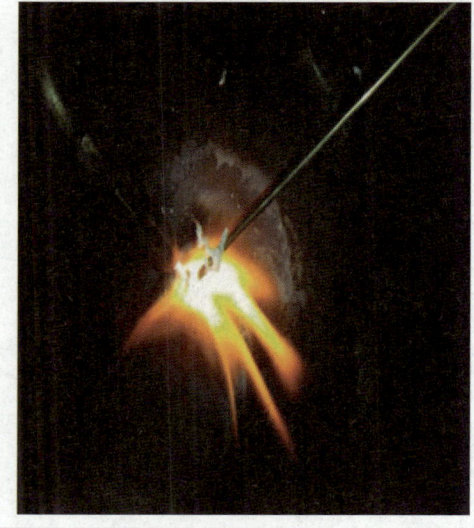

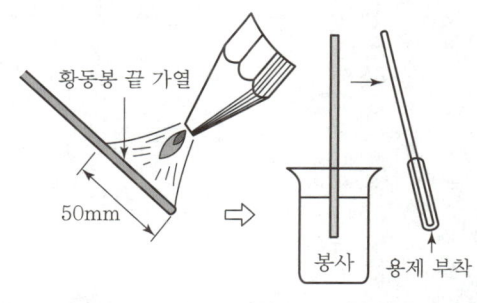

황동 용접

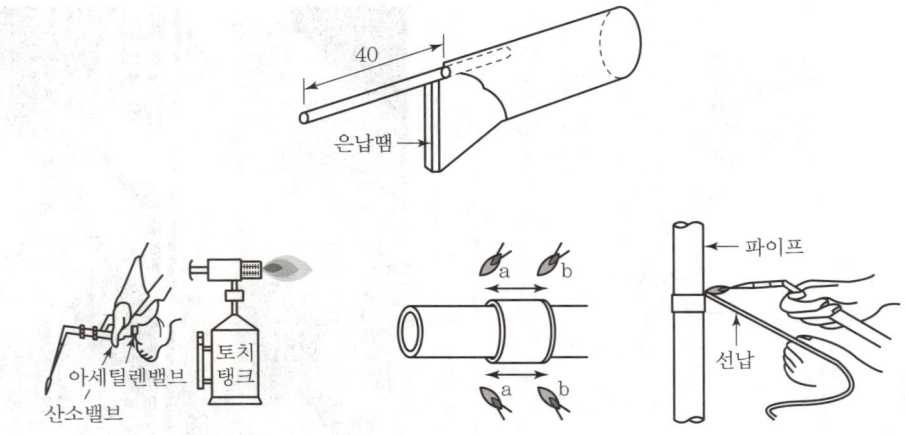

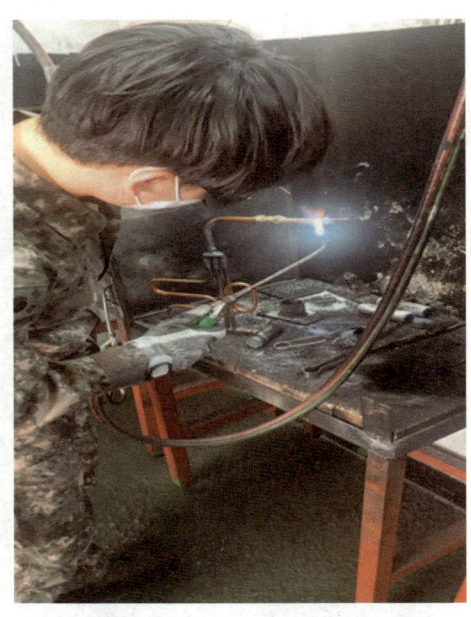

은납 용접

CHAPTER 03 작업형 대비 지급재료목록

일련번호	재료명	규격	단위	수량	비고
1	일반배관용탄소강관(흑파이프)	25A×110	개	1	
2	일반구조용 압연강판	φ26×t2.0	장	1	
3	일반구조용 압연강판	φ29×t2.0	장	1	
4	동관(연질)	3/8″(인치)×1300	개	1	
5	동관(연질)	1/2″(인치)×410	개	1	
6	플레어 너트	1/2″(인치) 동관용	개	2	
7	니플(플레어 볼트)	1/2″(인치) 동관용	개	1	
8	모세관	φ2.0×60	개	1	
9	가스 용접봉	φ2.6×500	개	1	
10	은납 용접봉	φ2.4×500	개	1	
11	황동 용접봉	φ2.4×450	개	1	
12	2구멍 분배관		개	1	
13	붕사	황동 용접용	g	15	

CHAPTER 04 동관작업 도면 및 치수계산

자격종목	공조냉동기계기능사	과제명	동관작업 ①	척도	N.S

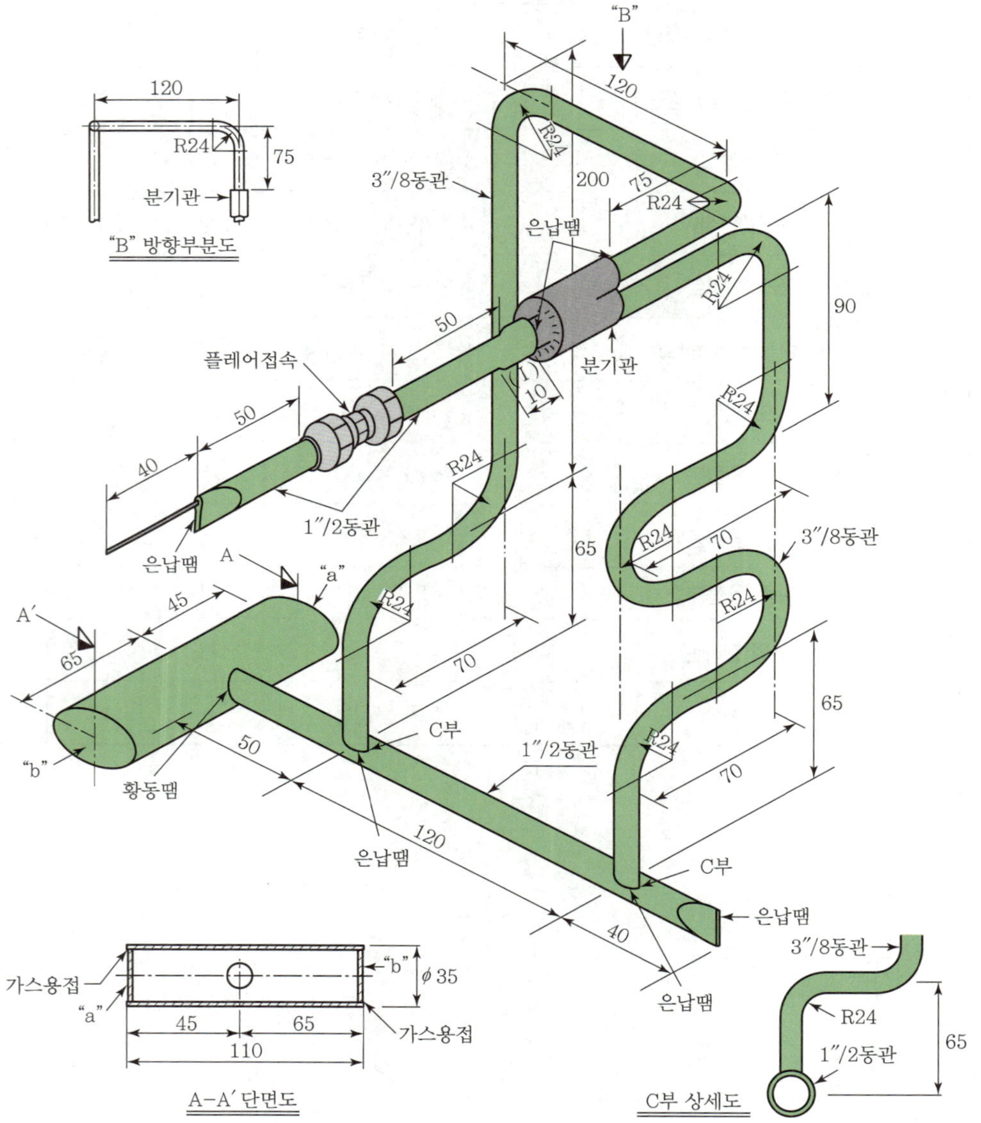

CHAPTER 04 | 동관작업 도면 및 치수계산

| 자격종목 | 공조냉동기계기능사 | 과제명 | 동관작업 ① | 척도 | N.S |

"B" 방향부분도

A-A´ 단면도

C부 상세도

동관1/2인치	동관3/8인치	
① 플레어 끝단 실측 40 컷팅 ② 플레어 끝단 실측 50+10 　=60 컷팅	① 10+75−24=61 90° 밴딩 ② 120−24=96 90° 밴딩 ③ 200−24=176 90° 밴딩 ④ 70−24=46 90° 밴딩 ⑤ 65+5=70 컷팅 ⑥ 10+75−24=61 90° 밴딩	⑦ 90−24=66 90° 밴딩 ⑧ 70−24=46 180° 밴딩 ⑨ 70−24=46 180° 밴딩 ⑩ 70−24=46 90° 밴딩 ⑪ 65+5=70 컷팅

| 자격종목 | 공조냉동기계기능사 | 과제명 | 동관작업 ② | 척도 | N.S |

CHAPTER 04 | 동관작업 도면 및 치수계산

| 자격종목 | 공조냉동기계기능사 | 과제명 | 동관작업 ② | 척도 | N.S |

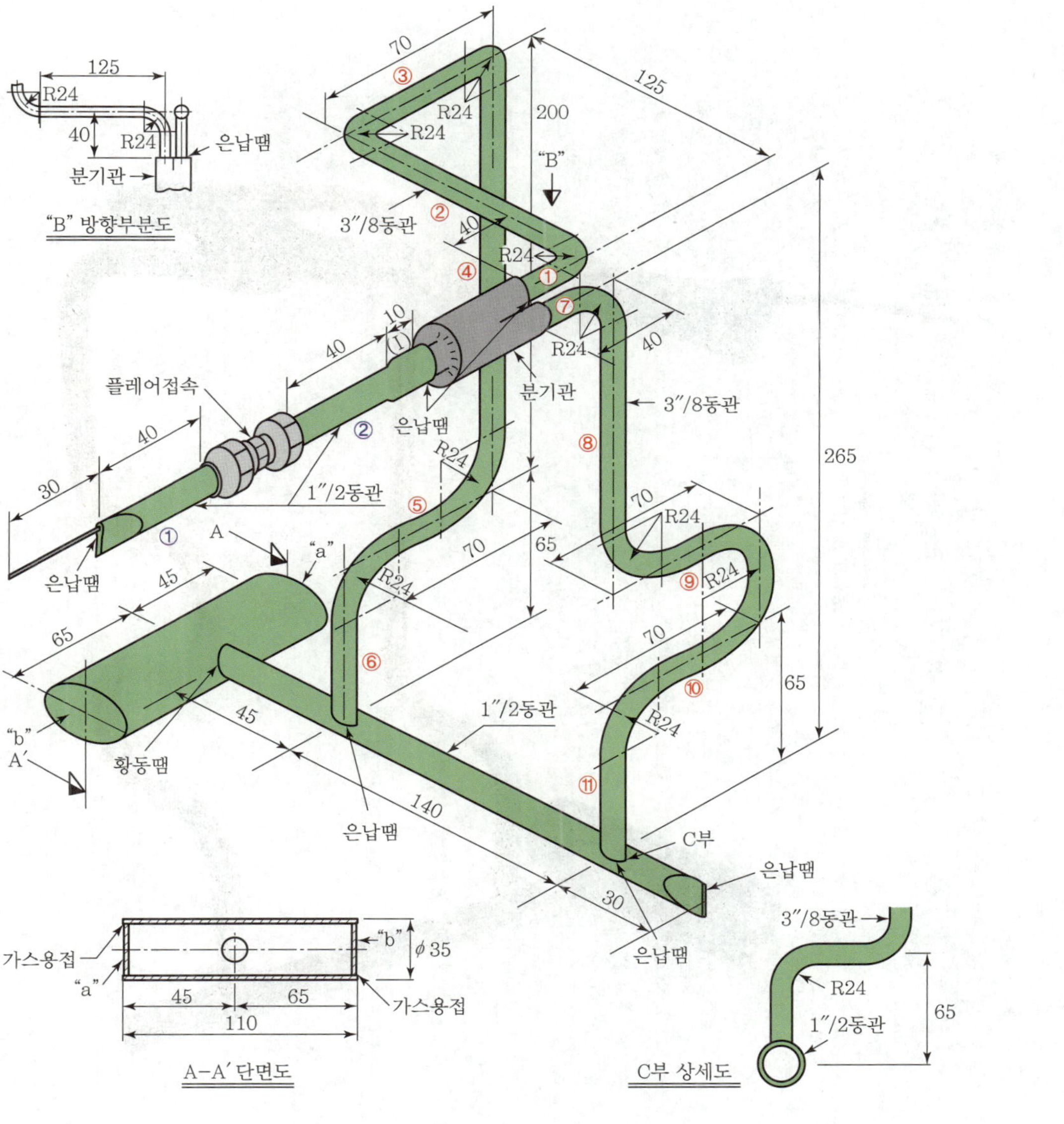

동관1/2인치	동관3/8인치	
① 플레어 끝단 실측 40 컷팅 ② 플레어 끝단 실측 40+10 　=50 컷팅	① 10+40−24=26 90°밴딩 ② 125−24=101 90°밴딩 ③ 70−24=46 90°밴딩 ④ 200−24=176 90°밴딩 ⑤ 70−24=46 90°밴딩 ⑥ 65+5=70 컷팅	⑦ 10+40−24=26 90°밴딩 ⑧ 265−48−65−24=128 90°밴딩 ⑨ 70−24=46 180°밴딩 ⑩ 70−24=46 90°밴딩 ⑪ 65+5=70 컷팅

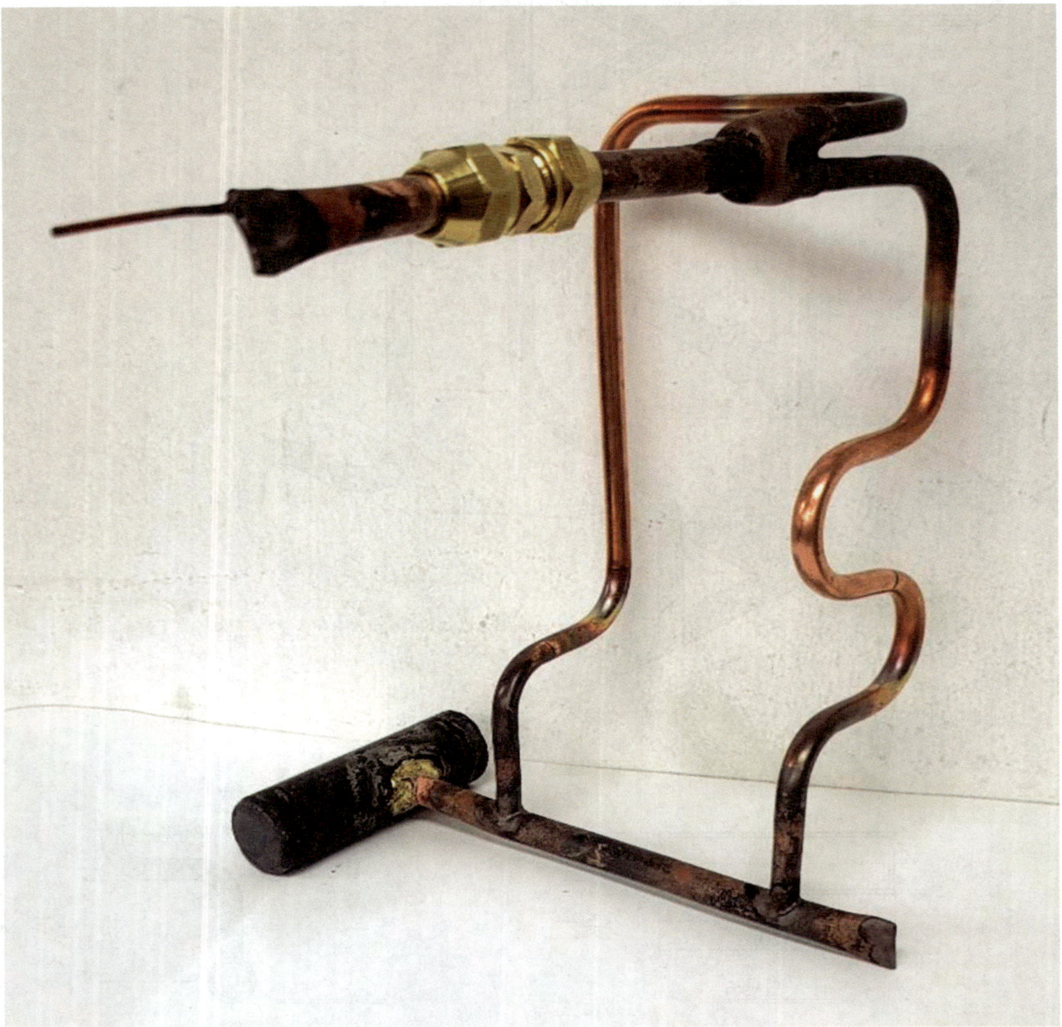

CHAPTER 05 도면작품 완성

공조냉동기계기능사 필기+실기 10일 완성

〈동관작업 ①〉

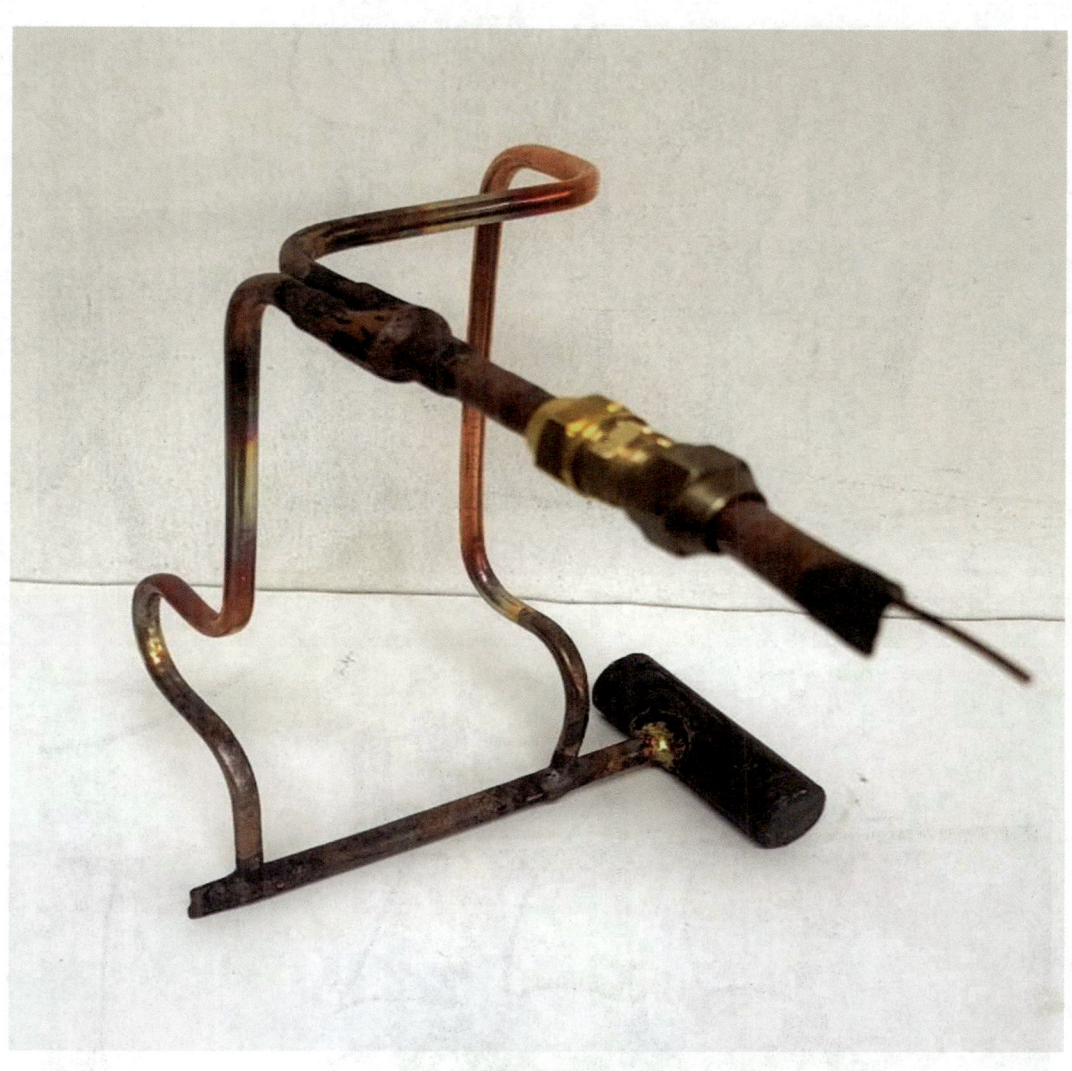

〈동관작업 ②〉

CHAPTER 06 작업형 대비 부속기기

아세틸렌가스

산소가스

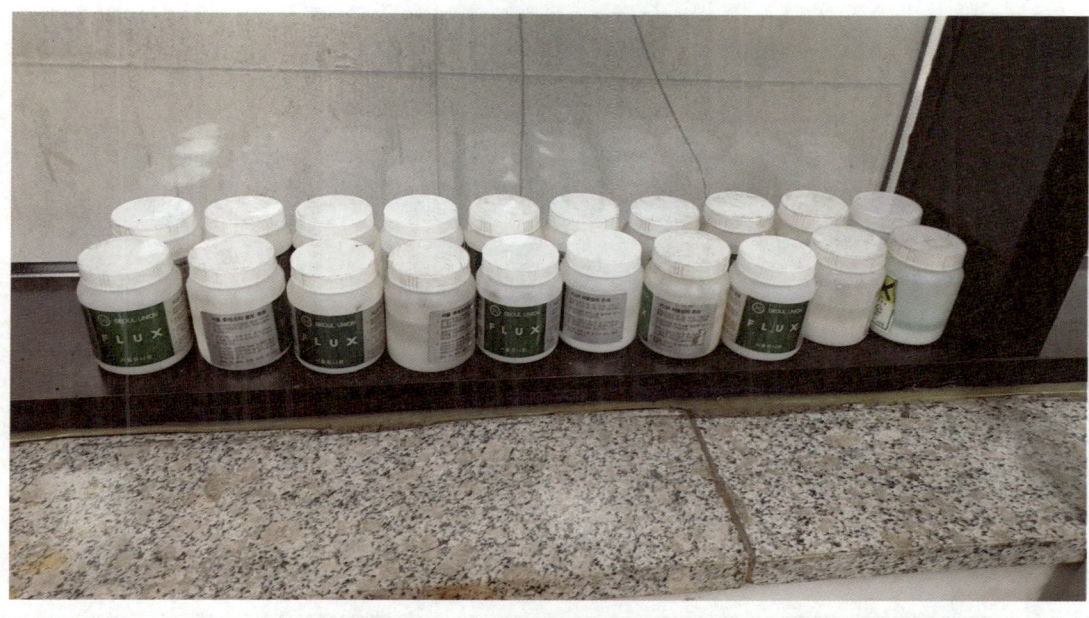

동용접용 플럭스

동용접용 - CM어댑터용접

| 2구멍 분배관 모세관 | 압연강판 | 플레어 너트 니플 |

용접봉(황동, 철, 은납)

강관의 내접 · 외접 용접

아세틸렌가스(압력기)

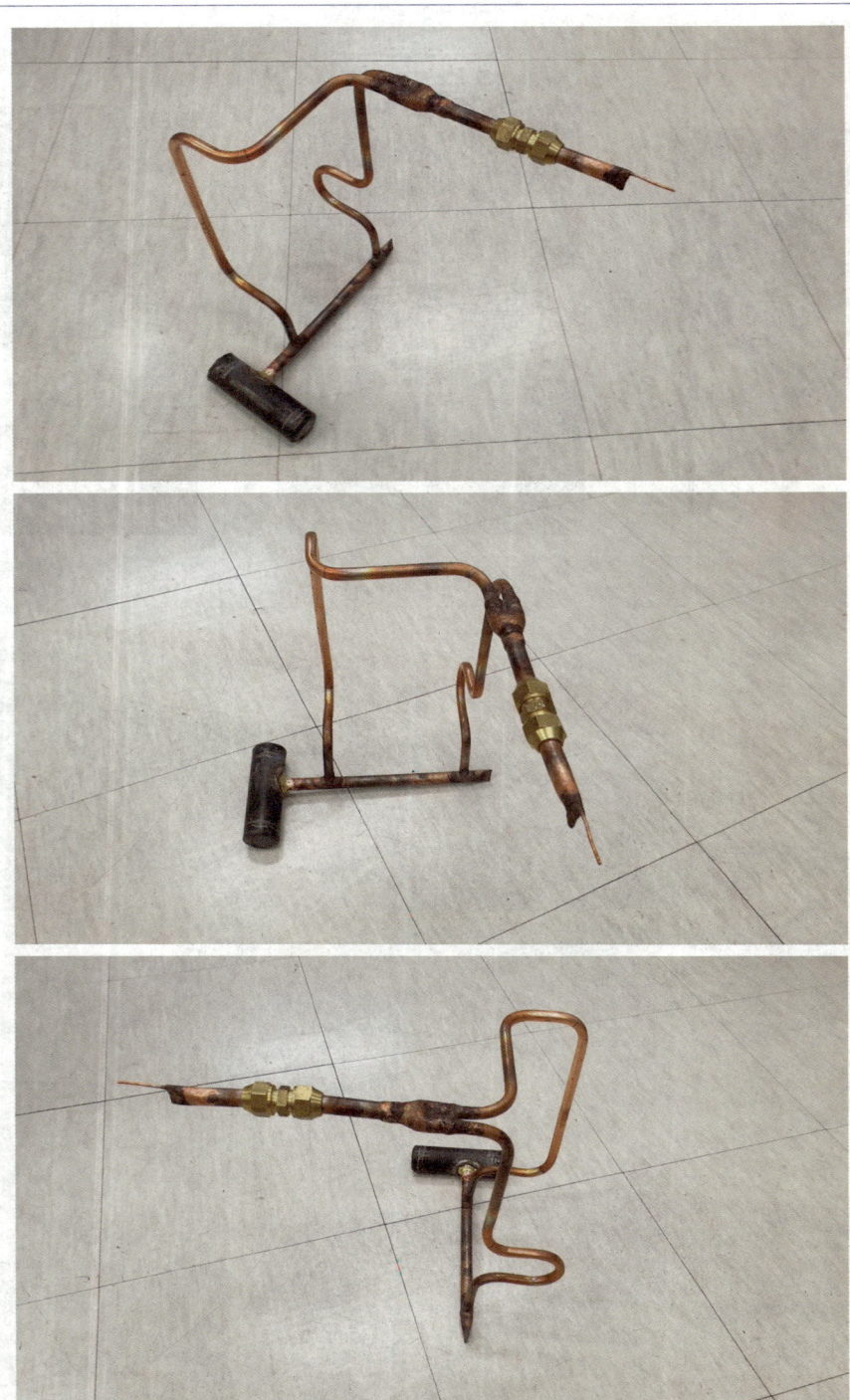

동관작업 1번

동관작업 2번

저자 약력

권오수
- (사) 한국가스기술인협회 회장
- (자) 한국에너지관리자격증연합회 회장
- 한국기계설비관리협회 명예회장
- 한국보일러사랑재단 이사장
- 한국에너지기술인협회 특임교수
- 한국열관리시공협회 특임교수

가동엽
- (관인) 기술학원장(기능장, 산업기사, 기능사)
- 직업훈련교사(에너지, 공조냉동, 배관)
- 공조냉동 작업형 실기 전문교사
- 기술서적 저술가(에너지, 공조냉동)

안효열
- 직업훈련교사(기술학원 공조냉동 교사)
- 공조냉동 용접전문가(가스용접, 전기용접)
- 공조냉동 동영상(유튜브) 전문교사
- 기술서적 저술가

Air-Conditioning and Refrigerating Machinery

공조냉동기계기능사
필기+실기 10일 완성

발행일 | 2008. 1. 10 초판 발행
2014. 4. 10 개정 11판1쇄
2014. 7. 10 개정 12판1쇄
2015. 1. 5 개정 13판1쇄
2015. 3. 30 개정 14판1쇄
2016. 1. 15 개정 15판1쇄
2017. 1. 10 개정 16판1쇄
2018. 1. 10 개정 17판1쇄
2019. 3. 20 개정 18판1쇄
2020. 3. 30 개정 19판1쇄
2021. 3. 20 개정 20판1쇄
2022. 1. 20 개정 21판1쇄
2023. 1. 10 개정 22판1쇄
2024. 1. 10 개정 23판1쇄
2025. 1. 10 개정 24판1쇄
2026. 1. 20 개정 25판1쇄

저　자 | 권오수 · 가동엽 · 안효열
발행인 | 정용수
발행처 | 예문사

주　소 | 경기도 파주시 직지길 460(출판도시) 도서출판 예문사
T E L | 031) 955-0550
F A X | 031) 955-0660
등록번호 | 11-76호

- 이 책의 어느 부분도 저작권자나 발행인의 승인 없이 무단 복제하여 이용할 수 없습니다.
- 파본 및 낙장은 구입하신 서점에서 교환하여 드립니다.
- 예문사 홈페이지 http://www.yeamoonsa.com

정가 : 27,000원

ISBN 978-89-274-5900-2　13550